C # et .NET

Version 2

CHEZ LE MÊME ÉDITEUR ———————————————————————————————

Dans la même collection ————————————————————————

O. DAHAN. – **Delphi 2006**. *À paraître*.
N° 11768, 2006, 600 pages.

G. BRIARD. – **Oracle 10*g* sous Windows**. *À paraître*.
N° 11469, 2006, 716 pages.

O. DAHAN. – **Delphi 8 pour .NET**.
N° 11309, 2004, 738 pages.

L. MAESANO, C. BERNARD et X. LE GALLES. – **Services Web avec J2EE et .NET**.
N° 11067, 2003, 1056 pages.

D. LANTIM. – **.NET**.
N° 11200, 2003, 530 pages.

C. DELANNOY. – **Programmer en C++**.
N° 11502, 2004, 590 pages.

M. RIZCALLAH. – **Annuaires LDAP, 2e édition**.
N° 11504, 2004, 576 pages.

C# et .NET
Version 2

Gérard Leblanc

EYROLLES

ÉDITIONS EYROLLES
61, bd Saint-Germain
75240 Paris Cedex 05
www.editions-eyrolles.com

© Groupe Eyrolles, 2006, ISBN : 2-212-11778-7

Table des matières

CHAPITRE 24

Accès aux bases de données avec ADO.NET 593

Introduction
à l'architecture .NET

Le concepteur et responsable du projet

Avant même d'expliquer dans les grandes lignes ce que sont l'architecture .NET (les Américains prononcent *dot net*) et le nouveau langage C# (prononcer « C sharp », même chez nous) de Microsoft, il faut parler de son concepteur et principal architecte chez Microsoft. Son nom, Anders Hejlsberg, ne vous dit sans doute rien. Et pourtant…

 Anders Hejlsberg est né au Danemark en 1961. En 1983, il rencontre le Français Philippe Kahn, établi en Californie, et lui présente la première version d'un logiciel qu'il est en train d'écrire. Il s'agit d'un logiciel de développement de programmes, fondé sur le langage Pascal, d'une convivialité et d'une puissance inconnues à l'époque. Le résultat de cette rencontre est une success story qui a marqué le monde des outils de développement : celle de la société Borland et de son produit phare, Turbo Pascal. Dans sa version Turbo Pascal, le langage Pascal est en effet considérablement dopé par rapport à sa version d'origine, dont le succès était jusque-là limité aux milieux académiques. Avec ce produit, Anders Hejlsberg montrait déjà son souci de fournir des outils répondant aux besoins et attentes des développeurs.

Au début des années 1990, Anders Hejlsberg et Borland réitèrent le succès de Turbo Pascal avec Delphi, également fondé sur le langage Pascal, qui bouleverse cette fois la manière de développer des programmes Windows. À quelques années de distance (le début de l'ère DOS pour Turbo Pascal et le début de l'ère Windows pour Delphi), Anders Hejlsberg devait donc concevoir sous la bannière Borland des produits qui ont suscité admiration et respect chez les développeurs soucieux à la fois de convivialité et d'efficacité. Jusqu'alors, ces derniers étaient résignés à des outils peu puissants, peu performants ou alors totalement dépourvus de convivialité. Anders Hejlsberg prouvait que l'on pouvait allier puissance, efficacité, élégance et convivialité. Ses ajouts au langage Pascal devaient être massivement adoptés par les développeurs, au point d'en faire, dans la pratique, une norme de fait du langage.

Avec Turbo Pascal et Delphi, les développeurs trouvaient en Hejlsberg un pair, à l'écoute de leurs problèmes et soucieux d'apporter des solutions concrètes. Avec Delphi, les développeurs découvraient et pratiquaient le recours étendu aux composants, faisant de Delphi une véritable boîte à outils de composants logiciels. Certes, les théoriciens de la programmation orientée objet prônaient depuis quelque temps (mais sans proposer quoi que ce soit à réutiliser) la réutilisabilité et le développement à partir de briques logicielles. Anders Hejlsberg eut l'art de mettre ces idées en pratique, et cela sans faire de déclarations fracassantes (et même plutôt en toute discrétion).

Le nom d'Anders Hejlsberg restait peu connu en dehors de Borland et d'une couche périphérique. Les utilisateurs de Delphi pouvaient néanmoins le découvrir à condition de connaître la manière d'afficher l'œuf de Pâques (c'est-à-dire la commande cachée) de Delphi : Aide → A propos, maintenir la touche ALT enfoncée et taper, selon la version de Delphi : AND ou TEAM ou DEVELOPERS ou encore VERSION. Une photo d'un Anders hilare apparaissait même dans l'œuf de Pâques de l'une des versions de Delphi.

Figure 0-2

Figure 0-3

En octobre 1996, Microsoft, à la traîne pour ce genre d'outils, débauche Anders Hejlsberg avec des conditions presque dignes d'une vedette du sport. Dans la foulée, Microsoft débauche une trentaine d'autres développeurs de Borland, ce qui est énorme quand on sait que la conception et la réalisation de tels outils mobilisent rarement une foule de développeurs, mais au contraire une poignée d'informaticiens compétents, efficaces et motivés.

Chez Microsoft, Anders conçoit d'abord WFC (*Windows Foundation Classes*), c'est-à-dire les classes Java pour interface Windows. Le but était de permettre aux programmeurs en Visual J++ (la version Microsoft du compilateur Java) de développer des applications professionnelles dignes de ce nom. En effet, à l'époque, n'étaient disponibles pour le développement Windows en Java que les classes AWT (*Abstract Window Toolkit*) de Sun, des classes qui ne pouvaient satisfaire que des développeurs vraiment peu exigeants (classes d'ailleurs aujourd'hui largement délaissées au profit de Swing).

Les relations entre Anders Hejlsberg et la communauté « officielle » de Java devaient vite s'envenimer, car les classes WFC, bien que nettement plus professionnelles que ce qui était à l'époque disponible en provenance de Sun, étaient propres à Windows et incompatibles avec les autres systèmes, donc non conformes à la philosophie Java.

Dire que James Gosling, le concepteur de Java, n'apprécie guère Anders Hejlsberg relève de l'euphémisme. Lors de la conférence Java One de San Francisco en 1998, Gosling commente d'ailleurs WFC en ces termes, égratignant au passage Anders Hejlsberg : *something bizarre from Mr Method Pointers*, pour ne reprendre que la moins assassine de ses phrases, largement reprises par la presse spécialisée de l'époque.

Toutes ces querelles et attaques personnelles présentent d'autant moins d'intérêt que Sun et Microsoft roulent désormais sur des voies où le croisement est tout simplement évité : en juin 2000, Microsoft annonce, en même temps que la disparition de Visual J++ de sa gamme de produits, l'architecture .NET et le langage C# dont Anders Hejlsberg est le principal concepteur. Un an plus tard, Visual J++ fait néanmoins sa réapparition (sous le nom de Visual J#) sans toutefois attirer les projecteurs, quasiment dans l'indifférence.

Ce que .NET change

Pour la version 7 (2002) de l'outil de développement Visual Studio (version rebaptisée Visual Studio .NET), Microsoft a conçu un système qui rend le développement d'applications Windows et Web bien plus aisé. Une nouvelle architecture a été mise au point, des langages ont été modifiés et un nouveau langage créé, le C# qui devient le langage de référence et principal langage pour Microsoft. Le C++ est certes encore présent, mais rarissimes sont aujourd'hui les fragments et exemples de code en C++ dans la documentation de Microsoft, les articles ou ouvrages consacrés à .NET. Le fait que les applications Web doivent être impérativement écrites en C#, J# ou VB.NET est encore plus significatif. Des efforts considérables ont également été déployés pour faire de Visual Basic un langage de première catégorie. Visual Basic, rebaptisé VB.NET, devient un langage orienté objet, au même titre que le C# et se démarque ainsi nettement de la version 6 de Visual Basic (plus aucun nouveau développement pour ce produit et fin du support annoncée).

.NET constitue-t-il une révolution dans la manière de concevoir et d'utiliser les programmes ? La réponse est incontestablement affirmative pour la manière de concevoir et d'écrire des programmes : les programmeurs C++ habitués au développement à la dure avec MFC découvriront, surtout s'ils passent au C# (un jeu d'enfant pour eux), la facilité de Delphi et du véritable développement à partir de briques logicielles. Les programmeurs en Visual Basic découvriront un environnement de développement entièrement orienté objet, comparable à l'orientation objet du C++ et du C#. Dans tous les cas, le développement d'applications Web et surtout de services Web s'avère bien plus facile. Écrire une application Web devient en effet presque aussi simple que l'écriture d'une application Windows.

L'autre révolution est l'importance accordée aux services Web. Visual Studio rend d'ailleurs leur implémentation d'une facilité déconcertante, ce qui favorise l'adoption de cette technologie par les développeurs. En gros, un service Web est une fonction qui s'exécute quelque part sur Internet, comme s'il s'agissait d'une fonction exécutée localement. Résultat : on simplifie le développement du programme en déportant des fonctionnalités sur des sites spécialisés fournissant tel ou tel service. De plus, ces services Web sont (grâce aux protocoles HTTP et SOAP (*Simple Object Access Protocol*), largement adoptés) indépendants du langage et même de la plate-forme.

.NET implique-t-il des changements quant à la manière d'utiliser les applications ? La réponse est, à la fois, oui et non. Visual Studio permet en effet d'écrire les applications Windows les plus traditionnelles, s'exécutant sur des machines dédiées et même non connectées à un réseau local ou à Internet. Mais Visual Studio permet aussi d'écrire, avec la même simplicité et les mêmes techniques, des applications pour appareils mobiles (appareils divers sous Windows CE, Pocket PC et smartphones), ainsi que des services Web. Cette mutation au profit des services Web implique une connexion performante et permanente au réseau Internet, ce qui n'est pas encore le cas aujourd'hui pour tous les utilisateurs. Mais nul doute que cela deviendra vite réalité, au même titre que la connexion au réseau électrique. Les serveurs Internet ne se contenteront plus de fournir des pages HTML statiques ou dynamiques : ils fourniront surtout des services Web aux applications. Ces serveurs Internet serviront de plus en plus, grâce à la technologie Click-Once, à déployer et mettre à jour des applications Windows.

.NET est-il significatif d'un changement d'attitude chez Microsoft ? Cette société a souvent été blâmée pour son manque de respect des normes mais aussi pour des incompatibilités qui portent gravement préjudice à ses concurrents. On comprend et réagit vite chez Microsoft : C# et le *run-time* (sous le nom de CLI, pour *Common Language Infrastructure*) font l'objet d'une normalisation Ecma et maintenant ISO. De plus, avec les services Web, l'accent est mis sur l'interopérabilité entre plates-formes. Enfin, mais indépendamment de Microsoft, une implémentation tout à fait remarquable (avec néanmoins des incompatibilités en ce qui concerne les programmes Windows) de .NET existe sur Linux avec le « projet mono » (voir `www.go-mono.com`) qui permet d'y exécuter des EXE .NET, sans même devoir recompiler le programme.

Les utilisateurs courent-ils un risque avec .NET ? Microsoft mise tout sur lui : plus aucun développement ni aucune communication (Web, articles, séminaires et grand-messes comme TechEd ou PDC (*Professional Developers Conference*) en dehors de .NET. Microsoft, dont on connaît le savoir-faire et les moyens, est condamné au succès.

L'architecture .NET

L'architecture .NET (nom choisi pour montrer l'importance accordée au réseau, amené à participer de plus en plus au fonctionnement des applications grâce aux services Web), technologie appelée à ses balbutiements NGWS (*Next Generation Web Services*), consiste en une couche Windows, en fait une collection de DLL librement distribuable et qui sera incorporée dans le noyau des prochaines versions de Windows (Windows Vista).

Cette couche contient un nombre impressionnant (plus de deux mille) de classes (tous les langages de .NET doivent être orientés objet), ainsi que tout un environnement d'exécution (un *run-time*, ou couche logicielle si vous préférez) pour les programmes s'exécutant sous contrôle de l'environnement .NET. On appelle cela le mode géré ou managé (*managed code*). La notion de *run-time* n'a rien de nouveau : les programmeurs en Visual Basic la connaissent depuis longtemps puisque même les programmes VB compilés en ont besoin. Les programmeurs Java connaissent aussi la notion de machine virtuelle. Néanmoins, même si le *run-time* .NET est, dans les faits, une machine virtuelle, Microsoft a toujours soigneusement évité d'employer ce terme, sans doute trop lié à Java et à Sun… Un *run-time* fournit des services aux programmes qui s'exécutent sous son contrôle. Dans le cas de l'architecture .NET, ces services font partie de ce que l'on appelle le CLR (*Common Language Run-time*) et assurent :

- le chargement (*load*) et l'exécution contrôlée des programmes ;

- l'isolation des programmes les uns par rapport aux autres ;

- les vérifications de type lors des appels de fonctions (avec refus de transtypages hasardeux) ;

- la conversion de code intermédiaire en code natif lors de l'exécution des programmes, opération appelée JIT (*Just In Time Compiler*) ;

- l'accès aux métadonnées (informations sur le code qui font partie du code même) ;

- les vérifications lors des accès à la mémoire (pas d'accès possible en dehors de la zone allouée au programme) ainsi qu'aux tableaux (pas d'accès en dehors de ses bornes) ;

- la gestion de la mémoire, avec ramasse-miettes automatique ;

- la gestion des exceptions ;

- la sécurité ;

- l'adaptation automatique des programmes aux caractéristiques nationales (langue, représentation des nombres et des symboles, etc.) ;

- la compatibilité avec les DLL et les modules COM actuels qui s'exécutent en code natif non contrôlé par .NET.

Les classes .NET peuvent être utilisées par tous les langages prenant en charge l'architecture .NET. Ces classes sont regroupées dans des espaces de noms (*namespaces*) qui se présentent en quelque sorte comme des répertoires de classes. Quelques espaces de noms et quelques classes :

Les classes de l'architecture .NET		
Espace de noms	Description	Exemples de classes
System	Accès aux types de base. Accès à la console.	Int32, Int64, Int16 Byte, Char String Float, Double, Decimal Console Type
System.Collections	Collections d'objets.	ArrayList, Hashtable, Queue, Stack, SortedList
System.IO	Accès aux fichiers.	File, Directory, Stream, FileStream, BinaryReader, BinaryWriter TextReader, TextWriter
System.Data.Common	Accès ADO.NET aux bases de données.	DbConnection, DbCommand, DataSet
System.Net	Accès au réseau.	Sockets TcpClient, TcpListener UdpClient
System.Reflection	Accès aux métadonnées.	FieldInfo, MemberInfo, ParameterInfo
System.Security	Contrôle de la sécurité.	Permissions, Policy Cryptography
System.WinForms	Composants orientés Windows.	Form, Button, ListBox MainMenu, StatusBar, DataGrid
System.Web.UI.WebControls	Composants orientés Windows.	Button, ListBox, HyperLink DataGrid

Il y a compatibilité absolue entre tous les langages de l'architecture .NET :

• une classe .NET peut être utilisée de manière identique (à la syntaxe du langage près) dans tout langage générant du code .NET ;

• une classe peut être créée dans un premier langage, servir de classe de base pour une classe dérivée implémentée dans un deuxième langage, et cette dernière classe enfin instanciée dans un troisième langage ;

• la manière de créer et d'utiliser les objets est identique (évidemment aux détails de langage près).

Les services de .NET créent les objets (tout est objet dans l'architecture .NET) et se chargent de libérer automatiquement de la mémoire les objets qui ne peuvent plus être utilisés : technique du ramasse-miettes (*garbage collection*). On retrouvait déjà ce procédé dans le langage Smalltalk créé par le Parc (Palo Alto Research Center) de Xerox, à l'origine des interfaces graphiques, de la souris et de bien d'autres choses, notamment dans le domaine de l'orienté objet. Java a d'ailleurs largement emprunté de nombreux concepts à Smalltalk. Il n'y a pas de honte à reconnaître que l'architecture .NET et le langage C# en particulier, reprennent le meilleur du C++, de Delphi, de Java, de Visual Basic et de Smalltalk. C'est à ce dernier langage, pourtant le moins utilisé des cinq, que doit aller prioritairement la reconnaissance des développeurs.

Les composants .NET utilisent la technique de la clé privée, connue du seul développeur, et de la clé publique, à disposition des utilisateurs. Il faut une concordance du code, de la clé publique et de la clé privée pour pouvoir exécuter le code d'un composant. Toute modification du code d'un composant (opération effectuée malicieusement par les virus) rend ce composant inutilisable.

.NET utilise aussi une technique qui met fin au problème connu sous le nom de l'enfer des DLL (problème créé lors de l'installation d'un logiciel, par écrasement d'une DLL existante) en attribuant des numéros aux versions. Il est maintenant possible de garder plusieurs versions d'une même DLL, les programmes utilisant automatiquement la version de la DLL qui leur convient.

Les langages de l'architecture .NET

Tous les langages .NET doivent présenter des caractéristiques communes :

- mêmes types de données (tailles et représentation), ce que l'on appelle le CTS (*Common Type System*) définissant précisément ces caractéristiques ;
- même utilisation des classes, même manière de créer et de gérer les objets ;
- même code intermédiaire : MSIL généré (*Microsoft Intermediate Language*).

Les compilateurs créant des programmes pour .NET doivent générer un code intermédiaire, appelé MSIL. Il s'agit d'un code intermédiaire entre le code source (par exemple du code C# ou Visual Basic) et le code natif directement exécutable par le microprocesseur. Ce code intermédiaire est donc indépendant du code de bas niveau qu'est le langage machine, mais il est capable de manipuler ces constructions de haut niveau que sont les objets. C'est ce qui explique pourquoi .NET a pu être porté sur d'autres plates-formes comme Linux (voir le projet mono qui est disponible et librement téléchargeable).

Au moment d'exécuter un programme, ce code intermédiaire est pris en charge par .NET qui le fait exécuter, fonction après fonction, par un *JIT compiler*. .NET procède par compilation et non par interprétation, toutefois il s'agit d'une compilation (de code MSIL en code natif) en cours d'exécution de programme. Au moment de commencer l'exécution d'une fonction, mais lors du premier appel seulement, .NET appelle le JIT. Le JIT, qui connaît alors l'environnement d'exécution, et notamment le type de microprocesseur, compile le code intermédiaire de la fonction en code natif, en fonction du microprocesseur réellement utilisé (ce qui permet une optimisation). Du code natif est dès lors exécuté. Le processus recommence quand une autre fonction, non encore compilée, est appelée. Très rapidement, on n'exécute plus que du code natif optimisé pour le microprocesseur de l'utilisateur. Il est aussi possible, avec l'utilitaire ngen, de générer des programmes précompilés (et, par conséquent, propres à un microprocesseur bien particulier).

Les compilateurs fournis par Microsoft avec Visual Studio sont :

- Visual Basic qui a été profondément modifié et qui est devenu entièrement orienté objet ;

- Visual C++ qui peut travailler dans deux modes :
  - dans le premier mode, compatible avec les versions précédentes, le code généré est le code natif du microprocesseur et les classes sont les classes MFC. Ce mode n'est donc pas compatible .NET et n'en utilise pas les possibilités, ni pour le développement ni pour l'exécution. Ce mode est là pour assurer la compatibilité avec l'existant ;
  - le second mode (*managed code*) vise l'architecture .NET et utilise les ressources du nouvel environnement de développement. Développer en C++ pour .NET reste néanmoins lourd, surtout quand on connaît la facilité offerte par C#, le nouveau langage introduit par Microsoft ;

- C#, qui devient de facto le langage de référence et qui fait l'objet de cet ouvrage ;

- enfin, J#, le langage Java de .NET dont on doute qu'il soit largement utilisé à voir le peu d'activité dans les forums consacrés à ce langage.

Les langages .NET ne se limitent cependant pas à ceux-là. Microsoft publie toute la documentation nécessaire pour permettre à d'autres fournisseurs de compilateurs de livrer des versions .NET de leur produit : Eiffel, Pascal, Perl, Cobol, Python, Oberon, Scheme et Smalltalk pour n'en citer que quelques-uns. Tous ces langages adaptés à .NET (sauf exception, ils ont été adaptés au niveau du code généré, pas de la syntaxe) utilisent les mêmes classes et les mêmes outils de développement et leur intégration dans Visual Studio est saisissante. Les développeurs de ces langages n'ont pas à créer les librairies et outils nécessaires (par exemple le debugger) pour une véritable utilisation professionnelle. Or, développer ces librairies et outils prend généralement beaucoup plus de temps et mobilise plus de ressources humaines que le développement du compilateur lui-même, ce qui constitue un frein à l'apparition de ces nouveaux langages (hors des circuits académiques évidemment).

Avec l'architecture .NET, Microsoft joue incontestablement la carte de l'ouverture aux langages, y compris ceux provenant de sources extérieures à la société puisque l'accent est mis sur la variété des langages et les possibilités d'inter-langage : le programmeur a le choix, à tout moment, du langage qu'il connaît le mieux ou du langage le plus approprié à certaines parties de l'application. On peut en effet très bien envisager une partie de l'application écrite dans un langage et une autre partie dans un langage différent. La pierre lancée dans le jardin de Sun, qui prône Java comme unique langage, n'échappe à personne, d'autant moins que Microsoft a fait du C# un langage normalisé par un comité indépendant de Microsoft (Ecma/ISO) alors que Java reste un langage propriétaire de Sun.

Tous ces langages doivent évidemment suivre les règles édictées pour être compatibles .NET. Ces règles forment le CLS (*Common Language Specification*). Signalons quand même qu'en générant un code susceptible d'être utilisé ou réutilisé (fichier EXE ou DLL, ce que l'on appelle un *assembly* dans le jargon .NET), le compilateur doit générer pour cette pièce de code (on parle d'ailleurs de composants auto-descriptibles, *self describing components*) :

- des informations sur le contenu de cette pièce de code (classes, propriétés et méthodes publiques) ainsi que sur les librairies utilisées par le code de l'*assembly* (nom des librairies nécessaires, numéro de version minimale, etc.) ;

- le code des fonctions des classes (code MSIL).

Tout cela donne à .NET un contrôle bien plus élaboré des programmes et notamment des librairies extérieures qui, à un moment ou à un autre, sont appelées par le programme.

Un programme pour .NET démarre comme un programme traditionnel mais le contrôle passe immédiatement au *run-time* .NET qui fait exécuter le programme sous sa haute surveillance (compilation du code MSIL, fonction après fonction, par le JIT, appels aux services .NET, vérifications, etc.).

Tout programme écrit pour .NET a accès à l'API Windows (l'ensemble des fonctions de base de Windows) cependant, comme des classes .NET encapsulent ces fonctions, il est exceptionnel (mais possible) de faire appel à ces fonctions de base de Windows. Les programmes .NET peuvent utiliser des composants COM. Sous Visual Studio, ces composants COM s'utilisent aussi aisément que dans l'environnement VB6. Enfin, des composants .NET peuvent être transformés en composants COM et utilisés comme tels dans VB6 mais aussi dans tous les outils de développement qui reconnaissent la technologie COM.

Le langage C#

Le langage star de la nouvelle version de Visual Studio et de l'architecture .NET est C#, un langage dérivé du C++. Il reprend certaines caractéristiques des langages apparus ces dernières années et en particulier de Java (qui reprenait déjà à son compte des concepts introduits par Smalltalk quinze ans plus tôt). C# peut être utilisé pour créer, avec une facilité incomparable, des applications Windows et Web. C# devient le langage de prédilection d'ASP.NET qui permet de créer des pages Web dynamiques avec programmation côté serveur.

C# s'inscrit parfaitement dans la lignée C → C++ → C# :

- le langage C++ a ajouté les techniques de programmation orientée objet au langage C (mais la réutilisabilité promise par C++ ne l'a jamais été qu'au niveau source) ;

- le langage C# ajoute au C++ les techniques de construction de programmes sur base de composants prêts à l'emploi avec propriétés et événements, rendant ainsi le développement de programmes nettement plus aisé. La notion de briques logicielles aisément réutilisables devient réalité.

Passons rapidement en revue les caractéristiques de C# (par rapport au C++) :

- orientation objet prononcée : tout doit être incorporé dans des classes ;
- types précisément conformes à l'architecture .NET et vérifications de type plus élaborées ;
- Unicode pour le code des caractères : les programmeurs C++ qui connaissent la lourdeur de l'interfaçage avec des modules Unicode (difficile aujourd'hui d'imaginer autre chose) apprécieront ;
- libération automatique des objets (*garbage collection*) ;
- les pointeurs ne disparaissent pas mais ne sont plus réservés qu'à des cas bien particuliers d'optimisation (voir par exemple la fin du chapitre 13 consacrée au traitement d'images, l'utilisation des pointeurs permet d'améliorer les performances de manière pour le moins spectaculaire) ;
- remplacement des pointeurs (sur tableaux, sur objets, etc.) par des références qui offrent des possibilités semblables mais avec bien plus de sûreté mais sans perte de performance ;
- disparition du passage d'argument par adresse au profit du passage par référence ;
- manipulation des tableaux de manière fort différente et avec plus de sécurité, ce qui est particulièrement heureux ;
- passage de tableaux en arguments ainsi que renvoi de tableau nettement simplifié ;
- nouvelle manière d'écrire des boucles avec l'instruction foreach qui permet de balayer aisément tableaux et collections ;
- introduction des propriétés, des indexeurs et des attributs ;
- disparition de l'héritage multiple mais possibilité pour une classe d'implémenter plusieurs interfaces.

Tout cela est étudié dans les premiers chapitres de l'ouvrage.

Créer des applications Windows et Web

Écrire une application Windows ou Web en C# avec le nouvel environnement Visual Studio devient incomparablement plus simple qu'avec MFC puisque Visual Studio utilise le modèle de composants ainsi que le développement interactif qu'ont pu apprécier les développeurs sous Delphi. Il faut même s'attendre à ce que ce développement s'avère de plus en plus simple au fur et à mesure que des composants deviennent disponibles sur le marché. Comme ces composants .NET sont susceptibles d'être utilisés dans tous les langages de l'architecture .NET, leur marché est considérable. Nul doute que l'offre sera dès lors tout aussi considérable.

Avec Visual Studio, les applications Web se développent comme les applications Windows, en utilisant le modèle ASP.NET, par insertion de code (C#, J# ou VB.NET) dans des pages HTML. Le code C# ou VB.NET est compilé sur le serveur au moment de traiter la page (mais il est maintenant possible de précompiler le code) et du code HTML pur est envoyé au client. N'importe quel navigateur peut dès lors être utilisé sur la machine du client.

Côté accès aux bases de données, toute la couche ADO (*ActiveX Data Objects*, utilisée en Visual Basic 6) a été entièrement repensée et réécrite pour devenir ADO.NET. Malgré des ressemblances, ADO.NET se démarque nettement d'ADO et le A (pour ActiveX) d'ADO.NET perdra à terme toute signification. XML prend un rôle fondamental dans le monde ADO.NET en général et .NET en particulier.

Tout cela sera abordé avec de nombreux exemples pratiques dans les différents chapitres de cet ouvrage.

Pour résumer

L'architecture .NET pourrait être résumée à l'aide de ce schéma :

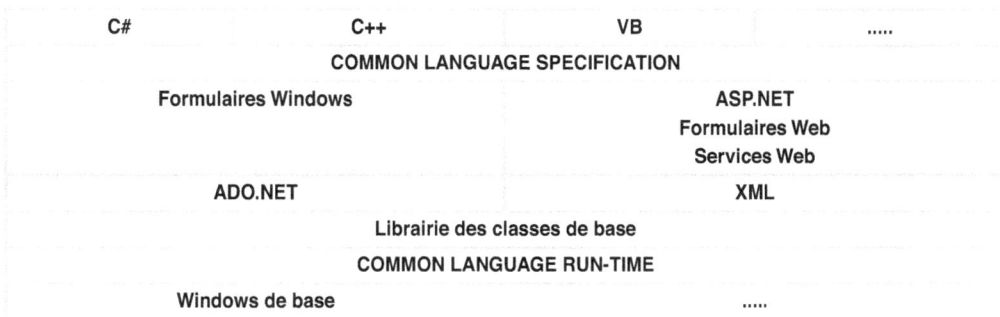

C#	C++	VB	.....
COMMON LANGUAGE SPECIFICATION			
Formulaires Windows		ASP.NET Formulaires Web Services Web	
ADO.NET		XML	
Librairie des classes de base			
COMMON LANGUAGE RUN-TIME			
Windows de base		.....	

Commentons ce schéma en commençant par la couche supérieure, la plus proche des développeurs.

Les développeurs utilisent un ou plusieurs des langages compatibles .NET. Ceux-ci proviennent de Microsoft ou de sources extérieures. À ce jour, on dénombre plus de vingt compilateurs de langages différents disponibles ou prêts à l'être. Le développeur utilise donc le langage qu'il maîtrise le mieux ou qui est le plus approprié à la tâche qu'il entreprend. Rien n'empêche que les différentes parties d'un projet soient écrites dans des langages différents. Une classe de base peut être écrite dans un premier langage, sa classe dérivée dans un deuxième et cette classe dérivée utilisée dans un programme écrit dans un troisième langage.

Tous ces langages doivent avoir une orientation objet et respecter des règles établies par .NET en ce qui concerne les types utilisés, le contenu et le format des fichiers générés par les compilateurs. Ces règles forment le CLS (*Common Language Specification*). Elles sont normalisées au niveau mondial, parfaitement documentées et toute modification doit être approuvée par le comité de normalisation, Microsoft n'étant que l'un des membres de ce comité.

Tous ces compilateurs s'intègrent parfaitement dans l'outil de développement de Microsoft qui reste le même quel que soit le langage utilisé. Tous ces langages utilisent les mêmes outils et les mêmes classes de base de l'architecture .NET. Pour un programmeur, passer d'un langage à l'autre devient donc nettement plus simple que par le passé puisqu'il garde tous ses acquis et toutes ses compétences.

Les programmes écrits dans ces différents langages offrent, globalement, le même niveau de performance.

Bien que tous ces langages soient égaux, ils gardent néanmoins leurs spécificités, leurs points forts et leurs limites : certains langages (c'est le cas de C#) offrent des possibilités, par exemple accès aux pointeurs, redéfinition d'opérateurs, etc., que d'autres ignorent.

Ces langages permettent d'écrire soit des programmes pour le mode console, des applications pour interface graphique Windows soit des applications pour le Web, côté serveur (le Web pouvant être limité à un réseau local). Pour ces dernières, on utilise les outils d'ASP.NET. Les outils de création de programmes Windows et ceux de création de programmes ASP.NET, quoique différents, sont particulièrement proches dans leurs possibilités et leur utilisation. Tous deux utilisent les mêmes langages (ASP.NET étant néanmoins limité à C#, J# et VB.NET) et les mêmes classes de base de l'architecture .NET.

L'outil de développement permet aussi, avec une facilité déconcertante, de créer et d'utiliser des services Web. Cette technique permet d'appeler des fonctions (au sens de la programmation) qui s'exécutent sur une autre machine du réseau local ou d'Internet. Cette technologie des services Web repose sur des protocoles standard que sont SOAP, XML et HTTP. Ces services Web peuvent être mis à disposition de n'importe quel client, quelle que soit sa machine ou le système d'exploitation qu'il utilise. Ainsi, le service Web, lorsqu'il est utilisé à partir d'un programme .NET, peut provenir de n'importe quelle machine sous contrôle de n'importe quel système d'exploitation.

Toutes ces applications, qu'elles soient de type console, Windows ou Web, manipulent vraisemblablement des données provenant de bases de données. .NET a développé ADO.NET qui a donné accès, de manière quasi transparente, aux différentes bases de données commercialisées.

Toutes ces applications, quel que soit leur type et quel que soit leur langage d'implémentation, ont accès aux mêmes classes de base de l'architecture .NET. Microsoft fournit un nombre impressionnant de classes de base (d'une qualité remarquable d'ailleurs) mais des classes et des composants provenant de sources extérieures peuvent être ajoutés.

Tous les compilateurs de langages génèrent un code intermédiaire appelé IL. Celui-ci est indépendant du microprocesseur. Au moment d'exécuter une fonction du programme, le code IL du programme est compilé fonction par fonction, mais cette compilation n'est effectuée qu'une seule fois, lors de la première exécution de la fonction. Le code IL est compilé en code natif optimisé pour le microprocesseur de la machine.

Les programmes s'exécutent alors sous contrôle strict du *run-time* .NET, avec bien plus de vérifications qu'auparavant. Ce mode de fonctionnement s'appelle le « mode managé ».

Les composants COM (ActiveX) ainsi que le code en DLL d'avant .NET peuvent néanmoins encore être exécutés dans un programme .NET.

Le *run-time* .NET (qu'on appelle aussi le *framework*) doit avoir été installé pour pouvoir exécuter des programmes .NET. Il est librement téléchargeable et généralement préinstallé sur les ordinateurs vendus aujourd'hui.

Le CLR et le C# font l'objet d'une normalisation internationale, ce qui devrait permettre de l'implémenter sous d'autres systèmes d'exploitation. Des implémentations de .NET existent d'ailleurs sous Unix/Linux, ce qui explique les points de suspension à la dernière ligne du schéma.

Le CLR agit comme couche logicielle au-dessus du système d'exploitation et en exploite donc les possibilités. À ce titre, le CLR agit comme machine virtuelle, bien que Microsoft rejette ce terme, certes parce qu'il est galvaudé, au point de signifier peu de choses mais aussi parce qu'il est très associé à la machine virtuelle Java...

C# et .NET en version 2

En novembre 2005, Microsoft a livré la version 2 de .NET et de C#, la nouvelle version de Visual Studio s'appelant Visual Studio 2005.

Cette nouvelle version constitue une version majeure, avec d'importantes améliorations à tous niveaux. Pour n'en reprendre que quelques-unes, parmi les principales :

- en C# : les génériques, le type nullable, les classes partielles, les méthodes anonymes ;
- pour la création de programmes : le refactoring, les extraits de code (*code snippets*) et améliorations dans le débogueur ;
- pour les applications Windows : plusieurs nouveaux composants, notamment pour les barres d'outils et le menu ;
- pour ASP.NET : des améliorations partout (notamment les pages maîtres, la sécurité et les composants orientés données) ;
- pour les bases de données : programmation générique, indépendante du SGBD ;
- pour les mobiles : prise en charge du .NET Compact Framework et nouveaux émulateurs ;
- pour le déploiement : la technologie ClickOnce qui bouleverse la manière de déployer des applications Windows.

Visual Studio est décliné en plusieurs versions, qui présentent des fonctionnalités très semblables mais à des niveaux différents d'utilisation :

- Visual C# Express s'adresse aux hobbyistes, curieux et étudiants : prix dérisoire (et même en téléchargement gratuit pour une durée limitée) pour un apprentissage de la programmation en mode console et Windows (mais pas des applications pour mobiles) ;

- Visual Web Developer, qui fait également partie de la gamme des produits Express mais pour le développement d'applications Web ;

- SQL Server Express : base de données d'entrée de gamme, semblable dans son utilisation à la version complète et destinée au public des versions Express ;

- Visual Studio 2005 Standard pour un développement déjà plus professionnel en C#, VB, J# ou C++, tant pour des applications en mode console, Windows ou Web que pour des applications pour mobiles ;

- Visual Studio 2005 Professionnel pour développeurs professionnels travaillant seuls ou en équipe restreinte ;

- Visual Studio 2005 Team System pour grosses équipes très structurées fondant leurs développements sur des outils de modélisation.

Cet ouvrage ne couvre pas les fonctionnalités propres à Visual Studio 2005 Team System.

1

C# : types et instructions de base

Ce chapitre est consacré à l'apprentissage du langage C# mais sans introduire encore la notion de classe. La lecture de ce chapitre, et de cet ouvrage en général, suppose que vous n'êtes pas néophyte en matière de programmation : les notions de variable, de boucles et de fonctions mais aussi de compilation sont supposées connues.

Le mode console est essentiellement utilisé dans ce chapitre car il convient le mieux à un apprentissage.

C# version 2 a apporté peu de modifications en ce qui concerne les bases, hors programmation orientée objet. Cependant, il est maintenant possible (voir la section 1.11) de créer des programmes, s'exécutant même en mode console, qui sont moins rébarbatifs que par le passé : couleurs, positionnement de curseur, taille de fenêtre et libellé de titre.

1.1 Nos premiers pas en C#

1.1.1 Notre premier programme en C#

Sans nous attarder sur les détails, nous allons écrire un premier programme en C#, comme on le fait depuis la nuit des temps en informatique. Mais d'abord un conseil : pour l'apprentissage du langage, limitez-vous à des programmes en mode console. Évitez, pour le moment, les programmes Windows où toute une série d'instructions sont automatiquement générées, ce qui facilite, certes, la vie du programmeur mais rend la compréhension de certains concepts moins évidente.

Premier programme en C#   **Ex1.cs**

```
class Prog
{
 static void Main()
 {
 }
}
```

Au chapitre 7, nous montrerons comment créer, compiler et mettre au point les programmes. Dans ce chapitre et le suivant, nous nous concentrerons sur l'aspect programmation. Visual Studio, lorsqu'on lui demande de créer une application console, crée un programme apparemment plus complexe, avec un espace de noms (*namespace* en anglais) qui entoure tout ce que nous avons écrit. Rien ne vous empêche de ramener le programme console généré par Visual Studio au programme précédent, plus simple (CTRL+L pour supprimer la ligne sous le curseur).

Ce programme et tous ceux de ce chapitre et du suivant s'exécutent certes en mode console mais cela importe peu. Ce mode convient bien mieux à l'apprentissage d'un langage. Nous aborderons la programmation Web et Windows plus loin, à partir du chapitre 10.

On retrouve la fonction main du C/C++ qui est le point d'entrée du programme. En C#, elle doit cependant s'appeler Main et non main. C#, comme C/C++, distingue en effet les majuscules des minuscules. En C#, Main doit être contenu dans une classe et être qualifié de static. L'explication sur les mots réservés class et static viendra plus tard (au chapitre 2) mais les programmeurs C++ devraient déjà se sentir en pays de connaissance.

Ce premier programme ne fait encore rien. Il démarre et se termine aussitôt. Nous compléterons progressivement ce programme.

Comme en C/C++, la fonction Main pourrait renvoyer un entier, ce qui s'avère utile dans le cas où un programme lance l'exécution d'un autre programme (celui-ci, en dernière instruction return, peut en effet renvoyer un code de retour à son « père »). Le programme s'écrit alors :

Programme renvoyant une valeur   **Ex2.cs**

```
class Prog
{
 static int Main()
 {
  return 0;
 }
}
```

Nous avons ici renvoyé la valeur zéro mais n'importe quelle valeur entière pourrait être renvoyée. C'est par cette valeur que le programme fils renvoie une information au programme père. Il s'agit là d'une technique, certes élémentaire et ancestrale, de communication entre programmes. La signification de la valeur renvoyée par un programme dépend uniquement de celui-ci. Au chapitre 9, nous verrons comment un programme père peut lancer l'exécution d'un programme fils, et récupérer la valeur renvoyée par ce dernier.

Main pourrait aussi accepter des arguments, qu'on appelle les arguments de la ligne de commande. Main s'écrirait alors :

Programme acceptant des arguments	Ex3.cs

```
class Prog
{
 static void Main(string[] args)
 {
 }
}
```

Nous apprendrons plus loin à retrouver les arguments de la ligne de commande. Pour les programmeurs en C/C++, signalons déjà que ces arguments se trouvent, pour notre facilité, dans un tableau de chaînes de caractères et non plus dans un tableau de pointeurs sur des chaînes de caractères comme c'est le cas en C/C++. Tout au long de l'apprentissage du C#, nous verrons que celui-ci va dans le sens de la simplicité et de la lisibilité, sans aucune perte de puissance du langage.

La description (qu'on appelle la définition) de la classe pourrait être terminée par un point-virgule, ce qui est d'ailleurs obligatoire en C++. En C#, on omet généralement le point-virgule en fin de définition. Il reste néanmoins obligatoire après une déclaration de variable ou une instruction.

Le fichier programme (le texte donc, encore appelé « source », au masculin dans le jargon des informaticiens) peut porter n'importe quel nom, par exemple Prog.cs. Le nom de la classe principale est souvent donné au fichier programme, mais cela ne constitue pas une obligation. Après compilation, un fichier Prog.exe (si Prog.cs est le nom du fichier source) est directement créé. À la section 7.4, nous analyserons le contenu de ce fichier exécutable.

Bien sûr, ce programme ne fait rien du tout puisqu'il ne contient encore aucune instruction. Complétons-le.

1.1.2 Notre deuxième programme en C#

Dans ce deuxième programme, nous allons afficher un message. Il s'agit toujours d'une application s'exécutant en mode console :

Programme en C# affichant un message	Ex4.cs

```
using System;
class Prog
{
 static void Main()
 {
  Console.WriteLine("Bonjour");
 }
}
```

Dans ce programme, la première ligne (avec la directive using) signale que l'on fera appel à des fonctions de l'architecture .NET regroupées dans un espace de noms appelé System.

Ces fonctions sont regroupées dans des classes (de quelques-unes à plusieurs dizaines de fonctions par classe). Ces fonctions ont été écrites par Microsoft, et plusieurs milliers de classes sont ainsi mises à votre disposition. Pour votre facilité, ces classes sont regroupées dans des espaces de noms, un peu à la manière des fichiers qui sont regroupés en répertoires.

Les espaces de noms constituent donc un moyen de partitionner les classes dans des blocs distincts mais organisés selon une hiérarchie tout à fait logique.

Ce regroupement en espaces de noms est purement logique et n'intéresse que le compilateur au moment de compiler le programme. Le code machine des diverses fonctions dans ces espaces de noms se trouve dans différentes DLL (qu'on appelle aussi librairies), sans qu'il y ait nécessairement une relation directe entre espace de noms et DLL.

Parmi ces ressources logicielles mises à la disposition des programmeurs, figure la classe Console qui englobe les fonctions de dialogue avec l'utilisateur en mode console. Dans ces fonctions (qu'on appelle aussi méthodes), on trouve WriteLine qui affiche un message dans une fenêtre en mode console. La classe Console fait partie de l'espace de noms System.

On aurait pu omettre la directive using mais il aurait alors fallu écrire (le code généré par le compilateur reflète d'ailleurs cette dernière manière de faire) :

Programme sans clause using   Ex5.cs
```
class Prog
{
 static void Main()
 {
   System.Console.WriteLine("Bonjour");
 }
}
```

Il est possible de créer ses propres espaces de noms et ses propres librairies, mais nous ne le ferons pas encore tant nos programmes sont simples pour le moment.

Lors de l'exécution, notre programme précédent affiche un message et se termine aussitôt, sans même vous donner le plaisir d'admirer le résultat. C'est pour cette raison que l'on ajoute généralement la ligne suivante comme dernière instruction (elle met le programme en attente d'une frappe de la touche ENTREE) :

```
Console.Read();
```

Plus loin dans ce chapitre, nous montrerons comment afficher des contenus de variables et comment lire des données saisies au clavier. Mais il y a des choses plus fondamentales à voir avant cela.

Un *alias* peut être spécifié comme clause `using`. On peut donc écrire (bien que cela ne soit pas souhaitable car cela nuit à la compréhension du programme) :

Programme avec alias dans clause `using`   `Ex6.cs`

```
using COut = System.Console;
class Prog
{
 static void Main()
 {
  COut.WriteLine("Bonjour");
 }
}
```

`COut` est ici choisi librement et n'a aucun rapport avec le `cout` du C++) :

1.2 Commentaires en C#

Avant d'entreprendre l'étude de la syntaxe, apprenons à placer des commentaires dans le programme. On note peu de modifications par rapport au C/C++, excepté l'aide à la documentation automatique du programme.

Trois formes sont possibles :

`//`	comme en C++, le reste de la ligne consiste en un commentaire et n'est donc pas pris en compte par le compilateur ;
`/* .... */`	comme en C/C++, tout ce qui est compris entre `/*` et `*/`, éventuellement sur plusieurs lignes, est en commentaire ;
`///`	le reste de la ligne sert pour la documentation automatique du programme (explication à la section 7.1).

Comme en C/C++ (sauf pour les compilateurs plus *cool* ou plus laxistes selon le point de vue), un couple `/* ... */` ne peut être imbriqué dans un autre couple `/* ... */`. Des commentaires introduits par `//` peuvent néanmoins être inclus dans un couple `/* ... */`.

Pour mettre en commentaire toute une partie de code qui contient déjà un couple `/* ... */`, il faut écrire :

```
#if false
....          // toute cette partie de code est en commentaire
#endif
```

1.3 Identificateurs en C#

Un programme C#, comme tout programme d'ailleurs, opère sur des variables. On ne retrouve cependant pas telles quelles les variables globales du C/C++ mais, rassurez-vous, nous retrouverons les mêmes possibilités.

Comme dans tout langage typé (c'est-à-dire qui rend obligatoire la déclaration du type d'une variable, ce qui est le cas aujourd'hui de tous les langages utilisés de manière professionnelle), une variable est caractérisée par son nom, son type et sa durée de vie. Parlons d'abord du nom donné aux variables.

1.3.1 Les identificateurs

Différence par rapport au C/C++ : C# accepte nos lettres accentuées. Un identificateur (nom de variable mais aussi de fonction, de classe, etc.) doit obéir aux règles suivantes :

- Le premier caractère doit commencer par une lettre (de A à Z, de a à z ainsi que nos lettres accentuées) ou le caractère de soulignement (_).

- Les caractères suivants de l'identificateur peuvent contenir les caractères dont il vient d'être question ainsi que des chiffres.

Comme en C/C++, la minuscule et la majuscule d'une même lettre sont considérées comme des caractères différents. Contrairement au C/C++, nos lettres accentuées sont acceptées dans un identificateur et il n'y a aucune limite quant au nombre maximum de caractères dans un identificateur (ce qui n'interdit pas de faire preuve de bon sens).

Un mot réservé de C# (par exemple `int`) peut être utilisé comme nom de variable à condition de le préfixer de `@`. Le préfixe `@` peut en fait être utilisé au début de tout nom de variable bien qu'il soit évidemment préférable d'éviter cette pratique qui alourdit inutilement la lecture du programme.

Exemples de noms de variables	

`NbLignes`
`nbBédés`
`_A123`
`i`
`I`
`@int`
	Tous les noms de variable repris dans ce cadre sont corrects, ce qui ne signifie pas qu'il faille tous les recommander (surtout le dernier).

`1A123`	Refusé car ce nom commence par un chiffre.
`A+123`	Refusé car on y trouve un caractère invalide (+).

Il n'y a pas de règles, seulement des modes, quant à la manière de former le nom des variables : toutes les conventions se valent.

L'équipe de développement de .NET recommande la notation dite *camel casing* (que l'on pourrait traduire par « en chameau »), par exemple `NombreDeLignes`.

C# : types et instructions de base

CHAPITRE 1

21

Certains préfèrent encore la notation dite hongroise (en référence à l'un des premiers programmeurs de Microsoft, Charles Simonyi, d'origine hongroise) où chaque nom de variable est préfixé d'une lettre qui indique son type (comme i pour entier, s pour chaîne de caractères, etc.) : par exemple, iLigne ou sNom.

1.3.2 Les mots réservés

Certains mots sont réservés : ils ont une signification bien particulière en C# et ne peuvent donc être utilisés comme noms de variable ou de fonction, sauf si on les préfixe de @. N'utilisez pas non plus des noms de classes (classes existantes de l'architecture .NET ou classes du programme), ce qui induirait le compilateur en erreur.

Mots réservés du langage C#

abstract	as		
base	bool	break	byte
case	catch	char	checked
class	const	continue	
decimal	default	delegate	do
double			
else	enum	event	explicit
extern			
false	finally	fixed	float
for	foreach		
goto			
if	implicit	in	int
interface	internal	is	
lock	long		
namespace	new	null	
object	operator	out	override
params	private	protected	public
readonly	ref	return	
sbyte	sealed	short	sizeof
stackalloc	static	string	struct
switch			
this	throw	true	try
typeof			
uint	ulong	unchecked	unsafe
ushort	using		
virtual	void		
while			

1.4 Types de données en C#

Nous allons maintenant nous intéresser aux types de variables, sans tenir compte du type « classe » abordé au chapitre 2. On qualifie les premiers types que nous allons étudier (entiers, réels et structures) de « type valeur ».

Les variables de type valeur définies dans une fonction occupent chacune quelques octets (cela dépend du type de la variable, voir ci-après) dans une zone de mémoire associée au programme, cette zone étant appelée pile (*stack* en anglais). Diverses instructions du microprocesseur donnent accès de manière optimisée à la pile, ce qui n'est pas le cas pour le *heap* qui est la zone de mémoire où sont alloués les objets (voir chapitre 2).

C# définit précisément la taille des variables d'un type donné : lors de l'exécution du programme, au moment d'entrer dans une fonction, de la mémoire est réservée pour les variables de la fonction (plus précisément sur la pile dans le cas de variables de type valeur). Pour chaque variable de la fonction, n octets sont réservés, où n dépend du type.

Une variable entière de type `int` est toujours codée sur 32 bits, et une de type `long` sur 64 bits. Ce n'est pas le cas en C/C++ où un `int` peut être codé, suivant la machine ou le système d'exploitation, sur 16 ou 32 bits (généralement, mais il pourrait s'agir de n'importe quel nombre de bits). Les normes du C et du C++ laissent en effet le choix du nombre de bits à l'implémenteur du compilateur.

Que C# définisse précisément la taille de la zone mémoire allouée à chaque type est une excellente chose car cela assure une compatibilité naturelle avec les autres langages de l'architecture .NET, eux aussi soumis aux mêmes contraintes. Ainsi, un `int` est codé de la même manière, sur 32 bits, aussi bien en C# qu'en VB.NET, et même dans tout langage « compatible .NET », présent ou à venir. C'est ce qui permet notamment d'utiliser en VB.NET des fonctions créées en C#.

1.4.1 Les types entiers

Voyons d'abord les types entiers avec leurs caractéristiques et notamment leurs valeurs limites. Nous omettons pour le moment les types `bool` et `char` qui pourraient être qualifiés d'entiers mais qui doivent faire l'objet d'un traitement séparé.

Les types entiers	
`byte`	Une variable de type `byte` est codée sur un octet (8 bits). Elle peut prendre n'importe quelle valeur entière comprise entre 0 et 255 (inclus). N'utilisez pas le type `byte` pour contenir une lettre puisque c'est l'objet du type `char`.
	Les variables de type `byte` et `sbyte` peuvent être utilisées dans des calculs arithmétiques. Elles sont alors automatiquement converties, pour la durée de l'opération uniquement, en variables de type `int`.
`sbyte`	Une variable de type `sbyte` est aussi codée sur un octet. Elle peut contenir n'importe quelle valeur entière comprise entre -128 et 127 (inclus). Le s de `sbyte` rappelle qu'il s'agit d'un type avec signe.

short	Entier signé codé sur 16 bits. Une variable de type short peut donc contenir toutes les valeurs entières comprises entre -2^{15} et $2^{15}-1$, c'est-à-dire entre -32768 et 32767.
	Si une variable de type short (mais aussi ushort) est utilisée dans un calcul arithmétique, elle est automatiquement convertie, pour la durée de l'opération uniquement, en une variable de type int.
ushort	Entier non signé codé sur 16 bits. Une variable de type ushort peut contenir toutes les valeurs entières comprises entre 0 et 65535.
int	Entier signé codé sur 32 bits. Une variable de type int peut donc contenir toutes les valeurs entières comprises entre -2^{31} et $2^{31}-1$, c'est-à-dire entre moins deux milliards cent quarante-sept millions ($-2\ 147\ 483\ 648$ pour être précis) et deux milliards cent quarante-sept millions. Dans le nombre que nous venons d'écrire à l'aide de chiffres, les espaces n'ont été insérés que pour faciliter la lecture du nombre. Ces espaces ne doivent évidemment pas être repris dans un programme en C#.
uint	Entier non signé codé sur 32 bits. Une variable de type uint peut contenir toutes les valeurs entières comprises entre 0 et quatre milliards trois cents millions ($4\ 294\ 967\ 295$ pour être précis).
long	Entier signé codé sur 64 bits. Une variable de type long peut contenir toutes les valeurs entières comprises entre, approximativement, $-9.2*10^{18}$ et $9.2*10^{18}$ (c'est-à-dire 92 suivi de dix-sept zéros).
ulong	Entier signé codé sur 64 bits. Une variable de type ulong peut contenir toutes les valeurs entières comprises entre, approximativement, 0 et $18*10^{18}$.

Pour avoir une idée de ce que représente 10^{19} (à peu près la valeur la plus élevée d'un long), sachez que vous pourriez sans problème copier dans un long le nombre de microsecondes (il y en a un million par seconde) qui se sont écoulées depuis le début de notre ère chrétienne.

Bien que le sujet ne soit abordé qu'à la section 3.4, signalons déjà que les variables entières peuvent être considérées comme des objets de classes (nous verrons alors l'intérêt d'une telle pratique qu'on appelle *boxing* et *unboxing*) :

Classes associées aux types de base

using System;

Type	Classe associée	Type	Classe associée
byte	Byte	sbyte	SByte
short	Int16	ushort	UInt16
int	Int32	uint	UInt32
long	Int64	ulong	UInt64

Les deux déclarations suivantes sont équivalentes :

```
int i;
System.Int32 i;
```

mais la dernière forme, quoique rigoureusement identique à la précédente (y compris, lors de l'exécution du programme, en vitesse et espace mémoire occupé) est évidemment beaucoup moins utilisée, sauf dans les programmes ou parties de programme automatiquement générés par Visual Studio.

Parmi les propriétés (voir section 3.4) de ces classes, on trouve MaxValue (valeur la plus élevée du type) et MinValue (valeur la plus basse). Parmi les méthodes, on trouve surtout Parse (qui permet de convertir une chaîne de caractères en un nombre, voir les exemples plus loin dans ce chapitre) ainsi que différentes autres méthodes de conversion. Les propriétés et méthodes citées ici sont statiques.

On déclare une variable de types int, short, etc. comme en C/C++ :

```
int i;
int j, k;
int x=Int32.MaxValue;
long y=Int64.MinValue;
int z = 5;
```

Dans les trois derniers exemples, une variable est déclarée et initialisée dans la foulée.

Les variables i, j et k n'ayant pas été initialisées, elles contiennent des valeurs au hasard. Le compilateur interdira d'ailleurs qu'elles soient utilisées (du moins à droite d'une assignation) sans avoir été initialisées.

1.4.2 Les types non signés ne sont pas conformes au CLS

Signalons déjà (mais ne vous préoccupez pas du problème en première lecture) que les types non signés (ushort, uint et ulong) sont implémentés en C# mais ne sont pas obligatoirement implémentés dans les autres langages de l'architecture .NET. Le CLS (*Common Language Specification*, qui constitue une norme) n'oblige en effet pas les langages à implémenter le qualificatif unsigned (ou ses types comme uint ou ulong). On dit que les types ushort, uint et ulong ne sont pas CLSCompliant. Il n'y aura jamais de problème si vous utilisez ces types en variables locales ou en champs privés ou encore dans des classes privées. Utiliser ces types, en argument ou en valeur de retour d'une fonction, ne pose pas non plus de problème mais à la condition expresse que la fonction appelante soit aussi écrite en C#.

N'utilisez cependant pas ces types non signés en argument ou en valeur de retour de fonctions publiques susceptibles d'être appelées à partir de n'importe quel langage de l'architecture .NET. C'est également vrai pour les champs publics ou les propriétés de classes publiques.

1.4.3 Le type booléen

Une variable de type booléen peut contenir les valeurs « vrai » et « faux » (plus précisément true ou false).

Type booléen	
bool	Une variable de type bool peut prendre les valeurs true ou false et uniquement celles-là.

Une valeur nulle (zéro) dans un entier n'est pas synonyme de `false` ni toute valeur différente de 0 synonyme de `true`. C# se montre, ici aussi, bien plus rigoureux que C/C++. C# associe évidemment des séquences bien particulières de 1 et de 0 (puisque tout est 1 ou 0 en informatique) mais cela reste de la cuisine interne à C#. `true` est `true` et `false` est `false`, ne cherchez pas plus loin.

Une variable de type booléen peut être considérée comme un objet de la classe `Boolean`, dans l'espace de noms `System`.

1.4.4 Les types réels

Une variable de type réel peut contenir, avec plus ou moins de précision, des valeurs décimales. La nouveauté par rapport au C/C++ : le type `decimal` pour une meilleure précision. On retrouve les types `float` et `double`, bien connus des programmeurs C et C++.

Types réels	
`float`	Réel codé en simple précision, c'est-à-dire sur 32 bits et dans le format défini par la norme `ANSI IEEE 754`, devenue par la suite la norme `IEC 60559:1989`. Le plus petit nombre réel positif susceptible d'être représenté dans le format `float` est environ $1.4*10^{-45}$ et le plus grand $3.4*10^{38}$. Les valeurs négatives correspondantes ainsi que la valeur 0 peuvent également être représentées. On peut considérer que la précision est de sept décimales. Toutes les combinaisons de 1 et de 0 dans une zone de 32 bits ne forment pas nécessairement un nombre réel correct (contrairement aux entiers). En cas d'erreur, un nombre réel peut se trouver dans l'un des trois états suivants : infini positif — on a, par exemple, ajouté 1 au plus grand nombre positif, infini négatif — on a retiré 1 du plus petit nombre, `NaN` — *Not A number* quand la combinaison de 1 et de 0 ne correspond pas à un nombre réel valide. Pour tester si une variable de type `float` contient une valeur erronée, il faut passer par la classe `Single` (voir la section 3.4) et appeler des méthodes de cette classe (voir exemples dans la suite de ce chapitre).
`double`	Réel codé en double précision, c'est-à-dire sur 64 bits et dans le format également défini par la norme `IEEE 754`. Il s'agit du format de prédilection pour les réels. Le plus petit nombre réel positif susceptible d'être représenté en format `double` est $4.9*10^{-324}$ et le plus grand $1.8*10^{308}$. Les valeurs négatives correspondantes ainsi que la valeur 0 peuvent également être représentées. Ainsi que nous l'expliquerons ci-après, les nombres réels en format `double` sont représentés avec plus de précision que les nombres réels en format `float`. On peut considérer que la précision d'un `double` est de quinze décimales. Comme pour les `float`, toutes les combinaisons de 1 et de 0 ne sont pas autorisées. Passez par la classe `Double` et ses méthodes pour tester si une variable contient une valeur `double` plausible.
`decimal`	Réel codé sur 128 bits sous forme d'un entier multiplié par une puissance de dix, ce qui confère de l'exactitude dans la représentation machine du nombre, à condition de se limiter en grandeur (environ $8*10^{28}$ quand même). Le type `decimal` a été spécialement créé pour les applications financières. Nous expliquerons ci-après pourquoi. Les opérations sur des `decimal` sont plus précises mais aussi dix fois plus lentes que les opérations sur des `double` ou des `float`.

Pour avoir une idée de ce que représente 10^{38} (valeur la plus élevée d'un `float`), calculez le nombre de microsecondes qui se sont écoulées depuis le big-bang qui est à l'origine de l'univers : 10^{23} microsecondes seulement se sont écoulées en quinze milliards d'années.

Les variables de type `float`, `double` et `decimal` peuvent être considérées comme des objets respectivement des classes `Single`, `Double` et `Decimal` de l'espace de noms `System`.

1.4.5 Les réels peuvent être entachés d'une infime erreur

Les entiers (`byte`, `short`, `int`, etc.) sont toujours représentés avec exactitude : ils sont en effet obtenus en additionnant des puissances positives de 2, ce qui rend la représentation de tout nombre entier possible (en se limitant évidemment aux valeurs limites de ces types). Ainsi, 5 est égal à :

```
1*2² + 0*2¹ + 1*2⁰.
```

En revanche, il n'en va pas de même pour les réels qui sont le plus souvent approchés et même plus approchés en représentation `double` qu'en représentation `float`. En effet, la partie décimale d'un réel est obtenue en additionnant des puissances négatives de 2. Ainsi :

```
0.625 = 0.5 + 0.125 = 2-1 + 2-3
```

et peut (nous avons ici de la chance) être représenté avec exactitude à l'aide de trois décimales binaires (en appelant « décimales binaires » les chiffres binaires qui suivent le point séparant la partie entière de la partie décimale du nombre réel).

Il en va autrement pour `0.001`, même en utilisant un grand nombre de décimales binaires. Or, pour des raisons bien compréhensibles d'espace mémoire, le nombre de bits utilisés pour coder la partie décimale est limité (à 23 pour un `float` et à 52 pour un `double`). Autrement dit, `0.001` ne peut être représenté qu'avec une certaine approximation, certes infime mais réelle. Il en va de même pour la toute grande majorité des nombres réels. Évidemment, un nombre réel sera d'autant mieux approché que le nombre de décimales utilisées est élevé (autrement dit : plus on utilise de bits pour coder la partie décimale, dite mantisse, du réel). Par conséquent, un nombre réel est plus approché et donc plus précis en représentation `double` qu'en représentation `float`.

Cette imprécision dans la représentation des réels (qui n'est pas due à C# mais bien à la manière de représenter les réels en vue d'un traitement sur le microprocesseur) n'est pas sans importance : lors d'opérations successives (par exemple des additions effectuées dans une boucle), les « erreurs » dues à l'imprécision peuvent s'accumuler. C'est pour cette raison qu'additionner dix mille fois `0.001` (en représentation `float`) ne donne pas `10.0` comme résultat mais bien `10.0004`. Dans le cas de `double`, l'erreur est moindre mais elle est bien présente. Il vous appartient de tenir compte de cette imprécision dans les tests d'égalité.

Le type `decimal` résout ce problème. `0.001` est représenté avec exactitude et additionner dix mille fois ce nombre (en représentation `decimal`) donne exactement 10 comme résultat. Les opérations sur les variables de type `decimal` sont cependant nettement plus lentes que des opérations sur des `float` ou des `double`. Le type `decimal` est très apprécié dans les applications financières où le nombre de décimales est limité et les calculs peu complexes mais où l'exactitude est requise.

Nous reviendrons sur les différents types de réels au chapitre 3 après avoir étudié les classes sous-jacentes.

1.4.6 Le type char

Par rapport au C/C++ : semblable en apparence mais en réalité très différent. Une variable de type caractère (`char`) est, en effet, codée sur 16 bits, dans le système Unicode. Celui-ci consiste en une extension à 16 bits du code Ansi (code à 8 bits, lui-même dérivé du code `ASCII` à 7 bits) pour tenir compte d'autres alphabets (cyrillique, hébreu, arabe, devanagari, etc.). Ce passage à Unicode est heureux : le C/C++ est resté au code à 8 bits, ce qui complique énormément et inutilement les applications dès que l'on utilise des ActiveX (technologie, précédant .NET, de composants indépendants des langages), des techniques d'automation (pilotage, à partir d'un programme, de programmes comme Word ou Excel) ou simplement lors d'échanges de données avec des programmes écrits dans des langages différents. Aujourd'hui, ces technologies imposent, effectivement, généralement Unicode (Visual Basic est passé depuis longtemps à Unicode).

`char` et `byte` désignent donc, en C#, des types différents : codage sur 8 bits pour `byte`, et 16 bits pour `char`. Une variable de type `char`, comme n'importe quelle variable, ne contient que des 1 et des 0. C'est uniquement par convention (les codes Ansi, Unicode, etc.) que l'on décide que telle combinaison correspond à telle lettre (par exemple la valeur 65 pour A). Mais rien n'empêche de considérer qu'elle contient une valeur entière et d'effectuer une opération arithmétique impliquant cette variable (bien que le type `short` soit alors bien plus approprié).

Une variable de type `char` peut être considérée comme un objet de la classe `Char` de l'espace de noms `System` (voir la section 3.4). Dans cette classe, on trouve notamment des méthodes permettant de déterminer le type de caractère (lettre, chiffre, majuscule, etc.).

Comme `bool`, `byte`, `int`, `long`, `float`, `double` et `decimal`, un type `char` est de type valeur : 16 bits (et rien d'autre) sont réservés sur la pile pour une variable de type `char`.

1.4.7 Les chaînes de caractères

Par rapport au C/C++ : le paradis ! Oubliez, et avec quel bonheur, les tableaux de caractères du C/C++ et les fonctions de la famille `str` (`strcpy`, `strcat`, etc.) qui n'effectuent aucune vérification et qui ont joué plus d'un tour pendable aux programmeurs pourtant les plus attentifs.

En C#, une chaîne de caractères est un objet de la classe `String` de l'espace de noms `System` (voir la section 3.2). `string` est un autre nom pour désigner `System.String`. La classe `String` est riche en fonctions de traitement de chaînes. Elle contient également

la propriété Length qui donne la taille de la chaîne, en nombre de caractères. L'opérateur +
a été redéfini de manière à effectuer plus aisément des concaténations de chaînes.

Une chaîne de caractères est déclarée comme suit :

```
string s = "Bonjour";
```

Chaque caractère de la chaîne est un char et est donc codé sur 16 bits dans le système
Unicode. Une chaîne string s'agrandit automatiquement en fonction des besoins (insertions, concaténations, etc.), jusqu'à deux milliards de caractères, ce qui est plus que
largement suffisant pour les besoins pratiques.

Nous reviendrons sur les chaînes de caractères à plusieurs reprises au cours de ce chapitre mais surtout au chapitre 3 avec la classe String. Affirmons déjà que les chaînes de
caractères du C# peuvent être manipulées avec bien plus de facilité et de sécurité que
celles du C/C++ :

```
string s1 = "Bon";
string s2;
s2 = s1 + "jour";        // s2 contient Bonjour
s2 += " Monsieur";       // s2 contient Bonjour Monsieur
if (s1 == s2) .....      // comparaison de deux chaînes
char c = s1[0];          // c contient le premier caractère de s1
```

Pour une étude plus approfondie des string, voir la section 3.2.

Une variable de type string s'utilise comme une variable de type valeur (comme int,
long, float, double et char) bien qu'il s'agisse d'une variable de type référence (comme
les objets, qui seront vus au chapitre 2).

1.4.8 Le qualificatif const

Toute variable peut être qualifiée de const. Dans ce cas, la variable doit être initialisée
mais ne peut être modifiée par la suite (c'est-à-dire par une instruction de programme).
Comme en C++, cette qualification permet de s'assurer qu'une variable n'est pas modifiée
par inadvertance (généralement un oubli de la part du programmeur) :

```
const int N = 10;
```

Une constante peut être initialisée à partir du contenu d'une autre constante :

```
const int n1=3;
const int n2=n1;
const int n3=n1+2;
```

1.5 Constantes en C#

En ce qui concerne l'initialisation de variables, pas de différence par rapport au C/C++.
Une variable peut être déclarée et initialisée dans la foulée. Une variable pas encore
initialisée ne peut pas être utilisée, sauf à gauche d'une assignation. Autrement dit : une

variable non initialisée peut être destination mais ne peut être source dans un transfert. Il n'y a ainsi aucun risque d'utiliser malencontreusement une variable non initialisée.

On écrit par exemple :

```
int i=4;
int j, k=2;             // seul k est initialisé
i = j;                  // erreur de compilation
j = k;                  // correct
```

Dans ce qui suit, nous allons envisager les différents types de constantes (entières, réelles, etc.) :

1.5.1 Constantes et directive #define

Si C# permet évidemment de représenter des constantes, C# n'a pas l'équivalent des #define du C/C++ pour représenter des constantes (cette pratique étant d'ailleurs maintenant découragée en C++, au profit de const).

#define existe certes en C# mais sert à définir des symboles qui ont une signification pour le programmeur (ils sont définis ou non, c'est tout). #undef a l'effet inverse : le symbole n'est plus défini. Les directives #define et #undef doivent être placées tout au début du programme.

Avec

```
#define A
```

on signale au compilateur que le symbole A existe. Aucune valeur particulière ne peut être associée au symbole (contrairement au C/C++).

Quelque part dans le programme, on peut dès lors trouver :

```
#if A
.....
#endif
```

Les instructions représentées par ..... seront ici prises en compte par le compilateur (et donc compilées et insérées dans le programme exécutable) puisque le symbole A a été défini tout au début du programme.

1.5.2 Constantes entières

Seule différence par rapport au C/C++ : pas de représentation octale en C#.

Une valeur entière peut être représentée, comme en C/C++ :

- en base 10, ce qui est le cas par défaut ;
- en base 16 (c'est-à-dire en représentation hexadécimale), en préfixant la constante de 0x ou de 0X (chiffre 0 suivi de la lettre X ou x). Les chiffres hexadécimaux possibles sont les chiffres de 0 à 9 ainsi que les lettres de A à F (ou de a à f, ce qui revient au

même). 0x1BA4 désigne donc une valeur représentée dans le système hexadécimal (plus précisément la valeur 7076 qui correspond à $1*2^{12} + 11*2^8 + 10*2^4 + 4*2^0$, soit $1*4096 + 11*256 + 10*16 + 4$).

Toute valeur commençant par zéro désigne un nombre en base 10 (alors qu'en C/C++ elle désigne un nombre en représentation octale). 010 désigne donc bien la valeur dix. La représentation octale, pour le moins incongrue sur les machines à mots multiples de 8 bits, a donc été abandonnée, et personne ne s'en plaindra.

Par défaut, les constantes entières sont codées sur 32 bits, c'est-à-dire dans le format int. Celles dont la valeur ne peut être codée sur 32 bits (par exemple dix milliards) sont cependant codées sur 64 bits, c'est-à-dire dans le format long.

Considérons les initialisations suivantes (mais attention, la troisième déclaration est en erreur) :

`int i1=100;`	Aucun problème : 100 se situe bien dans les limites d'un int.
`int i2=0x64;`	Même chose : 0x64, c'est-à-dire 100, dans i2.
`short i3=100000;`	Erreur : cent mille ne rentre pas dans les limites d'un short !
`short i4=100;`	Aucun problème : 100 rentre dans les limites d'un short.
`long i5=1000000000;`	Dix milliards est automatiquement codé dans le format long (sur 64 bits donc) puisqu'il ne rentre pas dans les limites d'un int.
`int k=5;` `int i6=k*6;`	i6 est initialisé à la valeur 30.

`int k=5;`
`.....`
`k = a==5 ? 100:2;`
`.....`
`int i7=k*6;`
	si a vaut 5, k prend la valeur 100. Sinon, k prend la valeur 2.
	
	i7 est initialisé à 600 si a contient 5. Sinon, i7 est initialisé à 12.

1.5.3 Suffixe pour format long

Une constante entière peut toujours être codée dans le format long à condition de la suffixer de la lettre L (ou sa minuscule l, ce qu'il faut éviter à cause de la confusion entre la lettre l minuscule et le chiffre 1). La constante 10 est donc codée sur 32 bits tandis que la constante 10L est codée sur 64 bits (avec des zéros dans les 32 bits les plus significatifs puisque la valeur est positive).

1.5.4 Des « erreurs » de calcul qui s'expliquent

Apposer ou non le suffixe L peut avoir des conséquences importantes même si le compilateur ne signale aucune erreur. Considérons en effet les instructions suivantes :

```
int i=1000000000;          // un milliard dans i, pas de problème
long j;
j = i*10;                  // valeur erronée dans j !
```

i et 10 étant tous deux des entiers (plus précisément des int, qui est le format par défaut), le résultat du calcul i*10 est lui aussi codé sur un int. À ce stade, le compilateur ne se préoccupe en effet pas de ce qui se trouve à gauche du signe =. Comme la valeur dix milliards ne peut être codée dans un int, il en résulte (lors de l'exécution du programme) une erreur de calcul. Mais rien n'est signalé à l'utilisateur : le résultat (erroné) de l'opération est copié dans j, qui ne contient donc pas dix milliards.

Signalons déjà que la directive checked permet d'intercepter l'erreur (voir exemples plus loin dans ce chapitre).

1.5.5 Constantes réelles

Différence par rapport au C/C++ : C# se montre plus tatillon. Les constantes réelles sont, par défaut, codées dans le format double, c'est-à-dire sur 64 bits. Comme en C/C++, une constante réelle peut être exprimée en forme normale ou en forme scientifique (avec E ou e pour introduire l'exposant, toujours une puissance de 10).

Des constantes réelles possibles sont (la deuxième forme étant en erreur) :

3.0	Forme normale.
3.	Erreur : écrire 3 ou 3.0.
0.3	Forme normale.
.3	Forme normale (équivalente à la précédente).
3.1415	Forme normale.
1.2345E2	Forme scientifique (1.234 multiplié par 102, soit 123.4).
123.4E-2	Forme scientifique (123.4 multiplié par 10-2, c'est-à-dire 123.4 divisé par 102, soit 1.234).

1.5.6 Le suffixe f pour les float

Une constante réelle peut être codée en représentation float, c'est-à-dire sur 32 bits, en la suffixant de f ou F. On doit donc écrire (la deuxième expression étant erronée) :

double d = 1.2;	Aucun problème.
float f1 = 1.2;	Erreur de syntaxe : 1.2 en format double.
float f2 = 1.2f;	Aucun problème.
float f3 = (float)1.2;	Egalement accepté.
float f4 = 1.2e10f;	Forme scientifique et format float.

Analysons maintenant les instructions suivantes pour expliquer l'erreur sur la deuxième instruction :

short s=10;	est correct : toutes les valeurs entières sont représentées avec exactitude et la valeur 10 entre bien dans le champ d'un short. Il n'y a donc aucune perte d'information lors de la copie de la valeur 10 (par défaut codée sur 32 bits) dans un short.

`float f=1.2;`	est incorrect : la valeur `1.2` est représentée dans le format `double`, c'est-à-dire avec plus de précision qu'en `float`. Il y aurait donc perte d'information lors de la copie de la valeur `1.2` dans f. En effectuant le *casting*, on signale au compilateur que l'on accepte la perte de précision. Il fallait donc écrire :
	`    float f = 1.2f;`
	ou
	`        float f = (float)1.2;`
	Cette dernière opération est appelée transtypage ou *casting* en anglais.

`double d = 1.2f;`	est correct : aucune perte d'information lors du passage de `float` à `double` puisque `double` est plus précis que `float`.

Rien n'empêche de suffixer une constante réelle de d ou D pour spécifier un format double (même si une constante est codée dans ce format par défaut, ce qui rend le suffixe inutile).

1.5.7 Le suffixe m pour le type decimal

Une constante réelle peut être codée en représentation decimal (avec exactitude donc) en la suffixant de m ou M.

```
decimal d1 = 1.2m;
double d2 = (double) d1;
```

1.5.8 Constantes de type caractère

Une constante de type char contient un nombre codé sur 16 bits. Généralement, il s'agit du code d'une lettre (celle ayant cette valeur dans la table Unicode). Une constante de type char peut être représentée de différentes manières :

`char c1 = 'A';`	Lettre A (en représentation Unicode) dans c1.
`char c2 = '\x41';`	Lettre correspondant à la valeur 0x41 (65 en décimal) dans Unicode. A est donc copié dans c2 (on retrouve en effet le code Ansi tout au début d'Unicode).
`char c3 = (char)65;`	Même chose.
`char c4 = '\u0041';`	Valeur Unicode 41 (en hexadécimal) dans c4. La valeur doit être codée sur quatre chiffres hexadécimaux.

Notez qu'une lettre est entourée de ' (*single quote*). Ne confondez pas 'A' (lettre A) et "A" (chaîne de caractères composée de la seule lettre A). En informatique, il s'agit de deux choses très différentes.

1.5.9 Constantes de type « chaînes de caractères »

Une constante de type « chaîne de caractères » peut être représentée comme en C/C++ (sans oublier que chaque caractère est codé sur 16 bits, même si cela reste relativement transparent pour le programmeur) :

```
string s = "Bonjour";
```

Une constante de type char est généralement exprimée comme un caractère inséré entre '.
Certains caractères de contrôle peuvent être insérés entre *single quotes* :

```
char c='\n';
```

mais aussi dans une chaîne de caractères entourée de *double quotes* :

```
string s="ABC\nDEF";
```

Ces caractères de contrôle sont :

Caractères de contrôle dans chaîne de caractères			
Dénomination	**Terme anglais**	**Représentation**	**Valeur**
À la ligne	*newline*	\n	0x000A
Tabulation horizontale	*horizontal tab*	\t	0x0009
Tabulation verticale	*vertical tab*	\v	0x000B
Retour arrière	*backspace*	\b	0x0008
Retour de chariot	*carriage return*	\r	0x000D
	form feed	\f	0x000C
	backslash	\\	0x005C
Guillemet simple	*single quote*	\'	0x0027
Guillemet double	*double quote*	\"	0x0022
Caractère de valeur nulle	*null*	\0	0

Comme en C/C++, n'oubliez pas de répéter la lettre \ dans une chaîne. Sinon le compilateur suppose que \ introduit un caractère de contrôle, comme \n. Une autre technique, pour ne pas devoir répéter le \, consiste à préfixer la chaîne de @ (on parle alors de chaîne *verbatim*). Cette technique est très utilisée pour spécifier un nom de fichier avec répertoire (par exemple @"C:\Rep1\Rep2\Fich.dat", qui est équivalent à "C:\\Rep1\\Rep2\\Fich.dat").

Il y a cependant une exception à cette règle : on insère un " (*quote*) dans une chaîne verbatim en répétant le ". Ainsi, pour copier AA"BB (avec un double quote entre les deux A et les deux B) dans s, on écrit :

```
string s = @"AA""BB";        // ou "AA\"BB"
```

Pour copier "Hello" (avec un double quote au début et un autre en fin) :

```
s = @"""Hello""";            // ou "\"Hello\""
```

Analysons quelques exemples :

Instructions	Affichage
`string s1="123\nABC";`	123
`Console.WriteLine(s1);`	ABC
`string s2="123\\nABC";`	123\nABC
`Console.WriteLine(s2);`	
`string s3=@"123\nABC";`	123\nABC
`Console.WriteLine(s3);`	

WriteLine (fonction de la classe Console dans l'espace de noms System) provoque systématiquement un saut de ligne après l'affichage. Write s'utilise comme WriteLine mais n'effectue pas un saut à la ligne après chaque affichage.

Sous Windows, un *carriage return* doit être spécifié par la séquence \r\n, alors que sous Unix, il s'agit simplement du \n. Une technique pour rester indépendant de la plate-forme (ou ne pas devoir s'occuper de ces problèmes) consiste à spécifier Environment.NewLine :

```
string s = "AA" + Environment.NewLine + "BB";
```

1.6 Les structures

Dans sa forme la plus simple, une structure comprend plusieurs informations regroupées dans une même entité :

```
struct Pers
{
  public string Nom;
  public int Age;
}
```

Avec ce qui précède, nous avons donné la définition d'une information. Nous n'avons pas encore déclaré de variable.

Contrairement au C/C++, les champs doivent être qualifiés de public pour être accessibles (sinon, seules les fonctions membres de la structure ont accès au champ). En C#, la définition de la structure peut mais ne doit pas être obligatoirement terminée par un point-virgule. En revanche, la déclaration d'une variable structurée (comme toute variable d'ailleurs) doit être terminée par un point-virgule.

Une structure peut être définie à l'intérieur ou à l'extérieur d'une classe. Elle ne peut cependant pas être définie dans une fonction.

Une variable de type Pers est alors déclarée comme suit (ainsi que nous le verrons bientôt, cette construction n'est cependant possible que si la structure n'implémente aucun constructeur) :

```
Pers p;
```

et les champs de p sont alors accessibles par p.Nom et p.Age. Les champs de p ne sont pas initialisés.

Structures et classes (voir le chapitre 2) ont beaucoup de choses en commun (notamment des méthodes qui peuvent être implémentées comme membres de la structure).

Structures et classes présentent néanmoins des différences notables :

- Les variables structurées sont de type « valeur » (comme int, float, etc., mais pas les string) tandis que les véritables objets (variables d'une classe) sont de type « référence ». Les variables structurées sont donc directement codées dans une zone de mémoire allouée sur la pile tandis que les objets sont alloués dans une autre zone de mémoire (le *heap*) et ne sont accessibles que via une « référence » (en fait un pointeur qui n'ose pas dire son nom). Les accès aux variables structurées sont donc plus rapides que les accès aux objets (bien que la différence se mesure en dizaines de nanosecondes).

- Les structures ne peuvent hériter d'aucune classe ou structure et ne peuvent servir de base pour aucune classe ou structure dérivées. La classe Object (plus précisément même, la classe ValueType directement dérivée de la classe Object, mais cette classe ValueType n'apporte ni propriété ni méthode complémentaires) peut cependant être considérée comme la classe de base de toute structure mais c'est aussi le cas des types primitifs (int, double, string, etc.) qui, eux aussi, peuvent être considérés comme des objets des classes dérivées d'Object que sont les classes Int*xy* (*xy* étant à remplacer par 8, 16, 32 ou 64 selon le type), Double, String, etc. (voir la section 3.4).

- Les champs d'une structure ne peuvent pas être explicitement initialisés dans la définition même du champ (contrairement aux champs d'une classe).

- Une structure peut contenir zéro, un ou plusieurs constructeurs mais pas de constructeur par défaut (autrement dit, pas de constructeur sans argument).

- Une variable structurée peut être créée comme nous l'avons fait précédemment mais également par new.

Comme il y a beaucoup de similitudes entre structure et classe, dans quel cas préférera-t-on utiliser une structure ? Dans le cas où la structure est limitée à quelques octets (certainement huit) car on évite l'allocation d'une référence (sur la pile) et d'une zone pointée (sur le *heap*). Avec la structure, on a uniquement l'allocation de la structure (et rien d'autre) sur la pile. Dès que la définition comprend plus de champs, le gain acquis grâce aux structures devient moins évident. Ce gain tourne même à la perte lors du passage d'arguments (car il faut alors recopier plus d'octets sur la pile). L'utilisation des classes s'impose chaque fois qu'il s'agit de bénéficier des avantages de l'héritage, impossible avec les structures.

Notre variable structurée p aurait pu être déclarée par new mais de manière tout à fait équivalente (par rapport au simple Pers p) en ce qui concerne l'allocation de mémoire et le résultat final :

```
Pers p = new Pers();
```

p (autrement dit, ses deux champs Nom et Age) aurait été également alloué sur la pile, comme toute variable de type valeur (int, double, etc.) mais ses champs sont initialisés à zéro (à une chaîne vide pour `Nom`). Pour illustrer cette remarque, considérons les deux manières de déclarer une variable structurée :

```
struct Pers
{
 public int Age;
}
.....
Pers p1;
Pers p2 = new Pers();
Console.WriteLine(p1.Age);   // erreur de syntaxe : p1.Age non initialisé
Console.WriteLine(p2.Age);   // pas de problème
```

À cette différence près (initialisation des champs), déclarer une variable structurée (sans constructeur, rappelons-le) comme nous l'avons fait pour p1 ou comme nous l'avons fait pour p2 est équivalent. Dans les deux cas, l'allocation de mémoire est effectuée sur la pile.

Une structure peut implémenter un ou plusieurs constructeurs (mais pas un constructeur sans argument) ainsi que des méthodes, ce qui permet, notamment, de rendre des champs de la structure privés. Pour créer une variable structurée en utilisant l'un de ses constructeurs, il est impératif de la créer par `new` (mais le compilateur se rend compte qu'il s'agit d'une variable structurée et l'alloue alors sur la pile, sans la moindre notion de référence). Dans le fragment qui suit, nous implémentons un constructeur et redéfinissons la méthode `ToString` qui convertit une variable structurée en chaîne de caractères (nous expliquerons `override` à la section 2.5) :

```
struct Pers
{
 string Nom;
 int Age;
 public Pers(string N, int A) {Nom = N; Age = A;}
 public override string ToString() {return Nom + " (" + Age + ")";}
}
.....
Pers p = new Pers("Gaston", 27);
```

Pour afficher p, on écrit alors :

```
Console.WriteLine(p.ToString());
```

ou (`ToString` étant alors automatiquement appliqué à p car le premier membre de l'expression est déjà un `string`) :

```
Console.WriteLine("Personne : " + p);
```

Cet affichage donne : `Personne : Gaston (27)`

Les champs `Nom` et `Age` de p, qui sont maintenant privés, ne sont plus accessibles en dehors des fonctions de la structure (autrement dit, dans le cas précédent, en dehors du constructeur et de la fonction `ToString`). Il s'agit d'une bonne méthode de programmation puisque l'on cache ainsi le fonctionnement interne de la structure.

Si la structure comprend un constructeur et que vous déclarez un tableau de structures, vous devez explicitement appeler le constructeur pour chaque cellule du tableau (car aucun constructeur n'est automatiquement appelé pour une cellule du tableau). Par exemple (création d'un tableau de dix personnes) :

```
Pers[] tp = new Pers[10];
for (int i=0; i<tp.Length; i++) tp[i] = new Pers("?", -1);
```

Une structure peut incorporer une autre structure. Dans l'exemple qui suit, StructInt (pour structure intérieure) peut être défini avant ou après StructExt (pour structure extérieure) :

```
struct StructInt
{
 public int si1;
 public int si2;
}
struct StructExt
{
 public StructInt sesi;
 public int se1;
}
.....
StructExt s;
s.sesi.si1 = 10;
```

StructInt aurait pu être défini dans StructExt :

```
struct StructExt
{
 struct StructInt
 {
  .....
 }
 public StructInt si;
}
```

Avec StructInt défini à l'intérieur de StructExt, on ne peut plus créer une variable de type StructInt en dehors de StructExt, mais on peut néanmoins déclarer (n'importe où mais il faut que les définitions de structures soient connues) :

```
StructExt.StructInt sesi;
```

1.7 Le type enum

Une variable de type enum peut prendre l'une des valeurs listées dans l'énumération (ici l'énumération EtatCivil qui comprend quatre valeurs) :

```
enum EtatCivil {Célibataire, Marié, Divorcé, Veuf}
.....
EtatCivil ec;                    // ec est une variable de type EtatCivil
ec = EtatCivil.Marié;
```

```
switch (ec)
{
 case EtatCivil.Célibataire :
   Console.WriteLine("Célibataire"); break;
 case EtatCivil.Marié :
   Console.WriteLine("Marié"); break;
 case EtatCivil.Divorcé :
   Console.WriteLine("Divorcé"); break;
 case EtatCivil.Veuf :
   Console.WriteLine("Veuf"); break;
}
```

La première ligne (définition enum) doit être placée dans la classe mais en dehors d'une fonction ou alors en dehors de la classe. La définition enum peut être terminée par un point-virgule mais cela n'est pas obligatoire.

La variable ec peut être une variable locale à Main (de manière générale, locale à une fonction) ou un champ de la classe. La variable ec peut contenir l'une des valeurs spécifiées à droite d'un case.

Plus loin, nous verrons qu'une variable d'un type enum quelque peu différent (à cause de l'attribut Flags) peut contenir zéro, une (cas par défaut) ou plusieurs des valeurs listées dans l'énumération.

Bien que cela doive être considéré comme de la cuisine interne au compilateur, celui-ci associe la valeur 0 à Célibataire, la valeur 1 à Marié et ainsi de suite, ce qui permet d'écrire (un *casting* en int doit être effectué parce que les valeurs d'une énumération ne sont pas toujours codées dans le format int) :

```
if ((int)ec == 3) Console.WriteLine("Veuf");
```

mais il est hautement préférable d'écrire (imaginez que vous supprimiez une des valeurs ou modifiez l'ordre des valeurs possibles dans l'énumération) :

```
if (ec == EtatCivil.Veuf) Console.WriteLine("Veuf");
```

Considérez donc que Célibataire par exemple est l'un des états possibles de l'énumération EtatCivil et que Célibataire est Célibataire, indépendamment de la valeur attribuée à Célibataire par le compilateur.

Une variable de type « énumération » peut être incrémentée ou décrémentée (la deuxième ligne est acceptable pour passer à l'état suivant mais la troisième est franchement douteuse d'un point de vue méthodologique) :

```
ec = EtatCivil.Célibataire;
ec++;                    // ec passe à EtatCivil.Marié
ec += 2;                 // ec passe à EtatCivil.Veuf
```

Rien n'empêche de copier une valeur erronée dans ec (aucune erreur n'est signalée à la compilation ou en cours d'exécution) :

```
ec = (EtatCivil)80;
```

mais des problèmes surgiront vraisemblablement par la suite.

Par défaut, les différentes valeurs associées à une énumération sont codées dans le format `int`. Mais vous pouvez choisir une autre représentation, par exemple `byte` pour faire occuper moins d'espace mémoire aux variables de type `EtatCivil` :

```
enum EtatCivil : byte {Célibataire, Marié, Divorcé, Veuf}
```

Il est également possible d'associer des valeurs bien particulières à chaque valeur de l'énumération (par défaut, 0 pour la première valeur et incrémentation de 1 pour chaque valeur suivante) :

```
enum EtatCivil
{
Célibataire= 10,
Marié = 20,
Divorcé = Marié + 1,
Veuf = 30
}
```

Il est cependant prudent de prévoir une valeur zéro pour la plus commune des valeurs car les constructeurs d'objets, par défaut, initialisent à zéro la mémoire allouée aux champs de type énumération.

Les variables de type énumération peuvent être considérées comme des objets de la classe `Enum` (voir le chapitre 2 pour les classes). Les variables de type `enum` sont néanmoins de type valeur et sont donc allouées uniquement sur la pile.

Les méthodes de cette classe `Enum` susceptibles de présenter de l'intérêt sont (voir le type `Type` à la section 2.13) :

Méthodes de la classe Enum

Enum ← ValueType ← Object

`string Format(type, value, format);`	Méthode statique qui renvoie la chaîne de caractères correspondant à la valeur de l'énumération :
	`EtatCivil ec = EtatCivil.Marié;`
	`.....`
	`string s = Enum.Format`
	`(typeof(EtatCivil), ec, "g");`
	s contient maintenant `"Marié"`. Le troisième argument doit valoir `"G"` ou `"g"` pour renvoyer le nom (par exemple `Marié`). Il doit être `"D"` ou `"d"` pour renvoyer la valeur correspondante.

`object Parse(Type, string, bool);`	Méthode statique qui convertit une chaîne de caractères (censée contenir l'une des valeurs de l'énumération) en une des valeurs de l'énumération. Le troisième argument indique s'il faut faire une distinction entre minuscules et majuscules. Voir exemple ci-après.
`string[] GetNames(type);`	Méthode statique qui renvoie les noms des différentes valeurs de l'énumération.
`Array GetValues(Type);`	Méthode statique qui renvoie un tableau contenant les différentes valeurs de l'énumération.

Méthodes de la classe Enum *(suite)*

`string GetName(Type, object val);`	Méthode statique qui renvoie le nom associé à une valeur (par exemple Veuf pour la valeur 2).
`bool IsDefined(Type, object val);`	Méthode statique qui renvoie true si le second argument correspond à l'une des valeurs de l'énumération.
`Type GetUnderlyingType(Type);`	Renvoie le type des valeurs de l'énumération.
`object ToObject(Type, xyz);`	Renvoie un objet correspondant au type passé en premier argument et à la valeur passée en second argument. xyz peut être de type byte, int, short ou long. Par exemple : `EtatCivil ec = (EtatCivil)Enum.ToObject(typeof(EtatCivil), 2);`

Pour convertir une chaîne de caractères en l'une des valeurs possibles de l'énumération, on écrit :

```
string s = "Veuf";
ec = (EtatCivil)Enum.Parse(typeof(EtatCivil), s, false);
```

ec contient maintenant la valeur EtatCivil.Veuf. Si le troisième argument avait été true, le deuxième aurait pu être VEUF ou VEuf (aucune distinction n'est alors effectuée entre majuscules et minuscules). En cas d'erreur (cas où le deuxième argument ne correspond à aucune des valeurs possibles de l'énumération), l'exception ArgumentException est générée. Il est dès lors préférable d'écrire (voir le chapitre 5 pour le traitement des exceptions) :

```
string s;
.....                           // initialiser s
try
{
 ec = (EtatCivil)Enum.Parse(typeof(EtatCivil), s, true);
 Console.WriteLine("Correct, l'état civil est : " + ec.Format());
}
catch (ArgumentException)
{
 Console.WriteLine("Erreur : valeur erronée dans s");
}
```

Pour afficher les différentes valeurs possibles de l'énumération (Célibataire, Veuf, etc.), on écrit (voir foreach à la section 1.14) :

```
foreach (string s in Enum.GetNames(typeof(EtatCivil))) Console.WriteLine(s);
```

La méthode ToString, appliquée à un objet de type énumération, affiche le nom de la valeur. Par exemple :

```
EtatCivil ec = EtatCivil.Marié;
string s = ec.ToString();               // mais pas s = (string)ec;
```

copie la chaîne Marié dans s.

La fonction GetName a le même effet :

```
string s = Enum.GetName(typeof(EtatCivil), ec);
```

1.7.1 Indicateurs binaires

Dans les exemples précédents, une variable de type énumération ne pouvait contenir, à un moment donné, qu'une seule valeur de l'énumération.

Une énumération peut se rapporter à des indicateurs binaires (*bit fields* en anglais), ce qui permet de positionner plusieurs indicateurs (un fichier, par exemple, peut être à la fois caché et en lecture seule) indépendamment les uns des autres. C'est le cas notamment de l'énumération FileAttributes dont il sera question à la section 23.3.

Pour créer une énumération composée d'indicateurs binaires, on écrit (B1 correspond à la position du bit d'extrême droite, B2 à celui qui se trouve immédiatement à sa gauche et ainsi de suite) :

```
[Flags]
enum Indicateurs
{
 B1 = 0x01,            // ou B1 = 1,
 B2 = 0x02,
 B3 = 0x04,
 B4 = 0x08
}
```

Les valeurs associées aux différents éléments doivent être spécifiées. Il doit s'agir de puissances de deux. Ces valeurs ont ici été exprimées en hexadécimal, mais ce n'est pas obligatoire.

On crée et initialise une variable de notre type Indicateurs par :

```
Indicateurs i;                    // déclaration de variable
.....
i = Indicateurs.B1 | Indicateurs.B3;
```

i contient les indicateurs B1 et B3. Pour tester si un indicateur est positionné, on écrit (ici test de la présence de B2) :

```
if ((i&Indicateurs.B2) > 0) .....
```

B2 est positionné à un dans i si i & Indicaeurs.B2 est bien différent de zéro.

Pour tester si deux indicateurs sont positionnés, on doit écrire (ne pas oublier que > est prioritaire par rapport à &, ce qui rend les parenthèses obligatoires) :

```
if ((i&Indicateurs.B1)>0
    &&
    (i&Indicateurs.B3)>0
        ) .....                      // B1 et B3 positionnés à un dans i
```

i.ToString() renvoie dans ce cas B1,B3.

Les méthodes de la classe Enum s'appliquent aux indicateurs binaires. On peut ainsi écrire :

```
string s = "B1,B4";
Indicateurs i = (Indicateurs)Enum.Parse(typeof(Indicateurs), s);
```

Une exception est évidemment générée si s contient autre chose que des indicateurs valides.

1.8 Les tableaux

Par rapport au C/C++ : de radicaux et heureux changements (nettement plus simples et plus fiables qu'en C/C++). Cette étude des tableaux se prolongera au chapitre 3 avec la classe Array. Mais aussi à la section 1.16 avec les pointeurs.

1.8.1 Les tableaux à une dimension

Un tableau (*array* en anglais) consiste en une suite de cellules, toutes de même type (bien qu'il soit possible, avec les tableaux d'object, de créer des tableaux dont chaque cellule a un type particulier).

Un tableau (d'entiers et dénommé t dans l'exemple ci-après) est déclaré par :

```
int[] t;        // référence à un tableau non encore alloué
int[] t1, t2;   // t1 et t2 sont deux références de tableaux (non encore alloués)
```

Les programmeurs C/C++ doivent noter la position des crochets et bien comprendre ce qui suit. Avec la déclaration précédente, nous n'avons signalé qu'une chose : nous allons utiliser un tableau, baptisé t, d'entiers. Il s'agit ici d'un tableau à une seule dimension puisqu'on s'est limité à une seule paire de crochets. Notez l'absence de toute valeur à l'intérieur des crochets (spécifier une valeur comme on le fait en C/C++ constituerait d'ailleurs une erreur de syntaxe). En C#, ce n'est pas à ce stade que l'on spécifie la taille du tableau. En effet, aucun espace mémoire n'est encore réservé pour le tableau lui-même (mais bien pour la référence au tableau). Notez que les [] sont liés au type des cellules du tableau (on dit aussi le « type du tableau » car, sauf exception, avec les tableaux d'object, toutes les cellules sont de même type).

Cet espace mémoire (dans notre cas pour trois entiers) est réservé (sur le tas) au moment d'exécuter (la zone ainsi allouée sur le tas étant initialisée à l'aide de zéros) :

```
t = new int[3];
```

On pourrait aussi écrire en une seule expression (en réservant l'espace mémoire alloué au tableau mais sans l'initialiser) :

```
int[] t = new int[3];
```

Autrement dit, les tableaux sont alloués dynamiquement sur le *heap* (parfois traduit par « tas » en français : il s'agit d'une zone de mémoire réservée aux allocations dynamiques de mémoire) et t ne constitue qu'une référence au tableau. T est en fait (mais ne le répétez pas...) un pointeur sur la zone de mémoire allouée au tableau mais il n'est pas permis, en C#, de manipuler t avec toute la permissivité du C/C++.

Tant que l'opération new n'a pas été exécutée, t contient une valeur nulle et ne peut être utilisé (puisque aucune cellule n'a encore été allouée). L'espace mémoire nécessaire aux cellules du tableau est alloué sur le *heap* au moment d'exécuter new. En C#, seules les variables de types « valeur » (int, double, etc. mais aussi les structures) sont allouées sur la pile (*stack* en anglais, il s'agit d'une zone de mémoire du programme réservée au stockage des variables locales, des arguments des fonctions et des adresses de retour).

Toutes les autres variables (chaînes de caractères, tableaux et objets) sont créées sur le *heap* (sauf la référence qui est allouée sur la pile).

Avec les techniques d'allocation de mémoire sous DOS et Windows, les allocations sur le *heap* étaient plus lentes que les allocations sur la pile (cela est dû d'une part au fait que le microprocesseur maintient un registre facilitant l'accès à la pile, ce qui accélère l'accès à la pile, et d'autre part aux réorganisations incessantes du *heap* pour le maintenir aussi compact que possible). C'est nettement moins vrai dans l'architecture .NET, sauf au moment où le ramasse-miettes doit réorganiser la mémoire (voir la section 2.5). Il reste qu'un accès à une variable de type référence est au moins deux fois plus lent qu'un accès à une variable de type valeur (dans un cas, deux accès à la mémoire, l'un sur la pile et l'autre sur le tas, et dans l'autre cas, un seul accès sur la pile).

1.8.2 Déclaration et initialisation de tableau

Des valeurs d'initialisation peuvent être spécifiées lors de l'exécution de new :

```
t = new int[] {10, 20, 30};
```

Spécifier la taille du tableau n'est, ici, pas nécessaire car celle-ci découle automatiquement du nombre de valeurs initiales. Vous pouvez spécifier une valeur entre crochets mais il doit alors s'agir du nombre exact de valeurs d'initialisation. Toute autre valeur donne lieu à une erreur de syntaxe.

Il est possible de déclarer et de réserver un tableau (en une seule opération) à condition de l'initialiser (new ne doit plus être écrit bien qu'il soit effectué) :

```
int[] t = {10, 5, 20};          // tableau initialisé de trois entiers
```

Considérons d'autres déclarations/initialisations de tableaux (déclaration et initialisation dans la foulée), sans oublier que le point-virgule de fin est ici requis (puisqu'il s'agit d'une déclaration de variable) :

```
float[] tf = {1.2f, 3.4f, 5.6f};
double[] td = {1.2, 3.4, 5.6};
string[] ts = {"Tintin", "Haddock", "Castafiore"};
```

Après initialisation, la référence au tableau peut être réutilisée pour un autre tableau :

```
int[] ti = {10, 20, 30};
.....
ti = new int[]{100, 200, 300, 400};
```

ti référence maintenant un tableau de quatre éléments. Le tableau de trois éléments est automatiquement éliminé de la mémoire (plus précisément : il n'est plus accessible mais on ignore à quel moment le ramasse-miettes entrera en action pour véritablement éliminer le tableau de la mémoire et faire ainsi de la place pour d'autres allocations). La référence elle-même n'a pas changé, à l'exception de son contenu (elle pointait sur un tableau de trois entiers et pointe maintenant sur un tableau de quatre entiers).

De même, tout tableau local à une fonction est automatiquement détruit à la sortie de la fonction. Un tableau est donc créé par `new` mais aucun `delete` n'est jamais nécessaire (alors qu'en C++, oublier un `delete` finit toujours par avoir des conséquences dramatiques).

1.8.3 Accès aux cellules du tableau

Par rapport au C/C++ : C# effectue des vérifications là où C/C++ laisse tout passer (ce qui constitue la principale source de problèmes dans les programmes écrits en C/C++). Revenons à notre déclaration/allocation :

```
int[] t = new int[3];
```

On a ainsi déclaré et alloué d'un coup un tableau de trois entiers. Les trois cellules sont automatiquement initialisées à zéro (`0` pour un tableau d'entiers, `0.0` pour un tableau de réels, `false` pour un tableau de booléens et des chaînes nulles dans le cas d'un tableau de chaînes de caractères).

L'indice peut être le nom d'une variable. C'est alors le contenu de la variable qui indique la taille du tableau.

`t[i]` désigne la `i`-ième cellule du tableau. Comme en C/C++, l'indice `0` donne accès à la première cellule, l'indice `1` à la deuxième cellule et ainsi de suite. L'indice `n-1` donne donc accès à la dernière cellule d'un tableau de `n` éléments.

Contrairement à ce qui est possible en C/C++ et d'ailleurs source de nombreuses erreurs, il n'est pas possible en C# d'accéder à un tableau en dehors de ses bornes. L'erreur est signalée lors de l'exécution et non à la compilation, même si l'indice est une constante. Dans le cas de notre exemple, tout accès à `t[-1]` ou à `t[3]` met fin au programme sauf si on traite l'erreur dans un `try/catch`, ce que nous apprendrons à faire à la section 5.3 consacrée au traitement des exceptions.

L'accès à une cellule non initialisée mais allouée est cependant possible, le compilateur n'ayant aucun moyen de déterminer que le programme lit le contenu d'une cellule non encore explicitement initialisée (contrairement aux variables de types primitifs où le compilateur sanctionne tout accès en lecture à une variable non encore initialisée). C# reste un compilateur et n'est pas un filtre à erreurs de logique dans le programme. Lors de la création du tableau, les cellules non explicitement initialisées ont cependant déjà été automatiquement initialisées à zéro.

L'indice d'accès au tableau peut être une constante, un nom de variable ou le résultat d'une opération arithmétique. On peut donc écrire :

```
int i=1, j=2;
int[] t = {10, 20, 30, 40, 50};
t[0] = 100;
t[i] = 200;
t[i+j] = 300;              // modification de la quatrième cellule
```

Les tableaux peuvent également être considérés comme des objets de la classe `Array` de l'espace de noms `System` (voir la section 3.5), ce qui donne accès à différentes propriétés et méthodes du plus grand intérêt : tri, recherche dichotomique, etc., sans avoir à écrire la moindre ligne de code.

Parmi ces propriétés `Length` donne la taille du tableau. Ainsi, `t.Length` vaut 5 dans le cas du tableau précédent.

1.8.4 Libération de tableau

Révélons maintenant quelques secrets du C# et plus généralement de l'architecture .NET. Contrairement au C/C++, C# n'est pas friand des pointeurs et tout est fait, à juste titre, pour vous décourager d'utiliser des pointeurs (ce qui ne signifie pas que les pointeurs ne puissent pas être utilisés ou qu'ils soient sans intérêt : au chapitre 13, nous donnerons un exemple de traitement graphique où la version avec pointeurs est cinquante fois plus rapide que la version sans pointeur). Mais C# les utilise, en interne tout au moins, dans le code généré (comme, d'ailleurs, tous les langages, même ceux qui n'offrent aucune possibilité de manipulation de pointeur). Dans les faits, la référence au tableau (`t` dans l'exemple précédent) n'est rien d'autre qu'un pointeur. La zone mémoire associée à ce « pointeur » est allouée par `new`.

Lorsque le tableau cesse d'exister, les deux zones de mémoire sont automatiquement libérées par le ramasse-miettes (*garbage collector* en anglais) : celle sur le *heap* qui contient le tableau lui-même, et celle sur la pile qui constitue la référence. Plus précisément, une telle zone est marquée « à libérer » et le ramasse-miettes (qui s'exécute en parallèle de votre programme mais avec une faible priorité) la libérera quand bon lui semble, en fait quand le besoin en mémoire se fera sentir.

Un tableau cesse d'exister dans l'un des deux cas suivants :

• quand le programme quitte la fonction dans laquelle le tableau a été déclaré ;

• quand on assigne une nouvelle zone (y compris `null`) à la référence au tableau :

```
int t = new int[] {10, 20, 30};
.....              // accès au tableau de trois entiers
int N = 10;
t = new int[N];    // tableau précédent maintenant inaccessible
.....              // accès au tableau de dix éléments
t = null;          // tableau (de N entiers) maintenant inaccessible
```

En devenant inaccessible, la zone de mémoire occupée par le tableau est marquée « zone susceptible d'être libérée par le ramasse-miettes ».

En clair, vous ne devez pas vous préoccuper de libérer l'espace mémoire alloué aux tableaux. Il n'y a aucun danger d'accéder à un tableau non encore alloué ou déjà libéré. Aucun risque non plus d'accéder au tableau en dehors de ses bornes. Tout cela concourt à une bien meilleure fiabilité des programmes.

1.8.5 Tableaux avec cellules de types différents

Il est possible de créer des tableaux dont les différentes cellules peuvent être de types différents. Pour cela, il faut créer des tableaux d'object (voir le chapitre 2) :

```
object[] t = new object[3];
t[0] = 12;                  // t[0] contient un entier
t[1] = 1.2;                 // t[1] contient un réel
t[2] = "Hello";             // t[2] contient une chaîne de caractères
```

En cours d'exécution de programme, il est possible de déterminer le véritable type d'une cellule (voir la section 2.13 pour la détermination par programme du type d'une variable) :

```
Type type = t[1].GetType();
string s = type.Name;
```

Pour t[0], s contient la chaîne Int32, pour t[1] la chaîne Double et pour t[2] la chaîne String.

Mais on pourrait aussi écrire bien plus simplement et plus efficacement :

```
if (t[i] is int) .....
if (t[i] is string) .....
```

1.8.6 Copie de tableaux

Un tableau peut être copié dans un autre, à condition que les tableaux aient le même nombre de dimensions. Mais attention à de fondamentales distinctions, que nous allons illustrer par quelques exemples :

```
int[] t1 = {1, 2, 3};   // tableau à une seule dimension contenant trois cellules
int[] t2;               // uniquement une référence à un tableau
```

t1 et t2 constituent des références à des tableaux. t1 a été alloué et initialisé (le new est implicite lors de l'initialisation de t1). En revanche, t2 contient toujours la valeur null puisque aucune zone de mémoire n'a encore été allouée pour les données du tableau référencé par t2 (new n'a pas encore été exécuté pour t2).

Si l'on exécute dans ces conditions :

```
t2 = t1;
```

on copie des références, pas des contenus de tableaux ! t2 « pointe » maintenant sur le tableau alloué et toujours référencé par t1. t1 et t2 référencent désormais tous deux la même zone de mémoire contenant les trois cellules d'un tableau. t1[i] et t2[i] désignent la même cellule du tableau !

Si l'on écrit (voir foreach plus loin dans ce chapitre) :

```
t1[0] = 100;
foreach (int a in t2) Console.WriteLine(a);
```

on affiche successivement 100, 2 et 3.

Modifions maintenant cet exemple et écrivons :

```
int[] t1 = {1, 2, 3};
int[] t2 = new int[100];
t2 = t1;
```

Un tableau de cent cellules a été alloué et est référencé par t2. En écrivant :

```
t2 = t1;
```

on ne copie toujours que des références. t2 référence maintenant une autre zone de mémoire (en l'occurrence celle contenant trois cellules). t1 et t2 référencent la même zone de trois cellules. Quant à la zone de cent cellules, elle est signalée « à libérer » et sera effectivement libérée quand le ramasse-miettes entrera en action, c'est-à-dire quand le besoin en mémoire disponible se manifestera.

Pour réellement copier le contenu des trois cellules du tableau t1 dans un tableau référencé par t2, on doit écrire :

```
t2 = new int[t1.Length];
t1.CopyTo(t2, 0);
```

On commence par allouer un tableau de trois cellules pour t2 (la zone de mémoire précédemment référencée par t2 étant marquée « à libérer » suite à l'opération new) et on copie les trois cellules référencées par t1 dans les trois cellules nouvellement allouées et référencées par t2. t1 et t2 référencent maintenant des zones de mémoire distinctes et toute modification de l'une est sans effet pour l'autre. Pour comprendre CopyTo, il faut savoir que les tableaux sont aussi des objets de la classe Array (voir la section 3.5). CopyTo porte sur le tableau à copier (source). Le premier argument désigne le tableau de destination. Le second argument de CopyTo signifie « copier à partir de la cellule zéro dans le tableau référencé par t2 ».

Une autre solution aurait consisté à faire de t2 un « clone » de t1 :

```
int t[] t1 = {10, 20, 30};
int[] t2;
t2 = (int[])t1.Clone();
t1[1] = 100;
```

Suite à ces instructions, t1 contient 10, 100 et 30 tandis que t2 contient 10, 20 et 30. Les contenus de t1 et de t2 sont bien différents !

1.8.7 Tableaux à plusieurs dimensions

Des tableaux de plusieurs dimensions peuvent être créés. Par exemple :

```
int[,] t = new int[2, 3];
```

Le tableau t est ici un tableau de deux lignes et trois colonnes, chacune des six cellules devant accueillir un entier. Ce tableau pourrait être déclaré et initialisé en écrivant :

```
int[,] t = {{1, 2, 3}, {4, 5, 6}};
```

t désigne le tableau dans son ensemble. t[i, j] désigne le j-ième entier de la i-ième ligne, sans oublier que les indices i et j commencent à zéro.

Pour un tableau composé de réels de deux lignes, de trois colonnes et d'une profondeur de quatre cellules, on écrit :

```
double[,,] t = new double[2, 3, 4];
.....
t[1, 0, 3] = 1.2;
```

Pour copier un tableau dans un autre (on parle ici des contenus de tableaux), on peut prendre un *clone* (voir la méthode Clone de la classe Array à la section 3.5) :

```
int[,] t1 = {{1, 2, 3}, {10, 20, 30}};
int[,] t2;
.....
t2 = (int[,])t1.Clone();
// afficher le contenu de t2
for (int li=0; li<t2.GetLength(0); li++)
{
 for (int col=0; col<t2.GetLength(1); col++)
  Console.WriteLine(t2[li, col] + "\t");
 Console.WriteLine();
}
```

Suite à l'exécution de t1.Clone, t2 devient une copie parfaite (c'est-à-dire y compris les contenus de tableaux) de t1. t1 et t2 référencent des zones distinctes mais contenant, pour le moment, les mêmes données. Rien n'empêche que t1 et t2 évoluent maintenant de manière tout à fait indépendante. Il suffit pour cela de modifier les cellules de t1 et de t2.

t2.GetLength(n) renvoie le nombre de cellules dans la n-ième dimension (0 pour les lignes, 1 pour les colonnes et 2 pour la profondeur) du tableau t2.

Nous continuerons l'étude des tableaux aux sections 2.3 (tableaux d'objets) et 3.5 (classe Array qui est la classe de base des tableaux et qui permet, notamment, de trier des tableaux ou d'effectuer des recherches dichotomiques dans un tableau).

1.8.8 Les tableaux déchiquetés

Rien n'empêche de créer un tableau de deux lignes dont chaque ligne contiendrait un nombre différent d'entiers. On parle alors de tableau déchiqueté (*jagged array* en anglais). On crée et on accède à un tel tableau en écrivant (les lignes qui suivent n'étant pas indépendantes les unes des autres) :

```
// créer un tableau déchiqueté de deux lignes
int[][] t;                          // déclaration du tableau
t = new int[2][];                   // allocation de deux lignes
// trois entiers en première ligne
t[0] = new int[3];
// initialisation de la première ligne
```

```
t[0][0] = 1; t[0][1] = 2; t[0][2] = 3;
// quatre entiers en seconde ligne (déclaration+initialisation)
t[1] = new int[]{10, 20, 30, 40};
```

On accède à une cellule de tableau par (ici la troisième cellule de la première ligne) :

```
t[0][2]
```

Pour résumer, t désignant un tableau déchiqueté :

- t désigne le tableau dans son ensemble ;
- t[0] désigne la première ligne du tableau et t[1] la seconde ;
- t[0][2] désigne la troisième cellule de la première ligne ;
- t[1][2] désigne la troisième cellule de la deuxième ligne.

Les tableaux déchiquetés ne sont cependant pas CLS *Compliant :* les autres langages .NET ne sont pas obligés de les implémenter. Vous pouvez donc utiliser les tableaux déchiquetés dans des programmes et des composants écrits en C# mais ne passez pas de tels tableaux en argument de fonctions susceptibles d'être appelées à partir d'autres langages.

1.9 Niveaux de priorité des opérateurs

C# accepte la plupart des opérateurs du C/C++. Il en va de même pour les niveaux de priorité des opérateurs. En C#, la table de priorité des opérateurs est, du plus prioritaire au moins prioritaire :

Niveaux de priorité des opérateurs		
1		(x) x.y a[x] x++ x-- new typeof sizeof checked unchecked
2	Opérateurs portant sur un seul opé-rande	+ - ! ~ ++x --x (T)x
3	Multiplications et divisions	* / %
4	Additions et soustractions	+ -
5	Décalages	<< >>
6	Relations	< > <= >= is
7	Égalité et inégalité	== !=
8	ET au niveau binaire	&
9	XOR au niveau binaire	^
10	OU au niveau binaire	|
11	Condition ET	&&

Niveaux de priorité des opérateurs *(suite)*

12	Condition OU	`||`
13	Condition	`? :`
14	Assignations	`=`
		`*=    /=    +=    -=`
		`<<=   >>=`
		`&=    ^=    |=`

Sauf pour le niveau 14 (assignations), si plusieurs opérateurs se situent au même niveau de priorité (par exemple *, / et % au niveau 3), l'opérateur le plus à gauche est d'abord exécuté.

Pour illustrer la règle des niveaux de priorité, considérons les instructions suivantes :

`j = 6/4*3;`	La division entière (puisque 6 et 4 sont des entiers) 6/4 est d'abord effectuée, ce qui donne 1 comme résultat (ainsi qu'un reste de 2, mais on ne s'en préoccupe pas). La multiplication 1*3 est ensuite effectuée. Les opérateurs * et / se situent tous deux au niveau 3 de priorité. Dans ce cas, c'est l'opération la plus à gauche qui est d'abord effectuée (ici, la division).
`a = b = 10;`	10 est d'abord copié dans b (niveau 14 de priorité) et puis dans a. Seule la dernière expression (la plus à droite) peut contenir une opération arithmétique.
`i = j = k+p;`	Est légal. j et puis i prennent comme valeur le résultat du calcul k+p.
`i = j+k = p;`	Ne l'est pas car seule l'opération la plus à droite peut donner lieu à un calcul.

1.10 Les instructions du C#

1.10.1 Bloc d'instructions

Toute instruction doit se trouver dans une fonction (voir section 1.15) et toute fonction doit faire partie d'une classe (voir chapitre 2). Plusieurs instructions peuvent être entourées d'accolades. Elles forment alors un bloc d'instructions. Des variables peuvent être déclarées dans ce bloc et ces variables cessent d'exister à la sortie du bloc. N'utilisez donc pas ces variables au-delà de l'accolade de fin de bloc. Ne donnez pas à une variable du bloc le nom d'une variable extérieure au bloc, même si cette dernière est déclarée après le bloc.

1.10.2 Toute variable doit être initialisée

Contrairement à un compilateur C/C++ (qui ne donne dans ce cas qu'un avertissement), le compilateur C# signale une erreur de syntaxe si l'on utilise une variable non initialisée ou si une variable pouvait ne pas être initialisée (par exemple parce que l'assignation a été effectuée dans une branche seulement d'une alternative). Ainsi,

```
int i;                   // i n'est pas initialisé
if (.....) i=5;
Console.WriteLine("i vaut " + i);
```

donne lieu à une erreur de syntaxe : on affiche i qui n'est pas initialisé dans le cas où la condition n'est pas remplie.

1.10.3 Pas d'instructions séparées par une virgule en C#

Contrairement au C/C++, on ne peut pas écrire (sauf dans la phase d'initialisation des variables d'un `for`) :

```
i=1, j=4;        // OK en C/C++ mais erreur de syntaxe en C#
```

En C#, toute instruction doit être terminée par un point-virgule.

1.10.4 Conversions automatiques et castings

Avant d'aborder les opérations arithmétiques, faisons le point sur les conversions automatiques et présentons la notion de transtypage (*casting* en anglais).

Peu de changement par rapport au C/C++ si ce n'est que C# se montre plus tatillon.

Dans tous les cas où une perte d'information est possible (par exemple une perte de précision), une conversion doit être explicitement spécifiée à l'aide de l'opérateur de *casting*. Quand une assignation est possible sans la moindre perte d'information, une conversion est automatiquement réalisée si nécessaire. On parle alors de conversion implicite.

Considérons les instructions suivantes pour illustrer le sujet (plusieurs de ces instructions sont en erreur) :

`short s=2000;`	Deux mille dans un `short` : pas de problème.
`int i = 100000;`	Cent mille dans un `int` : pas de problème.
`i = s;`	Aucun problème pour copier s dans i (toutes les valeurs possibles d'un `short` figurent dans les limites d'un `int`).
`float f;` `f = i + s;`	Aucun problème : i + s est de type `int` (le `short` ayant été automatiquement promu en un `int` le temps du calcul) et les valeurs entières sont représentées avec exactitude y compris dans un `float`. Pas de problème de valeurs limites non plus.
`s = i;`	Erreur car toute valeur d'un `int` ne peut pas être copiée dans un `short`.
`s = (short)i;`	On évite certes l'erreur de syntaxe mais une valeur erronée est copiée dans s si i contient une valeur hors des limites d'un `short`. La directive `checked` permet néanmoins de signaler l'erreur en cours d'exécution de programme (voir exemple plus loin dans ce chapitre).
`float f = 2.1f;`	Ne pas oublier le suffixe f (sinon, erreur de syntaxe).
`int i = s + f;`	Erreur de syntaxe car un réel (le résultat intermédiaire s+f est de type `float`) peut dépasser les limites d'un `int` (le type de la variable i qui reçoit ce résultat intermédiaire).
`i = (int)(s + f);`	Le *casting* résout le problème (sans oublier que le *casting* fait perdre la partie décimale de tout réel, 2.1 et 2.99 devenant 2 tandis que -2.1 et -2.99 deviennent -2).

Si les *castings* permettent de forcer des conversions qui ne sont pas automatiquement réalisées par le compilateur, sachez que le compilateur n'admet pas n'importe quel casting. En gros, disons que C# refuse les conversions qui n'ont pas de sens : par exemple pour passer d'une chaîne de caractères à un réel. Pour passer d'une représentation sous forme d'une chaîne de caractères à une représentation sous forme d'entier ou de réel, vous devez utiliser la méthode `Parse` des classes `Int32`, `Int64`, `Single` ou `Double` (voir section 3.4).

1.11 Opérations d'entrée/sortie

Écrire des programmes (pour le moment en mode console uniquement) implique de devoir afficher des résultats (au moins de manière minimale) et lire des données saisies au clavier. Voyons comment le faire à l'aide d'exemples.

1.11.1 Affichages

Des fonctions statiques (voir section 2.4) de la classe Console permettent de mettre en format et d'afficher une chaîne de caractères. Ces méthodes ne présentent d'intérêt que pour les programmes s'exécutant en mode console. Write affiche une chaîne tandis que WriteLine force un retour à la ligne suivante aussitôt après affichage.

Les exemples suivants sont commentés par la suite.

Exemples d'instructions d'affichage

Instructions	Affichage
using System; Console.WriteLine("Bon"; Console.WriteLine("jour");	Bon jour
Console.Write("Bon"); Console.WriteLine("jour");	Bonjour
int i=10; Console.WriteLine(i);	10
int i=10; Console.WriteLine("i vaut " + i);	i vaut 10
int i=10, j=5; Console.WriteLine("i = " + i + " et j = " + j);	i = 10 et j = 5
int i=10, j=5; Console.WriteLine("i = {0} et j = {1}", i, j);	i = 10 et j = 5
int i=10, j=5; Console.WriteLine(i + j);	15
int i=10, j=5; Console.WriteLine("Somme = " + i + j);	Somme = 105
int i=10, j=5; Console.WriteLine("Somme = " + (i + j));	Somme = 15
int i=10, j=5; Console.WriteLine("Somme = {0}", i + j);	Somme = 15
int i=10, j=5; Console.WriteLine("Somme = " + i*j);	Somme = 50
int i=10, j=5; Console.WriteLine(i + j + "Somme = ");	15Somme =

Revenons sur certaines instructions :

Console.WriteLine("Bon");	L'argument est une chaîne de caractères. Elle est affichée avec, finalement, un retour et un saut de ligne (ce que n'effectue pas Write).

`Console.WriteLine(i);`	Une des formes de `WriteLine` accepte un entier en argument. `Write-Line(int)` convertit l'argument en une chaîne de caractères pour l'affichage. D'autres formes de `WriteLine` (et aussi de `Write`) acceptent en argument :
	— un `bool`, un `char`, un `char[]`, un `decimal`, un `double`, un `float`, un `int`, un `long`, un `object`, un `string`, un `uint` ou un `ulong`, l'argument étant toujours converti en une chaîne de caractères ;
	— aucun argument ;
	— de un à quatre arguments, le premier étant une chaîne de caractères de spécification de format (voir exemple suivant).
`Console.WriteLine(` `"i = {0} et j = {1}", i, j);`	Le premier argument (`i`) après la chaîne de caractères donnant le format est affiché à l'emplacement du {0} et l'argument suivant (`j`) à l'emplacement du {1}.
`Console.WriteLine(` `"Somme = " + i + j);`	Comme il y a au moins une chaîne, `i` et `j` sont transformés en chaînes de caractères (la somme de `i` et de `j` n'étant dès lors pas effectuée). L'opération `"Somme = " + i` est d'abord effectuée, `i` étant, pour l'occasion et le temps de l'opération, automatiquement transformé en une chaîne de caractères. Une concaténation et non une addition est donc réalisée. Le résultat est une chaîne de caractères (`Somme = 10` dans notre cas). L'opération "résultat précédent + `j`" est ensuite effectuée. Comme le résultat précédent était de type `string`, une concaténation est réalisée. L'affichage est donc : `Somme = 105`.
`Console.WriteLine(` `"Somme = " + (i + j));`	La somme de `i` et `j` est d'abord effectuée (puisque les expressions entre parenthèses sont d'abord calculées). Comme `i` et `j` sont des entiers, une addition est réalisée. Le résultat est ensuite transformé en une chaîne de caractères ajoutée à `Somme =` (chaîne + entier devient chaîne + chaîne. + signifie dans ce cas concaténation, l'entier étant automatiquement transformé en une chaîne de caractères pour la durée de l'opération).
`Console.WriteLine(` `"Somme = " + i*j);`	L'opérateur * est prioritaire par rapport à +. La multiplication est donc d'abord effectuée. La somme est ensuite faite. Lors de cette dernière opération, comme l'un des deux opérandes est une chaîne de caractères, c'est la concaténation qui est réalisée (et non un calcul arithmétique).
`Console.WriteLine(` `i + j + "Somme = ");`	Les deux opérateurs + sont au même niveau mais n'ont pas le même effet. C'est le premier + qui est d'abord effectué (opération la plus à gauche). Comme les deux opérandes sont des nombres, l'opération arithmétique d'addition est effectuée. Elle donne 15 comme résultat. La seconde « addition » est ensuite réalisée. Comme l'un des opérandes est une chaîne de caractères, c'est la concaténation qui est effectuée.

Nous reviendrons sur les formats d'affichage à la section 3.2.

1.11.2 De la couleur, même pour la console

Depuis la version 2, il est possible d'afficher en couleurs, de positionner le curseur avant affichage, et de redimensionner la fenêtre console. Bien qu'il y ait une fonction `SetWindowPosition`, il n'est pas possible de spécifier la position de la fenêtre à l'écran (c'est le système d'exploitation qui décide, et spécifier la position de la fenêtre par rapport à l'écran n'est possible qu'en programmation Windows).

Pour forcer un fond bleu, on écrit :

```
Console.BackgroundColor = ConsoleColor.Blue;
Console.Clear();
```

Plusieurs dizaines de couleurs peuvent être spécifiées. Avec Visual Studio ou Visual C# Express, taper `ConsoleColor` suivi d'un point (et même = suivi de la barre d'espacement) affiche les couleurs utilisables.

Pour changer le titre de la fenêtre :

```
Console.Title = "Mon application";
```

La fenêtre peut être redimensionnée mais en tenant compte du fait que la largeur et la hauteur maximales sont données par `Console.LargestWindowWidth` et `Console.LargestWindowHeight` (128 et 59 caractères en résolution 10 024 × 768).

Pour changer la taille de la fenêtre (et la faire passer à 38 lignes de 64 caractères) :

```
Console.SetWindowSize(64, 30);
```

Pour positionner le curseur au point (10, 20) et afficher du texte en rouge sur fond noir :

```
Console.SetCursorPosition(10, 20);
Console.BackgroundColor = ConsoleColor.Black;
Console.ForegroundColor = ConsoleColor.Red;
Console.Write("Salut");
```

1.11.3 Et des sons

.NET version 2 a amélioré les affichages en mode console, mais il a aussi introduit des effets sonores dans la classe `Console`. Ces effets peuvent également être produits dans les programmes Windows.

Effets sonores

`Console.Beep();`	Émet un bip dans le haut-parleur de la machine.
`ConsoleBeep(int freq, int durée);`	Émet un signal sonore. La durée est exprimée en millisecondes et la fréquence en Hertz (entre 37 et 32 767).

1.11.4 Lecture de données saisies au clavier

`ReadLine`, une fonction statique de la classe `Console`, lit les caractères tapés au clavier, jusqu'à la validation par la touche ENTREE. ReadLine renvoie alors la chaîne lue sous forme d'un `string`. ReadLine et les autres fonctions de lecture du clavier de la classe `Console` ne sont en rien comparables avec les techniques Windows (interception de toutes les actions au clavier, zones d'édition avec limite quant au nombre de caractères, masque de saisie, etc.).

Les lectures en mode console ayant un côté désuet, nous ne nous étendrons pas sur ces fonctions.

Dans le premier exemple, l'utilisateur doit taper un entier au clavier (suivi de la touche ENTREE). Dans le second exemple, il doit saisir un nombre réel.

Lecture d'entier et de réel

Instructions	Remarques

``
using System;
string s = Console.ReadLine();
int i = Int32.Parse(s);
``
	Le programme se « plante » si l'utilisateur introduit autre chose qu'un entier correct. Pour résoudre le problème, inclure l'instruction Int32.Parse dans la clause try d'un try/catch (voir la section 5.3).

``
string s = Console.ReadLine();
double d = Double.Parse(s);
``
	Dans le réel saisi au clavier, le séparateur de décimales doit être conforme aux caractéristiques régionales (virgule dans notre cas). Voir aussi la fonction Format des classes Float et Double (section 3.4) pour afficher un réel conformément à nos usages (virgule comme séparateur).

Si l'utilisateur tape directement ENTREE, s prend la valeur null. On teste donc cette condition en écrivant :

```
if (s == null) .....
```

Pour lire un entier (plus précisément : pour lire la chaîne de caractères saisie au clavier et la convertir en un int), il faut utiliser la fonction Parse de la classe Int32. Pour lire un long, il faut utiliser Parse de Int64. Pour lire un float, Parse de Single, etc. (voir les classes associées aux types de base à la section 3.4).

Pour lire un entier de manière fiable, on écrit (voir le traitement d'exceptions au chapitre 5) :

Lecture fiable d'un entier

```
int i;
.....
try
{
 string s = Console.ReadLine();
 i = Int32.Parse(s);
 Console.WriteLine("Vous avez tapé " + i);
}
catch (Exception e)
{
 Console.WriteLine("Erreur sur nombre");
}
```

En version 2, .NET a introduit la méthode TryParse (voir la section 3.5) dans la classe Int32. TryParse est nettement plus rapide que Parse, surtout en cas d'erreur (car les exceptions sont coûteuses en temps processeur) :

```
string s = "123";
int n;
.....
bool res = Int32.TryParse(s, out n);
if (res) .....        // OK, n contient le résultat de la conversion
else .....            // erreur : s incorrect
```

1.12 Les opérateurs

1.12.1 Les opérateurs arithmétiques

Différence par rapport au C/C++ : C# peut détecter les dépassements de capacité, les divisions par zéro, etc. C# reconnaît les opérateurs traditionnels que sont + (addition), – (soustraction) et * (multiplication). / est le signe de la division. Comme en C/C++, une division entière (c'est-à-dire avec reste) est effectuée si le numérateur et le dénominateur sont des entiers (byte, short, int ou long). Le quotient est alors toujours arrondi vers le bas et % donne le reste de la division entière. La division réelle, c'est-à-dire avec décimales, est effectuée si l'un au moins des opérandes est un réel (float, double ou decimal).

Le résultat de la division entière de 9 par 4 donne 2 comme quotient et 1 comme reste. De même :

Exemples de divisions et de restes de division

Opération	Résultat	Opération	Résultat
9/-4	-2	9%-4	1 (car 9 = -4*-2 + 1)
11/-4	-2	11%-4	3 (car 11 = -4*-2 + 3)
-9/-4	2	-9%-4	-1 (car -9 = -4*2 - 1)

En valeurs absolues, les divisions 9/4, 9/-4 et -9/-4 donnent le même résultat. Effectuez donc toujours des divisions en valeurs absolues pour obtenir le quotient en valeur absolue.

Contrairement au C/C++, l'opération % peut être appliquée à des réels. Ainsi 1.45%1.4 donne 0.05 comme résultat. Nous reviendrons sur le reste de la division et les problèmes d'arrondi à la section 3.1, consacrée à la classe Math.

Comme en C/C++, il n'y a aucun opérateur d'exponentiation en C#. À la section 3.1, vous trouverez la fonction Pow de la classe Math qui effectue l'exponentiation.

1.12.2 Pré- et post-incrémentations et décrémentations

Seules différences par rapport au C/C++ :

• ces opérations peuvent porter sur des réels ;

- la directive `checked` permet de déterminer un dépassement de capacité (cette directive est présentée plus loin dans cette section).

Considérons différentes séquences d'instructions :

```
int i=3, j;
j = i++;                i vaut maintenant 4 et j vaut 3.
                        L'assignation j = i (sans les ++ donc, puisqu'il s'agit d'une post-incrémentation) est
                        d'abord réalisée, l'incrémentation de i étant ensuite réalisée.

int k=3, p;             k est d'abord incrémenté (puisqu'il s'agit d'une pré-incrémentation) et l'assignation p = k
p = ++k;                est ensuite réalisée. k et p valent maintenant tous deux 4.

int i=1, j=1, k;        i, j et k prennent respectivement les valeurs 2, 2 et 3.
k = i++ + ++j;          j est d'abord incrémenté (puisque j est pré-incrémenté) et passe à 2. L'assignation
                        k = i + j est ensuite réalisée (k passe ainsi à 3) et i est finalement incrémenté (puisque
                        i est post-incrémenté) pour passer à 2.
```

Une incrémentation d'entier peut faire passer de la plus grande valeur positive à la plus grande valeur négative. Si l'on écrit :

```
short a=32766;
a++; Console.WriteLine(a);
a++; Console.WriteLine(a);
a++; Console.WriteLine(a);
```

on affiche successivement `32767`, `-32768` et `-32767` car les `short` s'étendent de `-32768` à `32767`. La directive `checked` permet de signaler une erreur en cas de dépassement de capacité (voir plus loin dans cette section).

1.12.3 Type des résultats intermédiaires

Considérons l'opération :
```
a = b*c + d;
```

L'opération spécifiée à droite du signe = est d'abord effectuée sans la moindre considération pour le type de a. Pour effectuer cette opération, le calcul b*c doit d'abord être effectué (* est prioritaire par rapport à + et peu importent à ce stade les espaces qui améliorent certes la lisibilité mais qui sont ignorés par le compilateur). Appelons x le résultat de ce calcul intermédiaire. Le type de x dépend des types de b et de c et uniquement de ces deux-là. De même, le type de l'autre résultat intermédiaire x + d dépend des types de x et de d et uniquement de ces deux-là.

Si un `double` intervient dans une opération arithmétique (par exemple b*c), le résultat est de type `double`. Si un `float` intervient dans l'opération (en l'absence de `double`), le résultat est de type `float`. Si un `long` intervient dans l'opération (en l'absence de `double` et de `float`), le résultat est de type `long`. Sinon, le résultat est de type `int` même si des `byte`, des `char` ou des `short` seulement interviennent dans l'opération (ces `byte`, `char` et `short` étant automatiquement promus en `int` le temps de l'opération).

Si l'un des opérandes est de type `decimal`, l'autre doit être de type entier ou `decimal`, le résultat étant de type `decimal`. Si l'autre opérande est un `float` ou un `double`, le `decimal` doit d'abord être converti en un `float` ou un `double`.

Pour illustrer tout cela, considérons les instructions suivantes :

`short i=5, j=10, k;`	Tous des `short`
`k = i + j;`	Erreur de syntaxe car le résultat de l'opération i+j est de type `int` et non de type `short` (le temps de l'opération arithmétique, les `short` i et j sont en effet promus en `int` et le résultat de l'addition est dès lors de type `int`).
`k = (short)(i + j);`	Résout le problème.
`decimal d = 1.2m;`	Pas de problème. Le suffixe m est obligatoire : 1.2 est par défaut de type `double`. Même si ce n'est pas le cas ici, toute valeur de type `double` ne peut être copiée sans erreur dans un `decimal`. Tout entier peut néanmoins être copié sans problème dans un `decimal`.
`d = d*2;`	Pas de problème.
`d = d*2.0;`	Erreur de syntaxe : d doit être explicitement converti en un `double` ou bien 2.0 doit être de type `decimal` (en écrivant 2.0m).
`d = (decimal)((double)d*2.0);`	Autre manière de résoudre le problème. Le résultat de la multiplication est de type `double` et celui-ci doit être converti en un `decimal`.

1.12.4 Opérateurs +=, -=, etc.

Rien de nouveau par rapport au C/C++. Au lieu d'écrire :

```
i = i + k;
```

on peut écrire

```
i += k;
```

Il en va de même pour les autres opérateurs :

```
i -= k;      // ou    i = i - k;
i *= k;      // ou    i = i*k;
i /= k;      // ou    i = i/k;
i %= k;      // ou    i = i%k;
```

1.12.5 Dépassements de capacité

Du nouveau par rapport à C/C++ et on s'en félicitera. Il nous faudra malheureusement distinguer les erreurs de calcul sur des entiers et des erreurs de calcul sur des réels.

Erreurs sur entiers

Par défaut, C# ne signale aucune erreur en cas de dépassement de capacité sur des entiers (par défaut et afin de ne pas nuire aux performances dans le cas où le problème ne risque pas de se poser). Par défaut, C# se comporte donc comme C/C++. Ainsi, si vous écrivez :

```
int i=1000000000, j=10, k;          // un milliard dans i, pas de problème
k = i * j;
```

La deuxième ligne a pour effet de mettre une valeur erronée dans k, par perte des bits les plus significatifs du produit : dix milliards constitue en effet une valeur trop élevée pour un int. Aucune erreur n'est signalée ni à la compilation ni à l'exécution.

Mais une erreur est signalée (par défaut, il est mis fin au programme) si vous utilisez la directive checked (une ou plusieurs instructions peuvent être placées entre les accolades) :

```
checked {k = i*j;}
```

Vous pouvez intercepter l'erreur (voir chapitre 5) et la traiter par programme dans un try/catch (donc sans mettre fin au programme et en permettant ainsi à l'utilisateur de réintroduire des valeurs correctes) :

```
try
{
 checked {k = i*j;}
}
catch (Exception e)
{
 .....                    // signaler et/ou traiter l'erreur
}
```

Une division par zéro peut être traitée de la même manière (exception DivideByZeroException) mais la directive checked n'est alors pas indispensable (une exception étant automatiquement générée en cas de division par zéro sur des entiers).

La directive checked peut également être appliquée à des conversions susceptibles de poser problème. Si l'on écrit :

```
short s;
int i=100000;          // cent mille ans un int : pas de problème
s = (short)i;          // cent mille : valeur trop élevée pour un short
```

la dernière instruction sera exécutée sans signaler d'erreur mais on retrouvera une valeur erronée dans s (par perte des seize bits les plus significatifs de i).

En revanche, si l'on écrit :

```
s = checked((short)i);
```

une vérification de dépassement de capacité est effectuée et une exception est générée en cas d'erreur. Insérez l'instruction checked dans un try/catch pour traiter l'erreur.

Pour générer une exception lors de l'assignation d'une valeur négative dans une variable non signée, on écrit :

```
uint u;
int i=-5;
u = Convert.ToUInt32(i);
```

En écrivant

```
u = (uint)i;
```

une valeur positive très élevée (proche de la limite supérieure d'un `uint`) est copiée dans u, aucune exception n'étant signalée.

Erreurs sur réels

Les erreurs sur réels (`float` et `double` uniquement) doivent malheureusement être traitées différemment. Suite à une addition ou une multiplication provoquant un dépassement de capacité ainsi que suite à une division par zéro, le résultat (de type `float` ou `double`) contient une « marque » signalant une valeur erronée pour un `float` ou un `double`. La section 3.4 est consacrée aux classes `Single` et `Double` (associées aux types primitifs que sont `float` et `double`) mais voyons déjà comment détecter ces erreurs :

```
double d1, d2 = 0;
d1 = 5/d2;
if (Double.IsInfinity(d1)) .....

double d3, d4;
d4 = Double.MaxValue;
d3 = d4 + 1;
if (Double.IsNegativeInfinity(d3)) .....

double d5, d6=2E200, d7=E300;
d5 = d6 * d7;
if (Double.IsInfinity(d5)) .....
```

Les erreurs sur des variables de type `decimal` se traitent comme les erreurs sur entiers.

1.12.6 Opérations sur les booléens

Une variable de type `bool` ne peut recevoir que l'une des deux valeurs suivantes : `false` et `true`. Les opérations qui peuvent être effectuées sur des booléens sont limitées (`if` et `!`). En particulier, deux booléens ne peuvent pas être additionnés.

Considérons les instructions suivantes :

```
bool b;
.....
b = i<10;   // b prend la valeur true si i est inférieur à 10.
            // sinon, b prend la valeur false
```

L'opérateur `!` (encore appelé `NOT`) peut être appliqué à une variable booléenne :

```
bool b, c=true;
.....
b = !c;   // b prend la valeur false car !true vaut false et !false vaut true.
```

Les opérateurs +, -, etc., ne peuvent pas être appliqués à des booléens.

1.12.7 Opérations au niveau binaire

Rien de nouveau par rapport au C/C++. Des opérations au niveau binaire peuvent être effectuées entre opérandes de type `int`, `long` ou leurs équivalents non signés (les types `byte` et `short` sont automatiquement convertis en `int`) :

    `&`   pour l'opération AND (ET)

    `|`   pour l'opération OR (OU)

    `^`   pour l'opération XOR

    `~`   pour l'inversion de tous les bits.

Si les opérateurs `&`, `|` et `^` portent sur deux opérandes, l'opérateur `~` ne porte que sur un seul. Il ne faut pas confondre les opérateurs `&` et `|` (opérations binaires) avec les opérateurs logiques que sont `&&` et `||` (qui interviennent dans des conditions, voir section 1.13).

Rappelons que (`a` et `b` pouvant prendre soit la valeur `0`, soit la valeur `1`) :

- a ET b donne toujours `0` comme résultat sauf si a et b valent tous deux `1` ;

- a OU b donne toujours `1` comme résultat sauf si a et b valent tous deux `0` ;

- XOR se comporte comme OU sauf que 1 XOR 1 donne `0` comme résultat.

À la suite de l'opération suivante (ET au niveau binaire), `k` prend la valeur `2` :

```
int i=3, j=2, k;
k = i & j;
```

En effet (les points représentent `28` bits de valeur `0`) :

```
i : 0........0011
j : 0........0010
    -------------
k : 0........0010
```

Une opération `&` est d'abord réalisée entre le dernier bit (à l'extrême droite) de `i` et le dernier bit de `j`, avec résultat dans le dernier bit de `k` (1 ET 0 donne en effet `0` comme résultat). L'opération est ensuite réalisée sur l'avant-dernier bit et ainsi de suite. K prend donc la valeur `2`.

1.12.8 Décalages

Rien de nouveau par rapport au C/C++. Des décalages (à gauche ou à droite d'un certain nombre de bits) peuvent être effectués :

    `<<`   décalage à gauche ;

    `>>`   décalage à droite.

On distingue deux sortes de décalage :

- les décalages arithmétiques qui portent sur des int ou des long (c'est-à-dire des entiers signés) et conservent le bit de signe (celui d'extrême gauche) ;

- les décalages logiques qui portent sur des uint ou des ulong, sans la moindre considération donc pour le bit de signe.

Un décalage à gauche d'une seule position (i << 1) multiplie le nombre par 2 (sans modifier i). Un décalage à gauche de deux positions le multiplie par 4 et ainsi de suite (de manière générale, un décalage à gauche de n bits multiplie le nombre par 2n). Un décalage à droite d'une position (i >> 1) divise ce nombre par 2 et ainsi de suite. Si l'on écrit :

```
int i=-4, j;        i est inchangé tandis que j prend la valeur −2.
j = i >> 1;
```

1.13 Conditions en C#

Les opérateurs logiques de condition sont ceux du C/C++, à savoir :

     ==   pour tester l'égalité

     !=   pour tester l'inégalité

ainsi que <, <=, > et >= dont la signification est évidente.

1.13.1 L'instruction if

Rien de nouveau par rapport au C/C++. Si vous connaissez n'importe quel langage moderne, il suffira d'analyser les exemples qui suivent pour tout comprendre :

Exemples d'instructions if	

`if (i==0)`
`{`
`une ou plusieurs instructions qui seront`
`exécutées si i vaut zéro;`
`}`
	Condition sans clause "sinon".

`if (i==0) {`
`une ou plusieurs instructions qui seront`
`exécutées si i vaut zéro;`
`}`
	Certains préfèrent placer autrement les accolades mais ce n'est qu'une question de style ou de mode. Le compilateur se moque éperdument de la présentation du programme.

`if (i==0) une seule instruction;`	Les accolades sont facultatives dans le cas où une seule instruction doit être exécutée.

```
if (i==0)
{
  une ou plusieurs instructions qui seront
  exécutées si i vaut zéro;
}
else
{
  une ou plusieurs instructions qui seront
  exécutées si i est différent de zéro;
}
```

```
if (i==0) {
  une ou plusieurs instructions qui seront
  exécutées si i vaut zéro;
}
else {
  une ou plusieurs instructions qui seront
  exécutées si i est différent de zéro;
}
```
Autre manière de placer les accolades. Ce n'est qu'une question de style et d'habitude.

```
if (i==0)
{
  une ou plusieurs instructions qui seront
  exécutées si i vaut zéro;
}
else  une seule instruction;
```
Plusieurs instructions à exécuter si i vaut zéro et une seule si i est différent de zéro.

```
if (i==0) une seule instruction;
else
{
  une ou plusieurs instructions qui seront
  exécutées si i est différent de zéro;
}
```
Une seule instruction à exécuter si i vaut zéro et plusieurs si i est différent de zéro.

```
if (i==0) une seule instruction;
else  une seule instruction;
```
Une seule instruction dans les deux cas.

Analysons quelques instructions qui sont légales en C/C++ mais qui ne le sont pas en C# (on suppose que i est de tout type différent de bool) :

Instructions légales en C/C++	En C#, il faut écrire :
if (i)	if (i != 0)
if (!i)	if (i == 0)

if (i = j)
(en C/C++, cette instruction copie j dans i et puis teste si i est différent de 0).
	i = j;
	if (i != 0)
	ou bien (à éviter) if ((i=j) != 0)
	Les parenthèses autour de i=j (il s'agit de l'assignation) sont nécessaires car l'opérateur == (de niveau 7) est prioritaire par rapport à = (niveau 14). Les parenthèses (entourant ici i=j) se situent au niveau de priorité 1.

1.13.2 Variable booléenne dans condition

Dans le cas d'une variable booléenne, on peut néanmoins écrire :

```
bool b;
.....
if (b)     synonyme de if (b == true)
if (!b)    synonyme de if (b == false)
```

1.13.3 Condition illégale en C, C++ et C#

On ne peut pas non plus écrire (instruction illégale aussi en C/C++) :

```
if (10 < i < 20) .....
```

Pour tester si i est compris entre 10 et 20, il faut écrire :

```
if (i>10 && i <20) .....
```

1.13.4 Incrémentation dans condition

En écrivant (ce qui n'est pas conseillé du point de vue « lisibilité du programme » mais tout à fait légal) :

```
int i=4;
if (++i == 5) Console.WriteLine("Cas 1, i vaut " + i);
else Console.WriteLine("Cas 2, i vaut " + i);
```

on incrémente d'abord i (puisqu'il s'agit d'une pré-incrémentation), qui passe ainsi à 5. Le test d'égalité est ensuite effectué. Comme ce test donne « vrai » comme résultat, le message Cas 1, i vaut 5 est affiché.

En écrivant :

```
int i=4;
if (i++ == 5) Console.WriteLine("Cas 1, i vaut " + i);
else Console.WriteLine("Cas 2, i vaut " + i);
```

on effectue d'abord le test d'égalité. Celui-ci donne « faux » comme résultat (puisque i vaut toujours 4). i est incrémenté avant d'entrer dans les instructions qui correspondent au résultat logique « faux ». Le message Cas 2, i vaut 5 est alors affiché.

1.13.5 if imbriqués

Dans une alternative (c'est-à-dire une branche du if), on peut évidemment trouver une autre instruction if. On parle alors de if imbriqués. En l'absence d'accolades, un else se rapporte toujours au if le plus rapproché. Il n'y a pas de limite au nombre de if imbriqués mais la raison et le bon sens devraient vous inciter à en établir une. L'instruction switch (voir section 1.14) peut vous aider dans ce sens. Par exemple :

```
if (i<10) if (i>=5) Console.WriteLine("i entre 5 et 10");
else Console.WriteLine("i inférieur à 5");
```

Même si la présentation laisse croire que le `else` se rapporte au premier `if`, il n'en est rien puisqu'il se rapporte au `if` le plus rapproché. Il est dès lors peut-être préférable d'écrire :

```
if (i<10)
{
  if (i>=5) Console.WriteLine("i entre 5 et 10");
  else Console.WriteLine("i inférieur à 5");
}
```

ou, puisque les accolades ne sont pas obligatoires (un `if`, même très complexe, est toujours assimilé à une seule instruction) :

```
if (i<10)
  if (i>=5) Console.WriteLine("i entre 5 et 10");
  else Console.WriteLine("i inférieur à 5");
```

1.13.6 L'instruction ? :

Comme en C/C++, on peut remplacer un `if` simple par :

```
n = condition ? val1 : val2;
```

ce qui signifie que la variable n prend la valeur `val1` si la condition est vraie. Sinon, n prend la valeur `val2`. On écrira par exemple :

```
int a, b=5;
a = b!=0 ? 1 : 2;        a prend la valeur 1 puisque la condition b!=0 est vraie. Sinon, a prend la valeur 2.
```

1.13.7 Les opérateurs logiques && et ||

Rien de nouveau par rapport au C/C++. Une condition peut comprendre les opérateurs logiques que sont :

- `&&` (opération ET)

- `||` (opération OU).

Par exemple :

```
if (i==1 && j!=2) .....
```

qui signifie « si i vaut 1 ET si j est différent de 2, alors ... ».

Quand deux conditions sont reliées par `&&`, la condition donne « vrai » comme résultat si les deux conditions élémentaires donnent « vrai » comme résultat.

Quand deux conditions sont reliées par `||`, la condition donne « vrai » comme résultat si l'une des deux conditions élémentaires donne « vrai » comme résultat.

Dans une condition comportant un `&&`, la deuxième condition élémentaire n'est pas évaluée si la première donne « faux » comme résultat. Dans une condition comportant un `||`, la deuxième condition élémentaire n'est pas évaluée si la première donne « vrai » comme résultat.

1.13.8 Une règle de logique parfois utile

Rappelons cette règle de logique qui permet parfois de simplifier une condi conditions ainsi que les branches de l'alternative » :

Au lieu d'écrire	on peut écrire

`if (a<b && c>=d)`
` Console.WriteLine("123");`
`else Console.WriteLine("ABC");`
`if (a==b || c<d)`
` Console.WriteLine("123");`
`else Console.WriteLine("ABC");`
	`if (a>=b || c<d)`
	` Console.WriteLine("ABC");`
	`else Console.WriteLine("123");`
	`if (a!=b && c>=d)`
	` Console.WriteLine("ABC");`
	`else Console.WriteLine("123");`

1.14 Les boucles

Du nouveau (`foreach`) par rapport au C/C++. À part cela, les instructions `for`, `while` et `while` sont semblables.

Comme en C/C++, trois formes de boucle (`while`, `do while` et `for`) sont possibles. Mais C# propose une quatrième forme (`foreach`), particulièrement utile pour balayer (en lecture uniquement) un tableau ou une collection.

Quelle que soit la forme de la boucle, les accolades peuvent être omises si le corps de la boucle se résume à une seule instruction. Un `if`, même compliqué, ainsi qu'un `do`, un `while`, un `for` ou encore un `switch` sont assimilés à une seule instruction.

1.14.1 Formes while et do while

La forme `while` consiste à écrire (évaluation de la condition avant d'exécuter les instructions de la boucle) :

```
while (condition)
{
```

une ou plusieurs instructions (formant le corps de la boucle) qui sont exécutées tant que la condition est vraie ;

```
}
```

La forme `do while` consiste à écrire (évaluation de la condition après avoir exécuté les instructions de la boucle) :

```
do
{
```

une ou plusieurs instructions ;

```
  } while (condition);
```

Avec cette seconde forme, la ou les instructions formant le corps de la boucle sont toujours exécutées au moins une fois.

Comme en C/C++, les accolades sont facultatives dans le cas où le corps de la boucle est formé d'une seule instruction.

`while (true)` permet d'écrire une boucle sans fin. N'oubliez pas de placer une instruction `break` pour sortir, à un moment ou l'autre, de la boucle.

1.14.2 Forme for

`for` *(instructions d'initialisation; condition; instructions de fin de boucle)*

```
  {
```

une ou plusieurs instructions qui seront exécutées tant que la condition est vraie;

```
  }
```

Dans les parenthèses du `for`, on trouve trois expressions séparées par un point-virgule :

- D'abord la ou les instructions d'initialisation de la boucle (avec virgule comme séparateur d'instructions) et, éventuellement, une ou plusieurs déclarations de variable.

- Ensuite une condition.

- Enfin, une ou plusieurs instructions, séparées dans ce cas par virgule, qui sont exécutées après chaque passage dans la boucle.

Les programmeurs C/C++ se retrouveront en pays de connaissance :

Différentes formes de `for`

`for (int i=0; i<5; i++) .....`	Instruction `for` avec déclaration de variable (le domaine d'existence de `i` est limité à la boucle), condition et instruction de fin de boucle. `i` cesse donc d'exister après exécution de la boucle. Une variable `i` ne peut pas avoir été déclarée au préalable dans la fonction ou en champ de la classe.
`for (int i=0, j=10; i<5; i++, j--) .....`	Instruction `for` avec deux déclarations de variables (`i` et `j` ont leur existence limitée à la boucle), condition et deux instructions de fin de boucle.

`int i=0, j=10;`
`.....`
`for (;i<5; i++, j--) .....`
	Les variables `i` et `j` sont déclarées en dehors de la boucle et ne sont donc plus limitées à la boucle.

`for (;;i++, j--) .....`	Les instructions d'initialisation ainsi que la condition sont absentes. Omettre la condition revient à considérer que la condition est toujours vraie. Ne pas oublier l'instruction `break` dans le corps de la boucle pour sortir de celle-ci.
`for (;;) {.....; i++; j--}`	
`for (; true;) {.....; i++; j--}`	Même chose mais peut-être plus clair.

Pour afficher les arguments de la ligne de commande lors de l'exécution du programme `Prog`, il suffit d'écrire :

```
static void Main(string[] args)
{
  for (int i=0; i<args.Length; i++) Console.WriteLine(args[i]);
}
```

Si on lance l'exécution de `Prog` par `Prog AA BB`, ce programme affiche (contrairement à ce que font certains systèmes d'exploitation, le nom du programme n'est pas repris en premier argument) :

```
AA
BB
```

1.14.3 Les variables déclarées dans des boucles

Comme en C++, on peut déclarer une variable de contrôle de boucle dans la partie initialisation du `for` mais cette variable ne peut porter le nom d'une autre variable de la fonction (peu importe que cette variable soit déclarée avant ou après le `for`). On dit qu'une telle variable est locale au `for` : elle cesse d'exister en quittant la boucle.

Rien n'empêche cependant de déclarer une variable de même nom dans une autre boucle `for` de la fonction ou même dans un bloc. Il en va de même pour les variables qui seraient déclarées à l'intérieur d'un `while`, d'un `do ... while` ou d'un `for`.

Plusieurs variables peuvent être déclarées et initialisées dans la partie d'initialisation du `for`, moyennant quelques restrictions.

Ainsi, dans :

```
for (int i=0, j=2; i<j; i+=2, j++) Console.WriteLine("{0} {1}", i, j);
```

on déclare et initialise deux variables baptisées `i` et `j`. Celles-ci n'existent que dans la boucle, leur durée de vie est limitée à la boucle. Des variables appelées `i` et `j` ne peuvent pas avoir été déclarées dans le corps de la fonction. Cette boucle affiche deux messages : `0 2` en première ligne, et puis `2 3` en seconde ligne.

Considérons les séquences suivantes, toutes deux en erreur :

`int j;` `for (int i=0, j=0; .....`	Erreur de syntaxe car j, qui a déjà été déclaré en dehors du `for`, pourrait être utilisé à l'intérieur du `for`.
`int j;` `for (j=0, int i=0; .....`	Erreur de syntaxe car on ne peut pas initialiser uniquement une variable et déclarer/initialiser une autre variable.

Pour balayer un tableau (ici en lecture mais cela pourrait être en modification), on écrit :

```
int[] ti = {10, 5, 15, 0, 20};
for (int i=0; i<ti.Length; i++) Console.WriteLine(ti[i]);
```

1.14.4 foreach

L'instruction `foreach` permet de parcourir un tableau ainsi qu'une collection (voir chapitre 4) :

```
int[] ti = new int[]{10, 5, 15, 0, 20};
foreach (int i in ti) Console.WriteLine(i);
```

Pour balayer un tableau de chaînes de caractères, on écrit (en déclarant et initialisant le tableau d'une autre manière) :

```
string[] ts = {"Tintin", "Haddock", "Castafiore"};
foreach (string s in ts) Console.WriteLine(s);
```

L'instruction `foreach` en dernière ligne doit être lue : « pour chaque cellule du tableau `ts` (cellule de type `string` et que nous décidons d'appeler `s` pour la durée du `foreach`), il faut exécuter l'instruction `Console.WriteLine` ». Plusieurs instructions peuvent être spécifiées : il faut alors les entourer d'accolades, comme pour un `if`, `for` ou `while`.

`foreach` permet de balayer un tableau ou une collection mais l'opération est limitée à la lecture. `foreach` ne permet pas de modifier le tableau ou la collection, vous devez pour cela utiliser une autre forme de boucle et recourir aux `[]` pour indexer la collection.

Pour afficher les arguments de la ligne de commande lors de l'exécution du programme `Prog`, il suffit d'écrire :

```
static void Main(string[] args)
{
 foreach (string s in args) Console.WriteLine(s);
}
```

Les instructions `break` et `continue` peuvent être utilisées dans un `foreach`.

1.14.5 Les instructions break et continue

Rien de nouveau par rapport au C/C++ : les instructions `break` et `continue` peuvent être exécutées dans une boucle :

- l'instruction `continue` fait passer directement à l'itération suivante ;
- l'instruction `break` fait quitter la boucle.

Ainsi, la boucle :

```
for (int i=0; i<5; i++)
{
 Console.Write(i);
 if (i == 2) continue;
 Console.Write("A");
 if (i == 3) break;
 Console.Write("B");
}
```

affiche `0AB1AB23A`.

Certains puristes critiquent ces instructions car elles installent plusieurs points de sortie de la boucle. Ils ont sans doute raison sur le plan des principes mais, pour éviter tout break ou continue dans des boucles imbriquées, ils sont souvent obligés (sauf dans des cas simplistes évidemment) de compliquer, et donc de rendre moins compréhensibles, à la fois le corps de la boucle et la condition de boucle.

1.14.6 L'instruction switch

Les programmeurs C/C++ doivent être attentifs : C# modifie la syntaxe pour le passage d'un case à l'autre et accepte les chaînes de caractères (objets string) dans le sélecteur.

Comme en C/C++, l'instruction switch effectue un aiguillage vers une ou plusieurs instructions en fonction du contenu d'une variable de contrôle :

```
switch (val)
{
 case valeur : une ou plusieurs instructions;
           break;
 case valeur : une ou plusieurs instructions;
           break;
 default : une ou plusieurs instructions;
 }
```

Le passage d'un case à l'autre n'est pas autorisé sauf dans le cas où la clause case ne comporte aucune instruction. Si une clause case comporte au moins une instruction, le passage au case suivant n'est possible qu'en exécutant goto case (voir les exemples ci-après).

Dans l'exemple suivant (val étant de type entier) :

• Les valeurs 1 et 2 du sélecteur provoquent le même traitement.

• La valeur 3 doit provoquer l'exécution d'une instruction et puis les instructions du cas 4.

Le case doit dès lors s'écrire comme suit :

```
switch (val)
{
 case 0 : une ou plusieurs instructions;
         break;
 case 1 :
 case 2 : une ou plusieurs instructions;
         break;
 case 3 : une ou plusieurs instructions;
         goto case 4;
 case 4 : une ou plusieurs instructions;
         break;
 default : une ou plusieurs instructions;
 }
```

goto case 2 n'était pas nécessaire au case 1 car il n'y avait là aucune instruction.

La variable de contrôle (val dans l'exemple précédent) doit toujours être placée entre parenthèses, à droite du mot réservé switch. Elle doit être de type entier (byte, char, short, int ou long ainsi que les équivalents non signés), de type enum, de type bool ou encore de type string. La variable de contrôle peut également être :

- Une expression arithmétique et c'est alors le résultat du calcul qui contrôle le switch, par exemple : switch (i*2+4).

- Une fonction qui renvoie une valeur. Dans ce cas, cette valeur de retour contrôle le switch.

Le sélecteur du switch, que l'on trouve à droite du mot réservé case, doit être une valeur entière (byte, char, short, int ou long), une chaîne de caractères string ou encore true ou false (dans le cas où la variable de contrôle est un booléen). Il ne peut s'agir d'une constante réelle ou d'un nom de variable.

Le sélecteur ne peut pas non plus être un intervalle de valeurs. Pour effectuer une action si i est compris entre 1 et 3, on écrira (sans oublier que le switch serait, dans ce cas, avantageusement remplacé par un if) :

```
switch (i)
{
 case 1 :
 case 2 :
 case 3 : Console.WriteLine("i dans l'intervalle 1 à 3"); break;
 default : Console.WriteLine("i n'est pas dans cet intervalle");
         break;
}
```

Comme la variable de contrôle peut être un objet string, mais non un réel, on peut écrire (avec une distinction entre minuscules et majuscules) :

```
string pays;
.....
switch (pays)
{
 case "France" : .....
 case "USA" : .....
}
```

La variable de contrôle peut également être de type énuméré (ec étant ici de type Etat-Civil) :

```
switch (ec)
{
 case EtatCivil.Célibataire : .....
 case EtatCivil.Marié : .....
}
```

La clause default est facultative. Les instructions de cette clause sont exécutées quand le contenu de la variable de contrôle ne correspond à aucune des valeurs associées à des case. Rien n'est exécuté (et le programme sort immédiatement du switch) si la clause default est absente et si le contenu de la variable de contrôle ne correspond à aucune des valeurs associées à des case. L'usage, qu'il est préférable de suivre, veut que l'on place la clause default en fin de switch mais rien ne vous y oblige en fait (si vous le faites, n'oubliez pas l'instruction break). L'ordre des case n'a aucune influence sur les performances du programme. Le compilateur peut, en effet, les réorganiser afin d'optimiser le code, par exemple en les triant en vue d'effectuer une recherche dichotomique plutôt qu'une recherche linéaire. Même si plusieurs instructions doivent être exécutées dans un case, les accolades ne sont pas obligatoires.

1.14.7 L'instruction goto

Le pauvre goto a déjà été tellement blâmé que nous ne l'accablerons pas plus. On associe généralement le terme goto à l'expression « programmation spaghetti ». Certains programmeurs n'ont pas besoin de goto pour arriver à un résultat du même tonneau ! Sans vouloir évidemment encourager l'utilisation du goto, celui-ci peut parfois s'avérer utile, n'en déplaise aux puristes et théoriciens, notamment pour programmer des machines à états (processus qui doivent passer par toute une série d'états en fonction de toute une série de paramètres).

goto permet de brancher à une étiquette (il s'agit d'un identificateur terminé par :) mais celle-ci doit impérativement faire partie de sa fonction :

```
Console.WriteLine("AAAA");
goto làbas;
ici : Console.WriteLine("BBBB");
làbas : ConsoleWriteLine("CCCC");
```

Le programme affiche AAAA et puis CCCC.

Une variable peut être déclarée dans une branche d'instruction conditionnelle dans la mesure où la vie de cette variable ne dépasse pas les limites de cette branche. Expliquons-nous. Le fragment suivant donnerait lieu à une erreur de compilation : on pourrait arriver à l'étiquette làbas sans que k n'ait été initialisé (tout aurait cependant été correct si k n'avait été utilisé qu'entre le if et l'étiquette làbas, k aurait même pu être déclaré dans ces instructions) :

```
int n, k;                    // k non initialisé
.....                        // initialisation de n (mais non de k)
if (n == 10) goto làbas;
k=5;
Console.WriteLine(k);
làbas: Console.WriteLine(k);
```

L'instruction goto, même si elle est syntaxiquement correcte à condition de corriger le problème (ne pas utiliser k au-delà de l'étiquette làbas) est ici condamnable d'un point de vue méthodologique : l'instruction if aurait pu être écrite bien plus proprement, sans recours au goto.

1.15 Les fonctions

Par rapport au C/C++ :

- pas de différence en ce qui concerne le passage d'argument par valeur ;

- pas de passage d'argument par adresse ;

- différence en ce qui concerne le passage d'argument par référence.

En C#, aucune fonction ne peut être indépendante d'une classe (contrairement aux fonctions globales du C++). Les fonctions statiques peuvent néanmoins jouer le rôle des fonctions globales : lors de l'appel, il suffit de préfixer le nom de cette fonction du nom de sa classe, sans devoir créer d'objet (nous verrons de nombreux exemples, notamment à la section 3.1 avec la classe Math).

Si on se limite au passage d'argument par valeur, les fonctions en C# s'écrivent comme les fonctions du C/C++. Mais il y a des différences en ce qui concerne le passage d'argument par référence.

Comme en C/C++, une fonction peut :

- admettre ou non des arguments (des parenthèses vides indiquent l'absence d'arguments, comme c'est le cas en C++) ;

- renvoyer ou non une valeur (void signalant que la fonction ne renvoie aucune valeur) ;

- posséder ses propres variables, celles-ci étant détruites lors de la sortie de la fonction.

Contrairement au C/C++ :

- pas de prototype ni de fichier à inclure en C# ;

- une fonction du C# accepte un tableau en argument bien plus aisément qu'en C/C++ ;

- une fonction du C# peut renvoyer un tableau, ce qui est particulièrement intéressant.

C# accepte les arguments par défaut mais sous une forme fort différente du C++ (voir plus loin dans ce chapitre).

1.15.1 Les arguments d'une fonction

Les arguments d'une fonction sont passés :

- par valeur ou référence dans le cas d'arguments de types « valeur » (int, float, string, etc., mais aussi les structures) ;

- par référence uniquement dans le cas de tableaux ou d'objets (voir les classes au chapitre 2).

On écrira par exemple (pour le moment, ne vous préoccupez pas du qualificatif static devant le nom des fonctions bien que ce qualificatif soit ici obligatoire) :

Passage d'arguments par valeur   Ex7.cs

```
using System;
class Prog
{
 static void Main()
 {
  int a=3, b;
  f(a);            // appel de la fonction f avec le contenu de a en argument
  b = g(5*a, 2);  // b prend la valeur 17
 }
 static void f(int i)
 {
  Console.WriteLine(i);  // affiche 3 (contenu de a de Main)
  i++;                   // aucune influence sur a de Main
 }
 static int g(int a1, int a2)
 {
  return a1+a2;
 }
}
```

Les programmeurs en C/C++ se retrouvent donc bien en pays de connaissance. Nous expliquerons à la section 2.4 pourquoi les méthodes f et g ont dû être qualifiées de static (en fait pour qu'elles puissent être appelées même si aucun objet de la classe Prog n'est créé, ce qui est le cas ici).

F a reçu en argument la valeur 3 mais f ignore tout de la provenance de cette valeur. L'argument i de f a pris la valeur 3 au moment d'entrer dans la fonction. Toute modification de i de f est limitée à i de f (comme nous le verrons bientôt, ce n'est pas le cas avec le passage d'argument par référence).

Comme en C/C++, void indique que la fonction ne renvoie rien. Une fonction peut aussi renvoyer une et une seule valeur (pour simuler le renvoi de plusieurs valeurs, il faut passer des arguments par référence ou des arguments out). Une fonction peut néanmoins renvoyer un tableau :

```
static int[] f()
{
 int[] t = new int[3]; t[0] = 11; t[1] = 22; t[2] = 33;
 return t;
}
static void Main()
{
 int[] ta = f();
}
```

Un tableau de trois éléments est créé dans f. La référence t est certes locale à f, et sera donc détruite en quittant f, mais le tableau lui-même (c'est-à-dire ses trois cellules) est alloué sur le *heap*. Il ne pourra être détruit que lorsque plus aucune référence ne « pointe » sur ce tableau. En renvoyant t, f renvoie cette référence qui est copiée dans ta de Main. ta de Main fait maintenant référence à un tableau de trois entiers dont les cellules sont initialisées à 11, 22 et 33.

Plusieurs fonctions peuvent porter le même nom. Elles doivent alors être différentes par le nombre ou le type des arguments, le type de la valeur de retour ne jouant aucun rôle dans la différentiation.

1.15.2 Passage d'argument par référence

Le passage d'argument par adresse, bien connu des programmeurs C/C++, est remplacé par le passage d'argument par référence, ce qui revient d'ailleurs au même en ce qui concerne le code généré : en interne, une référence est implémentée comme un pointeur mais comme vous ne pouvez pas utiliser la référence avec toute la liberté et tout le laxisme d'un pointeur du C/C++, cela présente beaucoup moins de danger.

Il serait cependant faux de dire que le passage d'argument par adresse n'existe pas en C# : il faut pour cela utiliser des pointeurs qui, en C#, sont soumis à d'importantes restrictions par rapport à ce qui est possible en C/C++ (voir section 1.16).

Si une variable (jamais une valeur) est passée par référence (la variable a de Main dans l'exemple suivant), la fonction appelée peut modifier cette variable de la fonction appelante.

C# impose de marquer, bien plus clairement qu'en C++, le passage d'argument par référence, y compris dans l'appel de fonction (mot réservé ref dans la déclaration de la fonction mais aussi dans l'appel de fonction) :

Passage d'argument par référence   Ex8.cs

```
using System;
class Prog
{
 static void Main()
 {
  int a=3;
  f(ref a);                 // passer a de Main en argument
  Console.WriteLine(a);     // affiche 10
 }

 static void f(ref int aa)
 {
  aa = 10;                  // modifie a de Main
 }
}
```

Le passage de chaînes de caractères (type `string`) se comporte comme nous venons de l'expliquer dans l'exemple précédent : `ref` doit qualifier l'argument (tant lors de l'appel que dans la fonction) pour que la fonction puisse modifier la chaîne passée en argument.

1.15.3 Passage d'un tableau en argument

Les tableaux sont toujours passés par référence, même si `ref` n'est pas explicitement spécifié. Il en va de même pour les objets étudiés au chapitre 2 car tableaux et objets sont toujours désignés par une référence et alloués par `new`. Les types valeurs (`int`, `double`, `string`, etc.) ainsi que les structures et les énumérations ne rentrent pas dans cette catégorie.

Il est donc possible, à partir d'une fonction, de modifier un tableau de la fonction appelante. Par exemple, pour, à partir de la fonction `f`, ajouter `1` à tous les éléments du tableau `ti` de `Main`, il suffit d'écrire :

```
Passage d'un tableau en argument                                    Ex9.cs
using System;
class Prog
{
 static void Main()
 {
  int[] ti = {10, 20, 30, 40, 50};
  f(ti);
  foreach (int i in ti) Console.WriteLine(i);
 }
 static void f(int[] ta)
 {
  for (int i=0; i<ta.Length; i++) ta[i]++;    // ti de Main est modifié
 }
}
```

Nous n'avons pas dû ajouter `ref` dans la fonction (mais nous aurions pu) car, pour les tableaux, le passage d'argument est toujours effectué par référence. Il en va de même pour les objets étudiés au chapitre 2 (les `string`, voir un exemple précédent, et les variables structurées ne rentrent pas dans cette catégorie).

Bien que ceci n'ait rien à voir avec le passage d'arguments, une boucle `for` a dû être utilisée ici pour pouvoir modifier chaque cellule du tableau. En écrivant :

```
foreach (int a in ta) .....
```

`a` ne peut être utilisé qu'en lecture. On pourrait donc afficher `a` (qui prend successivement la valeur de chaque cellule du tableau) mais on ne changerait pas les différentes cellules du tableau en modifiant `a`.

D'un point de vue performance (certes négligeable ici), il aurait été préférable d'écrire :

```
int N=ta.Length;
for (int i=0; i<N; i++) ta[i]++;
```

car Length est une propriété de la classe Array des tableaux et toute propriété implique l'appel d'une fonction. Comme la taille du tableau reste constante, autant la déterminer une fois pour toutes avant de commencer la boucle.

1.15.4 Passage d'arguments out

Le passage d'argument out indique que la variable (jamais une valeur) passée en argument est initialisée par la fonction appelée.

Passage d'arguments out   Ex10.cs

```
using System;
class Prog
{
 static void Main()
 {
  int a;                       // a contient une valeur au hasard
  f(out a);                    // passer a de Main en argument
  Console.WriteLine(a);        // affiche 10
 }
 static void f(out int aa)
 {
  aa = 10;                     // initialise a de Main
 }
}
```

Il n'était pas obligatoire d'initialiser a puisque le passage de a en argument out indique que la fonction f ne pourra utiliser le contenu de a au moment d'entrer dans la fonction. C'est f qui en initialisant son argument initialise en fait a de Main.

Dans le cas d'un passage d'argument par référence ref, le fait de ne pas avoir initialisé a de Main aurait constitué une erreur de syntaxe : a aurait dû être initialisé puisque la fonction appelée aurait pu d'entrée de jeu utiliser la valeur initiale de l'argument (qui aurait été une valeur au hasard dans notre cas).

Le passage d'argument out est utilisé dans le cas où on appelle une fonction pour initialiser un tableau :

```
static void Main()
{
 int[] t;
 f(out t);
}
static void f(out int[] at)
{
 at = new int[3]; at[0] = 10; at[1] = 20; at[2] = 30;
}
```

out est ici nécessaire car t n'est pas encore instancié au moment d'entrer dans f. out n'aurait été nécessaire ni dans f ni dans l'appel de f si t avait été instancié dans Main. Au moment d'entrer dans la fonction f, at devient t de Main.

La fonction f aurait pu instancier et renvoyer le tableau :

```
static void Main()
{
 int[] t;
 t = f();
 Console.WriteLine(t.Length);      // tableau de trois éléments
}
static int[] f()
{
 int[] ta = new int[3]; ta[0] = 10; ta[1] = 20; ta[2] = 30;
 return ta;
}
```

La référence ta appartient certes à la fonction f et sera d'ailleurs détruite en quittant f. ta est instancié dans f et les trois cellules sont créées dans le *heap* (zone de mémoire associée au programme). ta « pointe » sur la première de ces trois cellules. f renvoie cette référence (en fait l'adresse de la première cellule) et cette valeur de retour est copiée dans la référence t. La référence ta (et la référence seule, pas la zone pointée) est alors automatiquement détruite. La zone pointée (qui contient les trois cellules du tableau) ne l'est pas car le programme contient une référence (t) sur cette zone. t « pointe » maintenant sur un tableau de trois cellules alloué sur le *heap*. t a été déclaré dans Main et instancié dans f.

1.15.5 Arguments variables en nombre et en type

À première vue, les arguments par défaut n'existent pas en C#. Deux techniques donnent cependant cette possibilité.

La première est très simple et consiste à écrire explicitement les différentes formes. Dans l'exemple qui suit, la fonction f présente trois formes :

- la première avec ses deux arguments ;
- la deuxième avec un seul argument et la valeur 2 par défaut ;
- la troisième sans argument mais les valeurs 1 et 2 par défaut.

```
void f(int a, int b)           // fonction avec tous ses arguments
{
 .....
}
void f(int a) { f(a, 2); }
void f() { f(1, 2); }
```

La seconde technique est plus élaborée et va bien au-delà des arguments par défaut du C++.

Le passage d'argument avec le mot réservé params permet en effet de passer des arguments variables en nombre mais aussi en type.

Considérons l'exemple suivant :

Passage d'arguments variables en nombre   Ex11.cs

```
using System;
class Prog
{
 static void f(string Texte, params int[] para)
 {
  Console.Write(Texte);
  foreach (int a in para) Console.Write(a + " ");
  Console.WriteLine();
 }
 static void Main()
 {
  f("Exemple 1 : ", 1, 2);
  f("Exemple 2 : ", 10, 20, 30, 40);
  f("Exemple 3 : ");
  int[] t = {100, 200, 300};
  f("Exemple 4 : ", t);
 }
}
```

La fonction f contient un argument fixe (Texte, de type string) mais on aurait très bien pu écrire une fonction f sans ou avec plusieurs arguments fixes (toujours en tête des arguments).

Dans le cas de notre fonction f, un premier argument de type string devra toujours être présent dans un appel de f. L'argument params (un seul, toujours à la fin) pourra être omis (exemple 3), pourra désigner un nombre variable d'arguments (exemples 1 et 2) ou même un tableau (exemple 4). L'argument params doit toujours être désigné par un tableau d'une seule dimension.

Dans la fonction f, para.Length donne le nombre d'arguments variables.

Les arguments peuvent également être variables en nombre et en type car tous les types sont dérivés de la classe Object (voir section 2.12) :

Passage d'arguments variables en nombre et en type   Ex12.cs

```
using System;
class Prog
{
 static void f(params object[] para)
 {
  foreach (object a in para)
```

Passage d'arguments variables en nombre et en type *(suite)*   Ex12.cs

```
  {
    if (a is int) Console.WriteLine("Argument int : " + a);
    if (a is double) Console.WriteLine("Argument double : " + a);
    if (a is string) Console.WriteLine("Argument string : " + a);
  }
}
static void Main()
{
  f(1, 2);
  f(10, 2.3, "xyz");
  f("abc");
}
}
```

Comme souvent, il y a moyen d'écrire les choses de manière bien plus obscure et compliquée. Ainsi, le `foreach` précédent aurait pu être écrit (un `switch`, même très long est assimilé à une seule instruction, voir aussi la classe `Type` à la section 2.13) :

```
foreach (object a in para)
  switch (a.GetType().Name)
  {
   case "Int32" :
     Console.WriteLine("Argument int : " + a); break;
   case "Double" :
     Console.WriteLine("Argument double : " + a); break;
   case "String" :
     Console.WriteLine("Argument string : " + a); break;
  }
```

ou encore, pour éviter les comparaisons de chaînes de caractères :

```
foreach (object a in para)
  switch (Type.GetTypeCode(a.GetType()))
  {
   case TypeCode.Int32 :
     Console.WriteLine("Argument int : " + a); break;
   case TypeCode.Double :
     Console.WriteLine("Argument double : " + a); break;
   case TypeCode.String :
     Console.WriteLine("Argument string : " + a); break;
  }
```

1.16 Les pointeurs en C#

Jusqu'à présent, il n'a jamais été question de pointeurs qui jouent pourtant un rôle très important en C/C++. Le désespoir de certains programmeurs C/C++ qui découvrent le C# doit être à son comble : seraient-ils privés de la manipulation de pointeurs, de tableaux de pointeurs et de pointeurs sur des tableaux de pointeurs ? Si l'auteur de cet ouvrage refuse de participer au lynchage dont les pointeurs sont souvent l'objet, il doit reconnaître qu'ils sont à la fois puissants et dangereux. On pourrait presque comparer le pointeur au bistouri du chirurgien : dans des mains expertes, le bistouri peut faire des merveilles tandis que le même instrument, dans des mains moins expertes ou occasionnellement maladroites, peut constituer une arme redoutable et causer bien des dégâts. Bien sûr, il faut plus blâmer le programmeur incompétent ou inattentif que le pointeur lui-même. Mais il faut bien reconnaître aux pointeurs une part de responsabilité dans le manque de fiabilité des programmes. Une part seulement, car certains programmeurs n'ont pas besoin de pointeurs pour rendre leurs programmes peu fiables. C'est aussi de l'utopie que de croire que la simple élimination des pointeurs rendrait les programmes beaucoup plus fiables.

L'expérience montre heureusement que l'on peut très bien (souvent mais pas toujours) se passer des pointeurs en C#, sans rien perdre à la puissance du langage. Après la période de sevrage nécessaire, on s'accommode de la situation et on finit généralement par se féliciter de ne plus les utiliser ou uniquement dans des conditions exceptionnelles. Parmi les programmes d'accompagnement du chapitre 13, vous trouverez un programme de traitement d'image. En l'exécutant, vous constaterez que la version basée sur des pointeurs est cinquante fois plus rapide que la version qui n'est pas basée sur les pointeurs.

Pour les accros des pointeurs, ou pour ceux qui désirent améliorer drastiquement les performances d'une partie de code, signalons qu'il est toujours possible d'en utiliser en C#. Cette possibilité est néanmoins assortie de toute une série de restrictions. La première étant que la fonction dans laquelle on utilise un pointeur ou une adresse de variable doit être qualifiée d'unsafe (ce qui signifie « peu sûr »), de manière à attirer l'attention du programmeur sur le danger potentiel d'une telle fonction.

Si i et pi sont déclarés dans Main :

```
int i = 123;      // variable de type int
int *pi;          // déclaration de pointeur sur entier
```

on peut écrire :

```
pi = &i;
```

pour que pi contienne l'adresse de i (on dit alors que pi pointe sur i).

Pour accéder à la variable pointée par pi (donc à i dans notre cas), il suffit d'écrire *pi. Écrire :

```
int n = *pi;
```

a pour effet de copier dans n l'entier pointé par pi. De même, écrire :

```
*pi = 50;
```

a pour effet de copier la valeur 50 dans l'entier pointé par `pi`.

```
int i=5, j=20, n;        // déclaration de trois variables de type int
int *pi;                 // déclaration de pointeur sur entier
pi = &i;                 // pi pointe maintenant sur i
n = *pi;                 // n prend la valeur 5
pi = &j;                 // pi pointe maintenant sur j
*pi = 100;               // j prend la valeur 100
```

Pour illustrer le sujet, prenons l'exemple suivant (on suppose que les pointeurs sont connus puisque, sauf les exceptions mentionnées dans ce chapitre, les pointeurs se traitent comme en C/C++) :

Utilisation des pointeurs en C# (code qualifié d'unsafe)   Ex13.cs

```
using System;
class Prog
{
 unsafe static void Main()
 {
  int i = 10;
  Modif(&i);
  Console.WriteLine("i vaut " + i);        // affiche i vaut 50
 }
 unsafe static void Modif(int *pi)
 {
  *pi = 50;
 }
}
```

Dans `Main`, nous avons déclaré une variable `i`. Résultat : au moment d'exécuter le programme (et même plus précisément au moment d'entrer dans la fonction `Main`, tout au début du programme), une zone de 32 bits est réservée pour `i` quelque part en mémoire (c'est le framework .NET qui décide justement où). Cette zone de mémoire se trouve à une adresse bien précise. `&i` donne cette adresse de la variable `i`.

Un pointeur ne désigne rien d'autre qu'une variable qui contient l'adresse d'une autre variable, le type de cette autre variable devant être connu au moment de déclarer le pointeur.

Avec `int *pi`, on déclare un pointeur (appelé `pi`) sur un entier. `pi` va donc contenir l'adresse d'une variable de type `int`. Après assignation d'une adresse de variable entière dans `pi` (lors de l'entrée dans une fonction, l'argument prend la valeur passée en argument). On dit que `pi` pointe sur cette variable.

`Main` a dû être qualifié d'`unsafe` parce qu'on y prend l'adresse de la variable `i`. C'est le cas aussi de `Modif` parce qu'on y déclare et manipule un pointeur.

Pour que le programme puisse être compilé, il faut aussi stipuler, en propriété de programme, que l'on accepte du code `unsafe` dans ce programme : Explorateur de solutions → clic droit sur le nom du projet → `Propriétés` → `Build`, et cocher la case `Unsafe`.

`Modif` reçoit ici en argument l'adresse de la variable `i` locale à `Main`. L'argument `pi` de `Modif` pointe donc sur `i` de `Main`. `Modif` va écrire la valeur `50` à l'adresse pointée par `pi`, c'est-à-dire dans `i` de `Main`. Sans le pointeur, `Modif` ne pouvait avoir accès à une variable locale à `Main`. Le passage d'argument par référence donne aussi cette possibilité et fait donc office de pointeur mais cela reste caché au programmeur.

Les pointeurs donnent une grande liberté au programmeur mais ne sont effectivement pas sans risque. Pour mettre en évidence ce danger, imaginons que trois variables aient été déclarées dans `Main` :

```
int i=10, j=20, k=30;
```

Imaginons que, dans `Main`, on appelle `Modif` (rien à reprocher ici au programmeur de `Main`, si ce n'est sa confiance aveugle en `Modif`) :

```
Modif(&j);
```

et que `Modif` soit :

```
unsafe static void Modif(int *pi)
{
 *pi = 100; pi++; *pi = 1000;
}
```

L'instruction `pi++` a pour effet d'incrémenter le contenu du pointeur `pi` d'une unité, l'unité étant la taille de la variable pointée (4 octets dans notre cas). `pi` pointe maintenant sur l'entier juste derrière `i` en mémoire (qui se trouve être `j`, mais attention, ce n'est pas nécessairement vrai). Néanmoins, si `pi` pointe sur la première cellule d'un tableau, on est sûr que `pi++` fait pointer `pi` sur l'entier dans la cellule suivante du tableau.

`Modif` va modifier `j` de `Main` (puisque `pi` pointe sur `j` de `Main` lors de l'entrée dans la fonction) et y copier la valeur `100`. Mais `Modif`, suite à l'incrémentation du pointeur, va aussi modifier `i` de `Main`, qui prend la valeur `1000`. Pourquoi `i` de `Main` ? Parce que `i` de `Main` se trouve, en mémoire, juste derrière `j`. Or, le compilateur a toute liberté quant à la disposition des variables en mémoire et n'a pas nécessairement à suivre l'ordre des déclarations (dans une version ultérieure, le compilateur aurait le droit de changer sa technique de disposition des variables en mémoire). `i` de `Main` va changer de valeur tout simplement parce que cette variable a le malheur de se trouver au mauvais endroit en mémoire. Mais `Modif` pourrait tout aussi bien modifier inconsidérément d'autres variables ou parties de variables ou même du code. Avec les conséquences dramatiques que l'on peut imaginer…

L'utilisation des pointeurs en C# est soumise à d'autres restrictions et contraintes qu'il faut bien connaître pour effectuer un travail quelque peu sérieux avec les pointeurs.

Tous les programmes écrits jusqu'à présent s'exécutaient sous contrôle de l'environnement .NET, du CLR. Avant d'aller plus loin avec les pointeurs, faisons le point des modes d'exécution possibles dans l'environnement .NET :

Récapitulatif des modes d'exécution

le mode managé : tous les compilateurs .NET génèrent du code (code intermédiaire MSIL, voir le chapitre 7) en vue d'une exécution dans ce mode, c'est-à-dire sous contrôle du CLR (il s'agit du run-time .NET). Celui-ci gère l'allocation de mémoire mais aussi la libération automatique de mémoire (*garbage collection*) ; il effectue des contrôles de validité et de sécurité ; il vérifie les dépassements de bornes lors d'accès à des tableaux, etc.

le mode non managé : c'est le mode d'exécution des programmes générés par des compilateurs d'avant .NET : ces compilateurs génèrent du code machine directement exécutable par le microprocesseur, sans effectuer autant de vérifications que ne le fait le CLR. Un programme s'exécutant en mode managé peut appeler des fonctions s'exécutant en mode non managé. C'est notamment le cas pour les fonctions de l'API Windows (voir la section 22.1) qui peuvent encore être appelées comme au bon vieux temps « de la programmation Windows à la dure ». C'est aussi le cas lorsqu'un programme .NET fait appel aux services d'un ActiveX.

le mode unsafe : il s'agit de code généré par des compilateurs .NET (c'est le cas de C# mais pas nécessairement des autres compilateurs .NET car tous les langages ne permettent pas la manipulation de pointeurs). Ce code s'exécute en mode géré mais le programmeur peut, sous certaines conditions, accéder explicitement et directement à des zones de mémoire. Le recours aux pointeurs est pour cela nécessaire. Le mode unsafe se trouve donc à mi-chemin entre le mode managé et le mode non managé puisqu'il offre plus de sûreté que le mode non géré mais moins que le mode géré.

Le qualificatif unsafe signifie que l'environnement .NET, bien qu'il soit présent et effectue des vérifications, ne peut vérifier ni empêcher les dégâts qui seraient commis dans la fonction travaillant en mode unsafe. Sans ce qualificatif, il n'y a pas moyen d'utiliser les pointeurs.

Il ne suffit pas d'ajouter ce qualificatif dans l'en-tête de la fonction. Il faut encore qu'un programme ayant recours aux pointeurs soit compilé :

* avec l'option /unsafe en mode ligne de commande : csc /unsafe prog.cs ;

* sous Visual Studio : faire passer à true l'option Autoriser les blocs non sécurisés. Pour cela : fenêtre du projet (Explorateur de solutions) → clic droit sur le nom de l'application → Propriétés → Propriétés de configuration → Génération de code et modifier l'option.

unsafe ne doit être spécifié que pour la fonction qui fait usage de pointeurs ou de l'opérateur & (opérateur « adresse de »). unsafe peut en fait être spécifié :

* au niveau de la fonction, comme nous l'avons fait précédemment (il peut s'agir de fonctions membres d'une classe, qu'elles soient statiques ou non) ;

- au niveau de la classe (unsafe class X), toutes les méthodes de la classe étant alors automatiquement qualifiées d'unsafe ;
- au niveau d'un bloc de code (l'utilisation des pointeurs étant alors limitée à ce bloc de code) :

```
unsafe
    {
        .....        // une ou plusieurs instructions
    }
```

Dans le programme présenté en exemple dans cette section, nous avons pris l'adresse d'une variable locale (i de Main en l'occurrence) et fait « pointer » pi de Modif sur i de Main. Aucune différence par rapport au C/C++ quand il s'agit de variables locales.

Pour avoir accès à une variable non locale (par exemple un tableau déclaré en champ d'une classe), les choses sont quelque peu différentes : il faut d'abord fixer la variable en mémoire. Prenons un exemple pour illustrer cela.

Fixation de variable en mémoire   Ex14.cs

```
using System;
class Prog
{
 static int[] ti;
 unsafe static void Modif()
 {
  int n = ti.Length;
  fixed (int *pi = ti)
  {
   for (int i=0; i<n; i++) pi[i] = i;
  }
 }
 static void Main()
 {
  ti = new int[1000];
  Modif();
 }
}
```

Le tableau ti est déclaré dans la classe et est instancié dans Main. Il a dû être qualifié de static pour pouvoir le manipuler à partir de fonctions statiques (nous lèverons cette restriction à partir du chapitre suivant).

Dans Modif, on déclare pi que l'on fait « pointer » sur le tableau ti (pi pointe plus précisément sur la première cellule du tableau) mais on doit au préalable fixer le tableau ti en mémoire (ce qui évitera à .NET de déplacer ti en mémoire pour les besoins de sa gestion de mémoire). On n'aurait pas pu écrire (le nom seul d'un tableau veut dire « adresse de début du tableau ») :

```
int *pi = ti;
```

car ti doit impérativement être fixé en mémoire avant toute manipulation par pointeur. D'où la directive fixed et le bloc de code dans lequel ti doit être fixé :

```
fixed (int *pi = ti)
{
  .....
}
```

À l'intérieur de ce bloc, on accède aux différentes cellules du tableau ti via le pointeur pi. Rappelons que les expressions *(pi+i) et pi[i] sont strictement équivalentes et donnent toutes deux accès à ti[i] (tant que pi pointe sur la première cellule du tableau ti). Aucune vérification de dépassement de bornes de tableau n'est cependant effectuée lors d'accès au tableau via un pointeur (d'où le danger des pointeurs). Quant au gain en performance, il est minime. N'espérez donc pas que le recours aux pointeurs améliore considérablement les performances d'un programme effectuant beaucoup d'opérations sur des tableaux.

Plusieurs fixations en mémoire peuvent être réclamées pour un même bloc :

• dans la même directive fixed pour des pointeurs de même type (les tableaux t1 et t2 étant ici fixés en mémoire) :

```
fixed (int* p1=t1, p2=t2)
    {
      .....
    }
```

• dans une autre directive fixed pour des pointeurs de type différent (les tableaux ti et tc étant ici fixés en mémoire) :

```
fixed (int* pi=ti)
        fixed (char* pc=tc)
        {
          .....
        }
```

Les pointeurs p1, p2, pi et pc ci-dessus sont en lecture seule et ne peuvent donc être modifiés. On ne peut donc pas écrire p1++, comme on le fait souvent dans des boucles faisant intervenir des pointeurs. Pour résoudre le problème, il suffit de déclarer un autre pointeur dans le bloc de fixation :

```
fixed (int* pi = ti)
{
 int* p = pi;
 .....          // p, qui pointe sur ti, peut être incrémenté
}
```

Citons une différence de syntaxe par rapport au C/C++ :

```
int* p1, p2;
```

En C#, p1 et p2 sont tous deux des pointeurs sur entiers tandis qu'en C/C++, p1 serait un pointeur sur un entier et p2 tout simplement un entier.

1.16.1 La réservation de mémoire par stackalloc

Dans une fonction, il est possible de réserver un tableau sur la pile :

```
static unsafe void f()
{
  int *pi = stackalloc int[1000]:
  .....
}
```

Un tableau de mille entiers est ici réservé lors de l'entrée dans la fonction f. Comme ce tableau est local à la fonction f, il est réservé sur la pile (dont la taille est limitée) au moment d'exécuter la ligne stackalloc. Cette zone de mémoire sera automatiquement détruite au moment de quitter la fonction. Ne renvoyez donc jamais un pointeur sur une cellule de ce tableau puisque celui-ci n'existe que durant l'exécution de la fonction f.

Pour accéder (sans vérification de dépassement de bornes) à la i-ième cellule du tableau ainsi alloué dynamiquement : *(pi+i) ou pi[i].

Il est malheureusement impossible d'allouer sur la pile, des tableaux aussi grands qu'on le souhaiterait (quelques dizaines de milliers de cellules tout au plus mais cela dépend de toute une série de paramètres). En revanche, des tableaux de taille bien plus élevée peuvent être alloués (par new) sur le *heap*. En cas d'allocation d'une zone de trop grande taille, l'erreur est sévère (*stack overflow*), sans possibilité de l'intercepter dans un try/ catch. L'intérêt du stackalloc en est réduit.

Nota bene

Chaque chapitre ou presque se clôt par un tableau récapitulatif des programmes accompagnant le chapitre : les programmes dont le code source figure déjà dans le chapitre, pour lesquels il n'y a pas de commentaires, et les autres, commentés voire illustrés lorsqu'ils le méritent. Les chapitres sans tableau récapitulatif ne comportent pas de programmes d'accompagnement.

Programmes d'accompagnement

Les programmes Ex1.cs **à** Ex14.cs **de ce chapitre, ainsi que les programmes suivants :**

Moyenne et écart-type	Ce programme calcule la moyenne et l'écart-type des nombres tapés en arguments du programme. Si aucun nombre n'est tapé à la suite du nom du programme, un message est affiché pour expliquer l'utilisation du programme.
Racine carrée	Ce programme vous demande d'entrer un nombre et puis affiche sa racine carrée. Ce programme n'utilise pas la fonction préprogrammée Math.Sqrt, il implémente l'algorithme.
Tris	Quatre programmes qui génèrent des nombres aléatoires et les trient en utilisant quatre algorithmes différents : tri bulle, tri sélectif, tri Shell et QuickSort.

Programmes d'accompagnement *(suite)*

Le compte est bon

Basé sur le célèbre jeu télévisé. Vous introduisez six nombres et puis un autre, à former à partir des six précédents (ceux-ci ne peuvent être utilisés qu'une seule fois mais ne doivent pas nécessairement être tous utilisés). Le programme recherche et affiche la combinaison qui mène au nombre à former (ou celle qui mène au nombre le plus proche).

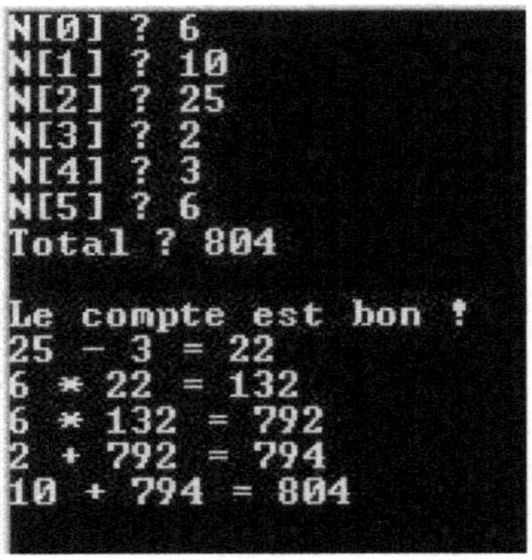

```
N[0] ? 6
N[1] ? 10
N[2] ? 25
N[3] ? 2
N[4] ? 3
N[5] ? 6
Total ? 804

Le compte est bon !
25 - 3 = 22
6 * 22 = 132
6 * 132 = 792
2 + 792 = 794
10 + 794 = 804
```

Figure 1-1

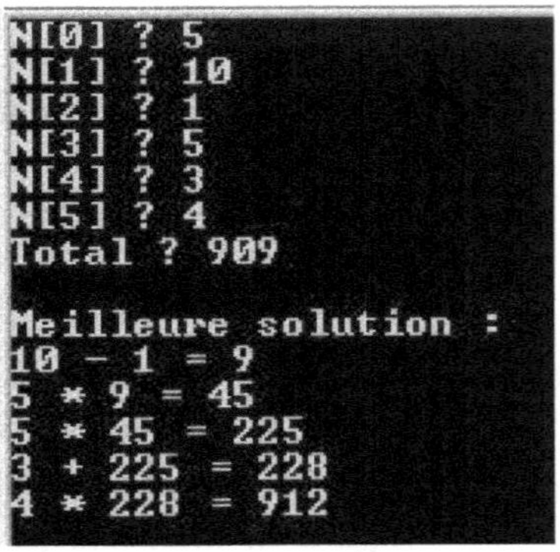

```
N[0] ? 5
N[1] ? 10
N[2] ? 1
N[3] ? 5
N[4] ? 3
N[5] ? 4
Total ? 909

Meilleure solution :
10 - 1 = 9
5 * 9 = 45
5 * 45 = 225
3 + 225 = 228
4 * 228 = 912
```

Figure 1-2

2

C# : les classes

La classe est l'élément central dans tout programme C# (et de manière générale dans tout programme .NET). Tout doit en effet être regroupé dans une classe. Tout programme exécutable (exe) est constitué d'une ou plusieurs classes dont l'une comprend la fonction statique Main, point d'entrée du programme. Toute librairie (dll) est également composée d'une ou plusieurs classes. Nous avons d'ailleurs rencontré le mot class dans tous les programmes du chapitre 1, où il n'a pourtant jamais été question de classe.

C# version 2 a introduit l'opérateur : pour l'accès à l'espace de noms global, les classes statiques, la protection d'accès sur les accesseurs de propriétés, les classes partielles, les génériques et le type Nullable. D'autres nouveautés, comme les itérateurs et les méthodes anonymes, sont étudiées dans les chapitres suivants.

2.1 Notions de base

2.1.1 La classe comme type d'information

Une classe désigne un type plus complexe que les types valeurs (int, float, etc.) étudiés au chapitre 1. Une classe regroupe en effet :

- des variables, encore appelées champs ou attributs de la classe ;

- des fonctions, encore appelées méthodes, qui portent généralement sur ces champs (c'est-à-dire qu'elles font intervenir ces champs dans leurs opérations) ;

- des propriétés et des indexeurs dont nous parlerons aux sections 2.10 et 2.11.

Une classe peut cependant comporter uniquement des champs ou uniquement des méthodes. Si elle ne comporte que des champs, elle ressemble plutôt à la structure du C mais avec d'importantes possibilités, notamment l'héritage, que nous développerons par la suite. En général, une classe contient à la fois des champs (qui peuvent être publics ou privés) et des méthodes (également publiques ou privées).

Une classe consiste en une description d'information à l'usage du compilateur, ce qui était déjà le cas de `int` ou de `double` (bien qu'il n'y ait, pour ces deux types, rien à apprendre au compilateur). Mais la classe va beaucoup plus loin, ne serait-ce que parce que nous allons pouvoir définir nos propres classes. Pour définir une classe (qui, ici, ne comprend que des champs), on écrit :

```
class Pers
{
  string Nom;
  int Age;
}
```

Comme en C++, `class` est un mot réservé de C#. `Pers` est le nom que nous avons décidé de donner ici à notre classe. La définition de la classe `Pers` indique quelles informations (dans notre cas le nom et l'âge) doivent être gardées sur une personne. Cette définition de classe est certes très simplifiée par rapport à toutes les possibilités qu'offre C# mais nous aurons bientôt l'occasion de la compléter.

Une classe peut être ajoutée au programme en insérant les instructions ci-dessus en dehors de la classe du programme (classe souvent appelée `Prog` dans nos exemples). Avec Visual Studio, vous pouvez ajouter une classe par Explorateur de solutions → clic droit sur le nom du projet → `Ajouter` → `Classe`. Visual Studio propose alors d'ajouter une classe, appelée `Class1`, dans un fichier séparé, appelé `Class1.cs`. Vous pouvez spécifier un autre nom de fichier et de classe.

Contrairement au C++, la définition de la classe ne doit pas se terminer par un point-virgule, bien que ce ne soit pas une erreur d'en placer un en C#. Une déclaration de variable (de cette classe) doit néanmoins se terminer par un point-virgule.

2.1.2 Les objets

Différence par rapport au C++ : C# ne connaît que l'instanciation dynamique des objets.

La classe consiste en une définition d'informations, à l'usage du compilateur. La classe est donc du domaine de l'abstrait et n'occupe aucun espace mémoire dans le programme.

Un objet ne désigne rien d'autre qu'une variable d'une classe donnée. On parle aussi d'instance (à la place d'objet) et d'instanciation d'une classe donnée, pour l'opération de création d'un objet. En cours d'exécution de programme, à l'occasion de l'instanciation (par `new`), de la mémoire est réservée pour y loger l'objet. En fait, seuls les champs de la classe occupent de la place en mémoire. Le code des méthodes de la classe se trouve ailleurs en mémoire, précisément dans le segment de code du programme, tout à fait en dehors de l'objet. L'objet est donc de l'ordre du concret : il occupe de la mémoire au moment d'exécuter le programme. À une même classe (à une définition d'informations, si vous préférez) peut correspondre plusieurs objets (autrement dit plusieurs variables). Au moment d'exécuter le programme, les différents objets occupent des zones de mémoire distinctes. À ce moment, la classe, elle, n'occupe aucune zone de mémoire : il s'agissait d'une information à l'usage du compilateur.

On parle de variables de type référence pour les objets.

Pour créer un objet d'une classe donnée, il faut (c'est la seule technique possible) :

• déclarer une référence à l'objet en question ;

• l'instancier par new.

En cours d'exécution de programme (au début du programme ou lors de l'entrée dans une fonction s'il s'agit d'un objet local à la fonction), une zone mémoire (contenant un pointeur ainsi que quelques octets de contrôle) est réservée sur la pile pour la référence. Lors de l'instanciation par new, une zone de mémoire est réservée sur le *heap* pour l'objet. Le pointeur dans la référence est alors mis à jour et pointe sur la zone mémoire allouée sur le *heap*.

Par exemple :

```
Pers p;                  // référence
p = new Pers();          // instanciation
```

p, qui désigne un objet de la classe Pers, est une référence. Il s'agit dans les faits (si l'on examine le code généré) d'un pointeur, mais vous ne pouvez pas le manipuler comme un pointeur du C/C++. Il faut que l'opérateur new soit exécuté pour que l'espace mémoire destiné à l'objet soit alloué. À l'attention des programmeurs C++, signalons que les parenthèses sont requises, même si le constructeur est absent ou n'admet aucun argument.

En C#, les objets doivent donc être créés dynamiquement (sur le *heap* associé au programme mais vous n'avez aucun pouvoir à ce niveau). Il est donc impossible, comme on peut le faire en C++ et comme on le fait d'ailleurs en C# pour les variables de types valeurs (y compris les structures), de déclarer simplement un objet et de le créer ainsi sur la pile : on parle dans ce cas, en C++, d'allocation statique. C# (et .NET, de manière générale) ne connaît que l'allocation dynamique par new, pour les objets et pour les tableaux.

Pour créer deux objets de la classe Pers, on écrit :

```
Pers p1, p2;        // deux objets de la classe Pers (références)
p1 = new Pers();    // instanciation du premier objet
p2 = new Pers();    // instanciation du second objet
```

Les deux opérations peuvent être combinées en une seule :

```
Pers p1=new Pers(), p2=new Pers();
```

2.1.3 Libération d'objet

Dans l'exemple précédent, p1 et p2 désignent deux objets de la classe Pers. Contrairement au C++, vous ne devez pas explicitement libérer les zones de mémoire associées à p1 et p2. La libération de mémoire se fera automatiquement, dès que l'objet devient inaccessible, généralement :

- parce qu'il a cessé d'exister, dès la sortie de la fonction (cas d'objets locaux à la fonction) ou en fin de programme ;
- parce qu'une nouvelle valeur a été affectée à la référence (avec, sauf pour null, une nouvelle zone de mémoire allouée sur le *heap*).

Notez-le, mais nous aurons l'occasion d'y revenir : « dès la sortie » ne veut pas dire « aussitôt après la sortie ». La zone de mémoire est marquée « à libérer » mais la libération (par le ramasse-miettes, appelé *garbage collector* en anglais) pourrait, sans conséquence pour votre programme, n'être effectuée que bien plus tard.

2.1.4 Accès aux champs d'un objet

Comme en C++, l'opérateur . (point) donne accès aux champs d'un objet. En C#, on part toujours d'une référence à l'objet, jamais d'un pointeur (sauf utilisation explicite d'un pointeur, ce qui reste exceptionnel) : l'opérateur est donc toujours le point. Ainsi, p1.Nom désigne le champ Nom à l'intérieur de l'objet p1. Nous verrons plus loin, à la section 2.7, que des protections peuvent être placées sur des champs et des méthodes afin d'en limiter l'accès.

Pour avoir accès aux champs (par exemple Nom et Age) des objets p1 et p2 préalablement déclarés et instanciés, on écrit (les champs Nom et Age ont été qualifiés de public pour être rendus accessibles à partir de fonctions extérieures à la classe) :

```
class Pers
{
 public string Nom;
 public int Age;
}

class Prog
{
 static void Main()
 {
  Pers p1=new Pers(), p2=new Pers();
  p1.Nom = "Jules"; p1.Age = 40;
  p2.Nom = "Jim"; p2.Age = 35;
 }
}
```

Dans Main, on a instancié (ou créé, si vous préférez) deux objets. On a ensuite initialisé des caractéristiques (le nom et l'âge) pour chacun des objets.

2.1.5 Valeur initiale des champs

Une valeur d'initialisation peut être spécifiée pour un champ de la classe. Lors de l'instanciation d'un objet de cette classe, le champ en question de l'objet instancié recevra automatiquement la valeur spécifiée dans la définition de la classe :

```
class Pers
{
 public string Nom="Gaston";
 public int Age=27;
}
```

Un champ initialisé pourra être modifié par la suite. Un champ non explicitement initialisé l'est automatiquement à zéro (0 dans le cas d'un champ de type entier, 0.0 dans le cas d'un champ de type réel, false dans le cas d'un champ de type booléen et chaîne vide dans le cas d'un objet string).

2.1.6 Champs const et readonly

Un champ d'une classe peut être qualifié de const. Il doit alors être initialisé comme nous venons de le faire pour Nom et Age mais il ne peut être modifié par la suite.

Un champ d'une classe peut également être qualifié de readonly. Il est alors initialisé dans le constructeur de la classe mais ne peut être modifié par la suite.

2.1.7 Les méthodes d'une classe

Avec les champs, nous sommes en territoire connu pour ceux qui connaissent les structures du C.

Une classe contient aussi généralement des méthodes, c'est-à-dire des fonctions, qui opèrent sur les objets de la classe :

```
class Pers
{
  .....
 public void f() { ..... }
}
.....
Pers p = new Pers();
p.f();
```

Une méthode d'une classe (ici f) opère sur un objet (ici p) de cette classe, par exemple en utilisant et/ou manipulant des champs de cet objet p, ou en se servant de ces champs pour effectuer une opération. Nous aurons souvent l'occasion d'illustrer cette notion de fonction opérant sur un objet.

Les méthodes d'une classe font partie de la classe en question, au même titre que les champs. L'ensemble « champs + méthodes » forme un tout et est géré comme tel. Le fait de regrouper dans une même entité (la classe) des champs et des méthodes ayant un rapport entre eux porte le nom d'encapsulation.

Ainsi que nous le verrons plus loin à la section 2.7, cet ensemble cohérent peut présenter une partie visible (dite « publique ») et une partie invisible ou moins visible, dite « protégée » ou « privée », ce qui limite les risques de modifications inconsidérées de certains champs ainsi que les appels inconsidérés de certaines méthodes. L'ensemble forme ainsi une boîte noire avec différents points de connexion (les fonctions publiques et les propriétés) qui permettent d'agir sur l'objet (exactement comme vous agissez sur un appareil, en poussant sur des boutons mais sans aller modifier les circuits internes car vous n'en avez pas les compétences, contrairement au concepteur de l'appareil).

On pourrait par exemple créer une classe Fichier (ce qui est d'ailleurs inutile car une telle classe existe déjà, voir la section 23.1). Une telle classe contiendrait :

- des champs « visibles », c'est-à-dire susceptibles d'être lus ou modifiés par des programmeurs utilisateurs de la classe (nom de fichier, taille, modes d'ouverture et d'accès, etc.) ;

- des champs beaucoup moins accessibles ou totalement interdits d'accès, sauf au concepteur de la classe comme le numéro interne de fichier, la position courante dans le fichier, etc. (par concepteur, il faut entendre celui qui dispose du fichier source de la classe) ;

- des méthodes d'accès pour l'ouverture du fichier, la lecture d'une fiche, etc. (méthodes susceptibles d'être appelées par des programmeurs utilisateurs de la classe) ;

- des méthodes interdites d'appel par les programmeurs utilisateurs de la classe mais nécessaires à l'implémentation des méthodes publiques (ces méthodes privées étant écrites par les programmeurs concepteurs de la classe à l'usage exclusif des autres méthodes de la classe).

Nous aurions ainsi regroupé dans une seule entité tout ce qui est nécessaire à la manipulation d'un fichier.

2.1.8 Un exemple d'utilisation de classe

Pour illustrer ce que nous avons vu jusqu'à présent concernant les classes, nous allons écrire un petit programme définissant la classe Pers. Dans la fonction Main, on déclare et on instancie un objet de la classe Pers. On appelle ensuite la méthode Affiche appliquée à l'objet en question. La méthode Affiche « affiche » le nom de la personne suivi, entre parenthèses, de l'âge de cette personne.

Appel d'une méthode d'une classe   Ex1.cs

```
using System;
class Pers
{
 public string Nom;               // deux champs publics
 public int Age;
 public void Affiche()            // une méthode publique
 {
  Console.WriteLine(Nom + " (" + Age + ")");
 }
}
class Prog
{
 static void Main()
 {
  Pers p = new Pers();            // objet de la classe Pers
  p.Nom = "Jules";                // modification des champs
  p.Age = 50;
  p.Affiche();                    // affichage : Jules (50)
 }
}
```

En C#, le corps d'une méthode, qui regroupe les variables locales et les instructions de la fonction, doit se trouver dans la définition de la classe. Vous ne trouverez pas en C# de fichier à inclure d'extension H, comme c'est le cas en C/C++. Aucun risque donc de désynchronisation entre les fichiers source et les fichiers à inclure.

Dans l'exemple précédent, peu importe la position de la classe Pers par rapport à la classe incluant Main (fonction dans laquelle on utilise Pers). La classe Pers pourrait même se trouver dans un fichier séparé. Visual Studio en génère d'ailleurs un (faisant partie du projet) pour chaque nouvelle classe qu'on lui demande de créer.

On a d'abord déclaré puis instancié (par new) un objet (appelé p) de la classe Pers. On a ensuite appelé la méthode Affiche appliquée à l'objet p. La méthode Affiche « opère » alors sur les champs de l'objet p. Il n'aurait pas été possible d'appeler la méthode Affiche sans désigner un objet de la classe Pers : une méthode d'une classe (sauf les méthodes statiques, voir plus loin dans ce chapitre) travaille impérativement sur un objet de cette classe.

2.1.9 Accès aux champs et méthodes

À partir d'une méthode de la classe (par exemple Affiche de la classe Pers), on a accès sans restriction aux champs de l'objet sur lequel la méthode travaille. Il suffit pour cela de mentionner le nom du champ, par exemple Nom. Il en va de même pour les méthodes : une méthode f d'une classe peut appeler n'importe quelle autre méthode (par exemple g) de cette classe. Lors de cet appel de g à partir de f, aucun nom d'objet ne doit être spécifié car g opère sur le même objet que f.

Pour résumer, supposons que p1 et p2 soient deux objets de la classe Pers. Lors de l'appel de la méthode Affiche par p1.Affiche(), on affiche le nom et l'âge de p1 (puisque Affiche opère alors sur p1). Lors de l'appel par p2.Affiche(), on affiche le nom et l'âge de p2 (Affiche opère alors sur p2).

2.1.10 Champs et méthodes de même nom dans des classes différentes

Rien n'empêche que des classes différentes contiennent des champs et des méthodes qui portent le même nom. Partons de l'exemple précédent et ajoutons la classe Animal :

```
class Animal
{
 public string Espèce;        // deux champs
 public int Poids;
 public void Affiche()        // une méthode
 {
  Console.WriteLine(Espèce + " pesant " + Poids + " kilos");
 }
}
```

Dans la fonction Main de l'exemple précédent, on écrit :

```
Pers p = new Pers(); p.Nom = "Goudurix"; p.Age = 18;
Animal a = new Animal(); a.Espace = "Chien"; a.Poids = 10;
p.Affiche();                  // affiche    Goudurix (18)
a.Affiche();                  // affiche    Chien pesant 10 kilos
```

On retrouve la méthode Affiche à la fois dans la classe Pers et la classe Animal. La « même » méthode, mais en apparence seulement, peut être appliquée à l'objet p (un objet de la classe Pers) ou à l'objet a (un objet de la classe Animal). La méthode Affiche peut prendre l'une ou l'autre forme selon qu'elle porte sur un objet Pers ou un objet Animal. Banal, direz-vous. De manière érudite, nous dirons que nous avons fait du polymorphisme. La même méthode Affiche prend, en effet, deux formes tout à fait différentes selon qu'elle s'applique à un objet Pers ou un objet Animal.

2.1.11 Les surcharges de méthodes

Plusieurs méthodes sont généralement déclarées dans une classe et certaines d'entre elles peuvent porter le même nom. Elles doivent alors se distinguer par le nombre ou le type de leurs arguments. On parle alors de « surcharge » de méthode (*overload* en anglais). Deux méthodes d'une même classe ne peuvent cependant pas porter le même nom, accepter les mêmes arguments et être seulement distinctes par le type de la valeur de retour. Dans l'exemple suivant, on trouve trois méthodes qui s'appellent Modifier :

```
class Pers
{
 string Nom="moi";
 int Age=-1;
```

```
// trois méthodes qui s'appellent Modifier

  public void Modifier(string N) {Nom = N;}
  public void Modifier(int A) {Age = A;}
  public void Modifier(string N, int A) {Nom = N; Age = A;}
}
```

Notez que les champs Nom et Age ne sont plus publics, ils sont maintenant privés (par défaut, les champs non qualifiés sont privés). Dans Main, où l'on crée les objets (on est là en dehors de la classe Pers), nous n'avons plus accès aux champs privés et protégés. À partir des méthodes de la classe Pers, l'accès aux champs Nom et Age ne pose cependant aucun problème. Dire qu'un champ d'une classe est privé signifie que l'accès à ce champ n'est possible qu'à partir des méthodes de sa classe.

À partir de la fonction Main, on modifie soit le nom, soit l'âge, soit encore le nom et l'âge d'une personne en écrivant :

```
  Pers p = new Pers();         // objet de la classe Pers
  p.Modifier("Henri");         // appel de la première forme
  p.Modifier("Hector", 25);    // appel de la troisième forme
```

C'est le compilateur qui décide d'appeler telle ou telle forme de Modifier en fonction du type du ou des arguments.

Écrire à partir de Main

```
  p.Nom = "Isidore";
```

aurait constitué une erreur de syntaxe, le champ Nom n'étant pas directement accessible à partir de méthodes extérieures à la classe Pers.

2.1.12 Le mot réservé this

Il est possible de donner à un argument d'une méthode le même nom qu'à un champ de la classe. Dans ce cas, il faut écrire la méthode de la manière suivante :

```
  void Modifier(string Nom, int Age)
  {
   this.Nom = Nom;
   this.Age = Age;
  }
```

this, qui est un mot réservé du C#, désigne l'objet sur lequel opère la méthode. this est utilisable dans toutes les fonctions membres non statiques de la classe. À l'intérieur de la méthode Modifier (où il y a ambiguïté entre le nom d'un argument et le nom d'un champ de la classe), Nom désigne l'argument (priorité à la variable la plus locale) tandis que this.Nom désigne le champ Nom de l'objet sur lequel opère la méthode en train d'être exécutée. Si aucun argument ne porte le nom d'un champ de la classe, il n'est pas nécessaire de préfixer le nom du champ de this pour y avoir accès.

2.1.13 Forme complète de déclaration de classe

Avant d'aller plus loin dans l'étude des classes, reconnaissons que nous n'avons, jusqu'ici, défini les classes que de manière minimale. On peut en effet déclarer une classe de manière bien plus complète en écrivant (les clauses entre crochets étant facultatives) :

```
[Mod] class NomClasse [: ClasseBase ...]
{
    .....
}
```

Mod peut être remplacé par l'un des mots réservés qui suivent : public, protected, private, sealed, new, final ou abstract. Nous les présenterons plus loin à la section 2.7.

Le symbole : sert à spécifier l'éventuelle classe de base (voir la section 2.5).

La déclaration d'un champ ou d'une méthode peut être plus complète que ce que nous avons vu jusqu'ici : un champ peut en effet être qualifié de public, de protected ou de private ainsi que de static, ce qui est expliqué plus loin dans ce chapitre.

2.2 Construction et destruction d'objet

2.2.1 Les constructeurs

Comme en C++, une méthode particulière, appelée constructeur (*ctor* en abrégé), est automatiquement exécutée lors de la création de l'objet, c'est-à-dire au moment d'exécuter new. Cette méthode :

- doit porter le nom de la classe ;
- doit être qualifiée de public ;
- peut admettre zéro, un ou plusieurs arguments ;
- ne renvoie rien, même void doit être omis dans la définition de cette fonction.

Un constructeur ne doit pas nécessairement être déclaré dans une classe. En l'absence de tout constructeur, le compilateur génère automatiquement un constructeur sans argument. Celui-ci, appelé « constructeur par défaut », initialise à zéro les champs de l'objet sur lequel il opère. La présence, quoique invisible, du constructeur par défaut permet de créer un objet par :

```
objet = new NomClasse();
```

même si la classe NomClasse ne comporte aucune déclaration de constructeur, ce qui était le cas dans tous nos exemples précédents. Contrairement au C++, les parenthèses sont toujours requises. Si la déclaration de la classe comporte un constructeur, quel qu'il soit, ce constructeur par défaut n'est pas automatiquement généré. Si ce constructeur comprend des arguments, construire l'objet, comme nous venons de le faire (sans argument au constructeur), constitue une erreur de syntaxe : les arguments de ce constructeur doivent être spécifiés lors de la création de l'objet par new.

Cette notion de constructeur par défaut (qui n'apparaît nulle part dans le code que vous écrivez) peut, à la limite, être considérée comme une vue de l'esprit. Il suffit de retenir qu'en l'absence de tout constructeur, un objet peut toujours être créé comme nous venons de le faire : par new, sans oublier les parenthèses, qui doivent alors être vides.

Une classe peut contenir plusieurs constructeurs. Ceux-ci doivent porter le nom de la classe et être distincts par leurs arguments (nombre et/ou types). Dans l'exemple suivant, nous déclarons trois constructeurs pour la classe Pers. Le deuxième permet d'initialiser un objet Pers en spécifiant un nom et un âge. Dans le deuxième, on ne spécifie qu'un nom. Dans ce cas, on place généralement une « marque » (dans notre cas la valeur -1) dans le champ Age pour signaler que ce champ n'a pas été initialisé :

Classe avec deux constructeurs

```
class Pers
{
 string Nom;
 int Age;
 // deux constructeurs
 public Pers(string N, int A) {Nom = N; Age = A;}
 public Pers(string N) {Nom = N; Age = -1;}
 public Pers() { Nom = ""; Age = -1;}
 // une méthode
 public void Affiche()
 {
  if (Age != -1) Console.WriteLine(Nom + " (" + Age + ")");
  else Console.WriteLine(Nom);
 }
}
```

Pour créer des objets Pers, on écrit (par exemple dans Main) :

```
Pers p1, p2;                // deux objets de la classe Pers
p1 = new Pers("Jules", 50);  // instanciation
p2 = new Pers("Jim");
p1.Affiche();               // affiche    Jules (50)
p2.Affiche();               // affiche    Jim
```

Un constructeur sert généralement à initialiser des champs de l'objet que l'on crée. Toutefois il pourrait effectuer des opérations bien plus complexes comme l'ouverture d'un fichier ou d'une voie de communication.

Dans l'exemple précédent, nous avions plusieurs constructeurs. Rien n'empêche qu'un constructeur appelle un autre constructeur de la classe. La syntaxe est cependant particulière :

```
public Pers() { Nom = ""; Age = -1; }
public Pers(string N) : this() { Nom = N; }
public Pers(string N, int A) : this(N) { Age = A; }
```

this() provoque l'appel du constructeur sans argument, tandis que this(N) provoque l'appel du constructeur avec un argument de type string (string à cause de la déclaration préalable de N). Notez les deux points et la position de this. Appeler this dans le corps même d'un constructeur constitue une erreur de syntaxe.

À la dernière ligne, on appelle d'abord le constructeur acceptant un argument de type string, puis on effectue l'assignation de l'argument A dans le champ privé Age.

2.2.2 Constructeur statique

Un constructeur peut être qualifié de static, mais il faut alors se limiter à ce seul mot réservé (sans même de qualificatif public). Vous avez toute garantie que le constructeur statique a été, automatiquement, appelé avant toute utilisation d'un champ statique ou d'une fonction statique de la classe. Un tel constructeur peut initialiser les champs statiques de la classe (voir section 2.4) :

```
class X
{
 static X() {.....}
 .....
}
```

2.2.3 Les destructeurs en C#

C# semble connaître la notion de destructeur, bien connue des programmeurs C++. Un destructeur porte le nom de la classe préfixé de ~ (caractère *tilde*) et n'accepte aucun argument :

```
class Pers
{
 string Nom;
 int Age;
 public Pers(string N, int A) {Nom = N; Age = A;}
 public ~Pers() {Console.WriteLine("Objet en train d'être détruit");}
}
```

Malheureusement, les destructeurs sont bien moins utiles en C# qu'en C++. On peut même dire qu'ils sont complètement inutiles, ce qui est très regrettable. L'environnement .NET s'occupe certes de libérer automatiquement les objets qui n'ont plus cours (on s'en félicitera) mais il le fait uniquement quand cela l'arrange. Le destructeur n'est malheureusement pas automatiquement appelé quand l'objet quitte sa zone de validité (la sortie de la fonction pour un objet local, et la fin du programme pour un objet global).

On dit que la destruction n'est pas déterministe : on ignore quand elle aura lieu et il n'y a même aucune garantie qu'un destructeur soit jamais appelé. Les programmeurs C++ ont l'habitude d'allouer des ressources dans le constructeur (par exemple en ouvrant un fichier) et de les libérer dans le destructeur (par exemple en fermant le fichier).

Le programmeur C++ sait que le destructeur sera automatiquement appelé quand l'objet quittera sa zone de validité.

Le programmeur C# n'a pas cette certitude. Pour libérer des ressources créées ou acquises dans le constructeur, il doit explicitement appeler une fonction qui effectue ce travail. À lui de ne pas oublier d'appeler cette fonction et de le faire au bon moment, soit juste avant la destruction logique de l'objet. Toutes les « bonnes raisons » données par les architectes de .NET pour ne pas implémenter les destructeurs déterministes comme en C++ laissent un goût amer et beaucoup d'incompréhension. Que Java fonctionne sans destruction déterministe (c'est-à-dire sans destructeur appelé au moment même de la destruction logique de l'objet) ne constitue en aucune façon une consolation.

Microsoft recommande d'effectuer les destructions (par exemple des fermetures de fichiers) dans une fonction appelée Dispose (une fonction qui n'accepte aucun argument et qui ne renvoie rien). Pour répondre à l'incompréhension des programmeurs, Microsoft a introduit une syntaxe pour provoquer l'appel automatique de cette fonction Dispose. La classe doit pour cela implémenter l'interface IDisposable :

```
class Pers : IDisposable
{
 .....                      // champs, constructeurs et méthodes
 public void Dispose()
 {
  .....                     // détruire ici explicitement ce qui doit l'être
 }
}
```

Pour que la fonction Dispose appliquée à un objet Pers soit automatiquement appelée, on écrit (using n'a ici rien à voir avec les espaces de noms) :

```
Pers p = new Pers();
using (p)
{
 .....                      // instructions agissant éventuellement sur p
}                           // fin de la zone de validité du using
```

La fonction Dispose appliquée à l'objet p est automatiquement appelée à la fin de la zone de validité du using.

Il est possible de créer une zone de validité pour plusieurs objets et donc de faire appeler automatiquement Dispose pour chacun de ces objets :

```
Pers p = new Pers();
Animal a = new Animal();
using (p) using (a)
{
 .....                      // instructions agissant éventuellement sur p et a
}
```

Les fonctions a.Dispose() et p.Dispose(), dans l'ordre inverse des using, sont automatiquement appelées lorsque le programme tombe sur l'accolade de fin du using.

2.3 Les tableaux d'objets

Syntaxe très différente de celle du C++, comme nous le savons déjà. Vous pouvez déclarer et allouer un tableau d'objets (tous les éléments du tableau étant généralement de même type, généralement car avec les tableaux d'object, il y a moyen de faire autrement) mais les cellules du tableau ne sont pas automatiquement initialisées par appel du constructeur : le compilateur ignore quel constructeur appeler puisque la syntaxe de new ne permet pas de le spécifier (on y indique le nombre de cellules). Vous devez donc appeler explicitement un constructeur pour chacune des cellules du tableau. Par conséquent, pour créer un tableau de dix objets d'une classe Pers, il faut écrire :

```
Pers[] tp = new Pers[10];   // déclaration de la référence au tableau et allocation
for (int i=0; i<tp.Length; i++)    // pour chaque élément du tableau
  tp[i] = new Pers();       // appel du constructeur
```

Si le constructeur de la classe Pers réclame des arguments, il faut évidemment modifier la dernière ligne en conséquence.

Dire que toutes les cellules d'un tableau doivent être de même type n'est pas correct car il y a une exception. Comme la classe Object (qui peut également s'écrire object) est mère de toutes les classes, on peut écrire :

```
object[] to = new object[2];
to[0] = new Pers();
to[1] = new Animal();
```

La première cellule de to est de type Pers et la seconde de type Animal. Pour appeler la fonction Affiche appliquée à to[0], il faut écrire (nous verrons bientôt qu'avec les classes virtuelles, il y a moyen de faire plus simple) :

```
((Pers)to[0]).Affiche();
```

Tout ce que nous avons vu à la section 1.8 concernant les tableaux de types valeurs (tableaux d'entiers, de réels, etc.) s'applique aux tableaux d'objets. Nous continuerons l'étude des tableaux à la section 3.5 avec la classe Array qui est la classe de base des tableaux.

2.4 Champs, méthodes et classes statiques

Légère différence dans la syntaxe par rapport au C++. Comme en C++, des champs mais aussi des méthodes peuvent être qualifiés de static. Contrairement aux autres champs et autres méthodes de la classe, ces champs et ces méthodes statiques existent et sont donc accessibles indépendamment de toute existence d'objet de la classe.

Pour qualifier un champ ou une méthode de static, on écrit :

```
class X
{
  int a;                 // champ non statique
  static int b;          // champ statique
```

```
  void f() {....}              // méthode non statique
  static void g() {b++;}       // méthode statique
  }
```

Un champ statique d'une classe :

- existe indépendamment de tout objet de la classe et existe même si aucun objet de la classe n'a encore été créé ;

- est partagé par tous les objets de la classe ;

- est accessible par c.ch où c désigne le nom de la classe et ch le nom du champ statique (autrement dit par le nom de la classe suivi d'un point suivi du nom du champ) ;

- peut être initialisé et manipulé dans une méthode de la classe comme n'importe quel champ.

Une méthode statique peut être appelée même si aucun objet de la classe n'a encore été créé : appelez une telle méthode par c.f (sans oublier les arguments) où c désigne le nom de la classe et f le nom de la méthode statique (WriteLine de la classe Console est un exemple de fonction statique).

Contrairement au C++, cette méthode ne peut pas être appelée par o.f où o désigne un objet de la classe.

Les méthodes statiques et non statiques doivent respecter les règles suivantes :

- Une méthode statique n'a accès qu'aux champs statiques de sa classe (toute référence à a dans g serait sanctionnée par le compilateur).

- Une méthode statique peut appeler une autre méthode statique (de sa classe ou d'une autre) mais ne peut pas appeler une méthode non statique.

- Une méthode non statique d'une classe (par exemple f dans l'exemple précédent) a accès à la fois aux champs statiques et aux champs non statiques de sa classe. Ainsi, f peut modifier a et b.

La plupart des méthodes de la classe Math (présentée à la section 3.1 et qui regroupe de nombreuses fonctions mathématiques) sont qualifiées de static. Elles peuvent donc être appelées sans devoir créer un objet de la classe Math. Pour calculer la racine carrée d'un nombre, on écrit par exemple (Sqrt étant la méthode statique de la classe Math qui renvoie la racine carrée d'un nombre au format double) :

```
  double a, b=12.3;
  a = Math.Sqrt(b);            // a prend la valeur 3.5071
```

Depuis la version 2, une classe peut également être qualifiée de static. Une classe statique ne peut contenir que des champs et méthodes statiques. Elle ne peut être ni instanciée ni servir de classe de base.

2.5 L'héritage

Par rapport au C++ : mêmes principes (mais pas d'héritage multiple en C#) et une syntaxe différente.

Nous allons, dans cette section, répondre à cette question des programmeurs en quête d'efficacité : comment construire à partir de l'existant ? Il y a pour cela deux techniques : la composition et l'héritage.

2.5.1 Composition

Une classe peut contenir un objet d'une autre classe. Cette technique, appelée composition, permet de créer une classe plus complexe à partir d'une ou de plusieurs autres classes.

Une classe A peut également contenir la déclaration d'une autre classe B. On parle alors de classes imbriquées (*nested classes* en anglais). Dans ce cas, la classe B ne peut être utilisée que dans A. On dit aussi que la classe B n'est pas vue de l'extérieur de A.

Dans le fragment qui suit, la classe B est imbriquée dans la classe A (pour comprendre les noms donnés aux variables : ch pour champ, pr pour privé et pu pour public) :

```
class A
{
 public class B
 {
  int chpr;
  public int chpu;
  public B(int arg) {chpr = arg; chpu = 10*arg;}
  public int getchpr() {return chpr;}
 }
 public A(int arg) {prb = new B(2*arg); pub = new B(10*arg);}
 public int getchprdeB() {return prb.getchpr();}
 B prb;
 public B pub;
}
```

La classe A contient deux objets de la classe B, l'un privé et l'autre public. On peut créer un objet A et écrire (puisque getchprdeB, pub et chpu sont publics) :

```
A a = new A(5);
int n = a.getchprdeB();
n = a.pub.chpu;
```

Un objet de la classe B ne peut pas être créé en dehors de la classe A.

Les objets privés de la classe B restent privés pour A. Le champ chpr de la classe B incorporé dans a est privé. Il n'est donc pas accessible par a.pub.chpr, c'est pour cette raison que nous avons dû introduire la fonction getchpr (nous verrons plus loin dans ce chapitre qu'utiliser les propriétés aurait été préférable). De même, écrire a.prb.chpu, constitue une erreur puisque prb est privé.

public devant class B aurait pu être omis si la classe B n'avait contenu que des champs privés.

2.5.2 Notion d'héritage

À partir d'une classe (appelée classe mère, classe de base ou encore superclasse mais ce dernier terme, tout comme sous-classe, est peu utilisé dans l'environnement .NET), on peut en créer une autre, étendant de cette manière les possibilités de la classe mère. La classe ainsi créée est appelée classe dérivée ou classe fille ou encore sous-classe. On peut imaginer une classe de base `Véhicule` et une classe dérivée `Automobile`. La classe `Automobile` constitue une spécialisation (par son moteur notamment) de la classe `Véhicule`. Une automobile a les caractéristiques générales d'un véhicule mais aussi des caractéristiques propres à une automobile. Une classe `VoitureFormuleUn` pourrait être une classe dérivée de `Automobile` : une voiture de course a, en effet, les caractéristiques d'une automobile classique (un volant, quatre roues, etc.) mais aussi des caractéristiques propres à une voiture de course.

Dans la classe dérivée, on peut ajouter de nouvelles méthodes et de nouveaux champs (par exemple `Cylindrée` pour la classe `Automobile`, ce qui n'aurait pas de sens dans une classe aussi générale que `Véhicule`). On peut également déclarer des champs et des méthodes qui portent le même nom que dans la classe mère. Cette technique est très utilisée car elle permet de modifier le comportement des classes de base.

En oubliant les restrictions dont nous allons bientôt parler (voir les protections à la section 2.7), on peut dire qu'un objet d'une classe dérivée comprend :

- les champs qui sont propres à la classe dérivée mais aussi ceux qui sont propres à la classe mère ;

- les méthodes qui sont propres à la classe dérivée mais aussi celles qui sont propres à la classe mère.

Dans la classe dérivée, on ne fait d'ailleurs aucune distinction (en oubliant certes les protections, voir la section 2.7) entre champs et méthodes propres à la classe dérivée et ceux qui sont propres à la classe mère.

Dans ce qui précède, nous avons parlé de classe mère, mais il faudrait plus précisément parler de l'ensemble classe mère, classe grand-mère, classe arrière-grand-mère, etc.

Bien qu'il y ait des similitudes (mais aussi beaucoup de différences) entre les classes et les structures, une classe ne peut pas hériter d'une structure. Les structures ne peuvent d'ailleurs pas participer au mécanisme de l'héritage.

2.5.3 Pas d'héritage multiple en C#

Contrairement au C++, C# n'accepte pas l'héritage multiple. En C#, une classe ne peut avoir qu'une seule classe de base directe. Rien n'empêche que cette classe de base soit elle-même dérivée d'une autre classe de base et ainsi de suite (ce qui donne une hiérarchie fille, mère, grand-mère et ainsi de suite).

2.5.4 Exemple d'héritage

Il est maintenant temps d'illustrer le sujet à l'aide de petits exemples tout en allant plus loin dans la théorie. Partons d'une classe de base Pers.

Classe de base

```
class Pers
{
 protected string Nom;
 protected int Age;
 public Pers(string N, int A) {Nom = N; Age = A;}
 public void Affiche() {Console.WriteLine(Nom + " (" + Age + ")");}
}
```

Dans la classe Pers, nous avons qualifié les champs Nom et Age de protected. Ils pourront ainsi être utilisés dans des méthodes de Pers mais aussi dans des méthodes de classes dérivées de Pers. Sans ce qualificatif protected, seules les méthodes de Pers (le constructeur et Affiche) auraient pu utiliser Nom et Age. Les méthodes des classes dérivées de Pers auront accès aux champs Nom et Age. En revanche, si on crée un objet Pers, on n'a pas accès à ces deux champs puisque l'on est alors en dehors de Pers.

À partir de cette classe Pers très générale, nous allons créer une classe plus spécialisée.

Un Français a évidemment toutes les caractéristiques d'une personne. Mais il a aussi des caractéristiques qui lui sont propres, comme le département dans lequel il réside. À partir de la classe Pers, nous allons dériver (ou « étendre » si vous préférez) la classe Français, sans oublier que le ç (lettre c cédille) est autorisé dans un identificateur.

Dans la définition ci-après, les deux points indiquent la classe à partir de laquelle on dérive, c'est-à-dire la classe de base. Un objet de la classe Français est donc constitué d'un objet Pers auquel on a greffé un nouveau champ (en l'occurrence Département, de type string).

Dans le constructeur de la classe Français, on commence par appeler le constructeur de la classe de base, ce qui initialise la partie Pers d'un objet Français (le mot réservé base fait référence au constructeur de la classe de base). Dans le constructeur à proprement parler de la classe Français, on initialise ensuite les champs propres à cette classe Français.

Classe dérivée

```
class Français : Pers
{
 string Département;
 public Français(string N, int A, string D) : base(N, A)
 {
  Département = D;
 }
 public void Affiche()   // attention : avertissement sur cette ligne
 {
  Console.WriteLine(Nom + " âgé de " + Age + " ans ("
                    + Département + ")");
 }
}
```

Nous avons donc étendu la classe `Pers`, qui évidemment existe toujours, en lui ajoutant un champ privé : `Département`, de type `string`. Dans la classe dérivée qu'est `Français`, nous avons aussi une méthode (`Affiche`) qui porte le même nom que dans la classe de base. Pourquoi avons-nous donné le même nom à ces deux fonctions ? Pour mettre en évidence un problème et amener par la suite sa solution.

L'appel du constructeur de la classe de base (par : `base`) peut être absent. Dans ce cas, le compilateur fait automatiquement appeler le constructeur sans argument de la classe de base (nous n'échappons donc jamais à l'appel du constructeur de la classe de base). Rappelons qu'un tel constructeur est automatiquement créé par le compilateur en l'absence de tout autre constructeur.

Une erreur de syntaxe est signalée si vous n'appelez pas explicitement le constructeur de la classe de base et si le constructeur sans argument est absent dans la classe de base (pour rappel, le constructeur sans argument n'est automatiquement généré par le compilateur qu'en l'absence de tout autre constructeur). Autrement dit : si au moins un constructeur a été défini dans la classe de base, vous devez impérativement appeler (par : `base` suivi d'arguments) l'un de ces constructeurs.

Considérons le cas suivant :

```
class A
{
 public A() { ..... }
 public A(int n) { ..... }
}
class B : A
{
 public B(int n) { ..... }
}
```

Si l'on crée un objet de la classe `B` par :

```
B b = new B(5);
```

le constructeur sans argument de `A` est d'abord appelé, puis le constructeur de `B` l'est à son tour. En l'absence d'un constructeur sans argument dans la classe `A`, une erreur de syntaxe est signalée. Pour corriger le problème, il faut écrire :

```
class B : A
{
 public B(int n) : base(n) { ..... }
}
```

Un objet `Français` est créé en écrivant :

```
Français marius = new Français("Marius", 25, "Bouches-du-Rhône");
marius.Affiche();        // Marius âgé de 25 ans (Bouches-du-Rhône)
```

`marius` étant un objet `Français`, c'est évidemment la fonction `Affiche` de la classe `Français` qui est appelée.

Revenons sur la fonction Affiche dans la classe Français. Si vous compilez un programme reprenant les classes Pers et Français, vous recevrez un avertissement pour la fonction Affiche de la classe Français. Cette fonction « cache » en effet la fonction Affiche de Pers (même nom et mêmes arguments) : sans Affiche de Français, marius.Affiche() aurait fait exécuter Affiche de Pers. Pour bien montrer qu'il s'agit d'une nouvelle fonction Affiche (et non une fonction qui, par accident ou distraction, porte le même nom qu'une fonction d'une des classes de base), le compilateur vous invite à qualifier Affiche de Français de new :

Classe dérivée avec fonction qualifiée de new

```csharp
class Français : Pers
{
 string Département;
 public Français(string N, int A, string D) : base(N, A)
 {
  Département = D;
 }
 public new void Affiche()
 {
  Console.WriteLine(Nom + " âgé de " + Age + " ans ("
                   + Département + ")");
 }
}
```

2.5.5 Redéfinition de méthode

Dans notre classe dérivée, nous avons une fonction Affiche qui porte le même nom que dans la classe de base. Nous allons envisager différents cas de création (dans Main) d'objets.

Redéfinition de méthode Ex2.cs

```csharp
using System;
class Pers
{
 protected string Nom;
 protected int Age;
 public Pers(string N, int A) {Nom = N; Age = A;}
 public void Affiche()
 {
  Console.WriteLine(Nom + " (" + Age + ")");
 }
}
class Français : Pers
{
 string Département;
 public Français(string N, int A, string D) : base(N, A)
```

```
  {
   Département = D;
  }
  public new void Affiche()
  {
   Console.WriteLine(Nom + " âgé de " + Age + " ans ("
                   + Département + ")");
  }
 }

 class Prog
 {
  static void Main ()
  {
   Pers p1, p3;
   Français p2;
   p1 = new Pers("Jim", 36);
   p1.Affiche();
   p2 = new Français("Jacques", 70, "Corrèze");
   p2.Affiche();
   p3 = new Français("François", 75, "Nièvre");
   p3.Affiche();
  }
 }
```

Analysons les diverses créations d'objets ainsi que les divers appels de la méthode Affiche.

Lors de l'exécution de p1.Affiche(), c'est la méthode Affiche de la classe Pers qui est exécutée. Lors de l'exécution de p2.Affiche(), c'est Affiche de la classe Français qui est exécutée. Normal puisque p1 et p2 sont respectivement des objets des classes Pers et Français. Si la méthode Affiche n'avait pas été déclarée dans la classe Français, p2.Affiche() aurait fait exécuter Affiche de la classe Pers (cette fonction Affiche de Pers opérant alors sur p2, mais seuls les champs Nom et Age de p2 peuvent alors être pris en compte par Affiche de Pers).

Pour décider quelle fonction de quelle classe doit être exécutée, le compilateur procède de la sorte : si une méthode f est appliquée à un objet de la classe C, le compilateur recherche d'abord f (fonction publique avec même nombre et mêmes types d'arguments) dans la classe C. S'il trouve cette fonction f, le compilateur génère du code pour la faire exécuter. Sinon, il recherche f (même nom et mêmes types d'arguments) dans la classe de base de C. Si cette fonction n'est toujours pas trouvée, le compilateur recherche f dans la classe de base de la précédente et ainsi de suite. À cette occasion, on dit que le compilateur remonte la hiérarchie des classes. Le compilateur signale une erreur de syntaxe s'il ne trouve aucune méthode f (fonction publique portant ce nom, avec même nombre et mêmes types d'arguments) dans aucune des classes appartenant à la hiérarchie de la classe C.

Pas de problème donc pour p1 et p2, ces cas étant clairs. Mais il reste le cas de p3.

Il faut d'abord bien comprendre qu'un objet d'une classe dérivée est aussi un objet d'une classe de base, l'inverse n'étant pas vrai : un Français est une personne mais une personne n'est pas nécessairement un Français.

Les deux dernières lignes de l'exemple précédent (avec instanciation et affichage de p3) réclament plus d'attention. p3 a certes été déclaré comme un objet de la classe Pers mais lors de l'instanciation de p3, il devient clair que l'on crée un objet de la classe Français. C# autorise donc, et à juste titre, une telle construction pour la raison que nous venons de voir.

Dans l'esprit du programmeur (mais pas dans celui du compilateur), p3 devient, dans les faits, et à partir de l'instanciation par new, un objet de la classe Français.

Par défaut, le compilateur ne l'entend pas de cette oreille quand il s'agit d'appeler des fonctions de la classe. p3 ayant été déclaré de type Pers, pour exécuter :

```
p3.Affiche();
```

le compilateur se base sur la définition stricte de p3 et fait dès lors exécuter Affiche de Pers. Le compilateur n'a pas tenu compte du véritable type de p3. Pour comprendre les raisons qu'a le compilateur d'agir ainsi, considérons une instruction if et imaginons qu'en fonction de l'évaluation de la condition, on assigne dans p3 soit un objet Pers, soit un objet Français. Le compilateur lui-même, lors de la compilation du programme, ne peut pas savoir qu'au moment de l'exécution, à telle ligne, p3 contiendra réellement un objet Français. Ce n'est qu'en cours d'exécution de programme que cette constatation peut être faite. Par défaut, et pour des raisons de performance, le compilateur ne génère pas le code qui permettrait de faire cette constatation.

Toutefois, les fonctions virtuelles permettent de résoudre ce problème.

2.5.6 Les fonctions virtuelles

Pour tenir compte du véritable type de p3 au moment d'exécuter p3.Affiche(), il faut :

- qualifier Affiche de virtual dans la classe de base ;
- qualifier Affiche de override dans la classe dérivée.

Réécrivons le programme précédent en conséquence :

Méthode virtuelle   Ex3.cs

```
using System;
class Pers
{
 protected string Nom;
 protected int Age;
 public Pers(string N, int A) {Nom = N; Age = A;}
 public virtual void Affiche()
 {
  Console.WriteLine(Nom + " (" + Age + ")");
 }
}
```

```
class Français : Pers
{
 string Département;
 public Français(string N, int A, string D) : base(N, A)
 {
  Département = D;
 }
 public override void Affiche()
 {
  Console.WriteLine(Nom + " âgé de " + Age + " ans ("
                    + Département + ")");
 }
}
class Prog
{
 static void Main ()
 {
  Pers p1, p3;
  Français p2;
  p1 = new Pers("Jim", 36);
  p1.Affiche();
  p2 = new Français("Jacques", 70, "Corrèze");
  p2.Affiche();
  p3 = new Français("François", 75, "Nièvre");
  p3.Affiche();
 }
}
```

L'effet est le suivant : au moment d'exécuter p3.Affiche(), du code injecté par le compilateur dans le programme (parce que Affiche est une fonction virtuelle) teste le véritable type de p3 et appelle Affiche de Français dans le cas où p3 fait effectivement référence à un objet Français (alors que formellement il désigne un objet Pers). On peut dire que, par la magie des fonctions virtuelles, la référence p3 s'est adaptée au véritable type de l'objet p3. On dit aussi que l'on fait de la liaison dynamique (*dynamic binding* en anglais) car du code (injecté dans le programme à cet effet) a dû être exécuté pour rendre possible cette liaison dynamique.

Le programme précédent provoque dès lors les affichages suivants :

```
Jim (36)
Jacques âgé de 70 ans (Corrèze)
François âgé de 75 ans (Nièvre)
```

On peut écrire :

```
Pers p3;
....
p3 = new Français("Line", 65, "Nord"); // p3 : objet Français
p3.Affiche();
p3 = new Pers("Bob", 20);         // p3 est maintenant un objet Pers
p3.Affiche();
```

ce qui provoque les affichages ci-après :

```
Line âgé de 65 ans (Nord)
Bob (20)
```

Nous avons vu qu'il est possible d'instancier un objet p3, de type Pers, par p3 = new Français(.....). En revanche, il n'est pas possible d'instancier p2, de type Français, par p2 = new Pers, pour la bonne raison que si un Français est une personne, une personne n'est pas nécessairement un Français.

Pour résumer :

```
Pers p1, p2;
Français p3, p4;
p1 = new Pers("Jim", 36);                  // Correct
p2 = new Français("Jules", 45, "Lot");      // Correct
p3 = new Français("François", 75, "Nièvre"); // Correct
p4 = new Pers("Bob", 20);                   // Erreur de syntaxe
```

virtual, override et new doivent être spécifiés avant le type de la valeur de retour de la fonction.

Considérons une hiérarchie de classe :

```
class A
{
 public virtual void Affiche() { ..... }
}
class B : A
{
 public override void Affiche() { ..... }
}
class C : B
{
 public void Affiche() { ..... }
}
```

Pour la classe C, vous recevez un avertissement vous demandant de spécifier override ou new.

Sans rien modifier,

```
A a = new C(); a.Affiche();
```

fait exécuter Affiche de B. Si vous modifiez la classe C et spécifiez override, c'est alors Affiche de C qui est exécuté. Avec new, c'est Affiche de B qui est exécuté (parce que B est la classe la plus proche de C qui est qualifiée de override).

Il est possible de démarrer une nouvelle hiérarchie de classes virtual/override à partir d'une autre classe. Par exemple, on peut définir C de la sorte :

```
class C : B
{
 public new virtual void Affiche() { ..... }
}
```

2.5.7 .NET libère les objets pour vous

Plus haut, nous avons signalé que, dans la réalité du code généré, p3 est en quelque sorte un pointeur, mais ne le répétez surtout pas. Considérons les instructions suivantes :

```
Pers p;
p = new Français("Jean-Claude", 65, "Haute-Savoie");
p = new Pers("David", 30);
```

Lors de la première instanciation par new Français, une zone de mémoire est associée à p (qui pointe alors sur cette zone) et contient les différentes informations relatives à un objet Français (Nom, Age et Département). Lors de la seconde instanciation par new Pers, une autre zone de mémoire est associée à p (p, qui a été alloué sur la pile, ne changeant que de contenu). La zone de mémoire précédemment associée à p est alors automatiquement signalée « zone libérée par le programme et susceptible d'être réutilisée ». En C++, il serait impératif d'exécuter delete p pour libérer la première zone de mémoire sans quoi nous irions au devant de graves problèmes de saturation de mémoire, problèmes menant tout droit au plantage. En C#, tout cela est réalisé automatiquement. Le ramasse-miettes de C#, qui s'exécute parallèlement aux programmes mais avec une faible priorité, libérera effectivement cette zone quand bon lui semblera (dans les faits : quand un besoin en espace mémoire se fera sentir).

2.5.8 Appel de méthodes « cachées » par la redéfinition

La méthode Affiche de la classe Français redéfinit celle de la classe Pers. Tout appel de la méthode Affiche appliquée à un objet Français « cache » la méthode Affiche de Pers. Rien n'empêche cependant que Affiche de Français appelle Affiche de Pers. Il suffit pour cela d'écrire (dans Affiche de Français) :

```
base.Affiche();       // appel de la fonction Affiche de la classe de base
```

Il en va de même pour les champs. Rien n'empêche en effet qu'un champ d'une classe dérivée porte le même nom (mais pas nécessairement le même type) que dans sa classe de base ou l'une de ses classes de base. Le champ de la classe de base est alors « caché ». À partir d'une méthode de la classe dérivée, on y a cependant encore accès en le préfixant de base., comme pour les méthodes.

Dans une méthode, this. et base. peuvent préfixer un nom de champ ou de méthode (this ne s'appliquant cependant pas aux méthodes statiques car ces dernières n'opèrent pas sur un objet) :

- this.*xyz* : fait référence au champ ou à la méthode *xyz* de cette classe (cette forme n'étant généralement utilisée que dans le cas où un argument de la méthode s'appelle également *xyz*). Si *xyz* n'existe pas dans la classe, le compilateur remonte la hiérarchie des classes pour le trouver.

- base.*xyz* : fait référence au champ ou à la méthode *xyz* d'une des classes de base (le premier *xyz* rencontré en remontant la hiérarchie des classes de base).

En revanche, il n'est pas possible d'appeler une fonction d'une classe grand-mère ou d'accéder directement à un champ d'une classe grand-mère. Écrire :

```
base.base.Affiche();
```

constitue en effet une erreur de syntaxe même si la classe courante a une classe grand-mère qui a implémenté Affiche.

2.5.9 Quel est le véritable objet instancié dans une référence ?

Nous avons vu que dans un objet, appelons-le p, déclaré de type Pers (classe de base), on pouvait instancier soit un objet Pers soit un objet Français (classe dérivée de Pers mais il pourrait s'agir de n'importe quelle classe qui a Pers parmi ses ancêtres).

```
Pers p = new Pers("Bill", 50);                    // correct
p = new Français("Loïc", 40, "Finistère");        // également correct
```

Nous avons également vu qu'avec les fonctions virtuelles, tout se passe comme si l'objet p en question s'adaptait automatiquement à la classe réellement instanciée. Mais comment déterminer si p contient véritablement un objet Pers ou un objet Français ? Le mot réservé is nous fournit cette information. Une autre solution consiste à utiliser le mot réservé as, que nous expliquerons bientôt.

Pour illustrer is, intéressons-nous à la nationalité du conjoint d'un Français. Ajoutons pour cela la méthode Mariage à la classe Français (l'argument de Mariage est de type Pers car il doit être suffisamment général pour s'appliquer à un objet Pers ou Français) :

```
class Français : Pers
{
  ....
  public void Mariage(Pers Conjoint)
  {
   if (Conjoint is Français) Console.WriteLine("Mariage avec compatriote");
   else Console.WriteLine("Mariage avec étranger");
  }
}
```

Dans la fonction Main, on écrit :

```
Français f = new Français("Marius", 30, "Bouches-du-Rhône");
Pers p1 = new Français("Gwenaelle", 25, "Finistère");
f.Mariage(p1);
Pers p2 = new Pers("Conchita", 20);
f.Mariage(p2);
```

ce qui provoque les affichages suivants :

```
Mariage avec compatriote
Mariage avec étranger
```

car dans la méthode Mariage, is aura testé le véritable type de l'argument.

Le test

```
if (Conjoint is Français)
```

aurait pu être remplacé par

```
Français f = Conjoint as Français;
if (f != null) .....                     // il s'agit d'un Français
```

Le mot réservé as effectue une tentative de transtypage de Conjoint en Français. Si la tentative réussit (parce que le conjoint est effectivement un Français), f prend une valeur non nulle et fait référence au conjoint. Sinon, f prend la valeur null.

2.5.10 Copie d'objet

Un objet peut être « copié » dans un autre (mais attention au sens donné à « copié »). Considérons le fragment de programme suivant (qui, insistons, ne fait pas une copie au sens que l'on donne habituellement à ce terme) :

```
Pers p1, p2;
p1 = new Pers("Jim", 36);
p2 = p1;
```

p1 et p2 désignent deux références à des objets de type Pers. Après assignation de p1 dans p2, p1 et p2 ne désignent pas deux objets distincts (c'est-à-dire existant indépendamment l'un de l'autre) mais bien deux références pour un même objet. Souvenez-vous que les références ne sont en fait rien d'autre que des pointeurs : p1 et p2 constituent certes des variables différentes (p1 et p2 occupent des zones de mémoire différentes) mais après exécution de p2 = p1, p1 et p2 « pointent » sur la même zone de mémoire, celle qui contient (Jim, 36). Par conséquent, exécuter p1.Age++ a également pour effet d'incrémenter p2.Age puisqu'il s'agit du même objet.

Pour effectuer une véritable copie d'objet, une solution consiste à instancier un objet p2 et à copier dans chaque champ de p2 les champs correspondants de p1. Par exemple :

```
p2 = new Pers();        // new Pers("", 0) si aucun ctor par défaut
p2.Nom = p1.Nom;
p2.Age = p1.Age;
```

Les choses paraissent simples mais uniquement parce que les champs de Pers sont de types élémentaires (un int est de type valeur et un string, sans être de type valeur, se comporte néanmoins comme un type valeur). Si on devait trouver dans Pers un véritable objet (par exemple un autre objet Pers pour le conjoint), il faudrait instancier cet objet. Ainsi (nous gardons les champs publics pour simplifier le programme) :

```
class Pers
{
  public string Nom;
```

```
public int Age;
public Pers Conjoint;
public Pers() { Nom = ""; Age = -1; Conjoint = null;}
public Pers(string N, int A, Pers E) { Nom = N; Age = A; Conjoint = E; }
public Pers(string N, int A) { Nom = N; Age = A; Conjoint = null;}
}
```

Créons les objets suivants :

```
Pers juliette = new Pers("Juliette", 15);
Pers roméo = new Pers("Roméo", 16, juliette);
Pers roméobis;
```

Nous allons effectuer une copie de roméo dans roméobis. Si l'on se contente d'effectuer

```
roméobis = roméo;
```

nous savons déjà que roméobis et roméo désignent alors le même objet et que toute modification de roméo entraîne la modification de roméobis. Il ne s'agit donc pas d'une véritable copie.

Si l'on se contente d'effectuer

```
roméobis = new Pers();
roméobis.Nom = roméo.Nom;
roméobis.Age = roméo.Age;
roméobis.Conjoint = roméo.Conjoint;
```

on se retrouve confronté au problème suivant : toute modification du conjoint de roméo modifie le conjoint de roméobis (et inversement). La raison en est simple : roméo.Conjoint et roméobis.Conjoint désignent le même objet Pers ! Il faut donc effectuer une copie complète (*deep copy* en anglais) :

```
roméobis = new Pers();
roméobis.Nom = roméo.Nom;
roméobis.Age = roméo.Age;
roméobis.Conjoint = new Pers();
roméobis.Conjoint.Nom = "Juliette";
roméobis.Conjoint.Age = 15;
```

roméo et roméobis ont pour le moment la même dulcinée, mais ils pourront évoluer indépendamment l'un de l'autre dans leur vie amoureuse.

La méthode peut paraître lourde (et notre classe Pers n'avait pourtant rien de compliqué). Heureusement :

• La classe Object, donc aussi toutes les classes et en particulier Pers, contient la méthode protégée object MemberwiseClone() qui renvoie une copie (bit à bit) de l'objet.

• Une classe peut implémenter l'interface ICloneable qui définit la méthode publique object Clone() chargée de renvoyer une copie (à vous de décider du type de la copie) de l'objet sur lequel porte la méthode Clone. Il vous appartient alors d'écrire cette fonction Clone dans la classe.

Dans le cas de notre classe `Pers`, on écrirait :

```
class Pers : ICloneable
{
  .....
  public object Clone()
  {

    Pers p = (Pers)MemberwiseClone();
    if (Conjoint != null) p.Conjoint = (Pers)Conjoint.Clone();
    return p;
  }
}
```

Une copie est dès lors effectuée par :

```
roméobis = (Pers)roméo.Clone();
```

2.5.11 Comparaison d'objets

Si l'on compare deux objets par `p1 == p2`, ce sont par défaut les références qui sont comparées, pas les contenus de ces objets. Or, deux objets différents peuvent correspondre à une même personne. Comment le vérifier ? Pour que deux objets `Pers` puissent être comparés sur leurs contenus, il faut (dans cette classe `Pers`) :

- redéfinir la méthode `Equals` de la classe `Object`, ce qui permet de comparer `p1` et `p2` par `p1.Equals(p2)` ;

- redéfinir les opérateurs `==` et `!=`, ce qui permet de comparer `p1` et `p2` par `==` ou `!=` ;

- redéfinir la fonction `GetHashCode` de `Object` (sinon, cela peut provoquer un problème si l'on crée une collection `Hashtable` de `Pers`).

Notre classe `Pers` devient dès lors (voir la redéfinition d'opérateur à la section suivante) :

Classe `Pers` pour comparaisons sur contenus

```
public class Pers
{
  string Nom;
  int Age;
  public Pers(string N, int A) {Nom=N; Age=A;}
  public override bool Equals(object o)
  {
    Pers p = (Pers)o;
    return Nom==p.Nom && Age==p.Age;
  }
  public static bool operator==(Pers p1, Pers p2)
  {
    return p1.Equals(p2);
  }
```

```
public static bool operator!=(Pers p1, Pers p2)
{
 return !p1.Equals(p2);
}
public override int GetHashCode()
{
 return this.ToString().GetHashCode();}
}
}
```

2.5.12 Le qualificatif sealed

Le qualificatif sealed peut être appliqué à une classe pour empêcher toute dérivation à partir de cette classe. Par exemple :

```
sealed class Français : Pers
{
  .....
}
```

Il devient maintenant impossible de créer une classe dérivée de Français.

2.6 Surcharge d'opérateur

Nous avons vu qu'une fonction peut être redéfinie dans une classe dérivée. On parle, dans ce cas aussi, de surcharge de fonction. Par cette surcharge, nous changeons la signification de la fonction par rapport à la fonction de la classe de base. Les opérateurs (+, -, etc.) peuvent également être redéfinis (ou surchargés si vous préférez).

Tous les opérateurs ne peuvent cependant pas être surchargés (par exemple, l'opérateur = ne peut être surchargé). La raison de cette limitation est simple : ne pas rendre les programmes inutilement moins lisibles, voire complètement illisibles.

Seulement certains opérateurs unaires et certains opérateurs binaires peuvent être surchargés. Les opérateurs unaires sont ceux qui n'opèrent que sur un seul opérande (par exemple – pour le changement de signe) tandis que les opérateurs binaires opèrent sur deux opérandes (par exemple – pour la soustraction).

Opérateurs susceptibles d'être redéfinis		
Opérateurs unaires	+ - ! ~ ++ --	
Opérateurs binaires	+ - * / % & | ^ << >>	

Les opérateurs +=, -=, *=, /=, &&, || et new ne peuvent pas être redéfinis.

Pour redéfinir un opérateur, il faut écrire une fonction statique. Celle-ci doit s'appeler operator suivi du symbole à redéfinir. Mais d'autres règles sont aussi à respecter :

Règles régissant les redéfinitions d'opérateurs

Opérateur unaire	— la fonction redéfinissant l'opérateur ne peut admettre qu'un seul argument, du type de sa classe,
	— elle doit renvoyer une valeur, du type de sa classe également.
Opérateur binaire	— la fonction doit admettre deux arguments, le premier devant être du type de sa classe et le second de n'importe quel type,
	— la valeur de retour peut être de n'importe quel type.

Pour illustrer le sujet, nous allons écrire une classe Heure (composée de deux champs privés : H pour les heures et M pour les minutes) et redéfinir l'opérateur – pour calculer la durée, exprimée en minutes, entre deux heures. Pour simplifier, nous considérerons que l'on reste dans la même journée. La méthode statique operator - (c'est le nom qu'il faut donner à la fonction redéfinissant l'opérateur moins) accepte deux arguments de type Heure et renvoie la différence d'heures exprimée en minutes.

Redéfinition d'opérateur   Ex4.cs

```
using System;

class Heure
{
 int H, M;
 public Heure(int aH, int aM) {H = aH; M = aM;}
 // redéfinir l'opérateur -
 public static int operator -(Heure h1, Heure h2)
 {
  return h1.H*60 + h1.M - h2.H*60 - h2.M;
 }
}

class Prog
{
 static void Main()
 {
  Heure maintenant, tantôt;
  maintenant = new Heure(11, 05); tantôt = new Heure(10, 45);
  int n = maintenant - tantôt;
 }
}
```

Comme on peut le constater à la dernière ligne de code, on peut désormais calculer la différence de deux objets Heure avec une syntaxe très naturelle.

2.6.1 Opérateurs de conversion

Les opérateurs de conversion peuvent également être redéfinis. Supposons que l'on trouve utile, d'un point de vue efficacité du travail de programmation, de pouvoir écrire (on désire ici convertir l'objet Heure de l'exemple précédent en un entier) :

```
int n = maintenant;
```

où n contiendrait le nombre de minutes depuis minuit de l'objet maintenant (objet de type Heure). Le compilateur va refuser l'instruction car il ne connaît pas la règle de conversion d'un objet Heure en int. Nous allons le lui apprendre...

Deux types de conversion sont possibles : les conversions implicites et les conversions explicites. Avec les conversions explicites, le programmeur doit explicitement marquer son intention d'effectuer une telle conversion (avec un *casting*). Les conversions implicites peuvent s'avérer plus insidieuses et souvent plus dangereuses. À ces deux types de conversion correspondent les mots réservés implicit et explicit.

Conversions explicites et implicites	
Conversion explicite	int n = (int)maintenant;
Conversion implicite	int n = maintenant;

Pour pouvoir convertir implicitement un objet Heure en int, on doit écrire (dans la classe Heure) une fonction statique qui doit s'appeler operator int et qui renvoie évidemment un int, ce qu'il ne faut dès lors pas spécifier :

```
public static implicit operator int(Heure h)
{
 return h.H*60 + h.M;
}
```

Les conversions implicites peuvent provoquer des ambiguïtés qui ne sont pas toujours évidentes à prévoir (c'est notamment le cas des fonctions qui acceptent un object en argument). Si le compilateur arrive à la conclusion qu'il y a ambiguïté dans la conversion, il vous le signale par une erreur de syntaxe.

Considérons l'exemple suivant (conversion d'un objet Heure en une chaîne de caractères) qui ne pose pas de problème lors du passage d'un objet Heure en argument de WriteLine (le programme affichera par exemple 10:45) :

```
class Heure
{
 int H, M;
 public Heure(int aH, int aM) {H = aH, M = aM;}
 public static implicit operator string(Heure h)
 {
  return h.H + ":" + h.M;
 }
}
.....
Console.WriteLine(maintenant);
```

Mais il y a ambiguïté, avec erreur de syntaxe, si nous ajoutons (le compilateur ignore s'il doit convertir un objet `Heure` en un `int` ou un `string` car les deux formes existent comme signatures de `Console.WriteLine`) :

```
class Heure
{
  int H, M;
  public Heure(int aH, int aM) {H = aH, M = aM;}
  public static implicit operator string(Heure h)
  {
    return h.H + ":" + h.M;
  }
  public static implicit operator int(Heure h)
  {
    return h.H*60 + h.M;
  }
}
.....
Console.WriteLine(maintenant);
```

L'ambiguïté est levée en forçant des conversions explicites (avec le mot réservé `explicit` au lieu d'`implicit`) et en forçant le programmeur à écrire, par exemple :

```
Console.WriteLine((string)maintenant);
```

2.7 Protections sur champs et méthodes

Les qualificatifs `public`, `protected`, `private` et `internal` peuvent être appliqués aux classes ainsi qu'aux champs et aux méthodes d'une classe.

Une classe peut être qualifiée (juste avant le mot réservé `class`) de :

- `public` : on peut créer partout un objet de la classe ;

- rien du tout : on peut créer un objet de la classe mais dans le même assemblage uniquement (même fichier source de programme).

Une méthode ou un champ d'une classe peut être qualifié de :

- `public` : toutes les méthodes, quelle que soit leur classe (du même espace de nom ou pas mais à condition qu'elles aient accès à la classe), ont accès à un tel champ ou peuvent appeler une telle méthode. Les constructeurs sont généralement qualifiés de `public`, sinon des objets de cette classe ne pourraient être créés, ce qui est parfois voulu pour empêcher qu'un objet d'une classe déterminée ne soit créé (c'est le cas des classes qui ne contiennent que des champs et des méthodes statiques pour simuler les champs et fonctions globales du C/C++).

- `private` : seules les méthodes (quelles qu'elles soient) de la classe ont accès à un tel champ ou à une telle méthode. Même les classes dérivées n'y ont pas accès. Omettre le qualificatif revient à spécifier `private`.

- `protected` : seules les méthodes de la classe et des classes dérivées de celle-ci (qu'elles fassent partie ou non du même espace de noms) ont accès à un tel champ ou peuvent appeler une telle méthode.

- `internal` : seules les méthodes (quelles qu'elles soient) du même assemblage ont accès à un tel champ ou peuvent appeler une telle méthode.

2.7.1 L'espace de noms global

Visual Studio insère les classes dans un espace de noms créé à cet effet. Par défaut, le nom donné à cet espace de noms est celui du projet.

On n'est cependant pas obligé de créer explicitement un espace de noms. Les classes font alors partie de ce qu'on appelle l'espace de noms global.

Considérons l'exemple suivant :

```
namespace A
{
 class C
 {
  int X;
  void f() { ..... }
 }
}
class X
{
 public int N=12;
}
```

La classe X, qui se situe en dehors de tout namespace, fait partie de l'espace de noms global. Dans la fonction f, le champ X de la classe C cache la classe X. Le symbole ::, introduit en version 2, donne accès aux classes de l'espace de noms global. Ainsi, on peut écrire à partir de f :

```
::X.N = 20;
```

On peut se passer de :: si aucun champ de C ne cache la classe X dans l'espace de noms global. On peut également s'en passer en incluant la classe X dans un `namespace B`. À partir de f, on a dès lors accès à N de X par `B.X.N`.

2.8 Classes abstraites

Une classe abstraite contient la signature (son prototype si vous préférez) d'au moins une fonction, mais pas son implémentation. Cette fonction devra être implémentée dans une classe dérivée.

Une classe abstraite doit être qualifiée de abstract et ne peut être instanciée. Autrement dit : on ne peut pas créer d'objet d'une classe abstraite. Les méthodes dont on ne donne que la signature dans la classe abstraite doivent également être qualifiées d'abstract.

Classes abstraites   Ex5.cs

```
using System;
abstract class A
{
 int i;
 public A(int ai) {i = ai;}
 public abstract void F();
}
class B : A
{
 public B(int i) : base(i) {}
 public override void F() {Console.WriteLine("F de B "); }
}
class Prog
{
 static void Main()
 {
  B b = new B(5);
  b.F();
 }
}
```

La classe A est abstraite car, pour l'une de ces fonctions (f), on ne donne que la signature, pas l'implémentation. Il n'est donc pas possible de créer un objet de la classe A abstraite. Pour pouvoir créer un objet, il faut partir d'une classe complète quant à son implémentation. C'est pour cette raison que l'on a créé la classe B (dérivée de A) dans laquelle on implémente f dont la signature a été spécifiée dans A.

2.9 Les interfaces

Une interface définit les méthodes que des classes (celles qui implémentent l'interface en question) doivent implémenter. Les interfaces constituent souvent une alternative aux classes abstraites. Dans l'interface, on trouve uniquement la signature de ces méthodes, on ne trouve pas de code (ce qui n'est possible que dans les classes abstraites). On ne peut pas non plus trouver de qualificatif comme public, private ou protected car c'est à la classe implémentant l'interface de décider. Si une fonction de l'interface (dont on ne donne pourtant que le prototype) accepte un ou plusieurs arguments, il faut curieusement donner un nom à ces arguments.

Déclarons l'interface IB (l'usage est de commencer le nom d'une interface par I) :

```
interface IB
{
```

```
   void f1(int a);        // ne pas oublier de donner un nom à l'argument
   void f2();
}
```

Les classes qui implémentent l'interface IB devront implémenter les fonctions f1 et f2. Autrement dit, elles devront contenir le corps de ces fonctions et il vous appartient d'écrire ces instructions dans les classes implémentant IB. Une interface ne peut contenir que des signatures, elle ne peut contenir aucun corps de fonction ni aucun champ (contrairement aux classes abstraites qui, elles, peuvent contenir des champs et des implémentations de fonctions).

Une interface peut contenir des définitions de propriétés ou d'indexeurs (voir les sections 2.10 et 2.11). Par exemple (un indexeur sur un entier devra être complètement implémenté dans toute classe implémentant l'interface IX) :

```
interface IX
{
 object this[int n] {get; set;}
}
```

Une interface peut être dérivée d'une autre interface. On dit qu'une interface peut « implémenter » une autre interface, même s'il ne s'agit pas à proprement parler d'une implémentation. L'interface dérivée comprend alors ses propres méthodes ainsi que celles de l'interface de base (sans oublier qu'il s'agit uniquement des signatures). Contrairement aux classes, pour lesquelles la dérivation multiple n'est pas autorisée, une interface peut dériver de plusieurs interfaces : il suffit alors de séparer par virgule les noms des différentes interfaces de base. Une classe peut également implémenter plusieurs interfaces. Pour rappel, une classe ne peut dériver que d'une seule classe.

2.9.1 Classe implémentant une interface

Une classe signale qu'elle implémente une interface (ou plusieurs interfaces) de la manière suivante (peu de différence quant à la syntaxe par rapport à l'héritage de classe) :

```
class X : IB             // classe X implémentant l'interface IB
{
 .....                   // champs et méthodes propres à la classe X
 void f1(int a) {.....}  // développement de f1, qu'il faut écrire
 void f2() {.....}       // développement de f2, qu'il faut écrire
}
```

ou, si la classe implémente plusieurs interfaces :

```
class X : IB, IC
{
 .....                   // champs et méthodes propres à X
 void f1(int a) {.....}  // développement des méthodes provenant de IB
 void g1() {.....}       // développement des méthodes provenant de IC
}
```

Dans le programme suivant, la classe A implémente l'interface IB (l'ordre d'apparition des interfaces, des classes et de Main n'a aucune importance) :

Implémentation d'interface   Ex6.cs

```
using System;
interface IB
{
 void f();
 void g();
}
class A : IB
{
 public void f() {Console.WriteLine("f de A ");}
 public void g() {Console.WriteLine("g de A ");}
}
class Prog
{
 static void Main()
 {
  A a = new A();
  a.f();
  a.g();
 }
}
```

2.9.2 Référence à une interface

Dans l'exemple qui précède, a désigne une référence à l'objet A. Comme la classe A implémente l'interface IB, a peut être converti en une référence (baptisée ici rib) à l'interface IB :

```
    IB rib = a;
```

Les méthodes de l'interface IB, et uniquement celles-là, peuvent maintenant être appelées via rib :

```
    rib.f();
```

2.9.3 Classe implémentant plusieurs interfaces

Si une classe A implémente les interfaces IB et IC, il est possible que des fonctions de IB portent le même nom que des fonctions de IC :

```
    interface IB
    {
     void f();
     void g();
    }
    interface IC
```

```
{
  double f(int a);
  void h();
}
```

Si une classe A implémente les interfaces IB et IC, A doit implémenter f de IB et f de IC. Il y a ambiguïté puisque l'on retrouve f à la fois dans IB et dans IC. Peu importe la signature (type et nombre des arguments) de ces fonctions, il y a ambiguïté à partir du moment où deux noms sont identiques.

Pour résoudre le problème, la classe A doit spécifier qu'elle implémente f de A et f de B. Ces deux fonctions ne peuvent être appelées que via des références d'interfaces :

```
class A : IB, IC
{
  void IB.f() {.....}
  double IC.f(int a) {.....}
}
```

Pour exécuter ces fonctions appliquées à un objet de la classe A, on doit écrire :

```
A a = new A();
IB rib = a;
rib.f();                // exécution de f de IB appliquée à a
IC ric = a;
double d = ric.f(5);    // exécution de f de IC appliquée à a
```

2.9.4 Comment déterminer qu'une classe implémente une interface ?

Considérons une classe de base Base, une interface IB et une classe Der dérivée de Base et implémentant IB :

```
class Base
{
  .....
}
interface IB
{
  .....
}
class Der : Base, IB
{
  .....
}
```

Un objet de la classe Base est créé par :

```
Base b = new Base();
```

Un objet de la classe Der peut être créé par :

```
Der d1 = new Der();
```

mais aussi par (puisqu'un objet d'une classe dérivée est aussi un objet de sa classe de base) :

```
Base d2 = new Der();      // d2 est en fait un objet de la classe Der
```

Pour déterminer si un objet de la classe `Base` (b ou d2) implémente l'interface `IB` (c'est le cas pour d2 mais pas pour b), on peut écrire :

```
if (d2 is IB) .....      // d2 implémente effectivement IB
```

On peut donc écrire (le transtypage est nécessaire car d2 est officiellement un objet de la classe `Base` qui n'implémente pas `IB`) :

```
IB rib = (IB)d2;
rib.f();                 // pas de problème puisque d2 est en fait un Der
```

Mais que se passe-t-il si l'on écrit :

```
Base[] tabBase = new Base[2];
tabBase[0] = b;
tabBase[1] = d2;
foreach (Base bo in tabBase)
{
 rib = (IB)bo;
 rib.f();
}
```

Chaque cellule de `tabBase` est un objet `Base` ou un objet d'une classe dérivée de `Base` (`Der` en l'occurrence). Pour les cellules qui contiennent un objet `Der`, appeler `f` via `rib` est correct. En revanche, pour les cellules contenant réellement un objet `Base`, cela constitue une erreur grave, avec terminaison du programme si l'erreur n'est pas interceptée dans un `try/catch`. Le compilateur accepte la syntaxe car la détermination du contenu réel de `bo` ne peut être effectué qu'au moment d'exécuter le programme.

Une première solution consiste à tester le contenu de `bo` :

```
foreach (Base bo in tabBase)
 if (bo is IB)
 {
  rib = (IB)bo;
  rib.f();
 }
```

Une autre solution consiste à tenter une conversion (opérateur `as`) et à vérifier le résultat de la conversion (`bo as IB` donne `null` comme résultat quand `bo` n'implémente pas l'interface `IB`) :

```
foreach (Base bo in tabBase)
{
 rib = bo as IB;
 if (rib != null) rib.f();
}
```

2.10 Les propriétés

Les propriétés, de même que les indexeurs, jouent un rôle considérable en C#.

Une propriété s'utilise comme un champ d'une classe mais provoque en fait l'appel d'une fonction. Une ou deux fonctions, appelées « accesseurs », peuvent être associées à une propriété :

- l'une (fonction *getter*) pour l'accès en lecture de la propriété ;

- l'autre (fonction *setter*) pour l'initialisation ou la modification de la propriété.

Si la fonction *setter* est absente, la propriété est en lecture seule.

Prenons un exemple pour illustrer les propriétés. Le prix renseigné d'un produit (propriété Prix) est multiplié par deux quand la quantité en stock est inférieure à dix unités. La propriété présente l'avantage d'être aussi simple à utiliser qu'une variable, tout en ayant la puissance d'un appel de fonction. Ce sont aussi les propriétés qui permettent d'écrire des expressions telles que DateTime.Now.DayOfYear (nous en rencontrerons bien d'autres tout au long de l'ouvrage). Nous commenterons le programme par la suite.

Les propriétés	Ex7.cs

```
using System;
class Produit
{
 public Produit(int q, int p) {m_Qtité = q; m_Prix = p;}
 public void Entrée(int qtité) {m_Qtité += qtité;}
 public void Sortie(int qtité) {m_Qtité -= qtité;}
 int m_Qtité;
 int m_Prix;
 public int Prix                          // Propriété Prix
 {
  get {return m_Qtité<10 ? m_Prix*2 : m_Prix;}
  set {m_Prix = value;}
 }
}
class Prog
{
 static void Main()
 {
  Produit p = new Produit(8, 100);
  p.Entrée(15); p.Sortie(10);              // Cinq produits en stock
  Console.WriteLine("Prix unitaire actuel : " + p.Prix);
 }
}
```

Prix est une propriété de la classe Produit. Lors de l'exécution de

```
 n = p.Prix;
```

la fonction accesseur en lecture (partie `get`) de la propriété est automatiquement appelée et n prend la valeur renvoyée par cette fonction.

Lors de l'exécution de :

```
p.Prix = 50;
```

la fonction d'accès en écriture (partie `set`) de la propriété est exécutée, avec `value` (mot réservé) qui prend automatiquement la valeur 50.

Rien n'empêche qu'une propriété soit qualifiée de `static`. Elle ne peut alors utiliser que des champs et des méthodes statiques de la classe, y compris le constructeur statique pour l'initialisation de la propriété. Une telle propriété peut être utilisée sans devoir créer un objet de la classe (ne pas oublier de préfixer le nom de la propriété du nom de la classe).

Depuis la version 2, un accesseur de propriété peut être qualifié de `protected` ou de `public`. Par exemple :

```
class A
{
 public string Prop
  {
   get { ..... }
   protected set { ..... }
  }
}
```

Il est possible de lire la propriété `Prop` d'un objet à partir de classes extérieures à A. La modification reste néanmoins possible à partir de fonctions membres de la classe A.

2.11 Les indexeurs

Un indexeur permet de considérer un objet comme un tableau, chaque cellule fournissant diverses informations relatives à l'objet. L'opérateur `[]` d'accès à un tableau peut alors être appliqué à l'objet. L'index, c'est-à-dire la valeur entre crochets, peut être de n'importe quel type et plusieurs indexeurs peuvent être spécifiés (par exemple un index de type `int` et un autre de type `string`, comme nous le ferons dans l'exemple qui suit). On peut également trouver plusieurs valeurs (séparées par virgule) entre les crochets, ce qui permet de simuler des accès à des tableaux de plusieurs dimensions.

Pour implémenter un ou plusieurs indexeurs, il faut écrire une ou plusieurs fonctions qui s'appellent `this` et qui s'écrivent comme dans l'exemple suivant (notez les crochets pour les arguments de `this`). Nous créons une classe `Polygame` et les crochets donnent accès aux différentes épouses d'un polygame. L'index peut être une chaîne de caractères. Dans ce cas, l'indexeur renvoie un numéro d'épouse ou −1 en cas d'erreur. Pour simplifier et nous concentrer sur les indexeurs, aucune vérification de dépassement de capacité de tableau n'est effectuée.

Dans la classe `Polygame`, nous maintenons en champ privé un tableau de noms d'épouses. Celui-ci est créé et initialisé par la fonction `Mariages`. L'index sur le numéro est en lecture/écriture tandis que l'index sur le nom est en lecture seule. Pour simplifier, aucune vérification n'est effectuée sur les indices.

Les indexeurs Ex8.cs

```
using System;
class Polygame
{
 string[] Epouses;
 public void Mariages(params string[] E)
 {
  Epouses = new String[E.Length];
  for (int i=0; i<E.Length; i++) Epouses[i] = E[i];
 }
 public string this[int n]
 {
  get {return Epouses[n];}
  set {Epouses[n] = value;}
 }
 public int this[string Nom]
 {
  get
  {
   for (int i=0; i<Epouses.Length; i++)
    if (Epouses[i] == Nom) return i;
   return -1;                      // Pas d'épouse de ce nom
  }
 }
}
class Prog
{
 static void Main()
 {
  Polygame roger = new Polygame();
  roger.Mariages("Brigitte", "Catherine", "Jane");
  roger[2] = "Marie-Christine";
  Console.WriteLine(roger[1]);           // affiche Catherine
  int n = roger["Marie-Christine"];      // n prend la valeur 2
 }
}
```

C# nous permet d'aller plus loin encore et de balayer aisément les indexeurs de `roger` en écrivant par exemple :

```
foreach (string s in roger) Console.WriteLine(s);
```

Pour cela, notre classe `Polygame` doit implémenter l'énumération `IEnumerator` avec ses fonctions `GetEnumerator`, `MoveNext`, `Reset` et la propriété `Current` :

```
class Polygame : IEnumerator
{
 .....                            // comme précédemment
 int index=-1;
 public IEnumerator GetEnumerator() {index = -1; return this;}
 public bool MoveNext() {return ++index<Epouses.Length;}
 public void Reset() {index = -1;}
 public object Current
 {
  get {return Epouses[index];}
 }
}
```

2.12 Object comme classe de base

Même si cela n'apparaît pas explicitement, toutes les classes sont dérivées de la classe `Object` (avec o minuscule ou majuscule, peu importe). Même un type valeur (`int`, `float`, etc., y compris les structures) peut être considéré comme dérivé d'`object`. Il est donc intéressant d'étudier les méthodes de la classe `Object` car ces fonctions s'appliquent à n'importe quelle classe.

Méthodes de la classe Object	
`Object();`	Constructeur.
`bool Equals(object obj);`	Renvoie `true` si l'objet sur lequel s'applique la méthode correspond à la même instance que l'objet `obj` passé en argument.
`Type GetType();`	Renvoie le type d'un objet (voir la classe `Type` ci-après).
`string ToString();`	Renvoie la chaîne correspondant à un objet. `ToString` est une méthode virtuelle qu'il est souhaitable de redéfinir dans toute classe (voir exemple ci-après).

La méthode `ToString` peut être redéfinie dans une classe (ne pas oublier que la classe `Pers` est en fait dérivée d'`object`) :

```
class Pers
{
 string Nom;
 int Age;
 Pers(String Nom, int Age) {this.Nom = Nom; this.Age = Age;}
 public override string ToString(return Nom + " (" + Age + ")";}
}
```

Il devient dès lors possible d'afficher un objet de cette classe en écrivant :

```
Pers p = new Pers("Jim", 36);
Console.WriteLine(p);
```

WriteLine affiche la chaîne de caractères passée en argument. Pour convertir l'objet p en une chaîne de caractères, la fonction ToString (fonction déclarée virtuelle dans la classe de base) est appelée. Sans le qualificatif override, c'est la fonction ToString de la classe Object qui aurait été exécutée (ToString de Object renvoie tout simplement le nom de la classe). Sans la redéfinition de ToString dans Pers, c'est également ToString de Object qui aurait été exécuté.

Dérivons maintenant la classe Français de Pers :

```
class Français : Pers
{
 string Département;
 public Français(string N, int A, string D) : base(N, A)
 {
  Département = D;
 }
 public override string ToString()
 {
  return Nom + " âgé de " + Age + " ans (" + Département + ")";
 }
}
```

Un objet Français peut maintenant être automatiquement converti en la chaîne renvoyée par ToString de la classe Français :

```
Français f = new Français("Charles", 30, "Lot");
Console.WriteLine(f);
```

Sans le qualificatif override ou sans la redéfinition de ToString dans Français, c'est la méthode ToString de Pers qui aurait été exécutée.

2.13 La classe Type

La méthode GetType (de la classe Object, donc de toute classe) appliquée à tout objet renvoie un objet Type qui fournit des informations sur l'objet (ce que l'on appelle les métadonnées) : nom de la classe, s'il s'agit d'un tableau, d'une énumération, etc., et permet de retrouver les méthodes applicables à cet objet (dynamiquement donc, en cours d'exécution de programme).

Présentons les principales propriétés et méthodes de cette classe Type (beaucoup de ces informations n'intéresseront que ceux qui développent des « applications » bien particulières où il faut tout connaître des objets, par exemple les débogueurs). Des exemples sont présentés par la suite.

Classe Type
Type ← MemberInfo ← Object
using System.Reflection;

Propriétés de la classe Type		
BaseType	Type	Type de la classe de base.

FullName	str	Nom complet de la classe, y compris l'espace de noms. Par exemple : `System.Int64` pour un `long`.
IsArray	T/F	Indique s'il s'agit d'un tableau.
IsEnum	T/F	Indique s'il s'agit d'une énumération.
IsPrimitive	T/F	Indique s'il s'agit d'un type valeur (`int`, `double`, etc.).
Name	str	Nom du type (par exemple `Int32` pour un entier, `Double` ou `Single` pour un réel, etc.).
Namespace	str	Nom de l'espace de noms.

Méthodes de la classe Type

`FieldInfo[] GetFields();`	Renvoie un tableau comprenant des informations sur les champs accessibles. Les principales propriétés de `FieldInfo` sont `FieldType` (de type `Type`), `Name` (de type `string`) ainsi que `IsPublic`, `IsPrivate` et `IsStatic` (tous trois de type `bool`).
`FieldInfo GetField(string champ);`	Renvoie des informations sur un champ particulier.
`PropertyInfo[] GetProperties();`	Renvoie un tableau contenant des informations sur les propriétés de l'objet. Les principales propriétés de `PropertyInfo` sont `Name` (de type `string`) et `PropertyType` (de type `Type`).
`PropertyInfo GetProperty(string champ);`	Renvoie des informations sur une propriété particulière.
`MethodInfo[] GetMethods();`	Renvoie un tableau contenant des informations sur les méthodes accessibles. Les principales propriétés de `MethodInfo` sont `Name` (de type `string`) et `ReturnType` (de type `Type`). La méthode `GetParameters` de `MethodInfo` renvoie un tableau de `ParameterInfo` pour chacun des arguments.

`TypeCode GetTypeCode(Type);`	Méthode statique qui renvoie le code d'un type. `CodeType` peut prendre l'une des valeurs suivantes de l'énumération `CodeType` : Boolean, Byte, Char, DateTime, Decimal, Double, Int16, Int32, Int64, Object, SByte, Single, String, UInt16, UInt32 et UInt64.
	
	`int a;`
	`if (Type.GetTypeCode(a.GetType())`
	`        == CodeType.Int32) .....`

Pour afficher les champs accessibles d'un objet `p` (de la classe `Pers`), on écrit :

```
using System.Reflection;
.....
foreach (FieldInfo fi in p.GetType().GetFields())
  Console.WriteLine(fi.Name + " de type " + fi.FieldType.Name);
```

La directive `typeof` renvoie un objet `Type` pour une classe :

```
Type t = typeof(Français);
```

et les propriétés et méthodes de `Type` peuvent maintenant être appliquées à t.

La directive is permet de déterminer si un objet est bien un objet d'une classe :

```
Français f;
.....
if (f is Français) .....
```

2.14 Les attributs

Les attributs permettent d'annoter des classes, des méthodes et des propriétés, mais aussi, même si c'est plus rare, des champs, des arguments, des valeurs de retour ainsi que des événements. Annoter consiste à associer des valeurs à ces éléments, et cela de manière descriptive, sans devoir écrire un code spécial. Ces annotations sont enregistrées dans la DLL de cette classe, parmi les métadonnées qui décrivent cette DLL.

Il faudra néanmoins quelques lignes de code pour qu'un programme utilisateur de cette classe (distribuée sous forme compilée) retrouve ces annotations.

Les attributs sont très utilisés par les auteurs de composants, notamment pour annoter les composants avec des informations dont tirent parti les outils de développement (par exemple, indiquer si telle propriété doit être reprise dans la boîte à outils, dans quelle catégorie, valeurs possibles, etc.).

Certains attributs sont prédéfinis, comme l'attribut Obsolete qui permet d'indiquer, lors de la compilation, que telle classe, telle méthode ou telle propriété ne doivent plus être utilisées. Par compilation, nous entendons ici la compilation du programme utilisateur de la classe. Par exemple :

```
class X
{
 [Obsolete("Ne plus utiliser f1. Utiliser maintenant f2", false)]
  public void f1() { ..... }
  public void f2() { ..... }
      }
```

L'attribut a été ici appliqué à la fonction f1. Le premier argument est un message que le compilateur doit afficher si le programme, quelque part, appelle cette fonction. Avec false en second argument, le compilateur donne un avertissement, sans plus. Avec true en second argument, il en résulte une erreur de compilation.

Prenons un exemple pour illustrer les attributs. Nous allons associer une aide à la classe X développée et distribuée par la société Cie (d'où l'utilisation de l'espace de noms Cie) :

```
namespace Cie
{
 [Aide("Cette classe fait ceci et encore cela")]
 class X
 {
  [Aide("f ne fait pas grand-chose")]
```

```
    public void f() { ..... }
    .....
  }
}
```

Cette classe X, qui n'est pas encore complète, va être distribuée sous forme compilée (généralement une DLL). Le programme utilisateur de la classe pourra retrouver cette aide sur X, comme nous allons bientôt le montrer.

Pour que Aide puisse être attribut, il faut créer dans le même espace de noms une classe dérivée de System.Attribute. La classe en question pourrait s'appeler Aide mais Microsoft recommande de suffixer ce nom de Attribute. Cette classe (Aide ou AideAttribute) doit avoir un constructeur avec un argument de type string (pour spécifier le message d'aide) ainsi qu'une ou plusieurs propriétés. Nous ajoutons tout cela dans l'espace de noms précédent :

```
[AttributeUsage(AttributeTargets.All)]
class AideAttribute : System.Attribute
{
 public string msgAide;
 public AideAttribute(string a) { msgAide = a; }
 public string MsgAide { get {return msgAide; } }
}
```

La directive AttributeUsage indique à quel genre d'élément peut s'appliquer l'attribut : Assembly, Module, Class, Struct, Enum, Constructor, Method, Property, Field, Event, Interface, Parameter, Return, Delegate, All (n'importe quel élément) ou ClassMembers (classe, structure, méthode, propriété mais aussi champ et événement). Un attribut pourrait également s'appliquer à plusieurs éléments :

```
[AttributeUsage(AttributeTargets.Method | AttributeTargets.Property)]
```

Quand il rencontre une directive telle que :

```
[Aide("..... ")]
```

le compilateur (lors de la compilation de la classe) recherche une classe dérivée de System.Attribute et qui s'appelle Aide ou AideAttribute. Dans notre cas, il trouve cette dernière classe et il inspecte ses caractéristiques. Le compilateur vérifie alors si la cible de l'attribut correspond bien à la directive AttributeUsage. Il recherche ensuite un constructeur pour cette classe qui accepte un argument de type string. Plusieurs arguments de n'importe quel type pourraient être spécifiés, ce qui correspondrait à autant de manières d'utiliser l'attribut Aide.

Les valeurs associées aux attributs sont alors stockées dans le fichier DLL résultant de la compilation de la classe. Elles sont stockées dans la partie métadonnées de ce fichier, informations qui décrivent complètement cette DLL.

Passons maintenant côté utilisateur de la DLL. Le programme utilisateur doit ajouter une référence à Cie.dll.

Le programme utilisateur de la classe retrouve les valeurs des attributs en appelant des méthodes de la classe `Type` (`typeof` renvoie un objet de la classe `Type`) :

```
using System.Reflection;
.....
// retrouver l'aide correspondant à la classe X de Cie
object[] ta = typeof(Cie.X).GetCustomAttributes(true);
Cie.AideAttribute attr = ta[0] as Cie.AideAttribute;
string msg = attr.MsgAide;
```

`GetCustomAttributes` renvoie un tableau d'attributs pour la classe (plusieurs attributs pourraient en effet être associés à un élément). Nous savons que, dans notre cas, il n'y en a qu'un seul. L'argument indique s'il faut, éventuellement, remonter la hiérarchie de la classe pour trouver l'information. Par mesure de précaution, il serait prudent de n'exécuter les deux dernières instructions que si `to.Length` vaut au moins un.

Montrons maintenant comment retrouver l'aide relative à la fonction f. Nous vérifions si un attribut a été effectivement associé à ce champ et accédons aux valeurs des attributs :

```
if (tabAtt.Length != 0)MethodInfo mi = typeof(Cie.X).GetMethod("f");
object[] to = mi.GetCustomAttributes(true);
Cie.AideAttribute attr = to[0] as Cie.AideAttribute;
string msg = attr.MsgAide;
```

Quand une classe d'attribut contient des propriétés, les arguments de la directive d'attribut (`Aide` dans notre cas) peuvent être passés par nom. Ainsi (ici deux propriétés, `MsgAide` et `Niveau`, qui indiqueraient par exemple la version de la classe) :

```
[Aide(MsgAide="Classe qui fait ceci", Niveau="1.2")]
```

Les arguments passés par nom (ici deux arguments passés par nom, `MsgAide` et `Niveau`, mais peu importe leur ordre d'apparition) doivent être passés après les arguments sans nom. Le compilateur détecte en effet d'abord les arguments sans nom, qui doivent se trouver au début des arguments. Il recherche alors un constructeur présentant ces arguments sans nom. Dans le cas de la ligne précédente, il faudrait donc un constructeur sans argument puisque nous n'avons pas d'argument fixe. Le compilateur recherche ensuite des arguments passés par nom, ce nom devant correspondre à une propriété de la classe.

Les données qui sont préservées parmi les métadonnées dans le fichier `DLL` créé par le compilateur ne peuvent pas être de n'importe quel type. Les types autorisés sont :

- `bool`, `byte`, `char`, `short`, `int`, `long`, `float`, `double` et `string` ;
- `object` ;
- `enum` avec accessibilité publique ;
- tableau limité à une seule dimension et aux types précédents.

2.15 Les classes partielles

C# version 2 a introduit les classes partielles, permettant ainsi de répartir une classe sur plusieurs fichiers. Visual Studio (VS) et Visual C# Express sont de grands consommateurs de classes partielles. Pour la classe de la fenêtre du programme (classe `Form1` par défaut, dérivée de `Form`), deux fichiers sont créés :

- `Form1.Designer.cs` pour le fichier créé et maintenu par VS (ne modifiez pas ce fichier car il est automatiquement mis à jour par VS à la suite de chaque modification dans le concepteur de formes) :

```
partial class Form1
{
.....
```

- `Form1.cs` dans lequel vous écrivez votre propre code :

```
public partial class Form1 : Form
{
.....
```

Le mot-clé `partial` peut également être appliqué aux structures.

2.16 Les génériques

2.16.1 Principes généraux des génériques

En C# version 2, classes, structures, interfaces et fonctions peuvent être paramétrées. Autrement dit, elles peuvent recevoir en arguments ou contenir en champs membres des objets de classes qui ne seront connues qu'au moment d'instancier un objet de la classe ou d'appeler la fonction. On parle dans ce cas de classes ou de fonctions génériques. L'exemple classique est la pile d'objets `X`, où le type `X` n'est pas connu au moment d'écrire et de compiler la classe. Ce type n'est spécifié qu'au moment de créer l'objet pile : `int`, `string`, `DateTime` ou n'importe quelle autre classe selon le type de pile à créer.

Les programmeurs C++ retrouvent, dans les génériques du C#, les classes patrons, plus connues sous le nom anglais de classes *templates* (pour lesquelles un code énorme doit être injecté dans le programme). À la différence du C++, les mécanismes de base des classes et fonctions génériques sont implémentés dans le framework .NET (version 2), ce qui rend ce mécanisme automatiquement disponible pour les autres langages .NET (VB.NET version 2, en particulier, implémente les génériques). La syntaxe des classes et fonctions génériques est évidemment propre à chaque langage.

2.16.2 Implémentation d'une pile sans recours aux génériques

Avant de présenter les génériques, rappelons comment on créait (et peut encore créer) une classe de `X` sans y recourir.

Prenons l'exemple classique de la pile (dernier entré, premier sorti) de X où X désigne un type inconnu au moment d'écrire cette classe Pile. Il y avait déjà moyen, avec les versions précédentes de .NET (VS.NET 2002 et 2003), d'implémenter une classe Pile indépendante du type d'objets déposés sur la pile. Mais cette implémentation est loin d'être optimale et peut même poser problème (lors de l'exécution) en cas d'erreur de programmation. Cette implémentation est fondée sur le fait que la classe Object est une classe de base pour toute classe et que, dès lors, tout objet d'une classe est également un objet de la classe Object.

Implémentation, sans recours aux génériques, d'une pile de X

```
public class Pile
{
  object[] items;           // tableau contenant les objets de la pile
  int count;                // nombre d'objets sur la pile
  public void Push(object item) {.....}    // déposer un objet
  public object Pop() {.....}              // retirer l'objet de tête
  public Pile() {.....}
}
```

Pour ne pas alourdir inutilement l'exposé (et parce que la solution aux deux problèmes n'a rien à voir avec les génériques), nous avons laissé en suspens deux problèmes importants :

• Push doit pouvoir signaler que la pile est pleine et que l'opération d'ajout a dès lors échoué.

• Pop doit pouvoir signaler que la pile est vide et que la valeur renvoyée ne fait dès lors pas référence à un objet de la pile.

Une pile d'entiers est créée et manipulée par :

```
Pile pi = new Pile();
pi.Push(10);              // dépôt sur la pile
int n = (int)pi.Pop();    // extraction de la pile
```

Une pile d'objets de type Client (classe évidemment définie quelque part dans le programme) est créée et manipulée par :

```
Pile pc = new Pile();
pc.Push(new Client(...));   // dépôt sur la pile
Client c = (Client)pc.Pop();  // extraction de la pile
```

Cette implémentation souffre malheureusement de deux problèmes :

• Comme Push accepte en argument un object et que Pop renvoie un Object, un transty-page est nécessaire et cette opération peut s'avérer coûteuse quand il s'agit de convertir :

  – une valeur (int, double, etc., mais pas string et les véritables objets) en un object lors du Push (puisqu'une opération dite de boxing est à chaque fois nécessaire) ;

  – un object en une valeur suite à un Pop (opération dite d'unboxing).

- Dans le cas d'une pile d'entiers, un dépôt par `Push("xyz")` serait accepté tant par le compilateur qu'à l'exécution, mais une extraction par `(int)Pop()` provoquerait une erreur d'exécution.

L'introduction des génériques ne relègue cependant pas aux oubliettes une telle implémentation de la pile : elle permet de créer une pile d'objets de différents types (`Push` d'un `string` suivi par exemple du `Push` d'un `Client`). Dans ce cas, il y a lieu de tester le véritable type de l'`object` renvoyé par `Pop` avant de convertir cet `object` en un autre type :

```
object o = pile.Pop();
if (o is Client) .....
```

2.16.3 Implémentation d'une pile avec les génériques

Passons maintenant à l'implémentation, grâce aux génériques, d'une pile d'objets d'une classe X. Le type X n'est pas connu au moment d'écrire et de compiler la classe. Il ne sera spécifié qu'au moment d'instancier la pile.

Implémentation, avec recours aux génériques, d'une pile de X

```
public class Pile<X>
{
 X[] items;
 int count;
 public Pile() {.....}
 public void Push(X item) {......}
 public X Pop() {.....}
}
```

Le nom de la classe (`Pile`) suivi de `<X>` indique que la classe est paramétrée, c'est-à-dire qu'il va être question d'une classe X en champ membre ou en argument d'une fonction mais que le type réel qui sera substitué à X ne sera connu qu'au moment d'instancier la pile. Le concepteur de la pile générique a donc conçu une classe très générale et ignore l'usage qui en sera fait (véritable type de X) par l'utilisateur (un autre programmeur).

Ce type X est donc spécifié au moment de créer la pile, ici une pile d'entiers :

```
Pile<int> pi = new Pile<int>();
pi.Push(10);                    // dépôt sur la pile
int n = pi.Pop();               // extraction de la pile
```

Aucun transtypage n'est maintenant nécessaire car `Pop` renvoie un objet de type X, donc ici un `int`. De même, l'argument de `Push` ne doit plus être converti en un `object`, cette opération de boxing (voir la section 3.5) étant coûteuse. D'où un gain de performance (que l'on peut évaluer du simple au double) par rapport à la version du programme fondée sur le type `object` dans le cas d'une pile de valeurs (`int`, `double`, etc.). En effet, on évite ainsi la coûteuse opération de boxing. Cette spectaculaire amélioration dans les performances n'existe cependant plus dans le cas d'une pile de véritables objets.

Autre avantage des génériques : une erreur est signalée dès la compilation si l'on écrit (cas d'une pile d'entiers et ze désignant une zone d'édition de type TextBox) :

```
pi.Push(ze.Text);
```

car ze.Text est de type string. Dans la version fondée sur le type object, il se serait agi d'une erreur d'exécution avec généralement (sauf en cas d'interception explicite des erreurs) plantage du programme. Il est dès lors incontestable que les génériques contribuent à l'amélioration de la fiabilité des programmes.

Une pile d'objets Client serait créée de la même manière :

```
Pile<Client> pc = new Pile<Client>();
pc.Push(new Client(...));          // dépôt sur la pile
Client c = pc.Pop();               // extraction de la pile
```

Notre classe générique Pile peut être compilée et distribuée sous forme de code IL (généralement dans une DLL). Le code source de notre classe Pile n'est pas nécessaire au moment de créer une instance de la pile (n'est alors nécessaire dans le projet qu'une référence à la DLL). Au moment d'instancier un objet d'une classe générique avec un type valeur (int, double, etc.) comme type de substitution, le run-time .NET compile la classe de code IL (code généré par le compilateur) en code natif. Ce code natif sera directement réutilisé lors de l'instanciation d'un autre objet de cette classe générique, à condition qu'il utilise le même type valeur. Lorsque la substitution porte sur un type référence (notre classe Client par exemple), la classe générique est compilée une seule fois en code natif (lors de la première instanciation) et ce code natif est réutilisé par la suite, quel que soit le type de substitution, à condition qu'il soit de type référence (et donc quelle que soit la classe qui remplace X).

Une classe générique peut dépendre de plusieurs paramètres. Prenons l'exemple d'une classe Répertoire avec un type K générique pour la clé d'accès (nom ou numéro de code par exemple) et un type V tout aussi générique pour la valeur (toute une série d'informations sur un produit ou une personne, généralement regroupées dans une classe ou une structure). La classe générique est ici indexée sur la clé :

```
public class Répertoire<K, V>
{
 .....
 public void Ajouter(K clé, V value) {.....}
 public V this[K key] {.....}                // indexeur
}
```

Un répertoire de clients est dès lors créé et manipulé comme suit (c étant de type Client et c.CodeClient de type int) :

```
Répertoire<int, Client> rep = new Répertoire<int, Client>();
rep.Ajouter(c.CodeClient, c);
.....
Client cl = rep[1234];
```

Une classe générique peut incorporer des classes et des structures qui contiennent des champs de ces types génériques :

```
public class Répertoire<K, V>
{
 struct CléIndice  {
  public K clé;                    // champ générique dans la structure imbriquée
  public int indice;
 }
 CléIndice[] tabClés;
 V[] tabValeurs;                   // champ générique de la classe
 .....
}
```

Enfin, une classe générique peut dériver :

- d'une classe non générique (par exemple : class B<X> : A) ;

- d'une classe générique avec spécification d'un type précis (class B<X> : A<int>) ;

- d'une classe générique, en gardant la généricité (class B<X> : A<X>).

2.16.4 Contraintes appliquées aux classes génériques

Les contraintes permettent de spécifier quelles interfaces doivent implémenter une classe susceptible d'être substituée à une classe générique. Reprenons l'exemple de notre classe Répertoire pour montrer l'intérêt des contraintes :

```
public class Répertoire<K, V>
{
 .....
 public void Ajouter(K clé, V value)
 {
  .....
  if (clé < autreClé) .....
 }
}
```

L'examen de la fonction Ajouter montre que la classe se substituant à K doit permettre les comparaisons (l'opérateur < doit être significatif pour cette classe). Une manière de le spécifier est d'exiger que cette classe implémente l'interface IComparable (cette interface reprend la fonction CompareTo qui compare l'objet sur lequel on travaille avec celui qui est passé en argument, CompareTo renvoyant une valeur nulle, positive ou négative selon le résultat de la comparaison) :

```
public class Répertoire<K, V> where K:IComparable
{
 .....    public void Ajouter(K clé, V value)   {
  .....
  if (clé.CompareTo(autreClé) > 0) .....
  }
```

La clause where permet donc de spécifier des contraintes. Sans la contrainte sur K, il aurait été possible d'instancier un objet Répertoire avec, comme classe de substitution de K, une classe ne permettant pas la comparaison de deux objets (autrement dit, une classe dans laquelle CompareTo n'aurait pas été redéfini, ce qui est le cas de la plupart des classes). La suite est bien connue : erreur grave lors de l'exécution de l'instruction de comparaison.

Plusieurs contraintes peuvent être spécifiées :

```
public class Répertoire<K, V>
  where K:IComparable, IPers1
  where V : new()
{
  .....
```

La classe se substituant à K doit implémenter l'interface IComparable ainsi que l'interface IPers1 définie dans le programme. Celle qui se substitue à V doit présenter un constructeur sans argument. Il est également possible de spécifier :

- struct pour contraindre un type valeur (int, double, etc. mais pas string) ;
- class pour contraindre un type référence (string et n'importe quelles autres classes).

2.16.5 Les fonctions génériques

Une fonction peut également être générique. Le type d'un ou de plusieurs arguments ainsi que le type retourné peuvent être laissés indéterminés jusqu'au moment de l'instanciation. Par exemple :

```
void PushPlusieurs<T>(Pile<T> pile, params T[] elems) {
  foreach (T elem in elems) pile.Push(elem);
}
```

La fonction PushPlusieurs est ainsi appelée :

```
Pile<int> pi = new Pile<int>;
PushPlusieurs<int>(pi, 1, 2, 3, 4);
```

Et dans le cas d'une pile de chaînes de caractères :

```
Pile<string> ps = new Pile<string>;
PushPlusieurs<string>(ps, "un", "deux");
```

2.16.6 Simplifier l'écriture des programmes

Pour simplifier l'écriture du programme lors de l'utilisation de classes génériques, il est possible de placer une directive using. Celle-ci doit se trouver à l'intérieur du namespace et non en en-tête du programme (celui faisant usage de la classe générique) car Pile, déclaré dans l'un des espaces de noms du programme, doit être connu. Par exemple :

```
using PileInt = Pile<int>;
```

ce qui permet d'instancier un objet de la classe générique par :

```
PileInt pi = new PileInt();
```

Dans le cas de fonctions génériques, le type générique peut être automatiquement déduit par le compilateur. Si la fonction générique est :

```
Push<T>(T it) { ..... }
```

cette fonction `Push` peut être appelée par :

```
Push<int>(5);
```

Mais aussi, plus simplement, par (le type `T` étant automatiquement déduit du type de l'argument, ici 5 de type `int`) :

```
Push(5);
```

Il sera encore question des classes génériques (avec les classes génériques préfabriquées) à la section 4.2 consacrée aux collections génériques.

2.17 Le type Nullable

C# version 2 a introduit les types nullables (*nullable types* en anglais) pour répondre à la question suivante : comment signaler qu'un contenu de variable ne correspond à rien ? Autrement dit, que ce contenu n'a pas été explicitement initialisé, volontairement (parce que l'utilisateur n'a pas rempli le champ correspondant) ou non. Ce concept est bien connu et est largement utilisé depuis de nombreuses années dans le domaine des bases de données (contrainte signalant qu'un champ de table peut avoir une valeur nulle).

Dans le cas d'objets, c'est simple : on lui donne la valeur nulle (mot réservé `null` dans la référence).

Mais pour les types valeurs (`int`, `float`, etc. ainsi que les structures), la réponse est plus compliquée. Des palliatifs ont certes été imaginés par les développeurs. Par exemple, en donnant une valeur négative pour un âge, ou une valeur hors limites pour une température ou une note d'étudiant. Mais ce n'est pas toujours possible : un `bool` n'accepte que deux valeurs, `true` et `false`. Comment indiquer que le booléen n'est ni à `true` ni à `false`, et que son contenu est (encore) indéterminé ? Une solution consiste à associer une autre variable à cette variable, mais tout cela rend la programmation inutilement complexe. Une autre solution serait de créer une structure incorporant un booléen, indiquant contenu valide ou non, et la valeur (c'est d'ailleurs un peu la solution adoptée par C# version 2).

Pour répondre à ce besoin, C# version 2 a introduit le type générique `Nullable<T>` (il s'agit plus précisément d'une structure générique), qui fait partie de l'espace de noms `System`. Une variable de type `Nullable<T>` contient une valeur (en lecture seule et de type `T`) mais aussi la propriété `HasValue`, également en lecture seule, de type `bool` et à la signification évidente.

On peut créer une telle variable (ici un `int` nullable) en écrivant (mais une autre forme, plus simple, est possible et présentée par la suite) :

```
Nullable<int> i1=1;
Nullable<int> i2=null;
Nullable<int> i3;
```

i1 est de type `Nullable<int>`, avec `HasValue` qui vaut `true` et `Value` qui vaut 1.

i2 est de type `Nullable<int>`, avec `HasValue` qui vaut `false`.

i3, comme toute variable, ne pourra être utilisée qu'après initialisation à une valeur entière ou à `null` (sinon le compilateur détecte l'utilisation d'une variable non assignée). Déclarer i3 sans l'initialiser n'a pas pour effet d'initialiser sa propriété `HasValue` à `false` ! La propriété `HasValue` de i3 ne pourra donc être lue qu'après initialisation de i3.

Cette syntaxe étant assez lourde, on peut écrire de manière tout à fait équivalente :

```
int? i1=1;
int? i2=null;
int? i3;
```

Quelles opérations peut-on effectuer sur ces variables ? Considérons les variables suivantes :

```
int i=1, j=2;
int? ni=10, nj=null;
```

`ni = i;`	Correct. `ni.HasValue` passe à `true` et `ni.Value` au contenu de i.
`i = ni;`	Erreur de syntaxe ! Pas de conversion automatique d'un type complexe en un type simple. Un transtypage (*casting*) est nécessaire.
`i = (int)ni;`	Correct parce que `ni` contient une valeur. i prend la valeur 10.
`i = (int)nj;`	Pas d'erreur à la compilation (le compilateur ne peut pas présumer que `nj` est toujours `null`) mais une exception est générée lors de l'exécution. Pour éviter l'erreur : `if (nj.HasValue) i = (int)nj;`
`ni = i;`	Correct. `ni` prend la valeur 1 (avec `HasValue` qui vaut `true`).
`i == ni`	Correct. Il y a égalité si la propriété `HasValue` vaut `true` et si les valeurs de i et de `i.Value` sont les mêmes. Il y a inégalité si la propriété `HasValue` de `ni` vaut `false`.
`ni == nj`	Correct. Il y a inégalité si l'un des opérandes seulement a sa propriété `HasValue` à `false`. Il y a égalité s'ils ont tous deux leur propriété `HasValue` à `false`.
`ni == null`	Correct. Il y a égalité si `ni` a sa propriété `HasValue` à `false`.
`i == null`	Le compilateur accepte mais le test donnera toujours faux comme résultat.
`j = i + ni;`	Erreur de syntaxe : `ni` doit d'abord être transtypé en un `int`.
`j = i + (int)ni;`	Correct à condition que `ni` soit différent de `null`. Sinon, une exception est générée lors de l'exécution.
`j = i + ni.Value;`	Même chose.
`ni++;`	Même chose.
`ni.Value = 8;`	Erreur de compilation car `Value` est en lecture seule.

`ni.Value++;`	Même chose. De plus, `Value` est une propriété et non un champ membre de la classe.
`ni = null;`	`ni.HasValue` passe à `false` et `ni.Value` devient inaccessible.
`bool? nb = null;`	Bien que `nb` ne soit pas égal à `false`, le test donne `false` comme résultat. Il faut que
`if (nb) .....`	`nb` ait son `HasValue` et sa valeur à `true` pour que la condition donne vrai comme résultat.

Bien que les types nullables soient également applicables aux structures et aux énumérations, il est déconseillé de le faire. Il est, en effet, plus simple d'ajouter un champ membre à la structure ou une valeur à l'énumération pour signaler une valeur indéfinie.

Prenons d'abord l'exemple d'une structure afin d'illustrer le problème :

```
struct S
{
 public int a;
 public int b;
}
.....
S s1;
S? ns=null;
s.a = 10;          // OK
ns.a = 10;         // erreur de compilation
```

Le compilateur considère que le champ `a` n'existe pas dans la structure `S`.

Dans le cas d'énumérations, le sélecteur doit porter sur `p.Value` (au lieu de `p`). Mais `p.Value` est inaccessible si `p` vaut `null`. Un test supplémentaire, préalable au `switch`, est donc nécessaire :

```
enum Sexe { H, F };
.....
Sexe? p = Sexe.H;
switch (p.Value)
{
 case Sexe.H: Text = "H"; break;
 case Sexe.F: Text = "F"; break;
}
```

Programmes d'accompagnement

Les programmes `Ex1.cs` à `Ex8.cs` **de ce chapitre.**

3

Classes non visuelles

Dans ce chapitre, nous allons passer en revue des classes utiles à la plupart des programmes mais qui n'interviennent en rien dans la présentation du programme à l'écran (contrairement aux classes de boutons, de boîtes de liste, etc.) :

- classes mathématiques ;
- classes de chaînes de caractères et le traitement d'expressions régulières ;
- opérations sur dates ;
- classes associées aux types valeurs ;
- classes de tableau ;
- classes de points et de rectangles.

Les classes conteneurs (avec tableaux dynamiques, listes chaînées, etc.) sont étudiées au chapitre 4.

3.1 Bibliothèque de fonctions mathématiques

3.1.1 La classe Math

Toute une série de fonctions mathématiques sont regroupées dans la classe `Math` de l'espace de noms `System`. Cette classe `Math` contient notamment :

- la définition de deux constantes, toutes deux de type `double` : `Math.E` pour la valeur du nombre népérien (2.718...) et `Math.PI` pour la valeur du nombre P (3.1415...) ;
- des fonctions de calcul mathématique : calcul de puissance, fonctions trigonométriques, etc.

Les constantes et fonctions de cette classe sont qualifiées de static, ce qui permet de les utiliser sans devoir créer un objet Math.

Classe Math	
Math ← Object	
using System;	

double
Pow(double a,
   double b);
	Renvoie a élevé à la puissance b :
	`double d = Math.Pow(2, 3); // d vaut 8`
	`d = Math.Pow(2.1, 3.2);    // d vaut 10.7424`
	`d = Math.Pow(2, -2);      // d vaut 0.25`

double Sqrt(double a);	Renvoie la racine carrée de a, supposé positif ou nul. Sinon, la valeur NaN (*Not a Number*) est renvoyée (voir la classe Double à la section 3.5 mais aussi l'exemple ci-après pour la détection de cette « valeur » spéciale).
double Exp(double a);	Renvoie le nombre népérien e (de valeur 2.718...) élevé à la puissance a.
double Log(double a);	Renvoie le logarithme népérien de a, supposé positif.
double Log10(double a);	Renvoie le logarithme de a, supposé positif.

double Ceiling(double a);	Renvoie (même si c'est sous la forme d'un double) le plus petit entier supérieur ou égal à a. En anglais, *ceiling* veut dire plafond.
	`Math.Ceiling(12.9)      vaut        13`
	`Math.Ceiling(-12.9)     vaut       -12`

double
Floor(double a);
	Renvoie le plus grand entier inférieur ou égal à a. En anglais, *floor* veut dire plancher.
	`Math.Floor(12.9)        vaut        12`
	`Math.Floor(-12.9)       vaut       -13`

double Round(double a);	Renvoie l'arrondi du nombre réel passé en argument. L'argument peut également être de type decimal, la valeur renvoyée étant alors de type decimal même s'il s'agit en fait d'un entier. `Math.Round` de 3.9, 4.4 et 4.5 valent tous trois 4. `Math.Round` de -3.9, -4.4 et -4.5 valent tous trois -4. Pour un arrondi vers le haut (1.1 étant par exemple arrondi à 2), ajoutez systématiquement 0.5 à l'argument.
double Round(double, int);	Le second argument indique le nombre de décimales à retenir pour l'arrondi : `Math.Round(1.23456, 2)` vaut 1.23
decimal Round(decimal, int);	Même chose pour des valeurs de type decimal.
int Abs(int a);	Renvoie la valeur absolue d'un int. `Math.Abs(4)` et `Math.Abs(-4)` valent tous deux 4. On trouve des formes semblables de Abs pour les types long, float, double et decimal.

`int Max(int a, int b);`	Renvoie le plus grand des deux arguments. On trouve des formes semblables de Max pour les types `long`, `float` et `double`.
`int Min(int a, int b);`	Renvoie le plus petit des deux arguments. On trouve des formes semblables de Min pour les types `long`, `float` et `double`.
`double Sin(double a)`	Renvoie le sinus de l'argument, exprimé en radians. Rappelons que 360 degrés sont équivalents à 2*PI radians.
`double Cos(double a);`	Renvoie le cosinus.
`double Tan(double a);`	Renvoie la tangente.
`double Asin(double a);`	Renvoie l'arc sinus.
`double Acos(double a);`	Renvoie l'arc cosinus.
`double Atan(double a);`	Renvoie l'arc tangente de l'argument, exprimé en radians.

En cas d'erreur, par exemple si vous réclamez la racine carrée d'un nombre négatif, la valeur renvoyée signale l'erreur (utilisation ici de la fonction statique IsNaN, *Is Not a Number*, de la classe `Double`) :

```
double d = Math.Sqrt(-10);
if (Double.IsNaN(d)) .....        // détection de l'erreur
```

Pour calculer 3 élevé à la puissance 2 (ce qui doit donner 9 comme résultat), on écrit :

```
double c = Math.Pow(3, 2);
```

Les arguments de `Pow` sont automatiquement transformés en `double` car une conversion `int` vers `double` ne pose aucun problème (puisque toutes les valeurs d'un `int` peuvent être codées dans un `double` sans perte de précision). En revanche, la réponse, de type `double`, ne peut pas être copiée aussi simplement dans un `int`. Un *casting* peut néanmoins résoudre le problème si vous êtes certain que la réponse se situe dans les limites d'un `int` et si vous acceptez d'arrondir ce résultat (dans le cas où l'un des deux arguments au moins est un réel) :

```
int c = (int)Math.Pow(3,2);
```

La fonction `Floor` (plancher) renvoie toujours une valeur de type `double`. La fonction `Round` de la classe `Math` renvoie un `double` ou un `decimal` selon le type de l'argument.

Si vous travaillez avec des variables de type `decimal`, vous pouvez également utiliser les fonctions statiques `Round`, `Floor` et `Remainder` (reste de la division) de la classe `Decimal` :

```
decimal Decimal.Remainder(decimal d1, decimal d2);
decimal Decimal.Round(decimal d, int NbDécimales);
decimal Floor(decimal);
```

Par exemple :

```
decimal d = Decimal.Round(1.23456m, 2) donne 1,23 comme résultat
Decimal.Round(1.2356m, 2) vaut 1,24
Decimal.Round(1.235m, 2) vaut 1,24
```

3.1.2 La classe Random

La classe Random contient les fonctions nécessaires à la génération de nombres aléatoires.

Classe Random	
Random ← Object	
using System;	
Random();	Constructeur de la classe. La date et l'heure sont utilisées pour la création d'une valeur de base (*seed* en anglais) dans la génération de nombres aléatoires.
Random(int);	Même chose mais vous spécifiez la valeur de base (voir ci-dessous).
int Next();	Renvoie un nombre aléatoire compris entre zéro (y compris) et la limite supérieure d'un int. Des appels successifs de Next donnent des nombres aléatoires différents.
int Next(int);	Renvoie un nombre plus grand ou égal à zéro et inférieur à l'argument.
int Next(int minVal, int maxVal);	Renvoie un nombre aléatoire supérieur ou égal à minVal et inférieur à maxVal.
double NextDouble();	Renvoie un nombre réel (de type double) aléatoire compris entre 0 et 1.0 (y compris 0 mais non compris 1.0).

Pour générer dix nombres aléatoires entiers compris entre 0 et 20 (inclus), on écrit :

```
Random rndm = new Random();
for (int i=0; i<10; i++) n = rndm.Next(21);
```

Pour générer un nombre aléatoire compris entre 1 et 7 (inclus ces deux valeurs) :

```
n = rndm.Next(1, 8);
```

Pour générer cent nombres aléatoires réels compris entre 0 et 10 inclus et limités à une décimale, on écrit :

```
Random rndm = new Random();
for (int i=0; i<100; i++)
{
  int n = rndm.Next() % 101;
  double d = n/10.0;          // utiliser d comme nombre aléatoire
}
```

Une séquence {Random() suivi d'un ou plusieurs Next} génère une suite de nombres au hasard. Une autre exécution de cette séquence donnerait une autre suite de nombres aléatoires.

Les choses se passent différemment si l'on passe un argument au constructeur de Random. Cette valeur (*seed* en anglais) sert à réinitialiser le générateur de nombres aléatoires. Ainsi, exécuter plusieurs fois la séquence {Random(10) suivi d'un ou plusieurs Next} générera toujours la même suite de nombres aléatoires. En l'absence d'argument, le constructeur de Random prend l'heure (au moment d'exécuter l'instruction) comme *seed*. Les suites de nombres aléatoires sont ainsi différentes.

Un problème peut cependant se poser si l'on exécute (en vue de générer deux séquences de nombres aléatoires) :

```
Random r1, r2;
r1 = new Random(); r2 = new Random();
```

Comme les deux dernières instructions sont rapprochées, la même valeur de *seed* va être utilisée pour r1 et r2. Ainsi, les deux suites de nombres aléatoires générées à partir de r1 et de r2 seront les mêmes.

Une solution consiste à écrire :

```
r1 = new Random(unchecked((int)DateTime.Now.Ticks));
r2 = new Random(~unchecked((int)DateTime.Now.Ticks));
```

Les nombres aléatoires générés par Next ou NextDouble appliqués à r1 et r2 seront maintenant différents (grâce à l'opérateur ~ d'inversion de bits qui donnera deux valeurs de base différentes).

3.2 La classe de traitement de chaînes

En C/C++, les chaînes de caractères sont des tableaux de caractères, avec tous les problèmes que cela pose : aucune vérification de dépassement de capacité par les fonctions strcpy, strcat, etc.

Autre différence : en C/C++, un caractère de valeur zéro (huit bits à zéro) marque la fin de la chaîne et cette technique est propre au C/C++ (les autres langages pratiquent différemment, chacun ayant sa propre technique). Il en va autrement pour les différents langages de l'architecture .NET puisqu'il y a unicité de la représentation des données.

En C#, les chaînes de caractères sont des objets de type string, c'est-à-dire de la classe String. string et System.String sont synonymes. En C#, vous ne devez pas vous préoccuper des marques de fin de chaîne (il s'agit là de cuisine interne à la classe String) : une chaîne de caractères est un objet string et vous devez utiliser les méthodes de cette classe pour manipuler les chaînes de caractères. Il n'est cependant pas indispensable de créer un objet string par new, même si cela est possible (huit constructeurs pour la classe String).

En écrivant :

```
string s = "Hello";
```

un objet s (de la classe System.String) est créé, et une zone de cinq caractères (chacun codé sur 16 bits) est allouée en dehors de la référence. Le pointeur contenu dans la référence s pointe sur cette zone contenant les cinq caractères (le contenu de s indique où se trouve la chaîne Hello en mémoire). s et Hello sont alloués dans des zones distinctes : s sur la pile et Hello sur le *heap*.

Les chaînes de caractères, parce qu'elles sont des objets de la classe String, ne présentent pas les inconvénients des chaînes de caractères du C/C++ : avec la classe string du C#, vous pouvez ajouter des caractères (opérateur +) sans risquer de dépasser la taille de la chaîne car cette dernière s'adapte automatiquement aux insertions et concaténations (nous reviendrons bientôt sur cette notion d'ajout de caractères). Les fonctions qui redéfinissent ces opérateurs + et += allouent alors une zone mémoire de taille suffisante, copient le contenu de l'ancienne zone dans la nouvelle et libèrent l'ancienne.

Si l'on exécute :

```
string s = "Bon";
s += "jour";
```

un objet s est d'abord créé et son contenu pointe sur une zone de trois caractères. Pour exécuter la seconde instruction, une nouvelle zone de sept caractères est auparavant allouée. Bon y est copié, puis jour. Le contenu de s est alors mis à jour et pointe sur cette nouvelle zone de sept caractères (plus quelques caractères de contrôle).

Comme toute méthode de toute classe, les méthodes de la classe String opèrent sur un objet (de type String ou string évidemment) mais aucune de ces méthodes ne modifie l'objet String lui-même. Elles renvoient toujours un autre objet String. Pour cette raison, on dit qu'un objet string est immuable : il n'est jamais directement modifié, on passe toujours par une copie. Si cela s'avère trop peu performant, utilisez plutôt la classe StringBuilder présentée plus loin dans ce chapitre.

Chaque caractère d'une chaîne string est codé sur 16 bits, conformément à la représentation Unicode.

Le compilateur C# transforme automatiquement les chaînes de caractères (par exemple "Bonjour") en objets string.

Bien qu'il s'agisse de véritables objets (avec référence et zone pointée), les variables de type string sont traitées comme des variables de type valeur (entiers, doubles, structures, etc.). L'opérateur = effectue dès lors une véritable copie de la chaîne :

```
string s1 = "ABC";
string s2;
s2 = s1;
s1 = "XYZ";
```

s1 pointe sur une zone de mémoire contenant ABC. Lors de l'opération s2 = s1, c'est une véritable copie de la zone pointée par s1 qui est effectuée dans la zone pointée par s2. s1 et s2 contiennent alors tous deux ABC mais il s'agit de zones distinctes de la mémoire. Modifier s1 n'a aucune influence sur s2.

Il ne faut pas confondre la copie précédente avec :

```
int[] t1 = {10, 20, 30};
int[] t2;
t2 = t1;                    // t2 pointe maintenant sur la même zone que t1
t1[1] = 100;
```

car ici t1 et t2 font référence à la même zone de mémoire (t2 contient 10, 100 et 30, exactement comme t1). En modifiant l'une des cellules de t1, on modifie la cellule correspondante dans t2, puisqu'il s'agit de la même chose. À la section 3.6, consacrée à la classe Array, nous verrons comment effectuer une véritable copie de tableau.

Revenons aux chaînes de caractères. Les opérateurs == et != (mais non <, <=, etc.) permettent de comparer deux chaînes (== et != comparent les contenus de chaînes, ce qui n'est pas vrai pour les tableaux et les objets où ce sont uniquement les références qui sont comparées) :

```
string s1="Bonjour", s2="Hello";
if (s1 == s2) .....          // les deux chaînes ont-elles les mêmes contenus ?
if (s1 == "Bonjour") .....   // la chaîne contient-elle Bonjour ?
```

Les opérateurs == et != appellent en fait la méthode Equals de la classe String.

L'opérateur [] permet d'extraire un caractère de la chaîne mais n'agit qu'en lecture :

```
string s="Bonjour";
char c = s[0];               // Correct. c contient 'B'
s[0] = 'X';                  // !!!! erreur de syntaxe !!!!
```

La dernière instruction constitue une erreur car un objet string n'est pas directement modifiable. Nous montrerons plus loin comment résoudre le problème avec la classe StringBuilder.

Les opérateurs + et += peuvent être appliqués à des objets string :

```
string s, s1 = "Bon", s2="jour";
s = s1 + s2;
s += " Monsieur";            // Bonjour Monsieur dans s
```

Un caractère (un seul car 'X' est de type char) peut être ajouté à la chaîne en écrivant (le char étant automatiquement converti en une chaîne d'un seul caractère) :

```
s += 'X';
```

Voyons maintenant les différentes propriétés et méthodes de la classe String. Elles permettent :

- de déterminer la taille d'une chaîne (propriété Length) ;
- d'extraire un ou plusieurs caractères ;
- de comparer des chaînes ;
- de détecter la présence d'une séquence dans une chaîne.

Classe String		
String ← Object		
using System;		
Propriété de la classe String		
Length	int	Renvoie le nombre de caractères contenus dans la chaîne : string s = "Salut"; int lg = s.Length; lg contient maintenant 5.

Méthodes de la classe String

`int`
`Compare(string s1,`
`        string s2);`
	Méthode statique qui compare les chaînes s1 et s2. Compare tient correctement compte du poids de nos lettres accentuées. Compare renvoie 0 si les deux chaînes contiennent rigoureusement les mêmes caractères, une valeur négative si s1 est inférieur à s2 et une valeur positive si s1 est supérieur à s2.
	`string s1="furet", s2="éléphant";`
	`int n = String.Compare(s1, s2);`
	n contient ici une valeur positive car f, première lettre de furet, a un poids supérieur à é.
	Rappelons que si les opérateurs == et != ont été redéfinis dans la classe String, ce n'est pas le cas pour les opérateurs <, <=, > et >=.
	Voir la note à la suite de ce tableau concernant les temps de comparaison en fonction de la méthode utilisée.

`int`
`Compare(string, string,`
`        bool ignoreCase);`
	Le troisième argument indique s'il faut ignorer la casse (c'est-à-dire comparer sans faire de distinction entre minuscules et majuscules).

`int CompareTo(string);`	Semblable à Compare mais il s'agit d'une méthode non statique de la classe.
	`string s1="furet", s2="éléphant";`
	`int n = s1.CompareTo(s2);`
	n contient 1 (c'est le fait que n contienne une valeur positive qui est important).

`string`
`Concat(string s1,`
`       string s2);`
	Méthode statique de la classe renvoyant une chaîne qui est la concaténation de s1 et de s2.
	`string s1="ABC", s2="123", s;`
	`s = String.Concat(s1, s2);`
	s contient "ABC123" tandis que s1 et s2 sont inchangés (quand une fonction de la classe String est appliquée à un objet, cet objet n'est jamais directement modifié).

`bool Contains(string);`	Renvoie true si la chaîne sur laquelle porte la méthode contient s :
	`string ani = "veau, vache, cochon";`
	`if (ani.Contains("vache")) .....`

`string Copy(string s);`	Méthode statique de la classe qui renvoie une copie d'une chaîne :
	`string s1="ABC", s2;`
	`s2 = String.Copy(s1);`
	s2 contient maintenant "ABC". On aurait pu écrire, plus simplement (puisque l'opérateur = appliqué à un string effectue une véritable copie) :
	`s2 = s1;`

`bool EndsWith(string s);`	Renvoie true si la chaîne sur laquelle porte l'opération se termine par la chaîne s.
	`string s="Bonjour";`
	`bool b = s.EndsWith("jour");`
	b vaut true.

`string`
`Format(string,`
`  de un à quatre arguments);`
	Méthode statique de la classe qui met en forme une chaîne de caractères. Voir les exemples plus bas dans ce chapitre.

`int IndexOf(char c);`	Renvoie la position du caractère c dans la chaîne sur laquelle porte l'opération (0 pour la première position et −1 si c n'a pas été trouvé). La fonction `LastIndexOf` est semblable à `IndexOf`, sauf que la chaîne est balayée de droite à gauche en commençant par la fin. Pour vérifier si le caractère c contient un chiffre, on peut écrire (mais voyez plutôt les méthodes de la classe `Char`, à la fois plus simples et plus efficaces) : `if ("0123456789".IndexOf(c) != -1) .....`

`int`
`IndexOf(`
` char c, int pos);`
	Même chose mais la recherche commence au pos-ième caractère de la chaîne :
	
	`string s="Bonjour";`
	`n = s.IndexOf('o', 2);`
	
	n contient 4 (recherche de la lettre o à partir du troisième caractère).

`int IndexOf(string s);`	Comme la première forme mais recherche d'une chaîne plutôt qu'un caractère.

`int`
`IndexOf(`
` string s, int pos);`
	Comme la deuxième forme mais recherche d'une chaîne.

`string`
`Insert(int pos,`
`       string s);`
	Insère la chaîne s dans la chaîne sur laquelle porte l'opération (insertion à partir de la pos-ième position dans cette dernière chaîne) :
	
	`string s="ABCD", s2="123";`
	`s.Insert(1, s2);`
	
	s contient maintenant "A123BCD".

`string PadLeft(int n);`	Renvoie une chaîne composée de n-Length espaces suivis de la chaîne sur laquelle porte la fonction :
	
	`string s = "Salut", s1;`
	`s1 = s.PadLeft(8);`
	
	s1 contient " Salut".

`string` `PadLeft(int n, char c);`	Même chose mais le caractère de remplissage est c.
`string PadRight(int n);`	Comme la première forme de `PadLeft` mais remplissage à droite.
`string` `PadRight(int n, char c);`	Comme la seconde forme de `PadLeft` mais remplissage à droite.

`string`
`Remove(int pos, int nb);`
	Renvoie une chaîne qui est celle sur laquelle porte la méthode, moins nb caractères à partir du pos-ième caractère :
	
	`string s1="123456", s;`
	`s = s1.Remove(1, 2);`
	
	s contient "1456" tandis que s1 est inchangé.

`string`
`Replace(string ancCh,`
`        string nouvCh);`
	Renvoie une chaîne qui est celle sur laquelle porte la méthode mais dans laquelle chaque sous-chaîne ancCh a été remplacée par la sous-chaîne nouvCh :
	
	`string s, s1="Bonjour";`
	`s = s1.Replace("jo", "XYZ");`
	
	s contient "BonXYZur" tandis que s1 est inchangé.

Méthodes de la classe `String` *(suite)*

`string`
`Replace(char ancCar,`
`          char nouvCar);`
	Renvoie une chaîne qui est celle sur laquelle porte la méthode mais dans laquelle chaque `ancCar` a été remplacé par `nouvCar` :
	`string s, s1="Bonjour";`
	`s = s1.Replace('o', 'X');`
	`s` contient `"BXnjXur"` tandis que `s1` est inchangé.

`string[]`
`Split(char[]);`
	Renvoie un tableau de chaînes à partir de la chaîne sur laquelle porte l'opération. Un tableau de séparateurs de chaînes est passé en argument (ici un seul séparateur : l'espace) :
	`string s = "Bonjour cher ami";`
	`string[] ts = s.Split(new char[]{' '});`
	`ts[0]` contient `"Bonjour"`, `ts[1]` `"cher"` et `ts[2]` `"ami"`.

`bool`
`StartsWith(string s);`
	Renvoie `true` si la chaîne sur laquelle porte l'opération commence par la chaîne s.
	`string s="Bonjour";`
	`bool b = s.StartsWith("Bon");`
	`b` vaut `true`.

`string`
`Substring(int pos,`
`          int nb);`
	Renvoie une chaîne par extraction de `nb` caractères à partir du pos-ième :
	`string s, s1="Bonjour";`
	`s = s1.Substring(1, 2);`
	`s` contient on.

`string ToLower();`	Renvoie la chaîne après conversion des caractères en minuscules.

`string ToUpper();`	Renvoie la chaîne après conversion des caractères en majuscules. La méthode renvoie un objet `string` mais ne modifie pas l'objet `string` sur lequel porte la méthode.
	`string s, s1="abc", s2="élève";`
	`s = s1.ToUpper();`
	`s = s2.ToUpper();`
	`s` contient d'abord `"ABC"` et puis `"ÉLÈve"`.

`string Trim();`	Supprime les espaces blancs de début et de fin dans la chaîne. `Trim` renvoie la chaîne modifiée mais ne modifie pas la chaîne sur laquelle porte la méthode.
	`string s="  Bon   jour   ";`
	`s = s.Trim();`
	`s` contient maintenant la chaîne `"Bon   jour"`.

`string TrimEnd(char[]);`	Retire de la fin de la chaîne les caractères passés en arguments. La chaîne est balayée de droite à gauche et l'opération se termine dès qu'un caractère non spécifié en argument est trouvé. Dans le premier exemple, on retire, plusieurs fois si nécessaire, un seul caractère tandis que dans le second on retire plusieurs caractères :
	`string s="ABC1 2    ", s1, s2;`
	`s1 = s.TrimEnd(new char[]{' '});`
	`s2 = s.TrimEnd(new char[]{' ', '1', '2'});`
	`s1` contient `ABC1 2` et `s2` `ABC`.

`string TrimStart(char[]);`	Même chose mais les caractères sont retirés au début de la chaîne.

Revenons sur les différentes techniques de comparaison de chaînes.

Écrire :

```
if (s1.Equals(s2)) .....
```

est plus rapide (presque deux fois plus) que :

```
if (s1 == s2) .....
```

chaîne qui est elle-même presque deux fois plus rapide à écrire que :

```
if (String.Compare(s1, s2) == 0) .....
```

`Compare` permet néanmoins de comparer deux chaînes sans faire de distinction entre minuscules et majuscules. Cet avantage l'est beaucoup moins du fait que nos majuscules accentuées sont très peu utilisées dans la pratique.

3.2.1 Mise en format de chaînes de caractères

La méthode statique `Format` de la classe `String` met en forme une chaîne de caractères :

```
string Format(string format, de un à quatre arguments);
```

La chaîne `format` peut contenir de un à quatre spécificateurs compris entre accolades (`{}`). Chaque spécificateur a la forme `{N[[,M]:formatString]}` où (rassurez-vous, nous donnerons de nombreux exemples) :

- `N` désigne le numéro de l'argument (zéro pour le premier après la chaîne de formatage) ;
- les crochets désignent des informations facultatives ;
- `M`, facultatif donc, désigne une valeur positive (pour un alignement à droite) ou négative (pour un alignement à gauche) qui indique le nombre de positions d'affichage ;
- `formatstring`, également facultatif, désigne la chaîne de formatage. Dans `formatstring`, on peut trouver un ou plusieurs des caractères suivants :
  - `0` (zéro) sera remplacé par un chiffre ou zéro.
  - `#` sera remplacé par un chiffre ou rien du tout (si on a affaire au chiffre zéro qui n'est pas significatif à cet emplacement).
  - `.` sera remplacé par le séparateur de décimales (la virgule si la version française de Windows est installée).
  - `%` le nombre sera multiplié par `100` et le signe `%` sera affiché.
  - `,` séparateur des milliers (voir les paramètres locaux de Windows). `,,` (deux virgules successives) ou `,.` (virgule suivie d'un point) signifie : « le nombre sera divisé par `1000`, avec arrondi ».
  - `E` représentation scientifique, l'exposant (toujours une puissance de dix) étant précédé de `E`.
  - `e` comme `E` mais l'exposant est introduit par `e`.

Tous les autres caractères sont repris tels quels (il faut cependant répéter l'accolade pour en afficher une).

Analysons la mise en format à l'aide d'exemples (la mise en forme de dates sera envisagée plus loin dans ce chapitre, lors de l'étude de la classe DateTime). Le résultat (contenu de s) dépend des caractéristiques nationales (notamment les affichages du séparateur de décimales, de valeurs monétaires et de dates qui, par défaut, dépendent de la langue d'installation de Windows). Sauf indication contraire, les caractéristiques nationales sont celles de la France.

Sauf si cela est explicitement indiqué (premier et sixième exemples), l'instruction est chaque fois :

```
int n=12;
double d=34.5;
string s = String.Format(format);
```

où format doit être remplacé par le contenu de la première colonne dans le tableau ci-dessous.

Exemples de mises en forme

format	Contenu de s	Remarque
"AB"		Erreur : au moins deux arguments. Écrivez plus simplement : s = "AB" ;
"AB{0}CD", n	AB12CD	Forme la plus simple, déjà rencontrée en argument de Console.WriteLine.
"AB{0}CD", d	AB34,5CD	Inutile d'indiquer le type de l'argument dans le spécificateur, C# s'en charge automatiquement. Le séparateur de décimales (ici la virgule) dépend de la langue d'installation de Windows et constitue un paramètre de configuration.
"AB{0}CD{1}EF", n, d	AB12CD34,5EF	Aucun formatage de n et de d n'est encore spécifié à ce stade. Le séparateur de décimales dépend du paramètre de configuration (voir les options régionales de Windows, configurables via le panneau de configuration).
"AB{0}CD", n, d	AB12CD	Le troisième argument est excédentaire (puisque l'on ne trouve pas de {1} dans le format). Le compilateur vous pardonne cette bévue et ignore tout simplement d.
"AB{0}CD{1}EF", n		Erreur : deux spécificateurs ({0} et {1}) pour une seule variable à afficher. Cette erreur n'est pas signalée à la compilation mais bien à l'exécution, l'exception FormatException étant générée.
"AB{0,5}CD", n	AB 12CD	n est représenté sur cinq positions avec cadrage à droite. La valeur 12 est donc précédée de trois espaces.
"AB{0,-5}CD", n	AB12 CD	n est représenté sur cinq positions avec cadrage à gauche. 12 est donc suivi de trois espaces.
"AB{0:000}CD", n	AB012CD	n est représenté sur trois postions avec remplissage à gauche de zéros.

`"AB{0,5:000}CD", n`	`AB 012CD`	`AB` est suivi de deux espaces. Affichage sur cinq positions, cadrage à droite (puisque `5` est positif) et affichage d'au moins trois chiffres en utilisant éventuellement des zéros de tête dans cette zone de trois chiffres.
`"AB{0:###}CD", n`	`AB12CD`	Le premier # n'est remplacé par rien puisqu'il correspond à un zéro non significatif.
`n = 123456;` `"AB{0:###}CD", n`	`AB123456CD`	Le format (affichage de n sur trois positions) n'est pas respecté afin de représenter le nombre sans erreur (n, étant donné son contenu, ne peut pas être représenté sur trois positions).
`"AB{0}CD", d`	`AB34,5CD`	Le séparateur des décimales dépend des options régionales (que l'on peut modifier via le Panneau de configuration).
`"AB{0:##.##}CD", d`	`AB34,5CD`	Deux décimales au plus sont affichées (à cause des deux # à droite du point décimal). La partie entière pourrait être affichée sur plus de deux positions. En fonction du contenu de d, les affichages sont (puisqu'il y a arrondi) :

d	Affichage
`1.23456`	`AB1,23CD`
`1.23956`	`AB1,24CD`
`1.235`	`AB1,24CD`
`1.2`	`AB1,2CD`
`1.0`	`AB1CD`
`1.009`	`AB1,01CD`
`234.5`	`AB234,5CD`

`"AB{0:##.00}CD", n`	`AB12,00CD`	Les chiffres de la partie entière ne sont affichés (sur deux positions au moins) que s'ils sont significatifs. 0 force l'affichage d'une partie décimale (toujours sur deux chiffres) bien que n soit un entier. Si n vaut 1234, l'affichage est : AB1234,00CD.
`d = 0.818;` `"AB{0:##%}CD", d`	`AB82%CD`	À cause du signe % dans le format, 0.818 a été multiplié par cent et arrondi. 0.815 aurait été arrondi à 82 (aucun affichage de décimales n'est réclamé ici).
`d = 34567.89;` `"AB{0:##,###.##}CD", d`	`AB34 567,89CD`	Pour la version française de Windows, le séparateur des milliers est, par défaut, l'espace.
`d = 34567.89;` `"AB{0:##,###.#}CD", d`	`AB34 567,9CD`	Comme une seule décimale est réclamée, la partie décimale 89 est arrondie à 9.
`d = 34567.50;` `"AB{0:##,###.#}CD", d`	`AB34 567,5CD`	
`d = 34567.55;` `"AB{0:##,###.#}CD", d`	`AB34 567,6CD`	Comme une seule décimale est réclamée, la partie décimale 55 est arrondie à 6.

Exemples de mises en forme *(suite)*

d = 34.5; "AB{0:E}CD", d	AB3,450000E+001C D	Représentation scientifique.
n = 30; "AB{0:X}CD, n	AB1ECD	Représentation en hexadécimal (30 et 0x1E représentent la même valeur).
n = 30; "AB{0:x}CD, n	AB1eCD	Avec le format x, les lettres a à f sont utilisées pour représenter les valeurs 10 à 15.

La chaîne de formatage peut être spécifiée en argument de ToString. Par exemple :

```
double d = 1.23;
string s = d.ToString("AB##.##CD");
```

s contient maintenant AB1,23CD. Il suffit donc de remplacer la fonction statique Format de la classe String par la méthode ToString appliquée à la variable. Comme ToString s'applique à une seule variable (ici à d), il faut également supprimer les informations de formatage qui désignent cette variable soit : les accolades, le numéro d'emplacement de la variable et les deux points.

La technique peut être utilisée pour afficher plus lisiblement des valeurs élevées, même entières (ne pas oublier la signification de la virgule dans une chaîne de formatage) :

```
int n = 123456789;
s = n.ToString("###,##0.");
```

La chaîne s contient

```
123 456 789
```

ce qui se lit plus aisément que 123456789.

Signalons encore que certains caractères ont un effet sur le format :

Caractère	Effet
C ou c	Ajoute le symbole monétaire (l'euro dans notre cas). Le nombre de décimales est un paramètre de configuration de Windows (deux décimales par défaut).
D ou d	Format décimal.
E ou e	Format scientifique (avec exposant).
F ou f	Format fixe.
G ou g	Format fixe ou scientifique selon la grandeur du nombre.
P ou p	Représente le nombre en pourcentage.
X ou x	Format hexadécimal.

Par exemple :

```
double d = 1.23;
string s = d.ToString();        // s contient 1,23
s = d.ToString("C");            // s contient 1,23_
s = d.ToString("E");            // s contient 1,230000E+000
s = d.ToString("E2");           // s contient 1,23E+000
```

La technique du formatage par ToString (avec ou sans argument) peut être appliquée à un objet de n'importe quelle classe. Il suffit pour cela de redéfinir la fonction ToString (sans argument) ou d'écrire une fonction virtuelle (pour ToString avec un ou plusieurs arguments) :

```
class X
{
 .....
  public override string ToString() { ..... }
  public virtual string ToString(string format) { ..... }
}
```

Il vous appartient évidemment d'écrire ces fonctions de formatage. Vous seul savez comment formater un objet de la classe X.

3.2.2 Adaptation des résultats à différentes cultures

Nous avons obtenu ces résultats parce que la « culture » par défaut est celle de la France, du moins pour les versions de Windows installées par défaut dans ce pays et ceux de même culture (notamment Monaco et les régions de langue française de Belgique, du Canada et de Suisse).

Pour obtenir des résultats conformes à l'usage américain, on écrirait (en pour « culture anglaise » et US pour « région USA ») :

```
using System.Globalization;
using System.Threading;
.....
Thread.CurrentThread.CurrentCulture = new CultureInfo("en-US");
double d = 1.23;
string s = d.ToString();                // s contient 1.23
s = d.ToString("C");                    // s contient $1.23
```

Pour rétablir la culture d'origine :

```
Thread.CurrentThread.CurrentCulture = new CultureInfo("fr-FR");
```

ou

```
Thread.CurrentThread.CurrentCulture = CultureInfo.InstalledUICulture;
```

Pour retrouver le couple culture/région correspondant à l'ordinateur utilisé (par exemple fr-FR, fr-BE, fr-CA, fr-CH, fr-LU ou encore fr-MC selon le pays d'installation) :

```
string s = Thread.CurrentThread.CurrentCulture.Name;
```

Dans les exemples précédents, nous avons changé la « culture » pour exécuter toute une série d'instructions. On aurait pu appliquer le changement de culture au seul ToString, sans autre répercussion pour le programme :

```
s = d.ToString(new CultureInfo("en-US"));   // s contient 1.23
s = d.ToString();                           // s contient 1,23
```

La technique de modification temporaire de culture s'applique aux autres formats : il suffit de passer l'objet CultureInfo en second argument de ToString.

3.2.3 Afficher toutes les cultures reconnues par Windows

Incidemment, pour afficher dans une boîte de liste (lb comme nom interne) tous les couples culture/région et le nom en clair de la région, on écrit :

```
foreach (CultureInfo c in
            CultureInfo.GetCultures(CultureTypes.SpecificCultures))
    lb.Items.Add(c.Name + " " + c.DisplayName);
```

3.2.4 Modifier le nombre de décimales par défaut

Pour les conversions aux formats C ou c (format « monétaire »), le nombre de décimales dépend d'un paramètre de configuration de Windows (deux décimales par défaut). Ainsi, pour le cas de la culture française :

```
d = 1.2345; s = d.ToString();          // s contient 1,2345
d = 1.2345; s = d.ToString("C");       // s contient 1,23_
d = 1.2389; s = d.ToString("C");       // s contient 1,24_
d = 1.235;  s = d.ToString("C");       // s contient 1,24_
```

Pour afficher un nombre avec espace comme séparateur de milliers mais sans tenir compte de la partie décimale :

```
s = d.ToString("### ##0.");
```

Pour éviter l'arrondi vers le haut de la partie décimale, utilisez la fonction Math.Floor.

Pour modifier le nombre de décimales retenues lors de la conversion (insistons : de cette seule conversion !) :

```
CultureInfo ci = new CultureInfo("fr-FR");
ci.NumberFormat.CurrencyDecimalDigits = 3;
d = 1.2345; s = d.ToString("C", ci);   // s contient 1,234_
```

On pourrait ainsi modifier une série impressionnante de paramètres de NumberFormat qui est de type NumberFormatInfo (séparateurs, représentation de valeurs négatives, etc.).

3.2.5 La classe StringBuilder

La classe StringBuilder (de l'espace de noms System.Text) permet de manipuler directement une chaîne de caractères sans devoir créer des objets string intermédiaires. Pour rappel, les fonctions de la classe String ne modifient jamais l'objet string sur lequel elles opèrent. Elles renvoient toujours un autre objet string, ce qui peut s'avérer lourd et inefficace, surtout si l'application manipule essentiellement des chaînes de caractères. Pensez par exemple à la fonction Replace qui ne modifie pas l'objet mais renvoie un autre objet string (ce qui oblige ensuite à copier l'objet nouvellement créé dans la chaîne d'origine).

La classe StringBuilder, en opérant sur l'objet lui-même, s'avère plus performante si l'on effectue beaucoup de manipulations sur une chaîne. Sauf pour les opérations simples, les opérations sur des objets `StringBuilder` sont deux à trois fois plus rapides que les opérations équivalentes sur des objets `String`.

Présentons les principales propriétés et méthodes de la classe `StringBuilder`. Un objet `StringBuilder` peut être indexé, aussi bien en lecture qu'en écriture, pour l'accès à un caractère de l'objet `StringBuilder`.

Classe `StringBuilder`

`StringBuilder` ← `Object`

`using System.Text;`

Constructeurs de la classe StringBuilder

`StringBuilder();`	Constructeur sans argument. Une zone de seize caractères est alors automatiquement allouée. Lorsque cet objet `StringBuilder` sera manipulé (par ajout ou modification de caractères), aucune réallocation de mémoire ne sera nécessaire tant que l'on restera dans les limites du buffer alloué à la chaîne.
`StringBuilder(String);`	Constructeur à partir d'un objet `String`.
`StringBuilder(int);`	La capacité initiale de la chaîne est donnée, ce qui évitera des réorganisations (allocation d'une nouvelle zone de mémoire, copie et libération) tant que cette capacité n'est pas dépassée.
`StringBuilder(String, int);`	Même chose mais le buffer est initialisé avec une chaîne de caractères. Le second argument donne la capacité initiale de la chaîne.

Propriétés de la classe `StringBuilder`

`Length`	`int`	Nombre de caractères dans l'objet `StringBuilder`.

Méthodes de la classe `StringBuilder`

`StringBuilder Append(type);`	Ajoute une information à la fin de l'objet sur lequel opère `Append`. L'argument peut être de type `byte`, `sbyte`, `short`, `char`, `bool`, `string`, `int`, `uint`, `long`, `ulong`, `float`, `double` et même n'importe quel `object` (redéfinir alors la méthode `ToString` de l'objet). Voir la note ci-après concernant l'objet `StringBuilder` renvoyé par la fonction.
`StringBuilder Insert(int pos, type);`	Insère l'un des types précédents à partir de la `pos`-ième position dans l'objet sur lequel opère la fonction.
`StringBuilder Remove( int startIndex, int length);`	Supprime `length` caractères à partir de la position `startIndex`.
`StringBuilder Replace( string s1, string s2);`	Remplace toutes les occurrences de `s1` par `s2` (modifications effectuées directement dans l'objet).
`StringBuilder Replace( string s1, string s2, int startIndex, int count);`	Même chose mais la recherche de `s1` n'est effectuée que sur `count` caractères à partir de la position `startIndex`.
`string ToString();`	Renvoie un objet `String` correspondant au contenu de l'objet `StringBuilder`.

Illustrons la classe `StringBuilder` à l'aide d'un petit exemple (nous allons construire un objet `StringBuilder` à partir d'un `string`) :

```
using System.Text;
.....
string s = "Bonjour";
StringBuilder sb = new StringBuilder(s);
sb[0] = 'X';          // OK sur un objet StringBuilder mais pas sur un string
sb.Insert(2, 'R');                        // sb est directement modifié
sb.Insert(5, "XYZ");
s = sb.ToString();
```

La chaîne s contient maintenant `"XoRnjXYZour"`.

L'objet `StringBuilder` renvoyé par les différentes méthodes de la classe présente à première vue peu d'intérêt puisque ces fonctions modifient l'objet lui-même. Or, le fait que cet objet lui-même (déjà modifié) soit renvoyé par la fonction permet d'écrire (x et y étant des variables d'un des types supportés par l'argument d'`Append`) :

```
sb.Append(x).Append(y);
```

x est ajouté à sb et puis y est ajouté au résultat précédent.

Écrire :

```
StringBuilder sb = new StringBuilder(1000);
for (int i=0; i<1000; i++) sb.Append(' ');
string s = sb.ToString();
```

est nettement plus rapide que

```
string s = "";
for (int i=0; i<1000; i++) s += ' ';
```

3.3 Les expressions régulières

Les expressions régulières (*regular expressions* en anglais, qu'il aurait sans doute été préférable de traduire par « expressions rationnelles », mais l'usage prévaut) constituent une technique particulièrement efficace et/ou obscure selon le point de vue pour rechercher ou modifier des occurrences de chaînes dans une chaîne de caractères. L'architecture .NET offre plusieurs classes, la principale s'appelant `Regex`, dont les possibilités dépassent celles du langage Perl 5, justement reconnu pour ses capacités de traitement d'expressions régulières.

Les expressions régulières permettent par exemple (mais l'exemple est ici fort simple et loin de montrer les possibilités des expressions régulières) de rechercher les occurrences de on dans la phrase `Bonjour mon bon ami`. Les exemples ci-dessous donneront un meilleur aperçu des possibilités.

Nous nous intéresserons dans cet ouvrage uniquement à la classe `Regex`. Après présentation des principales méthodes, nous envisagerons surtout des exemples pratiques.

Classe Regex			
`Regex` → `Object`			
`using System.Text.RegularExpressions;`			
Constructeurs de la classe `Regex`			
`Regex(string);`	Crée un objet `Regex` en spécifiant la chaîne dans laquelle va s'effectuer la recherche (`Bonjour mon bon ami` dans l'exemple ci-dessus).		
`Regex(string,` `        RegexOptions);`	Même chose mais des options sont spécifiées en second argument (une ou plusieurs options peuvent être spécifiées, il s'agit de valeurs de l'énumération `RegexOptions`) :		
	`Compiled`		L'expression est compilée avant d'être évaluée, ce qui accroît le temps de chargement mais améliore le temps de recherche si celle-ci est répétée. Tout cela reste néanmoins transparent pour le programmeur. Le code ainsi généré est un code propre à `Regex` et de niveau bien plus élévé que le code MSIL généré par les compilateurs .NET.
	`IgnoreCase`		Aucune distinction ne doit être faite entre minuscules et majuscules.
Propriétés de la classe `Regex`			
`Options`	`RegexOptions`	Options (voir la seconde forme du constructeur).	
`RightToLeft`	`T/F`	Indique (si `true`) que l'évaluation de l'expression doit être effectuée de droite à gauche.	
Méthodes de la classe Regex			
`bool IsMatch(string);`	Indique que la chaîne passée en argument (celle-ci peut contenir des caractères de contrôle, voir les exemples) se trouve dans celle sur laquelle porte l'objet `Regex`.		
`bool` `IsMatch(string, int);`	Même chose mais indique à partir de quel caractère (dans la chaîne sur laquelle porte `Regex`) doit s'effectuer la recherche.		

`bool`
`IsMatch(string s1,`
`        string s2);`
	Méthode statique qui indique que la chaîne `s2` (qui contient éventuellement des caractères de contrôle) se trouve dans `s1`.		

`bool`
`IsMatch(string s1,`
`        string s2,`
`        int);`
	Même chose mais on spécifie en dernier argument la position de début de recherche dans `s1`.		

`Match Match(string);`	Comme la première forme de `IsMatch` mais renvoie un objet `Match` qui contient des informations sur le résultat de la recherche. Un objet `Match` contient notamment les champs :		
	`Success`	`T/F`	Indique si une occurrence a été trouvée.
	`Index`	`int`	Position de la chaîne trouvée dans celle sur laquelle porte l'objet `Regex`.
	`Length`	`int`	Nombre de caractères de l'occurrence trouvée.
	`Value`	`string`	Chaîne trouvée.
	ainsi que la méthode suivante :		
	`Match NextMatch();`	Recherche l'occurrence suivante.	

Classe Regex *(suite)*

`Match` `Match(string, int);`	Semblable à la deuxième forme de IsMatch.

`Match`
`Match(string s1,`
`      string s2);`
	Semblable à la troisième forme de IsMatch.

`Match`
`Match(string s1,`
`      string s2, int);`
	Semblable à la quatrième forme de IsMatch.

`string`
`Replace(string s1,`
`        string s2);`
	Remplace (dans la chaîne sur laquelle porte l'objet Regex) toutes les occurrences de s1 par s2.

`string`
`Replace(string s1,`
`        string s2,`
`        int n);`
	Même chose mais un nombre maximal de remplacement est spécifié en dernier argument.

`string`
`Replace(string s,`
`        string s1,`
`        string s2);`
	Méthode statique semblable à la première forme de Replace. La recherche et le remplacement sont effectués dans la chaîne s.

`string`
`Replace(string s1,`
`        string s2,`
`        int n,`
`        int pos);`
	Comme la deuxième forme de Replace mais le début de la recherche (en vue du remplacement) est spécifié en dernier argument.

`string[]` `Split(string);`	Découpe une chaîne (celle sur laquelle porte l'objet Regex) en un tableau de chaînes. Le séparateur est spécifié en argument.
`string[]` `Split(string, int n);`	Même chose mais on spécifie en second argument un nombre maximal de chaînes à créer.

`string[]`
`Split(string,`
`      int n, int pos);`
	Même chose mais le début de la recherche (en vue de la découpe) est spécifié en dernier argument.

`string[]`
`Split(string s1,`
`      string s2);`
	Forme statique de la première forme de Split :
	  `string s = "Et un, et deux, et trois !";`
	  `string[] ts = Regex.Split(s, ",");`
	ts devient un tableau de trois cellules avec Et un dans ts[0], et deux dans ts[1] et et trois ! dans ts[2] (dans ts[1] et dans ts[2], le premier caractère est un espace).

Envisageons des exemples progressifs plutôt que de présenter de manière abstraite les différents caractères de contrôle que l'on peut trouver dans des expressions régulières (utilisation ici de la forme statique de la méthode Match) :

```
using System.Text.RegularExpressions;
.....
Match m = Regex.Match(s1, s2);
```

Analysons des résultats en fonction des contenus de s1 et de s2 (s1 n'est pas répété quand il garde le même contenu et les " délimitant les chaînes sont omis dans les exemples de s1 et de s2) :

s1	s2	Commentaire
Bonjour, mon bon ami	o	Recherche de o dans s1. Après exécution de Match, m.Success vaut true et m.Index un (la lettre o a en effet été trouvée en deuxième position dans s1). Si on exécute ensuite m.Next-Match(), m.Success et m.Index prennent respectivement les valeurs true et 4.
	on	Recherche de la chaîne on dans s1. Après exécution de Match, m.Success vaut true, m.Index un et m.Length deux (la chaîne on a en effet été trouvée en deuxième position dans s1).
		Si on exécute ensuite m.NextMatch(), m.Success et m.Index prennent respectivement les valeurs true et 9. L'exécution d'un m.NextMatch() suivant donne encore (true, 13) mais l'exécution suivante donne m.Success valant false.
	^b	Le caractère de contrôle ^ indique que s2 doit être trouvé au début de s1. Match vérifie donc si la lettre b (la chaîne limitée ici au seul caractère b pour être plus précis) se trouve au début de la phrase. Ici, m.Success prend la valeur false car le premier caractère de la phrase n'est pas b mais bien B. Si on avait utilisé la forme non statique de Match, on aurait pu spécifier RegexOptions.IgnoreCase dans la propriété Options ou en deuxième argument du constructeur. m.Success aurait alors pris la valeur true.
		Pour rechercher le caractère ^ (sans considérer ^ comme un caractère de contrôle), il faut spécifier \^ dans s2.
	^B	Recherche de B en début de phrase. m.Success, m.Index et m.Length valent respectivement true, 0 et 1.
	i$	$ indique que le caractère précédant $ (ici i) doit être trouvé en fin de s1.
		Pour rechercher le caractère $ (sans considérer $ comme un caractère de contrôle), il faut spécifier \$ dans s2.
	onj*	Le caractère précédant * peut être répété zéro, une ou plusieurs fois. Ici, on cherche on, onj, onjj, onjjj, etc. Après exécution de Match, m.Success, m.Index et m.Length valent respectivement true, 1 et 3.
		Le « caractère précédant » pourrait être une chaîne à condition de l'entourer de parenthèses. N'importe quel caractère ASCII peut être spécifié sous forme hexadécimale (par exemple \x20 pour l'espace). N'importe quel caractère Unicode peut être spécifié par \u suivi d'une valeur exprimée en hexadécimal sur quatre chiffres (par exemple \u0020). L'espace peut être représenté plus aisément par \s.
	onj+	Le caractère précédant + peut être répété une ou plusieurs fois (mais pas zéro fois). Ici, on cherche onj, onjj, onjjj, etc.
	onj?	Le caractère précédant ? peut être répété zéro ou une fois (mais pas plusieurs fois). Ici, on cherche on ou onj.
C'est cool	o{2}	La lettre o doit être répétée au moins deux fois. Après exécution de Match, m.Success, m.Index et m.Length valent respectivement true, 7 et 2. Si on exécute ensuite m.NextMatch(), m.Success prend la valeur false.

s1	s2	Commentaire
C'est cooool	o{2}	Match donne (true, 7, 2). m.NextMatch() donne encore (true, 8, 2).
	o{2,4}	La lettre o doit être répétée au moins deux fois et au plus quatre fois.
Bonjour	o..o	Le point peut remplacer n'importe quel caractère. Match donne donc (true, 1, 4).
Bonhomme	o..o	Même chose.
	on|me	Match cherche on ou me. Match donne donc (true, 1, 2) et m.Next-Match() donne (true, 6, 2). Le m.NextMatch() suivant fait passer m.Success à false.
	(B|b|m)on	Match cherche Bon, bon ou mon.
	[nh]	Match cherche n ou h (n'importe lequel des caractères spécifiés à l'intérieur des crochets).
	[^nh]	Match cherche les caractères qui ne sont ni n ni h (n'importe quel caractère à l'exception de ceux qui sont repris dans les crochets).
	[^a-z]	Match cherche les caractères qui ne sont pas compris entre a et z. Il trouve donc B.
	\bon	\b indique ici un début de mot (\b indique plus précisément une frontière de mot). Match recherche donc les mots qui commencent par on.
	on\b	\b indique ici une fin de mot. Match recherche donc les mots se terminant par on.
	\d	Match recherche un chiffre. m.Success prend donc ici la valeur false.
	\D	Match recherche ce qui n'est pas un chiffre.
	\w	Recherche un caractère qui peut être une lettre (minuscule ou majuscule et y compris nos lettres accentuées), un chiffre ou le caractère de soulignement (_, *underscore* en anglais) : `Match m = Regex.Match(s, @"\w");`
	\W	Recherche n'importe quel caractère qui ne soit pas une lettre, un chiffre ou le caractère de soulignement.
	\s	Match recherche un espace.
	\S	Match recherche tout caractère autre que l'espace.
	bo(n|r)	Match recherche bon ou bor dans s1.
	bo(nj|r)	Match recherche bonj ou bor.
	bo(nj|r)*	nj ou r doivent apparaître zéro ou une fois. Ils doivent alors être précédés de bo.
	^bo(nj|r)*	Même chose mais le mot doit apparaître en début de phrase.
	\bbo(nj|r)+	nj ou r (précédés de bo) doivent apparaître une ou plusieurs fois. Le tout doit apparaître en début de mot.
	\b(bo(nj|r)+|c')	Match recherche bonj, bor ou c' en début de mot.

3.4 Classes de manipulation de dates et d'heures

3.4.1 La structure DateTime

La structure `DateTime` permet d'effectuer diverses opérations sur les dates : déterminer le jour de la semaine, calculer une date à x jours, déterminer si une date est antérieure ou postérieure à une autre, etc. Un objet `DateTime` peut contenir une date comprise entre le premier janvier de l'an un à midi et le 31 décembre 9999. Il comprend à la fois une date et une heure avec accès à la milliseconde. On parle de classe `DateTime` bien qu'il s'agisse plus précisément d'une structure.

Nous ne considérerons ici que le calendrier grégorien, celui qui est en vigueur dans nos contrées. L'espace de noms `System.Globalization` contient cependant (outre la classe `GregorianCalendar` automatiquement sélectionnée) les classes `HebrewCalendar`, `HijriCalendar`, `JapaneseCalendar`, `JulianCalendar`, `KoreanCalendar`, `TaiwanCalendar` et `ThaiBuddistCalendar` qui permettent d'utiliser d'autres systèmes de datation.

Les différents constructeurs de la classe `DateTime` sont :

Constructeurs de la classe `DateTime`	
`DateTime ← ValueType ← Object`	
`using System;`	

`DateTime(`
`  int année, int mois,`
`  int jour);`
	Crée un objet `DateTime` en spécifiant l'année, le mois et le jour. Pour le 14 juillet 1789, on écrit :
	`  DateTime dt=new DateTime(1789, 7, 14);`

`DateTime(`
`  int a, int m, int j,`
`  int heure, int minutes,`
`  int secondes);`
	Crée un objet `DateTime` en spécifiant une date (année, mois et jour) ainsi que l'heure, les minutes et les secondes.

`DateTime(`
`  int a, int m, int j,`
`  int heure, int minutes,`
`  int secondes,`
`  int millisec);`
	Même chose mais avec les millisecondes en plus.

`DateTime(long);`	Crée un objet `DateTime` en spécifiant le nombre de *ticks* (intervalles de cent nanosecondes) depuis le premier janvier de l'an un à midi.

Tous ces constructeurs ont une autre forme qui permet de spécifier un calendrier en dernier et supplémentaire argument (il s'agit d'un objet d'une des classes mentionnées plus haut).

Propriétés de la classe `DateTime`		
`Date`	`DateTime`	Donne la date, avec la partie heure initialisée à minuit. Il s'agit d'une propriété en lecture uniquement. Cette propriété permet d'isoler la partie date (au sens usuel du terme) d'un objet `DateTime`.

Propriétés de la classe `DateTime` *(suite)*

Day	int	Jour d'une date (valeur entre 1 et 31).

DayOfWeek	DayOfWeek	Jour de la semaine. `DayOfWeek` renvoie une des valeurs de l'énumération `DayOfWeek` : `Sunday` (dimanche), `Monday`, `Tuesday`, `Wednesday`, `Thursday`, `Friday` et `Saturday` (samedi). À ces mnémoniques correspondent les valeurs 0 pour dimanche, 1 pour lundi et 6 pour samedi.

```
DateTime dt = new DateTime(1789, 7, 14);
switch (dt.DayOfWeek)
{
    .....
    case DayOfWeek.Tuesday : .....; break;
    .....
}
```

Mais on peut aussi écrire :

```
n = (int)dt.DayOfWeek;
```

n contient 2 : c'était un mardi.

DayOfYear	int	Jour de l'année (valeur comprise entre 1 et 366).
Hour	int	Partie « heure » de la date (valeur entre 0 et 23).
Millisecond	int	Partie « millisecondes » de la date (valeur entre 0 et 999).
Minute	int	Partie « minute » de la date (valeur entre 0 et 59).
Month	int	Mois (valeur entre 1 et 12).
Now	DateTime	Propriété statique qui donne la date du jour (y compris les heures, minutes, etc.) au moment d'exécuter la propriété :

```
DateTime dt = DateTime.Now;
```

Second	int	Partie « seconde » de la date (valeur entre 0 et 59).
Ticks	long	Nombre d'intervalles de cent nanosecondes qui se sont écoulés depuis le premier janvier de l'an un à midi.
TimeOfDay	TimeSpan	Durée depuis minuit. La classe `TimeSpan` est présentée plus loin dans ce chapitre.
Today	DateTime	Propriété statique qui donne la date du jour (mais avec l'heure initialisée à zéro heure). Semblable à `Now` mais ne tient pas compte de l'heure.
UtcNow	DateTime	Semblable à `Now` (il s'agit donc d'une propriété statique) mais donne la date et l'heure en temps universel (temps universel coordonné, encore souvent appelé « temps de Greenwich »).
Year	int	Partie « année » de la date.

Méthodes de la classe `DateTime`

DateTime Add(TimeSpan interv);	Renvoie la date correspondant à la date de l'objet sur lequel porte l'opération et à laquelle on ajoute l'intervalle de temps `interv`. L'opérateur `+=` peut remplacer cette fonction. Pour obtenir la date dans cent jours :

```
DateTime dt = DateTime.Today;
dt += new TimeSpan(100, 0, 0, 0);
```

`DateTime` `AddDays(double n);`	Renvoie la date dans n jours (n pouvant être négatif et la partie fractionnaire indiquant une partie de jour, par exemple 0.25 pour six heures) : `dt = dt.AddDays(100);` On trouve aussi, sous le même format : `AddYears`, `AddMonths`, `AddHours`, `AddMinutes`, `AddSeconds` et `AddMilliseconds`.

`int`
`Compare(DateTime t1,`
`        DateTime t2);`
	Méthode statique qui compare deux dates. `Compare` renvoie :
	
	0 si les deux dates sont les mêmes,
	
	1 si t1 est antérieur à t2,
	
	-1 si t1 est postérieur à t2.
	
	Les opérateurs ==, !=, <, <=, > et >= peuvent être utilisés au lieu de `Compare` et de `CompareTo` pour comparer deux dates.

`int` `CompareTo(DateTime t);`	Compare la date de l'objet sur lequel porte la fonction avec t. `CompareTo` renvoie : zéro — si les deux dates sont les mêmes, une valeur positive — si la date de l'objet est postérieure à t, une valeur négative — si la date de l'objet est antérieure à t. Les opérateurs ==, !=, <, <=, > et >= peuvent être utilisés à la place des fonctions de comparaison.

`int`
`DaysInMonth(`
` int année, int mois);`
	Méthode statique qui renvoie le nombre de jours du mois spécifié en argument :
	`n = DateTime.DaysInMonth(1900, 2);`
	n contient 28 (1900 n'était pas une année bissextile puisque sont bissextiles les années multiples de quatre, sauf les années centenaires bien que les années multiples de 400 le soient).

`string` `ToString(string format);`	Met en format une date. Voir les formats et exemples plus loin dans ce chapitre.

`DateTime`
`Parse(string s);`
	Méthode statique qui renvoie une date à partir d'une chaîne de caractères. `Parse` génère :
	
	— l'exception `FormatException` si s ne contient pas une date valide
	
	— l'exception `ArgumentException` si s est une chaîne nulle.
	
	`string s = "14/7/1789";`
	`DateTime dt = DateTime.Parse(s);`
	Il est préférable de placer cette dernière instruction dans un `try/catch` pour intercepter les erreurs sur date.
	
	Par défaut, `Parse` tient compte des caractéristiques régionales pour la représentation des dates. Nous montrerons plus loin comment spécifier une autre représentation de date.

`bool IsLeapYear(int année);`	Méthode statique qui renvoie `true` si l'année est bissextile.

Méthodes de la classe `DateTime` *(suite)*

`TimeSpan Subtract(DateTime dt);`	Soustrait deux dates : celle sur laquelle porte la fonction et `dt`. L'opérateur − peut être utilisé au lieu de la fonction `Subtract`.

`string ToShortTimeString();`	Renvoie l'heure sous forme `HH:MM`. Par exemple :
	`DateTime dt = DateTime.Now;`
	`string s = dt.ToShortTimeString();`

`string ToLongTimeString();`	Renvoie l'heure sous forme `HH:MM:SS`.

`string ToShortDateString();`	Renvoie la date sous forme `jj/mm/aaaa`. Par exemple :
	`DateTime dt =`
	`   new DateTime(1789, 7, 14);`
	`string s = dt.ToShortTimeString();`
	`s` contient `14/7/1789`.

`string ToLongDateString();`	Renvoie la date en format long. Par exemple (sans oublier que le format dépend des paramètres nationaux de configuration) : `mardi 14 juillet 1789`
`DateTime ToUniversalTime();`	Convertit l'heure (sur laquelle porte la fonction) en temps universel (autrefois appellé *Greenwich Mean Time*).

Pour copier dans s l'heure UTC :

```
s = DateTime.UtcNow.Hour + ":" + DateTime.UtcNow.Minute;
```

`DateTime.UtcNow.Hour` aurait pu être remplacé par `DateTime.Now.ToUniversalTime().Hour`.

Les informations sur le fuseau horaire sont données par la classe `TimeZone` :

Classe `TimeZone`

`TimeZone ← Object`

Propriétés de la classe `TimeZone`

`CurrentTimeZone`	`TimeZone`	Propriété statique qui représente le fuseau horaire local.

`DaylightName`	`str`	Nom du fuseau horaire appliquant l'heure d'été :
		`string s = TimeZone.CurrentTimeZone.DaylightName;`
		`s` contient `Paris, Madrid (heure d'été)`

`StandardName`	`str`	Nom du fuseau horaire (par exemple, `Paris, Madrid`).

Méthodes de la classe `TimeZone`

`DaylightTime GetDaylightChanges(int année);`	Renvoie la période d'application de l'heure d'été pour l'année passée en argument. Voir exemple ci-dessous.
`TimeSpan GetUtcOffset(DateTime);`	Renvoie le décalage par rapport au méridien de Greenwich (ce décalage dépend de la date en raison de l'heure d'été).
`bool IsDaylightSavingTime(DateTime);`	Indique si la date passée en argument correspond à une heure d'été.

Pour déterminer le début de l'heure d'été en 2010, on écrit :

```
using System.Globalization;
.....
DateTime dt = TimeZone.CurrentTimeZone.GetDaylightChanges(2010).Start;
```

La propriété End de la classe DaylightTime donne la date de fin de l'heure d'été. dt étant de type DateTime, on peut lui appliquer des fonctions comme ToLongDateString pour convertir l'heure en une chaîne de caractères.

3.4.2 La structure TimeSpan

La structure TimeSpan intervient dans les calculs sur dates (plus précisément dans les intervalles entre dates). Ici aussi, nous parlons de classe alors qu'il s'agit plus précisément d'une structure.

Structure TimeSpan

TimeSpan ← ValueType ← Object

Propriétés de la structure TimeSpan

Days	int	Nombre de jours de l'intervalle de temps (arrondi vers le bas).
TotalDays	double	Nombre de jours de l'intervalle (avec partie fractionnaire pour le nombre d'heures).
Hours	int	Nombre d'heures de l'intervalle (valeur comprise entre 0 et 23).
TotalHours	double	Même chose mais sans limite et avec partie fractionnaire.
Minutes	int	Nombre de minutes (valeur comprise entre 0 et 59).
TotalMinutes	double	Nombre total de minutes.
Seconds	int	Nombre de secondes, entre 0 et 59.
TotalSeconds	double	Nombre total de secondes.
Milliseconds		Nombres de millisecondes (de 0 à 999).
TotalMilliseconds	int	Nombre total de millisecondes.
Ticks	long	Nombre d'intervalles de cent nanosecondes.

Constructeurs de la structure TimeSpan

TimeSpan(long);	Intervalle spécifié en nombre de *ticks* (cent nanosecondes).
TimeSpan(int jours, int heures, int minutes, int secondes);	Intervalle spécifié en jours, heures, minutes et secondes.

Constructeurs de la structure `TimeSpan` *(suite)*	

`TimeSpan(`
` int heures, int minutes,`
` int secondes);`
	Intervalle spécifié en heures, minutes et secondes.

Méthodes de la structure `TimeSpan`	
`TimeSpan Add(TimeSpan);`	Ajoute un intervalle de temps à un intervalle de temps. L'opérateur + peut être utilisé pour additionner deux `TimeSpan`, ce qui donne un `TimeSpan`.
`TimeSpan Subtract(TimeSpan);`	Soustrait l'intervalle de temps passé en argument de celui sur lequel porte l'opération. L'opérateur - peut être utilisé pour soustraire deux `TimeSpan`, ce qui donne un `TimeSpan`.
`TimeSpan Duration();`	Renvoie la durée, en valeur absolue, d'un intervalle de temps.
`TimeSpan FromDays(double val);`	Méthode statique qui renvoie un objet `TimeSpan` à partir d'un nombre fractionnaire de jours. Des méthodes semblables sont `FromHours`, `FromMinutes`, `FromSeconds` et `FomMilliseconds`.

`TimeSpan Parse(string s);`	Méthode statique qui renvoie un objet `TimeSpan` à partir d'une chaîne de caractères. Une exception `FormatException` est générée si la chaîne n'est pas valide.
	` string s="1:30";`
	` TimeSpan ts = TimeSpan.Parse(s);`
	`ts.TotalMinutes vaut 90.`

Les opérateurs suivants ont été redéfinis pour `TimeSpan` : +, -, ==, !=, <, <=, > et >=.

Pour calculer le nombre de jours depuis le début du troisième millénaire (premier janvier de l'an 2001) :

```
DateTime dj=DateTime.Today, d=new DateTime(2001, 1, 1);
TimeSpan ts = dj - d;
    int n = ts.Days;
```

3.4.3 Mise en format de date

Les spécificateurs ci-après permettent de mettre une date dans un format déterminé.

Formats généraux de `dates`

d   Date au format court. Par exemple :
   `DateTime dt = new DateTime(1789, 7, 14);`
   `string s = dt.ToString("d");   // s contient 14/7/1789`

D   Date au format long `mardi 14 juillet 1789`
f   Date plus heure : `mardi 14 juillet 1789 08:05`
F   Même chose mais les secondes sont affichées.
g   Format court avec heure : `14/7/1789 08:05`
G   Même chose mais avec les secondes.

M	Jour plus mois en clair (même effet avec m) : `14 juillet`
R	Date GMT en anglais (`R` ou `r`) : `Tue, 14 Jul 1789 08:05:00 GMT`
s	Date convenant pour tris : `1789-07-14T08:05:00`
t	Heure : `08:05`
T	Heure avec secondes : `08:05:00`
u	Semblable à s mais date en temps universel (heure GMT donc, ce qui peut avoir une répercussion sur la date).
U	Format long de date et d'heure mais en temps universel.
y	Mois plus année (même effet que `Y`) : `juillet 1789`

Si les indicateurs précédents permettent de spécifier un format général de date, il est possible de personnaliser la représentation de la date à l'aide des indicateurs ci-après.

Formats personnalisés de `date`

:	Séparateur des heures dans une date (celui-ci, qui est : par défaut, est en fait un paramètre de Windows).
/	Séparateur de date (/ par défaut) tel que défini dans les paramètres nationaux de Windows.
d	Jour sous forme d'un entier entre 1 et 31.
dd	Jour, entre 01 et 31.
ddd	Abréviation du jour (`sam.` pour samedi par exemple).
dddd	Nom complet du jour (dans la langue d'installation de Windows).
M	Mois, de 1 à 12.
MM	Mois, de 01 à 12.
MMM	Abréviation du mois, par exemple `jan.` pour janvier.
MMMM	Nom complet du mois.
y	Année de 1 à 99.
yy	Année, de 00 à 99.
yyyy	Année, de 1 à 9999.
h	Heure, de 0 à 11.
hh	Heure, de 00 à 11.
H	Heure, de 00 à 23.
HH	Heure, de 00 à 23
m	Minutes, de 0 à 59.
mm	Minutes, de 00 à 59.
s	Secondes, de 0 à 59.
ss	Secondes, de 00 à 59.

Avec la représentation personnalisée, les autres caractères sont repris tels quels. Les caractères réservés peuvent être insérés à condition de les placer entre ' (*single quotes*).

Pour illustrer le sujet, analysons quelques instructions de mise en format (remplacer xyz par une chaîne de caractères et analyser le résultat s). Les trois premiers exemples sont des formats généraux de date.

```
// quatorze juillet 1789 à huit heures et cinq minutes
DateTime dt = new DateTime(1789, 7, 14, 8, 5, 0);
string s = dt.ToString(xyz);
```

Exemples de mise en format de dates

xyz	s
"d"	14/7/89
"D"	mardi 14 juillet 1789
"s"	1789-7-14T08:05
"d-MM-yyyy"	14-07-1789
"dddd, le d MMMM yyyy"	mardi, le 14 juillet 1789
"le dd/MM/yyyy à H:mm"	le 14/07/1789 à 8:05
"le d/M"	le 14/7
"H heures mm"	8 8eure0 05 (confusion sur le h et le s de heures)
"H 'heures' mm"	8 heures 05
"H 'H' mm"	8 H 05

La représentation d'une date dépend des paramètres régionaux. Ainsi, nous (c'est-à-dire fr-FR) affichons la date 14/7/1789, alors que les Américains (en-US) afficheraient 7/14/1789. Les Anglais (en-GB) afficheraient également 14/7/1789.

Il est possible de spécifier en argument supplémentaire de ToString une culture spécifique et cette modification de culture est alors limitée au ToString (encore faut-il que la culture en question ait été installée sous Windows, ce qui est automatiquement le cas pour "en-US" qui correspond à la culture américaine) :

```
using System.Globalization;
.....
string s = dt.ToString();              // s contient 14/7/1789 08:05:00
s = dt.ToString(new CultureInfo("en-US"));
                                       // s contient 7/14/1789 8:05:00 AM
s = dt.ToString("D");                  // s contient mardi 14 juillet 1789
s = dt.ToString("D", new CultureInfo("en-US"));
                                       // s contient Tuesday, July 14, 1789
```

Il en va de même pour `Parse`. Écrire :

```
string s = "14/7/1789";
DateTime dt = DateTime.Parse(s);
```

est correct si la culture est française mais le programme qui fonctionne correctement chez nous donnera une erreur grave s'il est exécuté aux États-Unis ou dans la plupart des régions du monde.

`Parse` sans argument est préférable si la chaîne de caractères contenant la date provient d'une zone d'édition : l'utilisateur frappe la date dans le format de sa culture et `Parse` s'adapte automatiquement à cette culture.

Si une date est codée « en dur » dans le programme et que celui-ci a une diffusion internationale, il est préférable d'écrire :

```
string s = "7/14/1789";
DateTime dt = DateTime.Parse(s, new CultureInfo("en-US"));
```

Windows connaît la représentation des jours de la semaine et celle des mois, y compris les représentations abrégées. Il est possible de modifier cette représentation en créant un objet `CultureInfo` et en modifiant les propriétés `DayNames`, `MonthNames`, `AbbreviatedDayNames` ou `AbbreviatedMonthNames` (toutes de type `string[]`) de sa propriété `DateTimeFormat` :

```
using System.Globalization;
.....
CultureInfo ci = new CultureInfo("fr-FR");
string[] dn = {"Di", "Lu", "Ma", "Me", "Je", "Ve", "Sa"};
ci.DateTimeFormat.DayNames = dn;
s = dt.ToString("D", ci);
```

Pour obtenir ces informations (noms de mois) pour la « culture » courante :

```
string[] ts = CultureInfo.CurrentCulture.DateTimeFormat.MonthNames;
```

Le tableau de mois correspondant à `MonthNames` comprend treize entrées, la dernière étant vide. Le tableau correspondant à `DayNames` comprend sept cellules, avec `Dimanche` dans la première.

3.4.4 Mesure d'intervalles de temps

Pour mesurer un intervalle de temps, il est possible d'écrire :

```
DateTime t1 = DateTime.Now;        // temps de départ
......                             // exécuter des instructions
DateTime t2 = DateTime.Now;        // temps d'arrivée
TimeSpan ts = t2 - t1;
```

`ts.TotalMilliseconds` donne alors la durée, exprimée en millisecondes, entre les deux événements.

Depuis la version 2, .NET a introduit la classe `StopWatch` (de l'espace de noms `System.Diagnostics`) afin de mesurer des temps avec grande précision.

Classe `StopWatch`		
`TimeSpan ← ValueType ← Object`		
`using System.Diagnostics;`		
Propriétés de la classe `StopWatch`		
`Elapsed`	`TimeSpan`	Durée de type `TimeSpan` entre `Start` et `Stop`.
`ElapsedMilliseconds`	`long`	Durée, en millisecondes.
Méthodes de la classe `StopWatch`		
`Start();`		Démarre le chronomètre.
`Stop();`		L'arrête.
`bool IsRunning();`		Indique si le chronomètre est actif.

On écrira par exemple :

```
using System.Diagnostics;

StopWatch sw = new StopWatch();
sw.Start();                        // démarrer le chronomètre
.....
sw.Stop();                         // l'arrêter
```

La propriété `IsHighResolution`, de type `bool`, indique si la résolution haute a pu être utilisée pour mesurer des temps.

3.5 Classes encapsulant les types élémentaires

C# connaît les types suivants (les deux premières catégories correspondent au type valeur et la dernière au type référence) :

* les types primitifs que sont `bool`, `byte`, `sbyte`, `char`, `short`, `ushort`, `int`, `uint`, `long`, `ulong`, `float`, `double` et `decimal` ;

* les structures et les énumérations ;

* les tableaux et les classes.

Une variable d'un type primitif, mais aussi une constante de ce type, peut être considérée comme un objet d'une des classes étudiées dans cette section (`Int32`, `Boolean`, etc.). Ces classes, toutes de l'espace de noms `System`, sont :

Type primitif	Classe correspondante	Type primitif	Classe correspondante
`bool`	`Boolean`		
`byte`	`Byte`	`sbyte`	`SByte`

Type primitif	Classe correspondante	Type primitif	Classe correspondante
char	Char		
short	Int16	ushort	UInt16
int	Int32	uint	UInt32
long	Int64	ulong	UInt64
float	Single	double	Double
decimal	Decimal		

Dans chacune de ces classes (Boolean à Decimal), on trouve diverses constantes (notamment les valeurs limites du type : MinValue et MaxValue) et diverses méthodes de conversion.

Avant de présenter ces différentes classes, expliquons le processus de conversion d'une variable de type primitif en un objet.

3.5.1 Les opérations de boxing et d'unboxing

Les variables de type valeur et les variables de type référence sont codées de manière différente.

Une variable de type int, par exemple, occupe 32 bits en mémoire (puisque les entiers sont codés sur 32 bits) et rien d'autre.

Un objet occupe une première zone (contenant notamment un pointeur de 32 bits pour la référence elle-même) et puis une autre zone de mémoire pour l'objet lui-même (la référence « pointant » sur cette autre zone de mémoire). Cette dernière zone de mémoire occupe en fait plus de place qu'on ne pourrait croire en consultant les champs de la classe de l'objet car on trouve dans cette zone des informations de contrôle en plus des champs de l'objet (notamment un pointeur sur la table des méthodes virtuelles de la classe).

D'un point de vue logique de programmation, les variables de types primitifs peuvent être considérées comme des objets, et peuvent même être, pour des périodes limitées à certaines instructions, transformées automatiquement en objets ou construites comme tels. Même dans ce cas, le code généré, dans le code intermédiaire qu'est MSIL, est heureusement optimisé en conséquence. Ainsi, si l'on écrit :

```
int n1 = 3;
int n2 = new int(3);
```

les deux instructions sont considérées comme équivalentes par le compilateur C# et le même code est généré. n1 et n2 occupent donc chacun, sur la pile, 32 bits et rien de plus.

Dans certains cas (voir l'exemple de WriteLine ci-après), une opération de conversion doit être effectuée (entre valeur et objet) et il est bon d'avoir une idée des opérations effectuées.

Pour comprendre ces opérations de conversion automatiques entre valeur et objet, considérons les instructions suivantes qui sont équivalentes (n étant de type int) :

```
Console.WriteLine(n);
Console.WriteLine("{0}", n);
```

Les signatures de ces fonctions sont WriteLine(object) et WriteLine(object, object).

Comme les deux formes sont identiques et provoquent les mêmes conversions, concentrons-nous sur la première. WriteLine accepte en argument un objet de la classe Object ou d'une classe dérivée puisqu'un objet de n'importe quelle classe dérivée d'Object est aussi un objet de la classe Object (rappelons aussi que Object et object sont synonymes). Dans notre cas, l'entier n doit être converti en un objet Object avant d'être passé en argument à WriteLine. En effet, WriteLine s'attend à trouver dans l'argument non une valeur mais une référence, c'est-à-dire une sorte de pointeur sur une valeur. Cette opération de conversion d'un type valeur en un objet est appelée *boxing*, l'opération inverse étant appelée *unboxing*. Cette opération n'est effectuée que lorsque cela est nécessaire, ce qui est le cas au moment d'exécuter WriteLine et pour la durée de cette instruction. L'opération doit également être effectuée chaque fois qu'un int, un double ou une structure sont passés en argument d'une fonction qui s'attend à recevoir un objet de type object en argument.

Pour convertir une variable de type valeur en un objet, le code suivant doit être exécuté :

- allouer une zone de mémoire sur le *heap* (la zone de mémoire réservée au contenu des objets), la taille de cette zone étant de 32 bits (cas du *boxing* d'un int) plus la taille nécessaire aux informations de contrôle de cette zone de mémoire ;

- allouer sur la pile une référence pour l'objet ;

- copier le contenu de n dans la partie « données » de cette zone de mémoire nouvellement allouée ;

- copier l'adresse de la zone allouée sur le *heap* dans la référence (sur la pile). Pour parler vrai : on fait « pointer » la référence sur la zone qui vient d'être allouée dynamiquement.

Cette dernière référence peut maintenant être passée en argument à WriteLine. Cette opération, effectuée automatiquement, ne prend certes que quelques microsecondes, voire quelques fractions de microseconde, sur les machines d'aujourd'hui. Elle est cependant plus lourde que le simple passage d'un entier en argument (qui est une simple copie d'un entier sur la pile) à cause du double adressage qu'impliquent les accès aux objets. Il ne faut pas non plus oublier qu'après exécution de WriteLine, la zone de mémoire occupée par l'objet temporaire, spécialement créé pour le passage d'argument à WriteLine, est marquée « à libérer », ce qui impliquera également plus tard du travail (à un moment indéterminé) pour le ramasse-miettes.

L'opération inverse d'*unboxing* est plus rapide puisque aucune zone de mémoire ne doit être allouée. Cette opération consiste uniquement à aller chercher le contenu d'un objet (avec accès via le pointeur qu'est la référence, ce qui est certes plus lent que l'accès direct à une valeur) et à renvoyer le contenu de cette mémoire.

3.5.2 La classe Int32

La classe `Int32` (il s'agit plus précisément d'une structure) encapsule le type `int`. Les méthodes les plus intéressantes de la classe `Int32` effectuent diverses conversions : vers ou à partir d'une chaîne de caractères (ce qui présente le plus d'intérêt) mais aussi vers d'autres types.

Structure Int32	
`Int32 ← ValueType ← Object`	
`using System;`	
`int Parse(string s);`	Méthode statique qui convertit une chaîne en un entier. Une exception est générée en cas d'erreur (voir ci-après).
`bool TryParse(string s, out int n);`	Même chose, en plus rapide et avec une autre syntaxe.

Pour convertir une chaîne de caractères en un entier, on écrit :

```
string s="123";
int n = Int32.Parse(s);
```

Une erreur est générée si la chaîne ne contient pas un entier valide. On écrira donc :

```
string s;
.....
int n;
try
{
 n = Int32.Parse(s);
 Console.WriteLine("Entier correct : " + n);
}
catch (Exception e)
{
 Console.WriteLine("Erreur");
}
```

L'exception générée en cas d'erreur est :

* `FormatException` si la chaîne contient des caractères autres que des chiffres (le + et le – sont également acceptés en tête de chaîne) ;

* `OverflowException` quand le nombre représenté dans la chaîne dépasse les limites d'un `int`.

Dans l'exemple précédent, avec `catch (Exception e)`, nous traitons l'erreur, sans discriminer plus précisément son type (voir à ce sujet le chapitre 5).

.NET version 2 a introduit la fonction `TryParse`, nettement plus rapide que `Parse` :

```
string s;
int n;
.....
bool res = Int32.TryParse(s, out n);
```

Si res vaut true, cela veut dire que la chaîne s a pu être correctement convertie en un entier, le résultat de la conversion ayant été copié dans n.

Pour convertir un entier en un autre type, il faut passer :

- par ToString() pour la conversion en une chaîne de caractères ;
- par les méthodes, toutes statiques, de la classe Convert : ToBoolean, ToByte, ToSByte, ToChar, ToInt16, ToUInt16, ToInt32, ToUInt32, ToInt64, ToUInt64, ToSingle, ToDouble, ToDecimal et ToString pour les autres conversions. Par exemple :

```
int n=123;
decimal d = Convert.ToDecimal(n);
```

On aurait pu écrire :

```
decimal d = (decimal)n ;
```

Le compilateur appelant d'ailleurs Convert.ToDecimal quand il rencontre ce transtypage.

3.5.3 Les autres classes d'entiers

Les classes (plus précisément les structures) Int16, UInt16, Int32, UInt32, Int64 et UInt64 sont semblables à Int32. Inutile donc de répéter l'information.

3.5.4 La classe Double

Constantes définies dans la classe Double	
double Epsilon	Plus petite valeur (en valeur absolue) d'un double : 4.9E-324. Zéro constitue évidemment une valeur acceptable.
double MaxValue	Valeur positive la plus élevée : 1.797E308.
double MinValue	Valeur négative la plus élevée : -1.797E308.
Méthodes de la classe Double	
double Parse(string s);	Méthode statique qui convertit une chaîne en un double. Parse s'attend à trouver le séparateur défini dans les caractéristiques nationales comme séparateur des décimales (la virgule dans notre cas, mais il pourrait s'agir du point si le programme était exécuté outre-Atlantique et dans la plupart des autres régions du monde). On peut passer un second argument à Parse pour spécifier une autre culture (voir exemple).
bool TryParse(string s, out double d);	Conversion de chaîne en double. Voir la méthode TryParse de la classe Int32 et l'exemple ci-dessous.
bool IsInfinity(double d);	Méthode statique qui renvoie true si l'argument correspond à une valeur infinie (cas d'une division par zéro).
bool IsNaN(double f);	Méthode statique qui renvoie true si l'argument ne correspond pas à un double valide (IsNaN pour *Is Not A Number*).

Les méthodes, toutes statiques, de la classe `Convert` peuvent être utilisées pour convertir un réel en un autre type. La méthode `ToString` peut aussi être appliquée à un réel (ainsi d'ailleurs qu'à tout type) :

```
string s = d.ToString();
s = 1.2.ToString();          // dans nos contrées, s contient 1,2
```

Il est possible de spécifier une autre culture en argument de `ToString` :

```
using System.Globalization;
.....
s = 1.2.ToString(s, new CultureInfo("en-US"));
```

qui fait copier `1.2` dans `s` (représentation américaine, largement étendue au reste du monde, des nombres réels, avec le point comme séparateur des décimales).

Cet objet `CultureInfo` peut également être passé en argument de `Parse` :

```
using System.Globalization;
.....
string s = "1.2";
d = Double.Parse(s, new CultureInfo("en-US"));
```

Pour illustrer la détection d'erreurs de calcul lors d'opérations sur `double` ou `float`, considérons les instructions suivantes :

```
string s="1,2";              Si Windows reconnaît la virgule comme séparateur des décimales, Parse effec-
double d;                    tue correctement la conversion.
try
{
 d = Double.Parse(s);
}
catch (Exception e)
{
 .....
}
```

.NET version 2 a introduit la méthode `TryParse`, à privilégier par rapport à `Parse` :

```
string s;
.....                // initialisation de s
double d;
    bool res = Double.TryParse(s, out d);
```

Si `res` vaut `true`, `d` contient le résultat de la conversion (en tenant compte du séparateur de décimales en vigueur sur la machine). Si `res` vaut `false`, cela signifie que `s` ne contenait pas un nombre décimal correct.

Une autre forme de `TryParse` permet de spécifier la culture (le séparateur de décimales doit ici être le point) :

```
bool res = Double.TryParse(s, NumberStyles.Number,
                           new CultureInfo("en-US"), out d);
```

Voyons maintenant comment traiter les conditions limites (division par zéro ou valeur trop élevée pour un `double`) :

```double d1=5, d2=0, d3;```
```d3 = d1/d2;```
```if (Double.IsInfinity(d3)) .....```
	Division par zéro.
	
	Détection d'une division par zéro.

```double d1=1E200, d2=1E200, d3;```
```d3 = d1*d2;```
```if (Double.IsInfinity(d3)) .....```
	Valeur trop élevée pour un `double`.
	
	Détection d'une valeur trop élevée.

À la section 3.2 consacrée aux chaînes de caractères, nous avons vu comment afficher un nombre réel.

3.5.5 Les autres classes de réels

La classe `Single` (pour le type `float`) est semblable à `Double`. Inutile donc de répéter l'information : il suffit de remplacer `Double` par `Single`.

Pour le type `decimal` (classe `Decimal`), le traitement des erreurs doit se faire comme pour les entiers dans un `try/catch`.

3.5.6 La classe Char

Les méthodes de la classe `Char` (il s'agit plus précisément d'une structure) permettent de déterminer le type d'un caractère (chiffre, majuscule, etc.). Toutes les méthodes de la classe `Char` sont statiques.

Classe Char (méthodes statiques)	
Char ← ValueType ← Object	
using System;	
```bool IsLower(char ch);```	Renvoie `true` si le caractère ch fait partie des minuscules. Nos lettres accentuées (à, é, ê, etc.) sont à juste titre considérées comme des minuscules : ```if (Char.IsLower('é')) .....```
```bool IsUpper(char ch);```	Renvoie `true` si le caractère ch fait partie des majuscules.

```bool IsDigit(char ch);```	Renvoie `true` si le caractère ch est un chiffre. On écrira par exemple :
	```string s="a1b2c3";```
	```char c=s[1];```
	```if (Char.IsDigit(c))```
	``` Console.WriteLine("Chiffre : oui");```
	```else Console.WriteLine("Chiffre : non");```

```bool IsLetter(char ch);```	Renvoie `true` s'il s'agit d'une lettre.
```bool IsLetterOrDigit(char ch);```	Renvoie `true` s'il s'agit d'une lettre ou d'un chiffre.

`bool` `IsPunctuation(char ch);`	Renvoie `true` s'il s'agit d'un caractère de ponctuation.
`bool` `IsWhiteSpace(char ch);`	Renvoie `true` s'il s'agit d'un espace.
`char ToLower(char);`	Renvoie la minuscule de la lettre passée en argument.
`char ToUpper(char);`	Renvoie la majuscule de la lettre passée en argument. La majuscule de é est _.

`string ToString(char);`	Convertit l'argument en une chaîne de caractères :
	`  char c;`
	
	`  .....`
	`  string s = Char.ToString(c);`
	On aurait également pu écrire (`ToString` sans argument n'est pas une fonction statique) :
	`  s = c.ToString();`

Toutes les fonctions `Is...` présentent une autre forme, où le second argument indique le déplacement dans la chaîne passée en premier argument :

```
bool Is...(string s, int dépl);
```

Par exemple :

```
string s = "A2";
if (Char.IsDigit(s, 1)) .....
```

3.6 Classe de tableau

La classe `Array` s'applique aux tableaux, quel que soit le type des cellules. Des fonctions de cette classe permettent notamment de trier des tableaux ou d'effectuer des recherches dichotomiques dans un tableau trié.

Pour parler en termes d'interfaces, disons que la classe `Array` implémente diverses interfaces (certaines de l'espace de noms `System.Collections`) :

Interfaces implémentées par la classe Array

`ICloneable`	La classe implémente la méthode `Clone`.

`IEnumerable`	Les tableaux peuvent être balayés par `foreach` mais aussi par énumérateur (toujours en lecture uniquement) :
	`  int[] ti = {5, 8, 11, 20};`
	`  foreach (int n in ti) Console.WriteLine(n);`
	ou
	`  IEnumerator ie = ti.GetEnumerator();`
	`  while (ie.MoveNext()) Console.WriteLine(ie.Current);`

`ICollection`	Fournit la propriété `Count` (nombre d'éléments dans le tableau).

Passons maintenant en revue les propriétés et méthodes de cette classe `Array`.

Classe Array		
`Array ← Object`		
`using System;`		
Propriétés de la classe Array		
`Length`	`int`	Nombre total d'éléments, toutes dimensions confondues. Voir exemples ci-après.
`Rank`	`int`	Nombre de dimensions.
Méthodes de la classe Array		

`void`
`Clear(Array,`
` int index, int Length);`
		Méthode statique qui réinitialise à zéro toute une série de cellules.
		`Array.Clear(t, 0, t.Length)` réinitialise tout le tableau t à zéro (à des chaînes vides s'il s'agit d'un tableau de chaînes de caractères).
		`Array.Clear(t, 5, 2)` remet à zéro deux cellules à partir de la sixième.

`void`
`Copy(Array ts,`
`     Array td, int n);`
		Méthode statique qui copie les n premiers éléments de ts (tableau source) dans td (tableau de destination) :
		`int[] ts = {10, 20, 30, 40, 50};`
		`int[] td = new int[10];`
		`Array.Copy(ts, td, 3);`
		td reste un tableau de dix éléments dont les trois premiers valent respectivement 10, 20 et 30.
		L'exception `ArgumentException` est signalée si n dépasse la taille de ts ou celle de td.

`void`
`Copy(Array ts, int ps,`
`     Array td, int pd,`
`     int n);`
		Méthode statique qui copie n éléments de ts (à partir de la position ps) dans td (à partir de la position pd dans td).
		`int[] ts = {10, 20, 30, 40, 50};`
		`int[] td = new int[10];`
		`Array.Copy(ts, 1, td, 2, 3);`
		Les six premières cellules de td contiennent maintenant 0, 0, 20, 30, 40 et 0.

`void`
`CopyTo(Array td, int pos);`
		Copie tout le tableau sur lequel porte l'opération dans le tableau passé en argument, à partir de la position pos :
		`int[] ts = {10, 20, 30};`
		`int[] td = new int[10];`
		`ts.CopyTo(td, 5);`
		td contient maintenant 0, 0, 0, 0, 0, 10, 20, 30, 0 et 0.

`int`
`IndexOf(Array  t, object o);`
		Renvoie l'indice de la première occurrence du second argument dans le tableau t ou −1 si o n'a pas été trouvé. Par exemple :
		`string[] ts = {"Jack", "Averell",`
		`               "Joe", "William"};`
		`n = Array.IndexOf("Joe");`
		n prend la valeur 2.

`int`
`IndexOf(Array, Object,`
` int pos);`
	Même chose mais recherche à partir de la pos-ième cellule dans le tableau.

`int IndexOf(Array, Object,` ` int pos, int endpos);`	Même chose mais recherche entre les cellules `pos` et `endpos` (non inclus `endpos`). On trouve des fonctions semblables avec `LastIndexOf` (qui effectue une recherche en sens inverse).

`void Reverse(Array);`	Méthode statique qui inverse la séquence des éléments dans le tableau :
	`int[] ts = {10, 20, 30};`
	`Array.Reverse(ts);`
	ts contient maintenant 30, 20 et 10.

`void`
`Reverse(Array,`
`        int pos1, int pos2);`
	Méthode statique qui inverse une partie (entre pos1 et pos2) des éléments dans le tableau :
	`int[] ts = {10, 20, 30, 40, 50, 60};`
	`Array.Reverse(ts, 1, 3);`
	ts contient maintenant 10, 40, 30, 20, 50 et 60.

`void Sort(Array);`	Méthode statique qui trie un tableau à une dimension (voir exemple ci-après).

`void Sort(Array tk,`
`          Array ta);`
	Trie le tableau `ta` (tableau des articles) en se servant des cellules de `tk` comme clés de tri.
	`string[] ta = {"AA","BB","CC","DD"};`
	`int[] ti = {2, 3, 1, 0};`
	`Array.Sort(ti, ta);`
	ta contient maintenant DD, CC, AA et BB.

`void Sort(Array, IComparer);`	Même chose mais en spécifiant une méthode de comparaison.
`int` `BinarySearch(Array, Object);`	Recherche le second argument dans le tableau. `BinarySearch` renvoie l'emplacement de l'objet dans le tableau ou une valeur négative si l'objet n'a pas été trouvé. Le tableau doit être trié car la technique de recherche dichotomique est utilisée.

`int`
`BinarySearch(Array,`
` Object, IComparer);`
	Même chose mais en spécifiant une méthode de comparaison.

`int`
`BinarySearch(Array,`
` int pos, int nb, Object);`
	Comme la forme précédente mais la recherche est effectuée en se limitant aux `nb` cellules à partir de la pos-ième.

`int`
`BinarySearch(Array,`
` int, int,`
` Object, IComparer);`
	Même chose mais en spécifiant une méthode de comparaison.

Pour illustrer les propriétés Length et Rank, considérons les exemples suivants (tableau à une dimension, à deux dimensions et finalement tableau déchiqueté) :

Tableau	Length	Rank
int[] t1 = {1, 2, 3};	3	1
int[,] t2 = {{1, 2, 3}, {10, 20, 30}};	6	2
int[][] t3 = new int[2][]; t3[0] = new int[] {1, 2, 3}; t3[1] = new int[] {10, 20, 30, 40};	2	1

Pour le dernier exemple, il faut bien comprendre que t3 désigne un tableau de deux lignes (tableau d'une seule dimension donc et comprenant deux cellules). Que la première ligne contienne trois éléments et la seconde quatre est le problème de t3[0] et de t3[1].

t3.Length, t3[0].Length et t3[1].Length valent respectivement 2, 3 et 4. La propriété Rank appliquée à t3, t3[0] et t3[1] vaut 1 dans les trois cas : un tableau déchiqueté reste dans tous les cas un tableau (à une dimension) de tableaux (tous à une dimension).

3.6.1 Tris et recherches dichotomiques

Pour illustrer les tris et recherches dichotomiques, nous allons créer un tableau d'entiers, le trier et effectuer une recherche dichotomique. On écrit pour cela (n contiendra ici une valeur négative puisque la valeur 5 ne se trouve pas dans le tableau) :

```
int[] ti = {10, 1, 1000, 100};
Array.Sort(ti);                    // tri de ti
int n = Array.BinarySearch(ti, 5); // recherche de la valeur 5 dans ti
```

Trier des entiers ne pose aucun problème car l'ordinateur connaît l'ordre des entiers. Mais il n'en va pas de même pour trier un tableau de personnes car l'ordinateur ignore comment comparer deux personnes. Il faut donc lui spécifier la méthode de comparaison.

Considérons une classe Pers relative à une personne et composée d'un nom et d'un âge. Pour simplifier, ces champs seront publics. La comparaison de deux personnes est d'abord effectuée sur le nom. Quand les noms sont les mêmes, les âges sont comparés.

Une première technique consiste à implémenter l'interface IComparable dans cette classe Pers. L'interface IComparable ne comporte qu'une seule méthode : CompareTo qui compare deux objets (celui sur lequel opère la fonction et celui qui est passé en argument).

CompareTo renvoie 0 si les deux objets sont semblables (ici, même nom et même âge), et une valeur positive si le premier est supérieur au second. Dans notre cas, on compare d'abord les noms et, à mêmes noms, les âges.

Implémenter l'interface IComparable pour Pers revient à nous obliger à implémenter la fonction CompareTo dans Pers. La méthode Sort de la classe Array appellera cette méthode pour comparer deux personnes.

Première technique pour le tri d'objets Pers (Pers implémente IComparable)   `Ex1.cs`

```
using System;
class Pers : IComparable
{
 public string Nom;
 public int Age;
 public Pers(string N, int A) {Nom = N; Age = A;}
 public override string ToString() {return Nom + " (" + Age + ")";}
 int IComparable.CompareTo(object o)
 {
  Pers op = (Pers)o;
  int res = Nom.CompareTo(op.Nom);
  if (res == 0) res = Age - op.Age;
  return res;
 }
}
class Prog
{
 static void Main()
 {
  Pers[] tp = {new Pers("Prunelle", 35), new Pers("Jeanne", 23),
              new Pers("Gaston", 27), new Pers("Prunelle", 5) };
  Array.Sort(tp);
  foreach (Pers p in tp) Console.WriteLine(p);
 }
}
```

Cette technique n'est cependant possible que si l'on dispose du code source de la classe Pers (puisqu'il faut faire implémenter l'interface IComparer à Pers). Si ce n'est pas le cas, il faut créer une classe implémentant l'interface IComparer (interface définie dans System.Collections). L'interface IComparer ne comporte qu'une seule méthode : Compare.

Autre technique pour le tri d'objets Pers (classe implémentant IComparer)   `Ex2.cs`

```
using System;
using System.Collections;
class Pers
{
 public string Nom;
 public int Age;
```

Autre technique pour le tri d'objets Pers (classe implémentant IComparer) *(suite)*

```
 public Pers(string N, int A) {Nom = N; Age = A;}
 public override string ToString() {return Nom + " (" + Age + ")";}
}
class ComparePers : IComparer
{
 public int Compare(object o1, object o2)
 {
  Pers op1=(Pers)o1, op2=(Pers)o2;
  int res = op1.Nom.CompareTo(op2.Nom);
  if (res == 0) res = op1.Age - op2.Age;
  return res;
 }
}
class Prog
{
 static void Main()
 {
  Pers[] tp = {new Pers("Prunelle", 35), new Pers("Jeanne", 23),
              new Pers("Gaston", 27), new Pers("Prunelle", 5) };
  Array.Sort(tp, new ComparePers());

  foreach (Pers p in tp) Console.WriteLine(p);
 }
}
```

Cette dernière technique doit être utilisée pour pouvoir trier un tableau selon différents critères. II faut alors implémenter une classe de comparaison par critère de tri (donc implémenter une classe comme ComparePers par critère de tri) et passer en second argument d'Array.Sort un objet de la classe triant selon le critère désiré.

3.7 Les structures Point, Rectangle et Size

3.7.1 La structure Point

Les structures Point, Rectangle et Size se rapportent évidemment à un point, un rectangle et à une taille. Elles sont très utilisées dans les environnements graphiques puisque l'utilisateur doit cliquer en un point et qu'une fenêtre est affichée dans un rectangle.

Un point est toujours défini par deux coordonnées X et Y. La position des axes dépend du contexte (point relatif à une fenêtre ou point relatif à l'écran) mais, en programmation Windows, ils sont toujours disposés comme suit (il en va différemment en programmation DirectX) : axe des X de gauche à droite et se confondant avec le bord supérieur de l'aire client de la fenêtre, et axe de Y de haut en bas et se confondant avec le bord gauche.

Structure Point

Point ← ValueType ← Object

using System.Drawing;

Propriétés de la structure Point

X	int	Coordonnée X du point.
Y	int	Coordonnée Y.

Constructeurs de la structure Point

Point(int, int);	Construit un point à partir de deux coordonnées X et Y du point.
Point(Size);	Construit un point à partir des champs Width et Height d'un objet Size (Width devient X et Height devient Y).
Point(int);	Coordonnée X dans les 16 bits les moins significatifs de l'argument et coordonnée dans les 16 bits les plus significatifs.

Méthode de la structure Point

void Offset(int dx, int dy);	Déplace un point de dx (le long de l'axe des X) et de dy (le long de l'axe des Y).

Les opérateurs == et != ont été redéfinis dans la structure Point, ce qui permet d'écrire :

```
Point p1=new Point(10, 20), p2=new Point(50, 60);
.....
if (p1 == p2) .....     // p1 et p2 désignent-ils le même point ?
```

3.7.2 La structure Rectangle

La structure Rectangle se rapporte évidemment à un rectangle. Elle n'a aucune représentation à l'écran, elle ne sert qu'à contenir les coordonnées d'un rectangle et à effectuer quelques opérations sur ce dernier (vérifier si un point est intérieur ou extérieur à un rectangle, étendre ou rétrécir un rectangle, etc.).

Structure Rectangle

Rectangle ← ValueType ← Object

using System.Drawing;

Propriétés de la structure Rectangle

Bottom	int	Coordonnée, le long de l'axe des Y, du bord inférieur du rectangle.
Height	int	Hauteur.
IsEmpty	bool	Vrai si largeur et hauteur valent zéro.
Left	int	Coordonnée, le long de l'axe des X du bord de gauche.
Location	Point	Coordonnées du coin supérieur gauche.
Right	int	Coordonnée, le long de l'axe des X, du bord de droite.
Size	Size	Taille du rectangle.
Top	int	Coordonnée, le long de l'axe des Y du bord supérieur.
X	int	Coordonnée X du coin supérieur gauche.
Y	int	Coordonnée Y du coin supérieur gauche.

Constructeurs de la structure `Rectangle`	

`Rectangle(`
  `int x_csg, int y_csg,`
  `int largeur,`
  `int hauteur);`
	Construit un rectangle à partir des coordonnées de son coin supérieur gauche et de sa taille (largeur et hauteur).

`Rectangle(Point, Size);`	Construit un rectangle à partir des coordonnées de son coin supérieur gauche et de sa taille.

Méthodes de la structure `Rectangle`	

`bool Contains(Point);`	Indique si le point passé en argument se trouve dans le rectangle sur lequel porte la méthode. Par exemple :
	`Rectangle r =`
	  `new Rectangle(10, 20, 100, 80);`
	`Point p = new Point(50, 50);`
	`if (r.Contains(p)) .....    // vrai`
	`Contains` renvoie `true` si le point se trouve sur le contour.

`bool Contains(int, int);`	Même chose, les coordonnées du point étant décomposées.
`bool Contains(Rectangle);`	Indique si un rectangle (celui qui est passé en argument) est entièrement compris dans le rectangle sur lequel porte la fonction.

`Rectangle`
`FromLTRB(`
  `int left, int top,`
  `int right, int bottom);`
	Méthode statique qui renvoie un rectangle à partir des coordonnées de coins opposés (LTRB pour *Left*, *Top*, *Right* et *Bottom*).

`void Inflate(Size);`	Agrandit le rectangle.

`void Inflate(int, int);`	Même chose. Par exemple (rectangle initialement large de 200 et haut de 150) :
	`Rectangle r =`
	  `new Rectangle(20, 20, 200, 150);`
	  `r.Inflate(10, 15);`
	Le coin supérieur gauche du rectangle se trouve maintenant en (10, 5) et le rectangle devient large de 220 (élargissement à gauche et à droite de 10) et haut de 180 (élargissement en haut et en bas de 15).

`Rectangle`
`Inflate(`
  `Rectangle,`
  `int cx, int cy);`
	Méthode statique qui renvoie un rectangle élargi (par rapport au rectangle passé en premier argument) horizontalement de `cx` (des deux côtés) et verticalement de `cy` (des deux côtés également).

`void Intersect(Rectangle);`	Le rectangle sur lequel porte l'opération est réduit par intersection avec le rectangle passé en argument (le résultat est le rectangle commun aux deux rectangles).

`Rectangle`
`Intersect(`
 `Rectangle a, Rectangle b);`
	Méthode statique qui fournit l'intersection des deux rectangles passés en argument.

`bool`
`IntersectsWith(`
 `Rectangle rect);`
	Indique si les deux rectangles (celui sur lequel porte la fonction et celui qui est passé en argument) ont au moins un point en commun.

`void Offset(int cx, int cy);`	Déplace un rectangle sans modifier sa taille.
`void Offset(Point);`	Même chose.

`Rectangle`
`Union(Rectangle a,`
    `Rectangle b);`
	Méthode statique qui donne l'union de deux rectangles (c'est-à-dire le rectangle qui englobe les deux rectangles).

Les opérateurs == et != ont été redéfinis pour comparer deux rectangles (il y a égalité si les deux rectangles se situent au même emplacement et ont la même taille).

3.7.3 La structure Size

La structure `Size` se rapporte à une taille.

Structure Size		
`Size ← ValueType ← Object`		
`using System.Drawing;`		
Propriétés de la structure Size		
`IsEmpty`	`bool`	Vrai si largeur et hauteur valent zéro.
`Height`	`int`	Hauteur.
`Width`	`int`	Largeur.
Constructeurs de la structure Size		
`Size(int larg, int haut);`		Construit un objet `Size` à partir de la largeur et de la hauteur.
`Size(Point);`		Construit un objet `Size` à partir d'un point. Les champs `X` et `Y` du point sont pris comme largeur et hauteur.

Les opérateurs == et != ont été redéfinis pour pouvoir comparer deux tailles. Les opérateurs + et – ont été redéfinis pour agrandir ou rétrécir un objet `Size` :

```
Size sz = new Size(10, 20);
sz = sz + new Size(5, 10);
```

sz a maintenant une largeur de 15 et une hauteur de 30. On aurait pu utiliser l'opérateur +=.

Programmes d'accompagnement	
Les programmes `Ex1.cs` et `Ex2.cs` de ce chapitre, ainsi que les programmes suivants :	
`Anniversaires`	Illustre les opérations sur dates. Vous choisissez un jour de l'année et le programme affiche qui est né tel jour. Le programme est accompagné d'une base de données (Access) avec les noms (et véritables noms) et dates de naissance de plus de 1600 personnalités.
`ExprRegul`	Testeur d'expressions régulières.

4

Les classes conteneurs

Les classes conteneurs sont des classes qui permettent d'implémenter des tableaux dynamiques (qui s'agrandissent automatiquement), des piles, des listes chaînées éventuellement triées, etc. Un objet conteneur contient donc des objets, organisés d'une manière ou d'une autre. Quels objets ? Des objets d'une classe dérivée de la classe Object, mais la version 2 a introduit les conteneurs fondés sur les génériques. Dans le premier cas, les objets peuvent être de n'importe quel type : toute classe est en effet dérivée de la classe Object et tout objet d'une classe dérivée est aussi un objet de sa classe de base. C'est également le cas des variables de type valeur, par la technique du *boxing* (voir la section 3.4).

C# version 2 a introduit les conteneurs génériques (section 4.2) ainsi qu'une nouvelle manière de programmer un itérateur (section 4.3).

4.1 Les conteneurs d'objets

Les conteneurs d'objets contiennent des objects. Comme nous venons de le rappeler, ils peuvent contenir n'importe quel type d'objet. Si un transtypage n'est pas nécessaire lors de l'introduction d'un élément dans le conteneur, il l'est lors du retrait.

4.1.1 Les tableaux dynamiques

La classe ArrayList implémente un « tableau dynamique d'objets ». La taille d'un tel tableau est automatiquement ajustée, si nécessaire, lorsque des éléments y sont ajoutés, ce qui n'est pas le cas pour les tableaux traditionnels.

Un tableau dynamique, parfois appelé vecteur, peut contenir n'importe quel objet puisqu'il contient des objets d'une classe dérivée de la classe Object. Dans la pratique, un tableau dynamique contient généralement des objets de même type. Rien ne vous empêche cependant d'introduire dans le tableau des objets de classes différentes (puisque tous les objets sont finalement des objets de la classe Object). Le problème est qu'au moment de retirer ces objets du tableau, vous devez connaître leur type, mais il y a moyen d'obtenir automatiquement cette information. Nous reviendrons sur ce problème plus loin dans ce chapitre.

Nous allons présenter les propriétés et les méthodes de la classe ArrayList. Comme pour les tableaux de taille fixe, l'opérateur [] donne accès à un élément du tableau (en lecture comme en écriture). C'est en fait la propriété Item de ArrayList qui sert d'indexeur mais cela nous est caché par l'indexeur.

La classe ArrayList implémente l'interface IList qui, elle-même, implémente les interfaces ICollection et IEnumerable. Cela signifie que la classe ArrayList implémente les propriétés et méthodes mentionnées dans l'interface Ilist : Items, Add, Clear, etc.

Classe ArrayList	
ArrayList ← Object	
using System.Collections;	
Propriétés de la classe ArrayList	
Capacity int	Nombre d'éléments que peut contenir le tableau. Comme le tableau s'agrandit automatiquement, cette propriété présente peu d'intérêt. Vous pourriez néanmoins spécifier une taille de tableau en initialisant cette propriété.
Count int	Nombre d'éléments présents dans le tableau.
Méthodes de la classe ArrayList	
ArrayList()	Constructeur.
int Add(object obj);	Ajoute l'objet obj en fin de tableau et renvoie le nombre d'éléments dans le tableau suite à l'insertion. Au besoin, la taille du tableau est augmentée, elle est en fait doublée pour éviter de trop fréquentes et coûteuses réorganisations.
void AddRange(ICollection c);	Ajoute une collection d'objets (par exemple, un tableau d'objets) dans le tableau dynamique.

int BinarySearch(
  int index, int count,
  object value,
  IComparer comparer);
	Effectue une recherche dichotomique dans un tableau dynamique d'objets. La recherche est plus précisément effectuée sur les count objets à partir du index-ième. L'objet à rechercher est passé en troisième argument. Si la fonction de tri est connue (par exemple parce qu'il s'agit d'un type primitif ou parce que la classe implémente IComparable), null peut être passé en dernier argument. BinarySearch renvoie l'indice de l'élément trouvé ou une valeur négative si l'élément n'a pas été trouvé.

void Clear();	Vide le tableau de ses éléments.
bool Contains(object obj);	Renvoie true si le tableau contient l'objet obj.

`void CopyTo(Array);`	Copie le contenu d'un tableau dynamique dans un tableau ordinaire non sujet à des agrandissements automatiques (`al` étant de type `ArrayList` d'objets `Pers`) :
	
	`Pers[] tabPers = new Pers[al.Count];`
	`al.CopyTo(tabPers);`

`void` `CopyTo(Array, int pos);`	Comme la fonction précédente mais copie les objets du tableau dynamique à partir de la `pos`-ième entrée dans le tableau de longueur fixe.
`IEnumerator` `GetEnumerator();`	Renvoie un énumérateur pour parcourir le tableau dynamique (une collection de manière générale). La propriété et les deux méthodes de `IEnumerator` sont :

	`Current`	Donne l'objet se trouvant à la position de l'itérateur. `Current` est une propriété en lecture seule.
	`bool MoveNext();`	Déplace l'itérateur sur l'objet suivant. Un premier `MoveNext` est toujours nécessaire. `MoveNext` renvoie `false` quand la fin de la collection a été atteinte.
	`void Reset();`	Réinitialise l'itérateur à sa position initiale.

	Bien que l'utilisation des crochets (comme pour tout tableau) soit plus simple, un exemple de balayage par itérateur est donné plus loin dans ce chapitre. C# version 2 a introduit une nouvelle syntaxe pour les itérateurs (voir la section 4.3).

`ArrayList`
`GetRange(`
` int index, int count);`
	Renvoie un `ArrayList` qui contient `count` objets (à partir du `index`-ième) du tableau dynamique sur lequel porte la fonction.

`int IndexOf(Object);`	Renvoie l'index de l'objet passé en argument dans le tableau dynamique. `IndexOf` renvoie −1 si l'objet n'a pas été trouvé.
`int` `IndexOf(Object, int index);`	Comme la fonction précédente mais la recherche démarre au `index`-ième objet du tableau dynamique.

`int`
`IndexOf(Object,`
` int startIndex,`
` int endIndex);`
	Comme la fonction précédente mais la recherche n'est effectuée qu'entre `startIndex` (inclus) et `endIndex` (non inclus).

`void`
`Insert(int pos,`
`      object obj);`
	Insère l'objet `obj` en `pos`-ième position dans le tableau.

`void`
`InsertRange(`
` int index, ICollection);`
	Insère une collection d'objets dans le tableau dynamique.

`int LastIndexOf(Object);`	Comme `IndexOf` mais la recherche est effectuée de la fin vers le début. Les autres formes de `IndexOf` s'appliquent à `LastIndexOf`.

Classe `ArrayList` *(suite)*

`void Remove(object obj);`	Retire l'objet `obj` du tableau.
`void RemoveAt(int pos);`	Retire l'objet en `pos`-ième position. Les éléments qui suivent « avancent » d'une position. L'exception `ArgumentOutOfRangeException` est générée si ce `pos`-ième élément n'existe pas.
`void RemoveRange(int pos, int nb);`	Retire `nb` objets à partir de la `pos`-ième position.
`ArrayList Repeat(object obj, int nb);`	Méthode statique qui renvoie un objet `ArrayList` contenant `nb` fois l'objet `obj`.
`void Reverse();`	Inverse l'ordre des éléments dans le tableau.
`void Reverse( int index, int count);`	Inverse l'ordre des `count` objets à partir du `index`-ième.
`void Sort();`	Trie le tableau. Voir exemple plus loin dans ce chapitre.
`void Sort(IComparer);`	Trie le tableau en spécifiant la classe effectuant la comparaison. Voir exemple plus loin dans ce chapitre.
`void Sort( int index, int count, IComparer);`	Même chose mais trie `count` objets à partir du `index`-ième. Le dernier argument peut être `null` si la méthode de comparaison n'est pas nécessaire (cas d'un tri d'entiers, de réels ou de chaînes de caractères car l'ordre de ces éléments est connu).

`object[] ToArray();`	Renvoie un tableau (de taille fixe) d'objets à partir du tableau dynamique (voir les exemples pour comprendre le contexte) :
	`object[] tabPers = al.ToArray();`
	`foreach (Pers p in tabPers)`
	`  Console.WriteLine(p);`

`void TrimToSize();`	Ajuste la taille du tableau au nombre d'éléments présents (lorsque le tableau doit être agrandi, sa taille est doublée, ce qui est parfois inutile).

Dans le programme suivant, nous allons insérer des objets (des personnes en l'occurrence) dans un tableau dynamique. Nous créerons d'abord une classe `Pers` (un nom et un âge en attributs publics pour simplifier encore le fragment de programme) :

Accès à un tableau dynamique   `Ex1.cs`

```
using System;
using System.Collections;
class Pers
{
 public string Nom;
 public int Age;
```

```
    public Pers(string N, int A) {Nom = N; Age = A;}
    public void Affiche()
    {
     Console.WriteLine("{0} âgé de {1} ans", Nom, Age);
    }
   }
   class Prog
   {
    static void Main ()
    {
     ArrayList al = new ArrayList();
     // insérer une première personne dans le tableau
     Pers p = new Pers("Lagaffe", 25); al.Add(p);
     // ajouter (Jeanne, 20) à la fin du tableau
     al.Add(new Pers("Jeanne", 20));
     // affichage des personnes présentes dans le tableau
     for (int i=0; i<al.Count; i++)
     {
      p = (Pers)al[i];
      p.Affiche();
     }
    }
   }
```

Au lieu d'écrire une méthode `Affiche` dans la classe `Pers`, on peut redéfinir la méthode `ToString` (originellement de la classe `Object`) :

```
   class Pers
   {
     ....
     public override string ToString()
     {
      return String.Format("{0} âgé de {1} ans", Nom, Age);
     }
   }
```

La boucle `for` précédente s'écrit dès lors :

```
   for (int i=0; i<al.Count; i++)
   {
    p = (Pers)al[i];
    Console.WriteLine(p);
   }
```

Au lieu d'utiliser `String.Format`, on aurait pu écrire dans la redéfinition de `ToString` (en feignant de ne pas voir la faute d'orthographe dans le cas où `Age` vaut zéro ou un) :

```
   return Nom + " âgé de " + Age + " ans";
```

La boucle précédente peut également s'écrire (sans oublier que chaque élément est en lecture seule) :

```
   foreach (Pers p in al) Console.WriteLine(p);
```

Balayage par itérateur

Dans les exemples précédents, nous avons balayé le tableau dynamique par des boucles `for` et `foreach`. Une autre technique consiste à utiliser un itérateur :

```
IEnumerator enu = al.GetEnumerator();
while (enu.MoveNext()) Console.WriteLine(enu.Current);
```

`MoveNext` (à appliquer à l'objet itérateur) renvoie `true` quand l'objet suivant (par exemple un objet `Pers`) est disponible. Dans ce cas, on trouve cet objet dans `enu.Current`.

Comme `enu.Current`, officiellement de type `Object`, est en réalité un objet `Pers`, c'est un objet `Pers` qui est affiché (`ToString` étant une méthode virtuelle, c'est la méthode `ToString` de `Pers` qui est appelée). Généralement, il faudra copier `enu.Current` dans un objet de la classe `Pers` :

```
Pers p = (Pers)enu.Current;
```

Le balayage par itérateur est possible car les classes de collections (`ArrayList`, `Queue`, etc.) implémentent l'interface `IEnumérable`.

Insertion d'objets de classes différentes

Dans le programme qui suit, nous allons insérer dans notre tableau dynamique des objets de classes différentes. L'insertion elle-même ne pose pas de problème. La difficulté est au moment de retirer l'objet : vous devez savoir à quel type d'objet vous avez affaire. Vous pouvez néanmoins interroger l'objet lui-même pour connaître son véritable type :

```
ArrayList al = new ArrayList();
al.Add(1);                      // ajout d'un entier
al.Add("Deux");                 // ajout d'une chaîne de caractères
.....
if (al[0] is int) .....

On pourrait aussi écrire :
if (al[0].GetType() == typeof(int)) .....
if (al[1].GetType() == typeof(string)) .....
```

ou encore :

```
if (al[0].GetType().Name == "Int32") .....
if (al[1].GetType().Name == "String") .....
```

Si `Pers` est une classe connue du programme, on peut aussi écrire :

```
if (al[i] is Pers) .....
```

On peut enfin tenter une conversion :

```
Pers p = al[i] as Pers;
```

p prenant la valeur null si al[i] ne fait pas référence à un objet de type Pers.

Insertions d'objets de classes différentes dans un tableau dynamique   Ex2.cs

```
using System;
using System.Collections;
class Vélo
{
 private int nbVitesses;
 public Vélo(int n) {nbVitesses = n;}
 public override string ToString()
  {
   return "Vélo à " + nbVitesses + " vitesses";
  }
}
class Auto
{
 private double Consommation;
 public Auto(double cons) {Consommation = cons;}
 public override string ToString()
  {
   return "Auto consommant " + Consommation + " litres aux 100 kms";
  }
}
class Prog
{
 static void Main()
  {
   ArrayList al = new ArrayList();
   al.Add(new Vélo(3));
   al.Add(new Auto(6.5));
   al.Add(new Vélo(18));

   foreach (object v in al)
   {
    if (v is Vélo) Console.WriteLine((Vélo)v);
    if (v is Auto) Console.WriteLine((Auto)v);
   }
  }
}
```

Tris et recherches dichotomiques

Pour créer un tableau dynamique d'entiers, le trier et effectuer une recherche dichotomique, on écrit (n contiendra ici une valeur négative puisque la valeur 5 ne se trouve pas dans le tableau) :

```
ArrayList al = new ArrayList();
al.Add(30); al.Add(6); al.Add(12); al.Add(45);
al.Sort();
int n = al.BinarySearch(0, al.Count, 5, null);
```

null pouvait ici être passé en dernier argument car comparer deux entiers ne pose aucun problème, le compilateur n'ayant pas besoin de votre aide pour cela. Il en irait de même pour les chaînes de caractères (objets string, .NET tenant alors correctement compte du poids des lettres accentuées) mais différemment pour des objets de classes plus complexes (dans le cas de la classe Pers ci-après, un ordinateur ne sait pas, sans qu'on le lui ait appris, comparer deux personnes).

Pour illustrer le sujet, considérons une classe Pers relative à une personne et composée d'un nom et d'un âge. Pour simplifier, ces champs seront publics. La comparaison de deux personnes est effectuée sur le nom. Quand les noms sont les mêmes, les âges sont comparés.

Une première technique consiste à faire implémenter l'interface IComparable par cette classe Pers.

L'interface IComparable ne mentionne qu'une seule méthode à implémenter :

```
int CompareTo(object o)
```

qui doit comparer l'objet sur lequel porte la méthode (appelons-le o1) avec l'objet passé en argument (o2). CompareTo doit renvoyer 0 en cas d'égalité, une valeur positive si o1 est supérieur à o2, et une valeur négative si o1 est inférieur à o2.

Première technique pour le tri d'objets Pers (Pers implémente IComparable)   Ex3.cs

```
using System;
using System.Collections;
class Pers : IComparable
{
 public string Nom;
 public int Age;
 public Pers(string N, int A) {Nom = N; Age = A;}
 public override string ToString() {return Nom + " (" + Age + ")";}
 int IComparable.CompareTo(object o)
 {
  Pers op = (Pers)o;
  int res = Nom.CompareTo(op.Nom);  // comparaison sur le nom
  if (res == 0) res = Age - op.Age; // en cas d'égalité, comparaison sur l'âge
  return res;
 }
}
class Prog
{
 static void Main()
 {
  ArrayList al = new ArrayList();
  al.Add(new Pers("Prunelle", 35)); al.Add(new Pers("Gaston", 27));
  al.Add(new Pers("Jeanne", 23));
  al.Add(new Pers("Demeesmaecker", 60));
  al.Sort();
  foreach (Pers p in al) Console.WriteLine(p);
 }
}
```

Plutôt que d'exécuter des Add consécutifs, comme nous venons de le faire, il est plus efficace d'exécuter AddRange :

```
Pers[] tp = {new Pers("Prunelle", 35), new Pers("Gaston", 25)};
al.AddRange(tp);
```

Cette technique n'est cependant possible que si l'on dispose du code source de la classe Pers. Si tel n'est pas le cas, il faut implémenter une classe dérivant de l'interface IComparer. L'interface IComparer ne mentionne qu'une méthode à implémenter :

```
int Compare(object o1, object o2)
```

qui doit renvoyer 0 en cas d'égalité, une valeur positive si o1 est supérieur à o2, et une valeur négative si o1 est inférieur à o2.

Autre technique pour le tri d'objets Pers (classe implémentant IComparer)　　　　Ex4.cs

```
using System;
using System.Collections;
class Pers
{
 public string Nom;
 public int Age;
 public Pers(string N, int A) {Nom = N; Age = A;}
 public override string ToString() {return Nom + " (" + Age + ")";}
}
class ComparePers : IComparer
{
 public int Compare(object o1, object o2)
 {
  Pers op1=(Pers)o1, op2=(Pers)o2;
  int res = op1.Nom.CompareTo(op2.Nom);
  if (res == 0) res = op1.Age - op2.Age;
  return res;
 }
}
class Prog
{
 static void Main()
 {
  ArrayList al = new ArrayList();
  al.Add(new Pers("Prunelle", 35)); al.Add(new Pers("Gaston", 27));
  al.Add(new Pers("Jeanne", 23));
  al.Add(new Pers("Demeesmaecker", 60));
  al.Sort(new ComparePers());
  foreach (Pers p in al) Console.WriteLine(p);
 }
}
```

Rien ne vous empêcherait de créer des classes `ComparePersNom`, `ComparePersAge`, etc., correspondant à autant de critères de tri différents. Pour trier le tableau dynamique selon le critère de l'âge, on écrit alors :

```
al.Sort(new ComparePersAge());
```

La classe StringCollection

La classe `StringCollection` (directement dérivée de la classe `Object`) est un cas particulier de tableau dynamique. Un objet `StringCollection` peut contenir zéro, une ou plusieurs chaînes de caractères. Il peut aussi contenir plusieurs fois la même chaîne. On y retrouve la propriété `Count` ainsi que les méthodes `Add`, `Insert`, `Remove`, `Clear`, `Contains`, etc., communes à toutes les collections.

Un objet `StringCollection` peut être indexé par `[]` :

```
using System.Collections.Specialized;
.....
StringCollection sc;
.....
sc = new StringCollection();
sc.Add("Joe");
sc.Add("Averell");        // sc contient Joe et Averell
sc.Add("Joe");            // sc contient Joe, Averell et Joe
sc.Insert(0, "William");  // sc contient William, Joe, Averell et Joe
sc.RemoveAt(1);           // sc contient William, Averell et Joe
foreach (string s in sc) .....
```

s passe successivement par `William`, `Averell` et `Joe`.

Plutôt que plusieurs `Add` successifs, on aurait pu écrire :

```
sc.AddRange(new string[] {"Moi", "Toi", "Nous"});
```

4.1.2 La classe Stack

La classe `Stack` implémente une pile.

Comme un tableau, une pile contient différents objets. Mais l'accès à une pile est plus limité que l'accès à un tableau : un objet est toujours déposé au sommet de la pile et seul peut être retiré l'objet qui se trouve au sommet, selon le principe d'une pile d'assiettes. L'accès à une pile se fait selon le principe du `LIFO` (*Last In, first Out* en anglais) ou « dernier déposé, premier retiré ». La pile s'agrandit automatiquement en fonction des dépôts d'objets (« automatiquement » parce que celui qui a écrit cette classe `Stack` a prévu les allocations, copies et libération d'espace mémoire nécessaires).

Classe `Stack`
`Stack ← Object`
`using System.Collections;`

Propriété de la classe Stack		
`Count`	`int`	Nombre d'éléments dans la pile.

Méthodes de la classe `Stack`	
`Stack();`	Constructeur.
`void Clear();`	Vide la pile de son contenu.
`void Push(Object obj);`	Dépose un nouvel objet sur la pile.
`object Pop();`	Renvoie, en le retirant, l'objet qui se trouve au sommet de la pile. L'exception `InvalidOperationException` est générée si la pile est vide.
`object Peek();`	Renvoie, sans le retirer, l'objet qui se trouve au sommet de la pile.
`void CopyTo(Array, int index);`	Copie le contenu de la pile dans le tableau de taille fixe passé en argument, à partir de la `index`-ième position dans le tableau.
`IEnumerator GetEnumerator();`	Renvoie un énumérateur pour le balayage de la pile. Même si l'accès à une pile se fait habituellement par les fonctions `Push` et `Pop`, rien n'empêche de balayer toute la pile à l'aide d'un `foreach` ou des fonctions de `IEnumerator`. Balayer une pile à l'aide d'un `for` est impossible car l'opérateur `[]` ne peut être appliqué à une pile.
`object[] ToArray();`	Renvoie un tableau contenant tous les éléments de la pile.

Nous déposons ici deux entiers sur la pile :

```
Stack st = new Stack();
st.Push(10); st.Push(20);
```

Dans le fragment de programme suivant, nous déposons sur la pile des objets plus complexes (des objets de la classe `Pers` précédemment créée) :

```
Stack pile = new Stack();
// déposer deux personnes sur la pile
pile.Push(new Pers("Gaston", 25));
pile.Push(new Pers("Jeanne", 20));
// vider la pile tout en affichant les personnes sur la pile
for (int i=pile.Count; i>0; i--)
{
 Pers p = (Pers)pile.Pop();
 Console.WriteLine(p);
}
```

Les objets, ici des personnes, sont affichés dans l'ordre inverse de dépôt sur la pile, comme le veut le fonctionnement de la pile.

4.1.3 La classe Queue

La classe `Queue` ressemble à une pile, sauf que l'accès est de type FIFO (*first in, first out* : premier entré, premier sorti) : les éléments sont insérés d'un côté et retirés de l'autre (ceci est cependant une vue logique, l'implémentation pouvant être différente tant qu'elle respecte la logique). La taille d'un objet `Queue` s'accroît automatiquement en fonction des insertions. Les insertions dans la file se font par `Enqueue` et les retraits par `Dequeue`. `Peek` permet d'inspecter l'élément de tête sans le retirer de la file.

Classe `Queue`		
`Queue` ← `Object`		
`using System.Collections;`		
Propriété de la classe `Queue`		
`Count`	`int`	Nombre d'éléments dans la file.
Méthodes de la classe `Queue`		
`Queue();`		Constructeur.
`void Clear();`		Vide la file de son contenu.
`void Enqueue(Object obj);`		Ajoute un nouvel objet.
`object Dequeue();`		Renvoie, en le retirant, l'objet qui se trouve en tête de file. L'exception `InvalidOperationException` est générée si la file est vide.
`object Peek();`		Renvoie, sans le retirer, l'objet qui se trouve au sommet de la file.

4.1.4 Les listes triées

La classe `SortedList` implémente une liste triée selon une clé et sans possibilité de doublons, notez que toutes les clés doivent être différentes. Il faut distinguer la clé, par exemple l'identificateur d'une personne et la « valeur » associée à cette clé, par exemple les informations sur cette personne. Clé et valeur sont des objets. La clé peut, par exemple, être numérique (mais aussi de tout autre type) et la valeur de type `string` ou d'un type `Pers` comme nous l'avons fait à plusieurs reprises. L'ensemble est trié selon la clé et l'opérateur `[]` donne accès à une valeur particulière sur base d'une clé.

Classe `SortedList`		
`SortedList` ← `Object`		
`using System.Collections;`		
Propriétés de la classe `SortedList`		
`Capacity`	`int`	Nombre d'éléments que peut contenir la liste. Cette propriété présente peu d'intérêt puisque l'accroissement de taille est automatique.
`Count`	`int`	Nombre d'éléments présents dans la liste.
`Item`		Indexeur d'une liste triée. L'indexeur, entre crochets, doit être un objet « clé ».
`Keys`	`coll`	Collection des clés (voir exemples).
`Values`	`coll`	Collection des valeurs.

Méthodes de la classe `SortedList`

`SortedList();`	Constructeur. Initialement, la capacité de la liste est de seize valeurs. Cette capacité est automatiquement augmentée quand cela s'avère nécessaire.
`SortedList(int);`	Même chose mais en spécifiant une capacité initiale, ce qui peut améliorer les performances puisque toute réorganisation prend du temps.
`SortedList(IComparer);`	Constructeur avec spécification d'une classe de comparaison. Cela n'est nécessaire que si la classe des objets de la liste triée n'implémente pas l'interface `IComparable`.

`int`
`Add(object key,`
`    object obj);`
	Ajoute un couple (clé/valeur). L'exception `ArgumentException` est générée si la clé est déjà présente.

`void Clear();`	Vide la liste triée de ses éléments.
`bool Contains(object key);`	Renvoie `true` si la liste contient la clef `key`.
`bool` `ContainsKey(object key);`	Semblable à la précédente.
`bool` `ContainsValue(object val);`	Renvoie `true` si la liste contient la valeur `val`.
`object` `GetByIndex(int index);`	Renvoie l'objet en `index`-ième position.
`IDictionaryEnumerator` `GetEnumerator();`	Renvoie un énumérateur pour le balayage de la liste triée. Les méthodes `MoveNext` et `Reset` de l'énumérateur peuvent être utilisées. La propriété et les deux méthodes d'`IEnumerator` ont été présentées lors de l'étude de la classe `ArrayList`. Les propriétés `Key` et `Value` appliquées à l'énumérateur fournissent respectivement la clé et la valeur (voir exemple ci-dessous).
`object GetKey(int index);`	Renvoie l'objet en `index`-ième position.
`IList GetKeyList();`	Renvoie une liste de clés.
`IList GetValueList();`	Renvoie une liste de valeurs (voir exemple plus loin).
`int IndexOfKey(object key);`	Renvoie l'index (dans le tableau des clés) de la clé `key`.
`int` `IndexOfValue(object value);`	Renvoie l'index (dans le tableau des valeurs) de la valeur `value`.
`void Remove(object key);`	Supprime la clé (et la valeur) passée en argument.
`void RemoveAt(int pos);`	Retire l'objet en `pos`-ième position.

`void`
`RemoveRange(int pos,`
`            int nb);`
	Retire `nb` objets à partir de la `pos`-ième position.

`void TrimToSize();`	Ajuste la taille de la liste au nombre d'éléments présents.

Pour illustrer la classe `SortedList`, nous créons une classe de personne (avec champs publics pour simplifier) :

```
class Pers
{
 public int ID;
```

```
public string Nom;
public int Age;
public Pers(int aID, string aNom, int aAge)
{
  ID = aID; Nom =aNom; Age = aAge;
}
public override string ToString()
{
  return ID + " : " + Nom + " (" + Age + ")";
}
}
```

Nous insérons des objets Pers dans une liste triée. La clé est le champ ID de l'objet Pers (identificateur de personne). Comme notre clé est de type entier, cela ne pose aucun problème pour les comparaisons. Mais la clé pourrait être un objet d'une classe bien plus complexe. Dans ce cas, implémentez l'interface IComparable dans la classe de l'objet ou créez une classe implémentant IComparer (voir exemples à la section 3.5).

Pour créer l'objet « liste triée » et la remplir d'objets, on écrit :

```
SortedList sl = new SortedList();
Pers p = new Pers(3333, "Gaston", 27); sl.Add(p.ID, p);
p = new Pers(2222, "Jeanne", 23); sl.Add(p.ID, p);
p = new Pers(7777, "Prunelle", 35); sl.Add(p.ID, p);
```

En toute rigueur, nous aurions dû insérer notre instruction sl.Add dans un try/catch car l'exception ArgumentException est levée si la clé est déjà présente. Notez que deux objets de la liste triée peuvent avoir la même valeur mais pas la même clé.

Pour afficher les informations d'une personne correspondant à une clé donnée, on écrit (l'indexeur d'un objet SortedList, indexé par cette clé, donne cette personne) :

```
Console.WriteLine(sl[7777]);
```

Un *casting* n'est pas nécessaire car sl[7777] est de type object et que WriteLine s'attend à trouver un object en argument (voir sa définition). Comme WriteLine affiche une chaîne de caractères, il appelle ToString appliquée à l'argument, ici sl[7777]. Comme ToString est une méthode virtuelle, le système détermine le type réel de sl[7777]. S'agissant d'un objet Pers, la méthode ToString de Pers est appelée. Sauf dans des cas particuliers comme celui de l'appel de WriteLine, le casting est généralement nécessaire.

Pour modifier l'âge de cette personne, on écrit (le *casting* est, en l'occurrence, ici nécessaire) :

```
Pers p = (Pers)sl[7777];
p.Age = 40;
```

ou, en une seule instruction, au détriment de la lisibilité :

```
((Pers)sl[7777]).Age = 40;
```

Plusieurs techniques sont possibles pour passer en revue les objets de la liste :

Différentes techniques de balayage d'une liste triée	
```for (int i=0; i<sl.Count; i++)``` ``` { ``` ``` Pers p = (Pers)sl[i];``` ``` } ```	
```for (int i=0; i<sl.Count; i++)``` ``` { ``` ``` Pers p = (Pers)sl.GetByIndex(i);``` ``` Console.WriteLine(p);``` ``` } ```	Retrouver le nombre d'objets et retrouver une valeur via une position dans l'index.
```foreach (Pers per in sl.Values)``` ``` Console.WriteLine(per);```	Balayage de la collecion des valeurs.
```IDictionaryEnumerator``` ``` de = sl.GetEnumerator();``` ```while (de.MoveNext())``` ``` { ``` ``` Pers per = (Pers)de.Value;``` ``` Console.WriteLine(per);``` ``` } ```	Utilisation de l'énumérateur.
```foreach (object clé in sl.Keys)``` ``` Console.WriteLine(sl[clé]);```	Balayage de la collection de clés et accès aux valeurs via la clé.
```foreach (Pers per in``` ```sl.GetValueList())``` ``` Console.WriteLine(per);```	Accès à la liste des valeurs renvoyée par `GetValueList`. Cette forme est semblable à `sl.Values`.
```foreach (object clé in``` ```sl.GetKeyList())``` ``` Console.WriteLine(sl[clé]);```	Accès à la liste des clés et, de là, aux valeurs.

4.1.5 La classe Hashtable

La classe `Hashtable` implémente un conteneur parfois appelé « panier » (*bag* en anglais) ou dictionnaire. On y insère des objets sans ordre particulier, objets que l'on pourra retrouver plus tard sur base d'une clé qui doit être unique. Les objets sont rangés dans différents compartiments sur base de la clé. L'accès à un compartiment est rapide sur base de la clé, mais un compartiment peut contenir plusieurs objets. Lors d'un accès au panier, la fonction d'accès appelle une fonction, `GetHashCode`, qui renvoie un nombre sur base d'une clé. Ce nombre donne directement accès à un compartiment qui comprend zéro, un ou plusieurs objets. La recherche devient alors séquentielle dans le compartiment. Ces détails techniques ressortent néanmoins de la cuisine interne à la classe et l'implémentation pourrait être modifiée sans la moindre séquelle pour le programme. Mais il faut bien comprendre que, si la fonction de hachage de la classe de la clé renvoie toujours la même valeur, tous les objets sont rangés dans le même compartiment, et que la recherche séquentielle va ralentir les accès au panier.

Les propriétés et méthodes de Hashtable sont semblables à celles de SortedList, sauf que le panier n'est pas trié. Si chaque objet susceptible d'être inséré dans le panier contient un champ unique (cas de ID dans l'exemple précédent), choisissez ce champ comme clé. Il faut retenir que la clé doit être unique sinon l'exception ArgumentException est générée :

```
using System.Collections;
.....
Hashtable ht = new Hashtable();
Pers p = new Pers(7777, "Gaston", 25);
ht.Add(p.ID, p);
.....
p = (Pers)ht[7777];
if (p != null) Console.WriteLine(p.Nom);
else Console.WriteLine("Pas trouvé");
```

La clé est ici un entier (numéro d'identification d'une personne), mais elle peut être un objet de n'importe quelle classe. Dans ce cas, il est préférable que la classe implémente ou hérite la fonction :

```
public override int GetHashCode()
{
  .....
}
```

Cette fonction GetHashCode est, certes, implémentée dans la classe Object (à la base de toutes les classes), mais elle renvoie toujours la même valeur. Cela revient à se limiter à un seul compartiment. Le bon choix de l'algorithme a une influence sur les performances dans le cas de paniers de grande taille, à cause de la recherche séquentielle, plus ou moins longue en fonction du nombre d'objets par compartiment.

Si la clé est une chaîne de caractères, c'est automatiquement la fonction GetHashCode de la classe String qui est appelée.

La classe StringDictionary

La classe StringDictionary présente les caractéristiques de Hashtable (sans pourtant dériver de cette classe), mais la clé et l'objet à insérer doivent être des chaînes de caractères. La clé doit être unique et l'accès à la collection doit se faire par une clé de type string.

Les propriétés et méthodes de StringDictionary sont en partie celles de SortedList : Count, indexage selon la clé, Keys (collection des clés), Values (collection des valeurs), Add, Clear, ContainsKey, ContainsValue et Remove :

```
using System.Collections.Specialized;
.....
StringDictionary sd;
.....
sd = new StringDictionary();
sd.Add("Paris", "Capitale de la France");
```

```
sd.Add("Londres", "Capitale de l'Angleterre");
string s = sd["Paris"];              // s contient Capitale de la France
s = sd["Rome"];                      // s contient null
if (sd.ContainsKey("Rome")) .....    // Rome parmi les clés ?
```

La classe NameValueCollection

La classe `NameValueCollection` est semblable à `StringDictionary` (clé et valeur de type `String`) mais la clé ne doit pas être unique. L'accès à la collection peut être effectué par index, celui-ci pouvant être de type `string` (la clé elle-même) ou de type entier (numéro d'ordre dans la collection) :

```
using System.Collections.Specialized;
.....
NameValueCollection nvc;
.....
nvc = new NameValueCollection();
nvc.Add("Paris", "Capitale de la France");
nvc.Add("Paris", "Principale ville de France");
// retrouver toutes les clés
foreach (string s in nvc.AllKeys) .....
// retrouver la valeur associée à Paris
string[] ts = nvc.GetValues("Paris");
```

`ts.Count` contient le nombre d'entrées relatives à `Paris` (ici deux). `ts[0]` contient `Capitale de la France` et `ts[1]` contient `Principale ville de France`.

4.1.6 Les tableaux de bits

Un objet `BitArray` peut contenir des éléments dont la valeur est « vrai » ou « faux ». Il peut être indexé par `[]` pour déterminer ou modifier un bit particulier.

Classe BitArray

`BitArray ← Object`

`using System.Collections;`

Propriétés de la classe BitArray

Count	int	Nombre d'éléments présents dans le tableau de bits.
Item		Indexeur d'un tableau de bits.

Constructeurs de la classe BitArray

BitArray(int);	L'argument indique le nombre de bits dans le tableau. Ils sont tous initialisés à false.
BitArray(int, bool);	Le premier argument indique le nombre de bits et le second leur valeur initiale (true ou false).
BitArray(bool[]);	Initialisation du tableau à partir d'un tableau de booléens.
BitArray(byte[]);	Initialisation du tableau à partir d'un tableau d'octets.

Méthodes de la classe BitArray

`BitArray And(BitArray val);`	Effectue un AND entre chaque bit du tableau sur lequel porte l'opération et les bits correspondant du tableau passé en argument.
`bool Get(int n);`	Renvoie la valeur du bit en n-ième position (le bit 0 correspond à celui d'extrême gauche). L'opérateur `[]` remplace avantageusement `Get`.
`BitArray Not();`	Inverse chaque bit du tableau : `true` devient `false` et `false` devient `true`.
`BitArray Or(BitArray val);`	Comme AND mais un OU est effectué.
`void Set(int n, bool val);`	Modifie la valeur du n-ième bit. L'opérateur `[]` remplace avantageusement `Set`.
`void SetAll(bool val);`	Fait passer tous les bits du tableau à la valeur passée en argument.
`BitArray Xor(BitArray val);`	Comme AND mais un XOR est effectué.

On écrit par exemple :

```
using System.Collections;
.....
BitArray ba;
.....
ba = new BitArray(5);          // tableau de cinq bits, tous initialisés à zéro
ba[3] = true;
string s="";
foreach (bool b in ba) s += b ? "T" : "F"; // s contient FFFTF
```

4.2 Les conteneurs génériques

C# version 2 ayant introduit les génériques (voir la section 2.16), les classes conteneurs ont été adaptées, avec les mêmes propriétés que les conteneurs étudiés dans la section précédente.

Les conteneurs génériques présentent l'avantage que dans le cas d'un conteneur d'objet T, ce sont des objets T, et rien d'autre, qui peuvent être insérés. Il en va de même pour l'extraction, aucun transtypage n'étant nécessaire.

Les conteneurs génériques

`using System.Collections.Generic;`

`List<T>`	Tableau dynamique d'objets T, avec ses méthodes `Add`, `AddRange`, `Remove`, `Sort`, `ToArray`, etc., maintenant bien connues, comme dans la classe `ArrayList`.
`Stack<T>`	Pile avec ses méthodes `Push`, `Pop` et `Peek`.
`SortedList<T>`	Liste triée sur clé, avec les méthodes et propriétés de la `SortedList` vue précédemment.
`Queue`	File (premier entré, premier sorti) avec ses méthodes `Enqueue`, `Dequeue` et `Peek`.
`LinkedList`	File doublement chaînée avec ses méthodes `AddAfter`, `AddBefore`, `AddFirst`, `AddLast`, `Remove` ainsi que ses propriétés `First` et `Last`.
`Dictionary`	Collection de couples clé/valeur.
`SortedDictionary`	Même chose mais avec tri sur la clé.

Si la classe `Pers` est définie par (elle implémente l'interface `IComparable` pour permettre les tris) :

```
class Pers : IComparable
{
 public string Nom;
 public int Age;
 public Pers(string N, int A) { Nom = N; Age = A; }
 public int CompareTo(object o)
 {
  Pers p = (Pers)o;
  int n = Nom.CompareTo(p.Nom);
  if (n != 0) return n;
  return Age - p.Age;
 }
}
```

on crée un tableau dynamique (classe conteneur générique `List`) d'objets `Pers`, on y insère des objets, on le trie et on lit les données de la première personne (mais sans vérifier qu'elle existe) par :

```
List<Pers> liste = new List<Pers>();
liste.Add(new Pers("Moi", 95)); liste.Add(new Pers("Toi", 90));
liste.Add(new Pers("Elle", 18));
liste.Sort();
Pers p = liste[0];              // lecture des données de la première personne
```

Dans le cas d'une liste doublement chaînée `LinkedList`, on écrit par exemple :

```
LinkedList<Pers> liste = new LinkedList<Pers>();
// préparer trois personnes
Pers p1 = new Pers("Moi", 90), p2=new Pers("Toi", 90), p3=new Pers("Elle", 18);
liste.AddFirst(p1); liste.AddLast(p2);
liste.AddBefore(liste.First, p3);          // insertion en tête
```

La liste contient maintenant, dans l'ordre : `Elle`, `Moi` et `Toi`.

Dans le cas d'une `SortedList` :

```
SortedList<int, Pers> sl = new SortedList<int, Pers>();
sl.Add(101, p1); sl.Add(102, p2);
Pers p = sl[101];
```

4.3 Les itérateurs en C# version 2

Les itérateurs permettent de parcourir une collection à l'aide d'un `foreach`. Par exemple, dans le cas d'un tableau de chaînes de caractères :

```
string[] ts = {"Joe", "Jack", "William", "Averell"};
foreach (string s in ts) Console.WriteLine(s);
```

Un objet d'une classe (classe `Famille`, ci-dessous) peut contenir une collection, celle-ci étant interne à la classe. Le programme utilisateur de l'objet doit tout juste savoir qu'un itérateur peut être appliqué à un objet de cette classe.

Pour que cette collection puisse être balayée à l'aide d'un `foreach`, il suffit au programmeur de cette classe `Famille` d'implémenter une fonction appelée `GetEnumerator`. C# version 2 a introduit une toute nouvelle manière d'implémenter un itérateur.

Prenons l'exemple d'une classe particulièrement simple appelée `Famille`. À un objet de la classe `Famille` est associée une collection de noms (d'où le `<string>` dans `GetEnumerator`). Ces noms seront, ici, toujours les mêmes, quel que soit l'objet `Famille`. Ceci est évidemment peu réaliste, mais cela importe peu pour le moment puisqu'il s'agit de présenter le concept :

```
using System.Collections.Generic;
.....
 class Famille
{
 public IEnumerator<string> GetEnumerator()
 {
  yield return "Joe";
  yield return "Jack";
  yield return "William";
  yield return "Averell";
 }
}
```

La liste des membres d'un objet de la classe `Famille` (ici, toujours les mêmes quel que soit l'objet, mais nous règlerons cela par la suite) est obtenue tout simplement par :

```
Famille f = new Famille();
foreach (string s in f) Console.WriteLine(s);
```

Expliquons cette fonction `GetEnumerator`, étrange par sa forme (signature non conforme à ce que l'on s'attend à trouver), par son contenu (instructions `yield return`) et surtout par la manière dont elle s'exécute.

Cette fonction `GetEnumerator` appliquée à l'objet `f` de la classe `Famille` est appelée, mais de manière inhabituelle, lors de chaque passage dans le `foreach`.

La signature de la fonction indique qu'elle renvoie un `IEnumerator<T>` mais il n'en est rien : elle fournit (à chaque passage dans le `foreach`) un objet de la classe `T` (ici, une chaîne de caractères). C'est l'instruction `yield return` qui fournit cette valeur (*yield* signifie donner en anglais).

Les instructions `yield return` et `yield break` ont été introduites en C# version 2, et ne peuvent être utilisées que dans un itérateur.

Suivons l'exécution du `foreach`. Lors du premier passage, s doit recevoir une première donnée, du moins si elle existe. Comme cette donnée doit provenir de l'énumérateur, la fonction `GetEnumerator`, appliquée à l'objet `f`, démarre. On tombe très rapidement sur le premier `yield return`. Celui-ci renvoie la première valeur (`Joe`), qui est copiée dans s.

La fonction `GetEnumerator` est alors suspendue, mais l'emplacement de la prochaine instruction à exécuter dans `GetEnumerator` est retenu. Le `foreach` reprend alors son exécution.

Lors du second passage dans `foreach`, l'exécution dans `GetEnumerator` reprend, mais à partir de l'emplacement précédemment retenu. Lorsque `GetEnumerator` tombe sur un `yield return`, la valeur ainsi renvoyée (ici, `Jack`) est copiée dans `s`, et `foreach` reprend son exécution.

Le processus se poursuit ainsi, tant que `GetEnumerator` n'a pas terminé son exécution. L'itération se termine donc lorsque l'accolade de fin de `GetEnumerator` est atteinte ou sur exécution de l'instruction `yield break`.

Rendons maintenant notre classe `Famille` un peu plus réaliste, en passant les membres de la famille en arguments du constructeur :

```
class Famille
{
 string[] noms;
 public Famille(params string[] aNoms)
 {
  noms = new string[aNoms.Length];
  aNoms.CopyTo(noms, 0);
 }
 public IEnumerator<string> GetEnumerator()
 {
  foreach (string s in noms) yield return s;
 }
}
```

On crée un objet `Famille` par :

```
Famille vaillant = new Famille("Henri", "Elisabeth", "Michel", "Jean-Pierre");
```

et on balaie les membres de cette famille par :

```
foreach (string s in vaillant) Console.WriteLine(s);
```

Il est possible de forcer une itération sur plusieurs critères : il suffit pour cela de déclarer des propriétés de type `IEnumerable<T>`. Par exemple (mais toujours avec un itérateur très simplifié, l'important étant de bien comprendre le principe) :

```
class Famille
{
 public IEnumerable<string> Taille
 {
  get
  {
   yield return "Joe";
   yield return "Jack";
   yield return "William";
   yield return "Averell";
  }
 }
```

```
public IEnumerable<string> Intelligence
{
 get
 {
  yield return "Averell";
  yield return "William";
  yield return "Jack";
  yield return "Joe";
 }
}
}
```

On balaie la collection, avec comme critère `Intelligence`, en écrivant :

```
Famille fam = new Famille();
foreach (string s in fam.Intelligence) Console.WriteLine(s);
```

Programmes d'accompagnement

Les programmes Ex1.cs **à** Ex5.cs **de ce chapitre.**

5

Traitement d'erreurs

Les techniques de traitement d'erreurs relativement rares (et pour cette raison encore appelées « traitement d'exceptions ») permettent, en cours d'exécution de programme, de détecter et de réagir à :

- des erreurs générées par le système (*run-time exceptions* en anglais) comme les divisions par zéro, l'accès à un tableau en dehors de ses bornes, les absences de fichier, etc. ;

- des erreurs générées par une méthode du programme (par exemple une valeur négative ou bien trop élevée pour l'âge d'une personne dans une zone d'édition). On dit alors que la méthode en question a levé une exception pour signaler un problème.

Il faut d'abord s'entendre sur l'expression « erreur relativement rare » qui est certes subjective. Lorsqu'on ouvre un fichier, il faut s'attendre à ce qu'il ne soit pas trouvé sur le disque. Cette « erreur », qui n'est pas une erreur de programmation, n'est pas rare. En revanche, accéder à une fiche de ce fichier et s'apercevoir que celle-ci est verrouillée par un autre programme du réseau peut être considéré comme un événement prévisible mais relativement rare. Cette « erreur », qui n'est pas non plus une erreur de programmation, sera donc plus souvent traitée par la technique des exceptions.

En programmation traditionnelle, sans traitement élaboré des exceptions comme nous l'entendons dans ce chapitre (en C par exemple), les programmeurs doivent généralement tester les valeurs de retour de fonction (ce qui est bien évidemment toujours possible en C#). Malheureusement, dans le cas d'une fonction qui appelle une fonction qui appelle une fonction (une technique encouragée de longue date), une erreur peut être négligée à un certain niveau pour différentes raisons : par paresse du programmeur, parce que cela complique trop le code ou parce que l'on considère que le problème n'arrive jamais. Vous appelez de bonne foi cette fonction (écrite par quelqu'un d'autre) et vous êtes pourtant prêt à traiter toutes les erreurs imaginables. Mais comme cette fonction ignore l'erreur, vous n'êtes jamais averti du problème. L'erreur est ainsi tout à fait ignorée par votre programme, avec parfois des conséquences dramatiques. Traiter toutes les erreurs de la manière ancestrale (tests de valeur de retour) complique trop, en effet, l'écriture du programme pour rendre la méthode sûre et efficace.

Heureusement, la technique C# de traitement d'erreurs vous permet d'écrire des portions de programmes sans devoir tenir compte de toutes les erreurs possibles (pas tout à fait, quand même...) et de centraliser le traitement de ces erreurs en des points précis (à savoir les clauses catch, nous y reviendrons).

En C#, quand une méthode lève une exception, l'erreur doit être traitée par l'une des fonctions appelantes mais pas nécessairement par la fonction directement appelante (cas de la fonction qui appelle une fonction qui appelle une fonction). En conséquence, une erreur ne peut pas passer inaperçue même si elle est ignorée par une fonction. Le traitement des erreurs peut ainsi être localisé dans une portion de programme spécialement chargée du problème, sans devoir trop compliquer le reste du programme.

En version 2, .NET a introduit la fonction statique TryParse dans les classes d'entiers et de réels, ce qui améliore les performances et simplifie l'écriture du programme lors des conversions entre chaîne de caractères et entier ou réel.

5.1 Les exceptions générées par le système

Comme le problème est intuitivement mieux connu, abordons le traitement des exceptions générées par le système (généralement le code de l'architecture .NET, autrement dit le run-time .NET). Nous verrons ensuite comment une méthode de n'importe quelle classe peut générer une exception. Tout ce qui s'applique au traitement des exceptions générées par le système s'applique, en effet, à celui des exceptions explicitement générées par n'importe quel programmeur.

Partons d'un programme qui ne se préoccupe pas du traitement d'erreurs. Si l'on exécute le programme qui suit, une erreur de division par zéro est générée en cours d'exécution de programme. Ce dernier est aussitôt interrompu (il est en fait « éjecté » par le système, à moins, évidemment, de traiter l'exception, ce que nous ferons bientôt) :

```
using System;
class Prog
{
 static void Main()
 {
  int a=10, b=0, c;
  Console.WriteLine("Avant division");
  c = a/b;
  Console.WriteLine("Après division, c vaut " + c);
 }
}
```

Le programme étant interrompu suite à la division par zéro, le deuxième affichage n'est même pas effectué. Signalons quand même que les divisions par zéro de réels (`float` ou `double` mais non les `decimal`) doivent être traitées différemment (voir la section 3.4).

D'un autre côté, un accès à un tableau en dehors de ses bornes déclenche également une exception :

```
int[] t = new int[3];        // seuls les indices 0 à 2 sont accessibles
.....
t[3] = 1;                    // indice 3 inaccessible !
```

5.1.1 Conversions avec TryParse

Les conversions, notamment de chaînes de caractères à entier ou réel, constituent une importante source de problème. Ces erreurs, qui n'ont rien d'exceptionnel (toute personne qui encode peut commettre une erreur), sont généralement traitées en les insérant dans un `try/catch`. La procédure étant assez lourde et coûteuse en temps processeur, .NET version 2 a introduit la fonction statique `TryParse` dans les classes `Intxy` (remplacer *xy* par 16, 32 ou 64) ainsi que `Single` (pour les `float`), `Double` et `Decimal`. Par exemple :

```
int n;
string s = "123";
bool res = Int32.TryParse(s, out n);
```

`TryParse` renvoie `false` si s ne contient pas un entier valide (sous la forme d'une chaîne de caractères).

Pour les nombres décimaux, il faut tenir compte du séparateur de décimales. Celui-ci est un paramètre de configuration. Par défaut, il s'agit de la virgule chez nous, mais du point dans la plupart des pays. En écrivant :

```
double d;
string s = .....;
bool res = Double.TryParse(s, out d);
```

`res` prend la valeur `true` si s contient 1,2 et que le séparateur est la virgule, ou si s contient 1.2 et que le séparateur est le point décimal.

Afin de forcer .NET (pour cette conversion uniquement) à prendre le point décimal comme séparateur (comme c'est le cas aux États-Unis), il faut écrire :

```
using System.Globalization;
.....
double d;
string s = "1.23";
bool res = Double.TryParse(s, System.Globalization.NumberStyles.Number,
                           new CultureInfo("en-US"), out d);
```

5.2 Les clauses try et catch

Différence par rapport au C++ : le groupe finally et l'argument du catch qui doit être un objet de la classe Exception ou d'une classe dérivée de celle-ci.

Pour traiter les erreurs, il faut placer dans un bloc (le bloc try en l'occurrence) les différentes instructions susceptibles de poser problème (problème certes rare mais prévisible). En anglais, *try* signifie « essayer », et on se lance effectivement dans une tentative d'exécution d'instruction, sachant que l'on est sous contrôle. Le problème en question pourrait se situer dans l'une des instructions du bloc try ou dans l'une des méthodes appelées à partir du bloc try. À l'intérieur du groupe try, les instructions sont écrites sans se soucier du traitement d'erreurs. Pour illustrer le sujet, nous allons placer nos trois instructions dans le groupe try, bien que seule la seconde instruction soit sujette à erreur (ce groupe try sera bientôt complété par un groupe catch) :

```
try
{
 Console.WriteLine("Avant division");
 c = a/b;
 Console.WriteLine("Après division : c vaut " + c);
}
```

Même si le groupe try ne contient qu'une seule instruction, les accolades sont nécessaires.

Le programme entre dans le bloc try comme si la clause try n'existait pas (du code de contrôle a néanmoins été généré, mais c'est le problème du compilateur qui est là pour nous faciliter la tâche), et les instructions de cette clause sont, tant qu'il n'y a pas d'erreur, exécutées normalement en séquence. Dès qu'une erreur est détectée par le système ou par une méthode (qui lève une exception en cas d'erreur), un objet de la classe Exception ou d'une classe dérivée de celle-ci est automatiquement créé et le programme rentre tout aussi automatiquement dans le bloc catch associé au bloc try :

```
using System;
class Prog
{
 static void Main()
 {
  int a=10, b=0, c;
  try
  {
   Console.WriteLine ("Avant division");
   c = a/b;
   Console.WriteLine ("Après division : c vaut " + c);
  }
  catch (Exception exc)
  {
   Console.WriteLine("Erreur sur opération arithmétique");
  }
 }
}
```

Comme pour le groupe try, les accolades sont obligatoires dans le groupe catch même si celui-ci ne contient qu'une seule instruction. Le groupe catch pourrait même ne contenir aucune instruction : cas où l'on se contente d'intercepter l'erreur, sans action spéciale (le programme se poursuit comme si rien ne s'était passé ; on ferme tout simplement les yeux sur le problème, avec, bien souvent, des problèmes par la suite). Comme nous n'avons pas fait ici usage de l'objet Exception passé au catch, nous aurions pu ne pas donner de nom à l'argument Exception.

Analysons le déroulement du programme précédent. Le programme entre dans le bloc try qui contient notamment une instruction à risque, à savoir une division. Après un premier affichage (aucun problème ne peut survenir à ce stade), le programme est suspendu lors de l'exécution de c = a/b qui provoque une division par zéro mais il n'est pas éjecté du système. On a en effet effectué une tentative d'exécution (*to try* signifie essayer en anglais) mais nous avons prévu une possibilité d'erreur (puisque nous sommes dans un groupe try). Suite à la division par zéro, le contrôle est automatiquement transféré au bloc catch, sans exécuter le second WriteLine. Si les instructions du bloc try avaient été exécutées sans erreur (dans le cas où b aurait été différent de zéro), le bloc catch n'aurait pas été exécuté.

À l'intérieur des parenthèses d'une clause catch, on doit trouver un objet de la classe Exception (de l'espace de noms System) ou d'une classe dérivée de celle-ci. Un nom d'objet est souvent spécifié en argument, de manière à obtenir des informations complémentaires au sujet de l'erreur (par exemple le champ Message de la classe Exception qui décrit clairement l'erreur).

Plusieurs blocs catch peuvent être spécifiés pour prendre en compte plusieurs erreurs possibles. Dans l'exemple suivant, différentes erreurs peuvent être générées en fonction des contenus de i et j : division par zéro (ArithmeticException) et accès à un tableau en dehors de ses bornes (IndexOutOfRangeException).

```
try
{
 WriteLine ("Avant division et accès au tableau");
 t[i] = a/j;
 Console.WriteLine("Après division, t[" + i  + "] vaut " + t[i]);
}
catch (ArithmeticException)                 // premier catch
{
 Console.WriteLine("Erreur sur opération arithmétique");
}
catch (IndexOutOfRangeException)            // second catch
{
 Console.WriteLine("Accès au tableau en dehors de ses bornes ");
}
catch (Exception)
{
 Console.WriteLine("Erreur");
}
```

Dès qu'une erreur est traitée dans un catch, les catch suivants ne sont plus envisagés. L'ordre des catch est dès lors important puisque, en cas d'erreur, le contrôle passe d'abord au premier bloc catch. Si l'objet « erreur » correspond à l'argument du premier catch (ici un objet de la classe ArithmeticException), l'erreur est traitée par ce bloc et par aucun autre. Sinon, le bloc catch suivant est inspecté et ainsi de suite.

Les classes ArithmeticException et IndexOutOfRangeException sont des classes dérivées de la classe Exception (des classes de spécialisation d'erreur si vous préférez).

De l'intérieur d'une clause catch, il est possible de relayer une erreur au niveau suivant en modifiant ou précisant l'erreur. Exécutez pour cela throw (voir la section 5.6) suivi du nom de l'objet « exception » (par exemple throw e ;).

5.2.1 L'ordre des catch est important

À la section 2.5, nous avons vu que si la classe B est dérivée de A, un objet B est également un objet A (pensez à la classe Français dérivée de Personne : un Français est également une Personne, l'inverse n'étant pas nécessairement vrai). Par conséquent, si plusieurs classes d'erreur dérivent de la classe Exception (seule classe de base à pouvoir traiter les exceptions), ne placez cette classe de base Exception qu'en dernière position. Ainsi, si vous écrivez (les classes ArithmeticException et IndexOutOfRangeException, classes spécialisées correspondant à des erreurs particulières, sont toutes deux dérivées de la classe SystemException, elle-même dérivée de Exception, qui est la classe de base de toutes les classes d'erreur) :

```
try
{
 Console.WriteLine("Avant division et accès au tableau");
 t[i] = a/j;
 Console.WriteLine("Après division, t[" + i  + "] vaut " + t[i]);
}
catch (Exception)
{
 Console.WriteLine("Erreur !");
}
catch (ArithmeticException)           // NE sera JAMAIS exécuté !
{
 Console.WriteLine("Erreur sur opération arithmétique");
}
catch (IndexOutOfRangeException)      // NE sera JAMAIS exécuté !
{
 Console.WriteLine("Accès en dehors des bornes d'un tableau ");
}
```

Analysons le fonctionnement du programme qui précède. En cas d'erreur, quelle qu'elle soit (division par zéro ou accès au tableau en dehors de ses bornes en fonction des contenus de i et de j), le contrôle passe au premier catch et le traitement d'erreurs s'arrête là :

l'erreur, quelle qu'elle soit, est en effet un objet de la classe Exception puisqu'un objet d'une classe dérivée (ArithmeticException ou IndexOutOfRangeException) est également un objet de sa classe de base (Exception).

5.3 Le groupe finally

Un troisième bloc peut être spécifié : le bloc finally, même si on le rencontre moins souvent. Les instructions du bloc finally sont toujours exécutées, quel que soit le cheminement du programme (l'exécution sans problème et donc complète dans le groupe try ou l'entrée suite à une erreur dans le catch). Si plusieurs blocs catch peuvent être associés à un bloc try, un seul bloc finally peut être associé à un bloc try. Comme pour les groupes try et catch, les accolades sont obligatoires dans un groupe finally. Pour illustrer le sujet, analysons quelques exemples de déroulement de la séquence suivante :

```
using System;
class Prog
{
 static void Main()
 {
  try
  {
   Console.WriteLine("Début du try de Main");
   f();
   Console.WriteLine("Fin du try de Main");
  }
  catch (Exception)
  {
   Console.WriteLine("Erreur");
  }
 }
 static void f()
 {
  int a=10;
  int[] t = new int[3];
  .....                   // une ou plusieurs instructions initialisant i et j
  try
  {
   Console.WriteLine("Début du try de f");
   t[i] = a/j;
   Console.WriteLine("Fin du try de f");
  }
  finally
```

```
      {
        Console.WriteLine("Finally de f");
      }
    }
  }
}
```

Le groupe `finally` de `f` sera exécuté même si une exception est générée dans `f`. Le fragment de programme précédent affiche les messages suivants en fonction des contenus de `i` et de `j` :

si i et j valent 1 (pas de problème)	Début du try de Main Début du try de f Fin du try de f Finally de f Fin du try de Main
si i vaut 1 et j 0 (division par zéro)	Début du try de Main Début du try de f Finally de f Erreur
si i vaut 3 et j 1 (accès au tableau en erreur)	Début du try de Main Début du try de f Finally de f Erreur

Comme le montre l'exemple précédent, on peut très bien avoir un groupe `try` immédiatement suivi d'un groupe `finally` (sans groupe `catch` donc). Il s'agit là d'un moyen de s'assurer que les instructions du groupe `finally` seront toujours exécutées, quelle que soit la sortie du groupe `try` (sans erreur, sur exception ou sur `return`).

5.4 Propagation des erreurs

Au début de ce chapitre, nous avons dit qu'une erreur ne doit pas nécessairement être traitée à la source. La raison en est simple : même dans ce cas, elle ne court pas le risque de passer inaperçue. On dit que le système déroule les appels de méthodes jusqu'à arriver à une méthode qui traite l'erreur. En l'absence d'une méthode traitant l'erreur, le système s'en charge en mettant fin au programme. Seule technique possible pour qu'une erreur passe inaperçue : insérer les instructions dans un groupe `try` avec un `catch` vide, ce qui revient, pour le programmeur, à détecter l'erreur mais à fermer les yeux (ce qui n'est pas idiot du tout dans certains cas).

Écrivons un programme pour illustrer le déroulement (*unwinding* en anglais) des méthodes jusqu'à trouver une méthode qui traite l'erreur. Un traitement d'erreurs est spécifié dans différentes méthodes. Ici, dans `Main` et `fct`, cette dernière fonction étant appelée par `Main`. Dans la première version du programme, `Main` et `fct` traitent tous deux les exceptions `ArithmeticException` et `IndexOutOfRangeException`. Dans ce cas, où les erreurs sont-elles traitées ?

Traitement des erreurs à la source   Ex1.cs

```
using System;
class Prog
{
 static int a=10, b=0, c;
 static int[] t = new int[3];
 static int i, j;
 static void fct()
 {
  try
  {
   Console.WriteLine("Début du groupe try de fct");
   t[i] = a/j;
   Console.WriteLine("Fin du groupe try de fct");
  }
  catch (ArithmeticException)
  {
   Console.WriteLine("Dans fct : erreur sur opération arithmétique");
  }
  catch (IndexOutOfRangeException)
  {
   Console.WriteLine("Dans fct : accès tableau hors bornes");
  }
  finally
  {
   Console.WriteLine("Dans fct, groupe finally");
  }
 }
 static void Main()
 {
  ....                                  // initialisation de i et j
  try
  {
   Console.WriteLine("Dans Main, début du groupe try");
   fct();
   Console.WriteLine("Dans Main, fin du groupe try");
  }
  catch (ArithmeticException)
  {
   Console.WriteLine("Dans Main : erreur opération arithmitique");
  }
  catch (IndexOutOfRangeException)
  {
   Console.WriteLine("Dans Main : accès tableau hors bornes");
  }
  finally
  {
   Console.WriteLine("Dans Main, groupe finally");
  }
 }
}
```

Pour rappel (mais cela n'a rien à voir avec les exceptions) : dans le programme que nous venons d'écrire, nous n'avons pas créé d'objet et nous ne pouvons donc utiliser que les méthodes statiques de la classe. Comme une méthode statique ne peut avoir accès qu'aux champs statiques de la classe, les champs de la classe Prog ont dû être qualifiés de static.

Tout se passe correctement si i et j valent 1. Une division par zéro est effectuée si j vaut 0. On accède au tableau en dehors de ses bornes si i vaut 3. Les messages suivants sont affichés en fonction du contenu de i et de j :

si i et j valent 1	Dans Main, début du groupe try
	Dans fct, début du groupe try
	Dans fct, fin du groupe try
	Dans fct, groupe finally
	Dans Main, groupe try
	Dans Main, groupe finally
si i vaut 1 et j 0	Dans Main, début du groupe try
	Dans fct, début du groupe try
	Dans fct : erreur sur opération arithmétique
	Dans fct, groupe finally
	Dans Main, fin du groupe try
	Dans Main, groupe finally
si i vaut 3 et j 1	Dans Main, début du groupe try
	Dans fct, début du groupe try
	Dans fct : accès tableau hors bornes
	Dans fct, groupe finally
	Dans Main, fin du groupe try
	Dans Main, groupe finally

Modifions maintenant ce programme. Dans la fonction fct, nous ne traiterons plus qu'une seule erreur (accès à un tableau en dehors de ses bornes). Dans Main, qui appelle fct, nous traiterons la division par zéro. Nous verrons ainsi que cette dernière erreur va « remonter » à la fonction Main puisqu'elle n'est pas traitée à la source.

Toutes les erreurs ne sont plus traitées à la source   Ex2.cs

```
using System;
class Prog
{
 static int a=10, b=0, c;
 static int[] t = new int[3];
 static int i, j;
 static void fct()
 {
  try
  {
   Console.WriteLine("Début du groupe try de fct");
   t[i] = a/j;
   Console.WriteLine("Fin du groupe try de fct");
  }
```

```
catch (IndexOutOfRangeException)
{
 Console.WriteLine("Dans fct : accès tableau hors bornes");
}
finally
{
 Console.WriteLine("Dans fct, groupe finally");
}
}
static void Main()
{
 ....                                    // initialisation de i et j
 try
 {
 Console.WriteLine("Dans Main, début du groupe try");
 fct();
 Console.WriteLine("Dans Main, fin du groupe try");
 }
 catch (ArithmeticException)
 {
 Console.WriteLine("Dans Main : erreur sur opération arithmitique");
 }
 finally
 {
 Console.WriteLine("Dans Main, groupe finally");
 }
 }
}
```

Si i et j valent respectivement 1 et 0 (on effectue alors une division par zéro dans fct), les messages suivants sont affichés :

```
Dans Main, début du groupe try
Dans fct, début du groupe try
Dans Main : erreur sur opération arithmétique
Dans Main, groupe finally
```

La division par zéro n'ayant pas été traitée à la source (dans la méthode fct), l'erreur est remontée au niveau supérieur, ici, dans Main qui a appelé fct.

5.5 Générer une exception dans une méthode

Si vous envisagez de lever vos propres exceptions (ce que font d'ailleurs pratiquement toutes les classes commercialisées ou celles qui sont livrées avec le compilateur), vous devez d'abord définir une classe dérivée de la classe Exception. Celle-ci accepte deux constructeurs :

Classe Exception	
Exception ← Object	
using System;	
Constructeurs de la classe Exception	
Exception()	Constructeur sans argument.
Exception(String msg)	Constructeur avec argument, celui-ci étant le message par défaut affiché sur l'erreur.
Propriétés de la classe Exception **(toutes les propriétés sont en lecture seule)**	
HelpLink str	Nom d'un fichier d'aide (page Web) associé à l'exception.
Message str	Message d'explication.
Source str	Nom de l'application ou de l'objet qui a généré l'erreur.

Généralement, on se contente de dériver une classe de la classe Exception (sans même ajouter de champ ou de fonction) et d'appeler le constructeur de cette dernière à partir du constructeur de la classe dérivée. Mais on pourrait inclure, dans la classe dérivée, des propriétés qui donneraient des informations plus utiles quant à l'erreur.

Pour signaler l'erreur, la méthode doit exécuter throw avec, en argument, un objet d'une classe dérivée de la classe Exception. L'erreur est alors interceptée comme nous venons de le voir, c'est-à-dire en remontant les différents appels de méthodes, jusqu'à trouver une méthode qui traite l'erreur. Dans l'exemple qui suit, la méthode f lève une exception (objet de notre classe glException dérivée de Exception) si son argument est supérieur à 10.

Fonction qui génère une exception   Ex3.cs

```
using System;
class glException : Exception
{
 public glException(string msg) : base(msg) {}
}
class Prog
{
 static void f(int i)
 {
  if (i>10) throw new glException("Hors limite");
  Console.WriteLine("Fin de la méthode f");
 }
 static void Main()
 {
  int i=35;
  try {f(i);}
  catch (glException e) {Console.WriteLine(e.Message);}
 }
}
```

La classe `glException` a été déclarée dans notre programme. N'étant pas qualifiée de `public`, elle est accessible dans toute classe faisant partie de ce programme. Si vous avez l'intention de fournir des classes en vue de les réutiliser (par vous-même ou par d'autres), n'oubliez pas de rendre publiques vos classes et en particulier vos classes d'exception. Lors du passage dans `f`, cette méthode lève l'exception `glException` si l'argument est supérieur à `10`. Un objet `glException` est alors automatiquement créé, le traitement se termine dans `f` (sans afficher le message) et le contrôle passe immédiatement au bloc `catch` prenant un objet `glException` en argument. La méthode `f` ne comprenant aucun groupe `catch` avec un objet `glException` en argument, l'erreur remonte au niveau supérieur. Elle est alors traitée par `Main` qui a prévu de traiter cette erreur. Dans `Main`, on aurait pu tout aussi bien traiter `Exception`, ce qui aurait inclus toutes les exceptions possibles.

Programmes d'accompagnement

Les programmes `Ex1.cs` à `Ex3.cs` de ce chapitre.

6

Délégués et traitement d'événements

Dans ce chapitre, nous allons nous intéresser aux événements. Ceux-ci jouent un rôle considérable en programmation Windows et Web : lorsqu'il se passe quelque chose dans un programme (par exemple un clic sur un bouton mais aussi pour bien d'autres motifs), Windows nous signale un événement. Et pour cela, il appelle une fonction bien particulière du programme.

Un programme, qu'il soit Web ou Windows, consiste essentiellement à traiter des événements.

Événements et traitements d'événements ne sont cependant pas propres ou liés exclusivement à la programmation Windows ou Web. Il s'agit, avec les délégués et les événements, de mécanismes généraux dont n'importe quel programme peut tirer profit.

Introduisons d'abord le sujet avec les délégués puisque les événements sont fondés sur eux.

C# version 2 a également introduit les fonctions anonymes (voir la section 6.3).

6.1 Les délégués

Un délégué (*delegate* en anglais) est un objet (en fait, de la classe Delegate ou d'une classe dérivée de celle-ci, mais peu importe) qui permet d'appeler une fonction, qui n'est pas nécessairement toujours la même. Il peut même s'agir d'un appel à une série de fonctions. Un délégué présente des similitudes avec les pointeurs de fonction du C/C++ mais permet d'aller plus loin (car un délégué peut exécuter plusieurs fonctions les unes à la suite des autres) tout en faisant preuve de moins de laxisme.

Pour ceux qui connaissent le C et/ou C++, rappelons qu'un pointeur de fonction désigne une variable qui fait référence à une fonction. À partir d'un pointeur de fonction, on peut appeler la fonction pointée.

Prenons un exemple simple, que nous commenterons ensuite :

Les délégués   Ex1.cs

```
using System;
class Prog
{
 static void f() {Console.WriteLine("Fonction f");}
 static void g() {Console.WriteLine("Fonction g");}
 delegate void T();        // ceci est une définition de type
 static void Main()
 {
  T de = new T(f);         // déclaration de variable. de fait référence à f
  de();                    // exécute f
  de = new T(g);           // de fait maintenant référence à g
  de();                    // exécute g
 }
}
```

Rien de nouveau en ce qui concerne les fonctions f, g et Main. Elles sont qualifiées de static car, pour simplifier, nous ne créons aucun objet.

Nous créons ensuite un nouveau type, appelé ici T. Ne vous fiez pas aux apparences : T désigne un type d'objet (au même titre que int, double ou une classe) et non une déclaration de variable, une signature de fonction, ou quoi que ce soit d'autre, comme un coup d'œil rapide pourrait le faire croire. Dans la définition de T, nous avons le choix de son nom (T) et nous signalons, avec le mot réservé delegate, qu'il s'agit d'un type délégué. de est donc une variable de type délégué. On parle plus communément de délégué pour de.

Un objet de type T, comme de, peut faire référence à une ou plusieurs fonctions, mais avec cette restriction : ces fonctions doivent respecter la signature reprise dans la définition qu'est delegate void T(). Ici : aucun argument (parenthèses vides) et aucune valeur de retour (void). C'est pour cette raison que la ligne delegate ressemble à une signature de fonction.

Il devient alors possible d'exécuter cette ou ces fonctions via le délégué.

Avec :

```
 T de = new T(f);
```

nous déclarons et créons une variable baptisée de et de type T. Comme nous spécifions la fonction f en argument du constructeur, notre objet de fait référence à la fonction f.

Les programmeurs C et C++ diraient (et cela reste vrai en C#) que de pointe sur f. Pour faire exécuter cette fonction f via le délégué, il suffit d'écrire :

```
de();                   // exécution de la fonction pointée
```

Si nous écrivons maintenant :

```
de = new T(g); de();
```

de contient désormais une référence à la fonction g (et plus à f) et de() fait maintenant exécuter g.

Depuis la version 2, il est possible d'écrire (sans devoir créer explicitement une fonction, voir à ce sujet les fonctions anonymes à la section 6.3) :

```
T d = delegate {Console.WriteLine("Dans fonction anonyme");};
.....
d();
```

Un délégué peut faire référence à plusieurs fonctions, et ainsi les exécuter les unes à la suite des autres (on parle alors de *multicasting delegate*). À tout moment, il est en effet possible d'ajouter, ou de retirer, des fonctions à la liste des fonctions référencées par un délégué. Par exemple :

```
de = new délégué(f);     // de contient une référence à f
de += new délégué(g);    // de contient une référence à f et une autre à g
de();                    // exécution de f et puis de g
de -= new délégué(f);    // de ne contient plus qu'une référence à g
de();                    // exécution de g
de -= new délégué(g);    // de ne contient plus aucune référence de fonction
if (de != null) de();
else Console.WriteLine("Aucune fonction à exécuter");
```

Notre variable de prend finalement la valeur null quand plus aucune fonction ne lui est liée.

Le programme s'écrit de la même façon quand le délégué porte sur une fonction présentant une signature différente, avec arguments et valeur de retour :

Délégué pour fonctions acceptant un entier en argument et renvoyant un réel   Ex2.cs

```
using System;
class Prog
{
 static double f(int n) {return n/2.0;}
 static double g(int n) {return n*2;}
 delegate double délégué(int n);    // délégué désigne un type d'objet
 static void Main()
 {
  délégué de;                       // déclaration de variable
  de = new délégué(f);              // de fait référence à f
  double d = de(5);                 // exécution de f, d prenant la valeur 2.5
  de = new délégué(g);             // de fait référence à g
  d = de(100);                      // exécution de g, d prenant la valeur 200
 }
}
```

ou si le délégué fait partie d'une classe distincte de celle du programme :

Délégué dans classe   Ex3.cs

```
using System;

class A
{
 public void f() {Console.WriteLine("Fonction f de A");}
 public void g() {Console.WriteLine("Fonction g de A");}
 public delegate void del();           // définition de type délégué
}

class Prog
{
 static void Main()
 {
  A a = new A();
  A.del de = new A.del(a.f);
  de();                          // exécution de f de A
  de = new A.del(a.g);
  de();                          // exécution de g de A
 }
}
```

Avec :

```
    public delegate void del();
```

on définit un type dans A (c'est comme si on y avait défini une classe). On n'a donc pas déclaré de champ membre de A. Avec :

```
    A.del de = new A.del(a.f);
```

on crée une variable du type défini dans A, et celle-ci (qui est un délégué) fait référence à f de A.

Depuis la version 2, il est possible d'écrire (sans devoir créer explicitement une fonction, voir à ce sujet les fonctions anonymes à la section 6.3) :

```
    T d = delegate(int n) {Console.WriteLine("Dans fonction anonyme avec " + n);};
    .....
    d(10);
```

6.2 Les événements

Nous savons que les événements jouent un rôle considérable dans les programmes Web ou Windows. Quand vous cliquez sur un bouton, du code (Windows dans les programmes Windows, mais ASP.NET pour les programmes Web) détecte le clic en un emplacement de la fenêtre. Comme il se passe quelque chose, on parle d'événement (*event* en anglais).

Windows doit alors informer votre programme qu'un clic a été détecté. Pour cela, Windows appelle une fonction de votre programme. Une telle fonction s'appelle « fonction de traitement de l'événement clic » (*event handler*, ou plus simplement *handler* en anglais) et doit avoir une signature bien précise :

```
void xyz(object sender, EventArgs e);
```

De quelle fonction s'agit-il ? C'est vous qui le décidez en associant une fonction à l'événement, comme on le fait pour un délégué :

```
bTest.Click += new System.EventHandler(bTest_Click);
.....
private void bTest_Click(object sender, EventArgs e)
{
  .....
}
```

bTest désigne un objet de la classe Button qui comprend un objet d'un type particulier : event. De même que les délégués, event désigne un type particulier de classe, en rapport évidemment avec des événements. EventHandler désigne une classe de type event.

Depuis la version 2, la première ligne pourrait être écrite :

```
bTest.Click += bTest_Click;
```

On sait maintenant qu'un objet de type délégué peut faire référence à une ou plusieurs fonctions (la signature de ces fonctions devant correspondre à celle du délégué) et qu'il est possible d'exécuter ces fonctions via le délégué.

Le type event est fondé sur le type délégué. Un objet de type event (cas de Click ci-dessus) peut faire référence à une voire plusieurs fonctions de traitement d'événements, celles-ci devant avoir une signature bien particulière. Comme pour les délégués, ces fonctions peuvent être exécutées via la variable de type event.

Ici, on a associé la fonction bTest_Click à l'événement Click.

Une fonction de traitement d'événements doit avoir le format suivant :

• en premier argument, l'objet qui est à l'origine de l'événement ;

• en second argument, un objet EventArgs (ou d'une classe dérivée de celle-ci) qui contient généralement des informations complémentaires sur l'événement.

Le mécanisme des événements n'est pas limité à la programmation Windows et est bien plus général. Il est même indépendant de tout phénomène physique.

Pour mettre en place un mécanisme d'événements, il faut du code qui détecte un événement (de manière générale, quelque chose qui se passe, qui commence ou se termine). Ce code signale l'événement à d'autres objets. Encore faut-il que ceux-ci soient inscrits pour être informés de l'événement (on dit qu'ils sont notifiés).

Prenons un exemple pour illustrer les événements mais sans nous placer dans le cadre Windows. Nous aurons dans notre programme (par analogie avec un exemple tiré de la vie de tous les jours) :

- Un objet `surveillant` de la classe `Surveillant`. C'est lui qui détecte en premier l'événement (il est donc à la source du mécanisme). En cas d'accident, il avertit le Samu. Évident peut-être pour nous comme réaction mais pas pour un programme. Comment le surveillant peut-il savoir qu'il doit appeler le Samu en cas d'accident ? `samu` doit pour cela s'inscrire auprès de `surveillant` et demander à être notifié en cas d'accident. La classe `Surveillant`, de son côté, doit contenir un champ de type `event` pour permettre cet enregistrement.

- Un objet `samu` de la classe `Samu`. Nous venons de voir que celui-ci ne doit avertir `surveillant` qu'en cas d'accident (d'événement, de manière générale), et une fonction bien particulière de la classe `Samu` doit être appelée.

- On parle de fonction de traitement d'événements mais aussi de fonction de rappel (*callback* en anglais). Cet appel de la fonction de traitement est effectué à l'initiative de `surveillant` au moment où celui-ci détecte l'événement.

- À tout moment, `samu` pourrait avertir `surveillant` qu'il suspend, jusqu'à nouvel ordre, toute demande de notification (`samu` se retire pour cela de la liste de notification maintenue par `surveillant`). D'autres acteurs que `samu` (par exemple les journalistes) pourraient demander à `surveillant` d'être également placés sur la liste de notification. Pour simplifier, nous supposerons que seul `samu` doit faire l'objet d'une notification.

Quand survient un événement, `surveillant` doit certes appeler les fonctions de traitement des objets ayant réclamé une notification, mais il doit aussi fournir des informations quant à l'événement (nature et localisation de l'accident, par exemple). À cet effet, `surveillant` crée un objet de la classe `EventArgs` ou d'une classe dérivée de celle-ci (il pourra ainsi ajouter des champs qui sont propres à l'événement). Il faudra donc créer une classe qui est dérivée de `EventArgs` : soit `AccidentEventArgs` cette classe dérivée (il est d'usage de laisser le suffixe `EventArgs`). Pour simplifier, nous laissons le champ `Adresse` en champ public plutôt qu'en propriété :

```
class AccidentEventArgs : EventArgs
{
 public string Adresse;
 public AccidentEventArgs(string a) {Adresse = a;}
}
```

Intéressons-nous maintenant à la classe `Surveillant`. Celle-ci doit pouvoir appeler zéro, une ou plusieurs fonctions (selon le nombre de demandes de notification) en cas d'événement. La classe doit donc comporter une variable de type `event`, que nous décidons d'appeler `Accident`. Mais une variable de type `event` doit s'appuyer sur un délégué, mentionné d'ailleurs dans la déclaration de la variable événement. Il est d'usage, pour le nom du type délégué, de reprendre le nom de l'événement suffixé de `Handler` :

```
public delegate void AccidentHandler(object sender, AccidentEventArgs acc);
public event AccidentHandler Accident;
```

Comment appeler zéro, une ou plusieurs fonctions sans même les connaître au moment d'écrire le programme ? Grâce aux délégués ! Évidemment, ces fonctions de traitement d'événements ne doivent être appelées que si des fonctions ont été accrochées à la variable événement :

```
if (Accident != null) Accident(this, e);
```

L'objet samu doit s'enregistrer auprès de l'objet surveillant (sinon, surveillant ne sait pas qu'il doit avertir samu), en spécifiant la fonction à appeler :

```
class Samu
{
 // fonction de traitement d'événements
 public void onAccident(object sender, AccidentEventArgs e)
 {
  .....
 }
}
 // samu demande à être notifié
 surveillant.Accident += new Surveillant.AccidentHandler(samu.onAccident);
```

Présentons maintenant le programme dans son ensemble.

Traitement d'événements   Ex4.cs

```
using System;
class AccidentEventArgs : EventArgs
{
 public string Adresse;
 public AccidentEventArgs(string a) {Adresse = a;}
}
class Surveillant
{
 public void Signaler(string adr)
 {
  AccidentEventArgs e = new AccidentEventArgs(adr);
  if (Accident != null) Accident(this, e);
 }
 public delegate void AccidentHandler(object sender, AccidentEventArgs acc);
 public event AccidentHandler Accident;
}
class Samu
{
 public void onAccident(object sender, AccidentEventArgs e)
 {
  Console.WriteLine("Appel reçu pour " + e.Adresse);
 }
}
```

Traitement d'événements *(suite)*	Ex4.cs

```
class Program
{
 static void Main(string[] args)
 {
  Surveillant surveillant = new Surveillant();
  Samu samu = new Samu();
  // samu demande à être notifié
  surveillant.Accident += new Surveillant.AccidentHandler(samu.onAccident);
  // simulation d'un accident
  surveillant.Signaler("Chernobyl");
 }
}
```

6.3 Les méthodes anonymes

C# version 2 a introduit les méthodes anonymes : au lieu de créer une fonction de traitement et de l'associer à un événement, comme cela devait se faire en versions 1 et 1.1, et comme cela peut encore se faire en version 2 (exemple ici du traitement du clic sur un bouton en programmation Windows ayant bB comme nom interne) :

```
// fonction de traitement (dans fichier Form1.cs)
private void bBonClick(object sender, EventArgs e)
{
 za.Text = "Il est " + DateTime.Now.ToLongTimeString();
}
.....
// associer la fonction à l'événement
// (opération effectuée dans le fichier Form1.Designer.cs)
bB.Click += new System.EventHandler(bBonClick);
```

Nous avons vu qu'il est maintenant possible d'écrire :

```
bB.Click += bBonClick;
```

Mais on peut aussi désormais écrire, en évitant de devoir créer explicitement une fonction de traitement :

```
bB.Click += delegate { za.Text = "Il est " + DateTime.Now.ToLongTimeString(); }
```

Il est possible de déclarer des variables à l'intérieur du delegate. Les variables sont alors locales au delegate. Il n'est cependant pas possible d'effectuer -= sur l'événement (pour mettre fin au traitement).

Programmes d'accompagnement

Les programmes Ex1.cs **à** Ex4.cs **de ce chapitre.**

7

Création et déploiement
de programmes

Dans ce chapitre, nous allons présenter les différentes étapes pour créer, modifier (notamment avec les techniques, introduites en version 2, de *refactoring* et d'extraits de code), commenter, mettre au point, et finalement déployer une application avec Click-Once.

Nous étudierons également la notion d'assemblage et analyserons le contenu d'un exécutable (EXE ou DLL).

La technologie ClickOnce constitue l'un des apports majeurs de .NET version 2. Elle permet de déployer des applications Windows à partir d'un serveur Web, avec une mise à jour éventuellement automatique dès qu'une nouvelle version apparaît sur le site Web.

7.1 Création d'un programme C#

7.1.1 Les outils disponibles

Diverses solutions existent pour créer un programme. La première, mais qui est aussi la plus rustique, n'est sérieusement envisageable que dans le cas d'applications en mode console :

- utiliser un éditeur comme le Bloc-notes pour écrire le programme en C# ;

- enregistrer le fichier avec l'extension .cs (par exemple Prog.cs) ;

- compiler en mode ligne de commande avec (csc pour *c sharp compiler*) : csc Prog.cs.

Un fichier `Prog.exe` est créé en l'absence de toute erreur de syntaxe. Vous pouvez l'exécuter mais seulement sur une machine dotée du run-time .NET. Celui-ci est en téléchargement gratuit sur les sites de Microsoft (suivre les liens `Download`).

Pour compiler le programme, vous avez également besoin du SDK (*Software Development Kit*), également disponible en téléchargement gratuit. Le SDK ne comprend que les outils en mode console, notamment le compilateur C#. Si vous avez installé Visual Studio ou Visual C# Express, vous trouverez le programme `csc` dans le répertoire `[c:\windows]\Microsoft.NET\Framework`. Choisissez alors le répertoire correspondant à la version 2 (répertoire `v2.0.xyz` où `xyz` indique un numéro de révision).

Indépendamment de Microsoft, on trouve, en téléchargement sur Internet, des éditeurs spécialement adaptés au C#, avec notamment coloriage syntaxique propre à ce langage, parfois même avec aide syntaxique en cours de frappe. Ces éditeurs permettent généralement de lancer des compilations et des exécutions sans devoir passer par la création d'un projet comme c'est le cas avec Visual Studio. C'est notamment le cas de SharpDevelop (`www.icsharpcode.net`) que vous pouvez utiliser gratuitement (sous licence GPL) et qui reprend certaines des caractéristiques de Visual Studio.

Signalons aussi que vous pouvez développer en .NET et C# sur la plate-forme Linux (mais aussi Solaris, FreeBSD, HP-UX, Mac OSX et... Windows), grâce à ce que l'on appelle le « projet mono », aujourd'hui opérationnel (avec néanmoins des problèmes de compatibilité en ce qui concerne les applications dites Win Forms, la solution de fenêtrage basée sur GTK# paraissant être plus aboutie). Un programme compilé sous Visual Studio peut alors s'exécuter sous Linux et inversement (pour plus de renseignements, consultez le site `www.go-mono.com`).

Même s'ils sont de qualité tout à fait remarquable, ces logiciels n'atteignent cependant pas le niveau de Visual Studio ou de Visual C# Express.

Sauf exception, chaque fois que nous parlons de Visual Studio, cela comprend Visual C# Express.

7.1.2 Création d'un programme à l'aide de Visual Studio

Visual Studio peut être utilisé, même pour créer une application console la plus simple qui soit. Le mode console est ici pris comme exemple.

Lançons Visual Studio (rappelons qu'il s'agit d'un nom générique). Lors de la toute première exécution, il vous demande votre langage de prédilection (C# évidemment dans notre cas). L'écran suivant (figure 7-1) apparaît (ou à peu près car les différentes fenêtres peuvent être aisément déplacées) :

Créons un programme en mode console par le menu `Fichier` → `Nouveau` → `Projet`. Nous spécifions alors :

• le type de projet : application Windows, console, ou encore (mais pas sous Visual C# Express) application pour mobiles (ce que l'on appelle *smart devices*) ;

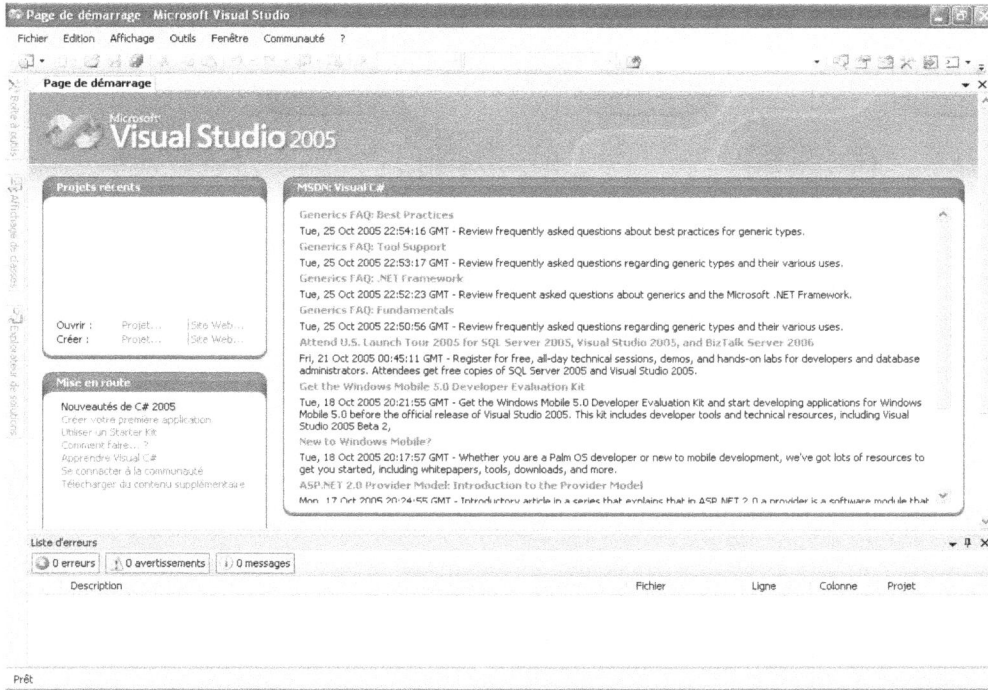

Figure 7-1

- un nom du projet et un emplacement pour celui-ci (avec Visual C# Express, ces informations sont réclamées lors du premier enregistrement).

Figure 7-2

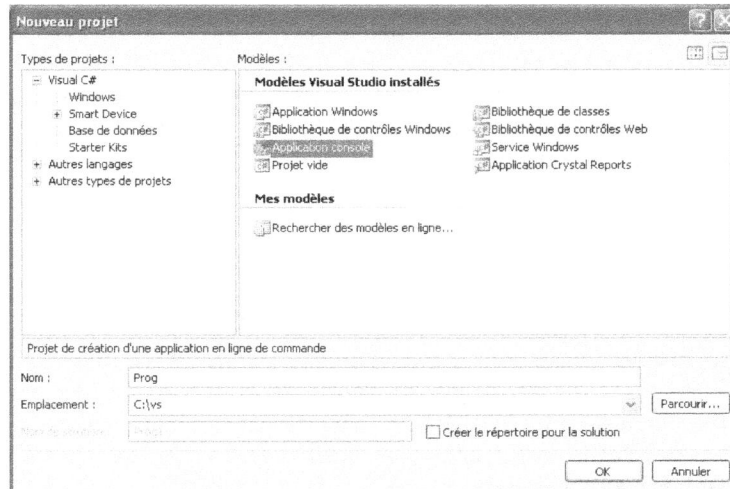

Dans le cas d'une application en mode console, Visual Studio présente la fenêtre suivante comprenant essentiellement un éditeur pour fichiers d'extension .cs :

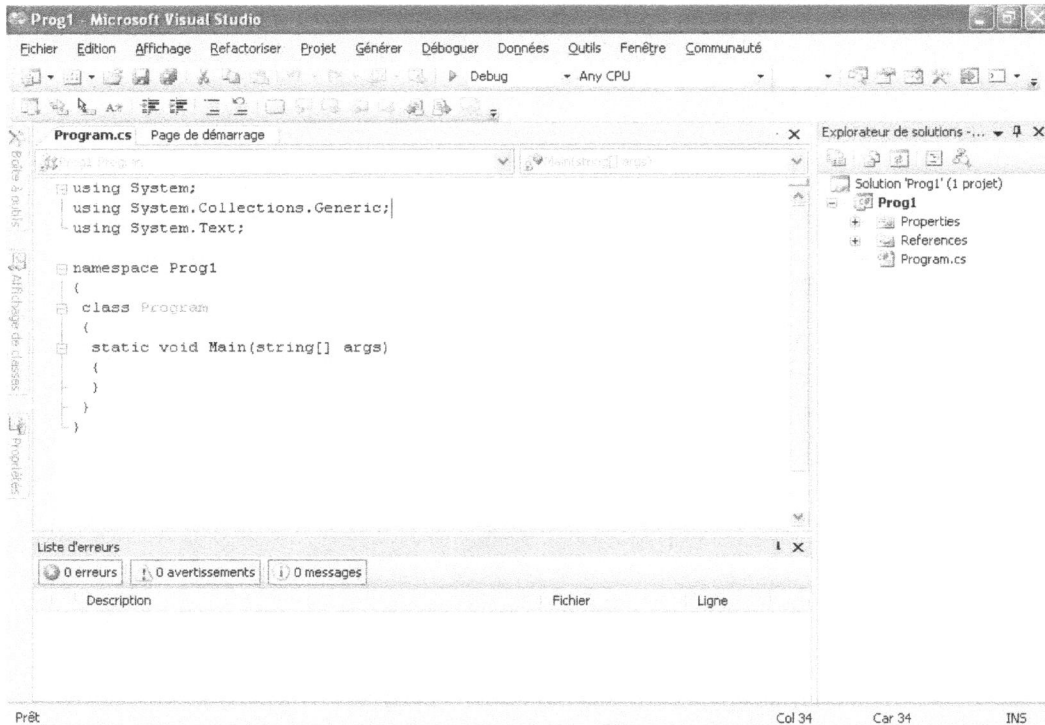

Figure 7-3

L'environnement de développement Visual Studio est composé de plusieurs fenêtres (Explorateur de solutions, Propriétés, différentes fenêtres d'édition, etc.). Ces fenêtres sont susceptibles d'être réarrangées, déplacées à l'écran, et surtout accrochées à une bordure de fenêtre et devenir autorétractables. Pour déplacer l'une de ces fenêtres, cliquez sur sa barre de titre (au besoin, passez d'abord par le menu Affichage pour la faire apparaître) et glissez-la, en maintenant le bouton de la souris enfoncé. Lors du déplacement, des marques apparaissent au centre de la fenêtre mais aussi au milieu de chaque côté. Elles indiquent les points de visée pour un ancrage dans une rainure de bord.

Un conseil pour accrocher ces petites fenêtres dans leur endroit de prédilection, à savoir la rainure verticale de gauche dans la fenêtre de Visual Studio (mais les rainures des trois autres côtés peuvent également être utilisées) : déplacez la fenêtre (par exemple l'Explorateur de solutions) vers le bord de gauche (par déplacement de la barre de titre, bouton enfoncé). Visez l'une des quatre marques au milieu de chaque bord (la marque sur le côté gauche dans notre cas) et la fenêtre vient s'accoler automatiquement au bord correspondant.

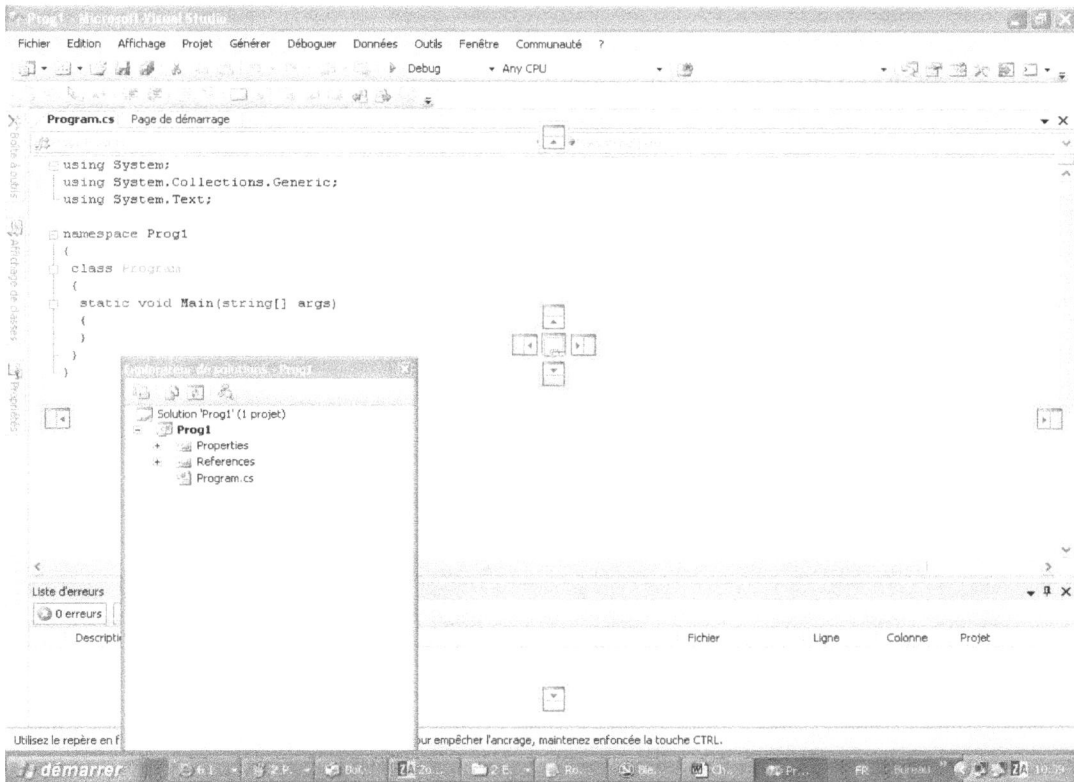

Figure 7-4

Cliquez alors sur la petite icône Masquer automatiquement en forme d'épingle *push-pin* (punaise signalétique) et située dans le coin droit de la barre de titre, mais à gauche de la case de fermeture. Cette petite icône discrète n'apparaît cependant que lorsqu'elle est utilisable. Si elle n'apparaît pas, cliquez avec le bouton droit dans la barre de titre et cochez Ancrable et Masquer automatiquement dans le menu contextuel.

L'effet est saisissant et, après quelques manipulations, vous serez vite séduit : la fenêtre disparaît (avec effet d'animation) et son nom apparaît dans la bordure de gauche, avec texte vertical. L'écran est moins encombré et davantage de place est disponible pour une fenêtre comme l'éditeur de texte.

Pour faire réapparaître la fenêtre : amenez le curseur de la souris au-dessus de son libellé ou de son icône dans la rainure formant le bord. La fenêtre apparaît alors automatiquement avec un effet de coulissement. Elle disparaîtra tout aussi automatiquement dès que vous entreprendrez une autre action (la touche ECHAP et un clic en dehors de cette fenêtre ayant le même effet). Si toutefois vous en éprouvez le besoin, pour fixer et déposer la fenêtre en un autre emplacement, y compris à l'intérieur de la fenêtre de développement :

faire apparaître la fenêtre, cliquer sur la petite icône Masquer automatiquement (ou clic droit sur la barre de titre et ensuite décocher Ancrable et Masquer automatiquement), et finalement déplacer la fenêtre vers son nouvel emplacement. L'épingle doit être en position horizontale pour que la fenêtre soit autorétractable (clic sur l'épingle *pin-push* pour la faire basculer dans l'autre position).

Il est plus simple de réaliser toutes ces manipulations que de les expliquer ! Dès qu'elles seront maîtrisées, vous ne pourrez plus vous passer de ces arrangements et de ces effets.

Puisque vous vous intéressez au C#, vous n'avez pas besoin d'une formation à la manipulation de Visual Studio. Contentons-nous dès lors de passer en revue les éléments les plus importants.

7.1.3 La fenêtre Explorateur de solutions

La fenêtre Explorateur de solutions (figure 7-5) est la fenêtre du projet, celle qui montre et permet de gérer les différents constituants de l'application. Dans le cas d'une application Windows ou Web, plusieurs fichiers forment l'application. Dans le cas d'une application console, ce nombre de fichiers est plus réduit.

Une « solution » est constituée de plusieurs projets même si elle peut être limitée à un seul projet (ce qui est très souvent le cas car créer un projet implique automatiquement la création d'une solution).

Figure 7-5

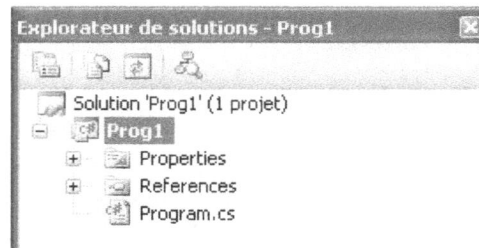

Si travailler en mode « solution » plutôt que « projet » s'impose (cas notamment où l'on développe une application incorporant plusieurs DLL et qu'il s'agit de mettre tout cela au point en même temps), il est préférable de créer un répertoire pour la solution et, dans ce répertoire, autant de sous-répertoires qu'il y a de projets dans la solution. Cochez dans ce cas la case Créer le répertoire pour la solution.

Visual Studio crée automatiquement un sous-répertoire quand on ajoute un projet à la solution.

7.1.4 Créer un nouveau projet

Pour créer un nouveau projet (un projet désigne l'ensemble des fichiers nécessaires à la création d'une application, ici ceux d'une application en mode console), vous avez le choix entre différentes possibilités : menu Fichier → Nouveau → Projet.

Vous pourriez aussi cliquer sur le bouton Nouveau Projet dans la barre des boutons (premier bouton). La combinaison CTRL+MAJ+N a le même effet.

La fenêtre Nouveau projet apparaît. Elle a déjà été présentée à la figure 7-2.

Si l'on spécifie Prog et c:\vs respectivement dans Nom et Emplacement, le répertoire Prog (c'est-à-dire le nom donné à l'application) est créé dans le répertoire c:\vs. Dans ce répertoire Prog, on trouve les fichiers formant l'application et notamment le fichier d'extension .cs. Dans ce répertoire Prog, on trouvera également deux répertoires (DEBUG et OBJ) dans lesquels sont générés les exécutables (avec ou sans les informations de débogage selon qu'il s'agit du sous-répertoire debug ou release).

Pour créer l'exécutable dans le répertoire de l'application (ici vs\Prog), ce qui présente surtout un intérêt quand une application Windows ouvre des fichiers placés dans le répertoire du projet : fenêtre Explorateur de solutions → clic droit sur le nom du projet → Propriétés → Propriétés de configuration → Chemin de sortie et effacer bin\debug.

Après confirmation par un clic sur le bouton OK de la fenêtre Nouveau projet, Visual Studio crée un squelette de programme pour le mode console (figure 7-6). Le squelette de programme pour le mode « application Windows » est très différent (voir le chapitre 11.1).

Figure 7-6

```
using System;
using System.Collections.Generic;
using System.Text;

namespace Prog1
{
    class Program
    {
        static void Main(string[] args)
        {
        }
    }
}
```

Écrire un programme consiste donc à compléter le squelette (c'est bien plus impressionnant en programmation Windows).

Certaines de ces lignes pourraient être supprimées sans problème (combinaison CTRL+L pour supprimer la ligne sous le curseur). Nous en profitons également pour réduire l'indentation (à ce propos, voir ci-dessous la modification d'option à effectuer). Le fichier programme devient alors :

Figure 7-7

```
using System;
class Program
{
    static void Main(string[] args)
    {
    }
}
```

7.1.5 Des options qu'il est souhaitable de modifier...

Si la présentation par défaut avec ses indentations de cinq caractères vous convient, gardez-la. Sinon, modifiez les options (voir figure 7-8) de l'éditeur par Outils → Options → Editeur de texte → C# → Tabulations et personnalisez l'éditeur selon vos préférences. Vous pourriez personnaliser sans difficulté beaucoup d'autres éléments.

Figure 7-8

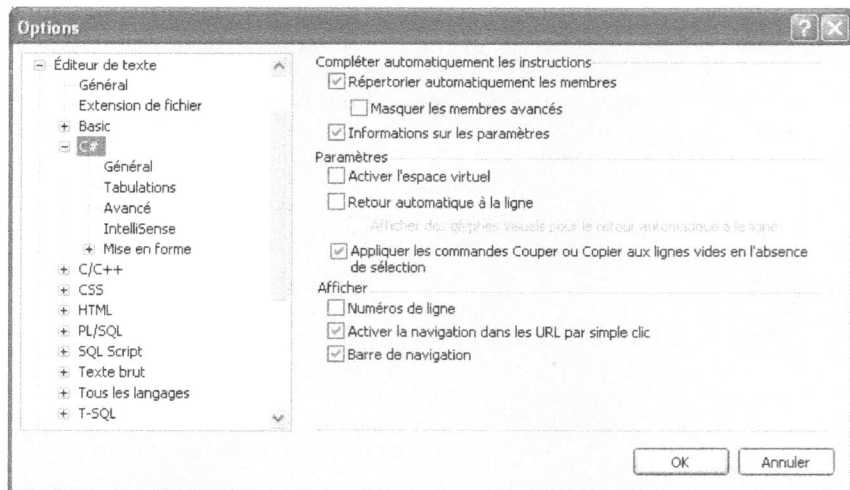

7.1.6 Donner aux fichiers des noms plus explicites

Par défaut, un fichier d'extension .cs est créé dans le projet. Il s'agit en fait du seul fichier qui présente réellement de l'intérêt pour vous. Ce n'est cependant pas une raison pour effacer tous les autres : vous pouvez effacer les fichiers d'extension .sln et .suo, ainsi que les dossiers bin et obj, mais n'effacez ni le fichier d'extension .csproj (fichier de projet, que vous devrez ouvrir plus tard pour retravailler sur le projet), ni le dossier Properties, ni, bien sûr, le fichier d'extension .cs.

Ce fichier programme s'appelle Program.cs par défaut. Pour donner un nom plus explicite à ce fichier, passez à la fenêtre du projet (fenêtre Explorateur de solutions), cliquez avec le bouton droit sur Program.cs, sélectionnez Renommer et spécifiez un autre nom.

Par défaut aussi, la classe de l'application s'appelle Program. Pour modifier ce nom de classe : faire apparaître la fenêtre des classes (menu Affichage → Affichage de classes) suivi d'un clic droit sur Program (sous le nom du projet) → Renommer.

7.1.7 Reprendre sous VS.NET des programmes créés avec le bloc-notes

Pour reprendre dans Visual Studio un programme écrit à l'aide d'un éditeur comme le Bloc-notes (par exemple prog.cs) :

- créez un projet ;

- remplacez le contenu de Program.cs par le contenu de votre fichier programme.

7.1.8 Cacher l'implémentation de fonctions

Visual Studio met en évidence les débuts et fins de fonction. Expliquons comment cacher ou révéler des parties de code (ce que l'on appelle une région de code).

Si vous cliquez sur la petite icône en forme de – (voir les figures 7-6 et 7-7) à gauche du nom d'une fonction ou d'une classe (plus généralement d'une région), vous laissez visible le nom de la fonction ou de la classe, mais vous cachez son développement, ce qui donne un meilleur aperçu du programme dans son ensemble. Par exemple, si l'on clique sur cette icône en forme de – à gauche de Main, on cache l'implémentation de Main (figure 7-9). Un rectangle marqué des trois points de suspension apparaît alors pour indiquer que la ligne pourrait être développée :

Figure 7-9

```
using System;
class Program
{
    static void Main(string[] args)...
}
```

7.1.9 L'aide contextuelle

Lorsque vous ajoutez des instructions dans le fichier du programme, Visual Studio marque d'une barre verticale jaune les lignes modifiées ou ajoutées mais pas encore enregistrées dans le fichier. Ces lignes passent au vert après enregistrement.

Lors de l'écriture du code (instructions C# notamment, mais pas seulement), Visual Studio vous apporte une aide considérable quant à la syntaxe (figure 7-10). Il suffit de taper CTRL+barre d'espacement après avoir tapé quelques lettres pour que VS complète automatiquement la phrase ou fasse des propositions. Par exemple, après avoir tapé `cons` :

Figure 7-10

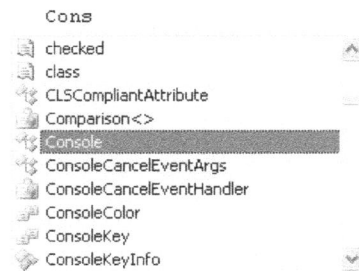

De même, si vous tapez le nom d'une classe ou d'un objet, suivi d'un point (opérateur du C#) et marquez l'arrêt durant une fraction de seconde, Visual Studio affiche dans une boîte de liste les noms des propriétés et fonctions susceptibles d'être utilisées. Vous pouvez alors sélectionner le nom de la propriété ou de la fonction à l'aide des touches du clavier (touches de direction et confirmation par ENTREE). Il en va de même pour les arguments de fonctions, y compris celles que vous avez écrites. Visual Studio réalise alors ce que l'on appelle de « l'autocomplétude ».

Si le curseur de la souris marque une pause au-dessus d'un nom de classe ou de fonction, Visual Studio affiche une bulle d'aide. Par exemple (pause ici du curseur au-dessus de `WriteLine`) :

Figure 7-11

7.1.10 Documentation automatique de programme

Traditionnellement, la documentation des programmes, quand elle existe, est rédigée dans des fichiers distincts des fichiers sources de ces programmes ou sur des feuilles volantes, qui portent parfois bien leur nom. Il en résulte fréquemment un manque de synchronisation entre le programme et sa documentation. Le compilateur C# intègre une technique de documentation de programme intégrée au programme même. Le compilateur/outil de développement apporte une aide mais ne va évidemment pas jusqu'à documenter le programme à votre place.

Pour illustrer la technique de documentation de programme, nous allons partir d'un programme qui n'a, certes, pas besoin de documentation tant il est simple, mais que nous allons néanmoins documenter. Ces commentaires en question seront traités par un processeur de commentaires qui les mettra en forme.

Programme non documenté

```
using System;
class Prog
{
 static void Main()
 {
  int n = f(5);
  Console.WriteLine("Réponse : " + n);
 }
 static int f(int i)
 {
  return 2*i;
 }
}
```

Les commentaires susceptibles d'être traités par le processeur de commentaires doivent être introduits par /// suivi d'une balise au format XML. Rien n'empêche d'ajouter des commentaires introduits par /* ou //, mais ceux-ci ne sont pas pris en compte par le processeur de commentaires. Visual Studio insère des balises de commentaires dès que l'on tape ///.

Dans l'exemple qui suit, nous commentons la classe Prog (ce qui revient à commenter le programme puisque Prog est la classe principale du programme) ainsi que les fonctions Main et f. Nous utilisons les balises de commentaires summary et param. Les commentaires qui suivent, certes d'un simplisme tout particulier, ne sont évidemment là qu'à titre d'exemple.

Programme documenté

```
using System;
/// <summary>
///  Ce programme calcule le double de 5
/// </summary>
class Prog
{
 /// <summary>
 ///  Main appelle la fonction f et lui passe la valeur 5 en argument
 ///  On affiche ensuite la réponse
 /// </summary>
 static void Main()
```

Programme documenté *(suite)*

```
{
  int n = f(5);
  Console.WriteLine("Réponse : " + n);
}
/// <summary>
///  La fonction f accepte un entier en argument et renvoie le double
/// </summary>
/// <param name="i">Le seul argument de la fonction</param>
static int f(int i)
{
  return 2*i;
}
}
```

Lorsque l'application est créée avec Visual Studio, de tels commentaires sont automatiquement insérés (ou au moins leurs balises).

Présentons les balises prises en compte par le processeur de documentation :

Principales balises de documentation

`<summary>`	Résumé de la classe ou de la fonction qui suit.

`<param>`	Documentation d'un argument (spécifier le nom de l'argument, ici `code`, en attribut `name` de la balise) :
	`<param name="code">`
	`  Code ISBN passé en premier argument`
	`</param>`

`<returns>`	Documentation de la valeur de retour :
	`<returns>La fonction renvoie l'âge mais sous la forme d'une chaîne`
	`de caractères</returns>`

`<value>`	Documentation d'une propriété.
`<example>`	Documentation d'un exemple.
`<remarks>`	Commentaire général.
`<exception>`	Documentation d'un type d'erreur.
`<c>`	Documentation de code (code limité à une seule ligne). Le contenu des balises `<c>` et `<code>` est rendu tel quel. Cette balise ne se rapporte donc pas nécessairement à du code, elle peut en fait se rapporter à n'importe quoi.
`<code>`	Même chose pour du code qui s'étend sur plusieurs lignes.

Pour qu'il y ait génération automatique de commentaires, il faut, en mode console, compiler le programme par :

```
csc /doc:prog.xml prog.cs
```

Avec Visual Studio, vous réclamez la génération du fichier XML de documentation par : `Explorateur de solutions` → `Propriétés` → `Générer`, cochez `Fichier de documentation XML` et spécifiez le nom de ce fichier XML (par défaut, il est placé, porte le nom du projet, et est généré dans le répertoire de l'exécutable).

Le compilateur génère alors le fichier qui contient la documentation du programme. Le compilateur la vérifie (dans une certaine mesure évidemment, car il ne peut pas, par exemple, vérifier la pertinence des commentaires). Ainsi, il vérifie que i est effectivement un argument de la fonction f.

Analysons le fichier XML généré par le compilateur pour le programme précédent :

```
<?xml version="1.0"?>
<doc>
 <assembly>
  <name>Prog</name>
 </assembly>
 <members>
  <member name="T:Prog">
   <summary>
    Ce programme calcule le double de 5
   </summary>
  </member>
  <member name="M:Prog.Main">
   <summary>
    On appelle la fonction f et lui passe la valeur 5 en argument
    On affiche ensuite la réponse
   </summary>
  </member>
  <member name="M:Prog.f(System.Int32)">
   <summary>
    La fonction f accepte un entier en argument et renvoie le double
   </summary>
   <param name="i">Le seul argument de la fonction</param>
  </member>
 </members>
</doc>
```

Continuez à lire avant de vous plonger dans la consternation. Tout va tenir dans les transformations XSLT de ce document XML.

Dans ce fichier XML, on retrouve nos commentaires ainsi que des balises auxquelles ils se rapportent (balises de classes, de fonctions et d'arguments). Pour comprendre ce fichier XML, il est souhaitable de connaître la signification des lettres T et M rencontrées dans `Prog.xml` ainsi que toutes celles que l'on pourrait rencontrer.

Ce fichier XML pourrait être lu par un navigateur. Par défaut, un double-clic sur un fichier d'extension `.xml` provoque son affichage dans la fenêtre du navigateur, mais dans un format XML que personne n'a envie de lire.

Description des éléments	
N	Espace de noms.
T	Type : classe, interface, structure, énumération ou délégué.
F	Champ (*field*).
P	Propriété.
M	Méthode (y compris les constructeurs et les redéfinitions d'opérateurs).
E	Événement.
!	Chaîne d'erreurs. Le compilateur génère une information d'erreur quand un lien ne peut être résolu.

Il est malheureusement à craindre qu'une telle documentation, telle quelle, ne suscite guère d'enthousiasme. Le grand mérite de XML réside dans le fait qu'on peut y associer un fichier de transformation (ici le fichier doc.xsl qui fait partie des programmes d'accompagnement de l'ouvrage) en vue d'une transformation dans n'importe quel format (à charge d'écrire ce fichier .xsl ou d'en prendre un tout fait pour une présentation standard).

Pour effectuer cette transformation, il suffit de remplacer la première ligne du fichier XML par la suivante (il faut aussi disposer du fichier doc.xsl) :

```
<?xml:stylesheet href="doc.xsl" type="text/xsl" ?>
```

Si on lit maintenant le fichier XML dans un navigateur (voir figure 7-12), on obtient ceci (la présentation aurait été différente si on avait utilisé un autre fichier .xsl) :

Figure 7-12

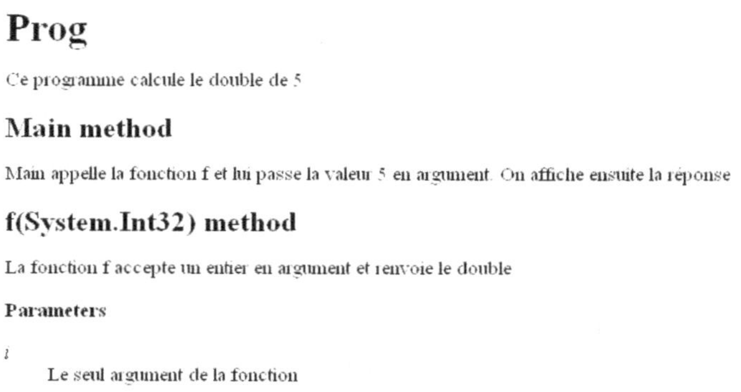

Prog

Ce programme calcule le double de 5

Main method

Main appelle la fonction f et lui passe la valeur 5 en argument. On affiche ensuite la réponse

f(System.Int32) method

La fonction f accepte un entier en argument et renvoie le double

Parameters

i

Le seul argument de la fonction

Le fichier XML peut maintenant être transformé et donc présenté de n'importe quelle manière. À l'adresse http://ndoc.sourceforge.net, vous trouverez (projet Open Source, par conséquent avec distribution libre) un programme de génération de documentation (en partant du fichier XML dont il vient d'être question) dans différents formats (notamment les présentations usuelles de documentation MSDN de Microsoft).

7.2 Les techniques de remaniement de code

7.2.1 La refactorisation

Un code est toujours plus lisible, et donc meilleur, s'il est bien structuré avec des noms de variables, de propriétés, d'événements, de classes et de fonctions significatifs, avec idéalement référence à des interfaces. Bien que cela semble évident, on y renonce néanmoins souvent tant la tâche semble hasardeuse : pensez aux ravages que peut causer l'outil Edition → Remplacer si on l'utilise pour remplacer un nom de variable (dans le cas d'une variable i que l'on souhaite renommer, toutes les occurrences de cette lettre i, partout dans le programme, risquent d'être remplacées par le nouveau nom de variable).

Les techniques de refactorisation s'attaquent à ce problème. Avant chaque opération, il faut sélectionner un mot ou plusieurs lignes (parfois un clic droit suffit).

Passons en revue les différentes fonctionnalités de la refactorisation.

Figure 7-13

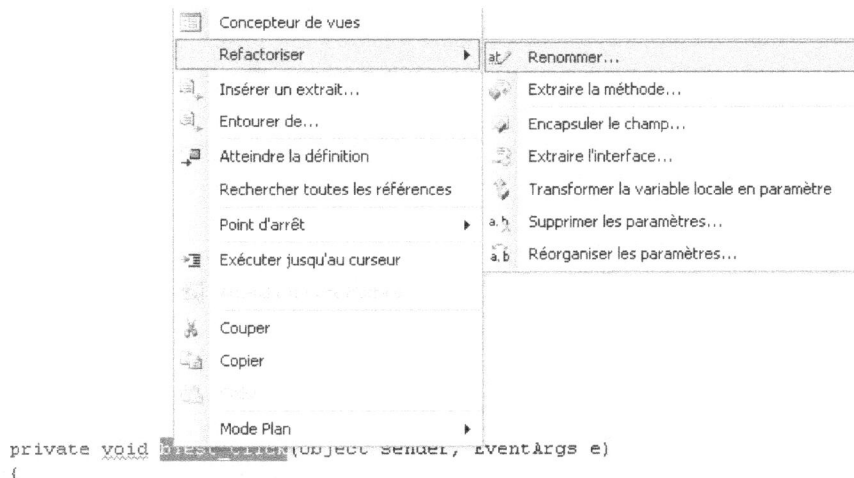

```
private void                    (object sender, EventArgs e)
{
```

Les opérations de refactorisation	
Renommer	Renomme une variable, une propriété ou une fonction (nom présélectionné ou clic droit sur ce nom) mais en se comportant plus intelligemment qu'un remplacement par Edition → Remplacer, celui-ci agissant sans discernement.
Extraire la méthode	Crée une fonction à partir des instructions présélectionnées. VS propose NewMethod comme nom de fonction, mais vous pouvez évidemment imposer un autre nom. Si le groupe des instructions sélectionnées comprend des variables initialisées dans ce groupe, VS propose d'en faire des arguments de la fonction.
Encapsuler le champ	Transforme un champ public d'une classe en une propriété. Par défaut, VS propose de donner à la propriété le nom du champ mais en majuscules.

Les opérations de refactorisation *(suite)*

Extraire l'interface	Crée une interface à partir d'un nom de fonction publique. Par défaut, VS nomme l'interface ainsi créée IForm1 (pour la première créée) et incorpore la ou les méthodes présélectionnées dans l'interface, mais des cases à cocher vous permettent d'accepter ou de refuser ces inclusions. Un fichier (IForm1.cs par défaut) est ainsi créé. La classe de ces fonctions est modifiée pour indiquer qu'elle implémente cette interface.
Transformer la variable locale en paramètre	Comme son nom l'indique, transforme une variable locale d'une fonction en argument de celle-ci.
Supprimer les paramètres	Supprime un argument de la signature de la fonction.
Réorganiser les paramètres	Modifie l'ordre des arguments de la fonction présélectionnée.

7.2.2 Les extraits de code

La technique des « extraits de code » (*code snippet* en anglais) permet d'injecter, dans le fichier source du programme, du code prêt à l'emploi, avec éventuellement des paramètres (à remplacer par des valeurs lors de l'injection). Ce code prêt à l'emploi peut être du code proposé par VS (par exemple pour générer un try/catch) mais surtout n'importe quel code avec, éventuellement, des arguments.

Pour injecter du code : clic droit dans l'éditeur → Insérer un extrait. VS donne alors une liste des extraits de code disponibles :

Figure 7-14

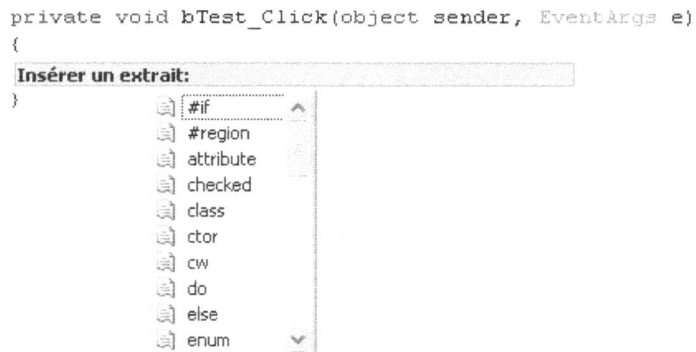

Chaque extrait de code est connu par un nom, par exemple while ou try qui injectent respectivement une boucle while ou un try/catch. Intéressant peut-être (cela vous épargne une dizaine de frappes de touches) mais le plus intéressant n'est pas là.

Envisageons un cas plus utile. Pour lire les différentes lignes d'un fichier de texte, vous devez écrire :

```
StreamReader sr = new StreamReader("Fich.txt");
string s = sr.ReadLine();
```

```
while (s != null)
{
 .....
 s = sr.ReadLine();
}
```

On a souvent besoin de tels bouts de code. Bien évidemment, il ne s'agira pas toujours du fichier `Fich.txt`. Nous allons dès lors créer un snippet avec un paramètre. Il s'agit d'un fichier au format XML avec l'extension `.snippet`. Des balises aux noms significatifs décrivent l'implémentation de l'extrait de code :

Extrait de code (*code snippet*) pour ouvrir et lire un fichier

```xml
<?xml version="1.0" encoding="utf-8" ?>
<CodeSnippets >
 <CodeSnippet Format="1.0">
  <Header>
   <Title>Ouverture et lecture d'un fichier de texte</Title>
   <ShortCut>OuvFich</ShortCut>
   <Description>Lit un fichier de texte</Description>
   <Author>Gérard Leblanc</Author>
   <SnippetTypes>
    <SnippetType>Expansion</SnippetType>
   </SnippetTypes>
  </Header>
  <Snippet>
   <Declarations>
    <Literal>
     <ID>NomFichier</ID>
     <ToolTip>Nom du fichier de texte à lire</ToolTip>
     <Default>xyz.txt</Default>
    </Literal>
   </Declarations>
   <Code Language="csharp">
    <![CDATA[
    StreamReader sr = new StreamReader($NomFichier$);
    while ((s = sr.ReadLine()) != null)
    {

     s = sr.ReadLine();
    }
    sr.Close();
    ]]>
   </Code>
  </Snippet>
 </CodeSnippet>
</CodeSnippets>
```

CodeSnippets désigne la balise extérieure. On peut y trouver un ou plusieurs snippets (chaque snippet étant contenu dans une balise CodeSnippet).

La balise Header donne des informations sur le snippet (nom, nom court, description et auteur).

La partie Snippet se rapporte aux zones variables (modifiées par l'utilisateur pour l'adapter à ses besoins) à raison d'une variable par balise Literal et au code à injecter. Dans le code, les parties variables sont délimitées par $.

Donnez à ce fichier l'extension .snippet. Passez par le menu Outils → Gestionnaire des extraits de code _ Importer pour ajouter le snippet à Visual Studio (ou insérez directement ce code dans Mes Documents → Visual Studio 2005 → Visual C# → My code snippets) et spécifiez un emplacement pour le snippet (en cochant l'une des trois cases My Code Snippets, Refactoring ou Visual C#) :

Figure 7-15

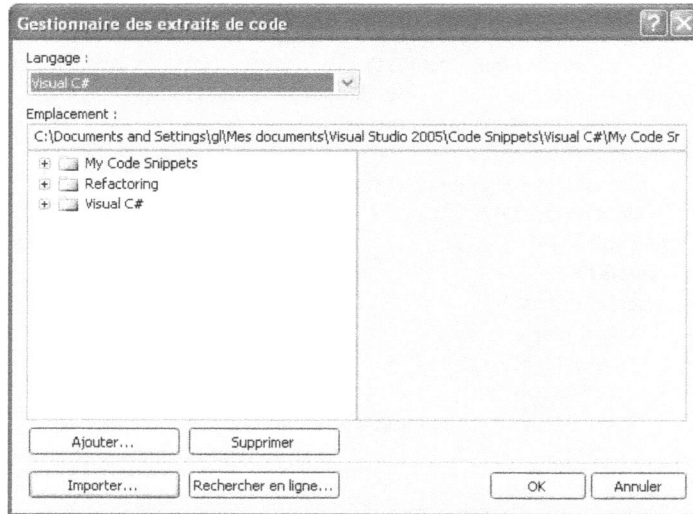

En cours de développement de programme, vous insérez un extrait de code dans votre fichier programme par : clic droit dans la fenêtre d'édition → choisir l'emplacement des snippets (par exemple My Code Snippet) → choisir le snippet. Le résultat est affiché dans la partie droite de la figure 7-16. Il ne reste plus qu'à modifier la ou les zones variables.

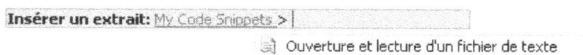

Figure 7-16

7.3 Outils de mise au point

Le programme étant écrit et compilé, il nous reste à le mettre au point :

Pour compiler et exécuter le programme		
Commande du menu		**Touche de raccourci**
Compilation et exécution sous contrôle du débogueur	Déboguer → Démarrer le débogage	F5
Compilation et exécution sans se placer sous contrôle du débogueur	Déboguer → Exécuter sans débogage	CTRL + F5
Mise au point de programme (sous contrôle du débogueur)		
Faire avancer le programme d'une ligne tout en montrant l'exécution dans les fonctions appelées	Déboguer → Pas à pas détaillé	F11
Faire avancer le programme d'une ligne sans montrer l'exécution dans les fonctions appelées	Déboguer → Pas à pas principal	F10
Faire avancer le programme jusqu'à la fin de la fonction (n'apparaît qu'après le lancement du débogueur)	Déboguer → Pas à pas sortant	MAJ+F11
Exécuter le programme jusqu'à la ligne du curseur et passer à ce moment au débogueur		CTRL + F10

En cas d'erreur de compilation, le compilateur met la ligne en erreur bien en évidence, avec message dans la fenêtre des erreurs.

Lors de la mise au point du programme (*debugging*), le contenu d'une variable est affiché dans une bulle d'aide si le curseur de la souris marque une pause au-dessus du nom de la variable en question.

Le contenu des variables peut également être affiché dans la fenêtre libellée Espions. Pour introduire une variable dans cette fenêtre : Déboguer → Espion express → Ajouter un espion.

Lorsque le programme a été mis au point, recompilez-le en mode Release avant distribution. Un code optimisé est alors généré, sans injection dans l'exécutable des informations nécessaires au débogueur. Pour cela : menu Générer → Gestionnaire de configurations et spécifier Release dans la boîte combo Configuration de la solution active.

7.3.1 Les classes Debug et Trace pour la mise au point

Une autre technique de mise au point consiste à utiliser les classes Debug et Trace de l'espace de noms System.Diagnostics. Les instructions relatives à Debug ne sont générées que si le programme est en mode debug. C'est le cas :

• en mode console si vous avez placé la directive

  - #define DEBUG

en tête du fichier d'extension .cs ;

- en mode Windows si la configuration correspond au mode debug, ce qui est le cas par défaut. Pour modifier ce mode : menu Générer → Gestionnaire de configuration et sélectionner Debug ou Release (choisissez ce dernier mode avant de distribuer l'application).

Les classes Debug et Trace contiennent les méthodes statiques Write, WriteLine, WriteIf, WriteLineIf et Assert. Elles servent évidemment à afficher des informations de mise au point.

Vous pouvez diriger la sortie de ces instructions vers un fichier ou la console (ce qui est le cas par défaut).

Write et WriteLine de Debug et Trace sont des méthodes statiques semblables à Write et WriteLine de Console mais n'acceptent qu'un argument de type string (pas de {0} dans l'argument, vous devez avoir préparé la chaîne). Les affichages sont effectués dans la fenêtre Sortie.

WriteIf et WriteLineIf acceptent un premier argument de type booléen. WriteIf et WriteLineIf n'ont d'effet que si ce premier argument vaut true. Par exemple :

```
using System.Diagnostics;
.....
Debug.WriteLineIf(i==0, "Ici avec i égal à 0");
```

Assert provoque l'affichage d'une boîte de fin de programme (mais on peut ignorer et continuer le programme) si la condition n'est pas remplie :

```
Debug.Assert(i != 0, "i devrait valoir zéro !");
```

7.3.2 Rediriger les messages de sortie

Pour rediriger les messages (provenant de Debug.Write, Debug.WriteIf, etc.) vers un fichier, ici vers le fichier ProgDbg.txt), il faut insérer les instructions suivantes :

```
using System.IO;
using System.Diagnostics;
.....
Stream s = File.Create("ProgDbg.txt");
TextWriterTraceListener t = new TextWriterTraceListener(s);
Debug.Listeners.Add(t);
Debug.AutoFlush = true;
```

Dans le cas d'une application Windows, placez par exemple ces instructions dans le constructeur de la classe de fenêtre, après l'appel d'InitializeComponents ou dans la fonction qui traite l'événement Load signalé à la fenêtre. Le fichier ProgDbg.txt sera alors créé dans le répertoire du programme exécutable.

Dans le cas d'une application console, vous forcez l'affichage des messages dans la fenêtre console de l'application (celle où Write et WriteLine affichent déjà) en remplaçant les instructions précédentes par :

```
WriterTraceListener t = new TextWriterTraceListener(System.Console.Out);
Debug.Listeners.Add.Add(t);
```

Rien n'empêche de diriger les messages vers plusieurs sorties (plusieurs `Add` peuvent en effet être exécutés sur `Debug.Listeners`).

Dans le cas d'un programme Windows, les sorties par défaut sont dirigées vers la fenêtre `Sortie` (menu `Affichage` → `Autres fenêtres` → `Sortie` si elle n'est pas déjà affichée à l'écran).

7.4 Le compilateur C# intégré au run-time

Si les compilations se font avec le compilateur `csc` ou celui intégré à Visual Studio, le run-time .NET comprend un compilateur C# (mais aussi VB) intégré. Il permet à un programme de compiler dynamiquement du code et de l'exécuter aussitôt.

Considérons le code suivant :

```
using Microsoft.CSharp;
using System.CodeDom.Compiler;
using System.Reflection;
.....
CompilerResults cr;
.....
string sc =                            // « programme » à compiler
        "using System;" +
        "class ClasseProg" +
        "{" +
        " public double f(int a, int b)" +
        " {" +
        "    return a+b; " +
        " }" +
        "}";

// préparer la compilation en mémoire
CSharpCodeProvider cscp = new CSharpCodeProvider();
ICodeCompiler icc = cscp.CreateCompiler();
CompilerParameters cp = new CompilerParameters();
cp.GenerateInMemory = true;

// compiler en mémoire
cr = icc.CompileAssemblyFromSource(cp, sc);
```

D'abord, quel est l'intérêt d'une compilation dynamique (c'est-à-dire en cours d'exécution de programme) du « programme » contenu dans la variable `sc` ? Certaines parties (ici `a+b`) pourraient provenir d'une zone d'édition, et donc devenir quelque chose de plus complexe comme `a*b/(a+b)`, en fonction des besoins de l'utilisateur.

On crée d'abord une instance du compilateur interne et on réclame une génération de code en mémoire.

Le programme à compiler (contenu d'une variable mémoire) est spécifié en second argument de `CompileAssemblyFromSource`. Cette compilation renvoie un objet `CompilerResults` (ici cr) qui donne des informations sur la compilation : nombre d'erreurs dans `cr.Errors.Count` et informations quant à la i-ième erreur dans `cr.Errors[i].Line` (numéro de ligne) et `cr.Errors[i].Text` (message d'erreur).

Il reste maintenant à exécuter cette fonction f compilée à la demande. Par exemple (mais les valeurs de a et b proviendront généralement de zones d'édition) :

```
object o = cr.CompiledAssembly.CreateInstance("ClasseProg");
Type t = o.GetType();
int a = 123;
int b = 57;
// préparer le tableau des arguments de f
object[] to = {a, b};
// exécuter cette fonction f
double somme = (double)t.InvokeMember("f", BindingFlags.InvokeMethod,
                                      null, o, to);
```

7.5 Anatomie d'un exécutable

À ce stade, nous allons examiner ce que contient le fichier EXE créé par le compilateur C# (mais aussi tout compilateur générant des programmes pour l'environnement .NET).

Dans le jargon .NET, un exécutable s'appelle « assemblage » (*assembly* en anglais). En fait, un assemblage est plus complexe que cela puisque le terme s'applique également aux DLL, mais nous complèterons cette notion au fur et à mesure que nous avancerons dans ce chapitre.

Après une compilation du fichier Prog.cs (par csc prog.cs), le fichier Prog.exe est créé. Il s'agit d'un fichier exécutable semblable aux exécutables précédents, mais en apparence seulement, .NET. Il ne peut cependant s'exécuter que sur une machine disposant du run-time .NET.

Prog.exe démarre comme tout programme mais il provoque immédiatement un branchement au run-time de .NET. Celui-ci prend alors en charge le programme (c'est pour cette raison que l'on parle de code géré, *managed code* en anglais, pour le code généré par les compilateurs .NET). À partir de là, chaque fonction, juste avant son exécution, est compilée par le JIT (*Just In time compiler*) et du code natif (directement exécuté par le microprocesseur) est généré. Une fonction n'est cependant jamais compilée qu'une seule fois (lors de sa première exécution) et le code compilé (du code natif) est gardé dans la mémoire vive de l'ordinateur. Le code natif résultant de la compilation JIT n'est gardé qu'en mémoire et non pas sur le disque.

L'exécution du code généré s'effectue alors sous étroite surveillance du run-time .NET. Chaque fois qu'il y a branchement à une fonction non encore compilée, le JIT intervient mais pour cette fonction uniquement.

Notre assemblage Prog.exe est constitué plus précisément :

• d'un manifeste ;

- d'informations sur les classes (de manière générale les types) contenus dans l'assemblage ;

- du code IL des différentes fonctions ;

- éventuellement de ressources (images, chaînes de caractères, etc.) greffées dans l'assemblage.

Le manifeste décrit l'assemblage et constitue en quelque sorte la carte de visite de l'assemblage :

- identité, version et clé publique (ces deux dernières informations présentent surtout de l'intérêt pour les assemblages partagés, ainsi que nous le verrons bientôt) ;

- la liste des fichiers faisant partie de l'assemblage ;

- la liste des autres assemblages auxquels celui-ci fait référence (un programme fait effectivement souvent appel à des fonctions ou utilise des classes provenant d'autres assemblages, ceux-ci étant alors généralement des DLL) ;

- les classes « exportées », c'est-à-dire rendues visibles et accessibles pour d'autres programmes.

Toutes ces informations (mais aussi beaucoup d'autres qui n'ont d'intérêt et même de signification que pour les développeurs de compilateurs et ceux de l'architecture .NET) permettent au run-time de faire fonctionner les programmes avec plus de vérifications quant aux classes et fonctions externes susceptibles d'être utilisées par ce programme (niveau de version par exemple). Comme toutes ces informations proviennent de l'assemblage lui-même, on ne court aucun risque de désynchronisation entre l'exécutable et les informations requises pour exécuter correctement le programme en question.

7.5.1 Le cas des DLL

Les DLL (pour *Dynamic Link Libraries*), qui constituent aussi des assemblages, n'ont rien de nouveau puisqu'elles sont apparues avec les toutes premières versions de Windows. Une DLL est un fichier d'extension .dll (généralement mais pas obligatoirement) qui contient du code et/ou des classes. Les programmes peuvent appeler ces fonctions ou instancier ces classes sans que ces fonctions ou ces classes n'aient besoin d'être greffées dans l'exécutable. Si plusieurs programmes en cours d'exécution utilisent une même DLL, le code de celle-ci n'est chargé qu'une seule fois en mémoire.

Pour poursuivre l'étude des assemblages, nous allons construire la DLL suivante, particulièrement simple (Ops.cs, avec Ops pour Opérations) :

```
public class Ops
{
  public static int Somme(int a, int b) {return a+b;}
}
```

On ne pourrait pas compiler `Ops.cs` comme on l'a toujours fait pour un programme puisque la fonction `Main` est absente. Nous voulons ici construire une DLL. Pour cela, on compile la classe précédente par (t étant l'abréviation de `target`) :

```
csc /t:library Ops.cs
```

Le fichier `Ops.dll` est créé. Avec Visual Studio, on aurait réclamé la création d'une librairie. La compilation aurait généré un fichier avec l'extension `.dll`.

`Ops.dll` contient également un manifeste, au même titre que l'exécutable envisagé plus haut. `Ops.dll` constitue en effet un assemblage, au même titre qu'un exécutable.

`Ops.dll` contient une fonction précompilée (sous forme IL puisque nous sommes dans l'environnement .NET). La fonction `Somme` de `Ops.dll` pourrait être appelée par un programme. Par exemple par `Calcul.cs` :

```
using System;
public class Prog
{
 public static void Main()
 {
  int n = Ops.Somme(3, 2);        // appel de la fonction en Dll
  Console.WriteLine(n);           // afficher le résultat
  Console.ReadLine();             // donner le temps d'admirer le résultat
 }
}
```

Compiler ce programme par `csc Calcul.cs` donnerait lieu à une erreur : le compilateur ne peut pas deviner que la fonction `Ops.Somme` provient du fichier `Ops.dll` (dans `Ops.Somme`, `Somme` est le nom de la fonction publique, `Ops` celui de la classe de la fonction et le fichier de la DLL ne doit pas nécessairement porter le nom de la classe, il pourrait d'ailleurs contenir plusieurs classes). On compile donc `Calcul.cs` par (r est l'abréviation de `reference`) :

```
csc /r:Ops.dll Calcul.cs
```

pour signaler au compilateur que `Calcul.cs` fait référence à une fonction de la librairie `Ops.dll`. Dans Visual Studio, on activerait `Projet` → `Ajouter une référence` et on naviguerait dans les répertoires jusqu'à trouver `Ops.dll`.

`Ops.dll` est ici un assemblage privé (*private assembly* en anglais). Ce fichier doit se trouver dans le répertoire de `Calcul.exe` pour que l'exécution de `Calcul.exe` soit possible.

L'avantage d'un assemblage privé est que pour distribuer `Calcul`, il suffit de distribuer les deux fichiers `Calcul.exe` et `Ops.dll` et de copier ces deux fichiers dans un même répertoire. Dans ce cas, on parle d'installation de type XCOPY. Avec ces assemblages privés, on ne court aucun risque d'écraser une DLL (étrangère à la nôtre et utilisée par un autre programme) qui, pour son plus grand malheur, s'appellerait également `Ops.dll`.

Les utilisateurs de Windows connaissent bien le problème engendré par des conflits de DLL. Ce problème est d'ailleurs connu sous le nom de *DLL hell* (l'enfer des DLL) : on installe un programme qui, lors de la phase d'installation, installe une DLL qui porte le même nom qu'une DLL existante (il s'agit souvent d'une nouvelle version de la DLL et celle-ci, volontairement ou non, n'est pas toujours compatible avec l'ancienne). L'ancienne DLL est écrasée et il n'est pas rare qu'à partir de là des programmes qui ne posaient jusque-là aucun problème ne fonctionnent soudainement plus.

L'inconvénient de cette technique des assemblages privés est que si dix ou cent programmes utilisent cette DLL, il faut copier `Ops.dll` dans les dix ou cent répertoires de ces applications.

La solution, sans retomber dans l'enfer des DLL, consiste en des assemblages partagés (*shared assemblies*).

7.5.2 Les assemblages partagés

Les assemblages partagés (*shared assemblies* en anglais) peuvent être utilisés par plusieurs applications appartenant ou non à des répertoires distincts. Ils doivent être installés dans ce que l'on appelle la GAC (*Global Assembly Cache*). Nous écrirons bientôt une DLL que nous introduirons dans la GAC. Mais il ne suffit pas d'une simple copie pour réaliser l'opération, auquel cas on retomberait dans le problème bien connu de l'enfer des DLL : il faut encore signer cette DLL.

Les assemblages partagés doivent avoir un nom fort (*strong name*) et l'assemblage doit être signé par une clé privée et une clé publique.

Éclaircissons d'abord cette notion de clé privée et de clé publique.

Il s'agit là d'une technique couramment utilisée en cryptographie : on utilise une clé A pour crypter un message et il faut une clé B, différente, pour le décrypter. Ces clés A et B ne sont pas choisies au hasard et établir les valeurs d'un couple A/B résulte d'un calcul mathématique complexe. L'intérêt des clés privées et publiques n'est pas ici de crypter mais de s'assurer qu'un composant n'a pas été altéré, généralement par des personnes mal intentionnées (les virus, par exemple, modifient des exécutables, y compris des DLL, pour leur faire exécuter du code qu'ils viennent de greffer).

Si vous avez crypté le message avec la clé A (clé privée, dont vous seul avez la disposition), vous rendez publique la clé B (clé publique). Si une personne disposant de la clé publique parvient à lire le message, c'est la preuve que le message provient de vous et qu'il est authentique. Une personne ne pourrait lire le message s'il avait été altéré par une tierce personne n'ayant pas accès à la clé privée. Tel est le but des clés privées et publiques utilisées dans des assemblages partagés : authentifier l'origine du composant et s'assurer qu'il n'a pas été modifié.

L'autre nouveauté introduite dans .NET est que le nom d'un composant partagé n'est plus sa caractéristique essentielle. C'est son nom fort (*strong name* en anglais) qui est maintenant pris en considération. Un nom fort est formé sur base du nom du composant, de numéros de version et de la clé publique. Il permet de garder plusieurs versions d'une même DLL ou de distinguer des DLL qui portent le même nom (« nom » étant ici pris au sens ancien du terme, on parle pour cela de nom court ou de *friendly name* en anglais).

On pourra donc trouver dans la GAC plusieurs DLL qui portent apparemment le même nom (révélé à l'utilisateur) mais que .NET parvient à distinguer grâce à leur nom fort (non révélé tant ce nom paraît complexe).

Passons à la pratique et créons une DLL que nous mettrons à disposition de tous les programmes par installation dans la GAC.

Nous allons reconstruire notre DLL contenant la fonction Ops.Somme mais cette fois avec Visual Studio, ce qui simplifiera les choses (sinon, il faut créer manuellement un fichier comprenant les informations nécessaires). On crée un projet de type Bibliothèque de classes.

Prenons l'habitude, comme nous l'avons appris dans ce chapitre, de donner des noms plus appropriés aux fichiers (Ops.cs plutôt que Class1.cs ainsi que la classe Ops plutôt que Class1) et faisons générer Ops.dll dans le répertoire de l'application, et non dans le sous-répertoire bin\debug comme c'est le cas par défaut.

Pour nous concentrer sur le sujet, simplifions Ops.cs (notamment par élimination des balises de commentaires automatiques) pour ne garder que :

```
namespace gl
{
 public class Ops
 {
  public static int Somme(int a, int b) {return a+b;}
 }
}
```

Dans le cas de composants, l'espace de noms est généralement propre à la société qui les a développés.

En examinant le projet, on constate qu'il contient (dans la rubrique Properties) le fichier AssemblyInfo.cs, fichier automatiquement inséré dans tout projet. En éditant ce fichier, on y trouve toute une série de lignes qui vous permettent de « marquer » la DLL. Ces marques sont spécifiées en complétant des chaînes de caractères aux noms assez évidents : AssemblyCompany, AssemblyConfiguration, AssemblyCopyright, Assembly-Trademark, AssemblyDescription, AssemblyInformationalVersion, AssemblyProduct et AssemblyTitle.

Modifiez donc ces lignes de manière à marquer le composant. Par exemple :

```
[assembly: AssemblyTitle("Opérations de calcul")]
[assembly: AssemblyDescription("Effectue la somme de deux nombres")]
[assembly: AssemblyCompany("glCorp")]
```

Spécifiez un numéro de version en modifiant :

```
[assembly: AssemblyVersion("1.0.*")]
```

Un numéro de version est constitué de quatre chiffres (à la manière d'une adresse IP). Dans l'ordre : numéro majeur, numéro mineur et puis deux numéros de version (respectivement *build number* et *revision number* mais on peut laisser * pour initialiser automatiquement ces deux dernières valeurs). Le *build number* contient alors le nombre de jours depuis le premier janvier 2000 et le *revision number* le nombre de secondes depuis minuit.

Ces informations peuvent être spécifiées d'une autre manière : `Explorateur de solutions` → clic droit sur le nom du projet → `Propriétés` → `Application` → `Informations de l'assembly` :

Figure 7-17

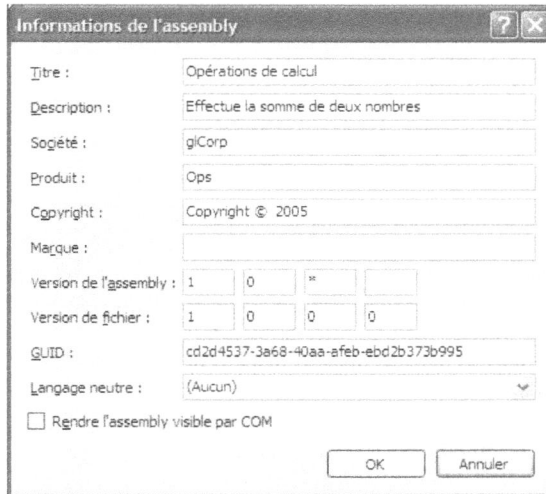

Compilons le composant par `Générer` → `Régénérer la solution`, ce qui génère le fichier `Ops.dll`.

Nous allons générer la clé privée et la clé publique afin de créer un nom fort pour cette DLL. Ces clés ne sont évidemment pas choisies au hasard et sont codées sur de nombreux octets. Il faut un utilitaire implémentant l'algorithme pour créer ces clés et il est exclu de les retenir par cœur. Pour générer ces clés et les sauvegarder dans un fichier (d'extension `.snk` ou `.pfx`) : `Explorateur de solutions` → clic droit sur le nom du projet → `Propriétés` → `Signature` → cochez `Signer l'assembly` :

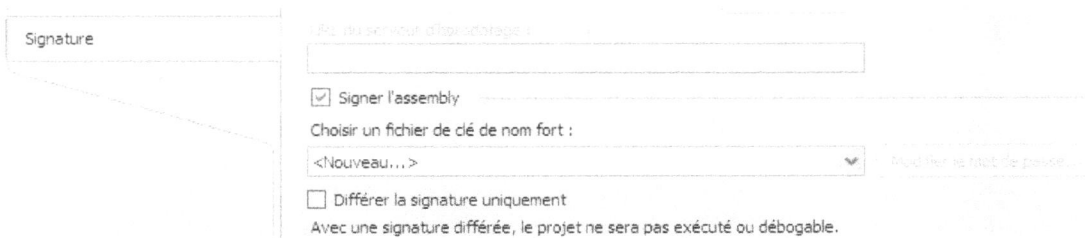

Figure 7-18

Choisissez un nom de clé fort :

Figure 7-19

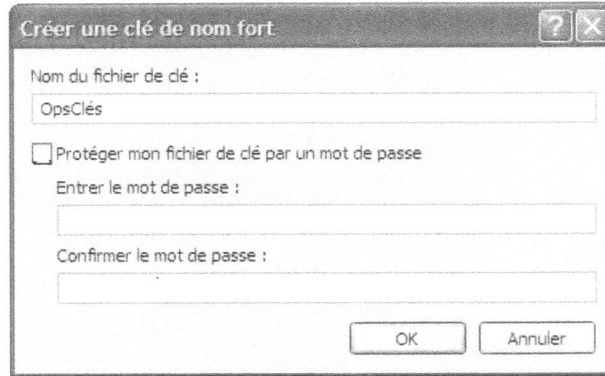

Vous pouvez protéger le fichier de clé par un mot de passe. Dans ce cas, un fichier d'extension .pfx est créé. Sinon, il s'agit d'un fichier d'extension .snk.

Recompilez l'application en mode Release (nul besoin de laisser des informations de débogage).

Il reste à copier la DLL dans un répertoire partagé, par un glisser-copier entre la DLL et le répertoire [c:\WINDOWS]\Microsoft.NET\Framework suivi du répertoire correspondant à la version 2.

Nous allons maintenant créer une application qui appelle cette fonction en DLL partagée. Rappelons qu'il s'agit de la fonction Somme de la classe Ops qui fait partie de l'espace de noms gl. Dans cette application, il faudra faire référence à Ops.dll. Dans le cas d'une compilation en mode ligne de commande, il faut pour cela spécifier la clause /r. Sous Visual Studio, on active le menu Projet → Ajouter une référence → onglet .NET :

L'onglet Parcourir vous permet de faire référence à une DLL de n'importe quel répertoire (DLL non mise en partage dans un répertoire commun).

Lorsqu'il doit charger une DLL utilisée par un programme, .NET inspecte le manifeste de ce programme et y trouve le numéro de version de la DLL. Deux DLL sont considérées distinctes si elles diffèrent soit par le numéro majeur soit par le numéro mineur. Si .NET trouve dans la GAC deux DLL portant le même nom (nom court) et les mêmes numéros de version (numéro majeur et numéro mineur), .NET prend la plus récente (d'après les deux dernières des quatre valeurs). Deux DLL qui ne diffèrent que par les deux derniers numéros de version (c'est-à-dire par le *build number* et le *revision number*) sont donc considérées comme compatibles. Ce n'est pas le cas si elles diffèrent soit par le numéro majeur soit par le numéro mineur.

Figure 7-20

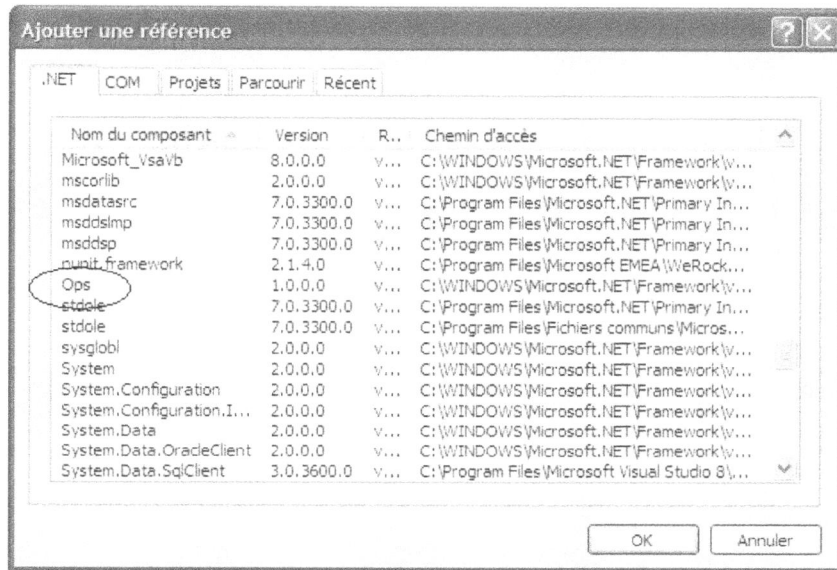

7.6 Déploiement d'application avec ClickOnce

Les informaticiens sont depuis quelques années confrontés à un dilemme : faut-il développer des applications Windows ou des applications Web ?

Les applications Windows sont plus conviviales et ont des temps de réponse bien meilleurs. Leur problème est le déploiement : il faut procéder à l'installation chez le client, ou envoyer des CD-Rom (ces deux premières solutions ayant un coût considérable), ou encore copier le programme sur un site FTP et demander aux utilisateurs de télécharger l'application à partir de ce site. Mais comment s'assurer que l'utilisateur a bien installé la dernière version du produit ? Et comment résoudre le problème des utilisateurs qui n'ont pas encore installé le run-time .NET ou sa version 2 ?

Les programmes Web n'ont pas ce problème : les utilisateurs sont bien obligés d'utiliser la dernière version disponible des pages Web. Mais les programmes Web, même épicés de JavaScript, n'ont ni la convivialité ni les temps de réponse des applications Windows.

La technologie ClickOnce vous offre le meilleur des deux mondes : les avantages des programmes Windows et la facilité de déploiement des applications Web.

Écrivons une application Windows, recompilons-la en mode `Release`, et procédons à un déploiement ClickOnce : `Explorateur de solutions` → clic droit sur le nom du projet → `Propriétés` → `Publier`.

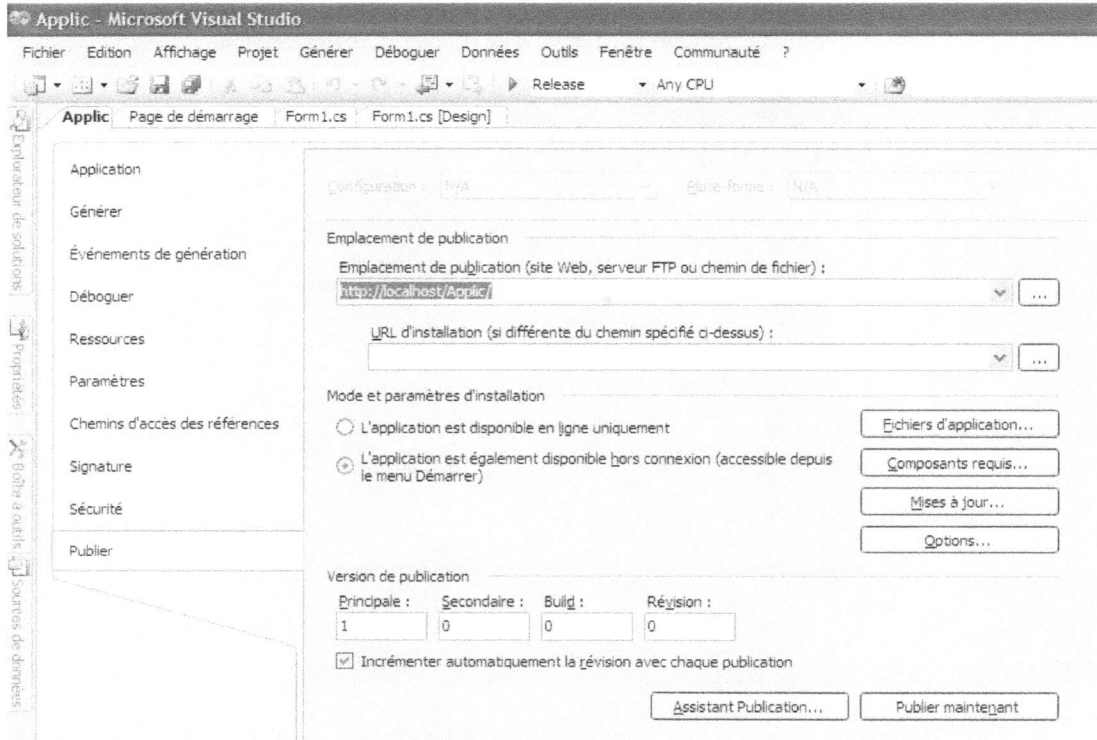

Figure 7-21

Le programme (comprenant un fichier EXE mais éventuellement plusieurs autres fichiers) va être déployé sur un site dont on donne l'URL dans la zone d'édition Emplacement de publication. On attribue un numéro de version à l'application.

On indique aussi si l'application doit être exécutée en ligne uniquement. Une application déployée par ClickOnce peut, en effet, être copiée sur la machine de l'utilisateur, ce qui rend l'application disponible même en cas de mise hors service du réseau. Même dans ce cas, l'application vérifiera au démarrage si une nouvelle version est disponible sur le site Web.

Une application a souvent des prérequis. Ici, c'est notamment le cas du run-time .NET version 2 qui doit être installé. Nous le spécifions dans l'étape suivante, en donnant la source de téléchargement dans le cas où le composant n'est pas encore installé chez le client (dans notre exemple, le run-time .NET version 2 sera copié sur le site de déploiement et de là, transféré aux utilisateurs qui en auraient besoin). Il est également possible de spécifier tous les autres fichiers (DLL, images, vidéos, etc.) qui font partie de l'application.

Figure 7-22

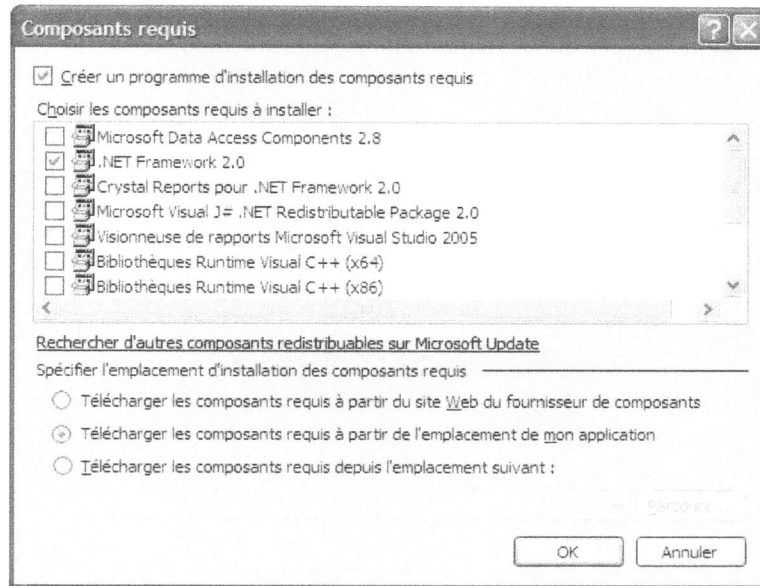

Même si l'application est copiée chez le client, les mises à jour restent disponibles. Nous spécifions ici à quel moment doit se faire cette vérification de disponibilité : par défaut, avant chaque démarrage, mais il est possible de spécifier une autre fréquence.

Figure 7-23

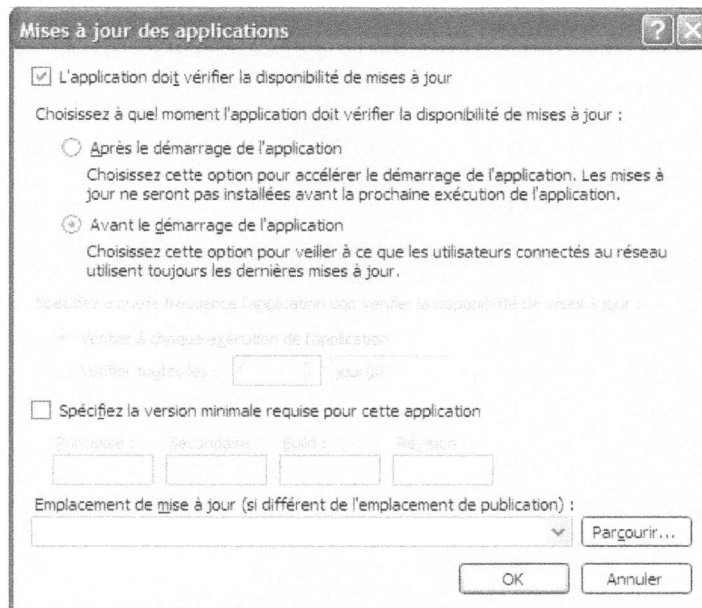

Visual Studio génère un fichier HTML qui est copié sur le site de déploiement. L'aspect graphique est certes spartiate mais vous pouvez modifier la page. Il suffit à l'utilisateur distant de visiter cette page. Celle-ci comprend un bouton pour installer l'application sur la machine du client :

Figure 7-24

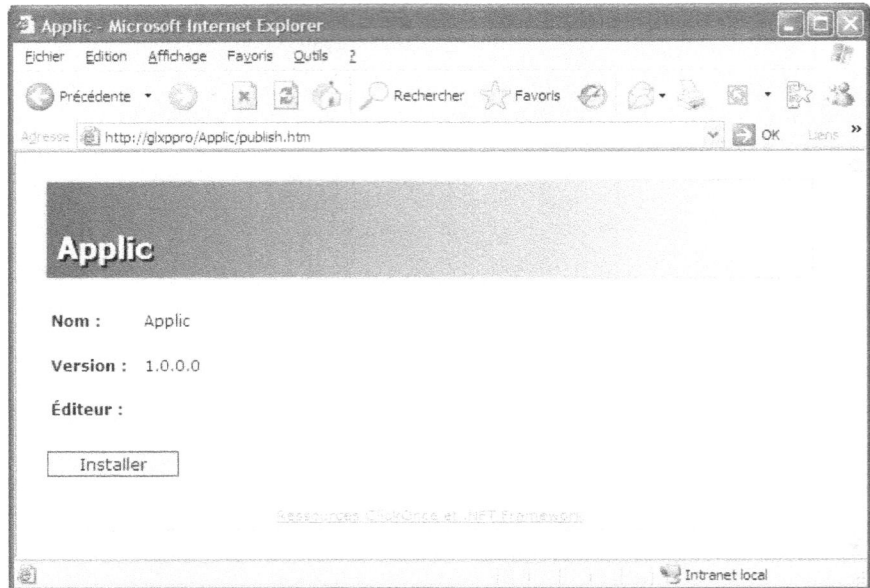

L'application est copiée chez le client et inscrite dans la liste des programmes disponibles. L'utilisateur n'a plus aucune raison de visiter le site Web dont il a été question. Chaque fois qu'il lance l'application (par Démarrer → Programmes), celle-ci vérifie automatiquement si une nouvelle version est disponible. Il appartient à l'utilisateur de confirmer l'installation de la nouvelle version :

Figure 7-25

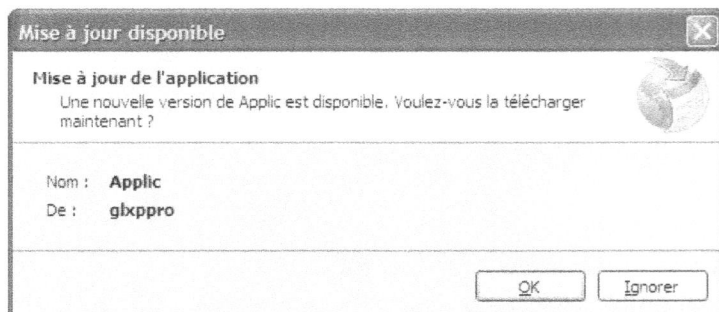

Programmes d'accompagnement

DocAuto	Documentation automatique de programme avec fichier XSL.
InternalCompiler	Programme de démonstration de compilation dynamique en mémoire.

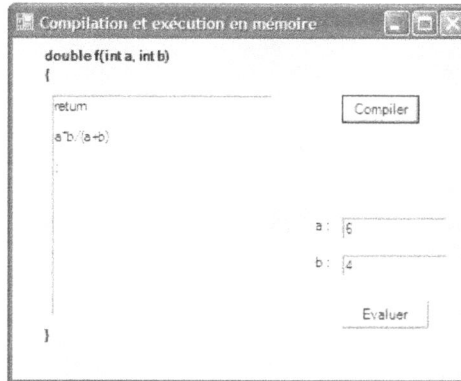

Figure 7-26

8

Informations sur la configuration

Dans ce chapitre, nous allons apprendre :

- à retrouver diverses informations sur la configuration : ordinateur, écran et système d'exploitation utilisés au moment d'exécuter le programme ;

- à lire ou à enregistrer des informations dans des fichiers de configuration, mais aussi dans la base de recensement (*registry* en anglais) de Windows.

.NET version 2 a simplifié l'accès au fichier de configuration associé au programme (section 8.3).

8.1 Fonctions de configuration

La classe `Environment` fournit diverses informations sur l'environnement d'utilisation. Les propriétés et méthodes de cette classe sont statiques.

Classe `Environment`		
`using System;`		
`Environment ← Object`		
Propriétés de la classe `Environment`		
`CommandLine`	str	Contient la ligne de commande, y compris le nom du programme. Voir la fonction `GetCommandArgs` pour la décomposition.
		Les arguments de la ligne de commande ont perdu beaucoup de leur intérêt depuis la généralisation des interfaces graphiques. Vous pouvez néanmoins les spécifier par Démarrer → Exécuter ou dans la commande d'exécution d'un programme à partir d'un autre programme (ce qui constitue vraisemblablement le cas le plus fréquent d'utilisation, voir les processus au chapitre 9).
`CurrentDirectory`	str	Nom du répertoire courant :
		`string s = Environment.CurrentDirectory;`
`SystemDirectory`	str	Nom du répertoire système.
`OSVersion`		Informations sur le système d'exploitation. `OSVersion` est de type `OperatingSystem`. Il s'agit d'une classe qui contient les propriétés suivantes :
	`Platform`	type de système d'exploitation. Les valeurs possibles sont définies dans l'énumération `PlatformID` : `Win32NT` pour Windows NT, 2000 ou XP, `Win32Windows` pour Windows 95, 98 ou Me.
	`Version`	identifie le numéro de version. Celui-ci est formé de quatre chiffres : `Major`, `Minor`, `Build` et `Revision` qui sont de type `int`.
`TickCount`	int	Nombre de millisecondes depuis le démarrage du système. Comme il s'agit d'un `int`, il y a dépassement de capacité au bout de 49 jours. Dans la classe `DateTime` (voir la section 3.4), on trouve la propriété `Tick` qui contient le nombre de dixièmes de millisecondes depuis le premier janvier de l'an un.
`Version`		Numéro de version de l'environnement .NET. Version est composé des propriétés `Major`, `Minor`, `Build` et `Revision`.
Méthodes de la classe `Environment`		
`string[] GetCommandLineArgs();`		Décompose les arguments de la ligne de commande. `string[] ts = Environment.GetCommandLineArgs();` `foreach (string s in ts) Console.WriteLine(s);`

Informations sur la configuration

CHAPITRE 8

275

```
string
GetEnvironmentVariable
 (string s);
```
Renvoie le contenu de la variable d'environnement s.

```
IDictionary GetEnvironmentVariables();
```
Fournit la liste des variables d'environnement.

```
string
GetFolderPath(folder);
```
Renvoie le nom du répertoire utilisé par Windows pour stocker certaines informations. L'argument est l'une des valeurs de l'énumération SpecialFolder de la classe Environment : ApplicationData, Cookies, DesktopDirectory, Favorites, History, InternetCache, LocalApplication, Personal, ProgramFiles, Recent, SendTo, SendMenu, Startup, System et Template.

```
        string s = Environment.GetFolderPath(
                        Environment.SpecialFolder.System);
```

```
string[]
GetLogicalDrives();
```
Renvoie un tableau de chaînes de caractères contenant les unités de disque disponibles.

Pour détecter le système d'exploitation de la machine sur laquelle s'exécute le programme, on écrit :

```
switch (Environment.OSVersion.Platform)
{
  case PlatformID.Win32Windows : .....       // Windows 98 ou Me
  case PlatformID.Win32NT : .....            // Windows NT, 2000 ou XP
}
```

Dans le cas de Win32NT, le numéro majeur vaut 5 pour Windows 2000 et XP, et le numéro mineur 0 pour 2000 et 1 pour XP.

Pour obtenir le nombre N de variables d'environnement :

```
using System.Collections;
.....
IDictionary iDic = Environment.GetEnvironmentVariables();
int N = iDic.Keys.Count;
```

Pour copier dans une boîte de liste (voir le chapitre 16) tous les couples clé/valeur :

```
foreach (string clé in iDic.Keys) lb.Items.add(clé + " : " + iDic[clé]);
```

Pour copier dans deux tableaux de chaînes de caractères les clés et les valeurs de ces variables d'environnement :

```
string[] tabKeys = new string[N];
string[] tabValues = new string[N];
iDic.Keys.CopyTo(tabKeys, 0);
iDic.Values.CopyTo(tabValues, 0);
```

La n-ième clé se trouve dans tabKeys[n] et la valeur correspondante dans tabValues[n].

8.1.1 Informations sur l'écran

La classe `Screen` fournit des informations sur l'écran de l'ordinateur (les trois derniers champs sont accessibles à partir de `PrimaryScreen` ou d'une cellule particulière de `AllScreens`) :

Classe `Screen`		
using System.Windows.Forms;		
Screen ← Object		
Propriétés de la classe `Screen`		
AllScreens	Screen[]	Propriété statique. Fournit un tableau d'objets `Screen`. Plusieurs écrans peuvent en effet être connectés à un ordinateur.
PrimaryScreen	Screen	Propriété statique. Fournit un objet `Screen` correspondant au premier écran.
BitsPerPixel	int	Nombre de bits par pixel, caractéristique importante de la carte graphique.
Bounds	Rectangle	Fournit la largeur et la hauteur de l'écran, respectivement dans les propriétés `Width` et `Height` de `Bounds`.
DeviceName	string	Nom associé à l'écran (peut être une chaîne vide).

Pour copier dans W la largeur de l'écran, on écrit :

```
int W = Screen.PrimaryScreen.Bounds.Width;
```

8.1.2 Informations sur l'utilisateur

Pour retrouver le nom de l'utilisateur connecté à ce moment à la machine :

```
using System.Security.Principal;
.....
WindowsPrincipal wp = new WindowsPrincipal(WindowsIdentity.GetCurrent());
string nom = wp.Identity.Name;
```

Le nom est codé sous la forme `NomDomaine\NomUtilisateur`.

Pour déterminer si l'utilisateur fait partie d'un groupe déterminé (par exemple le groupe `Ventes` du domaine `Entreprise`) :

```
bool FaitPartie = wp.IsInRole("Entreprise\\Ventes");
```

8.2 Informations sur l'environnement de Windows

La classe `SystemInformation` fournit diverses informations sur l'environnement de Windows. Toutes les propriétés présentées ci-après sont statiques. Les tailles sont toujours exprimées en nombre de pixels.

Propriétés de la classe SystemInformation

SystemInformation ← Object

using System.Windows.Forms;

BootMode	enum	Mode de démarrage. BootMode peut être égal à l'une des valeurs suivantes de l'énumération BootMode : FailSafe, FailSafeWithNetwork ou Normal.
Border3DSize	Size	Taille d'une bordure 3D. Une telle bordure indique que le redimensionnement est possible.
BorderSize	Size	Taille d'une bordure n'autorisant pas le redimensionnement.
CaptionButtonSize	Size	Taille des boutons de la barre de titre.
CaptionHeight	int	Hauteur de la barre de titre.
ComputerName	str	Nom de l'ordinateur.
CursorSize	Size	Taille du curseur.
DoubleClickSize	Size	Taille du rectangle dans lequel doit se faire le double-clic (lors du premier clic, la souris peut être légèrement déplacée et on ne peut pas raisonnablement exiger que l'utilisateur clique une seconde fois sur le même pixel).
DoubleClickTime	int	Nombre maximal de millisecondes entre les deux clics d'un double-clic.
IconSize	Size	Taille par défaut d'une icône.
MenuHeight	int	Hauteur d'une ligne de menu.
MinimizedWindowSize	Size	Taille minimale, par défaut, d'une fenêtre.
MonitorCount	int	Nombre d'écrans connectés à l'ordinateur.
MouseButtons	int	Nombre de boutons de la souris.
MouseButtonsSwapped	T/F	Indique si les boutons ont été inversés.
MouseWheelPresent	T/F	Indique si la souris est équipée d'une molette.
Network	T/F	Indique si l'ordinateur est connecté à un réseau.
PrimaryMonitorMaximizedWindowSize	Size	Résolution maximale de l'écran.
PrimaryMonitorSize	Size	Taille de l'écran.
Secure	bool	Indique si le gestionnaire de sécurité est opérationnel (sur Windows NT et 2000 uniquement)
SmallIconSize	Size	Taille d'une petite icône.
ToolWindowCaptionHeight	int	Hauteur d'une petite barre de titre.
UserDomainName	str	Nom de domaine de l'utilisateur.
UserName	str	Nom de l'utilisateur.

8.3 Accès à la base de données de recensement (registry)

Dans les premières versions de Windows, des informations destinées aux programmes (par exemple les derniers fichiers modifiés ou la taille de la fenêtre lors de la dernière exécution) pouvaient être gardées dans des fichiers d'extension INI (et même, dans les premiers temps de Windows, dans le seul fichier WIN.INI global à toutes les applications).

La prolifération des fichiers de configuration d'extension INI, les problèmes nés des modifications inconsidérées (parce que trop aisées) de ces fichiers ainsi que les inefficacités inhérentes aux fichiers de texte ont amené Microsoft à centraliser toutes les données disséminées dans une multitude de fichiers INI dans la base de données de recensement, appelée *registry* en anglais. Celle-ci est encore appelée « base de registres » dans l'aide en ligne.

La base de données de recensement existait déjà sous Windows 3.X mais n'était utilisée que par les programmes OLE. Depuis Windows 95, les fichiers privés de configuration INI peuvent encore être utilisés mais sont tombés en désuétude : il est maintenant fortement conseillé d'utiliser la base de données de recensement et d'enregistrer les données propres à une application (par exemple la taille et l'emplacement de sa fenêtre principale en vue d'une prochaine exécution dans les mêmes conditions) dans des entrées de la base des registres propres à cette application.

Les informations formant la base de données de registres proviennent de deux fichiers : SYSTEM.DAT, qui correspond à la section HKEY_LOCAL_MACHINE dont nous parlerons plus loin et USER.DAT, qui correspond à la section HKEY_USERS. Ces deux fichiers se trouvent dans le répertoire d'installation de Windows.

On peut utiliser le programme REGEDIT (du répertoire d'installation de Windows) pour visualiser et même modifier le contenu de la base de données de recensement. Néanmoins, il est déconseillé d'exécuter une modification à l'aide de cet utilitaire car Windows y garde toutes ses informations et notamment les caractéristiques matérielles et logicielles. Toute modification inconsidérée peut dès lors avoir de graves répercussions, notamment si des informations vitales manquent ou sont erronées dans le fichier SYSTEM.DAT. Toutefois, signalons qu'avant d'enregistrer une nouvelle version de ce fichier, Windows sauvegarde la version précédente sous le nom SYSTEM.DAO. Même chose pour USER.DAT. Les fichiers USER.DAT et SYSTEM.DAT sont deux fichiers systèmes protégés contre les modifications. Les méthodes des classes Registry et RegistryKey peuvent cependant les modifier.

La base de données de recensement est organisé en arbre binaire, avec des clés de plus en plus précises, comme le sont les répertoires et les fichiers d'un disque. Dans une clé terminale, on trouve des « variables ». La base de registres est donc organisée de manière rationnelle et en arbre binaire, ce qui en rend l'accès très rapide. Les différents nœuds de l'arbre sont appelés « clés » (selon l'aide en ligne de REGEDIT) ou « sections », par analogie avec les fichiers INI.

Les différentes rubriques contenues dans une section terminale sont appelées « valeurs » (selon l'aide en ligne de REGEDIT) ou « variables », par analogie avec les variables d'environnement du DOS. Si l'on adopte la terminologie de l'aide en ligne de REGEDIT, on est amené à parler de valeurs et de valeurs de valeurs, ce qui complique les choses. Nous parlerons dès lors de clés et de variables d'une clé mais il ne faut pas oublier la terminologie officielle.

Les variables peuvent contenir des valeurs de différents types alors que dans le cas des fichiers INI, il s'agissait uniquement de chaînes de caractères. Nous aurons ainsi des variables de types « chaînes de caractères », entier, booléen, réel, date ou binaire (une succession de 1 et de 0 sans qu'il y corresponde un format prédéfini).

À la base (*root* en anglais) de la base de registres, on trouve six sections intitulées :

```
HKEY_CLASSES_ROOT          HKEY_CURRENT_USER
HKEY_LOCAL_MACHINE         HKEY_USERS
HKEY_CURRENT_CONFIG        HKEY_DYN_DATA
```

En fait, il n'y a que deux clés de base : HKEY_LOCAL_MACHINE et HKEY_USERS, les quatre autres n'étant que des sous-clés des deux premières. Les six clés sont néanmoins présentées comme clés racines pour faciliter l'accès à la base de registres.

Dans la section HKEY_LOCAL_MACHINE, Windows garde des informations sur la configuration matérielle. Dans la section HEY_CURRENT_USER (qui nous intéresse plus particulièrement car c'est elle que l'on utilise généralement), on enregistre des informations sur les programmes installés sur l'ordinateur. Cette section est, elle-même, divisée en plusieurs sections dont l'une est appelée Software. Microsoft recommande de diviser cette clé en plusieurs clés, au moins de la manière suivante (personnaliser Compagnie, Logiciel et Version) :

```
Software\Compagnie\Logiciel\Version
```

Les valeurs associées aux variables d'un nœud terminal peuvent être codées selon plusieurs formats : par exemple sous forme d'une chaîne de caractères ou en binaire sur 32 bits. L'icône affichée à gauche du nom de la variable dans la fenêtre de REGEDIT contient le libellé ab pour signaler le format texte et 10 pour signaler une information en format binaire.

Pour avoir accès à la base de données de recensement, il faut créer un objet de la classe Registry et spécifier une section racine, par exemple HKEY_CURRENT_USER. On obtient ainsi un objet de la classe RegistryKey. Celui-ci nous permet d'ouvrir la base de registres par OpenSubKey.

Vous pouvez alors obtenir diverses informations sur les éventuelles sous-clés et variables de la clé qui vient d'être ouverte (la clé en question étant appelée clé courante) :

- GetSubKeyNames donne les noms des sous-clés.

- GetValueNames donne les noms des variables de la clé courante.

- GetDataType fournit des informations sur une variable particulière.

La méthode `GetValue` permet de lire le contenu d'une variable de la clé courante. `GetValue` renvoie un objet de type `Object` mais celui-ci peut être converti en n'importe quel type. La méthode `SetValue` modifie le contenu d'une variable.

Les méthodes `DeleteSubKey` et `DeleteValue` suppriment respectivement une clé et une variable (toujours dans la clé courante).

`Close` met fin aux opérations.

Passons d'abord en revue les propriétés de la classe `Registry`. Il s'agit de propriétés statiques, toutes de type `RegistryKey`.

Classe `Registry`	
`Registry ← Object`	
`using Microsoft.Win32;`	
`ClassesRoot`	Donne accès à la section `HKEY_CLASSES_ROOT`
`CurrentConfig`	`HKEY_CURRENT_CONFIG`
`CurrentUser`	`HKEY_CURRENT_USER`
`DynData`	`HKEY_DYN_DATA`
`PerformanceData`	`HKEY_PERFORMANCE_DATA`
`Users`	`HKEY_USERS`

Passons maintenant en revue les méthodes de la classe `RegistryKey` qui permet la navigation dans la base de registres ainsi que la lecture et la modification des clés :

Classe `RegistryKey`		
`RegistryKey ← Object`		
`using Microsoft.Win32;`		
Propriétés de la classe `RegistryKey`		
`Name`	`str`	Nom de la clé. Cette propriété ne peut être modifiée.
`SubKeyCount`	`int`	Nombre de sous-clés.
`ValueCount`	`int`	Nombre de variables.
Méthodes de la classe `RegistryKey`		
`RegistryKey OpenSubKey(string Key);`		Ouvre (en lecture uniquement) une clé dans la section sélectionnée. Spécifiez la clé en argument (par exemple `Software\abc\def`). Si la clé n'existe pas, `OpenSubKey` renvoie `null`.
`RegistryKey OpenSubKey(string Key, bool bCanModify);`		Même chose mais permet d'ouvrir la base de registres avec l'intention de la modifier (il faut pour cela passer `true` en second argument). Après ouverture, la clé devient la clé courante. On retrouve son nom dans la propriété `Name`.
`void Close();`		Met fin aux opérations. Si la base de données de recensement a été modifiée, elle est mise à jour.

`RegistryKey` `DeleteSubKey(string Key);`	Supprime une clé.

`RegistryKey`
`DeleteSubKeyTree`
`  (string Key);`
	Supprime la clé passée en argument ainsi que toutes les sous-clés.

`string[]` `GetSubKeyNames();`	Renvoie les noms des sous-clés.
`string[]` `GetValueNames();`	Renvoie les noms des variables de la clé.
`object` `GetValue(string s);`	Renvoie le contenu de la variable (encore appelée « valeur ») s. Renvoie `null` si la variable n'existe pas.
`void` `DeleteValue(string s);`	Supprime la variable s.

`void`
`SetValue(string nomvar,`
`  object valeur);`
	Modifie ou crée une variable. Le second argument étant de type `Object`, tout type peut être passé en argument. La base de registres doit avoir été ouverte avec `true` en second argument de `OpenSubKey`.

Pour ouvrir une clé (ici, un logiciel évidemment fictif qui aurait été installé sur votre machine) avec intention de la modifier, on écrit :

```
using Microsoft.Win32;
.....
RegistryKey rkcu = Registry.CurrentUser;
RegistryKey rk = rkcu.OpenSubKey(
                  @"Software\Acme\SuperProduit\5.0\Editor",
                  true);
if (rk == null).....            // Clé non trouvée
```

Pour déterminer le nombre de sous-clés de la clé qui vient d'être ouverte :

```
int n = rk.SubKeyCount;
```

Pour retrouver les n variables de la clé courante (en supposant qu'il s'agisse d'une clé terminale) :

```
string[] ts = rk.GetValueNames();
// Afficher les noms des variables de la clé
foreach (string s in ts) Console.WriteLine(s);
// Lire le contenu de la variable abc
object o = rk.GetValue("abc");
if (o == null) .....                    // la variable n'existe pas
// S'agit-il d'une variable de type "chaîne de caractères" ?
string s = "";
if (o.GetType() == typeof(string)) s =(string)o;
```

Pour modifier le contenu de la clé abc :

```
rk.SetValue("abc", 123);
```

8.4 Le fichier de configuration de programme

Il est possible d'associer au programme un fichier de configuration. Celui-ci, qui est un fichier XML, peut être modifié par l'utilisateur, ce qui a pour effet de modifier l'application (libellés, couleurs, etc.) sans devoir la recompiler. Ce fichier permet également de retenir des informations (par exemple des noms de fichiers ou des chaînes de connexion à une base de données).

Pour créer le fichier de configuration associé au programme : Explorateur de solutions → Ajouter → Nouvel élément → Fichier de configuration de l'application. Un fichier app.config est alors généré dans le projet. Il est même créé automatiquement quand on manipule des propriétés dynamiques de programme. Il est simplement modifié quand il existe déjà.

Si l'application s'appelle Prog, deux fichiers sont créés dans le même répertoire après compilation : Prog.exe et Prog.exe.Config. Ce dernier fichier correspond à app.config dans le projet de développement.

Le fichier app.config est un fichier XML. Nous allons y ajouter une clé (dans une section appSettings que nous créons mais grâce à l'aide contextuelle) ainsi qu'une chaîne de connexion (dans la section connectionStrings) :

```
<?xml version="1.0" encoding="utf-8" ?>
<configuration>
 <appSettings>
  <add key="MaClé" value="Valeur associée à MaClé" />
 </appSettings>
 <connectionStrings>
  <add name="Librairie"
    connectionString="Provider=Microsoft.Jet.OLEDB.4.0;Data Base='ceci.mdb'"/>
 </connectionStrings>
</configuration>
```

Après compilation, ce fichier de configuration accompagne le programme (Prog.exe) sous le nom Prog.exe.config. L'utilisateur peut le modifier pour spécifier une autre valeur de clé ou une autre chaîne de connexion.

Pour lire le fichier de configuration, par programme, et y retrouver les valeurs correspondant à des clés, il faut d'abord (à moins que ce ne soit déjà fait) ajouter une référence à System.Configuration dans le projet : Explorateur de solutions → Ajouter une référence et ajouter System.Configuration (onglet .NET).

Pour lire la valeur correspondant à la clé MaClé dans la section appSettings, il suffit d'écrire :

```
ConfigurationManager.AppSettings["MaClé"]
```

sans oublier que ConfigurationManager.AppSettings vaut null si le fichier de configuration n'existe pas ou si MaClé n'est pas connu comme clé d'accès.

Et pour retrouver la chaîne de configuration :

```
ConfigurationManager.ConnectionStrings["Librairie"].ConnectionString
```

Les différentes propriétés de la fenêtre et des composants de celle-ci peuvent également être gardées dans le fichier de configuration. On parle alors de propriétés dynamiques car il suffit de modifier l'entrée correspondante dans le fichier `xyz.exe.config` pour que la prochaine exécution tienne compte de ces modifications. Pour qu'une propriété devienne propriété dynamique : fenêtre des propriétés de la fenêtre ou du composant → `Application Settings` → clic sur les trois points de suspension de `PropertyBinding` → sélectionnez la propriété → flèche vers le bas dans la colonne correspondant à la valeur → `Nouveau`. Dans la boîte de dialogue, indiquer le nom de la propriété, sa valeur par défaut, et si un changement est propre à l'utilisateur ou à tous les utilisateurs.

Figure 8-1

Figure 8-2

Des balises sont alors automatiquement créées dans le fichier `app.config`. On les retrouvera, après compilation, dans `xyz.exe.config` :

```
<applicationSettings>
 <TestDynamicProperties.Properties.Settings>
   <setting name="BackColor" serializeAs="String">
    <value>Khaki</value>
   </setting>
   <setting name="ForeColor" serializeAs="String">
    <value>Red</value>
   </setting>
 </TestDynamicProperties.Properties.Settings>
</applicationSettings>
```

Toute modification de balise `value` dans le fichier `xyz.exe.config` aura un effet sur l'aspect du programme lors de la prochaine exécution (ici les couleurs de fond et d'avant-plan).

Si le fichier d'extension `.config` est absent, le programme utilise les paramètres d'origine. Par défaut, les fichiers `exe` et `config` sont créés dans le sous-répertoire `bin\debug` (cas d'une compilation avec informations de débogage) ou `bin\release` (cas d'une compilation sans information de débogage, ce qui est préférable avant de distribuer l'application : `Générer` → `Gestionnaire de configuration` et sélectionner `Release` au lieu de `Debug`).

Pour générer ces fichiers dans un autre répertoire : Explorateur de solutions → clic droit sur le nom du projet → `Propriétés` → `Générer` → `Chemin de sortie`. Il faut effacer `bin\ Debug\` pour que l'EXE soit généré dans le répertoire du projet (ce qui facilite souvent les choses quand on travaille avec des fichiers présents dans ce répertoire).

Programmes d'accompagnement	
`Configuration`	Fournit des informations sur la configuration de la machine.
`TailleFen`	Le programme retient sa taille et son emplacement d'une exécution à l'autre.

9

Processus et threads

9.1 Les processus

Lancer l'exécution d'un programme (par Démarrer → Programme, Démarrer → Exécuter ou plus simplement par un double-clic sur le nom du fichier EXE) n'a rien de nouveau. Sous Windows 3.X, on parlait d'instance pour désigner un programme entré en exécution. Depuis Windows 95, on parle plutôt de processus mais, à la différence des threads, qui n'existaient pas auparavant, cela revient pratiquement au même. Un processus ne désigne rien d'autre qu'un programme en cours d'exécution.

Un même fichier EXE peut être exécuté plusieurs fois. On a alors plusieurs exécutions simultanées du programme : on a affaire à autant de processus. Ceux-ci s'exécutent indépendamment les uns des autres, dans des espaces de mémoire distincts, sans possibilité d'accéder à la mémoire de l'un à partir de l'autre, sauf à imaginer des mécanismes plus ou moins complexes de communication entre programmes. À chaque processus, Windows attribue un numéro appelé *handle* ainsi qu'un identificateur (Id, en abrégé). Un processus utilise des ressources sous forme de mémoire, de fichiers ouverts, de canaux de communication, etc.

Un processus peut lancer l'exécution d'autres processus : on parle alors de processus parent et de processus enfants. Toutes ces opérations sont encapsulées dans la classe Process. Celle-ci fournit des informations relatives à un processus : identification, temps d'exécution, priorité, etc. La classe Process et, éventuellement, la classe ProcessStartInfo permettent d'exécuter un programme à partir d'un autre mais aussi de surveiller l'exécution de ce programme et notamment d'y mettre fin.

Le constructeur de la classe `Process` n'admet aucun argument.

Classe `Process`

`Process ← Component ← Object`

`using System.Diagnostics;`

Méthodes statiques de la classe `Process`

`Process GetCurrentProcess();`	Renvoie un objet `Process` relatif au processus courant (celui du programme que l'on est en train d'exécuter).
`Process[] GetProcesses();`	Renvoie un tableau des processus s'exécutant sur la machine locale. Même si aucun programme ne semble être en exécution, de nombreux processus sont en cours d'exécution (il s'agit de processus du système d'exploitation ainsi que de processus automatiquement lancés au démarrage, comme les services Windows).
`Process[] GetProcesses(string);`	Même chose mais le nom d'une machine du réseau local est passé en argument. La recherche est alors effectuée sur cette machine distante (une exception est générée si celle-ci n'est pas accessible). Pour spécifier néanmoins la machine locale, vous pouvez passer `"."` ou `""` en argument (ou vous appelez la fonction précédente). Une exception est générée si vous essayez d'agir sur les processus distants.
`Process Start(string nomProg);`	Démarre un processus. L'argument peut être un nom de programme (spécifier l'extension est facultatif) ou un nom de fichier dont l'extension est associée à un programme (par exemple l'extension `.doc` pour Word, `.xls` pour Excel, `.txt` pour le Bloc-notes, etc.). Si le programme fils existe, celui-ci démarre et le programme père continue son exécution (`Start` n'est donc pas une instruction bloquante puisque les deux programmes (le père et le fils) s'exécutent en parallèle). Par exemple :
	`Process.Start("notepad");`
	`Process.Start("Fich.doc");`
	Retenez l'objet `Process` renvoyé par `Process.Start` pour pouvoir agir sur le processus fils (le tuer, modifier sa priorité, déterminer s'il a terminé son exécution, etc.).
	Une exception est générée si `nomProg` ne peut être trouvé. `Start` renvoie `null` si le processus fils ne peut démarrer.
`Process Start(string nomProg, string arg);`	Démarre le processus et lui passe des arguments. Par exemple :
	`Process.Start("notepad", "F.txt");`
`Process Start(ProcessStartInfo);`	Même chose mais en spécifiant les informations relatives au programme fils dans un objet `ProcessStartInfo`. Une autre solution consiste à remplir la propriété `StartInfo` (de type `ProcessStartInfo`) du processus et d'exécuter `Start` (sans argument) appliqué au processus (voir exemple plus loin).

Propriétés de la classe `Process`

`BasePriority`	`int`	Priorité de base du processus. Cette propriété est en lecture seule. Voir les priorités plus loin dans ce chapitre.
`ExitCode`	`int`	Code de sortie de programme. Cette valeur est renvoyée par le `return` du programme. Même si `Main` est de la forme `void Main`, `Main` peut renvoyer une valeur en initialisant le champ statique `Environment.ExitCode` (`return` ayant priorité) La propriété `ExitCode` de la classe `Process` est en lecture seule. L'objet `Process` renvoyé par `Start` reste valide après que le programme fils ait terminé son exécution (ce qui permet de lire la propriété `ExitCode` d'un programme qui a terminé son exécution).
`ExitTime`	`DateTime`	Heure de fin du processus. Testez `HasExited` avant de lire cette propriété.
`HasExited`	`bool`	Indique si le processus a terminé son exécution.
`Id`	`int`	Identificateur associé au processus.
`MachineName`	`string`	Nom de la machine sur laquelle s'exécute le processus.
`MainWindowTitle`	`string`	Contenu de la barre de titre du processus (n'a de signification que s'il s'agit d'un programme à interface graphique).
`PriorityBoostEnabled`	`bool`	Indique si la priorité du processus peut être modifiée. Par défaut, `PriorityBoostEnabled` vaut `false`.
`PriorityClass`		Indique le niveau de priorité du programme. `PriorityClass` peut prendre une des valeurs suivantes de l'énumération `ProcessPriorityClass`, ce qui permet de modifier la priorité du programme : `AboveNormal`, `BelowNormal`, `High`, `Idle`, `Normal` ou `RealTime`.
`ProcessName`	`string`	Nom du processus. On ne retrouve pas l'extension dans ce nom de processus (l'extension étant une caractéristique du fichier, pas du processus). Cette propriété, comme la plupart des autres, est en lecture seule.
`Responding`	`bool`	Indique si le processus réagit aux actions de l'utilisateur. Cette propriété est en lecture seule.
`StandardError`	`StreamReader`	Unité de sortie d'erreur à utiliser en cas de redirection du programme. La propriété `UseShellExecute` de `StartInfo` doit valoir `false` pour pouvoir effectuer une redirection des entrées-sorties. Voir exemple plus loin dans ce chapitre.
`StandardInput`	`StreamReader`	Même chose pour la redirection de l'unité standard d'entrée (le clavier par défaut). Voir exemple.
`StandardOutput`	`StreamReader`	Même chose pour la redirection de l'unité standard de sortie (l'écran par défaut).
`StartInfo`	`DateTime`	Objet `ProcessStartInfo` dans lequel on spécifie des informations relatives au programme à exécuter. Cette propriété s'avère utile pour exécuter `Start` (sans argument) appliqué à un objet `Process`.
`StartTime`	`DateTime`	Heure de démarrage du processus.

Propriétés de la classe Process *(suite)*

Threads	coll	Collection des threads du processus. Threads est de type ProcessThreadCollection.
TotalProcessorTime	TimeSpan	Temps total d'utilisation du processeur par le processus.
UserProcessorTime	TimeSpan	Temps passé par le processus à exécuter des instructions du programme.
PrivilegedProcessorTime	TimeSpan	Temps passé par le système d'exploitation à exécuter des instructions du système pour le compte du processus.

Méthodes de la classe Process

void Close();	Libère les ressources qui ont dû être allouées pour démarrer le processus fils. Bien que cette libération soit automatiquement effectuée, vous aidez le système d'exploitation dans sa tâche de libération des ressources en exécutant Close dès que la fin du programme fils a été détectée et que vous avez récolté les informations nécessaires (notamment ExitCode du programme fils).
bool CloseMainWindow();	Met fin au processus (valide uniquement si le programme présente une interface graphique). CloseMainWindow renvoie true si le message de fin de programme a pu être envoyé.
void Kill();	Met fin au processus sur lequel porte la méthode.
void Refresh();	Rafraîchit les informations relatives au processus. Exécutez cette fonction avant de réclamer des informations sur le processus (par exemple avant d'afficher la progression du temps d'exécution du processus).
bool Start();	Démarre le processus sur lequel porte l'objet Process. Les informations concernant le processus fils sont passées via la propriété StartInfo.
void WaitForExit();	Met le processus courant en attente de la fin d'exécution du processus sur lequel porte la méthode.
bool WaitForExit(int ms);	Même chose mais permet de limiter l'attente à ms millisecondes. Renvoie true si le processus a réellement terminé son exécution (sinon, renvoie false).

9.1.1 Exécuter un programme fils

Pour lancer l'exécution d'un programme (ici le bloc-notes), différentes techniques sont possibles. La plus simple consiste à écrire (utilisation de la forme statique de la méthode Start de la classe Process) :

```
using System.Diagnostics;
.....
Process.Start("notepad");
```

Pour intercepter le cas où le fichier programme (notepad.exe dans notre cas) ne peut être trouvé, placez cette instruction dans un try/catch.

Pour démarrer un programme fils et mettre fin à l'exécution de celui-ci :

```
Process p;
.....
p = Process.Start("Fich.txt");        // lancement du bloc-notes
.....
p.Kill();                             // on le tue
```

Après exécution de Process.Start, le processus courant (celui qui a lancé l'exécution du bloc-notes) et le bloc-notes sont tous deux en cours d'exécution. Le processus père peut se mettre en attente de la fin du programme fils en exécutant (dans ce cas, le processus père ne répond plus tant que le bloc-notes n'a pas terminé son exécution) :

```
p.WaitForExit();
```

Le processus père, qui s'est mis en attente, reprend son exécution dès que le processus fils a terminé son exécution. Les propriétés ExitCode et ExitTime du processus fils (notre objet p) donnent alors des informations sur le processus fils (code de retour et heure de fin).

9.1.2 Obtenir des informations sur un processus

À tout moment, vous pouvez déterminer si le programme fils (référencé par l'objet p) est encore en exécution (propriété HasExited qui passe à true quand le processus termine son exécution) ou son temps d'utilisation du processeur (propriété TotalProcessorTime, à n'utiliser que si le processus est toujours en vie). D'autres mesures de temps, toutes de type TimeSpan (voir la section 3.4) sont :

- UserProcessorTime : temps d'exécution des instructions du programme ;

- PrivilegedProcessorTime : temps passé dans le système d'exploitation pour le compte de ce programme ;

- TotalProcessorTime : somme de ces deux derniers temps.

Avant d'exécuter n'importe laquelle de ces trois propriétés, exécutez Refresh() appliqué à l'objet Process en question.

Pour connaître le temps global d'exécution d'un programme qui a terminé son exécution :

- quand HasExited vaut true (ou quand le processus père reprend son exécution suite à un WaitForExit), notez StartTime et ExitTime ;

- calculez la différence des deux heures (objet TimeSpan). Cette durée incorpore tous les temps morts.

La propriété StartTime est en effet accessible à partir du moment où le processus a démarré et reste accessible même si l'exécution est terminée (tant que l'on n'a pas exécuté Close sur ce processus). La propriété ExitTime n'est cependant accessible que lorsque le processus a terminé son exécution.

9.1.3 Autre manière de démarrer un processus fils

Les informations concernant le programme fils peuvent être passées via la propriété StartInfo, de type ProcessStartInfo. Quand on exécute Start sans argument (forme non statique), les informations sur le programme fils proviennent en effet de StartInfo.

Classe ProcessStartInfo		
Process ← Object		
using System.Diagnostics;		
Constructeur de la classe ProcessStartInfo		
ProcessStartInfo();		Constructeur sans argument. Les informations relatives au programme fils sont spécifiées en remplissant les propriétés de l'objet ProcessStartInfo. Une technique plus simple consiste à ne pas créer d'objet ProcessStartInfo mais à travailler directement sur la propriété StartInfo du processus (voir exemple).
ProcessStartInfo(string nomProg);		Le nom du programme à exécuter est passé en argument.
ProcessStartInfo(string nomProg, string args);		Le nom du programme fils et les arguments de celui-ci sont passés en argument.
Propriétés de la classe ProcessStartInfo		
Arguments	string	Arguments du programme.
CreateNoWindow	T/F	true pour démarrer l'application sans créer une nouvelle fenêtre.
EnvironmentVariables	coll	Collection, de type StringDictionary, des variables d'environnement.
ErrorDialog	T/F	Indique si une boîte de dialogue doit être affichée dans le cas où le programme fils ne peut être exécuté. ErrorDialog ne peut être mis à true que si UseShellExecute vaut true.
FileName	string	Nom du fichier programme à exécuter.
RedirectStandardInput	T/F	Indique si l'unité d'entrée (le clavier par défaut) est redirigée sur la propriété StandardInput de l'objet Process.
RedirectStandardOutput	T/F	Indique si l'unité de sortie (l'écran par défaut) est redirigée sur la propriété StandardOutput de l'objet Process.
RedirectStandardInput	T/F	Indique si l'unité de sortie des erreurs (l'écran par défaut) est redirigée sur la propriété StandardError de l'objet Process.
UseShellExecute	T/F	Indique si l'exécution du programme fils doit être lancée à partir de l'interpréteur de commandes. UseShellExecute doit valoir false pour pouvoir rediriger les entrées/sorties du programme fils (voir exemple).
WindowStyle	enum	Mode d'ouverture de la fenêtre. WindowStyle peut prendre l'une des valeurs de l'énumération ProcessWindowStyle : Hidden (fenêtre cachée), Maximized, Minimized ou Normal.

Pour lancer l'exécution d'un programme en passant les informations via StartInfo, on écrit (voir au début de ce chapitre les conditions d'exécution de Start) :

```
Process p;
.....
p = new Process();
p.StartInfo.FileName = "notepad";
p.Start();
```

9.1.4 Redirection des entrées-sorties du programme fils

Supposons que Fils.exe soit un programme en mode console qui lit deux nombres et affiche leur somme (Fils.exe exécute donc deux Console.ReadLine et un Console.Write). Pour exécuter Fils.exe (sans faire apparaître ce dernier à l'écran) à partir d'un programme (dit programme père) tout en redirigeant les entrées et sorties de Fils.exe sur ce programme père, il faut exécuter :

```
Process p = new Process();
p.StartInfo.FileName = "Fils.exe";
p.StartInfo.UseShellExecute = false;
p.StartInfo.RedirectStandardInput = true;
p.StartInfo.RedirectStandardOutput = true;
p.StartInfo.CreateNoWindow = true;
p.Start();
p.StandardInput.WriteLine("12"); p.StandardInput.WriteLine("23");
string s = p.StandardOutput.ReadToEnd();              // "35" dans s
```

On démarre donc Fils.exe (supposé exister sinon il faudrait exécuter Start dans un try/catch de manière à intercepter l'erreur). Le programme père envoie alors les données au programme fils (les deux valeurs 12 et 23) comme si un utilisateur avait introduit ces données au clavier (notre programme écrit dans l'unité standard d'entrée du programme fils). Le programme lit alors ce qui se trouve dans l'unité de sortie du programme fils (lecture par ReadToEnd) et y trouve la réponse écrite par ce dernier.

s contient la réponse normalement affichée par le programme Fils lorsque celui-ci est exécuté de manière autonome en mode console mais rien n'est affiché à la console.

9.1.5 Envoyer des séquences de caractères à une application

Les fonctions statiques Send et SendWait de la classe SendKeys (de l'espace de noms System.Windows.Forms) permettent d'envoyer des caractères ou des combinaisons de touches à l'application (appelons-la P2) qui, à ce moment, est active à l'avant-plan (ce qui oblige, bien souvent, à amener d'abord ladite application à l'avant-plan). SendWait attend que les touches aient été traitées par l'application avant de reprendre son exécution, ce qui n'est pas le cas pour Send. Pour envoyer la séquence de caractères ABC à l'application active, il suffit d'écrire :

```
using System.Windows.Forms;
..... SendKeys("ABC");
```

Des touches de fonction ou de direction peuvent être envoyées à l'application : il suffit d'entourer d'accolades le nom de la touche. Peuvent être spécifiés : {BS} ou {BACKSPACE} ou encore {BKSP}, {BREAK}, {CAPSLOCK}, {DEL}, {DOWN}, {END}, {ENTER} ou ~, {ESC}, {HELP}, {HOME}, {INSERT} ou {INS}, {LEFT}, {NUMLOCK}, {PGDN}, {PGUP}, {PRTSC}, {RIGHT}, {TAB}, {UP}, {F1} à {F16}, {ADD}, {SUBTRACT}, {MULTIPLY} et {DIVIDE}. Par exemple :

```
SendKeys.Send("{F2}ABC~");
```

pour envoyer la touche de fonction F2, puis les caractères A, B et C et finalement ENTER. Une touche peut être répétée :

`SendKeys.Send("{RIGHT 10}");`	Pour répéter dix fois l'opération « curseur à droite ».
`SendKeys.Send("{A 20}");`	Pour envoyer vingt fois la lettre A.

Une combinaison de touches peut être spécifiée : il suffit pour cela de préfixer le code de la touche de + (pour MAJ), ^ (pour CTRL) ou % (pour ALT). Par exemple :

`SendKeys.Send("{%F4}");`	Pour envoyer ALT+F4 à l'application (et généralement mettre fin à celle-ci).
`SendKeys.Send("^(AB)");`	Pour simuler une frappe de A, puis de B avec la touche CTRL enfoncée. ^AB signifierait que la touche CTRL ne doit plus être enfoncée au moment de frapper B.

Les fonctions Send et SendWait de la classe SendKeys envoient donc des caractères à l'application qui est à l'avant-plan et bénéficie du focus d'entrée. Il est donc important, juste avant d'exécuter l'une de ces fonctions, de forcer cette application à l'avant-plan. Pour cela, on exécute la fonction SetForegroundWindow de l'API Windows :

```
using System.Diagnostics;              // pour Process
using System.Runtime.InteropServices;  // pour SetForegroundWindow .....

public class Form1 : System.Windows.Forms.Form
 {
[DllImport("user32.dll")]
public static extern bool SetForegroundWindow(IntPtr hWnd);
  .....
// lancer le bloc-notes opérant sur le fichier xyz.txt (censé exister ici)
Process p;
.....
p = new Process();
p.StartInfo.FileName = "Notepad.exe";
p.StartInfo.Arguments = "xyz.txt";
p.Start();
// envoyer des caractères au bloc-notes
SetForegroundWindow(p.MainWindowHandle);
SendKeys.Send("Je ris de me voir si belle en ce miroir...");
// enregistrer le fichier
SendKeys.Send("^S");
.....
// enregistrer le fichier sous un autre nom
```

```
// (ALT+F suivi de r dans le Bloc-notes)
SetForegroundWindow(p.MainWindowHandle);
SendKeys.SendWait("%Fr");
SendKeys.SendWait("Newxyz.txt");  SendKeys.Send("%{F4}");
```

9.1.6 N'accepter qu'une seule instance de programme

Pour empêcher un utilisateur de lancer un programme déjà en cours d'exécution, autrement dit pour n'accepter qu'une seule instance d'un programme, il faut, et ce tout au début de l'exécution du programme :

- réclamer l'identificateur de processus ;
- réclamer la liste des processus en cours d'exécution sur la machine ;
- vérifier si dans cette liste, un processus ne porte pas le même nom (sans oublier que la liste des processus reprend déjà le processus dont on lance l'exécution).

Pour cela, il suffit de modifier Main (dans le fichier Program.cs du projet) de la façon suivante (on suppose que l'on a affaire à un programme Windows) :

```
static void Main()
{
 bool bAutreInst = VérifierSiAutreInstance();
 if (bAutreInst == false)
 {
  Application.EnableVisualStyles();
  Application.Run(new Form1());
 }
 else MessageBox.Show("Une seule instance de ce programme, svp");
}
// La fonction VérifierSiAutreInstance renvoie true si un programme
// déjà en exécution porte le même nom que le processus courant
static bool VérifierSiAutreInstance()
{
 Process curProc = Process.GetCurrentProcess();
 Process[] procs = Process.GetProcesses();
 foreach (Process p in procs)
  if (curProc.Id != p.Id)       // ne pas tenir compte du processus courant
   if (curProc.ProcessName == p.ProcessName) return true;
 return false;
}
```

9.2 Les threads

9.2.1 Principe des threads

Un programme peut lancer plusieurs fonctions qui s'exécutent en parallèle. Chacune de ces fonctions s'appelle « unité de traitement » mais le mot anglais (*thread*) est passé dans le jargon des programmeurs. Même quand on ne lance explicitement aucun thread, il y a déjà un thread en cours d'exécution : Main démarre en effet comme premier thread du programme (on parle aussi de thread principal, *main thread* en anglais). À ce moment et tant que nous n'avons pas encore lancé d'autres threads, il s'agit du seul thread en cours d'exécution du processus.

Un thread n'est donc rien d'autre qu'une fonction, toute la différence par rapport à une fonction normale résidant dans la simultanéité d'exécution entre fonction appelante et fonction appelée. Chaque thread peut accéder aux variables de la classe du programme et celles-ci jouent par conséquent le rôle de variables globales du processus (tous les threads du processus ont accès à ces variables). Chaque thread dispose de sa propre pile et les variables locales à un thread sont créées sur la pile de ce thread.

Les fonctions asynchrones, présentées plus loin dans ce chapitre, constituent un cas particulier de threads.

En programmation Windows, nous verrons que d'importantes précautions sont à prendre avant que deux threads n'accèdent aux éléments visuels (zones d'affichage, d'édition, etc.) de l'interface graphique.

La notion de simultanéité dans l'exécution des threads n'est cependant qu'apparente. Sauf sur les machines multiprocesseurs, le microprocesseur ne peut en effet exécuter qu'une instruction à la fois. Ainsi que nous le verrons plus loin avec les priorités, le système d'exploitation accorde à chaque thread des tranches de temps successives et fait exécuter les différents threads à tour de rôle, par à-coups. À notre échelle de temps, il y a ainsi apparence de simultanéité.

La classe Thread encapsule les fonctions de création et de manipulation de thread : tuer un thread, le suspendre, le redémarrer, attendre la fin d'un thread, etc.

Classe Thread

Thread ← Object

using System.Threading;

Propriétés de la classe Thread

CurrentThread	Thread	Référence au thread courant (celui qui est en train d'être exécuté). Il s'agit d'une propriété statique.
CurrentContext	Context	Contexte d'exécution du thread. Il s'agit d'une propriété statique.
CurrentCulture	CultureInfo	Culture (objet CultureInfo, voir la section 3.2) qu'utilise ou doit utiliser le thread.
CurrentUICulture	CultureInfo	Culture qu'utilise ou doit utiliser le gestionnaire des ressources.
IsAlive	bool	Indique si le thread est en exécution.
IsBackground	bool	Indique si le thread s'exécute en arrière-plan (c'est-à-dire n'est pas susceptible d'interagir en ce moment avec l'utilisateur).
Name	string	Nom éventuellement donné au thread.

Priority	ThreadPriority	Priorité du thread. Priority peut être l'une des valeurs de l'énumération ThreadPriority : AboveNormal, Below-Normal, Highest, Lowest ou Normal.
ThreadState	ThreadState	État du thread. ThreadState peut être égal à l'une des valeurs suivantes de l'énumération ThreadState :

	Aborted	le thread a été tué.
	AbortRequested	une demande de fin d'exécution de thread a été émise.
	Background	le thread s'exécute en arrière-plan.
	Running	il est en cours d'exécution.
	Suspended	il est suspendu.
	Suspendrequested	une demande de suspension a été émise.
	Unstarted	il n'a pas encore démarré.
	WaitSleepJoin	il est bloqué sur un Wait, un Sleep ou un Join.

Méthodes de la classe Thread

Thread(ThreadStart);	Constructeur de la classe. ThreadStart est de type « délégué ». Il s'agit d'un objet de la classe ThreadStart, l'argument du constructeur devant être une fonction qui n'accepte aucun argument et qui ne renvoie rien. Il faudra encore exécuter Start pour que l'exécution du thread démarre (voir exemple).
void Abort();	Met fin à l'exécution du thread, quel que soit son état (actif, suspendu, en attente, etc.). Si le thread n'a pas encore démarré, il y sera mis fin quand Start sera exécuté.
void Interrupt();	Interrompt un thread qui est dans l'état WaitSleepJoin.
void Join();	Le thread courant attend, aussi longtemps qu'il le faut, la fin de l'exécution du thread sur lequel porte la méthode Join. Durant cette attente, le thread courant est suspendu et ne réagit plus à rien.
bool Join(int ms);	Même chose mais l'attente est d'au plus ms millisecondes. Le thread courant reprend son exécution si le thread sur lequel porte Join n'a pas terminé son exécution au bout de ms millisecondes. Join renvoie true si le thread a terminé son exécution et false si les ms millisecondes se sont écoulées.
bool Join(TimeSpan);	Même chose mais un objet TimeSpan (voir la section 3.4) est passé en argument.
void Resume();	Redémarre le thread sur lequel porte Resume.
void Sleep(int ms);	Méthode statique qui met le thread courant en sommeil pour ms millisecondes. Si une valeur nulle est passée en argument, le thread termine sa tranche de temps mais n'est pas mis en sommeil.
void Sleep(TimeSpan);	Même chose mais un objet TimeSpan est passé en argument.
void Start();	Démarre le thread.
void Suspend();	Interrompt l'exécution du thread.

Dans le programme suivant, Main lance deux threads : f et g. Ces deux fonctions vont donc s'exécuter en parallèle (Main aussi s'exécute en parallèle mais il se met aussitôt en attente de la fin des deux threads). f effectue trois cents affichages : AAA1BBB à AAA300BBB tandis que g affiche XXX1ZZZ à XXX300ZZZ. Comme le système d'exploitation accorde des tranches de temps à chaque thread, les affichages des deux threads se mélangent. L'enchevêtrement des affichages sera rarement le même d'une exécution à l'autre du programme, ainsi que d'une machine à l'autre.

Exécution simultanée de threads	Ex1.cs

```
using System;
using System.Threading;
class Prog
{
 static void f()
 {
  for (int i=0; i<300; i++) Console.WriteLine("AAA" + i +"BBB");
 }
 static void g()
 {
  for (int i=0; i<300; i++) Console.WriteLine("XXX" + i + "ZZZ");
 }
 static void Main()
 {
  Console.WriteLine("Début du programme");
  Thread t1 = new Thread(new ThreadStart(f));
  Thread t2 = new Thread(new ThreadStart(g));
  t1.Start(); t2.Start();
  t1.Join(); t2.Join();
  Console.WriteLine("Fin des deux threads");
  Console.ReadLine();
 }
}
```

Main se met en attente de la fin d'exécution des deux threads : attente par Join du thread t1 suivie d'une attente de t2. L'instruction t1.Join() aurait pu être remplacée par :

```
    while (!t1.IsAlive);
```

mais autant éviter cette construction qui fait exécuter inutilement des instructions. Même avec cette boucle, il aurait été préférable d'écrire :

```
    while (!t1.IsAlive) Thread.Sleep(0);
```

car Thread.Sleep(0) force le système d'exploitation à passer la main à un autre thread (on dit aussi qu'il met fin à la tranche de temps qui vient d'être accordée au thread, mais pas aux tranches de temps à venir). Sur un ordinateur limité à un seul processeur, t1.IsAlive n'a en effet aucune chance de changer de valeur tant que Main a la main puisqu'un thread, et lui seul, est exécuté par à-coups pour des périodes de vingt millisecondes. Répéter ce test pendant les vingt millisecondes accordées à t1 est donc inutile.

Un processus ne se termine que lorsque tous ses threads ont terminé leur exécution. Au besoin, exécutez Abort pour tuer les threads qui seraient encore en exécution. Lorsque le thread t1 se termine, l'instruction t1.Join(), qui était en attente jusque-là, reprend son exécution. Il en va de même pour le thread t2. Le message Fin des deux threads peut alors être affiché. Sans ces deux instructions Join, l'affichage en question aurait été exécuté pendant l'exécution des deux threads. Le fait que le thread principal Main se termine n'aurait cependant pas mis fin à l'exécution des deux autres threads. Main, entré en phase terminale, aurait en fait été mis en attente, jusqu'à ce que les deux threads aient terminé leur exécution.

Threads incorporés dans une classe   Ex2.cs

```
using System;
using System.Threading;
class C1
{
 public int N;
 public void f()
 {
  for (int i=0; i<N; i++) Console.WriteLine("AAA" + i +"BBB");
 }
}
class C2
{
 public C2(int aN) {N = aN;}
 private int N;
 public void g()
 {
  for (int i=0; i<N; i++) Console.WriteLine("XXX" + i +"ZZZ");
 }
}
class Prog
{
 static void Main()
 {
  Console.WriteLine("Début du programme");
  C1 c1 = new C1(); c1.N = 300;
  Thread t1 = new Thread(new ThreadStart(c1.f));
  C2 c2 = new C2(300);
  Thread t2 = new Thread(new ThreadStart(c2.g));
  t1.Start(); t2.Start();
  t1.Join(); t2.Join();
  Console.WriteLine("Fin des threads");
  Console.ReadLine();
 }
}
```

9.2.2 Exécution de threads dans des programmes Windows

Un programme Windows peut lancer des threads, mais les choses se compliquent lorsqu'il s'agit d'accéder aux composants de la fenêtre (zone d'édition, zone d'affichage, etc.) à partir de ces threads.

Les programmes Windows sont en effet ainsi faits : les accès à un composant ne peuvent être effectués qu'à partir du thread qui a créé ce composant. C'est d'ailleurs ce qu'indique l'attribut [STAThread] devant la fonction Main (STA pour *Single Threaded Appartment*).

Pour avoir néanmoins accès à un composant à partir d'un thread qui n'est pas le thread principal, on doit avoir recours aux délégués (voir le chapitre 6). Rappelons qu'un délégué désigne un objet capable d'exécuter une fonction (autrement dit, il s'agit de la version moderne des pointeurs de fonction du C).

Supposons que la fenêtre contienne une zone d'édition dont le nom interne est zeN. Pour créer un thread et écrire dans zeN à partir de ce thread, on serait tenté d'écrire :

```
using System.Threading;
.....
Thread ThrA;
.....
ThrA = new Thread(new ThreadStart(f));
ThrA.Start();
.....
void f() {zeN.Text = "Hello";}
```

Les choses auront même l'air de se passer normalement, mais des problèmes finiraient inévitablement par survenir si on lançait plusieurs threads et que ceux-ci effectuaient un grand nombre d'affichages dans zeN.

La solution consiste à manipuler des délégués :

```
Thread ThrA;
delegate void T();
T oAffA;
```

La deuxième ligne déclare un type. On y retrouve la signature de la fonction qui sera associée au délégué (dans notre cas, une fonction qui n'accepte aucun argument et qui ne renvoie rien). La troisième ligne est une déclaration de délégué (autrement dit, une variable de type délégué ou, si vous préférez, un pointeur sur une fonction).

Dans le constructeur de la fenêtre (après l'appel d'InitializeComponents) ou, mieux, dans la fonction qui traite l'événement Load adressé à la fenêtre, on associe une fonction (ici AfficheA) au délégué oAffA :

```
oAffA = new T(AffichageA);
```

Nous allons maintenant (par exemple en réponse à un clic sur un bouton) créer et démarrer un thread. ThreadA sera la fonction associée à ce thread (rappelons qu'un thread ne désigne rien d'autre qu'une fonction qui s'exécute parallèlement au programme) :

```
ThrA = new Thread(new ThreadStart(ThreadA));
ThrA.IsBackground = true;
```

```
ThrA.Start();
.....
void ThreadA() { ..... }
```

Nous désirons, dans la fonction ThreadA, avoir accès à zeN. Nous avons vu que nous ne pouvons pas le faire (parce que zeN n'a pas été créé dans ThreadA).

C'est ici qu'intervient le délégué. Celui-ci est associé à la fonction AffichageA (voir l'instanciation de oAffA) et celle-ci n'accepte aucun argument et ne renvoie rien (voir la ligne commençant par delegate). Au chapitre 6, nous avons vu que la fonction associée peut être exécutée via le délégué. Dans ThreadA, le délégué (donc la fonction associée) sera exécuté par

```
Invoke(oAffA);
```

Nous avons donc (les « ..... » signalent n'importe quelles instructions du thread) :

```
void ThreadA()
{
 .....
 Invoke(oAffA);
 .....
}
```

La fonction AffichageA (qui, elle, a accès à zeN) sera par exemple :

```
void AffichageA()
{
 zeN.Text = "Hello";
}
```

Dans ThreadA, la ligne Invoke (il s'agit d'une méthode de la classe Control, donc de la fenêtre) sert à appeler une fonction qui, elle, peut avoir accès, sans danger, à zeN.

La fonction associée au délégué (AffichageA dans notre cas, qui a accès à zeN) pourrait admettre un argument. Par exemple :

```
void AffichageA(string s)
{
 zeN.Text = s;
}
```

La méthode Invoke connaît une seconde forme qui permet cela :

```
Invoke(délégué, object[]);
```

Le second argument pourrait être null, ce qui revient à appeler Invoke avec un seul argument. Il pourrait aussi être :

```
Invoke(oAffA, new object[]{"Hello"});
```

pour passer un argument (ici une chaîne de caractères) à la fonction associée au délégué.

Un dernier conseil si vous créez des threads dans un programme Windows : donnez toujours au thread principal une priorité supérieure à celle des threads explicitement créés dans le programme.

9.2.3 Les fonctions asynchrones

Nous savons que durant l'exécution d'une fonction, la fonction appelante est bloquée. Grâce aux fonctions asynchrones, il est possible d'exécuter en parallèle fonction appelante et fonction appelée. Il ne s'agit là que d'une application particulière des threads.

Bien que l'on parle généralement de fonctions asynchrones, il faut plutôt parler d'exécutions asynchrones de fonctions, car rien ne distingue une fonction exécutée de manière synchrone (en bloquant la fonction appelante) d'une fonction exécutée de manière asynchrone.

Les exécutions asynchrones de fonctions doivent se faire via des délégués (voir le chapitre 6). La technique est plus simple qu'avec les threads mais ne donne pas le même niveau de contrôle.

Rappelons qu'en déclarant (en champ de classe, pas à l'intérieur d'une fonction) :

```
delegate void T(int a);
```

on indique au compilateur que T est une classe de délégué. Un objet de la classe T pourra pointer sur une fonction admettant un seul argument entier et ne renvoyant rien.

Pour faire pointer pf, de type T, sur la fonction f, on écrit :

```
void f(int n) { ..... }
void g(int n) { ..... }
.....
T pf = new T(f);         // pf pointe sur f
pf(5);                   // exécute f avec 5 en argument
pf = new T(g);           // pf pointe maintenant sur g
pf(9);                   // exécute g avec 9 en argument
```

pf(5) fait exécuter la fonction f de manière synchrone. Autrement dit, la fonction appelante est bloquée tant que f n'a pas terminé son exécution.

Il est aussi possible, sous .NET, d'exécuter f de manière asynchrone et sans devoir créer explicitement de thread. Il suffit pour cela d'appeler les fonctions :

- BeginInvoke pour lancer la fonction de manière asynchrone ;

- EndInvoke pour terminer l'exécution asynchrone de la fonction (en attendant éventuellement la fin de celle-ci).

BeginInvoke et EndInvoke sont deux fonctions qui ne peuvent porter que sur un délégué. Le compilateur adapte automatiquement la signature de ces fonctions à celle du délégué. Pour BeginInvoke, il ajoute deux arguments par rapport à la fonction pointée, tandis que EndInvoke renvoie une valeur de même type que la fonction pointée.

Dans notre cas (fonction pointée par le délégué qui accepte un int en argument et qui ne renvoie rien), BeginInvoke a la forme suivante :

```
IAsyncResult BeginInvoke(int, AsyncCallback, object);
```

Par rapport aux arguments de la fonction pointée (f dans notre cas), BeginInvoke ajoute deux arguments, respectivement de type AsyncCallback (on y spécifie généralement, mais pas obligatoirement, la fonction de rappel, automatiquement exécutée quand la fonction asynchrone se termine) et object (pour pouvoir passer n'importe quelle information à cette fonction de rappel). Nous reviendrons bientôt sur ces deux derniers arguments. BeginInvoke admettrait cinq arguments si la fonction pointée en contenait trois.

Sauf si la fonction asynchrone a déjà terminé son exécution, EndInvoke est une fonction bloquante. Elle attend (à moins que cette fin ait déjà eu lieu) la fin de la fonction lancée en asynchrone et termine cette exécution. EndInvoke doit recevoir en argument la valeur renvoyée par BeginInvoke (plusieurs BeginInvoke pourraient en effet avoir été lancés). EndInvoke renvoie la valeur renvoyée par la fonction pointée. Si la fonction asynchrone a généré une exception, celle-ci est répercutée dans EndInvoke.

Nous allons d'abord passer null dans les deux derniers arguments de BeginInvoke (aucune fonction de rappel ne sera donc automatiquement exécutée quand la fonction asynchrone se terminera). Reprenons les instructions (pf pointant sur la fonction f, comme nous l'avons déjà fait) :

```
IAsyncResult ar = pf.BeginInvoke(7, null, null);
.....                // fonctions appelante et appelée en exécution simultanée
pf.EndInvoke(ar);
```

BeginInvoke lance l'exécution asynchrone de f (puisque pf pointe sur f). .NET démarre à cet effet un pseudo-thread, plus léger encore que les threads. Mais attention : à partir de la fonction lancée en asynchrone, on n'a pas, sans précaution, accès aux composants de l'interface graphique. Comme nous l'avons déjà vu, les programmes Windows Forms sont en effet conformes au modèle STA (*Single Thread Apartment*). Celui-ci impose que les accès à des composants de l'interface graphique doivent se faire à partir du thread qui a créé le composant. Nous montrerons plus loin comment résoudre le problème.

BeginInvoke démarre la fonction f et le programme poursuit son exécution. Fonction appelante et fonction appelée s'exécutent alors en parallèle.

La fonction EndInvoke est bloquante : elle attend la fin de l'exécution de f. À ce moment, elle renvoie la valeur renvoyée par la fonction pointée (f dans notre cas).

La valeur (de type IAsyncResult, c'est-à-dire référence à une interface) renvoyée par BeginInvoke permet d'obtenir à tout moment des informations (en lecture uniquement) sur la fonction en cours d'exécution asynchrone :

object AsyncState	On retrouve dans AsyncState ce qui a été passé en dernier argument de BeginInvoke (n'importe quoi puisque cet argument est de type object).

`WaitHandle AsyncWaitHandle`	Fournit un objet de synchronisation pour déterminer si la fonction synchrone, l'une des fonctions asynchrones, ou toutes les fonctions asynchrones ont terminé leur exécution. Les fonctions `WaitOne`, `WaitAny` ou `WaitAll` (trois méthodes, présentant des variantes, de la classe `WaitHandle`) peuvent être appliquées à cet objet de synchronisation.
`bool IsComplete`	Indique si la fonction exécutée en asynchrone a terminé son exécution (`true` si c'est le cas).

Un programme peut se mettre (aussi longtemps qu'il le faudra) en attente de la fin d'une exécution de fonction asynchrone sur `WaitOne` :

```
ar.AsyncWaitHandle.WaitOne() ;
```

`WaitOne` n'a aucun autre effet que l'attente, et `EndInvoke` devra encore être exécuté. Tel quel, le couple `WaitOne/EndInvoke` ne présente pas d'intérêt par rapport à la seule exécution de `EndInvoke`.

La fonction `WaitOne`, sans argument, est bloquante. Il est cependant possible de spécifier une période maximale d'attente en premier argument (il peut s'agir soit d'un nombre de milli-secondes, soit d'un objet `TimeSpan`). `WaitOne` renvoie alors `true` si la fonction asynchrone est terminée ou se termine dans le laps de temps imparti. `WaitOne` renvoie `false` si ce n'est pas le cas. Par exemple, pour attendre au plus une demi-seconde (passez toujours `false` en second argument) :

```
bool bFin = ar.AsyncWaitHandle.WaitOne(500, false) ;
```

La classe `WaitHandle` (définie dans l'espace de noms `System.Threading`) contient également deux fonctions statiques (présentant des variantes pour le timeout) qui acceptent un tableau d'objets `WaitHandle` en premier argument :

`WaitAll`	Attend que toutes les fonctions aient terminé.
`WaitAny`	Attend que l'une des fonctions ait terminé.

`WaitAny` renvoie l'indice (dans le tableau) de la fonction qui a terminé son exécution. Par exemple :

```
using System.Threading;
.....
void f(int n) { ..... }
void g(int n) { ..... }
.....
delegate void T(int n);
.....
IAsyncResult ar1, ar2;
T pf1, pf2;
pf1 = new T(f); ar1 = pf1.BeginInvoke(3, null, null);
pf2 = new T(g); ar2 = pf2.BeginInvoke(1, null, null);
.....
```

```
// attendre que l'une des deux fonctions f ou g ait terminé
WaitHandle[] twh = new WaitHandle[2];
twh[0] = ar1.AsyncWaitHandle; twh[1] = ar2.AsyncWaitHandle;
int n = WaitHandle.WaitAny(twh);
```

n contient 0 ou 1, selon que c'est f ou g qui a terminé son exécution en premier.

WaitAny et WaitAll peuvent également recevoir une durée de timeout en deuxième argument (de type int ou TimeSpan, selon que cette durée est exprimée en millisecondes ou par un objet TimeSpan). Passez false en troisième argument.

Il est également possible de spécifier une fonction qui doit être automatiquement exécutée quand une fonction asynchrone se termine (on parle pour cette fonction de « fonction de rappel », *callback* en anglais) :

```
pf = new T(f); pf.BeginInvoke(3, new AsyncCallback(FinDeF), null);
pf = new T(g); pf.BeginInvoke(1, new AsyncCallback(FinDeG), null);
.....
void FinDeF(IAsyncResult ar) { ..... }
void FinDeG(IAsyncResult ar) { ..... }
```

La fonction FinDeF sera automatiquement exécutée lorsque f aura terminé son exécution. FinDeF recevra en argument la valeur renvoyée par BeginInvoke lors du lancement asynchrone de f.

Rien n'empêche qu'une même fonction traite plusieurs fins de fonction :

```
pf = new T(f); pf.BeginInvoke(3, new AsyncCallback(Fin), null);
pf = new T(g); pf.BeginInvoke(1, new AsyncCallback(Fin), null);
.....
public void Fin(IAsyncResult ar)
{
 AsyncResult a = (AsyncResult)ar;
 T pf = (T)a.AsyncDelegate;
 int n = pf.EndInvoke(a);
}
```

Dans cette fonction Fin, on détermine pour quelle fin d'exécution (f ou g) cette fonction Fin est appelée.

9.2.4 Le composant BackgroundWorker

Le composant BackgroundWorker, introduit en version 2, permet, dans des cas simples, de simplifier quelque peu la programmation (mais pas beaucoup plus que la solution Begin-Invoke, tout en étant moins flexible).

La classe BackgroundWorker, dérivée de Component, ne présente que deux propriétés : Name et WorkerReportsProgress, de type bool.

Pour démarrer une exécution asynchrone de fonction, exécutez RunWorkerAsync appliqué à l'objet BackgroundWorker (bw comme nom interne) :

```
bw.RunWorkerAsync();
```

ou

```
bw.RunWorkerAsync(object);
```

L'événement DoWork est alors signalé. C'est dans la fonction traitant cet événement que vous devez placer les instructions à exécuter de manière asynchrone :

```
private bw_DoWork(object sender, DoWorkEventArgs e)
{
  .....
}
```

Dans l'argument e, vous retrouvez :

- e.Argument, de type object,où on retrouve l'argument de RunWorkerAsync ;
- e.Cancel, qu'il faut faire passer à true pour annuler l'exécution asynchrone ;
- e.Result, de type object, pour renvoyer une information.

Dans cette fonction traitant DoWork, ne programmez pas, sans précaution, d'accès aux composants de l'interface graphique (voir à la section 9.2 comment résoudre ce problème).

Lorsque la fonction traitant DoWork se termine, l'événement RunWorkerCompleted est signalé :

```
private void bw_RunWorkerCompleted(object sender, RunWorkerCompletedEventArgs e)
{
  .....
}
```

Dans cette fonction, e.Cancelled indique que l'exécution asynchrone a été annulée. On retrouve dans e.Result, de type object, le contenu de e.Result dans la fonction traitant DoWork.

À tout moment, vous pouvez, dans cette fonction DoWork, signaler l'état d'avancement :

```
bw.ReportProgress(int);
```

ou

```
bw.ReportProgress(int, object);
```

L'argument de type int indique le pourcentage (entre 0 et 100) de travail déjà effectué. Vous pouvez passer n'importe quelle information dans le second argument.

L'événement ProgressChanged est alors signalé :

```
private void bw_ProgressChanged(object sender, ProgressChangedEventArgs e)
{
  .....
}
```

Dans cette fonction, e.ProgressPercentage (de type int) et e.UserState (de type object) correspondent aux deux arguments de ReportProgress.

L'événement `ProgressChanged` n'est cependant signalé que si la propriété `WorkerReports-Progress` de l'objet `BackgroundWorker` vaut `true`. Dans cette fonction traitant `ProgressChanged`, vous avez accès aux éléments de l'interface graphique.

9.2.5 Les niveaux de priorité

Revenons sur la notion de priorité qui s'applique aussi bien aux threads qu'aux processus (sans oublier que lorsqu'un processus s'exécute, ce sont en fait les threads de ce processus qui s'exécutent). Nous savons que pour donner une impression de simultanéité dans les exécutions des programmes, Windows accorde des tranches de temps à chaque thread et les exécute à tour de rôle, par à-coups. On dit que toutes les vingt millisecondes au plus tard, Windows « donne la main » à un autre thread (autrement dit aussi, Windows accorde à ce thread la ressource « microprocesseur » par à-coups de vingt millisecondes).

Selon quel algorithme Windows décide-t-il d'accorder la tranche de temps suivante à tel autre thread, qui n'est pas nécessairement du même processus ? Windows attribue à chaque thread un niveau de priorité qui s'étend de 31 (le niveau le plus élevé) à 0 (le niveau le plus faible, mais ce niveau 0 est en fait réservé à un thread de Windows qui profite de l'accalmie pour, notamment, réorganiser la mémoire). Disons d'abord que vous ne pouvez pas fixer directement le niveau de priorité d'un thread. Vous pouvez seulement diminuer ou augmenter (de deux unités au plus) la priorité d'un thread par rapport à la classe de priorité de son processus.

Windows doit régulièrement prendre la décision de redémarrer un thread :

- lorsque le thread en cours d'exécution (c'est-à-dire le thread courant) se met en attente d'une ressource (par exemple une lecture disque) ;
- à l'expiration d'une tranche de temps accordée à un thread ;
- lorsqu'un événement est signalé (par exemple un message lié à la souris).

À cet instant, Windows passe en revue les priorités de tous les threads. Si un thread de niveau 31 est en état d'être exécuté, Windows le redémarre. À l'expiration de la tranche de temps accordée à ce thread, Windows fait exécuter un autre thread de niveau 31 susceptible d'être exécuté ou bien le même thread s'il est le seul de niveau 31 susceptible d'être exécuté. Heureusement, un thread n'est que rarement en état d'être exécuté : les programmes Windows, qui réagissent à des événements, se mettent en effet très rapidement en attente de ces événements. Font exception à cette règle les threads qui effectuent un très long calcul sans le moindre accès disque et sans la moindre interaction avec l'utilisateur. De tels threads, s'ils sont de longue durée (plusieurs secondes, voire plusieurs dizaines de secondes) et si leur niveau de priorité est élevé, peuvent donner à l'utilisateur le sentiment que l'ordinateur est bloqué.

Lorsque aucun thread de niveau 31 n'est en état d'être exécuté, Windows procède de la même manière avec les threads de niveau 30 et ainsi de suite pour les threads de niveaux inférieurs. Ces threads de niveau très élevé doivent être réservés aux threads les plus critiques de Windows et non aux threads utilisateurs.

Lorsqu'un processus démarre, Windows lui assigne une classe de priorité. On retrouve cette classe de priorité dans la propriété `PriorityClass` de l'objet `Process`. Par défaut, il s'agit de la valeur `Normal` de l'énumération `ProcessPriorityClass`, qui correspond au niveau 7 de priorité. Si le temps d'exécution de ce programme n'est pas critique (peu vous importe le temps qu'il mettra à s'exécuter, l'important étant qu'il ne ralentisse pas le programme à l'avant-plan), affectez-lui plutôt la priorité `BelowNormal` ou encore la priorité `Idle` correspondant au niveau 4.

Pour faire exécuter un processus plus rapidement (si plusieurs programmes sont en cours d'exécution simultanée, sinon cela n'a aucun effet), spécifiez `AboveNormal` ou `High` (niveau 13 de priorité) ou encore `RealTime` (niveau 24) mais cette dernière valeur ne devrait être utilisée que si cela est absolument nécessaire (cas d'un processus particulièrement critique). Les processus fils n'héritent pas automatiquement de la priorité du processus père. Les processus de classe `Idle` font cependant exception à cette règle : leurs processus fils sont également rangés par défaut dans cette classe `Idle` et non dans la classe `Normal` comme c'est le cas par défaut pour tous les autres processus.

Par défaut, tous les threads d'un processus s'exécutent au niveau correspondant à la classe de priorité de leur processus (valeurs `AboveNormal`, `BelowNormal`, `Highest`, `Lowest` et `Normal` de l'énumération `ThreadPriority`). À cette importante différence près : lorsqu'un processus passe à l'avant-plan (sa barre de titre est alors mise en évidence), tous les threads de ce processus voient leur priorité augmentée d'une unité. À priorité égale, les threads du processus s'exécutant à l'avant-plan sont donc toujours exécutés avant les autres threads de priorité normale (parce que Windows leur accorde plus souvent la tranche de temps suivante). Modifier la propriété `Priority` d'un objet `Thread` permet de modifier la priorité d'un thread, relativement à la classe de priorité de son processus.

L'exécution simultanée de plusieurs threads peut poser problème lorsque ces threads ont accès à une ressource en mode modification. Nous allons maintenant nous atteler à ce problème grâce aux sections critiques et divers objets de synchronisation.

9.3 Les sections critiques

Lorsque deux threads accèdent simultanément à une « ressource à accès exclusif » (c'est-à-dire une ressource qui ne peut être partagée au même moment), des problèmes peuvent se présenter. Quand a-t-on affaire à des ressources à usage exclusif ? C'est le cas de l'imprimante ou d'un modem (quand on ne dispose que d'une seule imprimante ou d'un seul modem), de fichiers à accès exclusif, quand l'accès est limité à un seul programme à la fois. Mais c'est surtout le cas des variables du programme susceptibles d'être modifiées, au même moment, par plusieurs threads. C'est le cas des variables membres de la classe incorporant les fonctions de thread. Ce que l'on appelle une « ressource à usage exclusif » ne correspond donc pas nécessairement à une ressource matérielle.

Pour mettre le problème en évidence, considérons deux threads en cours d'exécution. Thread A incrémente une variable (appelons-la X) d'une unité si elle est inférieure à 10. Thread B fait la même chose mais incrémente X de deux unités. Au début de notre séquence, la variable X contient 0.

Imaginons maintenant la séquence suivante : le premier thread (qui « a la main », c'est-à-dire qui est en cours d'exécution) lit le contenu de X (en examinant le code généré par le compilateur, on constaterait que le contenu de X est amené dans un registre du microprocesseur). Ce thread constate alors que ce contenu est inférieur à 10.

Supposons qu'à ce moment Windows interrompe ce thread car sa tranche de temps arrive à expiration : la branche de l'alternative « vrai » n'a pas encore été entamée (bien sûr, on joue de malchance mais cela peut arriver et finit donc toujours par arriver). Avant de passer la main à un autre thread, Windows sauvegarde (dans des tables propres à ce thread) les registres du microprocesseur tels qu'ils étaient au moment de l'interruption. Windows passe alors la main au second thread, après avoir restauré les registres du microprocesseur dans un état propre à ce second thread.

Si aucun événement n'est signalé à Windows, thread B disposera alors de vingt millisecondes pour exécuter une partie de son code. Durant ce laps de temps, thread B a tout le temps de lire le contenu de X (qui vaut toujours zéro) et ensuite de faire passer X à la valeur 2. Lorsque la tranche de temps accordée à thread B est écoulée, le contrôle repasse au premier thread. Celui-ci retrouve la valeur 0 dans l'un de ses registres (celui qui a reçu le contenu de X), fait passer ce registre à 1 (puisqu'il est dans la branche « vrai ») et réécrit la variable X avec cette nouvelle valeur. Résultat : la variable X contient 1 alors qu'elle devrait contenir 3 (une incrémentation d'une unité effectuée par thread A et une autre, perdue, de deux unités effectuée par thread B). Imaginez maintenant que X se rapporte à votre compte en banque. Un crédit en votre faveur a tout simplement été perdu.

La solution à ce problème consiste à interdire l'exécution de tout autre thread du processus tant qu'un thread se trouve dans ce que l'on appelle une « section critique » (entendez : une section de code sujette à ce problème de concurrence).

Dans le programme suivant, la fonction f calcule la somme des nombres compris entre un et cinquante millions (les opérations doivent s'étendre sur plus d'une tranche de temps pour que le problème apparaisse). Au fur et à mesure de l'avancement de cette addition, le programme maintient le résultat dans la variable statique Somme de la classe du programme (Somme est qualifiée de static uniquement parce qu'on y accède à partir des fonctions f et g qui ont dû être qualifiées de static). La fonction g effectue les mêmes opérations.

Tout se passe correctement si f et g s'exécutent l'un à la suite de l'autre. Les problèmes surgissent lorsque f et g s'exécutent en parallèle. Le résultat est alors tout à fait aléatoire. Le programme aurait certes pu être écrit différemment, évitant ainsi le problème, mais le but était justement de le mettre en évidence. Le problème est dû au fait que f et g modifient Somme sans prendre la moindre précaution. Tout aurait été correct si la séquence

```
n=Somme; n += i; Somme = n;
```

avait toujours été exécutée sans la moindre possibilité d'interruption. Or le système d'exploitation, qui accorde des tranches de temps à chaque thread, peut très bien passer à l'autre thread durant l'exécution de cette séquence.

Une simple instruction, comme Somme++, est sujette à problème car plusieurs instructions du code machine doivent être exécutées, et c'est entre ces instructions « machine » que le passage d'un thread à l'autre peut être effectué.

Les fonctions f et g auraient dû synchroniser leurs accès à Somme, ce qui n'a pas été réalisé dans l'exemple ci-dessous mais corrigé tout de suite après).

Problème lors de l'exécution simultanée de deux threads Ex3.cs

```
using System;
using System.Threading;
class Prog
{
 static long Somme=0;
 const int N=50000000;
 static void f()
 {
  long n;
  for (int i=0; i<N; i++) {n=Somme; n += i; Somme = n;}
 }
 static void g()
 {
  long n;
  for (int i=0; i<N; i++) {n = Somme; n += i; Somme = n;}
 }
 static void Main()
 {
  Console.WriteLine("Début du programme");
  Thread t1 = new Thread(new ThreadStart(f));
  Thread t2 = new Thread(new ThreadStart(g));
  t1.Start(); t2.Start();
  t1.Join(); t2.Join();
  Console.WriteLine("Fin. Somme = " + Somme);
  Console.ReadLine();
 }
}
```

La solution au problème consiste à verrouiller la séquence

```
n=Somme; n++; Somme = n;
```

En verrouillant cette séquence, on empêche le système d'exploitation de passer à un autre thread (du même processus) durant l'exécution de cette même séquence. Pour cela, il faut exécuter l'instruction `lock` :

- `lock(this)` : verrouille un bloc d'instructions (bloc délimité par `{` et `}`) d'une fonction non statique.

- `lock(typeof(nomdeclasse))` : verrouille un bloc d'une fonction statique.

Dans le cas du programme précédent, on réécrit donc la boucle de la manière suivante (`f` et `g` sont des fonctions statiques dans la classe `Prog`) :

```
for (int i=0; i<=N; i++) lock(typeof(Prog)) {n=Somme; n += i; Somme = n;}
```

Le système d'exploitation ne pourra plus interrompre le thread durant l'exécution de la séquence des trois instructions. Il pourra cependant passer la main à un autre thread à l'occasion du passage à l'itération suivante (puisque le verrou est appliqué aux trois instructions intérieures à la boucle mais non à la boucle elle-même). `f` et `g` s'exécuteront bien en parallèle mais les modifications de `Somme` sont maintenant synchronisées.

L'exemple `Ex3A.cs` des programmes d'accompagnement de ce chapitre implémente cette solution.

9.3.1 La classe Interlocked

Différentes fonctions statiques de la classe `Interlocked` permettent d'effectuer quelques opérations arithmétiques sans possibilité d'interruption :

La classe `Interlocked` (fonctions statiques)	
`using System.Threading;`	
`Interlocked.Add(ref int loc, int valeur);`	Ajoute `valeur` à la variable passée en premier argument.
`Interlocked.Add(ref long loc, long valeur);`	Même chose, pour une variable de type `long`.
`Interlocked.Increment(ref int loc);`	Incrémente d'une unité la variable passée en argument.
`Interlocked.Increment(ref long loc);`	Même chose, pour une variable de type `long`.
`Interlocked.Decrement(ref int loc);`	Décrémente d'une unité la variable passée en argument.
`Interlocked.Decrement(ref long loc);`	Même chose, pour une variable de type `long`.

Par exemple :

```
using System.Threading;
int N;
.....
Interlocked.Increment(ref N);
Interlocked.Add(ref N, 10);
```

9.3.2 La classe Monitor

Pour rendre une section critique, il est également possible d'utiliser les méthodes statiques de la classe Monitor :

`Monitor.Enter(xyz);`	Pour entrer en section critique.
`Monitor.Exit(xyz);`	Pour mettre fin à une section critique.

L'argument *xyz* est le même que pour lock.

9.3.3 Les verrouillages par objet ReaderWriterLock

La classe ReaderWriterLock permet d'effectuer des verrouillages et des déverrouillages explicites. Un verrou peut être appliqué en lecture ou en écriture mais la signification de cette opération (verrouillage en lecture ou verrouillage en écriture) est laissée au programme. Plusieurs verrous peuvent être créés, ce qui permet d'être plus sélectif qu'avec la solution lock (avec lock, le verrou est en effet général pour le thread). Des propriétés de cette classe indiquent si tel verrou est tenu par un autre thread, ce qui permet d'effectuer des opérations plutôt que d'attendre la libération du verrou, le thread étant suspendu durant cette attente.

La classe `ReaderWriterLock`	
ReaderWriterLock ← Object	
using System.Threading;	
Propriétés de la classe `ReaderWriterLock`	
IsReaderLockHeld bool	Indique si le verrou de lecture est tenu par le thread courant.
IsWriterLockHeld bool	Indique si le verrou d'écriture est tenu par le thread courant.
Méthodes de la classe `ReaderWriterLock`	
void AcquireReaderLock(int ms);	Réclame un verrou en lecture. L'argument de ms indique un *timeout* exprimé en millisecondes :
	-1 le thread attent aussi longtemps que nécessaire, voire indéfiniment, que le verrou se libère. Le thread redémarre automatiquement aussitôt que le thread ayant appliqué le verrou exécute ReleaseReaderLock.
	0 Pas de *timeout*. Une exception est générée si le verrou a été appliqué par un autre thread.
	>0 Nombre de millisecondes d'attente. Une exception est générée au bout de ces ms millisecondes si le verrou n'a toujours pas été libéré par le thread ayant appliqué le verrou.
void AcquireReaderLock(TimeSpan);	Même chose mais un objet TimeSpan est passé en argument pour spécifier la durée d'attente.
void AcquireWriterLock(int ms);	Réclame un verrou en écriture. Voir AcquireReaderLock.

`void AcquireWriterLock(TimeSpan);`	Même chose mais un objet `TimeSpan` est passé en argument pour la durée d'attente.
`void ReleaseReaderLock();`	Libère le verrou en lecture.
`void ReleaseWriterLock();`	Libère le verrou en écriture.

Réécrivons le programme précédent pour synchroniser, grâce aux verrous, les accès à une variable de la classe. Le problème est certes résolu mais son exécution est nettement plus lente.

Verrouillages par `AcquireWriterLock` **et** `ReleaseWriterLock`   Ex4.cs

```
using System;
using System.Threading;
class Prog
{
 static long Somme=0;
 const int N=10000000;
 static ReaderWriterLock rwl;
 static void f()
 {
  long n;
  for (int i=0; i<=N; i++)
  {
   rwl.AcquireWriterLock(-1);
   n=Somme; n += i; Somme = n;
   rwl.ReleaseWriterLock();
  }
 }
 static void g()
 {
  long n;
  for (int i=0; i<=N; i++)
  {
   rwl.AcquireWriterLock(-1);
   n = Somme; n += i; Somme = n;
   rwl.ReleaseWriterLock();
  }
 }
 static void Main()
 {
  Console.WriteLine("Début du programme");
  Thread t1 = new Thread(new ThreadStart(f));
  Thread t2 = new Thread(new ThreadStart(g));
  rwl = new ReaderWriterLock();
  t1.Start(); t2.Start();
  t1.Join(); t2.Join();
  Console.WriteLine("Fin. Somme = " + Somme);
  Console.ReadLine();
 }
}
```

9.4 Les mutex

Les mutex (mot provenant de la contraction de *mutual exclusive object*) permettent de synchroniser des threads qui n'appartiennent pas nécessairement à un même processus (il faut, dans ce cas, utiliser des mutex nommés). Un mutex est ce que l'on appelle un objet de synchronisation.

Un mutex peut être assimilé à un fanion et un seul thread peut posséder le fanion. Tout thread réclamant le fanion est mis en attente jusqu'à ce qu'il prenne possession du fanion, ce qui arrivera au moment où le thread qui possède le fanion l'aura libéré. Lorsque le fanion devient libre, un seul thread peut l'acquérir, mais le fanion n'est pas nécessairement accordé au premier thread qui l'a réclamé (parce que Windows ne tient pas compte de ce facteur...). Le thread qui acquiert le fanion cesse d'être bloqué (et s'exécute donc) mais les autres threads qui l'ont également réclamé (mais qui ne l'ont pas obtenu) restent à l'état bloqué. Dans le jargon, on dit qu'un mutex est :

- à l'état signalé, lorsqu'il est libre (le fanion n'est la propriété d'aucun thread) ;

- à l'état non signalé, lorsqu'un thread le possède (le fanion est dans les mains de ce thread).

Lorsqu'un thread, généralement le thread principal du processus, crée un mutex non nommé, il peut réclamer la possession initiale du mutex (argument `initiallyOwned` du constructeur à `true`). Un mutex non nommé ne peut être utilisé qu'à l'intérieur d'un processus.

Lorsqu'un thread A crée un mutex nommé, il formule en fait une demande mais il n'est pas assuré qu'elle soit satisfaite. Un thread, généralement d'un autre processus (appelons-le B), peut en effet avoir déjà créé un mutex portant le même nom et en avoir pris possession. Le mutex n'est alors pas vraiment créé pour le thread A : ce dernier utilise alors le mutex créé par le thread B.

Pour réclamer la possession d'un mutex, un thread exécute la fonction `WaitOne`. À moins qu'il n'ait spécifié une durée maximale d'attente en argument de `WaitOne`, le thread en question est mis en attente, aussi longtemps que nécessaire, de la libération du mutex. Pour libérer un mutex, le thread en possession de ce dernier doit exécuter `ReleaseMutex`. Un thread, et un seul, en attente sur `WaitOne` redémarre alors automatiquement.

Lorsqu'un programme se termine, les mutex en possession des threads de ce programme sont automatiquement libérés.

Classe Mutex

Mutex ← WaitHandle ← Object

using System.Threading;

Constructeurs de la classe Mutex

Mutex();   Constructeur par défaut.

```
Mutex(bool initiallyOwned);
```
Le thread qui crée le mutex (non nommé) de cette manière possède initialement le fanion si l'argument vaut true (ce thread a ainsi initialement accès à la ressource).

```
Mutex(bool, string);
```
Même chose mais on donne un nom au mutex (mutex nommé). Un mutex nommé peut être utilisé pour synchroniser des ressources entre processus différents.

```
Mutex(bool, string,
      out bool gotOwnership);
```
Crée un mutex nommé. On indique en premier argument si l'on désire entrer initialement en possession du fanion. Il n'y a cependant aucune assurance que ce sera le cas car le mutex nommé peut être en possession d'un autre thread. Le troisième argument renvoie l'état du mutex (a-t-on ou non le contrôle du mutex ?).

Méthodes de la classe Mutex

```
void ReleaseMutex();
```
Libère le mutex.

```
bool WaitOne();
```
Met le thread en attente de la libération du mutex.

Adaptons notre programme précédent à la synchronisation par mutex (utilisation ici d'un mutex non nommé puisque tout se passe dans un même processus). Ici aussi, l'introduction de techniques de synchronisation ralentit nettement le programme. Il s'agit donc d'utiliser le mutex à bon escient.

Synchronisation par mutex   Ex5.cs

```csharp
using System;
using System.Threading;
class Prog
{
 static long Somme=0;
 const int N=1000000;
 static Mutex mu;
 static void f()
 {
  long n;
  for (int i=0; i<=N; i++)
  {
   mu.WaitOne();
   n=Somme; n += i; Somme = n;
   mu.ReleaseMutex();
  }
 }
 static void g()
 {
  long n;
  for (int i=0; i<=N; i++)
  {
   mu.WaitOne();
   n = Somme; n += i; Somme = n;
   mu.ReleaseMutex();
  }
 }
}
```

Synchronisation par `mutex` *(suite)*   Ex5.cs

```
  {
    mu.WaitOne();
    n = Somme; n += i; Somme = n;
    mu.ReleaseMutex();
  }
}
static void Main()
{
  Console.WriteLine("Début du programme");
  Thread t1 = new Thread(new ThreadStart(f));
  Thread t2 = new Thread(new ThreadStart(g));
  mu = new Mutex(false);
  t1.Start(); t2.Start();
  t1.Join(); t2.Join();
  Console.WriteLine("Fin. Somme = " + Somme);
  Console.ReadLine();
}
}
```

Programmes d'accompagnement

Les programmes Ex1.cs à Ex5.cs de ce chapitre.

Course   Programme à interface Windows qui permet de démarrer deux threads (affichant en permanence des nombres sans cesse croissants), de les suspendre, de les redémarrer et de modifier leur priorité.

10

Évolution de la programmation Windows

La programmation Windows a considérablement évolué depuis l'introduction de Windows version 1, il y a plus de quinze ans. Même si les outils de développement de l'époque paraissent aujourd'hui aussi rudimentaires qu'archaïques, il est bon d'en connaître les fondements pour mieux comprendre les techniques les plus modernes utilisées par C# dans l'environnement .NET.

Les techniques « ancestrales » sont directement calquées sur la manière d'opérer de Windows : elles cachent peu de choses de la complexité interne de Windows et aident à comprendre des concepts utilisés de manière plus ou moins mystérieuse dans les outils de développement modernes. Ceux-ci ont en effet gagné considérablement en convivialité, et notamment Visual Studio .NET alors que les fondements de Windows sont restés inchangés (.NET est en partie une couche objet encapsulant les fonctions d'accès à Windows, tout en les rendant plus simples à utiliser).

Dans ce chapitre, il sera certes question du langage C car les techniques ancestrales, qui ne cachent rien de Windows, utilisaient exclusivement le C. La connaissance du C n'est cependant pas requise pour comprendre les fondements de la programmation Windows.

10.1 Développement en C avec le SDK de Windows

Les premiers outils de développement d'applications Windows sont apparus en 1986, peu après la première version de Windows. Rien ne vous interdit aujourd'hui de travailler encore de cette manière et certains le font peut-être encore. Le développement se faisait à l'époque exclusivement en C (l'assembleur avait déjà été délaissé pour cette tâche tandis que Visual Basic, C++ et Delphi ne sont apparus que bien plus tard). À cette époque, les programmeurs utilisaient l'environnement DOS pour écrire des applications Windows, l'environnement Windows ne servant qu'à tester puis exécuter ces applications. Il faudra attendre plus de cinq ans pour voir apparaître les premiers outils de développement sous Windows : Visual Basic, Borland C++ version 3 et surtout Delphi (conçu par Anders Hejlsberg) pour les programmeurs en Pascal.

10.1.1 *Logique de programmation inversée entre DOS et Windows*

Écrire un programme Windows est très différent de l'écriture d'un programme DOS. On préfère aujourd'hui parler de mode console avec ses WriteLine et ReadLine. Dans un programme console (il n'est pas question ici des programmes console qui essaient de ressembler de loin à un programme Windows en effectuant des accès directs à la mémoire vidéo), c'est le programme qui dicte la démarche à l'utilisateur. Peut-être les aînés se souviennent-ils de leurs premiers programmes en mode console, avec un menu comme ci-après (considéré comme très convivial il y a vingt ans) :

```
1:Faire ceci    2:Faire cela    3:Quitter
Votre choix ?
```

L'utilisateur n'a d'autre choix que celui qui est proposé.

En revanche, dans un programme Windows, c'est l'utilisateur qui, en cliquant où bon lui semble, s'impose à l'application. Le programme doit être, à tout moment, en mesure de répondre aux sollicitations de l'utilisateur. On peut dès lors presque dire que la logique de programmation est inversée (du même coup, la manière de penser le programme aussi).

10.1.2 *Pas aussi simple que pour le mode console*

Première surprise : ceux qui programment C# pour le mode console savent qu'il suffit de quelques lignes pour écrire un programme dont on peut voir immédiatement le résultat, même si celui-ci se limite à un affichage d'une seule ligne. Quelle surprise dès lors pour ceux qui, il y a une quinzaine d'années, écrivaient leur premier programme Windows en C et à l'aide du SDK (*Software Development Kit*) de Windows : il fallait plusieurs pages de code pour créer une fenêtre vide, que l'on pouvait certes redimensionner ou réduire en icône, mais qui n'affichait même pas un seul message ! Il fallait aussi oublier les fonctions du C que sont printf et scanf (là, peu importe car on n'imagine pas ces fonctions dans un programme professionnel) ainsi que quantité d'autres techniques de programmation qui avaient cours sous DOS (accès direct à la mémoire vidéo, modification du vecteur des interruptions ou pouvoir considérer qu'un programme s'exécute seul, sans la moindre interaction avec les autres). Dans le cas d'un programme Windows, plusieurs pages de code sont en effet nécessaires pour créer une fenêtre vide qui peut tout juste être agrandie, réduite en icône ou déplacée à l'écran. Visual Studio .NET créera automatiquement tout ce code pour nous.

10.1.3 Le point d'entrée d'un programme Windows

Autre surprise, mineure celle-là : une application Windows écrite en C a un point d'entrée (c'est-à-dire une première fonction exécutée), qui s'appelle WinMain et non plus main, comme sous DOS. Pourquoi WinMain et plus main ? Parce que le code d'initialisation du programme (automatiquement injecté dans votre exécutable par l'éditeur de liens) est différent selon qu'il s'agit d'un programme DOS ou d'un programme Windows. Ce code d'initialisation finit par appeler main dans un cas et WinMain dans l'autre (en C#, il est Main dans tous les cas mais ce n'est pas par hasard si vous compilez un programme console avec csc prog.cs et un programme Windows avec csc /target:winexe prog.cs).

10.1.4 L'application minimale en C

Attardons-nous quelque peu sur ce que doit (ou devait, car plus personne ne travaille ainsi, mais les principes sous-jacents demeurent) contenir cette application minimale écrite en C sans le support des classes introduites par la programmation orientée objet. Une application Windows doit (et ce n'est que le tout début de WinMain) :

- remplir une structure WNDCLASS pour définir une « classe » de fenêtre principale (rien à voir avec les classes de la programmation orientée objet, classe signifiant ici « ensemble de caractéristiques »), ce qui consiste à donner quelques caractéristiques très générales de la fenêtre (icône, curseur par défaut, pinceau utilisé pour peindre le fond de la fenêtre, nom de menu) ;

- enregistrer la « classe » de fenêtre, ce qui consiste à faire connaître ces caractéristiques à Windows en appelant la fonction RegisterClass (toujours rien à voir avec la POO ni avec la base de registres) ;

- créer la fenêtre principale en appelant la fonction CreateWindow et en passant dans les onze arguments certaines caractéristiques de la fenêtre principale (libellé de la barre de titre, taille initiale, position initiale, etc.) ;

- écrire la fonction de traitement de messages (nous approfondirons la notion de message et celle de boucle de messages un peu plus loin) ;

- faire apparaître à l'écran la fenêtre principale en appelant ShowWindow ;

- écrire la fonction d'affichage, ce qui implique d'être à tout moment en mesure d'afficher le contenu de la fenêtre, sachant que ce contenu varie durant la vie du programme (du lancement de ce dernier à la fin de son exécution).

Les fonctions RegisterClass et ShowWindow, mais aussi quelques centaines d'autres, font partie des fonctions de base d'accès à Windows. Elles forment ce que l'on appelle l'API Windows (API pour *Application Programming Interface*). Sauf exception (voir la section 10.5), nous ne les utiliserons pas mais sachez que ces fonctions de base peuvent toujours être utilisées dans l'architecture .NET. Nous utiliserons évidemment des classes (au sens de la POO) propres à l'architecture .NET, classes bien plus simples à utiliser.

10.2 La notion de message

Avant de voir la suite de WinMain, intéressons-nous à cette notion de message ainsi qu'à celle de fonction de traitement de messages.

La notion de message est en effet la grande nouveauté introduite par la programmation Windows. Aujourd'hui, on préfère parler d'événement, d'où le terme de « programmation événementielle » (il s'agit d'un mode de programmation où l'on réagit à des événements). Lorsque quelque chose se passe dans une fenêtre (clic de souris, activation de menu, redimensionnement, fermeture etc.), Windows envoie un message à la fenêtre. Il s'agit là d'une image. En termes de programmation, il faut plutôt dire : quand il se passe quelque chose dans une fenêtre, Windows appelle une fonction du programme. Mais les choses ne sont malheureusement pas aussi simples.

En programmation DOS, un programme se contente d'appeler des fonctions du DOS (des services du DOS si vous préférez) en utilisant une technique basée sur l'assembleur (manipulation de registres) et que l'on appelle « interruptions logicielles ». Le programmeur C ne devait pas nécessairement connaître l'assembleur (même si cela était préférable) car ces techniques de très bas niveau pouvaient être cachées dans des fonctions du C. En programmation Windows, les choses sont à la fois plus claires (plus aucune manipulation de registres du microprocesseur) et plus compliquées :

- le programme appelle des fonctions de Windows (pour, par exemple, afficher quelque chose dans la fenêtre), ces fonctions formant ce que l'on appelle l'API Windows ;

- le système d'exploitation Windows appelle une fonction de votre programme (dite de rappel, *callback* en anglais) pour signaler un événement (on dit qu'à cette occasion, Windows envoie un message au programme) ;

- le programme envoie des messages aux différents composants de la fenêtre (boutons de commande, boîtes de liste, etc.) en appelant la fonction SendMessage. Les différents constituants d'un programme s'envoient des messages, comme le font ou devraient le faire tous ceux qui collaborent à n'importe quel projet.

Si le premier point relève également de la programmation traditionnelle en mode console, les deux derniers constituent la nouveauté introduite par la programmation événementielle basée sur les messages. Un programme console écrit en C# pour l'environnement .NET peut néanmoins traiter des événements, bien que cela soit infiniment moins courant qu'en programmation Windows.

Une centaine de messages sont définis. Le programmeur en C doit bien les connaître pour les traiter correctement et en temps opportun (rappelons que le programmeur en C ne recevait aucune aide de son outil de développement). L'API Windows contient plusieurs centaines de fonctions (et même plusieurs milliers si l'on tient compte des extensions multimédias, de téléphonie, etc.). Le nom de ces fonctions évoque certes l'opération effectuée (par exemple SendMessage), mais aucune règle n'a malheureusement présidé ni au choix de ces noms ni à leur rangement dans des catégories de plus en plus spécialisées. Un guru de la programmation Windows se devait évidemment de retrouver instantanément la fonction nécessaire sans consulter le moindre manuel. Les gurus modernes ne sont en fait guère différents : ils se doivent de repérer instantanément la classe nécessaire, parmi les centaines qui sont proposées.

Nous avons vu que pour signaler un événement, Windows appelle une fonction de votre programme. Windows n'appelle cependant pas la fonction de rappel de manière inconsidérée : il faut que le message en cours ait été entièrement traité par le programme pour que Windows envoie le message suivant. Pour cette raison, les messages sont placés par Windows dans une file d'attente, à raison d'une file de messages par programme.

À chaque événement est donc associé un message et donc aussi un appel de fonction bien que dans certains cas, un seul événement (par exemple une frappe de touche) puisse provoquer l'envoi de plusieurs messages). À chaque type de message, Windows attribue un numéro de message. Plutôt que des valeurs, on utilise des mnémoniques qui commencent toujours par WM_ (WM pour *Windows Message*), par exemple WM_LBUTTONDOWN pour le clic (enfoncement du bouton) à l'aide du bouton gauche (*left* en anglais). Chaque message est accompagné d'informations complémentaires sur le message et ces informations dépendent de chaque type de message (par exemple les coordonnées du point de cliquage dans le cas du message WM_LBUTTONDOWN). Ces informations complémentaires (préparées par Windows) sont passées dans les arguments traditionnellement appelés wParam et lParam de la fonction de rappel. Dans le cas d'une architecture 16 bits (jusqu'à Windows 3.1), wParam était codé sur 16 bits et lParam sur 32 bits. Dans le cas d'une architecture 32 bits (depuis Windows 95 et NT), ils sont tous deux codés sur 32 bits.

10.2.1 La boucle de messages

Les choses sont en fait un peu plus compliquées car Windows n'appelle pas directement la fonction de rappel, sauf pour certains messages. WinMain doit en effet contenir les instructions suivantes (après enregistrement de la « classe » et création de la fenêtre principale) :

```
MSG msg;
while (GetMessage(&msg, NULL, 0, 0))
{
 TranslateMessage(&msg);
 DispatchMessage(&msg);
}
```

Sans entrer dans les détails, analysons cette boucle, dite boucle de message. GetMessage se met en attente d'un message et remplit la structure MSG avec des informations sur le message à traiter. GetMessage renvoie une valeur différente de zéro pour tous les messages, sauf pour celui qui met fin à l'application (Windows a, par exemple, détecté un clic sur la case de fermeture ou a détecté la combinaison ALT+F4). La boucle, donc WinMain et par conséquent l'application, se termine lorsque GetMessage renvoie zéro.

Oublions TranslateMessage, qui demande à Windows d'analyser le message et de le décomposer éventuellement en plusieurs messages (peu importe ici une explication plus détaillée car nous n'en ferons aucun usage). DispatchMessage demande à Windows d'envoyer le message à la fonction de rappel de la fenêtre concernée, autrement dit d'appeler la fonction de rappel de la fenêtre concernée par le message (généralement, une seule fenêtre est associée au programme mais plusieurs pourraient l'être associées, c'est d'ailleurs le cas des applications MDI, *Multiple Document Interface*).

Le mécanisme peut paraître compliqué et, à première vue, inefficace mais il faut s'y faire : Windows dépose le message dans une file d'attente propre au programme. Du code que le programmeur a dû insérer dans WinMain met le programme en attente de message. Lorsqu'un message est disponible, ce code dans WinMain analyse brièvement le message pour déterminer s'il s'agit du message de fin d'application. Dans tous les autres cas, ce code dans WinMain renvoie le message à Windows, demandant à ce dernier d'envoyer le message en question à la fenêtre concernée. Dès réception de cette demande, Windows appelle la fonction de rappel de la fenêtre concernée par le message. Il s'agit là d'une règle importante en programmation Windows : un programme n'appelle jamais directement une fonction de rappel de son programme, il demande toujours à Windows de le faire à sa place. Sans doute les choses se passent-elles ainsi dans des entreprises aussi formelles que compartimentées : un huissier (Windows) amène des demandes de travail à un responsable (la boucle de messages dans la fonction WinMain de votre programme), ce dernier les analyse de manière très superficielle et donne l'ordre à l'huissier d'acheminer chaque requête auprès de la personne concernée (la fonction de traitement de messages de la fenêtre).

Tout cela peut effectivement paraître bien compliqué et vous imaginez à juste titre que la programmation Windows à l'aide des outils de base a de quoi décourager plus d'un programmeur. Heureusement, toutes ces instructions étaient en général recopiées telles quelles d'un programme à l'autre, au point que le programmeur en oubliait souvent la signification, voire l'existence. Mais n'oubliez pas : Windows, dans son fonctionnement interne, n'a pas changé.

10.2.2 La fonction de traitement de messages

Mais la difficulté n'est pas là, on finit effectivement par s'accommoder des tâches répétitives et des copies à la virgule près. La difficulté réside dans la fonction de rappel, qui est un monstre du genre (un minuscule fragment particulièrement simplifié est montré ici) :

```
long FAR PASCAL WndProc(HWND, unsigned iMessage,
                        WORD wParam, LONG lParam)
{
 switch (iMessage)
 {
  case WM_xyz :
    switch (wParam)
    {
     case .... :
       switch (EtatProgramme)
       {
        case ... : .....
```

Windows appelle cette fonction WndProc pour chaque message destiné à la fenêtre. Avant d'appeler WndProc, oublions FAR et PASCAL qui sont des informations pour le compilateur. Windows a initialisé iMessage avec le numéro du message ainsi que wParam et lParam avec des informations complémentaires sur le message (ces informations complémentaires dépendant de chaque message). Le programmeur Windows de l'époque (car c'est devenu aujourd'hui infiniment plus simple) devait détecter le type de message, d'où l'aiguillage sur iMessage, et réagir à chaque message en fonction du contexte (la réponse à un clic, par exemple, dépend du point de cliquage et de l'état du programme).

Le fragment de programme précédent n'est encore qu'une grossière simplification car :

- il y a près d'une centaine de messages à traiter ;

- la signification d'un message (donc le code de traitement) dépend aussi des valeurs contenues dans wParam et lParam ;

- l'ordre d'arrivée des messages peut être important ;

- la signification d'un message dépend souvent du contexte dans lequel se trouve l'application (il faut réagir différemment à un clic en fonction des circonstances) ;

- les messages relatifs au menu et à tous les composants de la fenêtre (boutons, boîtes de liste, etc.) sont reçus par la fonction de rappel de la fenêtre mère.

Même un programmeur soucieux de la qualité de son code se retrouvait généralement avec une fonction de rappel s'étalant sur plusieurs pages de listing et comprenant un grand nombre de switch imbriqués.

C# et les classes de l'environnement .NET vont nous faire oublier tout cela en associant une fonction distincte à chaque événement de chaque composant, et en automatisant au maximum les tâches.

10.3 Créer les contrôles Windows

Une fenêtre ne présente évidemment guère d'intérêt si elle reste vide. En général, elle contient des boutons de commande, des cases à cocher, des boîtes de liste, etc. Tous ces composants sont appelés « contrôles ».

Pour créer un « contrôle », par exemple un bouton de commande, il faut (toujours avec les méthodes ancestrales) traiter le message WM_CREATE adressé à la fenêtre. C'est en envoyant ce message que Windows signale à la fenêtre qu'elle doit s'initialiser (autrement dit : créer ses composants). Pour créer le bouton, le programme appelle la fonction CreateWindow de l'API Windows (un bouton n'est en effet rien d'autre qu'une fenêtre particulière) sans se tromper dans les onze arguments de la fonction. Souvent, un seul argument erroné suffit à provoquer le « plantage » du programme. Rien ne doit en effet être négligé dans les informations à connaître et rien ou presque n'est effectué par défaut (il est toujours question ici des techniques ancestrales). Rien non plus évidemment de visuel ou d'intuitif avec ces techniques.

Pour agir sur un composant (par exemple pour modifier le libellé d'un bouton de commande), il faut connaître le message à envoyer à ce composant ainsi que les informations complémentaires à ce message. Connaître tout cela demandait un investissement considérable.

C# et l'environnement .NET vont rendre les choses à la fois bien plus conviviales et aisées. Mais il reste cependant utile de comprendre, au moins dans les grandes lignes, les principes de base de la programmation Windows sans l'aide des outils modernes.

Mais nous n'avons encore rien dit de deux pierres d'achoppement du programmeur Windows : les contextes de périphérique et le message WM_PAINT. Ici encore, vous ne pouvez pas comprendre la programmation Windows de niveau professionnel, même en C#, si vous n'avez pas assimilé ces notions dont l'origine remonte à la nuit des temps de la programmation Windows. Nous n'échapperons d'ailleurs pas aux contextes de périphérique et au message WM_PAINT, même avec C# et l'environnement .NET.

10.3.1 Les contextes de périphérique

printf (pour le C/C++), cout (pour le C++), WriteLine (pour le C#) ainsi que les techniques d'accès direct à la mémoire vidéo n'ont plus cours sous Windows : les programmes doivent coopérer de manière harmonieuse et non plus se comporter comme s'ils étaient seuls en mémoire (sans oublier qu'à tout moment, une fenêtre peut être déplacée à l'écran). Pour afficher sous Windows, il faut :

- acquérir ce que l'on appelle un contexte de périphérique par GetDC et l'initialiser ;
- effectuer l'affichage en utilisant la fonction TextOut ou l'une des nombreuses fonctions de dessin, et en passant ce contexte de périphérique en argument ;
- libérer aussitôt le contexte de périphérique par ReleaseDC.

Le contexte de périphérique peut être assimilé à une trousse à outils qui contient ou peut recevoir tout ce qui est nécessaire à un affichage sous Windows : stylos de couleurs, pinceaux, polices de caractères, etc. Dans une entreprise, un ouvrier qui doit effectuer une tâche emprunte une boîte à outils auprès du magasinier, effectue le travail et puis rend la boîte au magasinier. Un programme Windows se comporte de la même manière.

Notre tâche sera simplifiée grâce à l'infrastructure .NET mise à notre disposition mais les fonctions de .NET effectuent le travail que nous venons de décrire. Il nous faudra réclamer un objet graphique (ou utiliser celui qui est mis à notre disposition dans certaines circonstances) mais les principes restent les mêmes.

10.3.2 La persistance des affichages et le message WM_PAINT

LE (en majuscules, tant il est important) problème posé par Windows est le suivant : les affichages ne sont pas persistants. Expliquons-nous sur cette notion de persistance. Si, pour une raison ou l'autre dont vous n'êtes même pas responsable, votre fenêtre est totalement ou partiellement détruite (toujours parce qu'une autre fenêtre s'est superposée à la vôtre), Windows ne rétablit pas automatiquement votre fenêtre. Windows se contente de vous avertir (par le message WM_PAINT) que votre fenêtre vient d'être détruite et vous invite à la rétablir. Windows vous indique tout juste le rectangle à réafficher (appelé « rectangle invalide »). Il appartient au programmeur de savoir à tout moment ce que contient la partie de fenêtre en question. En général, un programme se contente de savoir à tout moment ce que contient la fenêtre dans son ensemble. Quand il reçoit le message WM_PAINT, le programme demande le réaffichage du contenu de toute la fenêtre. Mais il ajoute à sa demande (peu importent ici les modalités) : « ne réaffichez rien en dehors du rectangle invalide », ce que Windows est capable de faire et ce qui améliore les performances.

Heureusement, le réaffichage de ce que l'on appelle les « contrôles Windows » (boutons de commande, boîtes de liste, zones d'affichage et d'édition, etc.) est automatique (parce que ceux, chez Microsoft, qui ont écrit le code de ces contrôles, ont tenu compte de ce qui vient d'être dit et traitent le message WM_PAINT adressé au contrôle). Ce n'est cependant pas le cas pour des images qui seraient affichées dans une fenêtre ou du texte affiché avec TextOut (fonction de l'API Windows ou une fonction similaire de .NET comme DrawString) si le programmeur ne tient pas compte du message WM_PAINT.

Écrire un programme en C à l'aide des techniques ancestrales demandait donc à la fois une connaissance approfondie des mécanismes de Windows et beaucoup de code, parfois très obscur (ce dont certains programmeurs retiraient une immense fierté) et répétitif. Une exception : les menus sont déclarés en clair dans un fichier de texte d'extension RC (comparée avec ce qui se fait aujourd'hui à l'aide de Visual Studio, cette notion de clarté est toute relative). Ce fichier, appelé « fichier de ressources », contient aussi la description des images utilisées dans le programme (sans oublier que Windows de l'époque ne connaît « naturellement » que le format BMP fort gourmand en espace mémoire et disque). Ce fichier de ressources devait être compilé par le compilateur de ressources (indépendamment du programme C) et ensuite greffé dans l'exécutable par l'éditeur de liens.

1992 allait sonner le glas de la programmation Windows en C...

10.4 Les frameworks OWL et MFC

En 1992, Borland introduisait une bibliothèque de classes (en C++ donc) appelée OWL (pour *Object Windows Library*). L'année suivante, Microsoft (constatant que les techniques objet séduisaient effectivement les programmeurs) introduisait une bibliothèque de classes semblable mais non compatible appelée MFC (pour *Microsoft Foundation Classes*).

Ces bibliothèques de classes incorporent toute une série de classes qui encapsulent le comportement de divers composants de Windows : l'application, la fenêtre, les boutons de commande, les boîtes de liste, etc. Par exemple la classe CButton pour les boutons de commande et la classe CListBox pour les boîtes de liste. Ces deux classes font partie de la librairie de classes qu'est MFC (utilisée depuis quelques années exclusivement par les programmeurs en Visual C++). Sous OWL, ces classes s'appelaient respectivement TButton et `TListBox`. `MFC` n'est pas compatible avec l'architecture .NET et ne bénéficie pas de ses avantages ni lors du développement ni lors de l'exécution (notamment la nette simplification de la programmation Windows et l'indépendance vis-à-vis des langages). Incidemment, notons que les classes correspondantes de l'architecture .NET s'appellent `Button` et `ListBox`.

Grâce à `MFC` et `OWL`, la programmation Windows se simplifie, sans pour autant devenir intuitive : il suffit généralement de déclarer un objet (par exemple un objet `Application` correspondant à l'objet « application ») pour que le constructeur exécute automatiquement toute une série d'instructions qu'il fallait autrefois coder de manière aussi systématique que répétitive et mystérieuse. De même, toute la mécanique particulièrement complexe de transmission de messages (la boucle `while` `GetMessage`) est incorporée dans la seule méthode `Run` de la classe `Application` (cette fonction `Run` devient certes encore plus mystérieuse mais la boucle de messages est encore bien là, même si Visual Studio .Net génère tout cela automatiquement pour nous).

La fonction de traitement de messages (cauchemar des programmeurs, une sorte d'indescriptible sac à `switch`) se simplifie par la même occasion : le programmeur peut spécifier que tel message est traité par telle fonction, le code généré à votre insu (c'est-à-dire du code que vous n'avez pas dû écrire) se chargeant du routage. Il faut certes (avec `MFC` et `OWL`) encore connaître le format exact de chaque fonction de traitement, mais ceux qui venaient de la programmation Windows en C appréciaient trop l'amélioration pour se plaindre de ce détail.

Pour créer un composant (ici un bouton de commande), on écrit, généralement dans le constructeur de la fenêtre (syntaxe `MFC`) :

```
CButton *B1;
.....
B1 = new CButton(.....
```

Les arguments du constructeur de `CButton` (dans le cas de `MFC`) permettent de spécifier la fenêtre dont fait partie le bouton (ce que l'on appelle la « fenêtre mère » du bouton), son identificateur (un numéro par lequel Windows identifie le bouton), sa taille et ses coordonnées dans la fenêtre. Si l'on s'aperçoit à l'exécution (et à l'exécution uniquement) que le bouton est mal placé ou n'a pas la bonne taille, on modifie le source de l'application et on recompile le tout... Généralement, les composants sont bien agencés au bout de quelques compilations. Avec `MFC` sont certes apparus quelques outils mais bien trop rudimentaires pour soutenir quelque comparaison avec Visual Studio .NET.

Le programmeur « à l'ancienne » en C ou même celui qui utilise les classes MFC (encore aujourd'hui) est loin d'être au bout de ses peines...

Pour agir sur un composant (par exemple simplement pour spécifier une couleur de fond et une couleur d'avant-plan pour une zone d'affichage), il faut connaître les méthodes de la classe qui agissent sur la zone d'affichage. On trouve ces méthodes en passant en revue les méthodes publiques de la classe du composant ou de l'une de ses classes de base. Pour afficher du texte en couleurs avec `MFC` (ce n'est quand même pas demander le monde que de réclamer cela...), le programmeur `MFC` doit créer une classe dérivée de `CStatic` (en beaucoup plus rustique l'équivalent de `Label` pour .NET car `CStatic` ne connaît que le blanc et le noir ainsi que la seule police par défaut), traiter plusieurs messages qui ne sont pas des plus évidents à traiter, bref écrire toute une page de code. Écrire dans une autre police ou avec des caractères plus grands relève de la même performance. Il n'y a évidemment rien d'intuitif dans le développement basé sur `MFC`, pour la plus grande fierté, aujourd'hui encore, de certains programmeurs.

C# et Visual Studio .NET vont heureusement nous donner les avantages d'un environnement convivial, au-delà de ce qu'apprécient déjà les programmeurs en Visual Basic ou Delphi. Quelques clics particulièrement intuitifs suffisent pour réaliser ce qui demande une connaissance approfondie des mécanismes internes, des pages de programmation et des heures de mise au point à un programmeur `MFC` expérimenté.

Les programmeurs veulent toujours plus de facilités et d'interactivité. Tous les programmeurs ? Non, car il y aura toujours des programmeurs adeptes du « tu programmeras dans la douleur » et des chefs de projet qui trouvent des vertus à ce genre de programmation à la dure. Ce sont les mêmes qui prétendaient que tout bon programmeur devait connaître (par cœur, s'il vous plaît) les mille et une options du compilateur en mode ligne de commande. Ce sont les mêmes, mais pas tous, qui n'ont embrayé que tardivement sur les classes et la programmation orientée objet. Ce sont les mêmes qui mettront sans doute quelque temps à passer à l'architecture .NET : allier simplicité et efficacité ne présage, pour eux, rien de bon.

10.5 Interopérabilité COM/DLL

L'architecture .NET présente de nombreux et incontestables avantages, mais elle se démarque aussi des technologies logicielles existantes, auparavant en vigueur chez Microsoft. Le passage à .NET est certes inéluctable (pour preuve : plus aucune communication en dehors de .NET chez Microsoft) mais les équipes informatiques ne peuvent se payer le luxe de faire table rase de l'existant et de réécrire programmes, composants et fonctions prêtes à l'emploi.

Heureusement, .NET peut exécuter du code de fonctions en DLL (*Dynamic Link Library*) mais peut aussi utiliser avec une facilité déconcertante des composants COM (*Component Object Model*), composants également appelés ActiveX. Enfin, des composants .NET peuvent être transformés en ActiveX de manière à être utilisés, par exemple, dans Visual Basic version 6.

10.5.1 Appeler des fonctions de l'API Windows

.NET peut donc exécuter des fonctions (généralement écrites en C) dont le code se trouve dans des librairies appelées DLL. Lors d'un tel appel, .NET doit temporairement quitter ce que l'on appelle le mode géré (où les programmes s'exécutent sous contrôle strict du CLR) pour passer en mode non géré (*unmanaged mode*). Un des principaux avantages de l'interopérabilité .NET/DLL dont il est question ici est de pouvoir exécuter des fonctions de l'API Windows (il s'agit des fonctions de base qui existent depuis de nombreuses années) mais aussi de vos propres DLL.

Dans certains cas (généralement pour appeler une fonction de l'API Windows dont on n'aurait pas retrouvé d'équivalent dans l'architecture .NET, nous en avons rencontré quelques exemples dans cet ouvrage), on souhaite en effet appeler des fonctions de l'API Windows. Cela est possible à condition :

• de désigner la DLL dans laquelle figure la fonction (généralement User32.dll mais aussi Gdi32.dll et kernel32.dll dans le cas de fonctions de l'API Windows et winmm.dll pour les extensions multimédias) ;

• de spécifier la signature de cette fonction.

Par exemple, dans le cas de la fonction MessageBox de l'API Windows qui affiche une boîte de message (sans oublier que MessageBox.Show de l'architecture .NET, voir la section 19.1, ferait au moins tout aussi bien l'affaire, et qu'il n'y a donc pas de raison autre que pédagogique pour utiliser MessageBox de l'API Windows) :

```
using System.Runtime.InteropServices;
.....
public class Form1 : Form
{
[DllImport("user32.dll")]
  public static extern
  int MessageBox(int hWnd, string Message, string Titre, uint Type);
```

Dans la signature, il est obligatoire de donner un nom aux arguments.

Il suffit maintenant d'appeler MessageBox comme on le ferait dans un programme Windows « à l'ancienne » :

```
int n = MessageBox(0, "Message", "Dans barre de titre", 1);
```

La boîte de message affiche un ou deux boutons en fonction du contenu du dernier argument :

• un bouton OK s'il vaut zéro ;

• un bouton OK et un bouton Annuler s'il vaut 1 (MessageBox renvoie alors 1 si l'utilisateur a cliqué sur OK, et 2 s'il a cliqué sur Annuler ou pressé la touche ECHAP).

Incidemment, signalons que le premier argument de MessageBox désigne ce que l'on appelle (dans le jargon de la programmation Windows à l'ancienne) un *handle*. Il s'agit d'un numéro que Windows attribue à une fenêtre, sans oublier qu'un composant, comme un bouton, n'est rien d'autre qu'une fenêtre d'un genre particulier. Dans le cas de MessageBox, ce *handle* désigne la fenêtre dans laquelle doit s'afficher la boîte de message. Une valeur nulle en premier argument de MessageBox signifie que la boîte de message a le bureau comme fenêtre mère. On pourrait trouver en premier argument (pour que la boîte de message ait la fenêtre courante comme fenêtre mère) :

```
(int)Handle
```

Handle est une propriété d'un grand nombre de classes (Form, Control, etc.) qui donne le *handle* de l'objet (fenêtre, bouton, etc.). Le transtypage est nécessaire car le *handle* est un entier codé sur 16 bits alors qu'il est défini comme une sorte de pointeur. En C#, Handle est de type IntPtr.

Dans l'exemple que nous venons d'envisager, notre fonction en C# portait le même nom que celle de l'API Windows. Cela paraît logique mais ce n'est pourtant pas obligatoire. Le nom de la fonction, tel que connu du programme C# (f dans l'exemple ci-dessous) peut être différent du nom de la fonction dans la DLL (ici g). Généralement, on complique inutilement les choses en agissant ainsi, mais cela peut néanmoins se révéler utile dans le cas où une fonction du programme C# porte déjà le nom de la fonction en DLL. La correspondance entre f et g est établie par l'attribut EntryPoint :

```
public class Form1 : Form
{
 [DllImport("user32.dll", EntryPoint="g")]
 public static extern int f(int n);
```

Rien n'empêche d'importer plusieurs fonctions. La directive DllImport doit précéder chaque signature de la fonction en DLL.

La fonction MessageBeep de l'API Windows qui émet un signal sonore, est plus utile que MessageBox (dont l'équivalent .NET est en effet plus simple), mais .NET version 2 a introduit la méthode Console.Beep (voir la section 1.11) qui, même dans un programme Windows, génère un bip sonore. Montrons néanmoins comment utiliser la fonction MessageBeep de l'API Windows :

```
public class Form1 : Form
{
 [DllImport("User32.dll")]
 public static extern int MessageBeep(int n);
 .....
 MessageBeep(-1);
```

Vous pouvez même produire d'autres sons à condition de modifier l'entrée Sons et multimédia du panneau de configuration :

• reprogrammez l'entrée Astérisque et passez la valeur 64 en argument de MessageBeep ;

• reprogrammez l'entrée Exclamation et passer la valeur 48 en argument de MessageBeep.

La fonction sndPlaySound est également utile. Elle permet de jouer un fichier son au format wav (soyez néanmoins attentif à la taille de ces fichiers) :

```
public class Form1 : Form
{
 [DllImport("winmm.dll")]
 public static extern bool sndPlaySound(string nom, int n);
 .....
 sndPlaySound("Rires.wav", 0);
```

Avec 0 en second argument, la fonction sndPlaySound est bloquante : rien d'autre ne se passe tant que le fichier son est en train d'être joué. On dit que la fonction s'exécute alors de manière synchrone. Avec 1 en second argument, la fonction est exécutée de manière asynchrone : le son démarre (et peut être aussi long que nécessaire) mais le programme poursuit aussitôt son exécution. L'utilisateur n'a pas le sentiment de subir un blocage du système, ce qui est toujours très perturbant, sauf quand le son est de très courte durée. Avec 8 en second argument, le morceau de musique est répété jusqu'à exécution d'un autre sndPlaySound (null en premier argument pour arrêter le son).

Dans les exemples précédents, nous avons spécifié string là où les signatures des fonctions de l'API Windows mentionnent char * ou LPSTR. .NET effectue automatiquement de telles conversions. Les types BSTR (chaînes de caractères sous VB6) et LPWSTR (chaînes codées Unicode) sont également converties en string. Le type CURRENCY est converti en decimal, DATE en un objet DateTime, et les variants (type passe-partout de VB) en object.

Si les pointeurs sont traduits en type ref (cas des pointeurs sur entiers), les pointeurs sur caractères (ce que l'on appelle communément, mais à tort, des pointeurs sur chaînes de caractères) sont traduits en StringBuilder. Ainsi (LPTSTR désignant un pointeur sur une chaîne de caractères et LPDWORD un pointeur sur un entier codé sur 32 bits) :

```
BOOL xyz(LPTSTR lpBuffer, LPDWORD nSize);
```

est traduit par :

```
public static extern bool xyz(StringBuilder sb, ref int nSize);
```

Ceux qui ont pratiqué la programmation Windows en C savent qu'il existe plusieurs techniques (au niveau du code généré, c'est-à-dire du langage machine) de passage d'arguments. Les différences portent sur l'ordre de dépôt des arguments sur la pile (du premier au dernier ou du dernier au premier) ainsi que sur le fait de savoir à qui incombe la responsabilité de nettoyer la pile au moment de quitter la fonction (la fonction appelée ou la fonction appelante).

.NET permet de s'adapter à cette diversité de techniques :

```
[DllImport("xyz.dll", CallingConvention=.....)]
```

où « ..... » est à remplacer par l'une des valeurs de l'énumération CallingConvention : Cdecl, FastCall, StdCall (option par défaut en programmation Windows, option appelée Pascal dans un premier temps et renommée ensuite StdCall, allez deviner pourquoi) ou Winapi.

Il est également possible de spécifier le jeu de caractères utilisé par la fonction :

```
[DllImport("xyz.dll", CharSet=.....)]
```

où « ..... » est à remplacer par Ansi, None ou Unicode.

Certains langages (par exemple le C#) font une distinction entre majuscules et minuscules alors que d'autres (par exemple Visual Basic) n'en font pas. Vous pouvez aussi le spécifier :

```
[DllImport("xyz.dll", ExactSpelling=.....)]
```

où « ..... » est à remplacer par true ou false (option par défaut).

Si la fonction en DLL utilise des structures dans ses passages d'argument, vous pouvez les spécifier de deux manières. Une structure peut être qualifiée de Sequential (contenu dans l'ordre de description des champs) ou de Explicit (on donne alors la position précise des champs).

Pour illustrer cette utilisation de structures de l'API Windows (à ne pas confondre, même si le résultat est le même, avec les structures Point et Rectangle de .NET), considérons les structures POINT (avec ses deux champs x et y) et RECT (avec ses quatre champs left, top, right et bottom) définies dans l'API Windows. Pour POINT, nous utiliserons la première technique et pour RECT la seconde qui donne plus de contrôle encore :

```
using System.Runtime.InteropServices;
.....
[StructLayout(LayoutKind.Sequential)]
public struct POINT
{
 public int x;
 public int y;
}
[StructLayout(LayoutKind.Explicit)]
public struct RECT
{
 [FieldOffset(0)]  public int left;
 [FieldOffset(4)]  public int top;
 [FieldOffset(8)]  public int right;
 [FieldOffset(12)] public int bottom;
}
.....
public class Form1 : Form
{
 [DllImport("User32.dll")]

 public static extern bool PtInRect(ref RECT r, POINT p);
```

Certaines structures utilisées en programmation Windows de base font référence à des champs de taille fixe (c'est le cas, par exemple, du champ lfFaceName dans la structure LOGFONT qui comprend en dernière position une chaîne de caractères de 32 octets). Sa représentation C# est :

```
[StructLayout(LayoutKind.Sequential)]
public class LOGFONT
{
 public const int LF_FACESIZE=32;
 public int lfHeight;
 .....                        // autres champs de la structure
 public byte lfPitchAndFamily;   // avant-dernier champ
 [MarshalAs(UnmanagedType.ByValTStr, SizeConst=LF_FACESIZE)]
 public string
}
```

Dans un exemple précédent (`MessageBox`), nous avons bénéficié du fait que des types connus de l'API Windows (`char *`, `LPSTR`, etc.) étaient automatiquement convertis en `string` (type .NET). Il est possible, dans la signature, de spécifier le véritable type d'origine (type réellement spécifié dans la fonction en DLL) et d'aider ainsi, si nécessaire, .NET dans l'opération de conversion.

Pour spécifier explicitement le véritable type dans la fonction en DLL, on peut faire précéder l'argument de type `string` de :

```
[MarshalAs(UnmanagedType.xyz)]
```

où *xyz* doit être remplacé par l'une des valeurs suivantes : `BStr` (chaînes au format COM, c'est-à-dire Unicode), `LPStr` (chaîne formée de caractères Ansi et terminée par un zéro de fin de chaîne), `LPTStr`, `LPWStr` (Unicode) ou `ByValTStr` (chaîne de longueur fixe).

Par exemple :

```
[DllImport("user32.dll")]
public static extern
 int MessageBox(IntPtr hWnd,
                [MarshalAs(UnmanagedType.LPStr)] string Message,
                [MarshalAs(UnmanagedType.LPStr)] string Titre,
                uint Type);
```

Le site `http://pinvoke.net` donne les signatures C# de toutes les fonctions et structures de base de Windows. Tous ces exemples devraient vous permettre de vous en sortir, même dans les cas les plus épineux.

10.5.2 Composants COM

Il y a quelques années, Microsoft a introduit et recommandé les composants COM, bâtis sur la technologie du même nom. Ces composants, également appelés ActiveX, se veulent officiellement indépendants des langages, même si les programmeurs C++ doivent bien trop souvent effectuer des contorsions pour s'adapter aux types de Visual Basic (les types des différents langages d'avant .NET sont particulièrement incompatibles). Toute une industrie florissante de composants COM s'est développée. Ces composants prêts à l'emploi doivent être installés dans la base de registres. À un composant COM est associé (dans un fichier séparé) une librairie de types. Celle-ci, un peu à l'instar des métadonnées incorporées dans un exécutable ou une DLL .NET, contient la définition des interfaces publiées par le composant (l'interface mentionne les fonctions et propriétés susceptibles d'être utilisées par le programme client).

Même si ces composants COM seront, selon toute vraisemblance, progressivement abandonnés au profit de composants .NET, ils existent et présentent donc encore beaucoup d'intérêt pour les programmeurs .NET.

Ces composants COM, qu'ils aient une interface visuelle ou non, peuvent être utilisés dans Visual Studio .NET aussi aisément que dans les versions antérieures de Visual Basic. Pour ceux qui viennent du monde C++, c'est même devenu le paradis.

11

Les fenêtres

Dans ce chapitre, nous allons :

- créer une première application Windows, avec Visual Studio ;
- étudier les propriétés générales des fenêtres ainsi que les événements dans le cadre de Windows.

11.1 Créer une application Windows

11.1.1 La fenêtre

Les fenêtres (*windows* en anglais) jouent un rôle fondamental dans l'environnement Windows mais aussi dans n'importe quel environnement graphique. Au lieu de fenêtres, on parle aussi de formulaires, de formes ou encore de fiches (*forms* en anglais).

Pour l'utilisateur, une application se résume même souvent à une voire plusieurs fenêtres : une fenêtre connue généralement sous le nom de fenêtre principale de l'application ainsi que, éventuellement, une ou plusieurs fenêtres secondaires connues, selon le cas, sous les noms de fenêtres filles, de boîtes de dialogue ou encore de fenêtres enfants (dans le cas de fenêtres MDI, *Multiple Document Interface*, il s'agit de ces fenêtres limitées à leur fenêtres mères et qui peuvent être réarrangées en mosaïque ou en cascade, voir la section 19.6).

Pour le programmeur, une application minimale consiste en :

- un objet « application » (qui n'a aucune matérialisation à l'écran et qui est automatiquement créé) contenant les fonctions de base (communes à tous les programmes) nécessaires au démarrage et au contrôle de l'application jusqu'à sa phase terminale (par exemple reconnaître la fin de l'application sur fermeture de la fenêtre principale) ;

- au moins un objet « fenêtre ».

Si l'objet application est relativement ignoré du programmeur (sauf pour imposer une culture ou appeler DoEvents en cas de traitements de longue durée), ce n'est pas le cas pour l'objet fenêtre. C'est en effet dans celui-ci que l'on insère toute une série de composants (boutons, boîtes de liste, etc.) qui sont eux-mêmes des fenêtres mais d'un genre très particulier (pour Windows, tout ou presque est une fenêtre).

Pour créer une application Windows à l'aide de Visual Studio ou de Visual C# Express (sauf exception, chaque fois que nous parlerons de Visual Studio, cela comprendra Visual C# Express), on procède comme pour une application en mode console : Fichier → Nouveau → Projet, mais on sélectionne évidemment Application Windows :

Figure 11-1

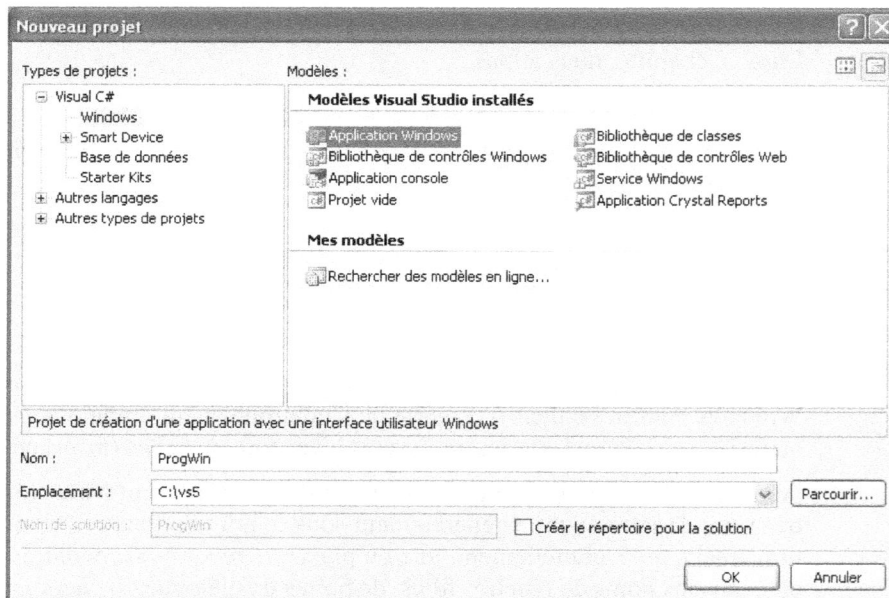

N'oubliez pas de remplir la zone d'édition Nom (avec le nom donné au projet, généralement celui que l'on donne tant à l'application qu'au programme EXE).

Avec Visual C# Express, le répertoire dans lequel est créé le projet est spécifié lors de la première sauvegarde (par Fichier → Enregistrer tout). Spécifiez ce répertoire dans Emplacement. Au besoin, créez ce répertoire (il conviendra souvent pour les différents projets que l'on créera).

Si vous créez des applications complexes, constituées de plusieurs programmes et/ou librairies interagissant entre eux (tout cela étant regroupé dans ce que l'on appelle une « solution »), créez un répertoire pour la solution en cochant la case correspondante. Le répertoire de la solution comprendra alors un projet par sous-répertoire. Créer une solution n'est pas du tout nécessaire pour le moment, le projet suffit.

Avec les autres versions de Visual C#, l'emplacement du projet est spécifié lors de sa création.

Par défaut, la première application créée a WindowsApplication1 comme nom de projet, WindowsApplication2 pour la suivante et ainsi de suite. Des noms de projet plus appropriés s'imposent donc. Si R est le nom du répertoire (zone d'édition Emplacement) et A le nom de l'application, le sous-répertoire A est créé dans R.

Un squelette de programme est automatiquement créé après validation par OK : fichiers Program.cs, Form1.Designer.cs maintenus par Visual Studio ainsi que le fichier Form1.cs que vous compléterez en traitant des événements.

Visual Studio attend que vous personnalisiez la fenêtre Form1 (figure 11-2) qui préfigure la fenêtre principale de votre application :

Figure 11-2

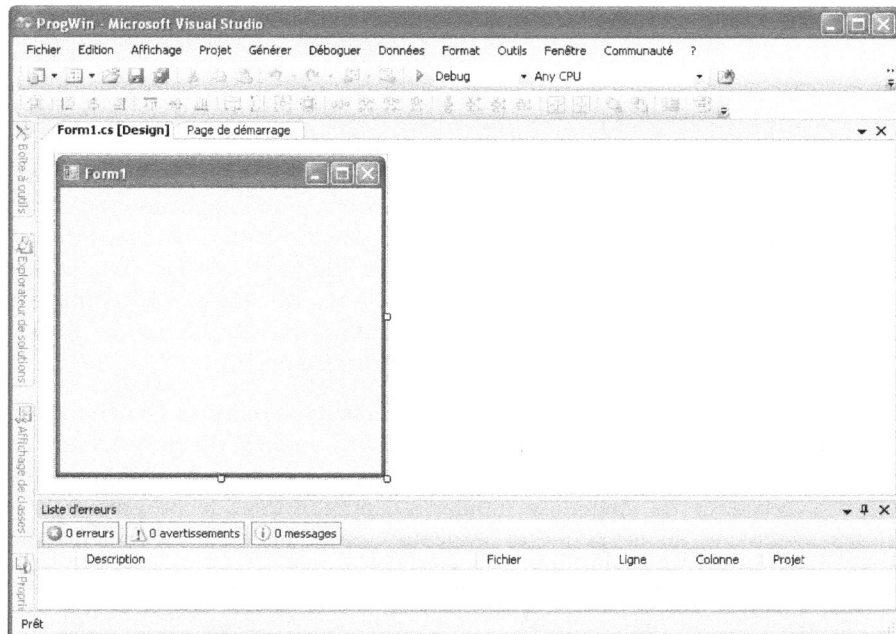

Au besoin, modifiez, réarrangez et simplifiez les différentes fenêtres de Visual Studio. La procédure a été expliquée au chapitre 7.

11.1.2 Modifier les noms choisis par défaut

À ce stade mais aussi ultérieurement, vous pourriez modifier :

- le nom de la solution (une solution peut regrouper plusieurs projets, ce qui peut présenter de l'intérêt lors de la mise en œuvre d'une application composée de DLL qu'il faut également mettre au point) : Explorateur de solutions → clic droit sur le nom de la solution (premier libellé de l'arbre) → Renommer ;

- le nom du projet : même chose sur le nom du projet (libellé sous le nom de la solution) ;

- le nom repris pour l'espace de noms : fenêtre Explorateur de solutions → Propriétés → Application et modifier Espace de noms par défaut.

Les informations concernant la solution (ensemble des projets) sont reprises dans un fichier d'extension .sln tandis que celles concernant le projet sont reprises dans un fichier d'extension .csproj. Ces deux fichiers sont des fichiers de texte au format XML. Pour ouvrir l'application avec Visual Studio, vous pouvez sélectionner aussi bien l'un que l'autre. Si la solution, comme c'est souvent le cas, est formée d'un seul projet, vous pouvez effacer le fichier sln mais pas le fichier csproj.

11.1.3 Des options qu'il est souhaitable de modifier

La première manipulation est surtout intéressante quand on manipule des fichiers, mais voyons-la d'abord.

Pour faire générer le fichier exécutable du programme dans le répertoire du projet (où se trouvent généralement les fichiers de données de l'application) et non dans le sous-répertoire bin\debug comme c'est le cas par défaut : Explorateur de solutions → clic droit sur le nom du projet (deuxième libellé de l'arbre) → Propriétés → Générer → Chemin de sortie et effacer la zone d'édition Chemin de sortie. Cette simple manipulation peut simplifier les choses lorsque l'application doit accéder à des fichiers ou une base de données qui se trouvent dans le répertoire du projet.

Pour modifier des options d'environnement (notamment de l'éditeur) : Outils → Options. Les options ainsi modifiées le sont pour l'application en cours de développement, mais aussi pour toutes celles qui seront créées par la suite. Modifiez notamment le nombre de caractères de tabulation (pour l'indentation dans le programme : quatre espaces par défaut, ce qui est peut-être beaucoup), éventuellement les couleurs, etc.

Pour le moment, la classe de la fenêtre principale s'appelle Form1 (pour la classe de la deuxième fenêtre qui sera éventuellement créée dans l'application, ce sera Form2 et ainsi de suite). Pour clarifier le code, certains trouvent souhaitable de modifier Form1 pour l'appeler par exemple FP (FP pour Fenêtre Principale). D'autres (ce que nous ferons dans la suite de l'ouvrage) préfèrent laisser Form1 sachant que Form1 désigne toujours la classe de la fenêtre principale. Pour changer le nom de la classe de la fenêtre principale :

- menu Affichage → Affichage de classes ou combinaison CTRL + MAJ + C ;

- faites apparaître Form1 (dans l'arbre, sous le projet) → clic droit → Renommer et modifiez Form1 en FP dans la zone d'édition Nouveau Nom. Visual Studio modifie alors toutes les occurrences de Form1 en FP.

Même si vous avez opté pour FP, le fichier source de l'application s'appelle encore Form1.cs. Pour le renommer en FP.cs : Explorateur de solutions → clic droit sur Form1.cs → Renommer et renommez Form1.cs en FP.cs.

11.1.4 Le squelette de programme généré par Visual Studio

À ce stade, il est bon de jeter un coup d'œil au code du squelette de programme. Au fur et à mesure de l'avancement du projet (par insertion de composants dans la fenêtre de développement et traitement d'événements), le fichier Form1.Designer.cs (nom par défaut) est automatiquement modifié par Visual Studio. Mais nous gardons la maîtrise de ce code.

Le projet créé par Visual Studio fait automatiquement référence (voir Références dans l'explorateur de solutions) aux librairies généralement utilisées par tout programme Windows : System, System.Data, System.Deployment, System.Drawing, System.Windows.Forms et System.XML. Les using correspondants sont générés par Visual Studio dans Form1.cs (fichier que vous allez compléter en traitant des événements).

Un premier fichier source a été créé : Program.cs, que l'on ne modifie que dans des cas exceptionnels. On y trouve notamment la fonction Main qui est le point d'entrée de tout programme, y compris des programmes Windows :

Code automatiquement généré dans le fichier Program.cs

```csharp
using System;
using System.Collections.Generic;
using System.Windows.Forms;
namespace ProgWin
{
 static class Program
 {
  /// <summary>
  /// Point d'entrée principal de l'application.
  /// </summary>
  [STAThread]
  static void Main()
  {
   Application.EnableVisualStyles();
   Application.SetCompatibleTextRenderingDefault(false);
   Application.Run(new Form1());
  }
 }
}
```

Au démarrage de l'application, la fonction Main est automatiquement exécutée. Dans celle-ci :

- On autorise le style XP (de manière à retrouver dans notre programme des boutons et autres composants au look XP) : si vous mettez en commentaire la ligne Application.EnableVisualStyles(), les composants ont l'apparence terne d'avant Windows XP.

- La deuxième ligne de Main force les contrôles à s'afficher en utilisant le GDI+ de .NET et non un mode qui les rend compatible avec un fonctionnement d'avant .NET.

- On crée l'objet fenêtre avec new Form1.

- On lance avec Run toute la mécanique de transmission de messages entre notre fenêtre et Windows. La fonction Run se termine (et met fin au programme) lorsque la fenêtre reçoit le message de fin de programme (généralement consécutif à un clic sur la case de fermeture ou la combinaison ALT+F4).

Le fichier Form1.Designer.cs contient le code automatiquement généré par Visual Studio pour refléter les modifications intervenues dans la fenêtre de développement. Il s'agit du code d'initialisation de la classe de la fenêtre. Ce fichier est automatiquement mis à jour au fur et à mesure que vous placez des composants dans la fenêtre à l'aide du concepteur. Normalement, vous n'avez pas, et ne devez pas, modifier ce fichier, sauf si un jour, exceptionnellement, plus rien ne fonctionne : on est alors tout heureux de rectifier manuellement ce fichier (il s'agit certes d'une entreprise délicate mais tout à fait possible). C'est à partir de ce code que le concepteur de Visual Studio est en mesure de redessiner d'une session à l'autre le contenu d'une fenêtre. Toute modification dans la fenêtre de développement (ajout d'un bouton par exemple) est automatiquement répercutée dans ce fichier de code.

Code automatiquement généré dans le fichier Form1.Designer.cs

```
namespace ProgWin
{
partial class Form1
{
  /// <summary>
  /// Variable nécessaire au concepteur.
  /// </summary>
  private System.ComponentModel.IContainer components = null;
  /// <summary>
  /// Nettoyage des ressources utilisées.
  /// </summary>
  /// <param name="disposing">true si les ressources managées doivent être
/// supprimées ; sinon, false.</param>
  protected override void Dispose(bool disposing)
  {
   if (disposing && (components != null))
   {
    components.Dispose();
   }
```

```
  base.Dispose(disposing);
}
#region Code généré par le Concepteur Windows Form
/// <summary>
/// Méthode requise pour la prise en charge du concepteur - ne modifiez pas
/// le contenu de cette méthode avec l'éditeur de code.
/// </summary>
private void InitializeComponent()
{
 this.components = new System.ComponentModel.Container();
 this.AutoScaleMode = System.Windows.Forms.AutoScaleMode.Font;
 this.Text = "Form1";
}
#endregion
}
}
```

Les parties de code automatiquement générées dans `Form1.Designer.cs` sont placées dans ce que l'on appelle une région (avec `#region` et `#endregion` comme délimiteurs).

Vous pouvez créer vos propres régions de code dans vos fichiers de programme : sélectionnez une partie de code → clic droit → `Entourer de` → `#region` et donnez un nom à la région ainsi créée. Cela permet de réduire le code à lire (donnez évidemment un nom significatif à la région), en cachant des détails non nécessaires à ce niveau de lecture. Cliquer sur le + de la région pour faire apparaître le code caché.

Enfin, un troisième fichier est généré (`Form1.cs` par défaut). C'est dans ce fichier que vous écrirez le code de traitement d'événements :

Code automatiquement généré dans le fichier Form1.cs

```csharp
using System;
using System.Collections.Generic;
using System.ComponentModel;
using System.Data;
using System.Drawing;
using System.Text;
using System.Windows.Forms;
namespace ProgWin
{
 public partial class Form1 : Form
 {
  public Form1()
  {
   InitializeComponent();
  }
 }
}
```

La classe Form1 (nom par défaut) se rapporte à la fenêtre principale de l'application. Le mécanisme des classes partielles est utilisé : le code de cette classe se trouve dans Form1.Designer.cs et se prolonge dans Form1.cs (le fichier que vous allez essentiellement modifier).

Cette classe Form1 est dérivée de la classe Form de l'espace de noms System.Windows.Forms. Elle est évidemment fondamentale pour la création de toute application Windows : tous les mécanismes de base nécessaires aux fenêtres y sont implémentés. La classe dérivée Form1 contient en champs privés, des références aux objets (boutons de commande, etc.) qui ont été ajoutés dans la fenêtre principale. Le constructeur de cette classe appelle d'abord la méthode InitializeComponent qui initialise la fenêtre et ses composants. Placez votre éventuel code d'initialisation de la fenêtre et de ses composants dans ce constructeur, après l'appel d'InitializeComponents. Mieux encore : traitez l'événement Load adressé à la fenêtre.

Pour le moment (voir le fichier Form1.Designer.cs), seul le libellé de la barre de titre (à Form1, propriété Text) a été initialisé.

Au fur et à mesure que nous ajoutons des composants, des lignes sont automatiquement ajoutées dans ce fichier Form1.Designer.cs. Si l'on ajoute un bouton de commande (sans changer encore aucune des propriétés de ce bouton), la référence suivante est ajoutée en champ de la classe de la fenêtre mère :

```
private System.Windows.Forms.Button button1;
```

ainsi que les lignes suivantes dans InitializeComponent qui crée, puis initialise le bouton, et finalement l'intègre dans la collection des contrôles de la fenêtre (sans oublier que garder button1 comme nom interne de bouton est à déconseiller car il ne rend pas le programme très lisible) :

```
this.button1 = new System.Windows.Forms.Button();
this.button1.Location = new System.Drawing.Point(96, 56);
this.button1.Size = new System.Drawing.Size(96, 32);
this.button1.Text = "Button1";
this.Controls.AddRange(new System.Windows.Forms.Control[] {this.button1});
```

Le composant button1 a été accroché à la collection des contrôles de la fenêtre (ici un seul composant ajouté mais plusieurs composants pourraient l'être en une seule opération AddRange).

Si on décide de traiter le clic sur le bouton (double-clic sur le bouton pour générer le code), la ligne suivante (qui associe une fonction de traitement à l'événement Click) est ajoutée au fichier Form1.Designer.cs :

```
this.button1.Click += new System.EventHandler(this.button1_Click);
```

ainsi que la fonction suivante dans Form1.cs :

```
private void button1_Click(object sender, EventArgs e)
{
}
```

En complétant cette fonction, vous indiquez les actions à entreprendre suite à un clic sur le bouton.

11.1.5 Pourquoi une classe de fenêtre ?

Contrairement à la classe `Application` liée à la mécanique interne de Windows (sur laquelle nous pouvons difficilement agir), les fenêtres jouent un rôle fondamental pour les programmeurs Windows et nous devrons donc nous étendre sur les caractéristiques de celles-ci. Nous manipulerons donc rarement la classe `Application` mais constamment la classe dérivée de `Form`.

Une fenêtre n'est pas seulement une zone rectangulaire de l'écran dans laquelle une application effectue des affichages. Une fenêtre est en effet définie par :

- un certain nombre d'attributs, encore appelés caractéristiques ou propriétés (c'est ce dernier terme que nous retiendrons puisque, vous le devinez, elles seront représentées par les propriétés du C#). Par exemple, mais la liste est loin d'être exhaustive : son icône (affichée à gauche du nom de l'application dans la barre de titre et dans la barre des tâches), son menu (affiché sous la barre de titre), sa couleur de fond, le type de contour, la présence de cases, etc. ;

- des méthodes pour agir directement sur la fenêtre (par exemple la fermer par programme) ;

- des méthodes pour traiter des événements signalés par Windows, notamment (mais ici aussi la liste est loin d'être exhaustive) : juste avant le premier affichage (événement `Load`) et lors de la fermeture de la fenêtre (événements `Closing` et `Close`), lors d'une modification de la taille de la fenêtre (événement `Resize`), à l'occasion d'un clic de la souris ou d'une frappe de touche mais aussi de bien d'autres occasions.

Sachant qu'une classe du C# regroupe des propriétés, des événements et des méthodes, vous devinez l'intérêt que présentent les techniques de programmation orientée objet pour la programmation Windows :

- les attributs correspondent aux propriétés de la fenêtre ;

- les méthodes traitent les événements signalés par Windows (on dit encore que des fonctions répondent aux messages envoyés par Windows à l'application) ou donnent des ordres à Windows (par exemple agrandir une fenêtre ou la fermer à l'initiative du programme).

11.1.6 Les principales propriétés d'une fenêtre

Dans ce chapitre, nous allons étudier les propriétés d'une fenêtre. Celles-ci peuvent être spécifiées :

- de manière interactive lors de la phase de conception de l'application (avec Visual Studio), du code, que l'on peut visualiser et retoucher, étant alors automatiquement injecté dans le programme (dans le fichier `Form1.Designer.cs` pour le code qu'il faut éviter de modifier et dans le fichier `Form1.cs` pour votre propre code) ;

- par programme pour changer des propriétés de fenêtre en cours d'exécution.

Les propriétés que nous allons étudier dans ce chapitre sont assez générales et beaucoup d'entre elles s'appliquent d'ailleurs aux composants (encore appelés contrôles), que sont les boutons de commande, les boîtes de liste, etc. Du point de vue de la programmation, ces composants ne sont en effet rien d'autre que des fenêtres d'un genre particulier.

Même sans expérience de la programmation Windows, vous êtes en mesure de comprendre la plupart des propriétés susceptibles d'être spécifiées dans la fenêtre des propriétés d'une fenêtre : à partir de la fenêtre de conception (*design* en anglais), sélectionnez la fenêtre en cliquant dessus, suivi de touche F4 pour faire apparaître la fenêtre des propriétés ou clic droit en un emplacement libre de la fenêtre → Propriétés :

- les cases à reprendre dans la barre de titre (propriétés MaximizeBox et MinimizeBox, respectivement pour la case d'agrandissement et celle de réduction en icône) ;
- le type de contour (propriété BorderStyle), qui influence les possibilités de redimensionnement de la fenêtre ;
- le libellé de la barre de titre (propriété Text), à ne pas confondre avec le nom de l'application ou celui du projet de l'application ;
- la couleur de fond (propriété BackColor) ;
- son icône (propriété Icon) ;
- le menu (propriété Menu) ;
- l'apparence initiale de la fenêtre, par exemple plein écran (propriété WindowState).

Bien d'autres propriétés existent. Chaque chose en son temps...

Ainsi que nous le verrons à l'aide de petits exemples, la plupart des propriétés peuvent également être modifiées par programme (la modification de caractéristique de fenêtre devenant effective au moment d'exécuter cette instruction du programme). Certaines propriétés ne sont pas reprises dans la fenêtre des propriétés et ne peuvent être utilisées qu'en cours d'exécution de programme et donc dans des instructions du programme. Ces propriétés sont qualifiées de *run-time*.

11.1.7 Fenêtre de développement et fenêtre d'exécution

Au début du développement d'une nouvelle application, une première fenêtre est automatiquement affichée. Le titre de cette fenêtre est Form1. Nous nous empresserons de modifier la propriété Text de la fenêtre principale pour donner à la barre de titre un libellé plus approprié (par exemple Ma première application).

Cette fenêtre préfigure la fenêtre principale du programme à développer. On retrouvera cette fenêtre telle quelle (c'est-à-dire même taille et même contenu à l'exception de la grille) au démarrage de l'application.

Pour modifier la taille de la fenêtre lors de la phase de développement : cliquez en un point libre de la fenêtre pour la sélectionner puis sur ses poignées (aux quatre coins et au milieu de chaque côté). Tirez alors la souris (autrement dit, glissez-la, bouton enfoncé, comme on le fait dans tout logiciel de dessin). Vous pourriez également, y compris par programme, modifier la propriété Size de la fenêtre (avec ses sous-propriétés Width et Height), ce qui vous donnerait plus de précision. La propriété WindowState permet de faire démarrer une application en mode plein écran ou, ce qui est plus rare, en mode « fenêtre réduite en icône ».

La fenêtre de développement n'occupe certes qu'une partie de l'écran (puisque d'autres fenêtres sont également affichées) alors que votre fenêtre, en cours d'exécution, devra vraisemblablement être plus grande et souvent même occuper tout l'écran. Aucun problème : passez en mode « plein écran » (ou presque) par le menu Affichage → Plein écran ou par la combinaison MAJ + ALT + ENTREE. Même menu ou même combinaison de touches pour revenir à la fenêtre de développement initiale.

11.1.8 La grille

Figure 11-3

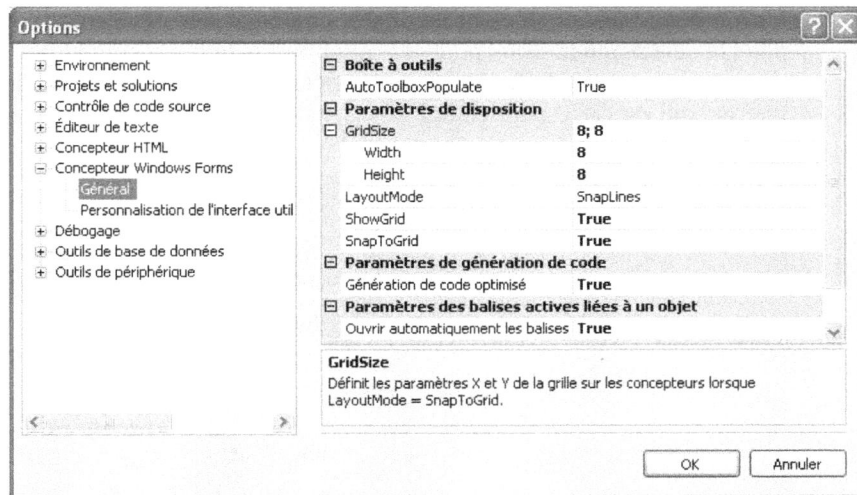

Il se peut que l'intérieur de la fenêtre de développement soit initialement rempli de points (en fait des lignes verticales et horizontales). Ceux-ci forment la grille et ne servent qu'à faciliter le placement des composants à l'intérieur de la fenêtre : par défaut, les fils de la grille agissent comme des aimants pour ces composants.

Pour ne plus afficher la grille et/ou ne plus lui faire jouer le rôle d'aimant (voir la figure 11-3) :

* Activez le menu Outils → Options → Concepteur Windows Forms → Général.

* Faites passer à False la propriété ShowGrid.

* Faites passer à False la propriété SnapToGrid pour cesser de faire jouer aux fils le rôle d'aimant.

- Modifiez les valeurs Width et Height de la propriété GridSize (cliquer sur + pour faire apparaître ces deux propriétés) pour écarter plus ou moins les fils de la grille (l'axe des X est horizontal tandis que l'axe des Y est vertical). Cela n'a cependant d'effet que si ShowGrid vaut toujours True.

Si aucun changement n'apparaît, fermez la fenêtre de conception (clic sur la croix dans le coin supérieur droit) et réouvrez-la (en amenant Form1.cs à l'avant-plan par un clic sur l'onglet ou par Affichage → Concepteur).

La grille n'est évidemment pas affichée en cours d'exécution de programme.

11.2 Les propriétés de la fenêtre

Nous allons maintenant entrer dans le cœur du sujet avec les propriétés de la fenêtre.

Faites apparaître la fenêtre des propriétés (touche F4 après avoir sélectionné la fenêtre de développement, voir figure 11-4) pour visualiser et/ou modifier les caractéristiques de la fenêtre. Si un autre composant est sélectionné, cliquez d'abord en un point libre de la fenêtre pour la sélectionner. Vous pourriez aussi ouvrir la boîte combo qui est affichée dans la partie supérieure de la fenêtre des propriétés, et sélectionner la fenêtre d'après son nom interne, qui est Form1 par défaut.

Figure 11-4

Nous allons maintenant présenter les propriétés (celles qui sont déjà compréhensibles) des fenêtres, sans nous préoccuper de leur origine (chaque propriété provient en effet de l'une des classes de base de `Form`, qui est la classe des fenêtres). Nous les présenterons de manière systématique. Nous reviendrons ensuite sur les plus importantes.

Propriétés des fenêtres (classe `Form`)

`Form ← ContainerControl ← ScrollableControl ← Control ← Object`

`AllowDrop`	T/F	Si vrai, la fenêtre pourra jouer le rôle de destination dans une opération de *drag & drop* (et donc accueillir une telle opération, voir la section 12.4).
`AutoScroll`	T/F	Valeur booléenne relative au placement automatique des barres de défilement (*scrollbar* en anglais). Si `AutoScroll` vaut :

    `true` — les barres de défilement sont automatiquement affichées lorsque la fenêtre devient trop réduite pour que tous les composants soient visibles. On peut alors faire défiler l'intérieur de la fenêtre à l'aide des barres de défilement.

    `false` — les barres de défilement ne sont jamais automatiquement affichées.

`BackColor`	Couleur d'arrière-plan de la fenêtre (voir les couleurs à la section 13.1).
`BackgroundImage`	Image de fond de fenêtre. Vous pouvez spécifier une image au format `BMP`, `GIF`, `JPG`, `PNG` ou `ICO`. Cette image sera greffée dans l'exécutable du programme (voir la section 13.2 pour les images greffées en ressources). Par défaut (voir la propriété suivante), l'image ainsi spécifiée est répétée autant de fois que nécessaire (aussi bien verticalement qu'horizontalement) de manière à remplir toute la fenêtre. Pour supprimer l'image, cliquez avec le bouton droit sur la propriété (dans la fenêtre des propriétés) et activez `Réinitialiser`.
`BackgroundImageLayout`	Placement de l'image de fond dans la fenêtre : l'une des valeurs de l'énumération `ImageLayout` :

    `None` — image dans le coin supérieur gauche.

    `Tile` — image répétée en largeur et hauteur.

    `Stretch` — l'image occupe toute la fenêtre, au prix bien souvent d'une déformation.

    `Zoom` — l'image la plus grande possible est affichée au centre de la fenêtre mais sans déformation.

`ControlBox`	T/F	Indique si la fenêtre contient une case système (à gauche et à droite dans la barre de titre car il y a en fait deux cases système). La combinaison ALT+F4 reste disponible.
`Cursor`		Forme que prend le curseur de la souris lorsque celle-ci survole la fenêtre. On peut spécifier le curseur par défaut (en forme de flèche) ou l'une des formes prédéfinies dans la classe `Cursors` : `AppStarting`, `Arrow`, `Cross`, `Default`, `Hand`, `Help`, `HSplit`, `IBeam`, `No`, `NoMove2D`, `NoMoveHoriz`, `NoMoveVert`, `PanEast`, `PanNE`, `PanNorth`, `PanNW`, `PanSE`, `PanSouth`, `PanSW`, `PanWest`, `SizeAll`, `SizeNESW`, `SizeWE`, `UpArrow`, `VSplit` et `WaitCursor`. Les lettres `N`, `E`, `W` et `S` se rapportent respectivement aux directions Nord, Est, Ouest (*West* en anglais) et Sud. La propriété `Cursor` est elle-même de type `Cursor`. On exécutera par exemple :

    `Cursor = Cursors.WaitCursor;`
    pour signaler un temps d'attente.

Propriétés des fenêtres (classe Form**) *(suite)***

Enabled	T/F	Si la propriété Enabled vaut false, le composant (ici la fenêtre) ignore les événements liés à la souris, au clavier, ainsi que les signaux d'horloge (*timer*).
		Cette propriété est surtout utilisée pour rendre inopérants certains composants (notamment les boutons de commande ou les articles du menu qui n'ont encore aucune utilité et sont dès lors grisés).
Font		Police de caractères associée à la fenêtre et utilisée en particulier lors des affichages dans la fenêtre (par exemple, par défaut, les libellés des boutons de la fenêtre). Cette propriété est surtout utilisée par les composants de la fenêtre qui reprennent ainsi la police spécifiée dans leur fenêtre mère, ce qui offre un aspect uniforme à l'application.
		Dans la fenêtre des propriétés, un clic sur l'icône marquée des trois points de suspension provoque l'affichage de la boîte de sélection de police. Sélectionnez ainsi le nom de la police (par exemple Times New Roman), la taille des caractères ainsi que l'effet (italique, gras, etc.).
		Nous reviendrons sur les polices de caractères à la section 13.1.
ForeColor		Couleur d'affichage du texte dans la fenêtre et ses composants.
FormBorderStyle	enum	Type de contour (encore appelé bordure, ou *frame* en anglais) de la fenêtre. Selon le type de contour, il est possible ou non de redimensionner la fenêtre en cliquant sur le contour et en glissant la souris, bouton enfoncé. BorderStyle doit contenir l'une des valeurs suivantes de l'énumération FormBorderStyle (cliquez sur le petit triangle avec pointe vers le bas pour les faire apparaître) :

FixedDialog	contour par défaut des boîtes de dialogue (contour épais mais qui empêche le redimensionnement de la fenêtre).
None	aucun contour mais aussi aucune case système ni aucune case d'agrandissement ou de réduction en icône. Vous pouvez spécifier un contour pour afficher une fenêtre mais sans lui donner l'apparence d'une fenêtre.
FixedSingle	contour fin, ce qui empêche le redimensionnement de la fenêtre,
Sizable	contour épais, ce qui permet le redimensionnement. Cette valeur (qui est la valeur par défaut) est généralement retenue pour les fenêtres d'application,
SizableToolWindow	contour épais (comme Sizable, ce qui permet le redimensionnement) mais la barre de titre est plus fine, comme c'est le cas dans les fenêtres de type « boîte à outils » (*toolbox* en anglais),
FixedToolWindow	contour fin (comme FixedSingle, ce qui empêche le redimensionnement) et barre de titre plus fine, comme dans les fenêtres de type « boîte à outils ».

Pour modifier le type de contour en cours d'exécution (ici, forcer une bordure fine), on écrit :

```
this.FormBorderStyle = FormBorderStyle.FixedSingle;
```

Le préfixe `this` est inutile si l'instruction est exécutée à partir d'une fonction membre de la classe de la fenêtre, ce qui est généralement le cas (c'est le cas par exemple de la fonction qui traite le clic sur un bouton de la fenêtre).

Icon		Icône associée à la fenêtre. Sélectionnez un fichier d'extension ICO. Celui-ci sera greffé dans l'exécutable. Vous ne devrez donc pas le fournir avec l'application.
KeyPreview	T/F	Si cette propriété vaut `true`, la fenêtre est informée en premier (c'est-à-dire avant même le composant de la fenêtre qui a le *focus*) des frappes de touches du clavier. Pour intercepter ces événements, traitez les événements `KeyDown`, `KeyUp` ou `KeyPress` (voir ci-dessous les événements liés à la fenêtre). Les touches de navigation (TAB, MAJ+TAB, etc.) ne peuvent cependant pas être interceptées car elles sont traitées directement par Windows.
Location		Position du coin supérieur gauche de la fenêtre. `Location`, de type `Point`, est composé des champs X et Y. L'axe des X s'étend de gauche à droite le long d'une horizontale qui se confond avec le bord supérieur de l'écran tandis que l'axe des Y s'étend de haut en bas et se confond avec le bord de gauche de l'écran.
MaximizeBox	T/F	Indique si la case d'agrandissement doit être présente.
MaximumSize	Size	Taille maximale de la fenêtre (aucune taille maximale par défaut).
MainMenuStrip		Nom du menu associé à la fenêtre. Nous reviendrons sur le menu à la section 18.1.
MinimizeBox	T/F	Indique si la case de réduction en icône doit être présente.
MinimumSize	Size	Taille minimale de la fenêtre. Pour que la fenêtre ne puisse pas devenir plus petite qu'un quart d'écran, écrivez : ``MinimumSize = new Size(Screen.PrimaryScreen.Bounds.Width/2, Screen.PrimaryScreen.Bounds.Width/2``
Opacity	int	Valeur de 0 à 100 qui indique l'opacité de la fenêtre (0 pour une fenêtre tout à fait transparente, donc invisible). Les fenêtres translucides ne sont pas supportées par Windows 98 ou Me (une fenêtre translucides sont alors affichées de manière tout à fait opaque).
ShowIcon	T/F	Indique si une icône doit être affichée à gauche dans la barre de titre.
ShowInTaskBar	T/F	Indique si l'application doit apparaître dans la barre des tâches.
Size		Taille de la fenêtre. `Size` présente deux champs : `Width` et `Height` (respectivement largeur et hauteur), tous deux exprimés en nombre de pixels. Pour modifier la taille de la fenêtre lors de la phase de développement, vous pouvez la modifier interactivement à l'aide de la souris ou modifier directement la propriété `Size`.
SizeGripStyle	enum	Indique si une marque (des hachures obliques présentant un effet de relief) doit être affichée dans le coin inférieur droit de la fenêtre. `SizeGripStyle` peut prendre l'une des valeurs suivantes de l'énumération `SizeGripStyle` :

Propriétés des fenêtres (classe Form**)** *(suite)*

	Auto	affichage automatique quand nécessaire (si Auto-Scroll vaut true et que les barres de défilement doivent être utilisées pour rendre visibles certaines zones de la fenêtre),
	Hide	caché,
	Show	toujours visible.
SnapToGrid	T/F	Indique si les contrôles doivent être automatiquement accolés aux fils de la grille (autrement dit : si la grille doit jouer le rôle d'aimant dans la fenêtre de développement). N'a d'effet que durant la période de mise au point de l'application.
StartPosition	enum	Position initiale de la fenêtre. StartPosition peut prendre l'une des valeurs suivantes de l'énumération FormStartPosition :

	CenterParent	fenêtre centrée dans la fenêtre mère.
	CenterScreen	fenêtre centrée à l'écran.
	Manual	sa position dépend de la propriété Location.
	WindowsDefaultBounds	le choix de la taille et de l'emplacement laissé à Windows
	WindowsDefaultLocation	le choix de l'emplacement est laissé à Windows (la taille étant celle de la fenêtre de développement).

Text	str	Titre affiché dans la barre de titre. En cours d'exécution, vous pouvez écrire (n étant un entier) : Text = "N vaut " + n; pour modifier le titre de la fenêtre.
TopMost	T/F	Indique si la fenêtre doit être affichée en superposition des autres.
UseWaitCursor	T/F	Le curseur en forme de sablier est affiché si cette propriété vaut true (ce qui évite de modifier Cursor mais ce que fait en fait cette propriété).
WindowState	enum	Apparence de la fenêtre au démarrage de l'application. La propriété WindowState peut contenir l'une des valeurs suivantes de l'énumération FormWindowState :

	Normal	apparence normale : la fenêtre occupe une partie de l'écran,
	Maximized	la fenêtre est affichée en mode plein écran,
	Minimized	la fenêtre est initialement réduite en icône.

Pour réduire, par programme, une fenêtre en icône en cours d'exécution, il suffit d'écrire :

```
WindowState = FormWindowState.Minimized;
```

11.3 Propriétés run-time

Nous allons maintenant passer en revue des propriétés qui ne peuvent être manipulées (parfois même lues) qu'en cours d'exécution de programme.

Propriétés des fenêtres qui ne peuvent être lues ou modifiées qu'en cours d'exécution		

`ActiveControl`	`Control`	Indique le contrôle de la fenêtre qui a le *focus* d'entrée. `Active-Control` ne peut être que lu. Si une fenêtre contient plusieurs boutons, vous affichez dans la barre de titre de la fenêtre le libellé du bouton ayant le focus par :
		
		`Text = ActiveControl.Text;`
		
		Exécutez cette instruction en réponse par exemple à un clic dans la fenêtre et non en réponse à un clic sur un bouton, ce qui aurait fait passer le focus à ce bouton.
		Pour donner par programme le focus au composant `xyz`, exécutez :
		
		`xyz.Focus();`

`Controls`	`coll`	Liste des contrôles (boutons, cases, etc.) de la fenêtre. Pour afficher dans la barre de titre les libellés des différents contrôles :
		
		`Text = "";`
		`foreach (Control c in Controls)`
		`  Text += c.Text + " ";`
		
		Comme tous les contrôles n'ont pas une propriété `Text`, l'instruction précédente peut générer une exception. On la traite en écrivant :
		
		`Text = "";`
		`foreach (Control c in Controls)`
		`{`
		`  try {Text += c.Text + " ";}`
		`  catch (Exception) {}`
		`}`

`DesktopBounds`	`Rectangle`	Rectangle des coordonnées de la fenêtre à l'écran. Cette propriété peut être lue ou modifiée.
`DesktopLocation`	`Point`	Coordonnée à l'écran du coin supérieur gauche de la fenêtre.
`DisplayRectangle`	`Rectangle`	Coordonnées de l'aire client (il s'agit de la zone de la fenêtre réservée aux affichages du programme, à l'exclusion de la bordure et des barres de titre, de menu, de boutons et d'état). Les champs `Left` et `Top` de `DisplayRectangle` valent toujours zéro.
`Handle`		Numéro (*handle* en anglais) attribué par Windows à la fenêtre. Cette valeur permet d'appeler directement des fonctions de l'API Windows, ce qui n'est nécessaire que si la fonction en question n'a aucun équivalent dans les classes de l'architecture .NET.
`OwnedForms`	`coll`	Collection des fenêtres de celle-ci (celle sur laquelle s'applique la propriété).

11.4 Les événements

Lorsque « quelque chose » (que l'on appelle un événement) se passe dans une fenêtre, par exemple un clic de la souris, Windows envoie un signal, appelé message, à cette fenêtre. Le résultat : Windows (bien que le fonctionnement interne soit un peu plus compliqué que cela, voir la section 10.2) fait automatiquement exécuter une fonction de votre programme. On dit que la fonction en question traite l'événement.

Les événements (*events* en anglais) liés à un composant sont repris dans la partie Evénements de la fenêtre des propriétés relative à ce composant. Pour traiter un événement, il faut compléter la méthode qui lui est liée. Pour cela, il suffit de double-cliquer sur le nom de l'événement (plus précisément sur sa partie gauche, sur le libellé de l'événement) dans la fenêtre des propriétés (voir figure 11-5). Une fonction prête à être complétée est amenée à l'avant-plan. Par exemple, dans le cas d'un clic (événement Click) dans une fenêtre ou un composant dont le nom interne (propriété Name) est xyz :

```
void xyz_Click(object sender,
               System.EventArgs e)
{
 .....
}
```

Figure 11-5

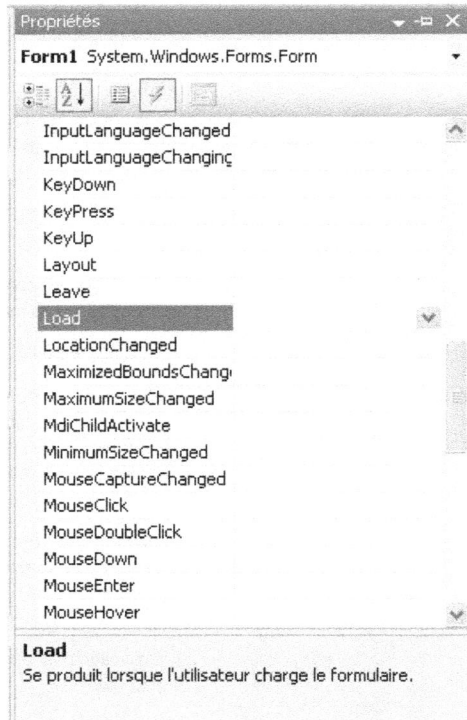

Il s'agit en fait d'une méthode protégée de la classe. Cette méthode est automatiquement exécutée lorsque l'utilisateur clique dans une fenêtre avec le bouton gauche de la souris (il s'agit plus précisément du bouton qui doit être considéré comme le bouton gauche et non celui qui est matériellement à gauche car le panneau de contrôle permet d'inverser boutons gauche et droit).

L'argument sender désigne une référence au composant qui est à l'origine de l'événement. Dans notre cas (clic dans la fenêtre), sender fait référence à la fenêtre puisque l'événement a son origine dans la fenêtre elle-même. Mais comme sender est de type object, l'utiliser peut impliquer un casting : Text, par exemple, est une propriété de Form mais non de la toute première classe de base qu'est object, ce qui oblige à écrire :

```
string s = ((Form)sender).Text;
```

Pour agrandir la fenêtre de 25 % suite à un clic de la souris dans la fenêtre, on complète la fonction précédente en insérant (comme Size prend en arguments deux int, évitez les multiplications par 1.25 qui donnent un double comme résultat et obligent dès lors à forcer un *casting*) :

```
Size = new Size(Width*125/100, Height*125/100);
```

Le premier Size (à gauche du symbole d'assignation) désigne la propriété Size de la fenêtre tandis que le second désigne la classe Size. D'après le contexte, il ne peut y avoir d'ambiguïté.

Nous allons maintenant passer en revue les événements liés aux fenêtres. Pour chaque événement possible, nous donnerons :

- le nom de l'événement (par exemple Click) ;

- une description de la méthode, en présentant sa signature dans le cas où ses arguments présentent de l'intérêt.

Traitement d'événements liés aux fenêtres

Activated	La fenêtre devient active (au démarrage) ou le redevient.
Click	L'utilisateur a cliqué sur la fenêtre avec le bouton gauche de la souris.
Closed	La fenêtre a été fermée par l'utilisateur (par ALT+F4, par un clic sur la case de fermeture ou par arrêt de Windows).
Closing	L'utilisateur a marqué son intention de fermer la fenêtre et le programme peut encore refuser cette fermeture (c'est par exemple l'occasion de demander confirmation de l'opération). Le second argument de la fonction de traitement est de type CancelEventArgs. Faites passer à true le champ Cancel du second argument pour annuler la fermeture de fenêtre : `e.Cancel = true;`
Deactivate	La fenêtre a perdu son état de fenêtre active (l'utilisateur réduit la fenêtre en icône ou passe à un autre programme).
DoubleClick	L'utilisateur a double-cliqué dans la fenêtre. L'événement « simple clic » (Click) est toujours signalé avant DoubleClick. Évitez de traiter à la fois le clic et le double-clic car un double-clic commence toujours par un simple clic.

Traitement d'événements liés aux fenêtres (suite)

KeyDown	L'utilisateur vient de presser une touche du clavier (voir la section 12.1 consacrée au clavier). Un objet KeyEventArgs est passé en second argument.
KeyPress	L'utilisateur a frappé une touche du clavier qui correspond à un caractère de notre code de caractères (par exemple é). Celui-ci est passé en second argument à la méthode. Le second argument est un objet KeyPressEventArgs (voir la section 12.1). Si la fenêtre contient des contrôles, faites passer la propriété KeyPreview à true pour pouvoir intercepter les frappes de touches (sinon, c'est uniquement le contrôle ayant le focus qui est averti).
KeyUp	L'utilisateur relâche une touche du clavier (n'importe quelle touche même si elle n'a aucune correspondance dans notre code de caractères).
Layout	La fenêtre est prête à disposer les contrôles dans l'aire client. Cet événement est signalé après création en mémoire des contrôles mais juste avant leur affichage.
MouseDown	L'utilisateur presse l'un des boutons de la souris (voir les arguments de la méthode pour savoir lequel). Le second argument est un objet MouseEventArgs (voir la section 12.2 consacrée à la souris).
MouseEnter	La souris commence à survoler le contrôle.
MouseHover	La souris marque l'arrêt au-dessus du contrôle. Il s'agit bien de MouseHover avec H (*hovering* est le terme anglais pour vol stationnaire).
MouseMove	L'utilisateur déplace le curseur de la souris.
MouseUp	L'utilisateur relâche le bouton de la souris.
Paint	La fenêtre doit être (partiellement ou non) réaffichée, généralement parce qu'elle a été (partiellement ou non) recouverte par une autre fenêtre et qu'elle réapparaît maintenant à l'avant-plan. Vous n'êtes en rien responsable de cette destruction de fenêtre mais Windows ne va pas jusqu'à réafficher lui-même ce qui a été détruit. Il vous invite à le faire en vous signalant cet événement. Les contrôles (boutons de commande, boîtes de liste, etc.) sont automatiquement redessinés. Nous reviendrons sur cet événement correspondant au message WM_PAINT à la section 13.6. Il doit en effet être bien maîtrisé pour comprendre ce qui se passe lorsque l'on dessine dans une fenêtre et qu'une partie de cette fenêtre est détruite. Le second argument est un objet PaintEventArgs.
Resize	La fenêtre est en train d'être redimensionnée par l'utilisateur ou par programme.

L'événement Resize est signalé à la fenêtre quand l'utilisateur redimensionne celle-ci. Dans la fonction de traitement, Width et Height donnent la largeur et la hauteur de la fenêtre. Les propriétés ClientSize et ClientRectangle se rapportent à l'aire client, c'est-à-dire à l'intérieur de la fenêtre.

Lorsque l'utilisateur agrandit la fenêtre, il en fait apparaître de nouvelles zones, ce qui provoque le signalement de l'événement Paint à la fenêtre. Par défaut, l'événement Paint n'est, cependant, pas signalé quand le redimensionnement ne fait apparaître aucune nouvelle zone.

Pour forcer l'événement Paint dans tous les cas, il suffit d'exécuter (SetStyle étant une fonction de la classe Control, donc de la fenêtre et des composants) :

```
SetStyle(ControlStyles.ResizeRedraw);
```

Nous poursuivrons l'étude des fenêtres au chapitre 19, plus particulièrement consacré aux boîtes de dialogue et fenêtres spéciales.

11.5 Les méthodes liées aux fenêtres

Les fonctions précédentes « répondent » à des événements. Parfois, il faut exécuter une action sur une fenêtre ou un composant (par exemple pour lui demander de se redessiner ou pour fermer une fenêtre par programme). Nous nous limiterons aux méthodes qui, pour le moment, peuvent déjà être comprises.

Les méthodes de la classe `Form`

`void BringToFront();`	Amène le composant (généralement une autre fenêtre) à l'avant-plan.
`void Close();`	Ferme une fenêtre par programme.
`void Hide();`	Cache un composant (de manière générale, l'objet visuel sur lequel porte la méthode).
`void Invalidate();`	Force le réaffichage du composant par signalement de l'événement `Paint` à la fenêtre ou au composant sur lequel porte `Invalidate`. L'opération de réaffichage n'étant pas prioritaire, elle sera traitée lorsque plus aucun autre événement ne sera en attente de traitement. Ces autres événements pourraient en effet influencer l'affichage, ce qui évite ainsi des réaffichages inutiles et trop rapprochés, toujours désagréables à l'oeil. Si plusieurs réaffichages sont en attente, ils sont combinés pour n'en former qu'un seul. `Invalidate` présente d'autres formes, comme expliqué ci-dessus.
`Point PointToClient(Point);`	Transforme des coordonnées d'un point de l'écran en coordonnées d'aire client. L'aire client désigne la partie intérieure d'une fenêtre, à l'exclusion du contour, des barres de titre, de menu, d'état et des boutons.
`Point PointToScreen(Point);`	Transforme des coordonnées d'un point de l'aire client (celles de la fenêtre sur laquelle porte l'opération et qui sont passées en argument) en coordonnées d'écran (celles qui sont retournées).
`Rectangle RectangleToClient(Point);`	Transforme des coordonnées d'un rectangle à l'écran en coordonnées d'aire client.
`Rectangle RectangleToScreen(Point);`	Transforme des coordonnées d'aire client d'un rectangle en coordonnées d'écran.
`void Refresh();`	Force le réaffichage immédiat du composant.
`void Show();`	Fait réapparaître le composant sur lequel porte la méhode.

Programmes d'accompagnement

`TailleFen`   Affiche la taille de la fenêtre et permet de choisir une taille minimale de fenêtre.

12

Clavier, souris et messages

Dans ce chapitre, nous allons nous intéresser au clavier et à la souris. Ce sera surtout l'occasion de nous pencher sur le traitement de messages Windows et de compléter cette étude de traitement de messages entreprise au chapitre précédent. Nous étudierons aussi le message lié à l'horloge (*timer* en anglais).

12.1 Le clavier

12.1.1 Les événements liés au clavier

Lors de chaque frappe (entendez : chaque enfoncement de touche mais aussi lors de chaque relâchement de touche), Windows signale un événement au composant qui est, à ce moment, « attaché » au clavier (on dit de ce composant qu'il a le *focus* d'entrée). On dit aussi que Windows envoie un message au programme.

Cliquer sur un composant donne le focus à ce composant. En cours d'exécution de programme, les combinaisons TAB et MAJ+TAB font passer le focus d'un composant à l'autre d'une fenêtre. Si la propriété TabStop d'un composant vaut true, il y « arrêt » sur ce composant à cette occasion. Sinon, le composant ne fait pas partie de la chaîne des composants susceptibles de recevoir le focus. Pour modifier l'ordre de passage du focus, vous pouvez jouer sur la propriété TabIndex des composants (attribuer des valeurs croissantes à chaque composant) ou activer le menu Affichage → Ordre des tabulations (voir la section 14.3).

Pour donner, par programme, le *focus* à un composant, exécutez :

```
bX.Select();
```

ou

```
bX.Focus();
```

où bX est le nom interne (propriété Name) du composant. Si celui-ci est une zone d'édition, son contenu est sélectionné (celui-ci est alors affiché en inverse vidéo). Pour désélectionner le contenu et placer le curseur d'édition (*caret* en anglais) devant le premier caractère, exécutez :

```
zeNom.Focus(); zeNom.Select(0, 0);
```

Pour placer le curseur d'édition après le dernier caractère, remplacez le premier argument de Select par zeNom.Text.Length.

La propriété ActiveControl de la fenêtre contient une référence au composant qui a le *focus* d'entrée. Dans une fonction de traitement, on peut écrire :

```
if (ActiveControl == zeNom) .....
```

pour tester si la zone d'édition zeNom a bien le *focus* d'entrée.

Revenons à ce qui nous intéresse plus particulièrement ici, à savoir les événements. Trois événements sont liés au clavier :

- KeyDown : signalé à l'occasion d'une frappe de touche (il s'agit de l'enfoncement d'une touche, n'importe laquelle, ce qui permet de détecter des frappes de touches de fonction, de touches de direction comme ↑ ou → ou d'autres encore comme MAJ, CTRL, INS, etc.) ;
- KeyUp : lors du relâchement correspondant ;
- KeyPress : lors d'une frappe de touche correspondant à un caractère repris dans notre code de caractères.

Ces événements sont signalés au composant qui a le *focus* d'entrée. L'événement est cependant d'abord signalé à la fenêtre si la propriété KeyPress de celle-ci vaut true. Dans tous les cas, l'événement peut être traité dans une fonction de la classe de la fenêtre.

12.1.2 Faire générer la fonction de traitement

À ces événements correspondent les messages WM_KEYDOWN, WM_KEYUP et WM_CHAR bien connus des vieux briscards de la programmation Windows. Nous pouvons demander à Visual Studio de traiter ces événements. Pour faire traiter l'un de ces événements adressés à la fenêtre :

- Sélectionnez la fenêtre dans la fenêtre de conception (*design*) : cliquer pour cela en un point non occupé par un composant (pour traiter l'un de ces événements adressés à un composant, sélectionnez plutôt ce composant).
- Passez à la fenêtre des propriétés (touche F4).
- Visualisez les événements susceptibles d'être traités (clic sur la petite icône Event en forme d'étincelle).

Double-cliquez sur la partie droite des lignes `KeyDown`, `KeyUp` ou `KeyPress` selon l'événement que vous désirez traiter.

Rappelons que si des composants sont présents dans la fenêtre, celle-ci n'est informée (avant le composant) de ces événements que si sa propriété `KeyPreview` vaut `true`. Par défaut, l'événement est en effet signalé au composant qui a le *focus*, et les choses s'arrêtent là (la fonction de traitement étant toujours une fonction de la classe de la fenêtre).

La méthode de traitement est alors automatiquement générée : méthodes `xyz_KeyDown`, `xyz_KeyUp` et `xyz_KeyPress`, qui traitent ces événements où `xyz` est à remplacer par le nom interne du composant concerné par l'événement (le nom interne de la fenêtre, `Form1` par défaut s'il s'agit de la fenêtre, mais ces événements pourraient être traités pour n'importe quel composant) :

```
this.KeyDown += new System.Windows.Forms.KeyEventHandler(this.Form1_KeyDown);
.....
private void Form1_KeyDown(object sender, System.Windows.Forms.KeyEventArgs e)
{
  .....
}
```

On retrouve la première ligne dans le fichier `Form1.Designer.cs` (dans la région `Code généré par le Concepteur Windows Form`) et la fonction dans le fichier `Form1.cs`.

Si vous traitez l'événement `KeyDown` adressé au composant ayant `xyz` comme nom interne, le code généré est :

```
this.xyz_KeyDown += new System.Windows.Forms.KeyEventHandler(this.xyz_KeyDown);
.....
private void xyz_KeyDown(object sender, System.Windows.Forms.KeyEventArgs e)
{
  .....
}
```

La fonction de traitement est donc bien une fonction de la classe de la fenêtre.

Analysons les méthodes associées aux trois événements que nous considérons ici. L'argument `sender`, qui correspond au composant qui est à l'origine de l'événement, présente en fait peu d'intérêt (si vous traitez cet événement pour le composant `xyz`, le *sender* fait référence à celui-ci).

Événement	Méthode de traitement
`KeyDown`	`void xyz_KeyDown(object sender, KeyEventArgs e)`
`KeyUp`	`void xyz_KeyUp(object sender, KeyEventArgs e)`
`KeyPress`	`void xyz_KeyPress(object sender, KeyPressEventArgs e)`

L'événement `KeyDown` est répété à intervalles réguliers et rapprochés tant que l'utilisateur garde la touche enfoncée.

Si l'utilisateur frappe MAJ+a (pour former A majuscule), les événements suivants sont signalés : KeyDown (pour MAJ), KeyDown (pour a ou A), KeyPress (pour A), KeyUp (pour a ou A) et KeyUp (pour MAJ). En général, seul KeyPress est alors signalé.

Nous allons d'abord nous intéresser aux deux premiers événements qui, rappelons-le, s'appliquent à n'importe quelle touche du clavier (sauf les touches qui, comme TAB ou ALT+F4, sont préalablement traitées par Windows, sans que le programme en soit informé). L'argument de type KeyEventArgs contient des informations sur la touche.

Propriétés de la classe KeyEventArgs		
KeyEventArgs ← EventArgs ← Object		
Alt	T/F	Indique si la touche Alt est enfoncée.
Control	T/F	Même chose mais pour la touche CTRL (n'importe laquelle des deux sur les claviers dotés de deux touches CTRL).
Handled	T/F	Indique que l'événement a été traité et qu'il ne doit plus l'être par des fonctions par défaut).
Shift	T/F	Même chose mais pour la touche MAJ.
KeyCode	enum	Code de la touche (l'une des valeurs de l'énumération Keys).

12.1.3 Le code des touches

L'énumération Keys contient un certain nombre de valeurs qui correspondent aux différentes touches du clavier (pour les événements KeyDown et KeyUp, aucune distinction n'est faite entre la minuscule et la majuscule d'une lettre puisqu'il s'agit de la même touche du clavier) :

- F1 à F24 pour les touches de fonction (par exemple Keys.F5) ;

- D0 à D9 pour les touches correspondant à un chiffre (par exemple Keys.D5 pour la touche numérique 5) ;

- NumLock ainsi que NumPad0 à NumPad9 pour les touches du clavier numérique ;

- Add, Alt, Back, Cancel, CapsLock, Clear, Control, ControlKey, Delete, Enter, Escape, Insert, Pause, Print, Return, Scroll, Shift, ShiftKey, Space et Subtract pour les touches remplissant les fonctions indiquées par leur nom ;

- Home, End, Left, Right, Down, Up, PageDown et PageUp pour les touches de direction ;

- A à Z pour les touches correspondant à une lettre (par exemple Keys.E pour e ou E).

Pour détecter si l'utilisateur a frappé la touche de direction ← tout en maintenant la touche MAJ enfoncée (appuyer sur MAJ et puis sur ←), il faut traiter l'événement KeyDown et compléter la fonction automatiquement générée en écrivant (e étant le nom du second argument, de type KeyEventArgs) :

```
if (e.Shift && e.KeyCode==Keys.Left) .....
```

Insistons sur le fait que dans le cas des événements KeyDown et KeyUp, la condition :

```
e.KeyCode == Keys.A
```

est vraie pour A et a puisque c'est la touche et non la lettre qui est considérée.

L'expression précédente aurait pu être écrite :

```
if (e.KeyCode == (Keys)(int)'A') .....
```

ou encore :

```
char c = 'A';
if (e.KeyCode == (Keys)(int)c) .....
```

À chaque KeyCode correspond une valeur numérique :

```
int n = (int)e.KeyCode;
```

avec n qui prend la valeur 65 pour A ou a, 90 pour Z ou z, 48 pour le chiffre 0, 57 pour le chiffre 9, 112 pour la touche de fonction F1, etc.

12.1.4 L'événement KeyPress

Windows va plus loin que la simple détection des événements « enfoncement » et « relâchement » de touche. Windows analyse en effet les frappes de touches et, en fonction de l'état des touches MAJ et enclenchement de majuscules, signale l'événement KeyPress au composant qui a le focus (mais d'abord à la fenêtre si la propriété KeyPreview de la fenêtre vaut true). Cela ne s'applique qu'aux touches qui ont une représentation dans notre code de caractères, ce qui exclut les touches de fonction et les touches de direction. Si vous gardez une touche enfoncée, plusieurs événements KeyPress sont signalés par Windows (ce qui est également vrai pour KeyDown mais pas, évidemment, pour KeyUp).

À l'événement KeyPress correspond la méthode xyz_KeyPress. Le second argument de la fonction de traitement est un objet de la classe KeyPressEventArgs :

```
this.KeyPress += new
    System.Windows.Forms.KeyPressEventHandler(this.Form1_KeyPress);
.....
private void Form1_KeyPress(object sender,
                        System.Windows.Forms.KeyPressEventArgs e)
{
  .....
}
```

Méthode de traitement de l'événement KeyPress

```
void xyz_KeyPress(object sender, KeyPressEventArgs e);
```

Propriétés de KeyPressEventArgs

KeyPressEventArgs ← EventArgs ← Object

Handled	T/F	Indique que l'événement a été traité.
KeyChar	char	Caractère tapé au clavier (par exemple 'A' pour MAJ+a).

Pour tester si la touche frappée est « é » minuscule, on écrit (en complétant la méthode qui traite l'événement KeyPress) :

```
if (e.KeyChar == 'é') ....
```

Pour tester si la touche ECHAP a été frappée :

```
if (e.KeyChar == (int)Keys.Escape) .....
```

ou, en se souvenant du code du caractère d'échappement :

```
if (e.KeyChar == 0x1B) .....
```

Pour intercepter un caractère et finalement le rejeter (c'est-à-dire ne pas le faire apparaître dans la zone d'édition), il suffit de faire passer la propriété Handled du second argument à true. Par exemple, pour rejeter les touches non numériques :

```
if (e.KeyChar <= '0' || e.KeyChar >= '9') e.Handled = true;
```

Pour résumer : les événements KeyDown et KeyUp sont surtout traités pour détecter les touches de direction, les touches de fonction ou les touches spéciales du clavier comme, par exemple, celles d'insertion ou de suppression de caractères.

En revanche, pour détecter une touche qui a une représentation dans notre code Ansi (un sous-ensemble du code Unicode), il est plus simple de traiter l'événement KeyPress, qui nous signale, par exemple, directement le code de â sans que nous ayons à nous préoccuper de la combinaison de touches qui mène à â. À la section 17.3, nous étudierons les zones d'édition. Celles-ci sont utilisées, par exemple, pour introduire un nom. Vous constaterez que traiter une zone d'édition est nettement plus simple.

Il est possible à tout moment (par exemple lors du traitement d'un événement lié à la souris) de déterminer l'état (au moment d'exécuter l'instruction) des touches MAJ, CTRL ou ALT. Il suffit pour cela de lire la propriété statique ModifierKeys de la classe Control :

```
Keys k = Control.ModifierKeys;
```

Pour tester si la touche MAJ est enfoncée :

```
if (k == Keys.Shift) .....
```

Pour tester si les touches MAJ et CTRL sont toutes deux enfoncées :

```
if (k == (Keys.Shift | Keys.Control) .....
```

Il est également possible de déterminer et de modifier l'état de la touche « enclenchement de majuscules » (*caps lock* en anglais) :

```
if (Control.IsKeyLocked(Keys.CapsLock)) .....
```

La technique est également applicable à la touche de verrouillage du pavé numérique (Keys.NumLock).

12.2 La souris

Même si tous les ordinateurs d'aujourd'hui sont équipés d'une souris ou d'un dispositif équivalent, ce n'est pas obligatoire. Différentes propriétés statiques de la classe System-Information (de l'espace de noms Windows.Forms) donnent des informations à ce sujet :

- MousePresent, de type bool, indique la présence d'une souris.

- MouseButtons, de type int, donne le nombre de boutons.

- MouseButtonsSwapped, de type bool, indique si les boutons (de gauche et de droite) ont été inversés (généralement à l'initiative de gauchers) mais cela ne change rien pour le programme (par bouton de gauche, nous entendons le bouton qui se trouve « logiquement » à gauche).

- MouseWheelPresent, de type bool, indique la présence d'une molette.

- MouseWheelScrollLines, de type int, donne le nombre de lignes de défilement suite à une action sur la molette.

12.2.1 Les événements liés à la souris

Plusieurs événements sont liés à la souris. Présentons d'abord une première série d'événements :

- MouseDown : clic (plus précisément : enfoncement du bouton) ;

- MouseUp : relâchement ;

- MouseMove : déplacement ;

- MouseEnter : entrée dans la zone de survol ;

- MouseLeave : sortie de cette zone ;

- MouseHover : la souris marque un court temps d'arrêt après être entrée dans la zone de survol.

Ces événements sont signalés au composant (fenêtre, bouton, etc.) sous le curseur de la souris. La fenêtre cesse donc de recevoir ces messages quand le curseur passe au-dessus (sauf si le composant a sa propriété Enabled qui vaut false).

Deux autres événements, Click et DoubleClick, sont dérivés des deux premiers. L'événement Click est signalé après détection d'une séquence « pression-relâchement » sur un même composant. Certains événements peuvent être absents pour certains composants (par exemple DoubleClick pour un bouton). Ne traitez jamais à la fois le clic et le double-clic car un double-clic commence toujours par un simple clic (quand Windows détecte le premier clic d'un double-clic, Windows ignore que ce clic sera suivi d'un second clic et signale immédiatement le clic au composant).

Les méthodes de traitement associées aux trois premiers événements reçoivent un objet de type MouseEventArgs en second argument. Pour les méthodes associées aux trois derniers événements, le second argument est tout simplement un `EventArgs` (peu importe pour ces événements la position de la souris) :

```
this.MouseDown += new
        System.Windows.Forms.MouseEventHandler(this.Form1_MouseDown);
.....
private void Form1_MouseDown(object sender,
                            System.Windows.Forms.MouseEventArgs e)
{
.....
}
```

Ces instructions sont automatiquement générées par Visual Studio : il suffit de cliquer deux fois sur l'événement dans la fenêtre des propriétés.

Propriétés de la classe `MouseEventArgs`		
`MouseEventArgs ← EventArgs ← Object`		
`Button`	`enum`	Indique quel bouton de la souris est enfoncé. `Button` peut prendre l'une des valeurs suivantes de l'énumération `MouseButtons` : `Left`, `Middle`, `None` et `Right`, mais aussi `XButton1` et `XButton2` pour les deux boutons additionnels de la souris IntelliMouse Explorer.
`Delta`	`int`	Nombre de détentes sur la molette (n'a évidemment de signification que pour les souris équipées d'une molette).
`X`	`int`	Coordonnée X. Les axes sont relatifs à l'aire client et par rapport au coin supérieur gauche de cette aire client (axe des X horizontal et dirigé de gauche à droite tandis que l'axe des Y est vertical et dirigé de haut en bas).
`Y`	`int`	Coordonnée Y.

Pour détecter les déplacements de la souris, on traite l'événement `MouseMove` (qui, incidemment, correspond au message `WM_MOUSEMOVE`). Pour afficher dans la barre de titre les coordonnées de la souris, on complète la méthode associée à l'événement en insérant (e étant l'objet de type `MouseEventArgs` passé en second argument à la méthode de traitement) :

```
Text = e.X + " - " + e.Y;
```

Pour tenir compte de la présence des barres de défilement, il faut écrire :

```
Text = (e.X - AutoScrollPosition.X)
       + " - "
       + (e.Y - AutoScrollPosition.Y);
```

La fenêtre cesse de recevoir les événements `MouseMove` dès que le curseur quitte l'aire client de la fenêtre. La fenêtre continue néanmoins à recevoir ces messages si la propriété `Capture` de la fenêtre vaut `true`. Un clic dans la fenêtre remet automatiquement `Capture` à `false`.

Pour tester si l'utilisateur a cliqué avec le bouton droit dans la fenêtre, il suffit d'écrire :

```
if (e.Button == MouseButtons.Right) .....
```

À tout moment (même en l'absence de tout événement lié à la souris), il est possible d'obtenir des informations sur la position de la souris et sur les boutons enfoncés. Ces informations sont données par les propriétés statiques `MousePosition` et `MouseButtons` de la classe `Control` (classe de base pour la fenêtre et les composants).

Le champ statique `Control.MousePosition` est de type `Point`. Les coordonnées étant relatives à l'écran, il faut les transformer en coordonnées d'aire client :

```
Point p = Control.MousePosition;        // coordonnées d'écran
p = PointToClient(p);                   // coordonnées d'aire client
```

MousePosition est une propriété en lecture seule. Pour positionner le curseur au point (10, 20) de la fenêtre, on écrit :

```
Point p = new Point(10, 20);
p = PointToScreen(p);
Cursor.Position = p;
```

`PointToClient` et `PointToScreen` (ainsi que `RectangleToClient` et `RectangleToScreen`) sont des fonctions membres de la classe `Control`. Elles s'appliquent donc à la fenêtre mais aussi à tout composant visuel.

Il est possible, à tout moment, de déterminer quels boutons sont enfoncés. Cette information est donnée par le champ statique `Control.MouseButtons` (on pourrait spécifier `Form.MouseButtons` dans le cas d'une fenêtre, et `Button.MouseButtons` dans le cas d'un bouton). Pour déterminer si les boutons de gauche et de droite sont enfoncés, on écrit :

```
MouseButtons mbs = Control.MouseButtons;
if ((mbs & MouseButtons.Left) != 0
    &&
    (mbs & MouseButtons.Right) != 0
    ) .....
```

Pour intercepter les actions sur la molette, il faut redéfinir la fonction `OnMouseWheel` dans la classe de la fenêtre :

```
protected override void OnMouseWheel(MouseEventArgs mea)
{
 .....
}
```

L'argument `mea.Delta` prend les valeurs 120 et −120 en fonction du sens de la rotation.

12.3 Traitement d'événements

12.3.1 Traitement de longue durée

Tant qu'une fonction n'a pas terminé le traitement d'un événement (par exemple un clic sur un bouton), les autres événements destinés à l'application sont mis en attente. Si le traitement en question est de longue durée, l'application paraît bloquée (elle ne répond plus aux clics sur les autres boutons et il n'est pas possible de déplacer la fenêtre ou de mettre fin à l'application). Les événements ne sont cependant pas perdus, ils sont uniquement mis en attente. Le problème est cependant limité à cette application, pas aux autres qui continuent à s'exécuter normalement.

Pour résoudre ce problème, il faut (durant ce traitement de longue durée) donner régulièrement à l'application la possibilité de traiter des événements. Pour cela, on exécute la fonction DoEvents de la classe Application (il s'agit d'une fonction statique) :

```
Application.DoEvents();
```

Dans le cas d'une fonction de traitement qui calculerait la somme des N premiers nombres (N valant par exemple cent millions pour que la durée du traitement soit perceptible), on écrit :

```
double somme=0;
for (long i=0; i<N; i++)
{
 somme += i;
 if (i%1000000 == 0) Application.DoEvents();
 }
```

L'appel de DoEvents n'est pas effectué lors de chaque passage dans la boucle de manière à ne pas ralentir inutilement la fonction de traitement. Le calcul du reste de la division par un million qui est effectué à chaque passage dans la boucle va néanmoins avoir un impact négatif sur les performances.

Puisque les événements sont maintenant traités normalement (y compris sur le bouton toujours en cours de traitement), il faut éviter la réentrance dans la fonction de traitement de ce bouton). La technique la plus simple consiste à manipuler la propriété Enabled de ce bouton, qui s'appelle ici bTrt :

```
bTrt.Enabled = false;
double somme=0;
for (long i=0; i<N; i++)
{
 somme += i;
 if (i%1000000 == 0) Application.DoEvents();
 }
bTrt.Enabled = true;
```

Une autre technique, à privilégier d'ailleurs, consiste à créer des threads (autrement dit des exécutions parallèles de parties de programme), ce qui est expliqué à la section 9.2.

12.3.2 Traiter n'importe quel événement

Visual Studio.Net vous permet de traiter aisément des événements mais tous ne sont pas présentés sous l'onglet Evénements (ce qui serait d'ailleurs impossible car de nouveaux événements apparaissent chaque fois que des extensions sont apportées à Windows). Bien sûr, il faut connaître les caractéristiques de l'événement à traiter (la documentation de l'API Windows est alors nécessaire pour connaître la signification des arguments en fonction de l'événement).

Pour traiter n'importe quel événement, il suffit de redéfinir la fonction WndProc, générale-ment dans la classe de la fenêtre mais il pourrait s'agir d'une classe de composant (dans le cas où l'on crée un nouveau composant prêt à l'emploi) :

```
protected override void WndProc(ref Message m)
{
 switch (m.msg)
 {
  case ..... :              // numéro de l'événement à traiter
    .....                   // traitement de ce message
    break;
  default :
    base.WndProc(ref m);    // traitement par défaut de l'événement
 }
}
```

Les informations relatives au message sont contenues dans une structure Message définie dans l'espace de noms System.Windows.Forms.

Structure Message

Message ← ValueType ← Object		
using System.Windows.Forms;		
HWnd	IntPtr	Numéro attribué par Windows à la fenêtre associée au message.
Msg	int	Numéro du message.
WParam	IntPtr	Argument wParam du message.
LParam	IntPtr	Argument lParam du message.
Result	IntPtr	Valeur de retour du message.

Pour illustrer le propos, étudions le message WM_NCHITEST qui présente un intérêt pratique.

Windows envoie le message (autrement dit, signale l'événement) WM_NCHITTEST (pour Windows Message Non Client Hit Test) à la fenêtre pour déterminer où se trouve le curseur de la souris (sur la barre de titre, sur un contour, sur la barre de menu, dans l'aire client, etc.). En d'autres termes : Windows détecte que la souris se trouve au-dessus de telle fenêtre et demande alors à l'application en question où, précisément, se trouve le curseur de la souris. Ce message est envoyé par Windows chaque fois que la souris se déplace au-dessus de la fenêtre de l'application. En général, une application ne traite pas ce message. Dans ce cas, Windows détermine lui-même la position de la souris (par exemple au-dessus de la barre de titre). Cette détection n'est pas sans conséquence pour la suite : cliquer avec la souris avec le bouton enfoncé et glisser celle-ci a un effet différent selon que la souris se trouve au-dessus de la barre de titre ou au-dessus de l'aire client.

En traitant ce message WM_NCHITTEST, l'application peut « tromper » Windows et lui faire croire, par exemple, que le curseur ne se trouve pas au-dessus de la barre de titre. Cliquer sur la barre de titre et déplacer la souris, bouton enfoncé, n'a alors aucun effet. L'application peut faire croire à Windows que le curseur de la souris se trouve au-dessus de la barre de titre alors qu'il se trouve au-dessus de l'aire client. Cliquer et déplacer la souris bouton enfoncé permet alors de déplacer la fenêtre (cette opération étant automatiquement prise en charge par Windows, comme c'est le cas lorsque l'on effectue cette opération avec la barre de titre).

Ce fonctionnement peut paraître bizarre à première vue, mais il a été voulu par les concepteurs de Windows de manière à donner aux programmeurs des possibilités de personnalisation de leurs applications.

Dans le cas du message `WM_NCHITTEST` (ou de l'événement `NCHitTest` si vous préférez), les arguments `WParam` et `LParam` du message présentent peu d'intérêt (`LParam` contient quand même la position en `X` de la souris dans les 16 bits de poids faible et la position en `Y` dans les 16 bits de poids fort). En revanche, la valeur renvoyée par la méthode de traitement de ce message indique la zone survolée par la souris :

Traitement du message `WM_NCHITTEST` (de valeur 0x84)		
Mnémonique	**Valeur**	**Signification**
HTBORDER	18	Curseur au-dessus de la bordure fine.
HTBOTTOM	15	Bordure inférieure.
HTBOTTOMLEFT	16	Coin inférieur gauche.
HTBOTTOMRIGHT	17	Coin inférieur droit.
HTCAPTION	2	Barre de titre.
HTCLIENT	1	Aire client.
HTGROWBOX	4	Dans la partie redimensionnement de la fenêtre.
HTHSCROLL	6	Barre de défilement horizontale.
HTSIZE	4	Comme HTGROWBOX.
HTHZOOM	9	Case d'agrandissement.
HTLEFT	10	Bordure de gauche.
HTMAXBUTTON	9	Case d'agrandissement.
HTMENU	5	Barre de menu.
HTMINBUTTON	8	Case de réduction en icône.
HTNOWHERE	0	Fond de la fenêtre ou sur une zone de division entre fenêtres.
HTREDUCE	8	Case de réduction en icône.
HTRIGHT	11	Bordure de droite.
HTTOP	12	Bordure supérieure.
HTTOPLEFT	13	Coin supérieur gauche.
HTTOPRIGHT	14	Coin supérieur droit.
HTVSCROLL	7	Barre de défilement verticale.

Envisageons un premier cas d'application pratique. Pour que la fenêtre soit déplacée quand on clique dans l'aire client et qu'on déplace aussitôt la souris bouton enfoncé, le programme fait croire à Windows que la souris se trouve au-dessus de la barre de titre alors qu'elle se trouve au-dessus de l'aire client. Pour cela, on redéfinit la fonction WndProc de la manière suivante :

```
// fenêtre déplaçable par glisser-déposer en n'importe quel point
protected override void WndProc(ref Message m)
{
 switch (m.Msg)
 {
  case 0x84:                          // message WM_NCHITTEST
    base.WndProc(ref m);
    if (m.Result == 1) m.Result = 2;
    break;
  default :
    base.WndProc(ref m);
 }
}
```

Dans le cas de n'importe quel message autre que WM_NCHITTEST, on fait traiter le message par la classe de base (celle-ci donne alors, sans « mentir », la position de la souris). On trouve la valeur associée aux différents messages et en particulier au message WM_NCHITTEST dans le fichier winuser.h, dans le répertoire include de la partie VC++ de Visual Studio.

Dans le cas du message WM_NCHITTEST, on fait d'abord traiter le message par la classe de base. Celle-ci donne la bonne réponse, que l'on retrouve dans le champ Result de la structure Message. Dans le cas où il s'agit de l'aire client (valeur 1 dans le champ Result), on fait croire à Windows que la souris se trouve au-dessus de la barre de titre (en forçant dans ce cas la valeur 2 dans le champ Result).

Envisageons un deuxième cas d'application pratique : on désire que la fenêtre reste fixe quand l'utilisateur clique sur la barre de titre et déplace la souris, bouton enfoncé. On redéfinit pour cela la méthode WndProc de la manière suivante :

```
// fenêtre non déplaçable
protected override void WndProc(ref Message m)
{
 switch (m.Msg)
 {
  case 0x84 :
    base.WndProc(ref m);
    if (m.Result == 2) m.Result = 0;
    break;
  default :
    base.WndProc(ref m);
 }
}
```

Quand la classe de base nous indique (bonne réponse) que la souris se trouve au-dessus de la barre de titre (valeur 2 dans le champ Result), on signale à Windows que la souris ne se trouve nulle part (valeur 0 dans le champ Result). Windows ne procède dès lors pas au déplacement de la fenêtre.

12.4 Drag & drop

Les opérations de glisser-déposer (*drag& drop* en anglais) permettent de déplacer ou de copier un objet d'une source (qui peut être extérieure au programme, par exemple l'explorateur) vers une destination (cible, ou *target* en anglais, par exemple la fenêtre de votre application ou un composant de celle-ci).

L'opération de *drag & drop* est généralement initiée par un clic sur la zone source, même si n'importe quel événement peut en être à l'origine (seule compte en effet la manière d'initier l'opération, voir la fonction DoDragDrop).

Supposons que la source soit un PictureBox (avec pb comme nom interne). Pour initier le *drag & drop* à partir de cette source, il faut exécuter la fonction DoDragDrop, qui est une méthode de la classe Control (classe de base des fenêtres et des composants) :

```
public DragDropEffects DoDragDrop(object data,
                                  DragDropEffects allowedEffects);
```

Le premier argument (de type object) indique ce qui est réellement passé comme information à l'objet destination (c'est vous qui décidez). Il peut s'agir d'un nom (par exemple le nom complet de l'image) ou d'un objet Bitmap. De manière plus précise, ce qui est communiqué entre source et cible peut être n'importe quel objet d'une classe implémentant les interfaces ISerializable ou IDataObject. C'est cet objet data que recevra le destinataire, mais sous une autre forme.

Le second argument peut être une ou plusieurs des valeurs de l'énumération DragDropEffects : All, Copy, Move ou None. Cet argument indique les opérations que la source est prête à accepter. Il a une influence sur la forme (par défaut) du curseur durant le glissement.

La valeur de retour de DoDragDrop présente peu d'intérêt. Pour que notre composant pb puisse être source d'un *drag & drop* (en se déclarant, ici, prêt à accepter les opérations copier et déplacer, c'est-à-dire toutes les opérations), il doit ainsi réagir à un événement (généralement un clic de la souris) et exécuter :

```
pb.DoDragDrop(pb.Image, DragDropEffects.All);
```

Passons maintenant à la cible. Un composant (y compris la fenêtre) indique qu'il peut être cible d'un *drag & drop* (*d & d*) en faisant passer à true sa propriété AllowDrop.

La cible peut alors traiter les événements DragEnter (début d'un *d & d* au-dessus de la cible), DragOver (*d & d* en cours), et surtout DragDrop qui indique que l'utilisateur vient de relâcher le bouton de la souris.

Le second argument des fonctions de traitement de ces trois événements est de type `DragEventArgs`, qui contient les informations suivantes :

Champs de la classe `DragEventArgs`	
`AllowedEffects`	Opérations autorisées par la source (voir le second argument de `DoDragDrop`).
`Data`	Correspond (mais sous une autre forme) au premier argument de `DoDragDrop` : ce qui est réellement passé comme information entre la source et la cible. `Data` implémente l'interface `IDataObject` avec ses fonctions `GetData` (qui renvoie les données correspondant à l'objet glissé, le type de la donnée que l'on est prêt à accepter étant passé en argument de `GetData`) et `GetDataPresent` (qui indique si l'objet glissé est du type désiré).
`Effect`	La cible y indique les opérations qu'elle autorise (voir les différentes valeurs de l'énumération `DragDropEffects`).
`KeyState`	État des boutons de la souris et des touches MAJ, CTRL et ALT du clavier : bit 0 (d'extrême droite) pour le bouton gauche, bit 1 (valeur 2) pour le bouton droit, bit 2 (valeur 4) pour MAJ, bit 3 (valeur 8) pour CTRL et bit 5 (valeur 32) pour ALT. `KeyState` est de type `int`.
`X`	Coordonnée `X` (par rapport à l'écran) de la souris. Comme il s'agit de coordonnées d'écran, une conversion en coordonnées de fenêtre sera souvent nécessaire quand les informations `X` et `Y` seront significatives.
`Y`	Coordonnée `Y`, par rapport à l'écran.

En traitant l'événement `DragEnter`, la cible peut indiquer qu'elle n'accepte que tel type de données. Par exemple, pour signaler qu'elle n'accepte que les images (par défaut, tout est accepté) :

```
if (e.Data.GetDataPresent(typeof(Bitmap)) == false)
   e.Effects = DragDropEffects.None;
```

Pour afficher l'image source au point (`e.X`, `e.Y`) du *drop*, on traite l'événement `DragDrop` adressé à la cible :

```
// obtenir l'image fournie par la source
Bitmap img = (Bitmap)e.Data.GetData(typeof(Bitmap));
// convertir les coordonnées d'écran en coordonnées de fenêtre
Point p = this.PointToClient(new Point(e.X, e.Y));
// obtenir un contexte de périphérique pour l'affichage dans la fenêtre
Graphics g = CreateGraphics();
g.DrawImage(img, p);
```

Dans le cas d'un *drop* dans le `PictureBox` pb, il suffit d'écrire :

```
pb.Image = img;
```

Lors de l'opération glisser, le curseur de la souris prend une forme par défaut, qui dépend du second argument de `DoDragDrop` mais aussi de `e.Effects` (éventuellement modifié par la cible lors du traitement des événements `DragEnter` et `DragOver`). Pour modifier le curseur durant cette opération, il faut traiter l'événement `GiveFeedBack` adressé à la source (le `PictureBox` dans notre cas), signaler que l'on refuse les curseurs par défaut, et spécifier le curseur à utiliser dans la fonction qui traite cet événement `GiveFeedBack` (on suppose que le curseur `monCurseur` a été préalablement créé) :

```
e.UseDefaultCursors = false;
Cursor = monCursor;
```

Après le *drop* ou l'annulation du déplacement, il faut restituer le curseur par défaut, ce qui se fait généralement en traitant l'événement `QueryContinueDrag` adressé à la source. Celui-ci est signalé à la source de manière répétitive durant tout le glissement. Le second argument de la fonction de traitement est de type `QueryContinueDragEventArgs`, qui contient les informations suivantes :

Champs de la classe `QueryContinueDragEventArgs`		
`Action`	Indique à la source l'état de l'opération. `Action` peut contenir l'une des valeurs de l'énumération `DragAction` :	
	`Cancel`	l'utilisateur a annulé l'opération par la touche d'échappement,
	`Continue`	l'opération de glissement est toujours en cours,
	`Drop`	l'utilisateur vient de relâcher la souris.
`_KeyState`	Donne l'état des touches MAJ, CTRL et ALT durant le déplacement. `KeyState` est de type `int`.	

Si vous avez modifié le curseur de la souris pour rendre l'effet du déplacement plus visuel, n'oubliez pas de restituer le curseur par défaut dans la fonction traitant `QueryContinueDrag` (`Cancel` ou `Drop` dans `Action` indique que le *drag & drop* est terminé).

12.5 L'horloge

Le composant `Timer` (un objet de la classe `Timer`, dans le groupe `Composants` de la boîte à outils) agit comme un chronomètre et signale l'événement `Tick` toutes les n millisecondes (en anglais tic-tac se dit *tick*). Cette valeur n est spécifiée dans la propriété `Interval`. À l'événement `Tick` est associée une méthode automatiquement exécutée toutes les n millisecondes (à condition toutefois d'avoir fait passer à `true` la propriété `Enabled`). Il n'y a cependant aucune garantie que cet événement soit signalé rigoureusement toutes les n millisecondes. S'il y a engorgement du système, l'événement pourrait en effet être signalé avec quelque retard. Un événement n'interrompt en effet jamais une fonction en train de traiter un événement.

Un *timer* n'a aucune représentation visuelle à l'écran et vous le créez comme tout composant de ce type (par exemple les boîtes de sélection).

Pour activer un *timer*, faites passer sa propriété `Enabled` à `true` (par défaut, elle vaut `false` et le chronomètre est inactif). Exécutez les méthodes `Start` et `Stop` pour déclencher et arrêter le chronomètre (par exemple si l'événement `Tick` ne doit être signalé qu'une seule fois).

Si vous n'utilisez pas Visual Studio, vous créez un *timer* comme suit :

```
using System.Windows.Forms;
.....
Timer t = new Timer();
```

```
t.Tick += new EventHandler(timerOnTick);
t.Interval = 100;
t.Enabled = true;                        // ou t.Start();
.....
void timerOnTick(object sender, EventArgs e)
{
.....
}
```

Classe Timer

Timer ← Component ← Object

using System.Windows.Forms;

Propriétés de la classe Timer

Enabled	T/F	Indique si le *timer* est opérationnel ou non.
Interval	int	Intervalle de temps, exprimé en millisecondes (100 par défaut) entre deux signaux. Vouloir spécifier l'intervalle à la milliseconde près est cependant illusoire. Windows arrondit en effet les valeurs faibles à 10 ou 20 ms.

Méthodes de la classe Timer

void Start();	Redémarre le chronomètre. Par défaut, le chronomètre est enclenché dès que la propriété Enabled passe à true.
void Stop();	Arrête le chronomètre. Exécutez Start pour le réactiver.

Événement lié au timer

Tick	Fonction automatiquement exécutée toutes les Interval millisecondes (si Enabled vaut true et si Stop n'a pas été exécuté).

Programmes d'accompagnement

TouchesClavier	Signale dans une boîte de liste tous les codes transmis lorsque l'utilisateur frappe une touche.
PosSouris	Indique dans la barre de titre la position de la souris. Indique aussi quel bouton est enfoncé lors du déplacement. La présence d'un bouton permet de voir ce qui se passe quand la souris survole le bouton.
NCHitTest	Crée une fenêtre non déplaçable ou déplaçable par glisser-déposer à l'intérieur même de la fenêtre, sur l'aire client.

13

Les tracés avec GDI+

Dans ce chapitre, nous allons apprendre :

- à utiliser les objets du GDI+ : couleur, police de caractères, stylo pour dessiner le contour des figures, pinceau pour colorier l'intérieur des figures ;

- à dessiner n'importe quelle forme géométrique et afficher du texte ou une image.

Ce sera l'occasion de nous initier aux principes de GDI+ (*Graphical Device Interface*).

Les classes du GDI+ permettent de réaliser des animations graphiques, sans pour autant atteindre le niveau de performances offert par DirectX (ni la complexité de ce dernier).

13.1 Les objets du GDI+

13.1.1 Comment spécifier une couleur ?

Les couleurs jouent un rôle considérable dans l'environnement Windows : couleur de fond (propriété `BackColor` de nombreux composants) ou couleur d'affichage (propriété `ForeColor`) mais les couleurs sont aussi utilisées dans beaucoup d'autres cas (tracés de ligne, couleur de pinceau, couleur de remplissage, etc.).

Une couleur peut être spécifiée de diverses manières :

- en reprenant l'une des constantes de la classe `Color` (il s'agit plus précisément d'une structure) : `Black`, `White`, `Red`, `Maroon`, etc. (de `AliceBlue` à `YellowGreen`) ;

- en « créant » une couleur à partir de ses couleurs de base que sont le rouge (*red*), le vert (*green*) et le bleu (*blue*).

Si l'on considère la gamme des couleurs (du noir au blanc en passant par des milliers de couleurs intermédiaires), celles-ci sont formées en mélangeant le rouge, le vert et le bleu de la manière suivante (la « quantité » relative de chaque couleur dans le mélange étant représentée par un nombre entier compris entre 0 et 255) :

Rouge	Vert	Bleu	Couleur
0	0	0	noir
0	0	128	bleu foncé
0	128	0	vert foncé
0	128	128	cyan foncé
128	0	0	rouge foncé
128	0	128	magenta foncé
128	128	0	brun foncé
128	128	128	gris foncé
192	192	192	gris clair
0	0	255	bleu clair
0	255	0	vert clair
0	255	255	cyan clair
255	0	0	rouge clair
255	0	255	magenta clair
255	255	0	jaune
255	255	255	blanc

Pour spécifier la couleur jaune, on peut écrire (Color sera bientôt présenté) :

```
Color.Yellow       (l'une des constantes de la structure Color)
```

ou

```
Color.FromArgb(255, 255, 0)
```

Le modèle RGB (ou RVB en français) n'est pas le seul modèle de représentation de couleurs. Il existe aussi le modèle colorimétrique TSL (Teinte-Saturation-Luminosité, HSB pour *Hue-Saturation-Brightness* en anglais), peu utilisé en programmation.

Il est souvent plus simple d'utiliser des noms de couleurs :

Couleurs prédéfinies (préfixer chaque nom de Color., par exemple Color.AliceBlue)			
using System.Drawing;			
AliceBlue	AntiqueWhite	Aqua	Aquamarine
Azure			
Beige	Bisque	Black	BlanchedAlmond
Blue	BlueViolet	Brown	BurlyWood

CadetBlue	Chartreuse	Chocolate	Coral
Cornflower	Cornsilk	Crimson	Cyan
DarkBlue	DarkCyan	DarkGoldenrod	DarkGray
DarkGreen	DarkKhaki	DarkMagenta	DarkOliveGreen
DarkOrange	DarkOrchid	DarkRed	DarkSalmon
DarkSeaGreen	DarkSlateBlue	DarkSlateGray	DarkTurquoise
DarkViolet	DeepPink	DeepSkyBlue	DimGray
DodgerBlue			
FireBrick	FloralWhite	ForestGreen	Fuschia
Gainsboro	GhostWhite	Gold	Goldenrod
Gray	Green	GreenYellow	
Honeydew	HotPink		
IndianRed	Indigo	Ivory	
Khaki			
Lavender	LavenderBlush	LawnGreen	LemonChiffon
LightBlue	LightCoral	LightCyan	LightGoldenrodYellow
LightGray	LightGreen	LightPink	LightSalmon
LightSeaGreen	LightSlateGray	LightSteelBlue	LightYellow
Lime	LimeGreen	Linen	
Magenta	Maroon	MediumAquamarine	MediumBlue
MediumOrchid	MediumPurple	MediumSeaGreen	MediumSlateBlue
MediumSpringGreen	MediumTurquoise	MediumVioletRed	MidnightBlue
MintCream	MistyRose	Moccasin	
NavajoWhite	Navy		
OldLace	Olive	OliveDrab	Orange
OrangeRed	Orchid		
PaleGoldenrod	PaleGreen	PaleTurquoise	PaleVioletRed
PapayaWhip	PeachPuff	Peru	Pink
Plum	PowderBlue	Purple	
Red	RosyBrown	RoyalBlue	SaddleBrown
Salmon	SandyBrown	SeaGreen	SeaShell
Sienna	Silver	SkyBlue	SlateBlue
Snow	SpringGreen	SteelBlue	
Tan	Teal	Thistle	Tomato
Turquoise			
Violet			
Wheat	White	WhiteSmoke	
Yellow	YellowGreen		

Pour changer la couleur de fond de la fenêtre, il suffit d'écrire (à partir du constructeur de la fenêtre ou à partir d'une fonction de traitement d'un composant de la fenêtre) :

```
BackColor = Color.SkyBlue;
```

La classe SystemColors reprend toute une série de couleurs à partir de noms d'éléments du bureau. Généralement, on se contente de noms par défaut mais il est possible, via le panneau de configuration, de modifier ces couleurs pour les différents constituants de Windows (couleur des boutons, couleur de fond de la barre de titre de la fenêtre active, etc.).

Propriétés (statiques et en lecture seule) de la classe SystemColors	
using System.Drawing;	
ActiveBorder	Couleur de la bordure de la fenêtre active.
ActiveCaption	Couleur d'arrière-plan de la barre de titre de la fenêtre active.
ActiveCaptionText	Couleur du texte dans la barre de titre de la fenêtre active.
AppWorkspace	Couleur de la zone non occupée par une fenêtre dans une application MDI (*Multiple Document Interface*).
Control	Couleur de fond des boutons de commande.
ControlDark	Couleur de l'ombre des objets 3D.
ControlDarkDark	Couleur de l'ombre la plus sombre.
ControlLight	Couleur lumineuse des objets 3D.
ControlLightLight	Couleur la plus lumineuse.
ControlText	Couleur du libellé des boutons.
Desktop	Couleur du bureau.
GrayText	Couleur du texte estompé.
Highlight	Couleur de l'article de menu sélectionné.
InactiveBorder	Couleur de la bordure des fenêtres inactives.
InactiveCaption	Couleur d'arrière-plan de la barre de titre des fenêtres inactives.
InactiveCaptionText	Couleur du texte dans la barre de titre des fenêtres inactives.
Info	Couleur d'arrière-plan des bulles d'aide.
InfoText	Couleur du texte dans les bulles d'aide.
Menu	Couleur d'arrière-plan dans le menu.
MenuText	Couleur des articles du menu.
ScrollBar	Couleur d'arrière-plan des barres de défilement.
Window	Couleur de fond de fenêtre.

Pour donner à la fenêtre la couleur de fond du bureau (ce qui n'est peut-être pas la meilleure idée), on écrit :

```
BackColor = SystemColors.Desktop;
```

Revenons à la structure `Color` car elle contient des propriétés et des méthodes intéressantes. Rappelons que la structure `Color` reprend toute une série de propriétés statiques de type `Color` qui vont de `AliceBlue` à `YellowGreen`.

Propriétés et méthodes de la structure `Color`

`Color` ← `ValueType` ← `Object`

`using System.Drawing;`

Propriétés de la classe `Color`

`IsNamedColor`	T/F	Indique si la couleur (celle de l'objet `Color` sur lequel porte la fonction) correspond à l'un des cent cinquante noms de couleurs présentés précédemment. Il faut cependant que l'objet `Color` ait été créé à partir d'un nom.
`Name`	str	Nom de la couleur. `Name` ne contient cependant le nom que si l'objet `Color` a été créé à partir d'un nom. Sinon `Name` contient la représentation hexadécimale du code RGB.
`A`	byte	Composant Alpha de la couleur. Celui-ci donne un facteur de transparence qui s'étend de zéro (transparence complète) à 255 (opacité complète). L'image de fond reste plus ou moins visible (selon le niveau de transparence) dans les zones transparentes.
`R`	byte	Proportion de rouge (valeur comprise entre 0 et 255) dans la couleur. Il s'agit d'une propriété en lecture seule.
`G`	byte	Même chose, pour le vert.
`B`	byte	Même chose, pour le bleu.

Méthodes statiques de la classe `Color`

`Color FromArgb(` `  int R, int G, int B);`	Méthode statique qui construit une couleur à partir des trois couleurs de base que sont le rouge, le vert et le bleu (valeur comprise entre 0 et 255 dans chaque argument).
`Color FromArgb(int A,` `  int R, int G, int B);`	Un facteur alpha (facteur de transparence) est spécifié en premier argument.
`Color FromArgb(int A,` `Color);`	Même chose mais les trois derniers arguments du constructeur précédent sont repris dans un seul.
`ColorFromArgb(int);`	Les quatre informations (A, R, G et B, toutes codées sur un octet) sont regroupées dans un entier codé sur 32 bits.

`Color`
`FromName(string nc);`
	Méthode statique qui construit une couleur à partir d'un nom de couleur :
	`    Color cr = Color.FromName("Turquoise");`
	Il est souvent plus simple et toujours plus efficace d'écrire :
	`    Color cr = Color.Turquoise;`

Méthodes de la classe `Color`

`float GetBrightness();`	Renvoie la luminosité d'une couleur : valeur comprise entre 0 et 1 avec 0 correspondant au noir et 1 au blanc.
`float GetHue();`	Renvoie la teinte (mesurée en degrés).
`float GetSaturation();`	Renvoie la saturation : valeur comprise entre 0 et 1 avec 0 correspondant au gris et 1 à une saturation maximale.
`int ToArgb();`	Renvoie les quatre informations A, R, G et B d'une couleur sous forme d'un entier codé sur 32 bits (format très utilisé sous DirectX).

Il est possible de retrouver par programme toutes les couleurs prédéfinies (de `AliceBlue` à `YellowGreen`). Grâce aux techniques d'introspection (*reflection* en anglais, voir la section

2.13), il est en effet possible d'interroger dynamiquement une classe (ici la structure `Color`) pour connaître ses propriétés statiques. Ainsi, pour copier dans un tableau ces informations (couleur et nom de couleur dans chaque cellule) :

```
using System.Reflection;
.....
struct COULEUR
{
 public Color cr;
 public string crNom;
}
.....
Type ct = typeof(Color);
PropertyInfo[] tpi
   = ct.GetProperties(BindingFlags.Static | BindingFlags.Public);
int n = tpi.Length;              // nombre de couleurs prédéfinies
// construire un tableau des valeurs et noms de couleurs
COULEUR[] tc = new COULEUR[n];
for (int i=0; i<n; i++)
{
 PropertyInfo pi = tpi[i];
 tc[i].cr = (Color)pi.GetValue(null, null);
 tc[i].crNom = crNom = pi.Name;
}
```

La fonction `FromName` crée une couleur à partir d'un nom de couleur. `FromName` renvoie une couleur noire si l'argument ne correspond à aucun nom de couleur.

Une autre technique pour convertir un nom de couleur en une couleur consiste à écrire (nom de couleur dans `s`, de type `string`) :

```
Color cr
   = (Color)TypeDescriptor.GetConverter(typeof(Color)).ConvertFromString(s);
```

Une exception est alors générée si le nom de la couleur ne correspond à aucune couleur connue.

La classe `ColorTranslator` de l'espace de noms `System.Drawing` permet également d'effectuer des conversions. Toutes les fonctions de cette classe sont statiques :

Propriétés et méthodes de la classe `ColorTranslator`	
`ColorTranslator` → `Object`	
`using System.Drawing;`	
Méthodes statiques de la classe `ColorTranslator`	
`Color FromHtml(string);`	L'argument peut être un nom de couleur ou une valeur hexadécimale (par exemple #0000FF pour bleu) : Color cr = ColorTranslator.FromHtml("Red"); cr = ColorTranslator.FromHtml("#0000FF"); Une exception est générée si le nom de la couleur n'est pas connu.
`string ToHtml(Color);`	Renvoie le nom ou une chaîne de caractères contenant la valeur hexadécimale de la couleur passée en argument.

13.1.2 Les polices de caractères

La classe `Font` correspond à une police de caractères (nom de la police, par exemple `Arial`, taille des caractères, inclinaison du texte, etc.). Pour afficher ou imprimer du texte, il faut créer ou utiliser un objet `Font` dans lequel on spécifie les caractéristiques de la police. Plus précisément, le programmeur exprime des souhaits quant à une police de caractères que le programme souhaite utiliser (vous ne savez pas nécessairement sur quelle machine sera exécuté votre programme et si la police désirée est effectivement installée sur cette machine). Sur la base de cette liste de souhaits, Windows sélectionne une police existante parmi celles qui ont déjà été installées. Si vous spécifiez exactement (ou à peu de choses près) les caractéristiques d'une police fournie d'office avec Windows, c'est évidemment celle-là qui sera sélectionnée (à condition qu'elle n'ait pas été supprimée par l'utilisateur). Les affichages pourraient cependant être quelque peu différents sur un ordinateur configuré différemment puisqu'une autre police pourrait être sélectionnée.

Ce qui suit se passe en cours d'exécution du programme cible et non lors de sa compilation. Pour choisir une police, Windows accorde un poids à chacun de vos souhaits, ce qui donne un score à vos desiderata. Windows choisit alors la police la plus proche de ce score.

Tout le monde sait plus ou moins intuitivement ce qu'est une police de caractères puisque tout le monde est amené à lire du texte, qu'il soit affiché à l'écran ou imprimé dans des journaux, des livres ou des magazines. Les puristes et les typographes feront remarquer qu'une police désigne plus précisément un ensemble formé d'une famille de police (Arial par exemple), une taille (10 points par exemple) et une apparence (gras ou italiques). C'était vrai autrefois puisqu'à cet ensemble correspondait un jeu de caractères en plomb bien particulier. Les techniques informatiques ont rendu ces définitions quelque peu caduques. On dit communément aujourd'hui, même si c'est à tort, qu'Arial est une police (*font* en anglais), indépendamment de la taille et de l'apparence des caractères.

Utiliser une police revient donc à utiliser ou créer un objet `Font`. Il en va de même pour les autres objets du GDI+ : utiliser un stylo revient à créer un objet `Pen`, même chose avec les brosses et la classe `Brush` et les images avec la classe `Bitmap`. Derrière ces objets se cachent des ressources Windows (ressources qui sont allouées lors de la création de l'objet). La documentation .NET demande néanmoins d'exécuter `Dispose` appliqué à un objet graphique avant de quitter une fonction où l'on a créé un objet un tel objet, ce qui a pour effet d'aider .NET dans sa gestion de la mémoire.

Présentons la classe `Font` qui est à la base de la sélection, par programme, de police.

Classe Font

```
Font ← Object
using System.Drawing;
```

Propriétés de la classe Font, toutes en lecture seule

Bold	T/F	Caractères gras.
FontFamily		Objet de la classe FontFamily présentée ci-après.
Height	int	Hauteur des caractères, en pixels (ne pas oublier que cette hauteur comprend toute une zone au-dessus et au-dessous du caractère). Voir le troisième constructeur de Font pour spécifier la hauteur dans différents systèmes de mesure.
Italic	T/F	Caractères en italiques.
Name	str	Nom de la police, par exemple Arial ou Times New Roman.
SizeInPoints	float	Taille en points, qui est l'unité des typographes. Un point correspond à 0.375 mm. Les logiciels de traitement de textes utilisent généralement ce système de mesure.
Strikeout	T/F	Caractères barrés.
Style	enum	Apparence des caractères. Style peut valoir l'une des valeurs suivantes de l'énumération FontStyle : Bold (gras), BoldItalic (gras et italiques), Italic (italiques), Regular (normal), Strikeout (barré) ou Underline (souligné).
Underline	T/F	Caractères soulignés.
Unit	enum	Unité de mesure. Unit peut prendre l'une des valeurs suivantes de l'énumération GraphicsUnit :

	Display	l'unité est le 1/75 de pouce, le pouce (*inch* en anglais) valant 2,54 cm.
	Document	l'unité est le 1/300 de pouce.
	Inch	l'unité est le pouce,
	Millimiter	l'unité est le millimètre,
	Pixel	l'unité est le pixel,
	Point	l'unité est le point typographique.

Constructeurs de la classe Font

Font(
  string nomPolice,
  float taille);
	Sélection d'une police sur base d'un nom de police et d'une taille de caractères. Pour les puristes, le nom de la police est plus précisément un nom de famille.

Font(
  string nomPolice,
  float taille,
  FontStyle);
	Même chose mais en spécifiant un style (l'une des valeurs de l'énumération Font-Style présentée ci-dessus). Par exemple :
	`Font pol = new Font("Arial", 15,`
	`        FontStyle.Bold | FontStyle.Italic);`

Font(
  string nomPolice,
  float taille,
  GraphicsUnit);
	Même chose mais en spécifiant l'unité de mesure (l'une des valeurs de l'énumération GraphicsUnit avec ses valeurs Inch, Millimeter, Pixel et Point). Par exemple (texte haut de 2,54 cm, qui est la taille d'un pouce) :
	`Font pol = new Font("Arial", 1,`
	`                GraphicsUnit.Inch);`

| Font(
  string nomPolice,
  float taille,
  FontStyle,
  GraphicsUnit); | Même chose, en spécifiant le style de police et l'unité. |
| Font(Font, FontStyle); | Sélection d'une police sur base d'une police existante (objet Font) mais avec un autre style. |

Pour connaître les noms des polices installées et afficher ces noms dans une boîte de liste (lb comme nom interne de la boîte de liste) :

```
foreach (FontFamily ff in FontFamily.Families) lb.Items.Add(ff.Name);
```

Avant d'afficher du texte dans une police déterminée, il faut étudier les stylos et les pinceaux. Attendez donc la section 13.5 pour trouver des exemples.

13.1.3 Les stylos

Les stylos (*pen*) sont utilisés pour tracer des lignes ou les contours de rectangles, d'ellipses, etc. (voir les méthodes de la classe Graphics plus loin dans ce chapitre). Ils ne sont pas utilisés pour écrire du texte à l'aide de DrawString. On peut créer des stylos d'une épaisseur ou d'une couleur déterminée. Par défaut, les stylos tracent sur une épaisseur d'un pixel.

Les stylos sont des objets de la classe Pen. Celle-ci appartient à l'espace de noms System.Drawing mais plusieurs classes liées à la classe Pen font partie de l'espace de noms System.Drawing.Drawing2D.

Les stylos (classe Pen)

Pen ← Object

using System.Drawing.Drawing2D;

Propriétés de la classe Pen

Alignment	enum	Alignement du stylo par rapport à la ligne à tracer. Cette propriété n'a d'intérêt que si le stylo trace sur une épaisseur de plus d'un pixel (la ligne à tracer est donnée par ses points de départ et d'arrivée, spécifiés au pixel près alors que la ligne est plus large). Alignment peut prendre l'une des valeurs suivantes de l'énumération PenAlignment :
		Center	Le stylo trace de part et d'autre de la ligne à tracer (les points de départ et d'arrivée sont spécifiés au pixel près et forment la ligne fictive, non affichée).
		Inset	À l'intérieur de la ligne fictive (ce qui présente surtout de l'intérêt pour les lignes courbes éventuellement fermées).
		Left	La ligne fictive se trouve à gauche ou au-dessous de la ligne épaisse.
		Outset	À l'extérieur de la ligne fictive.
		Right	La ligne fictive se trouve à droite ou au-dessus de la ligne épaisse.

Les stylos (classe Pen) *(suite)*

Brush		Pinceau utilisé pour les gros traits (voir l'objet Brush plus loin dans ce chapitre). Le trait peut en effet être bien plus élaboré qu'un trait plein, ce qui n'a évidemment d'effet que pour les lignes épaisses.
Color		Couleur d'affichage du trait.

DashPattern	float[]	Tableau des tirets (*dash* en anglais) et espaces. Par exemple (tiret trois fois plus long que l'espace) :
		`float[] tf = {0.6f, 0.2f};`
		`Pen stylo = new Pen(Color.Red, 10);`
		`stylo.DashPattern = tf;`

DashStyle	enum	Type de trait (plein, tiret, point, etc.). DashStyle peut prendre l'une des valeurs suivantes de l'énumération DashStyle : Dash (tracé à l'aide de tirets), DashDot (tiret suivi de point), DashDotDot (tiret suivi de deux points), Dot (point), Solid (trait plein).
EndCap	enum	Figure de fin de ligne. EndCap, qui peut prendre l'une des valeurs suivantes de l'énumération LineCap, indique comment doit être dessiné le bout de la ligne : ArrowAnchor (flèche), DiamondAnchor (carreau), Round (arrondi), RoundAnchor (arrondi mais plus large que la ligne), Square (carré), Triangle (triangle).
PenType	enum	Texture (par exemple des hachures ou un dégradé de couleurs) utilisée quand le stylo est épais. PenType peut prendre l'une des valeurs suivantes de l'énumération PenType : HatchFill, LinearGradient, PathGradient, SolidColor ou TextureFill. Il s'agit d'une propriété en lecture seule.
StartCap	enum	Figure de début de ligne. StartCap peut prendre l'une des valeurs de l'énumération LineCap (voir EndCap).
Width	float	Epaisseur du trait.

Constructeurs de la classe Pen

`Pen(Color);`	Crée un stylo en spécifiant uniquement sa couleur (les traits sont alors pleins et épais d'un pixel).
`Pen(Color, float);`	Même chose mais en spécifiant en plus l'épaisseur du trait (1 pour une épaisseur d'un pixel). Spécifier 0 en second argument revient à spécifier une épaisseur d'un pixel.
`Pen(Brush);`	Même chose mais en spécifiant le pinceau à utiliser pour les tracés.
`Pen(Brush, float);`	Même chose mais en spécifiant en plus l'épaisseur du trait. Le pinceau n'a évidemment d'intérêt que pour les lignes épaisses.

Un stylo vert épais de cinq pixels est créé par :

```
Pen stylo = new Pen(Color.Lime, 5);
```

Un style (toujours d'une épaisseur d'un pixel) peut être spécifié en prenant l'un des champs statiques de la clase Pens. On trouve dans cette classe Pens autant de champs statiques qu'il y a de couleurs : de Pens.AliceBlue à Pens.YellowGreen.

Une autre technique consiste à spécifier l'un des champs statiques de la classe System-Pens, également dans l'espace de noms System.Drawing. Les couleurs ainsi sélectionnées correspondent à des couleurs standard d'éléments du bureau :

Champs statiques de la classe `SystemPens`			
ActiveCaptionText	ControlLight	HighlightText	WindowFrame
Conrol	ControlLightLight	InactiveCaptionText	WindowText
ControlDark	ControlText	InfoText	
ControlDarkDark	Highlight	MenuText	

On écrit par exemple :

```
Pen stylo = Pens.Red;
stylo = SystemPens.ActiveCaptionText;
```

13.1.4 Les pinceaux

Les pinceaux (*brush* en anglais) servent à peindre l'intérieur des formes géométriques (rectangles, ellipses, etc., voir les méthodes de la classe Graphics ainsi que les traits épais). Le motif est généralement uni mais il pourrait être une forme géométrique (par exemple des hachures en diagonale) ou même une image. Les pinceaux sont des objets de classes dérivées de la classe Brush qui est une classe abstraite de l'espace de noms System.Drawing. Les classes dérivées de Brush sont :

- SolidBrush : peinture unie ;

- HatchBrush : peinture avec hachures ;

- TextureBrush : chaque coup de pinceau correspond à une texture ;

- LinearGradientBrush : brosse avec dégradé de couleur ;

- PathGradientBrush : même chose.

Nous allons commencer par le plus simple des pinceaux, celui dont la couleur est unie :

Classe `SolidBrush`	
SolidBrush ← Brush ← Object	
using System.Drawing;	
Propriété de la classe `SolidBrush`	
Color	Couleur (objet de la classe Color) du pinceau.
Constructeur de la classe `SolidBrush`	
SolidBrush(Color cr);	Crée un pinceau utilisant la couleur cr.

Pour créer un pinceau de couleur rouge :

```
using System.Drawing;
.....
Brush br = new SolidBrush(Color.Red);
```

Signalons également la classe Brushes (de l'espace de noms System.Drawing) qui ne contient que des propriétés statiques de type Brush : de Brushes.AliceBlue à Brushes.YellowGreen.

Classe HatchBrush

```
using System.Drawing.Drawing2D;
```

```
HatchBrush ← Brush
```

Propriétés de la classe HatchBrush

BackgroundColor		Couleur d'arrière-plan du pinceau.
ForegroundColor		Couleur des hachures.
HatchStyle	enum	Type de hachure. HatchStyle peut prendre l'une des valeurs suivantes de l'énumération HatchStyle : Horizontal (hachures horizontales), Cross (horizontales et verticales), Vertical (verticales), DiagonalCross (en oblique), BackwardDiagonal (diagonales obliques dans les deux sens), FDiagonal (diagonales inverses) :

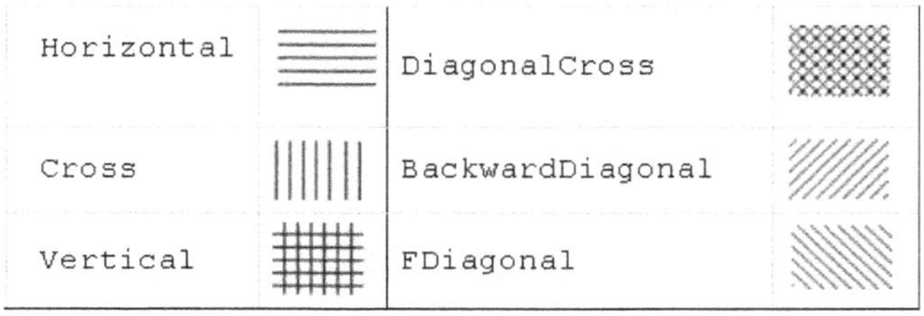

Figure 13-1

Constructeurs de la classe HatchBrush

HatchBrush(HatchStyle, Color crh);	Crée un pinceau hachuré utilisant la couleur crh comme couleur des hachures (fond noir par défaut).
HatchBrush(HatchStyle, Color crh, Color crf);	Crée un pinceau hachuré en spécifiant la couleur de fond (crf en troisième argument) et celle des hachures (crh en deuxième argument).

Pour créer un pinceau hachurant en rouge sur fond bleu (doubles hachures obliques) :

```
using System.Drawing.Drawing2D;
.....
Brush br = new HatchBrush(HatchStyle.DiagonalCross, Color.Red, Color.Blue);
```

Classe TextureBrush

```
TextureBrush ← Brush
```

```
using System.Drawing;
```

Propriétés de la classe `TextureBrush`

`Image`	`Image`	Image de fond. L'image, généralement répétée, sert de fond de pinceau. Voir plus loin dans ce chapitre la classe `Image` (une classe abstraite dont dérive la classe `Bitmap` généralement utilisée).
`WrapMode`	`WrapMode`	Répétition de l'image dans le pinceau. `WrapMode` peut prendre l'une des valeurs de l'énumération `WrapMode` :

	`Clamp`	L'image n'est pas répétée et ne se retrouve que dans le coin supérieur gauche du pinceau.
	`Tile`	L'image est répétée en largeur et en hauteur.
	`TileFlipX,` `TileFlipXY,` `TileFlipY`	Même chose mais l'image subit des inversions respectivement en X, en X et Y ou en Y.

Constructeurs de la classe `TextureBrush`

`TextureBrush(Image);`	L'image est spécifiée en argument.
`TextureBrush(Image, Rectangle);`	Le rectangle de destination. Le second argument peut également être passé sous forme d'un objet `RectangleF` (les coordonnées d'un `RectangleF` sont des `float` plutôt que des `int`).
`TextureBrush(Image, WrapMode);`	L'image et le mode de répétition sont passés en arguments.
`TextureBrush(Image, WrapMode, Rectangle);`	

Classe `LinearGradientBrush`

`LinearGradientBrush ← Brush`

`using System.Drawing.Drawing2D;`

Propriétés de la classe `LinearGradientBrush`

`LinearColors`	`Color[]`	Couleur de début et de fin du gradient de couleurs.
`WrapMode`	`WrapMode`	Répétition de l'image dans le pinceau. Voir la classe `TextureBrush`.

Constructeurs de la classe `LinearGradientBrush`

`LinearGradientMode( Rectangle, Color c1, Color c2, LinearGradientMode);`	On spécifie le rectangle dans lequel est réalisé le gradient de couleurs, la couleur de début c1, la couleur de fin c2 ainsi qu'un mode de progression du gradient (une des valeurs de l'énumération `LinearGradientMode` : `BackwardDiagonal`, `ForwardDiagonal`, `Horizontal` ou `Vertical`).
`LinearGradientMode( Rectangle, Color c1, Color c2, float angle);`	Même chose, un angle de progression étant passé en argument. Celui-ci est mesuré en degrés, dans le sens des aiguilles d'une montre à partir de l'axe des X.
`LinearGradientMode( Point, Point, Color c1, Color c2);`	Même chose que le premier constructeur, le rectangle étant remplacé par les coordonnées de deux coins opposés et la progression du gradient étant horizontale.

13.2 Les méthodes de la classe Graphics

Nous allons maintenant aborder les fonctions d'affichage proprement dites.

Les méthodes de la classe Graphics permettent de dessiner des lignes, des rectangles, des ellipses, d'afficher du texte ou encore des images. Il nous restera néanmoins un problème à résoudre : comment créer ou obtenir un objet Graphics nous permettant d'appeler les fonctions d'affichage. Nous nous pencherons sérieusement sur ce problème après avoir vu les fonctions de la classe Graphics.

Classe Graphics

Graphics ← Object

```
using System.Drawing;
using System.Drawing.Drawing2D;
```

Principales méthodes de la classe Graphics

`void Clear(Color);`	Peint toute la surface accessible (toute la fenêtre si l'objet Graphics est lié à la fenêtre).

Affichage de texte

`void DrawString(string s,` `Font f, Brush b, Point p);`	Affiche s à partir du point p en utilisant la police f et le pinceau b pour la couleur d'avant-plan.

`void DrawString(string s,`
`Font f, Brush b,`
`int x, int y);`
	Même chose mais en spécifiant les deux coordonnées X et Y du coin supérieur gauche de la zone d'affichage.

`void DrawString(string s,` `Font f, Brush, PointF p);`	Même chose mais en passant les coordonnées dans un objet PointF. PointF diffère de Point par le type des coordonnées X et Y : de type float dans PointF.
`void DrawString(string s,` `Font f, Brush, RectangleF r);`	Le texte s'inscrit (sans déborder) dans le rectangle passé en dernier argument. RectangleF diffère de Rectangle par le type des coordonnées : de type float dans RectangleF et de type int dans Rectangle. Un objet Rectangle pourrait également être passé en dernier argument.

`void DrawString(string s,`
`Font f, Brush, PointF r,`
`StringFormat sf);`
	L'objet StringFormat passé en dernier argument permet de spécifier la position du texte.

`void DrawString(string s,`
`Font f, Brush, RectangleF r,`
`StringFormat sf);`	

Affichage de lignes et de formes géométriques

`void DrawLine(Pen,` `Point p1, Point p2);`	Trace une ligne entre p1 et p2. Le stylo passé en premier argument est utilisé pour tracer cette ligne.

`void DrawLine(Pen,`
`int x1, int y1,`
`int x2, int y2);`
	Même chose mais en spécifiant directement les coordonnées de début et de fin de ligne.

`void DrawLines(Pen, Point[]);`	Trace une succession de lignes (passant par les points spécifiés en second argument).
`void DrawRectangle (Pen, int xGauche, int yHaut, int largeur, int hauteur);`	Dessine le rectangle dont les coordonnées sont spécifiées en arguments (coordonnées du coin supérieur gauche ainsi que largeur et hauteur). L'intérieur du rectangle n'est pas touché par l'opération. Le stylo passé en premier argument est utilisé pour tracer cette ligne.
`void DrawRectangle (Pen, Rectangle);`	Même chose, les coordonnées du rectangle (coordonnées du coin supérieur gauche ainsi que largeur et hauteur) étant passées dans un objet `Rectangle`. Le second argument peut également être un `RectangleF`.
`void DrawRectangles(Pen, Rectangle[]);`	Trace une succession de rectangles. Le second argument peut également être un tableau de `RectangleF`.
`void FillRectangle(Brush, Rectangle);`	Peint l'intérieur du rectangle à l'aide du pinceau passé en premier argument.
`void FillRectangle(Brush, int x, int y, int larg, int haut);`	Même chose mais en spécifiant autrement les coordonnées du rectangle.
`void FillRectangle(Brush, float x, float y, float larg, float haut);`	Même chose.
`void FillRectangles(Brush, Rectangle[]);`	Remplit plusieurs rectangles.
`void DrawEllipse(Pen, int xGauche, int yHaut, int largeur, int hauteur);`	Dessine une ellipse, l'intérieur n'étant pas touché par l'opération.

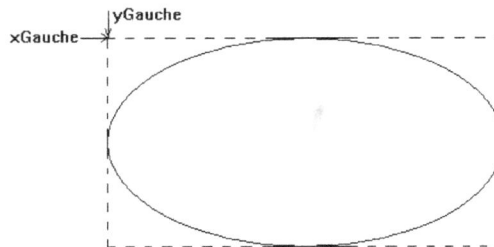

Figure 13-2

```
void
DrawEllipse(Pen, Rectangle[]);

void
DrawEllipse(Pen, RectangleF);

void
DrawEllipse(Pen,
 float xGauche, float yHaut,
 float largeur, float haut);
```

Affichage de lignes et de formes géométriques *(suite)*

`void` `FillEllipse(Brush, Rectangle);`	Peint l'intérieur de l'ellipse.

`void`
`FillEllipse(Pen,`
` int xGauche, int yHaut,`
` int largeur, int hauteur);`	

`void`
`FillEllipse(Brush,`
` float xGauche, float yHaut,`
` float largeur, float haut);`	

`void` `DrawCurve(Pen, Point[]);`	Trace une courbe qui passe par les différents points du tableau de points passé en dernier argument. Le second argument peut également être un `PointF[]`.
`void DrawClosedCurve(Pen,` ` Point[]);`	Trace une courbe fermée passant par les différents points du tableau. Le dernier point rejoint le premier.

`void DrawClosedCurve(Pen,`
` Point[], float tension,`
` FillMode);`
	Dessine une courbe fermée passant par différents points. `tension` indique le niveau de courbure entre deux points (0 pour une ligne droite).

`FillMode` indique la technique de remplissage. Le dernier argument peut prendre l'une de ces deux valeurs de l'énumération `FillMode`, `Alternate` ou `Winding` :

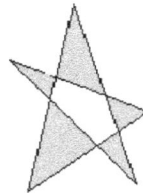
ALTERNATE

WINDING

Figure 13-3

remplit les surfaces directement accessibles de l'extérieur.	*remplit tout l'intérieur.*
`void FillClosedCurve(Brush,` ` Point[]);`	Remplit une courbe fermée.
`void FillClosedCurve(Brush,` ` Point[], FillMode);`	Même chose.

```
void
DrawArc (Pen,
 int xGauche, int yHaut,
 int largeur, int hauteur,
 int xDebut, int yDebut,
 int xFin, int yFin);
```

Dessine un arc (partie d'ellipse) :

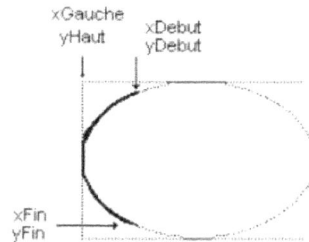

Figure 13-4

```
void
DrawArc (Pen,
 float xGauche, float yHaut,
 float largeur, float hauteur,
 float xDebut, float yDebut,
 float xFin, float yFin);
```

```
void
DrawArc (Pen,
 Rectangle,
 float xDebut, float yDebut,
 float xFin, float yFin);
```

```
void
DrawBezier(Pen, Point p1,
Point p2, Point p3, Point p4);
```

Trace une courbe entre p1 et p2 en utilisant la technique des courbes de Bézier. La courbe ne passe pas par p2 et p3 mais ceux-ci agissent comme des aimants. On trouve une autre forme où les Point sont remplacés par des PointF et une autre encore où chaque PointF est remplacé par un couple (float, float).

```
void DrawBeziers(Pen,
               Point[]);
```

Trace une série de courbes de Bézier.

```
void
DrawPie(Pen,
 int xGauche, int yHaut,
 int largeur, int hauteur,
 int xDebut, int yDebut,
 int xFin, int yFin);
```

Dessine un secteur de camembert (*pie* en anglais). Les arguments sont semblables à ceux de la fonction DrawArc. Deux lignes droites relient les extrémités de l'arc au centre de l'ellipse.

```
void DrawPolygon(Pen,
 Point[]);
```

```
void DrawPolygon(Pen,
 PointF[]);
```

Trace le contour d'un polygone défini par un tableau de points.

Affichage d'image

```
void
DrawImage(Image, Point p);
```

Affiche une image à partir du point p (coin supérieur gauche de l'image). Il existe une forme semblable avec le second argument de type PointF (même chose que Point mais X et Y sont de type float).

Affichage d'image *(suite)*

`void`
`DrawImage(Image,`
`        int X, int Y);`
	Même chose. Une forme semblable existe, avec les arguments X et Y qui sont des `float`.

`void` `DrawImage(Image, Rectangle);`	L'image s'adapte à la taille du rectangle par agrandissement ou rétrécissement de celle-ci. Une forme semblable existe, avec le second argument de type `RectangleF`.

`void`
`DrawImage(Image,`
`        int x, int y,`
`        int larg, int haut);`
	Même chose, les coordonnées du rectangle étant directement passées en argument. Une forme semblable existe, avec les quatre derniers arguments qui sont de type `float`.

`void`
`DrawImage(Image, Point,`
`        GraphicsUnit);`
	Comme les formes précédentes mais en spécifiant l'unité de mesure (voir ci-dessus l'énumération `GraphicsUnit`).

`void DrawImageUnscaled(Image,` `  Point p);`	Dessine, à partir du point p, une image à sa taille d'origine. Même forme où le `Point` est remplacé par deux `int`.
`void DrawImageUnscaled(Image,` `  Rectangle r);`	Dessine l'image à sa taille d'origine mais en limitant l'affichage au rectangle r.

Propriétés de la classe `Graphics`

`Clip`	`Region`	Région, pas nécessairement rectangulaire, de coupe (*clipping* en anglais). Rien n'est affiché en dehors de cette région.
`CompositingMode`	`enum`	Indique comment les pixels copiés (par l'une des opérations ci-dessus) sont combinés avec les pixels déjà présents dans la fenêtre. `CompositingMode` peut prendre l'une des deux valeurs suivantes de l'énumération `CompositingMode` :
		`SourceCopy` les pixels déjà présents sont écrasés,
		`SourceOver` les pixels résultant de l'opération et ceux déjà présents sont combinés.
`CompositingQuality`	`enum`	Qualité du tracé graphique. `CompositingQuality` peut prendre l'une des valeurs de l'énumération de même nom : `Default`, `HighQuality` ou `HighSpeed`.
`DpiX`	`float`	Résolution horizontale, exprimée en pixels par pouce (2,54 cm). Il s'agit d'une propriété en lecture seule.
`DpiY`	`float`	Même chose pour la résolution verticale.
`InterpolationMode`	`enum`	Indique comment sont calculés les points intermédiaires (pour tracer une droite qui peut être oblique, on donne uniquement les points extrêmes). `InterpolationMode` peut prendre l'une des valeurs de l'énumération du même nom : `Default`, `Low` (qualité faible), `High` (qualité haute), `Bilinear`, `Bicubic`, `NearestNeighbor`, `HighQualityBicubic` ou `HighQualityBilinear`.

SmoothingMode	enum	Mode de lissage des obliques et des courbes (permet d'éviter des obliques en escaliers en utilisant des dégradés de couleurs aux points critiques). SmoothingMode peut prendre l'une des valeurs de l'énumération de même nom : Default, AntiAlias, None, HighQuality ou HighSpeed.
TextRenderingHint	enum	Lissage du texte. TextRenderingHint peut prendre l'une des valeurs de l'énumération de même nom : SystemDefault, AntiAlias (meilleur rendu au prix de la vitesse), ClearTypeGridFit (meilleur rendu sur écrans LCD), AntiAliasGridFit, SingleBitPerPixel ou SingleBitPerPixelGridFit.

Nous allons maintenant passer à la pratique en réalisant des affichages.

Comme nous allons beaucoup utiliser les pinceaux ou certaines énumérations, il ne faudra pas oublier d'ajouter la directive :

```
using System.Drawing.Drawing2D;
```

car elle n'est pas incluse d'office par Visual Studio.

13.2.1 Obtention d'un objet Graphics

Pour afficher du texte, une forme géométrique ou une image, il faut acquérir un objet Graphics. Mais la manière de l'obtenir dépend de l'événement que l'on est en train de traiter (événement Paint ou les autres).

Lors du traitement de l'événement Load (signalé avant l'affichage de la fenêtre), cela ne sert même à rien d'utiliser les fonctions de ce chapitre car elles n'ont alors aucun effet, rien n'étant à ce moment affiché à l'écran.

En réponse à un événement autre que Paint (par exemple un clic de la souris), l'objet Graphics est créé par :

```
Graphics g = CreateGraphics();
```

où CreateGraphics est une fonction membre de la classe de la fenêtre. Certains préfèrent préfixer la méthode de this. pour bien montrer qu'il s'agit d'une fonction applicable à l'objet en train d'être traité (l'objet fenêtre quand on est dans une fonction de traitement d'un composant de la fenêtre) mais cela n'est pas nécessaire (sauf pour l'aide *Intellisense* qui réagit aussitôt que this suivi d'un point a été frappé et qui propose alors les propriétés et les méthodes de cet objet « fenêtre »).

La documentation .NET recommande d'exécuter Dispose appliqué à l'objet Graphics avant de quitter une fonction où l'on a créé un objet Graphics avec CreateGraphics car cela aide .NET dans sa gestion de la mémoire. On écrira donc plutôt :

```
Graphics g = CreateGraphics();
.....            // travail graphique
g.Dispose();
```

ou, puisque `Dispose` est automatiquement appelé sur l'argument d'un `using` à la fin de cette construction :

```
using (Graphics g = CreateGraphics())
{
    .....           // travail graphique
}
```

Bientôt, nous parlerons de l'événement `Paint` (correspondant au message `WM_PAINT`) lié au rafraîchissement de la fenêtre. Les opérations d'affichage ne peuvent être sérieusement envisagées sans la prise en compte de ce message. Nous verrons alors que l'objet `g` (de type `Graphics`) nécessaire à tout affichage est alors automatiquement créé par Windows et passé en argument de la fonction traitant cet événement `Paint`.

13.2.2 Affichage de texte

Pour afficher `Hello` en rouge, dans la police Arial Black avec des caractères hauts de quarante pixels et à partir du point (10, 10) de la fenêtre, on écrit :

```
g.DrawString("Hello",
            new Font("Arial Black", 40),
            new SolidBrush(Color.Red),
            new Point(10, 10));
```

Le fond de l'écran reste intact (on parle d'affichage transparent : le fond de la fenêtre, éventuellement une image, reste visible dans l'intérieur des lettres, par exemple du o). Pour que le texte ne déborde pas d'un rectangle déterminé (ici un rectangle large de 150 et haut de 50) :

```
g.DrawString("Hello",
            new Font("Arial Black", 40),
            new SolidBrush(Color.Red),        // ou Brushes.Red
            new Rectangle(10, 10, 150, 50));
```

L'affichage de texte peut être transparent (l'image de fond reste visible à l'emplacement, y compris l'intérieur des lettres). Il suffit pour cela de spécifier un facteur de transparence pour la couleur (de 0, transparence totale à 255 qui correspond à opaque). Par exemple (ici une transparence de 30, premier argument du constructeur de `Solid-Brush`) :

```
g.DrawString("Hello",
            new Font("Arial Black", 40),
            new SolidBrush(30, 255, 0, 0, 0),
            new Rectangle(10, 10, 150, 50));
```

La taille du texte peut être déterminée grâce à la fonction `MeasureString` de la classe `Graphics` :

```
SizeF MeasureString(string, Font);
```

MeasureString renvoie un objet SizeF dont les propriétés (Height et Width) sont de type float. Par exemple :

```
SizeF sz = g.MeasureString("Hello", new Font("Arial", 40));
```

On retrouve la largeur et la hauteur du texte Hello en police Arial de corps 40 dans sz.Width et sz.Height, tous deux de type float.

13.2.3 Affichage de formes géométriques

Pour tracer une ligne en beige et épaisse de dix pixels entre les points (10, 10) et (100, 100) de la fenêtre :

```
g.DrawLine(new Pen(Color.Beige, 10),
        new Point(10, 10), new Point(100, 100));
```

Pour tracer une série de trois lignes contiguës passant par les quatre points suivants :

```
Point[] tp = {new Point(10, 10), new Point(50, 30),
        new Point(40, 100), new Point(10, 20)};
g.DrawLines(new Pen(Color.Crimson, 5), tp);
```

Pour tracer un rectangle (rectangle large de 100 et haut de 80, tracé du contour en couleur, l'intérieur du rectangle restant inchangé) :

```
g.DrawRectangle(new Pen(Color.BlanchedAlmond, 3), 10, 10, 100, 80);
```

Pour peindre tout le fond de la fenêtre (g étant un objet de la fenêtre, l'opération s'applique à la fenêtre) :

```
g.Clear(Color.Bisque);
```

Pour peindre l'intérieur d'un rectangle (hachures en diagonale de couleur corail) sans tracer ou toucher au contour :

```
g.FillRectangle(new HatchBrush(HatchStyle.DiagonalCross, Color.Coral),
        new Rectangle(10, 10, 100, 80));
```

Pour tracer le contour en rouge brique (sans toucher à l'intérieur du rectangle) :

```
g.DrawRectangle(new Pen(Color.Firebrick, 8), 10, 10, 100, 80);
```

Les différentes fonctions de tracé réclament en argument le stylo ou le pinceau nécessaires à la fonction : GDI+ ne garde en effet aucun historique des stylos et pinceaux sélectionnés. Ces fonctions font ce qu'on leur demande et rien d'autre : ainsi, DrawRectangle trace le contour d'un rectangle sans toucher à l'intérieur tandis que FillRectangle peint l'intérieur sans toucher au contour.

Ce que nous avons fait dans tous ces exemples présente néanmoins un gros problème : nos affichages ne sont pas persistants ! Il suffit de réduire la fenêtre en icône et de la ramener à sa taille d'origine pour se rendre compte du problème. Ou encore de recouvrir temporairement notre fenêtre avec une autre fenêtre. Et aussi : comment voir l'effet de ces affichages dès le démarrage de l'application. La solution est toujours dans le traitement de l'événement Paint.

Avant de résoudre ces problèmes, intéressons-nous à l'affichage d'images (le problème du rafraîchissement se pose d'ailleurs aussi avec les images).

13.2.4 Affichage d'images

Comme son nom l'indique, DrawImage de la classe Graphics sert à afficher une image. On trouve une vingtaine de signatures différentes pour cette fonction. Le premier argument est dans tous les cas un objet Image. Comme Image est une classe abstraite, le premier argument est plus précisément un objet d'une des classes dérivées d'Image : Bitmap, Icon ou Cursor.

Intéressons-nous d'abord aux propriétés générales de cette classe abstraite Image :

Classe Image		
Image ← Object		
using System.Drawing;		
Propriétés de la classe Image		
Height	int	Hauteur de l'image.
Width	int	Largeur.
Size	Size	Taille de l'image.
PhysicalDimension	SizeF	Même chose mais les champs Width et Height sont de type float.
PixelFormat	enum	Type d'image, en nombre de bits par pixel. PixelFormat peut prendre l'une des valeurs de l'énumération PixelFormat (valeurs présentées ci-dessous).
HorizontalResolution	float	Résolution horizontale.
VerticalResolution	float	Résolution verticale.
Méthodes statiques de la classe Image		
Image FromFile(string nom);		Charge une image à partir d'un nom de fichier.
Méthodes de la classe Image		
void RotateFlip(RotateFlipType);		Effectue une rotation (angles de 90, 180 et 270 degrés) et/ou une inversion d'image (horizontalement ou verticalement). L'argument indique le type d'opération et peut prendre une des valeurs de l'énumération RotateFlipType :
		Rotate90FlipNone (rotation à 90 degrés et aucune inversion), Rotate90FlipX, Rotate90FlipXY, Rotate90FlipY,
		Rotate180FlipNone, Rotate180FlipX, Rotate180FlipXY, Rotate180FlipY,
		Rotate270FlipNone, Rotate270FlipX, Rotate270FlipXY, Rotate270FlipY,
		RotateNoneFlipNone, RotateNoneFlipX, RotateNoneFlipXY et RotateNoneFlipY.
void Save(string);		Enregistre une image sur disque.

Les différents formats d'image (indiqués par les différentes valeurs de l'énumération `PixelFormat`) sont :

Les différents formats d'image	
`Format16bppArgb1555`	16 bits par pixel et 32768 couleurs (5 bits pour le rouge, 5 pour le vert, 5 pour le bleu et 1 pour la transparence).
`Format16bppGrayScale`	16 bits par pixel et 65536 niveaux de gris.
`Format16bppRgb555`	16 bits par pixel et 32768 couleurs (5 bits pour le rouge, 5 pour le vert et 5 pour le bleu).
`Format16bppRgb555`	16 bits par pixel et 32768 couleurs (5 bits pour le rouge, 5 pour le vert et 5 pour le bleu).
`Format16bppRgb565`	16 bits par pixel et 32768 couleurs (5 bits pour le rouge, 6 pour le vert et 5 pour le bleu).
`Format24bppRgb`	24 bits par pixel et seize millions de couleurs (8 bits pour le rouge, 8 pour le vert et 8 pour le bleu).
`Format32bppArgb`	32 bits par pixel et seize millions de couleurs (8 bits pour le rouge, 8 pour le vert, 8 pour le bleu et 8 autres bits pour la transparence alpha).
`Format32bppRgb`	32 bits par pixel et seize millions de couleurs (8 bits pour le rouge, 8 pour le vert et 8 pour le bleu).
`Format48bppRgb`	48 bits par pixel et seize millions de couleurs (8 bits pour le rouge, 8 pour le vert et 8 pour le bleu).
`Format64bppArgb`	64 bits par pixel et seize millions de couleurs (16 bits pour le rouge, 16 pour le vert, 16 pour le bleu et 64 pour la transparence alpha).

Voyons maintenant la classe `Bitmap`, directement dérivée de la classe `Image`, qui pourrait être instanciée pour une image.

Classe Bitmap	
`Bitmap ← Image`	
Constructeurs de la classe Bitmap	
`Bitmap(Image);`	
`Bitmap(Stream);`	Image initialisée à partir d'un flux de données.
`Bitmap(string);`	Un nom de fichier image est passé en argument.
`Bitmap(Image, Size);`	La taille de l'image est spécifiée en second argument.
`Bitmap(int W, int H);`	Création d'une image d'une taille déterminée.
`Bitmap(int W, int H, Graphics);`	Création d'une image à partir du contenu d'un objet `Graphics`.
`Bitmap(int W, int H, PixelFormat);`	Le format des pixels est passé en dernier argument (voir la propriété `PixelFormat` de la classe `Image`);

Méthodes de la classe Bitmap

Color GetPixel(int x, int y);	Renvoie la couleur du pixel au point (x, y).

BitmapData
LockBits(Rectangle,
      ImageLockMode,
      PixelFormat);
	Verrouille le bitmap en mémoire et renvoie un objet BitmapData qui va nous donner, avec performances très élevées (mais néanmoins sans comparaison avec DirectX), directement accès, via un pointeur, aux pixels de l'image.
	ImageLockMode se rapporte au mode d'accès de l'image et peut prendre les valeurs suivantes de l'énumération ImageLockMode : ReadOnly, ReadWrite ou WriteOnly.

void MakeTransparent(Color cr);	Fait de la couleur cr la couleur de transparence de l'image (les pixels de l'image qui ont cette couleur deviennent transparents et laissent ainsi visible le fond de la fenêtre à cet emplacement).
void SetPixel(int x, int y, Color);	Modifie la couleur du pixel au point (x, y).
void UnlockBits(BitmapData);	Déverrouille un bitmap verrouillé par LockBits.

Le constructeur de la classe Bitmap admet un nom de fichier en argument. Il peut s'agir d'une image au format BMP, JPG, GIF, PNG ou WMF :

```
g.DrawImage(new Bitmap("Elle.jpg"), new Point(10, 10));
```

Pour des raisons de performances, il aurait été préférable de créer cet objet Bitmap une seule fois (par exemple dans la fonction qui traite l'événement Load).

Pour afficher l'image dans le rectangle rc (image entièrement visible dans le rectangle, éventuellement par agrandissement ou rétrécissement) :

```
Rectangle rc = new Rectangle(10, 10, 150, 100);
g.DrawImage(bmp, rc);
```

L'image sera déformée si le rapport largeur/hauteur de l'image est différent des proportions du rectangle rc.

13.2.5 Les images en ressources

Dans l'exemple précédent, un fichier image (sur disque, dans un répertoire) devait être passé en argument du constructeur de la classe Bitmap. Ce fichier image devait aussi être fourni séparément de l'application. Or, il est rarement souhaitable de multiplier les fichiers nécessaires au fonctionnement d'une application.

Il est possible de greffer l'image dans le fichier exécutable même. Celui-ci est alors de taille plus importante mais un seul fichier doit être fourni au client. On parle alors d'image incorporée (*embedded* en anglais) en ressource dans le fichier exécutable.

Une première solution consiste à insérer l'image dans un composant PictureBox, que l'on rend éventuellement invisible (puisque l'objet de l'opération n'est pas d'afficher le

`Picture` Box mais bien d'accéder à sa propriété `Image`). L'image est alors automatiquement incorporée en ressource.

L'autre solution (à recommander) pour incorporer une image (mais aussi une chaîne de caractères, une icône, un curseur, etc.) en ressource : utiliser le système de ressources introduit en version 2. Pour cela : Explorateur de solutions → `Propriétés` → `Ressources`.

Commençons par des chaînes de caractères en ressource. Il suffit de donner un nom à la chaîne de caractères :

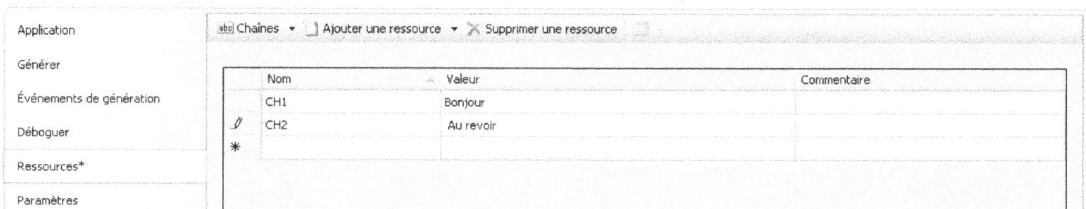

Figure 13-5

Par programme, on accède à la chaîne `CH1` par (automatiquement de type `string`) :

```
Properties.Resources.CH1
```

Incorporer une image (mais aussi quoi) est aussi simple : onglet `Images` (au lieu de `Chaînes`, qui est le choix initial par défaut) → `Ajouter une ressource` → `Ajouter un fichier existant` (ici le fichier `Voilier.jpg` et on garde `Voilier` comme nom de ressource). Et même encore plus simple : à partir de l'explorateur de fichiers, vous glissez une image dans la fenêtre `Ressources` de Visual Studio. Par défaut, le nom du fichier (sans l'extension) est pris comme nom de ressource. Vous changez ce nom par : clic droit sur la ressource → Renommer.

Figure 13-6

L'accès à l'image se fait par (l'ensemble étant de type `Bitmap`) :

```
Properties.Resources.Voilier
```

Il nous reste maintenant à utiliser cette ressource dans le programme. Il suffit d'écrire, pour afficher l'image à partir du point (0, 0) de la fenêtre :

```
Graphics g = CreateGraphics();
g.DrawImage(Properties.Resources.Voilier, 0, 0);
.....
g.Dispose();                            // avant de quitter la fonction
```

L'application peut maintenant être distribuée sans devoir fournir l'image dans un fichier séparé. L'image a tout simplement été greffée dans le fichier exécutable.

Pour afficher l'affiche dans la fonction de traitement de l'événement MouseMove avec point central de la souris (*hotspot* en anglais) au centre de l'image :

```
Bitmap bmp = Properties.Resources.Voilier;
Graphics g = CreateGraphics();
// curseur au centre de l'image
int X = e.X - bmp.Width/2;
int Y = e.Y - bmp.Height/2;
g.DrawImage(bmp, new Point(X, Y));
g.Dispose();
```

Figure 13-7

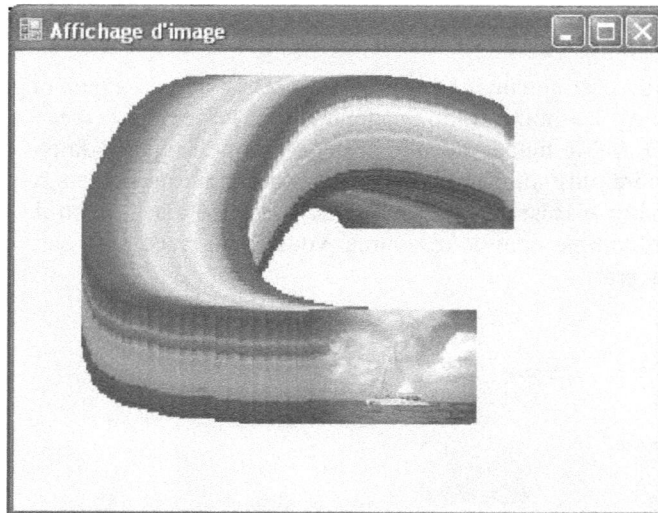

L'image laisse une trace lorsque l'utilisateur déplace la souris. Normal puisque l'on n'efface pas la fenêtre avant d'afficher l'image.

Pour résoudre le problème, on ajoute avant d'afficher l'image par DrawImage :

```
g.Clear(SystemColors.Control);
```

Figure 13-8

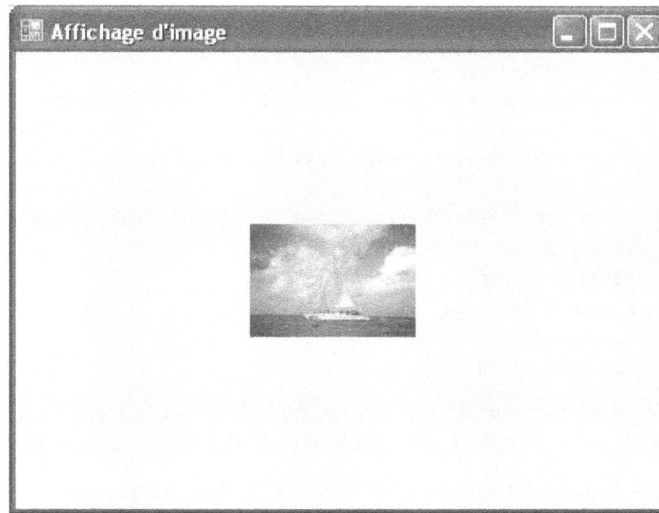

Le problème est résolu mais un autre a été introduit : un scintillement (*flickering* en anglais) dû au fait que toute la fenêtre (y compris le fond du voilier) est effacée juste avant l'affichage du voilier. Voyons comment le résoudre.

13.2.6 La classe BufferedGraphics

La classe BufferedGraphics a été introduite en version 2. Elle permet de résoudre le problème de scintillement que nous venons de rencontrer. Elle prépare une zone de mémoire, appelée buffer, dans laquelle sont réalisés les affichages. Cette zone de mémoire n'étant pas visible, les différentes étapes de la construction ne le sont pas non plus. A la fin, lorsque toute l'image a été préparée dans le buffer, celui-ci est copié dans la zone d'affichage (la fenêtre dans notre cas) et donc rendu visible, sans ce désagréable effet de scintillement.

Pour utiliser cette technique, il faut :

- Déclarer un objet de la classe BufferedGraphics.

- Initialiser celui-ci.

- Créer un objet Graphics travaillant de concert avec l'objet BufferedGraphics.

- Effectuer les affichages dans l'objet Graphics (comme celui-ci n'est plus attaché à la fenêtre, les affichages se font dans le buffer).

- Copier le buffer dans la mémoire vidéo associée à la fenêtre, ce qui le rend visible.

```
Bitmap bmp = Properties.Resources.Voilier;
// curseur au centre de l'image
int X = e.X - bmp.Width/2;
```

```
int Y = e.Y - bmp.Height/2;
// créer et initialiser le BufferedGraphics
BufferedGraphics bg =
    BufferedGraphicsManager.Current.Allocate(this.CreateGraphics(),
                                            ClientRectangle);
// créer un objet Graphics basé sur le BufferedGraphics
Graphics g = bg.Graphics;
// réaliser les affichages dans le Graphics (dans le buffer donc)
g.Clear(SystemColors.Control);
g.DrawImage(bmp, new Point(X, Y));
// rendre le buffer visible
bg.Render();
g.Dispose(); bg.Dispose();
```

L'objet Bitmap aurait pu être créé en dehors de la fonction de traitement de l'événement MouseMove (il aurait pu être déclaré et initialisé en champ de la classe de la fenêtre).

Dans le fragment de code précédent, l'objet BufferedGraphics est recréé lors de chaque exécution de la fonction de traitement, c'est-à-dire très souvent. On pourrait imaginer de le déclarer en champ de la classe et de l'initialiser dans la fonction traitant l'événement Load. Mais alors, l'objet BufferedGraphics correspondant au buffer a une taille correspondant à la taille initiale de la fenêtre. Si l'on adopte cette solution, il faut également traiter l'événement Resize pour adapter à tout moment la taille du buffer à celle de la fenêtre.

13.2.7 Traitement d'image en GDI+

Dans cette section, nous allons montrer comment manipuler les différents bits d'une image. Nous pourrons ainsi effectuer ce que l'on appelle du traitement d'image. Notre exemple illustrant cette technique sera particulièrement simple puisque nous nous contenterons de griser une image, notre seul but étant ici d'expliquer la technique d'accès (aussi bien en lecture qu'en écriture) aux différents pixels de l'image.

La première technique(simple mais catastrophique en termes de performances) consiste à utiliser les fonctions GetPixel et SetPixel de la classe Bitmap :

```
int W=bmp.Width, H=bmp.Height;
for (int li=0; li<H; li++)              // pour chaque ligne
 for (int col=0; col<W; col++)          // pour chaque colonne de la ligne
 {
  Color c = bmp.GetPixel(col, li);
  int gris = (c.R + c.G + c.B)/3;
  bmp.SetPixel(col, li, Color.FromArgb(gris, gris, gris));
 }
```

Ces fonctions sont malheureusement très lentes (plusieurs secondes pour griser une image occupant un quart de l'écran). Nous allons dès lors montrer comment, à l'aide d'un pointeur, accéder directement, aussi bien en lecture qu'en modification, aux différents pixels de l'image (qui se trouvent forcément quelque part en mémoire).

Comme nous travaillons avec un pointeur sur les pixels de l'image, nous allons d'abord verrouiller celle-ci en mémoire (il ne s'agirait pas que le processus .NET de réorganisation de la mémoire, qui s'exécute en parallèle de notre programme, se mette à déplacer ce bloc de mémoire pendant que nous y accédons à l'aide d'un pointeur). Pour cela, on exécute la fonction `LockBits` qui renvoie un objet `BitmapData`.

Classe `BitmapData`

`BitmapData ← Object`

`using System.Drawing.Imaging;`

Propriétés de la classe `BitmapData`

Height	int	Hauteur du bitmap en pixels.
PixelFormat	PixelFormat	Codage de chaque pixel (nous avons déjà présenté cette énumération).
Width	int	Largeur de l'image en pixels.
Scan0	IntPtr	Pointeur sur le premier pixel de la première ligne de l'image.

Comme nous avons recours aux pointeurs, n'oubliez pas de :

• Qualifier d'*unsafe* la fonction dans laquelle on effectue ces opérations.

• Signaler au compilateur que l'on accepte du code qualifié d'*unsafe*. Pour cela : Explorateur de solutions → clic droit sur le nom du projet → Propriétés → Générer et cocher la case Autoriser du code unsafe.

Cas des images 24 bits

Montrons d'abord la manipulation d'une image 24 bits. Chaque pixel est codé (en mémoire et sur disque) sur trois octets, chacun correspondant à une couleur : un pour le rouge, un pour le vert et un pour le bleu.

Pour des raisons de performances (technique de l'alignement en mémoire), chaque ligne occupe un multiple de quatre octets, ce qui explique le calcul (W+1)/4*4.

On suppose qu'avant d'exécuter le fragment de code ci-dessous, on a créé l'objet bmp de la classe Bitmap, déterminé son format (par bmp.PixelFormat) ainsi que la taille W et H de l'image.

Le code de grisage de l'image est dès lors :

```
using System.Drawing.Imaging;
.....
public struct Pixel24Data            // format des trois octets d'un pixel
{
 public byte blue;
 public byte green;
 public byte red;
}
.....
PixelFormat pf = bmp.PixelFormat;
```

```
Rectangle rc = new Rectangle(0, 0, W, H);
BitmapData bmpData = bmp.LockBits(rc, ImageLockMode.ReadWrite, pf);
Pixel24Data* p, pDébut = (Pixel24Data *)bmpData.Scan0;
for (int li=0; li<H; li++)                 // pour chaque ligne
{
 p = pDébut + li*((W+1)/4*4);              // adresse de début de la ligne
 for (int col=0; col<W; col++)            // pour chaque pixel de la ligne
 {
  int gris = (p->red + p->green + p->blue)/3;
  p->red = (byte)gris; p->green = (byte)gris; p->blue = (byte)gris;
  p++;
 }
}
bmp.UnlockBits(bmpData);
```

Le traitement de l'image par cette dernière technique est plusieurs dizaines de fois plus rapide que le traitement équivalent par GetPixel/SetPixel.

Cas des images 32 bits

Le traitement dans le cas des images 32 bits n'est que légèrement différent (structure de pixel étendue à 32 bits). Chaque pixel est codé sur quatre octets, avec le quatrième qui correspond au niveau de transparence :

```
public struct Pixel32Data              // format des quatre octets d'un pixel
{
 public byte blue;
 public byte green;
 public byte red;
 public byte A;
}
.....
Pixel32Data* p, pDébut = (Pixel32Data *)bmpData.Scan0;
for (int li=0; li<H; li++)             // pour chaque ligne
{
 p = pDébut + li*W;                    // adresse de début de la ligne
 for (int col=0; col<W; col++)
 {
  int gris = (p->red + p->green + p->blue)/3;
  p->red = (byte)gris; p->green = (byte)gris; p->blue = (byte)gris;
  p++;
 }
}
```

Cas des images en 256 couleurs

Les images limitées à 256 couleurs se traitent différemment puisque chaque pixel est codé sur 8 bits et que la valeur d'un pixel ne correspond pas directement à sa couleur. Cette valeur sert en effet d'indice pour l'accès à une table (dite palette) de 256 couleurs. L'accès à la couleur d'un pixel est donc indirect. Cette palette est entièrement reprogrammable, à l'exception des dix premières et des dix dernières couleurs (bien qu'elles pourraient être reprogrammées, ces vingt couleurs doivent rester inchangées car elles sont attribuées au système d'exploitation et leur reprogrammation affecterait le fonctionnement de tous les programmes).

Palette, de type ColorPalette, est une propriété de la classe Bitmap. Cette classe ColorPalette, directement dérivée de Object, contient essentiellement le champ Entries qui est en lecture seule et de type Color[]. La propriété Palette de l'image donne donc accès aux différentes couleurs utilisées dans l'image (256 couleurs au plus dont 236 seulement vraiment associées à l'image).

```
int W = bmp.Width, H=bmp.Height;
Rectangle rc = new Rectangle(0, 0, W, H);
PixelFormat pf = bmp.PixelFormat;
BitmapData bmpData = bmp.LockBits(rc, ImageLockMode.ReadWrite, pf);

// Initialiser une copie de la palette
ColorPalette pal = bmp.Palette;
Color[] tb = new Color[256];
bmp.Palette.Entries.CopyTo(tb, 0);

byte* p, pDébut = (byte*)bmpData.Scan0;

for (int li=0; li<H; li++)              // pour chaque ligne
{
 p = pDébut + li*W;                      // adresse de début de la ligne
 for (int col=0; col<W; col++)
 {
  byte n = *p;                          // valeur du pixel en (li, col)
  Color c = tb[n];
  int gris = (c.R + c.B + c.G)/3;
  // Modifier la copie de la palette
  tb[n] = Color.FromArgb((byte)gris, (byte)gris, (byte)gris);
  p++;
 }
}
// Imposer la palette modifiée
for (int i=0; i<256; i++) pal.Entries.SetValue(tb[i], i);
bmp.Palette = pal;
bmp.UnlockBits(bmpData);
```

13.3 L'événement Paint

Nos affichages, tels que nous venons de le faire, ne sont pas persistants : il suffit de réduire l'application en icône puis de la rétablir ou de la recouvrir temporairement par une autre fenêtre pour constater les dégâts : les affichages de texte, de figures géométriques ou d'images (mais pas les boutons, les cases, les boîtes de liste, etc.) ont disparu !

Windows détecte le problème mais ne procède pas automatiquement au réaffichage de la fenêtre (on dit « au rafraîchissement »). Windows vous informe néanmoins du problème en vous signalant l'événement Paint mais il vous appartient, même si vous n'êtes en rien responsable du problème, de redessiner la fenêtre. Vous devez donc savoir à tout moment ce que contient la fenêtre.

La fonction de traitement de l'événement Paint a la forme (xyz désignant le nom interne de la fenêtre, Form1 par défaut) :

```
protected void xyz_Paint(object sender, PaintEventArgs e)
{
}
```

L'argument e contient :

- Un objet Graphics de la classe Graphics déjà préparé : quand vous traitez l'événement Paint, vous ne devez pas créer un objet Graphics en appelant CreateGraphics (comme on doit le faire pour tout autre événement), vous devez utiliser e.Graphics;.

- L'objet ClipRectangle qui contient les coordonnées du rectangle à réafficher (rectangle appelé « rectangle invalide »).

Dans la pratique, on ne se préoccupe pas du rectangle invalide : on demande le réaffichage de toute la fenêtre mais Windows limite automatiquement le réaffichage au rectangle invalide, ce qui améliore nettement les performances.

On écrira par exemple dans la méthode de traitement de l'événement Paint :

```
e.Graphics.DrawImage(bmp, rc);
```

À vous de savoir quand et où afficher l'image. Pour cela, il faut garder quelque part (généralement en champs de la fenêtre) les informations nécessaires au réaffichage à un moment donné. Cet événement Paint est signalé chaque fois que, pour une raison ou l'autre, la fenêtre doit être réaffichée. La fonction Paint est donc très souvent appelée. Evitez donc de devoir y créer des objets.

Un programme n'appelle jamais directement sa fonction Paint. Pour provoquer un réaffichage de la fenêtre, on appelle la méthode Invalidate de la classe de la fenêtre :

```
Invalidate();
```

Pour optimiser le réaffichage, on peut passer en argument de Invalidate le rectangle à rafraîchir. Par exemple :

```
Invalidate(new Rectangle(x, y, W, H));
```

L'effet d'Invalidate : signaler l'événement Paint à la fenêtre. La fonction de traitement Paint est alors automatiquement exécutée et le contenu de la fenêtre est ainsi rafraîchi (grâce au code de cette fonction). N'oubliez jamais :

- vous exécutez toujours Invalidate car c'est Windows et uniquement Windows qui appelle cette fonction de traitement Paint;

- vous n'appelez jamais directement une fonction de traitement !

La méthode Invalidate de la classe Control (classe de base pour la classe Form des fenêtres) offre en fait plusieurs variantes :

Les différentes formes d'Invalidate

`void Invalidate();`	Invalide toute la fenêtre ainsi que les différents contrôles de la fenêtre.
`void Invalidate(bool);`	Même chose mais les différents contrôles de la fenêtre ne sont pas invalidés si l'argument vaut `false`.
`void Invalidate(Rectangle);`	Comme la première forme mais l'invalidation est limitée au rectangle passé en argument. Seul ce rectangle sera donc redessiné, ce qui permet d'améliorer les performances.
`void Invalidate(Rectangle, bool);`	Comme la deuxième forme mais avec invalidation limitée au rectangle.
`void Invalidate(Region);`	Comme la troisième forme mais la zone d'invalidation peut être de n'importe quelle forme.
`void Invalidate(Region, bool);`	Comme la deuxième forme mais avec invalidation limitée à la région.

Toutes ces formes d'`Invalidate` ont l'effet suivant : Windows efface le fond de la fenêtre (plus précisément le rectangle invalide) avant d'envoyer le message `WM_PAINT` à la fenêtre (qui, dans sa fonction de traitement de ce message, redessine la partie « rectangle invalide » de la fenêtre). Dans certains cas, commencer par effacer le fond du rectangle invalide n'est vraiment pas nécessaire et même contre-productif. C'est le cas quand la fonction de traitement redessine elle-même tout le rectangle invalide, y compris le fond. Effacer le rectangle invalide constitue alors une perte de temps et provoque un effet de scintillement particulièrement irritant pour l'œil.

La solution consiste à modifier des attributs de style de la fenêtre (par exemple dans le constructeur de cette fenêtre) :

```
SetStyle(ControlStyles.AllPaintingInWmPaint, true);
SetStyle(ControlStyles.DoubleBuffer, true);
```

L'effet est que le message `WM_ERASEBKGND` n'est plus signalé à la fenêtre. Ce message, qui provoque l'effacement de la fenêtre, est normalement envoyé à une fenêtre juste avant le message `WM_PAINT` (correspondant à l'événement `Paint`).

Programmes d'accompagnement

`AfficheImage`	Permet de charger une image (plusieurs formats peuvent être sélectionnés). La taille de la fenêtre est alors ajustée à la taille de l'image. La fenêtre peut être réduite et les barres de défilement ajustées en conséquence.

Figure 13-9

C# et .NET version 2

Antialiasing

Montre l'effet des technique d'anticrénelage sur les affichages d'obliques et d'ellipses.

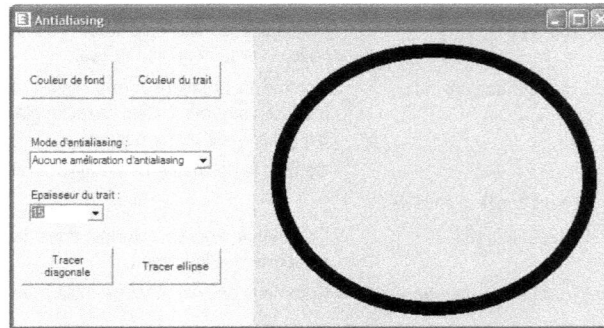

Figure 13-10

Couleurs

Affiche une palette de couleurs (rangée par noms de couleurs). Le nom de la couleur sous le curseur est affiché dans une bulle d'aide.

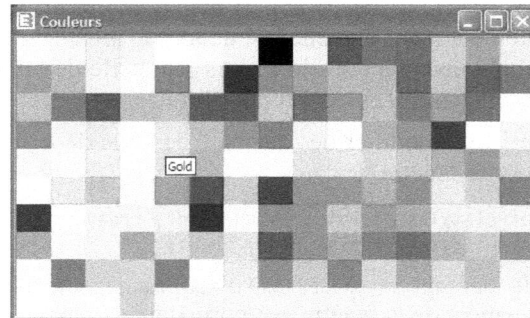

Figure 13-11

Couleurs2

Même chose mais les couleurs peuvent être affichées par nuance ou par nom de couleur. La bulle d'aide comprend le nom de la couleur ainsi que la valeur hexadécimale correspondante. La taille de la fenêtre peut être modifiée, les barres de défilement étant ajustées en conséquence.

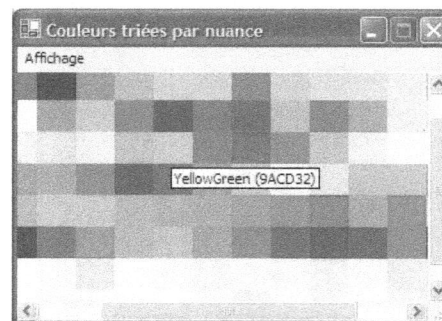

Figure 13-12

Horloge

Affiche une horloge. Le tracé de celle-ci dépend de la taille de la fenêtre.

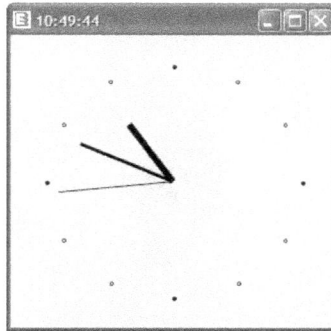

Figure 13-13

Tracés

Tracés (avec animation) de figures géométriques donnant différents effets esthétiques.

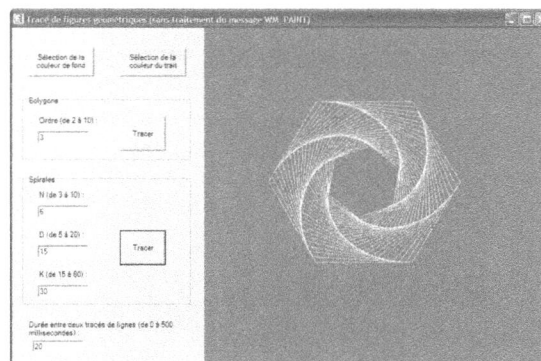

Figure 13-14

Tracés2

Même chose mais avec traitement du message WM_PAINT, ce qui permet le réaffichage à tout moment de l'image (par utilisation d'un objet GraphicsPath).

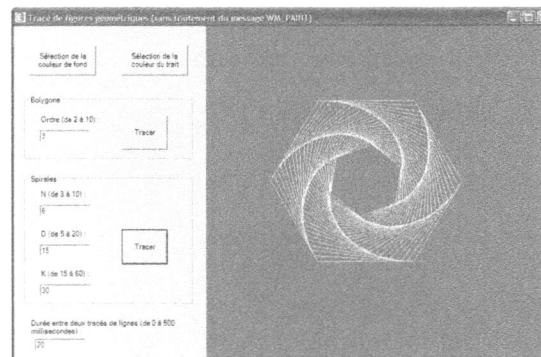

Figure 13-15

Graphique

Effectue des représentations graphiques en barres ou en camemberts.

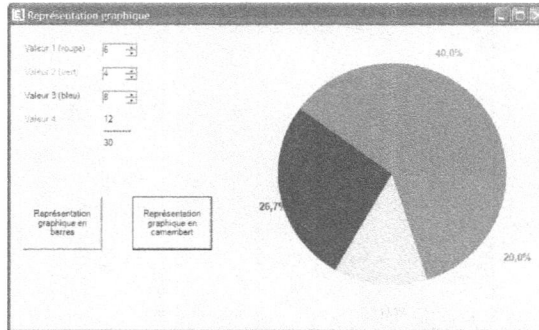

Figure 13-16

TrtImage

Exemple de traitement d'image par accès à ses pixels. Permet de sélectionner une image 24 ou 32 bits et puis de la griser en utilisant soit les fonctions GetPixel / SetPixel soit par accès direct aux pixels via un pointeur (nettement plus rapide). Les temps de traitement sont affichés.

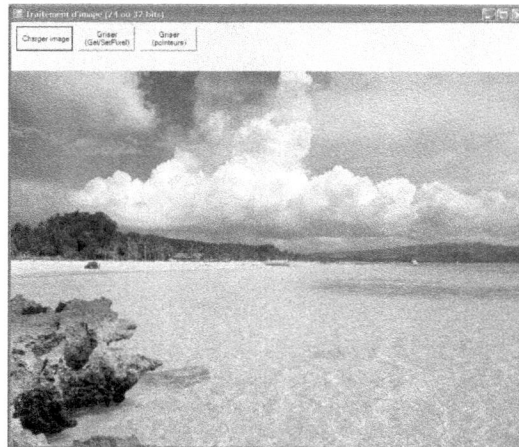

Figure 13-17

TrtImage2

Même chose pour les images huit bits.

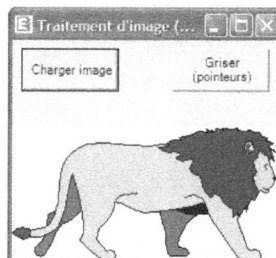

Figure 13-18

Animation

Programme d'animation graphique. Des *sprites* sont en mouvement perpétuel et rebondissent contre les bords de la fenêtre. Un menu mais aussi des touches de fonction permettent d'augmenter ou de réduire le nombre de figurines. Il en va de même pour la vitesse du mouvement.

Figure 13-19

Méthodes de tri

Génère dix nombres au hasard et montre l'animation menant au tri de ces nombres pour les techniques suivantes de tri : tri sélectif, tri bulle et tri shell.

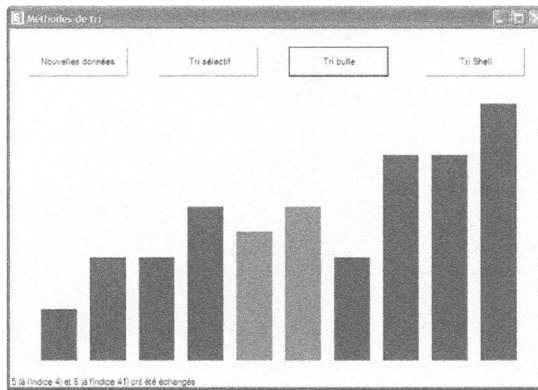

Figure 13-20

14

Composants et hiérarchie de classes

Les classes implémentées par Microsoft en vue de faciliter la programmation Windows sont regroupées dans l'espace de noms `System.Windows.Forms`. Dans ce chapitre, nous allons présenter les classes principales qui mènent à l'objet « fenêtre » mais aussi aux composants que sont les boutons de commande, les cases à cocher, les boîtes de liste, etc. Ces composants, également appelés « contrôles », ne sont en effet rien d'autre que des fenêtres d'un genre particulier.

Nous envisagerons également toute une série d'opérations pratiques communes à presque tous les composants.

14.1 Les composants de Visual Studio.NET

Visual Studio (l'architecture .NET de manière générale) est livré avec toute une série de composants prêts à l'emploi : boutons, cases à cocher et d'option, boîtes de liste, zone d'édition, etc.

Figure 14-1

Button	RadioButton	ToolStrip	Timer
CheckBox	RichTextBox	ToolStripContainer	ColorDialog
CheckedListBox	TextBox	BackgroundWorker	FolderBrowserDialog
ComboBox	ToolTip	DirectoryEntry	FontDialog
DateTimePicker	TreeView	DirectorySearcher	OpenFileDialog
Label	WebBrowser	ErrorProvider	SaveFileDialog
LinkLabel	FlowLayoutPanel	EventLog	PageSetupDialog
ListBox	GroupBox	FileSystemWatcher	PrintDialog
ListView	Panel	HelpProvider	PrintDocument
MaskedTextBox	SplitContainer	ImageList	PrintPreviewControl
MonthCalendar	TabControl	MessageQueue	PrintPreviewDialog
NotifyIcon	TableLayoutPanel	PerformanceCounter	
NumericUpDown	ContextMenuStrip	Process	
PictureBox	MenuStrip	SerialPort	
ProgressBar	StatusStrip	ServiceController	

Ces composants sont amenés dans la fenêtre de développement de manière aussi simple qu'intuitive (voir la section 14.3), par un glisser-coller à partir de la boîte à outils jusqu'à la fenêtre de développement.

Le composant ayant été déposé dans la fenêtre de développement, il reste à modifier ses propriétés. Pour cela, il faut connaître les propriétés de chaque classe de composant (classe `Button` pour les boutons de commande, classe `ListBox` pour les boîtes de liste, etc.). Heureusement, toutes ces classes de composants ont de nombreuses classes en commun et tous ces composants ont dès lors beaucoup de propriétés communes.

14.2 La hiérarchie des classes

14.2.1 Tout part de la classe Object

À la base de la hiérarchie, on trouve la classe `Object`. Comme nous l'avons vu à la section 2.12, toutes les classes de l'architecture .NET dérivent, de près ou de loin, de la classe `Object`. Cette classe permet, via sa fonction membre `GetType`, de fournir des informations sur la classe d'un objet (informations de type `Type`, voir la section 2.13) : nom de la classe (propriétés `Name` et `FullName`), s'il s'agit d'un objet d'une classe déterminée ou s'il s'agit d'un objet d'une classe dérivant de telle classe déterminée.

Les différentes propriétés et méthodes des classes `Object` et `Type` ayant été présentées au chapitre 2, nous n'y reviendrons pas.

Passons en revue les principales classes de base des composants.

14.2.2 Control, première classe de base pour les composants

La classe de base des composants dans un sens général (composants visuels ou non) est Component (même plus précisément System.ComponentModel.Component). Toute classe dérivée de Component doit être en mesure de libérer ses ressources (ce qui vient en aide au ramasse-miettes), par appel d'une méthode appelée Dispose.

La classe Control (dérivée de Component) est la véritable première classe de base pour tous les composants. C'est en effet à partir de cette classe que l'on peut parler de composant visuel. Control comprend les propriétés et les méthodes liées aux caractéristiques (couleur de fond par exemple), à la position (emplacement dans la fenêtre mère et taille) ainsi qu'à la manipulation du composant.

Propriétés de la classe Control

AllowDrop	T/F	Vaut true si le contrôle autorise des opérations de glisser-déposer (*drag & drop* en anglais).
Anchor		Ancrage du composant par rapport à sa fenêtre mère. Anchor peut prendre une ou plusieurs (grâce à l'opérateur |) des valeurs suivantes de l'énumération AnchorStyles : Bottom, Left, None, Right, Top. Voir explications plus loin dans ce chapitre.
BackColor	Color	Couleur d'arrière-plan (voir la section 13.1 pour les couleurs).
BackgroundImage	Image	Image d'arrière-plan. Un fichier BMP, JPG, GIF, PNG ou WMF peut être spécifié.
Bottom	int	Coordonnée Y du bord inférieur du composant. L'axe des Y est vertical et dirigé de haut en bas. Les coordonnées sont relatives à l'aire client de la fenêtre mère (il s'agit de l'intérieur de la fenêtre, à l'exclusion des barres de titre, de boutons et de menu).
Bounds	Rectangle	Coordonnées du composant (par rapport à sa fenêtre mère).
CanFocus	T/F	Vaut true si le composant peut recevoir le *focus* d'entrée (les touches TAB et MAJ+TAB provoquent un arrêt sur le composant).
Capture	T/F	Vaut true si le composant a capturé la souris (autrement dit : il a demandé d'être informé de toutes les opérations sur la souris, même lorsque celle-ci se déplace en dehors du composant).
ClientRectangle	Rectangle	Coordonnées de l'aire client du composant.
ClientSize	Size	Taille de l'aire client du composant.
ContextMenu	ContextMenu	Menu contextuel (sur clic du bouton droit) associé au composant.
Controls	coll	Collection des contrôles dépendant de celui-ci (par exemple la collection des composants à l'intérieur d'une fenêtre).
Created	T/F	Vaut true si le composant a été correctement créé.
Cursor	Cursor	Curseur de la souris quand celle-ci survole le composant.
DisplayRectangle	Rectangle	Rectangle d'affichage du composant. Se confond généralement avec ClientRectangle.

Propriétés de la classe `Control` *(suite)*

Dock	DockStyle	Indique contre quel bord de la fenêtre doit être accolé le composant. L'énumération DockStyle peut prendre l'une des valeurs suivantes de l'énumération DockStyle : Bottom, Fill, None, Left, Right et Top. Si la propriété Dock d'un composant vaut DockStyle.Fill, le composant occupe toute la surface de sa fenêtre mère.
Enabled	T/F	Le composant est actif. Cliquer sur un bouton dont la propriété Enabled vaut false n'a aucun effet. Un composant inactif est grisé.
Focused	T/F	Vaut true si le composant a le focus d'entrée (propriété en lecture seule).
Font	Font	Police de caractères à utiliser pour afficher dans le composant.
ForeColor	Color	Couleur d'avant-plan.
Handle		Numéro (appelé *handle*) attribué par Windows au composant. Handle est de type IntPtr. Ce type IntPtr (en fait une structure qui cache un pointeur) correspond au véritable type du *handle* dans l'architecture Windows de base.
Height	int	Hauteur du composant (en pixels).
IsHandleCreated	T/F	Indique si Windows a créé un *handle* pour ce composant.
Left	int	Coordonnée X du bord de gauche.
Location	Point	Position du coin supérieur gauche du composant.
ModifiersKeys	Keys	Propriété statique qui indique quelles touches du clavier (MAJ, CTRL, etc.) sont enfoncées (voir la section 12.2 consacrée à la souris).
MouseButtons	MouseButtons	Propriété statique qui indique quels boutons de la souris sont enfoncés.
MousePosition	Point	Propriété statique qui donne la position de la souris (coordonnées par rapport à la fenêtre mère du composant).
Parent	Control	Référence à la fenêtre mère du composant. Si Parent s'applique à la fenêtre principale de l'application, Parent prend la valeur null.
Region	Region	Région occupée par le composant (permet de créer des composants de n'importe quelle forme, voir la section 19.7).
Right	int	Coordonnée X du bord de droite.
Size	Size	Taille du composant. Se confond avec ClientSize quand le composant n'a pas de barre de titre, de menu, etc.
TabIndex	int	Ordre de passage dans les tabulations.
TabStop	T/F	Indique si les touches TAB ou MAJ+TAB provoquent un arrêt sur ce composant.
Tag	object	Valeur (de n'importe quel type) associée au composant.
Text	str	Libellé.
Top	int	Coordonnée Y du bord supérieur.
Visible	T/F	Vaut true si le composant est visible.
Width	int	Largeur du composant.

Passons maintenant en revue les principales méthodes de cette classe `Control`.

Méthodes de la classe `Control`	
`void BringToFont();`	Fait afficher le composant (celui sur lequel porte l'opération) au-dessus des autres. Comme l'ordre d'affichage des composants les uns par rapport aux autres s'appelle l'ordre Z, `BringToFront` donne au composant l'ordre Z le plus élevé.
`bool Contains(Control);`	Indique si le composant sur lequel porte l'opération contient celui qui est passé en argument.
`Graphics CreateGraphics();`	Crée un objet `Graphics` associé au composant. Cet objet `Graphics` permet d'appeler des fonctions du GDI+.
`Form FindForm();`	Renvoie l'objet `Form` (fenêtre donc) dont fait partie le composant.
`Control GetNextControl( Control c, bool forward);`	Renvoie une référence au composant enfant qui suit (argument `forward` à `true`) ou précède (`forward` à `false`) le composant c dans l'ordre de tabulation.
`void Hide();`	Cache le composant. `Show` le fait réapparaître.
`void Invalidate();`	Provoque le réaffichage du composant sur lequel porte la méthode. L'effet est le suivant : Windows signale l'événement `Paint` au composant. Dès lors, ce dernier se redessine lui-même dans sa fonction du traitement du `Paint`.
`void Invalidate(Rectangle);`	Même chose mais en spécifiant le rectangle invalide afin d'optimiser le réaffichage.
`Point PointToClient(Point);`	Renvoie des coordonnées d'aire client à partir de coordonnées d'écran. L'aire client (*client area* en anglais) désigne la partie de la fenêtre dans laquelle ont réellement lieu les affichages. Le contour de la fenêtre, la barre de titre, celles de menu, de boutons et d'état ne font pas partie de l'aire client.
`Point PointToScreen(Point);`	Renvoie des coordonnées d'écran à partir de coordonnées d'aire client.
`Rectangle RectangleToClient( Rectangle r);`	Transforme les coordonnées du rectangle r (coordonnées d'écran) en coordonnées d'aire client.
`Rectangle RectangleToScreen( Rectangle r);`	Transforme les coordonnées du rectangle r (coordonnées d'aire client) en coordonnées d'écran.
`void Show();`	Fait afficher le composant.

Certains événements sont, par défaut, traités par des fonctions de la classe `Control`. Les principaux sont :

Événements traités par la classe `Control`	
`Click`	Clic de la souris.
`ControlAdded`	Un nouveau composant a été ajouté dans celui sur lequel porte l'opération.
`ControlRemoved`	Un composant a été supprimé.
`DoubleClick`	Double-clic sur le composant.

Événements traités par la classe Control *(suite)*

Enter	Le composant vient de recevoir le focus d'entrée.
KeyDown	Frappe de touche (touche enfoncée).
KeyUp	Relâchement de touche.
Layout	Événement signalé juste avant l'affichage.
Leave	Le composant perd le focus d'entrée.
MouseDown	Enfoncement du bouton de la souris.
MouseEnter	Le curseur de la souris commence à survoler le composant.
MouseHover	Quelques dixièmes de seconde plus tard (de manière à éviter de réagir à un passage trop rapide sur le composant).
MouseLeave	Le curseur de la souris a fini de survoler le composant.
MouseUp	Relâchement du curseur de la souris.
MouseWheel	Action sur la roulette de la souris.
Move	Déplacement du composant.
Resize	Redimensionnement du composant.

Différentes autres classes sont dérivées de Control :

- ScrollableControl comme classe de base des composants qui peuvent faire l'objet d'un défilement ;
- ContainerControl comme classe de base des composants créés à partir de plusieurs composants de base.

14.3 Opérations pratiques sur les composants

14.3.1 Placement d'un composant

Placer un composant ne pose aucun problème :

- Faites apparaître la boîte des outils (*toolbox* en anglais) : clic sur Boîte à outils ou menu Affichage → Boîte à outils ou encore la combinaison ALT+CTRL+X.
- Cliquez sur un composant dans la boîte à outils.
- Le curseur de la souris ayant changé de forme, déposez le composant dans la fenêtre de développement (au besoin, frappez ECHAP pour faire disparaître la boîte à outils).

Pour placer plusieurs composants de même type, cliquez dans la boîte à outils avec la touche CTRL enfoncée. Pour mettre fin aux différents placements, cliquez sur l'outil Pointeur dans la boîte à outils ou frappez ECHAP.

Pour dupliquer un composant, cliquez sur le composant avec la touche CTRL enfoncée. Cliquez alors en un point de la fenêtre de développement pour dupliquer le composant initial.

14.3.2 Modifier une propriété de composant

Pour modifier une propriété de composant :

* Sélectionnez le composant en cliquant dessus.

* Passez à la fenêtre des propriétés (touche F4 ou menu Affichage → Propriétés ou encore amenez la souris au-dessus de l'icône de la boîte à outils dans la colonne de rangement des fenêtres, généralement accolée au bord gauche de la fenêtre de Visual Studio).

* Modifiez les propriétés.

On peut aussi cliquer avec le bouton droit sur le composant et sélectionner Propriétés dans le menu contextuel.

Prenez l'habitude de donner un nom interne significatif au composant (propriété Name) :

* d'abord un préfixe indiquant le type de composant : b pour un bouton, cb pour une case à cocher (*checkbox*), rb pour une case d'option (*radiobutton*), lb pour une boîte de liste (*listbox*), za pour une zone d'affichage, ze pour une zone d'édition, etc. ;

* ensuite quelques lettres indiquant la fonction du composant.

Par exemple : bQuitter, lbInscrits, zeNom ou cbMarié. La dernière mode en date semble laisser tomber les préfixes. À tort, car la lecture d'un code source perd alors beaucoup en lisibilité.

14.3.3 Donner la même propriété à plusieurs composants

Il est possible, en une seule opération, d'affecter des propriétés identiques à plusieurs composants, par exemple une même couleur. Pour cela, pas de double-clic mais un simple clic à droite de l'événement pour faire apparaître les fonctions de traitement déjà écrites. Pour cela, cliquez successivement sur chaque composant avec la touche MAJ enfoncée (le même effet est obtenu avec la touche CTRL). Passez alors à la fenêtre des propriétés pour modifier la propriété commune à tous ces contrôles. Seules les propriétés communes sont affichées.

14.3.4 Générer une fonction de traitement

Pour générer automatiquement la fonction de traitement d'un événement :

* Sélectionnez le composant par simple clic.

* Passez à la fenêtre des propriétés (touche F4 ou l'une des nombreuses autres méthodes).

* Affichez les événements susceptibles d'être traités (clic sur la petite icône Evénement en forme d'étincelle).

- Double-cliquez sur la partie gauche de la ligne relative à l'événement à traiter ou sélectionnez une fonction de traitement existante (clic sur la partie droite puis sur le triangle sur pointe).

Une même fonction de traitement peut traiter un même événement en provenance de plusieurs composants (par exemple une fonction qui traite le clic sur plusieurs boutons).

14.3.5 Placement des composants les uns par rapport aux autres

Lors de la phase de développement, vous pouvez déplacer un composant à l'aide de la souris. Pour le déplacer avec plus de précision, utilisez les touches de direction. Pour le déplacer au pixel près, appuyez en même temps sur la touche CTRL. Pour modifier sa taille, utilisez les touches de direction avec la touche MAJ enfoncée. Pour modifier sa taille au pixel près, maintenez également la touche CTRL enfoncée durant l'opération (utilisez donc pour cette opération les touches de direction avec les touches MAJ et CTRL enfoncées). N'oubliez pas que, par défaut, la grille joue un rôle d'aimant. Vous changez ce comportement général par le menu Outils → Options → Concepteur Windows Forms.

Pour aligner plusieurs composants, sélectionnez les différents composants à aligner en cliquant successivement sur chaque composant tout en maintenant la touche MAJ (Shift, si vous préférez) enfoncée. Activez alors le menu Format _ Aligner. Notez l'importance du dernier composant sélectionné car l'alignement (par exemple sur le bord de gauche) est effectué par rapport à ce composant (autrement dit : il y a alignement sur le dernier bouton sélectionné).

Le menu Format → Uniformiser la taille permet de donner la même taille (largeur ou hauteur ou les deux) aux composants sélectionnés. Ici aussi, le dernier élément sélectionné sert de référence.

Si plusieurs composants sont bien placés, vous évitez de les déplacer accidentellement en faisant passer à true leur propriété Locked. Une autre technique pour arriver à ce résultat : clic droit sur le composant _ Verrouiller les contrôles. Un verrou est alors dessiné dans le coin supérieur gauche du contrôle. Et pour verrouiller tous les contrôles d'une fenêtre : clic droit en un point libre de la fenêtre _ Verrouiller les contrôles. Répéter l'opération a l'effet inverse.

14.3.6 Le passage du focus

Les touches TAB et MAJ+TAB font passer le *focus* d'entrée d'un composant à l'autre. Lors de l'exécution du programme (celui que vous développez), l'ordre de passage du *focus* est réglé par la valeur de la propriété TabIndex de chaque composant. Dans le cas d'une fenêtre qui contient de nombreux composants, toute modification de l'ordre de passage peut s'avérer fastidieuse avec cette technique. Heureusement, l'outil Affichage → Ordre de tabulation vous facilite grandement la vie (sélectionnez la fenêtre au préalable).

Les composants de la fenêtre qui ont leur propriété TabStop à true sont affichés, par ordre de TabIndex (ordre de tabulation affiché sur fond noir dans le coin supérieur gauche du composant). Pour modifier l'ordre de passage du focus, cliquez successivement sur chaque composant pour modifier chaque numéro d'ordre (zéro pour le premier). Appuyez finalement sur la touche ECHAP pour mettre fin aux opérations.

Figure 14-2

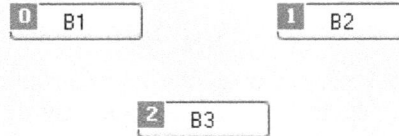

14.3.7 Ancrage des composants par rapport à la fenêtre mère

La propriété Anchor permet de redimensionner automatiquement la taille d'un composant mais aussi de le repositionner automatiquement quand sa fenêtre mère change de taille. Par défaut, un composant reste fixe par rapport au bord de gauche et au bord supérieur de sa fenêtre mère (valeurs Top et Left par défaut dans Anchor). Cela apparaît si vous cliquez sur le petit triangle sur pointe de la propriété Anchor (voir figure 14-3) :

Figure 14-3

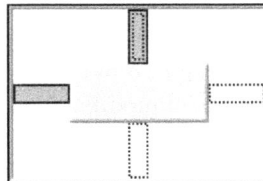

En cliquant sur les quatre branches, le composant reste à égale distance des quatre bords de sa fenêtre mère. Sa taille est dès lors automatiquement modifiée quand l'utilisateur change la taille de la fenêtre.

Cette technique n'est cependant pas aussi pratique qu'on pourrait le penser à première vue : si la taille de la fenêtre varie trop par rapport à celle d'origine, la présentation adaptée à la nouvelle taille n'a souvent plus aucun rapport avec la présentation initiale (au besoin, initialisez la propriété MinimumSize pour imposer une taille minimale de fenêtre).

Un conseil : durant la phase de développement, ne modifiez pas la propriété Anchor. Modifiez-la en cours d'exécution de programme en exécutant (après le commentaire TODO dans le constructeur de la fenêtre) :

```
bB.Anchor = AnchorStyles.Bottom | AnchorStyles.Left
          | AnchorStyles.Right | AnchorStyles.Top;
```

On peut aussi écrire plus simplement mais aussi moins académiquement :

```
bB.Anchor = (AnchorStyles)255;
```

Pour appliquer la propriété à tous les contrôles de la fenêtre (avec un try/catch pour les composants qui ne connaissent pas cette propriété) :

```
foreach (Control c in Controls)
  try {c.Anchor = (AnchorStyles)255;} catch (Exception) {}
```

14.3.8 Accoler un contrôle à un bord de fenêtre

La propriété Dock permet d'accoler un contrôle à un bord de sa fenêtre mère (voir la figure 14-4). Il s'étend alors automatiquement de manière à occuper toute la largeur ou toute la hauteur de sa fenêtre mère. Cela ne convient évidemment que dans des cas particuliers comme les barres de boutons.

Figure 14-4

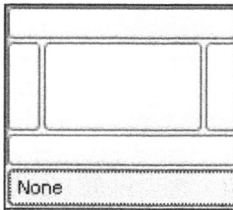

14.3.9 Bulle d'aide sur composant

Pour pouvoir utiliser les bulles d'aide, vous devez d'abord installer le composant ToolTip. Vous pouvez éventuellement modifier quelques-unes de ses propriétés :

Propriétés de la classe ToolTip		
Active	T/F	Indique s'il faut afficher les bulles d'aide.
InitialDelay	int	Nombre de millisecondes avant l'affichage de la bulle d'aide (à partir du moment où l'utilisateur marque l'arrêt au-dessus du composant) : 500 ms par défaut.
AutoPopDelay	int	Nombre de millisecondes d'affichage de la bulle (cinq secondes par défaut).
IsBalloon	T/F	Indique si la bulle d'aide a la forme d'un ballon relié au composant (comme les phylactères des bandes dessinées).
ShowAlways	T/F	Indique si les bulles d'aide doivent être affichées même quand la fenêtre mère est inactive.

Des couleurs peuvent être associées aux bulles (propriétés BackColor et ForeColor) ainsi qu'un titre (ToolTipTitle) et une icône (ToolTipIcon).

À partir du moment où le composant ToolTip a été déposé dans la fenêtre, les différents composants affichent une nouvelle propriété : ToolTip on *xyz* où *xyz* est le nom interne du composant ToolTip que l'on veut créer. Il est possible de préparer plusieurs jeux de *tooltips* (par exemple deux composants ToolTip baptisés TT1 et TT2) et en sélectionner un en cours d'exécution de programme :

```
TT1.Active = false;
```

```
TT2.Active = true;
TT2.SetToolTip (this, "Contenu de la bulle d'aide");
```

Si TT1 et TT2 sont tous deux actifs, une première bulle d'aide est affichée, aussitôt remplacée par l'autre.

14.4 Adaptation automatique à la langue de l'utilisateur

Nous savons que la propriété Text de la fenêtre ou d'un composant (par exemple une zone d'affichage ou d'édition) permet de spécifier le titre de la fenêtre ou le libellé du composant. Les techniques d'adaptation locale (*localization* en anglais) permettent de spécifier des libellés dans différentes langues. Au moment d'exécuter le programme, celui-ci s'adapte ainsi automatiquement à la langue de l'utilisateur mais aussi aux différentes caractéristiques locales d'affichage de date et de nombres réels (voir les sections 3.4 et 3.5).

La mise en œuvre de cette technique implique trois propriétés, les deux premières étant des propriétés de la fenêtre uniquement (et donc pas des composants de la fenêtre) :

- Language : initialisé à (Par défaut) mais on va pouvoir y spécifier une langue,
- Localizable : initialisé à false par défaut mais on va faire passer cette propriété à true,
- Text : on va y spécifier différents libellés (un par langue).

Si un libellé n'a pas été traduit dans la langue de l'utilisateur, c'est le contenu de la propriété Text du langage par défaut qui est tout aussi automatiquement repris.

Pour adapter les différents libellés à différentes langues, procédez comme suit :

- Faites passer la propriété Localizable de la fenêtre à true.
- Spécifiez, toujours dans la fenêtre, une langue dans la propriété Language (l'éditeur de propriétés vous propose les différentes cultures reconnues par .NET).
- Pour la langue sélectionnée, initialisez Text pour la fenêtre et pour les composants de la fenêtre.

Répétez l'opération pour la langue par défaut (celle à utiliser quand la langue de l'utilisateur ne correspond à aucune des langues prévues) ainsi que pour les différentes langues que vous avez l'intention de supporter (d'abord spécifier la langue pour la fenêtre et puis éditer les propriétés Text des différents composants pour la langue en question).

Passez à la fenêtre du projet (fenêtre Explorateur de solutions). Sous le fichier Form1.cs, on trouve plusieurs fichiers de ressources : un fichier de ressources indépendant de la langue (Form1.resx) et un par langue sélectionnée (dans notre cas, deux langues : le français et l'anglais, donc Form1.fr.resx et Form1.en.resx).

Examinons les fichiers générés après compilation. Si Polyglotte est le nom donné au programme, on trouve (sous le répertoire dans lequel a été généré l'exécutable) un répertoire fr avec le fichier Polyglotte.Resources.dll et un répertoire en avec un fichier portant le même nom, bien qu'il s'agisse d'un fichier différent. On parle d'assemblage satellite pour cette DLL. Celle-ci doit être fournie avec l'application et installée dans le sous-répertoire correspondant. Pour distribuer l'application dans un pays donné, il suffit de le faire avec les fichiers satellites correspondant à la langue ou aux différentes langues pratiquées dans ce pays.

Bien que l'adaptation à la langue de l'utilisateur soit automatique, il est possible de forcer l'utilisation d'une langue par programme. Pour cela, il faut modifier le fichier Program.cs en y ajoutant :

```
using System.Globalization;
using System.Threading;
```

et en modifiant Main de la manière suivante (on force ici l'utilisation de l'anglais) :

```
static void Main()
{
 Thread.CurrentThread.CurrentCulture = new CultureInfo("en-us");
 Thread.CurrentThread.CurrentUICulture = new CultureInfo("en-us");
 .....
 Application.Run(new Form1());
}
```

Signalons également comment faire apparaître dans une boîte combo (avec coLangues comme nom interne) les différentes langues reconnues par .NET :

```
foreach (CultureInfo ci in CultureInfo.GetCultures(CultureTypes.AllCultures))
 coLangues.Items.Add(ci.Name);
```

Revenons à la fenêtre du projet de notre application. Un double clic sur Form1.fr.resx (dans la fenêtre du projet) permet d'éditer les différents libellés en français.

Les chaînes de caractères qu'il est souhaitable de traduire ne sont pas seulement utilisées dans les propriétés Text de la fenêtre et des composants. Les chaînes de caractères peuvent également être spécifiées dans des fichiers de ressources et traduites dans différentes langues.

Il faut pour cela créer des fichiers pour chaque langue. Par exemple, créer le fichier pour la langue par défaut : Explorateur de solutions → Ajouter un nouvel élément → Fichier de ressources que nous appelons Chaînes.resx (au lieu de Resource1.resx proposé par défaut). Éditons ce fichier (par double-clic sur le nom de la ressource) en lui ajoutant des chaînes (mais il pourrait s'agir d'images, d'icônes, de fichiers, etc. par clic sur l'onglet qui, pour le moment s'appelle Chaînes) :

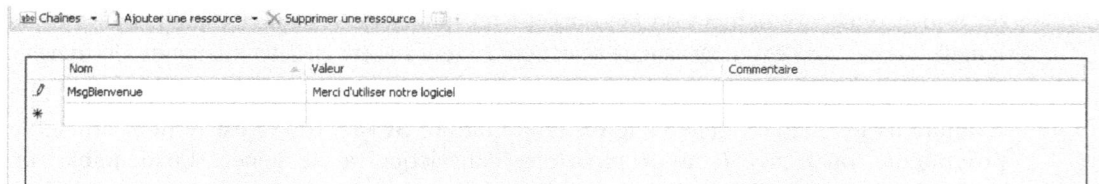

Nom	Valeur	Commentaire
MsgBienvenue	Merci d'utiliser notre logiciel	

Figure 14-5

MsgBienvenue est ici le nom donné à la chaîne de caractères. Ajoutons de la même manière des fichiers de ressources Chaînes.fr.resx et Chaînes.en.resx. Éditons ces deux fichiers et insérons-y une chaîne (traduite) dont le nom est MsgBienvenue.

Il faut maintenant, dans le programme, lire le contenu d'une chaîne dont on donne le nom, indépendamment de la langue de l'utilisateur (Polyglotte est le nom de l'espace de noms du programme) :

```
using System.Resources;
using System.Reflection;
.....
ResourceManager res
    = new ResourceManager("Polyglotte.Chaînes", typeof(Form1).Assembly);
string s = res.GetString("MsgBienvenue");
```

15

Boutons et cases

Dans ce chapitre, nous allons présenter les composants les plus simples qui soient en programmation Windows (figure 15-1) :

- les boutons de commande, éventuellement enrichis d'une image ;
- les cases à cocher (*checkbox* en anglais) ;
- les cases d'option (*radiobutton* en anglais) ;
- les cadres (*groupbox* en anglais) du groupe Conteneurs de la boîte à outils.

Figure 15-1

ab Button
☑ CheckBox
◉ RadioButton
ˣᵛ GroupBox

15.1 Les boutons de commande

Les boutons de commande vous sont tellement familiers qu'ils n'ont pas besoin d'une présentation particulière. Ce sont des objets de la classe Button.

15.1.1 Insérer un bouton dans la fenêtre

Insérer un bouton dans une fenêtre est un jeu d'enfant :

- Cliquez sur l'icône du bouton dans la boîte à outils (*toolbox* en anglais). Le curseur de la souris ayant changé de forme (il ressemble maintenant à un bouton), cliquez en un point de la fenêtre de développement pour y placer le bouton (au besoin, si la boîte à outils est auto-rétractable, faites-la disparaître en frappant ECHAP) ou cliquez deux fois sur l'icône de bouton dans la boîte à outils, ce qui amène le composant dans une zone par défaut (coin supérieur gauche) de la fenêtre.

- Donnez à ce bouton un nom interne significatif (propriété Name) ainsi qu'un libellé (propriété Text), en spécifiant éventuellement une touche d'accélération (dans le libellé du bouton, faire précéder une lettre par &, la combinaison ALT + cette lettre jouant alors le rôle d'accélérateur).

- Ajustez éventuellement l'emplacement du bouton, soit à l'aide de la souris (cliquez sur le composant et déplacez-le, bouton de souris enfoncé), soit en modifiant les deux champs X et Y de sa propriété Location (manuellement lors du développement ou plus tard en cours d'exécution de programme).

- Ajustez éventuellement sa taille, soit à l'aide de la souris (en tirant sur les poignées), soit en modifiant les champs Width et Height de sa propriété Size.

- Donnez éventuellement au bouton un numéro d'ordre pour le passage du *focus* d'entrée (propriété TabIndex) ou utilisez l'outil permettant de spécifier plus aisément encore l'ordre de passage du *focus* (menu Affichage → Ordre de tabulation).

À la section 14.3, nous avons vu comment donner la même taille à plusieurs boutons (plusieurs composants, de manière générale) et comment les aligner les uns par rapport aux autres.

On peut spécifier une police de caractères (propriété Font) pour le libellé du bouton ainsi qu'une couleur d'arrière-plan (propriété BackColor) et une d'avant-plan (propriété ForeColor). Pour placer une image plutôt que du texte à l'intérieur du bouton (ou une image en plus du texte) : propriétés BackgroundImage (pour l'image de fond), Image (pour l'image d'avant-plan, ce qui est moins utilisé) et ImageAlign pour le positionnement de l'image à l'intérieur du bouton (au centre, dans le coin supérieur droit, etc.). L'image de fond peut être automatiquement ajustée à la taille du bouton (propriété BackgroundImageLayout avec sa valeur Stretch, ce qui peut déformer l'image en fonction de la taille du bouton mais tout en gardant les proportions d'origine). En revanche, l'image d'avant-plan ne peut être redimensionnée, elle peut uniquement être centrée ou placée dans l'un des coins du bouton (propriété ImageAlign).

Les images peuvent provenir de fichiers BMP (ce qui présente l'inconvénient d'une taille assez considérable d'image), de fichiers GIF (image limitée à 256 couleurs), JPEG (bonne qualité et bonne compression) mais il pourrait aussi s'agir des formats PNG ou WMF. Le fichier image est greffé dans l'exécutable de l'application et ne doit donc pas être fourni séparément de l'application.

Pour greffer une image dans le fichier du programme exécutable : clic sur les trois points de suspension des propriétés BackgroundImage ou Image → bouton Importer. On retrouve alors l'image parmi les ressources du projet. Par programme, il suffit alors d'écrire

Properties.Resources.*xyz* (où *xyz* désigne la ressource) pour y accéder (cette opération n'étant pas nécessaire ici). Cette expression est de type Bitmap. L'autre technique, celle des versions précédentes de Visual Studio, consiste à importer une ressource locale.

15.1.2 Boutons dans boîte de dialogue

Les boutons de commande sont bien connus. On les trouve dans les fenêtres pour faire déclencher une action mais aussi dans les boîtes de dialogue (boutons généralement appelés OK et Annuler mais pas seulement ces boutons). Dans une boîte de dialogue (mais non dans une fenêtre), les boutons présentent les caractéristiques suivantes (propriété DialogResult) :

- Un clic sur le bouton qualifié de Cancel ou une frappe de la touche ECHAP (ESC*ape* en anglais) fait quitter la boîte de dialogue (voir la section 19.2).

- Un clic sur le bouton OK ou une frappe de la touche ENTREE fait également quitter la boîte de dialogue.

Au chapitre 19, il est question du traitement des boutons dans le cadre des boîtes de dialogue.

15.1.3 Les propriétés des boutons

Nous ne présenterons ici que les propriétés de la classe Button propres aux boutons, sans nous attarder sur les plus évidentes (comme Font, BackColor ou ForeColor qui s'appliquent également aux autres contrôles) qui proviennent de classes de base (voir la section 14.2). Certaines des propriétés ci-après proviennent néanmoins de ces classes de base.

Nous ne reviendrons pas sur les propriétés BackgroundImage, BackgroundImageLayout, Image et ImageAlign dont nous venons de parler.

Classe Button		
Button ← ButtonBase ← Control ← Component ← Object		
Propriétés des boutons		
Cursor		Forme que prend le curseur de la souris lorsqu'il survole le bouton. Voir la propriété Cursor des fenêtres à la section 11.2.
Enabled	T/F	Si la propriété Enabled vaut false, le bouton est grisé et est sans effet. Un clic sur le bouton n'a alors aucun effet.
FlatStyle	enum	Apparence du bouton. FlatStyle peut prendre l'une des valeurs suivantes de l'énumération FlatStyle :
		Flat Aucun effet de relief.
		Pop-up Aucun effet de relief sauf au moment où la souris survole le bouton.
		Standard Bouton avec effet de relief toujours présent.

Propriétés des boutons *(suite)*

FlatAppearance		Apparence des boutons dont la propriété FlatStyle vaut Flat. Vous pouvez spécifier une couleur de fond pour signaler un survol et une autre pour signaler qu'un clic est en cours.
Font		Police de caractères utilisée pour afficher le libellé du bouton. Plusieurs sous-propriétés sont associées à Font : Name, Height, SizeInPoints, Bold, Italic, Underline, etc.
ImageList		Référence à une liste d'images (voir la section 18.2).
ImageIndex	int	Numéro d'image dans la liste d'images.
Location		Position du bouton dans sa fenêtre mère (plus précisément : position par rapport à l'aire client de la fenêtre mère, l'aire client désignant l'intérieur de la fenêtre, à l'exclusion du contour et des barres de titre, de menu, de boutons et d'état). Location, de type Point, comprend deux champs : X et Y.
Name	str	Nom interne du bouton. Par défaut, le premier bouton créé a button1 comme nom interne, button2 pour le deuxième et ainsi de suite. Prenez l'habitude de modifier cette propriété pour donner un nom interne plus significatif au bouton (de préférence préfixé d'un b, par exemple bQuitter pour indiquer clairement dans le code qu'il s'agit du bouton Quitter).
TabIndex	int	Ordre de passage d'un composant à l'autre (n'importe lequel, à condition que sa propriété TabStop soit égale à true) par les touches TAB (vers valeurs croissantes) et MAJ+TAB (vers valeurs décroissantes). Cette propriété n'a d'effet que si le bouton peut recevoir le *focus* d'entrée, ce qui est le cas par défaut (propriété TabIndex, initialisée à true par défaut). À la section 14.3, nous avons présenté l'outil Ordre des tabulations.
TabStop	T/F	Indique si le bouton peut recevoir le *focus* d'entrée. Autrement dit, s'il y a arrêt sur ce bouton lors du passage d'un composant à l'autre par TAB ou MAJ+TAB.
Text	str	Libellé du bouton. Si une lettre est précédée de & (et commercial ou *ampersand* en anglais, esperluette en français), & n'est pas affiché mais la lettre qui suit & est soulignée et la combinaison ALT+cette lettre sert d'accélérateur (*shortcut* en anglais) pour le bouton. Autrement dit : cette combinaison de touches a le même effet qu'un clic sur le bouton.
		Le libellé peut s'étendre sur plusieurs lignes. Cliquez pour cela sur la flèche vers le bas dans la propriété Text. Frappez ENTREE pour spécifier un saut de ligne et CTRL+ENTREE pour valider.
TextAlign	enum	Alignement du texte à l'intérieur du bouton. TextAlign peut prendre l'une des valeurs suivantes de l'énumération ContentAlignment : Bottom, BottomCenter, BottomLeft, BottomRight, Center, Left, Middle, MiddleCenter, MiddleLeft, Right, Top, TopCenter, TopLeft et TopRight (*top* : haut, *bottom* : bas, *left* : gauche et *right* : droit, ce qui rend la signification de ces mnémoniques évidente).
Visible	T/F	Indique si le bouton doit être affiché ou non.

15.1.4 *Les événements liés aux boutons*

L'événement le plus traité (généralement même le seul) dans le cas d'un bouton de commande est l'événement Click. On retrouve néanmoins les événements déjà présentés pour les fenêtres à la section 11.4. Nous avons également montré comment générer une fonction de traitement d'événement.

Comme le clic est l'événement par défaut pour le bouton, un double-clic sur le bouton génère la fonction de traitement du bouton. Mais on pourrait aussi passer par l'événement Click de la fenêtre des propriétés (onglet Événements).

Si le bouton a bQuitter comme nom interne (propriété Name) et Quitter comme libellé (propriété Text), Visual Studio génère le code suivant dans la fonction InitializeComponent du fichier Form1.Designer.cs (ne modifiez pas cette fonction car ce code est modifié par Visual Studio après chaque action dans le Designer, insérez ce code dans la fonction traitant l'événement Load adressé à la fenêtre) :

```
private System.Windows.Forms.Button bQuitter;
.....
this.bQuitter = new System.Windows.Forms.Button();
bQuitter.Location = new System.Drawing.Point(150, 100);
bQuitter.Size = new System.Drawing.Size(80, 50);
bQuitter.TabIndex = 2;
bQuitter.Text = "Quitter";
bQuitter.Click += new System.EventHandler (this.bQuitter_Click);
this.Controls.Add(this.bQuitter);
.....
private void bQuitter_Click (object sender, System.EventArgs e)
{
  .....
}
```

Le bouton bQuitter a été déclaré en champ privé de la classe de la fenêtre. Il est créé dans la fonction InitializeComponent et ensuite initialisé dans ses propriétés Location, Size, etc. Une fonction de traitement est alors associée à l'événement Click et la fonction de traitement bQuitter_Click est générée dans le fichier Form1.cs que vous pouvez modifier.

Les arguments de la fonction de traitement ne présentent aucun intérêt dans le cas du clic sur le bouton. L'utilisateur a cliqué sur le bouton, c'est en fait tout ce qui nous intéresse.

En reproduisant le code ci-dessus, il vous est possible de créer dynamiquement un bouton en cours d'exécution de programme.

Depuis la version 2, grâce aux fonctions anonymes, on peut même se passer de devoir écrire explicitement la fonction dans son ensemble, avec son en-tête (les ..... devant être remplacés par les instructions qui traitent le clic sur le bouton Quitter) :

```
using System;
using System.Windows.Forms;
using System.Drawing;
.....
Button bQuitter;
.....
bQuitter = new Button();
bQuitter.Text = "&Quitter";
bQuitter.Location = new Point(150, 100);
bQuitter.Size = new Size(80, 50);
bQuitter.Click += delegate { ..... };
Controls.Add(bQuitter);
```

15.1.5 Effets de survol

Pour provoquer des effets de survol personnalisés (image du bouton qui change quand la souris survole le bouton) :

- Préparez une liste d'images (composant ImageList, dans le groupe des composants, voir la section 18.2) avec les deux images (image normale et image de survol), sans oublier de modifier la taille qui est rarement de 16 par 16 comme c'est le cas par défaut.

- Associez cette liste d'images au bouton (propriété ImageList) et initialisez ImageIndex (position de l'image « normale » dans la liste d'images).

- Traitez l'événement MouseEnter (début du survol) et MouseLeave (fin du survol) et modifiez ImageIndex pour spécifier l'image à afficher au moment de traiter ces deux événements.

Pour réaliser un effet semblable pour le passage du *focus* (à partir du clavier donc), traitez les événements Enter et Leave relatifs au bouton.

15.1.6 Faire traiter plusieurs boutons par une même méthode

Pour qu'une méthode existante (par exemple bB1_Click) de traitement de l'événement Click traite également un autre bouton, il faut donner le même nom de fonction aux deux fonctions de traitement. Sous Visual Studio, sélectionnez l'événement Click dans la fenêtre des propriétés relative à cet autre bouton, cliquez sur le triangle sur pointe et sélectionnez la fonction de traitement en question. Si vous utilisez les outils de base (autrement dit, si vous n'utilisez pas Visual Studio), ajoutez la ligne :

```
bB2.Click += new System.EventHandler(this.bB1_Click);
```

pour que la fonction bB1_Click traite également les clics sur bB2.

Pour déterminer le bouton qui est à l'origine du clic quand cette fonction est appelée, il suffit d'écrire (bB2 désignant le nom interne du bouton B2) :

```
if (sender == bB2) .....      // si vrai : l'utilisateur a cliqué sur B2
```

Une autre technique consiste à initialiser la propriété Tag des différents boutons (avec, par exemple, la valeur 1 pour le premier bouton, 2 pour le deuxième et ainsi de suite). Dans la fonction de traitement commune à tous ces boutons, on écrit alors (puisque sender et Tag sont tous deux de type Object et que dans la fenêtre de développement les valeurs ont été introduites sous forme de chaînes de caractères) :

```
Button b = (Button)sender;
object o = b.Tag;
int n = Int32.Parse(o.ToString());        // numéro associé au bouton
```

On pourrait aussi écrire :

```
string s = ((Button)sender).Tag.ToString();
switch (s)
```

```
    {
      case "1" : .....                              // il s'agit du bouton 1
      case "2" : .....
    }
```

15.2 Les cases à cocher

15.2.1 Types de cases à cocher

On distingue deux sortes de cases à cocher (*checkbox* en anglais) : celles qui passent par deux états et celles qui passent par trois états. Un clic de la souris peut en effet faire passer une case à cocher par deux ou trois états en fonction de sa propriété Three-State (false pour deux états et true pour trois états) :

- état non coché (*unchecked* en anglais) ;
- état coché (*checked* en anglais), un croisillon marquant alors la case à cocher ;
- estompé (*grayed* en anglais), cet état n'étant possible que si la propriété ThreeState de la case à cocher vaut true. L'intérieur de la case est alors grisé mais le texte d'accompagnement ne l'est pas. Notez que même dans cet état, la case est active. Il ne faut donc pas confondre cet état avec l'état « inactivable » (*disabled* en anglais) contrôlé par la propriété Enabled. Dans l'état *disabled*, le texte de la case est également estompé et cliquer sur la case n'a aucun effet.

Lorsque la case a le *focus* d'entrée, frapper la barre d'espacement fait changer son état (deux ou trois états possibles en fonction de la propriété ThreeState).

Insérer une case à cocher ne présente aucune difficulté (de la routine déjà…) :

- Procédez comme pour un bouton : emplacement et taille de la case, propriété Name (pour le nom interne de la case), propriétés Text et TextAlign pour le libellé, éventuellement les couleurs (propriétés BackColor et ForeColor) de ce texte, la police d'affichage (propriété Font) ainsi d'éventuelles images à la place ou en plus du texte (propriétés Image et BackgroundImage), etc.
- Indiquez le type de case (propriété ThreeState à true pour une case à trois états).
- L'apparence de la case (propriété Appearance) : case à cocher normale ou bouton qui reste enfoncé.
- L'état initial des cases (propriété Checked dans le cas d'une case à deux états et propriété CheckState dans le cas d'une case à trois états).

Comme pour un bouton, on peut afficher une image (ou une image de fond plus texte ou encore une image de fond plus image d'avant-plan plus texte) plutôt qu'un simple libellé (mêmes propriétés que pour un bouton).

Une case à cocher peut avoir l'apparence d'un bouton qui reste enfoncé à l'état « case cochée » : propriété Appearance qui peut prendre l'une de ces deux valeurs : Normal ou Button.

15.2.2 Propriétés des cases à cocher

Les cases à cocher sont des objets de la classe `CheckBox`. Cette classe étant dérivée de `ButtonBase` (comme les boutons de commande), nous ne présentons ici que les propriétés vraiment propres à la classe `CheckBox`.

Pour déterminer l'état d'une case, il suffit de lire la propriété `Checked` de la case (ou la propriété `CheckState` dans le cas d'une case à trois états).

Propriétés des cases à cocher (classe `CheckBox`)		
CheckBox ← ButtonBase ← Control ← Component ← Object		
Appearance	enum	Indique l'apparence de la case (case ou bouton). Appearance peut prendre l'une des deux valeurs suivantes de l'énumération Appearance : Button — la case ressemble à un bouton, Normal — case à cocher normale.
ThreeState	T/F	Indique si la case est à deux ou trois états. Si cette propriété vaut : false — la case ne peut passer que par deux états : elle peut être cochée (*checked*) ou non cochée (*unchecked*) et cet état est contrôlé par la propriété Checked, true — la case peut passer par un état supplémentaire : estompé (ou grisé, *grayed* en anglais) et cet état est contrôlé par la propriété CheckState.
AutoCheck	T/F	Indique si la case change automatiquement d'état suite à un clic sur la case. Si AutoCheck vaut false, vous devez traiter les clics sur la case (événement Click) et, si vous acceptez la modification d'état, explicitement modifier l'état de la case (propriété Checked ou CheckState).
Text	str	Libellé de la case. Comme pour les boutons, & sert à spécifier un accélérateur. La combinaison ALT+cette lettre fait alors changer l'état de la case (en faisant passer celle-ci par les différents états possibles de la case).
Checked	T/F	État (coché ou non) d'une case à deux états.
CheckAlign	enum	Indique l'alignement horizontal et vertical de la case dans le contrôle. CheckAlign peut prendre l'une des valeurs de l'énumération ContentAlignment (voir la propriété TextAlign des boutons).
CheckState	enum	Etat d'une case à trois états. CheckState peut l'une des trois valeurs suivantes de l'énumération CheckState : Checked, Unchecked ou Indeterminate.

15.2.3 Les événements liés aux cases à cocher

Généralement, un programme ne traite pas les événements liés à une case à cocher : il laisse faire l'utilisateur et se contente de lire l'état des cases quand il a besoin de l'information (c'est le cas quand `AutoCheck` vaut `true`, `true` étant la valeur par défaut de cette propriété). On peut cependant imaginer qu'un programme réagisse immédiatement à un changement d'état d'une case, généralement pour vérifier si le nouvel état de la case est compatible avec d'autres informations (par exemple passer à l'état veuf pour un célibataire pose question). Pour cela, on traite l'un des trois événements présentés ci-après. Les autres événements ne présentent quasiment aucun intérêt.

Événements liés aux cases à cocher

Click	L'utilisateur a cliqué sur la case ou a utilisé une combinaison d'accélération. Pour déterminer l'état de la case, lisez les propriétés Checked (dans le cas où deux états seulement sont possibles) ou CheckState (dans le cas où trois états sont possibles). Pour forcer un état déterminé, écrivez par exemple (cbMarié et cbIntéressé désignant des noms internes de deux cases à cocher) : cbMarié.Checked = true; cbIntéressé.CheckState = CheckState.Indeterminate;
CheckedChanged	Changement d'état d'une case à deux états. Cela permet au programme de réagir immédiatement aux modifications effectuées par l'utilisateur (case pour laquelle AutoCheck vaut true).
CheckStateChanged	Changement d'état d'une case à trois états.

15.3 Les cases d'option

Les cases d'option (*radio buttons* en anglais) présentent, à une exception près, les mêmes propriétés et les mêmes méthodes de traitement d'événements que les cases à cocher. Une case d'option ne passe cependant pas par le troisième état (estompé) et ne connaît donc pas les propriétés ThreeState et CheckState. Le fait qu'une case d'option soit cochée ou non est contrôlé par la propriété Checked qui prend la valeur true si la case est cochée ou false si elle ne l'est pas.

Les cases d'option sont des objets de la classe RadioButton, dérivée de ButtonBase comme les boutons et les cases à cocher.

Seul l'événement CheckedChanged présente de l'intérêt. Il est signalé quand la case d'option change d'état.

Bien souvent, les cases d'option sont placées dans un groupe. Dans ce cas, seule une case d'option du groupe peut être cochée à un moment donné. Si vous cliquez sur une case d'option qui fait partie d'un groupe, les opérations suivantes sont automatiquement réalisées : la case d'option qui était cochée ne l'est plus et celle sur laquelle vous avez cliqué devient la case cochée.

15.4 Les groupes

Un groupe (encore appelé cadre ou *groupbox* en anglais) est un objet de la classe Group-Box. Il permet de réunir dans une même zone délimitée par un rectangle des composants (généralement uniquement des cases d'option) qui ont une relation entre eux. Par exemple, un groupe qui correspondrait à l'état civil d'une personne et qui contiendrait quatre cases d'option correspondant aux différents états possibles d'une personne : célibataire, marié, divorcé ou veuf. Une seule case du groupe peut être cochée : on ne peut pas être marié et se comporter comme un célibataire…

Plusieurs cases à cocher (*checkboxes*) d'un groupe peuvent néanmoins être cochées.

Pour insérer un cadre :

- Amenez le cadre dans la fenêtre (clic sur le bouton GroupBox de la boîte à outils, dans le groupe des conteneurs, suivi d'un clic en un emplacement de la fenêtre).

- Donnez à ce cadre un nom interne significatif (propriété Name) ainsi qu'un libellé (propriété Text), les autres propriétés présentant peu d'intérêt.

- Placez les cases d'option dans le groupe (éventuellement d'autres composants comme des cases à cocher).

- Spécifiez les propriétés de ces différentes cases.

Toutes les cases d'option se trouvant à l'intérieur d'un cadre font partie du même groupe. Rendre un cadre invisible (propriété Visible à false) rend également invisibles toutes les cases du groupe.

Les méthodes de traitement d'événements liés aux groupes ne présentent quasiment aucun intérêt car on ne se préoccupe presque jamais des événements liés aux cadres.

Si un groupe contient plusieurs cases d'option, faites traiter pour toutes les cases du groupe l'événement CheckedChanged par la même fonction. Pour déterminer quelle case est cochée, écrivez dans cette fonction (gp étant le nom interne du groupe, propriété Name) :

```
RadioButton rb=null;
for (int i=0; i<gp.Controls.Count; i++)
{
 rb = (RadioButton)gp.Controls[i];
 if (rb.Checked) break;
}
```

rb fait maintenant référence à la case d'option qui est cochée.

Programmes d'accompagnement

BoutonsEtCases   Illustre les boutons, cases et groupes. Un effet de survol est réalisé sur le bouton Go.

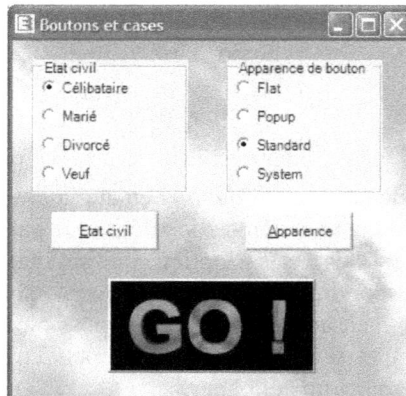

Figure 15-2

Calculatrice

Implémentation d'une calculatrice. Les opérations effectuées sont affichées dans une boîte de liste.

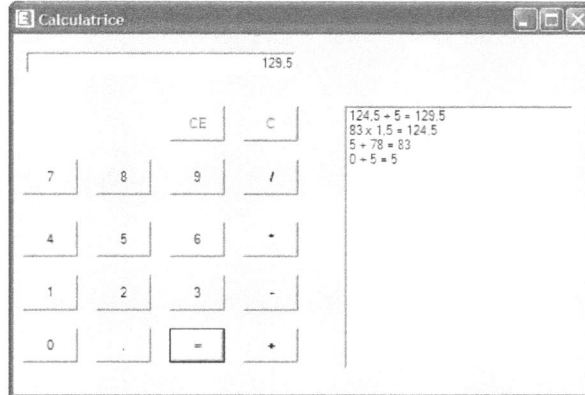

Figure 15-3

Nim

Jeu de Nim. À tour de rôle, les joueurs (vous et l'ordinateur) doivent retirer d'une rangée (et d'une seule) une ou plusieurs allumettes. Le joueur qui retire la dernière allumette a perdu.

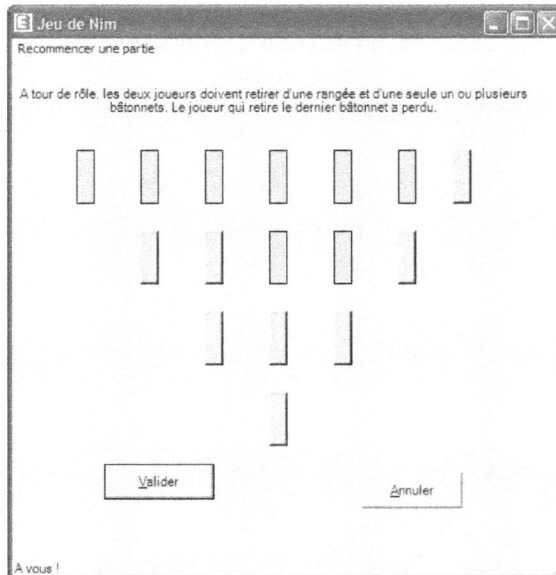

Figure 15-4

16

Les boîtes de liste

Dans ce chapitre, nous allons présenter :

- les boîtes de liste standard (*list boxes* en anglais) ;
- les boîtes de liste avec cases à cocher (*checked list boxes* en anglais) ;
- les boîtes combo (*combo boxes* en anglais) ;
- les listes en arbre (*tree views* en anglais) ;
- les fenêtres de liste (*list views* en anglais) ;
- la réprésentation en grille (*data grid view* en anglais).

Figure 16-1

≡ ListBox
≡ ComboBox
CheckedListBox
ListView
TreeView
DataGridView

16.1 Les boîtes de liste

Une boîte de liste (*list box* en anglais) sert à opérer une sélection parmi tous les articles présentés à l'utilisateur. Des barres de défilement peuvent éventuellement être affichées si le nombre d'articles (*item* en anglais) dépasse la capacité visible de la boîte de liste. En général, une barre de défilement verticale est affichée. La partie mobile de celle-ci est appelée ascenseur (*thumb* en anglais). La taille de celui-ci varie en fonction de la proportion d'articles qui sont visibles. Plusieurs articles peuvent être sélectionnés si la boîte de liste est créée avec l'attribut de sélection multiple. Vous n'avez pas à vous préoccuper de la gestion de la boîte de liste car tout ce travail est automatiquement pris en charge par Windows.

Généralement, une boîte de liste contient des articles de texte uniquement, par exemple des noms de personnes. Mais les articles peuvent également avoir des hauteurs variables (par exemple pour les afficher dans différentes polices) ou contenir des images plutôt que du texte. On parle alors de boîtes de liste personnalisées (*owner drawn list box* en anglais), que nous apprendrons à créer plus loin dans ce chapitre.

À la section 12.4, nous expliquons comment effectuer des glisser-déposer (*drag & drop* en anglais) à partir et à destination d'une boîte de liste.

16.1.1 Création d'une boîte de liste

Pour créer une boîte de liste standard :

- Depuis la boîte à outils, amenez l'icône de la boîte de liste dans la fenêtre de développement, selon la méthode maintenant traditionnelle (clic sur l'outil suivi d'un clic dans la fenêtre de développement).

- Spécifiez ses propriétés les plus importantes : nom interne plus significatif que le nom par défaut listBox1 (propriété Name), sélections multiples ou non (propriété Selection-Mode), articles triés ou non (propriété Sorted), etc.

- Spécifiez les libellés des articles s'ils sont déjà connus au moment de développer l'application (propriété Items). Sinon, remplissez la boîte de liste en cours d'exécution de programme.

Les boîtes de liste sont des objets de la classe ListBox. Celle-ci est dérivée de la classe abstraite qu'est ListControl.

16.1.2 Les propriétés des boîtes de liste

Passons d'abord en revue les propriétés des boîtes de liste. Comme la classe ListBox est dérivée de Control (avec ses propriétés maintenant bien connues Location, Size, Back-Color, etc.), nous ne passerons en revue que les propriétés propres aux boîtes de liste.

Classe ListBox		
ListBox ← ListControl ← Control ← Component		
Propriétés de la classe ListBox		
BorderStyle	enum	Type de contour. BorderStyle peut prendre l'une des valeurs suivantes de l'énumération BorderStyle :
	None	aucun contour, ce qui peut se justifier si vous dessinez vous-même un contour original ou si vous désirez donner un aspect plat à la boîte de liste,

	`FixedSingle`	contour formé d'une simple ligne,
	`Fixed3D`	contour avec léger effet de relief.
`ColumnWidth`	int	Largeur de colonne d'une boîte de liste présentée en colonnes. 0 correspond à une valeur par défaut.
`DrawMode`	enum	Indique comment la boîte de liste doit être affichée. L'énumération `Draw-Mode` peut prendre l'une des valeurs suivantes :
	`Normal`	affichage automatique, tous les articles ayant la même hauteur,
	`OwnerDrawFixed`	boîte de liste personnalisée (c'est-à-dire dessinée à votre initiative) dont tous les articles ont la même hauteur (par exemple pour afficher dans une boîte de liste des images, toutes de même taille),
	`OwnerDrawVariable`	boîte de liste personnalisée dont tous les articles n'ont pas la même hauteur (par exemple pour afficher dans une boîte de liste les noms de polices de caractères et en utilisant pour cela la police elle-même).
`IntegralHeight`	T/F	Si `IntegralHeight` vaut `false`, la boîte de liste a exactement les dimensions spécifiées lors de la phase de développement (ou en manipulant les propriétés `Height` et `Width` de `Size`). Si `IntegralHeight` vaut `true` (ce qui est le cas par défaut), Windows ajuste la hauteur de la boîte de liste pour éviter que l'article du bas ne soit que partiellement affiché. Windows affiche ainsi un nombre entier d'articles, ce qui donne toujours à la boîte de liste un aspect plus « propre ».
`HorizontalScrollBar`	T/F	Indique si une barre de défilement horizontale doit être automatiquement ajoutée si nécessaire.
`ItemHeight`	int	Hauteur d'une ligne d'article, la hauteur dépendant de la police de caractères (propriété `Font`). Par défaut, la hauteur d'un article est de 13 pixels. On ne peut modifier cette propriété que dans le cas de boîtes de liste personnalisées avec hauteur fixe des articles (valeur `DrawMode.OwnerDrawFixed` dans la propriété `DrawMode`).
`Items`	coll	Collections des libellés des articles. Cliquez sur l'icône marquée des trois points de suspension pour amener à l'avant-plan une fenêtre (`Editeur de collections de chaînes`) dans laquelle vous introduisez les libellés des articles (il faut évidemment que ces articles soient connus au moment de concevoir l'application pour pouvoir utiliser cette possibilité). Plus loin, nous montrerons comment remplir une boîte de liste avec des articles qui ne sont connus qu'au moment d'exécuter le programme.
`MultiColumn`	T/F	Indique s'il s'agit d'une boîte de liste disposée en colonnes. Dans l'affirmative, les articles sont affichés en colonnes sur une même ligne plutôt que verticalement dans une seule colonne.
`ScrollAlwaysVisible`	T/F	Par défaut, la barre de défilement verticale n'est pas affichée si tous les articles sont visibles. Si `ScrollAlwaysVisible` vaut `true`, la barre de défilement est toujours affichée.
`SelectionMode`	enum	Mode de sélection des articles. L'énumération `SelectionMode` peut prendre l'une des valeurs suivantes :

Propriétés de la classe `ListBox` *(suite)*

		`One`	un seul article peut être sélectionné,
		`None`	aucun article ne peut être sélectionné,
		`MultiSimple`	chaque clic sélectionne un article supplémentaire,
		`MultiExtended`	sélection multiple par les combinaisons avec les touches `MAJ` et `CTRL`.
`Sorted`	`T/F`		Indique si la boîte de liste doit être triée par ordre alphabétique. Le même poids est donné à la minuscule ainsi qu'à la majuscule d'une lettre. Si la version française a été installée, Windows tient correctement compte de nos lettres accentuées en donnant à é ou ê un poids supérieur à d ou e mais inférieur à f et F.
`UseTabStops`	`T/F`		Des caractères de tabulation (\t) sont insérés dans les articles pour améliorer la lisibilité (voir exemple plus loin dans ce chapitre).

16.1.3 Insérer des articles dans la boîte de liste

Créer une boîte de liste dont les articles sont connus au moment de concevoir l'application est particulièrement simple : double-clic sur la propriété `Items` ou clic sur la propriété suivi d'un autre clic sur les trois points de suspension. La fenêtre `Editeur de collections String` (voir figure 16-2) est alors affichée. Entrez les libellés des articles.

Figure 16-2

Plus loin dans ce chapitre, nous montrerons comment ajouter des articles en cours d'exécution de programme.

16.1.4 Propriétés run-time des boîtes de liste

Comme pour les autres composants, certaines propriétés ne sont accessibles qu'en cours d'exécution de programme. Ce sont ces propriétés qui vont nous permettre de retrouver le ou les articles sélectionnés.

Propriétés run-time des boîtes de liste (classe `ListBox`)

`SelectedIndex`	`int`	Index de l'article sélectionné (0 pour le premier). La valeur −1 signale qu'aucun article n'est encore sélectionné.
`SelectedIndices`	`coll`	Collection des indices des articles sélectionnés.
`SelectedItem`		Article sélectionné. `SelectedItem` étant de type `object`, il peut s'appliquer à n'importe quel type (même s'il s'agit généralement du type `string`). Nous montrerons bientôt l'intérêt d'avoir donné le type `object` à `SelectedItem` (introduire libellé et valeur associée).
`SelectedItems`		Collection des articles sélectionnés.

Plusieurs techniques sont possibles pour retrouver le libellé de l'article sélectionné (`lbNoms` désignant ici le nom interne de la boîte de liste).

La plus simple consiste à écrire `lbNoms.Text`.

Une autre :

```
string s = (string)lbNoms.SelectedItem;
```

La propriété `SelectedItem` d'une boîte de liste vaut `null` si aucun article n'y a encore été sélectionné.

Quelques opérations sur une boîte de liste

Pour retrouver les indices des articles sélectionnés dans une boîte de liste à sélection multiple ayant `lbNoms` comme nom interne (propriété `Name`)	`foreach (int i in lbNoms.SelectedIndices)`
	`{`
	     `// indice d'un article sélectionné dans i`
	`}`

Pour retrouver les libellés des articles sélectionnés	`foreach (string s in lbNoms.SelectedItems)`
	`{`
	     `// libellé d'un article sélectionné dans s`
	`}`

Le libellé du `i`-ième article dans la boîte de liste est obtenu par	`string s = (string)lbNoms.Items[i];`
Le nombre d'articles dans la boîte de liste est donné par	`lbNoms.Items.Count`
Le nombre d'articles sélectionnés dans une boîte à sélection multiple est donné par	`lbNoms.SelectedItems.Count`
Le libellé du `i`-ième article sélectionné est obtenu par	`(string)lbNoms.SelectedItems[i].`

16.1.5 Les événements liés aux boîtes de liste

Les événements importants liés aux boîtes de liste sont :

- `DoubleClick` pour détecter un double-clic sur un article ;

- `KeyPress` pour détecter une frappe de la touche ENTREE sur un article sélectionné ;

- SelectedIndexChanged pour détecter le passage d'un article à l'autre (par clic sur un article ou par les touches de direction du clavier ce qui, dans ce dernier cas, génère beaucoup d'événements SelectedIndexChanged).

Pour afficher dans la barre de titre l'article sélectionné (cas d'une boîte de liste à sélection simple) par la touche ENTREE (code 13, soit 0x0D en hexadécimal), on traite l'événement KeyPress et on écrit :

```
if (e.KeyChar == 0x0D) Text = (string)lbNoms.Items[lbNoms.SelectedIndex];
```

ou plus simplement :

```
if (e.KeyChar == 0x0D) Text = (string)lbNoms.SelectedItem;
```

16.1.6 Comment insérer des articles par programme ?

Les méthodes Add, Clear, Remove et Insert peuvent être appliquées à la propriété Items de la boîte de liste. Items, de type ObjectCollection, maintient en effet une liste d'articles (on retrouve pour cette raison ces méthodes et la propriété Count dans toutes les collections) :

Propriétés et méthodes applicables à la propriété Items		
ObjectCollection ← Object		
Propriété de la classe ObjectCollection		
Count	int	Nombre d'objets dans la collection.
Méthodes de la classe ObjectCollection		
int Add(object item);		Ajoute un article à la boîte de liste (à la fin ou en respectant l'ordre de tri si la propriété Sorted vaut true). L'argument est souvent, mais pas obligatoirement, une chaîne de caractères. Il peut en effet s'agir d'un objet regroupant une chaîne à afficher et un numéro d'identification (voir exemple plus loin). Add renvoie la position de l'article dans la boîte.
void AddRange(object[]);		Ajoute tout un tableau d'articles (donc plusieurs articles à la fois).
void AddRange(ObjectCollection);		Ajoute une collection d'articles.
void Clear();		Vide le contenu de la boîte de liste.
void Remove(object o);		Supprime un objet (o désigne généralement une chaîne de caractères dans le cas des boîtes de liste).
void RemoveAt(int n);		Supprime l'article en n-ième position.
void Insert(int n, string);		Ajoute un article qui occupe alors la n-ième position. Donnez à n la valeur 0 pour qu'il soit inséré en tête. Dans le cas d'une liste triée (propriété Sorted à true), les articles suivants sont automatiquement décalés d'une position.

L'opérateur [], indexeur de la propriété Items, peut être utilisé aussi bien en lecture qu'en écriture. Dans ce dernier cas,

```
lbNoms.Items[i] = "Quelqu'un";
```

modifie le i-ième article.

Pour que la boîte de liste contienne ces articles au démarrage de l'application, les insertions doivent être effectuées dans la fonction qui traite l'événement Load adressé à la fenêtre.

```
lbNoms.Items.Add("Gaston");
// ajout de trois articles
string[] ts = {"Gaston", "Jeanne", "Prunelle"};
lbNoms.Items.AddRange(ts);
```

Vous pouvez supprimer un article en spécifiant son libellé ou son indice. Si vous supprimez plusieurs articles, n'oubliez pas que chaque suppression modifie le placement des articles qui suivent.

Pour vider la boîte de liste : lbNoms.Items.Clear();

Pour présélectionner le n-ième article : lbNoms.SelectedIndex = n;

Pour supprimer l'article sur lequel on a cliqué deux fois, on traite l'événement Double-Click et on écrit dans la fonction de traitement :

```
lbNoms.Items.RemoveAt(lbNoms.SelectedIndex);
```

ou

```
lbNoms.Items.Remove(lbNoms.SelectedItem);
```

16.1.7 Comment associer une valeur unique à un article ?

Les numéros d'ordre des articles dans la boîte de liste (information renvoyée par Items.Add) sont généralement modifiés à la suite des insertions (y compris par Add si Sorted vaut true) et des suppressions. Autrement dit, la position des articles varie dans le temps. Add renvoie certes la position de l'article qui vient d'être inséré mais cette valeur risque d'être modifiée dès la prochaine opération (insertion ou suppression) sur la boîte de liste. La valeur renvoyée par Add perd dès lors très vite toute signification.

Dans certains cas, ce n'est pas un problème : la propriété SelectedItem de la boîte de liste permet de retrouver le libellé de l'article sélectionné, et cette information est suffisante pour retrouver des informations plus complètes dans une base de données. Dans des cas un peu plus complexes, les choses ne sont malheureusement pas aussi simples :

- Suite aux multiples insertions et suppressions, le contenu de SelectedIndex n'a plus aucune signification pour l'accès à la base de données, au tableau, ou au fichier contenant les données : aucune correspondance entre la position dans la boîte de liste, surtout si elle est triée, et la position dans le conteneur de données.

- Le contenu de SelectedItem ne permet pas d'associer aisément une ligne de la base de données à l'article sélectionné : l'article affiché dans la boîte de liste a pu être construit en concaténant plusieurs champs d'une base de données et retrouver la clé d'accès à partir de la chaîne ainsi créée n'est pas toujours possible.

Pensez à un tableau ou à un fichier dont chaque entrée contient un nom, un prénom ainsi que diverses autres informations sur la personne. Par balayage de ce tableau ou de ce fichier, on remplit la boîte de liste, chaque article de la boîte de liste étant formé du nom suivi du prénom, les autres informations n'étant pas présentées à l'écran. La boîte de liste étant triée, l'ordre dans la boîte ne correspond pas à l'ordre dans le tableau ou le fichier.

Voyons ce qui se passe quand l'utilisateur sélectionne un article. Par programme, nous devons alors retrouver la personne sélectionnée ainsi que des informations complémentaires sur elle (informations qui figurent uniquement dans le tableau ou la base de données). La propriété SelectedIndex ne présente ici aucun intérêt (puisqu'il n'y a aucune correspondance entre la position dans la boîte de liste et la position dans le tableau ou le fichier). La propriété SelectedItem permet certes de retrouver la chaîne résultant de la concaténation du nom et du prénom mais extraire le nom et le prénom à partir de cette chaîne n'est pas nécessairement une mince affaire (pensez aux noms à particules ainsi qu'aux noms et prénoms composés). Comment, dès lors, retrouver aisément ces informations complémentaires sur la personne sélectionnée dans la boîte de liste ?

La solution consiste à pouvoir associer à un article une valeur qui reste indépendante de sa position dans la liste (cette valeur étant, par exemple, l'indice dans le tableau). Cette association est effectuée au moment d'insérer l'article dans la boîte de liste.

Pour cela, on définit une structure avec deux propriétés, ID et NOM, en lecture uniquement :

```
struct IDNOM
{
 int id;
 string nom;
 public IDNOM(int aid, string anom) {id = aid; nom = anom;}
 public int ID
 {
  get { return id; }
 }
 public string NOM
 {
  get { return nom; }
 }
}
```

L'argument d'Items.Add étant de type object, on peut insérer un article par :

```
IDNOM idn = new IDNOM(123, "Archibald Haddock");
lbNoms.Items.Add(idn);
```

La boîte de liste trouve dans la propriété DisplayMember le nom de la propriété à afficher (NOM dans notre cas), et dans sa propriété ValueMember le nom de la propriété correspondant à la valeur associée.

On écrira donc (généralement avant la première insertion) :

```
lbNoms.DisplayMember = "NOM";
lbNoms.ValueMember = "ID";
```

Pour retrouver les caractéristiques de l'article sélectionné, il suffit d'écrire :

```
IDNOM idn = (IDNOM)lbNoms.SelectedItem;
```

Le libellé se trouve dans `idn.NOM` et la valeur associée dans `idn.ID`. Nous disposons maintenant de la clé pour accéder aux informations complémentaires.

16.1.8 Comment spécifier des tabulations ?

La propriété `UseTabStops` permet de signaler la présence de caractères de tabulation dans le libellé des articles. Par défaut, les positions de tabulation sont placées tous les dix caractères (Windows se base en fait sur la largeur moyenne des caractères). La boîte de liste doit alors être remplie par programme (\t représente le caractère de tabulation) :

```
lbNoms.Items.Add("Mozart\tSalzbourg\t1756");
lbNoms.Items.Add("Chopin\tVarsovie\t1810");
```

Par défaut, toutes les tabulations sont équidistantes. Pour spécifier explicitement les positions de tabulation, celles-ci doivent être personnalisées (en faisant passer à `true` la propriété `UseCustomTabOffsets` de la boîte de liste). Il faut également ajouter des cellules au tableau des tabulations (propriété `CustomTabOffsets` de la boîte de liste, propriété qui s'applique à une collection d'entiers).

Pour spécifier des marques de tabulation aux points 75 et 120 (en pixels) dans la boîte de liste :

```
lbNoms.CustomTabOffsets.Add(75);
lbNoms.CustomTabOffsets.Add(120);
```

Les noms de ville ainsi que les dates sont alignés comme dans la figure 16-3 :

Figure 16-3

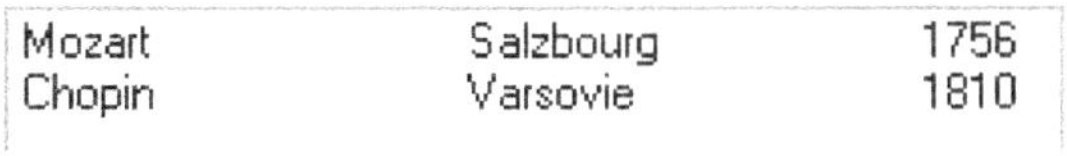

Mozart	Salzbourg	1756
Chopin	Varsovie	1810

16.1.9 Boîte de liste avec images

Pour créer une boîte de liste dont les articles sont des images (ou du texte plus image ou encore du texte affiché avec des couleurs ou des polices différentes pour chaque article), il faut :

- Spécifier dans la propriété `DrawMode` soit `OwnerDrawFixed` (quand tous les articles doivent avoir la même hauteur), soit `OwnerDrawVariable` (quand la hauteur peut varier d'un article à l'autre).

- Traiter l'événement `DrawItem` car il vous appartient alors de dessiner l'article.

- Traiter l'événement `DrawMeasure` dans le cas d'une boîte de liste avec articles de hauteur variable.

Dans tous les cas, il faut remplir la boîte de liste comme nous l'avons toujours fait jusqu'à présent. La notion de libellé d'article (il peut en fait s'agir de n'importe quelle information) existe toujours (ce libellé est d'ailleurs passé en argument d'Items.Add) mais ce libellé n'est plus affiché : il vous sert uniquement à déterminer (dans la fonction traitant l'événement DrawItem) quelle image doit être affichée.

En cours d'exécution de programme, l'événement DrawItem est signalé chaque fois qu'un article doit être dessiné (ou redessiné parce qu'il apparaît de nouveau à l'écran). La fonction de traitement reçoit en second argument un objet DrawItemEventArgs. Celui-ci comprend les propriétés suivantes, toutes en lecture uniquement :

- BackColor : couleur d'arrière-plan par défaut ;

- ForeColor : couleur d'avant-plan par défaut ;

- Font : police par défaut ;

- Graphics : l'objet indispensable pour dessiner l'article ;

- Bounds : le rectangle dans lequel doit s'afficher l'article ;

- Index : numéro de l'article concerné par l'opération ;

- State : peut contenir une ou plusieurs des valeurs de l'énumération DrawItemState : Focus, Disabled ou Selected.

Les trois premières informations constituent des suggestions, en fonction des propriétés du conteneur (généralement la fenêtre).

La classe DrawItem comprend aussi la fonction DrawFocusRectangle qui ne renvoie rien et n'accepte aucun argument.

Pour afficher des drapeaux plutôt que des noms de pays :

- On prépare une liste d'images (voir la section 18.2) reprenant les différents drapeaux (soit imgPays le nom interne de cette liste d'images).

- On fait passer la propriété DrawMode à OwnerDrawFixed et on initialise ItemHeight (à la hauteur des images, toutes de même type).

- On ajoute un article par pays (dans la fonction traitant l'événement Load pour que la boîte de liste soit affichée au démarrage du programme) :

```
lbPays.Items.Add("France");
lbPays.Items.Add("USA");
```

- On traite l'événement DrawItem :

```
private void lbPays_DrawItem(object sender, DrawItemEventArgs e)
{
 Point p = e.Bounds.Location;  // dessiner à partir du coin supérieur gauche
 imgPays.Draw(e.Graphics, p, e.Index);
}
```

e.Index donne le numéro d'ordre de l'article à dessiner. Pour déterminer le libellé de cet article (libellé non affiché qui est spécifié en argument d'Items.Add) :

```
(string)lbPays.Items[e.Index]
```

Le « libellé » en question pourrait être n'importe quelle information, de n'importe quel type. Dans le cas d'articles de taille variable, il faut traiter l'événement MeasureItem. La fonction de traitement vous signale pour quel article elle réclame des informations (e.Index). Vous remplissez alors e.ItemHeight et e.ItemWidth du second argument.

16.2 Boîte de liste avec cases

La classe CheckedListBox permet de créer une boîte de liste dont chaque article est doté d'une case à cocher (voir figure 16-4).

Figure 16-4

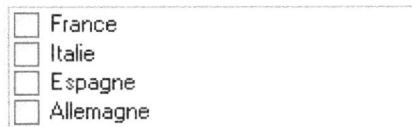

Comme la classe CheckedListBox est dérivée de ListBox, les propriétés et méthodes de ListBox sont applicables à CheckedListBox. Nous ne présentons ici que les propriétés et méthodes vraiment propres à CheckedListBox.

Propriétés et méthodes de la classe CheckedListBox		
CheckedListBox ← ListBox		
Propriétés de la classe CheckedListBox		
CheckedIndices	coll	Collection des indices des articles cochés. Si cblbPays est le nom interne de la CheckedListBox, cblbPays.CheckedIndices.Count donne le nombre d'articles cochés et cblbPays.CheckedIndices[0] donne l'indice du premier article coché.
CheckedItems	coll	Collections des libellés des articles cochés. CheckedItems.Count donne le nombre d'articles cochés et, s'il s'agit d'une boîte de liste simple avec uniquement des libellés `(string)cblbPays.CheckedItems[i]` donne le libellé du i-ième article coché.
CheckOnClick	T/F	Si CheckOnClick vaut true, la case est cochée lors du clic de sélection. Sinon, il faut d'abord sélectionner l'article (par un clic) et puis cliquer pour cocher.
ThreeDCheckBoxes	T/F	Indique s'il faut afficher les cases avec un discret effet de relief.
Méthodes de la classe CheckedListBox		
bool GetItemChecked(int n);		Renvoie true si l'article en n-ième position dans la boîte de liste est coché.

Méthodes de la classe `CheckedListBox` *(suite)*	

`CheckState`
`GetItemCheckState`
`(int n);`
	Renvoie l'état de l'article en n-ième position. L'énumération `CheckState` comprend les valeurs suivantes :

`Checked`	case cochée,
`Indeterminate`	état indéterminé,
`Unchecked`	case non cochée.

`void`
`SetItemChecked(`
  `int n, bool value);`
	Coche (`true` dans `value`) ou décoche (`false` dans `value`) l'article en n-ième position.

`void`
`SetItemCheckState(`
  `int n,`
  `CheckState value);`
	Modifie l'état de la coche en n-ième position. `value` peut prendre l'une des valeurs de l'énumération `CheckState`.

Pour ajouter des articles par programme (en cours d'exécution donc) et cocher certains articles (on utilise ici `SetItemChecked` et `SetItemCheckState` pour illustrer les deux méthodes) :

```
int n = lbcNoms.Items.Add("Gaston");
lbcNoms.SetItemCheckState(n, CheckState.Checked);
n = lbcNoms.Items.Add("Jeanne");
lbcNoms.SetItemChecked(n, true);
```

Pour cocher toutes les cases d'une `CheckedListBox`, on écrit :

```
int N = lbcNoms.Items.Count;
for (int i=0; i<N; i++) lbcNoms.SetItemChecked(i, true);
```

16.3 Les boîtes combo

Une boîte à liste déroulante, encore appelée boîte combo (*combobox* en anglais) combine une zone d'édition et une boîte de liste. Selon le type de boîte combo (voir sa propriété `DropDownStyle`), la partie boîte de liste est toujours apparente ou ne l'est qu'après avoir cliqué sur la flèche située à droite de la partie zone d'édition. Selon le type de boîte combo aussi, la partie zone d'édition est réellement éditable ou ne l'est pas.

Dans le cas où la partie zone d'édition est vraiment éditable, entrer un caractère au clavier a un effet immédiat sur la partie boîte de liste : recherche automatique du premier article dont le nom commence par le ou les caractères saisis dans la partie zone d'édition de la boîte combo. De même, sélectionner un article dans la boîte de liste, a un effet immédiat sur la zone d'édition : le nom de l'article sélectionné y apparaît automatiquement et vous pouvez le modifier.

16.3.1 Les types de boîtes combo

On distingue trois types de boîtes combo (propriété DropDownStyle) : Simple, DropDown et DropDownList (il s'agit des trois valeurs possibles de l'énumération ComboBoxStyle).

La boîte présentée à la figure 16-5 est de type Simple : la zone d'édition est utilisable et permet d'introduire n'importe quel nom. Un article peut être sélectionné par un clic de la souris. Les touches ↑ et ↓ ont le même effet.

Figure 16-5

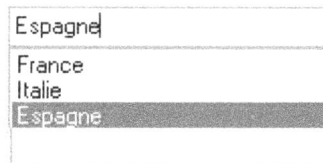

Lorsque le style est DropDown, (voir figure 16-6) la boîte de liste apparaît ou disparaît suite à un clic sur la flèche affichée à droite de la boîte d'édition. À partir du clavier, frappez ALT+↓ pour ouvrir la partie boîte de liste et ALT+↑ pour la fermer. La touche de fonction F4 a le même effet (il faut évidemment que la boîte combo ait reçu le *focus* d'entrée). Lorsque la partie zone d'édition a le *focus* d'entrée, les touches ↑ et ↓ font afficher, à tour de rôle, chaque article de la boîte de liste (celle-ci n'étant pas affichée). La zone d'édition est utilisable et n'importe quel nom peut y être introduit.

Figure 16-6

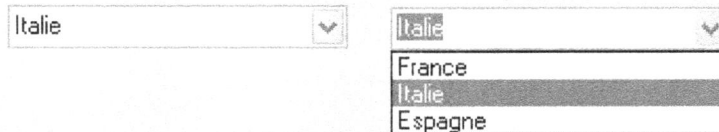

Une variante de DropDown est le style DropDownList. Une boîte DropDownList présente les mêmes caractéristiques, à cette exception près : la partie zone d'édition n'est pas utilisable. Elle ne peut contenir que l'un des noms sélectionnés dans la partie boîte de liste.

16.3.2 Propriétés des boîtes combo

Nous retrouvons dans une boîte combo des caractéristiques de zones d'édition et des caractéristiques de boîtes de liste. Une boîte combo peut, en particulier, être triée.

Les boîtes combo sont des objets de la classe ComboBox. Les propriétés importantes sont Name (comme toujours), DropDownStyle, Sorted, Items, Text et MaxLength. Nous ne reprenons ici que les propriétés propres aux boîtes combo.

Classe `ComboBox`

`ComboBox` ← `ListControl` ← `Control` ← `Component`

Propriétés de la classe `ComboBox`

`DrawMode`	enum	Indique comment sont affichés les articles de la boîte combo : une des valeurs de l'énumération `DrawMode` : `Normal`, `OwnerDrawFixed` ou `OwnerDrawVariable`. Pour ces deux derniers modes, il appartient au programmeur d'afficher lui-même les articles (il peut alors s'agir d'images). Avec `OwnerDrawFixed`, tous les articles (qui peuvent être des images) ont la même hauteur.
`DropDownStyle`	enum	Type de boîte combo. `Style` peut prendre l'une des valeurs suivantes de l'énumération `ComboBoxStyle` :
		`DropDown` la partie boîte de liste n'est affichée que suite à un clic sur la flèche de la partie zone d'édition. Celle-ci est utilisable (du texte peut y être introduit),
		`DropDownList` la partie boîte de liste n'est affichée que suite à un clic sur la flèche de la partie zone d'édition. Celle-ci n'est pas utilisable (du texte ne peut pas y être introduit),
		`Simple` les deux parties de la boîte combo sont toujours visibles. La zone d'édition est utilisable.
`DropDownWidth`	int	Largeur de la partie « boîte de liste » de la boîte combo.
`DroppedDown`	T/F	Vaut `true` si la partie « boîte de liste » d'une boîte *dropdown* est affichée. Cette propriété n'est utilisable qu'en cours d'exécution de programme.
`Items`	coll	Liste des libellés d'articles.
`MaxDropDownItems`	int	Nombre d'articles qui sont visibles dans la partie boîte de liste d'une boîte combo de type `DropDown` (valeur entre `1` et `100`).
`MaxLength`	int	Nombre maximal de caractères qui peuvent être introduits dans la partie zone d'édition de la boîte combo (aucune limite si `MaxLength` contient `0`).
`SelectedIndex`	int	Index de l'article sélectionné.
`SelectedItem`		Article sélectionné. Il s'agit généralement du libellé (même si `SelectedItem` est de type `Object`) de l'article sélectionné.
`Sorted`	T/F	Indique si les articles de la boîte combo doivent être triés.
`Text`	str	Contenu de la partie zone d'édition, même si celle-ci n'est pas éditable (ce qui est notamment le cas d'une boîte `DropDownList`). C'est dans cette propriété que vous retrouvez l'article qui a été sélectionné par l'utilisateur.

Pour remplir dynamiquement la boîte combo :

```
coPays.Items.Clear();
coPays.Items.Add("France"); coPays.Items.Add("Italie");
```

ou

```
coPays.Items.AddRange(new string[] {"France", "Italie"});
```

Pour présélectionner (et amener dans la partie zone d'édition) le premier article de la liste :

```
coPays.SelectedIndex = 0;
```

ou

```
coPays.Text = "France";
```

Pour retrouver le libellé de l'article sélectionné (et donc visible dans la partie zone d'édition) :

```
string s = coPays.Text;
```

Pour amener dans une boîte combo les différentes valeurs d'une énumération :

```
enum PAYS {France, Italie, Espagne}
.....
coPays.DataSource = Enum.GetValues(typeof(PAYS));
```

Et pour supprimer dynamiquement un article :

```
coPays.Items.RemoveAt(1);                 // supprimer Italie
```

ou

```
coPays.Items.Remove("Italie");
```

Les principaux événements relatifs à une boîte combo sont :

Événements relatifs à une boîte combo	
TextChanged	Le contenu de la partie zone d'édition a changé (suite à une nouvelle sélection ou parce que la zone d'édition est en train d'être éditée).
SelectedIndexChanged	Sélection d'un nouvel article à l'aide de la souris mais aussi chaque fois que l'utilisateur passe sur un autre article à l'aide des touches de direction.
SelectionChangeCommitted	Changement de sélection, un nouvel article apparaissant dans la partie zone d'édition.

16.4 Les listes en arbre

16.4.1 Les nœuds des listes en arbre

Les listes en arbre (objets TreeView) sont notamment utilisées pour représenter les répertoires et fichiers des différentes unités de disque. La partie gauche de l'explorateur est d'ailleurs une liste en arbre. Dans l'exemple qui suit (voir figure 16-7), nous utilisons une liste en arbre pour afficher une hiérarchie continents-pays-villes.

Figure 16-7

On parle :

- de nœud racine (*root* en anglais) pour le tout premier nœud de l'arborescence ;
- de nœud enfant (*child* en anglais) pour un nœud de niveau inférieur ;
- de nœud parent pour un nœud à la base de nœuds enfants ;
- de nœuds frères (*sibling* en anglais) pour des nœuds de même niveau (par exemple les fichiers et répertoires d'un même répertoire) ayant un même nœud parent.

Si l'arbre dans son ensemble est un objet `TreeView`, les nœuds sont des objets `TreeNode`.

Lors de la phase de conception, on peut décider d'afficher ou non les lignes reliant les différents nœuds de la hiérarchie (propriété `ShowLines`). Une toute petite icône (en fait, une image provenant d'une liste d'images) peut être affichée en regard d'un article pour bien indiquer sa place dans la hiérarchie. L'icône en question peut également refléter l'état de l'article : sélectionné ou non.

Des cases à cocher peuvent également être associées aux articles (propriété `CheckBoxes`).

En cours d'utilisation, l'utilisateur peut modifier l'apparence d'une liste en arbre : en cliquant sur l'icône + affichée à gauche d'un nœud, il peut en effet provoquer l'affichage des nœuds enfants de ce dernier (expansion de l'arbre). L'ensemble de ces nœuds enfants est appelé sous-arbre du nœud sur lequel on a cliqué. En cliquant sur l'icône -, l'utilisateur met fin à l'affichage du sous-arbre (réduction de l'arbre).

Une liste en arbre présente les fonctionnalités d'une boîte de liste sans pour autant être un objet d'une classe dérivée de `ListBox`. Une liste en arbre se traite donc comme une liste mais elle offre des propriétés supplémentaires par rapport aux boîtes de liste. Présentons d'abord ces propriétés propres aux listes en arbre. Nous présenterons ensuite l'outil de création d'une boîte de liste en arbre, sans oublier que celui-ci n'est utilisable que si les articles sont connus au moment de développer l'application.

16.4.2 Les propriétés propres aux listes en arbre

Ici aussi, nous ne présentons que les propriétés vraiment propres aux listes en arbre. Nous présenterons plus loin la classe `TreeNode` qui s'applique aux nœuds de l'arbre.

Propriétés propres aux listes en arbre (classe `TreeView`)

TreeView ← Control ← Component		
CheckBoxes	T/F	Indique si des cases à cocher doivent être affichées immédiatement à gauche du libellé des articles.
HotTracking	T/F	Indique si un article prend l'apparence d'un hyperlien quand la souris le survole.
ImageList	coll	Désigne la liste d'images appliquée à cette liste en arbre. Images désigne plus précisément le nom interne de la liste d'images en question (objet ImageList). Il faut évidemment avoir inséré cette liste d'images comme composant de la fenêtre. Dans celle-ci, on trouve les toutes petites icônes associées aux articles en fonction de leur hiérarchie et de leur état. Voir les listes d'images à la section 18.2.

`ImageIndex`	`int`	Index de l'image qui est affichée par défaut devant les nœuds. Nous verrons plus loin que l'on peut spécifier une image particulière pour chaque objet `TreeNode`.
`Indent`	`int`	Retrait (en pixels) d'un article par rapport à un article de niveau supérieur. Par défaut, un article est affiché 19 pixels à droite (en retrait donc) d'un article de niveau immédiatement supérieur.
`LabelEdit`	`T/F`	Par défaut, un article ne peut pas être modifié. Pour pouvoir modifier les articles, faites passer la propriété `LabelEdit` à true. Pour modifier l'article, l'utilisateur doit d'abord cliquer sur un article déjà sélectionné. Celui-ci est alors encadré et l'utilisateur peut le modifier. La touche ENTREE permet alors de valider la modification tandis que ECHAP l'annule. Si `LabelEdit` vaut false, il est impossible de modifier un article et cliquer sur un article déjà sélectionné n'a aucun effet.
`Nodes`	`coll`	Cliquez sur l'icône marquée des trois points de suspension pour amener à l'avant-plan l'outil de création d'une liste en arbre (présenté ci-dessous). `Nodes` est de type `TreeNodeCollection` et désigne la collection des nœuds de l'arbre.
`Scrollable`	`T/F`	Indique si des barres de défilement sont automatiquement affichées si nécessaire (parce que l'arbre n'est pas entièrement visible).
`SelectedNode`		Propriété run-time qui fait référence au nœud sélectionné par l'utilisateur. `SelectedNode` contient null si aucun nœud n'est sélectionné. `SelectedNode` est de type `TreeNode`.
`ShowPlusMinus`	`T/F`	Indique si Windows doit afficher les boutons + affichés par défaut en regard des articles à la base d'un sous-arbre. Si `ShowPlusMinus` vaut false, les + ne sont plus affichés. Rien n'indique alors que des articles de niveau inférieur se trouvent cachés sous un article donné. Il faut alors un double-clic sur un article pour provoquer (s'il existe) l'affichage du sous-arbre de l'article en question.
`ShowLines`	`T/F`	Indique si les lignes horizontales et verticales qui relient les différents articles doivent être affichées.
`ShowRootLines`	`T/F`	Indique si la racine de l'arbre doit être affichée. Si `ShowRootLines` vaut false, les articles de premier niveau sont accolés au bord gauche de la boîte.
`VisibleCount`	`int`	Nombre de nœuds visibles (propriété en lecture seule).

Les méthodes véritablement propres aux listes en arbre sont peu nombreuses. Pour agir sur les articles (et donc remplir l'arbre), il faut agir sur la propriété `Items` de l'arbre.

Les deux premières méthodes ci-dessous permettent d'agir sur la représentation en arbre.

Méthodes de la classe `TreeView`

`void CollapseAll();`	Réduit l'arbre au maximum.
`void ExpandAll();`	Affiche tous les nœuds de l'arbre.
`TreeNode GetNodeAt(Point p);`	Renvoie une référence au nœud occupant le point p.
`TreeNode GetNodeAt(int X, int Y);`	Même chose en spécifiant directement les coordonnées du point.
`int GetNodeCount(bool);`	Renvoie le nombre de nœuds. Si l'argument vaut true, tous les nœuds des sous-arbres sont compris dans ce compte.

16.4.3 L'outil de création de listes en arbre

Pour amener cet outil à l'avant-plan, cliquez sur les trois points de suspension de la propriété Nodes.

Figure 16-8

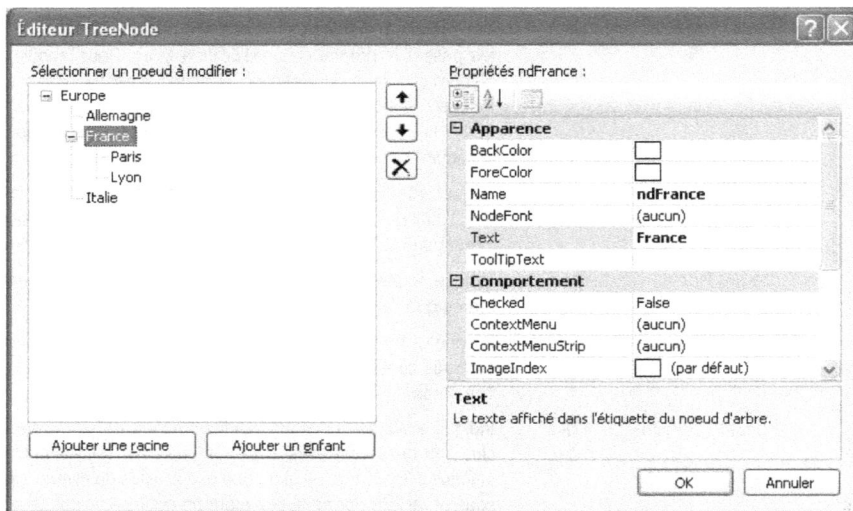

Comme l'illustre la figure 16-8, entrez d'abord l'article de niveau supérieur avec Ajouter une racine. Cliquez ensuite sur un article (par exemple Europe) pour le sélectionner et puis sur Ajouter un enfant afin d'introduire des articles de niveau inférieur (par exemple France et Allemagne) à partir de l'article sélectionné. Spécifiez un libellé (propriété Text) ainsi qu'un nom interne (propriété Name).

16.4.4 Les événements liés aux listes en arbre

Les listes en arbre sont avant tout des listes. Elles se traitent donc comme telles. Les événements suivants sont néanmoins propres aux listes en arbre. Nous ne présentons ici que les principaux événements :

Principaux événements propres aux listes en arbre	
AfterSelect	L'utilisateur vient de sélectionner un article (par un clic ou par les touches de direction du clavier). La méthode associée a pour signature (xyz désignant le nom interne de l'objet) : void xyz_AfterSelect(object sender, TreeViewEventArgs e);
BeforeSelect	Même chose que AfterSelect mais l'événement est signalé plus tôt (rien n'a encore été modifié à l'écran). Vous pouvez annuler la sélection en faisant passer à true l'argument e.Cancel.
BeforeLabelEdit	L'utilisateur vient de cliquer une seconde fois sur un article en vue d'en modifier le libellé. À ce moment, l'article en question n'est pas encore sélectionné et il appartient au programme d'autoriser ou non la sélection.

Des événements (et donc des fonctions de traitement) tout à fait similaires sont : Before-Check (juste avant le cochage d'une case), BeforeCollapse (juste avant la réduction de l'arbre), BeforeExpand (avant expansion) ainsi que leurs homologues After. « Juste avant » signifie ici « juste avant que l'effet visuel correspondant soit rendu », sachant que l'opération peut encore être annulée par programme.

L'objet TreeViewEventArgs passé en second argument de ces fonctions de traitement contient deux champs :

Action	Opération qui vient d'être effectuée. On peut trouver dans ce champ l'une des valeurs de l'énumération TreeViewAction :	
	ByKeyboard	sélection à partir des touches du clavier,
	ByMouse	sélection à partir de la souris,
	Collapse	réduction du nœud,
	Expand	expansion du nœud.
Node	Nœud (objet TreeNode) concerné par l'opération. e.Node fait référence au nœud concerné (e.Node.Text pour son libellé).	

Il ne faut pas oublier l'événement DoubleClick car il est très souvent utilisé dans la pratique. Dans la fonction qui traite cet événement, le nœud concerné est donné par : tv.SelectedNode.Text (tv désignant le nom interne de la liste en arbre).

16.4.5 Comment ajouter des articles en cours d'exécution ?

La boîte de liste en arbre est un objet de la classe TreeView (dans les exemples qui suivent, tvPays est le nom interne de la boîte de liste en arbre). Les différents articles sont, eux, des objets de la classe TreeNode :

```
// Vider la liste en arbre de ses nœuds
tvPays.Nodes.Clear();

// Ajouter les nœuds de premier niveau (continents)
tvPays.Nodes.Add("Europe");
tvPays.Nodes.Add("Asie");

// Ajouter deux nœuds à partir du nœud Europe (nœud zéro à partir de la racine)
tvPays.Nodes[0].Nodes.Add("France");
tvPays.Nodes[0].Nodes.Add("Allemagne");
```

```
// Ajouter un nœud à partir du nœud Asie (nœud un à partir de la racine)
tvPays.Nodes[1].Nodes.Add("Japon");

// Ajouter deux nœuds à partir du nœud France (nœud zéro à partir du nœud Europe)
tvPays.Nodes[0].Nodes[0].Nodes.Add("Paris");
tvPays.Nodes[0].Nodes[0].Nodes.Add("Lyon");

// Ajouter un nœud à partir du nœud Allemagne (nœud un à partir du nœud Europe)
tvPays.Nodes[0].Nodes[1].Nodes.Add("Berlin");
```

Voyons maintenant les propriétés et méthodes de la classe `TreeNodeCollection` (classe de la propriété `Nodes`). Rappelons que la classe `TreeNodeCollection` se rapporte à l'ensemble des nœuds qui sont eux-mêmes des objets `TreeNode`. Chaque nœud contient une propriété `Nodes` qui désigne la collection des nœuds enfants de ce nœud. L'opérateur `[]` (indexeur) appliqué à un nœud donne accès à un nœud enfant de ce nœud.

Propriétés de la classe `TreeNodeCollection`

`TreeNodeCollection` ← `Object`		
`Count`	`int`	Nombre de nœuds enfants du nœud.
`[]`		Indexeur. Chaque cellule du tableau est de type `TreeNode`.

Méthodes de la classe `TreeNodeCollection`

`void Add(string);`		Ajoute un nœud enfant au nœud courant.
`void Add(TreeNode);`		Même chose, l'argument étant un objet `TreeNode`.
`void AddRange(TreeNode[]);`		Ajoute plusieurs nœuds.
`void Insert(int n, TreeNode);`		Insère un nœud en n-ième position dans le nœud courant.
`void Clear();`		Vide le nœud de ses nœuds enfants.
`void Remove(TreeNode);`		Supprime le nœud passé en argument.
`void RemoveAt(int n);`		Supprime le nœud enfant en n-ième position.

Chaque nœud est un objet de la classe `TreeNode` :

Classe `TreeNode`

`TreeNode` ← `Object`		

Propriétés de la classe `TreeNode`

`Checked`	`T/F`	Indique si la case (éventuelle, voir la propriété `CheckBoxes` de l'arbre) est cochée.
`FirstNode`	`TreeNode`	Premier nœud enfant (`null` si aucun nœud enfant).
`FullPath`	`string`	Chaîne de caractères reprenant tous les nœuds depuis la racine jusqu'à ce nœud. Le séparateur est spécifié dans la propriété `PathSeparator`, de type `string`, de l'arbre (objet `TreeView`). Par défaut, ce séparateur est le \.

ImageIndex	int	Index dans la liste d'images de l'image affichée en regard du nœud.
IsEditing	T/F	Indique si le nœud (sur lequel porte l'opération) est en état d'être édité.
IsExpanded	T/F	Indique si les nœuds enfants sont affichés.
IsSelected	T/F	Indique si le nœud est sélectionné.
LastNode	TreeNode	Référence au dernier nœud enfant du nœud sur lequel porte l'opération.
NextNode	TreeNode	Référence au prochain nœud de même niveau.
NodeFont	Font	Police de caractères à utiliser pour afficher le nœud.
Nodes	coll	Collection des nœuds à partir du nœud courant. Nodes est de type TreeNodeCollection.
Parent	TreeNode	Nœud parent du nœud courant.
PrevNode	TreeNode	Référence au nœud précédent de même niveau.
SelectedImageIndex	int	Index (dans la liste d'images) de l'image à afficher quand le nœud est sélectionné.
Tag	Object	Valeur associée au nœud.
Text	string	Libellé du nœud.

Constructeurs de la classe TreeNode

TreeNode();	Constructeur sans argument.
TreeNode(string);	On spécifie le libellé du nœud en argument.
TreeNode(string, TreeNode[]);	On spécifie le libellé du nœud en premier argument et un tableau des nœuds enfants en second argument.
TreeNode(string, int, int);	On spécifie en arguments le libellé du nœud et des index d'images (dans la liste d'images), respectivement pour l'état sélectionné et l'état non sélectionné.
TreeNode(string, int, int, TreeNode[]);	Même chose mais on spécifie en dernier argument un tableau des nœuds enfants.

Méthodes de la classe TreeNode

void BeginEdit();	Fait entrer le nœud (celui sur lequel porte l'opération) en mode édition.
void EndEdit(bool cancel);	Met fin au mode édition, avec annulation de l'édition si l'argument vaut true.
void Collapse();	Réduit l'arbre à partir du nœud sur lequel porte l'opération.
void Expand();	Affiche tous les nœuds enfants (et eux seuls) du nœud sur lequel porte l'opération.
void ExpandAll();	Même chose mais fait afficher aussi tous les enfants des enfants.
int GetNodeCount();	Renvoie le nombre de nœuds enfants du nœud courant.
void Remove()	Supprime le nœud courant et ses enfants.

Analysons quelques expressions portant sur des listes en arbre :

tv	Liste en arbre (nom interne, propriété Name).
tv.Nodes	Ensemble des nœuds de niveau supérieur.
tv.Nodes[0]	Le premier de ces nœuds de premier niveau (Europe).
tv.Nodes[0].Nodes	L'ensemble des nœuds sous le nœud Europe.
tv.Nodes[0].Nodes[1]	Le deuxième nœud (Allemagne) sous le nœud Europe.

Pour ajouter dynamiquement des nœuds à l'arbre, on écrit par exemple :

```
// Ajouter un premier nœud à la racine
TreeNode tn = new TreeNode("Europe"); tvPays.Nodes.Add(tn);
// Ajouter un nœud (France) sous Europe
tn = new TreeNode("France"); tvPays.Nodes[0].Nodes.Add(tn);
// Ajouter un nœud (Asie) sous la racine
tn = new TreeNode("Asie"); tvPays.Nodes.Add(tn);
// Ajouter un nœud (Japon) sous Asie
tn = new TreeNode("Japon"); tvPays.Nodes[1].Nodes.Add(tn);
```

Si la propriété HotTracking du TreeView vaut true, les articles sont soulignés quand ils sont survolés par la souris.

Pour déterminer quel nœud est survolé par la souris (et éventuellement afficher une information d'aide ou réaliser un effet visuel), traitez l'événement MouseMove adressé au TreeView et écrivez :

```
Point p = new Point(e.X, e.Y);
TreeNode n = tv.GetNodeAt(p);
if (n != null)
{
.....    // libellé du nœud survolé dans n.Text
}
```

16.5 Les fenêtres de liste

Les fenêtres de liste (*list view* en anglais, il s'agit d'un composant et non d'une véritable fenêtre) permettent, dans leur forme « rapport », de présenter des données dans une liste compartimentée en colonnes (voir figure 16-9). Bien que leur présentation rappelle quelque peu les grilles de données (voir le composant DataGridView plus loin dans ce chapitre), il ne faut pas les confondre avec celles-ci. D'autres représentations de fenêtres de liste sont possibles, notamment les représentations avec petites ou grandes icônes. La représentation en mode « détails » est la plus utilisée :

Par rapport aux objets ListBox étudiés au début de ce chapitre, une fenêtre de liste en mode « détails » (encore appelé « rapport ») présente les caractéristiques suivantes :

• Une petite image peut être affichée en regard de chaque article de la première colonne.

- En cliquant sur un bouton de titre de colonne, on peut déclencher une action (généralement un tri, alternativement par ordre croissant et décroissant suivant le champ correspondant à la colonne) mais cela dépend de la propriété HeaderStyle avec ses valeurs None (pas d'en-tête), NonClickable et Clickable (traiter alors l'événement ColumnClick).

- En amenant le curseur de la souris sur la ligne de séparation entre deux titres de colonnes (le curseur prend à ce moment une forme particulière) et en déplaçant la souris bouton enfoncé, on peut modifier la largeur des colonnes et faire ainsi apparaître plus ou moins de texte dans une colonne.

- En cliquant sur un article déjà sélectionné de la première colonne, on peut modifier le libellé de cet article (opération de *label editing*).

- L'utilisateur peut réorganiser les colonnes (cliquer sur un en-tête et glisser la souris) si la propriété AllowColumnReorder vaut true.

Figure 16-9

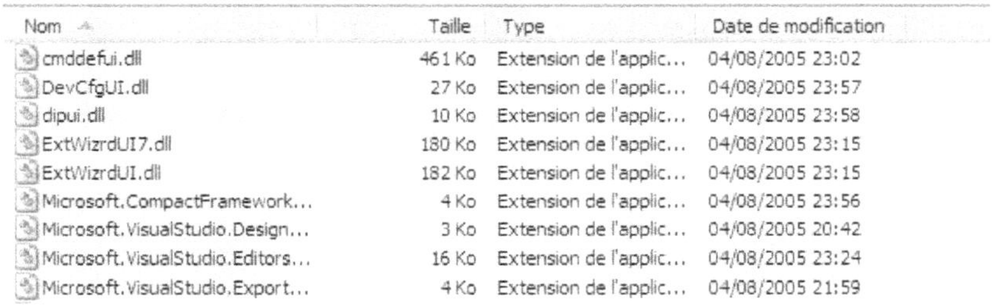

Nom ▲	Taille	Type	Date de modification
cmddefui.dll	461 Ko	Extension de l'applic...	04/08/2005 23:02
DevCfgUI.dll	27 Ko	Extension de l'applic...	04/08/2005 23:57
dipui.dll	10 Ko	Extension de l'applic...	04/08/2005 23:58
ExtWizrdUI7.dll	180 Ko	Extension de l'applic...	04/08/2005 23:15
ExtWizrdUI.dll	182 Ko	Extension de l'applic...	04/08/2005 23:15
Microsoft.CompactFramework...	4 Ko	Extension de l'applic...	04/08/2005 23:56
Microsoft.VisualStudio.Design...	3 Ko	Extension de l'applic...	04/08/2005 20:42
Microsoft.VisualStudio.Editors...	16 Ko	Extension de l'applic...	04/08/2005 23:24
Microsoft.VisualStudio.Export...	4 Ko	Extension de l'applic...	04/08/2005 21:59

La partie droite de l'explorateur de Windows est une fenêtre de liste.

La classe ListView implémente les fenêtres de liste. Elle permet également de présenter des données sous trois autres formes (propriété View d'un objet ListView) :

- sous forme d'icônes standard (grandes icônes) ;

- sous forme de petites icônes ;

- sous forme d'une liste limitée à une seule colonne.

Ces différentes formes peuvent être visualisées en activant respectivement les articles Détails, Grandes icônes, Petites icônes et Liste du menu Affichage de l'explorateur.

Nous allons essentiellement nous intéresser au mode « détails » (première des quatre figures précédentes), de loin le plus utilisé, même si le mode « grandes icônes » est le mode par défaut (propriété View valant LargeIcon par défaut). Les autres modes ne seront cependant pas oubliés.

Pour sélectionner une ligne, il suffit de cliquer sur l'article en première colonne. Par défaut, seul cet article est alors affiché en inverse vidéo (blanc sur fond bleu). Néanmoins, si la propriété FullRowSelect vaut true, c'est toute la ligne qui est alors affichée en inverse vidéo, et il suffit de cliquer en n'importe quel point de la ligne pour la sélectionner.

16.5.1 Comment spécifier les colonnes ?

Voyons d'abord comment spécifier les colonnes pour une `ListView`. Cette opération peut être effectuée interactivement à partir de la fenêtre de développement de Visual Studio .Net ou par programme, en cours d'exécution de celui-ci (généralement dans le constructeur de la fenêtre principale).

Pour spécifier interactivement les colonnes lors de la phase de développement, cliquez sur les points de suspension de la propriété `Columns`. Cliquez sur le bouton `Ajouter` pour ajouter une colonne et remplissez alors les zones (voir figure 16-10) :

- `Text` : titre de la colonne ;

- `TextAlign` : cadrage du titre dans la colonne (à gauche, à droite ou centré) ;

- `Width` : largeur de la colonne (en nombre de pixels).

Figure 16-10

Les colonnes peuvent être déplacées (boutons en forme de flèche) ou supprimées (bouton `Supprimer`).

Voyons maintenant comment spécifier les colonnes en cours d'exécution de programme.

La propriété `Columns`, de type `ColumnHeaderCollection`, se rapporte à la collection des colonnes. Les propriétés `Count` (nombre de colonnes) et `Item` (indexeur) des collections ainsi que les méthodes `Add`, `Clear` et `Remove` sont applicables à la propriété `Columns` de la fenêtre de liste. Si `lvPers` désigne le nom interne de la fenêtre de liste :

```
lvPers.Columns.Count
```

donne (en lecture uniquement) le nombre de colonnes de la fenêtre de liste.

Chaque colonne est un objet de type ColumnHeader. Pour ajouter dynamiquement une colonne libellée XYZ, large de 100 pixels et en centrant le libellé dans la colonne, on écrit :

```
ColumnHeader col = new ColumnHeader();
col.Text = "XYZ";
col.Width = 100;
col.TextAlign = HorizontalAlignment.Center;
lvPers.Columns.Add(col);
```

Pour changer toutes les colonnes en cours d'exécution de programme (ici deux colonnes, une pour le nom et l'autre pour le prénom) :

```
ColumnHeader colNom = new ColumnHeader();
colNom.Text = "Nom"; colNom.Width = 100;
ColumnHeader colPrénom = new ColumnHeader();
colPrénom.Text = "Prénom"; colPrénom.Width = 100;
lvPers.Columns.AddRange(new ColumnHeader[] {colNom, colPrénom});
```

Toutes ces instructions sont automatiquement générées lorsque vous spécifiez interactivement les colonnes dans l'outil de développement. Assurez-vous que la propriété View de la fenêtre de liste contient bien la valeur Details.

16.5.2 Comment remplir la fenêtre de liste ?

Passons maintenant à l'introduction de données dans la fenêtre de liste. Cette opération peut également être effectuée interactivement lors de la phase de développement ou en cours d'exécution de programme, cette dernière technique étant plus utile puisque les données à introduire ne sont généralement connues qu'au moment d'exécuter le programme.

Pour introduire des données (dans notre cas : nom, prénom et âge) dès la phase de conception de l'application :

- Assurez-vous que la propriété View vaut Details, et que les colonnes ont bien été spécifiées.

- Cliquez sur les trois points de suspension de la propriété Items.

- Cliquez sur le bouton Ajouter pour préparer l'ajout d'une ligne de données.

- Spécifiez le libellé de l'article de première colonne (propriété Text de ListViewItem, par exemple LAGAFFE) mais aussi d'autres caractéristiques de cet article comme la couleur, la police, l'image, etc. (figure 16-10 et voir la classe ListViewItem plus loin dans ce chapitre).

- Cliquez ensuite sur les trois points de suspension de la ligne SubItems afin de spécifier les libellés des autres articles de la ligne (figure 16-11 où nous avons le prénom et l'âge comme sous-articles).

Figure 16-11

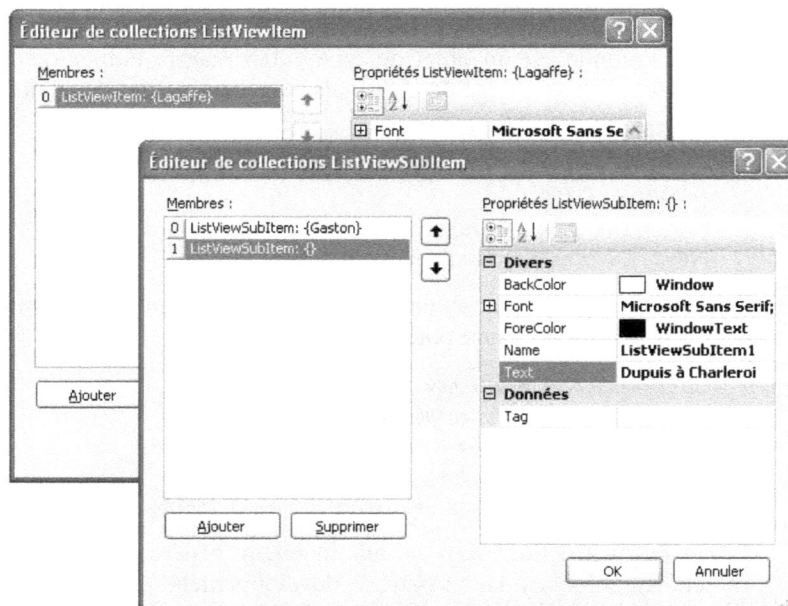

Répétez l'opération pour chaque ligne à ajouter.

Voyons maintenant comment ajouter des lignes par programme, ce qui présente bien plus d'intérêt.

La propriété à manipuler est Items qui se rapporte à l'ensemble des lignes affichées dans la fenêtre de liste. Items est de type ListViewItemCollection et chaque ligne est de type ListViewItem (nous présenterons plus loin les propriétés de cette classe).

Pour insérer une ligne de données composées d'un nom, d'un prénom et d'un âge (dans le fragment qui suit, respectivement "LAGAFFE", "Gaston" et 25) dans la fenêtre de liste désignée par lvPers, on écrit (s'assurer que la propriété View vaut bien Details et que Columns a été initialisé) :

```
ListViewItem lvi = new ListViewItem(new string[] {"LAGAFFE", "Gaston", 25});
lvPers.Items.Add(lvi);
```

Pour ajouter plusieurs articles en une seule opération :

```
ListViewItem lvi1 =
  new ListViewItem(new string[]{"HADDOCK", "Archibald", '60"});
ListViewItem lvi2 =
  new ListViewItem(new string[] {"TOURNESOL", "Tryphon", "68"});
lvPers.Items.AddRange(new ListViewItem[] {lvi1, lvi2});
```

Un objet ListViewItem peut être construit de diverses manière avec, en arguments :

• un tableau de string : ListViewItem(string[]) ;

- un tableau de `string` et un entier qui désigne l'icône à afficher (index dans la liste d'images) ;

- un tableau de `string`, un entier (index de l'image dans la liste d'images), une couleur d'avant-plan, une couleur d'arrière-plan et une police d'affichage :

```
ListViewItem(string[], int, Color, Color, Font);
```

Un ou plusieurs articles peuvent être sélectionnés dans une fenêtre de liste (la propriété `MultiSelect` régit le mode de sélection). La propriété `SelectedItems` contient des informations sur l'article ou les articles sélectionnés (plus précisément la collection des lignes sélectionnées, chaque ligne étant un objet de la classe `ListViewItem`) :

`lvPers.SelectedItems.Count`	Nombre de lignes sélectionnées.
`lvPers.SelectedItems[0].Text`	Libellé de l'élément principal (première colonne, le nom de famille dans notre cas) de la première ligne sélectionnée.
`lvPers.SelectedItems[0].SubItems.Count`	Nombre d'articles (trois dans notre cas, pour le nom, le prénom et l'âge),
`lvPers.SelectedItems[0].SubItems[1].Text`	Libellé du deuxième article de la première ligne sélectionnée (le prénom dans notre cas).

Pour présélectionner le `i`-ième article (autrement dit la `i`-ième ligne) dans la `ListView`, il faut d'abord donner le *focus* à la `ListView` :

```
lvPers.Focus();
lvPers.SelectedIndices.Clear();
lvPers.SelectedIndices.Add(i);
```

ou

```
lvPers.Focus(); lvPers.Items[i].Selected = true;
```

Pour supprimer de la `ListView` l'article sur lequel on a effectué un double-clic, on traite l'événement `DoubleClick` adressé à la `ListView` et on écrit :

```
lvPers.Items.RemoveAt(lvPers.SelectedIndices[0]);
```

ou

```
lvPers.Items.Remove(lvPers.SelectedItems[0]);
```

Pour donner une couleur de fond au `j`-ième article dans la `i`-ième rangée :

```
lvPers.Items[i].UseItemStyleForSubItems = false;
lvPers.Items[i].SubItems[j].BackColor = Color.Red;
```

En écrivant :

```
lvPers.Items[i].BackColor = Color.Lime;
```

on donne un fond vert à toute la ligne.

Passons maintenant en revue les propriétés vraiment propres aux fenêtres de liste. De nombreuses propriétés n'ont d'effet ou de signification que pour les fenêtres de liste en mode « détails ».

Classe `ListView`

`ListView ← Control ← Component ← ..... ← Object`

Propriétés de la classe `ListView`

`Activation`	enum	Indique la manière d'activer un article. `Activation` peut prendre l'une des trois valeurs de l'énumération `ItemActivation` :
		`Standard` Activation par double-clic.
		`OneClick` Un seul clic avec changement de couleur (bleu) au moment du clic. L'article sélectionné est alors affiché en noir. Le curseur prend la forme d'une main quand il survole un article.
		`TwoClick` Deux clics mais comportement similaire à `OneClick`.
`Alignment`	enum	Indique comment les articles sont alignés par défaut (cette propriété n'a d'intérêt que pour les représentations en icônes). `Alignment` peut prendre l'une des valeurs suivantes de l'énumération `ListViewAlignment` :
		`Default` Après déplacement, l'icône reste où elle a été déposée.
		`Left` Alignement des icônes sur le côté gauche de la fenêtre de liste.
		`SnapToGrid` Les icônes sont alignées sur une grille (invisible) de la fenêtre de liste.
		`Top` Alignement des icônes sur le côté supérieur de la fenêtre de liste.
`AllowColumnReorder`	T/F	Indique si l'utilisateur peut réarranger l'ordre des colonnes par une opération de glisser-déposer (cette propriété n'a d'effet qu'en mode « détails »).
`AutoArrange`	T/F	Indique si les articles sont automatiquement réarrangés (n'a d'effet que dans les modes « petites ou grandes icônes »).
`CheckBoxes`	T/F	Indique si une case à cocher doit être affichée en regard de chaque ligne (n'a d'effet qu'en mode « détails »). La propriété `Checked` de `ListViewItem` indique si la ligne est sélectionnée ou non. L'événement `ItemCheck` signale que l'utilisateur a coché ou décoché une case.
`CheckedIndices`	coll	Collection des indices des articles cochés.
`CheckedItems`	coll	Collection des articles cochés. Chaque article est de type `ListViewItem`.
`Columns`	coll	Collection des colonnes de la fenêtre de liste. Chaque colonne est de type `HeaderColumn` (cette classe est présentée plus loin dans ce chapitre). Cliquez sur l'icône marquée des trois points de suspension pour amener à l'avant-plan l'outil de création des titres de colonnes (outil présenté précédemment). Nous avons déjà vu comment arranger ou réarranger des colonnes en cours d'exécution de programme.
`FullRowSelect`	T/F	Indique si un clic sur un article en première colonne doit sélectionner (en la marquant) toute la ligne (par défaut, la sélection ne s'étend qu'à l'article de première colonne).

GridLines	T/F	Indique si de fines lignes verticales et horizontales doivent séparer les colonnes et les rangées.
HeaderStyle	enum	Type d'en-tête de colonne. HeaderStyle peut prendre l'une des valeurs suivantes de l'énumération ColumnHeaderStyle :

Clickable	L'utilisateur peut cliquer sur un en-tête de colonne a un effet. L'événement ColumnClick signale que l'utilisateur a cliqué sur un titre de colonne.
NonClic<able	Le clic sur un titre de colonne n'a aucun effet.
None	Pas d'en-tête de colonne.

HideSelection	T/F	Indique, si HideSelection vaut false, qu'une ligne sélectionnée doit rester affichée comme liste sélectionnée (ligne mise en évidence) même lorsque le *focus* passe à un autre composant.
HoverSelection	T/F	Indique si une ligne doit apparaître comme une ligne sélectionnée (fond bleu par défaut) au moment où la souris survole les lignes et marque l'arrêt sur une ligne.
Items	coll	Propriété (de type ListViewItemCollection) qui se rapporte à la collection des lignes affichées dans la fenêtre de liste. Chaque ligne est de type ListViewItem, cette classe étant présentée plus loin dans ce chapitre.
LabelEdit	T/F	Indique si les libellés de première colonne peuvent être édités (cliquer sur un article de première colonne déjà sélectionné. L'événement BeforeLabelEdit est signalé avant l'affichage de la zone d'édition et l'événement AfterLabelEdit après validation par l'utilisateur (par programme, il est alors encore possible de refuser la modification pourtant validée par l'utilisateur).
LargeImageList		Liste des grandes icônes. La propriété LargeImageList est de type ImageList. Chaque icône (un numéro dans la liste des images) est spécifiée dans la propriété ImageIndex de l'objet ListViewItem.
MultiSelect	T/F	Indique si plusieurs lignes peuvent être sélectionnées (clic avec les touches MAJ ou CTRL enfoncées).
SelectedItems	coll	Collection des lignes sélectionnées. SelectedItems est de type SelectedItemCollection. L'événement SelectedIndexChanged est signalé quand la sélection d'une ligne change (suite à un clic ou par les touches de direction).
SmallImageList		Liste des petites icônes. La propriété LargeImageList est de type ImageList.
Sorting		Indique si es lignes sont automatiquement triées (tri sur les articles de première colonne lors de l'insertion). Sorting, de type SortOrder, peut prendre l'une des valeurs suivantes de l'énumération SortOrder : Ascending, Descending ou None.
StateImageList		Liste des images à utiliser dans les fenêtres de liste en mode « détails ».
View	enum	Type de boîte de liste. View peut prendre l'une des valeurs suivantes de l'énumération View :

LargeIcon	Fenêtre de liste sous forme d'icônes (il s'agit de l'option par défaut, bien que le mode Details soit plus répandu),
List	sous forme d'une liste,
Details	sous forme d'un rapport,

Propriétés de la classe `ListView` *(suite)*	
`SmallIcon`	sous forme de petites icônes.
	Ne perdez pas de vue que l'option par défaut est `LargeIcon` alors que la représentation `Details` est de loin la plus utilisée.
Méthodes de la classe `ListView`	
`void Clear();`	Vide la fenêtre de liste de son contenu mais aussi de ses colonnes.

Ajouter beaucoup de lignes par programme peut provoquer un effet visuel désastreux, surtout si la propriété `Sorting` contient autre chose que `None` (on a alors de fréquentes et rapides réorganisations de la fenêtre de liste). Pour éviter ces désagréments, entourez les ajouts de :

```
lvPers.BeginUpdate();
.....
lvPers.EndUpdate();
```

Chaque ligne d'une fenêtre de liste (chaque objet dans le cas des modes autres que « détails ») est un objet de la classe `ListViewItem`, directement dérivée de la classe `Object`. Présentons ses propriétés :

Propriétés de la classe `ListViewItem`		
`BackColor`	`Color`	Couleur d'arrière-plan.
`Checked`	T/F	Indique si l'article est coché ou non. N'a d'effet que si la propriété `CheckBoxes` des fenêtres de liste vaut `true`.
`ForeColor`	`Color`	Couleur d'avant-plan.
`ImageIndex`	int	Numéro (dans la liste d'images) de l'image associée à l'article (0 pour la première). Il s'agit d'une image de la liste `LargeImages` si la propriété `View` vaut `LargeIcon`. Il s'agit de la liste `SmallImages` si `View` vaut `SmallIcon`, `List` ou `Details`.
`Index`	int	Position de l'objet `ListViewItem` dans la collection `ListViewItems` (-1 si l'objet n'a pas été ajouté à la fenêtre de liste).
`Font`	Font	Police de caractères à utiliser pour les articles de la ligne.
`Selected`	T/F	Indique si l'article est sélectionné ou non.
`SubItems`	coll	Liste des sous-articles. `SubItems` est de type `ListViewSubItemCollection`, les sous-articles étant de type `ListViewSubItem`.
`Text`		Libellé de la colonne de tête.
`UseItemStyleForSubItems`	T/F	Indique si le style de l'article en première colonne s'applique aux autres articles de la liste.
Constructeurs de `ListViewItem`		
`ListViewItem();`		Constructeur sans argument.
`ListViewItem(string);`		Construit un objet `ListItem` en spécifiant uniquement le libellé de la colonne de tête.

`ListViewItem(string[]);`	Même chose mais en spécifiant les libellés de toutes les colonnes : `ListViewItem lvi = new ListViewItem(` `new string[] {"HADDOCK", "Archibald", "60"});`
`ListViewItem(string, int);`	Le libellé de l'article de tête ainsi qu'un numéro d'image sont spécifiés.
`ListItem(string[], int);`	Sont passés en arguments : le tableau des sous-articles ainsi que le numéro d'image.
`ListItem(string[], int, Color, Color, Font);`	Même chose mais en spécifiant en plus, dans l'ordre, une couleur d'avant-plan, une couleur d'arrière-plan et une police de caractères.

Chaque colonne est un objet de la classe `ColumnHeader`.

Propriétés de la classe `ColumnHeader`

`Index`	`int`	Index de la colonne dans la collection des colonnes (-1 si l'objet n'a pas été ajouté à la fenêtre de liste).
`Text`	`str`	Titre de la colonne.
`TextAlign`	`enum`	Cadrage du libellé dans la colonne. `TextAlign`, de type `HorizontalAlignment` peut prendre l'une des valeurs suivantes de l'énumération `HorizontalAlignment` : `Center`, `Left` ou `Right`.
`Width`	`int`	Largeur de la colonne (en pixels).

16.5.3 Personnalisation de ListView

Comme une boîte de liste, une `ListView` peut être personnalisée (en affichant soi-même entêtes et articles) en faisant passer à `true` la propriété `OwnerDraw`. Les événements `DrawColumnHeader`, `DrawItem` et `DrawSubItem` doivent alors être traités. Pour néanmoins faire effectuer le traitement par défaut dans l'une de ces fonctions de traitement, faites passer à `true` l'argument `e.DrawDefault`.

Le second argument de la fonction de traitement est de type `DrawListViewColumnHeaderEventArgs`, `DrawListViewItemEventArgs` ou `DrawListViewSubItemEventArgs` selon l'événement traité.

Pour personnaliser un en-tête de colonne, par exemple celui de la colonne `AGE`, il suffit de compléter la fonction :

```
void lv_DrawColumnHeader(object sender, DrawListViewColumnHeaderEventArgs e)
{
  if (e.Header.Text == "AGE")
  {
    .....                   // utiliser ici e.Graphics pour dessiner
  }
  else e.DrawDefault = true;
}
```

Les différentes propriétés et méthodes de e.Graphics sont présentées au chapitre 13 consacré à GDI+. Elles permettent d'afficher une petite image ou de dessiner le contenu d'une cellule plutôt que de se contenter d'un simple texte.

Dans la fonction de traitement, e.ColumnIndex donne le numéro de colonne et e.Header (de type ColumnHeader) donne des informations sur l'en-tête. e.BackColor, e.Font et e.ForeColor donnent des informations sur les couleurs et polices à utiliser (caractéristiques recommandées mais non obligatoires). e.Bounds, de type Rectangle, donne les limites de la surface de l'en-tête.

Pour afficher en rouge les âges supérieurs à 50, on complète la fonction traitant l'événement DrawSubItem de la manière suivante (DrawString aurait pu être remplacé par DrawImage pour afficher une image plutôt que du texte) :

```
void lv_DrawSubItem(object sender, DrawListViewSubItemEventArgs e)
{
 if (e.Header.Text == "AGE")
 {
  int âge = Int32.Parse(e.SubItem.Text);
  if (âge > 50)
    e.Graphics.DrawString(e.SubItem.Text, lv.Font, new SolidBrush(Color.Red),
                          e.Bounds);
  else e.DrawDefault = true;
 }
 else e.DrawDefault = true;
}
```

16.6 Le composant DataGridView

Le DataGridView est un composant WinForms (du groupe Données) introduit dans Visual Studio 2005. Il implémente une grille de données (un peu à la manière d'Excel) et remplace très avantageusement le composant DataGrid des versions antérieures. Celui-ci fut en effet, et à juste titre, l'objet de nombreuses critiques.

Nous nous intéresserons ici au DataGridView quand les données proviennent de la mémoire (ce que l'on appelle le mode non lié, *unbound* en anglais) et non d'une base de données. Nous utiliserons aussi le mode programmation, comme nous l'avons fait pour les autres composants de ce chapitre.

Le DataGridView est doté d'un grand nombre de propriétés, que nous allons envisager cette fois par la pratique. Passons donc immédiatement à la pratique et amenons un composant DataGridView dans la fenêtre. Soit dgv son nom interne (propriété Name).

16.6.1 Remplir la grille à partir du contenu d'un DataTable

Introduisons quelques données dans la grille. Celles-ci peuvent provenir d'une base de données (ce que nous verrons plus tard, au chapitre 24), d'un DataTable ou encore d'une collection. Un objet DataTable contient les données d'une table, avec des colonnes (avec possibilité de définir les colonnes en cours d'exécution) et des rangées (avec ajouts et suppressions à n'importe quel moment). Un objet DataTable est beaucoup plus flexible qu'un tableau à deux dimensions : des lignes et des colonnes peuvent être ajoutées ou supprimées à tout moment et en toute simplicité.

```
DataTable dt;
.....
dt = new DataTable();
// d'abord définir les colonnes de ce DataTable
// première colonne de données : NOM, chaîne de caractères
DataColumn dc = new DataColumn("NOM", typeof(string));
dt.Columns.Add(dc);
// deuxième colonne
dc = new DataColumn("PRENOM", typeof(string)); dt.Columns.Add(dc);
// troisième colonne : date de naissance, de type DateTime
dc = new DataColumn("DN", typeof(DateTime)); dt.Columns.Add(dc);
```

Une colonne est un objet DataColumn, et la propriété Columns d'un DataGridView fait référence à la collection des colonnes de la grille. La colonne des en-têtes de rangées n'en fait cependant pas partie. Les propriétés de DataTable et DataColumn seront vues au chapitre 24. Nous n'avons pas besoin de toutes ces informations pour le moment.

Ajoutons des lignes de données dans ce DataTable :

```
dt.Rows.Add(new object[] {"Brel", "Jacques",
                          new DateTime(1929, 4, 8)});
dt.Rows.Add(new object[] {"Presley", "Elvis",
                          new DateTime(1935, 1, 8) });
```

La propriété Rows fait référence à la collection des lignes de la grille. La rangée des en-têtes de colonnes n'en fait pas partie.

Rien n'est encore affiché. À ce stade, nous avons seulement créé une source de données, en mémoire. Associons maintenant les données à la grille (avec affichage de celles-ci), par assignation de notre DataTable dans la propriété DataSource de la grille : dgv.Data-Source = dt;. La grille est maintenant automatiquement affichée, avec des données dans ses trois colonnes. Par défaut, les colonnes de la grille sont celles du DataTable et les en-têtes de colonnes (*headers* en anglais) sont les noms des champs du DataTable (NOM, PRENOM et DN dans notre cas).

Figure 16-12

NOM	PRENOM	DN
Brel	Jacques	8/04/1929
Presley	Elvis	8/01/1935
Domino	Fats	26/02/1928
Pavarotti	Luciano	12/10/1935

Dans la grille, les données de type `bool` sont représentées par une case à cocher, et celles de type `Image` par une image. Une cellule de grille peut néanmoins être représentée de bien d'autres manières, ce que nous apprendrons à faire. Une nouvelle ligne peut être ajoutée par l'utilisateur (la dernière rangée de la grille est affichée à cet effet) et toutes les cellules peuvent être modifiées (par défaut, clic sur la cellule et frappe d'une touche pour passer en mode modification).

La grille est liée au `DataTable` : toute modification (y compris ajout ou suppression) dans le `DataTable` est immédiatement répercutée dans le `DataGridView`. De même, toute modification dans la grille est automatiquement répercutée dans le `DataTable`. Ainsi, l'affichage aurait été le même si les instructions `dt.Rows.Add` avaient été exécutées après l'assignation du `DataTable` dans `dgv.DataSource`. L'ordre des données dans la grille et le `DataTable` n'est cependant pas nécessairement le même : un clic sur un en-tête de colonne trie la grille sans pour autant trier le `DataTable` (la grille n'est finalement que l'une des représentations possibles des données dans le `DataTable`).

16.6.2 Remplir la grille à partir du contenu d'un tableau ou d'une collection

Bien que cela soit assorti d'une importante restriction (grille en lecture seule), les données peuvent également provenir d'un tableau (ici un tableau de structures `Pers`, mais il est important de définir des propriétés dans cette classe ou structure car celles-ci correspondent aux colonnes) : `struct Pers`

```
{
string nom;
int âge;
public Pers(string N, int A) {nom=N; âge = A;}
public string Nom { get { return nom; } }
public int Age { get { return âge;} }
}
...
Pers[] tab = new Pers[2];
tab[0] = new Pers("Joe", 25); tab[1] = new Pers("William", 26);
dgv.DataSource = tab;
```

Toujours avec la même restriction, les données peuvent également provenir d'une collection :

```
List<Pers> liste = new List<Pers>();
liste.Add(new Pers("Jack", 27));
liste.Add(new Pers("Averell", 28));
dgv.DataSource = liste;
```

Les colonnes proviennent des propriétés publiques de la classe ou de la structure. Dans le cas d'un tableau ou d'une collection de classes ou de structures, la grille est en lecture seule. Aucune ligne ne peut être modifiée ou ajoutée.

16.6.3 Éléments de présentation

Tant c'est simple, disons seulement quelques mots sur des éléments de présentation (police, couleur d'affichage, etc.) qui sont généralement modifiés de façon interactive dans la fenêtre des propriétés. `BackgroundColor` change la couleur de fond dans l'espace, à droite et en bas, qui dans le `DataGridView`, n'est pas occupé par la grille. Le fond de la grille (là où se trouvent les données) n'est pas coloré, du moins par cette propriété. Bien souvent, on évitera de faire apparaître une telle zone par un calcul simple sur les largeurs de colonne. Nous verrons bientôt comment colorer les cellules, même prises individuellement.La propriété `GridColor` n'a d'effet que sur les lignes de séparation dans la grille (et les en-têtes de rangées si la propriété `EnableHeadersVisualStyles` vaut `false`).

16.6.4 Modifier des en-têtes de colonnes

Les en-têtes de colonnes ne sont affichés que si `ColumnHeadersVisible` vaut `true`, ce qui est le cas par défaut. Il en va de même pour les en-têtes de rangées qui ne sont affichés que si `RowHeadersVisible` vaut `true`. Par défaut, les en-têtes de colonnes sont les noms des colonnes dans le `DataTable`. Pour initialiser ou modifier par programme un titre de colonne (ici, la colonne PRENOM) : `dgv.Columns["PRENOM"].HeaderText = "First name";`

L'accès à une colonne peut également se faire par son numéro (autrement dit sa position, 0 pour la première) bien qu'il soit plus sûr de passer un nom de colonne dans l'indexeur. L'utilisateur peut en effet modifier l'ordre des colonnes par un simple glisser-déposer sur un en-tête de colonne si la propriété `AllowUserToOrderColumns` de la grille vaut `true`. Le nombre de colonnes dans la grille est donné par `dgv.ColumnCount` ou `dgv.Columns.Count`. Il ne faut pas confondre libellé d'un en-tête de colonne (propriété `HeaderText`) et nom de colonne (propriété `Name`) même si, par défaut, les deux coïncident. `Name` donne le nom interne de la colonne : c'est ce dernier qu'il faut spécifier dans l'indexeur de `dgv.Columns.dgv.ColumnHeadersHeight` permet de spécifier explicitement la hauteur des en-têtes (nombre de pixels) tandis que `dgv.RowHeadersWidth` permet de modifier la largeur des en-têtes de rangées. Nous verrons plus loin comment redimensionner automatiquement les cellules.

Pour changer la police d'un titre de colonne (modification à effectuer dans la fonction traitant l'événement `Load` pour que l'effet soit pris en compte dès le démarrage de l'application) : `dgv.Columns["NOM"].HeaderCell.Style.Font = new Font("Arial", 12, FontStyle.Bold);`

Certaines modifications de style ne sont pas possibles si `EnableHeadersVisualStyles` vaut `true` (les styles généraux de Windows XP sont alors utilisés, ce qui est le cas par défaut).Pour changer les couleurs d'un en-tête de colonne (sans oublier d'avoir fait passer `EnableHeadersVisualStyles` à `false`, sinon la modification n'a aucun effet) :

```
dgv.Columns["NOM"].HeaderCell.Style.BackColor = Color.Yellow;
dgv.Columns["NOM"].HeaderCell.Style.ForeColor = Color.Red;
```

Les propriétés `ColumnHeadersDefaultCellType` et `RowHeadersDefaultCellStyle` permettent de modifier les caractéristiques d'affichage des cellules d'en-têtes depuis la fenêtre de développement. Il ne faut cependant pas oublier que la plupart de ces modifications n'ont d'effet que si la propriété `EnableHeadersVisualStyles` de la grille vaut `false`.

16.6.5 Redimensionner colonnes et rangées

Ainsi que nous l'avons déjà signalé, par défaut, la grille (partie données) n'occupe pas nécessairement toute la surface du `DataGridView`, ce qui lui confère un air quelque peu négligé (bande inoccupée à droite). Il est néanmoins possible de modifier par programme la largeur d'une colonne (ici, pour que chacune des deux colonnes occupe la moitié de la largeur allouée au composant, sans oublier l'espace occupé par les en-têtes de rangées) :

```
dgv.Columns["NOM"].Width = (dgv.Width - dgv.RowHeadersWidth) / 2;
dgv.Columns["PRENOM"].Width = (dgv.Width-dgv.RowHeadersWidth) / 2;
```

L'utilisateur peut redimensionner les colonnes (en cliquant et tirant sur leurs séparateurs) si la propriété `AllowUserToResizeColumns` vaut `true`, ce qui est le cas par défaut. La propriété `AutoSizeColumnsMode`, qui correspond à une énumération de type `DataGridViewAutoSizeColumnMode`, permet de contrôler la manière dont sont calculées par défaut les largeurs de chaque colonne :

Valeurs de l'énumération DataGridViewAutoSizeColumnMode	
`None`	Aucun calcul.
`ColumnHeader`	Largeur de colonne ajustée au libellé dans l'en-tête.
`AllCells`	Largeur ajustée au plus grand libellé dans la colonne, y compris l'en-tête.
`AllCellsExceptHeaders`	Même chose, à l'exclusion de l'en-tête.
`DisplayedCells`	Largeur ajustée au plus grand libellé visible.
`DisplayedCellsExceptHeaders`	Même chose, à l'exclusion de l'en-tête.
`Fill`	Largeur de colonne ajustée pour que la barre de défilement horizontale ne soit pas nécessaire.

Dans le cas de `Fill`, un `FillWeight` peut être appliqué à chaque colonne, donnant son importance relative (par rapport à la somme des `FillWeight` des différentes colonnes). Une largeur minimale de colonne peut également être spécifiée (propriété `MinimumWidth` d'une colonne). Il est possible de ne pas afficher une colonne (son contenu restant néanmoins accessible par programme) :

```
dgv.Columns["DN"].Visible = false;
```

Mais il est également possible de la supprimer carrément de la grille (sans impact sur le `DataTable` associé) :

```
dgv.Columns.Remove("PRENOM");
```

Il est possible d'associer un *tooltip* (bulle d'aide qui s'affiche quand la souris marque l'arrêt au-dessus de l'en-tête de colonne) à une colonne :

```
dgv.Columns["NOM"].ToolTipText = "Nom de la personne";
```

L'utilisateur peut réorganiser les colonnes (autrement dit les déplacer) sauf si AllowUser-ToReorderColumns vaut false. Par programme, il est aussi possible de déplacer une colonne, ici la colonne NOM qui passe en quatrième position (0 pour la première) :
dgv.Columns["NOM"].DisplayIndex = 3;

Sauf si AllowUserToResizeRows vaut false, l'utilisateur peut redimensionner la hauteur d'une rangée en cliquant et tirant sur la ligne de séparation des rangées. Par défaut, il arrive en effet souvent que le contenu d'une cellule (y compris une cellule d'en-tête) ne soit que partiellement visible (cas où plusieurs lignes doivent être affichées ou cas d'une police trop grande). Par programme, on peut modifier la propriété AutoSizeRowsMode (une énumération de type DataGridViewAutoSizeRowsMode) pour ajuster automatiquement la hauteur des lignes. Les différentes valeurs de cette propriété sont :

Valeurs de l'énumération DataGridViewAutoSizeRowsMode

None	Aucun ajustement de hauteur. Laissez cette valeur si, par programme, vous spécifiez la hauteur des rangées.
AllHeaders	Hauteur de la rangée d'en-tête telle que tous les en-têtes deviennent entièrement visibles.
DisplayedHeaders	Même chose mais seuls les en-têtes visibles sont pris en compte.
AllCells	Toutes les hauteurs de rangées sont ajustées.
AllCellsExceptHeaders	Même chose.
DisplayedCells	Même chose mais en tenant compte uniquement des cellules affichées.
DisplayedCellsExceptHeaders	Même chose mais sans tenir compte de la rangée des en-têtes de colonnes.

16.6.6 Modifier l'apparence des cellules

Il est possible de modifier l'apparence (plus savamment le style) des cellules.

La propriété RowsDefaultCellStyle modifie l'apparence des cellules dans la grille. Ses sous-propriétés sont Alignment, BackColor, ForeColor, Format, SelectionBackColor, SelectionForeColor et Wrap. La propriété AlternatingRowsDefaultCellStyle fait la même chose mais s'applique à une rangée sur deux, en commençant par la deuxième. Ces deux propriétés sont généralement modifiées dans l'environnement de développement. Nous verrons bientôt comment changer l'apparence d'une cellule sur une base individuelle et notamment en fonction de son contenu, ce qui ne peut, évidemment, être effectué qu'en cours d'exécution de programme.

Pour modifier le style de toute une colonne :

```
dgv.Columns["NOM"].DefaultCellStyle.BackColor = Color.Lime;
```

Et pour modifier le style de la i-ième rangée :

```
dgv.Rows[i].DefaultCellStyle.BackColor = Color.Yellow;
```

Puisque l'on peut appliquer des styles différents à une cellule particulière, aux cellules en général, à celles d'une colonne ainsi qu'à celles d'une rangée, quel est le style finalement retenu pour une cellule ? Les priorités pour le rendu des styles sont (de la priorité la plus élevée, qui a donc le plus de chance d'être rendue, à la plus faible) : le style de cellule spécifié lors du traitement de l'événement `CellFormatting`, le style de rangée, le style de colonne et finalement le style par défaut des cellules (visible seulement si aucun des autres styles n'est spécifié).

16.6.7 Le contenu des cellules

`dgv.Rows.Count` donne le nombre de lignes dans la grille, y compris la ligne vide servant pour une insertion (mais la ligne des en-têtes de colonnes n'est pas reprise dans ce compte). Néanmoins, si `AllowUserToAddRows` vaut `false`, cette ligne d'insertion n'est pas affichée et n'intervient dès lors pas dans ce compte. Le contenu de la cellule `NOM` en `i`-ième ligne est obtenu par (`Value` étant de type `object`, ce qui nécessite généralement un transtypage) :

```
dgv.Rows[i].Cells["NOM"].Value
```

Ou encore, plus simplement, par (sans oublier non plus le casting) :

```
dgv["NOM", i].Value
```

Contrairement à l'usage (par exemple dans les tableaux), le nom ou l'indice de colonne est spécifié en premier, avant l'indice de rangée.

Nous savons que les données affichées dans la grille correspondent aux données dans le `DataTable`, la grille n'étant que la représentation (ou, si vous préférez, la vue) des données de celui-ci. Par défaut, la `i`-ième ligne dans la grille correspond à la `i`-ième ligne dans le `DataTable`, mais un tri dans la grille (suite à un clic sur un en-tête de colonne) peut bouleverser cette association, seule la grille étant alors triée.

La donnée dans la cellule `NOM` (de type `string`) en `i`-ième ligne dans le `DataTable` est obtenue (et modifiée) par : `string s1 = (string)dt.Rows[i]["NOM"];`

tandis que la cellule `NOM` en `i`-ième rangée dans la grille est obtenue par (d'autres techniques sont cependant possibles) : `s1 = (string)dgv.Rows[i].Cells["NOM"].Value;`

Mais attention : si vous lisez ces valeurs dans une boucle :

```
for (int i=0; i<dgv.Rows.Count; i++)
```

la grille donne des valeurs par défaut pour la ligne « à ajouter » (obtenue en dernière itération). Les chaînes sont vides (`""`) dans le cas de la ligne d'insertion, mais une valeur nulle est renvoyée pour d'autres types, par exemple `DateTime`. Veillez à tenir compte de ces valeurs nulles : ainsi, pas de transtypage sur un `DateTime` sans précaution. Il y a plusieurs solutions à ce problème. La plus simple consiste à modifier la condition (devenant `i < dgv.Rows.Count-1`) si `AllowUserToAddRows` vaut `true`. Une autre solution amène à vérifier l'indice de la rangée. Le numéro d'ordre de la rangée d'insertion est donné par la propriété `NewRowIndex` de la grille. Une troisième solution consiste à détecter que la `i`-ième ligne est la ligne d'insertion : `if (dgv.Rows[i].IsNewRow) ..... // il s'agit de la ligne d'insertion`

Envisageons une dernière solution, qui vaut la peine d'être envisagée en d'autres circonstances : quand un champ provient d'une base de données, il peut avoir une valeur dite nulle (ce qui correspond à valeur absente). On lit le contenu de la cellule par (cas de la date de naissance) :

```
object o = dgv.Rows[i].Cells["DN"].Value;
```

et on n'effectue le transtypage (dans notre cas sur `DateTime`) que si `o` est différent de `null`. Pour effectuer par programme une modification dans la grille (et donc aussi, automatiquement, dans le `DataTable`) :

```
dgv.Rows[i].Cells["PRENOM"].Value = "Johnny";
dgv.Rows[i].Cells["DN"].Value = new DateTime(1943, 6, 15);
```

Pour changer le contenu de toute une ligne, on peut écrire :

```
dgv.Rows[i].SetValues(new object[]{"Hardy", "Françoise",
                              new DateTime(1944, 1, 17)});
```

16.6.8 Modifier le style d'une cellule

Il est possible de changer le style d'une cellule particulière :

```
dgv.Rows[i].Cells["NOM"].Style.ForeColor = Color.Chocolate;
```

Et pour changer le style de toute une ligne :

```
dgv.Rows[i].DefaultCellStyle.BackColor = Color.Yellow;
```

Comment modifier une couleur dans une cellule, mais aussi n'importe quelle caractéristique de cellule, en fonction de son contenu, sachant que cette adaptation doit se faire lors du chargement des données, mais aussi à tout moment, même après introduction de nouvelles données par l'utilisateur ? On traite pour cela l'événement `CellFormatting` adressé à la grille. Ici, on affiche la valeur dans la colonne `COMPTE` (valeur de type `int`) en rouge si cette valeur est négative :

```
private void dgv_CellFormatting(object sender,
                            DataGridViewCellFormattingEventArgs e)
{
 if (dgv.Columns[e.ColumnIndex].Name == "COMPTE")
 {
  if (e.Value != null)                // attention à la colonne d'insertion !
  {
   int val = (int)e.Value;
   if (val < 0) e.CellStyle.ForeColor = Color.Red;
  }
 }
}
```

Cet événement `CellFormatting` est signalé pour chaque cellule (numéro de rangée passé en argument dans `e.RowIndex` et numéro de colonne dans `e.ColumnIndex`). Il est également signalé pour les cellules d'en-têtes. Dans ce cas, on trouve `-1` dans `e.RowIndex` ou `e.ColumnIndex` selon le type d'en-tête. Il est possible de modifier le contenu de la cellule dans cette fonction de traitement :

```
e.Value = val * 10;
```

Et rien n'empêche, dans cette fonction, d'accéder au contenu d'une autre cellule de la ligne. Par exemple :

```
dgv.Rows[e.RowIndex].Cells["CAT"].Value;
```

16.6.9 Dessiner une cellule

En traitant l'événement `CellPainting` adressé à la grille, il est possible de dessiner à sa guise n'importe quelle cellule. Cet événement est signalé pour chaque cellule de la grille qui doit être affichée. Un objet `Graphics` est passé en argument de la fonction de traitement (ce qui donne accès à toutes les fonctions d'affichage et de tracé graphique, voir le chapitre 13), de même qu'un objet `CellBounds` qui contient les coordonnées de la cellule (c'est-à-dire du rectangle dans lequel nous allons afficher). Dans l'exemple qui suit, la cellule `COMPTE` est redessinée en vert si le compte est positif et en rouge dans le cas contraire. En traitant cette fonction, il est également possible de redessiner les en-têtes de colonnes (`e.RowIndex` vaut alors −1) ou les en-têtes de rangées (`e.ColumnIndex` vaut alors −1) :

```
private void dgv_CellPainting(object sender,
                            DataGridViewCellPaintingEventArgs e)
{
if (e.ColumnIndex>=0 && e.RowIndex>=0 &&
        dgv.Columns[e.ColumnIndex].Name == "COMPTE")
  {
if (e.Value != null)
    {
      int val = (int)e.Value;
      Color cr = val < 0 ? Color.Red : Color.Lime;
      e.Graphics.FillRectangle(new SolidBrush(cr), e.CellBounds);
      e.Handled = true;
    }
  }
}
```

Il était important de tester `e.ColumIndex` avant l'accès à :

```
dgv.Columns[e.ColumnIndex].Name
```

car la colonne des en-têtes de rangées n'a pas de propriété `Name`. En fin d'exécution de la fonction de traitement (automatiquement appelée pour chaque cellule), nous faisons passer `e.Handled` à `true` pour signaler que le traitement de la cellule est achevé et que plus aucun autre ne doit lui être appliqué (sinon, le traitement par défaut est également appliqué).

En traitant cet événement, vous pouvez afficher une image plutôt que du texte dans une cellule (bien qu'une autre technique, expliquée plus loin, soit possible). Supposons que le composant imageList1 (de type ImageList, voir la section 18.2) contienne des photos, toutes larges de 64 pixels.

Dans la fonction qui traite l'événement Load, on écrit :

```
dgv.Columns[0].Width = 64;          // largeur de la première colonne
// hauteur des rangées (laisser AutoSizeRowsMode à None)
int N = dt.Rows.Count;
for (int i = 0; i < N; i++) dgv.Rows[i].Height = imageList1.Images[i].Height;
// Modifier les tires de colonnes
dgv.Columns[0].HeaderText = "";
dgv.Columns[1].HeaderText = "Artiste";
dgv.Columns[2].HeaderText = "Né le ";
// modifier des alignements
dgv.Columns[2].DefaultCellStyle.Alignment =
   DataGridViewContentAlignment.MiddleCenter;
dgv.Columns[1].HeaderCell.Style.Alignment =
   DataGridViewContentAlignment.MiddleCenter;
dgv.Columns[2].HeaderCell.Style.Alignment =
   DataGridViewContentAlignment.MiddleCenter;
```

Dans la fonction qui traite l'événement Cell_Painting, on écrit :

```
if (e.ColumnIndex == 0)
{
 if (e.RowIndex >= 0 && e.RowIndex < imageList1.Images.Count)
 {
  imageList1.Draw(e.Graphics, e.CellBounds.Left, e.CellBounds.Top, e.RowIndex);
  e.Handled = true;
 }
}
```

Figure 16-13

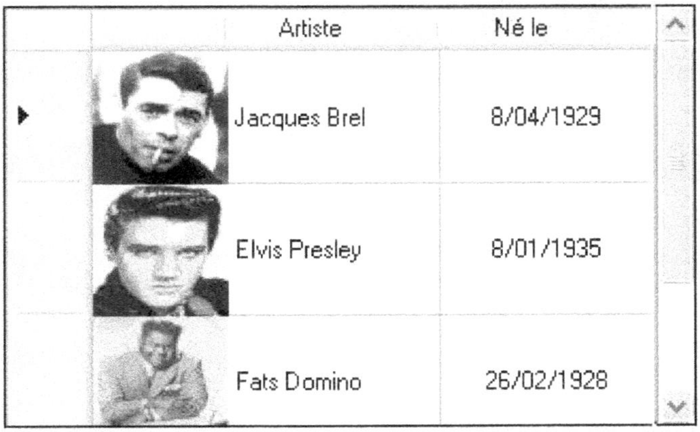

16.6.10 Les différentes représentations de cellules

Dans une cellule, on affiche généralement, mais pas uniquement, du texte. Nous venons d'ailleurs de voir qu'en traitant l'événement CellPainting, on peut dessiner n'importe quoi dans une cellule. On peut également trouver dans une cellule une case à cocher, un bouton, une boîte combo, une image et même n'importe quelle représentation.

Une cellule est de type DataGridViewCell, mais il s'agit d'une classe abstraite. Microsoft a déjà créé des classes dérivées, que vous pouvez directement utiliser :

- DataGridViewTextBoxCell ;
- DataGridViewButtonCell ;
- DataGridViewLinkCell ;
- DataGridViewCheckBoxCell ;
- DataGridViewComboBoxCell ;
- DataGridViewImageCell.

En créant votre propre classe dérivée de DataGridViewCell, vous pouvez également créer vos propres types, donnant ainsi une apparence personnalisée à n'importe quelle cellule (cellule comprenant ou non des composants usuels de Windows). Il est même possible de changer, par programme, le type d'une cellule en particulier. Cette modification peut être effectuée à tout moment. Par exemple, pour que la cellule NOM en i-ième rangée devienne un bouton :

```
dgv["NOM", i] = new DataGridViewButtonCell();
```

le libellé du bouton étant alors l'ancien libellé de texte. N'effectuez cependant pas cette opération dans une fonction de traitement d'événement de la grille. Au besoin, déclenchez un Timer (très courte durée et un seul déclenchement) à partir de la fonction de traitement de la grille et exécutez cette instruction dans la fonction de traitement du Timer.

16.6.11 Colonne avec case à cocher

Un champ de type bool dans le DataTable associé à la grille est automatiquement représenté dans celle-ci par une case à cocher (composant CheckBox), une valeur true correspondant à case cochée et une valeur false à case non cochée. Il n'y a donc rien de spécial à faire pour obtenir cette représentation en case à cocher dans une grille.

16.6.12 Colonne avec bouton

Dans l'exemple suivant, nous créons une grille avec deux colonnes. La première contient du texte et la seconde un bouton de commande, avec COMMANDER comme libellé pour tous les boutons :

```
dt = new DataTable();
// Première colonne
```

```
DataColumn dc1 = new DataColumn("APPAREIL", typeof(string));
dt.Columns.Add(dc1);
// Données en première colonne
dt.Rows.Add(new object[]{"A380"});
dt.Rows.Add(new object[]{"Planeur"});
dgv.DataSource = dt;
// Bouton en deuxième colonne
DataGridViewButtonColumn dc2 = new DataGridViewButtonColumn();
dc2.Name = "bCommande";
dc2.UseColumnTextForButtonValue = true;
dc2.Text = "Commander";                 // libellé du bouton
dc2.HeaderText = "Votre choix";         // en-tête de colonne
dgv.Columns.Insert(dgv.Columns.Count, dc2);  // ajout de colonne
```

Suite à un clic sur le bouton, l'événement `CellClick` est signalé. Dans la fonction de traitement, nous vérifions s'il s'agit bien d'un clic dans la colonne dont le nom interne est `bCommande`. Le numéro de la rangée concernée se trouve alors dans `e.RowIndex` :

```
private void dgv_CellClick(object sender,
                           DataGridViewCellEventArgs e)
{
 if (dgv.Columns[e.ColumnIndex].Name == "bCommande")
 {
  .....          // numéro de la rangée concernée dans e.RowIndex
 }
}
```

Modifions maintenant le fragment précédent pour que le libellé du bouton provienne de la table contenant les données :

```
dt = new DataTable();
DataColumn dtc1 = new DataColumn("Nom", typeof(string)); dt.Columns.Add(dtc1);
DataColumn dtc2 = new DataColumn("Prénom", typeof(string)); dt.Columns.Add(dtc2);
// ajouter des données dans le DataTable
dt.Rows.Add(new object[]{"Lagaffe", "Gaston"});
dt.Rows.Add(new object[]{"Haddock", "Archibald"});
dgv.DataSource = dt;
dgv.Columns.Insert(dgv.Columns.Count, dc2);
// ne retenir que l'affichage du nom
dgv.Columns.Remove("Prénom");

DataGridViewButtonColumn dc2 = new DataGridViewButtonColumn();
dc2.Name = "bInfos";
dc2.DataPropertyName = "Nom";
dc2.HeaderText = "Infos";
dgv.Columns.Insert(dgv.Columns.Count, dc2);
```

Avec `DataPropertyName`, nous indiquons quelle colonne du `DataTable` doit être prise en compte pour le libellé du bouton.

L'événement `CellClick` est signalé lors d'un clic sur l'un des boutons (numéro de rangée concernée dans e.RowIndex) :

```
private void dgv_CellClick(object sender, DataGridViewCellEventArgs e)
  {
   Text = "Clic sur " + dgv.Rows[e.RowIndex].Cells["Nom"].Value;
  }
```

16.6.13 Photo dans une colonne

Une photo peut être affichée dans une cellule de la grille. La troisième colonne est ici de type `Bitmap` :

```
dt = new DataTable();
// créer les trois colonnes
DataColumn dtc1 = new DataColumn("Nom", typeof(string)); dt.Columns.Add(dtc1);
DataColumn dtc2 = new DataColumn("Prénom", typeof(string)); dt.Columns.Add(dtc2);
DataColumn dtc3 = new DataColumn("photo", typeof(Bitmap)); dt.Columns.Add(dtc3);
// introduire des données dans le DataTable
dt.Rows.Add(new object[]{"Lagaffe", "Gaston", new Bitmap("Lagaffe.jpg")});
dt.Rows.Add(new object[]{"Haddock", "Archibald", new Bitmap("Haddock.jpg")});
// lier le DataGridView au DataTable
dgv.DataSource = dt;
// modifier l'apparence de la photo dans la cellule
DataGridViewImageColumn ic = (DataGridViewImageColumn)dgv.Columns["Photo"];
ic.ImageLayout = DataGridViewImageCellLayout.Zoom;
```

Avec le mode `Zoom`, la photo occupe le maximum de la surface de la cellule, mais sans déformation (avec `Stretch`, l'image occuperait toute la cellule mais serait déformée).

Programmes d'accompagnement

BoîteDeListe	Illustre les sélections multiples et ajouts dans des boîtes de liste (passage d'articles d'une boîte à l'autre).

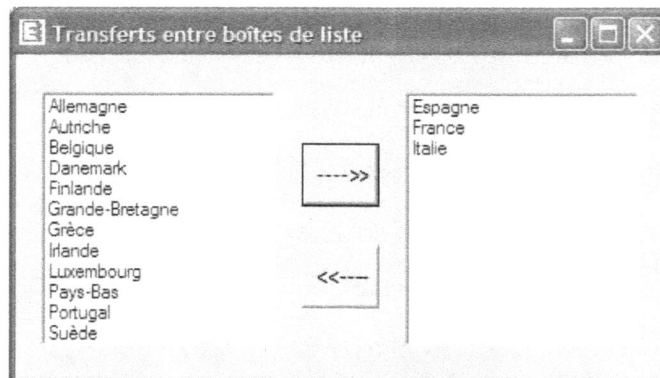

Figure 16-14

Polices   Illustre les boîtes personnalisées (*owner-draw*). Remplit une boîte de liste avec les noms des polices installées sur l'ordinateur. Les noms de police sont affichés dans la police elle-même.

Figure 16-15

SélectionPays   Illustre les boîtes personnalisées. Ce n'est pas le nom d'un pays qui est affiché comme article mais son drapeau.

Figure 16-16

Répertoires   Affiche tous les répertoires du disque dur. Le programme balaie tout le disque dur, ce qui prend énormément de temps. L'état d'avancement (nombre de répertoires parcourus) est régulièrement mis à jour.

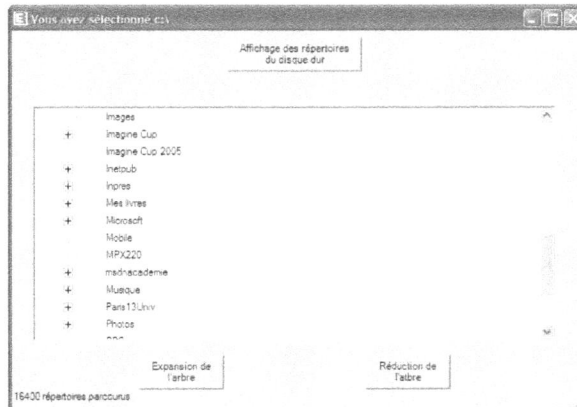

Figure 16-17

Répertoires2   Même chose mais l'arbre est construit (sans que l'utilisateur ne s'en rende compte) au fur et à mesure que celui-ci parcourt l'arbre. Cette technique provoque un affichage instantané de l'arbre.

17

Zones d'affichage et d'édition

Dans ce chapitre, nous allons étudier :

- les zones d'affichage de texte (*labels* en anglais) ;
- les zones d'affichage représentées comme des hyperliens (*link labels* en anglais) ;
- les zones d'édition limitées à une seule ligne (par exemple pour saisir le nom d'une personne) ou qui s'étendent sur plusieurs lignes (*text boxes* en anglais) ;
- le composant d'incrémentation et de décrémentation numériques (*numeric up down* en anglais) ;
- le composant de sélection par flèches (*domain up down* en anglais) ;
- la zone d'édition avec masque de saisie (*masked text boxes* en anglais).

Figure 17-1

17.1 Caractéristiques des zones d'affichage

Une zone d'affichage (encore appelée étiquette, *label* en anglais) sert à afficher du texte. Elle peut servir de libellé ou être associée à un autre composant, généralement une zone d'édition. La zone d'affichage sert alors d'étiquette ou de titre pour la zone d'édition.

Les zones d'affichage étudiées dans ce chapitre présentent l'avantage d'être persistantes (réaffichage automatique), ce qui n'est pas le cas des affichages par DrawString de la classe Graphics (pour ces derniers affichages, il faut traiter l'événement PAINT pour les rendre persistants, voir la section 13.6). En fait, cet événement est traité par la classe Label (que quelqu'un de chez Microsoft a codé précisément pour ce cas), ce qui explique pourquoi les affichages envisagés dans ce chapitre sont persistants.

Une zone d'affichage peut être initialisée et modifiée par programme (propriété Text). Elle ne peut cependant pas être modifiée par l'utilisateur. Le texte de la zone d'affichage peut être affiché :

- dans une police déterminée (propriété Font) ;
- dans une couleur d'arrière-plan (propriété BackColor) et d'avant-plan (propriété Fore-Color) ;
- en spécifiant une technique de cadrage du texte dans la zone en question (propriété TextAlign).

Pour insérer une zone d'affichage :

- Cliquez sur l'icône Label de la boîte à outils.
- Cliquez en un point de la fenêtre de développement, là où vous devez placer la zone d'affichage.
- Dimensionnez et placez correctement la zone d'affichage en vous aidant éventuellement des outils de placement et de dimensionnement (menu Format quand plusieurs contrôles sont sélectionnés).
- Donnez un nom interne significatif (par exemple zaPays, avec za pour zone d'affichage) à la zone d'affichage (par défaut, la première zone d'affichage s'appelle label1).
- Son libellé initial est spécifié dans la propriété Text. À tout moment, le programme peut modifier ce libellé en changeant la propriété Text du composant.

Une zone d'affichage peut donner le *focus* à un autre composant, généralement une zone d'édition : la combinaison d'accélération (voir la propriété Text) donne alors le *focus* d'entrée à cet autre composant.

Il est possible de spécifier une image de fond pour l'étiquette (propriété Image). En faisant passer AutoSize à false, il devient possible de redimensionner le contrôle pour faire apparaître une plus grande partie de l'image.

Les zones d'affichage sont des objets de la classe Label.

Il est rare de traiter les événements associés aux zones d'affichage.

Propriétés de la classe Label

Label ← Control ← Component

AutoSize	T/F	Si AutoSize vaut true, la taille de la zone d'affichage s'adapte automatiquement au texte à afficher. Cette taille dépend du texte à afficher mais aussi de la police utilisée (propriété Font).
BackColor		Couleur du fond de la zone d'affichage.
BorderStyle	enum	Type de contour. L'énumération BorderStyle peut prendre l'une des valeurs suivantes de l'énumération BorderStyle (écrire par exemple System.Windows.Forms.BorderStyle.FixedSingle) : None — aucune bordure, FixedSingle — bordure d'une simple ligne, Fixed3D — bordure avec effet de relief (légère incrustation dans l'écran).
Font		Police de caractères utilisée pour afficher le texte (avec ses sous-propriétés Name, Size, SizeInPoints, Height, etc.).
ForeColor		Couleur d'affichage du texte.
Image		Image à afficher. Voir la classe Image à la section 13.5.
ImageAlign	enum	Alignement de l'image dans le composant. L'énumération ContentAlignment peut prendre l'une des valeurs suivantes : Bottom, BottomCenter, BottomLeft, BottomRight, Center, Left, Middle, MiddleCenter, MiddleLeft, MiddleRight, Right, Top, TopCenter, TopLeft et TopRight.
ImageIndex	int	Index de l'image à afficher dans la liste d'images spécifiée dans la propriété ImageList.
ImageList		Liste d'images à utiliser.
Text	str	Texte affiché dans la zone d'affichage. Une lettre peut être précédée de & (*ampersand* en anglais). Cette lettre sert alors d'accélérateur et la combinaison ALT+cette lettre donne le *focus* au composant (généralement une zone d'édition) qui suit la zone d'affichage dans l'ordre des tabulations. Un libellé peut s'étendre sur plusieurs lignes (cliquez pour cela sur la flèche avec pointe vers le bas, voir la propriété Text des boutons). En cours d'exécution, vous pouvez insérer \n dans un libellé pour envoyer le reste du libellé à la ligne suivante. Par exemple : `zaNom.Text = "Gaston\nLagaffe";` pour que l'étiquette zaNom s'étende sur deux lignes. Si AutoSize vaut true, seule la première ligne est malheureusement prise en compte pour déterminer la taille du composant et seule la première ligne est alors affichée.
TextAlign	enum	Cadrage du texte dans la zone d'affichage. TextAlign peut prendre l'une des valeurs suivantes de l'énumération ContentAlignment avec ses valeurs xyzLeft, xyzCenter et xyzRight, avec xyz pouvant être remplacé par Top, Center et Bottom.
UseMnemonic	T/F	Indique si le caractère & doit être pris en compte pour désigner un accélérateur.

17.2 Zones d'affichage en hyperlien

Les contrôles LinkLabel sont des zones d'affichage (la classe LinkLabel est dérivée de Label) mais qui présentent une caractéristique de bouton (événement LinkClicked). Tout le texte du contrôle (propriété Text), ou une partie seulement, peut servir d'hyperlien (propriété LinkArea). Le texte peut même comprendre plusieurs hyperliens (propriété Links utilisable par programme uniquement, voir exemple). L'hyperlien peut avoir n'importe quel usage, qu'il vous appartient de programmer dans la fonction de traitement de l'événement LinkClicked (l'hyperlien peut, par exemple, remplacer le bouton de commande).

Présentons les propriétés propres aux LinkLabel :

Propriétés de la classe LinkLabel		
LinkLabel ← Label ← Control ← Component		
ActiveLinkColor	Color	Couleur du lien lorsqu'il est actif (rouge par défaut).
LinkArea	LinkArea	Portion du texte qui doit être considérée comme un hyperlien. Un objet LinkArea peut être construit en spécifiant deux arguments de type int : Start et Length. La classe LinkArea contient d'ailleurs ces deux propriétés : Start — Indice du premier caractère formant hyperlien. Length — Nombre de caractères de la zone formant hyperlien.
LinkBehavior	enum	Comportement de l'hyperlien. On peut y trouver une des valeurs suivantes de l'énumération LinkBehavior : AlwaysUnderline — l'hyperlien est souligné. HoverUnderline — l'hyperlien est souligné au moment où la souris le survole. NeverUnderline — il n'est jamais souligné. SystemDefault — comportement par défaut d'un hyperlien.
LinkColor	Color	Couleur d'affichage de l'hyperlien (bleu par défaut).
Links	coll	Collection d'hyperliens contenus dans Text. La propriété Links est de type LinkCollection, chaque élément de la collection étant un objet Link. Un objet Link comprend les propriétés Start, Length et Link-Data. La fonction Add de la collection peut avoir les formes suivantes (oll désignant le nom interne de l'objet LinkLabel) : oll.Links.Add(int début, int nbcar); oll.Links.Add(int, int, object);
LinkVisited	T/F	Indique si un hyperlien doit être affiché différemment quand il a déjà été visité.
VisitedLinkColor	Color	Couleur d'un lien déjà visité (pourpre par défaut).

Pour spécifier la zone de texte formant hyperlien :

- Remplissez d'abord la propriété Text, par exemple Voir le site www.eyrolles.com (Text peut contenir n'importe quoi et pas nécessairement une URL).

- Cliquez sur les trois points de suspension de la propriété LinkArea et sélectionnez la partie hyperlien. Les sous-propriétés Start et Length de LinkArea sont alors automatiquement mises à jour (voir figure 17-2).

Figure 17-2

L'événement important est LinkClicked qui correspond au clic sur la partie hyperlien de la zone de texte. Un objet LinkLabelLinkClickedEventArgs est passé en second argument de la fonction de traitement. Cet argument contient une propriété Link qui elle-même contient les propriétés Start, Length, Visited et LinkData. Pour diriger l'utilisateur sur le site du lien, on écrit (llInfos désignant le nom interne de notre composant LinkLabel) :

```
using System.Diagnostics;
.....
private void llInfos_LinkClicked(object sender, LinkLabelLinkClickedEventArgs e)
{
 string lien = llInfos.Text.Substring(e.Link.Start, e.Link.Length);
 Process.Start(lien);
}
```

Il n'était pas nécessaire de présenter l'URL de destination à l'utilisateur. On aurait pu laisser n'importe quel libellé dans Text, initialiser LinkArea à toute la zone de texte et écrire dans la fonction de traitement :

```
Process.Start("www.eyrolles.com");
```

Le navigateur par défaut est alors automatiquement lancé et celui-ci prend directement en compte l'adresse Internet passée en argument.

La zone de texte peut contenir plusieurs liens. Pour cela, spécifiez les liens par programme :

```
llInfos.Text = "Liens un et deux";
llInfos.Links.Add(6, 2, "www.xyz.com");
llInfos.Links.Add(12, 4, "www.abc.com");
```

Le texte un devient lien et correspond à l'adresse www.xyz.com (sans oublier qu'il peut correspondre à n'importe quoi, pas nécessairement à une URL). Il en va de même pour deux qui correspond à l'adresse www.abc.com.

La fonction de traitement de l'événement LinkClicked peut devenir (l'objet LinkData passé dans l'argument, lorsqu'il est converti en une chaîne de caractères, donne le troisième argument de Add) :

```
private void llInfos_LinkClicked(object sender,
                                 LinkLabelLinkClickedEventArgs e)
{
 string lien = (string)e.Link.LinkData;
 Process.Start(lien);
}
```

17.3 Caractéristiques des zones d'édition

Les zones d'édition (*text box* en anglais) permettent de saisir du texte, comme, par exemple, un nom, une adresse, etc. Au vu de leurs possibilités, on peut presque considérer que Windows incorpore un traitement de texte rudimentaire pour ces zones. Les zones d'édition permettent, sans avoir à écrire la moindre ligne de programme :

• de déplacer le curseur par les touches de direction ;

• d'insérer et de supprimer des caractères, avec traitement de la touche *backspace* ;

• de sélectionner une partie de texte, le texte sélectionné apparaissant en inverse vidéo et pouvant être supprimé par la touche SUPPR ou copié à un autre emplacement ;

• de faire défiler automatiquement le texte (*autoscroll* en anglais) si la zone d'édition n'est pas de taille suffisante pour le texte ;

• d'étendre le texte sur plusieurs lignes, avec défilement vertical automatique.

Les combinaisons de touches suivantes permettent :

CTRL + INS	de copier le texte sélectionné dans une mémoire intermédiaire propre à Windows, appelée presse-papiers (*clipboard* en anglais),
MAJ + SUPPR	de copier le texte sélectionné dans cette mémoire tout en l'effaçant de la zone d'édition (opération « couper », *cut* en anglais),
MAJ + INS	de copier le contenu du presse-papiers dans la zone d'édition, à partir de la position du curseur (opération « coller », *paste* en anglais).

Ces opérations sont effectuées à l'initiative de l'utilisateur, sans intervention du programme.

17.3.1 Les propriétés des zones d'édition

Lors de la création d'une zone d'édition, on spécifie :

• son nom interne (propriété Name), par exemple zeNom ;

• le fait qu'elle est encadrée ou non (propriété BorderStyle) ;

- sa couleur de fond et d'avant-plan (propriétés `BackColor` et `ForeColor`) ;

- la police de caractères (propriété `Font`) ;

- le nombre maximal de caractères qui peuvent être introduits par l'utilisateur (propriété `MaxLength`) ;

- s'il s'agit d'une zone d'édition pour mot de passe (propriété `PasswordChar`) ;

- si elle peut être modifiée ou non (propriété `ReadOnly`).

Les zones d'édition sont des objets de la classe `TextBox`. Nous ne présenterons que les propriétés propres aux zones d'édition.

Depuis la version 2005, il est possible de créer des zones d'édition (*autocompletion text boxes* en anglais) dont le contenu se complète automatiquement (propriétés dont le nom commence par `AutoComplete`).

Classe `TextBox`

`TextBox ← TextBoxBase ← Control ← Component`

Propriétés de la classe `TextBox`

`AcceptsReturn`	T/F	Indique si la touche ENTREE fait passer à la ligne dans une zone d'édition multilignes. Si `AcceptsReturn` vaut `false`, l'utilisateur doit frapper la combinaison CTRL+ENTREE pour provoquer un saut de ligne.
`AcceptsTab`	T/F	Indique si la touche TAB insère une tabulation dans une zone d'édition. Si `AcceptsTab` vaut `false`, l'utilisateur doit frapper la combinaison CTRL+TAB pour insérer un caractère de tabulation, la touche TAB donnant le *focus* à un autre contrôle de la fenêtre.
`AutoCompleteMode`	enum	Mode de complétude automatique : l'une des valeurs de l'énumération `AutoCompleteMode` :

	`None`	pas de complétude automatique,
	`Suggest`	affichage d'une boîte combo avec les noms suggérés,
	`Append`	affiche, en inverse vidéo, la chaîne la plus probable en fonction de ce qui a déjà été saisi dans la zone d'édition,
	`SuggestAppend`	combine les deux modes précédents.

La propriété `AutoCompleteSource` doit également être initialisée.

`AutoCompleteSource`	enum	Origine des chaînes de caractères suggérées. Il doit s'agir de l'une des valeurs de l'énumération `AutoCompleteSource` :

	`FileSystem`	fichiers les plus récemment utilisés,
	`HistoryList`	historique d'IE,
	`AllUrl`	tous les sites déjà visités,
	`CustomSources`	les chaînes candidates proviennent de la propriété `AutoCompleteCustomSource`.

Propriétés de la classe `TextBox` *(suite)*

AutoCompleteCustomSource	coll	Collection des chaînes de caractères suggérées.
BorderStyle	enum	Type de contour de la zone d'édition : encadré ou non. `BorderStyle` peut prendre l'une des valeurs suivantes de l'énumération `Border-Style` :

`None`	aucun contour,
`FixedSingle`	bordure formée d'une simple ligne,
`Fixed3D`	bordure avec effet de relief.

CharacterCasing	enum	Type de caractères que l'on peut taper dans la zone d'édition : minuscules seulement, majuscules seulement ou n'importe quel caractère. Les caractères non conformes sont automatiquement convertis. `CharacterCasing` peut prendre l'une des valeurs suivantes de l'énumération `CharacterCasing` :

`Lower`	minuscules seulement, nos minuscules accentuées étant autorisées et les majuscules étant automatiquement converties en minuscules,
`Normal`	n'importe quel caractère,
`Upper`	majuscules seulement, e étant automatiquement converti en E et é en É. Les chiffres et les caractères typographiques (/, +, etc.) sont acceptés.

HideSelection	T/F	Si du texte est sélectionné dans une zone d'édition, il est, par défaut, affiché sur un fond gris (cela dépend en fait de la couleur de fond de la zone d'édition). Si `HideSelection` vaut `false`, le fond de la partie sélectionnée reste gris (la zone sélectionnée reste donc bien visible) lorsque le *focus* d'entrée passe à un autre composant.
Lines	coll	Tableau de chaînes de caractères (`Lines` est de type `string[]`) contenant chacune des lignes d'une zone d'édition multilignes. Vous pouvez saisir le texte dès la conception du programme en cliquant le bouton, libellé de trois points de suspension, affiché à droite de la propriété.
MaxLength	int	Nombre maximal de caractères que l'utilisateur peut introduire dans la zone d'édition. Si `MaxLength` vaut `0`, il n'y a aucune limite.
Modified	T/F	Indique si l'utilisateur a modifié le contenu de la zone d'édition. Il s'agit d'une propriété accessible uniquement par programme en cours d'exécution.
Multiline	T/F	Indique s'il s'agit d'une zone d'édition multilignes.
PasswordChar	char	Caractère qui remplace (pour l'affichage uniquement) les caractères tapés au clavier. Cette propriété est donc utile pour les zones d'édition (d'une seule ligne uniquement) servant à l'introduction de mots de passe. `PasswordChar` peut contenir n'importe quelle lettre, y compris l'espace blanc (d'ailleurs préférable car il ne laisse pas deviner le nombre de caractères du mot de passe) : `zeMotDePasse.PasswordChar = ' ';` Pour que la zone d'édition redevienne normale : `zeMotDePasse.PasswordChar = (char)0;`

ReadOnly	T/F	Indique si la zone d'édition est protégée contre les modifications effectuées par l'utilisateur (cette restriction ne concerne que l'utilisateur). Par programme, il est toujours possible de modifier une zone d'édition, quelle que soit la valeur de sa propriété `ReadOnly`.
ScrollBars	enum	Indique quelles barres de défilement sont éventuellement affichées. `ScrollBars` peut prendre l'une des valeurs suivantes de l'énumération `ScrollBars` :

		None	aucune barre de défilement,
		Horizontal	barre horizontale (celle-ci n'est cependant pas affichée si la propriété `WordWrap` vaut `true`),
		Vertical	barre verticale,
		Both	les deux barres de défilement sont affichées.

SelectedText	str	Texte sélectionné dans la boîte d'édition (généralement en vue d'un couper-coller).
SelectionLength	int	Nombre de caractères sélectionnés. Propriété accessible en cours d'exécution uniquement.
SelectionStart	int	Indice du premier caractère sélectionné.
Text		Contenu de la zone d'édition.
TextAlign	enum	Cadrage du texte dans la zone d'affichage. `TextAlign` peut prendre l'une des valeurs suivantes de l'énumération `Horizontal-Alignment` :

		Center	texte centré,
		Left	texte cadré à gauche,
		Right	texte cadré à droite.

WordWrap	T/F	Indique s'il y a passage automatique à la ligne suivante quand le bord de droite de la zone d'édition est atteint (ne s'applique qu'aux zones multilignes). Sinon (si `WordWrap` vaut `false`), il y a défilement du texte.

Méthodes de la classe `TextBox`

`void AppendText(string s);`	Ajoute la chaîne `s` au contenu de la zone d'édition.
`void Clear();`	Vide le contenu de la zone d'édition.
`void ClearSelection();`	Vide la sélection (c'est-à-dire la partie de texte sélectionnée).
`void Copy();`	Copie la sélection dans le presse-papiers.
`void Cut();`	Vide la sélection et la copie dans le presse-papiers.
`void Paste();`	Remplit la zone d'édition avec le contenu du presse-papiers.
`void Undo();`	Annule la dernière opération effectuée dans le presse-papiers.

17.3.2 Associer un raccourci clavier à une zone d'édition

En étudiant les zones d'affichage au début de ce chapitre, nous avons vu comment une combinaison de touches (par exemple ALT+A), associée à une zone d'affichage, peut donner le *focus* à une zone d'édition (faire suivre la zone d'affichage et la zone d'édition dans l'ordre des tabulations).

17.3.3 Initialiser et lire le contenu d'une zone d'édition

Pour initialiser dynamiquement le contenu de la zone d'édition zeNom, il suffit d'écrire :

```
zeNom.Text = "Nabuchodonosor";
```

Comme la zone d'édition (plus précisément la fonction associée à la propriété Text) prend une copie de la chaîne (Nabuchodonosor dans notre cas), celle-ci peut être libérée aussitôt.

Pour lire le contenu d'une zone d'édition (celle dont le nom interne est zeNom), il suffit d'écrire :

```
string s = zeNom.Text;
```

Pour vider le contenu d'une zone d'édition, écrivez :

```
zeNom.Text = "";
```

ou

```
zeNom.Clear();
```

Pour lire le contenu d'une zone multiligne (propriété Multiline à true et ENTREE pour passer à la ligne dans la zone d'édition) :

```
string[] ts = ze.Lines;
foreach (string s in ts)
{
    .....            // s contient une ligne
}
```

ou

```
for (int i=0; i<ze.Lines.Length; i++)
{
    .....            // ze.Lines[i] fait référence à la i-ième ligne
}
```

17.3.4 Convertir une chaîne de caractères en un nombre

Nous avons vu cela à la section 3.5 (méthode Parse) :

```
int n = Int32.Parse(zeN.Text);
```

Pour s'assurer que la zone d'édition contient bien une valeur numérique (ici un nombre réel avec la virgule comme séparateur de décimales, comme c'est le cas dans nos contrées) :

```
double d;
try {d = Double.Parse(zeN.Text);}
catch (Exception exc)
{
 .....              // signaler à l'utilisateur que le nombre n'est pas correct
}
```

17.4 Les zones d'édition avec masque de saisie

Les MaskedTextBox sont des zones d'édition avec masque de saisie. Cliquez sur le smartag pour faire apparaître une zone d'édition :

Figure 17-3

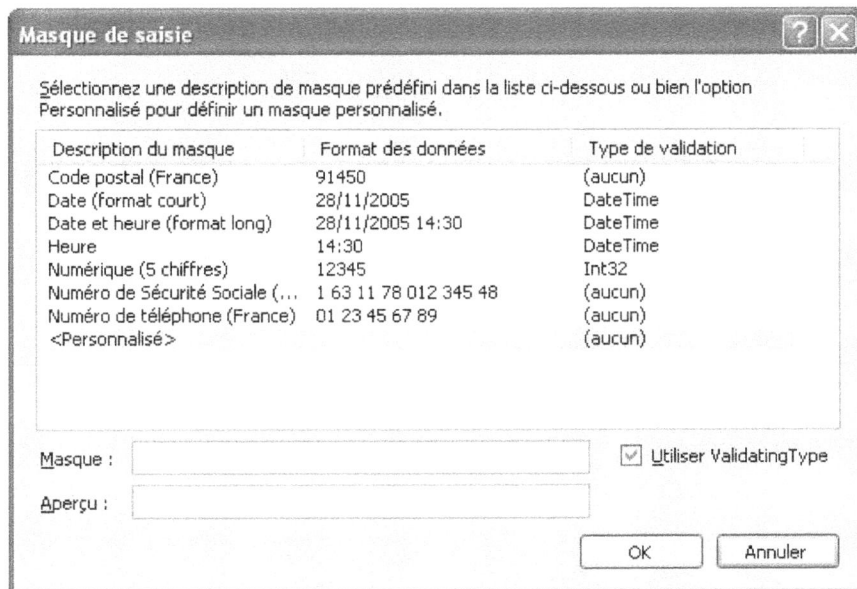

Si plusieurs masques de saisie sont proposés, il est aussi possible de créer ses propres masques (propriété Mask). Chaque lettre du masque correspond à un caractère susceptible d'être saisi à cet emplacement. Les différents caractères de contrôle du masque sont :

Caractères de contrôle d'un masque de saisie	
0	Chiffre obligatoire.
9	Chiffre optionnel.
A	Caractère alphanumérique requis (lettre ou chiffre).
a	Caractère alphanumérique optionnel.
&	Caractère Unicode requis (lettre, chiffre ou symbole).
C	Caractère Unicode optionnel.
#	Chiffre, espace, moins ou plus optionnels.
L	Lettre requise (a-z, A-Z ainsi que nos lettres accentuées).
?	Lettre optionnelle.
.	Séparateur de décimales.
,	Séparateur de milliers.
$	Symbole monétaire.
:	Séparateur heures, minutes et secondes.
/	Séparateur dans les dates.
>	Force la majuscule du caractère (a devant A et é devant É).
<	Force la minuscule.

Tous les autres caractères (*literals* en anglais) sont repris tels quels dans la zone d'édition.

Les caractères qui doivent être saisis par l'utilisateur sont, par défaut, représentés par le caractère _ de soulignement. Ce caractère est aussi appelé « caractère d'invite ». Il peut être changé par la propriété PromptChar.

Si le masque de saisie est 990, l'utilisateur pourra entrer un, deux ou trois chiffres mais rien d'autre.

Propriétés de la classe MaskedTextBox		
MaskedTextBox ← TextBoxBase ← Control ← Component		
BeepOnError	T/F	Indique si un signal sonore (*beep* en anglais) doit être émis quand l'utilisateur tape un caractère erroné.
CutCopyMaskFormat	enum	Indique si les caractères fixes (*literals* en anglais) et les caractères d'invite doivent être transmis lors d'une opération avec le presse-papiers. L'une des valeurs de l'énumération MaskFormat : ExcludePromptAndLiterals, IncludeLiterals, IncludePrompt et IncludePromptAndLiterals.
HidePromptOnLeave	T/F	Indique si les caractères d'invite sont encore affichés quand la zone d'édition perd le *focus* d'entrée.

| MaskCompleted | T/F | Propriété run-time qui indique si le masque a été complètement rempli. |
| TextMaskFormat | enum | L'une des valeurs de l'énumération MaskFormat. Indique si les caractères de contrôle (par exemple pour une date) doivent êre repris dans la propriété Text. |

17.5 Les contrôles Up and down

Les contrôles *Up and down* associent de petites flèches à une zone d'édition incorporée dans le composant lui-même. En cliquant sur l'une des flèches (qui sont placées l'une au-dessus de l'autre), on incrémente ou décrémente la valeur affichée dans la partie zone d'édition. Cette dernière peut contenir des nombres éventuellement décimaux (cas du composant NumericUpDown) ou du texte (cas du composant DomainUpDown, qui présente de nombreuses similitudes avec une boîte combo). Les classes NumericUpDown et DomainUpDown sont dérivées d'une même classe abstraite de base, UpDownBase.

Les principales propriétés de la classe NumericUpDown sont :

- Minimum et Maximum dans lesquelles on spécifie les valeurs limites ;

- Increment pour la valeur d'incrémentation : il peut s'agir d'une valeur décimale (par exemple 0,1) mais ne pas oublier alors d'utiliser le séparateur de décimales (la virgule par défaut chez nous) et d'initialiser la propriété DecimalPlaces (elle vaut zéro par défaut) ;

- Value pour le contenu. Value est de type decimal et un *casting* peut être nécessaire pour le convertir en un int ou un double. Sauf si la propriété ReadOnly vaut true, une valeur peut être directement saisie dans la partie zone d'édition du contrôle.

Présentons ces deux classes en nous limitant aux propriétés et méthodes qui leur sont vraiment propres.

Classe NumericUpDown

NumericUpDown ← UpDownBase ← ContainerControl ← ScrollableControl ← Control ← ..... ← Object

Propriétés de la classe NumericUpDown

DecimalPlaces	int	Nombre de décimales (zéro par défaut). Si vous devez proposer des valeurs réelles à l'utilisateur, n'oubliez pas d'initialiser cette propriété.
Hexadecimal	T/F	Indique si la partie zone d'édition affiche des valeurs hexadécimales.
Increment	decimal	Valeur d'incrémentation ou de décrémentation (valeur utilisée chaque fois que l'utilisateur clique sur l'une des flèches).
InterceptArrowKeys	T/F	Indique si les touches de direction ↑ et ↓ peuvent être utilisées pour modifier le contenu de la partie zone d'édition.
Maximum	int	Valeur maximale (100 par défaut).
Minimum	int	Valeur minimale (0 par défaut).
ReadOnly	T/F	Indique si la partie zone d'édition peut être directement modifiée à partir du clavier.

Propriétés de la classe NumericUpDown *(suite)*

ThousandsSeparator	T/F	Indique si le séparateur des milliers doit être affiché. Celui-ci est un paramètre de configuration de Windows (par défaut, l'espace blanc chez nous).
UpDownAlign	enum	Position des flèches par rapport à la partie zone d'édition. UpDownAlign peut prendre l'une des valeurs suivantes de l'énumération LeftRight-Alignment : Left ou Right.
Value	decimal	Contenu de la partie zone d'édition.

Méthodes de la classe NumericUpDown

void DownButton();	Simule un clic sur la flèche vers le bas.
void UpButton();	Simule un clic sur la flèche vers le haut.

À l'exception de ValueChanged, les événements adressés au contrôle NumericUpDown présentent peu d'intérêt.

Traitement d'événements liés aux contrôles NumericUpDown

ValueChanged	L'utilisateur a cliqué sur l'une des flèches ou la valeur a été directement modifiée à partir du clavier. La méthode associée à cet événement a pour prototype (xyz désignant le nom interne du composant) : `void xyz_ValueChanged(object sender, System.EventArgs e)`

La classe DomainUpDown permet de sélectionner une chaîne de caractères (par exemple un département ou un pays de l'Union Européenne).

Classe DomainUpDown

DomainUpDown ← UpDownBase ← ContainerControl ← ScrollableControl ← Control ← ..... ← Object

Propriétés de la classe DomainUpDown

InterceptArrowKeys	T/F	Indique si les touches de direction ↑ et ↓ peuvent être utilisées pour modifier le contenu de la partie zone d'édition. Vous pouvez laisser la touche enfoncée pour modifier la valeur. Avec la souris, la zone Up&Down doit avoir reçu le *focus* d'entrée (par exemple par un clic sur la partie d'affichage numérique) pour que le bouton de la souris puisse rester enfoncé tout en ayant de l'effet.
Items	coll	Collection des articles présentés. Un double-clic sur les trois points de suspension provoque l'affichage d'une boîte d'édition pour les articles à afficher dans le contrôle DomainUpDown.
ReadOnly	T/F	Indique si la partie zone d'édition peut être modifiée.
SelectedIndex	int	Numéro de l'article sélectionné (-1 si l'article a été spécifié directement à partir du clavier ou n'a pas encore été présélectionné par l'utilisateur).
Sorted	T/F	Indique si les articles sont triés.
Text	str	Libellé de l'article sélectionné.

| UpDownAlign | enum | Position des flèches par rapport à la partie zone d'édition. UpDownAlign peut prendre l'une des valeurs suivantes de l'énumération LeftRightAlignment : Left ou Right. |
| Wrap | T/F | Indique s'il y a passage automatique de la dernière valeur à la première (et inversement). |

Méthodes de la classe NumericUpDown

| void DownButton(); | Simule un clic sur la flèche vers le bas. |
| void UpButton(); | Simule un clic sur la flèche vers le haut. |

L'événement SelectedItemChanged est signalé chaque fois que la sélection change dans le contrôle.

Pour vider le contrôle de ses libellés, en ajouter d'autres et présélectionner le premier pays, on écrit (udPays étant le nom interne du contrôle DomainUpDown) :

```
udPays.Items.Clear();
udPays.Items.Add("France");
udPays.Items.Add("Allemagne");
udPays.Items.Add("Italie");
udPays.SelectedIndex = 0;
```

ou encore :

```
udPays.Items.Clear();
udPays.Items.All = new string[] {"France", "Allemagne", "Italie"};
udPays.SelectedIndex = 0;
```

Pour copier dans s le libellé de l'article sélectionné :

```
string s = udPays.Text;
```

Programmes d'accompagnement

CalculAge Sélection d'une date et d'une heure de naissance. Le programme affiche le jour correspondant de la semaine ainsi que l'âge (années, mois, jours et heures), le nombre de jours vécus, le nombre d'heures vécues et le nombre de minutes vécues. Voir la figure 17-4.

Figure 17-4

Programmes d'accompagnement *(suite)*

Presse-
papiers

Affiche l'image ou le texte contenus dans le presse-papiers. Les articles Couper, Coller et Copier du menu sont grisés quand ils n'ont aucun effet. Le programme informe l'utilisateur aussitôt qu'un élément (texte ou image) est inséré dans le presse-papiers (traitement du message WM_DRAWCLIPBOARD). Voir la figure 17-5.

Figure 17-5

18

Barres de menu, d'état et de boutons

Dans ce chapitre, nous allons apprendre à créer et à manipuler :

- le menu de l'application (*menu strip* en anglais) ;
- le menu contextuel (*context menu strip* en anglais) ;
- une liste d'images, en préparation de la barre de boutons (*tool strip container* en anglais) ;
- la barre de boutons (*tool strip* en anglais) ;
- la barre d'état (*status strip* en anglais).

La plupart de ces composants ont été considérablement revus en version 2, ce qui les rend à la fois plus élaborés et plus simples à utiliser.

Figure 18-1

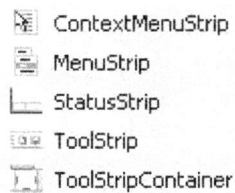

ContextMenuStrip

MenuStrip

StatusStrip

ToolStrip

ToolStripContainer

18.1 Le menu

18.1.1 Construire un menu

Créer le menu de l'application est l'enfance de l'art :

- Cliquez sur l'icône MenuStrip dans la boîte à outils (catégorie Menu et barres d'outils).

- Cliquez dans la fenêtre de développement.

- Un objet de la classe MenuStrip est créé. Par défaut, il s'appelle menuStrip1 (propriété Name). Une ébauche de menu s'affiche dans la fenêtre de développement (voir figure 18-2). À tout moment, Visual Studio est prêt à créer des articles à gauche et au-dessous de l'article courant. Il suffit de compléter les cases qui s'ajoutent au fur et à mesure que le menu se construit (cliquez sur Tapez ici et confirmez la création d'un article de menu par ENTREE). Pour déplacer un article, procédez par glisser-déposer. Pour placer une ligne de séparation, signalez – (tiret) comme seule lettre de libellé (également possible : clic droit sur un article → Insérer → Séparateur, le séparateur étant alors inséré devant l'article).

Figure 18-2

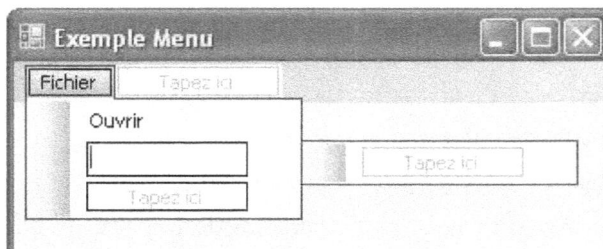

Il est possible d'ajouter (clic droit sur un article → Insérer) une zone d'édition ou une boîte combo dans le menu, mais comme cela ne se rencontre pratiquement jamais dans un menu, nous réserverons ces opérations pour les barres d'outils et d'état.

18.1.2 Les classes de menu et d'articles

Le menu lui-même est un objet de la classe MenuStrip tandis que les articles sont des objets de la classe ToolStripMenuItem (et ToolStripSeparator pour un séparateur). La classe MenuStrip, ainsi que les classes ContextMenuStrip et StatusStrip dont il sera question dans ce chapitre, sont dérivées de la classe ToolStrip. Ceci est normal car il y a beaucoup de points communs entre le menu et les différentes barres. La classe MenuStrip agit comme conteneur pour des articles (objets ToolStripMenuItem).

Pour faire apparaître les propriétés d'un article : clic droit sur l'article → Propriétés. Empressez-vous de modifier son nom interne (propriété Name) pour que le programme reste lisible (par exemple miFichier pour l'article Fichier plutôt que fichierToolStripMenuItem1 proposé par défaut). Une technique simple pour modifier tous les noms internes et d'autres caractéristiques d'articles : clic droit sur une partie inoccupée de la barre de menu → Modifier les éléments.

Nous savons que la barre de menus est un objet de la classe MenuStrip. La propriété MainMenuStrip de la fenêtre donne accès à la barre de menus. Vous pouvez changer la couleur de fond (BackColor) et la police d'affichage des articles (Font). MainMenu-Strip.Items donne accès aux articles de niveau supérieur (ceux qui sont toujours affichés).

Pour chaque article (de niveau supérieur ou non), modifiez éventuellement ses propriétés.

Propriétés de la classe ToolStripMenuItem

ToolStripMenuItem ← ToolStripDropDownItem ← ToolStripItem ← Component

Checked	T/F	Indique que l'article est coché (coche en forme d'oiseau en vol).
Enabled	T/F	Indique que l'article est activable (cliquer dessus déclenche une action).
Image		Image associée à l'article et affichée à gauche du libellé.
DropDownItems	coll	Collection des articles du sous-menu de cet article.
ShortcutKeys	Shortcut	Touche de raccourci (encore appelée d'accélération) pour l'article (pour le raccourci ALT+une lettre du libellé, voir la propriété Text). ShortcutKeys peut prendre l'une des valeurs suivantes de l'énumération Keys (signification évidente d'après le nom de la touche de fonction ou le nom du raccourci) :

```
F1 à F12                          ShiftF1 à ShiftF12
CtrlF1 à CtrlF12                  AltF1 à AltF12
CtrlShiftF1 à CtrlShiftF12
CtrlA à CtrlZ
CtrlShiftA à CtrlShiftZ
ShiftIns                          ShiftDel
Ins                              Del
CtrlIns                          CtrlDel
AltBksp
```

ShowShortcutKeys	T/F	Indique si le libellé de l'article doit mentionner la touche ou combinaison de raccourci (à droite dans le libellé, avec justification à droite). L'affichage de la touche de raccourci est alors automatique.
Text	str	Libellé de l'article. Dans ce libellé, vous pouvez préfixer une lettre du caractère & pour que la combinaison ALT+cette lettre joue le rôle d'accélérateur.
Visible	T/F	Indique si l'article est visible.

Vous pouvez modifier le look du menu en jouant sur la propriété RenderMode. Par défaut, ce mode est ManagerRenderMode, le mode System étant plus sobre (trop même au goût de certains).

Pour générer la fonction de traitement d'un article du menu, il suffit d'un double-clic sur l'article dans la fenêtre de développement. Ou bien passez par les propriétés de l'article et accédez à ses événements (ici l'événement Click).

18.1.3 Modification de menu par programme

La propriété Items de la barre de menu donne accès aux articles de niveau supérieur, ceux qui sont toujours affichés. La propriété DropDownItems d'un article permet d'accéder à ses sous-articles.

Des articles peuvent être ajoutés en cours d'exécution de programme. Commencez par ajouter dans le programme une fonction de traitement, ou utilisez une fonction déjà créée, ou utilisez la technique des fonctions anonymes. Par exemple (ici, ajout d'un article à la fin du sous-menu Fichier) :

```
private void mi_Click(object sender, EventArgs e)
{
 .....
}
```

Pour ajouter, par programme, l'article Fermer en fin de menu Fichier (article de la barre de menu avec miFichier comme nom interne) et faire traiter cet article Fermer par la fonction mi_Click, il suffit d'écrire (le deuxième argument se rapporte à l'image associée à l'article, inexistante ici, d'où la valeur null) :

```
ToolStripMenuItem mi = new ToolStripMenuItem("Fermer", null, mi_Click);
miFichier.DropDownItems.Add(mi);
```

Dans cette fonction mi_Click, on détecte l'origine du clic (détection indispensable si une même fonction de traitement est associée à plusieurs articles) en écrivant (on aurait pu tester les noms internes ou les Tag, ce qui est d'ailleurs nécessaire quand les libellés s'adaptent à la langue de l'utilisateur) :

```
ToolStripMenuItem m = (ToolStripMenuItem)sender;
if (m.Text == "Fermer") .....
```

On aurait aussi pu écrire (en version 2 de .NET uniquement), sans devoir écrire explicitement la fonction de traitement (..... désignant les instructions à exécuter en réponse à un clic sur l'article Fermer) :

```
ToolStripMenuItem m = new ToolStripMenuItem("Fermer");
m.Click += delegate { .....};
```

Pour insérer l'article Fermer en première position dans le sous-menu Fichier :

```
miFichier.DropDownItems.Insert(0, m);
```

Pour modifier dynamiquement l'image associée à l'article miOuvrir (imgList désignant un composant Image, voir la section 18.2, contenant plusieurs images, la deuxième étant maintenant associée à miOuvrir) :

```
miOuvrir.Image = imgList.Images[1];
```

Il pourrait également s'agir d'une image incorporée en ressource dans le programme (voir la section 13.2).

Tout un menu peut être supprimé. Différentes techniques sont possibles pour cela :

```
MainMenuStrip.Dispose();          // la barre de menu disparaît
```

ou

```
MainMenuStrip.Items.Clear();
```

Avec la seconde solution, la barre de menus reste, mais les articles disparaissent.

Un menu peut être remplacé par un autre. Il suffit pour cela de créer différents MenuStrip (les différentes bandes de menus s'empilent alors dans la fenêtre de développement) et de jouer sur leur propriété Visible pour faire apparaître un menu plutôt qu'un autre.

18.1.4 Les événements liés au menu

L'événement DropDownOpening est signalé juste avant l'affichage d'un menu. Il vous donne l'occasion de griser des articles si ceux-ci, à ce moment, ne peuvent être invoqués. Pour griser l'article Coller (parce que rien n'est disponible dans le presse-papiers à ce moment), il suffit de :

- traiter l'événement DropDownOpening pour l'article de niveau supérieur (généralement l'article Edition dans la barre de menu) ;

- vérifier si le Presse-papiers contient du texte ou une image, en effectuant respective-ment les tests (res prend la valeur true si du texte ou une image est présent dans le presse-papiers, voir l'exemple du chapitre 17) :

```
bool res = Clipboard.GetDataObject().GetDataPresent("Text", true)
```

ou

```
res = Clipboard.GetDataObject().GetDataPresent("Bitmap", true)
```

- modifier la propriété Enabled en conséquence (pour tester le programme, exécutez Clipboard.Clear() afin de vider le presse-papiers) :

```
mnuColler.Enabled = res;
```

18.1.5 Les menus contextuels

Un menu contextuel a toutes les caractéristiques d'un menu : il est créé et traité comme un menu de la barre de menu mais peut être affiché n'importe où dans la fenêtre, généra-lement en réponse à un clic droit.

Un menu contextuel est un objet de la classe ContextMenuStrip. À partir de la boîte à outils, vous déposez l'icône ContextMenuStrip dans la fenêtre. L'icône de menu contextuel est affichée sous la fenêtre de développement, comme l'icône de menu.

Lorsque l'icône de menu contextuel est sélectionnée, le menu contextuel apparaît dans la fenêtre de développement, à l'emplacement du menu traditionnel (ce n'est pas le cas en cours d'exécution de programme). Modifiez les propriétés du menu contextuel (surtout sa propriété Name de manière à rendre le programme plus lisible), ajoutez des articles et des fonctions de traitement, exactement comme nous venons de le faire pour un menu traditionnel.

Si `ctxtmnuRéserver` est le nom interne d'un menu contextuel, on affiche celui-ci au point (X, Y) de la fenêtre en exécutant :

```
ctxtmnuRéserver.Show(this, new Point(X, Y));
```

La touche d'échappement mais aussi tout clic en dehors du menu contextuel fait disparaître celui-ci. Tout clic sur un article du menu contextuel fait exécuter la fonction de traitement associée à cet article.

L'événement `Opening` est signalé juste avant l'affichage du menu contextuel. Traiter cet événement présente peu d'intérêt car les modifications dans le menu contextuel pouvaient être effectuées avant d'exécuter `Show`.

Il est possible de créer entièrement et dynamiquement un menu contextuel, juste avant l'affichage (par exemple dans la fonction qui traite le clic droit) :

```
ContextMenuStrip ctxMenu = new ContextMenuStrip();
ctxMenu.Items.Add("Garder", null, onGarder);
ctxMenu.Items.Add("Eliminer", null, onEliminer);
ctxMenu.Show(this, new Point(e.X, e.Y));
.....
private void onGarder(object sender, EventArgs e) { ..... }
private void onEliminer(object sender, EventArgs e) { ..... }
```

On aurait aussi pu écrire, grâce aux fonctions anonymes :

```
ContextMenuStrip ctxMenu = new ContextMenuStrip();
ToolStripMenuItem cmi = new ToolStripMenuItem("Garder");
cmi.Click += delegate { ..... };
ctxMenu.Items.Add(cmi);
cmi = new ToolStripMenuItem("Eliminer");
cmi.Click += delegate { ..... };
ctxMenu.Items.Add(cmi);
ctxMenu.Show(this, new Point(e.X, e.Y));
```

les ..... étant évidemment à remplacer par les instructions qui traitent respectivement les articles `Garder` et `Eliminer`.

18.2 Les listes d'images

En préparation de la barre de boutons (constituée d'une série d'icônes, mais pas uniquement), il faut créer une liste d'images, toutes de même taille. Une liste d'images permet aussi de regrouper plusieurs images ayant un rapport entre elles. Les différentes images d'une liste d'images sont généralement affichées à la même taille, quelle que soit leur taille d'origine.

Une liste d'images (composant `ImageList`) contient essentiellement la propriété `Images` qui correspond à une collection d'images. Un clic sur les trois points de suspension amène à l'avant-plan l'éditeur de collection d'images. Pour ajouter une image dans la collection, il suffit de cliquer sur le bouton d'ajout et de sélectionner (dans la boîte de sélection de fichier) un fichier d'extension JPEG, ICO, GIF, BMP et PNG. Pour modifier l'ordre des images, on sélectionne (dans la partie gauche de l'éditeur) l'image à déplacer, et on clique sur les flèches vers le haut et vers le bas (voir figure 18-3) :

Figure 18-3

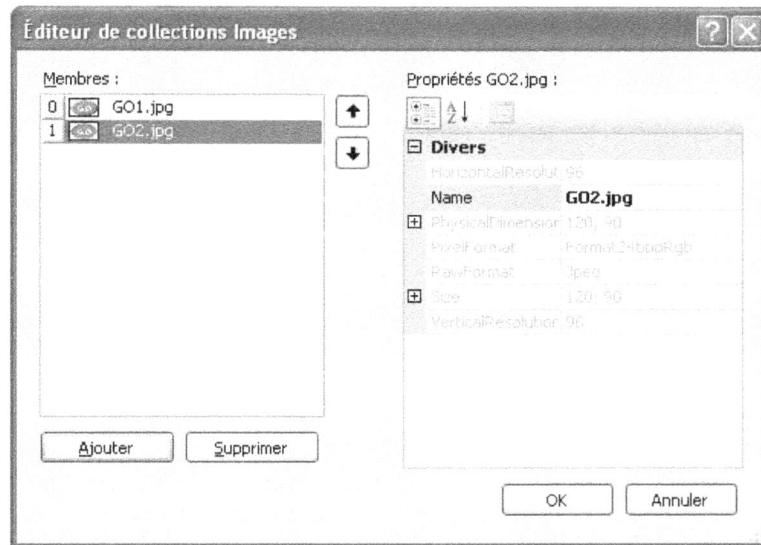

Les propriétés de la classe ImageList sont peu nombreuses. La méthode Draw ne doit pas être utilisée dans le cas des boutons de commande (l'affichage de l'image est alors automatique) mais nous présenterons néanmoins ici les différentes variantes de Draw (voir le chapitre 13 consacré au GDI+).

Classe ImageList

ImageList ← Component

Propriétés de la classe ImageList

ColorDepth	enum	Une des valeurs de l'énumération ColorDepth qui indique le nombre de couleurs dans l'image : Depth4Bit (image limitée à 16 couleurs), Depth8Bit (à 256 couleurs), Depth16Bit ou Depth32Bit. Il est important d'initialiser correctement ce champ dans le cas d'images avec zones transparentes.
Images	coll	Collection des images de la liste.
ImageSize	Size	Taille de chaque image (toutes les images de la collection doivent être de même taille). La taille des images introduites dans un ImageList est limitée à 255 x 255 pixels.
TransparentColor	Color	Couleur qui doit être traitée comme couleur de transparence. À l'emplacement des pixels de cette couleur, le fond de la fenêtre est préservé (initialiser correctement ColorDepth).

Méthodes de la classe `ImageList`

`void`
`Draw(Graphics, Point p,`
`    int n);`
	Dessine la n-ième image de la liste à partir du point p. L'affichage est réalisé dans l'objet (généralement une fenêtre mais il peut s'agir d'un contrôle) sur lequel porte le premier argument.

`void`
`Draw(Graphics,`
`    int x, int y, int n);`
	Même chose mais les coordonnées du coin supérieur gauche sont données en deux arguments entiers plutôt que dans un objet `Point`.

`void`
`Draw(Graphics,`
`    int x, int y,`
`    int w, int h,`
`    int n);`
	Même chose mais la largeur et la hauteur de la zone d'affichage sont spécifiées respectivement dans w et h.

On crée souvent une liste d'images pour préparer la création de la barre des boutons. Nous n'aurons pas besoin des méthodes de la classe `ImageList` dans ce travail de préparation. Nous utiliserons cependant ces méthodes pour d'autres préparations que celle de la barre des boutons.

18.3 La barre d'outils

Une barre d'outils reprend en général, mais sous forme visuelle, les principaux articles du menu. Cette barre est en général accolée au bord supérieur de la fenêtre mais elle peut être accolée à n'importe quel bord ou même être rendue flottante. Il n'est pas rare qu'elle contienne des zones d'édition, des boîtes combo ou d'autres contrôles.

Après avoir amené le composant `ToolStrip`, la barre d'outils (ici encore vide, voir figure 18-4) est préfigurée dans la fenêtre de développement (ici dans la partie supérieure de la fenêtre, sous l'éventuel menu).

Si la barre d'outils se retrouve au-dessus de la barre de menu et que vous désirez changer cela : clic droit sur la barre de menu → `Mettre en arrière-plan`.

Figure 18-4

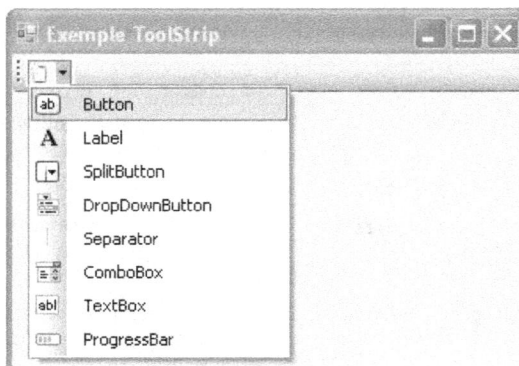

Dans la barre d'outils, il est possible de placer des boutons (Button, SplitButton ou DropDownButton), des étiquettes (Label), des boîtes combo, des zones d'édition et des barres de progression. Mais on peut aussi placer, par programme, n'importe quel composant.

Pour placer un composant entre deux autres déjà placés dans la barre d'outils : clic sur l'icône de droite dans la barre d'outils. Pour déplacer un composant : opération de glisser-déposer (ou passez par l'éditeur de la propriété Items). Pour supprimer ou insérer : clic droit sur le composant. Ce clic droit a d'autres possibilités, comme l'ajout d'une image à un bouton.

Remplir une barre d'outils est plus simple à faire qu'à expliquer. À chaque composant de la barre, donnez un nom interne significatif. Chaque composant de la barre d'outils est alors utilisé comme un composant normal, tant en phase de développement qu'en cours d'exécution.

18.3.1 Les différents types de boutons dans une barre d'outils

Un ToolStripButton (petit bouton avec image) est généralement affiché sans texte mais avec une bulle d'aide. Un libellé peut néanmoins être associé au bouton (voir les propriétés DisplayStyle, Text, TextAlign, TextDirection et TextImageRelation).

Les ToolStripSplitButton et ToolStripDownButton sont assez semblables : bouton avec flèche à droite pour faire apparaître un sous-menu. Dans le cas d'un SplitButton, il faut cliquer sur la flèche pour faire apparaître le sous-menu. Dans le cas d'un DropDownButton, on peut cliquer sur l'image ou sur la flèche pour faire apparaître le sous-menu. Dans les deux cas, le sous-menu se complète comme un menu (propriété DropDownItems).

18.3.2 Les autres types de composants dans une barre d'outils

Les ToolStripLabel permettent d'afficher du texte ou de séparer divers éléments de la barre (laisser dans ce cas des espaces blancs dans la propriété Text, l'espace laissé libre étant proportionnel au nombre de caractères blancs dans Text). Ce composant peut jouer le rôle de lien (faire passer à true la propriété IsLink et traiter l'événement Click) ou contenir une image qui peut être modifiée en cours d'exécution de programme (propriété Image).

Les ToolStripTextBox, ToolStripComboBox et ToolStripProgressBar ne demandent aucune explication complémentaire par rapport aux zones d'édition, zones d'affichage et barres de progression.

La boîte de dialogue Editeur de collections (smartag → Modifier les éléments) vous permet de spécifier les caractéristiques de chaque élément sans même devoir passer par la fenêtre des propriétés. Associez un nom interne à chaque élément, spécifiez ses caractéristiques (notamment type de bouton et numéro d'image dans la liste des images, voir figure 18-5).

Figure 18-5

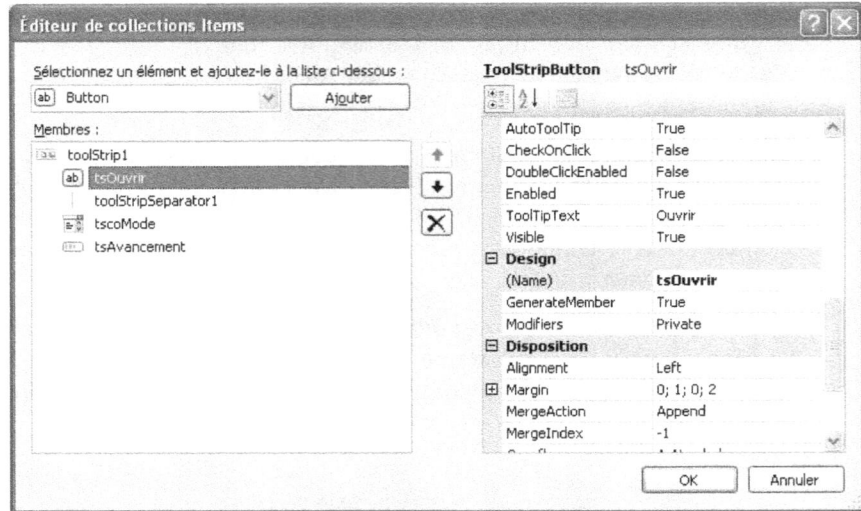

Présentons les rares propriétés propres à la barre d'outils (clic droit en un emplacement libre de la barre d'outils → Propriétés). Il s'agit ici de la barre d'outils dans son ensemble et non des composants individuels. N'insistons pas sur BackColor, BackgroundColor et BackgroundImageLayout, maintenant bien connus. Le mode System de RenderMode donne un aspect plus sobre. C'est la propriété Items qui est la plus importante car elle donne la collection des éléments de la barre.

N'importe quel composant peut être placé dans une barre d'outils, à condition de passer par un objet ToolStripControlHost. Ainsi, pour insérer une case à cocher dans la barre d'outils (instructions à placer dans la fonction traitant l'événement Load) :

```
ToolStripControlHost ch;
.....
void Form1_Load(object sender, EventArgs e)
{
 CheckBox cb = new CheckBox();
 cb.Text = "xyz"; cb.BackColor = Color.Transparent;
 ch = new ToolStripControlHost(cb);
 toolStrip1.Items.Add(ch);
}
```

Pour retrouver l'état de la case :

```
CheckBox c = (CheckBox)ch.Control;
bool bEtat = c.Checked;
```

Autre exemple : voyons comment insérer une animation dans la partie droite de la barre, comme le font notamment Internet Explorer, Netscape Navigator et FireFox, durant les temps de chargement, plus ou moins longs. Il faut d'abord créer les différentes figures de l'animation avec un logiciel approprié. Ces différentes images fixes seront affichées à intervalles rapprochés, comme on le fait dans toute animation. Ces images sont insérées dans une liste d'images.

Soit `imgCube` le composant `ImageList`. Chargez dans `imgCube` les différentes images (ici quatre) de l'animation (cube en rotation). Adaptez la taille de chaque image (propriété `Size`) à la hauteur de la barre (25 pixels par défaut). Écrire (`tb` désignant la barre d'outils) :

```
int H = tb.Height;
imgCube.ImageSize = new Size(H, H);
.
```

Créons maintenant un `PictureBox` et accrochons-le dans le `ToolStripControlHost` (toujours dans la fonction traitant l'événement `Load`) :

```
PictureBox pbCube;
.....
void Form1_Load(object sender, EventArgs e)
{
 pbCube = new PictureBox();
 pbCube.Image = imgCube.Images[0];
 ToolStripControlHost ch = new ToolStripControlHost(pbCube);
 ch.Alignment = ToolStripItemAlignment.Right;
 tb.Items.Add(ch);
}
```

On génère un contrôle `Timer`, on fait passer sa propriété `Enable` à `true` et sa propriété `Interval` à `200` (ce qui donnera cinq images par seconde, ce qui est bien suffisant ici). Dans la fonction traitant l'événement `Tick` du `Timer`, on écrit :

```
int nImage=0;
private void timer1_Tick(object sender, System.EventArgs e)
{
 pbCube.Image = imgCube.Images[nImage];
 nImage++; if (nImage>3) nImage = 0;
}
```

18.4 La barre d'état

Une barre d'état (composant `StatusStrip`) est créée de manière semblable. Inutile donc de le répéter.

19. La barre d'état (encore vide de compartiments dans la figure 18-6) est préfigurée dans la fenêtre de développement.

Figure 18-6

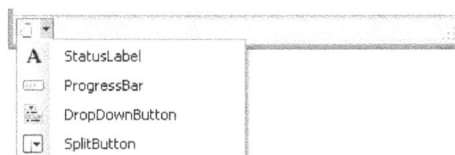

Cliquez sur la barre d'état (pour la sélectionner), puis sur la flèche vers le bas dans la première icône pour créer, dans la barre d'état, des étiquettes (StatusLabel, qui peut être une zone d'affichage, une image ou un lien), une barre de progression (ProgressBar) ou un bouton (DropDownButton ou SplitButton). Pensez à donner des noms significatifs aux noms internes (propriété Name).

Dans le cas de zones d'affichage, modifiez BorderStyle avec ses valeurs de l'énumération Border3DStyle : Flat (aucun relief), Raised (ressort de l'écran), Sunken (rentre dans l'écran), Etched (rainure) et quelques variantes. Ces valeurs n'ont cependant d'effet que si BorderSides vaut All (ce sont effectivement les bords qui donnent l'effet de relief). En général, le dernier compartiment est de type Spring, ce qui lui permet d'occuper tout l'espace restant dans la barre d'état.

Pour afficher l'heure dans le compartiment (StatusLabel) dont le nom interne est stHeure :

```
stHeure.Text = DateTime.Now.ToLongTimeString();
```

ou encore (st désignant la barre d'état) :

```
st.Items["stHeure"].Text = DateTime.Now.ToLongTimeString();
```

Items peut en effet être indexé sur une position ou sur un nom interne de contrôle dans la barre d'état.

Programmes d'accompagnement

MenuGraphique	Affichage d'un menu dont les articles sont des images.	

Figure 18-7

BarreBoutons	Barre de boutons avec animation dans un bouton toujours cadré à droite (cube dont chaque face représente le logo des éditions Eyrolles et qui est en rotation permanente). Un menu déroulant ainsi qu'une boîte combo sont également insérés dans la barre des boutons.	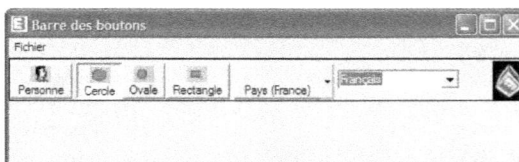

Figure 18-8

BarreEtat

Barre d'état avec affichage permanent de l'heure, affichage permanent de la position de la souris et affichage graphique dans un compartiment pour signaler la position du curseur (au-dessus de l'un des rectangles de couleur).

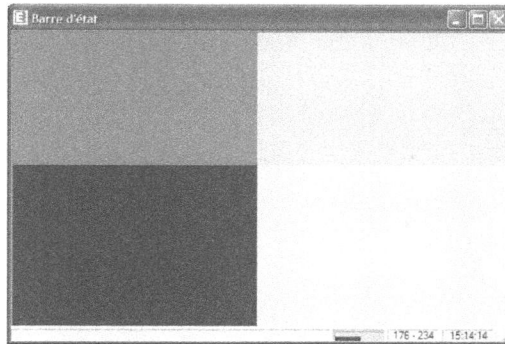

Figure 18-9

Boîtes de dialogue
et fenêtres spéciales

19.1 La classe MessageBox

La classe MessageBox, bien que ne comprenant qu'une seule fonction utile (sa fonction statique Show) permet d'afficher une boîte de dialogue simple mais limitée pour signaler un problème ou demander confirmation à l'utilisateur. Par exemple (voir figure 19-1) :

Figure 19-1

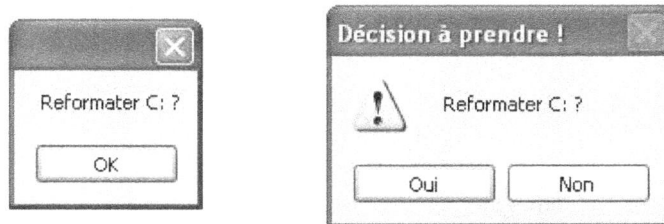

Méthode statique Show de la classe `MessageBox`

`DialogResult Show(string s);`	La boîte de message est limitée au seul bouton `OK`. La barre de titre est laissée vide mais la chaîne `s` est affichée dans la boîte de dialogue. La valeur de retour est toujours `DialogResult.OK` (un seul bouton affiché), même si l'utilisateur frappe la touche ECHAP. Cette valeur de retour n'a donc aucune signification. N'utilisez donc pas une telle boîte de dialogue si vous laissez un choix à l'utilisateur.
`DialogResult Show(string s, string t);`	Même chose, sauf que `t` est affiché dans la barre de titre de la boîte de message.
`DialogResult Show(string s, string t, MessageBoxButtons);`	Même chose mais un ou plusieurs boutons peuvent être affichés. Le troisième argument peut être l'une des valeurs suivantes de l'énumération `MessageBoxButtons` :

`AbortRetryIgnore`	Les boutons `Abandonner`, `Réessayer` et `Ignorer` sont affichés.
`OK`	Seul le bouton `OK` est affiché.
`OKCancel`	Les boutons `OK` et `Annuler` sont affichés.
`RetryCancel`	Les boutons `Réessayer` et `Annuler` sont affichés.
`YesNo`	Les boutons `Oui` et `Non` sont affichés.
`YesNoCancel`	Les boutons `Oui`, `Non` et `Annuler` sont affichés.

`DialogResult Show(string s, string t, MessageBoxButtons, MessageBoxIcon);`	Même chose mais une des icônes de l'énumération `MessageBoxIcon` est affichée : Asterisk, Error, Exclamation, Hand, Information, None, Question, Stop et Warning.
`DialogResult Show(string s, string t, MessageBoxButtons, MessageBoxIcon, MessageBoxDefaultButton);`	Même chose mais permet de spécifier lequel des boutons est le bouton par défaut (son contour est plus gras, ce qui le désigne comme la réponse la plus probable). Le dernier argument peut prendre l'une des trois valeurs de l'énumération `MessageBoxDefaultButton` : Button1, Button2 ou Button3.

La valeur renvoyée par `Show` indique le bouton utilisé pour quitter la boîte de message. Il peut s'agir d'une des valeurs suivantes de l'énumération `DialogResult` :

Valeurs de l'énumération `DialogResult`

`Abort`	Bouton Abandonner.	`Cancel`	Bouton Annuler ou touche ECHAP.
`Ignore`	Bouton Ignorer.	`No`	Bouton Non.
`OK`	Bouton OK.	`Retry`	Bouton Réessayer.
`Yes`	Bouton Oui.		

On écrit par exemple :

```
DialogResult r = MessageBox.Show("Reformater le disque ?");
                                 "Décision à prendre !",
                                 MessageBoxButtons.YesNo,
                                 MessageBoxIcon.Warning,
                                 MessageBoxDefaultButton.Button1);
    if (r == DialogResult.Yes) .....
```

19.2 Les boîtes de dialogue

Une boîte de dialogue ne désigne rien d'autre qu'une fenêtre affichée dans la fenêtre principale, généralement en réponse à un clic sur un bouton.

On distingue deux sortes de boîtes de dialogue. Une boîte de dialogue peut en effet être :

• modale : il est alors impossible de commuter sur une autre fenêtre de la même application mais il est possible de commuter sur une autre application (par un simple clic sur la fenêtre de cette application ou par la combinaison CTRL+ECHAP) ;

• non modale (*modeless* en anglais) : vous pouvez commuter à tout moment sur une autre fenêtre (y compris de la même application) et revenir plus tard à la boîte de dialogue.

Pour créer une boîte de dialogue : Explorateur de solutions → clic droit sur le nom du projet → Ajouter → Formulaire Windows. Choisissez un nom pour la boîte de dialogue, par exemple DiaDemo. La classe DiaDemo est alors automatiquement créée dans le fichier DiaDemo.cs.

Pour visualiser et remplir la boîte de dialogue avec des boutons, boîtes de liste, etc., sélectionnez DiaDemo en mode Concepteur de vues (Design si vous préférez).

Vous pouvez maintenant passer à la fenêtre des propriétés de la boîte de dialogue (touche F4) et modifier celles-ci comme pour la fenêtre principale. Généralement, on modifie la propriété BorderStyle et on lui assigne la valeur FixedDialog. On supprime aussi souvent les cases de la barre de titre (ControlBox, MinimizeBox et MaximizeBox).

Généralement, une boîte de dialogue comprend les boutons OK et Annuler (qui font quitter la boîte de dialogue) mais aussi n'importe quel autre composant. Pour ces deux boutons, modifiez les propriétés (les trois propriétés ci-après sont propres aux boutons d'une boîte de dialogue mais les autres propriétés des boutons, voir le chapitre 15, sont également d'application) :

Pour créer et afficher la boîte de dialogue, vous devez :

Name	nom interne du bouton,
Text	libellé du bouton,
DialogResult	type de bouton : None, OK, Abort, Cancel, Retry, Ignore, Yes ou No.

- Créer l'objet de la boîte de dialogue.

- Afficher la boîte de dialogue avec la fonction ShowDialog.

- Analyser la valeur de retour de ShowDialog : l'une des valeurs de l'énumération Dialog-gResult avec ses valeurs None, OK, Cancel, Ignore, Yes ou No. Cette valeur correspond au bouton utilisé pour quitter la boîte de dialogue.

- Par exemple :

```
DiaDemo diaDemo = new DiaDemo();
DialogResult res = diaDemo.ShowDialog();
switch (res)
{
 case DialogResult.OK : .....; break;
 case DialogResult.Cancel : .....; break;
}
```

Un clic sur un bouton dont la propriété DialogResult est différente de None fait fermer la boîte de dialogue. ShowDialog renvoie alors la valeur correspondant à la propriété Dialog-Result. Il est aussi possible de fermer la boîte de dialogue en laissant None dans DialogResult d'un bouton mais en exécutant :

```
Close();
```

dans la fonction de traitement de ce bouton (de manière générale dans n'importe quelle fonction de traitement de la boîte de dialogue).

Après création de l'objet diaDemo et avant ou après son affichage, vous pouvez initialiser des contrôles de la boîte de dialogue (par exemple des zones d'édition ou des boîtes de liste). Mais pour cela, vous devez (en champ de la classe DiaDemo, dans le fichier DiaDemo.cs) changer le qualificatif private en public.

Vous pourriez aussi spécifier la position d'affichage de la boîte de dialogue (propriété Location, par rapport à l'écran). N'oubliez pas, dans ce cas, de faire passer la propriété Start-Position de la boîte de dialogue à FormStartPosition.Manual. Par exemple, pour initialiser et lire le contenu de la zone d'édition zeNom de la boîte de dialogue :

```
DiaDemo diaDemo = new DiaDemo();
diaDemo.Location = new Point(50, 50);      // coordonnées d'écran
diaDemo.zeNom.Text = "Goudurix";           // rendre ce champ public
DialogResult res = diaDemo.ShowDialog();   // afficher la boîte de dialogue
if (res == DialogResult.OK)                // reprise du programme
{
 string lu = diaDemo.zeNom.Text;
 .....
}
```

Une alternative, d'ailleurs préférable, à la modification de private en public consiste à créer des propriétés, toujours publiques, dans la classe de la boîte de dialogue.

Par défaut, les boîtes de dialogue apparaissent dans la barre des tâches, en plus de leur fenêtre mère. Pour empêcher cela, faites passer à `false` la propriété `ShowInTaskbar` de la boîte de dialogue.

Par défaut, frapper `ENTREE` alors qu'une zone d'édition (de la boîte de dialogue) a le *focus* n'a aucun effet. Il en va de même pour la touche `ECHAP`. Pour que ces touches aient de l'effet (et fassent quitter la boîte de dialogue), initialisez les propriétés `AcceptButton` (pour la touche `ENTREE`) et `CancelButton` (pour la touche `ECHAP`). Vous spécifiez alors un bouton de commande. Une frappe sur la touche `ENTREE` a alors le même effet qu'un clic sur le bouton spécifié dans `AcceptButton`, tandis qu'une frappe sur la touche `ECHAP` a le même effet qu'un clic sur le bouton spécifié dans `CancelButton`.

19.2.1 *Boîte de dialogue non modale*

Une boîte de dialogue non modale est créée comme une boîte modale mais est exécutée par `Show()`. En rendant la fenêtre de l'application propriétaire (*owner* en anglais) de la boîte de dialogue, on lie le comportement de celle-ci à sa fenêtre mère :

```
DiaDemo dia;
......
dia = new DiaDemo();
dia.Owner = this;
dia.Show();
```

Les coordonnées de la boîte de dialogue non modale sont relatives à l'écran. Pour placer celle-ci dans le coin supérieur gauche de sa fenêtre mère, il faut écrire :

```
dia.Location = DesktopLocation;
```

Mais la boîte de dialogue couvre alors l'icône de la fenêtre. Rappelons, pour pouvoir effectuer la correction, que :

- `SystemInformation.CaptionHeight` donne la hauteur de la barre de titre ;

- `SystemInformation.Border3DSize.Height` et `SystemInformation.Border3DSize.Width` donnent respectivement la largeur et la hauteur d'une bordure (bordure horizontale et bordure verticale) ;

- la fonction `Offset` peut être appliquée à un objet `Point`.

Pour que la boîte de dialogue accompagne sa fenêtre mère dans ses déplacements et redimensionnements, il faut traiter les événements `Move` et `Resize` adressés à la fenêtre mère.

À partir de la fenêtre mère, on peut mettre fin à la boîte de dialogue non modale en exécutant :

```
dia.Close();
```

Enfin, `dia.Hide()` cache la boîte de dialogue tandis que `dia.Show()` la fait apparaître.

19.3 Les pages de propriétés

Les pages de propriétés, aussi appelées feuilles de propriétés, sont des objets TabControl tandis que chaque page est un objet TabPage. À chaque page correspond généralement un onglet. Un clic sur un onglet fait afficher une autre page.

Passons d'abord en revue les propriétés de la classe TabControl.

Classe TabControl

TabControl ← Control ← Component ← Object

Propriétés de la classe TabControl

Alignment	enum	Position des onglets par rapport à la page des propriétés. Alignment peut prendre une des valeurs suivantes de l'énumération TabAlignment : Bottom, Left, Right ou Top.
Appearance	enum	Apparence des onglets. Appearance peut prendre l'une des valeurs suivantes de l'énumération TabAppearance :
		Buttons les onglets ressemblent à des boutons.
		FlatButtons effet de relief au moment où la souris survole le bouton.
		Normal onglets traditionnels.
DrawMode	enum	Indique comment les onglets sont affichés. DrawMode peut prendre une des valeurs suivantes de l'énumération TabDrawMode :
		Normal ils sont automatiquement dessinés par le système (libellé de texte uniquement).
		OwnerDrawFixed Vous les dessinez vous-même (par traitement de l'événement DrawItem).
HotTrack	T/F	Indique si la couleur de l'onglet change quand la souris survole l'onglet.
ImageList	coll	Liste des images associées aux différents onglets.
ItemSize	Size	Taille des onglets. Par défaut, la taille est automatiquement adaptée au libellé ainsi qu'à l'éventuelle image associée à l'onglet.
Multiline	T/F	Indique si les onglets peuvent être affichés sur plusieurs lignes. Si Multiline vaut false et que tous les onglets ne peuvent être affichés, des flèches permettent de faire apparaître les onglets cachés.
RowCount	int	Nombre de rangées d'onglets (propriété accessible uniquement en lecture et en cours d'exécution de programme).
SelectedIndex	int	Numéro de l'index sélectionné.
SelectedTab	TabPage	Référence à la page sélectionnée.
ShowToolTips	T/F	Indique si des bulles d'aide doivent être affichées quand la souris survole un onglet.
TabPages	coll	Collection des pages. TabPages est de type TabPageCollection et chaque page de type TabPage.

La classe `TabPage` comprend peu de propriétés car c'est le contenu de la page avec ses boutons, ses zones d'édition, etc., qui présente de l'intérêt. Or, ceux-ci sont des objets de la classe de la fenêtre.

Classe `TabPage`

`TabPage` ← `Panel` ← `ScrollableControl` ← ..... ← `Object`

Propriété de la classe `TabPage`

Text	string	Libellé de l'onglet.
ToolTipText	string	Libellé de la bulle d'aide associée à l'onglet.

Créer des pages de propriétés est particulièrement simple. Il suffit en effet d'installer un composant `TabControl` et de cliquer sur les trois points de suspension de la propriété `TabPages` du `TabControl` (et non pas de l'un des deux premiers `TabPage` créés par défaut), ce qui amène à l'avant-plan l'éditeur de pages. Pour que la page des propriétés occupe toute sa fenêtre mère, faites passer sa propriété `Dock` à `DockStyle.Fill` (rectangle central).

Cliquez sur `Ajouter` pour ajouter une page de propriétés. Initialisez `(Name)` au nom interne de la page (par exemple `tabProduits`) et diverses autres propriétés comme `Text` pour le libellé de l'onglet :

Figure 19-2

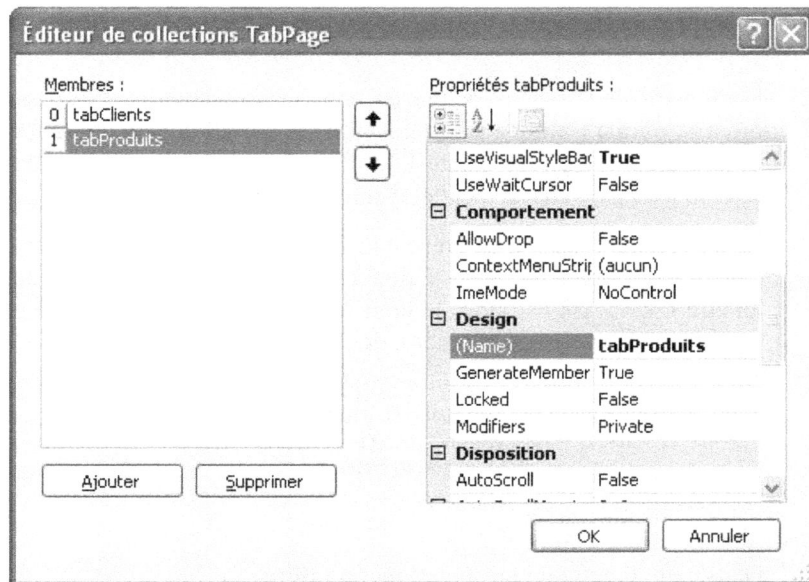

La fenêtre de développement affiche déjà les différentes pages (une à la fois) ainsi que les onglets. Cliquez sur un onglet pour faire apparaître une page. Remplissez cette page de composants, comme vous l'avez toujours fait. Un conseil : préfixez le nom d'un contrôle d'une indication de page (par exemple `zeP1Nom`). Les composants seront ainsi regroupés par page et votre travail sera ainsi grandement facilité.

Figure 19-3

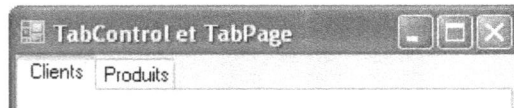

L'événement `SelectedIndexChanged` est signalé au contrôle `TabControl` lorsque l'utilisateur clique sur un onglet. La propriété `SelectedIndex` du `TabControl` indique quelle page vient d'être sélectionnée. `SelectedTab` fait alors référence à cette page. Les contrôles d'une page appartiennent néanmoins à la fenêtre mère (c'est-à-dire à l'objet `Form1`).

Pour faire apparaître une page particulière par programme, il suffit d'initialiser cette propriété `SelectedIndex`.

19.4 Les fenêtres de présentation

Les fenêtres de présentation, appelées *splash windows* en anglais, sont ces fenêtres qui sont affichées durant quelques secondes, juste avant l'affichage de la fenêtre principale de l'application. La fenêtre de présentation affiche généralement le logo du logiciel ou de l'entreprise.

L'affichage de la fenêtre de présentation ne correspond pas nécessairement à un « temps mort » : durant l'affichage, du travail de préparation peut être effectué dans une fonction de la fenêtre de présentation. Il s'agit même là d'une astuce pour faire paraître moins long le temps de chargement et d'initialisation de l'application.

Pour créer une fenêtre de présentation, créez une nouvelle fenêtre, comme nous venons de le faire pour les boîtes de dialogue. Soit `FenSplash.cs` le nom du fichier source de cette fenêtre (`FenSplash` est alors le nom interne de la fenêtre de présentation). Modifiez les propriétés suivantes de la fenêtre de présentation :

`FormBorderStyle`	à `None` (la barre de titre étant alors automatiquement supprimée) ou à `Fixed3D` (dans ce cas, faites passer à `False` les propriétés `MaximizedBox`, `MinimizedBox` et `ControlBox` et laissez vide la propriété `Title`).
`StartPosition`	à `CenterScreen`.

Dans cette fenêtre de présentation, on insère :

- un composant `PictureBox` qui va contenir le logo et on initialise les propriétés suivantes de ce composant : `Dock` à `Fill` (rectangle central) pour que l'image occupe toute la fenêtre, `Images` pour sélectionner l'image de présentation (elle sera automatiquement incluse dans le fichier `EXE` et ne devra donc pas être fournie avec l'application),

BorderStyle à None ou à Fixed3D et enfin SizeMode à AutoSize ou à StretchImage pour que la taille de la fenêtre soit adaptée à la taille de l'image ou l'inverse ;

- un bouton de commande (avec, par exemple, START ! comme libellé) pour mettre fin à la fenêtre de présentation mais nous montrerons aussi comment nous passer de ce bouton. Pour ce bouton, on traite le clic et on ajoute l'instruction Close(); dans la fonction de traitement. Un clic sur ce bouton ferme ainsi la fenêtre de présentation et le programme affiche alors la fenêtre principale.

Pour que la fenêtre de présentation s'affiche avant tout affichage de la fenêtre principale, plusieurs techniques sont possibles.

La première consiste à insérer :

```
Application.Run(new FenSplash())
```

dans Main. Celle-ci s'écrit alors (dernières instructions de Main dans le ficher Program.cs) :

```
public static void Main(string[] args)
{
 .....
 Application.Run(new FenSplash());
 Application.Run(new Form1());
}
```

La seconde technique consiste à insérer :

```
new FenSplash().ShowDialog();
```

dans le constructeur de la fenêtre principale, après l'appel d'InitializeComponents. Vous pourriez remplacer la ligne précédente par les deux suivantes, plus lisibles :

```
FenSplash fenSplash = new FenSplash();
fenSplash.ShowDialog();
```

Pour que la fenêtre de présentation apparaisse en superposition de la fenêtre principale (celle-ci étant donc déjà visible), il faut :

- déclarer un champ booléen dans la classe de la fenêtre principale, par exemple :

```
bool AfficherFenSplash=true;
```

- traiter l'événement Paint de la fenêtre principale :

```
private void Form1_Paint(object sender, PaintEventArgs e)
{
 if (AfficherFenSplash)
 {
  new FenSplash().ShowDialog();
  AfficherFenSplash = false;
 }
}
```

On pourrait très bien se passer du bouton dans la fenêtre de présentation et mettre automatiquement fin à celle-ci au bout de quelques secondes ou après avoir effectué un travail d'initialisation. Il suffit pour cela :

- d'insérer un composant `Timer` et d'initialiser ses propriétés `Enabled` (à `true`) et `Interval` (au nombre de millisecondes d'attente) ;

- de traiter l'événement `Tick` qui est signalé lorsque l'intervalle de temps est atteint. Comme il s'agit de l'événement par défaut, un double-clic sur le composant `Timer` suffit pour générer la fonction de traitement. On ajoute dans cette fonction de traitement l'instruction

```
Close();
```

qui met fin à la fenêtre de présentation.

Parmi les programmes d'accompagnement de ce chapitre, vous trouverez un exemple de fenêtre de présentation, avec barre d'avancement pour montrer la progression du travail dans cette fenêtre.

19.5 Le composant SplitContainer

Le composant `SplitContainer` permet de créer des fenêtres coulissantes (par coulissement à l'intérieur de la fenêtre principale). L'explorateur en est un exemple bien connu : il suffit de cliquer sur la ligne de séparation de fenêtre et de tirer la souris, bouton enfoncé pour agrandir le panneau de gauche. Le composant crée automatiquement deux panneaux, accessibles par `sc.Panel1` et `sc.Panel2` (sc désignant le composant `SplitContainer`). C'est la propriété `Orientation` qui, par ses valeurs `Vertical` (valeur par défaut) ou `Horizontal`, indique s'il s'agit d'une séparation verticale ou horizontale. Donnez néanmoins un fond de couleur aux deux panneaux pour que la barre coulissante de séparation soit bien visible.

Le composant `SplitContainer` remplace le composant `Splitter` des versions précédentes qui n'était pas des plus simples à utiliser. Les composants sont placés sur les deux panneaux aussi simplement que dans la fenêtre (à laquelle ils appartiennent d'ailleurs).

Classe `SplitContainer`		
`SplitContainer` ← `Control` ← `Component` ← `Object`		
Propriétés de la classe `SplitContainer`		
`Orientation`	`enum`	Position de la barre de séparation (`Horizontal` ou `Vertical`).
`Panel1`		Panneau de gauche (séparation verticale) ou supérieur (séparation horizontale).
`Panel2`		Panneau de droite ou inférieur.
`Panel1MinSize`	`int`	Taille minimale du premier panneau.
`Panel2MinSize`	`int`	Même chose pour le deuxième panneau.
`SplitterDistance`	`int`	Distance initiale de la barre de coulissement par rapport au bord de gauche (ou au bord supérieur).
`SplitterWidth`	`int`	Épaisseur de la barre coulissante.

19.6 Les fenêtres MDI

Une fenêtre MDI (*Multiple Document Interface*) est formée d'une fenêtre « parent MDI » et de zéro, une ou plusieurs (le plus souvent) fenêtres enfants, dites *MDI Children*. Les fenêtres enfants peuvent être réorganisées en cascade (*tile* en anglais) ou en mosaïque.

Word, mais aussi Visual Studio, présentent une telle interface. Le Bloc-notes est au contraire un exemple de fenêtre SDI (SDI pour *Single Document Interface*). Avec le Bloc-notes, on ne peut travailler que dans une seule fenêtre.

Une application MDI peut être arrangée en cascade ou en mosaïque.

Figure 19-4

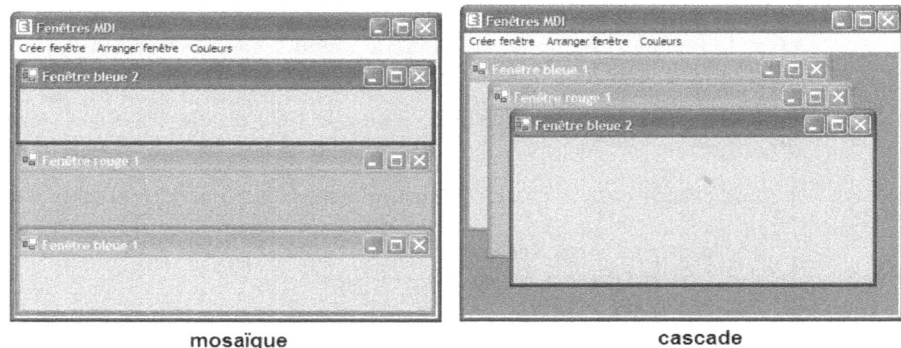

mosaïque   cascade

Les fenêtres MDI présentent les caractéristiques suivantes :

- toutes les fenêtres enfants sont affichées à l'intérieur de la fenêtre parent ;

- les fenêtres enfants peuvent être déplacées mais uniquement à l'intérieur de la fenêtre parent ;

- les fenêtres enfants peuvent être réduites en icône mais les icônes de ces fenêtres enfants sont affichées dans la fenêtre parent, jamais dans la barre des tâches ;

- si une fenêtre enfant est agrandie au maximum, elle occupe toute l'aire client de la fenêtre parent et le titre de la fenêtre enfant est ajouté à celui de la fenêtre parent ;

- le menu de la fenêtre enfant active s'insère dans celui de la fenêtre parent.

Pour créer une fenêtre MDI, il faut d'abord faire passer à `true` la propriété `IsMDIContainer` de la fenêtre principale de l'application. La fenêtre MDI parent a son propre menu. Généralement, on y trouve un menu `Fenêtre` qui permet de réorganiser les fenêtres en cascade ou en mosaïque. On trouve aussi souvent un menu `Fichier` avec, à la fin de ce menu, les noms des fenêtres enfants. Cliquer sur l'un de ces noms active la fenêtre enfant correspondante.

Les différentes fenêtres enfants sont créées (lors de la phase de développement) comme des boîtes de dialogue, c'est-à-dire aussi comme n'importe quelle fenêtre. Elles peuvent avoir un menu qui vient se greffer dans le menu de la fenêtre parent lorsque la fenêtre enfant devient active (des articles de la fenêtre enfant peuvent même remplacer des articles de la fenêtre parent).

Une fenêtre enfant (mais pas la fenêtre parent) peut être remplie de contrôles et des événements peuvent y être traités, exactement comme pour la fenêtre principale de l'application.

Pour illustrer l'instanciation de fenêtres enfants, nous partons de la situation suivante :

- la fenêtre principale de l'application (un objet de la classe `Form1` dérivée de la classe `Form`) a été créée et marquée avec `IsMDIContainer` à `true` ;
- une première fenêtre enfant (objet de la classe `FenBleue` dérivée de `Form`) a été créée ;
- une deuxième fenêtre enfant (objet de la classe `FenRouge` dérivée de `Form`) a été créée.

Dans la fenêtre principale, on a créé le menu `Créer fenêtre` qui déclenche un sous-menu avec ses articles `Créer fenêtre bleue` et `Créer fenêtre rouge`.

Pour créer une fenêtre rouge suite à un clic sur l'article `Créer une fenêtre rouge`, il suffit d'écrire :

```
int nRouge;            // pour pouvoir numéroter les différentes fenêtres rouges
.....
FenRouge fen = new FenRouge();
fen.Text = "Fenêtre rouge " + ++nRouge;
fen.MdiParent = this;
fen.Show();
```

La deuxième ligne sert à donner un titre à la fenêtre enfant, titre auquel on ajoute un numéro pour la distinguer des autres fenêtres enfants de même type.

Le nom de cette fenêtre enfant ainsi créée est automatiquement ajouté à la fin du menu de première colonne de la fenêtre parent. Si l'utilisateur met fin à une fenêtre enfant, le menu de première colonne est automatiquement mis à jour.

Pour réorganiser les fenêtres enfants à l'intérieur de la fenêtre parent, il suffit d'exécuter (dans une fonction de la fenêtre parent) :

```
LayoutMdi(MdiLayout.xyz);
```

où `xyz` peut prendre l'une des valeurs de l'énumération `MdiLayout` :

Cascade	réorganisation en cascade,
TileHorizontal	en bandes horizontales,
TileVertical	en bandes verticales,
ArrangeIcons	les icônes de fenêtres enfants sont réarrangées dans l'aire client de la fenêtre parent.

Le menu de la fenêtre enfant active se fond dans celui de la fenêtre parent mais cette fusion dépend des propriétés `MergeOrder` et `MergeType` des différents articles.

La propriété `MergeOrder` contrôle la position relative du menu lors de la fusion. Si `MergeOrder` vaut 0, cela signifie que le menu de la fenêtre enfant doit être ajouté à la fin du menu de la fenêtre parent.

`MergeType` indique ce qui doit se passer au moment de la fusion. `MergeType` peut prendre l'une des valeurs suivantes de l'énumération `MenuMerge` :

`Add`	l'article est ajouté aux articles existants,
`MergeItems`	tous les articles de ce sous-menu s'insèrent dans les articles existants de la fenêtre parent,
`Replace`	les articles du menu de la fenêtre enfant remplacent ceux de la fenêtre parent qui existent à la même position,
`Remove`	l'article n'est pas inclus dans un menu fusionné (s'applique à un article de la fenêtre parent, cet article n'étant affiché que si aucune fenêtre enfant n'est active).

19.7 Fenêtre de n'importe quelle forme

Traditionnellement, les fenêtres sont rectangulaires. Une fenêtre peut cependant être de n'importe quelle forme, même particulièrement biscornue. Il suffit de créer une région.

Une région est un objet de la classe `Region`. Une région est généralement créée sur base d'un `GraphicsPath`. Celui-ci est créé à partir de rectangles, d'ellipses et de polygones. Un `GraphicsPath` peut ainsi prendre n'importe quelle forme.

Pour créer une fenêtre elliptique, il suffit d'écrire (dans le constructeur de la fenêtre) :

```
GraphicsPath gp = new GraphicsPath();
gp.AddEllipse(0, 0, 240, 315);
this.Region = new Region(gp);
```

Un `GraphicsPath` peut être créé à partir d'une série de points :

```
GraphicsPath gp = new GraphicsPath();
Point[] tp = new Point[] {new Point(10, 5), new Point(25, 10),
                    .....
                    new Point(20, 200), new Point((10, 5)};
gp.AddLines(tp);
Region = new Region(tp);
```

La barre de titre n'a généralement plus aucun sens pour de telles fenêtres mais on initialise quand même `Text` pour que le nom de l'application apparaisse dans la barre des tâches.

On associe alors à la fenêtre une image, elliptique dans notre premier exemple. Rien n'est affiché en dehors de la région mais il vous appartient d'imaginer des moyens pour remplacer les boutons de fermeture, de réduction en icône, etc. C'est le moment de donner des formes tout aussi particulières à ces contrôles car rien n'empêche, comme pour les fenêtres, de leur associer une région.

Il vous appartient aussi de gérer le déplacement de la fenêtre (puisque la barre de titre a disparu) mais nous avons appris à faire cela à la section 12.3. La fenêtre ci-après est une fenêtre elliptique. Elle contient un bouton Quitter et un bouton de réduction en icône (ici deux boutons traditionnels). À condition de traiter le message WM_NCHITTEST, la fenêtre peut être déplacée par glisser-déposer (*drag & drop*) dans la fenêtre (voir figure 19.12 relative à un programme d'accompagnement).

19.8 Le composant WebBrowser

Le composant WebBrowser permet d'afficher un navigateur dans une fenêtre. Il appartient cependant au programmeur de prévoir les boutons de navigation (sauf pour la navigation via les liens de la page). Des fonctions de la classe WebBrowser permettent d'effectuer cette navigation.

Classe WebBrowser		
WebBrowser ← CommonDialog ← Component ← Object		
Propriétés de la classe WebBrowser		
AllowNavigation	T/F	Indique si l'utilisateur pourra naviguer de page en page via les liens compris dans la page.
CanGoBack	T/F	Indique qu'il y a une page précédente et donc qu'un bouton GoBack aurait de l'effet.
CanGoForward	T/F	Même chose pour le bouton GoForward.
DocumentText	str	Contenu HTML de la page affichée.
DocumentTitle	str	Titre de la page affichée.
DocumentType	str	Type de document affiché dans la page. Il s'agit du type MIME (*Multipurpose Internet Mail Extension*).

URL	Uri	URL de la page Web à afficher. Cette URL doit être préfixée de http://. Si zeURL désigne une zone d'édition censée contenir une URL, on écrit :
		 `string s = ze.Text;`
		 `if (s.StartsWith("http://") != true)`
		 `    s = "http://" + s;`
		 `WebBrowser1.URL = new Uri(s);`

Méthode de la classe WebBrowser		
bool GoBack();		Fait afficher la page précédente (même effet que le bouton Précédent des navigateurs). Renvoie true si la navigation a eu lieu.
bool GoForward();		Même effet que le bouton Suivant.
bool GoHome();		Même effet que le bouton Démarrage (qui fait afficher la page de démarrage de l'utilisateur).
void Navigate(string URL);		Affiche la page spécifiée en argument. L'URL doit être préfixée de http://. Si la page n'existe pas, une page Impossible d'afficher la page apparaît.
void Navigate(Uri);		Même chose, l'argument étant un objet Uri.

19.9 Les boîtes de sélection

Dans cette dernière partie de chapitre, nous allons étudier différentes boîtes de sélection proposées par .NET. Ce sont des boîtes standard, que connaissent bien les utilisateurs de Windows. Il s'agit :

- des boîtes de sélection de fichier ;
- des boîtes de sauvegarde de fichier ;
- des boîtes de sélection de répertoire ;
- des boîtes de sélection de police de caractères ;
- des boîtes de sélection de couleur.

Tous les composants que nous allons étudier dans ce chapitre sont des objets de classes dérivées de CommonDialog.

La boîte de sélection d'imprimante est étudiée au chapitre 21, consacré aux impressions.

Figure 19-5

19.9.1 *Les boîtes de sélection ou de sauvegarde de fichier*

Contrairement à ce que leurs noms (OpenFileDialog et SaveFileDialog) pourraient laisser croire, ces deux boîtes n'ouvrent pas et ne sauvegardent pas un fichier. Elles permettent uniquement une sélection de fichier, en vue d'une ouverture ou d'une sauvegarde. Après cette opération, il appartient alors à votre programme d'ouvrir ou de sauvegarder le fichier en question. Ces deux boîtes présentent évidemment de nombreuses similitudes. Les classes OpenFileDialog et SaveFileDialog sont d'ailleurs dérivées de FileDialog.

Figure 19-6

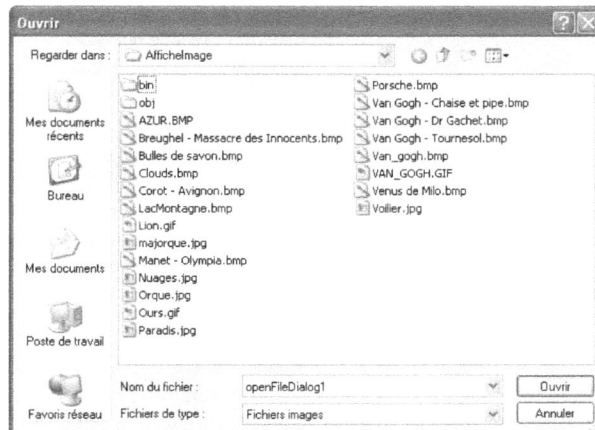

Pour préparer une boîte de sélection de fichier, procédez comme pour n'importe quel composant : donnez à la boîte de sélection un nom significatif (propriété `Name`) et initialisez ses différentes propriétés, notamment `Filter`, `Title` ou encore `FileName` dans le cas d'une boîte de sauvegarde.

Pour faire afficher la boîte, exécutez la méthode `ShowDialog` appliquée à la boîte de dialogue. Après sélection par l'utilisateur, vous retrouvez le nom du fichier dans la propriété `FileName`.

Si `ofdMembres` est le nom interne de la boîte de sélection de fichier :

```
DialogResult res = ofdMembres.ShowDialog ();
```

fait afficher la boîte de sélection. `res` prend la valeur `DialogResult.Cancel` si l'utilisateur a annulé l'opération (par la touche ECHAP ou par un clic sur le bouton `Annuler`). Sinon, `ShowDialog` renvoie `DialogResult.OK`, on retrouve le nom complet du fichier sélectionné dans `ofdMembres.FileName`, qui est de type `string`.

Classe `FileDialog`

`FileDialog` ← `CommonDialog` ← `Component` ← `Object`

Propriétés de la classe `FileDialog`

AddExtension	T/F	Indique si l'extension par défaut doit être automatiquement ajoutée au nom du fichier (l'utilisateur n'ayant pas spécifié l'extension).
CheckPathExists	T/F	Même chose que `CheckFileExists` (voir les propriétés propres à `OpenFileDialog`) mais pour le répertoire.
DereferenceLinks	T/F	Si true, renvoie le nom du fichier cible quand un raccourci (fichier d'extension LNK) est sélectionné.
DefaultExt	str	Extension automatiquement ajoutée au nom du fichier dans le cas où l'utilisateur demande d'ouvrir ou de sauvegarder un fichier mais sans spécifier l'extension du fichier (parce qu'il a introduit lui-même le nom du fichier, sans extension, dans la zone d'édition `Nom de fichier`). Cette propriété n'est pas utilisée dans le cas où l'utilisateur spécifie une extension (soit parce qu'il a navigué dans les répertoires soit parce qu'il a ajouté lui-même cette extension).
FileName	str	Nom du fichier sélectionné (avec éventuellement une extension) Si l'utilisateur clique sur les boutons `Ouvrir` ou `Enregistrer` ou s'il frappe ENTREE, `ShowDialog` renvoie `DialogResult.OK` et on retrouve dans `FileName` le nom complet (répertoire inclus) du fichier à ouvrir ou à enregistrer.
FileNames	string[]	Tableau des noms de fichiers sélectionnés.
Filter	str	Filtre servant à limiter les noms de fichiers. On se base généralement sur les extensions (par exemple `*.JPG` pour se limiter aux fichiers images d'extension JPG) bien qu'un filtre ne soit pas limité aux extensions (il pourrait être `A*.*` pour ne reprendre que les fichiers dont le nom commence par A). À chaque filtre, associez un texte d'accompagnement (par exemple `Fichiers images`). On reprend généralement le filtre (par exemple `*.JPEG`) dans cet intitulé. Ce texte apparaît dans la boîte combo `Type`. Plusieurs extensions peuvent être associées à un filtre. Séparez-les alors par un point-virgule (par exemple `*.JPEG;*.GIF`). Spécifiez le filtre sous la forme suivante (ci-après sous forme d'exemples), la chaîne de caractères devant être copiée dans la propriété `Filter` :

	Fichiers images|*.JPEG	si les fichiers d'un seul type doivent être présentés,
	Fichiers images|*.JPEG;*.GIF	si les fichiers d'extensions JPEG et GIF doivent être retenus,
	t1|*.JPEG;*.GIF|t2|*.CS	si deux filtres doivent être spécifiés. t1 et t2 représentent les textes qui apparaissent dans la boîte combo Type (donnez évidemment à t1 et t2 des libellés plus significatifs).
FilterIndex	int	Numéro du filtre (1 pour le premier) qui doit être affiché initialement dans la partie visible de la boîte combo Type.
InitialDirectory	str	Nom complet du répertoire qui doit être affiché initialement. Pour spécifier le répertoire courant de l'application, copiez (avant d'exécuter ShowDialog) Environment.CurrentDirectory dans la propriété InitialDirectory.
RestoreDirectory	T/F	Par défaut, la boîte de sélection modifie le répertoire courant, ce qui n'est pas toujours souhaité. Si RestoreDirectory vaut true, le répertoire courant est restauré en quittant la boîte de dialogue.
Title	str	Titre de la boîte de sélection.
ValidateNames	T/F	Indique si la boîte de dialogue doit refuser les noms (saisis dans Nom de fichier) qui ne sont pas valide pour Windows.

Propriétés de la classe OpenFileDialog

CheckFileExists	T/F	Si cette propriété vaut true, l'existence du fichier est automatiquement vérifiée (utile quand l'utilisateur saisit lui-même le nom du fichier à ouvrir et que celui-ci n'existe pas).
Multiselect	T/F	Faites passer Multiselect à true pour pouvoir sélectionner plusieurs fichiers (sélection avec touche MAJ ou CTRL enfoncée).
ReadOnlyChecked	T/F	La case Ouvert en lecture est cochée.
ShowReadOnly	T/F	Indique si la case Ouvert en lecture seule doit être affichée.

Propriétés de la classe SaveFileDialog

CreatePrompt	T/F	Si cette propriété vaut true, Windows demande s'il faut créer le fichier quand l'utilisateur tape dans Nom du fichier un nom de fichier qui n'existe pas.
OverwritePrompt	T/F	Si cette propriété vaut true, une confirmation est réclamée si l'utilisateur sauvegarde un fichier sous un nom existant. L'ancien fichier ne sera donc écrasé que si l'utilisateur confirme l'opération.

Méthode des classes OpenFileDialog et SaveFileDialog

Stream OpenFile();	Ouvre le fichier en lecture seule dans le cas de OpenFileDialog et en mode lecture/écriture dans le cas de SaveFileDialog.

Pour sélectionner un fichier d'extension .txt, on écrit par exemple (ofdMembres étant le nom interne de la boîte de sélection de fichier) :

```
ofdMembres.InitialDirectory = Environment.CurrentDirectory;
ofdMembres.Filter = "Fichiers de texte|*.txt";
DialogResult res = ofdMembres.ShowDialog();
if (res == DialogResult.OK)
```

```
    {
        .....           // Nom complet du fichier sélectionné dans ofdMembres.FileName
    }
```

La propriété `FileName` contient le nom complet (avec unité, répertoire et extension) du fichier sélectionné.

La classe `FileDialog` permet de traiter l'événement `FileOk`. Celui-ci se produit lorsque l'utilisateur clique sur le bouton `Ouvrir` ou `Enregistrer`. Il vous donne l'occasion de refuser le choix du fichier. La fonction de traitement a la forme suivante :

```
    void xyz_FileOk(object sender, CancelEventArgs e)
    {
        .....
    }
```

où `CancelEventArgs` est défini dans l'espace de noms `System.ComponentModel` (automatiquement inclus par Visual Studio pour les programmes Windows).

En faisant passer `e.Cancel` à `true` (par exemple parce que `FileName` n'est pas acceptable), on reste dans la boîte de dialogue.

Vous pouvez signaler le problème à l'utilisateur en affichant une boîte de dialogue ou en modifiant le titre de la boîte de sélection (propriété `Title`).

19.9.2 La boîte de sélection de dossier

La boîte de sélection de dossier (`FolderBrowserDialog`) permet de sélectionner un dossier :

Figure 19-7

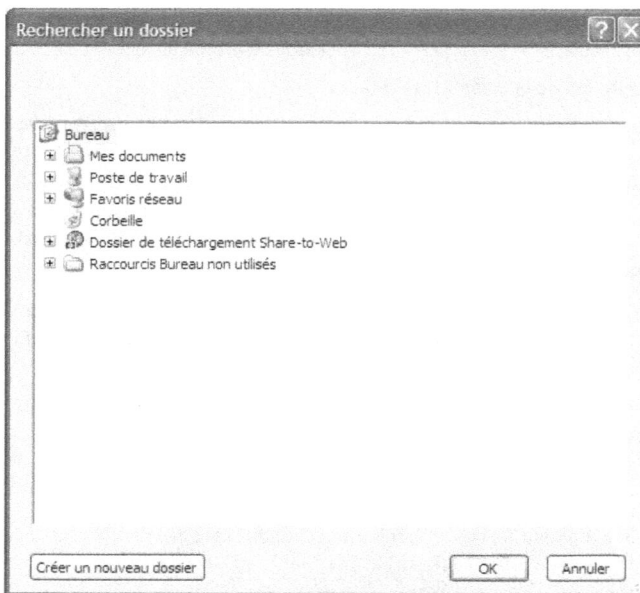

Classe `FolderBrowserDialog`

`FolderBrowserDialog` ← `CommonDialog`

Propriétés de la classe `FolderBrowserDialog`

`Description`	str	Description affichée dans la boîte de dialogue mais au-dessus de l'arbre.
`RootFolder`		Emplacement à partir duquel on affiche la hiérarchie des fichiers. L'une des valeurs de l'énumération `Environment.SpecialFolder` avec ses valeurs `Desktop`, `MyDocuments`, `MyPictures`, `ProgramFiles`, etc.
`SelectedPath`	str	Répertoire présélectionné lors de l'affichage et finalement retenu par l'utilisateur.
`ShowNewFolderButton`	T/F	Indique si le bouton `Créer un nouveau dossier` doit être affiché.

19.9.3 La boîte de sélection de police de caractères

La boîte de sélection de police (`FontDialog`) permet de sélectionner :

- une police de caractères (par exemple `Arial` ou `Courier New`) ;

- l'apparence des caractères (par exemple `Normal` ou `Italique`) ;

- la taille des caractères, c'est-à-dire leur hauteur, appelée « corps » dans le jargon des typographes ;

- la couleur d'affichage des caractères (couleur d'avant-plan).

Figure 19-8

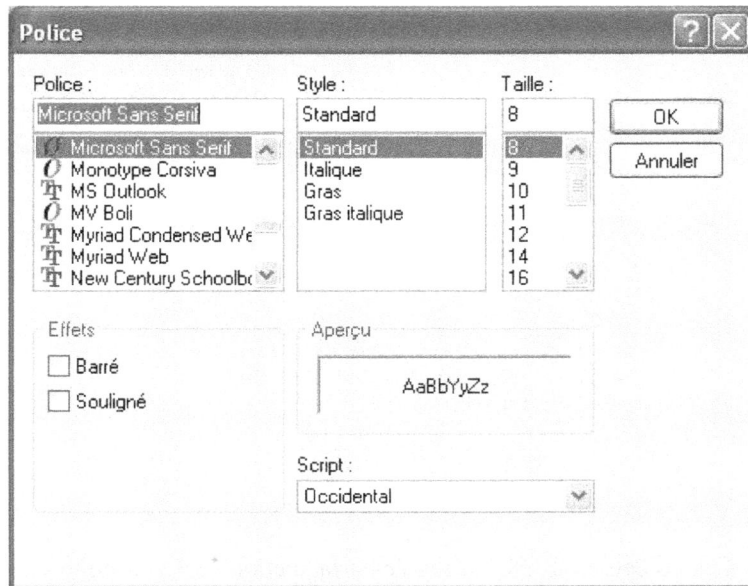

La section 13.3 est consacrée aux polices de caractères.

La méthode `ShowDialog` appliquée à un objet `FontDialog` fait afficher la boîte de sélection de police (ici sans possibilité de sélectionner la couleur d'affichage).

Les propriétés permettent de personnaliser quelque peu les boîtes de sélection de police.

Classe `FontDialog`		
`FontDialog ← CommonDialog`		
Propriétés de la classe `FontDialog`		
`AllowScriptChange`	`T/F`	Indique si l'utilisateur peut spécifier un autre jeu de caractères au travers de la boîte combo `Script`.
`AllowVectorFonts`	`T/F`	Indique si des polices vectorielles peuvent être spécifiées.
`AllowVerticalFonts`	`T/F`	Indique si les polices verticales sont affichées.
`Color`		Couleur présélectionnée ou sélectionnée par l'utilisateur. Voir les couleurs et le type `Color` à la section 13.1.
`FontMustExist`	`T/F`	Indique si la boîte de sélection doit vérifier l'existence de la police (utile dans le cas où l'utilisateur saisit un nom de police dans la zone d'édition `Police`).
`Font`		Permet de présélectionner ou d'obtenir les caractéristiques de la boîte de sélection (voir la classe `Font` à la section 13.2). Les principaux champs de `Font` sont `Name` et `Size`.
`MaxSize`	`int`	Taille maximale des caractères que l'utilisateur pourra sélectionner (0 pour n'imposer aucune limite).
`MinSize`	`int`	Taille minimale des caractères que l'utilisateur pourra sélectionner (0 pour n'imposer aucune limite).
`ShowApply`	`T/F`	Indique si la boîte de sélection doit contenir le bouton `Appliquer`.
`ShowColor`	`T/F`	Indique si la boîte de sélection doit permettre la sélection de couleurs.
`ShowEffects`	`T/F`	Indique si un exemple de représentation (avec `AaBbYyZz`) doit être affiché.
`ShowHelp`	`T/F`	Indique si la boîte de sélection doit afficher une case d'aide.

`fdPolice` étant le nom interne de la boîte de sélection de police, on écrit par exemple :

```
fdPolice.ShowColor = true;
if (DialogResult.OK == fdPolice.ShowDialog())
{
  nom de la police sélectionnée dans fdPolice.Font.Name
  taille des caractères dans fdPolice.Font.Size
  couleur dans fdPolice.Color
}
```

19.9.4 La boîte de sélection de couleur

Les couleurs ont été présentées à la section 13.1. La boîte de sélection de couleur (un objet de la classe `ColorDialog`) permet de choisir dans une palette existante de 48 couleurs ou de préparer une couleur de manière plus personnalisée encore, après avoir cliqué sur `Définir les couleurs personnalisées` :

Figure 19-9

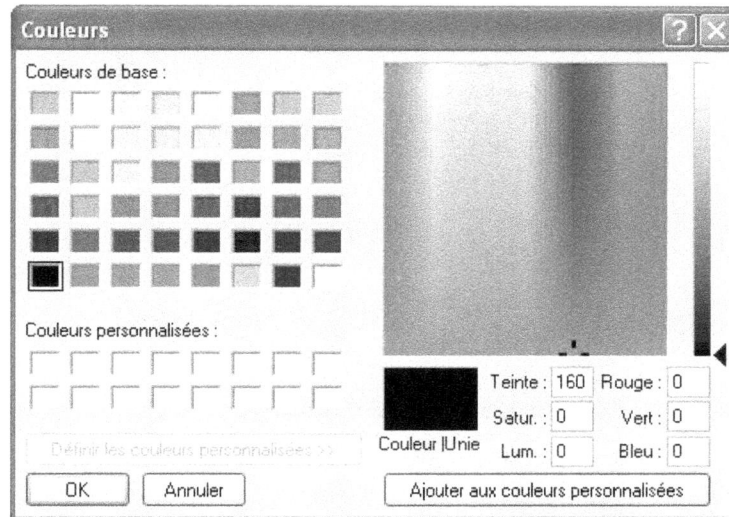

La partie droite de la boîte permet de sélectionner une couleur en spécifiant (voir figure 19-9) :

- une nuance qui indique une position dans le spectre violet-indigo-bleu-vert-jaune-orange-rouge (0 pour rouge et 215 pour violet),

- une saturation qui représente la pureté de la couleur (0 pour gris et 240 pour une couleur pure),

- la luminosité, de 0 (noir) à 240 (blanc).

Les différentes propriétés permettent d'adapter la boîte à notre goût et surtout aux besoins des utilisateurs.

Classe `ColorDialog`

`ColorDialog ← CommonDialog`

Propriétés de la classe `ColorDialog`

`AllowFullOpen`	T/F	Indique si la partie `Couleurs personnalisées` (partie de droite) peut être affichée (si l'utilisateur clique sur le bouton `Définir les couleurs personnalisées`).
`Color`		Couleur présélectionnée ou sélectionnée par l'utilisateur. Cette propriété est de type `Color`.
`CustomColors`		Initialise ou lit une ou plusieurs des seize couleurs personnalisées. `CustomColors` est de type `int[]` (tableau de seize entiers).
`FullOpen`	T/F	Indique si la partie `Couleurs personnalisées` (partie de droite) est affichée d'office.
`SolidColorOnly`	T/F	Indique si seules les couleurs pures peuvent être sélectionnées.

Programmes d'accompagnement

DiaModale — Boîte de dialogue modale avec passage d'informations de la fenêtre mère à la boîte de dialogue, et inversement.

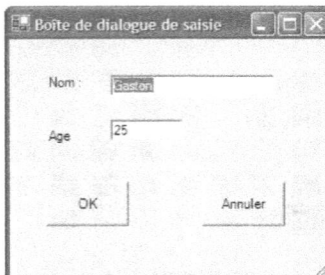

Figure 19-10

BoîteNonModale — Boîte de dialogue non modale. Celle-ci accompagne sa fenêtre mère dans ses déplacements, redimensionnements et réductions en icône. Passage d'informations entre la fenêtre mère et la boîte de dialogue.

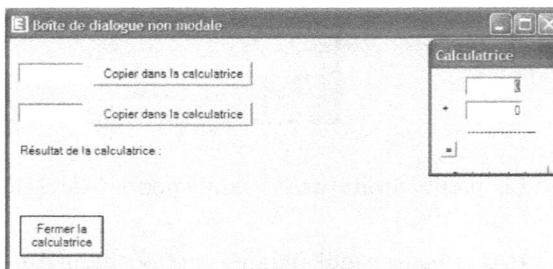

Figure 19-11

FenPrésentation — Fenêtre de présentation. Effectue un travail (avec affichage de l'avancement dans une barre de progression) durant l'affichage de la fenêtre de présentation.

FenSplit — Fenêtres coulissantes.

MDI — Fenêtres MDI avec enchevêtrement de menus.

Tabs — Feuilles de propriétés

Ovale — Fenêtre de forme elliptique. On peut la déplacer, la réduire en icône et la fermer.

Figure 19-12

20

Les composants
de défilement

Dans ce chapitre, nous allons étudier les composants suivants :

- les barres de défilement (*HscrollBar* et *VscrollBar* en anglais) ;
- les barres graduées (*track bars*, en anglais) ;
- les barres de progression (*progress bars*, en anglais).

◄▷ HScrollBar

◌ VScrollBar

◌— TrackBar

▭ ProgressBar

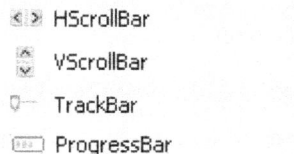

20.1 Les barres de défilement

Les barres de défilement (*scrollbars* en anglais) peuvent être affichées n'importe où dans la fenêtre, contrairement aux barres de défilement de fenêtres qui sont toujours accolées au bord droit de la fenêtre et/ou au bord inférieur (ne pas oublier de faire passer la propriété AutoScroll de la fenêtre à true).

On se sert souvent des barres de défilement pour incrémenter ou décrémenter une valeur en cliquant sur l'une des flèches de la barre (bien que les composants *UpDown*, voir la section 17.4, soient souvent plus appropriés pour ce genre de choses).

Les barres de défilement s'avèrent également utiles dans les cas où une valeur n'a pas de signification pour l'utilisateur (par exemple pour préparer une couleur à partir de trois couleurs de base, comme nous le montrerons plus loin).

À une barre de défilement sont associées des valeurs limites ainsi qu'une valeur correspondant à la position de l'ascenseur (*thumb* en anglais), qui est la partie mobile de la barre. Les propriétés Minimum, Maximum et Value correspondent à ces valeurs. Si ces valeurs limites sont respectivement 0 et 500 et que la valeur associée à l'ascenseur (propriété Value) est 250, l'ascenseur est automatiquement affiché par Windows au centre de la barre.

Pour agir sur une barre de défilement, l'utilisateur peut :

- cliquer sur l'une des flèches situées aux extrémités, ce qui provoque généralement des déplacements mineurs (on parle alors de déplacements d'une ligne), ce déplacement étant spécifié dans la propriété SmallChange ;

- cliquer sur la barre, mais en dehors des flèches, ce qui provoque généralement des déplacements plus importants (on parle alors de déplacements d'une page), ce déplacement étant spécifié dans LargeChange ;

- cliquer sur l'ascenseur et faire glisser la souris, bouton enfoncé.

En utilisant le clavier, l'utilisateur peut frapper les touches :

- ← ou ↑ (indifféremment) pour provoquer un déplacement vers la gauche (dans le cas d'une barre horizontale) ou vers le haut (dans le cas d'une barre verticale), faisant ainsi décroître à chaque fois la propriété Value de SmallChange unités ;

- → ou ↓ (indifféremment) pour provoquer un déplacement vers la droite ou vers le bas, faisant ainsi incrémenter Value de SmallChange unités ;

- PageDown et PageUp pour incrémenter ou décrémenter Value de LargeChange unités ;

- Home et End pour donner à Value respectivement les valeurs Minimum et Maximum.

Une barre de défilement ne doit pas nécessairement provoquer des défilements de texte. On parlera néanmoins d'avance dans un sens ou dans l'autre (*up* ou *down*) d'une ligne ou d'une page. Les propriétés LargeChange et SmallChange reflètent ces modifications majeures (d'une page si vous préférez) et mineures (d'une ligne).

Les barres de défilement sont des objets de la classe HScrollBar (dans le cas de la barre horizontale) et de la classe VScrollBar (dans le cas de la barre verticale), ces deux classes étant dérivées de ScrollBar.

Comme pour les autres composants, nous allons étudier les propriétés et les événements liés aux barres de défilement. Les propriétés importantes sont Minimum, Maximum, Small-Change, LargeChange et surtout Value qui donne, à tout moment, la position de l'ascenseur. Nous ne reviendrons pas sur les autres propriétés (Anchor, Location, Size, Visible, etc.) qui s'appliquent à tous les autres composants.

Propriétés des barres de défilement (classe ScrollBar)

HScrollBar ← ScrollBar ← Control ← .....

VScrollBar ← ScrollBar ← Control ← .....

Enabled	T/F	Si la propriété Enabled vaut false, la barre de défilement est grisée et sans ascenseur. Elle est de ce fait sans effet.
LargeChange	int	Valeur d'incrémentation ou de décrémentation de la propriété Value lorsque l'utilisateur clique sur la barre mais en dehors des flèches. Par défaut, LargeChange vaut 10 et SmallChange 1.
Maximum	int	Valeur maximale associée à la barre (100 par défaut).
Minimum	int	Valeur minimale associée à la barre (0 par défaut).
Value	int	Position de l'ascenseur, relativement aux propriétés Minimum et Maximum. Par défaut (quand Value vaut 0), l'ascenseur est positionné : – à l'extrême gauche dans le cas d'une barre horizontale, – au-dessus de la barre dans le cas d'une barre verticale. Lorsque l'ascenseur est dans cette position, la propriété Value est égale à Minimum.
SmallChange	int	Valeur d'incrémentation ou de décrémentation de la propriété Value lorsque l'utilisateur clique sur l'une des flèches de la barre de défilement (1 par défaut).

Pour connaître la position de l'ascenseur (relativement aux valeurs Minimum et Maximum), il suffit de lire la propriété Value.

Deux événements doivent retenir votre attention : ValueChanged et surtout Scroll. Les autres ne présentent quasiment aucun intérêt.

Traitement d'événements liés aux barres de défilement

ValueChanged	La propriété Value vient de changer, généralement parce que l'utilisateur a cliqué sur la barre de défilement. Pour savoir plus précisément quelle partie de la barre a été activée, traitez l'événement Scroll.
Scroll	L'utilisateur vient d'agir sur la barre. La méthode associée à cet événement est (xyz étant le nom interne de la barre) : `void xyz_Scroll(object sender, ScrollEventArgs e);` Le second argument contient deux informations : – newValue qui reflète la position de l'ascenseur (valeur que va prendre la propriété Value). – type, de type ScrollEventType, qui indique quelle partie de la barre est concernée (type peut prendre l'une des valeurs de l'énumération ScrollEventType) : • SmallIncrement clic sur la flèche vers la gauche ou vers le haut ou encore frappe de ↑, • SmallDecrement clic sur la flèche vers la droite ou vers le bas ou encore frappe de ↓, • LargeIncrement clic sur la barre à gauche ou au-dessus de l'ascenseur ou encore frappe de la touche PgUp, • LargeDecrement clic sur la barre à droite ou au-dessous de l'ascenseur ou encore frappe de la touche PgDown,

Traitement d'événements liés aux barres de défilement *(suite)*	
• First	l'utilisateur a amené l'ascenseur à l'extrême gauche ou au sommet de la barre,
• Last	l'utilisateur a amené l'ascenseur à l'extrême droite ou au bas de la barre,
• ThumbPosition	l'utilisateur a relâché le bouton de la souris après avoir déplacé l'ascenseur,
• ThumbTrack	l'utilisateur déplace l'ascenseur,
• Endscroll	l'utilisateur termine une opération sur la barre.

20.1.1 *Application des barres de défilement*

Pour préparer une couleur à l'aide de trois barres de défilement, procédez comme suit (voir figure 20-2) :

Figure 20-2

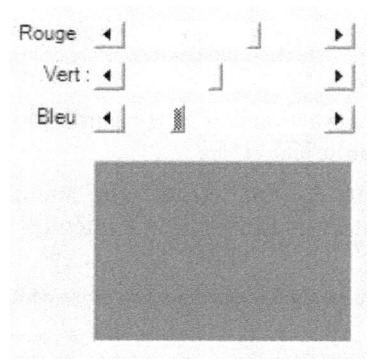

- Créez trois barres de défilement horizontales (hscrRouge, hscrVert et hscrBleu comme noms internes) accolées les unes aux autres, avec, pour chacune, 0 dans Minimum et 255 dans Maximum (voir les couleurs à la section 13.1).

- Associez une étiquette (respectivement Rouge, Vert et Bleu dans Text) à chaque barre (il n'est malheureusement pas possible de donner un fond de couleur à la barre de défilement, les propriétés BackColor et ForeColor n'existant pas dans le cas d'un objet ScrollBar).

- Créez une forme géométrique rectangulaire (composant Panel par exemple) ayant la largeur d'une barre de défilement avec noir comme couleur initiale d'arrière-plan (propriété BackColor).

- Traitez l'événement Scroll de chaque barre et ajoutez dans la méthode associée :

```
panel1.BackColor = Color.FromArgb(hscrRouge.Value, hscrVert.Value,
                                  hscrBleu.Value);
```

Pour pouvoir personnaliser une barre de défilement (par exemple en lui donnant une couleur de fond ou un aspect particulier), il faut créer un composant dérivé de HScrollBar et traiter l'événement Paint (cet événement n'est en effet pas présenté parmi les événements susceptibles d'être traités par un HScrollBar ou un VScrollBar).

20.2 Les barres graduées

Une barre graduée (*track bar* en anglais) agit comme une barre de défilement. Les barres graduées sont des objets de la classe TrackBar. Il peut s'agir d'une barre horizontale ou d'une barre verticale (propriété Orientation). Comme pour les barres de défilement, des valeurs limites sont associées à la barre (propriétés Minimum et Maximum). On retrouve la valeur dans la propriété Value, la valeur correspondant à la position du curseur.

On peut déplacer le curseur (et modifier ainsi la propriété Value de la barre) :

*   en cliquant sur le curseur et en le déplaçant ;
*   en frappant les touches de direction (ce qui incrémente ou décrémente Value de SmallChange unités) ou les touches PageUp et PageDown (ce qui incrémente ou décrémente Value de LargeChange unités).

Une barre graduée se présente comme suit (voir figure 20-3) :

Figure 20-3

Différentes possibilités sont offertes pour personnaliser les graduations (*ticks* en anglais) de la barre (propriétés TickStyle et TickFrequency).

Présentons les propriétés vraiment propres à TrackBar (les propriétés Minimum, Maximum, Value, SmallChange et LargeChange de TrackBar ne sont pas répétées puisqu'elles sont semblables aux propriétés de même nom de la classe ScrollBar, bien que la classe TrackBar ne soit pas dérivée de ScrollBar) :

Propriétés des barres graduées (classe TrackBar)

TrackBar ← Control ← .....

Orientation	enum	Indique s'il s'agit d'une barre horizontale ou verticale. Orientation peut prendre une des valeurs suivantes de l'énumération Orientation :
		Horizontal barre horizontale,
		Vertical barre verticale.
TickFrequency	int	Indique la fréquence des graduations (une marque toutes les TickFrequency unités). La valeur par défaut est 1.

Propriétés des barres graduées (classe `TrackBar`) *(suite)*

`TickStyle`	enum	Indique comment les graduations sont placées par rapport à la barre. `TickStyle` peut prendre l'une des valeurs suivantes de l'énumération `TickStyle` :

`Both`	Graduations de part et d'autre de la barre.
`BottomRight`	Graduations affichées au-dessous (cas d'une barre horizontale) ou à droite (cas d'une barre verticale).
`None`	Aucune graduation.
`TopLeft`	Graduations affichées au-dessus (cas d'une barre horizontale) ou à gauche (cas d'une barre verticale).

Le seul événement important est `Scroll`. Les autres ne présentent quasiment aucun intérêt.

Traitement d'événements liés aux barres graduées

`Scroll`	La propriété `Value` vient de changer, généralement parce que l'utilisateur a cliqué sur la barre.

20.3 Les barres de progression

Les barres de progression sont utilisées pour signaler l'état d'avancement d'une opération (voir figure 20-4).

Figure 20-4

Les barres de progression sont des objets de la classe `ProgressBar`. On retrouve les propriétés `Minimum`, `Maximum` et `Value` des barres de défilement (bien que la classe `Progress-Bar` ne soit pas dérivée de `ScrollBar`).

Propriétés des barres de progression (classe `ProgressBar`)

`ProgressBar ← Control ← .....`

`Maximum`	int	Valeur maximale associée à la barre (100 par défaut).
`Minimum`	int	Valeur minimale associée à la barre (0 par défaut).
`Value`	int	Valeur courante associée à la barre de progression, relativement aux propriétés `Minimum` et `Maximum`.
`Step`	int	Valeur d'incrémentation (10 par défaut) chaque fois que la méthode `PerformStep` est appelée.
`Style`	enum	L'une des trois valeurs de l'énumération `ProgressBarStyle` :

`Blocks`	La barre est affichée sous forme de blocs successifs.

Propriétés des barres de progression (classe ProgressBar) _(suite)_

Continuous	Elle est affichée sans discontinuité, ce qui n'est possible (malheureusement) que si les effets visuels ne sont pas rendus (autrement dit si la ligne Application.EnableVisualStyles() du fichier Program.cs est en commentaire.
Marquee	Une animation du défilement continu est alors réalisée dans la barre. La durée de cette animation (qui se répète tant que Style vaut Marquee) dépend de la propriété MarqueeAnimationSpeed. Cet effet montre qu'il y a activité mais non l'avancement de celle-ci.

Pour faire progresser une barre, exécutez la méthode PerformStep. Modifier directement la propriété Value a le même effet. On peut aussi appeler la fonction Increment.

Méthodes de la classe ProgressBar

void PerformStep();	Ajoute à Value la valeur spécifiée dans la propriété Step, ce qui fait avancer la barre.

Programme d'accompagnement

Couleur	Préparation d'une couleur à partir de ses trois couleurs de base.

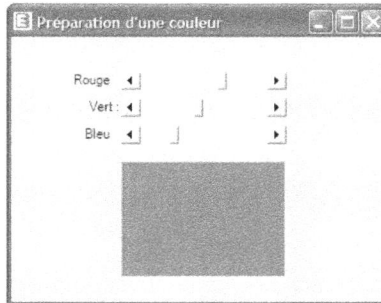

Figure 20-5

21

Les impressions

Dans ce chapitre, nous allons étudier les techniques d'impression et notamment les boîtes de dialogues liées aux impressions.

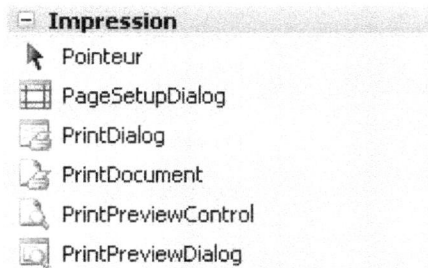

21.1 L'objet PrintDocument

Imprimer une page présente, pour une partie du travail tout du moins, de nombreuses similitudes avec un affichage dans une fenêtre. En effet, toutes les méthodes qui portent sur un contexte de périphérique lié à une fenêtre (objet de la classe Graphics avec ses méthodes DrawString et celles de tracés graphiques, voir la section 13.5) s'appliquent également à l'imprimante. Encore faut-il que ces méthodes portent sur un contexte de périphérique lié à l'imprimante. Des méthodes automatiquement appelées par l'infrastructure .NET fournissent cet objet « contexte de périphérique d'imprimante ».

Pour profiter pleinement de cette « tuyauterie » dont bénéficie automatiquement tout programme, nous allons examiner ce qui se passe lorsque l'on réclame une impression (souvent, mais pas nécessairement, suite à un clic sur l'article `Imprimer` du menu `Fichier`, comme le veut une tradition bien établie).

Pour imprimer un document ou quoi que ce soit d'autre, il faut d'abord créer un objet `PrintDocument` (ce composant figure dans le groupe `Impressions` de la boîte à outils). Par défaut, le premier objet créé a `printDocument1` comme nom interne (propriété `Name`).

La classe `PrintDocument` correspondant à ce composant présente :

- quelques propriétés pour spécifier des caractéristiques d'impression et d'imprimante ;
- une fonction `Print` pour démarrer le travail d'impression (*print job* en anglais) ;
- quatre événements dont `PrintPage` qui est signalé pour chaque page à imprimer.

Seule la propriété `DocumentName` peut être spécifiée de manière interactive lors de la phase de développement. Les autres propriétés doivent être spécifiées en cours d'exécution de programme (après, éventuellement, affichage d'une boîte de dialogue d'impression).

Classe `PrintDocument`		
`PrintDocument ← Component ← Object`		
`using System.Drawing.Printing;`		
Propriétés de la classe `PrintDocument`		
`DefaultPageSettings`		Paramètres d'impression par défaut : mode portrait ou paysage, impression en couleurs, marges, format papier, paramètres de l'imprimante, etc. La propriété `DefaultPageSettings` est de type `PageSettings` (cette classe est présentée plus loin dans ce chapitre).
`DocumentName`	`str`	Nom du document, apparaissant dans la fenêtre du gestionnaire d'impressions.
`PrintController`		Propriété de type `PrintController` avec ses méthodes `StartPrint`, `EndPrint`, `StartPage` et `EndPage`. Bien qu'il soit possible de les redéfinir, ces fonctions de la classe `PrintController` sont essentiellement appelées en interne et pratiquement jamais par le programme.
`PrinterSettings`		Propriété de type `PrinterSettings` qui permet de spécifier des paramètres de l'imprimante. La classe `PrinterSettings` est présentée plus loin.
Méthode de la classe `PrintDocument`		
`void Print();`		Démarre un travail d'impression (*job print* en anglais).

Les caractéristiques d'impression et d'imprimante peuvent être modifiées à tout moment : avant de démarrer le travail d'impression ou plus tard avant d'afficher une page (voir exemples plus loin dans ce chapitre).

Pour démarrer un travail d'impression, il faut exécuter la méthode `Print` appliquée à l'objet `PrintDocument`. Aussitôt après, l'événement `PrintPage` (lié à la classe `PrintDocument`) est signalé. La méthode qui traite cet événement est automatiquement exécutée pour chaque page à exécuter. À vous de signaler (dans cette méthode) que d'autres pages suivent et de spécifier ce qui doit être imprimé pour chaque page (en utilisant les fonctions de la famille `Draw` appliquées à un objet `Graphics`, voir la section 13.5).

Mais ne brûlons pas les étapes car, auparavant, deux autres événements, certes moins importants, sont signalés.

D'abord l'événement `BeginPrint` signale qu'un travail d'impression commence. Vous pourriez, à ce stade, annuler l'impression (en faisant passer à `true` la propriété `Cancel` du second argument de la méthode de traitement) mais cela présente généralement peu d'intérêt (sinon, vous n'auriez pas exécuté `Print`). L'événement `EndPrint` est signalé à la fin du travail d'impression. Traiter cet événement donne, si nécessaire, l'occasion de libérer des ressources qui auraient été allouées au début ou au cours du travail d'impression.

Le deuxième événement signalé est `QueryPageSettings` qui vous donne l'occasion de spécifier les paramètres d'impression et d'imprimante bien que plusieurs autres endroits soient disponibles pour cela.

L'événement `PrintPage` est alors signalé et le sera pour chaque page à imprimer. Toute l'impression s'articule en effet autour de cet événement. La méthode de traitement de cet événement `PrintPage` a pour format (xyz désignant le nom interne du composant `PrintDocument`) :

```
void xyz_PrintPage(object sender, PrintPageEventArgs e)
```

L'objet `PrintPageEventArgs` passé en second argument contient les propriétés suivantes, qui permettent de spécifier :

- ce qui doit être imprimé (via l'objet `Graphics`, en utilisant les fonctions du GDI+, comme nous l'avons vu au chapitre 13 ;

- les caractéristiques d'impression ;

- si d'autres pages suivent (propriété `HasMorePages`).

Voyons les propriétés que vous pouvez spécifier (en modifiant l'argument e de la fonction traitant l'événement `PrintPage`) pour influer sur l'impression.

Propriétés de la classe `PrintPageEventArgs`		
`Cancel`	T/F	Indique que l'impression doit être annulée. Faites passer cette propriété à `true` pour annuler la demande d'impression. Ne confondez pas cette propriété avec `HasMorePages` qui indique si d'autres pages suivent.
`Graphics`		Objet « contexte de périphérique » à utiliser pour l'impression. Les méthodes de la classe `Graphics` (`DrawString`, `DrawLine`, etc.) ont été présentées à la section 13.5.
`HasMorePages`	T/F	Indique s'il s'agit de la dernière page à imprimer. `HasMorePages` vaut `false` au moment d'entrer dans la fonction (par défaut, la page que l'on est en train de préparer est donc la dernière à imprimer). Si d'autres pages doivent encore être imprimées, faites passer `HasMorePages` à `true` (sinon, l'événement `PrintPage` n'est plus signalé et vous n'avez plus l'occasion d'imprimer ces pages).
`MarginBounds`	Rectangle	Propriété en lecture seule qui indique la portion de la page entre les marges. Le rectangle `MarginBounds` est intérieur au rectangle `PageBounds`.

Propriétés de la classe `PrintPageEventArgs` *(suite)*		
PageBounds	Rectangle	Rectangle de la page à imprimer. Il s'agit d'une propriété en lecture seule. Le rectangle `PageBounds` ne correspond pas exactement à la taille de la feuille de papier car les imprimantes sont en général incapables d'écrire sur toute la feuille (une petite marge subsiste toujours). Vous pouvez imprimer sur la page à partir du point (0, 0) de ce rectangle jusqu'au point (Width, Height) de ce même rectangle.
PageSettings		Objet de la classe `PageSettings` qui contient des paramètres de disposition de page (mode portrait ou paysage par exemple) ou des caractéristiques d'imprimante (résolution d'imprimante par exemple).

Pour imprimer un document de deux pages sur l'imprimante par défaut et dans un mode d'impression par défaut :

- On utilise le composant `PrintDocument` et on crée, comme pour n'importe quel composant, un objet de cette classe (soit `doc` le nom interne de cet objet).

- On déclare un champ privé dans la classe de la fenêtre (pour retenir le numéro de page à imprimer, parce que l'impression est différente pour chaque page) :

```
private int numPage=0;
```

- On exécute `doc.Print();`.

- On traite l'événement `PrintPage` de cette classe `PrintDocument` (ici, deux pages à imprimer) :

```csharp
void doc_Print(object sender, PrintPageEventArgs e)
{
 int X, Y, W, H;
 Font police = new Font("Arial", 20);
 switch (numPage)
 {
  case 0 :                                  // première page à imprimer
    // Diagonale à travers toute la page
    Point p1 = new Point(0, 0);
    Point p2 = new Point(e.PageBounds.Width, e.PageBounds.Height);
    e.Graphics.DrawLine(new Pen(Color.Black), p1, p2);
    // Texte au milieu de la page
    SizeF s = e.Graphics.MeasureString("Première page", police);
    W = (int)s.Width; H = (int)s.Height;     // Largeur et hauteur du texte
    X = (e.PageBounds.Width - W)/2;
    Y = (e.PageBounds.Height - H)/2;
    e.Graphics.DrawString("Première page", police,
                          new SolidBrush(Color.Black), X, Y);
  // signaler qu'une autre page suit
    numPage++;
    e.HasMorePages = true;
    break;
```

```
    case 1 :                    // deuxième et dernière page à imprimer
      e.Graphics.DrawString("Deuxième page", police,
                            new SolidBrush(Color.Black), 0, 0);
    break;
  }
}
```

21.2 Caractéristiques d'impression

Les caractéristiques d'impression et d'imprimante peuvent être spécifiées directement dans les propriétés DefaultPageSettings et PrinterSettings de l'objet PrintDocument ou après affichage d'une boîte de dialogue (celle-ci initialisant automatiquement les propriétés en question).

Cette boîte de dialogue est bien connue (voir figure 21-2) :

Figure 21-2

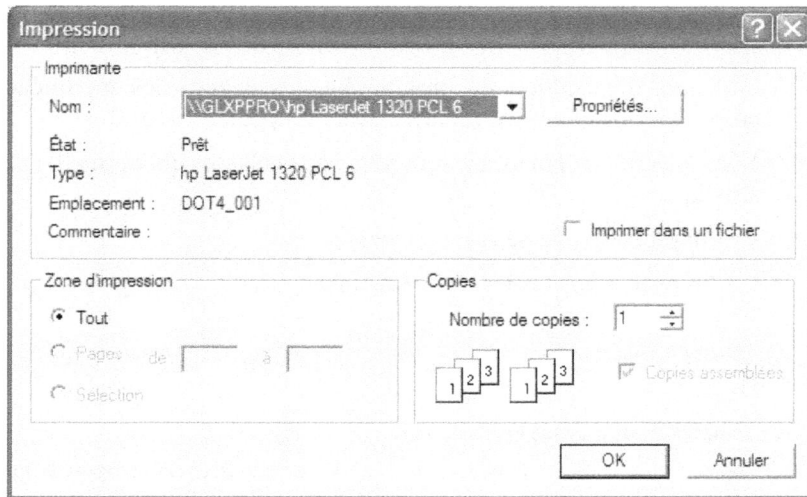

Le bouton Propriétés de la boîte de dialogue Impression permet de spécifier des caractéristiques d'imprimante.

Voyons comment afficher cette boîte de dialogue à l'aide du composant PrintDialog.

Pour afficher cette boîte de dialogue (objet printDialog1) en vue d'imprimer via l'objet printDocument1, on exécute ShowDialog appliqué à l'objet PrintDialog (sans oublier de spécifier à quel objet PrintDocument se rapporte l'objet PrintDialog) :

```
printDialog1.Document = printDocument1;
if (printDialog1.ShowDialog() != DialogResult.Cancel)
  printDocument1.Print();
```

Présentons la classe `PrintDialog` qui permet d'afficher une boîte de dialogue d'impression.

Classe `PrintDialog`

`PrintDialog ← CommonDialog ← Component ← Object`

Propriétés de la classe `PrintDialog`

AllowPrintToFile	T/F	Indique si la case `Imprimer dans un fichier` est activable.
AllowSelection	T/F	Indique si les boutons de et à (`From` et `To` dans les versions anglo-saxonnes) sont activables.
AllowSomePages	T/F	Indique si le bouton `Pages` est activable.
Document		Propriété de type `PrintDocument` qui indique à quel objet `PrintDocument` se rapporte l'impression.
PrinterSettings		Propriété de type `PrinterSettings` spécifiant les caractéristiques de l'imprimante.
PrintToFile	T/F	Indique si la case `Imprimer dans un fichier` est affichée.
ShowHelp	T/F	Indique si le bouton `Aide` est affiché.
ShowNetwork	T/F	Indique si le bouton `Réseau` est affiché.

En cours d'exécution de programme, les éventuelles modifications apportées à ces propriétés doivent être effectuées avant d'appeler `ShowDialog`.

Nous allons maintenant passer en revue les classes qui permettent de modifier des caractéristiques :

- d'impression (classe `PageSettings`) ;
- d'imprimante (classe `PrinterSettings`).

Classe `PageSettings`

`PageSettings ← Object`

Propriétés de la classe `PageSettings`

Bounds	Rectangle	Limites de la page, en tenant compte de la propriété `Landscape`.
Color	T/F	Indique si une impression en couleurs est réclamée. La valeur par défaut dépend de l'imprimante.
Landscape	T/F	Indique si une impression en mode « paysage » est réclamée. La valeur par défaut dépend de l'imprimante.
Margins	Margins	Marges de la page. `Margins` contient quatre champs (`Left`, `Right`, `Top` et `Bottom`) qui spécifient les marges, exprimées en centièmes de pouces (un pouce, *inch* en anglais, vaut 2.54 cm). La classe `Margins` comprend un constructeur sans argument ainsi qu'un autre qui accepte ces quatre champs en arguments.
PaperSize	PaperSize	Taille de la feuille de papier. `PaperSize` est un objet de la classe `PaperSize` qui comprend quatre champs :
	Width	Largeur de la feuille, en centièmes de pouce.

Height		Hauteur de la feuille.
Kind		Type de feuille, sous forme d'une des nombreuses valeurs suivantes de l'énumération PaperKind (on y retrouve évidemment les différents formats de papier) : notamment A2 à A6 avec, éventuellement, les suffixes Extra, Rotated ou Tansverse, B4 à B6, CxEnveloppe (x de 3 à 6) mais aussi Custom (remplir dans ce cas PaperName).
PaperName		Nom du type de feuille. PaperName est de type string (Kind doit alors valoir PaperKind.Custom).
PaperSource		Source (type de bac) d'alimentation en papier. PaperSource comprend une propriété Kind, de type PaperSourceKind avec ses valeurs AutomaticFeed, Cassette, Custom, Enveloppe, Lower, Manual, Middle, TractorFeed et Upper ainsi qu'une propriété SourceName de type string (pour une description significative pour l'utilisateur).
PrinterResolution		Résolution de l'imprimante. PrinterResolution comprend les propriétés X et Y (en dpi, c'est-à-dire en points par pouce mais ces champs n'ont de signification que si Kind vaut Custom) ou Kind (de type PrinterResolutionKind avec ses valeurs Custom, Draft, High, Low et Medium).
PrinterSettings		Propriété de type PrinterSettings qui donne les caractéristiques de l'imprimante.

La propriété Margins permet de spécifier d'autres marges que celles par défaut (il suffit d'assigner dans la propriété Margins un nouvel objet de type Margins). Les marges doivent être exprimées en centièmes de pouce.

Pour vous aider dans la conversion, la classe PrinterUnitConvert comprend une fonction statique d'aide à la conversion appelée Convert. Cette fonction peut prendre plusieurs formes :

```
xyz Convert(xyz val, puFrom, puTo);
```

où *xyz* peut être remplacé par int, double, Point, Size, Rectangle, tandis que Margins. puFrom et puTo désignent respectivement les unités d'origine et de destination. Il peut s'agir d'une des valeurs de l'énumération PrinterUnit : Display (centièmes de pouce), ThousandsOfAnInch (millièmes de pouce), HundredthsOfAMillimeter (centièmes de millimètre) ou TenthsOfAMillimeter (dixièmes de millimètre).

Présentons maintenant la classe PrinterSettings :

Classe PrinterSettings

PrinterSettings ← Object

Propriétés de la classe PrinterSettings

Copies	int	Nombre de copies (une par défaut).
FromPage	int	Numéro de la première page à imprimer.

Propriétés de la classe `PrinterSettings` *(suite)*

`InstalledPrinters`	`coll`	Tableau des imprimantes installées. `InstalledPrinters` est plus précisément de type `StringCollection`. Cette propriété peut donc être indexée par `[]`.
`IsDefaultPrinter`	`T/F`	Indique s'il s'agit de l'imprimante par défaut.
`PrinterName`	`string`	Nom de l'imprimante. Cette propriété peut être modifiée. `PrinterName` doit alors prendre un des noms d'imprimante connus du système (sinon, la propriété `IsValid` de l'objet `PrinterSettings` passe à `false`). Si le nouveau nom est correct, une autre imprimante est prise en considération et les propriétés de `PrinterSettings` sont modifiées en conséquence.
`SupportsColor`	`T/F`	Indique si l'impression est en couleurs.
`ToPage`	`int`	Numéro de la dernière page à imprimer.

La classe `PrinterSettings` comprend également les propriétés `PaperSources`, `PaperSizes` et `PrinterResolutions` qui sont respectivement des collections de `PaperSource`, de `PaperSize` et de `PrinterResolution` dont il a été question avec la classe `PageSettings`.

Pour retrouver les numéros de page sélectionnés dans les zones d'édition de et à de la boîte de dialogue `Impression` (objet `printDialog1`), on écrit :

```
printDialog1.Document = printDocument1;
printDialog1.AllowSomePage = true;
DialogResult res = printDialog1.ShowDialog();
if (res != DialogResult.Cancel)
{
 numPageFrom = printDialog1.PrinterSettings.FromPage;
 numPageTo = printDialog1.PrinterSettings.ToPage;
}
```

Nous verrons plus loin différents exemples d'utilisation de ces champs.

21.3 Prévisualisation d'impression

Pour prévisualiser une impression, il suffit d'utiliser le composant `PrintPreviewDialog` ou de créer dynamiquement un objet de cette classe :

```
PrintPreviewDialog ppd = new PrintPreviewDialog();
ppd.Document = printDocument1;
ppd.Text = "Prévisualisation d'impression";
ppd.ShowDialog();
```

La fenêtre suivante (figure 21-3) est alors affichée (la méthode traitant l'événement `PrintPage` étant automatiquement exécutée à cette occasion) :

Figure 21-3

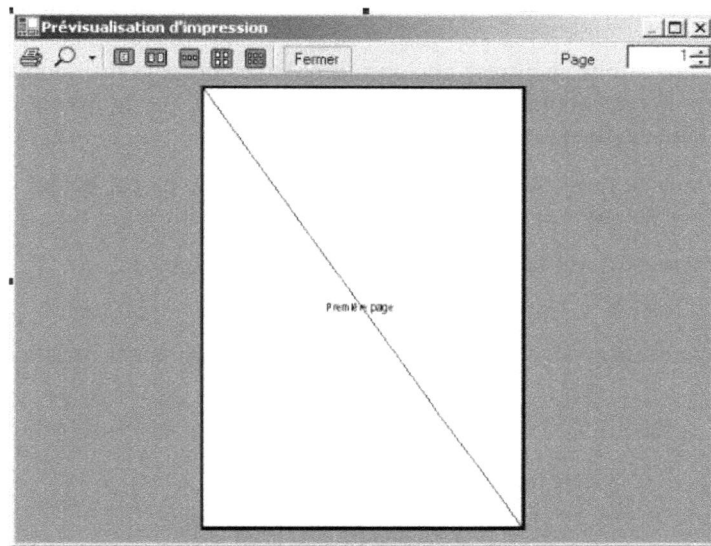

Passons en revue les classes concernées par la prévisualisation d'impression.

Classe `PrintPreviewDialog`

`PrintPreviewDialog ← Form`

Propriétés propres à la classe `PrintPreviewDialog`

Document	Document (objet `PrintDocument`) associé à la fenêtre de prévisualisation d'impression.
PrintPreviewControl	Objet `PrintPreviewControl` associé à la fenêtre de prévisualisation d'impression.

La fenêtre de prévisualisation peut être quelque peu personnalisée par programme à condition d'agir sur la propriété `PrintPreviewControl` de l'objet `PrintPreviewDialog`.

Classe `PrintPreviewControl`

`PrintPreviewControl ← RichControl`

Propriétés propres à la classe `PrintPreviewControl`

AutoZoom	T/F	Indique si Windows effectue automatiquement un effet de zoom pour que le contenu de la page soit entièrement visible.
Columns	int	Nombre de pages affichées horizontalement (une seule par défaut).
Document		Objet `PrintDocument` sur lequel porte la prévisualisation.
Rows	int	Nombre de pages affichées verticalement.
StartPage	int	Numéro de la première page affichée.

21.4 Problèmes pratiques

Nous allons envisager quelques problèmes pratiques d'impression. Nous avons déjà vu comment imprimer directement sur l'imprimante par défaut ou en faisant d'abord afficher la boîte de dialogue Impression.

Dans ce qui suit, nous supposerons que les noms par défaut (propriété Name) des objets PrintDocument et PrintDialog n'ont pas été modifiés.

Pour retrouver le nom de l'imprimante sélectionnée :

```
string s = printDocument1.PrinterSettings.PrinterName;
```

Pour retrouver le nombre et les noms des imprimantes installées :

```
n = printDocument1.PrinterSettings.InstalledPrinters.Count;
foreach (string s in printDocument1.PrinterSettings.InstalledPrinters)
{
   // s contient un nom d'imprimante
}
```

Pour imprimer directement sur la première des imprimantes installées (il ne s'agit pas nécessairement de l'imprimante par défaut) :

```
printDocument1.PrinterSettings.PrinterName =
   printDocument1.PrinterSettings.InstalledPrinters[0];
```

Pour estomper le bouton Imprimer dans un fichier de la boîte de sélection d'imprimante :

```
printDialog1.AllowPrintToFile = false;
```

Pour changer l'orientation de la page :

```
printDocument1.DefaultPageSettings.Landscape = true;
```

Durant l'impression, une boîte de dialogue est affichée. On y trouve le nom donné au travail d'impression ainsi que la page actuellement en cours d'impression (il s'agit d'une impression dans le spooler, c'est-à-dire sur disque dans un fichier temporaire, qui sera suivie d'une impression sur l'imprimante bien réelle).

Pour ne pas afficher cette boîte de dialogue, instanciez un objet de type StandardPrinterController dans la propriété PrintController de l'objet PrintDocument. Par défaut, cette propriété contient un objet de type PrintControllerWithStatusDialog.

Programmes d'accompagnement

Impressions   Impression ou aperçu avant impression d'une ou de deux pages avec, éventuellement, impression d'une image sur la première page.

Figure 21-4

22

Programmation des mobiles

Le microprocesseur, donc aussi le système d'exploitation, s'introduit partout, notamment dans les mobiles dont le marché est en progression bien plus élevée que celui des ordinateurs de bureau. Les appareils mobiles intelligents n'améliorent-ils pas la productivité des travailleurs dans nombre de domaines ? Qui, aujourd'hui, ne possède pas de téléphone portable ? Qui ne remplace pas son portable bien plus souvent que son ordinateur de bureau, et au diable l'avarice ? Il n'est, dès lors, guère étonnant que l'on ait vu apparaître une version de Windows sur une grande diversité d'appareils mobiles. Le phénomène n'est pas nouveau mais il s'est amplifié depuis l'arrivée des Pocket PC, véritables ordinateurs de poche, ainsi que des smartphones, ces téléphones mobiles de nouvelle génération fonctionnant, pour certains, sous contrôle de Windows Mobile. Ces appareils mobiles ne constituent-ils pas une version réduite des ordinateurs de bureau avec, certes, de nombreuses différences ?

Ces appareils mobiles, dont les propriétaires sont de plus en plus friands d'applications novatrices (qui, à leur tour, créent un besoin), il faut bien les programmer. Nous nous intéresserons donc ici à la programmation des Pocket PC et des smartphones.

Reconnaissons cependant que, si la plupart des Pocket PC ont Windows comme système d'exploitation, ce n'est pas le cas pour la majorité des téléphones portables : la part de marché qui revient à Windows Mobile ne dépasse pas 20 %, la meilleure part du gâteau allant au système d'exploitation Symbian qui équipe notamment la marque la plus répandue sur le marché européen. Il est vrai aussi que les acheteurs de portables, dans leur grande majorité, ignorent et ne veulent d'ailleurs rien connaître du rôle joué par le système d'exploitation. Ils orientent dès lors leurs choix en fonction de tout autre critère.

22.1 Différences par rapport aux ordinateurs de bureau

L'intérêt de Microsoft pour les appareils mobiles n'est pas nouveau : Windows CE est apparu en 1996 et visait, à l'époque, surtout des appareils mobiles utilisés en milieux industriels. Windows CE peut être considéré comme une version réduite de Windows. Mais ses concepteurs ont dû tenir compte de la spécificité de ces appareils : alors que Windows pour bureau constitue un bloc monolithique peu configurable (et pour cause, puisque tous les ordinateurs sont systématiquement équipés d'un écran, d'un disque, d'un clavier, d'une souris et d'une mémoire étendue), Windows CE est extrêmement configurable en raison de la diversité des périphériques connectés à l'unité centrale.

Un appareil mobile se caractérise en effet par :

- pas de clavier, ou alors dispositif d'entrée très réduit (parfois limité à quelques boutons) ;

- écran de taille réduite, voire inexistant ;

- pas de souris ;

- pas de disque mais de la mémoire sous différentes formes (RAM ou ROM) et toujours de taille réduite ;

- microprocesseur moins puissant dont il faut limiter au maximum la consommation (à cause de l'alimentation par piles) ;

- diversité des microprocesseurs (ARM, MIPS, SH3) alors que Windows, pour stations de travail, ne connaît que ceux de la famille x86 d'Intel ;

- moyens de communication plus rarement disponibles sur les ordinateurs de bureau : Bluetooth, infra-rouge (IrDA), etc.

Quel est l'intérêt pour un utilisateur de disposer d'un appareil mobile sous Windows ? Il peut paraître faible, voire inexistant dans le cas d'appareils utilisés en milieu industriel et limités à quelques boutons. Mais cet intérêt grandit dès qu'on y adjoint des programmes (par exemple un module facilitant la gestion de stocks) proches de ce qu'on trouve sur un ordinateur de bureau. Cet intérêt peut être important, voire prépondérant, dans le cas d'appareils comme le Pocket PC et même le smartphone.

Mais surtout, cet intérêt devient considérable pour les développeurs, surtout pour ceux qui utilisent déjà Visual Studio et les classes .NET. En effet, si vous savez écrire des programmes pour Windows, vous êtes prêt à développer des applications pour mobiles : mêmes techniques, mêmes outils, mêmes classes avec, certes, des limites.

De même que le framework .NET est une couche logicielle au-dessus de Windows, le .NET Compact Framework est une couche logicielle au-dessus de Windows CE pour Pocket PC et smartphones.

Il était hors de question d'installer Windows, dont la taille est imposante, tel quel sur des mobiles. Windows Mobile, qui est le nom donné à Windows CE pour Pocket PC et smartphones, est déjà de taille très réduite par rapport à la version pour bureau : 500 Ko au strict minimum quand aucune unité périphérique n'est prévue, et plus au fur et à mesure que des périphériques sont pris en charge. La taille du .NET Compact Framework est aussi très restreinte par rapport à celle du .NET Framework : environ 2 Mo, soit dix fois moins que le .NET Framework.

Pour en arriver là, Microsoft a dû :

• éliminer les fonctionnalités qui n'ont aucune raison d'être sous Windows Mobile (serveur Web, boîtes de dialogue, *drag&drop*, impressions, etc.) mais la gestion du multithread est bien présente dans la version compacte ;

• supprimer des fonctions pour lesquelles il y a des alternatives.

Donnons un exemple où il faut recourir à des solutions alternatives. Sous .NET version complète, il est possible de spécifier une image de fond dans une fenêtre (propriété `BackgroundImage`) ainsi que dans un `PictureBox` (propriété `Image`). Dans la version pour mobiles de .NET, `BackgroundImage` a été éliminé de la classe `Form`. Pour mettre une image en fond d'écran d'une application pour mobiles, il faut dès lors placer un `PictureBox` dans la fenêtre, spécifier sa propriété `Image` et, au démarrage de l'application, faire recouvrir la fenêtre par le `PictureBox` (sans oublier qu'on retrouve la propriété `Dock` dans le cas du Pocket PC mais pas dans le cas du smartphone, encore plus limité). La programmation pour mobiles est, dès lors, faite aussi de la connaissance et de la recherche de telles astuces.

Certaines classes ainsi que certaines propriétés et méthodes de classe ne sont tout simplement pas implémentées dans le .NET Compact Framework. Pour chaque classe ou fonction, la documentation en ligne indique si l'implémentation est effective dans la version compacte.

Certaines classes sont néanmoins propres à la version compacte. C'est le cas de la communication par infrarouge. Pour utiliser les classes implémentant cette fonctionnalité, il faut renseigner l'espace de noms `System.Net.IrDA`, et ajouter une référence à la DLL correspondante. Quant aux communications Bluetooth, elles se font via le port série.

Si la programmation d'applications pour mobiles est très semblable au développement sous Windows, le développeur pour mobiles doit néanmoins s'imprégner de la manière d'utiliser les mobiles : l'interface utilisateur peut, en effet, être très différente. Ainsi, il n'existe aucun dispositif de pointage sur un smartphone et il faut impérativement utiliser le menu à partir des seules touches du clavier.

22.2 Les émulateurs

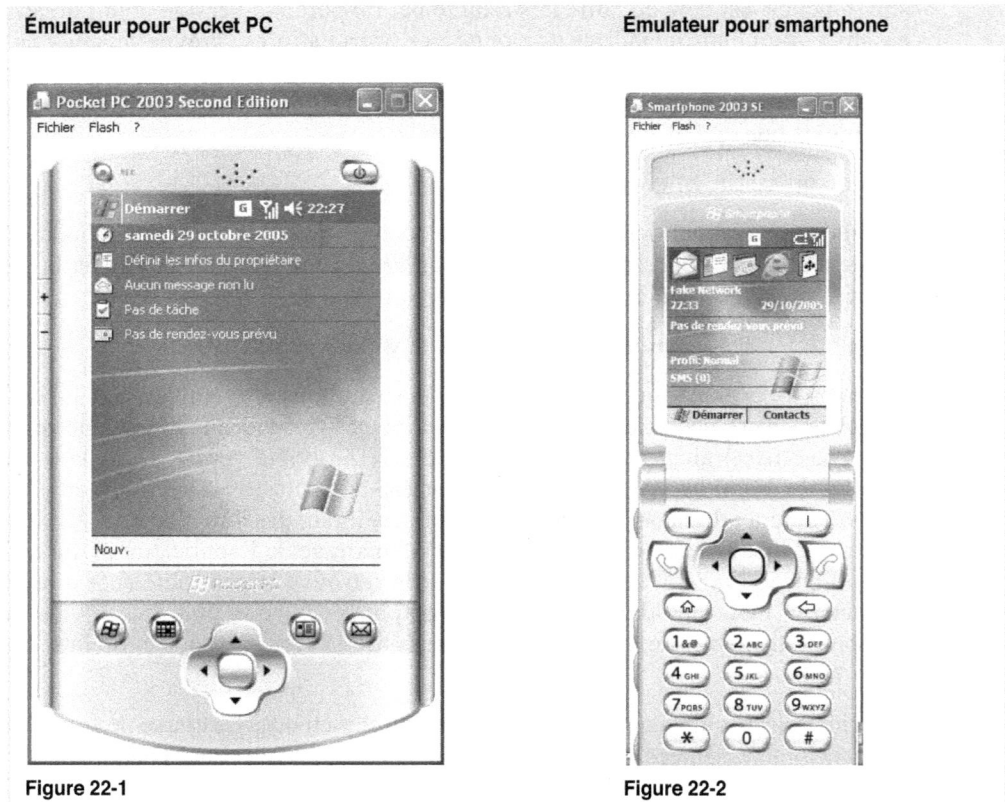

Émulateur pour Pocket PC	Émulateur pour smartphone

Figure 22-1

Figure 22-2

Il n'est pas nécessaire d'avoir sous la main un Pocket PC ou un smartphone pour développer des programmes pour mobiles. Visual Studio propose en effet différents émulateurs pour Pocket PC et smartphones (voir figures 22-1 et 22-2). Il s'agit de véritables émulateurs (Visual Studio émule tout le code présent dans cet appareil) et tout se passe comme si vous utilisiez un véritable Pocket PC ou smartphone. L'émulateur ne vous permet cependant pas de passer des communications téléphoniques. Pour tester un émulateur (et, éventuellement, jouer à l'un des jeux proposés par Windows Mobile) : Outils → Se connecter au périphérique et choisissez le mobile à émuler.

22.3 Programmer une application pour mobiles

Une application pour mobiles se prépare et se programme comme une application pour Windows, sauf qu'il faut spécifier un « smart device » : Fichier → Nouveau → Projet → Smart device, puis indiquez le type de mobile (Pocket PC, smartphone ou Windows CE) ainsi que l'emplacement (nom de répertoire), le nom (DeviceApplication1 par défaut, à modifier évidemment) ainsi que le type d'application : Application Smart Device (application à interface graphique, ce qui est notre cas ici), application à interface console, ou librairie.

La fenêtre de développement prend alors l'apparence d'un Pocket PC ou d'un smartphone :

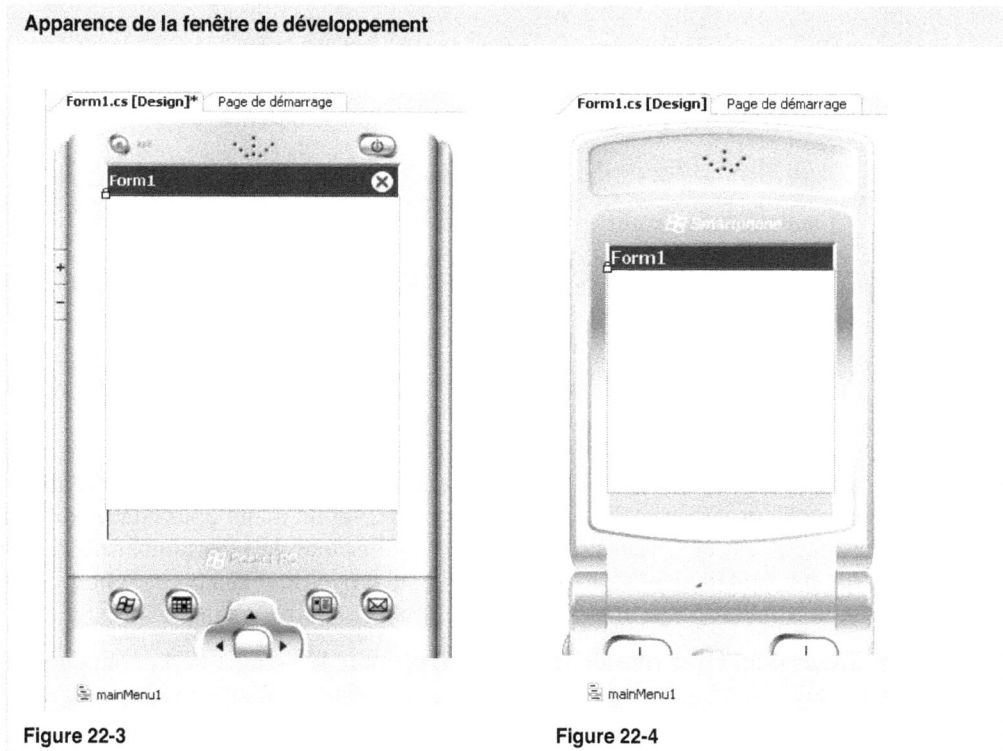

Apparence de la fenêtre de développement

Figure 22-3

Figure 22-4

Le développement s'effectue alors comme pour une application Windows. Une application pour Pocket PC s'utilise de manière très semblable à une application Windows pour bureau car le stylet joue le rôle de souris. Pour cette raison, on retrouve, dans le cas du Pocket PC, les composants (boutons, boîtes de liste, etc.) utilisés en programmation Windows.

Il en va différemment pour le smartphone car seules les touches du clavier peuvent être utilisées : les deux « soft keys » dans la partie supérieure (seule la touche de droite peut être à la base d'un sous-menu), les touches de direction, la touche ENTREE et les touches du clavier numérique qui servent également pour le texte. Comme composants visuels dans la boîte à outils relative au smartphone, on ne retrouve dès lors que les Label, TextBox, CheckBox, ComboBox, ListView, TreeView, Panel, PictureBox et ProgressBar, sans compter le menu qui joue un rôle essentiel dans le cas du smartphone.

À titre d'exemple, préparons une petite application pour le smartphone, histoire de mettre en évidence certains problèmes :

Figure 22-5

Cette application comprend : une image de fond (ici `nuages.jpg`), une boîte combo avec des noms de pays (`coPays`), une zone d'édition (`zeCapitale`), une zone d'affichage (`za`), une barre de progression (`pbar`), un timer (`timer1`) et un menu pour chacune des deux soft keys (`miCapitale` et `miHeure`). Il s'agit pour l'utilisateur de sélectionner un pays, de saisir un nom de capitale dans la zone d'édition et d'activer le menu `Capitale` pour vérifier s'il a donné la bonne réponse et en combien de temps.

Modifions d'abord le titre de la fenêtre. En raison de la taille de l'écran du smartphone, on est déjà limité par rapport à la version complète de Windows. Par programme, vous déterminez la taille de l'écran en lisant les propriétés `Width` et `Height` de `Screen.Primary-Screen.WorkingArea`.

Il n'est pas possible de spécifier une image de fond pour la fenêtre (pas de propriété `BackgroundImage` dans la classe `Form`, version .NET Compact Framework). Il n'empêche : on utilise un composant `PictureBox`, et on réduit fortement sa taille dans la fenêtre de développement (s'il occupait déjà toute la fenêtre du smartphone, cela cacherait d'autres composants). Sa propriété `Image` est initialisée (l'image sera alors incorporée en ressource dans l'exécutable). On fera ainsi occuper à ce `PictureBox` tout le fond de la fenêtre au démarrage de l'application (en traitant l'événement `Load`).

Pour la boîte combo, on initialise sa propriété `Items` avec des noms de pays. Pas de problème pour la zone d'édition, la zone d'affichage, la barre de progression et le menu : aucune différence par rapport à la programmation Windows. À noter néanmoins qu'il n'est pas possible de réclamer une transparence comme couleur de fond. Il faudra donc s'en accommoder et, éventuellement, réduire ses ambitions concernant l'aspect.

On traite l'événement Load adressé à la fenêtre :

```
private void Form1_Load(object sender, EventArgs e)
{
// faire occuper à la PictureBox tout l'espace de la fenêtre
pb.Location = new Point(0, 0);
pb.Size = this.ClientSize;
// faire passer les composants à l'avant-plan pour qu'ils soient visibles
foreach (Control c in this.Controls)
  if (c != pb) c.BringToFront();
// présélectionner le premier pays pour qu'il soit visible
coPays.SelectedIndex = 0;
timer1.Enabled = true;
}
```

Nous traitons l'activation de l'article Heure :

```
private void miHeure_Click(object sender, EventArgs e)
{
za.Text = "Il est " + DateTime.Now.ToLongTimeString();
}
Et celle de l'article Capitale :
private void miCapitale_Click(object sender, EventArgs e)
{
string s = zeCapitale.Text.ToUpper();
// bonne réponse ?
string[] tc = {"PARIS", "ROME", "MADRID"};
if (s == tc[coPays.SelectedIndex])
{
 za.Text = "En " + N/10 + " sec : bravo !!"; za.ForeColor = Color.Blue;
 timer1.Enabled = false;          // bonne réponse, arrêter le timer
}
else
{
 za.Text = "Faux !"; za.ForeColor = Color.Red;
}
}
```

Attention à la sélection dans la boîte combo : ne vous acharnez pas à cliquer sur la boîte combo dans l'émulateur ! Comme le smartphone n'est doté d'aucun dispositif de pointage, vous devez procéder autrement : il faut d'abord donner le focus à ce composant par les touches de direction (vers le haut et vers le bas), puis modifier la sélection en utilisant les deux autres touches de direction. On traite le changement de sélection dans la boîte combo (une nouvelle sélection démarre une nouvelle question) :

```
private void coPays_SelectedIndexChanged(object sender, EventArgs e)
{
pbar.Value = 0; timer1.Enabled = true;
zeCapitale.Text = ""; za.Text = ""; N = 0;
}
```

On traite le timer pour faire avancer la barre de progression et on augmente N (variable de la classe pour retenir le temps mis pour donner une bonne réponse, par défaut en dixièmes de seconde) :

```
private void timer1_Tick(object sender, EventArgs e)
{
  pbar.Value++; N++;
}
```

Toutes les techniques de débogage sous Visual Studio sont disponibles, que l'application soit déployée dans l'émulateur ou dans un véritable appareil (dans ce cas, via une connexion Active Sync entre la machine de développement et l'appareil).

Au moment de lancer l'application (en mode de débogage ou non), Visual Studio demande s'il faut déployer l'application sur un véritable smartphone ou dans l'émulateur.

Figure 22-6

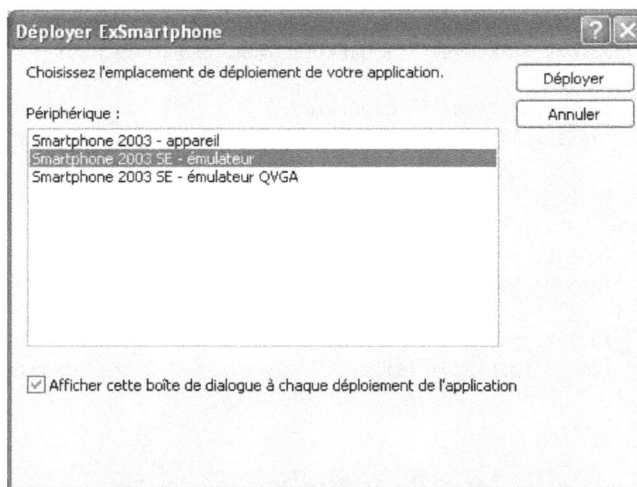

Un conseil lors du développement : ne fermez pas la fenêtre de l'émulateur, sauf à la fin, quand vous cessez de travailler sur ce programme. Contentez-vous de la réduire en icône, vous gagnerez ainsi beaucoup de temps. En cas de problème (émulateur qui paraît bloqué), les commandes magiques sont Fichier → Effacer l'état enregistré et Fichier → Réinitialiser → Logiciel (ou Matériel si cela se révèle vraiment nécessaire).

Signalons qu'avec Windows Mobile, comme on travaille toujours avec les mêmes programmes, en nombre limité, on ne ferme pas réellement une application. Celle-ci reste présente même si l'on éteint son mobile, tant que l'on ne réinitialise (reset) pas l'appareil.

Pour passer des fichiers entre un ordinateur et le mobile, vous utilisez Active Sync lors d'une communication avec un véritable mobile.

Comment, en mode émulation, simuler une telle opération de transfert de fichier entre l'ordinateur et le mobile ? Spécifiez d'abord un répertoire de partage sur la machine de développement : à partir de Visual Studio → `Outils` → `Options` → `Outils de périphérique` → `Périphériques` → sélectionnez un type de mobile → `Propriétés` → `Options de l'émulateur` → `Général` → `Dossier partagé`. Spécifiez un nom de répertoire de la machine de développement. Vous pouvez aussi, à partir de l'émulateur, activer le menu `Fichier` → `Configurer` et spécifier le dossier partagé. Supposons que le fichier `abc.xyz` ait été copié dans ce répertoire. À partir de l'émulateur, y compris par programme, vous accédez à ce fichier comme s'il figurait dans le répertoire `\Storage Card\abc.xyz` du mobile.

Pour porter une application de Pocket PC à smartphone et inversement, il n'est pas nécessaire de repartir à zéro : `Projet` → `Changer la plate-forme cible`. Il vous appartient néanmoins de tenir compte de toutes les différences entre ces deux mobiles.

.

23

Accès aux fichiers

L'espace de noms System.IO contient un certain nombre de classes permettant d'effectuer des opérations sur des fichiers. Ces différentes classes peuvent être regroupées en diverses catégories :

- la classe DriveInfo pour fournir des informations sur une unité de disque ;

- les classes Directory et DirectoryInfo pour manipuler des répertoires (créer un sous-répertoire, connaître les répertoires et fichiers d'un répertoire donné, etc.) ;

- les classes File et FileInfo qui fournissent des informations sur un fichier et permettent diverses manipulations (suppression, changement de nom, copie, etc.) mais sans permettre de lire ou d'écrire des fiches de ce fichier (sauf en version 2 pour la classe File qui contient maintenant quelques fonctions d'accès aux données d'un fichier) ;

- les classes Stream et apparentées qui traitent les flots de données et permettent de lire et d'écrire dans le fichier.

Dans ce chapitre, nous ne nous intéresserons qu'aux fichiers simples (de texte ou non) et pas encore aux bases de données à la fois plus complexes et plus faciles à manipuler (la facilité grâce aux techniques d'accès ADO.NET, voir le chapitre 24). À la suite de l'accès aux fichiers, nous étudierons la sérialisation et la désérialisation.

Nous nous préoccuperons aussi des différents types d'encodage, ce qui nous permettra de lire et de créer des fichiers de texte provenant de n'importe quel système et de n'importe quelle partie du globe.

23.1 La classe DriveInfo

La classe `DriveInfo` fournit des informations sur une unité de disque : nom d'étiquette (*volume label* en anglais), capacité, espace disponible, etc. L'unité de disque (par exemple `A:`) est passée en argument du constructeur.

Classe `DriveInfo`		
`DriveInfo ← Object`		
`using System.IO;`		
Propriétés de la classe `DriveInfo`		
`AvailableFreeSpace`	`long`	Espace (en nombre d'octets) encore disponible sur l'unité.
`DriveFormat`	`str`	Type de disque : NTFS ou FAT32.
`DriveType`		Type d'unité : une des valeurs de l'énumération `DriveType` : CDRom, Fixed, Network, NoRootDirectory, Ram, Removable ou Unknown.
`IsReady`	`T/F`	Indique si l'unité est prête à l'emploi : `DriveInfo di = new DriveInfo("A:");` `di.IsReady` vaut `true` si l'unité de disquette est prête à l'emploi.
`Name`	`str`	Nom de l'unité (par exemple `C:`)
`RootDirectory`		De type `DirectoryInfo`, cette propriété donne des informations sur le répertoire racine.
`TotalSize`	`long`	Capacité de l'unité.
`VolumeLabel`	`str`	Étiquette de volume de l'unité. Cette propriété peut être modifiée, et cette modification est répercutée sur le disque. L'exception `SecurityException` est générée si l'utilisateur n'a pas le droit de modifier l'étiquette de volume.

Le constructeur de la classe accepte en argument un nom d'unité (a à z ou A à Z). Les : à droite de la lettre de l'unité sont autorisés.

Pour déterminer le pourcentage d'espace libre sur disque :

```
using System.IO;
.....
DriveInfo di = new DriveInfo("C:");
long ts=di.TotalSize, afs=di.AvailableFreeSpace;
double pc = (double)afs/ts*100;
```

Le transtypage sur `afs` est nécessaire pour qu'une division réelle soit effectuée entre `afs` et `TotalSize`. On aurait aussi pu écrire `100.0*afs/ts`.

23.2 Les classes Directory et DirectoryInfo

Les classes `Directory` et `DirectoryInfo` donnent des informations sur le contenu d'un répertoire et permettent d'effectuer des opérations comme créer un sous-répertoire. La classe `Directory` ne contient que des méthodes statiques tandis que les méthodes de la classe `DirectoryInfo` opèrent sur un objet de cette classe.

Les caractères \ et / peuvent être utilisés indifféremment comme séparateurs dans des noms de répertoires.

23.2.1 La classe Directory

La classe `Directory` contient des méthodes, toutes statiques. Celles-ci fournissent des informations sur un répertoire, par exemple les fichiers présents. Elles permettent aussi de manipuler un répertoire, par exemple en créer ou en supprimer un.

Classe `Directory`

`Directory ← Object`

`using System.IO;`

Méthodes statiques de la classe `Directory`

`Directory` `CreateDirectory(string path);`	Crée un répertoire. L'argument `path` peut désigner un nom absolu ou relatif de répertoire. L'exception `IOException` est générée si le répertoire existe déjà ou si un fichier porte ce nom.
`void Delete(string rep);`	Supprime le répertoire `rep` et tout son contenu. Le répertoire doit être vide (sinon, l'exception `IOException` est générée).
`void Delete(string rep,` `          bool recursive);`	Supprime le répertoire sur lequel porte l'opération. `recursive` doit valoir `true` pour que les sous-répertoires et fichiers de ce répertoire soient également supprimés. Si `recursive` vaut `false` et que des fichiers existent encore dans ce répertoire, l'exception `IOException` est générée.
`bool Exists(string rep);`	Renvoie `true` si le répertoire existe.
`DateTime` `GetCreationTime(string rep);`	Renvoie la date de création du répertoire. On trouve aussi `GetLast-AccessTime` et `GetLastWriteTime` pour la date de dernier accès et celle de dernière modification dans le répertoire.
`string GetCurrentDirectory();`	Renvoie le nom du répertoire courant.
`string[]` `GetDirectories(string rep);`	Renvoie un tableau des noms des sous-répertoires du répertoire `rep`.

`string[]`
`GetDirectories(string rep,`
`          string pattern);`
	Même chose mais permet de spécifier (dans `pattern`) un critère de sélection (par exemple A* pour obtenir les répertoires dont le nom commence par A ou ?X* pour ceux dont le nom contient X en deuxième caractère). Le caractère générique ? remplace un seul caractère tandis que * remplace zéro, un ou plusieurs caractères.

`string[] GetFiles(string rep);`	Renvoie les noms des fichiers du répertoire `rep`.

`string[]`
`GetFiles(string rep,`
`        string pattern);`
	Même chose mais permet de spécifier un critère de sélection (par exemple *.txt).

`string[] GetLogicalDrives();`	Renvoie un tableau des unités connues du système (A:, C:, etc.).

Méthodes statiques de la classe Directory *(suite)*

void Move(string repSource, string repDest);	Change un nom de répertoire, repSource étant changé en repDest. L'exception IOException est générée si le répertoire est déplacé sur une autre unité ou si repDest existe déjà.
void SetCurrentDirectory(string rep);	Change de répertoire courant. L'application utilise donc à partir de maintenant un autre répertoire par défaut.
void SetCreationTime(DateTime);	Modifie la date de création du répertoire. D'autres fonctions sont Set-LastAccessTime et SetLastWriteTime.

Pour afficher tous les fichiers du répertoire courant, on écrit :

```
using System.IO;
.....
string curDir = Directory.GetCurrentDirectory();
foreach (string f in Directory.GetFiles(curDir))
 Console.WriteLine(f);
```

23.2.2 La classe DirectoryInfo

La classe DirectoryInfo fournit des informations semblables à celles de la classe Directory mais les méthodes ne sont pas statiques. Pour utiliser les méthodes de DirectoryInfo, il faut d'abord créer un objet DirectoryInfo.

Classe DirectoryInfo

DirectoryInfo ← FileSystemEntry ← Object

using System.IO;

Constructeur de la classe DirectoryInfo

DirectoryInfo(string chemin);	Construit un objet DirectoryInfo à partir d'un chemin de répertoire. Les exceptions suivantes sont générées : Directory-NotFoundException si le chemin n'existe pas et Argument-Exception si le chemin contient des caractères non valides.

Propriétés de la classe DirectoryInfo

Attributes	enum	Donne les attributs du répertoire (celui sur lequel porte l'objet DirectoryInfo). Attributes peut prendre l'une des valeurs de l'énumération FileSystemAttributes (voir la propriété Attributes de la classe FileInfo à la section 23.2).
CreationTime	DateTime	Date de création du répertoire.
Exists	T/F	Indique si le répertoire existe.
FullName	str	Nom complet du répertoire (y compris l'unité).
LastAccessTime	DateTime	Date de dernier accès au répertoire.
LastWriteTime	DateTime	Date de dernière écriture dans le répertoire.

Name	str	Nom du répertoire.
Parent	Directory	Répertoire père.

Méthodes de la classe DirectoryInfo	
`DirectoryInfo CreateSubDirectory(string rep);`	Crée un sous-répertoire de l'objet `DirectoryInfo` sur lequel porte l'opération.
`void Delete(bool recursive);`	Supprime le répertoire sur lequel porte l'opération. `recursive` doit valoir `true` pour supprimer les sous-répertoires et fichiers de ce répertoire. Si `recursive` vaut `false` et que des fichiers existent dans le répertoire que l'on veut supprimer, une exception est générée.
`void Delete();`	Comme la fonction précédente mais avec l'argument `recursive` qui vaut systématiquement `true`.
`DirectoryInfo[] GetDirectories();`	Renvoie un tableau des sous-répertoires (objets `DirectoryInfo`) du répertoire sur lequel porte l'opération.
`DirectoryInfo[] GetDirectories(string pattern);`	Même chose mais permet de spécifier un critère de sélection.
`FileInfo[] GetFiles();`	Renvoie un tableau des fichiers du répertoire sur lequel porte l'opération.
`FileInfo[] GetFiles(string pattern);`	Même chose mais permet de spécifier un critère de recherche.
`void MoveTo(string repDest);`	Change le nom de répertoire du répertoire sur lequel porte l'opération. Si aucune exception n'est générée, il s'appellera dorénavant `repDest`.

Pour afficher les fichiers (nom et date de création) du répertoire courant :

```
using System.IO;
.....
string curDir = Directory.GetCurrentDirectory();
DirectoryInfo cdi = new DirectoryInfo(curDir);
foreach (FileInfo fi in cdi.GetFiles())
  Console.WriteLine(fi.Name + " - " + fi.CreationTime.ToString("d"));
```

23.3 Les classes File et FileInfo

Les classes `File` et `FileInfo` permettent d'effectuer des opérations sur des fichiers (mais pas encore l'accès aux données contenues dans le fichier). La classe `File` ne contient que des méthodes statiques tandis que la classe `FileInfo` associe un objet (de type `FileInfo`) à un fichier et les méthodes de `FileInfo` opèrent sur cet objet. Elles fournissent diverses informations (taille du fichier, droits d'accès, etc.) sur un fichier.

Depuis la version 2, la classe `File` fournit quelques fonctions d'accès aux données du fichier.

23.3.1 La classe File

Présentons d'abord la classe File qui fournit des informations sur un fichier. Ses méthodes sont toutes statiques.

Classe File

File ← Object

using System.IO;

Méthodes statiques de la classe File

void
Copy(string f1,
    string f2,
    bool bReplace);
	Copie le fichier f1 (source) vers f2 (destination). Si bReplace vaut true et qu'un fichier portant le nom spécifié dans f2 existe déjà, ce dernier est écrasé. Sinon, l'exception IOException est générée. Si f1 n'existe pas, l'exception FileNot-FoundException est générée.

void Copy(string f1, string f2);	Copie le fichier f1 vers f2. Dans le cas où le fichier f2 existe déjà, l'exception IOException est générée et la copie n'est pas effectuée (une opération n'est jamais effectuée quand une exception est générée).
void Move(string f1, string f2);	Déplace f1 vers f2 (le renomme quand on reste dans le même répertoire). L'exception IOException est générée si f2 existe déjà.
bool Exists(string f);	Renvoie true si le fichier f existe.
void Delete(string f);	Supprime le fichier f. L'exception IOException est générée si le fichier f n'existe pas ou est ouvert par une application.
FileAttributes GetAttributes(string f);	Donne les attributs du fichier. L'énumération FileAttributes contient les valeurs suivantes : Archive, Directory, Hidden, Normal, ReadOnly, System, Temporary, Compressed et Encrypted.
void SetAttributes(string f, FileAttributes);	Modifie les attributs du fichier. Voir exemple de lecture et de modification d'attribut ci-après.
DateTime GetCreationTime(string);	Donne la date de création du fichier. Des fonctions semblables sont GetLast-AccessTime (date de dernier accès) et GetLastWriteTime (date de dernière modification).
void SetCreationTime(string f, DateTime);	Modifie la date de création du fichier f. Une exception est générée si le fichier est en lecture seule. Des méthodes semblables sont SetLastAccessTime et SetLastWriteTime.

Pour renommer un fichier (Anc.jpg qui doit devenir Nouv.jpg), on écrit (sans vérifier que Anc.jpg existe bien et que Nouv.jpg n'existe pas déjà) :

```
using System.IO;
.....
File.Move("Anc.jpg", "Nouv.jpg");
```

Pour que l'opération puisse être effectuée sans problème, il faut que `Anc.jpg` existe et que `Nouv.jpg` n'existe pas. Tout cela est traité ici :

```
try
{
 File.Move("Anc.jpg", "Nouv.jpg");
}
catch (FileNotFoundException)
{
 Console.WriteLine("Anc.jpg n'existe pas !");
}
catch (IOException)
{
 Console.WriteLine("Nouv.jpg existe déjà !");
}
```

Généralement, on se contente d'intercepter `Exception` (qui reprend n'importe laquelle des deux exceptions précédentes) et de communiquer à l'utilisateur le contenu du champ `Message` de l'objet `exc` automatiquement créé lors du déclenchement de l'exception :

```
try {File.Move("Anc.jpg", "Nouv.jpg");}
catch (Exception exc) {Console.WriteLine(exc.Message);}
```

Pour copier un fichier, mais tout en évitant d'écraser un fichier existant qui porterait le même nom, on écrit :

```
try
{
 File.Copy("Anc.jpg", "Nouv.jpg", false);
}
catch (FileNotFoundException)
{
 Console.WriteLine("Anc.jpg n'existe pas !");
}
catch (IOException)
{
 Console.WriteLine("Nouv.jpg existe déjà !");
}
```

Pour vérifier si un fichier existe :

```
if (File.Exists("Fich.dat")) .....
```

Pour vérifier si un fichier est en lecture seule (ne pas oublier que plusieurs attributs pourraient être à « vrai ») :

```
FileAttributes fa = File.GetAttributes("Fich.dat");
if ((fa & FileAttributes.ReadOnly)>0) .....
```

Pour cacher un fichier et le rendre en lecture seule :

```
FileAttributes fa = FileAttributes.ReadOnly | FileAttributes.Hidden;
File.SetAttributes("Fich.dat", fa);
```

Pour modifier la date de création d'un fichier :

```
File.SetCreationDate("Fich.dat", new DateTime(1789, 7, 14));
```

Méthodes de la classe `File` introduite en version 2

`string[]` `ReadAllLines(string nom_fichier);`	Lit toutes les lignes d'un fichier de texte. Après lecture, le fichier (qui n'a pas été explicitement ouvert) reste fermé.
`string` `ReadAllText(string nom_fichier);`	Amène tout le contenu du fichier de texte dans une chaîne de caractères.
`byte[]` `ReadAllBytes(string nom_fichier);`	Amène tout le contenu du fichier dans un tableau de bytes.

`void`
`WriteAllLines(`
`  string nom_fichier,`
`  string[] lignes);`
	Crée un fichier de texte à partir d'un tableau de lignes.

`void`
`WriteAllBytes(`
`  string nom_fichier, byte[]);`
	Crée un fichier (binaire) à partir d'un tableau de bytes.

Les méthodes opérant sur un fichier de texte (`ReadAllLines`, `ReadAllText`, `WriteAllLines` et `WriteAllText`) acceptent un second argument de type `Encoding` qui permet de spécifier l'encodage (voir plus loin dans ce chapitre). Spécifier l'encodage est nécessaire pour tenir correctement compte de nos lettres accentuées. Spécifier l'encodage n'est cependant nécessaire que pour les fonctions `Read`.

Pour lire tout un fichier de texte comprenant des lettres accentuées :

```
string[] ts = File.ReadAllLines("Fich.dat", ASCIIEncoding.Default);
foreach (string s in ts) .....
```

Pour créer un fichier de texte à partir d'un tableau de chaînes de caractères :

```
string[] ts = {"Joë", "Jack", "William", "Averell"};
File.WriteAllLines("FichOut.txt", ts);
```

23.3.2 La classe FileInfo

La classe `FileInfo` offre des méthodes semblables à `File` mais travaille sur un objet. Ses méthodes ne sont donc pas statiques.

Classe `FileInfo`

```
FileInfo ← FileSystemEntry ← Object
```

```
using System.IO;
```

Constructeur de la classe `FileInfo`

`FileInfo(string path);`	Crée un objet `FileInfo` à partir d'un nom de fichier. Il peut s'agir d'un nom complet de fichier ou d'un nom relatif (dans ce cas, il s'agit d'un fichier du répertoire courant de l'application). Comprenez bien qu'en écrivant : `FileInfo f=new FileInfo("Fich.dat");` on ne crée pas un nouveau fichier mais uniquement un objet `FileInfo` associé au fichier (existant ou non) qui s'appelle `Fich.dat` (ici un fichier du répertoire courant de l'application). La propriété `Exists` prend la valeur `true` si le fichier existe. N'exécutez les méthodes de la classe `FileInfo` que si `Exists` vaut `true`.

Propriétés de la classe `FileInfo`

`Attributes`	enum	`Attributes` peut contenir l'une des valeurs suivantes de l'énumération `FileSystemAttributes` :

`Archive`	fichier susceptible d'être archivé,
`Directory`	il s'agit d'un répertoire,
`Hidden`	fichier caché,
`Normal`	fichier normal,
`ReadOnly`	fichier à lecture seule,
`System`	fichier système,
`Temporary`	fichier temporaire.

`Exists`	T/F	Vaut `true` si le fichier passé en argument du constructeur existe.
`Name`	str	Nom du fichier (sans le répertoire mais avec l'extension).
`FullName`	str	Nom complet du fichier (unité, répertoire, nom et extension).
`Length`	long	Taille du fichier, en octets.
`CreationTime`	DateTime	Date et heure de création (voir la classe `DateTime` à la section 3.4).
`LastAccessTime`	DateTime	Date et heure de dernier accès.
`LastWriteTime`	DateTime	Date et heure de dernière modification.
`Directory`	Directo-ryInfo	Objet de la classe `DirectoryInfo` se rapportant au répertoire du fichier.
`DirectoryName`	string	Nom du répertoire du fichier.

Méthodes de la classe `FileInfo`

`File CopyTo(string f);`	Copie le fichier sur lequel porte l'opération vers f.
`File CopyTo(string f, bool bReplace);`	Copie le fichier sur lequel porte l'opération vers f. `CopyTo` se comporte comme `Copy` qui est une méthode statique.
`void MoveTo(string f);`	Déplace le fichier sur lequel porte l'opération vers f. Une exception `IOException` est générée si un fichier porte déjà ce nom.
`void Delete();`	Supprime le fichier sur lequel porte l'opération.

Pour renommer un fichier (Anc.jpg qui doit devenir Nouv.jpg), on écrit (en vérifiant que Anc.jpg existe bien) :

```
using System.IO;
.....
FileInfo f = new FileInfo("Anc.jpg");
if (f.Exists) f.MoveTo("Nouv.jpg");
```

L'exception IOException est générée si un fichier s'appelant Nouv.jpg existe déjà. L'exception UnauthorizedAccessException est générée si le fichier est déplacé sur une autre unité.

23.4 La classe Stream et ses classes dérivées

Nous allons maintenant nous intéresser au contenu des fichiers.

23.4.1 La classe abstraite Stream

Un flot (ou flux, *stream* en anglais) désigne une suite continue d'octets s'écoulant d'une source vers une destination. La source (*source* en anglais) et la destination (*sink*) concernent généralement mais pas nécessairement des fichiers. Il pourrait en effet s'agir de transferts de données sur le réseau ou en mémoire. Les opérations d'entrée/sortie sont essentiellement régies par la classe Stream (une classe abstraite qui sert de base notamment à la classe FileStream) et quelques classes associées (classes *reader* et *writer*).

La classe Stream est une classe abstraite (on ne peut donc pas créer d'objet de cette classe) qui est à la base des autres classes susceptibles d'être utilisées pour lire et écrire des données. Ces classes dérivées de Stream sont :

- FileStream pour les accès aux fichiers ;
- NetworkStream pour les accès au réseau (transfert de données à travers le réseau) ;
- MemoryStream pour des échanges entre zones de mémoire ;
- mais aussi BufferedStream et CryptoStream.

La classe BufferedStream fait intervenir la notion de buffer (c'est-à-dire de zone tampon en mémoire) dont on peut spécifier la taille. Jouer sur la taille du buffer a souvent une influence sur les performances (dans un sens ou dans l'autre, tant cela dépend de nombreux facteurs). Un objet BufferedStream est construit à partir :

- d'un objet d'une des autres classes (FileStream, etc.), objet spécifié en premier argument du constructeur ;
- d'une taille de buffer spécifiée en second argument.

Un objet CryptoStream utilise aussi les méthodes de lecture et d'écriture de Stream mais permet de crypter les données. Un objet CryptoStream est construit à partir :

- d'un objet d'une des autres classes spécifié en premier argument ;
- d'informations de cryptage en deuxième et troisième arguments.

Passons en revue les propriétés et méthodes de la classe abstraite `Stream`. Les méthodes `Read` et `Write` de la classe `Stream` sont peu utilisées : on préfère généralement utiliser des méthodes de classes plus appropriées aux lectures et aux écritures (classes de type *reader* et *writer* présentées plus loin).

Classe abstraite `Stream`

`Stream ← Object`

`using System.IO;`

Propriétés de la classe `Stream`

`CanRead`	`T/F`	Indique si des lectures sont autorisées.
`CanSeek`	`T/F`	Indique si des recherches sont autorisées.
`CanWrite`	`T/F`	Indique si des écritures sont autorisées.
`DataAvailable`	`T/F`	Indique si des données sont disponibles.
`Length`	`long`	Taille des données disponibles.
`Position`	`long`	Indicateur de position dans le flux.

Méthodes de la classe `Stream`

`int`
`Read(byte[] b,`
` int offset, int n);`
	Lit n octets et les range, à partir du déplacement `offset` dans le tableau de bytes qu'est `b`.
	`Read` renvoie le nombre de caractères lus ou une valeur inférieure à n si la fin du flot a été atteinte.

`int ReadByte();`	Lit un octet du flot et renvoie la valeur de cet octet sous forme d'un `int`. `ReadByte` renvoie −1 si la fin du flot (généralement du fichier) a été atteint.

`int`
`Write(byte[] b,`
` int offset, int n);`
	Ecrit dans le flot les n octets qui se trouvent dans le buffer `b`, à partir de la position `offset` dans ce buffer.

`void WriteByte(byte);`	Ecrit un octet dans le flot.
`void Close();`	Ferme le flot.
`void Flush();`	Force l'écriture sur disque des données placées temporairement dans un buffer mémoire en attente d'une écriture sur disque. `Flush` permet de se prémunir contre une coupure de courant ou tout autre incident du genre. Les données sont en effet toujours stockées dans une mémoire tampon avant d'être écrites sur disque. La classe `BufferedStream` permet de spécifier la taille de cette zone tampon. Les autres classes font aussi intervenir la notion de buffer mais la taille de celui-ci est fixée par défaut.

`long`
`Seek(long offset,`
` SeekOrigin);`
	Force un positionnement dans le flot à partir de la position `offset`. `SeekOrigin` peut prendre l'une des trois valeurs suivantes de l'énumération `SeekOrigin` :
	
	`Begin` positionnement par rapport au début,
	
	`Current` par rapport à la position courante,
	
	`End` par rapport à la fin.

La classe `Stream` étant abstraite, il faudra étudier ses classes dérivées avant d'envisager des exemples concrets.

23.4.2 La classe FileStream

La classe `FileStream` est sans doute la plus utile des classes dérivées de `Stream` puisqu'elle s'applique spécifiquement aux fichiers. La classe `FileStream` permet d'ouvrir ou de créer un fichier en spécifiant le mode d'ouverture (les intentions du programmeur quant aux opérations à effectuer), le mode d'accès (lectures uniquement, écritures uniquement ou encore lectures et écritures) ainsi qu'un mode de partage.

Comme la classe `FileStream` est dérivée de `Stream`, les méthodes d'accès que sont la famille `Read` (pour la lecture), la famille `Write` (pour l'écriture), `Seek` (pour le positionnement) et `Close` (pour fermer le fichier) ainsi que la propriété `DataAvailable` (pour indiquer le nombre de caractères disponibles) sont celles de sa classe de base. Cependant, on préfère généralement utiliser les classes *reader* et *writer* pour l'accès aux données du fichier (voir ces classes et leurs exemples plus loin).

Classe `FileStream`		
`FileStream ← Stream ← Object`		
`using System.IO;`		
Constructeurs de la classe `FileStream`		

`FileStream(`
`    string nomFichier,`
`    FileMode);`
	Ouvre un fichier en spécifiant en arguments le nom du fichier ainsi que le mode d'ouverture.
	`FileMode` peut prendre l'une des valeurs suivantes de l'énumération `FileMode` :	

	`Append`	Ne peut être utilisé que si le fichier est ouvert en mode « écriture uniquement ». Positionne le pointeur de fichier à la fin du fichier, en préparation d'ajouts dans celui-ci.
	`Create`	Un nouveau fichier doit être créé. Si un fichier existe et porte le même nom, il sera écrasé par le nouveau.
	`CreateNew`	Un nouveau fichier doit être créé.
	`Open`	Un fichier existant doit être ouvert.
	`OpenOrCreate`	Le fichier existant doit être ouvert ou un nouveau créé.
	`Truncate`	Un fichier existant doit être ouvert et la taille de ce fichier existant d'abord ramenée à zéro (par perte de son contenu).
	L'exception `FileNotFoundException` est générée si le fichier n'existe pas alors que l'on désire ouvrir un fichier existant (`Open` dans l'argument `FileMode`).	

`FileStream(`
`    string nomFichier,`
`    FileMode, FileAccess)`
	Comme le constructeur précédent mais un mode d'accès est spécifié. `FileAccess` peut prendre l'une des valeurs suivantes de l'énumération `FileAccess` :	

	`Read`	accès en lecture seule,
	`ReadWrite`	accès en écriture uniquement,
	`Write`	accès en lecture et écriture.

FileStream(
  string nomFichier,
  FileMode,
  FileAccess,
  FileShare)
	Comme le constructeur précédent mais un mode de partage est spécifié. File-Share peut prendre l'une des valeurs suivantes de l'énumération FileShare :

	None — aucun partage autorisé,
	Read — les autres utilisateurs peuvent lire dans le fichier mais ne peuvent y écrire,
	ReadWrite — les autres utilisateurs peuvent lire et écrire dans le fichier (à charge pour eux aussi d'effectuer les verrouillages nécessaires pour éviter les problèmes d'accès concurrents),
	Write — les autres utilisateurs peuvent modifier le fichier.
Méthodes propres à la classe FileStream	
void Lock(long pos, long n);	Verrouille n bytes à partir de la position pos dans le fichier. Si un autre programme (généralement du réseau) accède à un zone verrouillée, une exception est générée (exception destinée à cet autre programme).
void Unlock(long pos, long n);	Déverrouille n bytes à partir de la position pos dans le fichier.

Si nous avons créé un objet FileStream, c'est en vue d'effectuer des lectures, des ajouts et des modifications de données dans ce fichier. Nous allons pour cela utiliser les classes :

- StreamReader et StreamWriter pour les fichiers de texte ;
- BinaryReader et BinaryWriter pour les fichiers binaires.

Ces classes donnent en effet accès aux données plus aisément qu'avec les méthodes Read et Write de la classe FileStream.

Un fichier de texte ne peut contenir que du texte, y compris les caractères de saut de ligne. C'est notamment le cas des fichiers créés à l'aide du bloc-notes. Les fichiers créés à l'aide d'un logiciel de traitement de texte ne sont pas des fichiers de texte puisqu'ils contiennent bien autre chose en plus du texte et des marques de saut de ligne.

23.5 Les classes de lecture/écriture

23.5.1 La classe StreamReader

Différentes méthodes des classes StreamReader, StringReader et BinaryReader permettent de lire plus aisément dans un flot (c'est-à-dire dans un objet d'une classe dérivée de Stream) que ne le permettent les méthodes de la classe Stream. De même, différentes méthodes des classes StreamWriter, StringWriter et BinaryWriter permettent d'écrire dans un flot.

La classe StreamReader est spécialisée dans la lecture de fichier de texte. Elle permet notamment de lire un fichier de texte ligne par ligne. Elle permet également de spécifier le type d'encodage (encodage Ansi sur 8 bits de Windows, celui de DOS ainsi que les différents types d'encodage d'Unicode). Le type d'encodage est particulièrement important pour nous qui utilisons des lettres accentuées.

Classe `StreamReader` (pour fichiers de texte)	
`StreamReader ← TextReader ← Object`	
`using System.IO;`	
Constructeurs de la classe `StreamReader`	
`StreamReader(string);`	Crée un objet `StreamReader` en spécifiant directement le nom du fichier. Les caractères sont supposés encodés en Unicode UTF-8 (voir section 23.6 pour plus d'explications à ce sujet).
`StreamReader(` `  string, Encoding);`	Même chose mais permet de spécifier la manière d'encoder un caractère. Le second argument est un objet d'une des classes suivantes dérivées de `Encoding` (ces classes sont présentées à la section 23.6). Si vous lisez un fichier créé sous Windows et comprenant des lettres accentuées, il y a lieu de passer `ASCIIEncoding.Default` en second argument.
`StreamReader(Stream);`	Crée un objet `StreamReader` à partir d'un objet `Stream` ou d'une classe dérivée. Le recours à ce constructeur permet donc de se passer de l'objet `FileStream` (cela ne vaut cependant que pour les fichiers de texte). L'exception `FileNotFoundException` est générée si le fichier n'existe pas.
`StreamReader(Stream,` `  Encoding);`	Semblable au constructeur précédent mais permet de spécifier un type d'encodage.
Méthodes de la classe `StreamReader`	
`int Peek();`	Renvoie le prochain caractère disponible sans le retirer du flot. `Peek` renvoie −1 si plus aucun caractère n'est disponible.

`int`
`Read(char[] buf,`
`  int offset, int n);`
	Lit n caractères du flot et les range dans le tableau `buf`, à partir du déplacement `offset`. `Read` renvoie le nombre de caractères lus. Dans un fichier de texte, on utilise plutôt `ReadLine` pour lire une ligne à la fois.

`int Read();`	Comme `Peek` mais retire le caractère du flot.
`string ReadLine();`	Lit la prochaine ligne. Une ligne est constituée d'une série de caractères et est terminée par `\n` (*line feed*) ou `\r\n`. `ReadLine` renvoie `null` si la fin du fichier a été atteinte.
`string ReadToEnd();`	Lit tout le fichier du début à la fin.

Pour lire le contenu du fichier de texte `LisezMoi.txt` (supposé exister et sans lettres accentuées pour le moment), on écrit (s contiendra une nouvelle ligne du fichier de texte lors de chaque passage dans la boucle) :

```
using System.IO;
.....
FileStream fs = new FileStream("LisezMoi.txt", FileMode.Open);
StreamReader sr = new StreamReader(fs);
string s = sr.ReadLine();
while (s != null)
{
 Console.WriteLine(s);
```

```
    s = sr.ReadLine();
  }
sr.Close(); fs.Close();
```

On aurait aussi pu écrire, en se passant de l'objet FileStream :

```
using System.IO;
.....
StreamReader sr = new StreamReader("LisezMoi.txt");
string s = sr.ReadLine();
while (s != null)
{
 Console.WriteLine(s);
 s = sr.ReadLine();
}
sr.Close();
```

ou encore, de manière plus ramassée mais peut-être moins lisible :

```
StreamReader sr = new StreamReader("LisezMoi.txt");
string s;
while ((s = sr.ReadLine()) != null) Console.WriteLine(s);
```

Passons maintenant aux problèmes susceptibles d'être rencontrés avec les instructions précédentes (le plus important étant celui de nos lettres accentuées)

Pour que le programme ne se « plante » pas si le fichier LisezMoi.txt n'existe pas, exécutez la première ligne au moins dans un try/catch (l'exception FileNotFoundException est en effet générée si le fichier passé en argument de FileStream ou de StreamReader n'existe pas).

23.5.2 Le problème de nos lettres accentuées

La lecture du fichier, telle que réalisée dans les fragments de code précédents, n'est cependant pas satisfaisante dans le cas suivant qui est inévitable chez nous : le fichier contient des lettres accentuées et il a été créé à l'aide d'un éditeur à codage Ansi (cas des éditeurs sous Windows 9X et cas par défaut sous NT, 2000 et XP). Pour résoudre le problème, il faut faire intervenir la notion d'encodage, expliquée à la fin de ce chapitre.

Le fichier est cependant lu correctement avec les instructions précédentes s'il a été créé à l'aide d'un éditeur à encodage Unicode (cas du bloc-notes sous Windows NT, 2000 ou XP quand vous enregistrez le fichier avec codage Unicode ou UTF-8).

Pour lire correctement un fichier Ansi comprenant des lettres accentuées (cas des fichiers créés par le bloc-notes sous Windows 9X), il faut créer l'objet StreamReader de la manière suivante :

```
using System.Text;
.....
StreamReader sr = new StreamReader("LisezMoi.txt", ASCIIEncoding.Default);
```

ou

```
StreamReader sr = new StreamReader(fs, ASCIIEncoding.Default);
```

Si le fichier a été créé sous DOS (qui utilisait dans nos contrées le code de page 437), mais c'est encore vrai aujourd'hui si vous créez un fichier en mode console, le second argument doit être :

```
ASCIIEncoding.GetEncoding(437)
```

La technique marche, que l'encodage des caractères soit Ansi, Unicode ou UTF-8. Les différentes techniques d'encodage de caractères sont expliquées à la section 23.7. On y montrera aussi comment détecter le type de fichier de texte (Ansi, Unicode, UTF-8, etc.).

23.5.3 La classe StreamWriter

Comme son nom l'indique, la classe StreamWriter permet d'écrire dans un flot. Elle est symétrique de StreamReader.

Classe StreamWriter	
StreamWriter ← TextWriter ← Object	
using System.IO;	
Constructeurs de la classe StreamWriter	
StreamWriter(Stream);	Ces constructeurs sont symétriques de ceux de StreamReader.
StreamWriter(Stream, Encoding);	
StreamWriter(string);	Le nom du fichier à créer est passé en argument. On se passe donc de l'objet FileStream.
StreamWriter(string, bool Append);	Crée (si le fichier n'existe pas) ou se prépare à ajouter des lignes (si le fichier existe). Si le fichier existe et que Append vaut false, le nouveau fichier écrase l'ancien. Si le fichier existe et que Append vaut true, les lignes seront ajoutées (par Write ou WriteLine) en fin de fichier. Le codage, puisqu'il n'est pas spécifié, est Unicode UTF-8.
StreamWriter(string, bool, Encoding);	Comme le constructeur précédent mais permet de spécifier l'encodage (par exemple ASCIIEncoding.Default pour le code Ansi de Windows).
Propriétés de la classe StreamWriter	
AutoFlush T/F	Indique si une écriture (généralement sur disque) doit être effectuée immédiatement après chaque Write.
NewLine string	Caractères de fin de ligne. Par défaut, il s'agit de "\r\n".
Méthodes de la classe StreamWriter	
void Flush();	Force l'écriture sur disque.
void Write(arg);	Ecrit dans le flot. L'argument peut être de n'importe quel type, y compris Object : char, char[], string, bool, decimal, float, double, int, long, object, uint, ulong. On peut aussi retrouver la forme de Write étudiée dans Write appliqué à l'objet Console (voir le chapitre 1) ainsi que la suivante : Write(char[], int index, int n); pour écrire n caractères à partir de la position index dans un tableau de char.
void WriteLine(arg);	Même forme que Write mais un saut de ligne est effectué après l'écriture (par défaut à l'aide de la chaîne "\r\n").

Un fichier de texte n'est jamais ouvert en lecture/écriture. Pour modifier un fichier de texte, on en crée un nouveau (et, éventuellement, supprime l'ancien avant de renommer les fichiers). Pour transformer tous les a en A dans un fichier de texte, on écrit (en supposant que le fichier existe) :

```
using System.IO;
using System.Text;
.....
StreamReader sr = new StreamReader("Fich.txt", ASCIIEncoding.Default);
string s = sr.ReadToEnd();
sr.Close();
StringBuilder sb = new StringBuilder(s);
sb.Replace('a', 'A');
s = sb.ToString();
StreamWriter sw = new StreamWriter("Fich.txt", ASCIIEncoding.Default);
sw.Write(s);
sw.Close();
```

On aurait aussi pu lire ligne par ligne dans le fichier d'entrée et écrire ligne par ligne (avec WriteLine) dans le fichier de sortie. Nous avons ici lu toutes les lignes du fichier, du début à la fin, en un seul bloc donc, avec ReadToEnd.

23.5.4 La classe BinaryReader

La classe BinaryReader est spécialisée dans la lecture de données binaires (une succession de uns et de zéros non directement intelligibles, contrairement aux fichiers de texte). Vous devez connaître l'organisation précise du fichier qui est en train d'être lu (par exemple savoir qu'il s'agit d'un fichier BMP et connaître la structure de ces fichiers images). Un fichier dont chaque fiche contient un nom (sous forme d'un char[] ou d'un byte[]) et un âge (sous forme d'un int) doit être considéré comme un fichier binaire. Aucune fonction ne peut fournir automatiquement des informations sur la structure du fichier (vous devez donc disposer de ces informations), contrairement aux bases de données qui enregistrent la structure des tables en plus des données.

Classe BinaryReader

BinaryReader ← Object

using System.IO;

Constructeurs de la classe BinaryReader

BinaryReader(Stream); BinaryReader(Stream, Encoding);	Voir les constructeurs de StreamReader. La classe BinaryReader ne connaît que ces deux constructeurs. Contrairement à StreamReader, il n'y a pas de constructeur avec le nom du fichier en premier argument. Par défaut, la classe considère que l'encodage est Unicode UTF-8.

Méthodes de la classe `BinaryReader`

`int PeekChar();`	Renvoie le prochain caractère disponible sans le retirer du flot. `Peek` renvoie −1 si plus aucun caractère n'est disponible.
`int Read(char[] buf, int offset, int n);`	Lit n caractères du flot et les range dans le tableau de caractères (16 bits) qu'est `buf`, à partir du déplacement `offset`. `Read` renvoie le nombre de caractères lus. L'exception `EndOfStreamException` est générée si la fin du flot est atteinte et cela vaut pour toutes les fonctions qui suivent.
`int Read(byte[] buf, int offset, int n);`	Même chose mais la destination est un `byte[]`, c'est-à-dire un tableau d'octets (8 bits). Voir dans l'exemple ci-après comment passer d'un `byte[]` à un objet `string`.
`int Read();`	Comme `Peek` mais retire le caractère du flot.
`bool ReadBoolean();`	Lit un octet du flot et renvoie `true` si la valeur de cet octet est différente de zéro.
`byte ReadByte();`	Comme le précédent mais lit un octet et renvoie celui-ci.
`byte[] ReadBytes(int n);`	Lit n octets et les renvoie sous forme d'un tableau de `bytes`. Voir la section 23.6 pour les conversions entre `byte[]`, `char[]` et `string`.
`char ReadChar();`	Comme les précédentes mais pour `char`.
`char[] ReadChars(int n);`	Comme `ReadBytes` mais renvoie un tableau de n caractères.

Toutes les méthodes qui suivent ont une signification évidente :

`double ReadDouble();`	`short ReadInt16();`	`int ReadInt32();`
`long ReadInt64();`	`sbyte ReadSByte();`	`float ReadSingle();`
`ushort ReadUInt16;`	`uint ReadUint32();`	`ulong ReadUInt64();`
`string ReadString();`		

Dans l'exemple suivant, nous allons lire un fichier créé par un programme écrit il y a bien longtemps en C et s'exécutant sous DOS (donc avec utilisation de la page 437). Cela nous permettra de mettre en évidence plusieurs problèmes.

Cet antique programme écrit en C exécutait (notez les lettres accentuées car la représentation de celles-ci sous Windows n'est pas celle qui prévalait sous DOS et prévaut encore en mode console) :

```
struct PERS {char Nom[10]; int Age;};
struct PERS tp[] = {{"Gaston", 25}, {"Hélène", 40}};
File *fp;
fp = fopen("Fich.dat", "wb");
for (i=0; i<sizeof tp/sizeof tp[0]; i++) fwrite(&tp[i], sizeof(PERS), 1, fp);
fclose(fp);
```

Avant de présenter le fragment de programme de lecture de ce fichier en C#, mettons en lumière les problèmes que nous allons rencontrer.

Signalons d'abord que dans un fichier, toutes les fiches sont de même taille. On peut certes créer des fichiers à fiches de taille variable mais cela complique considérablement l'accès au fichier (surtout l'accès direct à une fiche donnée). Pour cette raison, les chaînes de caractères (par exemple pour les noms et les prénoms) ne sont pas de type `string` mais bien de type `char[]` ou `byte[]` où la taille est fixée et identique pour toutes les fiches. Chaque caractère du fichier en question est codé sur huit bits.

Pour l'accès au fichier, nous créons un objet `FileStream`, puis un objet `BinaryReader`. Les deux sont nécessaires car, contrairement à la classe `StreamReader`, aucun constructeur de `BinaryReader` n'admet de nom de fichier en argument. Comme il s'agit d'un fichier binaire, nous ne spécifions encore aucune information d'encodage (nous serons néanmoins confrontés au problème lors de la lecture du nom, dans les dix premiers caractères de chaque fiche) :

```
using System.IO;
.....
FileStream fs = new FileStream("Fich.dat", FileMode.Open);
BinaryReader br = new BinaryReader(fs);
```

Le nom est codé sur dix octets, dans un tableau d'octets. On doit ici utiliser `ReadBytes` car on lit un tableau de dix octets. Il n'est pas encore question de `string` au sens que lui donne C# mais il nous faudra convertir le tableau de dix octets en un objet `string` puisque celui-ci est le type fondamental pour le traitement de chaînes en C#. Pour lire le premier nom, on écrit donc :

```
byte[] buf = new byte[10];      // préparer la zone de réception
buf = br.ReadBytes(10);         // lire les dix premiers octets du fichier
```

On aurait pu écrire en deuxième instruction (cela éviterait de modifier la seconde ligne si le nombre d'octets alloués pour le nom devait changer) :

```
buf = br.ReadBytes(buf.Length);
```

Les chaînes de caractères ont été codées sur dix octets, avec un octet de valeur zéro juste derrière le dernier octet significatif (technique C de codage des chaînes de caractères avec zéro de fin de chaîne). Le nom est donc ici limité à neuf caractères significatifs. Mais le C n'impose pas que tous les caractères à droite de ce zéro de fin de chaîne (jusqu'au dixième) soient nuls ! Pour éviter tout problème, nous forçons des zéros dans ces derniers caractères :

```
int i;
for (i=0; buf[i]!=0 && i<buf.Length; i++); // recherche du zéro de fin de chaîne
for (; i<buf.Length; i++) buf[i] = 0;       // forcer des zéros de fin de chaîne
```

Ce tableau d'octets, nous devons maintenant le convertir en un objet `string` puisque c'est l'objet « naturel » des chaînes de caractères dans l'architecture .NET. À ce stade, nous devrons prendre en compte la technique d'encodage des caractères. Il s'agit ici d'un fichier créé sous DOS, c'est-à-dire avec encodage sur 8 bits et page de code 437. Pour spécifier cet encodage, nous écrivons :

```
using System.Text;
.....
Encoding enc = ASCIIEncoding.GetEncoding(437);
```

Si le fichier avait été créé sous Windows, on aurait écrit :

```
Encoding enc = ASCIIEncoding.Default;
```

Nous pouvons maintenant convertir `buf` en un objet `string` :

```
string Nom = enc.GetString(buf);
```

`Nom` a maintenant la taille de `buf`, avec un ou plusieurs caractères de valeur zéro à la fin de la chaîne. Nous éliminons ces caractères superflus :

```
Nom = Nom.TrimEnd(new char[] {(char)0});
```

Nous aurions pu écrire de manière tout à fait équivalente :

```
Nom = Nom.TrimEnd(new char[] {'\0'});
```

Nous avons lu le nom, codé sur dix octets au début de toute fiche. Nous pouvons maintenant lire l'âge de la personne, codé sur les deux octets qui suivent dans le fichier (ne pas oublier qu'un `int` est codé sur 32 bits dans l'environnement .NET alors qu'il était codé sur 16 bits du temps des compilateurs sous DOS) :

```
int Age = (int)br.ReadUInt16();
```

Toutes ces instructions auraient dû être placées dans un `try/catch` puisque l'exception `EndOfStreamException` est générée quand la fin du fichier est atteinte.

Pour atteindre directement la n-ième fiche (chaque fiche occupant 10+2 octets), on écrit (en supposant que cette n-ième fiche existe) :

```
fs.Seek(n*12, SeekOrigin.Begin);
```

On peut maintenant lire la n-ième fiche comme nous l'avons fait plus haut.

Résumons toutes ces opérations. Pour lire ce fichier (supposé exister) dans un programme C#, on écrit :

```
using System;
using System.IO;
using System.Text;
.....
FileStream fs = new FileStream("Fich.dat", FileMode.Open);
BinaryReader br = new BinaryReader(fs);
byte[] buf = new byte[10];
Encoding enc = ASCIIEncoding.GetEncoding(437);
string Nom;
short Age;
try
{
 while (true)
 {
  // Lire une fiche
  buf = br.ReadBytes(buf.Length);              // lire le nom
  int i; for (i=0; buf[i]!=0 && i<buf.Length; i++);
  for (; i<buf.Length; i++) buf[i] = 0;
  Nom = enc.GetString(buf);
  Nom = Nom.TrimEnd(new char[]{'\0'});
```

```
    Age = br.ReadInt16();                          // lire l'âge
    Console.WriteLine(Nom + " (" + Age + ")");
  }
}
catch (EndOfStreamException) {}
br.Close(); fs.Close();
```

On aurait pu écrire :

```
for (int n=0; n<fs.Length/12; n++)
{
 // lire la n-ième fiche
 .....
}
```

23.5.5 La classe BinaryWriter

Pour écrire des données dans un fichier considéré comme fichier binaire, on peut utiliser la classe BinaryWriter dont les méthodes sont en gros celles de StreamWriter (BinaryWriter écrit des données binaires sur disque tandis que StreamWriter écrit du texte).

Classe BinaryWriter	
BinaryWriter ← Object	
using System.IO;	
Constructeurs de la classe BinaryWriter	
BinaryWriter(Stream);	Voir BinaryReader. Il n'y a cependant pas de constructeur avec le nom d'un fichier en argument. L'objet FileStream (ou NetworkStream ou MemoryStream) est toujours nécessaire.
BinaryWriter(Stream, Encoding);	
Méthodes de la classe BinaryWriter	

void Write(arg);	Écrit dans le flot. L'argument peut être de n'importe quel type, y compris Object : byte, byte[], char, char[], string, bool, decimal, float, double, short, ushort, int, long, object, uint, ulong. mais aussi (index spécifie un déplacement et count un nombre de caractères à écrire) :
	
	`Write(char[], int index, int count);`
	ou
	`Write(byte[], int index, int count);`
	
	La méthode ToCharArray de la classe String permet de convertir un string en un char[].

long Seek(long depl, SeekOrigin);	Déplacement dans le flot (autrement dit le fichier). SeekOrigin peut prendre l'une des trois valeurs de l'énumération SeekOrigin : Begin, Current ou End. Si vous effectuez des lectures et des modifications dans un fichier, vous avez besoin d'objets FileStream, BinaryReader et BinaryWriter. C'est alors sur l'objet FileStream que vous devez exécuter Seek.
void Flush();	Force une écriture (généralement sur disque).
void Close();	Met fin à l'accès au fichier.

Pour modifier une fiche (on vieillit la personne de dix ans), on écrit (en supposant que le fichier existe, que la n-ième fiche existe et qu'il s'agit du fichier DOS considéré lors de l'étude de la classe BinaryReader) :

```
FileStream fs = new FileStream("Fich.dat", FileMode.Open,
                                         FileAccess.ReadWrite);
BinaryReader br = new BinaryReader(fs);        // objet de lecture
BinaryWriter bw = new BinaryWriter(fs);        // objet d'écriture
// se positionner sur la n-ième fiche
fs.Seek(n*12, SeekOrigin.Begin);
// lire le nom
.....                                  // instructions déjà rencontrées
// lire l'âge
int Age = (int)br.ReadUInt16();
Age += 10;                             // vieillir la personne de dix ans
// se repositionner sur le début du champ Age (codé sur deux octets)
fs.Seek(-2, SeekOrigin.Current);
// réécrire le champ
bw.Write((ushort)Age);
// fermer les flots
br.Close(); bw.Close(); fs.Close();
```

La lecture du nom n'était pas indispensable puisque nous n'en faisons aucun usage. On aurait dès lors pu ajouter 10 (nombre de caractères du nom) au déplacement du premier Seek ou exécuter :

```
fs.Seek(n*2+10, SeekOrigin.Begin);
```

là où nous lisions un nom.

23.5.6 La classe StringReader

La classe StringReader permet de décomposer une ligne de texte en ses différents constituants (avec \n comme séparateur). On pourrait aussi utiliser la méthode Split de la classe String pour arriver au même résultat.

Classe StringReader	
StringReader ← TextReader ← Object	
Constructeurs de la classe StreamReader	
StringReader(string);	La chaîne à décomposer est passée en argument.
Méthodes de la classe StringReader	
int Read();	Lit le prochain caractère et renvoie sa valeur ou −1 si la fin de la chaîne a été atteinte.
int Read(char[], int index, int count);	Lit count caractères à partir du déplacement index. Read renvoie le nombre de caractères lus (cette valeur est différente de count si la fin de la chaîne a été atteinte).
string ReadLine();	Lit la prochaine ligne. Une ligne est terminée par \n (*line feed*) ou \r\n. La fonction ReadLine renvoie null si la fin du fichier a été atteinte.

Il n'y a malheureusement aucune méthode permettant de lire l'entier ou le réel suivant dans la chaîne de caractères.

Si l'on écrit :

```
StringReader sr = new StringReader("AAAA\nBBBB\nCCCC");
string s = sr.ReadLine();
while (s != null)
{
 .....                                      // traiter s
 s = sr.ReadLine();
}
```

Dans la boucle, s contient successivement AAAA, BBBB et CCCC.

23.6 Sérialisation et désérialisation

La sérialisation consiste à enregistrer un objet sur disque. La désérialisation consiste à créer et initialiser un objet à partir d'informations provenant d'un fichier. La sérialisation permet aussi de passer des objets d'une machine à l'autre.

Pour sérialiser un objet, il suffit de :

- marquer la classe de l'objet avec l'attribut [Serializable] ;
- créer un objet BinaryFormatter ainsi qu'un objet FileStream pour créer un fichier ;
- exécuter Serialize.

Pour désérialiser l'objet, c'est-à-dire l'instancier en mémoire à partir d'une lecture sur disque, il faut :

- créer un objet BinaryFormatter ainsi qu'un objet FileStream pour lire un fichier ;
- exécuter Deserialize appliqué à l'objet BinaryFormatter.

Pour sérialiser (dans le fichier objPers.dat du répertoire courant mais peu importent le nom et l'extension) un objet de la classe Pers :

```
using System.IO;
using System.Runtime.Serialization;
using System.Runtime.Serialization.Formatters.Binary;
.....
// classe dont on peut sérialiser et désérialiser un objet
[Serializable]
class Pers
{
 string nom;
 int age;
 public Pers(string N, int A) {nom = N; age = A;}
 public string Nom { get {return nom;} set {nom = value;}}
 public int Age { get {return age;} set {age = value;}}
}
```

```
.....
// sérialiser dans le fichier objPers l'objet p de la classe Pers
Pers p = new Pers("Gaston", 25);
BinaryFormatter formatter = new BinaryFormatter();
FileStream fs = new FileStream("objPers.dat", FileMode.OpenOrCreate,
                                FileAccess.Write);
formatter.Serialize(fs, p);
fs.Close();
```

Sur disque, on trouve maintenant un objet `Pers` contenu dans le fichier `objPers.dat`. Pour créer l'objet en mémoire à partir d'une lecture dans ce fichier `objPers.dat` :

```
BinaryFormatter formatter = new BinaryFormatter();
FileStream fs = new FileStream("objPers.dat", FileMode.Open,
                                FileAccess.Read);
Pers p = (Pers)formatter.Deserialize(fs);
fs.Close();
```

On retrouve dans `p.Nom` et `p.Age` les informations enregistrées lors de la sérialisation de l'objet (ici sérialisation dans le fichier `objPers.dat`).

Rien ne nous empêche de sérialiser une collection d'objets :

```
ArrayList al = new ArrayList();
Pers p = new Pers("Gaston", 25); al.Add(p);
p = new Pers("Jeanne", 23); al.Add(p);
// sérialiser la collection (ici un tableau dynamique d'objets Pers)
BinaryFormatter formatter = new BinaryFormatter();
FileStream fs = new FileStream("objListe.dat", FileMode.OpenOrCreate,
                                FileAccess.Write);
formatter.Serialize(fs, al);
fs.Close();
```

Pour désérialiser la collection ainsi enregistrée sur disque dans le fichier `objListe.dat` :

```
BinaryFormatter formatter = new BinaryFormatter();
FileStream fs = new FileStream("objListe.dat", FileMode.Open,
                                FileAccess.Read);
ArrayList al = (ArrayList)formatter.Deserialize(fs);
fs.Close();
```

On peut maintenant parcourir le tableau dynamique de personnes :

```
foreach (Pers p in al)
    .....                   // nom d'une personne dans p.Nom et son âge dans p.Age
```

23.7 Encodage des caractères

Les classes `StreamReader` et `StreamWriter` font intervenir la notion d'encodage, ce qui est particulièrement heureux puisque cela permet de lire des fichiers provenant de divers systèmes et de créer des fichiers susceptibles d'être lus sur ces autres systèmes. La notion d'encodage intervient également lorsqu'il s'agit de lire ou d'écrire des chaînes de caractères (noms, prénoms, etc.) dans des fichiers binaires (la conversion vers ou à partir d'objets `string` porte alors sur une « partie » du fichier binaire alors qu'elle porte sur toute la ligne dans le cas de fichiers de texte).

Essayons de bien comprendre cette notion fondamentale d'encodage.

Avant même l'apparition du premier PC, le besoin de normaliser la représentation des caractères s'est fait sentir. Une des premières normes fut le code ASCII à 7 bits. Ce code fait correspondre à chaque caractère une valeur numérique comprise entre 0 et 127. Parmi les caractères retenus à l'époque, on trouve les chiffres, les lettres minuscules, les majuscules, des signes de ponctuation et les symboles mathématiques les plus usuels mais pas nos lettres accentuées : le besoin d'accents était tout simplement ignoré à l'époque par les constructeurs américains et la plupart des imprimantes étaient d'ailleurs incapables de les imprimer (les majuscules étaient les seules proposées, ce qui présentait l'avantage d'occulter le problème des lettres accentuées). Bien qu'il s'agisse d'un code à 7 bits, les caractères sont codés sur 8 bits, le bit le plus significatif étant toujours paramétré à zéro ou bien servant de contrôle de parité pour les transmissions sur des lignes série (on effectue aujourd'hui des contrôles de validité bien plus élaborés qui ont rendu le bit de parité obsolète).

La plupart des constructeurs ont adopté ce code, sauf IBM pour ses gros systèmes qui utilise le code EBCDIC (un code à 8 bits mais avec des valeurs toutes différentes pour les caractères). Ce code ASCII à 7 bits fut normalisé par ISO, l'organisation internationale de standardisation, sous l'appellation `ISO-646`.

Dès l'introduction des PC, le géant IBM, qui avait commandité le système d'exploitation DOS auprès de Microsoft, une société composée alors de deux personnes, a étendu ce code à 8 bits (avec 255 possibilités donc) afin d'y ajouter quelques lettres grecques, des caractères de tracé de cadre et surtout nos lettres accentuées (difficile en effet de vendre chez nous des machines de traitement de textes sans accent, argument reçu cette fois cinq sur cinq par les Américains). Ce code portait le nom d'OEM Character Set, (*Original Equipment Manufacturer*). Pour tenir compte des spécificités de certains pays, on a vu apparaître des variantes, appelées « pages de code ». Le code OEM n'est en effet pas extensible puisque limité à 255 caractères alors que les besoins diffèrent d'un pays à l'autre. Certains caractères ont donc été remplacés par d'autres. Ces pages de code (*code-page* en anglais) sont :

- page de code `437` : il s'agit de la version US par défaut mais celle-ci nous convient parfaitement puisque nos lettres accentuées sont représentées (hormis les majuscules accentuées, ce qui ne pose généralement aucun problème) ;

- page de code `850` dite multilingue avec nos lettres accentuées ainsi que les majuscules accentuées et quelques autres changements mineurs ;

- page de code `852` pour les langues slaves (mais il n'est pas encore question du cyrillique des Russes, question de politique de l'époque sans doute) ;

- page de code `860` pour le portugais ;

- page de code 853 pour les Canadiens francophones (différences insignifiantes par rapport à la version US qui satisfait les francophones du vieux continent) ;
- page de code 865 pour les pays nordiques (caractères propres au norvégien et au danois).

Les extensions à 8 bits du code US-ASCII ont, au moins, eu le mérite de sensibiliser les instances internationales au problème de nos lettres accentuées.

ISO a dès lors normalisé (norme 8859, plus connue sous le nom de code Ansi) le code à 8 bits mais n'a malheureusement pas repris les mêmes valeurs que MS-DOS pour nos lettres accentuées. Vous êtes d'ailleurs confronté au problème lorsque vous reprenez sous Windows des fichiers créés sous DOS ou en mode console : nos lettres accentuées sont incorrectement affichées, sauf si le programme effectue les conversions nécessaires. Windows reprend en effet la norme Ansi. Les 128 premiers caractères sont ceux du code US-ASCII mais pas les suivants. Or, c'est dans les caractères 128 à 255 que l'on retrouve nos lettres accentuées, ce qui explique les différences. Pour les Anglo-Saxons, le passage du code US-ASCII au code Ansi s'est fait sans problème. Contrairement à nous, à cause de ces fameuses lettres accentuées.

Ici aussi, la norme 8859 a donné lieu à quelques variantes, toutes codées sur 8 bits :

Jeux de caractères de la norme 8859			
8859-1	Afrikaans, albanais, basque, catalan, danois, hollandais, anglais, finnois, français, galicien, allemand, islandais, irlandais et italien		
8859-2	Croate, tchèque et hongrois	8859-3	Espéranto et maltais
8859-5	Bulgare, biélo-russe et macédonien	8859-6	Arabe
8859-7	Grec	8859-8	Hébreu
8859-9	Turc	8859-10	Lapon, estonien et lithuanien.

Si nous pouvions nous montrer relativement satisfaits par le code Ansi, ce n'était certainement pas le cas des Japonais, des Arabes, des Russes, des Coréens, des Chinois et de bien d'autres qui utilisent des alphabets fort différents du nôtre.

Le besoin de prendre en compte d'autres langues et un grand nombre de symboles a amené les autorités internationales de normalisation à créer le code Unicode avec 16 bits par caractère. ISO a travaillé de concert avec le consortium Unicode pour faire adopter ce que l'on appelle la norme ISO-10646. Les 256 premiers caractères sont ceux du code ISO 8859-1 (le code Ansi donc, ce qui n'implique aucun changement pour nous). C'est à partir de là qu'Unicode a innové.

Unicode normalise ainsi les caractères et idéogrammes propres aux écritures suivantes : les caractères latins, le grec, le cyrillique, l'hébreu, l'arabe, l'arménien, le géorgien, le chinois, le japonais, le Han coréen, l'hirigana, le katakana, le hangul, le devangari, le bengali, le gurmukhi, l'oriya, le tamil, le telugu, la kannada, la malayalam, le thaï, le lao, le khmer, le bopomofo, le tibétain, le runic, l'éthiopien, le cherokee, le mongolien, l'ogham, le myanmar, le sinhala, le thaana, le yi et d'autres encore dont vous ne soupçonniez même pas l'existence et qui s'ajoutent régulièrement. On y retrouve aussi un nombre particulièrement élevé de symboles typographiques, mathématiques et scientifiques.

Avec plus de soixante-cinq mille possibilités, on croyait pouvoir satisfaire les besoins actuels et futurs de l'humanité entière. On s'aperçut rapidement qu'il n'en était rien. Certains idéogrammes peuvent maintenant être codés sur 32 bits. On parle ainsi de UCS-2 et de UCS-4 (*Universal Character Set* sur deux ou quatre octets).

Ce que le comité Unicode a normalisé, c'est pour la valeur (généralement codée sur deux octets) assignée à un caractère, un idéogramme ou un pictogramme. Mais une même valeur entière peut encore être codée de différentes manières selon les microprocesseurs. Unicode va dès lors plus loin encore en spécifiant la manière de coder les différents bits de la représentation binaire de la valeur, ce qui est indispensable pour que des systèmes hétérogènes puissent communiquer et s'échanger des données. Normaliser la valeur binaire (codée sur 16 bits) d'un caractère ne suffit-il pas pour que tous les systèmes sachent, sans la moindre ambiguïté, de quel caractère il s'agit ? Eh bien, non ! Pensez à la simple représentation d'un entier codé sur 16 bits. Certains microprocesseurs comme ceux d'Intel veulent trouver d'abord les 8 bits les moins significatifs (on parle à ce sujet de la représentation *little-endian*) tandis que d'autres veulent trouver d'abord les 8 bits les plus significatifs (représentation *big-endian*, par allusion phonétique et visuelle aux files d'indiens). Il était donc impératif de spécifier le véritable encodage de ces valeurs binaires.

Cette opération qui consiste à passer de la valeur à la représentation binaire de cette valeur s'appelle « transformation ». C'est ainsi que Unicode a défini les transformations suivantes (UTF pour *Universal Transformation Format*) :

- UTF-7 (format de transformation sur 7 bits) : les caractères en dehors des 128 premiers sont représentés en utilisant des séquences appelées Shift. UTF-7 a été conçu pour les réseaux gérant les transmissions sur 7 bits. UTF-7 n'a pas été repris dans la norme ISO 10646 et présente dès lors moins d'intérêt que UTF-8 et UTF-16. Inutile donc de s'étendre sur ces séquences Shift ;

- UTF-8 (format de transformation sur 8 bits) : un caractère Unicode est transmis ou stocké sur un à cinq caractères (de un à cinq en fonction de la valeur du caractère Unicode). Les 128 premiers caractères sont stockés sur 8 bits, ce qui assure une compatibilité avec les fichiers encodés en US-ASCII sur 7 bits. Un fichier de texte au format US-ASCII, (c'est-à-dire ne comportant pas de lettres accentuées et créé par le bloc-notes au format Windows 3X ou 9X) peut être confondu avec un fichier en représentation UTF-8 ;

- UTF-16 : les caractères sont codés sur deux octets, ce qui laisse encore en suspens le problème de la position de l'octet le plus significatif (représentations *little-endian* et *big-endian*). La norme a prévu cela et permet de spécifier s'il s'agit d'une représentation *big-endian* ou d'une représentation *little-endian*.

Pour spécifier une représentation conforme aux recommandations du comité Unicode, l'architecture .NET offre les classes suivantes, toutes de l'espace de noms `System.Text` et toutes dérivées de la classe abstraite `Encoding` :

- `ASCIIEncoding` pour les codes `US-ASCII`, `ANSI` et `OEM` ;

- `UnicodeEncoding` pour la représentation `UTF-16` ;

- `UTF7Encoding` pour la représentation `UTF-7` ;

- `UTF8Encoding` pour la représentation `UTF-8`.

Ce sont en fait des propriétés statiques de ces classes qui présentent de l'intérêt. Plutôt que de présenter de manière théorique ces propriétés qui renvoient toutes un objet d'encodage (plus précisément un objet `Encoding`), envisageons des exemples pratiques.

Pour lire ou créer un fichier tout en tenant correctement compte de nos lettres accentuées, on spécifie en second argument de `StreamReader` et de `StreamWriter` :

Les encodages les plus utilisés	
`ASCIIEncoding.Default`	Pour lire un fichier créé sous Windows (code `Ansi`). Ce fichier aurait par exemple été créé à l'aide du bloc-notes sous Windows 95, 98, Me ou à l'aide du bloc-notes sous Windows NT, 2000 ou XP quand on enregistre le fichier avec `Ansi` comme type de codage.
`ASCIIEncoding.GetEncoding(437)`	Pour lire un fichier créé sous DOS. Le *codepage* 850 ferait tout aussi bien l'affaire pour nous, francophones.
`UTF8Encoding.Default`	Pour lire un fichier au format UTF-8. On peut omettre cette clause puisqu'il s'agit de la clause par défaut. On peut créer un tel fichier avec le bloc-notes sous NT, 2000 ou XP en spécifiant UTF8 lors de la sauvegarde.

On pourrait également créer un objet d'une des classes citées plus haut (`ASCIIEncoding` à `UTF8Encoding` qui, toutes, ont un constructeur sans argument) et passer cet objet en second argument du constructeur de `StreamReader` et de `StreamWriter`.

`ASCIIEncoding.Default` est donc une propriété statique de la classe `ASCIIEncoding`. `ASCIIEncoding.Default` est de type `Encoding`. Il en va de même pour `GetEncoding` qui est une méthode statique de la classe `ASCIIEncoding`. `GetEncoding` renvoie un objet de type `Encoding`.

La classe `Encoding` contient des fonctions de conversion d'un type d'encodage à l'autre.

Fonctions de conversion de la classe `Encoding`	
`using System.Text;`	

`byte[]`
`Convert(Encoding e1,`
`        Encoding e2,`
`        byte[] buf);`
	Méthode statique qui renvoie `buf` après conversion de l'encodage `e1` à l'encodage `e2`.

`byte[]`
`Convert(Encoding e1,`
`        Encoding e2,`
`        byte[] buf,`
`        int depl, int n);`
	Même chose mais seulement n octets à partir du déplacement depl sont convertis.

`byte[] GetBytes(char[]);`	Méthode qui porte sur un objet Encoding et qui convertit le tableau de caractères en un tableau d'octets.
`byte[] GetBytes(string);`	Même chose, l'objet string étant converti en un tableau d'octets.

`string GetString(byte[]);`	Convertit un tableau d'octets (provenant d'un fichier ou du réseau et que l'on sait ici être au format Ansi) en un objet string. Par exemple :
	
	`byte[] b = new byte[100];`
	`.....        // réception du tableau`
	`string s =`
	`  ASCIIEncoding.Default.GetString(b);`

`string`
`GetString(byte[],`
`          int depl, int n);`
	Même chose mais la conversion ne porte que sur une partie du tableau d'octets.

`int GetByteCount(char[]);`	Renvoie le nombre d'octets nécessaires pour convertir le tableau de caractères passé en argument.
`int GetByteCount(string);`	Même chose mais pour convertir un objet string.

Signalons aussi que la classe String comprend la méthode ToCharArray qui convertit un objet string (sur lequel porte la méthode) en un char[] :

```
char[] ToCharArray();
char[] ToCharArray(int depl, int count);
```

Par exemple :

```
string s = "L'élève répète sa leçon";
char[] tc = s.ToCharArray();
```

23.7.1 Comment reconnaître le type de fichier de texte ?

Les fichiers de texte peuvent être codés de plusieurs manières : Ansi (caractères codés sur 8 bits), Unicode (caractères codés sur 16 bits) ou UTF-8 (caractères codés sur un ou plusieurs octets). Le bloc-notes de Windows 2000 ou XP permet de spécifier le type de fichier de texte lors de l'enregistrement.

Les fichiers de texte autres que Ansi contiennent, tout au début, deux, trois ou quatre octets connus sous le nom de BOM (*Byte Order Mark*). Ces octets indiquent le type de fichier. C'est le premier octet qui indique si le BOM est constitué de deux, trois ou quatre octets.

Ces premiers octets du fichier de texte sont lus en écrivant :

```
FileStream fs = new FileStream(nomFichier, FileMode.Open, FileAccess.Read,
                               FileShare.Read);
byte bom = new byte[4];
fs.Read(bom, 0, 4);
```

Il s'agit d'un fichier :

bom[0]	bom[1]	bom[2]	bom[3]	Type de fichier
0xFF	0xFE			Unicode
0xEF	0xBB			UTF-8
0xFE	0xFF			UTF-16
0	0	0xFE	0xFF	UCS-4

Pour lire le fichier de texte, on écrit donc :

```
Encoding enc;
if ((bom[0]==0xEF && bom[1]==0xBB)                          // UTF-8
   || (bom[0]==0xFF && bom[1]==0xFE)                        // Unicode
   || (bom[0]==0 && bom[1]==0 && bom[2]==0xFE && bom[3]==0xFF) // UCS-4
   ) enc = UnicodeEncoding.Default;
else enc = ASCIIEncoding.Default; // Ansi
fs.Seek(0, SeekOrigin.Begin);
StreamReader sr = new StreamReader(fs, enc);
string s = sr.ReadLine();
while (s != null)
{
 .....    // ligne dans s
 s = sr.ReadLine();
}
sr.Close(); fs.Close();
```

24

Accès aux bases de données avec ADO.NET

Dans ce chapitre, nous allons nous intéresser aux techniques d'accès aux bases de données. Pour illustrer le sujet, les exemples porteront essentiellement sur Access et SQL Server, deux produits de Microsoft particulièrement répandus. ADO.NET s'applique cependant à bien d'autres SGBD (Systèmes de gestion de bases de données) comme Oracle, Sybase, MySql, etc. Il suffit en général de changer la ligne qu'est la chaîne de connexion pour passer d'un SGBD à l'autre. ADO.NET s'applique également aux données sous forme XML et aux fichiers Excel (mais sans évidemment le remplacer dans le traitement que celui-ci effectue sur les données).

Access est encore très utilisé, mais SQL Server Express, le petit frère de SQL Server introduit fin 2005, en même temps que Visual Studio 2005 et SQL Server 2005, devrait progressivement prendre sa place. SQL Server Express a toutes les caractéristiques de SQL Server mais reste limité à un petit nombre d'utilisateurs. Il n'offre pas non plus les outils liés à la sécurité ainsi qu'à l'analyse et à l'optimisation des performances.

Nous supposons que les principes généraux des bases de données sont connus, au moins dans les grandes lignes, que vous comprenez les opérations simples (SELECT, INSERT, UPDATE et DELETE) du langage SQL de manipulation de bases de données, et que vous savez utiliser, de manière élémentaire au moins, les logiciels Access et/ou SQL Server, ou encore la base de données que vous voulez ou devez utiliser.

À cause de son nom, on pourrait croire qu'ADO.NET est l'extension à .NET du module d'accès aux bases de données qu'est (il faudra bientôt dire « était ») ADO (*ActiveX Data Objects*), utilisé en Visual Basic 6, la version précédant .NET. Malgré quelques points de ressemblance et quelques objets communs, ADO.NET est très différent et la connaissance d'ADO, sans être évidemment inutile, se révèle finalement d'un intérêt limité pour s'attaquer à ADO.NET.

ADO.NET est constitué d'un ensemble de classes qui agissent comme une interface entre votre programme et la base de données. Entre ADO.NET et la base de données, il peut, certes, exister encore toute une série de composants propres à la base de données, notamment des drivers (qu'on préfère appeler providers) :

- certains étant propres à un SGBD particulier (et optimisés pour celui-ci, par exemple SQL Server ou Oracle) ;

- d'autres étant plus généraux et s'appliquant à plusieurs bases de données (cas des drivers dits Ole-Db).

Cependant, tout cela reste heureusement transparent pour le programmeur utilisateur de la base de données.

Manipuler une base de données avec ADO.NET revient à manipuler quelques objets des classes formant ADO.NET. La connaissance du langage SQL est néanmoins toujours nécessaire.

Le premier de ces objets est l'objet de connexion. Comme son nom l'indique, il nous permet de nous connecter à une base de données (sur la machine locale ou sur une machine distante).

24.1 Les objets de connexion

Le premier des objets que l'on est amené à rencontrer est l'objet de connexion. Quel que soit le mode de travail (connecté ou déconnecté, nous allons bientôt nous y intéresser), il faut disposer, avant toute chose, d'un objet de connexion. C'est dans cet objet que nous allons spécifier les caractéristiques de la base de données à utiliser, notamment le nom et le type de base de données (Access, SQL Server, Oracle, etc.). C'est aussi grâce à lui que nous pourrons, si nécessaire, découvrir par programme la description de la base de données (tables et champs de ces tables) et que nous obtiendrons les autres objets nécessaires à la programmation des bases de données.

En version 1 et 1.1, ce n'était pas une classe de connexion que nous proposait ADO.NET mais plusieurs, aux caractéristiques quasiment identiques. Heureusement, la version 2 de .NET a introduit les fabriques de classes qui permettent de programmer ADO.NET de manière uniforme, quel que soit le type de base de données.

Pour des raisons de compatibilité, ces anciennes classes existent toujours. Il est néanmoins préférable d'éviter tout nouveau développement avec elles.

Ces anciennes classes sont OleDbConnection, SqlConnection, OracleConnection et Odbc-Connection. Elles sont encore utilisées en interne par ADO.NET. Pour simplifier, nous les appellerons de manière générique *xyz*Connection, *xyz* étant à remplacer par OleDb, Sql, Oracle ou Odbc selon le type de base de données. Elles permettent d'établir la connexion entre le programme et la source de données (généralement une base de données locale ou distante).

La classe OleDbConnection est utilisée dans le cas de connexions fondées sur la technologie Ole-Db, c'est-à-dire dans le cas où les drivers utilisent des fonctions d'Ole-Db (il s'agit entre autres d'une implémentation assez générale de drivers de bases de données fournie par Microsoft). ADO.NET utilise en interne OleDbConnection pour des connexions à des bases de données Access mais aussi aux systèmes de bases de données pour lesquels il n'y a pas (ou pas encore) de driver optimisé pour l'architecture .NET.

La classe SqlConnection est spécialement optimisée pour SQL Server (y compris SQL Server Express). La classe OleDbConnection peut certes être utilisée pour des accès à une base de données SQL Server, mais les performances sont alors sensiblement moindres. Les drivers utilisés quand on a recours à un objet SqlConnection court-circuitent Ole-Db et, du fait de leur optimisation, accroissent les performances d'un facteur deux.

La classe OracleConnection est optimisée pour la base de données Oracle, de la société du même nom.

Enfin, la classe OdbcConnection est destinée à ceux qui utilisent encore la technique ODBC (*Open Data Base Connectivity*) d'accès aux bases de données.

Les différentes classes *xyz*Connection présentent des propriétés et fonctions communes. Au nom près, on peut d'ailleurs, dans la pratique, considérer ces classes comme équivalentes. Nous n'utiliserons pas directement ces classes *xyz*Connection car nous programmerons de manière plus générique avec les fabriques de classes. De ce fait, nous utiliserons la classe (abstraite) DbConnection qui présente les mêmes propriétés, méthodes et événements.

Pour lire et/ou modifier une base de données, il faut d'abord créer, puis initialiser un objet de l'une de ces classes. Deux techniques sont possibles pour initialiser ces objets de connexion :

• spécifier une chaîne de connexion (celle-ci est consistituée de texte qui reprend, en clair, les caractéristiques de la connexion) ;

• initialiser les propriétés de l'objet, comme on le fait pour tout autre objet.

Commençons par présenter ces classes *xyz*Connection. Nous présentons ici ces différentes classes même si, dans la pratique, nous créerons plutôt des objets de la classe DbConnection. Cette dernière, de l'espace de noms System.Data.Common, est une classe abstraite qui reprend les méthodes et propriétés que doivent implémenter les classes *xyz*Connection.

Classes xyzConnection et classe générique DbConnection

xyzConnection ← DbConnection ← Component ← Object

```
using System.Data;            // dans tous les cas
using System.Data.Common;     // pour DbConnection
using System.Data.OleDb;      // pour provider Ole-Db
using System.Data.Sql;        // pour provider SQL Server
using System.Data.Oracle;     // pour provider Oracle
using System.Data.Odbc;       // pour provider ODBC
```

Constructeurs des classes xyzConnection

xyzConnection();	Crée un objet xyzConnection non initialisé.
xyzConnection(string chaînedeConnexion);	Crée un objet xyzConnection tout en spécifiant une chaîne de connexion. L'objet reprend ainsi automatiquement les caractéristiques de la chaîne de connexion (le constructeur décortique la chaîne pour initialiser les propriétés de l'objet de connexion).

Les objets DbConnection sont créés autrement, par les fabriques de classes (voir la section 24.2).

Principales propriétés des classes xyzConnection et DbConnection

ConnectionString	str	Chaîne de connexion (voir exemples ci-après en fonction de la base de données visée). Il s'agit de la plus importante des propriétés car elle permet, en une seule chaîne, de remplacer toutes les autres propriétés.
ConnectionTimeout	int	Durée, en secondes, durant laquelle l'établissement d'une connexion (au serveur de bases de données) est tenté. Si au bout de ce laps de temps, la connexion n'est pas établie, elle est signalée en erreur. Par défaut, cette durée est de quinze secondes. Une valeur nulle indique une attente infinie, ce qu'il faut éviter : durant cette attente, le programme ne réagit plus à aucune sollicitation et il n'y a aucun moyen de sortir de cette situation, sauf tuer le programme.
Database	str	Nom de la base de données (voir exemples plus loin). À utiliser dans le cas de SQL Server.
DataSource	str	Nom de la source de données (voir exemples plus loin). À utiliser dans le cas d'Access (et de manière générale des providers OleDb), sans oublier que l'on écrit Data Source, en deux mots, dans la chaîne de connexion.
PacketSize	int	Taille des paquets utilisés lors d'une communication avec SQL Server. Cette taille, qui est par défaut de 8 192 octets, peut varier entre 512 et 32 767. Augmenter la valeur par défaut peut améliorer les performances si vous transmettez des champs de texte de grande taille ou des images (avec contenus binaires directement dans la base de données).
Password	str	Mot de passe pour accès à la base de données.
Provider	str	Identificateur du service (voir les chaînes de connexion).
ServerVersion		Version du provider.
State		État de la connexion. State peut prendre une ou plusieurs des valeurs de l'énumération ConnectionState : Broken (connexion rompue), Closed, Connecting, Executing et Open.
WorkstationID	str	Nom de l'ordinateur à partir duquel on réclame la connexion.

Méthodes des classes xyzConnection et `DbConnection`

`void Open();`	Ouverture explicite de la connexion. Une exception est générée si l'ouverture ne peut être effectuée dans le délai imparti (par exemple parce que la base de données n'existe pas ou parce que vous n'avez pas les droits d'accès suffisants).
`void Close();`	Fermeture explicite de la connexion. Une fermeture implicite est toujours effectuée quand le programme se termine. Il est néanmoins préférable de fermer la connexion aussitôt qu'elle n'est plus nécessaire (voir ci-dessous l'optimisation réalisée par ADO.NET avec la *connection pool*).

Bien que nous n'encouragions pas du tout cette pratique (contrairement aux fabriques de classes), voyons comment ouvrir une connexion en utilisant l'une des classes *xyz*Connection (en supposant que connStr contienne la chaîne de connexion, ici, pour un accès à une base de données Access, d'où l'utilisation du provider Ole-Db) :

```
using System.Data;
using System.Data.OleDb;
.....
OleDbConnection oConn = new OleDbConnection(connStr);
try {oConn.Open();}
catch (Exception exc)
{
    .....                    // message d'erreur dans exc.Message
}
```

Pour affiner le traitement d'erreur, on peut considérer que l'exception est plus précisément de type :

`InvalidOperationException`	Si la connexion est déjà ouverte à partir de ce programme.
`DbException`	Dans les autres cas (avec message d'erreur dans `Message` et numéro d'erreur dans `ErrorCode`).

Notre programme, tel qu'il vient d'être écrit, ne serait applicable à un autre type de base de données (passer d'Access à SQL Server par exemple) qu'après de multiples changements (changer notamment tous les objets OleDb*xyz* en Sql*xyz*). Nous éviterons, grâce aux fabriques de classes, d'avoir à créer explicitement des objets *xyz*Connection propres à un type particulier de base de données.

La méthode Close ferme la connexion à la base de données, comme on ferme un fichier. Il ne faut cependant pas se méprendre en se fondant trop sur l'analogie avec des fichiers : la couche .NET du système d'exploitation garde en fait la connexion ouverte, dans ce que l'on appelle une *connection pool*. Cela permet d'accélérer considérablement une prochaine opération Open qui aurait des arguments déjà rencontrés (même provider, même base de données, mêmes caractéristiques d'utilisation, etc.). Les programmes sont en effet invités à garder les connexions ouvertes le moins longtemps possible afin de ne pas encombrer le serveur avec des connexions ouvertes mais peu ou pas utilisées. C'est particulièrement vrai en programmation ASP.NET où de nombreux utilisateurs (aux commandes de leur navigateur) accèdent aux mêmes bases de données.

Les classes `OleDbConnection`, `SqlConnection`, `OracleConnection` et `OdbcConnection` héritent de la classe abstraite `DbConnection`. En vertu d'une des règles de la POO, les objets des quatre types précités sont considérés comme des objets de type `DbConnection`. Travailler avec des objets `DbConnection` présente l'avantage de pouvoir écrire des programmes indépendants du type de provider. C'est d'ailleurs cette technique qu'utilisent les fabriques de classes, avec le résultat que nous venons d'énoncer, à savoir l'indépendance vis-à-vis du type de base de données.

On parlera donc à l'avenir d'objets `DbConnection` plutôt que d'objets `OleDbConnection`, `SqlConnection`, `OracleConnection` ou `OdbcConnection`.

24.1.1 Les chaînes de connexion

Les différentes informations contenues dans les propriétés des objets `DbConnection` peuvent être reprises dans ce que l'on appelle une « chaîne de connexion ». Il s'agit, sous forme de texte en clair, d'une chaîne de caractères au format bien particulier : `"mot-clé=valeur; mot-clé=valeur"` où plusieurs mots-clés et plusieurs valeurs peuvent être spécifiés. Cette chaîne de connexion, tout en étant plus simple à écrire, évite de devoir initialiser individuellement les différentes propriétés des objets de connexion. Rien n'empêche d'utiliser les deux techniques : chaîne de connexion complétée par des propriétés de l'objet de connexion.

Plutôt que de nous attarder sur la syntaxe des mots-clés et des valeurs, présentons des exemples de chaînes de connexion pour les bases de données Access et pour SQL Server.

24.1.2 Cas d'une base de données Access

Pour une connexion à la base de données `Biblio.mdb`, créée sous Access et située dans le répertoire `c:\Data` de la machine locale, la chaîne de connexion est (utilisation ici des chaînes verbatim pour éviter de doubler les barres obliques car, par défaut, \ introduit un caractère de contrôle) :

```
@"Provider=Microsoft.Jet.OLEDB.4.0;Data Source=c:\Data\Biblio.mdb"
```

Au besoin, les différents éléments (par exemple `c:\Data\Biblio.mdb`) peuvent être délimités par ' (*single quotes*).

Le nom de la base de données est spécifié dans la clé `Data Source` (attention à l'espace de séparation). Si `Biblio.mdb` se trouve dans le répertoire courant de l'application (par défaut celui du fichier `EXE` de l'application), vous pouvez laisser tomber le nom du répertoire. Le fichier `Biblio.mdb` pourrait se trouver sur une autre machine du réseau. Dans ce cas, spécifiez le chemin complet qui mène à cette autre machine (par exemple `\\NomOrdi\Rep\Biblio.mdb`), comme c'est le cas pour tout fichier distant mis en partage (le nom de la machine distante qui héberge la base de données étant préfixé de deux \).

Ce qui est expliqué ici s'applique, dans les détails, à des programmes Windows. Dans le cas de programmes ASP.NET, il faut appeler la fonction `Server.MapPath` qui renvoie le nom complet du fichier quand on lui passe en argument un nom de fichier du répertoire (avec ASP.NET, le répertoire courant n'est pas celui de l'application).

Dans la chaîne de connexion, vous pouvez ajouter (`User Id` pouvant être abrégé en `uid` et `Password` en `pwd`) :

```
User Id=.....; Password=.....
```

Dans le cas d'une base de données Access protégée par un mot de passe, il faut ajouter :

```
Jet OLEDB:Database Password=.....;
```

Plus loin dans ce chapitre, nous verrons des exemples de chaînes de connexion pour le provider ole-DB appliqué à d'autres SGBD.

24.1.3 Cas d'une base de données SQL Server avec driver Ole-Db

Bien qu'il n'y ait aucune raison d'utiliser le driver Ole-Db quand il s'agit d'accéder à une base de données SQL Server (sauf pour les versions SQL Server 6.5 et antérieures), voyons quand même comment le faire dans le cas de la base de données `Biblio` de type SQL Server, qui serait située sur la machine `ABC` (remplacer `ABC` par le nom de la machine serveur ou par son adresse IP), l'utilisateur étant `XY` avec `Z` comme mot de passe :

```
"Provider=SQLOLEDB.1;Database=Biblio;Server=ABC;uid=XY;pwd=Z"
```

24.1.4 Cas d'une base de données SQL Server

Dans le cas de SQL Server, le driver optimisé (court-circuitant Ole-Db et deux fois plus rapide) est utilisé via l'objet `SqlConnection` (automatiquement utilisé, mais de manière transparente, par la fabrique de classes, et nous ne ferons jamais mention de cette classe dans nos programmes). La chaîne de connexion est alors :

```
"Database=Biblio;Server=ABC;uid=XY;pwd=Z"
```

L'adresse IP, plutôt que le nom du serveur, peut être spécifiée pour désigner le serveur (et même, éventuellement, l'adresse IP suivie de virgule suivie d'un numéro de port).

On n'a pas à spécifier le répertoire contenant les données puisque SQL Server se charge des détails techniques. Si la base de données est locale, le nom du serveur peut être remplacé par le mot réservé `localhost`.

Pour une connexion sécurisée, il faut ajouter `Trusted_Connection = True;` ou `Integrated Security = SSPI;`

24.1.5 Les autres attributs de la chaîne de connexion

Dans la chaîne de connexion, on peut également spécifier (voir les propriétés des classes *xyz*Connection pour la signification) :

Attributs des chaînes de connexion	
Timeout	Avec Connect Timeout ou Connection Timeout comme synonymes.
Database	Avec Initial Catalog comme synonyme (à n'utiliser que pour les connexions à SQL Server).
Password	Avec pwd comme synonyme.
Server	Avec Address, Addr et Network Address comme synonymes.
Integrated Security	Avec yes ou no comme valeurs possibles (ne fonctionne que pour l'objet SqlConnection).
User ID	Avec uid comme synonyme.
Workstation ID	Avec wsid comme synonyme.

Il nous suffit maintenant de passer la chaîne de connexion en argument du constructeur de *xyz*Connection pour créer directement un objet de connexion.

24.1.6 Chaînes de connexion pour d'autres SGBD

Access et SQL Server ne sont évidemment pas les seuls SGBD sur le marché. Pour les autres SGBD les plus répandus, la chaîne de connexion doit (en plus des autres informations) reprendre l'information suivante (pour les autres SGBD, consultez leur documentation, le site de l'éditeur du logiciel, ou encore le site www.connectionstrings.com qui constitue une source d'informations bien utile) :

Chaînes de connexion pour les autres principaux SGBD	
AS 400	Provider=IBMDA400; Data Source=.....
DB2	Provider=DB2OLEDB;
Fox Pro	Provider=vfpoledb.1;
Excel	Provider=Microsoft.Jet.OLEDB.4.0; Extended Properties=Excel 8.0;
MySql	Provider=MySQLProv; Data Source = ...; User Id = ...; Password = ...

Nous reviendrons sur la connexion à Excel.

24.1.7 Les événements liés à la connexion

Un événement est signalé par Windows à l'objet de connexion en cas de changement d'état :

Événement lié à l'objet de connexion	
StateChange	Signalé à l'occasion d'un changement d'état. Le second argument de la fonction de traitement est de type StateChangeEventArgs et regroupe les propriétés CurrentState et OriginalState (voir la propriété State de l'objet de connexion).

Pour générer la fonction de traitement dans le programme et traiter l'événement :

```
oConn.StateChange += new StateChangeEventHandler(oConn_StateChange);
.....
void oConn_StateChange(object sender, EventArgs e)
{
 .....
}
```

Après avoir tapé `oConn.StateChange +=`, Visual Studio vous invite à taper `TAB` pour générer automatiquement le reste de la ligne, puis la fonction elle-même.

24.2 Les fabriques de classes

Comme on a pu s'en rendre compte, devoir utiliser les objets quasiment identiques que sont `OleDbConnection`, `SqlConnection`, `OracleConnection` ou `OdbcConnection` (et il en va de même pour une vingtaine d'autres) complique inutilement les choses quand il s'agit d'écrire un programme dont on souhaite qu'il soit le plus indépendant possible du type de base de données. L'idéal est même que le type de base de données devienne un paramètre de configuration du programme. Il en va de même lorsqu'il s'agit d'adapter le programme à un autre SGBD : de nombreuses modifications sont à effectuer dans le programme. Y a-t-il moyen d'éviter tout ou une grande partie de ce travail ?

Les fabriques de classes nous viennent en aide pour cela en programmant de manière générique.

Nous avons vu que les différentes classes *xyz*Connection dérivent toutes de la classe abstraite `DbConnection` et présentent dès lors les mêmes méthodes et propriétés. Un raisonnement identique s'applique à d'autres classes (*xyz*Command, *xyz*DataReader, *xyz*Transaction, *xyz*Parameter et *xyz*DataAdapter où *xyz* doit être remplacé par `OleDb`, `Sql`, `Oracle` ou `Odbc` selon le type de base de données).

On s'en doute, les fabriques de classes exploitent le fait que `DbConnection`, même s'il s'agit d'une classe abstraite (et que l'on ne peut dès lors instancier directement), est une classe de base commune à toutes les classes *xyz*Connection.

Pour utiliser les fabriques de classes introduites en .NET version 2, il faut ajouter :

```
using System.Data.Common;
```

aux `using` du programme, car c'est dans cet espace de noms que sont définies les classes à utiliser.

Le premier problème qui nous préoccupe est le suivant : la machine sur laquelle s'exécute le programme est-elle bien capable de traiter des requêtes pour ce type de base de données (ce qui ne signifie pas que le SGBD doit avoir été installé sur la machine, car le serveur de base de données peut être distant) ?

La classe `DbProviderFactories` contient la méthode statique `GetFactories()` qui renvoie un `DataTable` contenant des informations sur chacun des providers susceptibles d'être utilisés sur la machine (SQL Server, Oracle ou Ole-Db pour Access notamment) : `DataTable dt = DbProviderFactories.GetFactoryClasses();`Un objet `DataTable` (déjà rencontré à la section 16.6 consacrée au `DataGridView`) correspond à une table en mémoire avec des colonnes (les champs de la table) et des lignes de données.

L'information peut être visualisée dans un `DataGridView`. Il suffit d'écrire (dg désignant le nom interne du `DataGridView`) : `dg.DataSource = dt;`. Chaque ligne du `DataTable` est composée de cinq colonnes : `Name`, `Description`, `InvariantName`, `AssemblyQualifiedName` et `SupportedClasses`.

Le champ présentant le plus d'intérêt pour ce qui nous concerne ici est `InvariantName`, de type `string`. Il contient le nom sous lequel le provider doit être référencé :

- `System.Data.Odbc` ;

- `System.Data.OleDb` ;

- `System.Data.OracleClient` ;

- `System.Data.SqlClient`.

Mais on trouverait d'autres noms si d'autres providers étaient installés sur la machine. Ces informations proviennent de la balise `DbProviderFactories` du fichier XML qu'est `machine.config`, que l'on trouve dans le répertoire d'installation du framework (sous-répertoire `Config`). Ce répertoire est `c:\windows\Microsoft.NET\Framework` → choisissez la version la plus récente de .NET → `CONFIG`.

Le nombre de ces providers susceptibles d'être utilisés sur la machine est donné par `dt.Rows.Count`, et le nom du i-ème invariant par (on retrouve l'une des quatre chaînes qui viennent d'être mentionnées) :

```
dt.Rows[i]["InvariantName"].ToString().
```

Nous sommes ainsi en état de trouver automatiquement un provider de base de données ou de vérifier que celui que nous avons l'intention d'utiliser peut effectivement l'être.

La première étape consiste à obtenir une fabrique de classes pour le provider qui nous intéresse, son invariant (par exemple `System.Data.SqlClient`) étant passé en argument. Par exemple, pour la connexion à une base de données Access :

```
DbProviderFactory dbpf = DbProviderFactories.GetFactory("System.Data.OleDb");
```

On a certes introduit ici `OleDb` dans le programme, mais les changements à effectuer pour que le programme s'applique à une autre base de données se limiteront à deux lignes (celle-ci plus la chaîne de connexion). Le nombre de lignes à modifier se réduit même à zéro si les informations proviennent d'un fichier de configuration, ce que nous ferons bientôt.

On réclame ensuite un objet de connexion pour ce type de base de données :

```
DbConnection oConn; .....
oConn = dbpf.CreateConnection();
```

À ce stade, dbpf ignore encore avec quelle base de données il doit travailler. On spécifie la chaîne de connexion dans la propriété ConnectionString de l'objet de connexion (ici pour un fichier mdb, de type Access, et placé dans le répertoire courant de l'application) :

```
oConn.ConnectionString =
```

```
    "Provider=Microsoft.Jet.OLEDB.4.0;Data Source=Librairie.mdb";
```

La chaîne de connexion peut être spécifiée de deux autres manières : en la construisant dynamiquement ou en la spécifiant dans un fichier séparé, dit de configuration. Voyons d'abord comment la construire dynamiquement à l'aide d'un objet DbConnectionString-Builder (sans oublier que les attributs dépendent de chaque provider) :

```
DbConnectionStringBuilder oCsb = new DbConnectionStringBuilder();
oCsb.Add("Provider", "Microsoft.Jet.OLEDB.4.0");
oCsb.Add("Data Source", "Librairie.mdb");
oConn.ConnectionString = oCsb.ConnectionString;
```

La chaîne de connexion peut également être spécifiée dans un fichier séparé (dans le même répertoire que l'EXE du programme), dit de configuration et nommé app.config, où app désigne le nom donné au programme (voir la section 8.4 : on crée le fichier de configuration de programme app.config dans Visual Studio mais celui-ci génère le fichier xyz.exe.config en accompagnement du fichier programme xyz.exe).

Pour créer ce fichier de configuration : Explorateur de solutions → clic droit sur le nom du projet → Ajouter → Nouvel élément → Fichier de configuration de l'application. On ajoute alors dans ce fichier XML, sous la balise configuration, une balise connection-Strings, puis une balise add avec ses attributs name (nom par lequel la base de données sera connue du programme), providerName (invariant désignant le type de base de données) et connectionString (chaîne de connexion elle-même) :

```
<configuration>
  <connectionStrings>
   <add name="Librairie"
        providerName="System.Data.OleDb"
        connectionString
           ="Provider=Microsoft.Jet.OLEDB.4.0;Data
Source=Librairie.mdb">
   </add>
  </connectionStrings>
 </configuration>
```

Par programme, on retrouve les informations du fichier xyz.exe.config de configuration du programme xyz.exe en écrivant (sans oublier la directive using System.Configuration) :

```
oConn.ConnectionString =    ConfigurationSettings.ConnectionStrings
➥["Librairie"].ConnectionString;
```

Notre programme est devenu indépendant du type de base de données : il suffit de modifier le fichier de configuration (sans devoir recompiler le programme) pour qu'il s'applique à un autre système de base de données (mais c'est aussi passer sous silence le problème des formats de dates).

24.3 Les schémas

Les schémas permettent d'obtenir par programme des informations (noms des tables, noms et types des colonnes, etc.) sur une connexion préalablement ouverte, donc sur une base de données existante.

La méthode `GetSchema` qui fournit ces informations est membre de la classe `DbConnection`. Tous les providers doivent implémenter cette fonction `GetSchema` mais ne doivent pas nécessairement renvoyer les mêmes informations (celles-ci dépendent en effet du type de gestionnaire de bases de données, comme SQL Server ou Oracle, ceux-ci pouvant présenter des caractéristiques qui leur sont propres même si les techniques de programmation des accès sont les mêmes).La méthode `GetSchema` renvoie dans un objet `DataTable` des informations sur la base de données (oConn désignant l'objet de connexion, préalablement ouvert par Open) : oConn.Open();

```
DataTable dt = oConn.GetSchema();Le contenu de dt peut être visualisé dans une grille
(composant DataGridView ou GridView en ASP.NET, sans oublier alors d'exécuter dans
la foulée DataBind) :
dg.DataSource = dt;
```

Les informations peuvent également être copiées dans un fichier XML :

```
dt.Write("Sch.xml");
```

La table ainsi renvoyée est composée de trois colonnes, la première (`CollectionName`) étant la plus importante puisqu'elle fournit un nom pouvant être passé en argument à `GetSchema` pour obtenir d'autres informations. Ces mots à passer en argument sont notamment :

Informations fournies par GetSchema	
DataSourceInformation	Informations sur le système de base de données, par exemple sa version.
DataTypes	Types des champs utilisés par le gestionnaire de bases de données.
Columns	Différentes colonnes des différentes tables.
Indexes	Différents index utilisés dans les différentes tables.
Tables	Différentes tables.
Procedures	Procédures stockées.

`oConn.GetSchema("Tables")` fournit (dans le champ `TABLE_NAME`, à raison d'une ligne par table) les noms des différentes tables, y compris les tables système, nombreuses dans le cas de SQL Server. Le champ `TABLE_TYPE` indique le type de table (`TABLE` pour une table utilisateur).

Pour afficher dans une boîte de liste le nom de toutes les tables de la base de données, y compris les tables système :

```
DataTable dt = oConn.GetSchema("Tables");
int N = dt.Rows.Count;
```

```
for (int i=0; i<N; i++)
  lb.Items.Add(dt.Rows[i]["TABLE_NAME"].ToString());
```

Pour ne retenir que les tables qui intéressent vraiment l'utilisateur (autrement dit exclure les tables système), on ajoute le filtre suivant en avant-dernière instruction :

```
if (dt.Rows[i]["TABLE_TYPE"].ToString() == "TABLE")
```

GetSchema("Columns") fournit des informations sur toutes les colonnes de toutes les tables. Pour se limiter aux colonnes d'une table particulière, il suffit de passer en second argument de GetSchema un tableau de restrictions (ici les champs de la table Ouvrages) :

```
string[] tr = new string[4];              // tableau des restrictions
tr[0] = null; tr[1] = null; tr[3] = null;
tr[2] = "Ouvrages";
DataTable dt = oConn.GetSchema("Columns", tr);
```

On doit retrouver le nom de la table en troisième position (tr[2]) dans un tableau de quatre chaînes de caractères (le nom de la base de données peut être passé en première position et le nom du propriétaire en deuxième position). On retrouve alors, notamment, le nom de la colonne dans COLUMN_NAME et son type dans DATA_TYPE. Afficher le contenu de dt dans une grille facilite grandement la compréhension.

24.4 Les modes de travail

Utiliser un objet de connexion est nécessaire quel que soit le mode de travail. Il s'imposait donc de commencer par étudier cet objet.

Une base de données peut être utilisée avec ADO.NET de deux manières : en mode connecté ou en mode déconnecté.

24.4.1 Le mode connecté

En mode connecté, le client commence par ouvrir une connexion avec le serveur de base de données. Il la fermera plus tard, quand bon lui semblera. La connexion étant ouverte, il effectue des requêtes auprès du serveur. Tant que la connexion est ouverte, le client reste en communication logique avec le serveur (pour chaque client ainsi connecté, le serveur doit retenir où il en est dans sa communication avec lui). Le client ne reçoit pas tout le résultat du SELECT en un seul bloc : il reçoit une ligne à la fois. Il réclame donc les données une à une (« donnez-moi la ligne suivante »).

24.4.2 Le mode déconnecté

En mode déconnecté, le client effectue une requête, généralement un SELECT (sans avoir à ouvrir explicitement la connexion). En réponse, il reçoit toutes les données réclamées (une ou plusieurs lignes qui constituent le résultat du SELECT), et la communication est alors logiquement coupée. L'expression « communication logiquement coupée » signifie que le serveur ne retient rien quant à cette communication et à son suivi avec le client : il oublie. En fait, ADO.NET, qui travaille en arrière-plan, ouvre la base de données en mode connecté, effectue le SELECT, stocke tout le résultat du SELECT dans une sorte de tableau en mémoire, et ferme la connexion.

Serveur et client travaillent alors indépendamment l'un de l'autre. Le client travaille sur les données qu'il a reçues, données qui constituent un sous-ensemble des données localisées sur le serveur. Ce sous-ensemble en question dépend du SELECT. Le client modifie éventuellement ces données, en mémoire donc chez le client. Pour « poster » ces modifications sur le serveur (le programme exécute pour cela Update) et les rendre ainsi permanentes et accessibles aux autres clients, l'ADO.NET du client rentre en communication avec le serveur, puis lui envoie, une à une, les différentes modifications effectuées. La communication est alors à nouveau logiquement coupée.

24.5 Le mode connecté

Jusqu'à présent, nous avons essentiellement :

- créé (grâce à la technique des fabriques de classes) un objet DbConnection de connexion même s'il s'agit plus précisément, en cours d'exécution de programme, d'un objet qui est fonction du type de la base de données utilisé (OleDbConnection, SqlConnection, OracleConnection ou OdbcConnection) ;

- ouvert la connexion avec Open (plus tard, après avoir effectué les opérations, nous fermerons la connexion avec Close).

24.5.1 Exécuter une commande

Nous allons maintenant adresser des commandes au serveur de base de données, qui se trouve généralement sur une autre machine du réseau. La connaissance du langage SQL est indispensable à ce niveau.

Avant d'exécuter des commandes qui font recevoir plusieurs lignes de données (cas d'un SELECT), nous allons exécuter des commandes plus simples qui n'impliquent pas le retour d'un ensemble de données (cas par exemple d'une insertion ou d'une suppression dans la base de données).

Pour exécuter une commande, il faut disposer d'un objet de commande. Comme nous avons décidé de travailler de manière générique, nous demanderons la création d'un objet de la classe DbCommand, classe (abstraite) de base pour les classes *xyz*Command (toujours avec *xyz* qui est à remplacer par OleDb, Sql, Oracle ou Odbc) :

```
DbCommand oCmd = oConn.CreateCommand();
```

Passons en revue cette classe `DbCommand`.

Propriétés de la classe `DbCommand`

CommandText	str	Texte de la commande SQL. Il peut cependant s'agir du nom d'une procédure stockée si `CommandType` contient la valeur `CommandType.StoredProcedure`.
CommandTimeout	int	Nombre de secondes d'attente avant que la commande ne soit déclarée en erreur (une exception étant alors générée). Le serveur doit donc avoir répondu dans les `CommandTimeout` secondes. Par défaut, cette valeur est de trente secondes.
CommandType	enum	Indique comment `CommandText` doit être interprété. `CommandType` peut contenir l'une des valeurs de l'énumération `CommandType` :

Text	`CommandText` contient une commande SQL.
StoredProcedure	`CommandText` contient le nom d'une procédure stockée.
TableDirect	`CommandText` contient le nom d'une table. Si on exécute la commande, tout se passe comme si on avait exécuté `SELECT *` pour cette table. Rarement utilisé.

Nous verrons plus loin d'autres propriétés, notamment `Parameters` qui permet de spécifier des paramètres pour une commande. Pour le moment, contentons-nous de les placer directement et en clair dans la commande SQL.

Aucun événement n'est lié à la classe `DbCommand`.

Pour faire exécuter une commande SQL, il faut exécuter l'une des méthodes suivantes de la classe `DbCommand` :

Méthodes pour exécuter une commande SQL

ExecuteNonQuery	Pour exécuter la commande SQL spécifiée dans `CommandText`. Celle-ci ne peut cependant pas être une commande comme `SELECT` qui renvoie des lignes (si on le fait quand même, rien n'est exécuté et `ExecuteNonQuery` renvoie la valeur -1). Il doit s'agir d'une commande comme `INSERT`, `UPDATE`, `DELETE` ou une commande de création de table, d'index, etc.
	`ExecuteNonQuery` renvoie le nombre de lignes affectées par l'opération. Par exemple le nombre de lignes modifiées par `UPDATE`, et donc 0, si la commande de mise à jour n'a pas pu être exécutée (parce qu'aucune ligne ne correspondait à la clause `WHERE`).
ExecuteScalar	Pour exécuter une commande qui renvoie une valeur, ce qui est le cas quand la commande est, par exemple, `SELECT COUNT(*)`.
	`ExecuteScalar` renvoie en fait, sous la forme d'un `object`, la première colonne de la première ligne.
ExecuteReader	Pour exécuter un `SELECT`, cette commande renvoyant zéro, une ou plusieurs lignes. La méthode `ExecuteReader` renvoie un objet de type `DbDataReader` qui permet de parcourir ces lignes de la première à la dernière (dans ce sens et séquentiellement uniquement).

Avant d'exécuter les instructions liées à une commande SQL, il faut avoir créé un objet fabricant de classes ainsi qu'un objet de connexion (remplacer `xyz` par `OleDb`, `SqlClient`, `OracleClient` ou `Odbc`) :

```
using System.Data;
using System.Data.Common;
```

```
.....
DbProviderFactory dbpf;
DbConnection oConn;
.....
dbpf = DbProviderFactories.GetFactory("System.Data.xyz");
oConn = dbpf.CreateConnection();
oConn.ConnectionString = ".....";                    // chaîne de connexion
```

Il serait même plus prudent d'insérer les instructions dans un try/catch.

24.5.2 Exemple de commande renvoyant une valeur

Pour illustrer ces instructions de type Execute, intéressons-nous d'abord à la requête suivante : connaître le nombre d'auteurs référencés dans la table Auteurs d'une base de données (commande SQL, ici volontairement gardée simple car ce n'est pas le sujet de l'ouvrage) :

```
DbConnection oConn;
DbCommand oCmd;
.....
oConn.Open();
oCmd = oConn.CreateCommand();
oCmd.CommandText = "SELECT COUNT(*) From Auteurs";
int n = (int)oCmd.ExecuteScalar();                   // nombre d'auteurs dans n
```

24.5.3 Exemple d'ajout dans une table

Considérons maintenant une instruction SQL d'ajout dans une table. Celle-ci est constituée d'un identificateur d'auteur (champ auto-incrémenté, automatiquement pris en charge par le SGBD et qui ne doit donc pas intervenir dans notre requête), d'un nom, d'un prénom (facultatif) et d'une date de naissance :

```
oCmd.CommandText =
  "INSERT INTO Auteurs (NOM, PRENOM, DN) VALUES('Gotlib', NULL, '14/7/1934')";
n = oCmd.ExecuteNonQuery();
```

n prend la valeur 1 si l'ajout a été effectué (une ligne a effectivement été ajoutée dans la table mais certaines commandes comme UPDATE et DELETE peuvent échouer parce que l'éventuelle condition WHERE n'est pas respectée).

NULL est un mot réservé du langage SQL, comme DEFAULT d'ailleurs.

Il aurait été prudent d'insérer cette instruction dans un try/catch car l'insertion échoue si des contraintes ne sont pas respectées (ne pas confondre avec la clause WHERE, qui ne constitue en rien une erreur). C'est le cas notamment pour la clé primaire qui doit être unique. Une solution à ce problème (solution adoptée ici) consiste à laisser l'attribution de cette valeur au gestionnaire de bases de données. Il suffit pour cela de faire de ce champ clé un champ auto-incrémenté (sous Access) ou de type compteur (sous SQL Server). Le SGBD attribue ainsi automatiquement des ID différents (par défaut, successifs) pour chaque ajout, même si ces requêtes d'ajout proviennent de machines différentes. Dans la commande INSERT, il ne faut pas spécifier cette valeur de champ auto-incrémenté (ni ce champ tout court d'ailleurs) puisqu'on délègue cette tâche au gestionnaire de bases de données (Access, SQL Server, etc.).

Pour connaître la valeur automatiquement attribuée par le SGBD au champ auto-incrémenté, on exécute aussitôt après (il est souvent nécessaire de connaître cette valeur pour effectuer par la suite des ajouts dans des tables liées) :

```
oCmd.CommandText = "SELECT @@IDENTITY";
n = (int)oCmd.ExecuteScalar();
```

La fonction ExecuteNonQuery permet également d'exécuter des instructions SQL comme UPDATE ou DELETE :

```
"UPDATE Auteurs SET Prénom='Pierre' WHERE Nom='Marivaux'";
"DELETE FROM Auteurs WHERE NOM = '" + zeNom.Text + "'";
```

24.5.4 Accès aux données

Pour accéder aux données en mode connecté (mode où on lit le résultat du SELECT, une ligne à la fois et uniquement du début à, éventuellement, la fin), il faut :

- exécuter la commande SQL SELECT, celle-ci étant spécifiée dans la propriété CommandText de l'objet de commande ou alors en procédure stockée ;

- obtenir un objet DbDataReader qui donne accès aux données, fiche après fiche (une fiche par exécution de Read appliqué à l'objet DbDataReader). La méthode ExecuteReader appliquée à l'objet commande renvoie cet objet DataReader :

```
DbDataReader oRdr = oCmd.ExecuteReader();
```

L'objet DbDataReader nous permet maintenant de balayer le résultat de la commande SELECT mais avec les restrictions suivantes :

- accès séquentiel, du début à la fin, et uniquement dans ce sens ;

- accès enregistrement après enregistrement (ligne après ligne, ou tuple après tuple selon votre terminologie favorite) ;

- accès aux données limité aux lectures, mais rien n'interdit d'exécuter des commandes INSERT, UPDATE ou DELETE comme nous l'avons vu précédemment.

Après exécution de ExecuteReader, le DbDataReader est positionné avant la première ligne du résultat du SELECT. La fonction Read doit donc toujours être exécutée au moins une fois.

La lecture du résultat d'un SELECT se présente comme suit :

```
DbDataReader oRdr;
.....
oCmd.CommandText = "SELECT * FROM Auteurs";
oRdr = oCmd.ExecuteReader();
if (oRdr != null)
```

```
  {
    while (oRdr.Read())
    {
      .....                         // accès aux champs de la ligne
    }
  }
```

Présentons les principales propriétés et méthodes de la classe DbDataReader (il s'agit d'une classe abstraite de base pour OleDbDataReader, SqlDataReader, OracleDataReader et OdbcDataReader) :

Classe DbDataReader		
DbDataReader ← Object		
Propriétés de la classe DbDataReader		
FieldCount	int	Nombre de champs dans l'enregistrement (autrement dit : nombre de colonnes dans la ligne).
Item	[]	Indexeur d'accès aux champs. L'objet DbDataReader peut être indexé sur un numéro ou sur un nom de champ (voir exemple ci-après).
Méthodes de la classe DbDataReader		
void Close();		Ferme l'objet DbDataReader.
string GetName(int n);		Renvoie le nom de la n-ième colonne.
string GetDataTypeName(int n);		Renvoie le nom du champ, tel que connu par la base de données (voir la fin de ce chapitre). Par exemple DBTYPE_I2 alors que le nom du type .NET est Int16 ou DBTYPE_WVARCHAR pour String.
Type GetFieldType(int n);		Renvoie le type (type .NET) du champ en n-ième position : `if (rdr.GetFieldType(n) == typeof(string)) .....`
int GetOrdinal(string);		Renvoie la position d'une colonne dont on passe le nom en argument. Une exception est générée si le nom de la colonne n'est pas connu.
bool IsDBNull(int n);		Renvoie true si le champ en n-ième position (dans la ligne en train d'être traitée) contient une valeur nulle.
bool Read();		Lit la ligne suivante dans la table. Read renvoie true si une ligne a effectivement pu être lue, et renvoie false quand la fin du résultat du SELECT est atteinte. Un premier Read est toujours nécessaire pour lire la première ligne (éventuellement absente) de ce résultat.
bool NextResult();		Passe directement à l'ensemble de résultats suivant. NextResult n'est utilisé que dans le cas de commandes SQL qui renvoient plusieurs ensembles de résultats. Renvoie true si cet ensemble de résultats suivant existe.
object GetValue(int n);		Renvoie le contenu du champ en n-ième position dans la ligne. Il est préférable d'utiliser les indexeurs.
int GetValues(object[]);		Remplit le tableau passé en argument avec les contenus des différentes colonnes d'une ligne. Le tableau doit avoir été créé (c'est-à-dire avoir été instancié par new). Rappelons que FieldCount donne le nombre de colonnes. GetValues renvoie le nombre de cellules remplies de ce tableau. Si le tableau ne contient que n cellules, n cellules au plus sont remplies suite à l'exécution de GetValues.

Ces classes contiennent aussi des fonctions comme GetBoolean, GetByte, GetBytes, GetChar, GetChars, GetFloat, GetDateTime, GetDecimal, GetDouble, GetInt16, GetInt32, GetInt64, GetString et GetTimeSpan qui permettent de lire le contenu du n-ième champ de la ligne courante. Par exemple (pour lire le n-ième champ dans la ligne, de type Date-Time) en appliquant la fonction à l'objet DbDataReader :

```
DateTime GetDateTime(int n);
```

La technique des indexeurs (voir exemple) remplace avantageusement ces fonctions.

24.5.5 Parcourir le résultat d'un SELECT

Pour passer en revue toutes les lignes provenant du résultat du SELECT et copier dans s, de type string, le nom de l'auteur trouvé dans chaque ligne, on écrit :

```
DbConnection oConn;
DbCommand oCmd;
DbDataReader oRdr;
.....
oCmd.CommandText = "SELECT * FROM Auteurs";
oRdr = oCmd.ExecuteReader();
if (oRdr != null)
{
 while (oRdr.Read())
 {
  s = (string)oRdr["NOM"];        // attention ! Voir la note ci-dessous
  .....
 }
}
```

L'objet DbDataReader peut être indexé sur un numéro ou sur un nom de colonne.

oRdr["NOM"] (où NOM désigne un nom de colonne) est de type object. Il faut donc encore un transtypage pour le transformer en un autre type, comme string.

Mais attention : une telle valeur provenant de la base de données peut être de type DBNull quand elle correspond à un champ non initialisé dans la base de données (champ facultatif). On n'est donc pas assuré que oRdr["PRENOM"] soit réellement de type string, donc qu'un transtypage en string soit valide. Pour tenir compte de ce fait, on écrit :

```
string s = oRdr["PRENOM"] as string;
if (s == null) s = "";
```

Mais on ne peut appliquer cette technique qu'à des objets de type référence, pas au type valeur (int, double, etc. et structures). Pour ces derniers, par exemple le type DateTime, il faut écrire :

```
object o = oRdr["DN"];
DateTime dt = DateTime.MinValue; // valeur spéciale : information non disponible
if (o.GetType() == typeof(DateTime)) dt = (DateTime)oRdr["DN"];
```

en supposant que `DateTime.MinValue` (premier janvier de l'an un) ou `DateTime.MaxValue` (31 décembre de l'an 9999) puisse être une marque pour « pas de valeur dans dt ».

La meilleure solution consiste à utiliser le type nullable (voir la section 2.17) :

```
DateTime? dt = oRdr["DN"] as DateTime?;
if (dt.HasValue) .....   // date dans dt.Value
```

24.5.6 Format de dates

Le format de dates appelle quelques commentaires. Avec SQL Server, une date doit être délimitée par '. Par exemple, pour ne retenir que les dates postérieures au 1er février 2000 :

```
WHERE DN>'1/2/2000'
```

Avec Access, la date doit être délimitée par #, et le mois spécifié en premier. La condition doit donc être :

```
WHERE DN>#2/1/2000#
```

Mais Access effectue automatiquement une rectification dans certains cas. Ainsi #25/12/2000# est compris comme #12/25/2000# car 25 ne peut désigner un numéro de mois.

Nous sommes maintenant capables d'effectuer des recherches (par SELECT) et des mises à jour (par UPDATE, INSERT et DELETE) dans une base de données.

Le problème est néanmoins plus compliqué qu'il n'y paraît à première vue quand plusieurs utilisateurs effectuent en même temps (et à partir de machines différentes) des modifications dans une base de données. C'est le problème des accès concurrents dont nous parlerons bientôt.

24.5.7 Plusieurs DataReader en action sur une même connexion

Depuis .NET version 2, il est possible d'avoir, en même temps, plusieurs objets DbData-Reader en action sur une même connexion ouverte, ces objets DbDataReader opérant sur :

- différentes tables (par exemple une table mère, comme la table des clients, et une table fille, comme la table des commandes) ;
- la même table, les commandes SQL étant alors différentes, souvent par la clause ORDER BY.

Cette technique porte le nom de MARS (*Multiple Active Result Sets*).

24.5.8 Les opérations asynchrones

À condition d'utiliser SQL Server et de travailler sur des objets qui sont explicitement de type SqlCommand, il est possible de lancer, en parallèle, plusieurs opérations (pas toutes, certaines seulement), appelées pour cette raison « opérations asynchrones ». Pour travailler en asynchrone, il faut encore ajouter dans la chaîne de connexion :

```
Asynchronous Processing=true;
```

Présentons un exemple de lancement d'opérations asynchrones :

```
using System.Data.SqlClient;
.....
DbCommand oCmd1 = oConn.CreateCommand();
oCmd1.CommandText = .....;                      // première commande SQL
DbCommand oCmd2 = oConn.CreateCommand();
oCmd2.CommandText = .....;                      // deuxième commande SQL
// transformer ces objets DbCommand en objets SqlCommand
SqlCommand sqlCmd1=(SqlCommand)oCmd1, sqlCmd2=(SqlCommand)oCmd2;
// lancer les deux opérations
IAsyncResult ar1 = sqlCmd1.BeginExecuteNonQuery();
IAsyncResult ar2 = sqlCmd2.BeginExecuteNonQuery();
```

Les deux commandes s'exécutent maintenant en parallèle. Les fonctions qui peuvent être démarrées de cette manière sont applicables à des objets SqlCommand, et uniquement à ceux-là. Il s'agit de BeginExecuteQuery, BeginExecuteNonQuery et BeginExecuteXmlReader.

Ces trois fonctions renvoient un objet implémentant l'interface IAsyncResult (il s'agit en fait d'un objet SqlAsyncResult) qui peut fournir des informations sur l'état d'avancement de l'opération.

Ces opérations démarrées par Begin*xyz* doivent être achevées par End*xyz*. Plus loin dans le code, il faut donc exécuter :

```
sqlCmd1.EndExecuteNonQuery(ar1);
sqlCmd2.EndExecuteNonQuery(ar2);
```

Au besoin (si l'opération n'est pas terminée), ces fonctions attendent la fin d'exécution de ces fonctions démarrées de manière asynchrone.

Avant d'appeler ces fonctions, il est possible (par exemple dans une boucle de scrutation) d'examiner le champ IsCompleted de ar1 ou ar2. Il passe à true quand EndExecuteNonQuery peut être exécuté sans attente (autrement dit quand l'opération est terminée).

Plutôt que d'écrire une boucle dans laquelle on scrute l'état de IsCompleted, on peut se mettre en attente :

```
using System.Threading;
.....
IAsyncResult ar1 = sqlCmd1.BeginExecuteNonQuery();
WaitHandle oAttente = ar1.AsyncWaitHandle;
oAttente.WaitOne();
```

WaitOne se met en attente de la fin d'exécution de la fonction lancée en asynchrone. Lorsque WaitOne redémarre, la fonction EndExecuteNonQuery doit encore être exécutée. Un durée d'expiration (*timeout* en anglais), exprimée en millisecondes, peut être spécifiée (WaitOne renvoie true si le réveil est dû à une fin d'exécution et false s'il est dû à un timeout) :

```
bool res = oAttente.WaitOne(200, false);
```

Il est possible de se mettre en attente sur plusieurs événements (WaitAll pour attendre que tous les événements soient signalés, et WaitAny pour attendre que l'un d'eux soit signalé, WaitAny renvoyant alors l'indice dans le tableau de l'événement signalé) :

```
IAsyncResult ar1 = sqlCmd1.BeginExecuteNonQuery();
IAsyncResult ar2 = sqlCmd2.BeginExecuteNonQuery();
WaitHandle[] oAttente = new WaitHandle[2];
oAttente[0] = ar1.AsyncWaitHandle;
oAttente[1] = ar2.AsyncWaitHandle;
WaitHandle.WaitAll(oAttente);
```

Ici aussi, on peut spécifier un timeout :

```
int n = WaitHandle.WaitAny(oAttente, 200, false);
```

WaitAny renvoie l'indice de l'événement signalé, ou la valeur WaitHandle.Timeout si le réveil est dû au timeout.

Enfin, il est possible de spécifier une fonction (dite fonction de rappel, ou *callback* en anglais) qui doit être automatiquement exécutée quand IsCompleted passe à true :

```
IAsyncResult ar1 = sqlCmd1.BeginExecuteNonQuery(new AsyncCallback(f), 123);
.....
void f(IAsyncResult ar)
{
 int n = (int)ar.AsyncState;
 .....
}
```

Le second argument est de type object et n'importe quelle information peut ainsi être passée. On retrouve cette information dans l'argument ar.AsyncState de la fonction de rappel. La fonction f s'exécutant dans un thread séparé, n'agissez pas, à partir de cette fonction, sans précaution sur les éléments de l'interface graphique (voir la section 9.2 à ce sujet).

24.5.9 Modifications, accès concurrents et transactions

Pour illustrer les modifications concurrentes, nous allons envisager le cas d'un système de réservation de places pour un spectacle. Nous procéderons par étapes et résoudrons les problèmes au fur et à mesure qu'ils apparaîtront.

Notre base de données est cette fois une base de données SQL Server, mais elle serait très aisément adaptable à Access (le problème des accès concurrents est, en effet, général aux bases de données). La base de données s'appelle Spectacle et contient la table Réservations. Pour simplifier, nous ne procédons qu'à des réservations pour un seul spectacle. Une place est identifiée par son numéro, qui est clé primaire. Dans cette table Réservations, on trouve les champs suivants (les types étant ici ceux de SQL Server) :

- Place, de type int : numéro de place ;
- Occ, de type bit : indique si une place est libre ou non ;
- Nom, de type string : nom de la personne qui a réservé la place.

Place joue le rôle de clé primaire pour la table Réservations. Avant toute tentative de réservation, les lignes de cette table doivent être initialisées : pour chaque place disponible, initialiser Place tout en laissant Occ à zéro et Nom à Null.

Dans le programme de réservation, on insère les directives suivantes :

```
using System.Data;
using System.Data.Common;
```

Nous utilisons les objets de connexion, de commande et de lecture suivants :

```
DbConnection oConn;
DbCommand oCmd;
DbDataReader oRdr;
```

ainsi que la chaîne de connexion (Agence désignant le nom du serveur et sans être très regardant sur le fait que l'administrateur n'a toujours pas de mot de passe) :

```
string connStr = "Database=Spectacle;Server=Agence;uid=sa;pwd=";
```

La connexion est ouverte (par exemple dans la fonction qui traite l'événement Load adressé à la fenêtre) par :

```
try
{
 DbProviderFactory dbpf =
   DbProviderFactories.GetFactory("System.Data.SqlClient");
 oConn = dbpf.CreateConnection();
 oConn.Open();
}
catch (Exception exc)
{
 .....                    // afficher exc.Message pour donner l'erreur
}
```

Pour connaître les places déjà vendues et celles qui sont encore disponibles, on écrit :

```
oCmd = oConn.CreateCommand();
oCmd.CommandText = "SELECT * FROM Réservations ";
oRdr = oCmd.ExecuteReader();
if (oRdr != null)
{
 while (oRdr.Read())
 {
  string s = "Place " + oRdr["Place"] + " : ";
  if ((bool)oRdr["Occ"]) s += "occupée par " + oRdr["Nom"];
  else s += "libre";
  .....                   // afficher s pour indiquer l'état de la place
 }
 oRdr.Close();
}
```

Dans la première ligne d'assignation de s, le transtypage sur oRdr indexé sur un nom de champ (ici Place) n'était pas nécessaire car nous étions dans une concaténation de chaînes de caractères, la fonction ToString() étant alors automatiquement appliquée à un object.

Ici aussi, on aurait pu placer l'instanciation de oCmd et l'instruction ExecuteReader dans un try/catch : une exception pourrait en effet être déclenchée par le SGBD sur le SELECT (cas d'un SELECT mal formé, mais l'erreur apparaîtrait déjà lors de la phase de mise au point du programme).

Pour attribuer à Prunelle la place 150, on exécute (on suppose que, délibérément, on ne réserve pas une place déjà attribuée) :

```
oCmd.CommandText = "UPDATE Réservations "
                + "SET Occ=1, Nom='Prunelle' WHERE Place=150";
int n = oCmd.ExecuteNonQuery();
```

n prend la valeur 1 si la commande est acceptée et correctement exécutée (une ligne de la table a effectivement été modifiée). ExecuteNonQuery renvoie, en effet, le nombre de lignes modifiées par l'opération.

En testant l'application, on constaterait que les choses se passent normalement. Mais c'est oublier un problème qui pourrait survenir, et qui surviendra donc inévitablement un jour, généralement au moment le plus inopportun.

24.5.10 Les accès concurrents

La technique que nous venons d'expliquer ne fonctionne correctement (dans tous les cas) que si les réservations s'effectuent à partir d'un seul poste. Sinon, plusieurs personnes s'adressant à des guichets différents peuvent, de bonne foi, s'apercevoir qu'une place est libre (elle l'est effectivement à ce moment) et la réserver. Pour illustrer ce problème, envisageons le scénario suivant, faisant intervenir deux utilisateurs, A et B, de notre système de réservation :

• A constate que la place P est libre.

• À partir d'un autre guichet de réservation, B constate que la place P est libre (à ce moment, elle l'est encore effectivement).

• A, après réflexion, décide de réserver la place P et ExecuteNonQuery renvoie la valeur 1.

• B, après réflexion, décide de réserver la place P et ExecuteNonQuery renvoie la valeur 1.

• A et B ont payé et disposent tous deux d'un billet en bonne et due forme pour la place P. Celle-ci a donc été attribuée deux fois, l'ordinateur retenant finalement la réservation effectuée par B. Ambiance avant le lever de rideau !

La solution simple à ce problème général des modifications concurrentes consiste à associer à chaque place un jeton d'accès, en fait une valeur entière initialisé à zéro quand la base de données est créée.

Ici, il est certes possible de faire plus simple encore, en ajoutant tout bonnement la clause WHERE Occ=0 à la commande UPDATE. Mais envisageons une solution plus générale.

Soit Cpt, de type int, ce nouveau champ dans la table. Chaque fois qu'un programme lit l'état d'une place, il lit du même coup ce compteur et retient sa valeur. Supposons que la valeur associée à la place 5 (contenu de Cpt) soit 14.

Pour réserver la place, on exécute la commande suivante (Cpt est incrémenté d'une unité à l'occasion d'une mise à jour, mais on vérifie au préalable que ce compteur n'a pas été modifié depuis sa lecture) :

```
oCmd.CommandText = "UPDATE Réservations "
                 + "SET Occ=1, Nom='Melle Jeanne', Cpt=15 "
                 + "WHERE Place=5 AND Cpt=14";
n = oCmd.ExecuteNonQuery();
```

n prend la valeur 1 si personne n'a réservé cette place depuis notre lecture de l'état de la place (sinon, cette réservation aurait fait passer Cpt à 15, et la clause WHERE de notre UPDATE n'aurait trouvé aucune ligne correspondant à Cpt valant encore 14). Notez que l'important est d'incrémenter Cpt à l'occasion d'une réservation.

Reprenons notre scénario précédent pour illustrer cela :

• A lit l'état des places et constate que la place 5 est libre, avec 14 comme valeur associée à cette place.

• B (à partir d'un autre guichet ou de son domicile, via Internet) lit l'état des places et constate que la place 5 est libre (elle l'est encore effectivement), la valeur 14 étant associée à cette place.

• A, après réflexion, décide de réserver la place 5. Comme Cpt pour cette place vaut toujours 14, la commande UPDATE réussit. Dans la table et pour cette place 5, Occ passe à 1, Nom à Melle Jeanne et Cpt à 15. La fonction ExecuteNonQuery renvoie 1 puisqu'une ligne de la table a été modifiée. On peut donc signaler à A que la place 5 lui est bien attribuée.

• B, après réflexion, décide de réserver la place 5 (B ignore évidemment que A vient de la réserver). Ici, UPDATE échoue car aucune ligne ne correspond plus à Place=5 et Cpt=14 (Cpt vient en effet d'être incrémenté suite à l'UPDATE effectué par A). ExecuteNonQuery renvoie dès lors la valeur 0 puisque aucune ligne de la table n'a été modifiée. On peut donc signaler à l'utilisateur que, malheureusement, cette place n'est maintenant plus disponible. Pas de chance : la place a été réservée par quelqu'un d'autre entre la lecture dans la table (pour connaître les disponibilités) et le moment où B a décidé de la réserver. A et B ont, presque en même temps, été mis au courant de la disponibilité de la place 5 mais A a été plus prompt à la décision que B.

Relire l'état de la place juste avant la modification ne résout pas le problème car la modification pourrait être effectuée par A après la relecture par B mais avant la modification. B jouerait certes de malchance mais une règle en informatique veut que lorsqu'un problème peut survenir, il finit toujours par le faire, et généralement au moment le plus inopportun.

La technique proposée ici est plus simple et plus rapide que celle retenue par Visual Studio (qui reteste toutes les valeurs des champs dans la clause WHERE de la commande UPDATE), mais elle suppose qu'il est possible d'ajouter un champ compteur dans la table et que tous les programmes modifiant la base de données de réservations respectent bien la règle d'incrémentation de ce compteur à l'occasion d'une mise à jour.

24.5.11 Les transactions

Nous avons résolu le problème des modifications concurrentes. Mais que se passe-t-il si A, éperdument amoureux, veut réserver deux places, qui doivent évidemment se trouver côte à côte ? Supposons qu'au moment de la lecture, les places 3 et 4 soient libres. A décide de les réserver.

La réservation doit se faire en deux étapes : d'abord une réservation pour la place 3 et puis une autre pour la place 4. Il pourrait arriver que l'opération UPDATE pour la place 3 réussisse (ExecuteNonQuery a renvoyé 1) tandis que celle pour la place 4 échoue (Execute-NonQuery a renvoyé 0). La raison en est simple : entre la lecture et la seconde modification, la place 4 a été réservée à partir d'un autre poste de réservation. Il s'agit certes d'un malheureux concours de circonstances mais vous connaissez désormais le proverbe. Il faut maintenant annuler la réservation de la place 3.

C'est ici qu'interviennent les transactions. Du point de vue de la programmation, les transactions sont des objets de la classe DbTransaction (il s'agit plus précisément d'une classe abstraite mais l'objet réellement instancié sera, cependant de manière transparente pour le programmeur, un objet SqlTransaction, OleDbTransaction, etc.). Un tel objet est déclaré par :

```
DbTransaction oTrans;
```

Il ne faut pas instancier oTrans par new car l'objet de transaction est créé et renvoyé par la fonction BeginTransaction appliquée à l'objet de connexion.

Pour démarrer une transaction (oConn désignant l'objet de connexion qui doit être ouvert), on écrit :

```
oTrans = oConn.BeginTransaction();
```

Un niveau d'isolation peut être spécifié en argument de BeginTransaction (par défaut, il s'agit du niveau d'isolation ReadCommitted).

Le niveau d'isolation indique ce qui se passe quand un autre programme (appelons-le ProgB) lit dans la base de données alors qu'une transaction est en cours (transaction initiée par un programme que nous appellerons ProgA et qui s'exécute généralement sur une autre machine). BeginTransaction peut prendre en argument une des valeurs suivantes de l'énumération IsolationLevel :

Niveaux d'isolation dans les transactions

ReadCommitted	ProgB, s'il effectue une opération sur la base de données, est mis en attente tant que la transaction est en cours. Il reprend automatiquement son exécution dès que Commit ou Rollback a été exécuté par ProgA. ProgB ne peut ainsi lire que des données confirmées.
ReadUncommitted	ProgB n'est pas suspendu et peut lire des données qui n'ont pas encore été confirmées par Commit et qui pourraient même être infirmées par Rollback.

Dans le cas d'un système de réservations, il est impératif d'opérer avec le niveau d'isolation ReadCommitted. Dans le cas d'un programme qui balaie la base de données afin d'en tirer des statistiques, le niveau ReadUncommitted est souvent acceptable.

La transaction doit être associée à l'objet commande (Transaction est une propriété de la classe DbCommand) :

```
oCmd.Transaction = oTrans;
```

Une ou plusieurs mises à jour de la base de données (y compris dans des tables différentes) peuvent maintenant être effectuées (des UPDATE, des INSERT et/ou des DELETE). Ces mises à jour ne deviendront cependant effectives qu'au moment d'exécuter :

```
oTrans.Commit();
```

Pour annuler toutes les opérations effectuées depuis BeginTransaction, il suffit d'exécuter :

```
oTrans.Rollback();
```

Effectuez les différentes opérations (BeginTransaction, les mises à jour ainsi que Commit ou Rollback) dans la foulée, sans interaction avec l'utilisateur durant ces différentes opérations. La raison en est simple : si un autre programme tente d'accéder à la table, celui-ci est suspendu tant qu'une transaction est en cours (sauf si le niveau d'isolation est ReadUncommitted, le programme pouvant alors lire des données qui se révéleront peut-être incorrectes dans quelques millisecondes). Il est donc impératif que ces autres programmes ne soient suspendus que pour une durée à peine perceptible pour un opérateur humain.

24.6 Le mode déconnecté

Dans le mode déconnecté, le client exécute un SELECT et reçoit, en bloc, le résultat complet du SELECT (qui constitue une table) dans une sorte de tableau, qu'on appelle dataset. La fonction Fill qui remplit le dataset ouvre la connexion, exécute le SELECT, amène son résultat dans le dataset et ferme la connexion.

Il faut bien comprendre qu'en programmation ASP.NET, le client (sous-entendu ici de la base de données) est le programme ASP.NET, qui s'exécute sur le serveur Web. Ce client n'est donc pas le client du serveur Web, à savoir le logiciel de navigation et son utilisateur.

Le client (de la base de données) reçoit donc une portion de la base de données (éventuellement étendue à plusieurs tables car plusieurs SELECT peuvent être effectués).

Ces données se trouvent alors en mémoire, sur sa machine (cette portion de la base de données en mémoire ayant été téléchargée à partir du serveur de base de données).

Le client traite alors les données en local, indépendamment du serveur, sans le faire intervenir. Il peut accéder directement à la i-ième ligne du SELECT, modifier des données, en ajouter ou en supprimer. À ce stade, les modifications ne sont effectuées que dans le dataset en mémoire chez le client, pas encore dans la véritable base de données.

À un moment donné, l'utilisateur donne l'ordre (méthode Update) de mise à jour dans la base de données à partir des données comprises dans le dataset. Il n'y a cependant rien de magique dans ce processus de mise à jour de la base de données, rien que des exécutions de commandes SQL que nous décrirons bientôt.

En mode déconnecté, on travaille sur les objets suivants :

- l'objet de connexion DbConnection, comme pour le mode connecté mais il ne faudra pas ouvrir explicitement la connexion ;
- l'objet d'adaptation DbDataAdapter dans lequel on spécifie (sous forme d'objets DbCommand) la commande SELECT mais aussi, éventuellement, les commandes de modification, d'ajout et de suppression ;
- l'objet DataSet qui contient une portion de la base de données en mémoire et sur la machine client (sans oublier ce qu'est la machine client dans le cas d'ASP.NET).

Nous ne reviendrons pas sur les objets et les chaînes de connexion.

24.6.1 Les objets d'adaptation de données

Si l'objet de connexion sert à spécifier la base de données à laquelle on se connecte, l'objet d'adaptation de données (de type DbDataAdapter) sert d'interface entre la base de données et le dataset. Comme pour d'autres classes, DbDataAdapter est une classe abstraite de base pour les classes *xyz*DataAdapter (remplacer *xyz* par OleDb, Sql, Oracle ou Odbc selon le type de base de données). Grâce à la technique des fabriques de classes, nous n'aurons pas à utiliser ces objets *xyz*DataAdapter mais uniquement un objet DbDataAdapter, quel que soit le type de base de données.

Présentons cette classe DbDataAdapter.

Méthodes de la classe DbDataAdapter	
int Fill(DataSet);	Remplit l'objet DataSet (présenté par la suite) avec le résultat de la commande SELECT. Fill renvoie le nombre de lignes reçues du serveur. Une table est ainsi ajoutée au dataset. Aucune table n'est cependant ajoutée au dataset si ce nombre de lignes est égal à zéro.
int Fill(DataSet, string nomTable);	Semblable à la fonction précédente mais en donnant un nom à la table résultant de la sélection. Ce nom ne doit pas nécessairement correspondre à un nom de table sur disque. Si le dataset contient déjà cette table, le résultat du SELECT est copié dans cette table (encore faut-il qu'il y ait équivalence dans les SELECT). Sinon, une nouvelle table est créée. Un dataset peut, en effet, contenir plusieurs tables.

```
int Fill(
  DataSet,
  int startRecord,
  int nbRecord,
  string nomTable);
```

Comme la fonction précédente mais en remplissant le dataset avec `nbRecord` lignes à partir de `startRecord` (les lignes provenant du `SELECT`). Soyez néanmoins conscient que tout le résultat du `SELECT` est envoyé au poste client mais que seuls `nbRecord` sont copiés dans le dataset.

```
int Fill(DataTable);
```

Insère directement le résultat du `SELECT` dans un objet `DataTable` (celui-ci correspond à une table en mémoire).

Pour le moment, contentons-nous de savoir que la classe `DbDataAdapter` contient surtout la méthode `Fill` ainsi que les quatre propriétés `SelectCommand`, `InsertCommand`, `UpdateCommand` et `DeleteCommand`, toutes de type `DbCommand`. Elles correspondent évidemment aux commandes SQL qui sont utilisées pour effectuer, respectivement, la sélection, l'insertion, la mise à jour et la suppression.

Pour amener dans un dataset des informations sur les personnes nées après le 25 décembre 1950 (table `Pers` de la base de données, syntaxe SQL Server, voir une note précédente concernant les dates) :

```
DbProviderFactory dbpf;
DbConnection oConn;
DbDataAdapter oDA;
.....
oDA = dbpf.CreateDataAdapter();
oDA.SelectCommand = oConn.CreateCommand();
oDA.SelectCommand.CommandText = "SELECT * FROM Pers WHERE DN > '12/25/1950'";
DataSet oDS = new DataSet();
oDA.Fill(oDS, "Pers");
```

L'exemple précédent implique que `dbpf` et `oConn` aient été préalablement initialisés.

Après exécution de `Fill`, les données deviennent accessibles (sur la machine client du serveur de bases de données, généralement le poste client dans le cas d'une application Windows, mais le serveur Web dans le cas d'une application ASP.NET) via l'objet `oDS` de type `DataSet`. Le client travaille alors, indépendamment du serveur, sur un sous-ensemble des données stockées de manière permanente dans la base de données.

Sur la machine client, les données reçues du serveur se trouvent en mémoire, et leur taille (nombre de lignes) dépend du `SELECT`. D'où l'intérêt d'optimiser ce dernier en ne réclamant que les données strictement nécessaires (on gagne ainsi en espace mémoire mais aussi en temps de transfert sur le réseau).

Les données peuvent maintenant être modifiées, supprimées et ajoutées dans le dataset. Toute modification effectuée dans le dataset n'est pas immédiatement et automatiquement répercutée dans la véritable base de données. Il faut attendre pour cela que le programme exécute `Update`.

Lors de la mise à jour (parce que le programme exécute `Update` appliqué à l'objet `DbData-Adapter`), l'ADO.NET du client reprend contact avec le serveur, et lui envoie à ce moment des données en se servant pour cela des objets `UpdateCommand`, `InsertCommand` et `Delete-Command` du `DbDataAdapter`. Nous expliquerons bientôt les mises à jour.

24.6.2 L'objet DataSet

L'objet `DataSet` contient les données provenant d'un ou de plusieurs `SELECT`, ces données étant copiées dans le dataset par l'instruction `Fill` appliquée à l'objet `DbDataAdapter`. Le dataset correspond en quelque sorte à une base de données (éventuellement étendue à plusieurs tables reliées entre elles) mais située en mémoire uniquement et chez le client.

Plusieurs `Fill` (dans des tables différentes, avec des noms de table différents en second argument) peuvent être exécutés sur un dataset, ce qui donne autant de tables dans le dataset.

L'objet `DataSet` est propre au mode déconnecté. Le dataset n'a aucune connaissance de l'origine des données. Il pourrait même être créé indépendamment de toute source de données et ensuite, par programme, rempli de données qu'on sauvegarderait dans une base de données. Un dataset pourrait également être créé (tant pour sa structure que pour ses données) à partir d'un fichier XML (méthodes `ReadXml` et `WriteXml` du dataset).

Dans la majorité des cas, le dataset travaille avec des données provenant d'une base de données. Le programme client adresse une requête SQL au serveur (commande spécifiée dans l'objet `SelectCommand` de l'objet `DbDataAdapter`), reçoit les données dans un dataset, et ne doit plus s'adresser au serveur pour parcourir celui-ci.

La technique des indexeurs donne accès au dataset comme s'il s'agissait d'un tableau à deux dimensions. Les données peuvent y être modifiées (sans influence, à ce stade, sur la base de données), puis, quand le programme exécute `Update`, postées dans la véritable base de données sur disque, ce qui nécessite une reprise de contact avec le serveur. Les objets `UpdateCommand`, `InsertCommand` et `DeleteCommand` (qui contiennent des commandes SQL) de l'objet `DbDataAdapter` sont utilisés à cette occasion.

De même qu'une base de données sur disque est composée de tables, un dataset (qui peut être considéré comme une base de données mais en mémoire) est également composé de tables. Ses tables n'ont pas nécessairement un rapport direct avec celles de la base de données. Ces tables en mémoire proviennent d'un ou de plusieurs `SELECT` opérant sur la base de données sur disque. Ces `SELECT` peuvent créer des tables éventuellement modifiées, en format de tables et en données, par rapport aux données stockées sur disque dans la base de données.

Présentons quelques propriétés du dataset. Nous en verrons d'autres par la suite.

Classe `DataSet`	
`DataSet ← Object`	
Constructeurs de la classe `DataSet`	
`DataSet();`	Crée un objet `DataSet` sans lui donner de nom.
`DataSet(string);`	En lui donnant un nom.

Propriétés de la classe DataSet

CaseSensitive	T/F	Indique si les comparaisons sur chaînes doivent distinguer les majuscules des minuscules.
DataSetName	str	Nom donné au dataset.
EnforceConstraints	T/F	Indique si les contraintes d'intégrité doivent être prises en compte lors d'une mise à jour.
HasErrors	T/F	Indique si la modification a provoqué une erreur d'intégrité dans l'une des tables au moins.
Relations	coll	Collection de relations (objets de type DataRelation).
Tables	coll	Collection des tables (objets de type DataTable). Table est de type DataTableCollection.

Reprenons les instructions pour remplir un dataset (DN pour date de naissance), les objets de connexion et DbDataAdapter ayant été préalablement créés et initialisés :

```
oDA.SelectCommand = oConn.CreateCommand();
oDA.SelectCommand.CommandText = "SELECT Nom, Prénom, DN FROM Pers";
// Créer et remplir le dataset
DataSet oDS = new DataSet();
int n = oDA.Fill(oDS, "Pers");
```

Fill remplit le dataset avec les données résultant du SELECT et renvoie le nombre de lignes dans le résultat du SELECT. Une table, appelée ici Pers, vient d'être créée dans le dataset.

Fill génère une exception si la clause SELECT n'est pas valide (par exemple parce qu'elle contient une référence à une table ou à un champ qui n'existent pas ou qui sont mal orthographiés). D'où l'intérêt de placer ces instructions dans un try/catch. Le champ Message de l'objet Exception donne alors des informations quant à l'erreur.

À ce stade, une partie de la base de données a été téléchargée chez le client.

Reste maintenant à récupérer les champs Nom, Prénom et DN de chaque ligne du dataset. Mais avant cela, analysons la manière dont ce dernier est structuré.

La propriété Tables du dataset, de type DataTableCollection, donne accès aux différentes tables du dataset. Dans notre cas, il ne contient qu'une seule table, que nous avons décidé (second argument de Fill) de nommer Pers, comme le nom de la table dans la base de données (rien ne nous y obligeait cependant). Cette table contient des lignes, sur trois colonnes (nom, prénom et date de naissance).

Chaque objet de cette collection de tables est un objet DataTable qui correspond évidemment à une table (en mémoire, côté client). La propriété Tables peut être indexée sur le numéro (zéro pour la première) ou sur le nom de la table.

Plusieurs Fill, mais avec des noms de table différents en second argument, peuvent en effet être appliqués à un même dataset. Celui-ci contient alors autant de tables que l'on a exécuté de Fill.

Dans notre cas, oDS.Tables[0] ou oDS.Tables["Pers"] font référence à notre table (pour le moment, seule table dans le dataset). Ces deux constructions sont identiques bien que la première soit plus rapide mais aussi plus sujette à erreurs (en effet, on risque moins de se tromper en donnant le nom de la table que son numéro d'ordre). Pour cette raison, nous éviterons l'entier comme indice, sauf dans le cas où le dataset ne contient qu'une seule table. À partir de oDS.Tables["Pers"], on a accès aux diverses informations de cette table.

24.6.3 Contenu et structure d'une table

Chacune des tables d'un dataset est un objet DataTable. Tout ce que vous connaissez concernant les tables des bases de données relationnelles s'applique aux objets DataTable puisqu'il s'agit de tables en mémoire devant présenter des fonctionnalités semblables.

Présentons cette classe DataTable, déjà brièvement rencontrée à la section 16.6 consacrée au DataGridView des Windows Forms.

Classe DataTable

DataTable ← Object

Constructeurs de la classe DataTable

DataTable();	Crée un objet DataTable sans lui donner un nom de table.
DataTable(string);	Crée un objet DataTable en lui donnant un nom.

Propriétés de la classe DataTable

CaseSensitive	T/F	Indique si les comparaisons sur chaînes doivent distinguer les majuscules des minuscules. Par défaut, cette propriété prend la valeur de la propriété CaseSensitive du dataset. Elle prend la valeur par défaut false s'il s'agit d'un objet indépendant.
Columns	coll	Collection d'objets DataColumn. Chaque objet de la collection est de type DataColumn et contient des informations sur une colonne de la table.
DataSet	DataSet	Objet DataSet dont fait partie la table. Cette propriété (en lecture seule) permet, si nécessaire, de remonter au dataset.
HasErrors	T/F	Indique si la mise à jour a provoqué une erreur dans la table.
MinimumCapacity	int	Taille initiale de la table (25 par défaut). La table s'agrandit automatiquement en fonction des insertions.
PrimaryKey	DataColumn[]	Tableau des colonnes spécifiant la clé primaire.
Rows	coll	Collection des lignes, chaque ligne étant représentée par un objet DataRow. Cette propriété donne accès au contenu des différentes lignes de la table résultant de la sélection. Row est de type DataRow-Collection.
TableName	str	Nom de la table.

Les deux plus importantes propriétés de l'objet `DataTable` sont :

- `Columns` qui donne des informations sur les différentes colonnes de la table résultant de la sélection ;

- `Rows` qui donne accès aux données, c'est-à-dire aux différentes lignes résultant du `SELECT`.

24.6.4 Informations sur les différentes colonnes de la table

La propriété `Columns` de l'objet fournit des informations sur les différentes colonnes de la table, `Columns` désignant plus précisément une collection de colonnes. Le nombre de ces colonnes est donné par (ici pour la première et souvent unique table du dataset) :

```
int n = oDS.Tables[0].Columns.Count;
```

La propriété `Columns` peut être indexée sur le numéro ou sur le nom de la colonne. Sauf pour les boucles, indexer sur le nom est évidemment préférable : vous vous mettez ainsi à l'abri d'éventuels ajouts ou suppressions de colonnes et autres réorganisations.

Chaque objet de la collection est de type `DataColumn`. Dans notre cas, les expressions suivantes sont équivalentes (elles donnent accès au champ `Nom` en première colonne, sans oublier que ce champ constitue un objet) :

```
oDS.Tables[0].Columns[0]
oDS.Tables["Pers"].Columns["Nom"]
oDS.Tables[0].Columns["Nom"]
```

24.6.5 L'objet DataColumn

Passons en revue cette classe `DataColumn` qui fournit des informations sur une colonne de table. Dans le cas d'une table créée par `Fill`, nous n'avons pas à instancier un objet de cette classe car les colonnes sont alors générées automatiquement. Nous verrons bientôt comment créer des colonnes, des tables et des datasets indépendamment de toute base de données sur disque.

Classe `DataColumn`		
`DataColumn ← Object`		
Constructeurs de la classe `DataColumn`		
`DataColumn();`		Crée un objet `DataColumn` non initialisé.
`DataColumn(string);`		Crée une colonne en spécifiant un nom de colonne.
`DataColumn(string, Type);`		Crée une colonne en spécifiant un nom de colonne et un type (voir la classe `Type` à la section 2.13).
Propriétés de la classe `DataColumn`		
`AllowDBNull`	T/F	Indique si des valeurs nulles peuvent être introduites dans la colonne.
`AutoIncrement`	T/F	Indique si cette colonne correspond à un champ auto-incrémenté.

Classe DataColumn *(suite)*		
AutoIncrementSeed	int	Valeur de début d'un champ auto-incrémenté.
AutoIncrementStep	int	Valeur d'auto-incrémentation (1 par défaut).
Caption	string	Libellé de la colonne. Si ce champ est laissé vide, le contenu de la propriété ColumnName est repris. Caption (que l'on retrouve notamment en en-tête de colonne de grille) peut être plus explicite pour l'utilisateur final que ColumnName, généralement choisi par le concepteur de la base de données.
ColumnName	string	Nom du champ correspondant.
DataType	Type	Type du champ (voir la classe Type à la section 2.13).
DefaultValue	object	Valeur par défaut lors d'un ajout.
Ordinal	int	Position de la colonne dans la collection des colonnes de la table.
Expression	str	Expression associée à une colonne agrégat (colonne créée à partir d'autres colonnes). Par exemple : Expression = "Prénom + ' ' + Nom"; où Nom et Prénom sont des champs de la table.
MaxLength	int	Taille maximale d'une colonne de texte.
ReadOnly	T/F	Indique si le contenu de la colonne est en lecture seule.
Unique	T/F	Indique si un contenu ne peut se retrouver qu'une seule fois dans la colonne.

Pour afficher le nom et le type des différentes colonnes de la première table du dataset, on écrit :

```
foreach (DataColumn dc in oDS.Tables[0].Columns)
  Console.WriteLine(dc.ColumnName + " (" + dc.DataType.Name + ")");
```

Dans notre cas, on afficherait :

```
Nom (String)
Prénom (String)
DN (DateTime)
```

Il faut bien comprendre que l'objet DataColumn fournit des informations sur une colonne, pas sur son contenu. Pour les contenus, il faut passer par l'objet DataRow qui correspond au contenu d'une ligne de la table.

24.6.6 L'objet DataRow

La propriété Rows de l'objet DataTable désigne une collection de lignes. Il s'agit généralement du résultat d'une sélection dans une base de données (généralement, car un dataset ou une table dans un dataset peuvent être entièrement créés par programme). Rows peut être indexé sur un numéro de ligne uniquement. Dans le cas où le dataset ne contient qu'une seule table, oDS.Tables[0].Rows.Count donne le nombre de lignes dans la table.

`Fill` a renvoyé le nombre de lignes dans le résultat du `SELECT`. Les deux valeurs peuvent néanmoins être différentes car des lignes ont pu être ajoutées ou supprimées par programme dans la table après l'opération `Fill`.

`oDS.Tables[0].Rows[i]` donne accès à la `i`-ième ligne de la sélection. Chaque ligne de la collection est de type `DataRow`.

Classe `DataRow`

`DataRow ← Object`

Propriétés de la classe `DataRow`

HasErrors	T/F	Indique si une mise à jour a provoqué une erreur pour la ligne.
Item	indexeur	Indexeur donnant accès au contenu de chaque colonne de la ligne. Entre les crochets de l'indexeur, on peut trouver un numéro de colonne, son nom, ou un objet DataColumn.
ItemArray	object[]	Tableau des contenus des différentes colonnes de la ligne.
RowError	str	Chaîne de caractères décrivant l'erreur.
RowState	enum	État de la ligne. RowState peut prendre l'une des valeurs suivantes de l'énumération DataRowState : Detached, Unchanged, New, Deleted ou Modified
Table	DataTable	Table à laquelle appartient la ligne.

Appliquons maintenant toutes ces connaissances pour retrouver nos données.

Comme `oDS.Tables[0].Rows[3]` donne accès à la quatrième ligne de la sélection (une exception est générée si cette quatrième ligne n'existe pas),

```
oDS.Tables[0].Rows[3][2]
```

est de type `object` et désigne le contenu de la troisième colonne de la quatrième ligne. Une exception est générée si cette troisième colonne n'existe pas. À nous de connaître le type précis de cette information en troisième colonne bien qu'il soit possible de découvrir automatiquement ce type (fonction `GetType` appliquée à l'objet `object`, voir la section 2.13). Dans notre cas, il s'agit d'un objet de type `DateTime` puisqu'on doit y trouver une date de naissance. Nous avons vu plus haut qu'il est possible de déterminer automatiquement le type d'un contenu de colonne (propriété `DataType` de `DataColumn`).

Plutôt qu'un numéro de colonne, il est préférable de spécifier un nom de colonne, ce qui rend le programme plus clair et plus fiable :

```
string s = (string)oDS.Tables[0].Rows[3]["Nom"];
DateTime dt = (DateTime).oDS.Tables[0].Row[3]["DN"];
```

Une exception est générée si `Nom` ou `DN` ne désignent pas des colonnes de la sélection.

Pour lire le contenu d'une colonne dans une telle ligne, nous avons effectué un transtypage, ce qui semble aller de soi. Le transtypage n'est cependant pas sans danger : dans une base de données, il arrive qu'un champ ait une valeur nulle. Nous avons déjà expliqué comment tenir compte de cette situation (en testant si l'objet est de type `DBNull` ou en ayant recours aux types nullables).

24.6.7 Les contraintes

En créant les tables du dataset, il est possible de spécifier toute une série de contraintes. Supposons que la colonne ID soit clé primaire pour une table. Comme une clé primaire peut être formée à partir de plusieurs champs (l'ensemble nom + prénom + date de naissance peut parfois, mais pas toujours, être considéré comme clé primaire), la propriété PrimaryKey d'une table est de type DataColumn[].

Dans notre cas, on écrit, pour signaler que la colonne ID est clé primaire (formée d'un seul champ) pour la table Pers :

```
DataColumn[] cols = {dtPers.Columns["ID"]};
dtPers.PrimaryKey = cols;
```

Une exception est maintenant générée si on ajoute (dans la table du dataset) une ligne avec un ID déjà existant.

La propriété PrimaryKey d'un DataTable permet donc de spécifier une contrainte de clé primaire.

La propriété Constraints d'un DataTable permet de spécifier d'autres contraintes. Constraints, de type ConstraintCollection, s'applique à une collection de contraintes, une contrainte étant de type Constraint (il s'agit plus précisément d'une classe abstraite). Les contraintes doivent dès lors être des objets d'une des deux classes dérivées de Constraint : UniqueConstraint et ForeignKeyConstraint.

UniqueConstraint permet de spécifier (indépendamment de la clé primaire) que le contenu d'une colonne ou d'un ensemble de colonnes doit être unique dans la table. Un tel objet peut être construit de l'une des manières suivantes :

UniqueConstraint(DataColumn);	La colonne où les valeurs doivent être uniques est passée en argument.
UniqueConstraint(DataColumn[]);	Même chose mais l'unicité porte sur l'agrégation de plusieurs colonnes.

Il est également possible de donner un nom à la contrainte. Ce nom est alors passé en premier argument du constructeur.

Pour indiquer qu'une valeur dans la colonne NOM de la table Pers du dataset doit être unique :

```
oDS.Tables["Pers"].Constraints.Add(
    new UniqueConstraint(oDS.Tables["Pers"].Columns["NOM"]));
```

L'autre contrainte que l'on peut spécifier est celle de la clé étrangère (*foreign key* en anglais). Elle indique qu'une clé (par exemple un numéro de client dans la table des factures) ne peut exister si ce champ n'existe pas dans la table « mère » (par exemple la table des clients).

Un objet `ForeignKey` est construit de la manière suivante :

`ForeignKeyConstraint` `(DataColumn, DataColumn);`	Le premier argument fait référence à une colonne de la table mère (par exemple un identificateur de client dans la table des clients) tandis que le second fait référence à la colonne dans la table « enfant » (par exemple cet identificateur dans la table des factures).
`ForeignKeyConstraint` `(DataColumn[], DataColumn[]);`	Même chose mais les clés sont formées à partir d'une ou de plusieurs colonnes.

Par exemple :

```
oDS.Tables["Commandes"].Constraints.Add(
    new ForeignKeyConstraint(oDS.Tables["Client"].Columns["ID"],
                    oDS.Tables["Commandes"].Columns["IDClient"]));
```

qui indique qu'un numéro de client ne peut être inséré dans la table des commandes que si ce numéro existe dans la table des clients.

Les propriétés de `ForeignKeyConstraint` sont les suivantes :

Propriétés de la classe `ForeignKeyConstraint`			
`AcceptRejectRule`	enum	\
Indique l'action qui doit être effectuée en cas d'appel à `AcceptChanges`. Il doit s'agir de l'une des valeurs de l'énumération `AcceptRejectRule`.	
		`Cascade`	les modifications sont effectuées en cascade,
		`None`	aucune action.
`DeleteRule`	enum	Indique l'action à effectuer quand une ligne est supprimée dans la table mère. `DeleteRule` peut prendre l'une des valeurs de l'énumération `Rule` :	
		`Cascade`	les lignes correspondantes dans les tables enfants sont supprimées,
		`None`	aucune action,
		`SetDefault`	remplacer (dans les tables enfants) ce champ par la valeur par défaut,
		`SetNull`	même chose mais la valeur de remplacement est `DBNull`.
`UpdateRule`	enum	Action à effectuer quand une ligne de la table mère est mise à jour. `UpdateRule` est de type `Rule`, comme `DeleteRule`.	

24.6.8 Mappage de tables

Revenons sur l'instruction `Fill` et considérons la situation suivante (le dataset `oDS` étant initialement vide) :

```
oDA.SelectCommand.CommandText = "SELECT * FROM Clients";
oDA.Fill(oDS);
```

Une table est créée dans le dataset. En l'absence de second argument, elle porte le nom `Table`. Elle contient les différents champs de la table `Clients` dans la base de données (`NUM`, `NOM` et `ADRESSE`).

On impose un nom de table dans le dataset en passant un second argument :

```
oDA.Fill(oDS, "Clients");
```

ou en écrivant (la solution précédente étant néanmoins préférable) :

```
oDA.Fill(oDS);
oDS.Tables[0].TableName = "Clients";
```

Nous allons maintenant charger dans le dataset la table des clients et celle des achats (effectués par ces clients) :

```
oDA.SelectCommand.CommandText = "SELECT * FROM Clients";
oDA.Fill(oDS, "Clients");
oDA.SelectCommand.CommandText = "SELECT * FROM Achats";
oDA.Fill(oDS, "Achats");
```

Le dataset contient maintenant deux tables, nommées respectivement `Clients` et `Achats`.

Si l'on avait écrit :

```
oDA.SelectCommand.CommandText = "SELECT * FROM Clients";
oDA.Fill(oDS);
oDA.SelectCommand.CommandText = "SELECT * FROM Achats";
oDA.Fill(oDS);
```

une seule table aurait été créée et aurait contenu les champs `ID`, `NOM`, `ADRESSE`, `IDACHAT`, `IDCLIENT`, `PRODUIT` et `PRIX`, c'est-à-dire la fusion des deux tables `Clients` et `Achats`.

C'est la propriété `MissingMappingAction` de l'objet `DataAdapter` qui gouverne la fusion des deux tables. Elle peut prendre l'une des valeurs de l'énumération du même nom :

Valeurs de l'énumération `MissingMappingAction`	
Passthrough	Le champ source est repris dans la fusion.
Error	Une exception est générée si la table dans le dataset n'existe pas (celle-ci doit donc avoir été créée avant d'exécuter `Fill`).
Ignore	Une table est ignorée si elle n'existe pas préalablement dans le dataset.

24.6.9 Les relations

Il est possible, via la propriété `Relations` du dataset, d'établir une relation entre les champs de deux tables : par exemple une relation entre une ligne dans la table des clients et plusieurs lignes dans la table des commandes (celles de ce client).

La propriété `Relations` du dataset est de type `DataRelationCollection`, chaque relation étant de type `DataRelation`. Un objet de relation est construit en spécifiant :

• un nom de relation ;

- une ou plusieurs colonnes de la table mère ;

- une ou plusieurs colonnes de la table fille ;

- éventuellement un booléen qui indique s'il convient d'établir une contrainte de clé étrangère.

Prenons l'exemple d'une table mère (Clients avec ses champs ID, NOM et ADRESSE) ainsi qu'une table fille (Achats avec ses champs ID, IDCLIENT, IDPRODUIT et QUANTITE).

Chargeons ces deux tables dans un dataset :

```
DbProviderFactory dbpf = DbProviderFactories.GetFactory("System.Data.OleDb");
DbConnection oConn;
DbDataAdapter oDA;
DataSet oDS;
.....
// créer l'objet générique de connexion
oConn = dbpf.CreateConnection();
oConn.ConnectionString =
    @"Provider=Microsoft.Jet.OLEDB.4.0;Data Source=Entreprise.mdb;";
// créer le dataset
oDS = new DataSet();
// créer l'objet DataAdapter
oDA = dbpf.CreateDataAdapter();
// charger dans le dataset la table des clients
oDA.SelectCommand = oConn.CreateCommand();
oDA.SelectCommand.CommandText = "SELECT * FROM Clients";
oDA.Fill(oDS, "Clients");
// charger dans le dataset la table des achats
oDA.SelectCommand.CommandText = "SELECT * FROM Achats";
oDA.Fill(oDS, "Achats");
```

Il existe évidemment une relation entre les deux tables : un ID de client (unique dans cette table) fait référence à zéro, un ou plusieurs IDCLIENT dans la table des achats. Une telle relation est exprimée par un objet DataRelation. On donne un nom à la relation (ici Client-Achats) et on spécifie les deux champs (d'abord dans la table mère) qui sont en relation :

```
DataRelation drel = new DataRelation("Client-Achats",
                            oDS.Tables["Clients"].Columns["ID"],
                            oDS.Tables["Achats"].Columns["IDCLIENT"]);
```

Cette relation doit être ajoutée à la table des relations du dataset :

```
oDS.Relations.Add(drel);
```

Pour passer en revue toutes les lignes de la table Clients, on écrit :

```
foreach (DataRow drClient in oDS.Tables["Clients"].Rows)
{
 .....            // nom du client dans (string)drClient["NOM"];
}
```

Chaque ligne de cette table Clients fait référence à zéro, une ou plusieurs lignes dans la table Achats. Il faut pour cela suivre la relation Client-Achats. À partir d'une ligne de client, on accède à la liste de ses achats par :

```
foreach (DataRow drAchats in drClient.GetChildRows("Client-Achats"))
{
.....        // id du produit de cet achat par drAchats["IDPRODUIT"]
}
```

Pour remonter au client correspondant, à partir d'une ligne d'achat, on écrit :

```
DataRow drClient = drAchat.GetParentRow("Client-Achats");
```

24.6.10 Accès à une feuille Excel

Jusqu'à présent, nous avons toujours eu accès à une base de données de type Access ou SQL Server. Montrons comment amener une feuille Excel dans un dataset.

Si le fichier Excel est Fich.xls (ici dans le répertoire courant de l'application), la chaîne de connexion doit être :

```
string connStr = "Microsoft.Jet.OLEDB.4.0;Data Source=Fich.xls;" +
                 "Extended Properties=Excel 8.0";
```

Supposons que le nom de la première feuille soit resté Feuil1 (Sheet1 pour la version américaine). On amène la feuille dans le dataset par (ne pas oublier les crochets et le suffixe $) :

```
OleDBConnection oConn = new OleDbConnection(connStr);
OleDbDataAdapter oDA =
  new OleDbDataAdapter("SELECT * FROM [Feuil1$]", oConn);
DataSet oDS = new DataSet();
oDA.Fill(oDS, "Feuille");
```

Dans Extended Properties, vous pouvez ajouter HDR=Yes pour indiquer que la première rangée contient les en-têtes de colonnes. Par exemple :

```
Extended Properties='Excel 8.0;HDR=Yes'
```

Si vous n'avez pas spécifié HDR=Yes, la première ligne non vide de la feuille est considérée comme la ligne de titre, et est donc censée contenir les libellés de colonnes. Dans ce cas :

oDS.Tables[0].Columns.Count	Nombre de colonnes.
oDS.Tables[0].Columns[0].Caption	Libellé de la première colonne.
oDS.Tables[0].Rows[i][j]	Contenu de la j-ième colonne de la i-ième ligne (sans oublier que la première ligne, non reprise par Fill et donc dans le dataset, est celle des libellés de colonnes).

24.6.11 Modifications dans le dataset

Voyons maintenant comment modifier le dataset et, surtout, comment répercuter ces modifications dans la base de données sur disque. Pour cela, nous allons envisager (pour simplifier encore) une base de données composée d'une seule table Pers, celle-ci comprenant :

- le champ ID, numérique et clé primaire ;
- le champ NOM, de type string (par exemple le type varchar de SQL Server ou Texte sous Access) ;
- le champ CODE, de type entier ;
- le champ DN, de type DateTime.
- Nous ne répéterons pas les opérations jusqu'à cette ligne:

```
oDA.Fill(oDS, "Pers");
```

Nous savons que le dataset contient, en mémoire, le résultat de la commande SELECT spécifiée dans l'objet SelectCommand (de type DbCommand), lui-même contenu dans l'objet oDA (de type DbDataAdapter). On a accès à cette table en mémoire par oDS.Tables[0] ou oDS.Tables["Pers"].

Avant de poster les modifications sur disque, il faut les effectuer en mémoire, dans le dataset. Modifier le dataset est particulièrement simple. En voici quelques exemples :

Modifications dans le dataset

Modification	Modification du champ NOM en i-ième ligne dans la table Pers du dataset : `oDS.Tables["Pers"].Rows[i]["NOM"] = "Lagaffe";`
Suppression	Suppression de la i-ième ligne dans cette table : `oDS.Tables["Pers"].Rows[i].Delete();`
Insertion	Insérer une ligne dans cette table : `DataRow dr = oDS.Tables["Pers"].NewRow();` `dr["NOM"] = "Tournesol";` `dr["CODE"] = 5;` `dr["DN"] = new DateTime(1920, 12, 25);` `oDS.Tables["Pers"].Rows.Add(dr);`

En parcourant le dataset par programme, il est possible de retrouver l'état de chaque ligne (modifiée, supprimée, ajoutée ou non modifiée). Pour la i-ième ligne :

```
oDS.Tables["Pers"].Rows[i].RowState
```

qui est de type DataRowState (énumération avec ses valeurs Unchanged, Added, Deleted ou Modified).

Pour chaque champ d'une ligne, il est également possible de retrouver sa valeur avant modification. L'indexeur sur le nom du champ prévoit à cet effet un deuxième argument (une des valeurs de l'énumération DataRowVersion). Par exemple, pour retrouver le contenu avant modification du champ NOM en i-ième ligne (cas d'une ligne modifiée mais non supprimée) :

```
oDS.Tables["Pers"].Rows[i]["NOM", DataRowVersion.Original)
```

Venons-en maintenant à la mise à jour sur disque. Pour forcer les mises à jour dans la base de données, il faut exécuter Update appliqué à l'objet DbDataAdapter (l'argument peut être la totalité d'un dataset ou, plus souvent, une de ses tables) :

```
oDA.Update(oDS.Tables["Pers"]);
```

ADO.NET passe alors en revue chaque ligne du dataset et fait exécuter les commandes SQL contenues dans les objets UpdateCommand, DeleteCommand et InsertCommand du DbData-Adapter, en fonction évidemment de la modification intervenue dans la ligne.

Mais ces objets, pour le moment, n'existent pas encore dans notre objet oDA de type DbData-Adapter. Il faut donc les créer. Il est possible de le faire de deux manières : automatiquement (ce qui n'est pas toujours possible et se révèle souvent lourd quand c'est possible) ou manuellement.

Génération automatique de commandes avec l'objet DbCommandBuilder

Dans le cas où une clé primaire existe dans la table, il est possible de créer automatiquement ces objets, grâce à l'objet DbCommandBuilder qui construit les commandes UPDATE, INSERT et DELETE à partir de la commande SELECT (dbpf désignant ici l'objet de création de classes, voir la section 24.2 au début de ce chapitre) :

```
DbCommandBuilder oCB = dbpf.CreateCommandBuilder();
oCB.DataAdapter = oDA;
oDA.UpdateCommand = oCB.GetUpdateCommand();
oDA.DeleteCOmmand = oCB.GetDeleteCommand();
oDA.InsertCommand = oCB.GetInsertCommand();
```

Le problème des commandes SQL générées automatiquement à partir de la requête SELECT est qu'elles sont souvent lourdes et peu performantes. Dans notre cas, avec une table aussi simple, la commande SQL de mise à jour est assez impressionnante (cas de SQL Server, les paramètres étant alors nommés) :

```
UPDATE [Pers] SET [NOM] = @p1, [CODE] = @p2, [DN] = @p3 WHERE ((([ID] = @p4) AND
  ((@p5 = 1 AND [NOM] IS NULL) OR ([NOM] = @p6)) AND ((@p7 = 1 AND [CODE] IS NULL)
  OR ([CODE] = @p8)) AND ((@p9 = 1 AND [DN] IS NULL) OR ([DN] = @p10)))
```

Dans le cas d'Access, la commande de mise à jour est :

```
UPDATE Pers SET ID = ?, NOM = ?, CODE = ?, DN = ? WHERE ((ID = ?) AND ((? = 1
  AND NOM IS NULL) OR (NOM = ?)) AND ((? = 1 AND CODE IS NULL) OR (CODE = ?))
  AND ((? = 1 AND DN IS NULL) OR (DN = ?)))
```

Dans les deux cas, l'objet DbCommandBuilder prépare des paramètres que nous allons bientôt étudier.

Si la génération automatique est possible (du fait de l'existence d'une clé primaire) et si les commandes SQL générées automatiquement vous conviennent, vous n'avez rien d'autre à faire.

Génération manuelle de commandes

Il est souvent nécessaire ou simplement avantageux (en termes de performance) de préparer soi-même les commandes SQL de mise à jour.

Il faut d'abord créer l'objet de commande (de type DbCommand) :

```
oDA.UpdateCommand = oConn.CreateCommand();
```

sans oublier de répéter cette opération pour InsertCommand et DeleteCommand (sauf si vous êtes certain qu'il n'y aura jamais de suppression ou d'ajout dans le dataset).

Commençons par un exemple simple où une seule ligne (et plus précisément la toute première ligne) a été modifiée dans le dataset :

```
oDS.Tables["Pers"].Rows[0]["NOM"] = "Boule";
oDA.UpdateCommand.CommandText = "UPDATE Pers SET NOM='" +
                                oDS.Tables["Pers"].Rows[0]["NOM"] +
                                "' WHERE ID = " +
                                oDS.Tables["Pers"].Rows[0]["ID"];
oDA.Update(oDS.Tables)
```

Cette solution (quoique bien trop liée à la modification dans la seule première ligne, ce qui est évidemment inacceptable) pourrait être réécrite en faisant usage de paramètres (ici, la solution Access) :

```
oDS.Tables[0].Rows[0]["NOM"] = "Bill";
// commande SQL avec paramètres
oDA.UpdateCommand.CommandText = "UPDATE Pers SET NOM=? WHERE ID=?";
// créer le premier paramètre
DbParameter paraNOM = oDA.UpdateCommand.CreateParameter();
paraNOM.Value = oDS.Tables["Pers"].Rows[0]["NOM"];
oDA.UpdateCommand.Parameters.Add(paraNOM);
// créer le second paramètre
DbParameter paraID = oDA.UpdateCommand.CreateParameter();
paraID.Value = oDS.Tables["Pers"].Rows[0]["ID"];
oDA.UpdateCommand.Parameters.Add(paraID);
// effectuer la mise à jour sur disque
oDA.Update(oDS.Tables["Pers"]);
```

Mais pourquoi se limiter à une modification dans la première ligne puisque pour un paramètre (par exemple paraNOM, de type DbParameter), il est possible de spécifier la colonne dont provient la donnée (propriété SourceColumn). Nous en arrivons ainsi à la version définitive (syntaxe Access) :

```
// modifications dans le dataset
oDS.Tables[0].Rows[0]["NOM"] = "Joë";
oDS.Tables[0].Rows[3]["NOM"] = "Averell";
```

```
// commande SQL avec paramètres
oDA.UpdateCommand.CommandText = "UPDATE Pers SET NOM=? WHERE ID=?";
// préparation du premier paramètre
DbParameter paraNOM = oDA.UpdateCommand.CreateParameter();
paraNOM.SourceColumn = "NOM";          // la donnée provient de la colonne NOM
oDA.UpdateCommand.Parameters.Add(paraNOM);
// préparation du second paramètre
DbParameter paraID = oDA.UpdateCommand.CreateParameter();
paraID.SourceColumn = "ID"; oDA.UpdateCommand.Parameters.Add(paraID);
// mise à jour dans la base de données
int n = oDA.Update(oDS.Tables["Pers"]);
```

Dans le cas d'Access, les paramètres sont indiqués par ?, et c'est leur ordre d'apparition dans la collection oDA.UpdateCommand.Parameters qui compte. Dans le cas de SQL Server, on utilise les paramètres nommés.

Si ADO.NET détecte que la i-ième ligne a été modifiée, il s'apprête à exécuter la commande spécifiée dans oDA.UpdateCommand. Mais avant cela, ADO.NET remplace le premier ? par le contenu de la colonne NOM dans cette i-ième ligne. Même chose avec le deuxième ? qui est remplacé par le contenu de la colonne ID dans cette i-ième ligne.

Update renvoie ici la valeur 2 puisque deux modifications ont été effectuées dans le dataset et répercutées dans la base de données.

Pour modifier un paramètre, on écrit (syntaxe Access) :

```
oDA.UpdateCommand.Parameters[0].Value = "Jolly Jumper";
```

La version SQL Server est un peu différente car SQL Server utilise des paramètres nommés, le nom du paramètre (souvent le nom de la colonne) étant spécifié dans la propriété ParameterName du paramètre (contrairement à Access où c'est l'ordre des paramètres qui est pris en compte). En syntaxe SQL Server :

```
// modifications dans le dataset
oDS.Tables[0].Rows[0]["NOM"] = "Jack";
oDS.Tables[0].Rows[3]["NOM"] = "William";
// commande SQL avec paramètres nommés
oDA.UpdateCommand.CommandText = "UPDATE Pers SET NOM=@NOM WHERE ID=@ID";
// préparation du paramètre ID
DbParameter paraID = oDA.UpdateCommand.CreateParameter();
paraID.SourceColumn = "ID"; paraID.ParameterName = "ID";
oDA.UpdateCommand.Parameters.Add(paraID);
// préparation du paramètre NOM
DbParameter paraNOM = oDA.UpdateCommand.CreateParameter();
paraNOM.SourceColumn = "NOM"; paraNOM.ParameterName = "NOM";
oDA.UpdateCommand.Parameters.Add(paraNOM);
// mise à jour dans la base de données

int n = oDA.Update(oDS.Tables["Pers"]);
```

Pour modifier un paramètre, on écrit (syntaxe SQL Server) :

```
oDA.UpdateCommand.Parameters["NOM"].Value = "Jolly Jumper";
```

ADO.NET effectue automatiquement la conversion entre le type .NET et le type dans la base de données.

Ajout d'un enregistrement

Pour ajouter une ligne (syntaxe SQL Server) :

```
// ajouter une nouvelle ligne dans le dataset
DataRow dr = oDS.Tables["Pers"].NewRow();
dr["NOM"] = "Marianne";
dr["DN"] = new DateTime(1789, 7, 14);
oDS.Tables["Pers"].Rows.Add(dr);
// créer la commande d'insertion
oDA.InsertCommand = oConn.CreateCommand();
// commande SQL d'ajout (ici, toujours la valeur 17 dans CODE)
oDA.InsertCommand.CommandText = "INSERT INTO Pers VALUES (@NOM, 17, @DN)";
// préparer le paramètre NOM
DbParameter paraNOM = oDA.InsertCommand.CreateParameter();
paraNOM.SourceColumn = "NOM"; paraNOM.ParameterName = "NOM";
oDA.InsertCommand.Parameters.Add(paraNOM);
// préparer le paramètre ID
DbParameter paraDN = oDA.InsertCommand.CreateParameter();
paraDN.SourceColumn = "DN"; paraDN.ParameterName = "DN";
oDA.InsertCommand.Parameters.Add(paraDN);
// mise à jour sur disque
int n = oDA.Update(oDS.Tables["Pers"]);
```

Dans la commande SQL, `ID` ne devait pas être spécifié car il s'agit d'un champ auto-incrémenté. Une exception est générée si des contraintes d'intégrité ne sont pas respectées.

Suppression d'un enregistrement

Pour supprimer la troisième ligne de la table (syntaxe Access) :

```
oDS.Tables["Pers"].Rows[2].Delete();
oDA.DeleteCommand = oConn.CreateCommand();
oDA.DeleteCommand.CommandText = "DELETE FROM Pers WHERE ID=?";
DbParameter paraID = oDA.DeleteCommand.CreateParameter();
paraID.SourceColumn = "ID"; oDA.DeleteCommand.Parameters.Add(paraID);
int n = oDA.Update(oDS.Tables["Pers"]);
```

Les événements RowUpdating et RowUpdated

Juste avant l'envoi de la commande de mise à jour d'une ligne au serveur, l'événement `RowUpdating` est signalé à l'objet `DbDataAdapter`. Vous avez ainsi une dernière possibilité de modifier la commande SQL. Le numéro de la ligne concernée est donné dans `e.RowIndex`.

Juste après que la commande (pour une ligne donc) ait été exécutée sur le serveur, l'événement `RowUpdated` est signalé à l'objet `DbDataAdapter`.

Malheureusement (problème reconnu de Microsoft dans cette version), l'objet DbDataA-dapter ne présente pas d'événement RowUpdating et RowUpdated, contrairement aux objets *xyz*DbDataAdapter qui présentent les événements OleDbRowUpdating et OleDbRowUpdated (pour OleDbDataAdapter) et SqlRowUpdating et SqlRowUpdated (pour SqlDataAdapter).

La solution : effectuer un transtypage temporaire sur OleDbDataAdapter (quand on travaille sur une base de données Access) ou SqlDataAdapter (cas SQL Server). Par exemple (cas Access) :

```
using System.Data.OleDb;
.....
OleDbDataAdapter oledbDA = (OleDbDataAdapter)oDA;
oledbDA.RowUpdating += new OleDbRowUpdatingEventHandler(onRowUpdating);
.....
void onRowUpdating(object sender, OleDbRowUpdatingEventArgs e)
{
  .....
}
```

Dans le cas de SQL Server, on écrit :

```
using System.Data.SqlClient;
.....
SqlDataAdapter sqlDA = (SqlDataAdapter)oDA;
sqlDA.RowUpdating += new SqlRowUpdatingEventHandler(onRowUpdating);
.....
void onRowUpdating(object sender, SqlRowUpdatingEventArgs e)
{
  .....
}
```

Visual Studio vous aide dans la génération de la fonction de traitement de l'événement RowUpdating : frapper la touche TAB après +=, et VS vous propose de compléter la ligne ainsi que la fonction de traitement.

Lorsque l'événement RowUpdating est signalé à l'objet DbDataAdapter, vous pouvez inspecter les différentes valeurs dans la rangée concernée (avant et après mise à jour par l'utilisateur). Vous pouvez alors modifier tant la commande que les paramètres de celle-ci juste avant de faire exécuter la commande SQL par le système de base de données.

Événement RowUpdating signalé à l'objet DataAdapter	
e.Command	Objet de commande. e.Command vaut néanmoins null si une modification a été effectuée mais sans changer de valeur (l'utilisateur a remis la valeur initiale).
	e.Command donne accès à CommandText ainsi qu'aux paramètres de la commande. Pour modifier un paramètre, on passe par :
	e.Command.Parameters[0].Value dans la cas d'Access
	e.Command.Parameters["NOM"].Value dans le cas de SQL Server
	Dans tous les cas, on accède aux paramètres par un indice :
	`for (int i = 0; i < e.Command.Parameters.Count; i++)`
	`{`
	`e.Command.Parameters[i].Value = .....;`
	`}`

e.Row	Donne accès aux informations de la ligne, y compris les valeurs initiales (indexeur sur nom à deux arguments).
e.StatementType	Type de commande. Les différentes valeurs de l'énumération StatementType sont Update, Delete, Insert et Batch.
e.Status	Vous y indiquez ce qu'il faut faire en cas d'erreur sur cette commande. Les différentes valeurs de l'énumération UpdateStatus sont Continue ou SkipAllRemainingRows (ne plus prendre en considération les lignes qui suivent).

C'est en traitant l'événement RowUpdated signalé à la grille que vous vérifiez comment s'est passée la mise à jour sur disque (pour la ligne du dataset prise en compte à ce moment), et que vous traitez l'éventuelle mais toujours possible exception.

Pour traiter l'événement RowUpdated, on procède de la même manière, avec transtypage temporaire :

```
OleDbDataAdapter oledbDA = (OleDbDataAdapter)oDA;
oledbDA.RowUpdated += new OleDbRowUpdatedEventHandler(onRowUpdated);
.....
void onRowUpdated(object sender, OleDbRowUpdatedEventArgs e)
{
  ......
}
```

L'argument e comprend le champ e.RecordsAffected qui donne le nombre d'enregistrements modifiés dans la base de données (0 si la commande pour la ligne n'a pas pu être exécutée et 1 si la commande a été correctement exécutée). e.Errors.Message donne le message en cas d'erreur.

Rappelons que ces événements RowUpdating et RowUpdated sont signalés pour chacune des lignes du dataset qui ont été modifiées, supprimées ou ajoutées.

24.7 Les procédures stockées

Les procédures stockées (*stored procedures* en anglais) sont des instructions SQL (une ou plusieurs) qui sont précompilées et stockées dans la base de données elle-même. Ces procédures peuvent accepter et renvoyer des arguments. Pour faire exécuter une procédure stockée, il suffit d'envoyer une commande au SGBD en spécifiant le nom de la procédure stockée et en passant éventuellement des arguments. Le SGBD n'a plus à analyser, vérifier et compiler la requête SQL : il exécute directement du code précompilé en tenant compte d'une stratégie préenregistrée de recherche. Sous SQL Server, un plan d'exécution est en effet enregistré avec la requête. Dans ce plan d'exécution sont notamment enregistrés les index à utiliser pour optimiser le temps de recherche.

Pour créer une procédure stockée sous SQL Server : à partir de la console de gestion (Enterprise Manager) → sélectionnez la base de données → ouvrez l'arbre → clic droit sur Procédures stockées → Nouvelle procédure stockée. Il suffit alors de compléter la boîte de dialogue, plus précisément la zone d'édition Texte (voir exemples plus loin).

Analysons des exemples de plus en plus complexes de procédures stockées. Tous ceux qui suivent sont relatifs à SQL Server.

24.7.1 Premier exemple de procédure stockée

Dans le premier exemple, nous désirons connaître le nombre d'auteurs dans la table Auteurs. Nous avons déjà exécuté une telle requête mais il s'agissait alors d'une procédure SQL. Ici, nous créons préalablement une procédure stockée (baptisée glSP1). Celle-ci est donc déjà précompilée dans la base de données :

```
CREATE PROCEDURE glSP1
AS
  SELECT COUNT(*) FROM Auteurs
```

Nous allons maintenant exécuter cette procédure stockée à partir d'un programme Windows ou Web. Il suffit de spécifier le nom de la procédure stockée et le type de commande (ici une procédure stockée) dans l'objet de commande :

```
DbProviderFactory dbpf = DbProviderFactories.GetFactory("System.Data.SqlClient");
DbConnection oConn = dbpf.CreateConnection();
oConn.ConnectionString = "Database=Entreprise;Server=localhost;uid=sa;Pwd=";
oConn.Open();
DbCommand oCmd = oConn.CreateCommand();
oCmd.CommandText = "glSP1";                    // procédure stockée
oCmd.CommandType = CommandType.StoredProcedure;
int n = (int)oCmd.ExecuteScalar();
oConn.Close();
```

n contient maintenant la réponse à notre requête, à savoir le nombre de lignes dans la table Pers. Nous avons vu précédemment qu'en mode connecté, ExecuteScalar permet d'exécuter une commande qui renvoie une valeur. Par défaut, les commandes sont supposées être des commandes SQL (par défaut, CommandType contient CommandType.Text). Ici, nous avons indiqué dans la propriété CommandType de l'objet de commande qu'il s'agit d'une procédure stockée.

24.7.2 Deuxième exemple de procédure stockée

Dans l'exemple suivant, nous désirons obtenir tous les tuples de la table Auteurs. La procédure stockée glSP2 est :

```
CREATE PROCEDURE glSP2
AS
  SELECT * FROM Auteurs
```

Pour lire le résultat du SELECT ligne par ligne (en mode connecté) et insérer pour chacune le champ Nom dans la boîte de liste lb, on exécute :

```
    oCmd.CommandText = "glSP2";
oCmd.CommandType = CommandType.StoredProcedure;
DbDataReader oRdr = oCmd.ExecuteReader();
```

```
lb.Items.Clear();
if (oRdr != null)
 while (oRdr.Read()) lb.Items.Add(oRdr["Nom"]);
```

24.7.3 Troisième exemple de procédure stockée

Avec le troisième exemple, nous allons introduire les paramètres, ici un paramètre d'entrée, à savoir le nom d'un auteur. La procédure stockée glSP3 doit renvoyer les ouvrages de cet auteur. Les noms des paramètres doivent être préfixés de @. Pour chacun d'eux, il faut indiquer son type, en respectant la syntaxe SQL (ici une chaîne de caractères d'au plus cinquante caractères) :

```
CREATE PROCEDURE glSP3 (@Nom varchar(50))
AS
  SELECT Ouvrages.Ouvrage
  FROM Auteurs, Ouvrages
  WHERE Auteurs.ID = Ouvrages.NA AND Auteurs.Nom = @Nom
```

Si glSP3 avait admis plusieurs paramètres, ils auraient été séparés par une virgule dans la première ligne.

Une première solution pour exécuter cette procédure stockée consiste à écrire (arguments de la procédure glSP3 délimités par de simples *quotes*) :

```
oCmd.CommandText = "glSP3 'Zola'";
oCmd.CommandType = CommandType.Text;
DbDataReader oRdr = oCmd.ExecuteReader();
while (oRdr.Read()) .....
```

La commande est toujours considérée comme une commande normale (avec CommandType.Text dans la propriété CommandType de l'objet de commande). Mais SQL Server reconnaîtra que glSP3 est le nom d'une procédure stockée. Celle-ci sera dès lors appelée, avec "Zola" en argument. Si glSP3 avait admis plusieurs arguments, ceux-ci auraient été séparés par une virgule.

Une autre solution plus générale consiste à préparer des objets DbParameters (la solution précédente risque en effet d'être limitée à SQL Server). Avant d'exécuter la commande, les paramètres sont insérés via un objet SqlParameter (ou un objet OleDbParameter selon le type d'accès). La propriété Parameters de l'objet de commande maintient la collection des paramètres. Pour chaque paramètre ajouté, on doit spécifier :

• son nom (ne pas oublier le préfixe @) ;

• son type (une des valeurs de l'énumération SqlDbType ou de l'énumération OleDbType) ;

• sa taille.

Le fragment de code sera dès lors :

```
DbCommand oCmd = oConn.CreateCommand();
oCmd.CommandText = "glSP3";
oCmd.CommandType = CommandType.StoredProcedure;
```

```
DbParameter para = oCmd.CreateParameter();
para.ParameterName = "@Nom";
para.DbType = DbType.String;
para.Size = 50;
para.Value = "Zola";
oCmd.Parameters.Add(para);
DbDataReader oRdr = oCmd.ExecuteReader();
lb.Items.Clear();
while (oRdr.Read()) lb.Items.Add(oRdr["Nom"]);
```

Plusieurs paramètres peuvent être spécifiés : il suffit d'ajouter autant de `Parameters.Add`, l'objet `para` pouvant être réutilisé.

Programmes d'accompagnement	
RéservationsModeConnecté	Programme de réservation de places pour un spectacle. Gère les accès concurrents à partir de plusieurs postes de travail.
RéservationsModeDéconnecté	Version du programme précédent pour le mode déconnecté.

25

Liaisons de données

Plusieurs composants visuels (zone d'édition, boîte de liste, etc.) présentent une propriété `DataSource` qui permet d'associer directement une source de données au composant. Les données en question peuvent provenir d'une base de données (résultat d'une requête SQL par exemple), d'un tableau ou d'un conteneur.

Il est certes possible de lire une base de données comme nous l'avons fait au chapitre 24 et d'initialiser les composants visuels à partir de ces données (propriétés `Text` ou `Items` selon le composant), mais les techniques de liaison de données présentent l'avantage d'être automatiques.

Ce chapitre sera aussi l'occasion d'introduire les grilles de données.

25.1 Liaison avec boîte de liste

À la section 16.1, nous avons appris à charger une boîte de liste en utilisant la méthode `Add` appliquée à la propriété `Items` d'une boîte de liste.

Il est possible de remplir directement une boîte de liste à partir d'un tableau (la technique s'applique aussi aux boîtes combo). Si `lbNoms` désigne le nom interne d'une boîte de liste, on peut en effet écrire :

```
string[] tabNoms = {"Gaston", "Jeanne", "Prunelle"};
.....
lbNoms.DataSource = tabNoms;
```

Toutes les chaînes contenues dans le tableau `tabNoms` sont alors automatiquement insérées dans la boîte de liste.

Dans le cas d'un tableau où chaque cellule contient plusieurs champs (cas d'un tableau d'objets), il faut initialiser les propriétés `DataSource` (pour le nom du tableau) mais aussi `DisplayMember` (pour le nom du champ) :

```
public class Pers
 {
  string nom;
  int age;
  public Pers(string N, int A) {nom = N; age = A;}
  // propriété pour liaison avec composant de données
  public string Nom {get {return nom;}}
 }
.....
Pers[] tp = {new Pers("Gaston", 27), new Pers("Jeanne", 23),
            new Pers("Prunelle", 35)};
.....
lbNoms.DataSource = tp;
lbNoms.DisplayMember = "Nom";
```

Comme chaque cellule du tableau `tp` contient plusieurs champs, la propriété `Display-Member` de la boîte de liste sert à spécifier le champ à retenir pour l'insertion dans la boîte de liste. Il doit s'agir d'une propriété de la classe. Il faut bien comprendre que c'est un objet `Pers` qui est inséré dans chaque article de la boîte de liste. La preuve : `SelectedItem` peut être transtypé en un `Pers`, les autres propriétés de `Pers` (relatives à l'élément sélectionné) étant alors accessibles.

Dans la propriété `DataSource`, nous aurions pu spécifier un objet conteneur de l'une des classes étudiées au chapitre 4 (par exemple un tableau dynamique `ArrayList` ou une liste générique `List<X>`).

Enfin, le contenu de la boîte de liste peut provenir d'une base de données. Par exemple du champ `Titre` de la table `Ouvrages` de la base de données `Librairie.mdb` :

```
using System.Data;
 using System.Data.Common;
 .....
 DbProviderFactory dbpf = DbProviderFactories.GetFactory("System.Data.OleDb");
 DbConnection oConn = dbpf.CreateConnection();
 oConn.ConnectionString = "Provider=Microsoft.Jet.OLEDB.4.0; "
                        + @"Data Source='c:\Données\Librairie.mdb'";
 DbDataAdapter oDA = dbpf.CreateDataAdapter();
 oDA.SelectCommand = oConn.CreateCommand();
 oDA.SelectCommand.CommandText = "SELECT ISBN, Titre FROM Ouvrages";
 DataSet oDS = new DataSet();
 oDA.Fill(oDS, "Ouvrages");
 lb.DataSource = oDS.Tables["Ouvrages"];
 lb.DisplayMember = "Titre";
```

Même si la propriété `SelectedItem` de la boîte de liste est déclarée de type `object`, elle est ici, dans les faits, de type `DataRowView`. Pour retrouver le code ISBN de l'ouvrage qui a été sélectionné, on écrit :

```
DataRowView drv = (DataRowView)lb.SelectedItem;
string isbn = (string)drv.Row["ISBN"];
```

25.2 Liaison avec zone d'édition

Des données en provenance d'une base de données peuvent être associées à des zones d'édition ou d'affichage, et il est possible d'assurer une navigation dans la base de données (boutons prévus à cet effet).

On lie un champ du dataset à un composant visuel via la propriété `DataBindings` de ce dernier. Par exemple :

```
zeAuteur.DataBindings.Add("Text", oDS.Tables["Ouvrages"], "Auteur");
```

La méthode `Add` appliquée à la propriété `DataBindings` du composant visuel prend trois arguments :

- la propriété du composant visuel à initialiser (propriété `Text` puisqu'il s'agit d'une zone d'édition mais il pourrait s'agir de n'importe quelle autre propriété) ;
- la table dans le dataset ;
- le nom du champ dans cette table du dataset.

Pour assurer la navigation dans le dataset (suite à des clics sur les boutons étiquetés, par exemple, < et >), il faut :

- déclarer une variable de type `CurrencyManager`, par exemple :

```
CurrencyManager cm;
```

en champ public de la classe de la fenêtre.

- initialiser cette variable (par exemple dans la fonction traitant l'événement `Load`) pour signaler que `cm` va contrôler le déplacement dans la table :

```
cm = (CurrencyManager)BindingContext[oDS.Tables["Ouvrages"]];
```

- incrémenter ou décrémenter le champ `Position` de la variable de type `CurrencyManager` :

```
cm.Position++;
```

pour afficher dans la zone d'édition les données de la ligne suivante du dataset (initialiser `cm.Position` à zéro pour revenir au début de la table).

Dépasser la limite du nombre d'enregistrements (par exemple en cliquant sur > alors que l'on est déjà sur le dernier enregistrement) n'a aucun effet. Il en va de même pour un clic sur < alors que l'on est déjà positionné sur le premier enregistrement.

L'objet cm contient le champ Count qui indique le nombre de lignes dans le dataset associé. On pourrait tester (dans la fonction qui traite le clic sur le bouton >) :

```
if (cm.Position < cm.Count-1) cm.Position++;
```

mais cela n'est même pas nécessaire puisque nous venons de voir qu'il n'y a aucun danger à dépasser les limites.

Si la zone d'édition est modifiée et que l'on passe à l'enregistrement précédent ou suivant, la modification est effectuée dans le dataset (pas dans la base de données car il faut encore exécuter Update, sans oublier d'avoir initialisé la propriété UpdateCommand de l'objet DataAdapter, voir le chapitre 24.6). L'événement ItemChanged est néanmoins signalé à l'objet CurrencyManager afin de notifier un changement dans le dataset. Pour traiter cet événement :

```
cm.ItemChanged += new ItemChangedEventHandler(cm_ItemChanged);
.....
void cm_ItemChanged(object sender, ItemChangedEventArgs e)
{
  .....
}
```

Dans la fonction de traitement, e.Index contient le numéro de la ligne de la table du dataset qui a été modifiée.

VS vous aide à créer cette fonction : après avoir tapé cm.ItemChanged +=, VS vous invite à frapper la touche TAB, ce qui aura pour effet de compléter la ligne d'instruction, tandis qu'un second TAB fait générer la fonction de traitement.

25.3 Les composants liés aux bases de données

Sans écrire de ligne de code, nous allons lier une base de données à des champs visuels. Il est malheureusement regrettable que les composants orientés, données utilisées dans les formulaires Windows, soient différents et d'une qualité très inférieure à ceux offerts par ASP.NET (voir le chapitre 28). Les composants présentés ici ont été développés par l'équipe Visual Basic, manifestement sans la moindre concertation avec leurs collègues de l'équipe ASP.NET. Ils travaillaient, certes, dans des bâtiments différents mais à quelques centaines de mètres les uns des autres.

Ces composants opèrent sur des datasets, et il ne faut pas oublier que ceux-ci se trouvent en mémoire sur la machine du client. Ils présentent peut-être de l'intérêt pour les démonstrations mais plus rarement dans la pratique.

Nous partons d'une base de données Librairie.mdb comprenant la table Ouvrages contenant des informations sur des ouvrages (code ISBN, titre, auteur, prix, date de parution, nombre de pages, etc.).

Ajoutons d'abord une source de données à notre application : menu Données → Ajouter une nouvelle source de données.

Figure 25-1

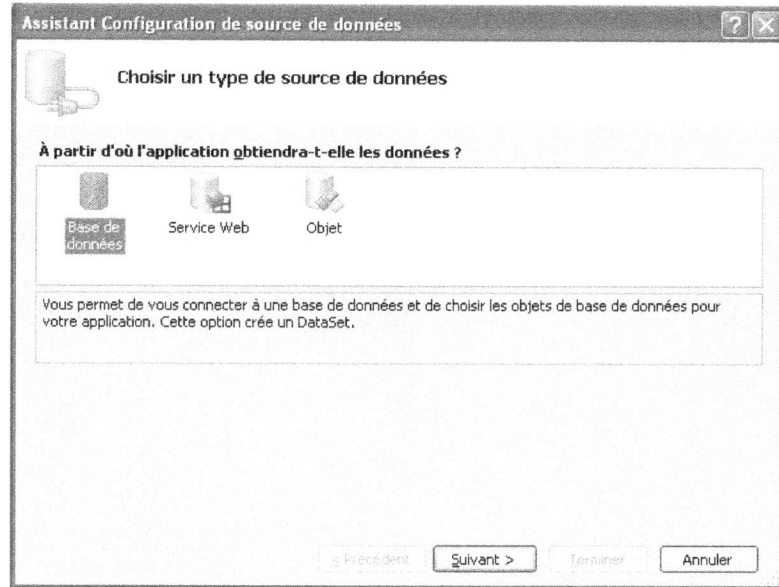

Il faut évidemment spécifier quelle base de données va être utilisée. Dans le cas de notre application, il s'agit d'une nouvelle connexion.

Figure 25-2

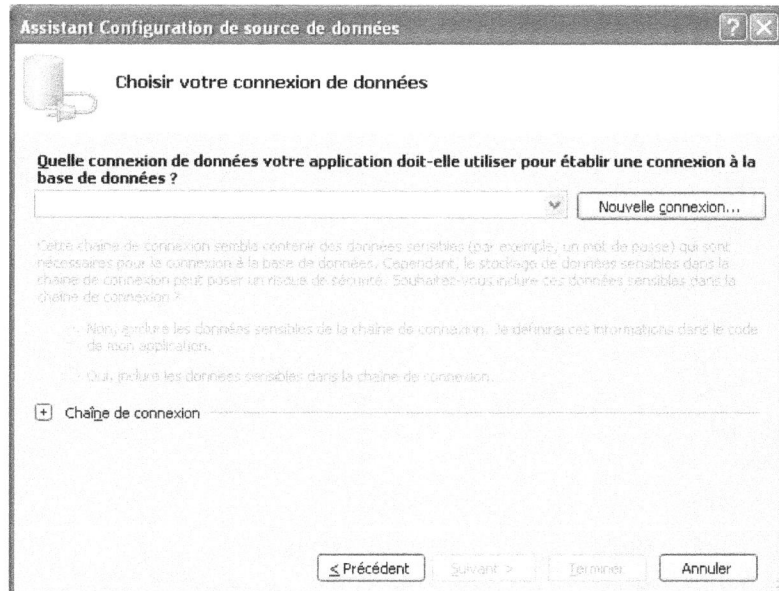

On spécifie ici la base de données.

Figure 25-3

VS propose d'enregistrer la chaîne de connexion dans le fichier de configuration de l'application (voir la section 8.4), et de l'appeler `LibrairieConnectionString`. Lors du déploiement du programme, il suffira de modifier le fichier de configuration, sans devoir recompiler l'application, pour spécifier un autre chemin, voire un autre nom de base de données. On sélectionne les champs qui nous intéressent dans la table.

La fenêtre `Explorateur de serveurs` contient un élément supplémentaire :

Figure 25-4

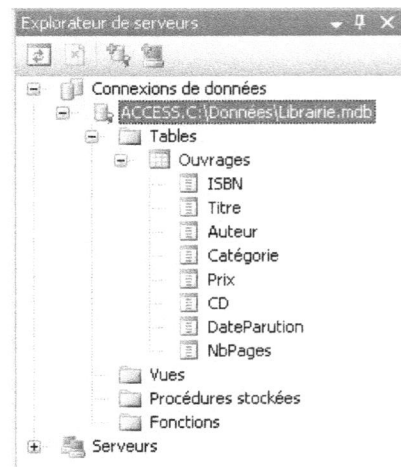

Figure 25-5

Un dataset, objet d'une classe appelée `LibrairieDataSet` par défaut, est créé. Cette classe est dérivée de `DataSet` qui comprend des champs pour accéder sans transtypage aux éléments du dataset (ce que l'on appelle un dataset typé).

L'objet correspondant s'appelle `librairieDataSet`.

Dans notre cas, `librairieDataSet.Tables["Ouvrages"]` (ou, mieux, `librairieData-Set.Ouvrages` puisqu'il s'agit d'un dataset typé) donne accès à la table `Ouvrages`, comme nous avons appris à le faire au chapitre 24.

VS a automatiquement généré la fonction traitant l'événement `Load` adressé à la fenêtre et, dans celle-ci, l'instruction `Fill` de remplissage du dataset. Le fichier `LibrairieData-Set.Designer.cs`, automatiquement généré par VS, contient plus de mille lignes de code.

En examinant l'explorateur de solutions, on s'aperçoit qu'ont été créés un fichier de configuration ainsi que plusieurs fichiers liés à `LibrairieDataSet`, notamment un fichier `cs` avec du code de manipulation du dataset.

Nous allons maintenant insérer dans la fenêtre un composant visuel (ici une zone d'édition avec `zeAuteur` comme nom interne).

Pour associer la zone d'édition à un champ de la table, on passe par la propriété `DataBindings` de la zone d'édition.

Figure 25-6

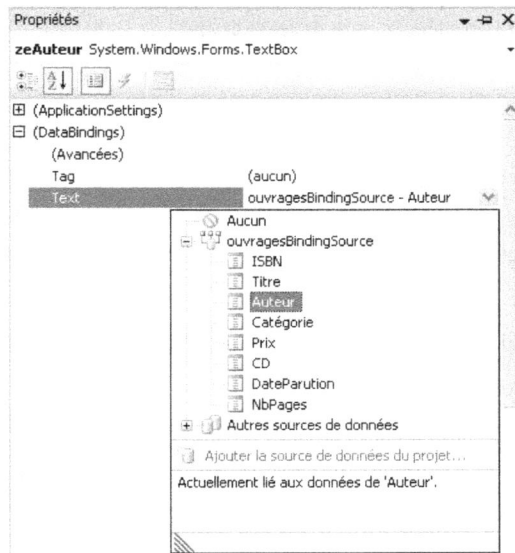

Trois composants sont alors créés et apparaissent dans la partie basse de la fenêtre de développement :

- `librairieDataSet` dont nous avons déjà parlé ;

- ouvragesBindingSource pour la navigation ;
- ouvragesTableAdapter qui est un objet DataAdapter mais optimisé pour travailler sur une seule table.

Figure 25-7

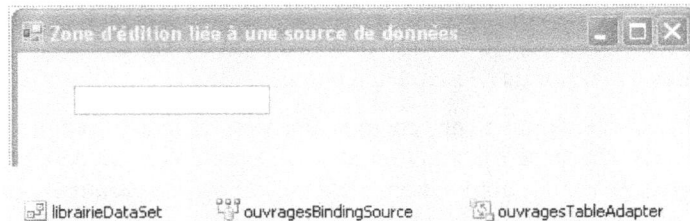

Au démarrage de l'application, la première donnée de la table apparaît dans la zone d'édition.

Envisageons quelques opérations.

Pour naviguer dans le dataset et faire apparaître d'autres données dans la zone d'édition (ici passer à la ligne suivante), vous pouvez utiliser l'une des trois instructions suivantes :

```
ouvragesBindingSource.Position++;
ouvragesBindingSource.CurrencyManager.Position++;
ouvragesBindingSource.MoveNext();
```

Les autres fonctions sont MoveFirst, MovePrevious et MoveLast, dont les significations sont évidentes.

Pour effectuer une recherche fondée sur le contenu d'une colonne (il faut indiquer précisément le contenu) :

```
ouvragesBindingSource.Position
    = ouvragesBindingSource.Find("Auteur", "Leblanc Gérard");
```

Pour placer un filtre sur les données (ici, n'afficher que les ouvrages de la catégorie 4) :

```
ouvragesBindingSource.Filter = "Catégorie=4";
```

Pour mettre fin à ce filtre :

```
ouvragesBindingSource.RemoveFilter();
```

Le composant BindingNavigator crée automatiquement une barre de navigation. Il suffit d'initialiser sa propriété BindingSource :

Figure 25-8

Nous allons maintenant associer une grille de données (composant DataGridView, déjà présenté à la section 16.6) à la source de données. On amène le composant dans la fenêtre et on l'associe à une source de données :

Figure 25-9

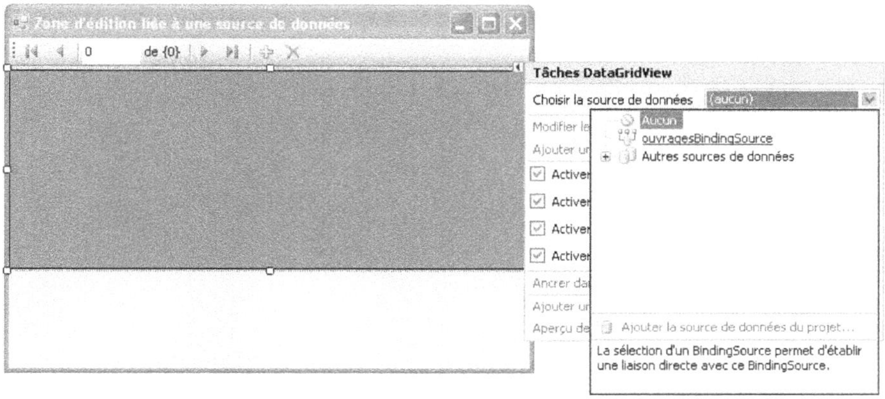

On modifie des caractéristiques de colonnes :

Figure 25-10

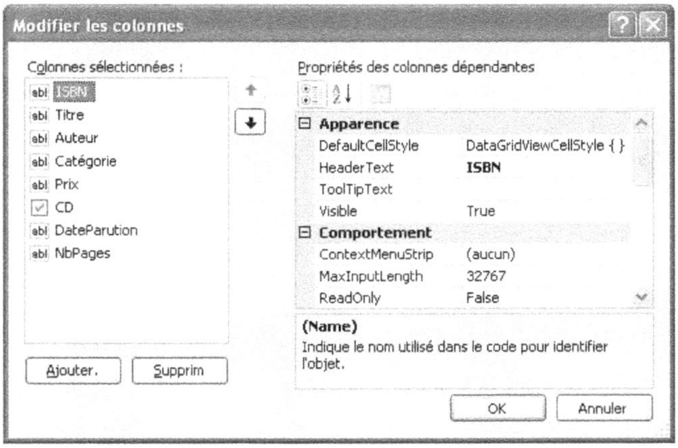

Et le tour est joué pour afficher la grille :

Figure 25-11

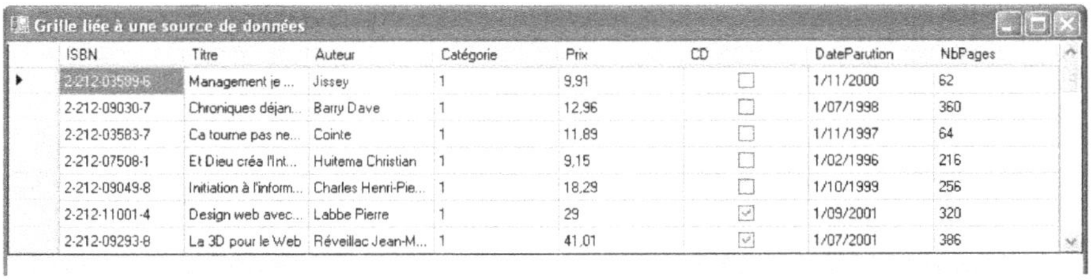

	ISBN	Titre	Auteur	Catégorie	Prix	CD	DateParution	NbPages
▶	2-212-03599-6	Management je ...	Jissey	1	9,91	☐	1/11/2000	62
	2-212-09030-7	Chroniques déjan...	Barry Dave	1	12,96	☐	1/07/1998	360
	2-212-03583-7	Ca tourne pas ne...	Cointe	1	11,89	☐	1/11/1997	64
	2-212-07508-1	Et Dieu créa l'Int...	Huitema Christian	1	9,15	☐	1/02/1996	216
	2-212-09049-8	Initiation à l'inform...	Charles Henri-Pie...	1	18,29	☐	1/10/1999	256
	2-212-11001-4	Design web avec...	Labbe Pierre	1	29	☑	1/09/2001	320
	2-212-09293-8	La 3D pour le Web	Réveillac Jean-M...	1	41,01	☑	1/07/2001	386

26

XML

XML (pour *eXtensible Markup Language*) constitue un moyen simple et standardisé pour décrire et échanger des données entre applications, éventuellement distantes et sous des systèmes d'exploitation différents. XML se veut en effet indépendant de ces considérations. L'intérêt du XML ne se limite cependant pas à l'échange de données : même si, a priori, XML ne se préoccupe pas de présentation (contrairement au HTML), la technique des transformations XML (ce que l'on appelle XSLT) permet de présenter de différentes manières un même document XML.

Était-il vraiment nécessaire d'inventer le XML ? Bien sûr, des fichiers binaires comme ceux créés ou lus à la section 23.4 peuvent être échangés. En théorie, de tels fichiers peuvent être lus sur n'importe quelle machine puisqu'il ne s'agit jamais que d'une suite de uns et de zéros. Mais ces fichiers ne comportent aucune information quant à leur structure (format). Le programme qui lit un tel fichier doit en effet disposer de son format précis. De plus, il doit savoir comment sont représentés les entiers, les chaînes de caractères, les réels, etc., sur la machine d'origine. L'architecture .NET a certes unifié cette représentation des types mais cette standardisation est limitée à .NET. Même avec .NET, notre problème initial n'est toujours pas résolu puisqu'un fichier binaire créé sous .NET ne comporte aucune information quant à son format, ce qui limite les possibilités d'échange.

XML, qui est normalisé par le *World Wide Web Consortium* (W3C, le consortium de normalisation d'Internet), a adopté le format des fichiers de texte et la technique des balises.

XML n'a cependant pas que des avantages : il est pour le moins verbeux, avec une transmission de texte délimité par des balises. Ainsi, transmettre un entier codé sur deux octets réclame généralement la transmission d'une vingtaine de caractères. Il en résulte un coût, souvent important, en termes de performance.

Microsoft accorde manifestement beaucoup d'importance à XML. Pour preuve, XML est omniprésent dans .NET : fichiers de configuration, fichiers de projet, etc. Il est également utilisé pour le transfert de datasets.

On suppose, dans ce chapitre, que les quelques règles, très simples d'ailleurs, de formatage de fichiers XML sont connues.

26.1 Créer un fichier XML à l'aide de Visual Studio

Voyons directement comment créer un fichier XML avec Visual Studio : Explorateur de solutions → clic droit sur le nom du projet → Ajouter un nouvel élément et sélectionnez Fichier XML :

Par défaut, le fichier XML à créer s'appelle XMLFile1.xml. Donnez-lui évidemment un nom plus significatif (par exemple Pays.xml). L'éditeur XML est alors affiché. Il a déjà préparé la ligne d'en-tête :

```
<?xml version="1.0" encoding="utf-8" ?>
```

Complétez le fichier XML, au moins pour une première entrée (comme l'éditeur ajoute automatiquement les balises de fermeture à partir de la balise d'ouverture, surveillez ce qui se passe à l'écran lors de la frappe) :

```
<?xml version="1.0" encoding="utf-8" ?>
 <geo>
  <pays Nom="France" Capitale="Paris" Habitants="61" />
 </geo>
```

Vous pouvez maintenant passer en mode grille (partie droite de la figure 26-1) par clic droit → Afficher la grille de données, l'éditeur prenant alors la forme d'un tableur, et clic droit → Afficher le code pour revenir à l'état initial :

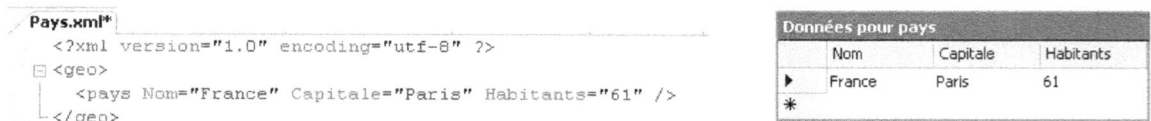

Figure 26-1

Vous pouvez ajouter des données en mode Données, le fichier XML étant automatiquement mis à jour (vous pouvez le vérifier en repassant en mode XML).

26.2 Créer un schéma à l'aide de Visual Studio

À ce fichier XML, vous pouvez associer un schéma (fichier d'extension .xsd) dans lequel on spécifie des contraintes. Pour cela : le fichier XML étant affiché en mode XML, activez le menu XML → Créer un schéma. Passez à la fenêtre Explorateur de solutions et constatez qu'un fichier Pays.xsd a été créé (même nom que le fichier XML mais extension .xsd).

```xml
<?xml version="1.0" encoding="utf-8"?>
<xs:schema attributeFormDefault="unqualified" elementFormDefault="qualified"
          xmlns:xs="http://www.w3.org/2001/XMLSchema">
  <xs:element name="geo">
    <xs:complexType>
      <xs:sequence>
        <xs:element name="pays">
          <xs:complexType>
            <xs:attribute name="Nom" type="xs:string" use="required" />
            <xs:attribute name="Capitale" type="xs:string" use="required" />
            <xs:attribute name="Habitants" type="xs:unsignedByte" use="required" />
          </xs:complexType>
        </xs:element>
      </xs:sequence>
    </xs:complexType>
  </xs:element>
</xs:schema>
```

Figure 26-2

À partir de là, vous pouvez passer à une représentation graphique : clic droit → Concepteur de vues (figure 26-3).

Figure 26-3

La lettre E indique qu'il s'agit d'un élément (on trouverait A pour un attribut). Par défaut, tous les éléments sont de type string (l'éditeur XML ne pouvait pas deviner que le nombre d'habitants doit être un entier positif). Pour spécifier un type plus approprié (par exemple positiveInteger pour habitants), cliquez sur string et choisissez le type dans la liste déroulante. Pour indiquer qu'un élément est requis (une valeur devra alors toujours être spécifiée), passez à la représentation XML et donnez à minOccurs la valeur "1" pour cet élément. Prenez l'habitude de valider le schéma après toute modification : passez en mode XML et activez le menu Schéma → Valider schéma.

Les données sont maintenant automatiquement validées, les éventuelles erreurs apparaissant dans la fenêtre Liste des erreurs au bas de la fenêtre.

Nous avons créé un document XML, nous lui avons éventuellement associé un schéma, nous l'avons rempli de données et nous avons éventuellement validé ce document. Il nous faut maintenant apprendre comment accéder aux données par programme. Deux techniques sont possibles :

- le parcours nœud après nœud, un nœud à la fois grâce aux classes XmlTextReader et XmlTextWriter ;

- la technique DOM (*Document Object Model*) : tout l'arbre (puisqu'un document XML a une structure hiérarchique) est chargé en mémoire et est validé en mémoire. Eléments et attributs se retrouvent alors dans des collections de propriétés.

Un document XML étant semblable à une table, il est possible :

- de créer un fichier XML à partir d'un dataset (méthode WriteXml appliquée au dataset) ;

- de remplir un dataset à partir d'un fichier XML (méthode ReadXml).

26.3 Les classes XmlTextReader et XmlTextWriter

La classe XmlTextReader de l'espace de noms System.Xml permet de parcourir un document XML, nœud après nœud et dans un sens uniquement (du début à la fin du fichier). Le document XML n'est donc pas entièrement chargé en mémoire et ne peut donc être validé au moment du chargement. Cette technique présente l'avantage d'être peu gourmande en espace mémoire puisqu'on n'amène jamais qu'un élément ou un attribut à la fois.

Pour utiliser cette technique, un objet XmlTextReader doit d'abord être instancié :

```
using System.Xml;
.....
XmlTextReader rdr;
.....
rdr = new XmlTextReader("geo.xml");
```

Une boucle rdr.Read() permet alors de lire les balises une à une. Pour chaque balise, on examine son type (propriété NodeType). S'il s'agit d'un élément avec attributs (la propriété HasAttribute vaut alors true), rdr.MoveToNextAttribute() permet de lire les attributs un à un (nom de l'attribut dans rdr.Name et valeur dans rdr.Value). La fonction rdr.MoveToNext-Attribute renvoie false quand il n'y a plus d'attribut à lire pour cet élément.

Quand le nœud est de type Element, la propriété Name contient le nom de la balise. Le rdr.Read suivant fournit alors un nœud de type Text (sauf s'il s'agit d'une balise vide) avec le contenu de la balise dans la propriété Value.

rdr.Read renvoie false quand il n'y a plus de balise à lire.

Classe XmlTextReader

XmlTextReader → XmlReader → Object

using System.Xml;

Constructeurs de la classe Xml TextReader

XmlTextReader();	Crée un objet XmlTextReader non initialisé.
XmlTextReader(string);	Crée un objet XmlTextReader en spécifiant un nom de fichier XML.
XmlTextReader(Stream);	Crée un objet XmlTextReader sur base d'un objet Stream (flux de données).

Propriétés de la classe Xml TextReader

AttributeCount	int	Nombre d'attributs du nœud courant.
Depth	int	Profondeur du nœud courant.
Encoding		Type d'encodage du document. Encoding donne un objet d'une classe dérivée de Encoding : ASCIIEncoding, UnicodeEncoding, UTF7Encoding ou UTF8Encoding.
EOF	T/F	Indique si la fin du fichier XML a été atteinte.
HasAttributes	T/F	Indique si le nœud courant a des attributs.
HasValue	T/F	Indique si le nœud courant a une valeur.
IsDefault	T/F	Indique si la valeur est la valeur par défaut.
IsEmptyElement	T/F	Indique si l'élément est vide, ce qui est le cas d'une balise <xyz/>.
Item		Indexeur pour l'accès à un attribut. L'index peut être un entier (numéro d'ordre de l'attribut) ou le nom de l'attribut.
LocalName	str	Nom du nœud sans le préfixe d'espace de noms.
Name	str	Nom du nœud.
NodeType		Type de nœud. Une des valeurs de l'énumération XmlNodeType : Attribute, CDATA, Comment, Element, EndElement, EndEntity, Entity ou Text.
Value	str	Texte du nœud.

Méthodes de la classe Xml TextReader

string GetAttribute(int);	Renvoie le contenu d'un attribut spécifié par sa position.
string GetAttribute(string);	Renvoie le contenu d'un attribut spécifié par son nom.
void MoveToAttribute(int);	Déplacement direct sur un attribut, son numéro d'ordre étant passé en argument.
void MoveToAttribute(string);	Même chose mais le nom de l'attribut est passé en argument.
XmlNodeType MoveToContent();	Positionnement direct sur la racine.
bool MoveToElement();	Positionnement sur l'élément suivant.
bool MoveToFirstAttribute();	Sur le premier attribut.
bool MoveToNextAttribute();	Sur l'attribut suivant.
bool Read();	Sur le nœud suivant (sans oublier qu'on lit les espaces, les balises de fin, etc.).

Pour illustrer l'utilisation de la classe `XmlTextReader`, considérons le fichier XML suivant :

```xml
<?xml version="1.0" ?>
  <géo>
   <pays Etat="République">
    <nom>France</nom>
    <capitale>Paris</capitale>
    <habitants>61</habitants>
   </pays>
   <pays Etat="République">
    <nom>Grèce</nom>
    <capitale>Athènes</capitale>
    <habitants>10</habitants>
   </pays>
   <pays Etat="Royauté">
    <nom>Espagne</nom>
    <capitale>Madrid</capitale>
    <habitants>40</habitants>
   </pays>
  </géo>
```

Remarquons d'abord que ce fichier contient des lettres accentuées. Si vous avez utilisé le bloc-notes pour créer ce fichier, il est important de le sauvegarder au format UTF-8.

À chaque ligne du tableau suivant, on exécute une instruction (`rdr.Read()` ou `rdr.MoveToNextAttribute`) et on affiche différentes propriétés de l'objet `rdr`.

Action	Valeur de retour	NodeType	Name	Value	Depth	HasAttribute
rdr.Read()	true	Xmldeclaration	xml	version ="1.0"	0	false
rdr.Read()	true	WhiteSpace			0	false
rdr.Read()	true	Element	géo		0	false
rdr.Read()	true	Whitespace			1	false
rdr.Read()	true	Element	pays		1	true
rdr.MoveToNextAttribute()	true	Attribute	Etat	République	2	true
rdr.MoveToNextAttribute()	false					
rdr.Read()	true	Whitespace				
rdr.Read()	true	Element	nom		2	false
rdr.Read()	true	Text		France	3	false
rdr.Read()	true	EndElement				
rdr.Read()	true	Whitespace				
rdr.Read()	true	Element	capitale		2	false
rdr.Read()	true	Text		Paris	3	false
rdr.Read()	true	EndElement				

rdr.Read()	true	Whitespace				
rdr.Read()	true	Element	habitants		2	false
rdr.Read()	true	Text		50	3	false
rdr.Read()	true	EndElement				
rdr.Read()	true	Whitespace				
rdr.Read()	true	EndElement			1	false
rdr.Read()	true	Whitespace				
rdr.Read()	true	Element	pays		1	true

Et ainsi de suite pour les éléments suivants.

Passons maintenant à la création d'un fichier XML.

Classe XmlTextWriter

XmlTextWriter ← XmlWriter ← Object

using System.Xml;

Constructeurs de la classe XmlTextWriter

XmlTextWriter(string, Encoding);	Crée un objet XmlTextWriter en spécifiant un nom de fichier XML ainsi qu'un type d'encodage (voir la section 23.6).

Propriétés de la classe XmlTextWriter

Formatting	enum	Indique si le fichier à créer doit être indenté (retrait des balises intérieures). Formatting peut prendre une des valeurs de l'énumération Formatting : Indented ou None.
Indentation	int	Nombre de caractères d'indentation à chaque niveau (deux par défaut).
IndentChar	char	Caractère d'indentation (espace par défaut).
QuoteChar	char	Délimiteur : il doit s'agir de simple ou de double *quotes* (double *quotes* par défaut).

Méthodes de la classe XmlTextWriter

void Close();	Ferme le fichier XML.
void Flush();	Force une écriture sur disque.
void WriteStartDocument();	Commence l'écriture du document XML.
void WriteStartElement(string);	Commence l'écriture d'un élément.
void WriteStartElement (string, string ns);	Même chose mais en spécifiant un espace de noms pour la balise.
void WriteAttributeString (string nom, string valeur);	Écrit un attribut.
void WriteElementString (string nom, string valeur);	Écrit un élément.
void WriteEndElement();	Écrit la marque de fin d'élément.
void WriteEndDocument();	Écrit la marque de fin de document.

Pour créer par programme un document XML, on écrit par exemple (en se limitant ici à la première occurrence de pays) :

```
using System.Xml;
using System.Text;
.....
XmlTextWriter wr = new XmlTextWriter("Geo.xml", Encoding.UTF8);
wr.Formatting = Formatting.Indented;
wr.WriteStartDocument(true);
 wr.WriteStartElement("géo");
  wr.WriteStartElement("pays");
   wr.WriteAttributeString("Etat", "République");
   wr.WriteElementString("nom", "France");
   wr.WriteElementString("capitale", "Paris");
   wr.WriteElementString("habitants", "59");
  wr.WriteEndElement();
wr.WriteEndDocument();
wr.Flush();
wr.Close();
```

26.4 La classe XmlDocument

La classe XmlDocument implémente ce que l'on appelle la norme W3C Document Object Model (DOM). Le DOM consiste en une représentation en mémoire et sous forme d'arbre d'un document XML (ce dernier peut provenir d'un fichier ou même d'une chaîne de caractères du programme). Lors du chargement, les fonctions Load (pour le chargement d'un fichier) ou LoadXml (pour le chargement à partir d'une variable en mémoire) effectuent une vérification de syntaxe XML. Une exception est générée en cas d'erreur.

La classe XmlDocument est dérivée de XmlNode et chaque nœud de l'arbre est lui-même un objet XmlNode.

Passons en revue les opérations à effectuer pour parcourir un arbre. Tout l'arbre étant chargé en mémoire suite à Load ou LoadXml, on n'est plus obligé de parcourir l'arbre nœud après nœud.

Pour ouvrir un document XML, il suffit d'écrire :

```
using System.Xml;
.....
XmlDocument doc;
.....
doc = new XmlDocument();
doc.Load("geo.xml");                    // fichier du répertoire courant
```

Load est donc toujours exécutée dans un try/catch.

Le document XML pourrait provenir d'une variable en mémoire :

```
string s = @"<?xml version='1.0' ?>
<geo>
```

```
  <pays Etat='République'>
  <nom>France</nom>
  <capitale>Paris</capitale>
  <habitants>59</habitants>
  </pays>
</geo>";
doc.LoadXml(s);
```

La propriété `ChildNodes` de l'objet `doc` donne accès à la collection des nœuds du document : la balise `<?xml` ainsi que la racine (`geo` dans notre cas). Dans notre cas, `doc.ChildNodes[1]` donne accès à la racine `geo`.

L'élément `geo` contient zéro, une ou plusieurs occurrences de l'élément `pays`. `doc.Child-Nodes[1]` fait donc référence à la balise `geo` tandis que `doc.ChildNodes[1].ChildNodes` fait référence à la collection de nœuds sous la balise `geo`. Pour parcourir les différentes occurrences de `pays`, on écrit donc :

```
foreach (XmlNode n in doc.ChildNodes[1].ChildNodes)
   .....
```

Pour déterminer si un nœud `n` a un attribut (par exemple `Etat="République"`), il suffit de tester `n.HasAttributes`. Dans l'affirmative, `n.Attributes` fait référence à la collection des attributs du nœud. Chaque attribut est de type `XmlAttribute`. Pour afficher les attributs (nom et valeur) du premier pays (on utilise ici plusieurs objets `XmlNode` pour améliorer la lisibilité mais on pourrait s'en passer) :

```
XmlNode nodeGeo = doc.ChildNodes[1];       // fait référence à la racine geo
 // nodeFrance va faire référence à l'élément pays pour la France
 XmlNode nodeFrance = nodeGeo.ChildNodes[0];
 foreach (XmlAttribute att in nodeFrance.Attributes)
  s += att.Name + " : " + att.Value + " --- ";
```

Dans notre cas, `s` contient `Etat : République ---`.

La boucle `foreach` aurait pu être écrite à l'aide d'un `for` sachant que `nodeFrance.Attributes.Count` donne le nombre d'attributs de l'élément `nodeFrance` et que `nodeFrance.Attributes[i].Name` et `nodeFrance.Attributes[i].Value` donnent respectivement le nom et la valeur du `i`-ième attribut (une exception étant générée si ce `i`-ième attribut n'existe pas).

Pour afficher tous les éléments de l'élément `pays` dans le cas de la France (sans oublier que certains éléments pourraient être absents pour certains pays) :

```
foreach (XmlNode n in nodeFrance.ChildNodes) s += n.Name + " ";
```

`s` contient `nom capitale habitants`.

Pour copier dans `s` la capitale de la France (deuxième nœud sous l'élément `pays` dans le cas de la France) :

```
XmlNode n = nodeFrance.ChildNodes[1];
 s = "La capitale de la " + n.Name + " est " + n.InnerText;
```

`nodeFrance.ChildNodes.Count` donne le nombre (ici trois) d'éléments sous l'élément `node-France` (balise `pays` pour la France).

`n.HasChildNodes` indique si le nœud `n` a des enfants. Dans la négative, `n.ChildNodes.Count` vaut zéro. Dans l'affirmative, `n.ChildNodes[i]`, également de type `XmlNode`, fait référence au `i`-ième nœud enfant de `n` (en supposant que ce `i`-ième nœud enfant existe, sinon une exception est générée).

26.5 XML et les dataset

Un document XML étant semblable à une table, il est possible de créer un document XML à partir d'un dataset : il suffit d'exécuter la fonction `WriteXml` appliquée à l'objet dataset. Par exemple (soyez attentif à spécifier le chemin complet du fichier car il n'est pas, par défaut, créé dans le répertoire courant de l'application) :

```
DataSet oDS;
.....                                   // remplir le dataset
oDS.WriteXml("@c:\data\Fich.xml");
```

Un dataset peut être automatiquement chargé en données à partir d'un document XML :

```
DataSet oDS = new DataSet();
oDS.ReadXml("Fich.xml");
```

Dans le cas d'un programme ASP.NET, il faut écrire (par exemple dans `Page_Load`, le fichier XML se trouvant dans le répertoire de l'application ASP.NET) :

```
oDS.ReadXml(MapPath("Fich.xml"));
```

On pourrait aussi écrire, en créant un *stream* (voir la section 23.3) et en le passant en argument à `ReadXml` :

```
FileStream fs = new FileStream(MapPath("Fich.xml"),
                               FileMode.Open, FileAccess.Read);
StreamReader rdr = new StreamReader(fs);
DataSet oDS = new DataSet();
oDS.ReadXml(rdr);
fs.Close();
```

On a alors accès au dataset via l'objet `oDS`, comme nous l'avons fait au chapitre 24.

26.6 Les transformations XSLT

La technique des transformations XSLT (pour *eXtensible Stylesheet Language Transformation*) permet de créer un flux de sortie (généralement du HTML) à partir d'un document XML.

L'étude de la syntaxe XSLT sort du cadre de cet ouvrage mais nous allons prendre un exemple simple pour illustrer la technique.

Partons du fichier XML suivant :

Fichier XML (Fich.xml)

```xml
<?xml version="1.0" ?>
<geo>
 <pays Etat="république">
  <nom>France</nom>
  <capitale>Paris</capitale>
  <habitants>61</habitants>
 </pays>
 <pays Etat="royauté">
  <nom>Espagne</nom>
  <capitale>Madrid</capitale>
  <habitants>40</habitants>
 </pays>
 <pays Etat="république">
  <nom>Italie</nom>
  <capitale>Rome</capitale>
  <habitants>57</habitants>
 </pays>
</geo>
```

On crée le fichier de transformation suivant :

Fichier de transformation (Fich.xsl)

```xml
<?xml version="1.0" ?>
<xsl:stylesheet xmlns:xsl="http://www.w3.org/1999/XSL/Transform"
                version="1.0" >
 <xsl:template match="géo" >
  <html>
   <body>
    <xsl:apply-templates />
   </body>
  </html>
 </xsl:template>
 <xsl:template match="pays" >
  <span style="font-size:30pt;color:red" >
   <xsl:value-of select="nom" />
  </span>
  <br/>
  Sa capitale est <xsl:value-of select="capitale" />
  . Nombre d'habitants :
  <xsl:value-of select="habitants" /> millions<br/>
  Il s'agit d'une <xsl:value-of select="@Etat" />
  <br/><br/>
  <hr/>
 </xsl:template>
</xsl:stylesheet>
```

Ce fichier indique comment transformer le document XML :

- quand l'élément `géo` est rencontré, il faut générer :

```
<html>
 <body>
 </body>
</html>
```

- `<xsl:apply-templates />` dans `body` indique que le contenu de la balise `body` dépend des éléments directement sous cette balise `géo` (ici des occurrences de `pays`). Pour chaque élément `pays`, il faut générer :
  - une balise HTML `span` (de manière à pouvoir spécifier une police de caractères et une couleur d'affichage pour du texte) ;
  - afficher ensuite le contenu de l'élément `nom` et puis un saut de ligne (balise `br`) ;
  - du texte sans attribut particulier : `Sa capitale est` ;
  - le contenu de l'élément `capitale` ;
  - le texte `. Nombre d'habitants :` ;
  - le contenu de l'élément `habitants` ;
  - le texte `millions` suivi d'un saut de ligne ;
  - le texte `Il s'agit d'une` ;
  - le contenu de l'attribut `Etat` (il faut préfixer les noms d'attributs de `@`) ;
  - deux sauts de ligne et une ligne de séparation (balise HTML `hr`).

Il reste à écrire le code de la page Web (dans un fichier d'extension `.aspx`). On n'y trouvera aucune balise de présentation puisque le code de transformation s'en charge. Dans `Page_Load` (voir le chapitre 28), il suffit de spécifier :

- les fichiers `xml` et `xsl` à prendre en compte ;
- la transformation à effectuer et l'envoi du résultat dans `Response.Output` (qui désigne le flux de sortie HTML).

Programme ASP.NET (`xslt.aspx`)

```
<%@ Import Namespace="System.Xml" %>
<%@ Import Namespace="System.Xml.Xsl" %>
<script language="c#" runat="server" >
 public void Page_Load(Object sender, EventArgs e)
 {
  string xmlFich=MapPath("Fich.xml");
  string xslFich= MapPath("Fich.xsl");
  XmlDocument doc = new XmlDocument(); doc.Load(xmlFich);
  XslTransform xfm = new XslTransform(); xfm.Load(xslFich);
  XmlTextWriter writer = new XmlTextWriter(Response.Output);
  xfm.Transform(doc, null, writer);
 }
</script>
```

Le navigateur Web affiche (voir figure 26-4) :

Figure 26-4

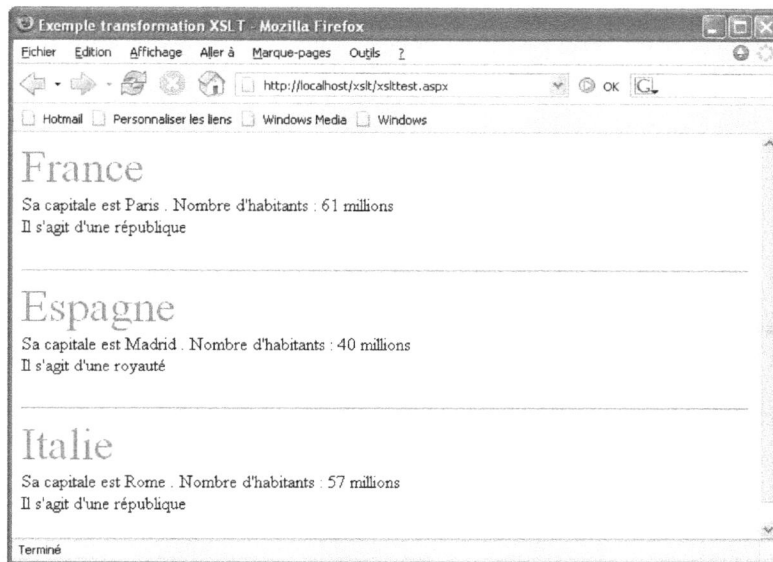

27

Programmation réseau

Dans ce chapitre, nous abordons les techniques de base de la programmation réseau, réseau signifiant ici aussi bien réseau local que réseau Internet. Nous allons ainsi faire communiquer deux machines en utilisant le protocole TCP/IP, le protocole retenu par Internet. Nous montrons également comment accéder à un serveur sur Internet sans passer par un navigateur.

ASP.NET, qui permet la programmation Web côté serveur, se situe à un tout autre niveau. Les serveurs comme IIS ou Apache et les navigateurs comme Internet Explorer et Netscape ont recours aux techniques de base de la programmation réseau. À la limite, vous pourriez écrire un serveur ou un navigateur en utilisant les classes .NET de programmation réseau.

En version 2, .NET a introduit de nombreuses classes :

- pour effectuer par programme une opération ping (les administrateurs du réseau ont l'habitude d'utiliser la commande `ping` en mode console pour vérifier qu'un ordinateur répond bien) : classe `Ping` dans l'espace de noms `System.Net.NetworkInformation`, méthode `Send` (ou ses variantes `SendAsync` et `SendAsyncCancel`). `Send` renvoie un objet `PingReply` qui contient l'état de la commande (champ `Status`) et le temps mis pour recevoir la réponse (champ `RoundTripTime`). L'exception `PingException` est générée en cas d'erreur ;

- des classes de l'espace de noms `System.Net.NetworkInterface` qui fournissent de très nombreuses informations très techniques sur le réseau, les DNS, le serveur DHCP (*Dynamic Host Configuration Protocol*) ainsi que des statistiques sur les quantités d'informations échangées ;

- des classes de téléchargement à partir et vers un serveur FTP : classes `FtpWebRequest`, `FtpWebResponse` et `WebRequestMethods.Ftp`.

27.1 Les protocoles réseau

Rappelons que la suite (*stack* en anglais) de protocoles TCP/IP est en fait formée de trois protocoles :

- IP (pour *Internet Protocol*) comprend les règles d'adressage des machines (les adresses IP) et les règles de routage des paquets (les données à transmettre sont découpées en blocs appelés paquets et ceux-ci sont transmis sous contrôle du protocole IP et indépendamment les uns des autres) ;

- TCP (pour *Transmission Control Protocol*) s'occupe du réassemblage correct des différents paquets d'un message. En cas de problème (paquet manquant ou en erreur), TCP réclame une réexpédition des paquets ;

- UDP (pour *User Datagram Protocol*) est un protocole plus simple que le précédent et donc plus rapide. UDP s'occupe du réassemblage des paquets mais sans jamais demander de retransmission. Même en cas d'erreur, il ne réclame pas le réenvoi des paquets marqués en erreur. UDP convient parfaitement dans le cas de la diffusion audio ou vidéo en temps réel. Dans le cas d'une telle diffusion, réclamer la réexpédition d'un paquet perturberait en effet bien plus l'audition ou la visualisation que le paquet en erreur lui-même.

Les adresses IP sont codées sur quatre octets, sous forme de quatre chiffres séparés par des points (par exemple 192.181.025.004). Les adresses comme www.editions-eyrolles.com sont converties en adresses IP par des serveurs appelés DNS (pour *Domain Name Service*). Comme les adresses IP codées sur 32 bits n'offrent que quatre milliards de possibilités, la saturation est proche (pensez au nombre croissant de personnes connectées en permanence à Internet ainsi qu'aux appareils, de plus en plus nombreux, qui bénéficient d'une connexion Internet, uniquement pour pouvoir être pilotés à distance à partir d'une interface de navigateur). Une nouvelle norme, avec adresses IP codées sur seize octets a donc vu le jour. L'ancienne norme, appelée IPv4, peut coexister avec la nouvelle (IPv6).

Si l'adresse IP permet d'identifier une machine, elle ne permet pas d'identifier un programme de cette machine. Or plusieurs programmes d'une même machine peuvent utiliser simultanément les ressources du réseau. Pour identifier un programme en particulier, il faut un numéro de port en plus de l'adresse IP. Lorsqu'un programme réclame (généralement tout au début de son exécution) l'accès au réseau comme programme serveur, il signale vouloir être associé à tel port (le système d'exploitation refuse évidemment cette association si le port en question a déjà été attribué). Tout message destiné à la machine (adresse IP) et ce port en particulier est alors routé vers ce programme.

Sur un réseau local, vous pouvez donner à une machine n'importe quelle adresse IP. Cette opération est effectuée via le panneau de configuration : Connexions réseau → Connexion au réseau local → Protocole Internet (TCP/IP) → Propriétés. Par exemple, vous pourriez choisir l'adresse 101.102.0.1 pour la première machine, 101.102.0.2 pour la deuxième et ainsi de suite, les adresses IP devant être différentes pour chaque machine. Le masque de sous-réseau peut être 255.255.255.0 pour chaque machine. Si, comme client, vous êtes connecté au réseau Internet par l'intermédiaire d'un hébergeur ou si, dans votre réseau local, vous êtes sous contrôle d'un serveur Windows XP ou Windows Server 2003, les adresses IP sont généralement attribuées automatiquement et dynamiquement. Il en va d'ailleurs de même lorsque vous vous connectez à un fournisseur de services Internet. Les serveurs Internet disposent, eux, d'adresses IP fixes.

27.2 Programmation socket

Faire communiquer deux ou plusieurs systèmes hétérogènes implique évidemment l'adoption de protocoles standardisés. Dans notre cas, nous supposerons qu'il s'agit du protocole TCP/IP adopté par Internet, bien que la classe Socket soit bien plus générale et puisse s'appliquer à d'autres protocoles (voir le constructeur de la classe Socket). Mais, succès d'Internet oblige, TCP/IP est devenu, et de loin, le protocole le plus utilisé.

On peut presque dire aussi que la technique de programmation réseau a fait l'objet d'une standardisation. Il y a près de vingt ans, l'université de Berkeley en Californie a mis au point des fonctions (écrites alors en C) de communication sur un réseau TCP/IP. Celles-ci sont en quelque sorte devenues une norme pour la programmation réseau de bas niveau. Ces fonctions de base forment ce que l'on appelle « la programmation socket ». La classe Socket encapsule ces fonctions (un socket désigne la combinaison d'une adresse IP et d'un port).

Plutôt que de commencer par présenter la classe Socket, analysons les étapes importantes d'une communication entre un serveur et un client lorsque les techniques de programmation socket sont utilisées. Le mot serveur désigne une machine du réseau et même plus précisément un programme de cette machine. Il s'agit d'un programme qui va agir comme serveur, généralement d'informations. Les clients vont s'adresser au serveur (on dit « se connecter » au serveur) pour que ce dernier effectue un travail à leur demande ou fournisse des informations au client.

Généralement, un serveur sert simultanément plusieurs clients (à charge du programmeur de ce programme serveur de se retrouver dans cette gestion simultanée de plusieurs clients lorsqu'il doit passer d'un client à l'autre). Rien n'empêche qu'un même client s'adresse à différents serveurs pour des tâches différentes. Un serveur peut également être client d'un autre programme. Un client peut également être fournisseur de services et donc agir comme serveur pour d'autres machines.

Avant toute chose, le programme client et le programme serveur doivent créer un socket, dans notre cas un objet de la classe Socket. À ce stade, ils spécifient :

- le type d'adresse : nous utiliserons les adresses codées sur quatre octets bien connues sous Internet mais beaucoup d'autres types d'adresses (donc aussi de protocoles) sont possibles ;

- le type de socket (utilisation de datagrammes ou non, voir la distinction entre TCP et UDP) ;

- le protocole utilisé (TCP de TCP/IP dans notre cas, ce qui nous garantit la fiabilité des transmissions).

Le serveur commence par se déclarer associé à telle adresse IP et tel port (opération `Bind`). L'adresse IP sera celle de la machine. Le serveur se met ensuite en attente de demandes de connexion provenant de clients (opérations `Listen` et `Accept`). Le serveur est alors suspendu, jusqu'à ce qu'un nouveau client se manifeste. `Accept` est donc une opération bloquante (nous verrons plus loin comment exécuter `BeginAccept` plutôt que `Accept`, ce qui ne bloque pas le programme). On parle d'opérations synchrones pour les opérations bloquantes et d'opérations asynchrones pour les autres.

Notre serveur est maintenant en attente de clients. Passons maintenant au côté client.

Un client réclame une connexion avec un serveur (opération `Connect`). À ce stade, il spécifie l'adresse de la machine serveur et le port qui désigne plus précisément le programme serveur sur cette machine. Le programme serveur sort alors de sa léthargie et les échanges de données entre serveur et client peuvent commencer (opérations `Send` et `Receive`).

Le serveur peut traiter simultanément plusieurs clients mais il lui appartient alors de retenir l'état de chaque communication (où il en est avec chaque client ainsi que le contexte propre à chaque communication). Le serveur doit être en mesure de passer d'un client à l'autre et de rétablir ce contexte lors de chaque intervention d'un client. Utiliser un thread (voir la section 9.2) pour chaque communication constitue une solution.

Finalement, l'une des deux parties met fin à la communication (opérations `ShutDown` et `Close`).

Présentons maintenant les fonctions importantes de la classe `Socket`, directement dérivée de la classe `Object`. Plus loin, nous compléterons l'étude de cette classe avec les fonctions asynchrones.

Classe `Socket`

```
using System.Net;
using System.Net.Sockets;
```

Constructeur de la classe `Socket`

`Socket(AddressFamily,`
`      SocketType,`
`      ProtocolType);`
	Constructeur de la classe. On y spécifie :

	_ un type d'adresse, ce qui implique généralement l'utilisation d'un protocole particulier. On peut spécifier l'une des valeurs suivantes de l'énumération `AddressFamily` : `AppleTalk`, `Ipx`, `Banyan`, `DecNet`, `NetBios`, `Sna`, `Unix` mais surtout `InterNetwork` (adresses IP codées sur quatre octets) et, dans une mesure moindre encore pour le moment, `InterNetworkV6` (nouvelle génération d'adresses IP codées sur seize octets).
	_ le type de socket (`Stream` dans notre cas). On peut y spécifier une des valeurs de l'énumération `SocketType` (`Dgram`, `Row`, `Stream`, etc.).
	_ le protocole : une dizaine de protocoles sont supportés. Nous ne nous intéresserons qu'à TCP bien qu'il soit possible de travailler au niveau UDP et même IP. On peut spécifier une des valeurs de l'énumération `ProtocolType` (`Icmp`, `IP`, `Ipx`, `Tcp`, `Udp`, etc.).

Méthodes de la classe Socket

void Bind(EndPoint localEP);	Opération effectuée sur le serveur qui associe un socket avec ce que l'on appelle un *endpoint* (un *end-point* est formé d'une adresse IP et d'un numéro de port). L'exception SocketException est générée si l'opération ne peut être exécutée correctement (généralement parce qu'un programme travaille déjà sur ce port).
void Listen(int n);	Place le socket en attente de connexions. L'argument indique la taille de la file de connexions qui pourraient être en attente de traitement. Cette opération est effectuée sur le serveur.
Socket Accept();	Renvoie un socket à utiliser pour la communication avec le client qui vient de se manifester. Cette opération est effectuée sur le serveur.
void Connect(EndPoint remoteEP);	Etablit (à partir du client) une liaison avec un ordinateur distant. Le serveur doit avoir exécuté Bind avant que le client n'exécute Connect (sinon l'exception SocketException est générée).
int Send(byte[]b); int Send(byte[] b, int n, SocketFlags); int Send(byte[] b, int offset, int n, SocketFlags);	Envoie des caractères au correspondant. Les données proviennent du tableau b d'octets. La deuxième forme permet de spécifier le nombre d'octets à envoyer. SocketFlags peut être une des valeurs suivantes de l'énumération SocketFlags : None (ne pas retenir cet argument) ou Partial (envoi d'une partie de message). L'argument sera généralement Socket-Flags.None. Dans la troisième forme, on spécifie un déplacement à l'intérieur de b (c'est à partir de ce déplacement que les données sont puisées dans ce tableau). Send renvoie le nombre d'octets envoyés.
int Receive(byte[] b); int Receive(byte[] b, int n, SocketType); int Receive(byte[] b, int offset, int n, SocketType);	Reçoit des caractères provenant du correspondant et les stocke dans le tableau b. La limite de b ne sera jamais dépassée et on ne court donc aucun risque d'un dépassement de capacité de buffer. Dans la deuxième forme, on spécifie le nombre maximum d'octets à copier dans b. Dans la troisième forme, on spécifie un déplacement dans b et c'est à partir de ce déplacement que les données sont copiées dans le tableau. Receive renvoie le nombre d'octets copiés dans le tableau.
void Close();	Ferme la liaison par socket. Exécutez Shutdown avant Close pour que les données en attente dans des buffers soient traitées.
void Shutdown(int how);	Met fin aux envois et réceptions sur le socket. how peut prendre l'une des valeurs suivantes de l'énumération SocketShutdown : Both (les deux parties cessent de communiquer), Receive (arrêt en réception) et Send (arrêt en émission). Les données en attente de traitement dans les buffers sont encore traitées.

Les différentes formes de Send et de Receive montrent que l'on travaille avec des tableaux d'octets. À la section 23.6, nous avons montré comment passer de byte[] à char[] et à des objets string.

Nous présenterons plus loin d'autres méthodes, notamment celles qui permettent d'effectuer des opérations asynchrones. Mais passons d'abord à la pratique.

27.2.1 Les opérations à effectuer dans la pratique

Dans le programme serveur et le programme client, on ajoute les directives

```
using System.Net;
using System.Net.Sockets;
```

ainsi que

```
Socket sock;
```

en champ de la classe de la fenêtre. La variable sock sera ainsi, en quelque sorte, globale pour l'application.

sock est initialisé, aussi bien côté serveur que côté client, par (utilisation du protocole Internet avec adresses codées sur quatre octets et plus précisément même le protocole TCP de TCP/IP) :

```
sock = new Socket(AddressFamily.InterNetwork, SocketType.Stream,
                  ProtocolType.Tcp);
```

Avant toute chose, le programme serveur doit exécuter Bind en spécifiant l'adresse IP de sa machine et un numéro de port. L'argument de Bind est un objet de la classe EndPoint. Celle-ci est en fait une classe abstraite et c'est dès lors un objet de sa classe dérivée IPEnd-Point qui est passé en argument de Bind. Un objet IPEndPoint regroupe une adresse IP et un numéro de port et forme ce que l'on appelle un objet de connexion (rien à voir évidemment avec les objets de connexion des bases de données). Le constructeur de IPEndPoint accepte deux arguments :

- une adresse IP sous forme d'un objet IPAddress ;

- un numéro de port (de type int, bien qu'un numéro de port consiste en une valeur entière positive codée sur 16 bits).

La classe IPAddress contient essentiellement la méthode statique Parse qui accepte en argument une adresse IP sous forme d'une chaîne de caractères (la forme bien connue des adresses IP) et qui renvoie un objet IPAddress. La fonction Bind s'écrit dès lors :

```
n = sock.Bind(new IPEndPoint(IPAddress.Parse("101.102.0.1"), 123);
```

où 101.102.0.1 désigne l'adresse IP (donnée ici à titre d'exemple) du serveur (adresse d'un réseau local attribuée de manière aléatoire, à ne pas utiliser sur Internet puisque cette adresse est vraisemblablement déjà attribuée à une machine sur Internet). 123 désigne (toujours à titre d'exemple) le numéro de port utilisé par notre programme serveur. Certains numéros de port sont déjà utilisés : 80 pour HTTP, 21 pour FTP et 443 pour HTTPS. Si vos requêtes sont filtrées par un programme pare-feu (*firewall* en anglais), assurez-vous que celui-ci ne bloque pas les requêtes adressées sur le port que vous avez choisi.

Devoir spécifier, comme nous l'avons fait, l'adresse IP du serveur dans Bind pose un problème : pour porter le programme serveur sur une autre machine, il faut le modifier et le recompiler. Il serait plus simple que le programme serveur découvre automatiquement l'adresse IP de sa machine. Nous le ferons plus loin mais, pour le moment, laissons ce problème en suspens.

Le programme serveur vient d'exécuter Bind. Il doit maintenant se déclarer prêt à l'écoute (passez en argument une valeur plus élevée si vous vous attendez à un trafic important) :

```
sock.Listen(1);
```

Le serveur se met aussitôt après en attente d'une demande de connexion provenant d'un client :

```
Socket sockClient = sock.Accept();
```

Accept, contrairement à Listen, est une fonction bloquante. Le serveur semble suspendu et ne réagit à rien tant qu'aucune requête n'est reçue d'un client. Accept se termine quand un client réclame une connexion. Le serveur doit alors utiliser le socket renvoyé par Accept pour communiquer avec le client qui vient de se manifester. S'il gère plusieurs clients simultanément, le serveur doit garder ce socket parmi les informations relatives à chaque client. Nous verrons plus loin que BeginAccept permet de rendre cette opération non bloquante.

Avant d'envisager les envois et réceptions de données, passons au client. C'est en effet à cause de lui que le serveur est sorti de sa léthargie. Pour réclamer une connexion avec le serveur, le client a dû exécuter (ce dernier doit connaître l'adresse IP du serveur, ce que nous améliorerons bientôt ainsi que le numéro de port) :

```
sock.Connect(new IPEndPoint(IPAddress.Parse("101.102.0.1"), 123));
```

La fonction Accept du serveur se termine à ce moment et le serveur se réveille. Dès lors (mais un autre scénario bien plus complexe avec communication suivie est envisageable), le serveur envoie une réponse au client (transmission ici de données avec codage Ansi) :

```
string sRep = "Réponse du serveur";
byte[] tb = ASCIIEncoding.Default.GetBytes(sRep);
n = sockClient.Send(tb);
```

ASCIIEncoding est une classe de l'espace de noms System.Text (voir section 23.6).

Aussitôt après Connect, le client se met en lecture des caractères envoyés par le serveur (mais on peut aussi envisager qu'il envoie d'abord une requête au serveur) :

```
byte[] buf = new byte[50];
int n = sock.Receive(buf);
string s = ASCIIEncoding.Default.GetString(buf);
```

Si le message reçu du serveur contient plus de cinquante octets, seuls les cinquante premiers sont copiés dans buf, Receive renvoyant la valeur 50. Un ou plusieurs autres Receive sont alors nécessaires pour lire les octets suivants.

Receive est une opération bloquante et le programme client ne réagit plus à quoi que ce soit tant que le serveur n'a pas répondu. Nous verrons bientôt que BeginReceive permet d'effectuer des lectures asynchrones, c'est-à-dire non bloquantes.

27.2.2 Des améliorations...

Dans ce qui précède, nous avons codé l'adresse IP du serveur en clair. Il serait néanmoins plus simple :

- que le programme serveur découvre automatiquement l'adresse IP de sa machine ;
- que le programme client puisse utiliser le nom du serveur plutôt que son adresse IP.

Avant de passer à la classe qui permet de faire cela, rappelons que :

- la classe IPAddress correspond à une adresse IP ;
- la classe IPEndPoint correspond à un ensemble (adresse IP, numéro de port).

La classe Dns de l'espace de noms System.Net permet d'effectuer des conversions entre un nom (par exemple www.editions-eyrolles.com ou un nom de machine sur le réseau local) et une adresse IP.

Passons d'abord en revue les méthodes utiles, toutes statiques, de cette classe Dns.

Classe Dns

Dns ← Object

Méthodes de la classe Dns

string GetHostName();	Renvoie le nom de la machine locale.

IPHostEntry GetHostEntry(string);	Effectue une conversion à partir d'un nom de domaine ou d'un nom de machine. GetHostEntry renvoie un objet IPHostEntry :
	  IPHostEntry he =
	    Dns.GetHostEntry("www.xyz.com");
	Ce dernier objet IPHostEntry peut fournir une liste d'adresses IP associées à cet ordinateur (voir ci-après).
	Une exception est générée si la résolution de nom ne peut être effectuée.

IPHostEntry GetHostByAddr(string);	Renvoie un objet IPHostEntry correspondant à une adresse IP (passée sous forme d'une chaîne de caractères).

La classe IPHostEntry contient essentiellement les propriétés suivantes :

- Hostname contient le nom de domaine ;
- AddressList est un tableau d'adresses IP associées au nom (il s'agit d'un tableau même si celui-ci ne contient généralement qu'une seule adresse IP).

Pour retrouver automatiquement l'adresse IP de sa machine, le programme serveur peut exécuter :

```
string s = Dns.GetHostName();       // obtenir le nom de son ordinateur
IPHostEntry he = Dns.GetHostEntry(s);
IPAddress[] tipa = he.AddressList;
```

L'adresse IP de la machine (un objet IPAddress) se trouve dans tipa[0]. En appliquant ToString() à tipa[0], on obtient l'adresse IP sous forme d'une chaîne de caractères (la représentation bien connue des adresses IP). Notre instruction `Bind` précédente peut dès lors s'écrire :

```
sock.Bind(new IPEndPoint(tipa[0], 123));
```

Côté client, le programme peut exécuter :

```
IPHostEntry he = dns.GetHostEntry("xyz");
IPAddress[] tipa = he.AddressList;
```

où `xyz` désigne le nom du serveur (nom du site ou nom de la machine sur un réseau local). Une exception est générée sur `GetHostEntry` si `xyz` n'est pas connu.

27.2.3 Les opérations asynchrones

Certaines opérations peuvent prendre plusieurs secondes, voire plus longtemps encore (le temps d'une communication avec le serveur plus le temps que celui-ci réponde). Pour cette raison, il est possible d'exécuter certaines opérations de manière asynchrone :

- On lance l'opération de manière asynchrone (par exemple une requête de connexion en exécutant `BeginConnect`).

- Le programme poursuit aussitôt son exécution et peut donc entreprendre des actions (alors qu'avec `Connect`, il est mis en léthargie et ne répond plus à rien, ce qui est toujours très perturbant pour l'utilisateur).

- Une fonction de rappel (*callback* en anglais) est automatiquement exécutée lorsque l'opération lancée de manière asynchrone se termine.

Les opérations qui peuvent être lancées de manière asynchrone sont : `BeginAccept`, `Begin-Connect`, `BeginReceive` et `BeginSend`, cette dernière opération présentant moins d'intérêt car `Send` ne provoque jamais d'attente. Par programme, il est possible de mettre prématurément fin à une opération lancée de manière asynchrone : il suffit pour cela d'exécuter `EndAccept`, `EndConnect`, `EndReceive` ou `EndSend`.

Pour illustrer les opérations asynchrones et en particulier la fonction de rappel, prenons l'exemple de `Connect`.

Rappelons d'abord qu'en mode synchrone, on écrit

```
sock.Connect(ipep);
```

où `ipep` désigne un objet `IPEndPoint` (avec adresse IP et numéro de port). Le programme client reste bloqué sur cette instruction tant que le serveur n'a pas répondu que la connexion était établie.

Passons maintenant au mode asynchrone :

- On exécute `BeginConnect` au lieu de `Connect`.

- On passe en premier argument de `BeginConnect` l'objet `IPEndPoint`, comme pour `Connect` (aucun changement ici).

- On passe en deuxième argument de BeginConnect la fonction de rappel. Celle-ci doit être une fonction statique qui est automatiquement exécutée dès que la connexion est effectivement établie avec le serveur.

- On passe en troisième argument de BeginConnect un objet de la classe Object (autrement dit n'importe quoi) et ce « n'importe quoi » sera repassé, tel quel, en argument de la fonction de rappel (vous pouvez donc donner à cet argument n'importe quelle signification).

Pour lancer Connect en mode asynchrone, on écrit :

```
sock.BeginConnect(ipep, new AsyncCallback(connexionTerminée), this);
```

où connexionTerminée est une fonction statique :

```
static void connexionTerminée(IAsyncResult ar)
{
    .....
}
```

Le troisième argument de BeginConnect peut être n'importe quel objet et même null. Ici, nous avons passé une référence à la fenêtre (BeginConnect est exécuté à partir d'une fonction de la classe de la fenêtre et this désigne donc notre objet « fenêtre »). À partir d'une fonction statique, nous n'avons pas accès aux champs de la classe (de la fenêtre dans notre cas). C'est pourquoi nous passons cette référence en troisième argument de Begin-Connect. La fonction de rappel recevra cette référence en argument, ce qui nous donnera accès aux éléments de la fenêtre (barre de titre et composants).

L'argument de la fonction de rappel est un objet IAsyncResult. Parmi les champs de IAsyncResult, on trouve :

- IsCompleted, de type bool, qui indique que le serveur a complètement terminé l'opération ;

- AsyncState, de type object, dans lequel on retrouve le dernier argument de Beginxyz.

Dans la fonction de rappel, on écrit donc (en supposant que la classe de la fenêtre soit restée Form1) :

```
Form1 fen = (Form1)ar.AsyncState;
```

fen nous donne ainsi accès aux différents éléments de notre fenêtre.

27.3 Les classes TcpClient et TcpListener

Pour simplifier la programmation de l'accès à des sites Internet, l'architecture .NET fournit les classes TcpClient et TcpListener. Ces classes sont plus simples que la classe Socket et elles conviennent généralement pour accéder à un site en utilisant le protocole TCP/IP. La classe TcpListener est semblable à TcpClient mais s'applique au côté serveur. Les données sont envoyées et reçues via un objet NetworkStream.

Classe `TcpClient`

`TcpClient` ← `Object`

`using System.Net.Sockets;`

Constructeurs de la classe `TcpClient`

`TcpClient();`	Constructeur sans argument. Il faudra exécuter `Connect` pour spécifier le programme serveur (adresse IP et numéro de port).
`TcpClient(IPEndPoint);`	Le serveur (adresse IP et numéro de port) est spécifié dans un objet `IPEndPoint`.
`TcpClient(string, int);`	Le serveur est spécifié via son nom (par exemple `www.xyz.com`) et son numéro de port. En interne, les constructeurs avec arguments appellent le constructeur sans argument puis `Connect`.

Méthodes de la classe `TcpClient`

`void Connect(IPEndPoint);`	Réalise une connexion au serveur. L'exception `SocketException` est levée en cas d'erreur lors de la connexion au serveur.
`void Connect(IPAddress, int);`	
`void Connect(string, int);`	
`NetworkStream GetStream();`	Fournit un objet `NetworkStream` pour envoyer des données au serveur et en recevoir.
`void Close();`	Met fin à la communication avec le serveur.

La classe `NetworkStream` est dérivée de `Stream`. Elle fournit donc les méthode `Read` et `Write` de cette classe.

La classe `TcpListener` encapsule les fonctions qui permettent à un serveur de se mettre en attente de connexions réclamées par des clients.

Classe `TcpListener`

`TcpListener` ← `Object`

`using System.Net.Sockets;`

Constructeur de la classe `TcpListener`

`TcpListener(int port);`	Constructeur dans lequel le serveur indique le numéro de port qu'il veut utiliser. Si la valeur zéro est passée en argument, un numéro de port sera choisi au hasard.

Méthodes de la classe `TcpClient`

`Socket AcceptSocket();`	Se met en attente d'une demande de connexion émanant d'un client. `Start` doit avoir été exécuté au préalable.
`bool Pending();`	Indique s'il y a au moins une requête de connexion en attente.
`void Start();`	Démarre l'écoute de clients.
`void Stop();`	Met fin à l'écoute de clients.

Côté serveur, on écrira par exemple (le serveur se met ici à l'écoute sur le port 123 et donne l'heure à son client) :

```
using System.Text;
.....
TcpListener srv = new TcpListener(123);
srv.Start();
// le serveur se met en attente d'une demande de connexion
Socket sock = srv.AcceptSocket();
// Renvoyer l'heure au client
string s = DateTime.Now.ToLongTimeString();
// Convertir s en un tableau d'octets
byte[] tb = ASCIIEncoding.GetBytes(s);
// Envoyer l'heure au client
sock.Send(tb);
```

28

Programmation ASP.NET

Avec ce chapitre, nous abordons la programmation Web, dite aussi programmation ASP.NET. Le but de cette programmation est de réaliser des sites Web dynamiques, caractérisés par une interaction poussée avec l'utilisateur ainsi que par un accès à une base de données partagée entre tous les visiteurs du site. On parle de programmation côté serveur parce que les pages HTML que reçoit le client sont générées dynamiquement sur le serveur (à partir de balises ASP.NET) et que le code C# est exécuté sur ce serveur. Le client ne reçoit que du HTML et du JavaScript.

Visual Studio 2005 (éditions Standard, Professionnelle et Team) et Visual Web Developer (mais pas Visual C# Express) peuvent être utilisés pour créer des applications Web. Dans ce chapitre, les termes VS et VWD désignent les deux premiers produits cités. Sauf exception, chaque fois que nous mentionnons VS, cela comprend VWD.

Les bases d'Internet et du « langage » HTML sont supposées connues, au moins les balises importantes. Nous utiliserons et insisterons sur l'utilisation des feuilles de style en cascade (CSS, *Cascading Style Sheets*) et de JavaScript sans pour autant en présenter les notions de base. Il est en effet indispensable de posséder ces connaissances de base pour réaliser des sites dynamiques de niveau professionnel. L'aide d'un graphiste est généralement tout aussi nécessaire mais cet aspect est hors sujet ici. Nous veillerons aussi au respect des normes et au fait que nos pages Web soient compatibles avec des navigateurs autres qu'Internet Explorer.

Pour développer des programmes Web générés dynamiquement sur le serveur (mais aussi des services Web, voir le chapitre 29), il est préférable, mais pas indispensable, de disposer d'un serveur Web, c'est-à-dire d'une machine sous Windows Server 2003, Windows XP ou 2000 avec IIS (*Internet Information Server*). IIS est le serveur Web de Microsoft : il contrôle les pages Web (celles évidemment qui sont hébergées sur sa machine) et qui envoie le HTML de ces pages Web aux navigateurs des clients qui en font la demande. Par défaut, ce logiciel n'est pas installé avec le système d'exploitation (sauf sur Windows Server) mais est livré sur le CD des versions professionnelles (mais pas les versions Home Edition). Installez donc IIS comme produit additionnel.

Pour les besoins de la mise au point des programmes, Visual Studio 2005 et Visual Web Developer installent leur propre serveur Web (dont le nom de code est Cassini). C'est pour cette raison qu'il n'est pas impératif d'installer IIS. Mais le faire reste néanmoins souhaitable afin de pouvoir tester les programmes Web en dehors de Visual Studio et de se retrouver ainsi dans des conditions d'utilisation plus réelles. IIS est en effet bien plus complet que Cassini et possède de bien plus nombreuses options.

Utiliser VS ou VWD pour développer des applications Web s'impose dans la pratique bien que cela ne soit pas indispensable. Pour des raisons pédagogiques, les premiers exemples de ce chapitre sont d'ailleurs réalisés à l'aide d'un éditeur aussi simple que le bloc-notes. Pour les tester, IIS doit avoir été installé. Il n'est cependant pas impératif de voir tourner ces applications vraiment minimales pour comprendre les principes de base d'ASP.NET. Évidemment, il serait contre-productif de travailler sans VS ou VWD dans la pratique. Ceci dit, il est courant et même indispensable en programmation Web (y compris sous VS ou VWD) de modifier directement le code HTML de la page (passer pour cela en mode `Source` du `Concepteur`), ce qui met automatiquement à jour la représentation graphique dans le mode `Design`. VS et VWD vous assistent d'ailleurs dans cette tâche grâce à l'aide contextuelle, mais aussi en complétant ou suggérant automatiquement les balises à partir des premières lettres de la balise. Il n'est pas rare que les programmeurs chevronnés passent plus de temps en mode `Source` qu'en mode `Design` quand il s'agit de créer des applications Web.

Les programmes Web que nous allons écrire en C# s'exécutent sur le serveur Web. Il peut s'agir de votre propre machine de développement mais, en général, le programme Web, dès qu'il est mis au point, est déployé sur le serveur de l'entreprise ou celui de la société hébergeant le site. Le framework .NET doit donc avoir été installé sur le serveur. Si vous décidez de mettre votre programme sur Internet, veillez à ce que ce soit effectivement le cas chez l'hébergeur (il doit avoir annoncé un hébergement ASP.NET version 2). Sur les machines (qu'on appelle « clients ») qui se connectent au serveur via l'intranet ou Internet, n'importe quel système d'exploitation et n'importe quel navigateur peuvent être installés : .NET n'est en effet pas du tout requis sur ces machines.

Soyez néanmoins conscient que, sauf pour des pages simplistes, le rendu d'une page HTML (il n'est même pas question de pages ASP.NET ici) peut être plus ou moins différent (parfois même très différent) d'un navigateur à l'autre, voire d'une version à l'autre d'un même navigateur. Nous serons attentifs à ce problème de compatibilité. Une règle d'or : utiliser le plus possible les feuilles de style CSS et, à chaque étape du développement, tester les pages avec les différents navigateurs. Il n'est pas rare qu'une bonne part du développement, donc aussi de son coût, soit consacrée à résoudre ces problèmes d'incompatibilité, y compris dans JavaScript.

ASP.NET version 2 a été considérablement revu par rapport aux versions 1 et 1.1 : amélioration des composants existants, nouveaux composants, pages maîtres, composants orientés données, sécurité, éléments de page configurables par l'utilisateur, etc. Résultat : trois à quatre fois moins de lignes de code à écrire.

28.1 Introduction à la programmation Web côté serveur

28.1.1 Page HTML statique

Nous allons d'abord créer une première page statique, c'est-à-dire qui ne présente aucune possibilité d'interaction avec l'utilisateur, sauf le passage d'une page à l'autre par les hyperliens. Dans cette première page, il ne sera pas encore question d'ASP.NET, seulement de HTML, comme on le pratiquait tout au début de l'ère Internet et comme cela est encore très majoritairement pratiqué. Dans ce premier exemple, le client reçoit toujours la même page, le serveur n'agissant pas sur celle-ci juste avant de l'envoyer à un client. Ensuite, nous compléterons cette page de manière à la rendre dynamique.

Pour réaliser ces quelques premières pages, nous utiliserons un éditeur aussi simple que le bloc-notes.

Dans notre première page, qui est statique, nous utilisons les balises de tableaux et de rangées (tableau de deux rangées, avec deux colonnes dans la première ligne et une seule dans la deuxième) pour présenter le contenu de la page : AAAA en première ligne première colonne, BBBB en première ligne deuxième colonne, etc. On trouvera donc les balises standard du HTML :

- de début et de fin de tableau : `<table>` et `</table>` ;

- de début et de fin de rangée : `<tr>` et `</tr>` ;

- de début et de fin de cellule : `<td>` et `</td>`.

Nous aurions pu nous passer de tableaux (ce que recommandent d'ailleurs les infographistes) et placer nos éléments (AAAA, BBBB, etc.) par positionnement grâce aux feuilles de style en cascade Faisons simple pour le moment.

Page statique

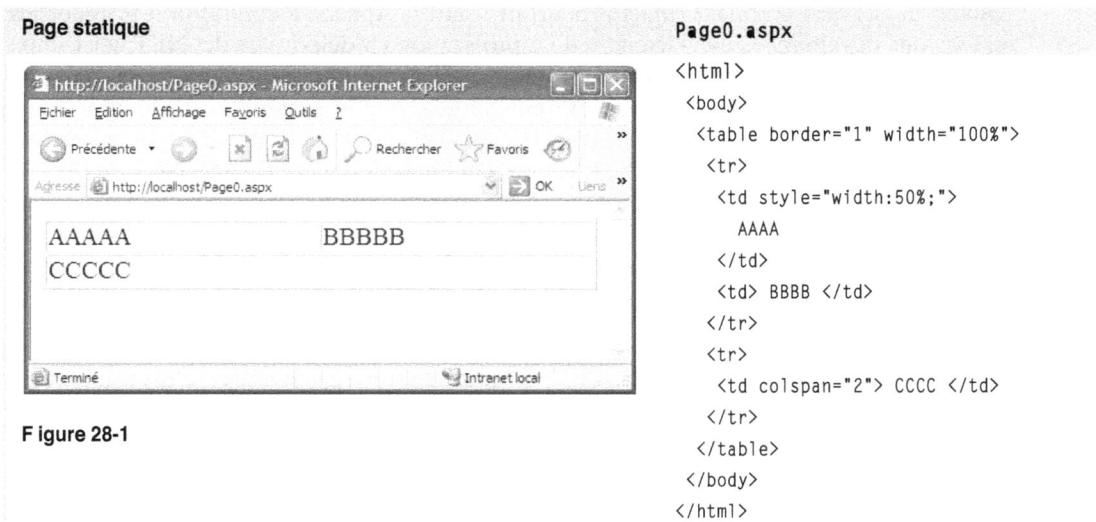

F igure 28-1

Page0.aspx

```
<html>
<body>
 <table border="1" width="100%">
  <tr>
   <td style="width:50%;">
    AAAA
   </td>
   <td> BBBB </td>
  </tr>
  <tr>
   <td colspan="2"> CCCC </td>
  </tr>
 </table>
</body>
</html>
```

Signalons que les normes les plus récentes bannissent l'attribut `width` dans une balise `td`, au profit d'un attribut de style (d'où `style="width:50%;"` dans la balise `td`).

Le fichier correspondant à cette page pourrait avoir l'extension `.htm` ou `.html` (la page ne contient en effet que des balises HTML standards) mais nous lui donnons déjà l'extension `.aspx`. C'est obligatoire, il faut placer cette page dans le répertoire virtuel d'IIS (`c:\inetpub\wwwroot`, ou l'un de ses sous-répertoires, ou encore n'importe quel répertoire à condition de le marquer comme virtuel). Ce ne sera cependant pas une obligation lorsque nous utiliserons VS ou VWD car ces deux produits incorporent un serveur Web qui permet de se passer d'IIS.

Voyons ce qui se passe quand l'utilisateur réclame cette page à partir d'un navigateur :

```
http://localhost/Rep/Page0.aspx
```

en supposant que le fichier `Page0.aspx` se trouve dans le sous-répertoire `Rep` du répertoire virtuel `c:\inetpub\wwwroot` de la machine locale (`localhost`). Il pourrait bien s'agir de n'importe quelle machine du réseau.

Le navigateur du client ne porte aucun intérêt à cette extension `.aspx` : il repère l'adresse nominale du serveur (ici `localhost`). Il peut s'agir du nom d'un des ordinateurs de l'intranet local (y compris `localhost`, notre propre machine) ou d'une véritable adresse Internet comme `xyz.com`. Le navigateur envoie une requête à destination de ce serveur mais sans connaître quoi que ce soit de celui-ci. Le navigateur envoie en fait cette requête sur Internet, qui se débrouille pour atteindre le serveur concerné. Un bloc de données au format bien défini accompagne cette requête (le navigateur y place des informations le concernant ainsi que sur son système d'exploitation). Ce bloc de données est finalement reçu par le serveur Web hébergeant la page.

Quand un serveur Web (IIS, mais il pourrait s'agir d'Apache à condition d'installer les extensions développées dans le cadre du « projet mono » de portage de .NET sur Linux, voir `www.go-mono.com`) reçoit d'un client une requête pour une page d'extension `.html` ou `.htm`, il lit la page à partir du disque et l'envoie telle quelle à ce client. S'il s'agit d'une requête pour une page d'extension `.aspx`, IIS passe d'abord par ASP.NET (parce que lors de l'installation du run-time .NET, IIS a été configuré à cet effet). ASP.NET analyse le fichier que vient de lui passer IIS et modifie la page : les balises `asp` (que nous allons bientôt rencontrer) sont converties en HTML et le code C# associé à la page est exécuté sur le serveur en réponse à certains événements. À son tour, ce code C# modifie généralement la page. Le résultat final est toujours du HTML, plus éventuellement, du Java-Script, qu'IIS envoie au client.

Dans notre cas, puisque le module ASP.NET n'a rien trouvé à modifier, c'est rigoureusement le contenu du fichier `Page0.aspx` qui est envoyé au navigateur du client. Ce navigateur analyse le bloc reçu du serveur (sous forme d'un texte en clair) et le présente sous forme visuelle à l'utilisateur en tenant compte de la signification des balises HTML.

Nous allons améliorer cette page et la rendre plus dynamique (interaction avec l'utilisateur) par programmation côté serveur.

28.1.2 Interactivité dans une page Web

La toute première version du « langage » HTML ne donnait aucune possibilité d'interactivité avec l'utilisateur, hormis le passage d'une page à l'autre grâce aux hyperliens.

Dès la version 2, la norme HTML a évolué et a permis une certaine interactivité grâce aux formulaires. Pour information, nous allons montrer la façon dont on écrivait une telle page, sachant que nous ne pratiquerons pas de la sorte (ASP.NET rend en effet les choses bien plus aisées). On pouvait écrire pour insérer une zone d'édition et un bouton dans la page HTML :

```
<form action="xyz.dll?Infos" method="get">
<input name="Nom" maxlength=20> <br>
<input type=submit value="Infos" />
</form>
```

On trouve dans cette page :

- une zone d'édition étiquetée Nom ;

- un bouton de commande avec Infos comme libellé.

Suite à un clic sur le bouton, les données comprises dans le formulaire (le contenu de la zone d'édition dans notre cas) sont envoyées au serveur qui héberge la page. La directive action indique le nom, sur le serveur, du programme (qu'on appelle CGI, pour *Common Gateway Interface*) ou de la DLL (lorsqu'on utilise la technique des filtres ISAPI) chargés de recevoir les données envoyées par le client. La manière d'envoyer ces données dépend du paramètre method qui peut être get ou post. Dans le cas de get, les données sont passées à la fin de l'URL (on retrouve par exemple ?Nom=Gaston à la fin de l'URL que le navigateur utilise lors de la reprise de contact avec le serveur, et c'est en analysant cette fin d'URL qu'IIS retrouve les informations saisies par le client). Dans le cas de post, la donnée est incorporée dans le corps du bloc de données que le navigateur envoie au serveur. Lors d'une reprise de contact, tout se passe, aux données transmises près, comme lors de la requête initiale (le serveur a d'ailleurs déjà tout oublié de la requête précédente).

Dans tous les cas, le programmeur du CGI ou de la DLL (il s'agissait généralement, mais pas obligatoirement, d'une programmation en langage C) devait analyser les données envoyées par le client et préparer la réponse en générant du HTML (comprenant balises plus données) que le serveur envoyait au client.

Peu importe aujourd'hui ces techniques pour le moins lourdes puisqu'ASP.NET rend tout cela nettement plus simple, même si les principes de fonctionnement que nous venons de décrire brièvement subsistent. ASP.NET nous en cache la complexité (en la prenant à son compte) mais sans rien nous faire perdre en possibilités ou flexibilité.

28.1.3 Page ASP avec bouton, zone d'édition et zone d'affichage

Nous allons maintenant, toujours avec un simple éditeur de texte :

- ajouter des « contrôles côté serveur », c'est-à-dire des composants (ici un bouton, une zone d'édition et une zone d'affichage) manipulés sur le serveur avant l'envoi du HTML au client ;

- ajouter, toujours du côté serveur, la fonction de traitement du clic sur le bouton.

Les AAAA, BBBB et CCCC de l'exemple précédent ont été remplacés par des balises asp, et une balise form a été ajoutée.

Page ASP avec contrôles côté serveur (positionnement par tableaux)　　　　**Page1.aspx**

```
<html>
<head>
 <script language="c#" runat="server">
  // Fonction de traitement du clic sur le bouton
  void bInfosOnClick(Object sender, EventArgs E)
  {
   zaInfos.Text = "Bonjour " + zeNom.Text
                  + " ! Il est " + DateTime.Now.ToLongTimeString();
  }
 </script>
</head>
<body>
 <form runat="server">
  <table border="1" width="100%">
   <tr>
    <td style="width:50%">
     Votre nom : <asp:TextBox id="zeNom" runat="server" />
    </td>
    <td>
     <asp:Button id="bInfos" Text = "Infos" runat="server"
                 On OnClick="bInfosOnClick" />
    </td>
   </tr>
   <tr>
    <td colspan="2">
     <asp:Label id="zaInfos" Text="Infos" runat="server" />
    </td>
   </tr>
  </table>
 </form>
</body>
</html>
```

Ce qui donne :

Internet Explorer

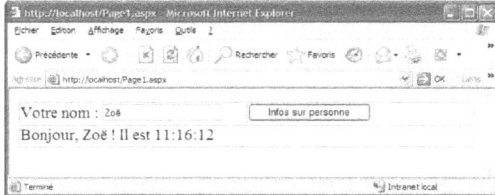

Firefox

Figure 28-2　　　　　　　　　　　　　　　**Figure 28-3**

Même s'il ne s'agit pas directement d'un problème ASP.NET, écrivons maintenant le même programme Web en ayant recours au positionnement absolu des composants (styles CSS avec attribut position à absolute) plutôt qu'en positionnement par tableaux :

Page ASP avec contrôles côté serveur (positionnement absolu par CSS)　　　　**Page1A.aspx**

```
<html>
<head>
 <script language="c#" runat="server">
  // Fonction de traitement du clic sur le bouton
  void bInfosOnClick(Object sender, EventArgs E)
  {
   zaInfos.Text = "Bonjour " + zeNom.Text + " ! Il est "
                 + DateTime.Now.ToLongTimeString();
  }
 </script>
</head>
<body>
 <form runat="server">
  <span style="position:absolute;left:10;top:20;" >Votre nom : </span>
  <asp:TextBox id="zeNom" runat="server"
            style="position:absolute;left:130;top:20;"/>
  <asp:Button id="bInfos" Text = "Infos" runat="server"
            OnClick="bInfosOnClick"
            style="position:absolute;left:350;top:20;"/>
  <asp:Label id="zaInfos" Text="Infos" runat="server"
            style="position:absolute;left:10;top:75;"/>
 </form>
</body>
</html>
```

28.1.4 Le contenu du fichier aspx

Analysons ce fichier (peu importe lequel des deux), qui doit avoir l'extension .aspx. Des instructions en C# et des directives ASP.NET (les balises <asp:) ont été insérées dans ce qui était auparavant un fichier purement HTML. Le C# a été utilisé ici puisqu'il fait l'objet de cet ouvrage, mais VB.NET ou J# feraient l'affaire (uniquement ces trois langages-là). Une page ne peut être programmée que dans un seul langage (exception faite du JavaScript qui peut être inséré dans une page écrite en C#, mais JavaScript ne concerne que le traitement en local sur la machine du client et en rien la programmation côté serveur). Une application Web peut cependant être constituée de plusieurs pages écrites (pour le traitement côté serveur) dans des langages différents.

À plusieurs reprises, on a spécifié runat="server" dans des balises. Cet attribut (runat), avec cette valeur (server), indique qu'un traitement de balise doit être effectué sur le serveur (opération de conversion en HTML).

Nous le savons déjà : comme la requête concerne une page d'extension .aspx, IIS fait appel aux services du module ASP.NET greffé à IIS. Chaque balise <asp: est à cette occasion transformée en une ou plusieurs balises HTML. Quant au code C# de la page, il est alors, si nécessaire, compilé. Il ne l'est cependant qu'au tout premier accès à la page par un premier client. Le code natif ainsi généré est alors gardé en mémoire cache sur le serveur et sert directement pour les requêtes suivantes, qui sont alors servies bien plus rapidement. Le processus de compilation ne devra être repris que si l'on arrête et redémarre la machine. Depuis la version 2, il est toutefois possible de précompiler les pages ASP.NET avant de les déployer sur un serveur, et de cacher ainsi, par la même occasion, le code C#.

Seul le serveur est concerné par le code C#.

Ce code C# traite des événements, signalés lors de diverses étapes de la préparation du code sur le serveur. Lorsqu'il est exécuté, ce code modifie encore ce qui va être envoyé au client.

Intéressons-nous plus particulièrement à ce code C#. Dans le fichier d'extension .aspx, il est mentionné son utilisation :

```
<script language="c#" runat="server">
.....
</script>
```

Contrairement au code C#, les balises ASP.NET ne font aucune distinction entre minuscules et majuscules, mais il faut respecter une cohérence dans la manière d'écrire les balises d'ouverture et de fermeture, de façon à adhérer aux règles du XML. Pour la même raison, les valeurs des attributs sont placées entre guillemets (" ou *double quotes*). Même si les navigateurs s'accommodent plus ou moins de l'absence de ", nous les insérerons systématiquement. Il nous arrivera cependant d'utiliser des ' (*single quotes*) pour éviter toute confusion avec les " des chaînes de caractères du C#.

Ce code représenté ici par ..... (il s'agit d'instructions en C#) est toujours exécuté sur le serveur, jamais sur le client. Dans notre cas, il s'agit de la fonction qui traite le clic sur le bouton. D'autres événements (que nous présenterons bientôt) pourraient être traités de la même manière. Dans notre cas, ce code modifie un attribut de composant (Text de zaInfo, qui contient maintenant un message comprenant notamment l'heure). Avant l'envoi de la page au client, tout cela sera transformé en HTML.

Remarquons aussi la balise <form> (que l'on retrouvait déjà dans les formulaires, elle n'est donc pas là sans raison), également affublée de l'attribut runat :

```
<form runat="server">
```

qui est indispensable pour qu'ASP.NET tienne compte et agisse sur les éléments compris dans cette balise.

Dans ce fichier aspx, nous trouvons également des balises totalement étrangères à HTML : une balise <asp: permet de placer un composant appelé « composant côté serveur » dans la page. Dans l'exemple, nous avons fermé la balise avec /> mais on pourrait écrire (nous verrons des exemples où cela se justifie, souvent avec des composants plus complexes comme les grilles ou les répéteurs) :

```
<asp:Button ..... >
</asp:Button>
```

Le module ASP.NET, lorsqu'il traite la page, transforme cette balise asp en une ou plusieurs balises HTML.

28.1.5 Analyse d'une balise asp

Analysons une directive asp relative à un bouton. Dans une page Web, un bouton de type composant serveur est créé par :

```
<asp:Button id="bInfo" Text="Infos" runat="server" OnClick="bInfosOnClick" />
```

Dans cette balise asp relative à un bouton de commande, on trouve (mais plusieurs autres attributs pourraient être spécifiés) :

- l'identificateur id du bouton : dans les programmes Windows, on parlait de la propriété Name mais comme id provient d'une recommandation du consortium de normalisation d'Internet (W3C), autant le faire aussi en ASP.NET (pour s'accommoder des navigateurs qui ne respectent pas encore les normes récentes, il arrive qu'on spécifie à la fois id et name dans une balise HTML mais de plus en plus rares sont les programmes qui le font encore) ;

- le libellé du bouton (propriété Text) ;

- la méthode de traitement du clic (fonction que nous avons décidé d'appeler bInfosOn-Click et qui s'exécute sur le serveur) ;

- l'indication qu'il s'agit d'un bouton géré à partir du serveur (directive runat="server"), ce qui est indispensable même si nous aurons à le répéter dans chaque balise asp.

Lors du traitement, sur le serveur, de cette page par le processeur ASP.NET, cette directive provoque deux choses :

- la génération d'une balise HTML pour que le navigateur affiche un bouton ;

- l'instanciation sur le serveur d'un objet de la classe `Button`.

- Cette classe `Button` est bien connue depuis l'étude de la programmation Windows. Mais nous sommes en programmation Web, et il s'agit d'une implémentation propre au Web. Un programmeur Windows se sentira néanmoins tout de suite à l'aise avec les boutons et autres composants d'ASP.NET. Il doit cependant être conscient que cette similitude est truffée de pièges.

28.1.6 Événement traité côté serveur

Dire d'un composant qu'il est composant serveur signifie qu'il est créé, initialisé et manipulé à partir du serveur, et que ses fonctions de traitement (le clic par exemple) sont exécutées sur le serveur. Certains événements (comme le déplacement de la souris, l'équivalent de l'événement `MouseMove` sous Windows) peuvent néanmoins être traités sur la machine du client (par exemple pour créer un effet de survol) grâce à du code Java-Script (voir la section 28.14). Pour des raisons de performance (trafic sur la ligne et temps de réponse), traiter sur le serveur des événements aussi fréquents que le déplacement de la souris est en effet impensable.

Revenons à la fonction de traitement du clic sur le bouton. Il faut bien comprendre que l'utilisateur clique sur le bouton alors qu'il se trouve sur la machine client mais que le traitement du clic est effectué sur le serveur. Ces deux machines peuvent se trouver à plusieurs milliers de kilomètres de distance, ce qui n'est pas le cas en programmation Windows où tout se passe sur la même machine, rendant les choses à la fois infiniment plus simples et plus rapides. La méthode de traitement du clic, bien connue depuis les chapitres consacrés à la programmation Windows, a la même forme qu'en programmation Windows :

```
void bInfosOnClick(object sender, EventArgs e)
{
  .....
}
```

Tout a manifestement été pensé pour que la programmation Web soit la plus proche possible de la programmation Windows. Il en va d'ailleurs de même pour la programmation des mobiles.

Dans le cas du clic sur un bouton, le second argument ne contient aucune information particulièrement utile (l'utilisateur clique sur le bouton, peu importe où, ou bien il frappe la touche ENTRÉE alors que le bouton a le *focus* d'entrée, mais l'effet est le même). Le premier argument contient une référence au bouton sur lequel on a cliqué. Il ne présente d'intérêt que dans le cas où une même fonction traite plusieurs boutons.

Dans la page, nous avons également ajouté deux autres composants qui sont également gérés à partir du serveur :

- une zone d'édition pour saisir le nom de la personne :

```
<asp:TextBox id="zeNom" runat="server" />
```

- une zone d'affichage pour la réponse :

```
<asp:Label id="zaInfos" Text="Infos" runat="server" />
```

zeNom est un objet de la classe TextBox dans l'espace de noms System.Web.UI.WebControls. Comme pour tous les composants côté serveur, cette classe TextBox présente des similitudes avec la classe de même nom utilisée en programmation Windows, bien qu'il s'agisse d'une implémentation différente.

28.1.7 Conversion en HTML

À la balise asp:button, ASP.NET fait correspondre la balise HTML input type=submit. Une telle balise fait afficher un bouton dans la fenêtre du navigateur mais, en plus, un clic sur le bouton déclenche un retour serveur. Dire qu'il y a un retour serveur (*postback* en anglais) signifie que le navigateur reprend contact avec le serveur : il effectue pour cela une requête pour la page, semblable en tous points à la première requête, sauf qu'il accompagne cette requête d'un bloc de données qui traduit le retour serveur.

Suite au clic sur le bouton et au retour serveur qui s'ensuit, la fonction de traitement du clic est exécutée sur le serveur. Celle-ci (dans notre cas) remplit la zone d'affichage zaInfos en modifiant la propriété Text de ce composant.

ASP.NET traduit la balise asp:Label avec ses attributs (mis à jour dans la fonction de traitement du clic) en balise HTML span.

Après tout ce travail de transformation effectué par ASP.NET, IIS envoie au client le fichier contenant le HTML correspondant à la page.

Bien sûr, on arriverait à un résultat assez semblable avec une programmation côté client en JavaScript (ou en VBScript, mais celui-ci n'est quasiment plus utilisé). Une différence quand même : un traitement par du JavaScript afficherait l'heure sur la machine client. Mais JavaScript ne tient la comparaison avec la programmation côté serveur que dans un exemple aussi simpliste. La programmation côté serveur en C# offre en effet des possibilités incomparables par rapport au simple JavaScript : dans la pratique, les données proviennent presque toujours d'une base de données située sur la machine serveur (ou une machine distincte mais travaillant de concert avec le serveur) et cette base de données n'est évidemment pas directement accessible à partir d'un client. Rien de tout cela n'est possible en JavaScript. De plus, le C# donne accès à toutes les classes .NET et donc aux immenses possibilités qu'offrent toutes ces classes.

Avant d'aller plus loin, mais sans trop nous préoccuper encore des détails, examinons ce qui est envoyé au client pour la page Page1.aspx (Afficher → Source dans le navigateur pour visualiser ce contenu) quand l'utilisateur a saisi Zoé dans la zone d'édition et qu'il a cliqué sur le bouton (c'est donc le contenu de la réponse qui est affiché ici) :

Code HTML envoyé au navigateur du client pour Page1.aspx suite au clic

```html
<html>
 <head>
 </head>
 <body>
  <form name="_ctl0" method="post" action="Page1.aspx" id="_ctl0">
<input type="hidden" name="__VIEWSTATE"
value="dDwxMzc4MDMwNTk1O3Q8O2w8aTwyPjs+O2w8dDw7bDxpPDU+Oz47bDxOPHA8cDxsPFR1eHQ7PjtsPEJvbmpvvd
XIsIFpvw6kgISBJbCB1c3QgMTQ6NDM6MTU7Pj47Pjs7Pjs+Pjs+Pjs+mT7928i+FI7B4pnChJOj9ywKVoU=" />
   <table border="1">
    <tr>
    <td>
     Votre nom : <input name="zeNom" type="text" value="Zoé" id="zeNom" />
    </td>
    <td>
      <input type="submit" name="bInfos" value="Infos" id="bInfos" />
    </td>
   </tr>
   <tr>
    <td colspan=2>
    <span id="zaInfos">Bonjour Zoé ! Il est 14:43:15</span>
    </td>
   </tr>
  </table>
 </form>
 </body>
</html>
```

Oublions pour le moment l'étrange champ caché _VIEWSTATE tout au début du code HTML envoyé au client. On peut vérifier que ce qui est envoyé au navigateur du client consiste uniquement en du HTML :

- balise input de type text pour la zone d'édition ;
- balise span pour la zone d'affichage (balise span, et non directement le texte de manière à pouvoir spécifier des caractéristiques de présentation) ;
- balise input de type submit pour le bouton de commande.

28.1.8 Le ViewState

Le protocole HTTP d'Internet est ainsi conçu que tout est oublié d'un envoi à l'autre de la page à un même client : premier envoi de la page au client (suite à la requête initiale) et renvoi parce que celle-ci doit être mise à jour suite à un clic sur le bouton. Pour apprécier l'intérêt du ViewState, imaginez que la page contienne d'autres composants comme des boîtes de liste, des grilles de données, etc. tout en envisageant le développement qui suit.

Par la conception même d'Internet, les contenus des zones d'affichage, des cases, des boîtes de liste, des grilles, etc., mais aussi leurs caractéristiques d'affichage sont donc perdus d'un envoi à l'autre de la page. Il appartient dès lors au programmeur de réinitialiser le contenu et les caractéristiques d'affichage de ces composants lors de chaque envoi de la page au client, en réponse par exemple à un clic sur un bouton. Heureusement, ASP.NET a introduit le ViewState pour nous épargner cette tâche particulièrement fastidieuse.

Pour retenir le contenu et les caractéristiques d'affichage des composants d'un aller et retour à l'autre entre serveur et client (tant que l'utilisateur reste sur la même page), ASP.NET crée un champ caché, au contenu propre à ce client, compressé et apparemment crypté (bien que ce ne soit pas réellement le cas). Dans le ViewState, on retrouve sous forme compressée le contenu et les caractéristiques des composants de la page, sauf ceux pour lesquels la propriété `EnableViewState` a été explicitement forcée à `false`.

Le ViewState circule avec la page et, comme il s'agit d'un champ de type `input` compris dans la balise `form`, il est réexpédié inchangé au serveur lors du postback. Il y a postback à l'occasion d'un clic sur le bouton mais aussi dans d'autres occasions, par exemple suite à une sélection dans une boîte de liste dont la propriété `AutoPostBack` vaut `true`.

À la réception, ASP.NET lit le bloc de données préparé par le navigateur suite au `submit` (ce bloc contient les champs qui ont ou auraient pu être modifiés par l'utilisateur) ainsi que le ViewState. À partir de ces deux informations, ASP.NET restitue les contenus et caractéristiques de tous les champs de la page. Ainsi, tout se passe comme si tout avait été retenu d'une mise à jour à l'autre de la page (donc d'un envoi à l'autre de la page au client). Pour le programmeur, tout se passe donc comme en programmation Windows.

Grâce à cette technique dite du ViewState, le programmeur ASP.NET ne doit pas, par conséquent, se préoccuper de la réinitialisation des composants à chaque aller et retour entre serveur et client (sans oublier que ces caractéristiques de composants évoluent dans le temps et qu'un programme Web sert de nombreux clients en même temps, ce qui complique encore les choses).

La technique du ViewState a néanmoins un coût puisque davantage d'informations circulent avec la page, et dans les deux sens : quelques dizaines, voire quelques centaines de caractères en plus, surtout pour les grilles. Il faut néanmoins tempérer cette critique : si l'on compare cela à la taille des images (parfois même doublées ou triplées pour réaliser des effets visuels), cela paraît acceptable.

Par défaut, tout le ViewState est regroupé dans un seul champ caché de type `input`. Si le ViewState est de grande taille (par exemple parce qu'il contient les données d'une grille), cela peut poser problème à certains navigateurs, notamment ceux d'appareils mobiles.

Depuis la version 2, il est possible de répartir le ViewState dans plusieurs champs cachés. Il suffit d'ajouter la directive (on réclame ici cinq champs cachés) :

```
<pages  maxPageStateFieldLength ="5" />
```

sous la balise `<system.web>` du fichier de configuration `web.config`.

Le navigateur n'est en rien concerné par le ViewState. Il le voit en champ caché mais il n'en fait rien (puisque rien dans la page ne requiert l'utilisation de ce champ caché).

28.1.9 Les événements signalés sur le serveur lors d'un chargement de page

Avant l'envoi (y compris le renvoi en réponse à un postback) de la page HTML au client, différents événements sont signalés sur le serveur à la page (même principe de traitement d'événements qu'en programmation Windows), ce qui permet, par du code C# exécuté sur le serveur, de modifier dynamiquement le contenu de cette page. Grâce à ces modifications par du code C#, on va bien au-delà de l'initialisation statique au travers des attributs de la balise `asp`.

Lorsque le navigateur d'un client effectue une première requête pour une page, les événements suivants sont, dans l'ordre, signalés sur le serveur (et peuvent donc être traités par des fonctions écrites en C#) avant l'envoi de la page au client. Il s'agit des principaux événements signalés (nous parlerons plus loin de l'événement `PreInit`) :

Événements signalés à la page lors de la requête initiale de la page	
Init	Tout au début de la phase d'initialisation. Cet événement est rarement traité (s'il l'est, ce doit être dans une fonction appelée `Page_Init`).
Load	La fonction `Page_Load` traitant cet événement est exécutée avec `IsPostBack` (variable booléenne de la classe de la page) qui vaut `false`. Ceci est normal, car il s'agit d'une première requête et pas encore d'un retour au client (par exemple en réponse à un clic sur un bouton). Dans la pratique, `Page_Load` est l'événement le plus souvent traité. La page, lorsqu'elle traite l'événement `Load`, signale l'événement à chacun des composants de la page. Ceux-ci, à leur tour, peuvent traiter l'événement. Les instructions du `Page_Load` de la page sont exécutées après traitement de l'événement `Load` par les composants de la page.
PreRender	Dernier événement signalé avant l'envoi de la page au client. Cet événement est traité par la fonction `Page_PreRender`. Il s'agit de la dernière possibilité d'agir par programme sur le contenu de la page. Tout de suite après, la page (à ce moment uniquement du HTML plus du JavaScript) est envoyée au client. On parle de rendu pour cette transformation en HTML. À cet effet, les composants sont mis à contribution car il leur appartient d'effectuer leur propre rendu. Lors de cette phase, la page et les composants connaissent les caractéristiques du navigateur chez le client (ordinateur de bureau ou mobile, nom du navigateur, etc.), ces informations étant envoyées par le navigateur en accompagnement de la requête).

La fonction `Page_Load` vous donne l'occasion d'initialiser dynamiquement des composants de la page, par exemple en fonction du contenu d'une base de données, du contexte, ou du visiteur. En effectuant ce travail dans `Page_Init`, ce travail risque d'être réduit à néant lors de l'initialisation (entre les événements Init et Load) des contenus et caractéristiques de composants à partir du ViewState.

La page est alors envoyée au client, sous forme de HTML et éventuellement de Java-Script (pour provoquer des retours au serveur en d'autres occasions que les clics de boutons). La page est affichée dans le navigateur, quel qu'il soit. Lorsque l'utilisateur clique sur un bouton qui figure dans la page (ou suite à une action qui provoque un postback), le navigateur du client reprend contact avec le serveur. À l'occasion de ce postback, les événements suivants sont, dans l'ordre, signalés sur le serveur :

Événements signalés à la page suite à un retour serveur

Init	Même chose qu'à la requête initiale. Les contenus des composants (boîtes de liste, grilles, etc.) n'ont pas encore été initialisés à partir du contenu du ViewState.
Load	La fonction Page_Load est exécutée avec IsPostBack qui vaut maintenant true. C'est en effet la propriété IsPostBack de la page qui indique s'il s'agit d'un postback ou d'un premier accès à la page. À ce stade, grâce au ViewState et au formulaire renvoyé par le navigateur, les composants de la page ont retrouvé leur contenu et leurs caractéristiques lors du dernier affichage chez le client. Vous avez maintenant l'occasion de modifier le contenu mais aussi n'importe quelle autre caractéristique des composants de la page.
clic sur le bouton	Fonction traitant le clic sur le bouton. De manière générale, l'événement serveur est spécifié en attribut onXyz (par exemple onClick ou onSelectedIndexChanged) de la balise.
PreRender	Même chose qu'à la requête initiale.

ASP.NET version 2 a introduit l'événement PreInit qui est signalé tout au début de la phase de construction de la page. C'est en traitant cet événement que doit être effectuée toute initialisation de l'apparence de la page (adaptée aux goûts de l'utilisateur) via les thèmes (voir la section 28.9). Nous pouvons néanmoins ignorer cet événement jusque-là.

Après l'éventuel traitement de ces événements par du code C# s'exécutant sur le serveur, du HTML (plus éventuellement du JavaScript) est envoyé au client.

La fonction Page_Load ressemble souvent à ceci, avec un test sur le postback :

```
void Page_Load(object sender, EventArgs e)
{
  if (IsPostBack == false)
  {
    // première requête pour la page par un client
    // initialisation dynamique des composants
    .....
  }
}
```

Sans la technique du ViewState mise en place par ASP.NET, l'initialisation par programme (contenu et caractéristiques de tous les composants) aurait dû être effectuée lors de chaque passage dans Page_Load, ce qui vous aurait obligé (tâche assez dantesque) à retenir toutes les modifications effectuées dans la page, tant du côté serveur que du côté client.

Nous avons appris à créer, certes de manière minimale, une page Web avec zone d'édition, zone d'affichage et bouton de commande. Nous allons maintenant apprendre à structurer cette page.

28.1.10 La technique du code-behind

Dans notre exemple précédent, on trouvait dans le même fichier d'extension .aspx :

- des directives de présentation (balises HTML et ASP.NET) ;
- du code de traitement (code écrit en C#).

Or, il s'agit de deux parties fonctionnellement bien distinctes qui sont généralement traitées par des personnes distinctes : les graphistes et les programmeurs. Pour faciliter leur tâche en évitant de les faire travailler sur les mêmes fichiers, ASP.NET rend possible la découpe de la page en deux fichiers, l'un d'extension .aspx (pour la partie présentation) et l'autre d'extension .cs (pour la partie logique de traitement). Cette technique porte le nom de *code-behind*, que l'on pourrait traduire par « code en arrière-plan de la présentation ».

Réécrivons la page précédente en utilisant cette technique. Nous avons maintenant deux fichiers : Page2.aspx et Page2.cs :

Fichier aspx   **Page2.aspx**

```
<%@ Page Language="C#" Src="Page2.cs" Inherits="Page2" %>
<html>
 <body>
  <form runat="server">
   <table border="1" width="100%" >
    <tr>
     <td style="width:50%" >
      Votre nom : <asp:TextBox id="zeNom" runat="server" />
     </td>
     <td>
      <asp:Button id="bInfos" Text = "Infos" runat="server"
                  OnClick="bInfosOnClick" />
     </td>
    </tr>
    <tr>
     <td colspan="2" >
      <asp:Label id="zaInfos" Text="Infos" runat="server" />
     </td>
    </tr>
   </table>
  </form>
 </body>
</html>
```

Le code C# (auparavant dans la balise script à l'intérieur du fichier aspx) a été éliminé mais on trouve la directive

```
<%@ Page Language="c#" Src="Page2.cs" Inherits="Page2" %>
```

en tête du fichier aspx.

Cette directive indique que le code C# associé à la page se trouve dans le fichier Page2.cs. Visual Studio génère la clause CodeFile mais si l'on écrit directement ses pages avec un éditeur comme le bloc-notes, il faut utiliser la clause Src. La clause Inherits indique que notre page est un objet de la classe Page2.

Présentons maintenant le fichier de code C# associé à la page aspx :

Fichier C# associé à la page   **Page2.cs**

```
using System;
using System.Web;
using System.Web.UI;
using System.Web.UI.WebControls;
public class Page2 : Page
{
  protected TextBox zeNom;
  protected Label zaInfos;
  protected Button bInfos;
  // Fonction de traitement du clic sur le bouton
  protected void bInfosOnClick(object sender, EventArgs e)
  {
    zaInfos.Text = "Bonjour " + zeNom.Text + " ! Il est "
                 + DateTime.Now.ToLongTimeString();
  }
}
```

Dans le fichier de code C#, nous avons dû spécifier différents espaces de noms à utiliser (System, System.Web, etc.), ce qui était inutile dans la première version où tout était intégré. Les choses sont ici différentes car le code C# est compilé par le compilateur C# indépendamment du travail effectué par le processeur ASP.NET.

On constate aussi, ce qui n'était pas apparent dans l'exemple précédent, que notre page Web est un objet de notre classe Page2 dérivée de la classe Page. Cette classe Page, qui fait partie du framework .NET, reprend les propriétés, méthodes et événements applicables à toute page Web. Nous reviendrons sur cette importante classe qu'est Page après avoir passé en revue les différents composants d'ASP.NET.

Dans notre classe dérivée de Page, on déclare les contrôles ASP.NET (dans notre cas bInfo, zeNom et zaInfo) sans se préoccuper de leurs caractéristiques de présentation (emplacement, couleurs, police, etc.). Cela est en effet du ressort du graphiste, le programmeur C# se préoccupant exclusivement de la logique de traitement. Ces caractéristiques de présentation pourront néanmoins être manipulées par programme à partir de des références que sont bInfos, zeNom et zaInfos.

Selon les cas, nous utiliserons ou non la technique du *code-behind* dans nos exemples. L'utiliser est hautement préférable d'un point de vue méthodologique. VS et VWD, quand on leur demande de créer une nouvelle page, nous donnent le choix. Prenez l'habitude de cocher la case `Placer le code dans un fichier distinct` (case cochée par défaut).

À la section 28.5, nous irons encore plus loin en forçant les attributs de présentation dans une feuille de style séparée et non dans le fichier d'extension `.aspx`.

28.1.11 Utilisation des classes .NET

Jusqu'à présent, nous avons écrit nos fonctions en C#. Rien ne nous empêche de faire appel aux classes de l'architecture .NET, ce que nous avons d'ailleurs déjà fait avec la classe `DateTime`. Dans le fichier d'extension `.cs` (utilisation donc du *code-behind*), vous devez inclure les clauses `using` nécessaires, et ajouter, si besoin est, les références aux DLL contenant le code en question (à moins que VS et VWD ne l'aient déjà fait automatiquement).

Si vous n'utilisez pas la technique du *code-behind*, vous devez ajouter en tête du fichier `aspx` une ou plusieurs directives `Import`, et non plus `using` dans ce cas :

```
<%@ Import Namespace=xyz %>
```

où `xyz` est à remplacer par un espace de noms, par exemple `System.Data` et `System.Data.Common` pour l'accès à des bases de données. Certains espaces de noms sont automatiquement inclus et ne doivent dès lors pas être spécifiés (dans le fichier `aspx` uniquement car les directives `using` correspondantes doivent toujours être incluses dans le fichier `cs`). Ces espaces de noms qui ne doivent pas être spécifiés dans le fichier `aspx` sont (mais rappelons qu'ils doivent l'être en *code-behind*) :

Espaces de noms automatiquement inclus en code non behind		
System	System.Collections	System.Web.SessionState
System.Text	System.Web	System.Web.Security
System.Web.UI	System.Web.UI.WebControls	System.We.Caching
System.IO	System.Web.UI.HtmlControls	

28.2 Le code ASP.NET

28.2.1 Les commentaires

À ce stade, nous n'avons fait qu'introduire les plus simples des composants ASP.NET. Mais cela vous permet déjà d'écrire de petits programmes Web, certes simplistes. Avant même d'aller plus loin dans l'étude des composants ASP.NET, il peut s'avérer utile de savoir placer des commentaires. Nous avons d'ailleurs pratiqué de la sorte tout au début de notre apprentissage du C#. Les choses sont ici un peu plus compliquées puisque la manière d'insérer des commentaires dépend de leur emplacement, et que plusieurs types de fichiers sont maintenant en jeu :

Insertion de commentaires		
dans du code C#	Comme dans n'importe quel code C# :	
	`//`	le reste de la ligne est en commentaires,
	`/*` et `*/`	tout ce qui est contenu entre /* et */ est en commentaires,
	`///`	pour la génération automatique de documentation (voir la section 7.1).
dans du code HTML	Utiliser les balises standards du HTML (commentaire à l'intérieur de ces balises) :	
	`<!--`	(symbole plus petit, point d'exclamation et deux tirets) pour l'ouverture,
	`-->`	(deux tirets suivis du symbole plus grand) pour la fermeture.
dans une balise ASP.NET	Utiliser les balises :	
	`<%--`	(symbole plus petit, pour-cent et deux tirets) pour l'ouverture,
	`--%>`	(deux tirets suivis des symboles pour-cent et plus grand) pour la fermeture.
dans une feuille de style	`/*` et `*/` comme en C.	

Les commentaires dans une balise ASP.NET ne peuvent cependant pas être utilisés à l'intérieur même d'une balise élémentaire d'ASP.NET (balise commençant par `<asp:` et terminée par `/>`). Mais une balise ASP.NET peut contenir d'autres balises ASP.NET (par exemple des balises `asp:ListItem` contenues dans la balise `asp:ListBox`). Ces balises intérieures peuvent ainsi être ignorées en utilisant les balises `<%--` et `--%>`.

28.2.2 Afficher des données sans utiliser de composant ASP.NET

À ce stade, nous avons montré comment afficher des informations dans une page Web. Nous avons pour cela utilisé du code ASP.NET et manipulé une balise `asp:Label`.

Une technique toute différente (héritée d'ASP, la version d'avant ASP.NET) permet d'insérer des données variables dans le flux de données adressé au navigateur du client. Cette technique utilise les balises `<%` et `%>`. Il est certes préférable d'utiliser les contrôles côté serveur d'ASP.NET mais la technique des balises `<%` et `%>`, sans pour autant l'encourager, mérite encore d'être connue (sans oublier qu'il s'agit toujours d'un traitement effectué sur le serveur).

Comme les composants ASP.NET, ces balises `<%` et `%>` peuvent être placées n'importe où à l'intérieur de la balise `body` de la page. Elles ont alors de l'effet à cet emplacement de la page.

La balise <% =..... %>

Prenons un exemple pour illustrer cette technique. Nous désirons afficher l'heure sur une page (il s'agit de l'heure sur le serveur car la transformation d'ASP.NET – y compris le code dans cette balise – en HTML est effectuée sur le serveur). Pour cela, on écrit :

```
<html>
 <body>
  <form runat="server">
   <h1> Nous sommes le <% =DateTime.Now.ToString() %> </h1>
  </form>
 </body>
</html>
```

Incidemment, notons que l'on serait arrivé à un résultat identique (avec même beaucoup plus de possibilités) en plaçant un composant asp:Label et en initialisant sa propriété Text dans la fonction Page_Load. Cette dernière solution doit donc être préférée.

À l'intérieur des balises <% et %>, toute expression commençant par = est évaluée (par ASP.NET quand IIS lui demande d'agir sur la page). Cette expression doit renvoyer une chaîne de caractères (puisque la page, telle que reçue par le navigateur, consiste en du texte en clair). La propriété statique Now de la classe DateTime (voir la section 3.4) donne l'heure au moment « d'exécuter » la propriété. Il s'agit bien de l'heure sur le serveur puisque cette opération est effectuée sur le serveur. Comme cette propriété Now est de type DateTime, nous appliquons à cette propriété la fonction ToString qui convertit la date et l'heure en une chaîne de caractères. L'affichage dans le navigateur du client sera par exemple :

```
Nous sommes le 31/12/2005 23:59:59
```

On peut améliorer l'affichage en écrivant (voir la section 3.4 pour la mise en format de dates) :

```
<% =DateTime.Now.ToString("dddd d MMMM yyyy à H:mm") %>
```

ce qui donne un affichage tel que :

```
Nous sommes le samedi 31 décembre 2005 à 23:59
```

Il est néanmoins préférable de placer une balise asp:Label et d'initialiser sa propriété Text dans la fonction Page_Load. On pourrait ainsi, bien plus aisément, spécifier des caractéristiques d'affichage.

28.2.3 Faire exécuter du code C# dans du HTML

Il est également possible de faire exécuter du code C# (par exemple une boucle) à l'intérieur d'une balise <% et %>. Ici aussi, loin de nous l'idée d'encourager cette technique mais elle peut se révéler utile dans certains cas. Dans l'exemple suivant, on affiche, sur six lignes, l'heure (sur le serveur) en caractères de plus en plus gros (par utilisation des balises HTML `<h6>` à `<h1>`) :

Exécution de code C# dans balises `<% %>` (voir figure 28-4)   `Page4.aspx`

```
<html>
 <script language="c#" runat="server" ></script>
 <body>
  <form runat="server">
   <%
    for (int i=6; i>1; i--)
    {
     string s = "<h" + i + ">Nous sommes le "
                + DateTime.Now.ToString("dddd d MMMM yyyy à H:mm")
                + "<h" + i + ">";
     Response.Write(s);
    }
   %>
  </form>
 </body>
</html>
```

Ce qui donne :

Figure 28-4

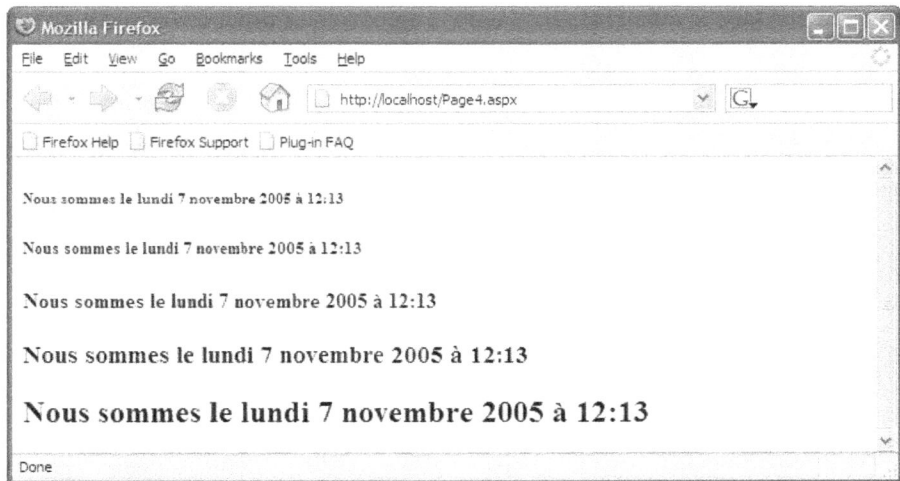

La balise `script` avec la clause `Language`, même si elle est vide de toute instruction C#, est ici nécessaire pour indiquer à ASP.NET le langage utilisé dans la page (un seul langage possible par page).

Nous étudierons plus loin l'objet `Response` qui correspond à la réponse donnée par le serveur. La méthode `Write` permet d'insérer des données (ici le contenu de la chaîne `s`) dans le flux de données transmis au navigateur du client. Rien n'interdit de construire ainsi dynamiquement des balises HTML, ce que nous avons d'ailleurs fait dans l'exemple précédent (balises `h1` à `h6`, chacune étant construite lors d'un passage dans la boucle). Sauf cas exceptionnel, ASP.NET, avec ses possibilités de création dynamique de composants, constitue néanmoins une alternative de choix à la technique que nous venons d'expliquer.

Soyez bien conscient que cette boucle est exécutée sur le serveur, juste avant d'envoyer la page au client. ASP.NET, quand IIS lui demande d'analyser la page (parce qu'elle a l'extension `.aspx`) lit le fichier ligne par ligne, et génère du HTML chaque fois qu'il rencontre une directive (balise `asp`) ou une instruction propre à ASP.NET. Dans le cas d'une ligne à exécuter (balise `<%`), il l'exécute (sur le serveur donc). `Response.Write` insère son argument dans le flux entre le serveur et le client.

Si l'argument de `Response.Write` contient des balises HTML, celles-ci sont envoyées telles quelles au client, et finalement interprétées et prises en compte par le navigateur du client. Ainsi (utilisation ici de la balise `<i>` de mise en italiques)

```
Response.Write("Mille <i>milliards</i> de sabords");
```

fait afficher `Mille milliards de sabords` dans le navigateur du client.

Pour afficher les balises sans les faire interpréter (par exemple pour afficher `Mille <i>milliards</i> de sabords` en faisant apparaître en clair les deux balises), il faut écrire :

```
Response.Write(Server.HtmlEncode("Mille <i>milliards</i> de sabords"));
```

Ces balises HTML peuvent également figurer dans la propriété `Text` d'une zone d'affichage (mais pas dans les articles d'une boîte de liste), avec interprétation conforme de la balise :

```
zaInfos.Text = "Mille <i>milliards</i> de sabords";
```

28.2.4 Mise au point du code C#

Dans nos pages ASP.NET, nous avons introduit du code C#. Ce code, comme tout code, peut comporter des erreurs de logique ou de syntaxe (par exemple une erreur dans une balise `asp`, ce qui ne peut être détecté qu'en exécutant la page). Le débogueur intégré à VS ou VWD est à privilégier mais d'autres techniques sont possibles.

En cas d'erreur dans une page, les messages d'erreur sont nettement plus explicites, avec indication claire de la ligne en erreur si vous accédez à la page à partir du serveur (autrement dit sur la machine de développement qui est à la fois serveur et client).

Des erreurs comme `Buton` au lieu de `Button` sont immédiatement détectées par VS ou VWD.

Une autre technique d'un grand intérêt consiste à insérer des directives de débogage dans une page. Commencez par ajouter l'attribut `Trace` dans la directive `Page` :

```
<%@ Page ..... Trace="true" %>
```

Utilisez alors l'instruction `Trace.Write` (qui accepte deux arguments de type `string`) là dans votre code où vous désirez afficher une information de mise au point. Par exemple (mais rien ne vous empêche de formater au préalable les chaînes passées en arguments à partir de variables de la fonction, de manière à afficher des informations plus utiles) :

```
Trace.Write("Tel emplacement :", "Telle condition");
```

ou

```
Trace.Write("Tel emplacement :", "Sélectionné : " + lbPays.SelectedItem.Text);
```

`Trace.Write` pourrait être limité à un seul argument. Tout se passe alors comme s'il s'agissait du second argument de la forme à deux arguments.

Lors du chargement de la page dans un navigateur ou à l'occasion d'un retour serveur (tout dépend de l'emplacement de `Trace.Write`), vous retrouvez la ligne en question dans la « trace » qui suit dans l'affichage normal de la page (plusieurs centaines de lignes d'informations !).

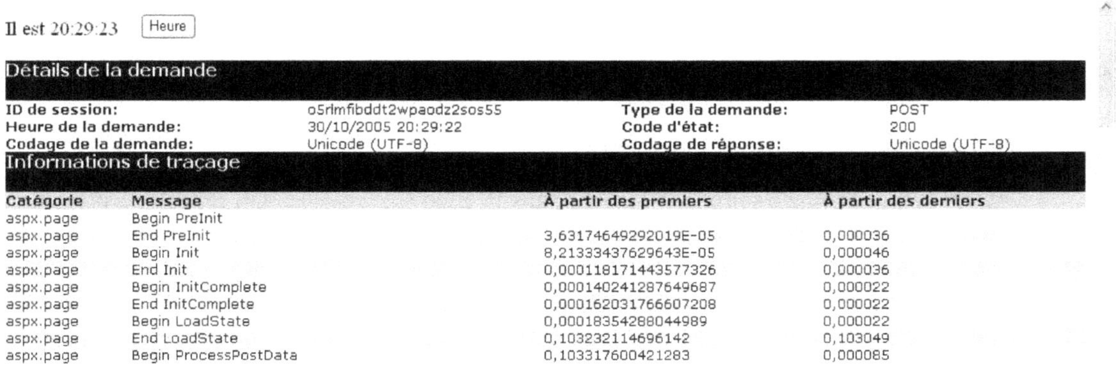

Il est 20:29:23 [Heure]

Détails de la demande

ID de session:	o5rlmfibddt2wpaodz2sos55	Type de la demande:	POST
Heure de la demande:	30/10/2005 20:29:22	Code d'état:	200
Codage de la demande:	Unicode (UTF-8)	Codage de réponse:	Unicode (UTF-8)

Informations de traçage

Catégorie	Message	À partir des premiers	À partir des derniers
aspx.page	Begin PreInit		
aspx.page	End PreInit	3,63174649292019E-05	0,000036
aspx.page	Begin Init	8,21333437629643E-05	0,000046
aspx.page	End Init	0,000118171443577326	0,000036
aspx.page	Begin InitComplete	0,000140241287649687	0,000022
aspx.page	End InitComplete	0,000162031766607208	0,000022
aspx.page	Begin LoadState	0,00018354288044989	0,000022
aspx.page	End LoadState	0,103232114696142	0,103049
aspx.page	Begin ProcessPostData	0,103317600421283	0,000085

Figure 28-5

La trace reprend en fait toute une série d'informations regroupées en sections :

- détails de la demande : type d'encodage des caractères, heure de la requête, type de demande ;

- informations de traçage : toutes les fonctions exécutées, y compris le temps d'exécution. Les affichages par `Trace.Write` apparaissent dans cette section ;

- arborescence du contrôle : tous les contrôles faisant partie de la page ;

- collection `Cookies` : détails des cookies ;

- collection `Headers` : détails de l'en-tête de la requête ;

- collection `Forms` : détails des variables du serveur IIS.

Si la directive `<%@ Page` avec `Trace="true"` est présente tout au début de la page `aspx`, la trace est affichée pour toute requête de la page. Il est possible de ne l'afficher que sélectivement, par programme. Pour cela :

- Supprimez la directive `Trace="true"` dans `<%@ Page`.

- Exécutez `Trace.IsEnabled = true;` pour mettre en route la trace à partir d'un emplacement bien déterminé (par exemple dans une fonction de traitement écrite en C#).

- Faites passer `Trace.IsEnabled` à `false` pour mettre fin à l'affichage de la trace. Il n'est cependant pas possible de faire passer `Trace.IsEnabled` à `true` puis à `false` dans une même fonction de traitement de message.

28.3 Utilisation de Visual Studio ou de Visual Web Developer

Maintenant que nous avons vu les bases de la programmation ASP.NET, nous allons désormais utiliser Visual Studio ou Visual Web Developer pour créer des applications Web.

Créer une application Web à l'aide de VS ou VWD se révèle aussi simple que pour une application Windows. Vous créez une application Web par : `Fichier` → `Nouveau` → `Site Web`. N'oubliez pas de spécifier Visual C# comme langage et un nom de répertoire (n'importe lequel, pas seulement un répertoire virtuel sous contrôle d'IIS) suivi d'un nom de projet (par exemple `ProgWeb1`) dans la zone `Emplacement`. Un répertoire portant ce nom (`ProgWeb1`) est créé.

VS et VWD incorporent un petit serveur Web qui, pour les besoins du développement (et uniquement ceux-là) peut remplacer IIS. Ce dernier serveur est néanmoins utilisé quand le projet se trouve dans un répertoire (dit virtuel) sous contrôle d'IIS. C'est le cas pour le répertoire `c:\inetpub\wwwroot` et ses sous-répertoires, mais aussi pour tous les répertoires marqués comme virtuels (Explorateur de fichiers → clic droit → `Partage Web`).

Si vous sélectionnez `Site Web vide`, un répertoire est créé mais il est initialement vide. Il vous appartient d'ajouter une première page : Explorateur de solutions → clic droit sur le nom du projet (sous la ligne `Solution`) → `Ajouter un nouvel élément` → `Formulaire Web`.

Avec `Site Web ASP.NET`, une première page, appelée `Default.aspx` est automatiquement créée dans le projet. Elle contient :

Figure 28-6

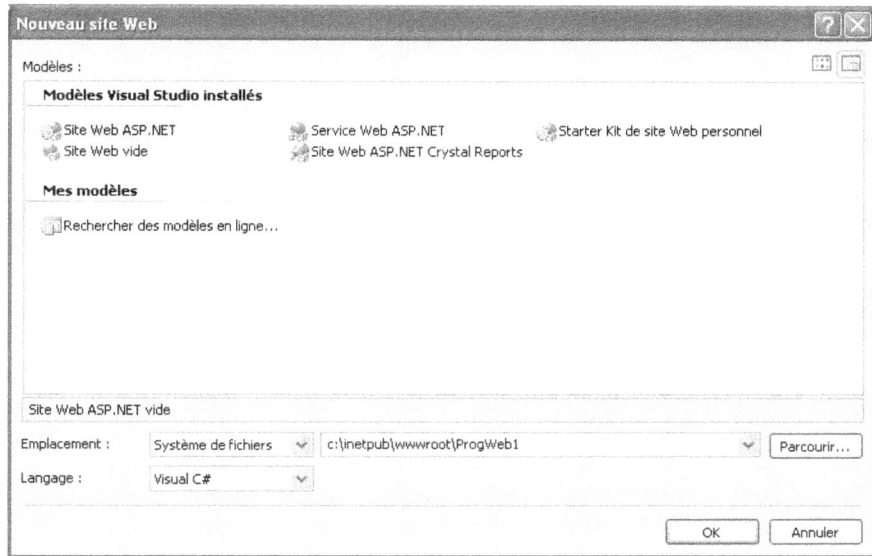

Page Default.aspx créée par défaut par Visual Studio ou Visual Web Developer

```
<%@ Page Language="C#" AutoEventWireup="true"  CodeFile="Default.aspx.cs"
    Inherits="_Default" %>

<!DOCTYPE html PUBLIC "-//W3C//DTD XHTML 1.0 Transitional//EN"
    "http://www.w3.org/TR/xhtml11/DTD/xhtml1 transitional.dtd">
<html xmlns="http://www.w3.org/1999/xhtml" >
 <head runat="server">
  <title>Page sans titre</title>
 </head>
 <body>
  <form id="form1" runat="server">
   <div>

   </div>
  </form>
 </body>
</html>
```

Le nom Default.aspx pris par défaut nous arrange bien : pour l'accès à notre application (par exemple par http://localhost/ProgWeb1), nous n'aurons même pas à taper Default.aspx car, par défaut, IIS recherche le fichier Defaut.aspx (ainsi que quelques autres comme index.htm, il s'agit d'un paramètre d'IIS) dans le répertoire ProgWeb1 spécifié en fin de requête.

Le projet de l'application est formé de tous les fichiers se trouvant dans ce répertoire. La notion de projet en programmation Web (il s'agit de tous les fichiers d'un répertoire) est en effet différente en programmation Windows (fichier d'extension .csproj qui fait référence à d'autres fichiers). Cependant, comme en programmation Windows, ce que l'on appelle une solution est un ensemble de projets.

28.3.1 Le choix de la norme

Avant de vraiment créer notre propre programme, il est souhaitable de modifier quelques options.

La première : Outils → Options → Editeur de texte → HTML → Format et cochez Insérer des guillemets de valeur d'attribut lors de la saisie. Ainsi, les valeurs d'attributs seront délimitées par des ", conformément aux recommandations. VS et VWD insèrent automatiquement deux " dès que l'utilisateur a tapé = à droite d'un attribut dans une balise, et ramènent le curseur entre les deux. Il vous suffit alors de saisir la valeur de l'attribut. Vous validez par la touche ESPACE s'il s'agit de valeurs provenant d'un menu contextuel, ou par la flèche à droite si vous devez saisir la valeur au clavier.

Une deuxième option : aujourd'hui, les différents organismes de normalisation d'Internet recommandent que HTML soit supplanté par XHTML (*Extensible HyperText Markup Language*, il s'agit de HTML respectant la norme XML). L'option Outils → Options → Editeur de texte → HTML → Validation vous permet de spécifier quelle norme doit être suivie (de fait pour les anciens navigateurs ou émanant aujourd'hui d'un organisme de standardisation comme le W3C). Vous avez le choix entre :

- Internet Explorer 6.0
- Internet Explorer 3.02/Netscape Navigator 3.0
- Netscape Navigator 4.0
- HTML 4.01
- XHTML 1.0 Transitional
- XHTML 1.0 Frameset
- XHTML 1.1

Le choix, pour les hommes de terrain, doit résulter d'un compromis. S'il est souhaitable de respecter les normes les plus récentes (mais aussi les plus restrictives) comme XHTML 1.1, il faut aussi éviter que trop de clients potentiels ne puissent pas lire nos pages correctement parce qu'ils utilisent encore un navigateur non conforme à ces nouvelles normes. Un bon compromis consiste à suivre la norme XHTML 1.0 Transitional.

Bien sûr, les choses sont plus simples quand on part du postulat que les visiteurs ont installé, ou n'ont qu'à installer, la toute dernière version du navigateur à la mode, que l'on n'a pas à tenir compte d'une base installée de clients qui se servent de l'informatique mais sans en faire une préoccupation essentielle, et que l'on n'a aucune obligation de résultat quant à la fréquentation du site.

28.3.2 Positionnement des composants dans la page

- VS et VWD s'utilisent comme VS ou Visual C# Express pour des applications Windows. Une page peut néanmoins être vue en mode Design (mode de représentation graphique de la page) mais aussi en mode Source (vue du HTML de la page). À cet égard, deux grandes différences sont à noter par rapport à la programmation Windows :

- Il est courant en programmation Web de modifier directement la source de la page (le HTML donc, ce qui implique une connaissance de ce langage, mais il est difficile d'imaginer qu'il en aille autrement). VS et VWD vous assistent d'ailleurs considérablement dans cette tâche grâce à l'aide contextuelle (fonctionnalité Intellisense) : il suffit de taper la ou les premières lettres d'une balise (par exemple ‹) pour que VS et VWD vous proposent, ou même complètent, automatiquement le reste de la ligne.

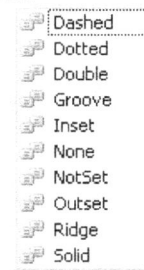

```
<asp:Label ID="za" runat="server" Text="Label" BorderStyle=""></asp:Label>
```

Figure 28-7

- Dans le mode Design, les composants, par défaut, se placent automatiquement dans le coin supérieur gauche et ne sont pas déplaçables. Le même composant pourrait néanmoins être placé sans problème dans une cellule de tableau. Si l'on décide de ne pas travailler en tableaux, la solution est dès lors celle-ci : sélectionnez le composant → Disposition → Position et spécifiez Absolu (on spécifie ainsi un positionnement absolu, un attribut de style est alors automatiquement ajouté dans la balise du composant). Pour ne pas avoir à répéter l'opération pour chaque composant, on peut modifier une option de VS ou de VWD : Outils → Options → Concepteur HTML → Position CSS → cochez la case Modifier la position et sélectionnez Positionné de façon absolue. Mais si vous décidez alors d'amener le composant dans une cellule de tableau, vous devez effacer la balise style (qui force alors un positionnement absolu) pour ce composant.

28.3.3 Les contrôles HTML

Dans une application Web, il arrive souvent que certains éléments simples de la page n'aient pas besoin d'un traitement sur le serveur (c'est le cas notamment d'une image qui n'est pas modifiée en cours d'exécution du programme Web). Dans ce cas, on épargne du travail à ASP.NET en plaçant dans la page la balise HTML plutôt que la balise ASP.NET correspondante. Au lieu de saisir directement la balise en mode Source, on peut tout aussi bien placer dans la page l'un des contrôles de la catégorie HTML dans la boîte à outils.

Pour cette raison, on trouve encore dans la boîte à outils, sous la rubrique HTML, différents composants de type input (Button, Submit, Text, File, Password, Checkbox, Radio et Hidden) ainsi que TextArea, Table, Image, Select, HorizontalRule et div. Tous correspondent directement à des balises HTML.

À condition d'insérer l'attribut runat="server" dans la balise d'un composant, on peut même en faire un composant serveur. Il faut alors utiliser la syntaxe HTML, qui n'est malheureusement pas toujours cohérente.

Ainsi, si la balise HTML de zone d'édition

```
<input id="T1" type="text" value="xyz" />
```

a été transformée en

```
<input id="T1" type="text" value="xyz" runat="server" />
```

il devient possible de modifier le contenu de cette zone d'édition par programmation serveur (en C# donc) en écrivant :

```
T1.value = "nouveau libellé";
```

Autre exemple : si la balise title (sous la balise head) est modifiée et qu'on lui ajoute runat="server", il devient possible de changer par programme le titre de la fenêtre du navigateur :

```
<title runat="server" id="titre" />
.....
titre.Text = .....;
```

Depuis la version 2, on arrive cependant au même résultat en écrivant :

```
Header.Text = .....;
```

Sans perdre en performance, vous vous épargnerez cependant bien des soucis en utilisant les composants côté serveur, plus cohérents et plus fournis en attributs de présentation.

28.3.4 Les contrôles simples de Web Forms

Utiliser VS ou VWD pour créer des applications Web est tellement proche de la création de programmes Windows que l'on peut se passer d'explications, de complémentaires sur l'utilisation des formulaires Web (utilisation, certes, encore grossière pour le moment, mais nous améliorerons cela au fur et à mesure de notre avancement dans l'étude d'ASP.NET).

Nous allons passer en revue une première catégorie de composants Web fournis avec le *framework* .NET et donc, aussi, avec VS et VWD.

Tous ces composants sont des objets de classes comme `Button`, `Label`, `TextBox`, etc. Malgré de grandes et heureuses similitudes du point de vue de la programmation, les classes utilisées en programmation Web et en programmation Windows appartiennent à des hiérarchies toutes différentes et leur implémentation l'est tout autant. Dans le cas de la programmation Web qui nous préoccupe ici :

- L'espace de noms est `System.Web.UI.WebControls`.

- La hiérarchie est `Object` → `Control` → `WebControl` → `Button` pour les boutons de commande par exemple.

Nous présenterons d'abord ces catégories de composants, puis les propriétés des composants les plus simples et enfin des exemples. Les composants plus complexes comme les grilles et les répéteurs seront étudiés plus loin.

Les contrôles simples de Web Form

Catégorie	Composant	Fonctionnalité
Texte	Label	Affichage de texte (zone d'affichage).
	TextBox	Zone d'édition.
Image	Image	Affichage d'une image.
	AdRotator	Affichage d'une suite d'images avec image différente à chaque transfert client/serveur. Ce composant sert généralement à l'insertion de panneaux publicitaires. Le changement d'image n'intervient qu'à l'occasion d'un *post-back* (par exemple suite à un clic sur un bouton). Plusieurs images peuvent être spécifiées, avec chacune une priorité de passage. Un fichier XML de spécification doit être associé au composant. Il reprend les caractéristiques de chacune des images (fichier image, fréquence de passage, etc.).
Bouton	Button	Bouton de commande.
	ImageButton	Bouton de commande ayant l'apparence d'une image. Le curseur (main avec doigt pointé) indique que l'on peut cliquer sur l'image mais aucun effet de relief (enfoncement de l'image) n'est réalisé au moment du clic.
	LinkButton	Bouton de commande avec apparence d'un hyperlien. L'éventuel transfert de page doit être effectué à l'initiative du programme (sur le serveur donc) dans la fonction de traitement du clic (par appel de `Response.Redirect`). Même si le programmeur n'a pas à s'en préoccuper, le transfert n'est pas direct : le serveur répond au navigateur du client qu'il doit se rendre à telle adresse.
	HyperLink	Pour la navigation Web. Le transfert à l'URL de destination est direct, sans intervention explicite du serveur (l'adresse de transfert est spécifiée en propriété du composant et est envoyée au client avec la page).
Panneau	Panel	Panneau (parfois appelé volet) pour déposer d'autres composants. Différents effets de relief peuvent être donnés au contour du panneau (propriété `BorderStyle`). On peut jouer sur la propriété `Visible` du panneau pour faire afficher un panneau plutôt qu'un autre.

Les contrôles simples de Web Form *(suite)*		
Case	CheckBox	Case à cocher.
	RadioButton	Case d'option.
Sélection	ListBox	Boîte de liste.
	DropDownList	Boîte combo.
	CheckBoxList	Boîte de liste avec case à cocher dans chaque ligne.
	RadioButtonList	Liste de cases d'option.
Calendrier	Calendar	Choix de date.
Présentation de données	DataList	Présentation de données provenant généralement d'une base de données.
	Repeater	Même chose.
	GridView	Grille de données.

Figure 28-8

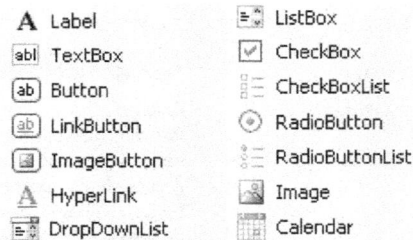

A Label   ListBox
abl TextBox   CheckBox
ab Button   CheckBoxList
ab LinkButton   RadioButton
ImageButton   RadioButtonList
A HyperLink   Image
DropDownList   Calendar

Comme dans le cas de la programmation Windows, tous ces composants présentent des propriétés communes. Il s'agit en fait des propriétés de la classe WebControl qui est classe de base pour tous les contrôles côté serveur d'ASP.NET. Les propriétés générales sont présentées dans les pages qui suivent. Certaines propriétés dont la signification est moins évidente seront présentées ultérieurement. Dans une balise <asp:>, aucune distinction n'est faite entre majuscules et minuscules. Cette distinction est cependant faite dans le code C#, quand vous manipulez par programme une propriété de composant (ainsi, si la valeur de l'attribut id est xYz, ce composant doit impérativement être référencé par xYz dans le code C#).

La norme XML (donc le XHTML qu'il convient maintenant d'adopter) stipule néanmoins qu'il doit y avoir cohérence dans la manière d'écrire les balises d'ouverture et de fermeture, et que les attributs doivent être délimités par des ". Bien que les navigateurs se montrent plus ou moins compréhensifs, tout au moins dans certaines limites (sinon, ils risqueraient de devenir inutilisables pour bon nombre de pages), nous nous conformerons à ces règles.

Si vous savez écrire des programmes Windows, vous savez écrire des programmes Web. Ainsi, les boîtes de liste, y compris les différentes variantes comme les boîtes combo (appelées DropDownList), se programment comme en programmation Windows : propriété Items pour l'accès aux articles et lb.Items.Add("xyz") pour ajouter un article dans la boîte de liste lb. Même technique aussi pour générer les fonctions de traitement d'événements.

Passons maintenant en revue les propriétés générales des composants Web. Vous pouvez modifiez une propriété via le concepteur ou en changeant directement la balise dans le code HTML.

Propriétés générales des contrôles Web

AccessKey	Touche servant d'accélérateur (la combinaison ALT+cette lettre a alors le même effet qu'un clic sur le contrôle) : AccessKey = "A"
Attributes	Collection d'attributs du composant. Cette propriété n'est utilisable qu'en cours d'exécution de programme. Un attribut peut contenir n'importe quelle chaîne de caractères et est accessible, aussi bien en lecture qu'en écriture, par []. Les attributs permettent de retenir n'importe quelle information (de type string) sur un composant (ces informations circulent avec la page dans le ViewState). Par exemple (pour retenir les ordres de tri dans les colonnes Auteur et DateParution de la grille dg) : dg.Attributes["Auteur"] = "ASC"; dg.Attributes["DateParution"] = "DESC";

BackColor	Couleur d'arrière-plan. Celle-ci peut être un nom de couleur (par exemple Red ou Turquoise, voir la section 13.1) ou une valeur exprimée en hexadécimal (la valeur #FF0000 correspond au rouge : les couleurs sont codées dans le système RGB où chacune des trois couleurs est codée sur un octet, hexadécimal FF correspondant à décimal 255 qui est la valeur la plus élevée susceptible d'être codée dans un octet) :
	BackColor="Turquoise"
	BackColor="#FF0000"
	#FF0000 correspondant à rouge (0xFF0000 en C#). Si vous spécifiez un nom de couleur dans la partie C# (par exemple par Color.Red), vous devez signaler que vous utilisez l'espace de noms System.Drawing (en cas de problème : clic droit sur Color. → clic droit → Résoudre et VS viendra à votre secours en vous faisant une ou plusieurs suggestions) :
	using System.Drawing;
	.....
	za.BackColor = Color.Red;

BorderWidth	Épaisseur de la bordure : BorderWith="5" Mais en cours d'exécution : za.BorderWidth = 45;
BorderStyle	Type de contour. A un effet sur certains contrôles seulement (par exemple les boutons avec image ou les panneaux). BorderStyle peut prendre l'une des valeurs suivantes de l'énumération BorderStyle :

None	aucune bordure,	NotSet	information non spécifiée,
Solid	bordure pleine,	Double	bordure double,
Groove	effet de relief	Ridge	autre effet de relief (cadre en relief autour de l'image),
Inset	image incrustée,	Outset	image qui ressort de l'écran.

Si BorderStyle est modifié en cours d'exécution, faites précéder ces valeurs de BorderStyle.

Propriétés générales des contrôles Web (suite)

CssClass	Nom de classe CSS (*Cascading Style Sheet*). Une classe CSS regroupe des attributs de style. Nous présenterons plus loin les attributs de style tant ils jouent un rôle important.
Enabled	Indique si le contrôle est activable ou non (il l'est par défaut) : `Enabled="False"` Mais `true` ou `false` en cours d'exécution de programme.
Font-Bold	Indique si le texte doit être affiché en gras : `Font-Bold="True"`
Font-Italic	Même chose pour l'affichage en italique.
Font-Name	Nom de la police de caractères : `Font-Name="Arial Black"`
Font-Overline	Indique si une ligne doit être tracée au-dessus du texte.
Font-Size	Taille des caractères. Cette taille peut être exprimée en (voir `Width` pour des exemples) : points typographiques (suffixe `pt`), pixels (suffixe `px` ou rien), millimètres (suffixe `mm`) et centimètres (suffixe `cm`).
Font-StrikeOut	Indique si le texte doit être barré.
Font-Underline	Indique si le texte doit être souligné.
ForeColor	Couleur d'avant-plan du texte.
Height	Hauteur du composant en pixels mais d'autres unités peuvent être spécifiées. `Height` est de type `Unit` (voir `Width`).
Style	Chaîne de caractères regroupant un ou plusieurs attributs de style (voir exemples plus loin).
TabIndex	Ordre de passage du *focus* d'entrée par les touches de tabulation.
ToolTip	Contenu de la bulle d'aide.

Width	Largeur du contrôle. `Width`, comme `Height`, peut être exprimé en pixels (suffixe `px`, il s'agit là de l'unité par défaut) ou en pourcentage (suffixe `%`) de la largeur de la page ou de son conteneur (la page est le conteneur du tableau et une cellule du tableau peut être le conteneur pour un composant) :
	`Width="200px"`
	`Width="25%"`

`Height` et `Width` sont de type `Unit`. Le second argument (de type `UnitType`) du constructeur de `Unit` indique l'unité de mesure (ici une largeur de 100 millimètres) :

```
za.Width = new Unit(100, UnitType.Mm);
```

Les différentes valeurs de l'énumération `UnitType` sont `Cm`, `Mm`, `Inch`, `Percentage`, `Pica`, `Pixel` et `Point`.

En plus de ces propriétés générales, les différents contrôles Web présentent des propriétés particulières. Nous aborderons d'abord les composants les plus simples et illustrerons le sujet de nombreux exemples. Nous découvrirons ensuite les composants plus complexes comme les grilles, les listes de données, les répéteurs, etc. Nous mettrons ensuite en évidence les améliorations apportées dans ASP.NET version 2 (aussi bien sous

Visual Studio 2005 que Visual Web Developer). Ce n'est cependant pas ici que se situent les améliorations majeures apportées par ASP.NET version 2.

Propriétés particulières aux principaux contrôles Web

Button (bouton de commande)

Text	Libellé du bouton. Par défaut (si vous ne spécifiez pas Width et Height), la taille du bouton dépend du libellé mais aussi de la police et de la taille des caractères (propriétés Font-Name et Font-Size).
CommandName	Commande associée au bouton. Le contenu de cette propriété n'a de signification que pour votre programme (pas de signification donc pour ASP.NET). C'est toujours la fonction de traitement associée au bouton qui est exécutée sur le serveur. Quand une fonction traite plusieurs boutons, le contenu de CommandName, s'il a été intelligemment initialisé, permet de simplifier la fonction (commune) de traitement.
CommandArgument	Argument éventuellement associé à la commande. Le contenu de cette propriété aussi n'a de signification que pour le programme.
OnClick	Méthode de traitement du clic. Celle-ci a la forme (la méthode peut être privée ou protégée) : `void xyz(object sender, EventArgs e)`

```
<asp:Button id="bGO" Text="GO !" runat="server" OnClick="bGO_Click" />
```

Image (image non cliquable)

ImageUrl	Nom de l'image (il s'agit généralement d'un fichier d'extension .jpg ou .gif mais il pourrait s'agir d'une image au format bmp ou png). Il faut éviter le format bmp en raison de la taille des images au format bmp (ce qui accroît d'autant les temps de téléchargement).
AlternateText	Texte à afficher si l'image ne peut être affichée. Ce texte est également utilisé comme bulle d'aide.
ImageAlign	Alignement de l'image par rapport au contour de son composant (utile si vous spécifiez explicitement Width et/ou Height). ImageAlign peut prendre l'une des valeurs de l'énumération ImageAlign : AbsBottom, AbsMiddle, Baseline, Bottom, Left, Middle, NotSet, Right, TextTop ou Top. Si vous ne spécifiez rien comme taille de composant, celui-ci prend automatiquement la taille de l'image. L'affichage de la page dans le navigateur du client est plus rapide si vous spécifiez explicitement la taille de l'image (propriétés Width et Height) car le navigateur peut alors commencer à afficher la page avant même d'avoir lu le fichier image.

```
<asp:Image ImageUrl="Moi.jpg" ImageAlign="Middle" runat="server" />
```

ImageButton (bouton avec image)

ImageUrl	Nom de l'image. Voir le composant Image.

OnClick	Méthode de traitement du clic. Celle-ci a la forme (remplacer xyz par le nom interne du composant, attribut id) :
	    `void xyz_Click(Object sender,`
	                    `ImageClickEventArgs e)`
	où e.x et e.y contiennent les coordonnées du point de cliquage (coordonnées relatives à l'image).

```
<asp:ImageButton id="biMoi" ImageUrl="Moi.jpg" OnClick="biMoi_Click"
   BorderStyle="Outset" BorderWidth="8" runat="server" />
```

Label (zone d'affichage)

Text	Libellé de la zone d'affichage. Le libellé peut contenir des balises HTML et celles-ci ont un effet sur l'affichage.

```
<asp:Label BackColor="HotPink" ForeColor="RoyalBlue" Height="20"
        Font-Name="Arial Black" runat="server" />
```

TextBox (zone d'édition)

AutoPostBack	Indique (si true) qu'une notification (postback) doit être envoyée au serveur quand que le texte est modifié (événement OnTextChanged). La détection de modification de contenu est effectuée à l'occasion d'un déplacement du *focus* d'entrée (par un clic sur un autre composant ou par les touches TAB et MAJ+TAB et non à chaque frappe de touche dans la zone d'édition). Par défaut, cette propriété vaut false car elle implique un accroissement de trafic et une surcharge peut-être inutile sur le serveur.
Columns	Largeur du contrôle, exprimée en nombre de caractères. Cette valeur peut être inférieure à MaxLength (il y a alors défilement horizontal automatique du texte dans la zone d'édition).
MaxLength	Nombre maximal de caractères qui seront admis (n'a d'effet que si TextMode vaut SingleLine ou Password).
Rows	Nombre de lignes visibles. N'a d'effet que si TextMode vaut MultiLine. Plus de lignes peuvent cependant être saisies, par défilement vertical du texte.
Text	Texte saisi dans la zone d'édition.
TextMode	Peut prendre l'une des valeurs suivantes de l'énumération TextBoxMode :
	Single zone d'édition limitée à une seule ligne,
	MultiLine zone d'édition de plusieurs lignes,
	Password zone d'édition pour mot de passe.
Wrap	Indique s'il y a passage automatique à la ligne dans une zone d'édition de plusieurs lignes.
OnTextChanged	Événement signalé à l'occasion d'un postback (par exemple un clic sur un bouton) ou un changement de *focus* d'entrée chaque fois que le texte a été modifié. Cette dernière notification n'a cependant d'effet que si la propriété AutoPostBack vaut true.

```
<asp:TextBox id="zeMotPasse" MaxLength="10" TextMode="Password"
          runat="server" />
```

Panel (panneau)

BackImageUrl	Image de fond.
HorizontalAlign	Alignement du contenu du panneau. HorizontalAlign peut prendre l'une des valeurs suivantes de l'énumération HorizontalAlign : Center, Justify, Left, NotSet ou Right. Si HorizontalAlign vaut Center, les divers éléments du panneau sont, par défaut, centrés dans celui-ci.

CheckBox (case à cocher)

AutoPostBack	Indique si l'événement OnCheckedChanged doit être signalé immédiatement (postback) après un changement d'état de la case à cocher.
Checked	Indique (si true) que la case est cochée.
TextAlign	Position du libellé par rapport à la case : Right ou Left.
Text	Libellé de la case.
OnCheckedChanged	Événement qui signale que l'état de la case a changé.

RadioButton (cas d'option)

Comme CheckBox mais présente cette propriété supplémentaire :

GroupName	Nom du groupe auquel appartient la case d'option (une seule case d'un groupe peut être cochée et cocher l'une fait automatiquement décocher celle qui était cochée).

```
<asp:RadioButton id="rbHomme" Text="Homme" GroupName="Sexe"
            Checked="true" runat="server" />
<asp:RadioButton id="rbFemme" Text="Femme" GroupName="Sexe"
            runat="server" />
```

LinkButton (bouton avec apparence d'hyperlien)

Text	Libellé du bouton.
OnClick	Événement lié à l'activation du bouton. La fonction de traitement a pour forme (généralement, pour améliorer la lisibilité, on remplace xyz par l'identificateur du bouton) : void xyzOnClick(Object sender, EventArgs e)

Hyperlink (hyperlien)

ImageUrl	Image de fond.
NavigateUrl	Adresse du site de destination (site sur lequel s'effectue le transfert en cas de clic sur l'hyperlien).
Text	Libellé de l'hyperlien (n'a d'effet que si ImageUrl n'est pas initialisé).

ListBox (boîte de liste) et DropDownList (boîte combo)

AutoPostBack	Indique si l'événement OnSelectedIndexChanged doit être signalé au serveur (postback) chaque fois que la sélection change (ce qui est le cas quand l'utilisateur navigue dans la boîte de liste à l'aide des touches de direction).
Items	Collection des articles.
SelectedIndex	Numéro de l'article sélectionné (zéro pour le premier).
SelectedItem	Article sélectionné. SelectedItem est de type ListItem qui contient notamment la propriété Text (libellé de l'article).
SelectedItems	Collection des articles sélectionnés (dans le cas où plusieurs articles peuvent être sélectionnés).
Rows	Nombre de lignes visibles de la boîte de liste.
SelectionMode	Indique si un seul ou si plusieurs articles peuvent être sélectionnés. SelectionMode peut prendre l'une des valeurs de l'énumération ListBoxSelectionMode : Single ou Multiple.
OnSelectedIndexChanged	Méthode de traitement du changement de sélection (n'a d'effet que si AutoPostBack vaut true).

Calendar

Implémente un calendrier (voir figure 28-9). Les propriétés les plus importantes, toutes deux de type `DateTime` (voir section 3.4), sont :

`SelectedDate`   donne la date sélectionnée.

`VisibleDate`   pour spécifier l'année et le mois initialement affiché :

```
cal.VisibleDate
    = new DateTime(1789, 7, 1);
```

Figure 28-9

`DayHeaderStyle-`

Représentation de la ligne d'affichage des jours de la semaine. Comprend les sous-propriétés `BackColor`, `BorderColor`, `BorderStyle`, `BorderWidth`, `Css-Class`, `Font-Bold`, `Font-Italic`, `Font-Name`, `Font-Names`, `Font-Overline`, `Font-Size`, `Font-Strikeout`, `Font-Underline`, `ForeColor`, `Height`, `Horizon-talAlign`, `VerticalAlign` et `Width`. Par exemple (avec tiret comme séparateur dans la balise) :

```
DayHeaderStyle-ForeColor = "Red"
```

pour un affichage en rouge des noms des jours de la semaine.

Pour une modification par programme, il faut néanmoins écrire (`cal` étant le nom interne de l'objet `Calendar`) :

```
cal.DayHeaderStyle.BackColor = Color.Red;
```

`DayNameFormat`

Format d'affichage du jour de la semaine. `DayNameFormat` peut contenir l'une des valeurs suivantes de l'énumération `DayNameFormat` : `FirstLetter`, `FirstTwo-Letters`, `Full` ou `Short`. Les jours sont affichés dans la langue de l'utilisateur. Par exemple :

```
DayNameFormat="Full"
```

`DayStyle-`

Représentation des jours (les nombres que l'on trouve dans le calendrier). Comprend toutes les sous-propriétés de `DayHeaderStyle`. Par exemple, pour que les jours soient affichés en vert (`Lime` correspond plus au vert tel qu'on l'imagine que `Green`) :

```
DayStyle-ForeColor = "Lime"
```

`FirstDayOfWeek`

Premier jour de la semaine. Il s'agit du lundi par défaut mais pourrait être une des valeurs suivantes de l'énumération `FirstDayOfWeek` : `Default`, `Monday`, `Tuesday`, `Wednesday`, `Thursday`, `Friday`, `Saturday` ou `Sunday`. Même si, au niveau de la programmation, on utilise des termes anglais, les noms des jours sont affichés dans la langue de l'utilisateur.

`NextMonthText`

Libellé du lien sur le mois suivant. Par défaut, il s'agit de > mais vous pourriez spécifier n'importe quel autre libellé ou même une image (insérer pour cela la balise HTML directement dans le libellé). Par exemple :

```
NextMonthText = "<img src=Suiv.jpg />"
```

`NextPrevFormat`

Permet de remplacer les liens vers le mois précédent et le mois suivant (< et > par défaut) par le nom du mois. On peut y spécifier une des valeurs de l'énumération `NextPrevFormat` : `CustomText` (libellé spécifié dans `PrevMonthText` et `Next-MonthText`), `FullMonth` (mois en toutes lettres) ou `ShortMonth`.

`NextPrevStyle-`

Représentation des liens vers le mois précédent et le mois suivant. Comprend toutes les sous-propriétés de `DayHeaderStyle`.

`OtherMonthDayStyle-`

Représentation des jours appartenant soit au mois précédent soit au mois suivant (à la première et à la dernière ligne). Comprend toutes les sous-propriétés de `DayHeaderStyle`. Par exemple :

```
OtherMonthDayStyle = "LightGray"
```

Calendar *(suite)*

PrevMonthText	Libellé du lien sur le mois précédent (semblable à NextMonthText).
SelectedDate	Date sélectionnée par l'utilisateur. SelectedDate est de type DateTime.
SelectedDates	Collection des dates sélectionnées. SelectedDates.Count donne le nombre de jours sélectionnés. SelectedDates peut être indexé et chaque Selected-Dates[i] est de type DateTime (avec i variant de 0 à SelectedDates.Count-1).
SelectedDayStyle-	Représentation du jour sélectionné. Comprend toutes les sous-propriétés de DayHeaderStyle.
SelectionMode	Mode de sélection de la date. SelectionMode peut prendre l'une des valeurs suivantes de l'énumération CalendarsSelectionMode :

	Day	L'utilisateur ne peut sélectionner qu'un seul jour.
	DayWeek	Il peut sélectionner un jour ou une semaine (> est alors affiché par défaut devant la semaine).
	DayWeekMonth	Il peut sélectionner un jour (cliquer sur le jour), une semaine (cliquer sur > affiché par défaut devant la semaine) ou tout le mois (cliquer sur >> affiché par défaut).
	None	Aucune sélection de date n'est possible.

SelectMonthText	Libellé du lien de sélection de mois tout entier (>> souligné par défaut). N'a d'effet que si SelectionMode contient la valeur CalendarsSelectionMode.DayWeekMonth.
SelectorStyle-	Représentation des liens de sélection de toute la semaine ou de tout le mois. Comprend toutes les sous-propriétés de DayHeaderStyle. N'a d'effet que si SelectionMode contient la valeur CalendarsSelectionMode.DayWeekMonth.
SelectWeekText	Libellé du lien de sélection de la semaine entière (> souligné par défaut). N'a d'effet que si SelectionMode contient la valeur CalendarsSelectionMode.DayWeek.
ShowDayHeader	Indique si les noms des jours de la semaine doivent être affichés. Par exemple : ShowDayHeader = "false"
ShowGridLines	Indique si des lignes de séparation doivent être affichées.
ShowNextPrevMonth	Indique si l'utilisateur peut passer au mois suivant ou au mois précédent.
ShowTitle	Indique si la barre de titre (reprenant le nom du mois) doit être affichée.
TitleFormat	Représentation de la barre de titre du composant. TitleFormat peut contenir l'une des valeurs suivantes de l'énumération TitleFormat : Month (seul le nom du mois est affiché) ou MonthYear (le mois et l'année sont affichés).
TitleStyle-	Représentation de la barre de titre du composant. Comprend toutes les sous-propriétés de DayHeaderStyle.
TodayDayStyle-	Représentation du jour d'aujourd'hui (présélectionné par défaut). Comprend toutes les sous-propriétés de DayHeaderStyle.
TodaysDate	Date du jour (de type DateTime). Permet de sélectionner le mois affiché dans le calendrier (mois et année de TodaysDate). Cette propriété ne peut être spécifiée que par programme.
VisibleDate	Année et mois initialement affichés. Par défaut, il s'agit du mois du jour courant. Cette propriété ne peut être spécifiée que par programme.
WeekendDayStyle-	Représentation des jours de week-end. Comprend toutes les sous-propriétés de DayHeaderStyle.

```
<asp:Calendar id="cal" runat="server" />
```

Les événements susceptibles d'être traités pour le composant `Calendar` sont `Selection-Changed` et `VisibleMonthChanged`. Ces deux fonctions sont semblables à toutes les fonctions de traitement : deux arguments (le premier de type `Object` et le second de type `EventArgs`) et aucune valeur de retour.

28.3.5 Changements apportés par ASP.NET version 2

Quelques modifications ont été apportées par ASP.NET version 2 en ce qui concerne les composants simples (mais ce n'est pas là que se situent les améliorations majeures).

Modifications apportées par ASP.NET version 2	
`Button`, `LinkButton` et `ImageButton`	
`OnClientClick`	Permet de spécifier la fonction JavaScript qui traite en local le clic sur le bouton : `OnClientClick="FonctJS()"`

`PostBackUrl`	Permet d'effectuer un postback sur une autre page que celle d'origine (ce que l'on appelle du *Cross Page Posting*) :
	`PostBackUrl="AutrePage.aspx"`
	Cette autre page peut détecter qu'il s'agit d'un postback à partir d'une autre page en testant sa propriété `PreviousPage.IsCrossPageBack`. Il est même possible de récupérer des valeurs provenant de cette autre page. Par exemple, pour retrouver le contenu de la zone d'édition ze :
	`TextBox tb = PreviousPage.FindControl("ze") as TextBox;`
	`if (tb != null) s = tb.Text;`

`Label`	

`AssociatedControlID`	Spécifie le contrôle (généralement une zone d'édition) associé au label (Nom avec N en gras) :
	`<asp:Label runat="server" Text="<B>N</B>om"`
	`            AssociatedControlID="zeNom" AccessKey="N" />`
	`<asp:TextBox runat="server" id="zeNom" />`

`Image`	
`DescriptorUrl`	Adresse de la page donnant une explication de l'image sous forme de texte ou sous forme audio (généralement à l'intention des malvoyants).
`ListItem`	
`Enabled`	Permet de rendre inaccessible un article particulier d'une boîte de liste.
`Panel`	
`Scrollars`	Permet de spécifier des barres de défilement de manière à faire apparaître des éléments appartenant au panneau mais situés en dehors de la zone visible de ce panneau. Les différentes valeurs de l'attribut `ScrollBars` sont `None`, `Horizontal`, `Vertical` et `Both`.

28.3.6 Des exemples de composants simples d'ASP.NET

Présentons maintenant toute une série d'exemples pour illustrer l'utilisation de ces différents composants. Les exemples sont donnés sous forme de balises, mais les attributs peuvent aussi être spécifiés en modifiant les propriétés sous VS ou VWD (toute modification dans l'éditeur de propriétés est d'ailleurs immédiatement et automatiquement répercutée dans le code source et inversement).

Exemples de spécification et de manipulation de bouton

```<asp:Button id="bB1" Text="B1"` ` OnClick="bB1OnClick"` ` runat="server"` ` Tooltip="Aide sur B1" />```	Bouton avec B1 comme libellé et Aide sur B1 comme bulle d'aide. Le bouton est affiché dans la page à l'emplacement de la balise (par exemple dans une cellule de tableau). bB1OnClick désigne la méthode de traitement du clic sur le bouton. bB1 est l'identificateur du bouton. Il faut donc agir sur bB1 pour modifier par programme (dans la partie C#) une caractéristique de bouton. Par exemple : `bB1.Text = "Nouveau libellé";` `bB1.ForeColor = Color.Red;` Pour rediriger, dans la fonction de traitement du clic, la page vers une autre URL (ici le fichier xyz.aspx du même répertoire), écrivez : `Response.Redirect("xyz.aspx");` Pour une redirection sur un autre site, n'oubliez pas de préfixer l'URL de http://. Comme Width est absent, la largeur du bouton dépend de la taille du texte (qui, elle-même, dépend de la police, en particulier de Font-Name et de Font-Size).
```<asp:Button id="bB1" Text="B1"` ` OnClick="bB1OnClick"` ` runat="server"` ` Width="100" />```	La largeur du bouton est explicitement spécifiée (ici cent pixels). 50% aurait eu l'effet suivant : le bouton occupe (en largeur) la moitié de son conteneur (page ou cellule dans laquelle il se trouve). La largeur peut également être spécifiée en centimètres (suffixe cm), en millimètres (mm) ou en points typographiques (pt, qui vaut 1/72 de pouce, soit 35 centièmes de millimètre). Pour modifier la taille du bouton par programme (par exemple dans Page_Load), vous devez exécuter l'une des deux instructions suivantes (la première instruction ne convient que si l'unité est le pixel) : `bB1.Width = 100;    // 100 pixels` `bB1.Width = new Unit(90,` `                    UnitType.Percentage);` Par défaut, l'unité de mesure est le pixel. Pour d'autres unités de mesure, vous devez spécifier l'une des valeurs de l'énumération Unit-Type : Cm, Mm, Percentage, Pixel ou Point. Il est cependant préférable de placer les caractéristiques d'affichage (taille, couleurs, police, etc.) en attribut de style.
```<asp:Button id="bB1" Text="B1"` ` OnClick="bB1OnClick"` ` runat="server"` ` BackColor="AliceBlue"` ` ForeColor="Red" />```	Libellé en rouge sur fond bleu pâle. Pour modifier par programme la couleur d'affichage (ici en vert) : `using System.Drawing;` `.....` `bB1.ForeColor = Color.Lime;` Si vous ne travaillez pas en *code-behind*, remplacez la clause using par (sous la directive <%@ Page en tête de fichier) : `<%@ Import Namespace=System.Drawing %>`

Exemples de spécification et de manipulation de bouton

```
<asp:Button id="bB1" Text="B1"
    OnClick="bB1OnClick"
    runat="server"
    Font-Name="Courier New"
    Font-Size="5cm" />
```

Le libellé du bouton est affiché dans la police `Courier New` en lettres de cinq centimètres (en fait un peu moins car la taille tient compte d'espacements au-dessus et au-dessous de la lettre).

Pour spécifier plusieurs polices pour le cas où le navigateur ne connaît pas la police spécifiée (la virgule sépare les noms de police) :

```
Font-Names="Arial, Verdana"
```

```
<asp:Button id="bB1" Text="B1"
    CommandName="AA" runat="server"
    OnClick="bBOnClick" />
<asp:Button id="bB2" Text="B2"
    CommandName="BB" runat="server"
    OnClick="bBOnClick" />
```

Les deux boutons sont traités par la même fonction `bBOnClick`. Dans cette fonction, le test sur `CommandName` permet de déterminer l'origine du clic :

```
Button b = (Button)sender;
if (b.CommandName == "BB") .....
```

On peut aussi détecter l'origine du clic en écrivant :

```
if (sender == bB1) .....
```

```
<asp:Button id="bB1" Text="B1"
    style="left:25; top:50;
            position:absolute;"
    runat="server"
    OnClick="bBOnClick" />
```

Nous utilisons ici les attributs de style. Le coin supérieur gauche du bouton est situé au point (25, 50) de la fenêtre du navigateur même si le bouton est déclaré dans une cellule de tableau (nous avons ici réclamé un positionnement absolu, c'est-à-dire par rapport à la fenêtre du navigateur). Pour un positionnement par rapport à la cellule, spécifiez `relative` au lieu d'`absolute`.

Les unités pourraient être spécifiées dans d'autres unités (`cm`, `mm`, `%` ou `pt`). Voir ci-après les attributs de style.

Pour modifier l'emplacement du bouton par programme :

```
bB1.Style["left"] = "400";
bB1.Style["top"] = "300";
```

La propriété `Style` des composants est de type `CssStyleCollection` et désigne donc une collection de styles CSS. Cette propriété peut être indexée par un attribut de style : `Style["xyz"]`, où `xyz` désigne un attribut de style (voir la section 28.5). La propriété `Style[]` est de type `string`. Nous utiliserons bientôt cette propriété.

28.3.7 Exemples relatifs aux autres composants simples

Présentons maintenant des exemples pour les autres composants simples. Comme plusieurs des exemples portant sur les boutons s'appliquent à ces autres composants, nous ne les répéterons pas. Ainsi, l'attribut `Style=` pourrait être inséré dans les balises ci-dessous. Mieux encore : utilisez les feuilles de style externes.

Exemples de spécification et de manipulation de bouton hyperlien (`Hyperlink`)

```
<asp:Hyperlink id="hlSuiv"
    NavigateUrl="PageSuiv.aspx"
    Text="Page suivante"
    runat="server" />
```

Lien (avec apparence traditionnelle des hyperliens) avec `Page suivante` comme libellé. Un clic sur l'hyperlien donne accès à une autre page (ici à `PageSuiv.aspx`, dans le même répertoire que la page actuelle). Cette autre page remplace la page actuelle dans la fenêtre du navigateur. Le clic ne peut pas être traité dans le cas du bouton hyperlien. Nous apprendrons néanmoins à le faire plus loin, par inclusion d'un script JavaScript.

```
<asp:Hyperlink id="hlSuiv"
   NavigateUrl="PageSuiv.aspx"
   ImageUrl="Suiv.jpg"
   runat="server" />
```

Une image, plutôt qu'un texte, est affichée. Si vous spécifiez à la fois Text et ImageURL, l'image est affichée et Text est utilisé dans la bulle d'aide.

```
<asp:Hyperlink id="hlLienXyz"
   NavigateUrl =
     "http://www.xyz.com"
   ImageUrl="xyz.jpg"
   Target="_blank"
   runat="server" />
```

L'affichage de la page de destination (ici la page d'accueil du site xyz.com) est réalisé dans une autre fenêtre du navigateur, ce qui donne accès à cet autre site tout en restant présent dans une page du navigateur du client.

Pour forcer ce comportement par programme, en cours d'exécution donc, écrivez :

```
hlLienXyz.Target = "_blank";
```

Exemples de spécification et de manipulation de bouton lien (LinkButton)

```
<asp:LinkButton id="lkbAction"
   Text="Action !" runat="server"
   OnClick="lkbActionOnClick" />
```

Semblable à un contrôle hyperlien mais vous devez programmer vous-même (sur le serveur) le transfert de page (ou n'importe quelle autre action) en réponse au clic. Par exemple, pour passer à la page xyz.aspx du même répertoire :

```
void lkbActionOnClick(object sender,
                           EventArgs e)
{
  Response.Redirect("xyz.aspx");
}
```

```
<asp:LinkButton id="lkbAction"
   Text="<img src='Action.jpg' />"
   OnClick="lkbActionOnClick"
   runat="server" />
```

Ce n'est plus un libellé qui est affiché mais une image.

Exemple de spécification et de manipulation d'image

```
<asp:Image id="img"
   ImageUrl="Action.jpg"
   runat="server" />
```

Pour modifier l'image par programme :

```
img.ImageUrl = "Stop.jpg";
```

Le composant Image en lui-même ne permet de traiter ni le clic sur l'image ni aucun autre événement lié à la souris. Nous montrerons néanmoins plus loin comment traiter le clic et réaliser des effets *rollover* (image qui change au moment où le curseur de la souris survole l'image).

Exemple de spécification et de manipulation de bouton image

```
<asp:ImageButton id="ibAction"
   ImageUrl="Action.jpg"
   OnClick="ibActionOnClick"
   runat="server" />
```

Le composant ImageButton se situe à mi-chemin entre les composants Image (pour la propriété ImageUrl) et Button (pour les propriétés Command et CommandArgument). Le clic sur un bouton image se traite comme pour un bouton classique mais on peut déterminer où l'utilisateur a cliqué :

```
void ibActionOnClick(
     object sender, ImageClickEventArgs e)
{
  .....
}
```

e.X et e.Y contiennent les coordonnées du point de cliquage (par rapport au coin supérieur gauche de l'image).

Exemples de spécification et de manipulation de zone d'affichage (Label)

```
<asp:Label id="za1"
   Text="Il est minuit, Dr S"
   runat="server" />
```
Zone d'affichage de texte. Vous pouvez évidemment spécifier des couleurs, une police, etc. puisque les propriétés générales de la classe WebControl sont applicables aux zones d'affichage. Celles-ci ne traitent aucun événement associé à la souris. Rien n'interdit de placer une ou plusieurs balises HTML dans le contenu de Text, les navigateurs interprètent alors ces balises conformément à leur signification HTML. Par exemple (balise <b> de mise en gras) :
```
Text = "bon<b>J</b>our"
```

```
<asp:Label id="za1"
   Text="<img src=DrS.jpg />"
   runat="server" />
```
Le libellé peut en fait être remplacé par une image, y compris en cours d'exécution.

```
<asp:Label id="za1"
   Text="Le <b>grand</b> <font
color=blue>bleu</font> !"
   runat="server" />
```
Grand est affiché en gras et bleu en bleu. Dans une balise ASP.NET, tout le texte doit être écrit en un seul bloc (il n'est pas possible de concaténer plusieurs chaînes en se servant de l'opérateur +). La concaténation est néanmoins possible dans le code C#.

Exemples de spécification et de manipulation des cases à cocher (CheckBox)

```
<asp:CheckBox id="cbIntérêt"
   Text="Intéressé ? "
   runat="server" />
```
Par défaut, le libellé est affiché à droite de la case. Pour un positionnement à gauche, spécifier TextAlign=Left. Si AutoPostBack vaut true, un événement (OnCheckedChanged) est signalé sur le serveur chaque fois que l'utilisateur clique sur la case (pour la cocher ou la décocher). Dans cette fonction de traitement (mais aussi dans n'importe quelle fonction du script C#)
```
cbIntérêt.Checked
```
indique si la case est ou non cochée.

```
<asp:CheckBox id="cbIntérêt"
   Text="<img src=Intérêt.gif />"
   runat="server" />
```
Le libellé peut être remplacé par une image. Évitez de donner à celle-ci une hauteur supérieure à celle d'un texte car rien ne permet de centrer (verticalement) la case par rapport à l'image. Une solution consisterait à utiliser deux cellules adjacentes d'un tableau : insérer dans une cellule un composant « case à cocher » mais sans texte d'accompagnement et l'image dans la cellule adjacente.

Exemple de spécification et de manipulation des cases d'option (RadioButton)

```
<asp:RadioButton id="rbMarié"
   Text="Marié" Checked="true"
   GroupName="EtatCivil"
   runat="server" />
<asp:RadioButton
   id="rbCélibataire"
   Text="Célibataire"
   GroupName="EtatCivil"
   runat="server" />
```
Les deux boutons radio font partie du même groupe EtatCivil, par conséquent cocher l'un, décoche automatiquement l'autre. La case Marié est initialement cochée. Ici aussi le libellé pourrait être remplacé par une image.

Exemple de spécification et de manipulation de panneau (Panel)

```
<asp:Panel id="P1" runat="server"
    BackColor="AliceBlue"
    BorderStyle="Outset"
    BorderWith="5"
    Width="80%" Height="250" >
<asp:Button Text="B1" id="bB1"
    Style="Left:10;Top:10;
           Position:relative"
    runat="server" />
<asp:Button Text="B2" id="bB2"
    Style="Left:400;Top:200;
           Position:relative"
    runat="server" />
</asp:Panel>
```

On a créé un panneau dont le contour donne un effet de relief (Outset dans la propriété BorderStyle fait ressortir le panneau de l'écran). Il occupe 80 % de la largeur de la fenêtre du navigateur (ou de la cellule du tableau dans laquelle il aurait été inséré, car il s'agit plus précisément de 80 % de la largeur de l'élément parent). Le pourcentage est en effet relatif à l'élément parent (celui dans lequel le panneau est inséré).

Ce panneau comprend deux boutons. À cause de Position:relative, les coordonnées des boutons sont relatives au panneau (coin supérieur gauche du panneau). L'origine de l'axe des X aurait été le milieu du panneau si on avait spécifié

`HorizontalAlign=Center`

dans la directive asp:Panel.

28.3.8 Le composant AdRotator

Le composant AdRotator permet de faire défiler des bannières, généralement des bannières publicitaires. Les changements de bannière ne sont cependant effectués qu'à l'occasion d'un postback, par exemple suite à un clic sur un bouton.

Les informations concernant les bannières doivent être spécifiées dans un fichier au format XML. L'élément racine doit être Advertisements. Les informations concernant chaque bannière doivent être spécifiées dans une balise Ad. On rencontrera donc l'unique balise Advertisements (élément racine) et autant de balises Ad qu'il y a de bannières publicitaires. Chaque balise Ad comprend les éléments suivants :

Propriétés du composant AdRotator

ImageUrl	URL de l'image à afficher. C'est au graphiste de s'arranger pour que les différentes images des bannières soient de même taille.
NavigateUrl	URL de destination si l'utilisateur clique sur la bannière.
AlternateText	Texte à afficher si l'image ne peut être chargée.
Keyword	Catégorie de bannière. Les différentes bannières peuvent être rangées en catégories. En ajoutant la clause KeywordFilter à la balise <asp:AdRotator>, il est possible de ne retenir que l'une des catégories (ce qui permet, par exemple, de choisir la catégorie en fonction des caractéristiques du client auquel on s'adresse). Seules les bannières de la catégorie KeywordFilter sont alors prises en compte.
Impressions	Fréquence d'affichage de l'image. Cette fréquence est relative à la somme des valeurs Impressions. Dans l'exemple qui suit, Moi.gif qui est l'une des trois images, est affiché une fois sur deux : 15/(15+5+10) ; tandis que toi.gif est affiché une fois sur six : 5/(15+5+10).

Exemple de composant « défilement de bannière » (AdRotator)

```
<asp:AdRotator id="bnrPub" AdvertisementFile="bnrPub.xml"
               runat="server" />

Fichier XML contenant les informations de défilement (ici le fichier bnrPub.xml) :
<?xml version="1.0" encoding="utf-8"?>
<Advertisements>
 <Ad>
  <ImageUrl>Moi.gif</ImageUrl>
  <AlternateText>A ma gloire</AlternateText>
  <Impressions>15</Impressions>
 </Ad>
 <Ad>
  <ImageUrl>Toi.gif</ImageUrl>
  <AlternateText>A ta gloire</AlternateText>
  <Impressions>5</Impressions>
 </Ad>
 <Ad>
  <ImageUrl>Nous.gif</ImageUrl>
  <AlternateText>A notre gloire</AlternateText>
  <Impressions>10</Impressions>
 </Ad>
</Advertisements>
```

Nous verrons plus loin des exemples concernant les boîtes de liste, les grilles, les répéteurs, etc., qui jouent un rôle considérable dans les pages Web. Mais nous allons étudier d'autres techniques avant d'envisager les grilles et les listes de données.

28.3.9 Les autres composants

Figure 28-10

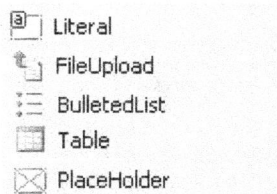

Le composant Literal

Le composant asp:Literal insère dans la page une chaîne de caractères comprenant éventuellement des balises. Son effet est le même que Response.Write rencontré au début de ce chapitre. Ses deux propriétés sont :

Propriétés du composant asp:Literal	
Text	Texte à insérer dans la page. Il peut contenir des balises. Par exemple : `Vive <i>la</i> France`
Mode	Mode de rendu du texte. Il s'agit de l'une des trois valeurs de l'énumération `LiteralMode` :

	PassThrough	Les balises sont rendues : `la` dans la phrase précédente sera affiché en italique.
	Encode	Le texte sera affiché tel quel, sans ses balises.
	Transform	Même chose que PassThrough pour les navigateurs HTML. Mais avec des navigateurs WML (*Wireless Markup Language*) ou cHTML pour mobiles, les balises non implémentées sont supprimées.

Le composant PlaceHolder

Le composant `asp:PlaceHolder` a un seul but : servir de base pour venir y accrocher dynamiquement (c'est-à-dire par programme) d'autres composants. Par exemple, pour venir greffer une nouvelle zone d'affichage en réponse à un clic sur un bouton (`PlaceHolder1` désignant un composant `PlaceHolder`) :

```
Label za = new Label();
za.Text = "Bonjour"; za.ID = "Z";
PlaceHolder1.Controls.Add(za);
```

Ce composant créé dynamiquement ne devient cependant permanent que si ces instructions sont insérées dans `Page_Load` (quelle que soit la valeur d'`IsPostBack`), ce qui signifie que le composant est reconstruit à chaque envoi de la page au client.

Par la suite, pour modifier le libellé de cette zone d'affichage créée dynamiquement :

```
Label z = (Label)FindControl("Z");
z.Text = .....
```

Mieux, pour tenir compte du cas où le composant n'a pas été créé ou n'existe plus :

```
Label z = FindControl("Z") as Label;
if (z != null) z.Text = .....
```

Le composant BulletedList

Il permet de représenter des articles (sous forme de textes, de liens `HyperLink` ou de boutons `LinkButton`, le type étant spécifié dans la propriété `DisplayMode`) dans une liste à puces. Le type de puce est spécifié dans la propriété `BulletStyle` avec ses valeurs `NotSet`, `Circle`, `Square`, `Numbered`, etc. Par exemple :

```
<asp:BulletedList runat="server" DisplayMode="HyperLink" BulletStyle="Square" >
 <asp:ListItem Text="Microsoft" Value="http://www.microsoft.com" />
 <asp:ListItem Text="Sun" Value="http://www.sun.com" />
</asp:BulletedList>
```

Les informations peuvent également provenir d'un fichier XML ou d'une base de données (propriétés `DataSource`, `DataTextField` et `DataValueField`).

Si les liens sont de type `HyperLink`, la redirection est directe sur le site spécifié dans `Value`. S'ils sont de type `LinkButton`, l'événement `Click` est signalé sur le serveur. Dans la fonction de traitement, on retrouve l'indice de l'article sélectionné dans `e.Index` et, à partir de là, le libellé et la valeur associée dans `bl.Items[e.Index].Text` et `bl.Items[e.Index].Value` (`bl` désignant le composant `BulletedList`).

L'événement `SelectedNodeChanged` est notifié au composant en cas de changement de sélection. Dans la fonction de traitement, on retrouve la valeur associée au nouveau nœud sélectionné dans `bl.SelectedValue` et le libellé dans `bl.SelectedNode.Text`. L'événement n'est cependant pas signalé en cas de navigation directe sur un site (cas où `NavigateUrl` a été initialisé).

Le composant FileUpload

Le composant `FileUpload` permet d'envoyer un fichier du client vers le serveur. Ce composant est formé d'une zone d'édition et d'un bouton `Parcourir` (pour sélectionner un fichier chez le client). Il faut encore lui associer un bouton (non compris dans le composant `FileUpload`) pour signaler au programme Web qu'il peut commencer le transfert et enregistrer le fichier sur le serveur. Sauf pour les traditionnelles propriétés `BackColor`, `ForeColor`, etc., il n'est pas possible de personnaliser le composant `FileUpload`.

Si `fu` est le nom interne du composant `FileUpload`, le programme Web, en traitant le clic sur le bouton associé, retrouve le nom du fichier (nom plus extension, mais sans le répertoire chez le client, ce qui ne le regarde d'ailleurs pas) dans `fu.FileName`. Le code C# peut alors enregistrer le fichier sur le serveur en appelant `fu.SaveAs`, et en passant en argument le nom complet (unité, répertoire, nom et extension) sous lequel le fichier du client est sauvegardé sur le serveur.

Pour un téléchargement du serveur vers le client, il suffit de placer une balise `asp:Hyper-Link`, avec `NavigateUrl` qui contient le nom du fichier, ou une balise HTML `a`, avec `href` initialisé de la même manière.

Par exemple :

```
<a href="Fich.dat">Télécharger Fich.dat</a>).
```

Le composant Table et la création dynamique des contrôles

Depuis le début de l'étude d'ASP.NET, nous avons à plusieurs reprises utilisé la balise HTML `<table>` qui se révèle utile (même si cet avis n'est pas partagé par les infographistes) pour présenter un document tout en l'adaptant à la taille de la fenêtre. Cette balise peut convenir à condition que le nombre de cellules soit connu au moment de créer la page.

Le composant `asp:Table` constitue une extension de cette balise standard `table`. Il permet de créer dynamiquement les lignes et les cellules du tableau.

Le composant `Table`, puisque sa classe est dérivée de `WebControl`, présente les propriétés maintenant bien connues que sont `BackColor`, `Forecolor`, etc.

Le composant Table présente aussi les deux propriétés :

- GridLines qui indique si des lignes de séparation doivent être affichées (GridLines peut prendre les valeurs None, Vertical, Horizontal et Both de l'énumération GridLines) ;

- Rows qui est de type TableRowCollection et qui donne accès aux différentes lignes du tableau.

La classe TableRowCollection maintient une collection de lignes. Comme dans toute collection, on y retrouve les propriétés Count, Item qui sert d'indexeur ainsi que ses méthodes Add, AddAt, Clear, Remove et RemoveAt.

Chaque ligne du tableau est un objet TableRow. On retrouve les propriétés précédentes et Cells, de type TableCellCollection, correspondant à la collection des cellules de la ligne.

Chaque cellule du tableau est un objet TableCell. On retrouve les propriétés précédentes, qui sont traditionnelles (BackColor, ForeColor etc.), mais aussi :

- ColumnSpan : étendue de la cellule en nombre de colonnes ;

- RowSpan : même chose mais en nombre de rangées ;

- Text : libellé de la cellule (contenu) ;

- Controls : pour accrocher n'importe quel composant ASP.NET dans la cellule.

Pour créer dynamiquement les lignes et les cellules d'un tableau :

- On déclare un composant Table dans la partie HTML, là où l'on veut insérer le tableau dont on ignore à l'avance le nombre de lignes et de colonnes :

```
<asp:Table id="T" runat="server" ..... />
```

- Dans la fonction Page_Load (quelle que soit la valeur d'IsPostBack), on crée dynamiquement les lignes et les cellules (ici, deux lignes de trois colonnes, mais une cellule peut être multiligne ou multicolonne, à condition d'initialiser ColumnSpan et/ou RowSpan) :

```
for (int li=0; li<2; li++)
{
 TableRow r = new TableRow();
 for (int col=0; col<3; col++)
 {
  TableCell c = new TableCell();
  .....                    // initialiser la cellule (contenu et apparence)
  r.Cells.Add(c);
 }
 T.Rows.Add(r);
}
```

Une cellule peut contenir :

- un libellé statique : propriété Text ;

- un composant ASP.NET accroché dynamiquement (voir exemple ci-après) ;

- un libellé construit et accroché dynamiquement à la cellule (s étant de type string) :

```
c.Controls.Add(new LiteralControl(s));
```

Rien n'interdit qu'une cellule contienne à son tour un tableau statique ou dynamique. Les grilles sont d'ailleurs construites de la sorte.

Dans l'exemple suivant, nous créons statiquement un tableau de deux lignes. Un bouton et une zone d'édition sont créés dynamiquement. Le bouton est inséré dans la première cellule de la deuxième ligne et la zone d'édition dans la seconde cellule de la deuxième ligne. Un clic sur le bouton modifie le contenu de la zone d'édition (voir figure 28-16).

Accrochage dynamique de composants dans une cellule de table   Page3.aspx

```
<html>
 <script language="c#" runat="server">
  void Page_Load(Object sender, EventArgs e)
  {
   // Créer dynamiquement une zone d'édition
   TextBox ze = new TextBox();
   ze.Text = "Zone d'édition créée dynamiquement";
   ze.ID ="zeDyna"; ze.Width = 250;
   Cell2A.Controls.Add(ze);          // l'accrocher dans la cellule Cell2A
   // Créer dynamiquement un bouton
      Button b = new Button();
   b.Text = "Bouton créé dynamiquement"; b.ID = "bDyna";
   b.Click += new System.EventHandler(bDynaOnClick);
   Cell2B.Controls.Add(b);           // l'accrocher dans Cell2B
  }
  void bDynaOnClick(object sender, EventArgs e)
  {
   // accès à la zone d'édition créée dynamiquement
   TextBox tb = (TextBox)FindControl("zeDyna");
   tb.Text = "A " + DateTime.Now.ToLongTimeString()
           + ", clic sur le bouton créé dynamiquement";
  }
 </script>
 <body>
  <form runat="server">
   <asp:Table Border="2" runat="server"
              GridLines="Both" BackColor="AliceBlue">
    <asp:TableRow runat="server"
                  ForeColor="Red" HorizontalAlign="Center">
     <asp:TableCell>AAAAAA</asp:TableCell>
     <asp:TableCell>BBBBBB</asp:TableCell>
     <asp:TableCell>CCCCCC</asp:TableCell>
    </asp:TableRow>
    <asp:TableRow>
     <asp:TableCell id="Cell2A" runat="server" />
     <asp:TableCell id="Cell2B" runat="server" ColumSpan="2" />
    </asp:TableRow>
   </asp:Table>
  </form>
 </body>
</html>
```

La création dynamique d'un composant et son accrochage dans une cellule sont conformes à ce que l'on devait faire en programmation Windows.

Pour accéder à un composant créé dynamiquement, les choses sont différentes puisqu'il faut :

- réclamer une référence à ce composant où `id` représente son identificateur (propriété ID) : `FindControl("id")` ;
- effectuer une conversion sur la véritable classe.

La fonction `FindControl` est membre de la classe `Page`. Elle renvoie un `object`, classe de base pour les boutons, les zones d'édition, etc. Un transtypage ou une conversion par `as` est nécessaire.

28.4 Les contrôles de validation

ASP.NET comprend plusieurs contrôles de validation des données saisies par l'utilisateur (par exemple : vérifier que le nombre saisi est bien un entier compris entre 0 et 100). Les contrôles de validation vous dispensent d'écrire la moindre ligne de code de validation. Écrire ce code est néanmoins toujours possible : le composant `CustomValidator` vous permet d'ailleurs d'écrire votre propre fonction de validation, y compris en JavaScript, en vue d'un traitement de vérification immédiat, sans nécessiter de retour serveur.

Si le navigateur du client comprend le JavaScript, du code JavaScript de validation est envoyé par défaut au client, la validation étant alors effectuée directement à la source. Sinon, la validation est effectuée sur le serveur. Vous pouvez forcer une validation sur le serveur en faisant passer à `false` la propriété `EnableClientScript` du contrôle de validation. Pour que cette propriété soit mise à `false` pour tous les composants de validation de la page, ajoutez la clause `ClientTarget="Downlevel"` à la directive `<%@ Page` :

```
<%@ Page ..... ClientTarget="Downlevel" %>
```

Chaque contrôle de validation est associé (propriété `controlToValidate`) à un contrôle de la page (il s'agit généralement d'une zone d'édition). En cas d'erreur, un message (propriété `errorMessage`) est affiché à l'emplacement du contrôle de validation. Ce message doit se trouver quelque part en mémoire mais n'est évidemment affiché qu'en cas d'erreur. Si la propriété `Display` du contrôle de validation vaut `Static` (ce qui est le cas par défaut), ce message d'erreur est systématiquement envoyé avec la page mais n'est affiché qu'en cas d'erreur. Si la propriété `Display` vaut `Dynamic`, le message d'erreur n'est envoyé au client qu'en cas d'erreur. La différence peut paraître mineure, voire insignifiante, puisque le message n'est affiché qu'en cas d'erreur. Elle a cependant un effet visible pour les composants situés sur la même ligne, mais à droite du contrôle de validation. Dans le cas de `Static`, ces composants sont toujours affichés au même endroit, qu'il y ait erreur ou non. Dans le cas de `Dynamic`, l'emplacement de ces composants va dépendre de l'affichage ou non du message d'erreur : en cas d'affichage du message d'erreur, ces composants sont décalés vers la droite.

Quand tous les contrôles de validation ont remis un avis positif, la propriété `IsValid` de la page passe à `true`.

Les contrôles de validation sont des composants ASP.NET et en ont donc les caractéristiques générales : `Width`, `Height`, `ForeColor`, `Font`, etc.

Passons en revue les six contrôles de validation.

Figure 28-11

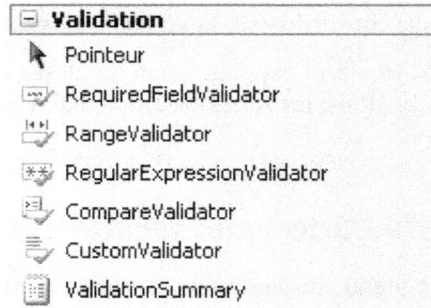

```
⊟  Validation
   ▶   Pointeur
   ☞   RequiredFieldValidator
   ⊡   RangeValidator
   ✶✶   RegularExpressionValidator
   ⊒   CompareValidator
   ⊟   CustomValidator
   ▤   ValidationSummary
```

Contrôles de validation d'ASP.NET	
Contrôle de validation ← BaseValidator ← Label ← ..... ← Object	

RequiredFieldValidator	Vérifie qu'une zone d'édition (ici zeNom) contient effectivement des données (autrement dit, zeNom est un champ requis) :
	
	`<asp:RequiredFieldValidator`
	`    id="ValidateurNom"`
	`    controlToValidate="zeNom"`
	`    errorMessage="Votre nom svp"`
	`    runat="server"   />`
	
	La validation est effectuée à l'occasion d'un postback ou d'un passage de *focus*. id n'était ici pas nécessaire puisque ce contrôle n'est pas manipulé par programme. Le message d'erreur est affiché à l'emplacement de ce contrôle. Il est effacé aussitôt l'erreur corrigée.
	
	La propriété InitialValue, de type string, a l'effet suivant : si la zone d'édition contient encore cette valeur, on considère qu'elle n'a pas été remplie. La validation est dès lors refusée.

CompareValidator	Compare le contenu d'une zone avec une autre (ici, on vérifie que le mot de passe a été retapé correctement) :
	
	`<asp:CompareValidator`
	`    controlToValidate="zeMotPasse"`
	`    controlToCompare="zemotPasseConf"`
	`    errorMessage="Pas la même chose !"`
	`    type="String"`
	`    operator="Equal"`
	`    runat="server"    />`

Les opérateurs de comparaison sont Equal, NotEqual, GreaterThan, Grea-terThanEqual, LessThan, LessThanEqual et DataTypeCheck (pour vérifier le type de la donnée et non son contenu). Ces valeurs font partie de l'énumération ValidationCompareOperator.

Les types susceptibles d'être comparés sont String, Integer, Double, Date et Currency (il s'agit d'une des valeurs de l'énumération ValidationData-Type).

Au lieu de controlToCompare, on peut spécifier ValueToCompare qui est de type string (même si, dans les faits, on y retrouvera généralement une valeur numérique). Cela permet évidemment de comparer le contenu du contrôle associé (controlToValidate) avec une valeur plutôt qu'avec le contenu d'un autre contrôle.

Si vous modifiez par programme une des propriétés du contrôle de validation, n'oubliez pas de donner un id à ce contrôle.

RangeValidator

Vérifie si la donnée (zeAge dans l'exemple suivant) se situe bien dans la plage des valeurs acceptables (ici un entier compris entre 0 et 125 inclus). La valida-tion n'est cependant pas effectuée si zeAge est laissé vide (mais rien n'empê-che de spécifier également un RequiredFieldValidator pour ce composant zeAge).

```
<asp:RangeValidator
    controlToValidate="zeAge"
    type="Integer"
    minimumValue="0"
    maximumValue="125"
    errorMessage="Erreur sur âge"
    runat="server"   />
```

RegularExpressionValidator

Vérifie si la donnée est conforme à un format bien défini. Le contrôle à valider (une zone d'édition) est spécifié dans controlToValidate et l'expression de validation (voir les expressions régulières à la section 3.3) dans Validation-Expression.

CustomValidator

Provoque l'appel d'une fonction de validation. Celle-ci est écrite en JavaScript dans le cas d'une validation locale sur la machine du client. La fonction de vali-dation doit être spécifiée dans la propriété ClientValidationFunction dans le cas d'une validation sur le client, et OnServerValidate dans le cas d'une validation sur le serveur. Voir exemples ci-après.

Validationummary

Rassemble les erreurs de saisie. Les différentes erreurs peuvent être affichées (propriété DisplayMode) sous différentes formes : List, BulletList ou Sin-gleParagraph. Les erreurs sont affichées dans une boîte de message si la pro-priété ShowMessageBox vaut true. La propriété HeaderText permet de spécifier un texte d'en-tête aux erreurs.

28.4.1 Validation côté serveur avec une fonction écrite en C#

Pour illustrer le composant CustomValidator qui permet de créer ses propres fonctions de validation, nous allons d'abord écrire, en C#, un script de validation sur le serveur. La validation ne pourra dès lors être effectuée qu'à l'occasion d'un postback.

La balise `asp:CustomerValidator` doit être dans ce cas :

```
<asp:CustomValidator controlToValidate="zeAge"
                     errorMessage="Age entre 0 et 100, svp"
                     OnServerValidate="csValider"
                     runat="server"  />
```

Dans la propriété `OnServerValidate`, on indique le nom de la fonction qui, sur le serveur, va valider le contrôle associé (ici `zeAge`). La fonction de validation doit avoir la forme :

```
void csValider(object sender, ServerValidateEventArgs e)
```

Dans la fonction de validation, l'argument `sender` fait référence au composant de validation qui est à l'origine de l'appel de fonction. Il présente en général peu d'intérêt. Le second argument, de type `ServerValidateEventArgs`, contient deux champs :

- `Value`, de type `string`, qui a pris comme valeur le contenu de la zone d'édition à valider ;
- `IsValid` qui doit prendre la valeur `true` si la validation est acceptée.

Dans l'exemple ci-après, nous vérifions si le contrôle à valider contient bien un entier compris entre 0 et 100. Bien sûr, un `RangeValidator` serait plus approprié dans ce cas, mais le seul but ici est de montrer un contrôle de validation personnalisé.

```
void csValider(object sender, ServerValidateEventArgs e)
{
 try
 {
  int N = Int32.Parse(e.Value);
  if (N<0 || N>100) e.IsValid = false;
  else e.IsValid = true;
 }
 catch (Exception exc) {e.IsValid = false;}
}
.....
<asp:CustomValidator controlToValidate="zeAge"
                     errorMessage="Age entre 0 et 100, svp"
                     OnServerValidate="csValider" runat="server" />
```

28.4.2 Validation côté client avec une fonction écrite en JavaScript

Nous allons maintenant écrire, en JavaScript, le même contrôle de validation mais qui s'exécutera cette fois sur le client, sans intervention du serveur. La validation est effectuée à l'occasion d'un postback mais aussi lors d'un passage de *focus* dans la fenêtre du navigateur, ce qui est nouveau par rapport à la validation côté serveur :

```
<script language="javascript">
 function jsValider(Sender, Args)
 {
  var N = Args.Value;
  if (isNaN(N)==true || N<0 || N>125) Args.IsValid = false;
```

```
   else Args.IsValid = true;
   return;
  }
</script>
.....
<asp:CustomValidator controlToValidate="zeAge"
                     errorMessage="Age entre 0 et 100, svp"
                     ClientValidationFunction ="jsValider"
                     runat="server"  />
```

28.4.3 Les groupes de validation

ASP.NET version 2 a introduit la notion de groupe de validation pour résoudre un problème qui apparaissait dans les versions précédentes en cas d'authentification et d'enregistrement dans une même page : le mot de passe est un champ requis, ce qui est normal en cas d'authentification mais ne l'est pas en cas d'enregistrement.

Pour éviter ce problème, il a donc été décidé de diviser la page en zones de validation : vous initialisez la propriété ValidationGroup d'un bouton avec un nom de groupe, et vous spécifiez ce nom de groupe pour tous les composants (généralement des zones d'édition) qui en font partie. Lors du clic sur un bouton, seuls les composants faisant partie du groupe de validation du bouton font l'objet d'une validation.

28.5 Attributs et feuilles de style

Les attributs de style sont définis dans la norme CSS des feuilles de style en cascade. Ils permettent de spécifier les attributs de présentation en dehors du code HTML. Les CSS vont aujourd'hui très loin dans les techniques de présentation de page, au point presque d'en réserver l'expertise aux infographistes. Par conséquent, nous ne pouvons ici qu'introduire le sujet avec application dans ASP.NET.

Nous verrons aussi comment manipuler par programme un attribut de style d'un composant.

Un style peut être spécifié de différentes manières :

• en attribut style dans une balise HTML :

```
<asp:Button ..... style="....." />
```

• dans une balise style, elle-même comprise dans la balise head :

```
<head>
 <style type="text/css" >
  h1 {color:aqua;}
  #bTest {font-size:10pt; color:blue; width:120px;}
 </style>
</head>
```

- en feuille de style externe (fichier css lié à la page) :

```
<head>
 <link rel="stylesheet" type="text/css" href="MesStyles.css" />
</head>
```

La dernière solution est de loin la meilleure car, étant aisément réutilisable, elle permet d'appliquer les mêmes styles à différentes pages, concourant à donner un look cohérent au site.

Grâce à son aide contextuelle, VS et VWD vous assistent considérablement dans la spécification des styles. Cette aide n'est cependant pas disponible dans le premier cas cité (attribut style dans une balise de composant).

Pour créer le fichier de feuilles de style : Explorateur de solutions → clic droit sur le nom du projet → Ajouter un nouvel élément → Feuille de style et changez le nom du fichier (StyleSheet.css par défaut) en, par exemple, MesStyles.css. Il faut alors adapter la balise link en conséquence.

Si un même style (même nom d'attribut mais valeurs différentes) est spécifié dans plusieurs de ces manières ci-dessus, quel est le style finalement retenu par le navigateur ? Le navigateur analyse, dans l'ordre, le fichier externe, la balise style et l'attribut style, et finalement retient la dernière valeur rencontrée pour un même attribut.

Plusieurs fichiers de style peuvent être spécifiés : il suffit d'ajouter autant de directives link dans la balise head de la page. Le navigateur les consulte dans l'ordre où ils sont spécifiés.

L'attribut style d'une balise peut comprendre un ou plusieurs attributs de style. Par exemple :

```
style="color:red; background-color:lime"
```

Dans la balise style (intérieure à head) ou en feuille de style externe (fichier css), un ou plusieurs attributs de style peuvent être spécifiés :

```
xyz
{
 color:red;                  /* couleur d'avant-plan */
 background-color:lime;      /* couleur d'arrière-plan */
}
```

où *xyz*, appelé sélecteur de style, doit correspondre à l'une des trois possibilités suivantes :

- un nom de balise ;

- # suivi d'un id de composant ;

- . (point) suivi d'un nom de classe (valeur de l'attribut CssClass dans une balise asp ou de l'attribut Class dans une balise HTML).

Par exemple :

Exemples de styles

```
body
{
 background-color:turquoise;
}
#bCommander
{
 background-color:lime;
 color:red;
}
.CLZA
{
 font-family:verdana;
 font-size:20pt;
}
```

---

où `bCommander` désigne l'identificateur (attribut `id`) d'un composant, et `CLZA` une valeur de l'attribut `CssClass` d'un composant ASP.NET ou de l'attribut `Class` d'un élément HTML :

```
<asp:Label runat="server" CssClass="CLZA" ..... />
```

Plusieurs valeurs séparées par `,` (virgule) peuvent être spécifiées dans un attribut de style :

```
#bCommander, #zeNom, .CLZA, table { ..... }
```

Mais on peut aussi écrire :

`.Z h1 { ..... }`	Le style s'applique à une balise `h1` comprise dans une balise de classe `Z` :
	`<div class="Z" >`
	` <h1> ..... </h1>`
	`</div>`

`.X .Y { ..... }`	Le style s'applique aux éléments de classe `Y` imbriqués dans une balise de classe `X`.

Présentons les attributs de style dont vous pourriez avoir l'usage (aucune distinction entre majuscules et minuscules dans les attributs de style, mais l'usage est de les écrire en minuscules) :

Attributs de style

`background`	`-attachment`	Spécifie le défilement de l'image en arrière-plan : `scroll` ou `fixed` (image de fond restant fixe durant le défilement du reste). Ce style s'applique généralement à la balise `body` : `background-attachment:fixed;`
	`-color`	Couleur d'arrière-plan. Peut être un nom de couleur (pas seulement les dix-huit couleurs proposées par VS ou VWD mais aussi celles présentées à la section 13.1), une valeur hexadécimale (préfixée de `#`), ou `rgb(r, v, b)` où r, v et b désignent respectivement les pourcentages de rouge, de vert et de bleu : `background-color:rgb(70,15,15);`

Attributs de style *(suite)*

	-image	Image d'arrière-plan, spécifiée sous forme d'URL (remplacer `xyz.jpg` par le nom de l'image à afficher, ici une image du répertoire de l'application Web) : `background-image:url(xyz.jpg);`
	-position	Position de l'image d'arrière-plan : `top`, `top center`, `top left`, `top right`, `left`, `left center`, `center`, `center center`, `right`, `right center`, `bottom`, `bottom center`, `bottom left` ou deux valeurs (par exemple `30 30` ou `15% 15%`).
	-repeat	Répétition de l'image d'arrière-plan : `no-repeat`, `repeat`, `repeat-x` (image répétée horizontalement) ou `repeat-y`.

Jusqu'à trois sous-attributs de `background` peuvent être regroupés dans l'attribut `background` : `background:fixed url(xyz.jpg) repeat;`

border	-color	Couleur du contour.
	-width	Épaisseur de la bordure. De une à quatre valeurs peuvent être spécifiées (l'ordre des bordures est : supérieure, inférieure, gauche et droite). Si une seule valeur est spécifiée, elle s'applique aux quatre bordures.

Ces attributs peuvent être appliqués à une bordure particulière : `border-top`, `border-bottom`, `borderleft` ou `borderright`. Par exemple : `border-top-width:5; border-bottom-width:0`

cursor		Curseur lorsque la souris survole la zone : `crosshair` (réticule de visée), `default`, `hand` (main avec doigt pointé), `text` (barre verticale), `wait` (sablier) et pour IE6 : `url(xyz.cur)` et `url(xyz.ani)` ce qui permet de charger n'importe quel curseur (fichier d'extension .cur) ou même n'importe quel curseur animé (fichier d'extension .ani).
font	-family	Police à utiliser de préférence. Plusieurs noms de police, séparés par une virgule, peuvent être spécifiés.
	-size	Taille des caractères : `small`, `large`, `medium`, `larger`, `smaller` ou une valeur absolue comme `10` (pixels), `10cm`, `10mm`, `10pt` (points typographiques) ou encore `10%` (pourcentage de la taille de la police de l'élément parent).
	-style	Style de police : `normal`, `italic` ou `oblique`.
	-stretch	Police ramassée ou étirée : `normal`, `wider`, `narrower`, `ultra-condensed`, `extra-condensed`, `condensed`, `semi-condensed`, `expanded`, `semi-expanded`, `extra-expanded` ou `ultra-expanded`.
	-weight	Grasse : `bolder`, `lighter`, `normal`, `bold` ou une valeur multiple de 100 comprise entre 100 (maigre) et 900 (ultra-gras).
height		Hauteur
left		Coordonnée X du coin supérieur gauche. L'origine dépend du paramètre `position` qui peut valoir `absolute` ou `relative` (voir exemple précédent). Comme pour `Font-Size`, différentes unités de mesure sont possibles. Par exemple : `left:100px;` ou `left:50%`
top		Coordonnée Y.
text	-align	Alignement du texte : `center`, `justify`, `left` ou `right`.
	-decoration	Embellissement du texte : `line-through`, `none`, `overline` ou `underline`.

	-transform	Modification de la casse : `capitalize`, `lowercase`, `none` ou `uppercase`. Par exemple
		`Style="Text-transform:uppercase"`
		dans une boîte d'édition (composant `asp:TextBox`) pour que son contenu soit immédiatement et automatiquement converti en majuscules.
vertical	-align	Alignement vertical : `middle`, `sub`, `super`, `top`, `bottom` ou encore un nombre suffixé de % (pourcentage de la hauteur de l'élément parent).
width		Largeur.
z-index		Ordre de superposition des éléments lors des affichages.

VS et VWD incorporent un éditeur graphique de styles CSS mais rien ne remplace la connaissance des styles CSS, d'autant plus aisée que VS et VWD fournissent une aide contextuelle tout à fait remarquable. Si vous préférez néanmoins générer automatiquement un style : passez en mode `Design` → clic droit → `Style` :

Figure 28-12

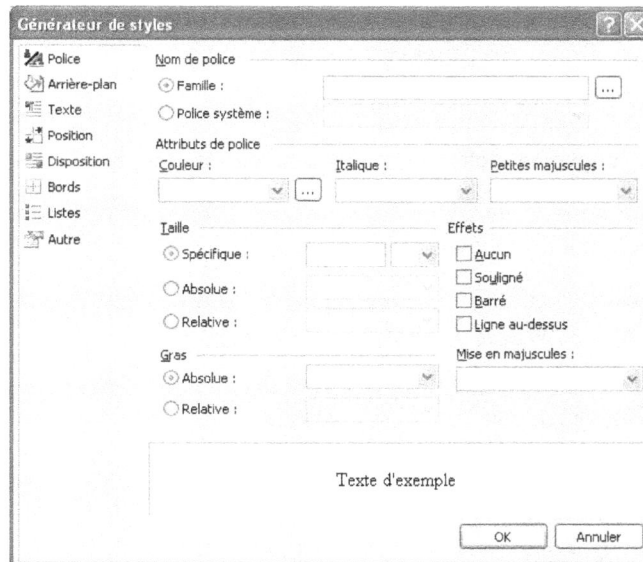

ASP.NET permet, par programme, de modifier un attribut de style d'un composant (qu'il soit ASP.NET ou non) à condition que la balise puisse être manipulée à partir du serveur. Il suffit pour cela d'ajouter l'attribut `runat="server"` à la balise, et de lui donner un nom (attribut `id`). Par exemple :

```
<body id="myBody" runat="server">
.....
myBody.Style["Background-Color"] = "Red";
```

ou (puisque trois sous-attributs, au plus, peuvent être spécifiés en une seule ligne) :

```
myBody.Style["Background"] = "url('nuages.jpg') fixed";
```

La propriété CssClass (de type string) des composants permet de changer carrément de classe de style (donc pas seulement un seul attribut) en cours d'exécution de programme avec effet immédiat sur l'apparence de la page :

```
zaNom.CssClass = "Vert";
```

Les caractéristiques définies dans la classe de style Vert s'appliquent maintenant au composant dont l'id est zaNom.

28.6 Les pages maîtres

La technique des pages maîtres (*master pages* en anglais) permet de réaliser aisément des sites comprenant de nombreuses pages, celles-ci présentant une ou plusieurs parties fixes, les mêmes d'une page à l'autre. C'est le cas de la plupart des sites professionnels d'entreprises. Par exemple, le site des éditions Eyrolles comprend de nombreuses pages correspondant aux différentes collections de cet éditeur d'ouvrages techniques et scientifiques. Toutes ces pages ont en commun :

- un logo dans la partie supérieure ;

- une zone de recherche et un menu déroulant (Accueil, Nouveautés, etc.) sous le logo ;

- un autre menu (donnant accès aux différentes collections, appelées thèmes) dans la colonne de gauche.

Le site des éditions Eyrolles, même s'il sert ici d'illustration, n'est pas écrit en ASP.NET, et n'utilise donc pas la technique des pages maîtres.

Ces zones fixes, que l'on retrouve dans la plupart des pages du site, forment ce que l'on appelle la page maître du site. Dans celle-ci, on trouve une zone variable (qui occupe ici les trois quarts de la fenêtre, dans le coin inférieur droit) mais on pourrait en trouver plusieurs. Une zone variable dans une page maître s'appelle « conteneur de pages » (*content place holder* en anglais).

Les différentes pages du site viendront, une à la fois, se greffer dans un conteneur de pages constituant un espace disponible dans la page maître. Pour cette raison, on parle de pages variables, par opposition aux parties fixes de la page. Ce sont ces différentes pages variables, appelées pages de contenu (*content pages* en anglais), qui intéressent essentiellement les utilisateurs. Le reste peut, à la limite, être considéré comme de l'habillage enrobant des articles de menu.

Les pages maîtres présentent le grand avantage de donner un look cohérent aux différentes pages d'un site.

Les pages de contenu sont des pages d'extension .aspx. Ce sont ces pages que vous devez mentionner dans les liens (champs href ou NavigateUrl), jamais la page maître, qui a l'extension .master.

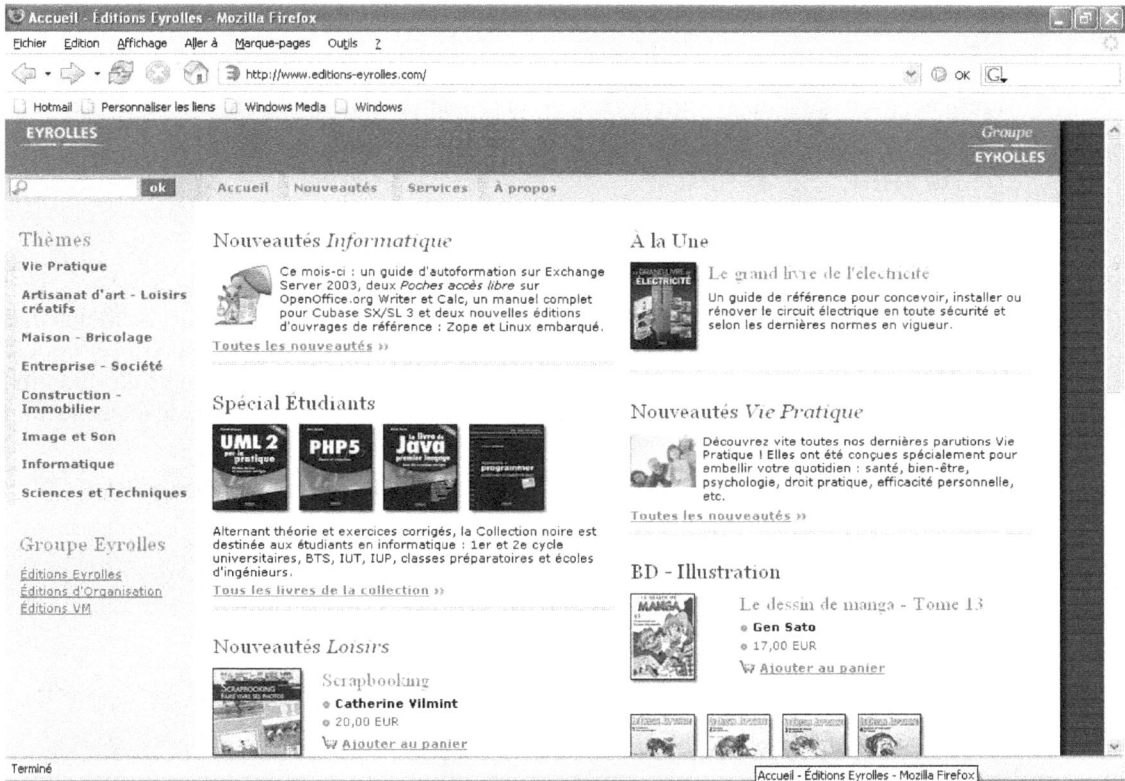

Figure 28-13

Lorsque vous réclamez une page aspx à partir d'un navigateur, la requête arrive à IIS sur le serveur qui héberge la page. Comme il s'agit d'une page aspx, IIS passe la requête au module ASP.NET. Celui-ci examine la page et vérifie si une page maître lui est associée. Dans l'affirmative, le module ASP.NET fusionne les deux (page aspx et page maître), puis transforme les composants ASP.NET en balises HTML (tout en tenant compte des modifications effectuées par le code C#).

Pour illustrer la création et l'utilisation de pages maîtres, passons à la pratique et créons un site contenant une page maître ainsi que quelques pages de contenu.

28.6.1 Création d'une page maître

Commençons par créer le projet : Fichier → Nouveau → Site Web → Site Web vide (et non Site Web ASP.NET comme on avait l'habitude de le faire).

Créons d'abord la page maître du site : Explorateur de solutions → clic droit sur le nom du projet → Ajouter un nouvel élément et sélectionnez Page maître.

Par défaut, la page maître s'appelle `MasterPage.master`. Il est souhaitable de cocher la case `Placer le code dans un fichier distinct` afin de travailler en mode *code-behind*. À la lecture du code HTML de la page maître, celle-ci semble se présenter comme une page normale, avec des balises `html`, `head`, `body`, etc., mais elle s'en différencie par sa première ligne :

```
<%@ Master ..... %>
```

au lieu de

```
<%@ Page ..... %>
```

Telle quelle, la page maître est inutilisable car elle n'est rien si elle n'a pas au moins une page de contenu. N'oubliez pas que c'est cette dernière qui a l'extension `.aspx` et qui est significative tant pour le visiteur que pour IIS. La page maître n'est jamais qu'un enrobage autour de la page de contenu. Vouloir exécuter le projet Web à ce stade (sans aucune page de contenu) n'a aucun sens.

Jetons un coup d'œil à la vue HTML de la page maître (fichier `MasterPage.master`) :

Fichier HTML de la page maître tel que créé par Visual Studio

```
<%@ Master Language="C#" AutoEventWireup="true" CodeFile="MasterPage.master.cs"
Inherits="MasterPage" %>

<!DOCTYPE html PUBLIC "-//W3C//DTD XHTML 1.0 Transitional//EN" "http://www.w3.org/TR/xhtml11/
DTD/xhtml11-transitional.dtd">

<html xmlns="http://www.w3.org/1999/xhtml" >
 <head runat="server">
  <title>Page sans titre</title>
 </head>
 <body>
  <form id="form1" runat="server">
   <div>
    <asp:contentplaceholder id="ContentPlaceHolder1" runat="server">
    </asp:contentplaceholder>
   </div>
  </form>
 </body>
</html>
```

À cette page maître est associée une classe, appelée `MasterPage`. Celle-ci est dérivée de la classe `System.Web.UI.MasterPage`, elle-même dérivée de la classe `UserControl`.

C'est dans la page maître que se trouve la balise `head` (avec `Page sans titre` comme libellé par défaut dans la barre de titre). Les fichiers CSS utilisés par la page maître et/ou les pages de contenu doivent donc être spécifiés dans des balises `link` de la page maître.

Les pages de contenu peuvent néanmoins redéfinir la balise `title` (voir l'attribut `Title` dans la première ligne du fichier `aspx` de la page de contenu).

Une page maître peut contenir les composants traditionnels (boutons, liens, etc.) et doit contenir (au moins) un composant `ContentPlaceHolder`, dans lequel viendront s'insérer les différentes pages de contenu (une page de contenu à la fois).

Nous allons maintenant insérer dans notre page maître, de manière bien connue désormais (par glisser-lâcher ou par modification du code HTML), des composants (HTML ou ASP.NET) :

- un logo et une zone d'authentification (réduite à un seul libellé ici) dans la partie supérieure ;

- un menu dans la partie gauche (pour le moment réduite à un seul libellé).

Pour rester indépendant des tailles de fenêtre, nous plaçons ces composants dans les cellules de deux tableaux de la page maître (sous la balise `<div>`) et déplaçons le `Content-PlaceHolder` dans la deuxième cellule du deuxième tableau :

Fichier HTML de la page maître après première transformation

```
<body>
  <form id="form1" runat="server" >
    <div>
      <table width="100%" border="1">
        <tr>
          <td>logo</td>
          <td style="width:20%">Sécurité</td>
        </tr>
      </table>
      <table width="100%" border="1">
        <tr>
          <td style="width:20%" valign="top" >Menu</td>
          <td>
            <asp:contentplaceholder id="ContentPlaceHolder1" runat="server">
            </asp:contentplaceholder>
          </td>
        </tr>
      </table>
    </div>
  </form>
</body>
```

Pourquoi avoir utilisé deux tableaux ? Parce qu'il est plus simple de créer plusieurs tableaux (d'une seule ligne) les uns au-dessous des autres quand les différentes cellules n'ont ni la même largeur ni le même emplacement dans toutes les lignes.

En mode Design, notre page maître ressemble à ceci :

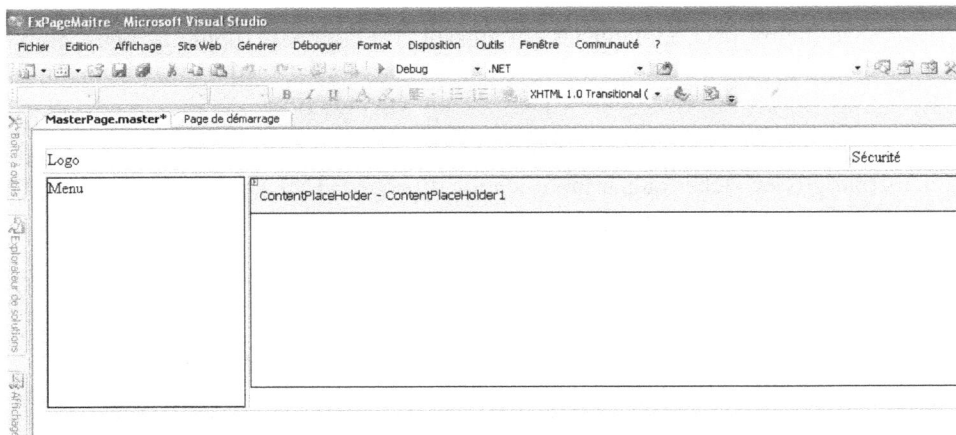

Figure 28-14

Nous insérons l'image du logo dans la première (et seule) ligne du premier tableau. Nous insérerons bientôt des liens en guise de menu dans la colonne de gauche. À ce stade de l'apprentissage, le souci d'esthétisme (avec images, boutons images, etc.) ne nous préoccupe guère. Nous pourrons toujours arranger cela plus tard, ce qui ne présente, en plus, aucune difficulté.

Les différentes pages de contenu viendront se placer, une à la fois, dans la zone grisée (de type ContentPlaceHolder) de la page maître.

28.6.2 Création de pages de contenu

Ajoutons une première page de contenu : Explorateur de solutions → clic droit sur la page maître → Ajouter une page de contenu.

La première page de contenu ainsi créée s'appelle par défaut Default.aspx, ce qui nous arrange bien puisqu'il s'agit aussi d'un nom par défaut pour IIS. L'utilisateur n'aura même pas à saisir ce nom dans le navigateur, le nom du répertoire suffira, par exemple www.xyz.com/Rep ou www.xyz.com s'il s'agit de la page par défaut du site. Visual Studio montre la page de contenu, dans laquelle vous pouvez insérer des composants comme dans toute page aspx. La page maître est également affichée mais grisée car il est alors impossible de modifier son contenu (normal puisque nous travaillons en ce moment sur la page de contenu Default.aspx). Pour modifier la page maître, il suffit de cliquer sur l'onglet MasterPage.master.

Examinons le contenu de cette page de contenu (fichier Default.aspx) en mode HTML :

```
<%@ Page Language="C#" MasterPageFile="~/MasterPage.master"
        AutoEventWireup="true" CodeFile="Default.aspx.cs"
```

```
           Inherits="_Default" Title="Untitled Page" %>
<asp:Content ID="Content1" ContentPlaceHolderID="ContentPlaceHolder1"
            Runat="Server">

</asp:Content>
```

On y retrouve le nom de la page maître MasterPage.master (l'enrobage si vous préférez) associée à notre page de contenu. Modifier l'attribut Title dans la ligne d'en-tête permet de spécifier un titre pour la page. Quand la page de contenu est affichée, le titre dans l'ensemble page maître/page de contenu est également modifié.

Les composants dans la page de contenu doivent être insérés dans la balise asp:Content. L'attribut ContentPlaceHolderID indique dans quel emplacement de la page maître (autrement dit dans quel ContentPlaceHolder) va venir se greffer la page de contenu. Quand la page maître ne comprend qu'une seule zone conteneur, l'attribut ContentPlaceHolderID est automatiquement et correctement initialisé.

Plaçons quelques composants dans la page de contenu Default.aspx, comme on le fait dans n'importe quelle page aspx. Nous pouvons maintenant exécuter la page. Si plusieurs pages de contenu ont été créées, il faut s'assurer que Default.aspx est bien la page de démarrage pour le site : Explorateur de solutions → clic droit sur Default.aspx → Définir comme page de démarrage.

N'avoir qu'une seule page de contenu associée à une page maître présente évidemment peu d'intérêt. Créons une deuxième page de contenu pour notre page maître, comme nous l'avons fait pour la première. Par défaut, la deuxième page de contenu créée s'appelle Default2.aspx. Modifions ce nom en P2.aspx et ajoutons-y quelques composants.

Revenons à la page maître et insérons dans la partie Menu (première colonne de la première et seule ligne du second tableau) deux hyperliens (composants Hyperlink). Initialisons la propriété NavigateUrl du premier à Default.aspx et celle du second à P2.aspx.

Page maître et pages de contenu peuvent traiter des événements. L'événement Load de la page de contenu est toujours signalé avant l'événement Load adressé à la page maître. Il en va de même pour l'événement PreRender.

Figure 28-16

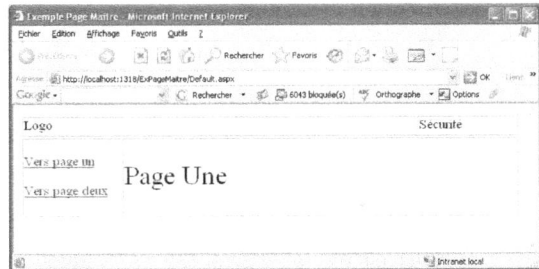

Figure 28-15

28.6.3 Accéder à la page maître à partir d'une page de contenu

À partir d'une page de contenu (par exemple `Default.aspx`), vous pouvez accéder à un composant de la page maître grâce à la propriété `Master` de la page de contenu. Par exemple, dans le cas où la zone d'affichage `za` (attribut `id` d'un composant `Label`) se trouve dans la page maître et le bouton `bB` dans la page de contenu, il est possible de modifier le libellé de `za` à partir de la fonction de traitement du clic sur `bB` :

```
Label lbl = Master.FindControl("za") as Label;
if (lbl != null) lbl.Text = .....;
```

28.7 Les composants de navigation

Naviguer de page en page est possible depuis longtemps grâce à la balise HTML `a` (pour naviguer vers un site Internet, ne pas oublier le préfixe `http://`) :

```
<a href="AutrePage.aspx">Vers autre page</a>
```

Le composant ASP.NET `HyperLink` a le même effet : il suffit d'initialiser la propriété `NavigateUrl` pour indiquer l'adresse cible.

Par programme enfin, on redirige le visiteur vers une autre page avec :

```
Response.Redirect("AutrePage.aspx").
```

ASP.NET version 2 a introduit plusieurs composants de navigation qui présentent l'avantage de travailler sur des masses plus étendues de couples libellés/liens provenant d'un fichier XML ou d'une base de données. La navigation n'implique pas nécessairement d'envoyer le visiteur sur un autre site. Il peut s'agir d'une autre page du site ou tout simplement de changer de page de contenu.

Les composants de navigation sont le `BulletedList`, le `TreeView` et le `Menu`.

Figure 28-17

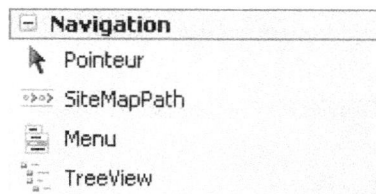

28.7.1 Le composant BulletedList

Ce composant a déjà été rencontré (section 28.3) : il permet d'afficher des informations sous forme de liste à puces ou de liste numérotée. Comme il est possible d'afficher un lien plutôt qu'un simple texte, l'intérêt dans l'utilisation du `BulletedList` est de lui associer un fichier XML comprenant, en attributs de balise, le libellé et le lien.

Commençons par créer un fichier XML : Explorateur de solutions → clic droit sur le projet → `Ajouter un nouvel élément` → `Fichier XML`. Soit `Liens.xml` le nom de ce fichier. Ajoutons-y quelques balises :

```
<?xml version="1.0" encoding="utf-8" ?>
<Liens>
 <Lien Site="Microsoft" Url="http://www.microsoft.com" />
 <Lien Site="Sun"       Url="http://www.sun.com" />
</Liens>
```

N'oubliez pas de tout entregistrer avant d'entreprendre l'opération qui suit.

Amenons maintenant un composant `BulletedList` dans la page. Soit `blLiens` son nom interne. Modifions quelques propriétés de présentation et faisons passer `DisplayMode` à `HyperLink` (puisque nous voulons afficher des liens).

Le *smart tag* (parfois traduit en français par « balise active ») désigne la petite icône en forme de triangle affichée près du coin supérieur droit de certains composants, notamment ceux qui peuvent être associés à des sources de données. Un clic sur le smart tag donne directement accès aux principales propriétés du composant.

Figure 28-18

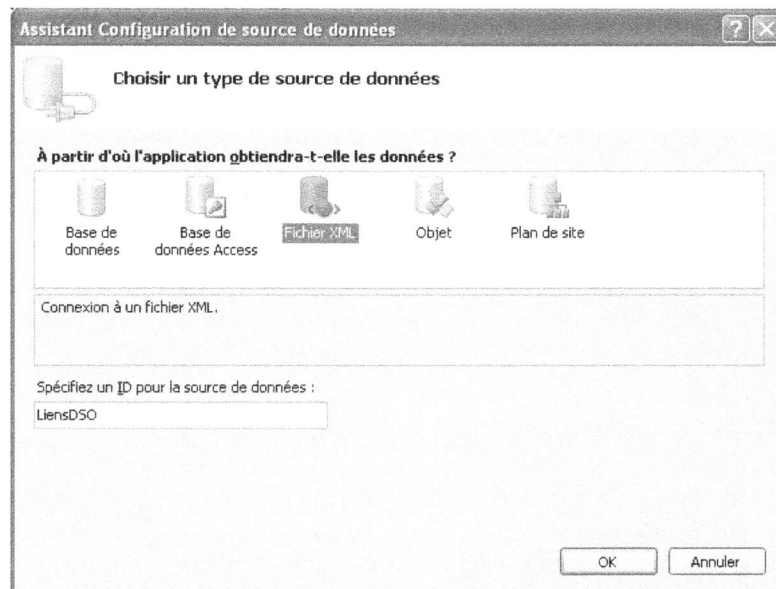

Associons notre composant `BulletedList` à une source de données (il s'agira bien évidemment de notre fichier XML) : smart tag → `Sélectionner une source de données` → `<Nouvelle source de données>` → `Fichier XML`. Un composant orienté données est ainsi créé. Appelons-le `LiensDSO`, au lieu de `XmlDataSource1` qui est proposé par défaut.

`LiensDSO` fera la liaison entre le fichier XML et le composant `BulletedList`.

Il faut maintenant configurer LiensDSO, ce qui consiste à indiquer quel fichier XML est associé à LiensDSO ainsi que le chemin, parmi les balises, qui mène aux informations que nous voulons afficher (chemin Liens/Lien dans notre cas). Puis, il s'agit d'indiquer les deux attributs de la balise Lien qui correspondent au libellé (Site dans notre cas) et à la valeur associée qui sert de lien (Url dans notre cas).

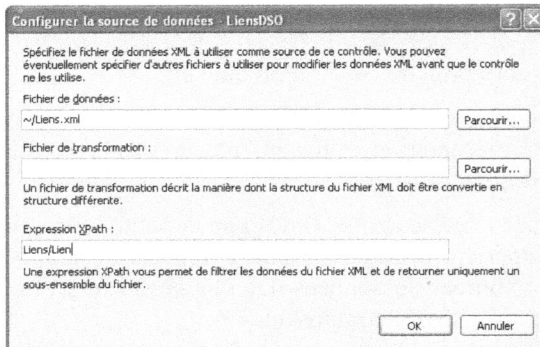

Figure 28-19

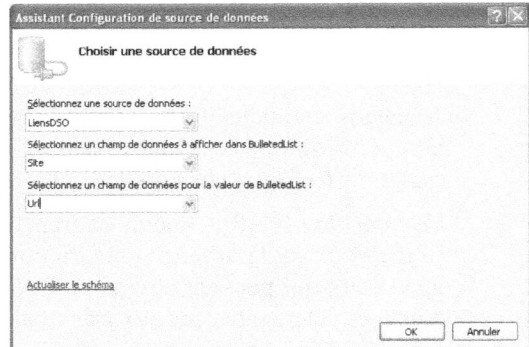

Figure 28-20

Au cas où vous auriez manqué ces deux étapes, ou l'une d'elles, il est possible de modifier les propriétés du BulletedList que sont DataSourceID (l'initialiser ici à LiensDSO), Data-TextField (initialisé dans notre cas à Site puisqu'il s'agit d'un libellé) et DataValueField (initialisé ici à Url puisqu'il s'agit d'un lien). Le résultat dans la page consiste finalement en liens affichés dans une liste à puces.

Par défaut, une page visitée à partir de l'un de ces liens est affichée mais en remplacement de la nôtre. Pour éviter ce comportement (et garder notre page présente sur le bureau), il faut initialiser la propriété Target du composant BulletedList à _blank.

28.7.2 Le TreeView et le sitemap (plan de site)

Bien souvent, les pages d'un site ont une structure en arbre, permettant une navigation de plus en plus précise dans le site. Le plan de site (*sitemap* en anglais) reprend cette organisation. Il s'agit d'un fichier dont le nom doit être web.sitemap.

Imaginons que notre site soit composé de pages touristiques organisées en continents, pays, villes et quartiers. La structure en arbre est immédiatement apparente, ce qui simplifie l'exposé.

Créons le plan du site par Explorateur de solutions → Ajouter un nouvel élément → Plan de site. Le fichier web.sitemap est ainsi créé. Il s'agit d'un fichier XML qui, à ce stade, comprend :

Fichier web.sitemap créé par défaut

```xml
<?xml version="1.0" encoding="utf-8" ?>
<siteMap xmlns="http://schemas.microsoft.com/AspNet/SiteMap-File-1.0" >
  <siteMapNode url="" title=""  description="">
    <siteMapNode url="" title=""  description="" />
    <siteMapNode url="" title=""  description="" />
  </siteMapNode>
</siteMap>
```

Les attributs `title`, `url` et `description` se rapportent respectivement au libellé du lien vers la page, à l'URL de la page et à la description affichée dans une bulle d'aide.

Modifions ce fichier XML et créons des pages pour notre site touristique. On retrouve dans ce fichier XML l'organisation en arbre des pages de notre site (si vous créez ce fichier à l'aide du bloc-notes, n'oubliez pas de le sauvegarder avec l'encodage UTF-8) :

Fichier web.sitemap après notre modification

```xml
<?xml version="1.0" encoding="utf-8" ?>
 <siteMap xmlns="http://schemas.microsoft.com/AspNet/SiteMap-File-1.0" >
    <siteMapNode url="" title="Monde" >
      <siteMapNode url="Europe.aspx" title="Europe" >
        <siteMapNode url="France.aspx" title="France" >
          <siteMapNode url="Alsace.aspx" title="Alsace" />
          <siteMapNode url="Paris.aspx" title="Paris">
            <siteMapNode url="Montmartre.aspx" title="Montmartre" />
            <siteMapNode url="ChampsElysées.aspx" title="Champs-Elysées" />
          </siteMapNode>
          <siteMapNode url="CoteAzur.aspx" title="Côte d'Azur" />
        </siteMapNode>
        <siteMapNode url="Italie.aspx" title="Italie" />
        <siteMapNode url="Espagne.aspx" title="Espagne" />
      </siteMapNode>
      <siteMapNode url="Amérique.aspx" title="Amérique" >
        <siteMapNode url="Canada.aspx" title="Canada" />
        <siteMapNode url="Mexique.aspx" title="Mexique" />
      </siteMapNode>
    </siteMapNode>
 </siteMap>
```

Amenons dans la page du site (généralement la page maître) un composant TreeView (dans le groupe Navigation de la boîte à outils). Comme son nom l'indique, ce composant a été spécialement conçu pour des représentations en arbre. Améliorons son look par smart tag → Mise en forme automatique, ce qui ne fait qu'appliquer des styles aux différents éléments du TreeView (on pourrait le faire manuellement dans la fenêtre des propriétés du composant, mais c'est fastidieux).

Toujours à partir du smart tag, associons une nouvelle source de données à ce composant. Il n'y a maintenant plus que deux possibilités : Fichier XML (que nous traiterons par la suite, ce qui permettra d'associer n'importe quelle source de données hiérarchiques au TreeView) et Plan de site (ce que nous allons faire ici).

Appelons SiteMapDSO le composant source de données qui fera la liaison entre le fichier de plan de site et notre TreeView.

Figure 28-21

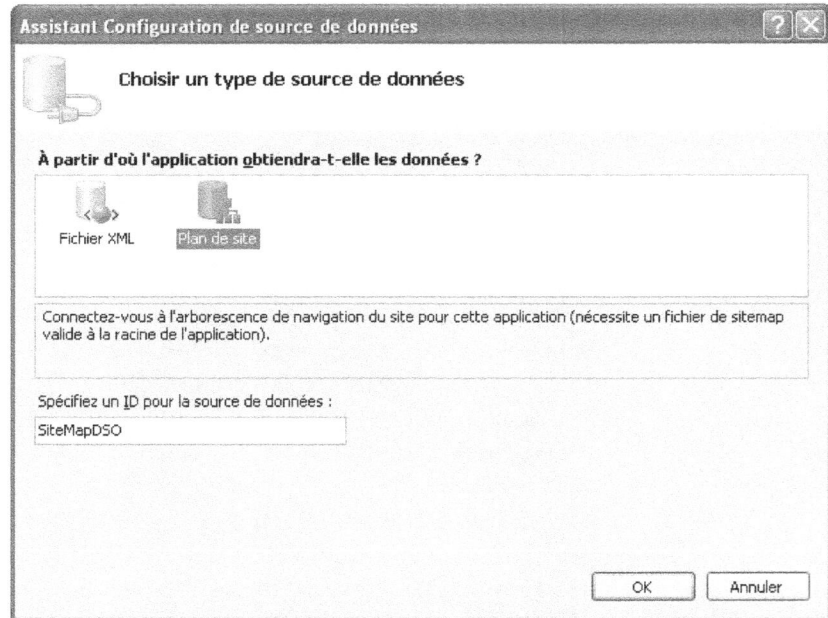

Exécutons le programme. Le menu en TreeView ressemble à ceci, avec des + et des – qui permettent d'étendre ou de réduire l'arbre.

Pour ne pas afficher le nœud de premier niveau (Monde dans notre cas), il suffit de faire passer à false la propriété ShowStartingNode du composant SiteMapDSO.

Suite à un clic sur un article, la page spécifiée en liens (par exemple Italie.aspx) est affichée, en remplacement de la nôtre (spécifier _blank dans la propriété Target pour modifier ce comportement).

Figure 28-22

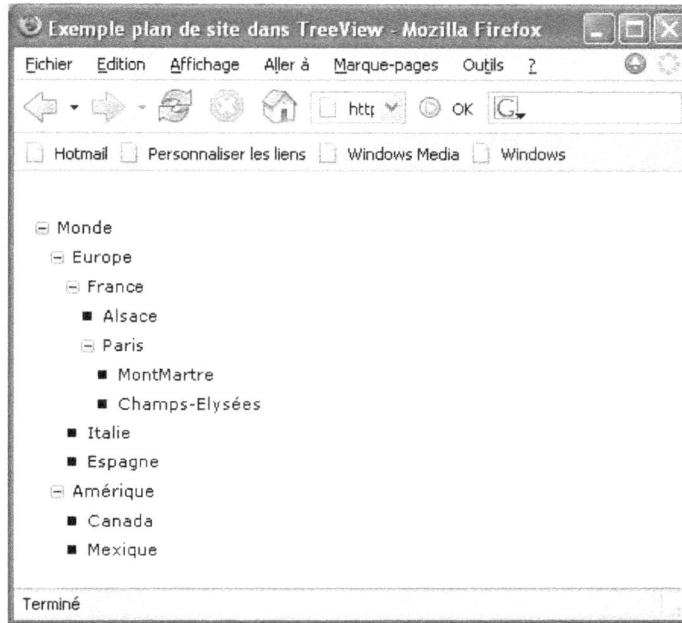

28.7.3 Le composant Menu

Le composant Menu travaille avec le plan de site (encore faut-il associer les deux, comme pour le TreeView). Il peut être disposé horizontalement ou verticalement (propriété Orientation).

Figure 28-23

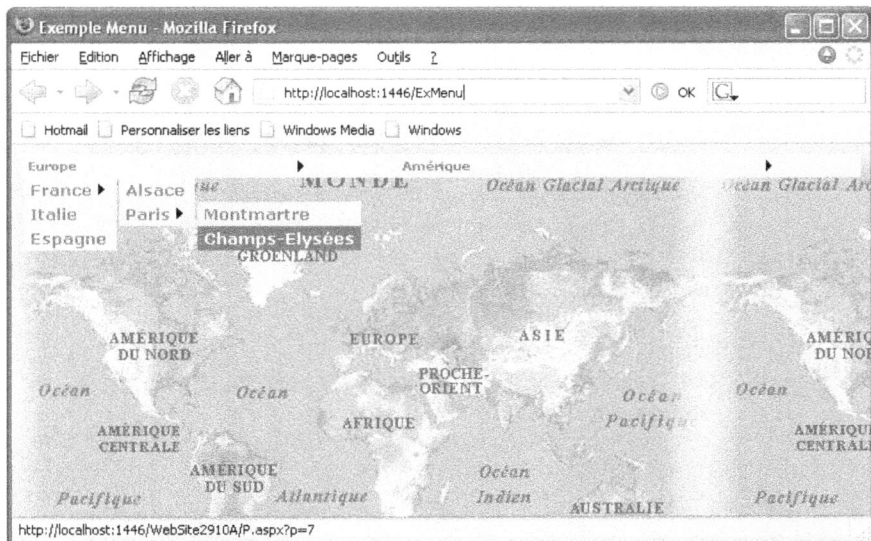

28.7.4 Le composant SiteMapPath

Il suffit d'amener ce composant dans la page : il indique où l'on en est dans la navigation.

Figure 28-24

Monde >**Europe** >**France** >**Paris** >**Champs-Elysées**

Ce composant est encore appelé *bread-crumb* en anglais, en souvenir du petit Poucet qui déposait des mies de pain pour retrouver son chemin. Les différents libellés sont eux-mêmes des liens qui permettent de retrouver immédiatement une page intermédiaire. Ce composant convient le mieux dans une page maître.

Le séparateur est spécifié dans la propriété PathSeparator. Pour spécifier une image plutôt qu'un ou plusieurs caractères, il suffit de modifier la balise PathSeparator du composant et de remplacer le texte, par exemple ">", par "<img src='Flèche.gif'/>".

28.7.5 Le composant TreeView associé à un fichier XML

Considérons le fichier XML suivant, qui contient des balises, représentant lui aussi une hiérarchie Monde, Continent, Pays, Région et Lieu. Dans le plan de site, toutes les balises doivent s'appeler siteMapNode, ce qui ne simplifie pas la lecture et encore moins les modifications.

Dans un fichier XML dont nous maîtrisons les balises, il est heureusement possible de donner un nom plus explicite. Notre fichier XML (Site.xml) se présente comme suit :

Notre fichier XML à associer au TreeView

```xml
<?xml version="1.0" encoding="utf-8" ?>
 <Monde Titre="Monde" Url="">
    <Continent Nom="Europe" Url="Europe.aspx">
       <Pays Nom="Italie" Url="Italie.aspx" />
       <Pays Nom="France" Url="France.aspx" >
          <Region Nom="Alsace" Url="Alsace.aspx" />
          <Region Nom="Paris" Url="Paris.aspx" >
             <Lieu Nom="Montmartre" Url="Montmartre.aspx" />
             <Lieu Nom="Champs-Elysées" Url="ChampsElysées.aspx" />
          </Region>
       </Pays>
    </Continent>
    <Continent Nom="Amérique" Url="Amérique.aspx" >
       <Pays Nom="Canada" Url="Canada.aspx" />
       <Pays Nom="Mexique" Url="Mexique.aspx" />
    </Continent>
 </Monde>
```

Nous associons un composant `TreeView` au fichier XML, comme nous l'avons déjà fait pour le plan de site.

Seule différence : dans la boîte de dialogue `Configurer la source de données`, il faut spécifier `Monde/Continent` comme `Expression Path`, car c'est à partir des continents que nous affichons des données (libellés et liens sur pages) dans la `TreeView`.

Il reste à spécifier pour chaque balise (`Continent`, `Pays`, `Région` et `Lieu`) l'attribut correspondant au libellé (propriété `TextField` à initialiser à `Nom`) ainsi que celui correspondant au lien (propriété `NavigateUrlField` à initialiser à `Url`). Pour cela, smart tag → `Modifier les databindings TreeNode` :

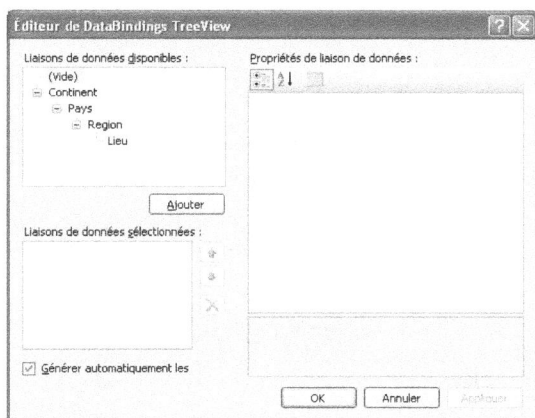

Figure 28-25

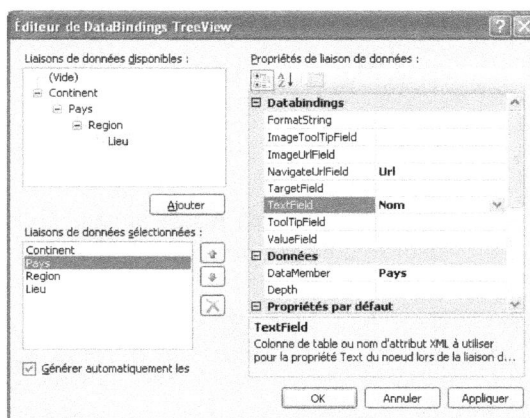

Figure 28-26

28.8 Sécurité dans ASP.NET

Pour des raisons évidentes (ne serait-ce que l'administration du site), certaines pages d'un site doivent pouvoir être réservées à des groupes bien particuliers de personnes, un groupe pouvant être limité à une seule personne.

Pour illustrer les techniques de sécurité en ASP.NET, autrement dit la manière de bloquer l'accès de certaines pages à des personnes non autorisées, nous allons partir d'un exemple simple avec :

- une page d'accueil en accès public ;

- une page réservée aux usagers d'une école (étudiants et professeurs), ceux-ci devant être authentifiés ;

- une page réservée aux professeurs.

Notre site va accueillir des visiteurs. Certains vont rester anonymes et n'auront accès qu'à la page d'accueil. D'autres vont s'authentifier (étudiants et professeurs), certains d'entre eux faisant partie du groupe `Profs` (on parlera cependant de rôle plutôt que groupe).

Créons donc, sans encore nous préoccuper de sécurité :

- la page d'accueil `Default.aspx`, en accès public avec un lien sur la page de l'école ;

- deux dossiers `Ecole` et `Profs` (Explorateur de solutions → clic droit sur le nom du projet → `Ajouter un dossier` → `Dossier normal`), sans oublier de modifier le nom du dossier (en `Ecole`, puis `Profs` au lieu de `NouveauDossier1` comme il l'est proposé par défaut) ;

- la page `Ecole.aspx` dans le dossier `Ecole` (sélectionnez ce répertoire → clic droit → `Ajouter un nouvel élément` → `Formulaire Web`) en plaçant dans cette page un lien sur la page des professeurs (`Profs.aspx` dans le dossier `Profs`) ainsi qu'un lien pour retourner à la page d'accueil ;

- la page `Profs.aspx` dans le dossier `Profs`, avec un lien pour retourner à la page de l'école ;

- un fichier de configuration `web.config` (Explorateur de solutions → clic droit sur le nom du projet → `Ajouter un nouvel élément` → `Fichier de configuration Web`).

Il est important de placer la page `Ecole.aspx` dans le dossier `Ecole`, et la page `Profs.aspx` dans le dossier `Profs`, car ce sont les dossiers, plus que les pages, qui sont sécurisés.

Figure 28-27

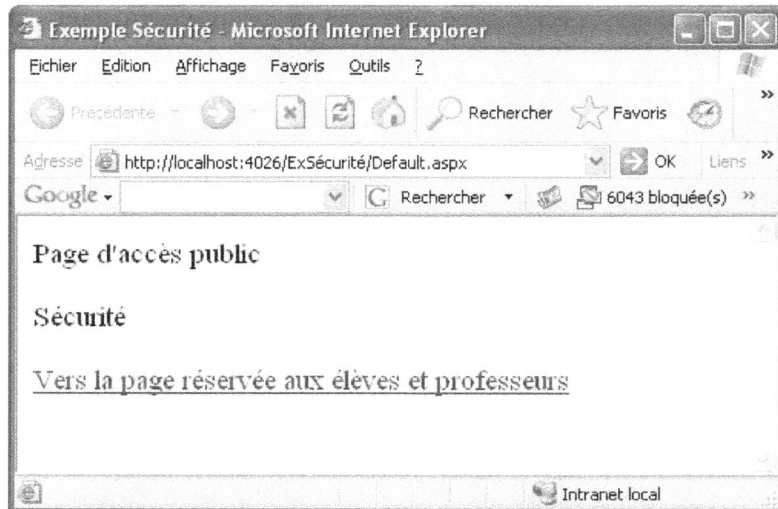

Après avoir créé ces deux dossiers et ces trois pages, il ne faut pas oublier de marquer la page `Default.aspx` comme page de démarrage (Explorateur de solutions → clic droit sur `Default.aspx` → `Définir comme page de démarrage`).

La zone marquée `Sécurité` dans la page va être progressivement remplacée par des zones liées à l'authentification (*authentication* en anglais).

Le fragment de fichier `.aspx` correspondant à la page d'accueil est tout simplement :

```
Page d'accès public
<br /><br />
Sécurité
<br /><br />
<a href="Ecole/Ecole.aspx">Vers la page réservée aux élèves et aux professeurs </a>
```

28.8.1 La base de données des utilisateurs

La tâche suivante va consister à créer la base de données des utilisateurs, avec un embryon de données. On se contente, en phase de test, de quelques utilisateurs, que l'on supprime généralement avant de mettre le site en ligne.

ASP.NET a prévu un outil d'administration pour configurer la sécurité et définir les premiers utilisateurs : activez le menu `Site Web → Configuration ASP.NET`.

La fenêtre suivante est alors affichée dans VS ou VWD :

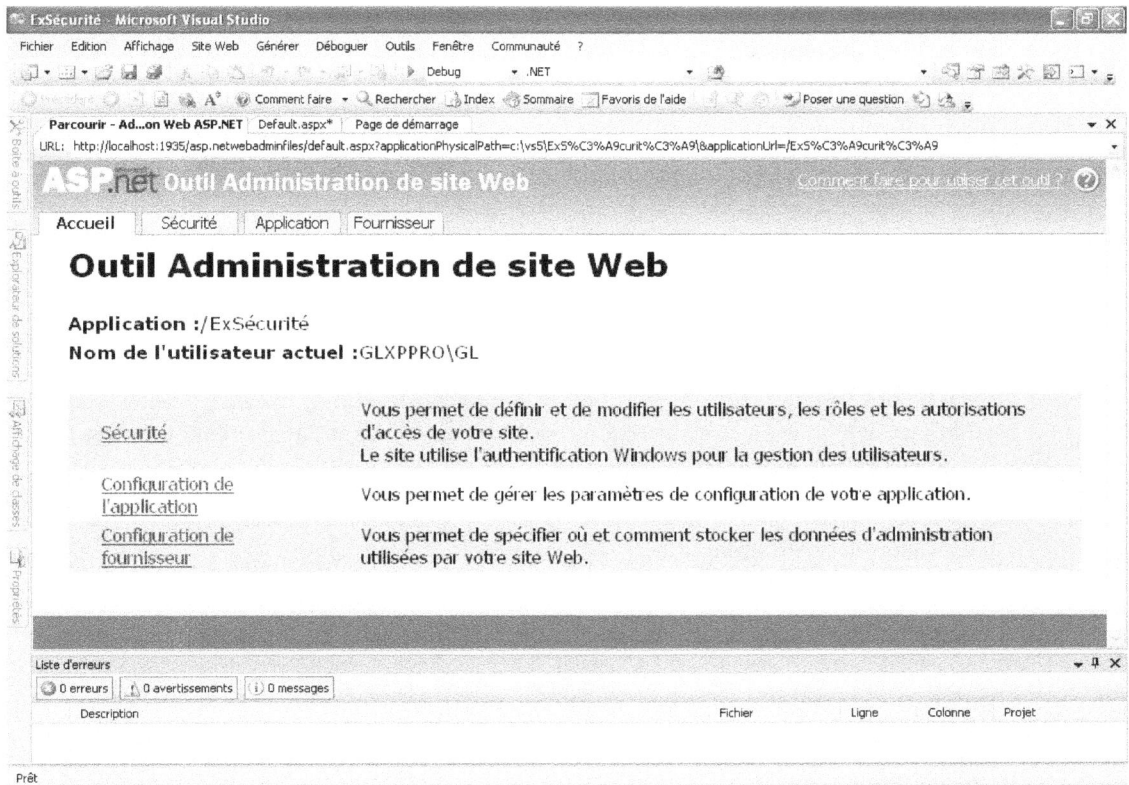

Figure 28-28

Par défaut, les informations de sécurité sont gardées dans une base de données SQL Server Express, et plus précisément dans une base de données SQL Server Express stockée (sous la forme d'un fichier AspNetDb.mdf) dans le répertoire App_Data du répertoire de l'application Web.

Dans le cas où l'on décide de garder les informations sur les utilisateurs sous le contrôle de SQL Server, il faut modifier le fichier de configuration web.config en remplaçant la balise <connectionStrings/> par la suivante :

```
<connectionStrings>
 <remove name="LocalSqlServer" />
 <add name="LocalSqlServer"
      connectionString="Data Source=xyz;Initial Catalog=aspnetdb;
      Integrated Security=True"
      providerName="System.Data.SqlClient" />
</connectionStrings>
```

où *xyz* désigne le nom d'instance de SQL Server (ce nom apparaît dans les premières entrées de l'arbre affiché dans le panneau de gauche d'Enterprise Manager). Spécifiez également ce nom dans VS ou VWD sous la rubrique Outils → Options → Outils de base de données → Connexions de données → Nom de l'instance Sql Server.

Cette base de données doit avoir été créée, même si, à ce stade, elle est encore vide : il faut exécuter pour cela le programme aspnet_regsql du répertoire c:\windows\ Microsoft.NET\Framework → sélectionnez le niveau de version le plus récent (v2.0.*xyz*).

Cliquez sur l'onglet Securité pour afficher la fenêtre qui permet :

- de sélectionner le type d'authentification : celui communément appelé Forms qui convient à Internet, ou celui communément appelé Windows qui utilise l'authentification intégrée à Windows et qu'il faut réserver au travail en intranet quand tous les postes d'un département sont en réseau sous Windows ;

- de créer les premiers utilisateurs (d'autres pourront être créés ultérieurement en cours d'exécution de programme) ;

- de créer les rôles (ceux-ci pouvant également être créés par programme, bien que ce soit plus rare).

Spécifier le type d'authentification

Cliquez d'abord sur Sélectionnez le type d'authentification. Comme nos clients peuvent être extérieurs au réseau local, il faut réclamer une authentification Forms et non Windows. Pour cela, il suffit de cocher la case A partir d'Internet et valider par un clic sur Terminé.

Figure 28-29

Cliquez sur les liens dans le tableau pour gérer les paramètres de votre application.

Utilisateurs	Rôles	Règles d'accès
Le type d'authentification actuel est **Windows**. La gestion des utilisateurs est donc désactivée pour cet outil. Sélectionnez le type d'authentification	Les rôles ne sont pas activés Activer les rôles Créer ou gérer des rôles	Créer des règles d'accès Gérer les règles d'accès

Créer des rôles

Nous aurons des visiteurs anonymes, des visiteurs enregistrés (sous-entendu dans notre base de données) ainsi qu'un groupe (on dit aussi rôle) particulier qu'est le rôle Profs. Les rôles n'étant pas actifs par défaut, il nous faudra cliquer sur Activer les rôles. Une balise <roleManager enabled="true" /> est alors automatiquement ajoutée au fichier de configuration web.config.

La première tâche vraiment relative aux informations de la base de données consiste à créer le rôle Profs (aucune obligation cependant de donner le nom attribué à un dossier) : Créer ou gérer des rôles.

Figure 28-30

ASP.net **Outil Administration de site Web**

| Accueil | **Sécurité** | Application | Fournisseur |

Vous pouvez ajouter des rôles ou des groupes qui vous permettent d'autoriser ou d'empêcher des groupes d'utilisateurs d'accéder à des dossiers spécifiques de votre site Web. Par exemple, vous pouvez créer des rôles, tels que "gestion", "ventes" ou "membres", chacun avec un accès à des dossiers spécifiques différents.

Créer un nouveau rôle

Nouveau nom de rôle : Profs   [Ajouter le rôle]

Créer des utilisateurs

La tâche suivante consiste à créer les premiers utilisateurs de la base de données, afin de commencer à tester nos programmes. La base de données sera réellement complétée par la suite. Parfois, les utilisateurs sont créés lorsque le site devient actif, du fait de l'enregistrement par les visiteurs. Dans d'autres cas, c'est l'administrateur du site qui accorde les droits d'accès.

Pour créer un nouvel utilisateur : `Créer un utilisateur`.

Figure 28-31

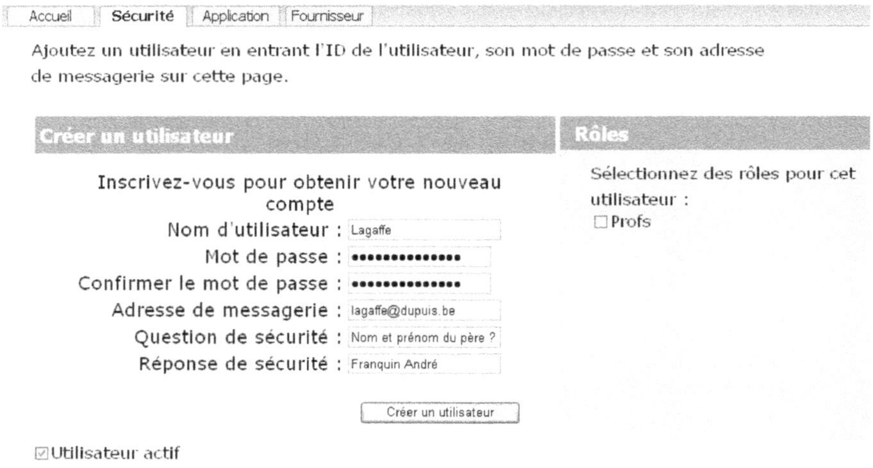

Nous remplissons les différents champs pour ce premier utilisateur. Le mot de passe doit contenir au moins sept caractères, dont au minimum un caractère non alphanumérique et avec distinction entre minuscules et majuscules. Souvent, notamment quand il appartient à l'administrateur du site d'accorder les droits d'accès, un mot de passe est attribué par défaut, l'utilisateur est alors prié de le modifier dès sa première visite.

Après avoir créé un premier utilisateur (ici `Lagaffe`), au tour d'un deuxième : `Tournesol`, du groupe `Profs`.

Dans la base de données `AspNetDB`, on trouve notamment les tables `aspnet_Users`, `aspnet_Roles` et `aspnet_UsersInRoles`. Les mots de passe n'apparaissent pas en clair dans les tables.

Ne regrettez pas que certaines informations n'aient pas été introduites dans ces tables : grâce au profil, il vous sera possible d'y ajouter n'importe quelle autre information (propre à chaque utilisateur authentifié).

28.8.2 Reconnaître les utilisateurs

Seuls les usagers de l'école (étudiants et professeurs) peuvent avoir accès à la page `Ecole.aspx`. Il faut donc reconnaître ces visiteurs. À cet effet, ils introduisent leur nom et leur mot de passe. Un tel composant n'est guère compliqué à créer : quelques zones d'affichage, deux zones d'édition, un ou deux boutons et quelques lignes de code.

ASP.NET version 2 vous épargne même cette tâche puisqu'un tel composant existe, prêt à l'emploi. Il s'agit du composant Login, que l'on trouve dans le groupe Connexion de la boîte à outils.

Préparons d'abord une page (que nous appelons Login.aspx) d'authentification (de connexion ou de login si vous préférez) dans le dossier principal de l'application. ASP.NET provoquera automatiquement (mais il faut pour cela modifier une ligne du fichier de configuration) le branchement à cette page en cas de tentative d'accès à une page par un visiteur qui n'en a pas le droit.

Dans cette page Login.aspx, amenons, à partir de la boîte à outils, un composant Login (dans le groupe Connexion). Ajoutons-y un lien pour retourner à la page d'accueil (pensons aux visiteurs qui arrivent sur cette page de login, puis se ravisent) :

```
<asp:Login ID="Login1" Runat="server" ></asp:Login>
<br />
<a href="Default.aspx">Retour à la page d'accueil</a>
```

Donnons au composant Login un look élégant : smart tag → Mise en forme automatique → Elégant. Visual Studio modifie en conséquence les attributs de style de ce composant, ce qui n'a rien de compliqué à faire « manuellement » mais se révèle vite fastidieux. Vous pourriez également modifier tous les libellés et/ou afficher des images plutôt que du texte.

Figure 28-32

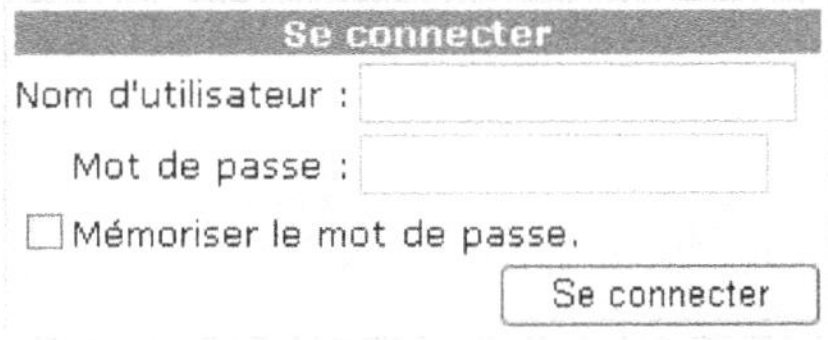

Nous allons maintenant placer une première sécurité, qui renverra automatiquement à la page Login.aspx, en cas d'accès à une page non autorisée. Il faut donc modifier le fichier de configuration web.config pour que la balise d'authentification

```
<authentication mode="Forms" />
```

devienne (l'attribut loginUrl doit contenir le nom de la page dans laquelle s'effectue l'authentification) :

```
<authentication mode="Forms" >
 <forms loginUrl="login.aspx" />
</authentication>
```

Spécifier les droits sur dossiers

Il faut maintenant indiquer que les dossiers Ecole et Profs contiennent des pages à accès limité. Pour cela, il faut créer un fichier de configuration dans chacun de ces dossiers (Explorateur de solutions → clic droit sur le nom du dossier → Ajouter un nouvel élément → Fichier de configuration Web).

Dans chacun des deux fichiers web.config ainsi créés, assurez-vous qu'il n'y a pas de ligne :

```
<authentication mode="Windows" />
```

car nous travaillons en authentification Forms et non Windows. Au besoin, supprimez-la.

Dans le fichier web.config du dossier Ecole, ajoutons sous la balise <system.web> :

```
<authorization>
<deny users="?"/>
</authorization>
```

ce qui signifie que nous interdisons (*to deny* en anglais) tout accès aux pages de ce dossier aux utilisateurs non authentifiés (le symbole ? a une signification bien précise : « tout visiteur non authentifié »).

Dans le fichier web.config du dossier Profs, on ajoute, toujours sous la balise <system.web> :

```
<authorization>
<allow roles="Profs"/>
<deny users="*"/>
</authorization>
```

ce qui signifie que nous autorisons (*to allow* en anglais) l'accès aux pages de ce dossier aux utilisateurs faisant partie du rôle Profs, mais que nous l'interdisons à tous les (autres) utilisateurs. Le symbole * a aussi une signification bien précise : « tous les utilisateurs ». L'ordre des deux balises est important.

À ce stade, nous pouvons déjà commencer à tester la sécurité : toute tentative d'accès à la page de l'école par une personne non authentifiée provoque un branchement à la page de login. Après authentification, l'accès à cette page Ecole est autorisé, ce qui est le cas pour Lagaffe et Tournesol. Ce dernier, et uniquement lui, a accès à la page des professeurs.

Le lien sur la page de connexion

Il est évidemment souhaitable qu'un utilisateur puisse s'authentifier avant même d'atteindre une page à accès limité. On pourrait, certes, utiliser un simple lien (balises a ou asp:HyperLink). Mais il y a mieux puisqu'ASP.NET fournit le composant LoginStatus qui fait, entre autres, cela automatiquement. Insérons donc un composant LoginStatus là où nous avions l'étiquette Sécurité.

Un lien Connexion est maintenant affiché. Rien d'impressionnant jusqu'ici. Un clic sur Connexion (libellé par défaut, mais vous pourriez à la place spécifier une image dans la propriété LoginImageUrl) fait afficher la page Login.aspx.

Après l'introduction correcte d'un nom d'utilisateur et du mot de passe correspondant, le lien Déconnexion apparaît là où il y avait le lien Connexion. Ces libellés correspondent à des propriétés du composant LoginStatus et peuvent donc être aisément modifiés dans la fenêtre de propriétés, des images pouvant même remplacer les libellés. Un clic sur Déconnexion déconnecte l'utilisateur, et le lien Connexion réapparaît. L'action à entreprendre en cas de déconnexion est spécifiée dans la propriété LogoutAction, dont les valeurs possibles sont :

• Refresh : simple rafraîchissement de la page courante ;

• Redirect : redirection sur la page spécifiée dans la propriété LogoutPageUrl ou sur la page de connexion (indiquée dans l'attribut loginUrl dans le fichier de configuration) si cette propriété n'est pas initialisée ;

• RedirectToLoginPage : redirection sur la page de connexion spécifiée dans le fichier de configuration.

Un autre composant du groupe Connexion de la boîte à outils présente de l'intérêt : LoginName, qui permet d'afficher le nom de l'utilisateur qui s'est authentifié. Dans sa forme la plus simple :

```
<asp:LoginName ID="LoginName1" Runat="server" />
```

ce composant affiche tout simplement le nom de la personne qui s'est authentifiée (il n'affiche rien en cas de connexion anonyme), mais la propriété FormatString du composant permet de personnaliser l'affichage (par exemple avec FormatString ="Bonjour {0}"). Dans l'exemple ci-dessous, le composant LoginName a été placé immédiatement à droite du composant LoginStatus.

Personnaliser le message de bienvenue

Améliorons encore les choses. Le composant LoginView permet d'afficher des informations différentes selon que l'utilisateur est ou non identifié, et même selon le rôle auquel il appartient. L'aide contextuelle en mode Source rend son utilisation particulièrement simple et intuitive :

Les messages de bienvenue affichés par LoginView

```
<asp:LoginView ID="LoginView1" Runat="server">
    <AnonymousTemplate>
      Vous devez vous authentifier pour avoir accès à certaines pages
    </AnonymousTemplate>
    <LoggedInTemplate>
      Bonjour <asp:LoginName Runat="server" />, heureux de vous revoir !
    </LoggedInTemplate>
```

Les messages de bienvenue affichés par LoginView (suite)

```
    <RoleGroups>
      <asp:RoleGroup Roles="Profs" >
       <ContentTemplate>
         Bonjour Professeur <asp:LoginName Runat="server" />
       </ContentTemplate>
      </asp:RoleGroup>
    </RoleGroups>
</asp:LoginView>
```

La balise AnonymousTemplate permet de spécifier le message à afficher quand le visiteur n'est pas authentifié, et la balise LoggedInTemplate celui pour un visiteur authentifié. Enfin, la balise RoleGroups permet de personnaliser l'affichage en fonction du groupe auquel appartient le visiteur authentifié.

Ce qui donne :

• pour l'étudiant Lagaffe : Bonjour Lagaffe, heureux de vous revoir ! ;

• pour le Professeur Tournesol : Bonjour Professeur Tournesol.

Les événements LoggingOut et LoggedOut sont signalés au composant LoginStatus, ce qui permet notamment d'annuler la déconnexion (pour cela, faire passer e.Cancel à true).

Les autres composants prêts à l'emploi

ASP.NET propose encore :

Les autres composants prêts à l'emploi liés à la sécurité

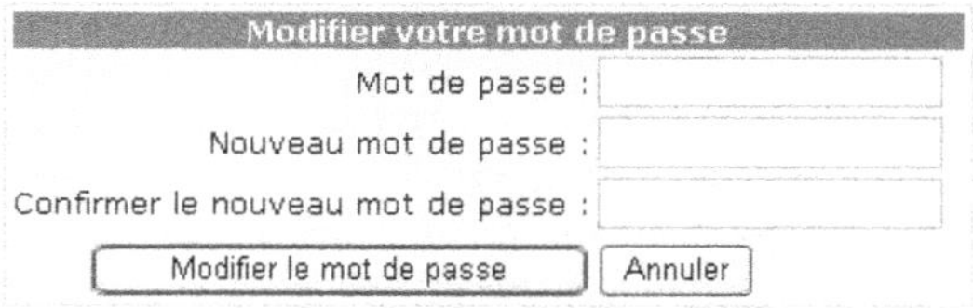

Le composant ChangePassword pour modifier le mot de passe.

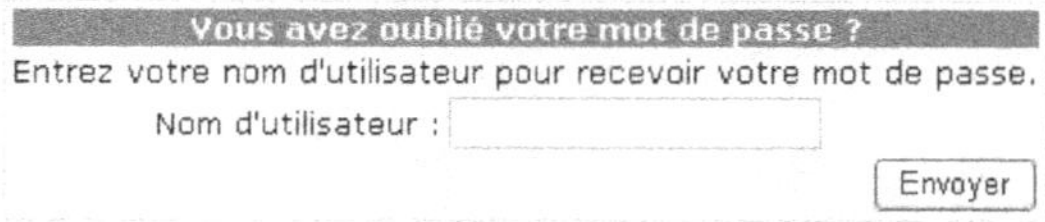

Figure 28-33

Le composant PasswordRecovery pour se faire envoyer un mot de passe (avant d'envoyer un nouveau mot de passe par e-mail, ASP.NET vous demande de répondre à la question secrète).

Figure 28-34

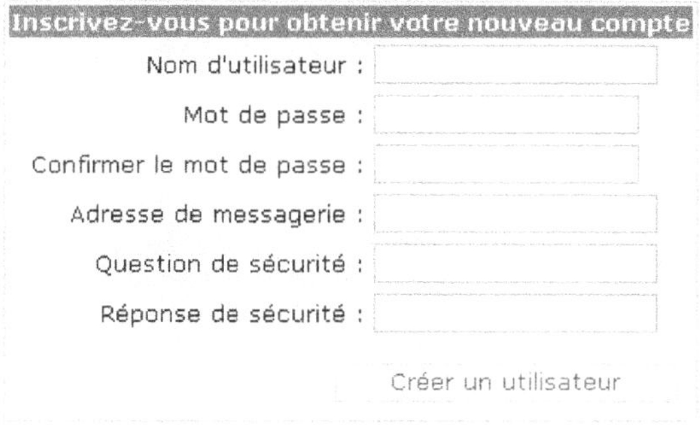

Le composant `CreateUserWizard` pour créer un nouvel utilisateur.

Figure 28-35

28.8.3 Les classes liées à la sécurité

Pour utiliser les classes liées à la sécurité ASP.NET, vous devez inclure (mais VS et VWD le font automatiquement pour vous) :

```
using System.Web.Security;
```

La principale classe est `Membership` dont les fonctions, toutes statiques, permettent notamment de créer des utilisateurs de manière interactive et de les valider sans passer par le composant `Login`.

Classe `Membership`		
Propriétés de la classe `Membership` (propriétés en lecture seule)		
`EnablePasswordReset`	T/F	Indique si les utilisateurs ont la possibilité de réinitialiser leur mot de passe (ce droit, comme les deux suivants, provenant de la section `membership` du fichier de configuration `Machine.config`, section qui peut être redéfinie dans le fichier de configuration du projet, sous la balise `system.web`).
`EnablePasswordRetrieval`	T/F	Indique si l'on donne aux utilisateurs la possibilité de retrouver un mot de passe perdu.
`RequiresQuestionAndAnswer`	T/F	Indique si la question secrète doit être posée avant d'envoyer un nouveau mot de passe par e-mail.
Méthodes (toutes statiques) de la classe `Membership`		

`MembershipUser`
`CreateUser(string username,`
`          string password);`
		Crée un nouvel utilisateur. Renvoie `null` si l'utilisateur n'a pas pu être créé.
		Laquelle des trois formes de `CreateUser` doit être utilisée dépend du fichier de configuration générale `machine.config`. Par défaut, il s'agit de la troisième. Il est possible de redéfinir ces droits dans le fichier de configuration du projet.

Méthodes (toutes statiques) de la classe Membership *(suite)*

`MembershipUser`
`CreateUser(string username,`
`        string password,`
`        string email);`
	Même chose, une adresse e-mail étant spécifiée.

`MembershipUser`
`CreateUser(string username,`
`  string password,`
`  string email,`
`  string question,`
`  string réponse,`
`  bool IsApproved,`
`  out MembershipCreateStatus`
`);`
	Crée un utilisateur quand toutes ces informations sont requises. Si l'utilisateur ne peut pas être créé, la raison est indiquée dans le dernier argument (les différentes valeurs possibles de `MembershipCreateStatus` sont : `InvalidUserName`, `InvalidPassword`, `DuplicateUserName`, etc.).
	La fonction `CreateUser` à utiliser dépend de l'attribut `requiresQuestionAndAnswer` de la balise `membership` dans le fichier `machine.config`, balise qui peut être redéfinie dans la section `system.web` du fichier de configuration du projet.

`bool` `DeleteUser(string username);`	Supprime un utilisateur et renvoie `true` si celui-ci est bien éliminé de la base de données.
`int` `GetNumberOfUsersOnline();`	Renvoie le nombre d'utilisateurs connectés à l'application.
`MembershipUser GetUser();`	Renvoie `null` si le visiteur n'est pas authentifié. Sinon, la fonction renvoie un objet `MembershipUser` contenant des informations sur le visiteur (qui est authentifié).
`MembershipUser` `GetUser(string username);`	Renvoie des informations sur l'utilisateur dont le nom est passé en argument (et `null` s'il n'existe pas).

`bool ValidateUser(`
`  string username,`
`  string password);`
	Renvoie `true` si un utilisateur avec ce nom et ce mot de passe existe bien dans la base de données. Après avoir exécuté `ValidateUser`, vous devez encore exécuter `FormsAuthentication.RedirectFromLoginPage`.

Comme son nom l'indique, la fonction `ValidateUser` permet d'authentifier un utilisateur. Il ne suffit cependant pas de l'exécuter avec un nom d'utilisateur et un mot de passe corrects pour authentifier un visiteur et lui donner des droits d'accès aux pages protégées. Il faut encore exécuter tout de suite après :

```
FormsAuthentication.RedirectFromLoginPage(string nom_utilisateur,
                                          bool createPersistentCookie);
```

Par exemple :

```
bool res = Membership.ValidateUser(zeNom.Text, zeMotPasse.Text);
if (res) FormsAuthentication.RedirectFromLoginPage(zeNom.Text, false);
```

Le second argument indique s'il faut créer un cookie permanent chez le visiteur de manière à le reconnaître automatiquement lors des prochaines visites.

Plusieurs méthodes de la classe `Membership` renvoient un objet `MembershipUser` qui fournit des informations sur un utilisateur. Les propriétés et méthodes de cette classe sont :

Classe MembershipUser

Propriétés et méthodes de la classe MembershipUser

CreationDate	DateTime	Date de création du compte utilisateur.
Email	string	Adresse e-mail.
IsOnline	bool	Indique si la personne correspondant à l'objet Membership-User est online.
LastActivityDate	DateTime	Date de la dernière activité.
LastLoginDate	DateTime	Date du dernier login.
LastPasswordChangedDate	DateTime	Date du dernier changement de mot de passe.
UserName	string	Nom de l'utilisateur.

Méhodes de la classe MembershipUser

bool ChangePassword(
  string oldPassword,
  string newPassword);
	Change le mot de passe. Renvoie false si l'ancien mot de passe n'est pas correct. Lève une exception si le nouveau mot de passe n'est pas valide.

bool
ChangePasswordQuestionAndAnswer(
  string password,
  string newPasswordQuestion,
  string newPasswordAnswer);
	Modifie la question secrète (question et réponse).

string GetPassword();	Renvoie le mot de passe. Encore faut-il que le gestionnaire de sécurité accepte (et même soit capable) de renvoyer le mot de passe (ce droit est spécifié dans l'attribut enable-PasswordRetrieval de la balise membership dans le fichier de configuration machine.config, balise pouvant être redéfinie dans le fichier de configuration du projet). Si ce n'est pas le cas, une exception est levée.
string GetPassword(string passwordAnswer);	Même chose, la réponse à la question secrète étant passée en argument.
string ResetPassword();	Réinitialise le mot de passe. Il faut encore que l'attribut enablePasswordReset de la balise membership le permette.
string ResetPassword(string passwordAnswer);	

Pour modifier par programme le mot de passe de l'utilisateur pris en considération, on écrit :

```
MembershipUser mu = Membership.GetUser();
try
{
 bool res = mu.ChangePassword(zeAncienMotPasse.Text, zeNouveauMotPasse.Text);
 if (res == true) .....    // ok, modification effectuée
 else .....               // erreur sur ancien mot de passe
}
```

```
catch (Exception exc)
{
..... // erreur sur nouveau mot de passe, message d'erreur dans exc.Message
}
```

La classe Roles sert essentiellement à vérifier si un utilisateur fait partie d'un rôle particulier. Il est en effet plus rare, quoique possible, de créer des rôles en cours d'exécution de programme.

Classe Roles	
Méthodes de la classe Roles	

string[] FindUsersInRole(
  string roleName,
  string usernameToMatch);
	Renvoie un tableau d'utilisateurs d'un rôle particulier. Une exception est générée si le rôle passé en premier argument n'existe pas.

string[] GetAllRoles();	Renvoie un tableau des différents rôles.
string[] GetRolesForUser();	Renvoie les différents rôles de l'utilisateur courant (celui avec lequel on travaille en ce moment).
string[] GetRolesForUser(string username);	Même chose pour un utilisateur particulier.

string[] GetUsersInRole(
  string roleName);
	Renvoie le tableau des utilisateurs faisant partie du rôle passé en argument :
	  `string[] tu = Roles.GetUsersInRole("Profs");`
	Si le rôle Profs existe et si aucun utilisateur n'en fait partie, tu.Length vaut zéro. Si le rôle n'existe pas, une exception est générée.

bool IsUserInRole(string roleName);	Indique si l'utilisateur courant fait partie du rôle passé en argument.

bool IsUserInRole(
  string username,
  string roleName);
	Indique si l'utilisateur passé en premier argument fait partie du rôle spécifié en second argument.

bool RoleExists(string roleName);	Vérifie si le rôle existe.

28.9 Techniques de personnalisation

Les techniques de personnalisation permettent d'enregistrer dans la base de données de sécurité :

- des informations propres à chaque utilisateur (nom, prénom, date de naissance, etc.) ;

- les préférences des utilisateurs en matière de présentation de la page Web (thèmes et fichiers de présentation).

Dans les deux cas, les informations dans la base de données sont créées (par modification des tables déjà générées), enregistrées et récupérées sans devoir recourir aux techniques d'accès à des fichiers ou à des bases de données.

28.9.1 Le profil

Le profil permet de retenir dans la base de données de sécurité des informations complémentaires sur une personne : par exemple son nom, son prénom et sa date de naissance. Nul besoin de modifier soi-même la structure des tables dans la base de données : il suffit d'ajouter une balise `profile` dans le fichier de configuration :

Modifications à effectuer dans le fichier de configuration

```
</system.web>
  .....
  <profile>
   <properties>
    <add name="Nom" />
    <add name="Prénom" />
    <add name="DateNaissance" type="System.DateTime" />
   </properties>
  </profile>
</system.web>
```

Si le champ est de type chaîne de caractères (cas de `Nom` ci-dessus), on peut omettre l'attribut `type` dans la balise `add`. Sinon, il suffit d'indiquer le type dans l'attribut `type`. Il peut même s'agir d'un type plus complexe comme un tableau ou une collection. Dans ce cas, il faut, en plus du type, ajouter un attribut `serializeAs` avec, comme valeur, `Xml` ou `Binary`. Pour les types correspondant aux nombres, à une chaîne de caractères ou à une date, il n'est pas nécessaire d'indiquer le type de sérialisation dans la base de données.

Suite à cette modification dans le fichier de configuration, la structure de la base de données de sécurité est modifiée, et une propriété, appelée `Profile`, avec sous-propriétés (correspondant aux nouveaux champs) est créée dans le programme.

`Profile.Nom`, `Profile.Prénom` et `Profil.DateNaissance`, qui correspondent aux champs créés dans la base de données de sécurité, peuvent maintenant être utilisés dans le programme. En écrivant quelque chose d'aussi simple que :

```
Profile.Nom = "Lagaffe";
Profile.Prénom = "Gaston";
Profile.DateNaissance = new DateTime(1980, 12, 25);
```

les champs dans la base de données sont automatiquement mis à jour et cela pour l'utilisateur actuel, ASP.NET prenant à sa charge toutes les opérations d'accès à la base de données.

Lors d'une prochaine connexion de Lagaffe, on retrouvera automatiquement ces informations dans `Profile.Nom`, `Profile.Prénom` et `Profil.DateNaissance`.

28.9.2 Les thèmes et les fichiers d'apparence

Pour modifier l'apparence d'un composant, nous savons qu'on peut modifier ses propriétés comme BackColor, ForeColor, Font, etc., ou lui appliquer un style.

Les thèmes permettent de donner un look cohérent aux différentes pages d'un site en tenant compte des goûts de l'utilisateur.

À chaque thème (voir ci-dessous comment les créer) doit correspondre un dossier qui lui-même comprend un ou plusieurs fichiers d'apparence (*skin files* en anglais).

Commençons par créer le dossier des thèmes : clic droit sur le nom du projet → Ajouter un dossier → Dossier Thème. Un dossier App_Themes (qui devra regrouper tous les dossiers de thème) ainsi qu'un sous-dossier, que nous décidons d'appeler Classique, sont créés.

Créons un second dossier des thèmes : clic droit sur App_Themes → Ajouter un dossier → Dossier Thème. Un sous-dossier est créé sous App_Theme, sous-dossier que nous décidons d'appeler Rococo.

Un thème étant formé d'un ou plusieurs fichiers d'apparence (généralement un fichier d'apparence par composant), ajoutons un premier fichier d'apparence à un thème : Explorateur de solutions → clic droit sur le thème → Ajouter un nouvel élément → Fichier d'apparence. Laissons le nom de fichier par défaut (SkinFile.skin).

Dans le fichier SkinFile.skin du thème Classique, ajoutons les lignes suivantes :

```
<asp:Label runat="server" BackColor="LightBlue" ForeColor="White" />
<asp:Label runat="server" BackColor="LightBlue" ForeColor="Yellow"
                        BorderStyle="Solid" BorderWidth="1" skinid="aa" />
<asp:Button runat="server" BackColor="LightBlue" ForeColor="White" />
```

Et dans le fichier SkinFile.skin du thème Rococo :

```
<asp:Label runat="server" BackColor="Purple" ForeColor="Red" />
<asp:Label runat="server" BackColor="Purple" ForeColor="Red"
                        Font-Bold="True" skinid="aa" />
<asp:Button runat="server" BackColor="Purple" ForeColor="Red" />
```

Forçons maintenant la page à utiliser l'un des deux thèmes que nous venons de définir : il suffit de modifier la propriété Theme du document et de spécifier l'un des deux noms de thèmes (ou d'ajouter la clause Theme="xyz" dans la directive Page, en passant pour cela en mode Source de la page).

Lors de l'exécution de la page, les Label et Button auront les caractéristiques définies dans le fichier d'apparence pour le thème sélectionné. Néanmoins, les Label pour lesquels on a spécifié SkinID auront plus précisément l'apparence d'asp:Label avec ce SkinID.

Par programme, il est possible de modifier le thème de la page mais cette opération ne peut être effectuée que dans la fonction traitant l'événement PreInit :

```
protected void Page_PreInit(object sender, EventArgs e)
{
 Page.Theme = "Classique";
}
```

Il suffit de retenir le nom du thème dans le profil pour que les visiteurs qui ont déjà marqué une préférence retrouvent automatiquement leur look de prédilection.

28.10 Accès aux bases de données

Les techniques d'accès aux bases de données, telles qu'expliquées au chapitre 24, sont applicables, de la même manière, à la programmation Web. Comme il n'y a aucune raison de répéter l'information, nous n'y reviendrons pas. Ceci dit, ce n'est généralement pas ainsi que l'on travaille en programmation ASP.NET.

ASP.NET a en effet introduit, en version 2, un modèle de programmation de bases de données d'une efficacité redoutable : un minimum de lignes de code à écrire, tout en laissant au programmeur un niveau de contrôle très élevé dans les affichages et les mises à jour de la base de données. Tout cela se fait grâce aux composants orientés bases de données (`SqlDataSource`, `XmlDataSource` et `ObjectDataSource`) ainsi qu'aux composants de présentation comme les boîtes de liste mais surtout les grilles, les répéteurs et les listes de données.

Pour présenter les concepts de cette importante section, nous procéderons par exemples progressifs.

28.10.1 Les boîtes de liste

Commençons par les boîtes de liste (composant `asp:ListBox`), sachant que la technique s'applique de la même façon aux boîtes combo (composant `asp:DropDownList`). L'initialisation par programme (méthodes `Add`, `Remove`, etc., applicables à `Items`) étant en tous points semblable à la programmation Windows, il est inutile d'y revenir.

Initialisation statique d'une boîte de liste

Pour un remplissage statique (cas où les articles sont déjà connus au moment d'écrire le programme Web), le plus simple est d'utiliser l'éditeur d'articles de la boîte de liste : clic sur les trois points de suspension de la propriété `Items`. Pour chaque article, on spécifie un libellé et, éventuellement, une valeur associée (par défaut, les deux valeurs sont les mêmes).

Figure 28-36

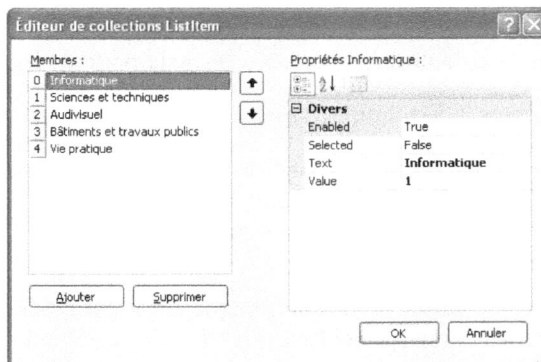

Après sélection par l'utilisateur, on retrouve (sur le serveur) le libellé de l'article sélectionné dans `lb.SelectedItem.Text`, et sa valeur associée dans `lb.SelectedValue` (celle-ci présente l'avantage de repérer plus aisément l'article sélectionné que le libellé, surtout si ceux-ci sont traduits). Signalons aussi qu'il y a retour serveur à chaque changement de sélection dans la boîte de liste (par clic de la souris ou par les touches de direction du clavier), mais seulement si la propriété `AutoPostBack` de la boîte de liste vaut `true`. L'événement `SelectedIndexChanged` est alors signalé sur le serveur.

On arrive au même résultat en travaillant directement en mode `Source` (boîte de liste reprenant des catégories d'ouvrages mis en vente par la librairie virtuelle dont il sera bientôt question) :

```
<asp:ListBox id="lb" runat="server" >
<asp:ListItem Value="1">Informatique</asp:ListItem>
<asp:ListItem Value="2">Sciences et techniques</asp:ListItem>
.....
<asp:ListItem Value="5">Vie pratique</asp:ListItem>
</asp:ListBox>
```

Initialisation d'une boîte de liste à partir d'un tableau

Pour remplir une boîte de liste avec le contenu d'un tableau de chaînes de caractères, il suffit d'écrire les instructions suivantes (comme en programmation Windows, mais il ne fallait pas y exécuter `DataBind`) :

```
string[] tabNoms = {"Tintin", "Haddock", "Tournesol"};
lb.DataSource = tabNoms;
lb.DataBind();
```

Il a donc suffi :

- de définir la source de données, qui est le tableau (aucune ambiguïté ici : le tableau ne contenant qu'une seule colonne, c'est forcément le contenu de celle-ci qui doit être affiché) ;

- d'initialiser la propriété `DataSource` de la boîte de liste ;

- d'exécuter la fonction `DataBind`.

Les trois instructions ci-dessus ne doivent être exécutées que lors du premier passage dans `Page_Load`, c'est-à-dire quand `IsPostBack` vaut encore `false` (le contenu et les caractéristiques de la boîte de liste étant, par la suite, retenus d'un retour à l'autre du client grâce au ViewState).

Dans le cas d'un tableau dont chaque ligne est composée de plusieurs champs, il faut indiquer, dans la propriété `DataTextField` de la boîte de liste, le champ (plus précisément une propriété) dont le contenu doit être affiché dans la boîte de liste. Il est également possible de spécifier dans la propriété DataValueField celle qui correspond à la valeur associée :

Remplir la boîte de liste à partir d'un tableau d'objets

```
public class Pays
{
 string nom;
 int code;
 public Pays(string aNom, int aCode) {nom = aNom; code=aCode;}
 // deux propriétés
 public string Nom {get {return nom;}}
 public int Code {get {return code;}}
}
void Page_Load(Object sender, EventArgs E)
{
 if (IsPostBack == false)
 {
  Pays[] tabPays = {new Pays("France", 33), new Pays("Espagne", 34)};
  lb.DataSource = tabPays;
  lb.DataTextField = "Nom";
  lb.DataValueField = "Code";
  lb.DataBind();
 }
}
```

Initialisation d'une boîte de liste à partir d'un fichier XML

Les données (libellés et valeurs associées) proviennent cette fois d'un fichier XML. Ce sera l'occasion d'introduire le composant de données XmlDataSource. Celui-ci effectue la liaison entre un fichier XML et un composant d'affichage.

Créons d'abord un fichier XML par : Explorateur de solutions → clic droit sur le nom du projet → Ajouter un nouvel élément → Fichier XML. Renommons ce fichier Cat.xml, au lieu de XMLFile.xml qui est proposé par défaut. En mode source, écrivons une première donnée (la toute première ligne du fichier XML a été préparée par Visual Studio) :

```
<?xml version="1.0" encoding="utf-8" ?>
<Catégories>
 <Catégorie Nom="Informatique" Code="1" />
</Catégories>
```

Il serait possible, quoique fastidieux, de continuer de la sorte pour les autres pays. Passons en mode graphique, clic droit sur la page XML → Afficher la grille de données (même chose, mais avec `Afficher le code` pour retourner au code XML). Une grille de données est alors affichée. Remplissons les données comme on le fait dans une grille :

Figure 28-38

Figure 28-37

Toute modification dans la grille est aussitôt répercutée dans le code XML, et inversement.

La boîte de liste doit contenir les données provenant du fichier XML. Passons en mode `Design` et associons un composant source de données (de type `XmlDataSource`) à la boîte de liste ou à la boîte combo : clic sur le smart tag → `Choisir la source de données` → `<Nouvelle source de données>` → `Fichier XML`. Il est souhaitable de donner un nom plus significatif au composant `XmlDataSource` qui est ainsi créé (par exemple `CatDSO`).

Figure 28-39

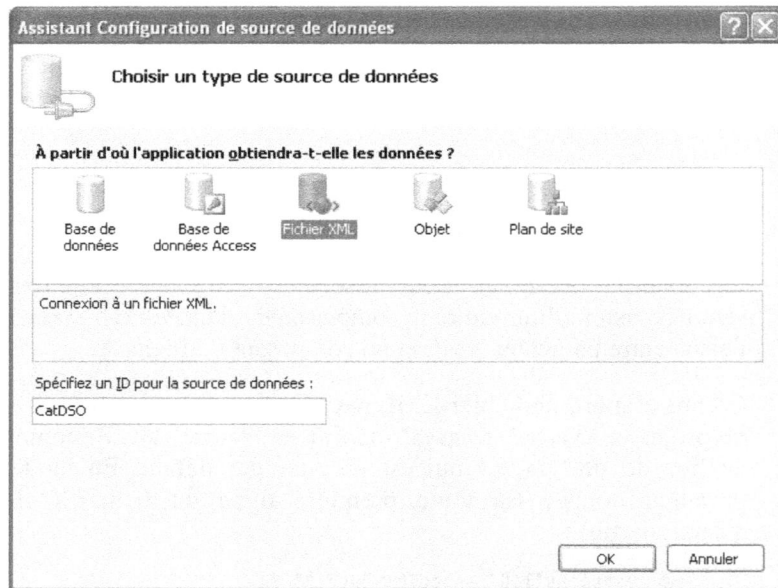

À ce stade, le composant `XmlDataSource` (ici `CatDSO`) ignore encore avec quel fichier XML il doit travailler. Cela est signalé lors de l'étape suivante : nom du fichier XML (relativement au répertoire du projet Web) dans le champ `Data file` et chemin qui mène à la balise (ici `Catégories/Catégorie`) dans le champ `XPath Expression`.

Figure 28-40

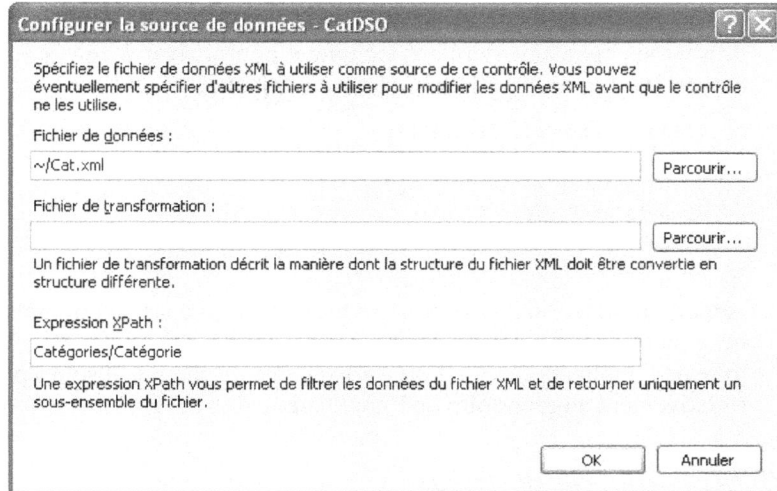

Il reste à spécifier les champs (attributs de la balise, ici Nom et Code) qui correspondent respectivement au libellé et à la valeur associée.

Figure 28-41

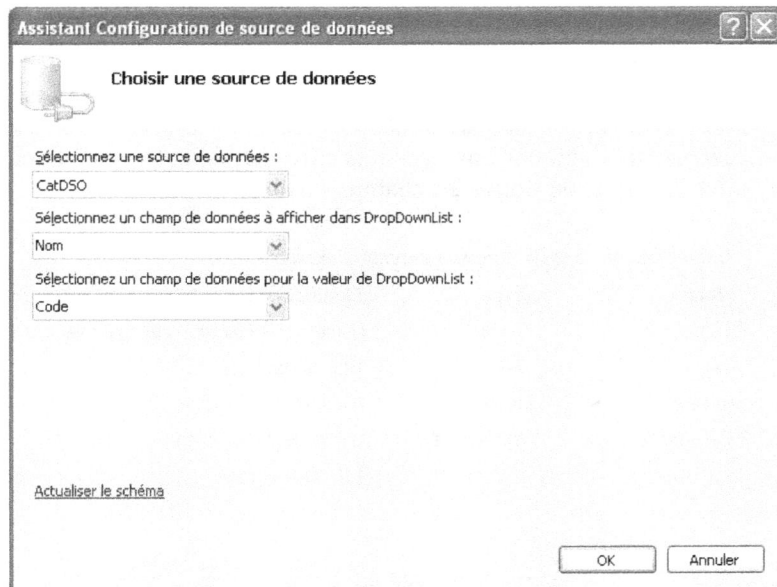

Exécutons le programme Web. La boîte de liste affiche maintenant les données provenant du fichier XML.

Associer la boîte de liste à un dataset

Présentons enfin une dernière technique pour arriver à ce résultat. Il s'agit de créer un dataset (voir la section 24.6) à partir du fichier XML et l'associer à la boîte de liste :

```
DataSet oDS = new DataSet();
oDS.ReadXml(Server.MapPath("Pays.xml"));
lb.DataSource = oDS.Tables[0];
lb.DataTextField = "Nom";
lb.DataValueField = "Code";
lb.DataBind();
```

Appeler la fonction `Server.MapPath` avec, en argument, le nom relatif du fichier XML, est nécessaire car, par défaut, le chemin courant d'une application Web n'est pas le repertoire de l'application. `Server.MapPath` renvoie un chemin absolu à partir d'un chemin relatif (relativement au répertoire de l'application Web).

28.10.2 La grille de données

La base de données utilisée

La grille de données (composant `GridView`, dans le groupe `Données` de la boîte à outils) permet d'afficher et de manipuler des données provenant (généralement, mais pas obligatoirement) d'une base de données. Plutôt que de présenter de manière systématique les nombreuses propriétés du `GridView`, procédons par étapes avec des exemples de plus en plus évolués.

Notre base de données utilisée à titre d'exemple se rapporte à une collection d'ouvrages mis en vente sur le site Web de notre librairie virtuelle (code source disponible sur le site de l'ouvrage). La base de données s'appelle `Librairie` et contient notamment la table `Ouvrages` (il s'agit des ouvrages mis en vente, ici ceux des éditions Eyrolles). Dans cette table `Ouvrages`, on trouve les champs suivants :

Champs de la base de données servant d'exemple

Nom	Type	Signification
ISBN	Texte	Numéro ISBN de l'ouvrage (par exemple 2-212-09194-2).
Titre	Texte	Titre de l'ouvrage.
Auteur	Texte	Auteur(s) de l'ouvrage.
Catégorie	Numérique	Catégorie de l'ouvrage : 1 Informatique 2 Sciences et techniques 3 Audiovisuel 4 Bâtiments et travaux publics 5 Artisanat et vie pratique
Prix	Numérique	Prix en euros.
CD	Oui/Non	Indique si un CD est fourni avec l'ouvrage.
DateParution	Date/Heure	Date de parution.
NbPages	Numérique	Nombre de pages.

Forme la plus simple de grille

Amenons dans la page un composant GridView dans lequel nous allons afficher nos données. Appelons ce composant gv et faisons-lui occuper toute la largeur de la page (propriété width à 100 %).

Entre la base de données et la grille, il nous faut un composant orienté données, de type SqlDataSource.

Associons pour cela une telle source de données à la grille : clic sur le smart tag de la grille → Choisir une source de données → <Nouvelle source de données> → Base de données (même si le composant Base de données Access pouvait être utilisé ici, nous choisissons le composant Base de données plus générique). Appelons OuvragesDSO le composant de base de données ainsi créé, de type SqlDataSource).

Figure 28-42

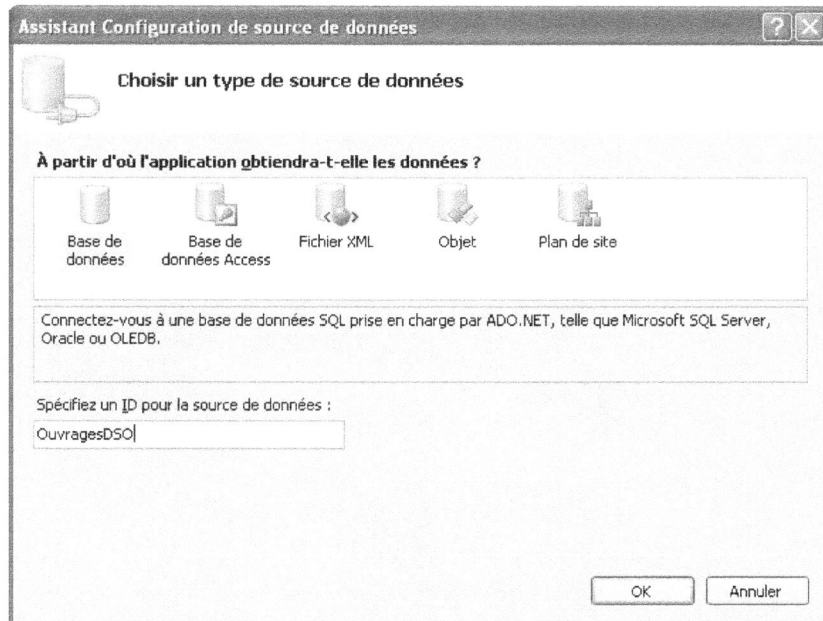

À ce stade, OuvragesDSO ignore encore tout de la base de données avec laquelle il doit travailler. Nous allons le lui indiquer en configurant OuvragesDSO.

Nous signalons qu'il s'agit d'une nouvelle connexion pour Access. Dans le cas d'une base de données SQL Server, il faut évidemment choisir le provider qui lui est propre.

Figure 28-43

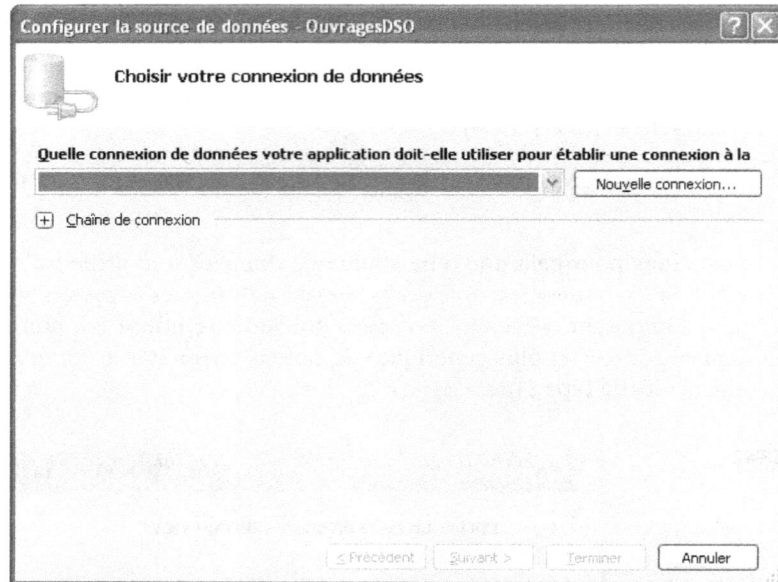

Figure 28-44

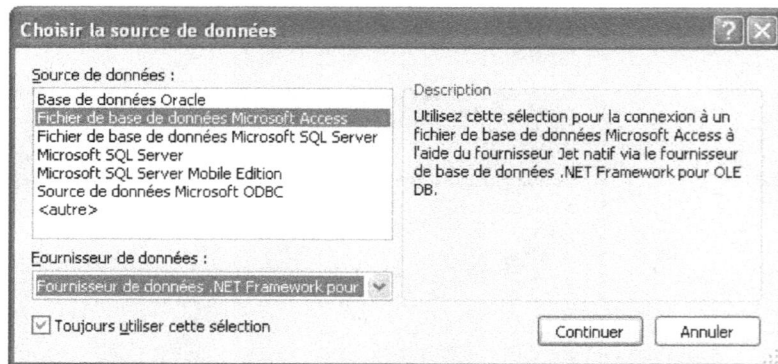

On saisit les informations relatives à la base de donées.

Plutôt que de laisser la chaîne de connexion dans le programme source, Visual Studio propose de la placer dans le fichier de configuration `web.config`, avec `LibrairieConnection-String` comme nom de chaîne de connexion. Cette proposition est intéressante car cela nous facilitera effectivement la tâche au moment de déployer l'application chez un hébergeur : il suffira de modifier la chaîne de connexion dans le fichier de configuration, sans toucher au programme.

Figure 28-45

Nous indiquons maintenant les champs de la table (on spécifie laquelle dans la boîte combo Nom, initialisée avec les noms des différentes tables dans la base de données) que nous retenons pour l'affichage : cochez les champs à retenir ou cochez * pour les sélectionner tous. Il sera possible à tout moment d'en ajouter, d'en retirer, ou de tenir compte de modifications effectuées dans la base de données.

Figure 28-46

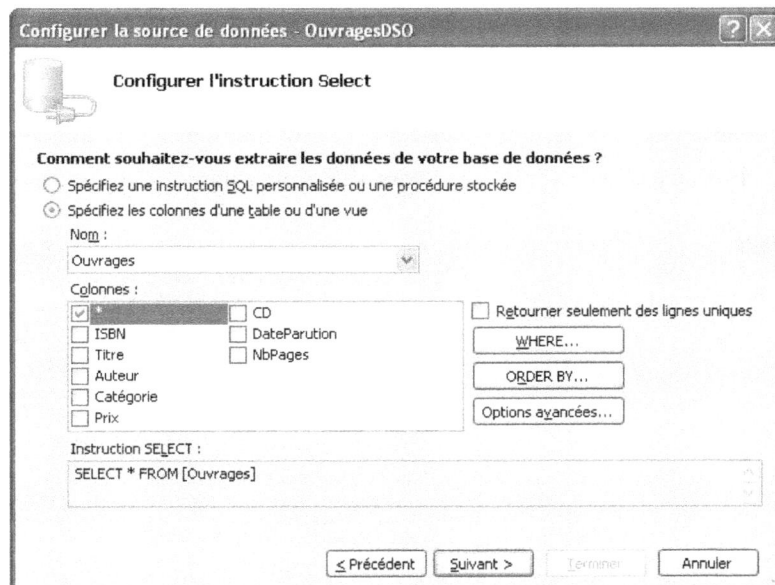

Souvent, les données à afficher dans la grille dépendent de certains choix, par exemple une sélection dans une boîte combo (dans notre cas une boîte combo dans laquelle on choisit une catégorie d'ouvrages). Le bouton WHERE sert à spécifier cette condition.

Figure 28-47

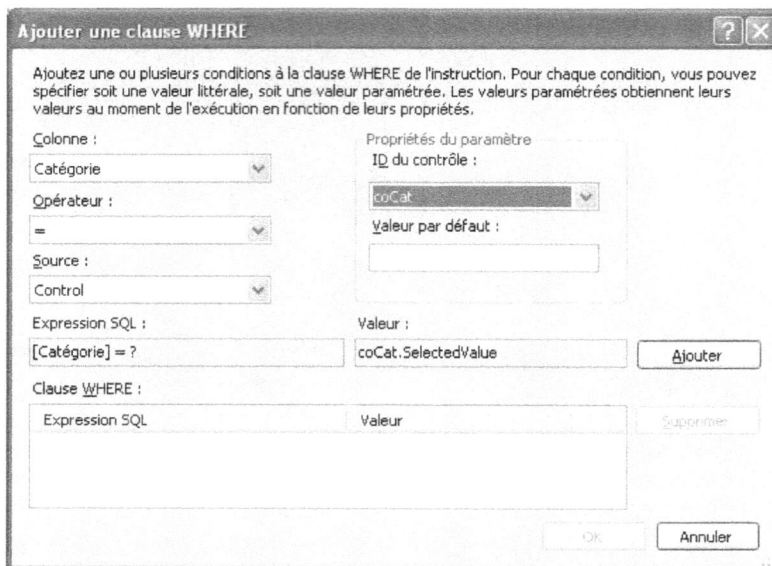

Ici, on indique que le champ Catégorie (catégorie d'ouvrages) dans la table doit être égal à une information provenant d'un contrôle (il pourrait aussi s'agir d'un cookie ou d'une valeur, appelée *querystring*, spécifiée en fin d'URL sous la forme ?xyz=abc). Le nom de ce contrôle est spécifié par sélection dans la boîte combo ID du contrôle (automatiquement initialisée avec les noms des contrôles susceptibles d'être indiqués).

Il reste à cliquer sur Ajouter pour valider la clause WHERE ajoutée à la requête de sélection.

Figure 28-48

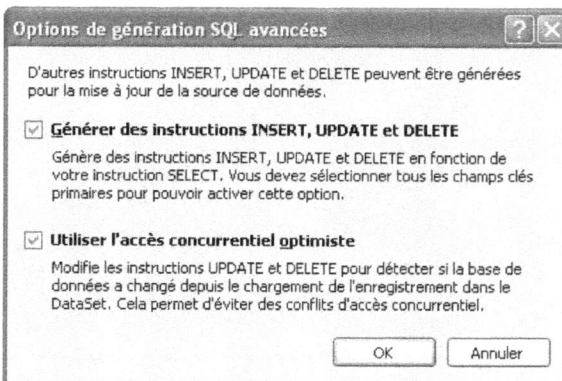

En cliquant sur Options avancées dans la boîte de configuration, il est possible de demander à VS de générer automatiquement les commandes SQL d'ajout, de suppression et de modification. Cette génération automatique de commandes SQL n'est cependant possible que si une clé primaire est présente dans la table. Nous reviendrons bientôt sur les mises à jour dans la base de données.

À ce stade, le composant orienté données OuvragesDSO, de type SqlDataSource, a été complété. Que ce soit, selon vos préférences, en mode Source ou en mode Design, vous pouvez examiner ses propriétés afin d'analyser les commandes SQL automatiquement générées pour effectuer les différentes opérations sur la base de données.

Figure 28-49

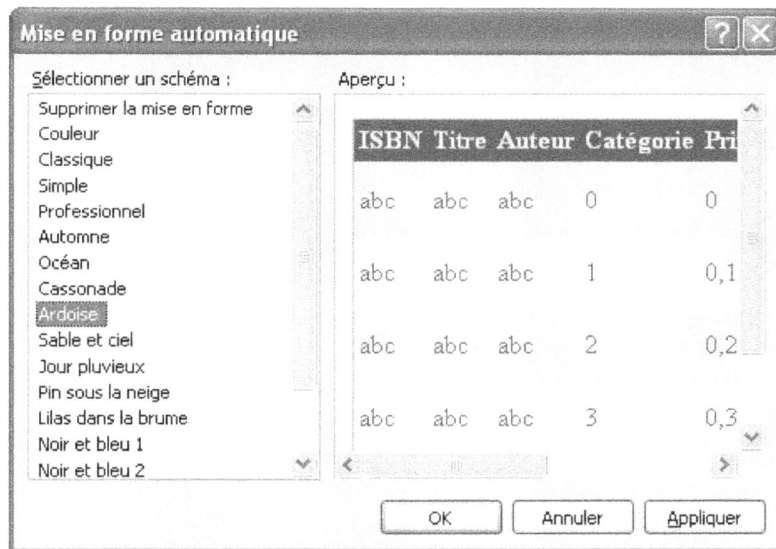

Améliorons le look de la grille en spécifiant quelques attributs de présentation par smart tag → Mise en forme automatique. Ceci a tout simplement pour effet d'initialiser les attributs de style pour les différents éléments de la grille : ligne d'en-tête et lignes d'articles (avec éventuellement distinction entre lignes paires et impaires). Tout cela pourrait, certes, être effectué manuellement pour chaque élément de la grille, mais il s'agit là d'une tâche fastidieuse réclamant souvent des qualités artistiques.

Nous pouvons maintenant lancer l'application Web. Notre page comprend :

• une boîte combo contenant les noms des différentes catégories d'ouvrages (avec code de catégorie dans Value) ;

• une grille de données, que nous allons progressivement améliorer.

Voilà le résultat à ce stade :

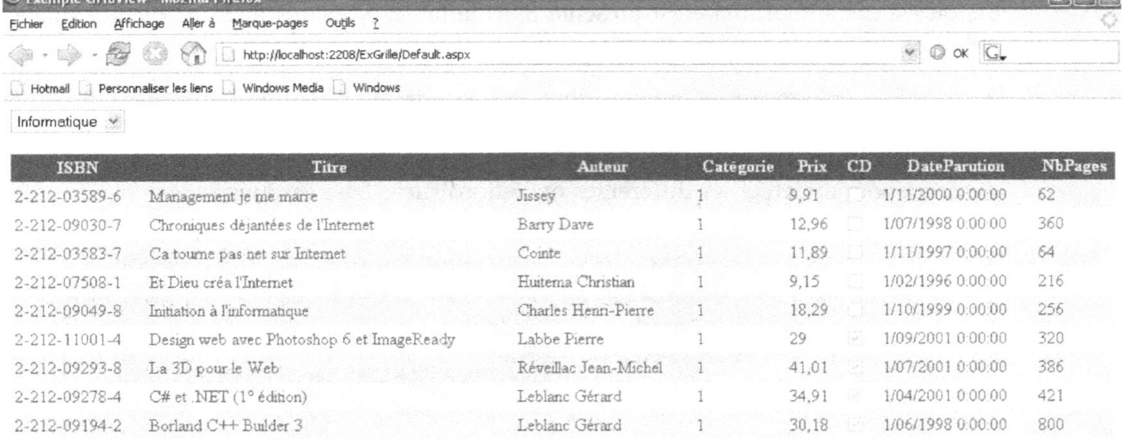

Figure 28-50

Imaginez le résultat dans une page de contenu avec l'enrobage d'une page maître. Pas mal, alors que nous n'avons pas encore écrit la moindre ligne de code et que nous ne sommes encore nulle part dans la présentation et les fonctionnalités de la grille.

Lors de l'exécution de ce programme Web, si vous constatez qu'un autre choix de catégorie dans la boîte combo n'a aucune influence sur le contenu de la grille, cela signifie que la propriété AutoPostBack de coCat vaut toujours false. Une valeur true est en effet nécessaire pour qu'une modification de sélection provoque un retour serveur. La grille est effectivement préparée sur le serveur.

Caractéristiques générales de la grille

On améliore encore la présentation de la grille en modifiant certaines de ses propriétés :

Caractéristiques générales de la grille	
BackImageUrl	Image d'arrière-plan dans la grille. Si l'image est plus petite que la grille, elle est répétée. L'image de fond n'est cependant affichée qu'en l'absence de style appliqué aux cellules de données. On supprime tout formatage par smart tag → Mise en forme automatique → Supprimer la mise en forme.
Caption	Titre de la grille. La propriété CaptionAlign permet de placer le libellé dans la barre de titre de la grille. Par défaut, le libellé est centré mais on peut aussi spécifier Left ou Right. Par défaut, la barre le titre est placée au-dessus de la grille mais Bottom permet de la placer au-dessous.
CellPadding	Espacement entre les cellules.
CellSpacing	Espacement entre la bordure et le contenu de la cellule.

GridLines	Indique si des lignes de séparation doivent être tracées. Cette caractéristique peut prendre l'une des valeurs suivantes de l'énumération `GridLines` : `None`, `Horizontal`, `Vertical` ou `Both`.
ShowHeader	Indique si des en-têtes de colonne doivent être affichés : `True` ou `False` (vrai par défaut). Par défaut, un en-tête de colonne (*column header* en anglais) reprend le nom de la colonne dans la table provenant de la base de données.
ShowFooter	Même chose pour le pied de grille (une ligne supplémentaire en fin de grille, qui n'est pas affichée, par défaut).

En modifiant les propriétés `BorderWidth` et `BorderStyle` (interactivement dans la fenêtre des propriétés, ou par modification directe du HTML, ou par programme), il est possible de faire ressortir la grille de l'écran (`Outset` pour donner cet effet) :

```
<asp:DataGrid id="dg" BackImageUrl="Images/Nuages.jpg"
    BorderWidth="5" BorderStyle="Outset" runat="server" />
```

Caractéristiques générales des rangées

Des attributs de style peuvent être appliqués aux différentes rangées de la grille (sans oublier que la mise en forme automatique a déjà modifié ces attributs) :

Caractéristiques générales des rangées	
RowStyle	Style par défaut de toute rangée.
AlternatingRowStyle	Style des lignes paires (une ligne sur deux est concernée de ce type). Une présentation alternée des lignes rend en effet la lecture bien plus aisée.
HeaderStyle	Ligne d'en-tête.
FooterStyle	Pied de grille (ligne au bas de la grille, affichée si `ShowFooter` vaut `true`, ce qui n'est pas le cas par défaut).
SelectedRowStyle	Ligne d'article sélectionnée.
EditRowStyle	Ligne d'article entrée en mode d'édition.

Les styles spécifiés dans `RowStyle` s'appliquent à toutes les lignes. Les lignes paires (la deuxième, la quatrième, etc.) peuvent être affichées différemment des autres, les attributs spécifiés dans `AlternatingRowStyle` s'appliquant à ces lignes. Les clauses non spécifiées dans `AlternatingRowStyle` proviennent de `RowStyle`. Les clauses qui ne sont spécifiées ni dans `AlternatingRowStyle` ni dans `RowStyle` proviennent des caractéristiques générales de la grille (par exemple la police de caractères).

Les sous-propriétés de style sont :

- `BackColor` et `ForeColor` ;
- `BorderColor`, `BorderStyle` et `BorderWidth` ;
- `Height` et `Width` ;
- `HorizontalAlign` avec ses valeurs (énumération `HorizontalAlign`) `Center`, `Justify`, `Left`, `Right` et `NotSet` ;
- `VerticalAlign` avec ses valeurs (énumération `VerticalAlign`) `Bottom`, `Middle`, `Top` et `NotSet`.

Personnaliser chaque colonne

Chaque colonne peut être personnalisée : smart tag → Modifier les colonnes. Après avoir ajouté les colones à partir des champs disponibles (mais sans oublier de décocher la case Générer automatiquement les champs, sinon ceux-ci apparaissent deux fois), il suffit de sélectionner la colonne dans Champs sélectionnés, puis de modifier ses attributs de présentation (même technique pour les articles, les en-têtes de colonne ainsi que pour l'éventuel pied de grille.

Figure 28-51

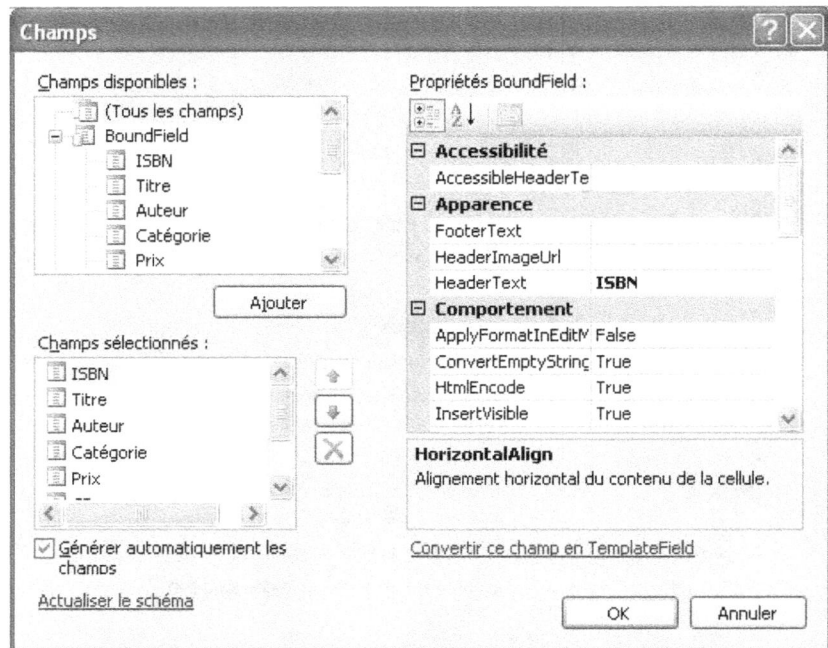

Pour centrer l'affichage d'un article : sélectionnez l'article dans Champs sélectionnés → ItemStyle → HorizontalAlign et spécifiez Center.

Pour que le contenu d'une colonne (par exemple celle du code ISBN) ne soit affiché que sur une ligne (autrement dit, pour qu'il ne « wrappe » pas dans le jargon des informaticiens) : sélectionner la colonne ISBN → ItemStyle → Wrap et faire passer cette propriété à false.

Pour modifier par programme l'alignement en deuxième colonne :

```
gv.Columns[1].ItemStyle.HorizontalAlign = HorizontalAlign.Center;
```

Et pour modifier sa largeur :

```
gv.Columns[1].ItemStyle.Width = new Unit(20, UnitType.Percentage);
```

Formatage des contenus de colonnes

Jusqu'ici, les champs d'une colonne sont affichés dans un format par défaut, ce qui n'est pas toujours optimal. Ainsi, afficher la date de parution d'un ouvrage sous la forme

```
25/12/2005 00:00:00
```

frise le ridicule.

La clause `DataFormatString` permet de spécifier le format d'affichage dans la colonne. Si, pour une colonne relative à une date, `DataFormatString` contient `"Paru en {0:yyyy}"` (voir les formats d'affichage de dates à la section 3.4), l'affichage devient (affichage similaire pour chaque ligne) :

```
Paru en 2005
```

`DataFormatString` doit contenir une chaîne de caractères sous la forme `"{A:B}"` où `A` doit toujours valoir `0` (une seule information à afficher dans une colonne liée). `B` doit être représenté par un format d'affichage, par exemple :

- un format d'affichage de date (voir section 3.4) ;
- un format d'affichage éventuellement suivi d'un nombre de décimales : `C` (pour les représentations monétaires), `D` (pour décimal), `E` (représentation avec exposant), `N` (nombre), `F` (*fixed*), `G` (général) ou `X` (hexadécimal).

Il faut faire passer `HtmlEncode` de la colonne à `false` pour que le format soit pris en considération.

Analysons quelques autres formats qui peuvent se révéler utiles pour le formatage de la date :

DataFormatString	Représentation
{0:d-MM-yyyy}	25-12-2005
{0:MMM yyyy}	déc. 2005
{0:MMMM yyyy}	décembre 2005

À la section 3.4, consacrée au formatage de la date, nous avons vu comment modifier les libellés des noms de jours et de mois (libellés longs et libellés courts).

Caractéristiques générales des en-têtes de colonne

Les caractéristiques générales des en-têtes de colonne peuvent être modifiées via la propriété `HeaderStyle`.

`HeaderStyle-Width` (mais `HeaderStyle.Width` en mode programmation), comme n'importe quelle largeur ou hauteur, peut être exprimé dans diverses unités : pixels (suffixe `px` ou rien), millimètres (suffixe `mm`), centimètres (suffixe `cm`) ou pourcentage par rapport à l'élément parent (suffixe `%`). À moins que ces clauses ne s'appliquent à une colonne particulière, `HeaderStyle` de la grille s'applique à toutes les colonnes de la grille.

Pour ne pas afficher d'en-tête de colonne, il suffit de modifier `ShowHeader` et de faire passer cette propriété à `false`.

Pour modifier par programme le libellé et la couleur d'affichage de l'en-tête en troisième colonne (on ne doit pas se contenter d'une génération automatique de colonnes, il faut les avoir personnalisées comme expliqué ci-dessus) :

```
gv.Columns[2].HeaderText = "Ecrit par : ";
gv.Columns[2].HeaderStyle.ForeColor = Color.Red;
```

Tris et travail en pages

VS peut générer le code pour travailler directement en pages ou trier automatiquement la grille suite à un clic sur un en-tête de colonne. Il suffit de cocher la case correspondante dans le smart tag pour :

- travailler en mode page, les articles étant alors présentés en pages plutôt que dans une interminable grille ;
- trier automatiquement la grille par simple clic sur un en-tête de colonne (tri selon cette colonne) ;
- de permettre la sélection, l'édition et la suppression d'articles.

Contrairement à ce qui se passait en versions 1 et 1.1, aucune ligne de code n'est à écrire pour en arriver là.

Suite à cette opération, une colonne est automatiquement ajoutée. Elle permet de sélectionner, d'éditer (puis de mettre à jour) ou de supprimer une ligne. Il est possible de modifier le libellé des trois liens `Modifier`, `Supprimer` et `Sélectionner`, voire de les remplacer par une image : à partir du smart tag de la grille, passez à l'édition de la première colonne et modifiez les propriétés `EditText`, `EditImage`, `ButtonType`, etc.

Figure 28-52

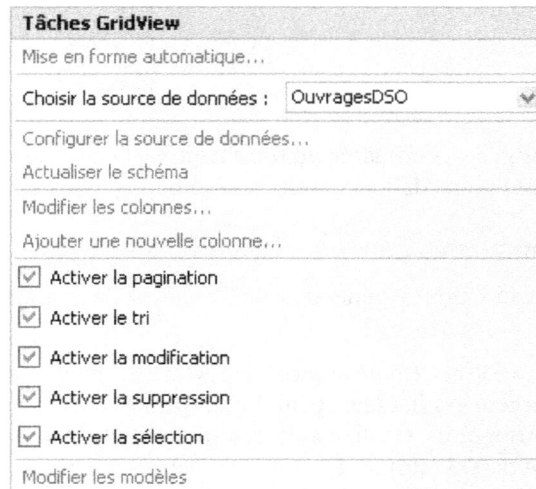

Voilà maintenant notre page avec :

- des en-têtes de colonnes sur lesquels on peut cliquer pour trier la grille (selon le critère de la colonne) ;

- des boutons liens dans chaque ligne pour la sélectionner, la modifier et la supprimer (voir la section 24.6 pour plus d'informations concernant ces opérations). Les trois libellés en première colonne ne sont peut-être pas du meilleur effet visuel mais on pourrait aisément les modifier ou les remplacer par des images.

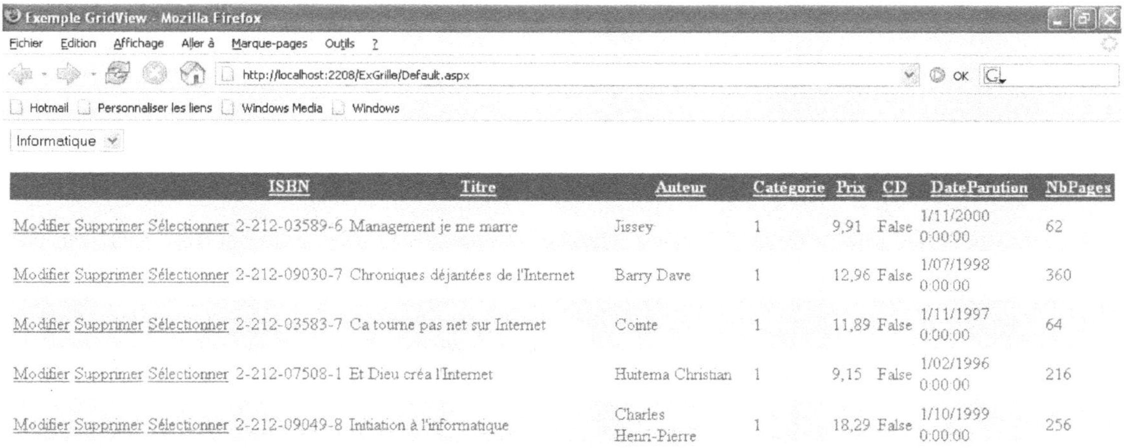

Figure 28-53

Le travail en pages est régi par les propriétés suivantes de la grille (le *pager* désignant la zone de pagination permettant de naviguer d'une page à l'autre de la grille) :

Propriétés relatives à la zone de pagination	
AllowPaging	Indique si la grille est ou non en mode paging.
PageIndex	Index de la page affichée.
PagerSettings	Caractéristiques de l'indication de page : Mode (Numeric comme dans l'exemple ci-dessus ou NextPrevious pour indiquer Précédent-Suivant), Position (Top, Bottom, ou les deux), texte (pour FirstPageText, LastPageText, PreviousPageText et LastPageText afin de représenter sous forme de texte les déplacements correspondants) ainsi que FirstPageImageUrl, NextPageUrl, PreviousPageUrl et LastPageUrl pour spécifier l'image correspondante.
PagerStyle	Style à appliquer à cette zone, avec ses sous-attributs maintenant bien connus : BackColor, ForeColor, etc.
PageSize	Nombre d'articles affichés par page.

Les événements `PageIndexChanging` et `PageIndexChanged` sont signalés à la grille lors d'un changement de page, respectivement avant et après ce changement. Si le second argument de la fonction traitant `PageIndexChanged` est de type `EventArgs` (sans information particulière donc), celui relatif à `PageIndexChanging` est de type `GridViewPageEventArgs`. Il contient `e.Cancel` (ce qui permet d'annuler le changement de page en faisant passer cet argument à `true`) ainsi que `NewPageIndex`.

Notre page Web se présente maintenant comme suit, à raison de quatre lignes par page. La zone de pagination a été placée à droite dans le bas de la grille, ce qui pourrait être aisément changé.

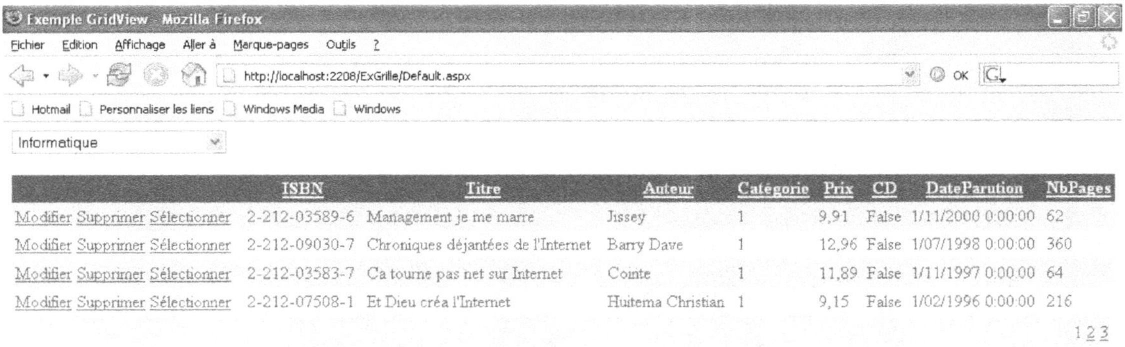

Figure 28-54

Grille avec défilement

Dans le cas où on n'utilise pas la technique du paging (pour cela, faire passer `AllowPaging` à `false`), la grille risque d'être assez longue. Il faut alors jouer sur la barre de défilement vertical de la page, faisant disparaître des informations peut-être importantes au début de la page.

Il est possible de limiter la hauteur de la grille en l'incluant dans une balise `div`. Certes, il faut alors utiliser les barres de défilement, mais à l'intérieur de cette zone seulement. Pour cela, supprimez les attributs `position:absolute` et `top` dans la grille, puis ajoutez ou modifiez `Height:100%`. Incluez la balise de la grille dans :

```
<div style="overflow:auto;height:350px;position:absolute;top:130px;width:100%">
  <asp:GridView .....
  </asp:GridView>
</div>
```

Il est également possible de rendre la rangée d'en-tête fixe lors du défilement, mais cette solution semble malheureusement propre à Internet Explorer (Firefox par exemple fait également défiler cette rangée d'en-tête). Elle consiste à ajouter un style (`gvfh` pour *grid view fixed header* mais ce nom de style est entièrement libre) :

```
<style type="text/css" >
.gvfh {position:relative;top:expression(this.offsetParent.scrollTop);}
</style>
```

et de spécifier ce style dans la balise HeaderStyle intérieure à la balise asp:GridView :

```
<HeaderStyle CssClass="gvfh" ..... />
```

La barre de défilement vertical porte maintenant sur la grille et non plus sur la page. La ligne d'en-tête reste fixe, du moins sous Internet Explorer.

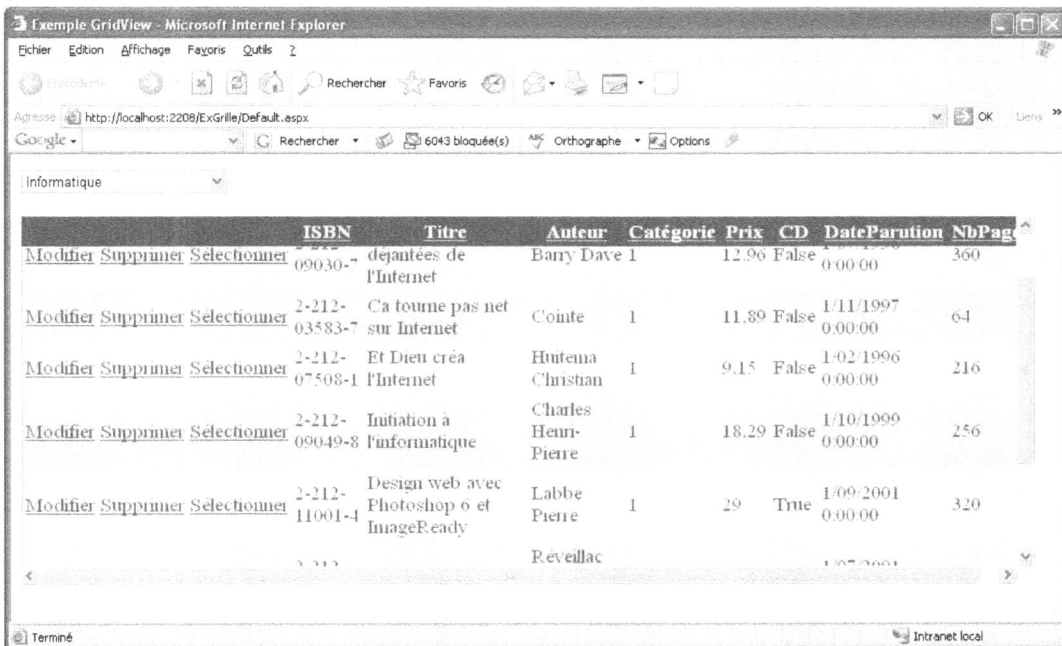

Figure 28-55

Ajout et suppression de colonnes

Une colonne peut être supprimée, par exemple la colonne Catégorie qui n'a plus de raison d'être (puisque la sélection de la catégorie se fait dans la boîte combo et apparaît donc dans celle-ci) : smart tag → Modifier les colonnes → sélectionnez la colonne et clic sur le bouton de suppression.

Pour ajouter une colonne avec des boutons pour la sélection, l'édition (puis la mise à jour) et la suppression, il suffit de cocher les cases correspondantes à partir du smart tag de la grille. Mais on pourrait aussi y arriver de cette manière : smart tag → Ajouter une nouvelle colonne → choisissez un type de champ CommandField et cochez éventuellement les cases Supprimer, Sélectionner et Modifier/Mettre à jour.

Avec smart tag → Modifier les colonnes, vous pouvez personnaliser l'affichage : modifier le texte des boutons ou spécifier une image en lieu et place du texte. Le bouton Modifier se scindera en deux boutons Mettre à jour et Annuler à la suite d'un clic. Comme son nom l'indique, Mettre à jour a alors pour effet de mettre automatiquement à jour la base de données.

Il est possible d'ajouter une colonne d'un autre type : smart tag → Ajouter une nouvelle colonne. Il peut s'agir d'une colonne liée à un champ de la table (BoundField) ou d'une colonne censée contenir un composant comme un bouton (ButtonField), un lien, une case ou même n'importe quoi (TemplatedField) tel qu'un tableau.

Dans le cas d'un bouton, il peut s'agir d'un véritable bouton, d'un bouton affiché sous forme de lien ou d'un bouton image (dans ce cas, nom de l'image dans ImageUrl). Pour choisir le type de bouton, éditez la colonne et modifiez la propriété ButtonType.

Ici, nous ajoutons une colonne affichant le prix par page. Cette valeur est dépendante de la colonne Prix (et de la colonne NbPages). Nous montrerons bientôt comment calculer et afficher cette valeur.

Figure 28-56

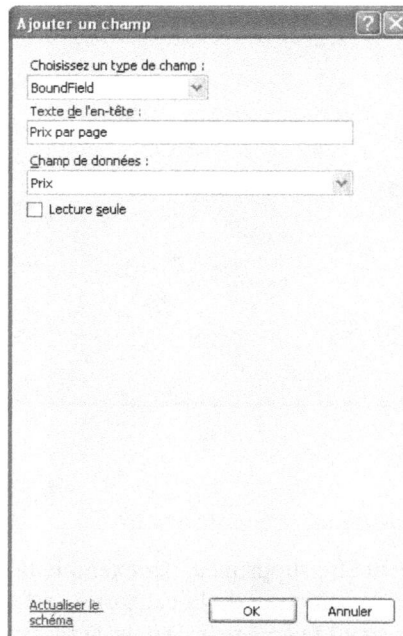

Nous désirons ajouter un bouton avec image dans chaque rangée de la grille. Un clic sur ce bouton devra avoir pour effet d'ajouter l'ouvrage correspondant au panier du visiteur. Pour cela, nous ajoutons une colonne de type ButtonField, et spécifions éventuellement l'en-tête de colonne et le type de bouton (Button et non Link). Ne nous préoccupons pas du nom de la commande et du texte.

Figure 28-57

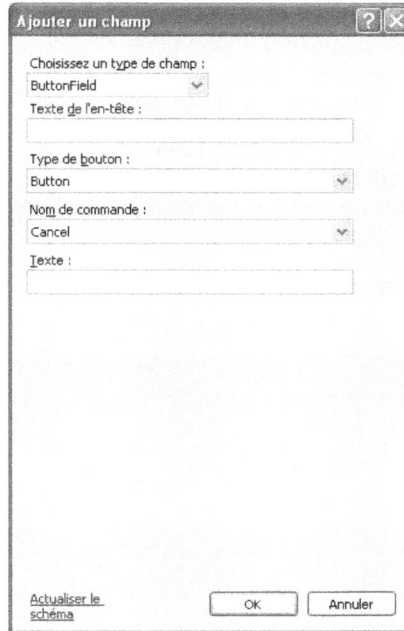

Nous allons maintenant ajouter une colonne avec un bouton image (représentation d'un panier). Introduisons l'image (`AjouterAuPanier.gif`) dans le projet : Explorateur de solutions → `Ajouter un élément existant`.

Figure 28-58

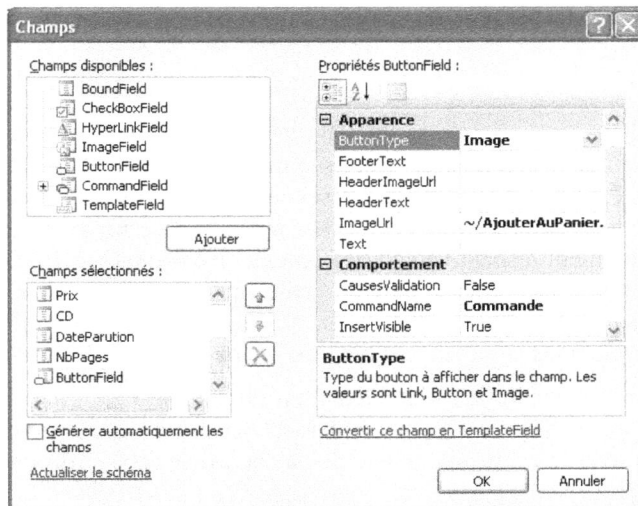

À partir du smart tag de la grille, passons à l'édition de cette colonne : `ButtonType` à `Image` et nom de l'image (d'un panier) dans `ImageUrl`. Dans le champ `CommandName`, indiquons `Commande`. Cela nous permettra, dans la fonction de traitement, de déterminer que le clic provient d'un bouton de cette colonne.

Dans notre cas, le libellé sera toujours l'image d'un panier, mais il pourrait s'agir du contenu d'un champ de la rangée (dans ce cas, initialisez `DataTextField` pour spécifier lequel) et `DataTextFormatString` (avec par exemple `Commander {0}` pour améliorer l'affichage).

À ce stade, notre page Web est :

Figure 28-59

Traiter le clic sur le bouton

Suite à un clic sur le bouton avec image que nous venons de créer, l'événement `RowCommand` est signalé à la grille. Le second argument de la fonction de traitement est de type `GridViewCommandEventArgs`. `e.CommandName` et `e.CommandArgument`, tous deux de type `object`, contiennent respectivement le contenu de `CommandName` (la chaîne `Commande` dans notre cas) et l'indice de l'article dans la grille (avec 0 pour l'article affiché en première rangée). Lorsque la grille est affichée en mode page, ce numéro n'est cependant pas l'indice de l'article dans la table mais bien un indice relatif au début de la page.

Pour vérifier qu'il s'agit bien d'un clic sur le bouton en forme de panier (vérification indispensable car l'événement `RowCommand` est signalé pour plusieurs autres raisons) et retrouver la clé primaire associée à cet article (code `ISBN` dans notre cas), on écrit :

```
string article;
string opération = e.CommandName.ToString();
if (opération == "Commande")
```

```
    {
     int N = Convert.ToInt32(e.CommandArgument);
     article = gv.DataKeys[N].Value.ToString();
    }
```

`gv.DataKeys[i].Value` donne le contenu de la clé primaire associée au `i`-ième article dans la table. Dans notre cas, il s'agit du code ISBN de l'ouvrage, qui est clé primaire dans la table `Ouvrages`.

Les événements adressés à la grille

Quand ASP.NET remplit la grille de données, trois événements sont signalés à la grille :

Evénements signalés à la grille en rapport avec la liaison de données	
DataBinding	Une liaison de données va commencer. Les différentes cellules vont être remplies.
RowDataBound	Une rangée a été remplie. En traitant cet événement, il vous est possible de modifier le contenu et les caractéristiques des différentes cellules de la rangée. Le second argument de la fonction de traitement est de type `GridViewRowEventArgs`. Voir exemples ci-dessous.
DataBound	La liaison de données est terminée.

Traiter l'événement `RowDataBound` vous donne un contrôle total du contenu et de la présentation de la grille. Nous allons appliquer ce principe à divers exemples.

Modifier les caractéristiques d'une cellule en fonction de son contenu

Notre but est d'afficher en blanc sur fond rouge les ouvrages dont le prix (affiché en quatrième colonne) est inférieur à vingt-cinq euros. On traite l'événement `RowDataBound` adressé à la grille :

```
    protected void gv_RowDataBound(object sender, GridViewRowEventArgs e)
    {
     // ne prendre en compte que les rangées de données
     if (e.Row.RowType == DataControlRowType.DataRow)
     {
      double prix;
      string s = e.Row.Cells[3].Text;          // contenu de la quatrième colonne
      bool res = Double.TryParse(s, out prix);  // conversion en double
      if (res)
      {                                         // conversion correcte
       if (prix < 25)
       {
        e.Row.Cells[3].BackColor = Color.Red;
        e.Row.Cells[3].ForeColor = Color.White;
       }
      }
     }
    }
```

Comme cet événement `RowDataBound` est signalé pour toutes les rangées, y compris les en-têtes et pieds de grille, il faut d'abord s'assurer que l'événement s'applique bien à une rangée de données (sinon, prendre le prix n'a aucun sens et toute tentative de conversion en un `double` serait source de problème).

Dans la fonction de traitement, `e.Row` donne accès à la rangée concernée par l'événement (un événement signalé par rangée). Dans cette rangée, on trouve une collection de cellules (*cell* en anglais). C'est la quatrième cellule qui nous intéresse plus particulièrement car elle contient le prix, mais sous la forme d'une chaîne de caractères. On la convertit en un `double` grâce à `TryParse`, plus rapide et plus simple à utiliser que `Parse` qui déclenche une exception qu'il faut traiter dans un `try`/`catch` (tandis que `TryParse` renvoie `false` quand la conversion n'a pu être effectuée). Quand le prix est inférieur à 25, on modifie les propriétés `BackColor` et `ForeColor` de la cellule.

Le résultat :

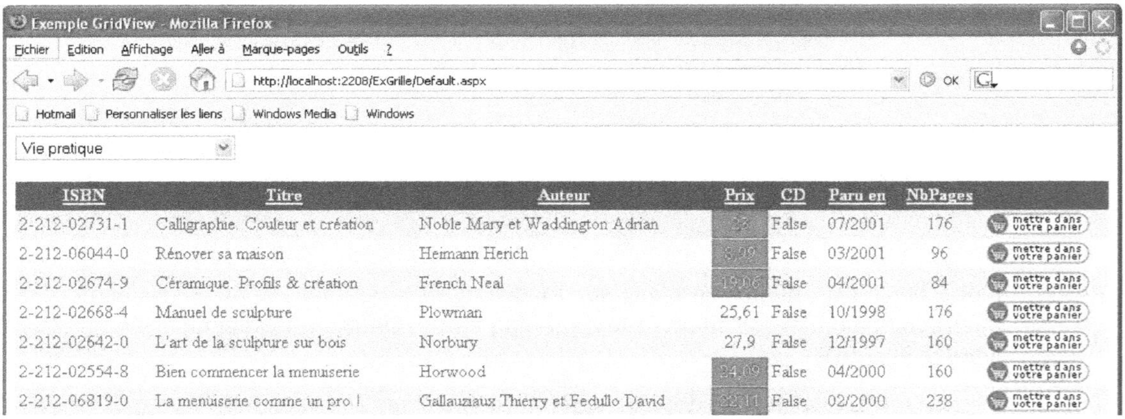

Figure 28-60

Ajouter une nouvelle colonne d'informations

Deuxième exemple : on crée une nouvelle colonne (on sait maintenant comment faire) dans laquelle on affiche le prix par page. La fonction de traitement est ainsi modifiée (la nouvelle colonne devenant la huitième) :

```
protected void gv_RowDataBound(object sender, GridViewRowEventArgs e)
{
  if (e.Row.RowType == DataControlRowType.DataRow)
  {
    double prix;
    int pages;
    string s = e.Row.Cells[3].Text;              // prix
    bool res1 = Double.TryParse(s, out prix);
    s = e.Row.Cells[6].Text;                     // nombre de pages
```

```
    bool res2 = Int32.TryParse(s, out pages);
    if (res1 && res2)                 // les deux conversions sans problème ?
    {
      double prixparpage = prix / pages;
      e.Row.Cells[7].Text = prixparpage.ToString("0.#0");   // voir la section 3.2
    }
    else e.Row.Cells[7].Text = "";  // en cas d'erreur, rien en huitième colonne
  }
}
```

Remplacement d'une case à cocher par une image

Troisième exemple : on remplace la case à cocher (en cinquième colonne) indiquant que le livre est accompagné d'un CD, par une image de CD, affichée ou non selon le cas. Toujours dans la fonction de traitement de l'événement RowDataBound, on ajoute :

```
    if (e.Row.RowType == DataControlRowType.DataRow)
    {
      if (e.Row.Cells[4].Text == "True") e.Row.Cells[4].Text = "<img src='cd.gif'";
      else e.Row.Cells[4].Text = "";
    }
```

Cette solution n'est cependant valable que si les boutons Modifier/Supprimer/Sélectionner ne sont pas affichés. Dans ce cas, ASP.NET rend un booléen (ce qui est le cas de la colonne CD) sous la forme d'un texte, avec True ou False. Dans le cas où l'on trouve True dans cette cellule, on remplace ce texte par une balise d'image. Sinon, rien n'est affiché.

Dans le cas où des modifications sont possibles (parce que le bouton Modifier est présent), un booléen est rendu par une case à cocher. L'instruction précédente (test sur valeur True) doit dès lors être remplacée par :

```
    CheckBox cb = e.Row.Cells[4].Controls[0] as CheckBox;
    if (cb != null)
    {
      if (cb.Checked)
      {
        e.Row.Cells[4].Controls.RemoveAt(0);
        e.Row.Cells[4].Text = "<img src='cd.gif' />";
      }
      else e.Row.Cells[4].Text = "";
    }
```

Expliquons ces instructions : si une case à cocher (objet de la classe CheckBox dérivée de Control) est affichée en cinquième colonne dans la grille, c'est parce qu'un contrôle (ici une case à cocher) a été accroché à la liste des contrôles de la cellule e.Row.Cells[4].

La case à cocher est référencée par e.Row.Cells[4].Controls[0], qui est de type object car le compilateur ignore quel objet réel (bouton, case, etc.) sera réellement accroché en cours d'exécution dans cette cellule. Un transtypage ou mieux, une transformation par as, est nécessaire (la seconde solution est préférable car elle donne null comme résultat si la cellule contient autre chose qu'une CheckBox, alors qu'un transtypage provoquerait, dans les mêmes circonstances, un plantage du programme).

On vérifie d'abord si la case est cochée ou non. Puis, on retire la case de la liste des contrôles et on affiche un simple texte. Mais celui-ci étant `<img src='cd.gif' />`, ce texte sera interprété par le navigateur, reconnu comme une balise d'image, et une image sera finalement affichée dans la balise.

Comment savoir par programme quelle solution adopter ?

`e.Row.Cells[4].Controls.Count` vaut :

- 1 quand la cellule est rendue par une case à cocher, ce qui est le cas quand il y a possibilité d'édition dans la ligne ;
- 0 quand la cellule est rendue par les libellés `True` ou `False`.

Notre page Web est maintenant :

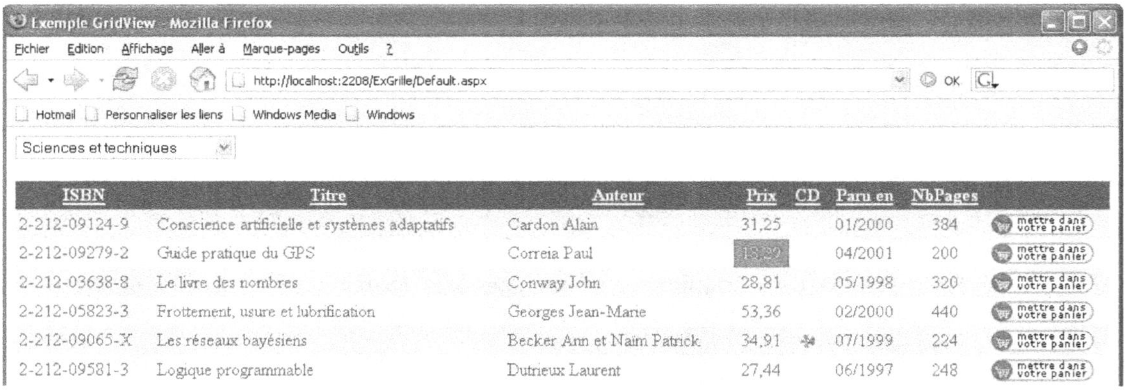

Figure 28-61

Les TemplateField

Grâce aux `TemplateField`, il est possible d'effectuer d'importantes modifications de présentation sans passer par le traitement de l'événement `DataRowBound`. Prenons l'exemple du champ `ISBN`, certes important lors d'une commande mais qui présente relativement peu d'intérêt pour le visiteur.

Pour le moment, ce champ est rendu par :

```
<asp:BoundField DataField="ISBN" HeaderText="ISBN" SortExpression="ISBN">
```

Au lieu du code `ISBN`, nous allons afficher la couverture de l'ouvrage, celle-ci servant en outre de lien sur la page HTML de l'ouvrage. Pour cela, on sélectionne le champ par smart tag → `Modifier les colonnes` → sélection du champ `ISBN`. Un clic sur `Convertir ce champ en TemplateField` va transformer la balise de ce champ en :

```
<asp:TemplateField HeaderText="ISBN" SortExpression="ISBN">
  <EditItemTemplate>
```

```
  <asp:Label ID="Label1" runat="server" Text='<%# Eval("ISBN") %>'></asp:Label>
 </EditItemTemplate>
 <ItemTemplate>
  <asp:Label ID="Label1" runat="server" Text='<%# Bind("ISBN") %>'></asp:Label>
 </ItemTemplate>
 <ItemStyle HorizontalAlign="Center" VerticalAlign="Middle" />
</asp:TemplateField>
```

La manière de représenter le champ ISBN est maintenant claire : une zone d'affichage tant en mode édition (EditItemTemplate, généralement représenté par une zone d'édition, mais comme ISBN est clé primaire, ce champ ne peut être modifié) qu'en mode normal (balise ItemTemplate).

Nous remplaçons la balise asp:Label par une balise asp:HyperLink. Les attributs NavigateUrl et ImageUrl sont maintenant calculés par programme, par appel, respectivement, des fonctions retHtml et retImage que nous devons écrire. Ces deux fonctions reçoivent en argument le contenu du champ ISBN, Eval("ISBN") donnant cette valeur. Comme Eval est une fonction C# (fonction écrite par Microsoft), la chaîne de caractères passée en argument doit être délimitée par des ". D'où l'utilisation des ' pour délimiter les valeurs des attributs NavigateUrl et ImageUrl.

```
<asp:TemplateField HeaderText="ISBN" SortExpression="ISBN">
 <EditItemTemplate>
  <asp:Label ID="Label1" runat="server" Text='<%# Eval("ISBN") %>'></asp:Label>
 </EditItemTemplate>
 <ItemTemplate>
  <asp:HyperLink runat="server" NavigateUrl='<%# retHtml(Eval("ISBN")) %>'
                 Target="_blank"
                 ImageUrl='<%# retImage(Eval("ISBN"))   %>' />
 </ItemTemplate>
 <ItemStyle HorizontalAlign="Center" VerticalAlign="Middle" />
</asp:TemplateField>
```

Les images des couvertures sont gardées dans le sous-répertoire gifs du projet de l'application. Le nom de chaque image est formé de son code ISBN et a l'extension .gif. De même, les pages HTML des ouvrages se trouvent dans le sous-répertoire htmls. Le nom de ces fichiers est formé de la même manière mais avec l'extension .htm. Dans le fichier C#, on écrit ces deux fonctions, qui sont appelées chaque fois qu'une cellule ISBN doit être affichée :

```
protected string retImage(object o)
{
 string isbn = (string)o;
 return "gifs/" + isbn + ".gif";
}
protected string retHtml(object o)
{
 string s = (string)o;
 return "htmls/" + s + ".htm";
}
```

On aurait pu éviter de passer Eval("ISBN") en argument et écrire par exemple :

```
NavigateUrl='<%# retHtml() %>'
.....
protected string retHtml()
{
 string s = (string)Eval("ISBN");
 return "htmls/" + s + ".htm";
}
```

Et voilà le résultat, l'image servant également de lien vers la page Web de l'ouvrage (celle-ci étant affichée dans une fenêtre séparée) :

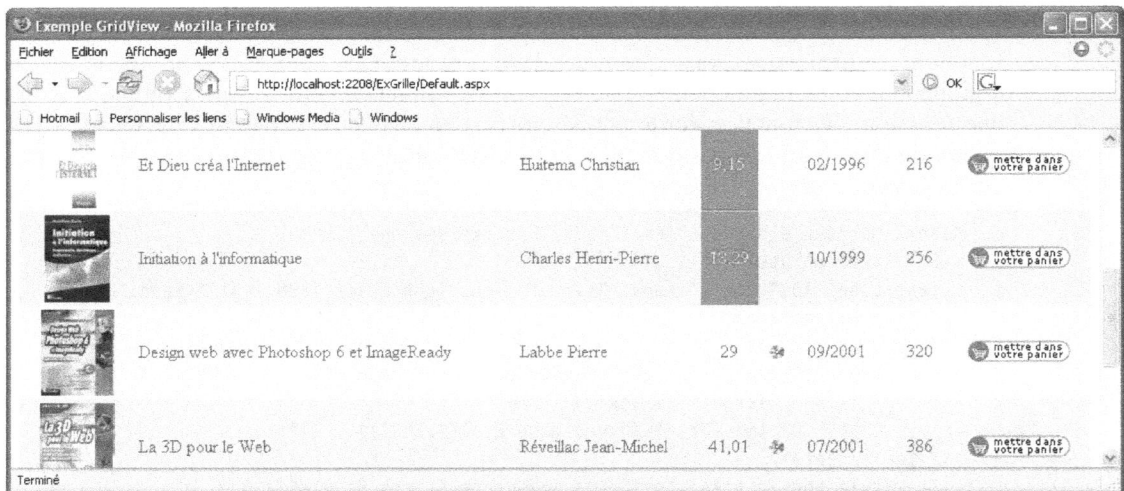

Figure 28-62

Mises à jour dans la grille

Pour illustrer les mises à jour à partir d'une grille (et surtout la répercussion de ces changements dans la base de données), créons une base de données constituée d'une seule table Pers, celle-ci étant composée des champs ID (clé primaire), NOM, CODE (entier) et DN (date de naissance).

Associons à une grille (composant GridView avec gv comme nom interne) un objet SqlDataSource (nommé PersDSO au lieu du nom par défaut SqlDataSource1), celui-ci étant lié à une table de la base de données (plus précisément un SELECT dans la base de données). Comme nous avons déjà effectué cette procédure, nous n'y reviendrons pas.

Dans le cas où la table contient une clé primaire, VS est capable de créer automatiquement les commandes SQL de suppression, de mise à jour et d'insertion. Vous pouvez même réclamer la génération de commandes tenant compte des accès concurrents (nous montrerons la différence entre les commandes ainsi générées). Nous avons déjà montré cette fonctionnalité à la figure 28-48.

À partir du composant `PersDSO`, nous avons accès aux différentes commandes créées automatiquement (par Visual Studio si on le lui réclame, comme nous venons de le rappeler) ou à créer soi-même (si l'on décide de générer soi-même les commandes SQL de mise à jour) : `PersDSO.UpdateCommand`, `PersDSO.DeleteCommand` et `Pers-DSO.InsertCommand`, toutes trois de type `string`. Attention, il s'agit ici de chaînes de caractères et non d'objets `DbCommand` comme c'était le cas au chapitre 24. C'est `Pers-DSO.UpdateCommandType`, de type énumération `SqlDataSourceCommandType` qui, par son contenu (l'une des deux valeurs de l'énumération : `Text`, valeur par défaut, ou `Stored-Procedure`), indique si `PersDSO.UpdateCommand` contient une commande SQL ou le nom d'une procédure stockée.

De même `PersDSO.UpdateParameters` donne accès aux paramètres de la commande de mise à jour. `PersDSO.Parameters[i]`, de type `Parameter`, correspond au i-ième paramètre de la commande (? dans le cas d'Access, et paramètres nommés dans le cas de SQL Server). Les paramètres de la commande SQL ont été étudiés au chapitre 24.

Il en va de même pour les commandes de suppression et d'insertion.

Pour spécifier soi-même la commande de mise à jour, il suffit d'initialiser `PersDSO.Upda-teCommand` avec une commande SQL comprenant des paramètres à initialiser également (voir la technique utilisée à la section 24.6, sachant qu'un paramètre est ici de type `Para-meter`, les propriétés restant néanmoins semblables).

Le champ `PersDSO.ConnectionString` contient la chaîne de connexion représentant l'accès à la base de données. Il permet, si nécessaire, de programmer la base de données comme nous avons appris à le faire au chapitre 24.

Dans le cas d'une table comprenant un identificateur `ID` (de type entier et clé primaire), `NOM` (chaîne de caractères), `CODE` (entier) et `DN` (de type date/heure), VS génère automatiquement (encore faut-il le lui réclamer : bouton `Options avancées`, voir la figure 28-46) les commandes suivantes pour les suppressions, les mises à jour et les insertions (ici, syntaxe Access sinon des paramètres nommés auraient été utilisés) :

Commandes SQL générées automatiquement (sans prise en compte des accès concurrents)	
DeleteCommand	DELETE FROM [Pers] WHERE [ID] = ?
UpdateCommand	UPDATE [Pers] SET [NOM] = ?, [CODE]=?, [DN]=? WHERE [ID]=?
InsertCommand	INSERT INTO [Pers] [ID],[NOM],[CODE],[DN] VALUES(?, ?, ?, ?)

Chaque nom de table est délimité par des crochets (sage précaution car cela permet de tenir compte du fait qu'un nom de champ pourrait contenir des espaces blancs). `Pers-DSO.UpdateParameters` consiste en une collection de paramètres. Si l'on jette un coup d'œil au composant PersDSO en mode Source, on trouve dans ses balises intérieures (ici pour la mise à jour) :

```
<UpdateParameters>
 <asp:Parameter Name="NOM" Type="String" />
 <asp:Parameter Name="CODE" Type="Int32" />
 <asp:Parameter Name="DN" Type="DateTime" />
 <asp:Parameter Name="original_ID" Type="Int32" />
</UpdateParameters>
```

Voyons maintenant ces mêmes commandes SQL générées automatiquement par VS quand on lui demande de tenir compte des accès concurrents (la commande doit échouer si des champs de la ligne ont été modifiés à partir d'un autre poste de travail depuis la lecture) :

Commandes SQL générées automatiquement (avec prise en compte des accès concurrents)	
DeleteCommand	DELETE FROM [Pers] WHERE [ID] = ? AND [NOM] = ? AND [CODE] = ? AND [DN] = ?
UpdateCommand	UPDATE [Pers] SET [NOM] = ?, [CODE] = ?, [DN] = ? WHERE [ID] = ? AND [NOM] = ? AND [CODE] = ? AND [DN] = ?
InsertCommand	INSERT INTO [Pers] ([ID], [NOM], [CODE], [DN]) VALUES (?, ?, ?, ?)

Les ? (cas Access) ou les paramètres nommés (cas SQL Server) dans la clause WHERE font référence aux valeurs des champs au moment de la lecture, avant modification par l'utilisateur. Nous ne reviendrons pas sur les paramètres des requêtes SQL puisqu'elles ont été vues au chapitre 24.

En cas de mise à jour dans une ligne de la grille, suite à un clic sur le lien Mettre à jour (ou son équivalent, car ce lien est très personnalisable), les événements suivants sont signalés :

Événements signalés à la grille et en rapport avec la liaison de données		
Événement	**Composant cible**	
RowEditing	GridView	Une ligne de la grille est passée en mode édition. Le second argument de la fonction de traitement est de type GridViewEditEventArgs. Le numéro de la ligne sélectionnée est donné par e.NewEditIndex. La n-ième cellule de la ligne (sans oublier que la première est, par défaut, occupée par des liens) est donnée par : gv.Rows[e.NewEditIndex].Cells[n]
RowUpdating	GridView	L'utilisateur vient de valider par un clic sur le bouton Mise à jour. Le second argument est de type GridViewUpdateEventArgs, présenté ci-dessous étant donné l'importance de l'événement.
Updating	SqlDataSource	Le second argument est de type SqlDataSourceCommandEventArgs. On y retrouve Cancel (faire passer à true pour annuler la commande) et surtout e.Command, de type DbCommand qui donne accès à la commande et à ses paramètres.

Updated	SqlDataSource	La mise à jour vient d'être effectuée, sauf en cas d'erreur, sur disque. L'évé-nement n'est cependant pas signalé en cas d'erreur grave (il faut pour cela traiter RowUpdated signalé à la grille). Le second argument est de type SqlDataSourceStatusEventArgs avec l'argument e.AffectedRows qui indique le nombre de lignes modifiées dans la base de données. e.Exception vaut null si tout s'est bien passé.
RowUpdated	GridView	Il s'agit de l'événement le plus important à traiter car il permet, en cas de problème grave, d'intercepter les erreurs et de ne pas envoyer une page d'erreur vraiment peu professionnelle au visiteur. Les deux champs importants sont e.Exception (qui indique une erreur grave, à traiter impérativement, s'il est différent de null) et e.Affected-Rows (qui indique le nombre de lignes modifiées dans la base de données, et qui donc reste à zéro si, en l'absence d'erreur grave, la modification n'a pas pu être effectuée dans la base de données).

Lorsque l'événement RowUpdating est signalé à la grille, vous pouvez inspecter les différentes valeurs dans la rangée concernée (avant et après mise à jour par l'utilisateur). Il vous est alors possible de modifier les valeurs et même d'annuler l'opération de mise à jour.

Événement RowUpdating signalé à la grille. Champs de l'argument GridViewUpdateEventArgs	
e.Cancel	En faisant passer e.Cancel à true, vous annulez l'opération de mise à jour.
e.RowIndex	Numéro de la rangée concernée par l'opération.
e.OldValues	Collection des différentes valeurs des champs avant modification par l'utilisateur.
e.NewValues	Collection des différentes valeurs des champs après modification par l'utilisateur : e.New-Values.Count donne le nombre de champs intervenant dans la mise à jour (si la clé est de type champ auto-incrémenté, ce champ n'est pas repris dans le compte). Il est possible de modifier une valeur (avant, donc, d'effectuer la modification dans la base de données). Par exemple : e.NewValues[2] = "14/7/1789";
e.Keys	Collection des clés d'accès à la table. e.Keys.Count donne le nombre de champs formant la clé tandis que e.Keys[0] donne le contenu de la clé d'accès pour la rangée concernée.

C'est en traitant l'événement RowUpdated signalé à la grille que vous vérifiez comment s'est passée la mise à jour sur disque, et que vous traitez (ce qui est impératif) l'éventuelle, mais toujours possible, exception.

Le second argument de la fonction traitant l'événement RowUpdating adressé à la grille est de type GridViewUpdatedEventArgs. Il y a erreur grave si e.Exception est différent de null.

En cas d'erreur grave, e.Exception est donc différent de null et e.Exception.Message contient le message d'erreur. Faites passer e.ExceptionHandled à true pour signaler que vous traitez l'erreur. Vous évitez ainsi l'affichage d'une page d'erreur chez le visiteur.

Enfin, vous pouvez faire passer e.KeepInEditMode à true pour que l'utilisateur reste en mode édition même après lui avoir signalé l'erreur.

28.10.3 Le composant Repeater

Le composant Repeater présente de nombreuses similitudes avec la grille. Il répète des données mais il vous appartient entièrement de définir la présentation de ces données. Ce composant a essentiellement pour but de présenter des données, pas de les éditer. Rien n'interdit cependant de placer un bouton dans une cellule, et d'effectuer une action suite à un clic sur un bouton (par exemple pour mettre l'article dans le panier, comme nous l'avons fait dans la grille).

Une base de données est associée au composant Repeater. Comme nous avons déjà effectué cette opération pour la grille, nous ne répéterons pas l'explication.

Le composant Repeater est configuré principalement en mode Source. Pour spécifier la présentation de chaque ligne (chacune correspondant à une ligne du SELECT), il faut utiliser la technique des modèles (*templates* en anglais). Dans la balise <asp:Repeater>, on spécifie une ou plusieurs des balises suivantes :

- ItemTemplate pour spécifier la présentation d'une ligne d'article ;

- AlternatingItemTemplate pour les lignes paires (cette balise héritant des caractéristiques de la balise ItemTemplate non reprises dans AlternatingItemTemplate) ;

- HeaderTemplate et FooterTemplate pour l'en-tête et le pied de Repeater (et non de chaque article affiché) ;

- SeparatorTemplate pour la séparation entre les différentes lignes.

Montrons un exemple simple de balise Repeater. Pour chaque article affiché dans la page Web (SELECT effectué dans la base de données Librairie), on affiche le titre de l'ouvrage et son auteur. Une ligne de séparation est insérée entre deux articles.

Exemple simple de Repeater

```
<asp:Repeater id="rpt" runat="server" DataSourceID="SqlDataSource1" >
 <ItemTemplate>
  <asp:Label runat="server" Text='<%# Eval("Titre") %>' />
  écrit par
   
  <asp:Label runat="server" Text='<%# Eval("Auteur") %>' />
 </ItemTemplate>
 <SeparatorTemplate>
  <hr style="width:100%" />
 </SeparatorTemplate>
</asp:Repeater>
```

Voyons maintenant un deuxième exemple, même si la déclaration du composant n'est guère plus compliquée.

Chaque cellule du Repeater est une table. Comme pour la grille, nous affichons l'image de la couverture, le nom de l'ouvrage et finalement un bouton Commander. Nous présentons ici le composant Repeater, la fonction retGif et la fonction de traitement du bouton (après avoir placé les composants, double-clic sur le bouton pour créer la fonction de traitement du clic sur le bouton : il s'agit de traiter l'événement `ItemCommand` adressé au Repeater).

Deuxième exemple de Repeater

```
<asp:Repeater ID="rpt" runat="server" DataSourceID="SqlDataSource1"
              OnItemCommand="rpt_ItemCommand">
  <ItemTemplate>
   <table width="100%">
    <tr>
     <td style="width:25%;text-align:center;">
      <asp:Image runat="server" ImageUrl='<%# retGif(Eval("ISBN")) %>' />
     </td>
     <td style="width:50%">
      <asp:Label ID="Label1" runat="server" Text='<%# Eval("Titre") %>' />
     </td>
     <td>
      <asp:Button runat="server" Text="Commander" CommandName="Commander"
                  CommandArgument='<%# Eval("ISBN")%>'/>
     </td>
    </tr>
   </table>
  </ItemTemplate>
  <SeparatorTemplate>
   <hr style="color:red;width:100%;" />
  </SeparatorTemplate>
  <HeaderTemplate>
   <h2 style="text-align:center;color:Red;">Nos livres disponibles</h2>
   <br /><br />
  </HeaderTemplate>
</asp:Repeater>
```

Fichier cs

```
protected string retGif(object oIsbn)
{
 return @"gifs\" + (string)oIsbn + ".gif";
}
// fonction de traitement du clic sur le bouton Commander
protected void rpt_ItemCommand(object source, RepeaterCommandEventArgs e)
{
 if (e.CommandName == "Commander")
 {
  .....           // code ISBN du livre commandé dans e.CommandArgument
 }
}
```

Figure 28-63

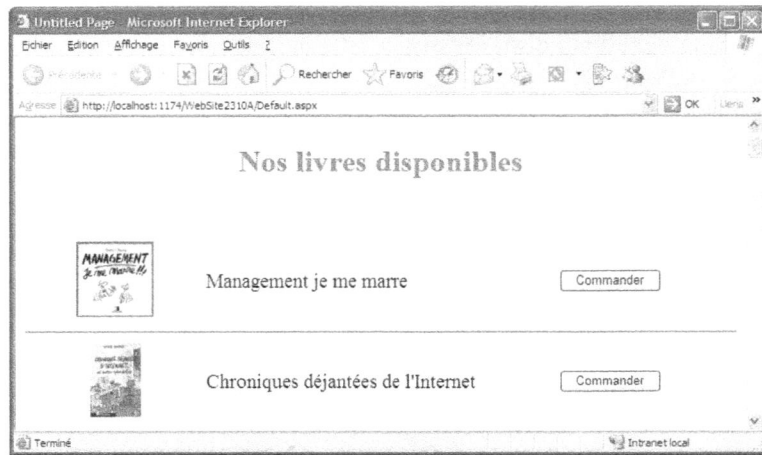

28.10.4 Le composant DataList

Le composant `DataList` est très semblable au `Repeater`. Il permet cependant une interaction avec l'utilisateur (l'édition des données) grâce aux balises `SelectedItemTemplate` et `EditItemTemplate`.

Les données d'un `DataList` peuvent être affichées sur une ou plusieurs colonnes (alors qu'on est limité à une seule avec le `Repeater`). C'est pour cette raison que le `DataList` offre les propriétés :

- `RepeatColumns` : nombre de colonnes d'affichage ;

- `RepeatDirection` : sens de la répétition des articles (`Horizontal` ou `Vertical`, les deux valeurs de l'énumération `RepeatDirection`).

Nous allons reprendre l'exemple précédent mais en le programmant de manière un peu différente afin d'illustrer diverses techniques. Les données proviendront cette fois d'un fichier XML. Nous affichons la couverture du livre (avec bulle d'aide indiquant le titre et l'auteur) ainsi qu'un bouton `Ajouter au panier`. Le clic sur le bouton est traité dans la fonction `dl_ItemCommand`, `dl` désignant le nom interne de la `DataList`.

Exemple de DataList

Fichier XML

```
<?xml version="1.0" standalone="yes"?>
<Ouvrages>
  <Ouvrage>
    <ISBN>2-212-03589-6</ISBN>
    <Titre>Management je me marre</Titre>
    <Auteur>Jissey</Auteur>
    <Catégorie>1</Catégorie>
    <Prix>9.91</Prix>
```

```
   <CD>false</CD>
    <DateParution>2000-11-01T00:00:00.0000000+01:00</DateParution>
    <NbPages>62</NbPages>
  </Ouvrage>
  .....
</Ouvrages>
```

Composant DataList

```
<asp:DataList ID="dl" runat="server"
              RepeatColumns="2" RepeatDirection="Horizontal" Width="100%"
              OnItemCommand="dl_ItemCommand" DataKeyField="ISBN" >
 <ItemTemplate>
  <asp:ImageButton runat="server"
                          ImageUrl='<%# retGif(Eval("ISBN")) %>'
                          ToolTip='<%#retTitrePlusAuteur(Eval("ISBN"))%>'  />
         <asp:ImageButton runat="server" ImageUrl="AjouterAuPanier.gif"
                          CommandName="Commander"
                          CommandArgument='<%#Eval("ISBN") %>'   />
 </ItemTemplate>
</asp:DataList>
```

Code C#

```csharp
<%@ Import Namespace=System.IO %>
<%@ Import Namespace=System.Data %>
protected void Page_Load(Object sender, EventArgs e)
{
 if (Page.IsPostBack == false)
 {
  DataSet oDS = new DataSet();
  oDS.ReadXml(Server.MapPath("Ouvrages.xml"));
  dl.DataSource = oDS.Tables[0];
  dl.DataBind();
 }
}
protected string retGif(object o)
{
 return @"gifs\" + (string)o + ".gif";
}
protected string retTitrePlusAuteur(object o)
{
 string titre = (string)Eval("Titre");
 string nom = (string)Eval("Auteur");
 return titre + " écrit par " + nom;
}
// fonction de traitement du clic sur le bouton Ajouter au panier
protected void dl_ItemCommand(object source, DataListCommandEventArgs e)
{
 if (e.CommandName == "Commander")
 {
  .....                    // code ISBN dans e.CommandArgument;
 }
}
```

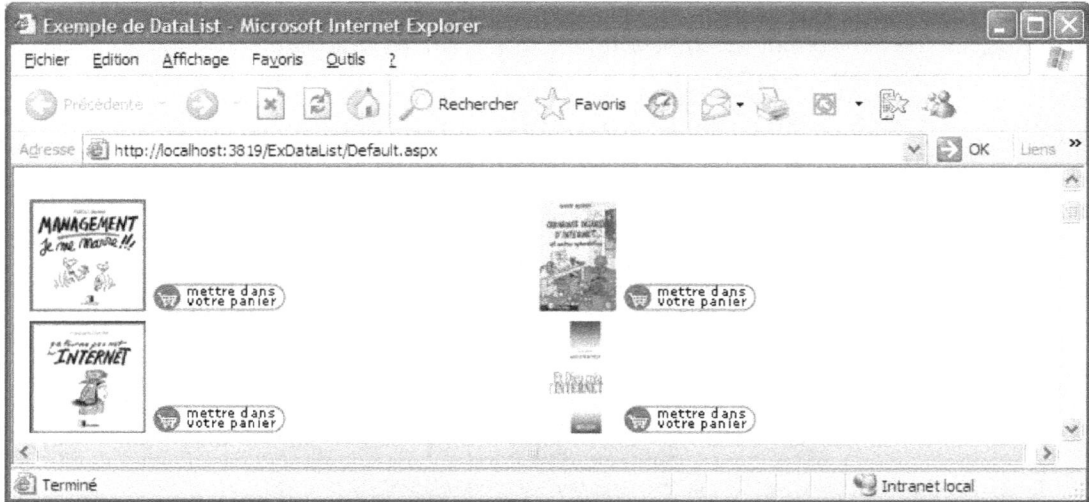

Figure 28-64

28.10.5 Le composant DetailsView

Si le composant GridView affiche les données dans une grille, le composant DetailsView lui est très semblable, mais il affiche les données une ligne à la fois. La procédure d'association à des données ayant été vue dans le cas du GridView, il est inutile de la répéter :

Figure 28-65

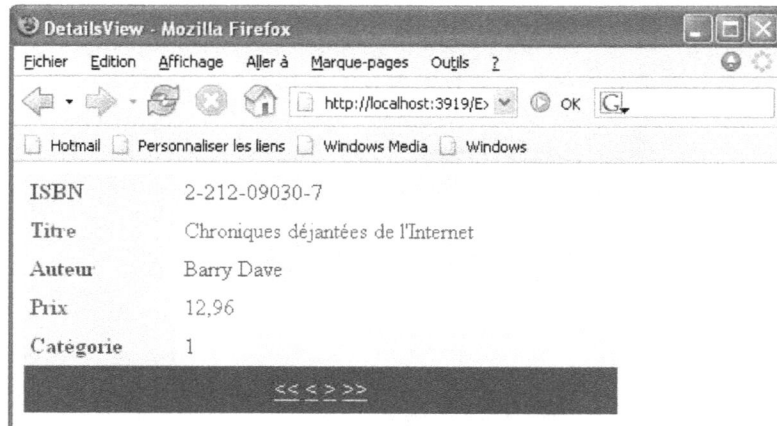

Il est possible d'ajouter les liens Modifier, et/ou Supprimer, et/ou Insérer (pour cela, faire passer à true les propriétés AutoGenerateEditButton, AutoGenerateDeleteButton et AutoGenerateInsertButton) mais il faut également initialiser les propriétés UpdateCommand, DeleteCommand et InsertCommand de l'objet source de données. Si cela n'a pas été fait lors de la création du composant : smart tag du composant Source de données → Configurer la source de données → Suivant → Options avancées et cochez la case Générer des instructions.

Pour lier une GridView (affichant quelques champs seulement de tous les articles) et une DetailsView (affichant tous les articles d'une seule rangée), il faut effectuer une liaison entre les deux composants. La procédure a déjà été rencontrée lors de la création de la GridView (une liaison ayant été alors effectuée avec le contenu d'une boîte combo).

La sélection doit être possible dans la GridView : smart tag → cochez la case Activer la sélection.

Dans la DetailsView, il faut modifier la clause WHERE : smart tag → Configurer la source de données → Suivant → WHERE et spécifiez la colonne sur laquelle s'effectue le lien (dans notre cas la colonne ISBN), la source de données (un contrôle, plus précisément la Grid-View).

28.11 Les classes d'ASP.NET

Toute page web est un objet d'une classe dérivée de la classe Page, de l'espace de noms System.Web.UI.

Présentons cette importante classe Page qui contient toutes les fonctionnalités de base d'une page Web.

Classe Page		
Page ← TemplateControl ← Control ← Object		
Propriétés de la classe Page		
Application	HttpApplicationState	Objet « application » de l'application Web. Cette propriété donne accès aux variables de l'application, dont nous parlerons bientôt.
Cache	Cache	Objet donnant accès aux informations gardées en mémoire cache afin d'améliorer les performances.
Controls		Collection des composants de la page.
ErrorPage	string	Page (fichier HTML ou ASP.NET) à afficher en cas d'erreur sur la page (par exemple une erreur de syntaxe dans le fichier cs ou aspx mais plus souvent une exception non interceptée en cours d'exécution). Par défaut, la page est plus explicite sur l'erreur si navigateur et serveur s'exécutent sur la même machine. ErrorPage permet donc d'afficher une page plus personnalisée que la page par défaut.
IsPostBack	bool	Indique s'il s'agit du premier accès à la page par un client ou (IsPostBack valant alors true) si cette page est réactivée suite à une action de l'utilisateur (par exemple un clic sur un bouton).
IsValid	bool	Indique si la validation de page a réussi.

Propriétés de la classe Page (suite)

Request	HttpRequest	Objet reprenant des informations sur la requête provenant du navigateur du client, notamment les éventuels arguments de la requête. Nous étudierons cela bientôt.
Response	HttpResponse	Objet « réponse » correspondant au flot de données renvoyé au client. Nous avons déjà utilisé cet objet (méthode Write appliquée à l'objet Response) pour insérer des éléments (texte, y compris du HTML) dans ce qui est envoyé au client. Nous utiliserons bientôt cet objet pour l'enregistrement de cookies sur la machine du client.
Server	HttpServerUtility	Objet « serveur » donnant accès à des méthodes facilitant la transmission de données vers le client.
Session	HttpSessionState	Objet correspondant à la session en cours avec un utilisateur particulier. Nous étudierons bientôt les objets de session. Ceux-ci permettent notamment de garder des informations propres à un utilisateur particulier quand celui-ci passe d'une page à l'autre de l'application.
TemplateSource-Directory	string	Répertoire virtuel de la page (tel que le voit l'utilisateur, sans le chemin complet d'accès réel à la page sur le serveur).

Méthodes de la classe Page

void DataBind();	Effectue une liaison de données.
string MapPath(string);	Renvoie le chemin complet du fichier passé en argument (l'argument étant relatif au répertoire de l'application Web).

D'autres méthodes seront vues plus tard, notamment lorsque nous chargerons des contrôles utilisateurs.

Lorsque le navigateur du client s'adresse au serveur et réclame une page, différents événements sont signalés à la page (voir la section 28.1) et peuvent être traités en C#. Parmi ceux-ci, on trouve notamment l'événement Load traité par la fonction Page_Load. Dans celle-ci, il est possible, via l'objet Request de la page, d'obtenir des informations sur la requête (type de navigateur, plate-forme, adresse IP du client, paramètres de la page, etc.).

Étant donné l'importance de cet objet Request, présentons les plus importantes propriétés de sa classe, HttpRequest.

Classe HttpRequest

HttpRequest ← Object

Principales propriétés de la classe HttpRequest

Browser	HttpBrowserCapabilities	Fournit des informations sur le navigateur utilisé par le client (voir ci-dessous les propriétés de cette classe HttpBrowserCapabilities).
Cookies	httpCookieCollection	Donne accès aux cookies enregistrés sur le client ou crée ceux-ci.
Headers	NameValueCollection	Collection des en-têtes de la requête.

HttpMethod	string	Indique la méthode (POST ou GET) de renvoi des informations au serveur.
IsAuthenticated	bool	Indique si le client est authentifié.
IsSecureConnection	bool	Indique si la communication est sécurisée, c'est-à-dire si le protocole est HTTPS.
Params	NameValueCollection	Collection des informations ajoutées par le navigateur du client en fin d'URL.
UserHostAddress	string	Adresse IP du client. L'adresse IP du client est généralement attribuée de manière dynamique par le fournisseur de services Internet et varie d'une connexion à l'autre. Souvent, l'adresse IP est régulièrement modifiée même en cas de connexion permanente (histoire de vous empêcher de vous installer à si bon compte comme serveur).
UserHostName	string	Nom DNS du client (s'il existe).
UserLanguages	string[]	Langues supportées par le navigateur du client (généralement une seule, fr s'il s'agit du français).

Apprenons d'abord à détecter des caractéristiques du navigateur du client.

La classe HttpBrowserCapabilities donne les possibilités du navigateur. L'utilisateur peut avoir désactivé certaines de ces possibilités (par exemple le support JavaScript) mais, pour des raisons de sécurité, vous n'en êtes pas informé. Vous pouvez juste savoir si le navigateur du client supporte le JavaScript, que l'option soit activée ou non.

Classe HttpBrowserCapabilities

HttpBrowserCapabilities ← HttpCapabilities ← Object

Propriétés de la classe HttpBrowserCapabilities

ActiveXControls	bool	Indique si le client supporte les ActiveX.
BackgroundSounds	bool	Indique si le navigateur du client peut jouer de la musique en fond sonore.
Browser	string	Chaîne d'identification du navigateur (IE pour Internet Explorer, Firefox, Opera ou Netscape pour les autres).
Cookies	bool	Indique si le navigateur du client accepte les cookies.
Frames	bool	Les frames.
JavaApplets	bool	Les applets Java.
JavaScript	bool	Le JavaScript.
MajorVersion	int	Numéro majeur de version du navigateur.
MinorVersion	int	Numéro mineur.
Platform	string	Plate-forme sur laquelle tourne le navigateur du client : Win95 pour Windows 95, 98 ou Me ou WinNT pour NT, 2000 ou XP.
VBScript	bool	Indique si le navigateur du client supporte VBScript.
Version	string	Numéro de version du navigateur (numéros majeur et mineur séparés par un point).

Pour déterminer le type de navigateur du client, il suffit d'écrire, par exemple dans Page_Load :

```
string s = Request.Browser.Browser;
```

28.11.1 Les paramètres de la requête

Un navigateur peut réclamer une page de plusieurs manières :

- par une URL ne mentionnant pas de page explicite (IIS associe une page bien particulière, il s'agit de la page par défaut, à l'URL) : http://www.xyz.com ;
- en spécifiant explicitement la page : http://www.xyz.com/achats/p1.aspx ;
- en spécifiant un répertoire virtuel (IIS y associe une page, c'est notamment le cas pour Default.aspx) : http://www.xyz.com/Rep ;
- sur un réseau local, xyz désignant ici le nom d'une machine de ce réseau local (localhost pour sa propre machine) : http://xyz/Infos/p2.aspx.

Mais le navigateur peut aussi ajouter des informations à l'URL (ici deux informations avec & comme séparateur : Auteur et Cat) :

```
http://xyz/Infos/p2.aspx?Auteur=franquin&Cat=4
```

Il est fréquent qu'un hyperlien d'une page Web fasse référence à une adresse formulée de la sorte. C'est en effet la technique communément utilisée pour appeler une page avec des paramètres.

Lors du traitement dans Page_Load, vous retrouvez ces informations complémentaires à l'URL (toutes de type string) en écrivant :

```
string s1 = Request.Params["Auteur"];
string s2 = Request.Params["Cat"];
```

Request.Params donne la valeur null si l'information en paramètre est absente de la requête.

Passons maintenant en revue les autres classes susceptibles de présenter de l'intérêt. La première est symétrique de Request puisqu'elle concerne la réponse du serveur.

Classe HttpResponse		
HttpResponse ← Object		
Propriétés de la classe HttpResponse		
Charset	string	Jeu de caractères à utiliser, par exemple iso-8859-2 pour l'Europe centrale.
ContentType	string	Type de contenu de la réponse. Par défaut, il s'agit de Text/HTML.
IsClientConnected	T/F	Indique si le client est encore connecté.
StatusCode	int	Code de retour du client suite à notre envoi.
StatusDescription	string	Chaîne de caractères décrivant l'information précédente.

Méthodes de la classe HttpResponse

`void`
`AppendHeader(string name,`
`            string value);`
	Ajoute une information à l'en-tête de la réponse.

`void` `BinaryWrite(byte[] buffer);`	Envoie un tableau de bytes comme réponse. Nous nous servirons plus loin de cet objet pour préparer (en mémoire sur le serveur) une image propre au client et envoyer cette image, sous forme d'un flux d'octets, au navigateur du client.
`void Clear();`	Purge le flux de données envoyé au client.
`void Close();`	Ferme la connexion socket avec le client.
`void End();`	Envoie le contenu du buffer au client et met fin à la connexion socket.
`void Flush();`	Force l'envoi du contenu du buffer au client (comme pour les fichiers sur disque, chaque `Write` ou `BinaryWrite` appliqué à l'objet `HttpResponse` est d'abord temporairement mis en attente d'envoi dans un buffer).
`void Redirect(string url);`	Redirige le client sur une nouvelle URL.
`void Write(string s);`	Envoie de `s` (inséré dans le contenu http) au client.
`void WriteFile(string);`	Envoie le contenu du fichier au client.

`void`
`WriteFile(string fileName,`
`    long offset, long size);`
	Envoie une partie du contenu du fichier au client.

28.11.2 Les cookies

La classe `HttpCookie` présente sans doute plus d'intérêt car elle permet de manipuler les cookies. Un cookie consiste en un petit fichier enregistré sur la machine du client, et qui est lié au site qui l'a créé (un programme Web ne recevant que les cookies qu'il a créés). Le programme Web peut ainsi garder (sur la machine du client) des informations relatives à ce client (sa langue, ses préférences, etc.). Lorsque le navigateur effectue une requête pour un site, il place les cookies de ce site dans le bloc formant la requête.

Classe HttpCookie

HttpCookie → Object		
Domain	string	Nom de domaine associé au cookie. Permet de limiter la transmission du cookie au client réclamant une ressource provenant de ce domaine. Par défaut, il s'agit du domaine courant.
Expires	DateTime	Date à laquelle expire le cookie. Par défaut, fin est mise au cookie dès que la session du navigateur se termine. Avec certains systèmes d'exploitation, un cookie sans date d'expiration n'est tout simplement pas enregistré, même temporairement.
HasKey	bool	Indique si le cookie a des sous-clés (voir exemples).
Path	string	Étend la notion de domaine en spécifiant l'URL à laquelle s'applique le cookie.
Values		Collection des valeurs des cookies. Cette propriété est en lecture seule.

Les classes `HttpRequest` et `HttpResponse` contiennent toutes deux le champ `Cookies`, de type `HttpCookieCollection` qui donne accès, respectivement, à la lecture et à l'écriture de cookies.

On distingue deux sortes de cookies :

- les cookies simples qui ne contiennent qu'une seule information ;

- les cookies composés qui, à l'instar des tableaux, contiennent plusieurs informations.

Voyons d'abord comment, à partir du serveur, créer un cookie simple sur la machine du client. Soient `glCorp` et `blabla` le nom et le contenu d'un cookie dont la date d'expiration est de trente jours (dans trente jours, le cookie sera automatiquement détruit sur la machine du client) :

```
Response.Cookies["glCorp"].Value = "blabla";
DateTime dt=DateTime.Now;
TimeSpan ts = new TimeSpan(30, 0,0);
Response.Cookies["glCorp"].Expires = dt.Add(ts);
```

Lors d'une prochaine visite du client, notre programme va tenter de lire le cookie. Il ne faudra pas oublier que celui-ci a pu être effacé par l'utilisateur, qu'il a pu être refusé par le navigateur du client (parce que les cookies ont été désactivés) ou que la date d'expiration est dépassée. Pour lire le cookie en tenant compte de cela, on écrit :

```
HttpCookie cookie = Request.Cookies["glCorp"];
if (cookie == null) .....        // pas de cookie
else s = cookie.Value;           // contenu du cookie dans s, de type string
```

Voyons maintenant comment créer un cookie composé (baptisé `ACME`) qui comprend deux informations (un numéro de catégorie et une somme) :

```
Response.Cookies["ACME"]["CAT"] = "24";
Response.Cookies["ACME"]["SOMME"] = "200000";
DateTime dt=DateTime.Now;
TimeSpan ts = new TimeSpan(30, 0,0);        // cookie valable trente jours
Response.Cookies["ACME"].Expires = dt.Add(ts);
```

On pourrait écrire, si la date d'expiration est fixe et non relative à la date du jour :

```
Response.Cookies["ACME"].Expires = DateTime.FromString("25/12/2010");
```

Pour lire les deux informations (toujours de type `string`) enregistrées dans le cookie composé, on écrit :

```
HttpCookie cookie = Request.Cookies["ACME"];
if (cookie == null) .....                        // pas de cookie
else
{
 string s1 = cookie["CAT"];
 string s2 = cookie["SOMME"];
 .....
}
```

Pour, à partir du serveur, supprimer un cookie que nous avons précédemment téléchargé chez le client, il suffit d'envoyer le même cookie mais avec une date d'expiration antérieure à la date du jour.

28.11.3 Représentations graphiques

Comme autre exemple d'utilisation de l'objet Response, nous allons, sur le serveur, préparer une représentation graphique qui sera envoyée au client. Cette représentation graphique est propre à chaque client puisque c'est lui qui décide des valeurs à représenter graphiquement.

Vous trouverez ci-après le code de la représentation dite en camemberts. Les trois valeurs à représenter sont passées à la page en utilisant la technique des arguments de page. On réclame la page Graph/CamGraph et lui passe les deux arguments zeA et zeB par :

```
http://xyz/Graph/CamGraph?zeA=5&zeB=8&zeC=4
```

Le graphique est préparé en utilisant les fonctions étudiées au chapitre 13, exactement comme on le fait en programmation Windows.

La différence se situe dans les deux dernières instructions : on enregistre ce qui a été réalisé dans le flux de données matérialisé par Response.OutputStream qui correspond au chemin entre le serveur et le navigateur du client (voir figure 28-66).

Figure 28-66

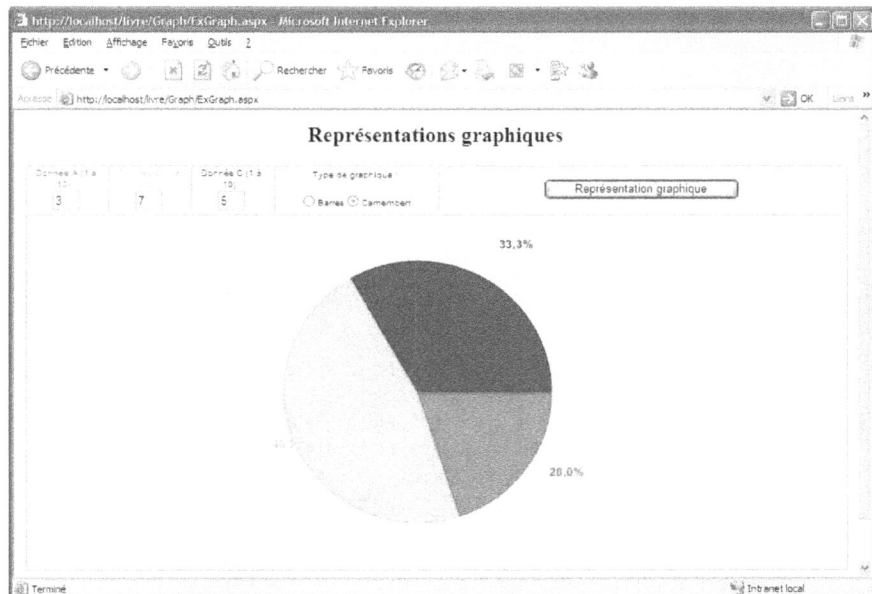

Code de la représentation en camemberts

```csharp
// Dessiner le fond du graphique (dans un rectangle de 500x400)
Rectangle rc = new Rectangle(0, 0, 500, 400);
Bitmap bmp = new Bitmap(500, 400);
Graphics g = Graphics.FromImage(bmp);
// Pour améliorer la qualité du dessin
g.SmoothingMode = SmoothingMode.HighQuality;
g.TextRenderingHint = TextRenderingHint.AntiAlias;
SolidBrush br = new SolidBrush(Color.AliceBlue);
g.FillRectangle(br, rc);      // représentation sur fond de couleur "bleu alice"
// Retrouver les valeurs à représenter graphiquement (passées en arguments de la page)
int ValA = Int32.Parse(Request.Params["zeA"]);
int ValB = Int32.Parse(Request.Params["zeB"]);
int ValC = Int32.Parse(Request.Params["zeC"]);
int Somme = ValA + ValB + ValC;
double AngleStart=0, Angle;
// Dessiner le secteur rouge
Angle = 360.0*ValA/Somme;
g.FillPie(new SolidBrush(Color.Red), new Rectangle(80, 50, 300, 300),
          (float)AngleStart, (float)Angle);
// Calculer la position d'affichage du pourcentage
int xStr = 230 + (int)(180*Math.Cos(2*3.14*(AngleStart+Angle/2)/360));
int yStr = 180 + (int)(180*Math.Sin(2*3.14*(AngleStart+Angle/2)/360));
// Afficher le pourcentage
string s = String.Format("{0:0.0%}", (double)ValA/Somme);
g.DrawString(s, new Font("Arial", 10, FontStyle.Bold),
             new SolidBrush(Color.Red), xStr, yStr);
AngleStart += Angle;
// Dessiner le secteur vert
Angle = 360.0*ValB/Somme;
g.FillPie(new SolidBrush(Color.Lime), new Rectangle(80, 50, 300, 300),
          (float)AngleStart, (float)Angle);
xStr = 230 + (int)(180*Math.Cos(2*3.14*(AngleStart+Angle/2)/360));
yStr = 180 + (int)(180*Math.Sin(2*3.14*(AngleStart+Angle/2)/360));
s = String.Format("{0:0.0%}", (double)ValB/Somme);
g.DrawString(s, new Font("Arial", 10, FontStyle.Bold),
             new SolidBrush(Color.Lime), xStr, yStr);
AngleStart += Angle;
// Dessiner le secteur bleu
Angle = 360.0*ValC/Somme;
g.FillPie(new SolidBrush(Color.Blue), new Rectangle(80, 50, 300, 300),
          (float)AngleStart, (float)Angle);
xStr = 230 + (int)(180*Math.Cos(2*3.14*(AngleStart+Angle/2)/360));
yStr = 180 + (int)(180*Math.Sin(2*3.14*(AngleStart+Angle/2)/360));
s = String.Format("{0:0.0%}", (double)ValC/Somme);
g.DrawString(s, new Font("Arial", 10, FontStyle.Bold),
             new SolidBrush(Color.Blue), xStr, yStr);
AngleStart += Angle;
// Envoyer la représentation graphique au navigateur du client
Response.ContentType = "image/jpeg";
bmp.Save(Response.OutputStream, ImageFormat.Jpeg);
```

Une autre solution (en remplacement de la dernière instruction) consiste à prendre tous les caractères (en mémoire) de la représentation graphique et de les envoyer, par Response.BinaryWrite, au navigateur du client. Comme on a signalé au navigateur, dans l'avant-dernière instruction, qu'il s'agissait d'une représentation d'une image au format jpeg, celui-ci peut afficher l'image :

```
MemoryStream ms = new MemoryStream();
bmp.Save(ms, ImageFormat.Jpeg);
Response.ClearContent();
Response.BinaryWrite(ms.ToArray());
Response.End();
```

28.12 Les contrôles utilisateurs

Les contrôles utilisateurs (*user control* en anglais) sont aux pages Web ce que les fonctions sont aux programmes : ils peuvent être réutilisés d'une page Web à l'autre. Il s'agit de fichiers ascx (et ascx.cs pour le code C# d'accompagnement).

Pour illustrer le sujet, nous allons d'abord réaliser une page Web particulièrement simple dans laquelle il n'est pas encore question de contrôle utilisateur. Dans cette page Web, on trouve :

• un panneau ressortant de l'écran ;

• une zone d'affichage (Infos) ;

• une zone d'édition ;

• un bouton de commande.

Nous avons déjà inséré les fonctions de traitement même si ces fonctions ne font encore rien. Si l'on n'utilise pas la technique du *code-behind*, cela donne :

Page Web avec panneau   uc.aspx

```
<html>
 <head>
  <script language="c#" runat="server" >
   void Page_Load(object sender, EventArgs e) {}
   void bPa_Click(object sender, EventArgs e) {}
  </script>
 </head>
 <body>
  <asp:Panel id="Pa" BorderWidth="4" BorderStyle="OutSet" runat="server"
             HorizontalAlign="Center" BackColor="AliceBlue" >
   <asp:Label id="zaPa" runat="server" Text="Infos" /> <br/><br/>
   <asp:TextBox id="zePa" runat="server" /> <br/><br/>
   <asp:Button id="bPa" Width="80%" runat="server"
               Text="Bouton du panneau" OnClick="bPa_Click" /> <br/>
  </asp:Panel>
 </body>
</html>
```

L'exemple est évidemment ici intentionnellement simple mais supposons que cette page contienne une fonctionnalité susceptible d'être réutilisée dans d'autres pages Web. Nous allons faire de cette page un « contrôle utilisateur ».

Rien de plus simple. Il suffit pour cela :

- de supprimer les balises html, head, body et form ;
- de donner au fichier l'extension .ascx (au lieu de aspx) ;
- si la page contient une directive <%@ Page, remplacer Page par Control.

Nous avons réalisé un contrôle de type panneau, que nous pourrons réutiliser dans des pages Web :

Contrôle utilisateur de type panneau   **UC.ascx**

```
<script language="c#" runat="server" >
 void Page_Load(object sender, EventArgs e) {}
 void bPa_Click(object sender, EventArgs e) {}
</script>
<asp:Panel id="Pa" BorderWidth="4" BorderStyle="OutSet" runat="server"
          HorizontalAlign="Center" BackColor="AliceBlue" >
 <asp:Label id="zaPa" runat="server" Text="Infos"/> <br/><br/>
 <asp:TextBox id="zePa" runat="server" /> <br/><br/>
 <asp:Button id="bPa" Width="80%" runat="server"
           Text="Bouton du panneau" OnClick="bPa_Click" /> <br/>
</asp:Panel>
```

Pour créer un contrôle utilisateur avec VS ou VWD : Explorateur de solutions → Ajouter → Contrôle utilisateur. Deux fichiers sont générés : UC.ascx et UC.ascx.cs.

Contrôle utilisateur de type panneau. Utilisation de la technique du code-behind.

Fichier ascx   **UC.ascx**

```
<%@ Control Language="c#" CodeFile="UC.ascx.cs"  Inherits="UC"
          AutoEventWireUp="true" %>
<asp:Panel id="Pa" BorderWidth="4" BorderStyle="OutSet" runat="server"
          HorizontalAlign="Center" BackColor="AliceBlue" >
 <asp:Label id="zaPa" runat="server" />     <br/><br/>
 <asp:TextBox id="zePa" runat="server" />   <br/><br/>
 <asp:Button id="bPa" runat="server"
     Text="Bouton du panneau" OnClick="bPa_Click" /> <br/>
</asp:Panel>
```

Fichier cs   **UC.ascx.cs**

```
using System;
using System.Web;
using System.Web.UI;
using System.Web.UI.WebControls;
```

```
public partial class UC : UserControl
{
 protected Page_Load(object sender, EventArgs e) {}
 protected void bPa_Click(object sender, EventArgs e) { }
}
```

Il apparaît ici clairement que notre contrôle utilisateur est un objet d'une classe dérivée de UserControl.

Nous allons améliorer progressivement ce contrôle utilisateur.

Avant toute chose, voyons comment insérer ce contrôle dans une page Web, sans chercher déjà à le personnaliser. Deux techniques sont possibles : l'insertion statique et l'insertion dynamique. Pour cette dernière, l'insertion est effectuée dynamiquement en cours d'exécution de programme dans la fonction de traitement du Page_Load, quelle que soit la valeur du IsPostBack. On pourrait alors décider de charger l'un ou l'autre contrôle utilisateur en fonction du client qui s'adresse à notre programme Web.

Dans les deux cas, il faut ajouter une directive Register en tête du fichier aspx de la page Web (celle dans laquelle on insère le contrôle utilisateur) :

```
<%@ Register TagPrefix="gl" TagName="gluc" Src="UC.ascx" %>
```

On reconnaît dans cette directive :

- le fichier ascx du contrôle utilisateur (ce fichier faisant éventuellement référence à un fichier cs) ;

- TagPrefix (peu importe les majuscules et les minuscules) qui indique une balise pour ce contrôle utilisateur (ici la balise <gl:, au même titre que <asp: qui démarre une balise pour les contrôles d'ASP.NET, mais peu importe le préfixe choisi même s'il fait souvent référence à la société d'où provient le contrôle utilisateur) ;

- TagName qui donne le nom par lequel le contrôle utilisateur (UC.ascx) est connu dans cette page Web (ici aussi, n'importe quel nom). Dans notre cas, il faudra utiliser la balise <gl:gluc ..... /> pour insérer notre contrôle utilisateur.

Notre contrôle utilisateur est inséré de la manière suivante dans une page Web (ici dans une balise de table) :

```
<%@ Register TagPrefix="gl" TagName="gluc" Src="uc1.ascx" %>
.....
<gl:gluc id="uc1" runat="server" />
```

Dans Page_Load de la page Web, on ajoute (Cell123 désignant une cellule d'un tableau asp:Table) :

```
Control c = LoadControl("UC.ascx");
Cell123.Controls.Add(c);
```

En fonction des circonstances (type d'utilisateur par exemple), on pourrait insérer l'un ou l'autre contrôle.

Cell23 pourrait désigner une cellule d'un tableau créé par une balise <table>. Il suffit pour cela de donner un nom à la cellule et de signaler qu'elle est gérée à partir du serveur :

```
<td id="Cell23" runat="server"/>
```

Il nous reste un dernier problème à résoudre : comment, à partir de la page Web incorporant le contrôle utilisateur, avoir accès à la zone d'édition à l'intérieur du contrôle utilisateur ? Il suffit de créer une propriété pour la zone d'édition, celle-ci étant interne au panneau. On ajoute pour cela, dans la partie C# du contrôle utilisateur :

```
public string Text
{
 get {return zePa.Text;}
 set {zePa.Text = value;}
}
```

Pour lire ou modifier la zone d'édition incorporée dans le contrôle utilisateur, il suffit maintenant d'écrire (uc1 désignant le nom interne du contrôle utilisateur, propriété id), de lire ou de modifier :

```
uc1.Text
```

Si le contrôle utilisateur est chargé dynamiquement, il faut procéder comme suit :

• initialiser la propriété ID du contrôle utilisateur chargé dynamiquement :

```
void Page_load(Object sender, EventArgs e)
{
 Control c = LoadControl("UC.ascx");
 c.ID = "UC";
 Cell2.Controls.Add(c);
}
```

• pour lire le contenu de la zone d'édition zePa du contrôle utilisateur, il faut d'abord rechercher le contrôle utilisateur puis la zone d'édition dans le contrôle utilisateur (uc1 contient ici d'abord une référence au contrôle utilisateur UC et puis une référence à la zone d'édition incorporée dans ce dernier) :

```
Control uc = FindControl("UC");
uc = uc.FindControl("zePa");
TextBox tb = uc as TextBox;;
```

et on lit le contenu de la zone d'édition par tb.Text. Il serait néanmoins prudent de tester la valeur de retour de FindControl, une valeur nulle signifiant que le composant n'a pas été trouvé.

28.12.1 Les objets Application et Session

Toutes les pages de notre application Web ne sont pas indépendantes les unes des autres et plusieurs (voire de nombreux) utilisateurs doivent pouvoir se connecter simultanément à notre site, sans évidemment que notre programme ASP ne mélange les commandes de nos clients.

À cet effet, ASP.NET met à notre disposition :

- un objet `Application` qui est général à l'ensemble des pages et des utilisateurs ;

- des objets `Session` qui sont créés chaque fois qu'un utilisateur se connecte à cette application, c'est-à-dire chaque fois qu'un nouvel utilisateur charge une première page de l'application (n'importe laquelle des quatre). À chaque utilisateur est donc associé un objet `Session` mais la durée de cet objet est limitée.

Par défaut, l'objet `Session` est détruit après vingt minutes de non-utilisation de n'importe laquelle des pages de l'application Web. Pour changer cette valeur limite, modifiez le fichier `web.config` et en particulier la ligne `timeout` de la section `sessionstate` (une limite de cinq minutes est ici spécifiée) :

```
.....
<sessionstate
.....
timeout="5"
.....
```

Le fichier `Global.asax` fait référence (technique du *code-behind*) au fichier `Global.cs` (un fichier C# comme l'indique son extension). Celui-ci contient la classe de cet objet global qui existera tant qu'une des pages est en utilisation, plus précisément tant que la dernière des pages parcourues n'a pas dépassé sa limite de temps imparti (*time-out*). Cet objet est donc bien lié à l'application. Pour le créer : Explorateur de solutions → clic droit sur le nom du projet → `Classe d'application globale`.

Fonctions de traitement liées aux objets `Application` et `Session`

`Application_Start`	Fonction automatiquement exécutée quand l'application démarre : premier accès à une première page par le premier utilisateur.
`Application_End`	La dernière page visitée par le dernier utilisateur atteint sa période de *time-out*.
`Session_Start`	Un nouvel utilisateur se connecte à l'une des pages de l'application (un objet `Session` est alors créé pour cet utilisateur).
`Session_End`	La dernière page visitée par l'utilisateur (celui qui est associé à un objet `Session` particulier) atteint sa limite de temps imparti.

Des objets peuvent être créés dans `Application_Start` et `Session_Start`. Les objets liés à l'application sont accessibles globalement (toutes les pages et tous les utilisateurs) tandis que les objets liés à la session sont liés à une session d'utilisation et sont donc propres à cette session particulière, donc à un client particulier. L'objet `Session` permet donc de suivre les achats d'un client en retenant les achats qu'il a effectués à chaque page.

Un objet d'application est créé (généralement dans `Application_Start` mais en fait n'importe où) par :

```
Application[NomObjet] = valeur;
```

Par exemple (nous créons ici un objet global d'application appelé JuronDuJour) :

```
Application["JuronDuJour"] = "Anthropopithèque !";
```

mais le juron du jour pourrait évidemment provenir d'un fichier. N'importe où dans l'application (par exemple dans la méthode qui traite l'événement Load d'une page), on peut utiliser cet objet. Par exemple (le *casting* est nécessaire car un objet d'application ou de session est de type object et peut donc contenir une valeur de n'importe quel type) :

```
zaPage1JuronDuJour.Text = (string)Application["JuronDuJour"];
```

Si l'objet d'application (c'est également vrai pour l'objet de session) n'avait pas été créé (il suffit pour cela d'une assignation dans l'objet), cet objet contient la valeur null. Il convient parfois de tester cette valeur avant d'entreprendre une action. Par exemple :

```
if (Application["JuronDuJour"] == null)
 zaPage1JuronDuJour.Text = "Pas de juron aujourd'hui";
else zaPage1JuronDuJour.Text = Application["JuronDuJour"];
```

Cet objet lié à l'application pourrait contenir des données plus complexes qu'une simple chaîne de caractères. Par exemple un tableau dynamique (instruction exécutée dans la fonction qui traite l'événement Application_Start) :

```
Application["Visiteurs"] = new ArrayList();
```

N'importe où dans l'application, vous pouvez ajouter des noms de visiteurs (par exemple dans la fonction qui traite l'événement Session_Start) :

```
ArrayList al = (ArrayList)Application["Visiteurs"];
al.Add(zePage1Nom.Text);
```

Les objets liés à une session sont créés de la même manière (généralement dans la fonction qui traite l'événement Session_Start) mais sont limités à une session particulière, donc un utilisateur particulier. Les objets de session permettent de garder des informations sur une session en cours (par exemple, le nom et l'identification du visiteur ou encore les produits commandés).

28.13 Localisation des pages

Les pages d'un site peuvent être automatiquement adaptées à la langue du visiteur. Lorsqu'il effectue une requête pour un site, le navigateur communique en effet cette information dans l'en-tête (plus précisément dans la partie Accept-Language) du bloc de données transmis à cette occasion.

Pour illustrer cette fonctionnalité, créons une page et ajoutons-y un bouton et une zone d'affichage :

```
<title>Page en français</title>
.....
<body>
```

```
<form id="form1" runat="server">
  <asp:Label id="za" runat="server" Text = "" />
  <br />
  <asp:Button id="bDate" runat="server" Text="Date du jour"
            OnClick="bDate_Click" />
</form>
</body>
.....
protected void bDate_Click(object sender, EventArgs e)
{
  za.Text = DateTime.Now.ToLongDateString();
}
```

Pour adapter la page à la langue du visiteur (par traduction du titre, du libellé du bouton et de la réponse affichée suite au clic), il faut créer des ressources qui correspondent à une langue par défaut (ici, le français) ainsi qu'à différentes langues que l'on déciderait de prendre en charge. Pour cela (la page aspx étant affichée à l'écran en mode Design) : activez le menu Outils → Générer la ressource locale (sans oublier d'effectuer cette opération pour chaque page du site). Si vous passez à l'explorateur de solutions, vous constatez que le dossier App_LocalResources a été créé et qu'il contient le fichier de ressources par défaut, appelé Default.aspx.res. Un double-clic sur ce fichier fait afficher la ressource par défaut :

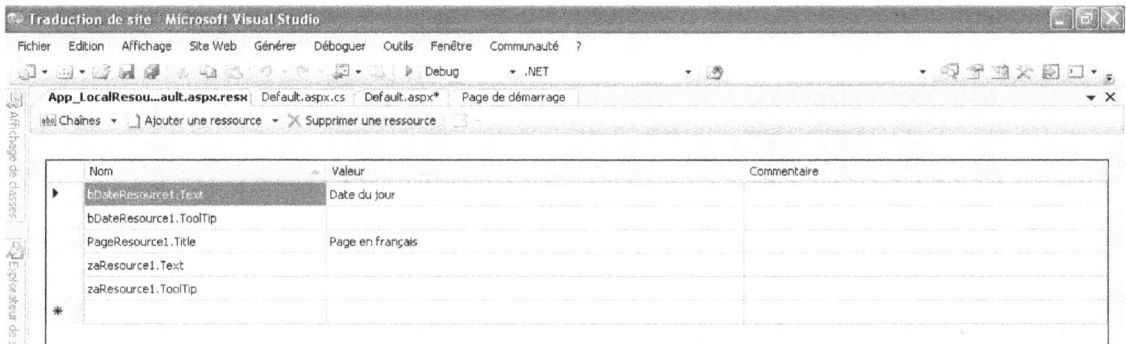

Figure 28-67

Afin de créer un fichier de ressources pour une autre langue (par exemple l'anglais), prenez par copier-coller dans l'explorateur de solutions une copie du fichier Default.aspx.res et appelez-la Default.aspx.en.resx (de manière générale : nom de la page suivi d'un point suivi du nom de la langue et de l'extension .resx).

Un attribut meta:resourcekey est ajouté à chaque composant. Il indique, pour ce composant, le nom de la ressource dans le fichier de ressources (par exemple zaResource1).

Un double-clic sur ce nouveau fichier amène à l'avant-plan l'éditeur de ressources. Il nous reste à traduire :

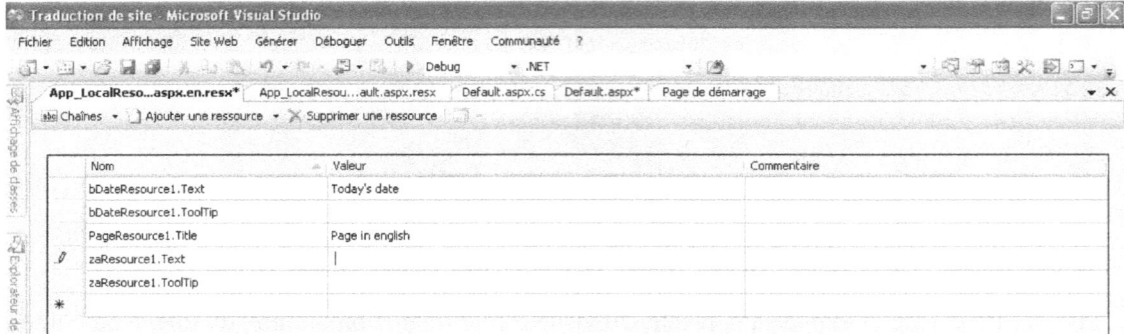

Figure 28-68

Si l'on exécute la page à partir d'un navigateur configuré pour le français (ou pour une autre langue que l'anglais, car le français est ici la langue par défaut), un clic sur le bouton affiche dimanche 25 décembre 2005.

La même page à partir d'un navigateur configuré pour l'anglais (Outils → Options Internet → Langues → Ajouter → Anglais [en] → Monter en première position) affiche le libellé en anglais Sunday, December 25, 2005 en réponse à un clic sur le bouton.

Pour créer des ressources (chaînes, images, etc.) non liées directement à des zones d'affichage à l'écran : Explorateur de solutions → clic droit sur le nom du projet → Ajouter un nouvel élément → Fichier de ressources. VS propose de créer un fichier Resource.resx et de le placer dans le dossier App_GlobalResources. Nous avons déjà expliqué au chapitre 13.2 comment ajouter une nouvelle ressource.

Pour créer le fichier de ressources équivalent dans une autre langue : Explorateur de solutions → créez un autre fichier par copier-coller et renommez-le Resources.*xyz*.resx, *xyz* désignant un nom de langue (par exemple Resources.en.resx). Créez les mêmes chaînes et images (mêmes identificateurs, mais contenus différents).

Pour lire le contenu de l'élément en ressources (ici CH1 comme identificateur, de type string) correspondant à la langue du visiteur (fichier Resource.resx ou l'un des fichiers de ressources adaptés à une langue), il suffit d'écrire :

```
string s = Resources.Resource.CH1;
```

28.14 JavaScript dans les programmes ASP.NET

La programmation, en C# ou VB.NET, de pages ASP.NET relève de la programmation dite « côté serveur » : les instructions contenues dans les fonctions de traitement d'événements sont exécutées sur le serveur. Même si cela n'apparaît pas directement, elles agissent sur le code HTML qui, in fine, est envoyé au client. Traiter sur le serveur des événements qui se sont passés sur la machine client réclame un retour serveur. Ceci constitue une opération coûteuse puisqu'elle comprend :

• la transmission d'un message du client vers le serveur (il s'agit plus précisément d'un nouvel appel de la page avec des informations particulières à ce retour serveur) ;

• l'exécution d'instructions sur le serveur (sans oublier que celui-ci doit s'occuper simultanément d'un grand nombre de clients) : les instructions de Page_Load, puis la fonction de traitement du clic, et finalement celles (par ASP.NET) de rendu de la page en HTML ;

• le renvoi de la page au client. Le navigateur du client lit les différentes lignes du fichier HTML et met à jour sa fenêtre en fonction de ces balises HTML.

Pour toutes ces raisons, un programme Web, aussi bien conçu soit-il, ne peut et ne pourra jamais être aussi rapide et réactif (vis-à-vis de son utilisateur) qu'un programme Windows où le code est compilé et où tout s'exécute sur la même machine. La programmation côté serveur reste néanmoins fondamentale et indispensable pour les accès à la base de données et la logique du programme. Tout cela ne peut être effectué que sur le serveur.

Néanmoins, chaque fois que cela est possible et que le travail en vaut vraiment la peine, on améliore les performances et la réactivité du programme Web (donc sa convivialité) en faisant exécuter du code sur la machine client même. Ce code doit être écrit en Java-Script, un langage indépendant de .NET (et même de Microsoft) et que comprennent la plupart des navigateurs (mais plus rarement les navigateurs pour mobiles, faute de puissance).

Cette section n'est pas consacrée à l'apprentissage du JavaScript mais bien à l'inclusion de JavaScript dans les pages ASP.NET. Un programmeur Web professionnel se doit de connaître le HTML, les CSS et le JavaScript.

28.14.1 Comment insérer des instructions JavaScript ?

Les instructions JavaScript peuvent être insérées de diverses manières dans une page aspx :

• dans une balise script dans la section head :

```
<script type="text/javascript" language="javascript" >
  ........ // instructions JavaScript (y compris fonctions)
 </script>
```

• en fichier externe ;

• directement dans une balise ;

• par des instructions C#.

Dans le cas d'instructions JavaScript incluses dans une balise `script`, VS et VWD fournissent une aide contextuelle sur la syntaxe JavaScript. Malheureusement, les variables non typées de JavaScript réduisent souvent à néant toute proposition d'aide.

Les instructions JavaScript peuvent également être placées dans un fichier externe (par exemple `MonJS.js`), le lien entre page `aspx` et fichier `js` étant assuré par l'attribut `href` de la balise :

```
<script type="text/javascript" language="javascript" src="MonJS.js" ></script>
```

Lors de l'édition du fichier `js`, aucune aide contextuelle n'est malheureusement fournie par VS ou VWD.

Pour que les navigateurs qui ne comprennent pas JavaScript n'essaient pas d'interpréter les instructions JavaScript comme s'il s'agissait de balises, on conseille de les placer en commentaires. Ces navigateurs, mais pas les autres, considèrent alors les instructions JavaScript comme des commentaires :

```
<script type="text/javascript" >
<!--
........ // instructions JavaScript (y compris fonctions)
// -->
</script>
```

Un programme Web (côté serveur) peut déterminer si le navigateur du client comprend le JavaScript (en même temps que la requête pour une page, le navigateur fournit quelques informations à son sujet, notamment celle-là). Il suffit d'écrire (généralement dans la fonction `Page_Load` écrite en C# et s'exécutant sur le serveur) :

```
if (Request.Browser["javascript"] == "false")
{
// le navigateur du client ne comprend pas JavaScript
// on redirige dès lors la requête sur une autre page
Response.Redirect("PagePourNavigateurNonJS.aspx");
}
```

Mais un utilisateur peut avoir désactivé l'interpréteur JavaScript de son navigateur (sous IE, `Outils` → `Sécurité` → `Internet` ou `Intranet` → `Personnaliser le niveau` et désactivez `ActiveScripting`). Il est cependant possible de forcer la prise en compte de certaines balises quand JavaScript n'est pas reconnu par le navigateur du client. Pour cela, insérez une balise `<noscript>` dans la page Web :

```
....
<body>
 <noscript>
  JavaScript a été désactivé dans votre navigateur.
  Corrigez ou allez sur
  <a href="PagePourNavigateurNonJS.aspx">cette page</a>
 </noscript>
....
```

Passons directement à la pratique.

28.14.2 Effet de survol sur une image

Notre premier exemple : réaliser un effet de survol, une image étant remplacée par une autre lorsqu'elle est survolée par la souris. Pour cela, il faut traiter les événements onMouseOver et onMouseOut appliqués à l'image. L'événement onMouseOver correspond à l'entrée du curseur de la souris au-dessus de la zone occupée par l'image (y compris un bouton avec image) et l'événement onMouseOut à la sortie de cette zone.

Les événements onMouseOver et onMouseOut, contrairement à onClick, sont traités « côté client ». Nous verrons néanmoins plus loin queonClick peut également être traité côté client et même être, à la fois, traité côté serveur (ce qui est le cas par défaut) et côté client (par exemple pour demander confirmation).

Le programme Web suivant, que nous commenterons par la suite, comprend des balises HTML, des balises ASP.NET et du code JavaScript (exécuté par le navigateur du client). Il pourrait également contenir, mais ce n'est pas le cas ici, du code C#, toujours exécuté sur le serveur. Le code JavaScript pourrait être écrit de différentes manières. D'abord une qui n'est pas la plus simple mais qui présente l'avantage d'introduire certains concepts :

Effet de survol sur une image

```html
<html>
 <head>
  <script type="text/javascript" language="JavaScript" >
   function ChangerImage(n)
   {
    var o = document.getElementById("imgGO");
    var img;
    switch (n)
    {
     case 1 : img = "images/go1.jpg"; break;
     case 2 : img = "images/go2.jpg"; break;
    }
    o.setAttribute("src", img);
   }
  </script>
 </head>
 <body>
  <form runat="server" >
   <asp:ImageButton id="imgGO" runat="server"
                    ImageUrl="images/go1.jpg"
                    onMouseOver="ChangerImage(1)"
                    onMouseOut="ChangerImage(2)" />
  </form>
 </body>
</html>
```

Dans la balise ASP.NET <asp:ImageButton> (rendue par une balise HTML input type="image" ou <img> quand le clic n'est pas traité), on spécifie que les événements `onMouseOver` et `onMouseOut` vont être traités. Ne vous préoccupez pas de l'avertissement donné par VS et VWD : ASP.NET ne connaît pas, en effet, ces événements, contrairement à JavaScript, ce que nous exploitons d'ailleurs.

Dans la balise `<asp:ImageButton>`, on indique que l'événement `onMouseOver` est traité par la fonction `ChangerImage` à laquelle on passe 1 en argument. L'événement `onMouseOut` est traité par la même fonction, à laquelle on passe 2 en argument. Il aurait été possible de réaliser ce changement d'image de bien d'autres manières, par exemple en appelant deux fonctions différentes.

Il existe plusieurs techniques, et pour des raisons historiques certaines propres à des navigateurs particuliers, pour accéder (à partir de code JavaScript) aux éléments d'une page. Aujourd'hui, il s'impose d'utiliser la technique standardisée par le W3C, à savoir :

```
document.getElementById(x)
```

où x désigne l'identificateur de l'élément (attribut `id` de la balise).

`document` désigne un objet automatiquement reconnu de tout interpréteur JavaScript et qui donne accès à divers éléments de la page Web. La valeur ainsi renvoyée par `getElementById` (il s'agit d'une référence) donne accès à l'élément passé en argument (via son identificateur), et en particulier, à son attribut `src` dans le cas d'une image (cette propriété correspond à l'attribut `src` de la balise HTML `<img>` qui est rendue pour une balise `<asp:ImageButton>`).

Et maintenant la même chose, mais de manière plus simple, sans devoir écrire quoi que ce soit dans un script JavaScript (`onClick` pour le traitement côté serveur n'étant pas repris ici) :

```
<asp:ImageButton runat="server" ImageUrl="go1.jpg"
             onMouseOver="this.src='go2.jpg'"
             onMouseOut="this.src='go1.jpg'" />
```

28.14.3 Mettre en évidence la zone d'édition qui a le focus

Prenons l'exemple suivant : donner à une zone d'édition un fond jaune quand elle reçoit le *focus* d'entrée (les caractères tapés au clavier sont alors destinés à cette zone), et bleu clair quand elle n'a pas le *focus*. Nous ne désirons pas non plus que le passage du *focus* implique un retour serveur. Pour cela, nous traitons (en JavaScript) les événements `onFocus` (signalé quand la zone d'édition reçoit le *focus*) et `onBlur` (signalé quand elle le perd). Nous modifions alors l'attribut de style `backgroundColor` (reprendre le nom du style, `background-color`, mais en enlevant le tiret et en faisant passer en majuscules la lettre suivante).

Mettre en évidence la zone d'édition qui a le focus

```
<asp:TextBox id = "ze1" runat="server"
             onFocus="this.style.backgroundColor='yellow'"
             onBlur="this.style.backgroundColor='aqua'"/>
```

Comme le code JavaScript est ici très court, nous le spécifions directement en valeur d'attribut.

28.14.4 Spécifier dynamiquement, et à partir du serveur, un traitement JavaScript

Dans les exemples précédents, le traitement à effectuer en JavaScript (appel de fonction ou instruction) était spécifié directement dans la balise, le fichier HTML ou un fichier annexe d'extension .js. On parle dans ce cas d'association fixe, ou statique, entre l'événement et le traitement.

Il est possible en C# (sur le serveur donc) de spécifier dynamiquement (c'est-à-dire au moment de traiter un événement) le traitement JavaScript à effectuer. Il suffit pour cela d'associer une valeur (reprenant un appel de fonction ou une série d'instructions) dans des attributs faisant référence à des événements. Par exemple, pour traiter les événements onFocus et onBlur de la zone d'édition ze1 :

Spécifier dynamiquement et à partir du serveur (par du code C#) un traitement JavaScript

```
void Page_Load(object sender, EventArgs e)
{
  ze1.Attributes["onFocus"] =
    "javascript:this.style.backgroundColor='yellow'";
  ze1.Attributes["onBlur"] =
    "javascript:this.style.backgroundColor='aqua'";
}
```

La technique est évidemment applicable à n'importe quel composant pour n'importe quel événement traité sur le client. Elle offre plus de liberté au programmeur côté serveur, là où se trouve toute la logique du programme. C'est juste avant d'envoyer la page au navigateur du client que peut être prise la décision de traiter de telle manière, tel événement, relatif à tel élément de la page.

Les préfixes javascript: et même javascript.this. peuvent être omis. Ils ont néanmoins le mérite d'indiquer clairement qu'il s'agit d'un traitement en JavaScript.

Nous irons bientôt encore plus loin avec l'inclusion dynamique de scripts.

28.14.5 Événement lié au chargement de la page

Nous venons de voir que les événements onMouseOver, onMouseOut, onFocus et onBlur et bien d'autres) sont traités par du code JavaScript interprété par le navigateur du client. Un autre événement est onLoad, différent de l'événement Load, traité sur le serveur.

La fonction JavaScript traitant l'événement onLoad est toujours exécutée après la fonction C# Page_Load. Normal, puisque la page HTML n'est reçue qu'après tout le travail de préparation sur le serveur.

```
<script type="text/javascript" language="JavaScript" >
function InitPage()
{
 .....
```

```
        }
    </script>

    <body onLoad="InitPage()">
```

28.14.6 Traiter le clic sur un bouton, côté client

Dans une balise `<asp:Button>`, ou dans les autres composants de type `Button`, l'attribut `onClick` permet de spécifier la fonction qui, sur le serveur, traite le clic sur le bouton. ASP.NET considère, en effet, que l'événement `onClick` spécifié dans une balise `<asp:Button>` désigne l'événement traité côté serveur. L'exécution de cette fonction implique donc un retour serveur. Il peut être souhaitable de pouvoir traiter l'événement sur le client : traitement sur le client uniquement, ou traitement client suivi d'un traitement serveur.

Pour spécifier une fonction JavaScript qui traite le clic sur le client, il faut, par programme, modifier l'attribut `onClick` du bouton. Par exemple (code C# exécuté sur le serveur, en traitement d'événement) :

```
    bHeure.Attributes["onClick"] = "alert('Clic sur bouton')";
```

ou, pour effectuer un traitement plus utile :

```
    bHeure.Attributes["onClick"] = "javascript:f()";
```

Le nom d'une fonction (par exemple `f`) ou, directement, les instructions (par exemple `alert`) peuvent être spécifiés. Le préfixe `javascript` n'est pas obligatoire mais il améliore la lisibilité du programme. `alert` est une fonction reconnue de tout interpréteur JavaScript qui affiche une boîte de message.

On aurait pu écrire de manière équivalente :

```
    bHeure.Attributes.Add("onClick", "alert('Clic sur bouton')");
```

Nous avons déjà vu qu'ASP.NET 2.0 a introduit l'attribut `OnClientClick` pour spécifier la fonction JavaScript de traitement sur le client :

```
    <asp:Button OnClientClick="f()" ..... />
```

Pour supprimer l'association événement/fonction (autrement dit pour ne plus traiter l'événement client) on écrit à partir d'un code C# exécuté sur le serveur :

```
    bHeure.Attributes.Remove("onClick");
```

Le code JavaScript doit, en dernière instruction, renvoyer `false` pour indiquer « fin de traitement ». Si ce n'est pas le cas, un retour serveur est provoqué (voir exemple suivant).

Dans le cas où un bouton ne doit pas être traité sur le serveur ou manipulé à partir du serveur (par exemple en modifiant son libellé dans `Page_Load`), il est plus simple d'utiliser la balise :

```
    <input type="button" id="bHeureClient"
           value="Heure client" onClick="JS_Click()" />
```

En mode Design, vous trouvez le composant Input (Button) de la catégorie HTML dans la boîte à outils. Modifier l'attribut onClick sur le serveur (dans Page_Load) n'est alors plus nécessaire.

28.14.7 Traiter le clic sur un bouton, d'abord côté client puis côté serveur

Dans l'exemple suivant, le clic sur le bouton est traité d'abord sur le client (ici une demande de confirmation, instruction JavaScript confirm), puis, en cas de confirmation, sur le serveur où s'effectue le traitement important (par exemple l'accès à la base de données).

Traitement d'un clic d'abord côté client puis, après confirmation, traitement côté serveur

```
void Page_Load(object sender, EventArgs e)
{
 // spécifier le traitement côté client
 bHeure.Attributes["onClick"] =
    "return confirm('Confirmez-vous la requête ?');";
}
.....
<asp:Button id="bHeure" runat="server"
            onClick="bHeure_Click" Text="Heure Serveur" />
```

La fonction JavaScript confirm affiche une boîte de message, avec les deux boutons Oui et Non. Le traitement du clic s'arrête et ne se prolonge donc pas sur le serveur si confirm renvoie false.

L'instruction return doit être la toute dernière instruction. Si f renvoie true ou false, on peut écrire :

```
bHeure.Attributes["onClick"] = "return f();";
```

Le traitement client a toujours lieu avant le traitement serveur.

28.14.8 Affichage d'une fenêtre pop-up

L'objet window, connu de tout interpréteur JavaScript, comprend les méthodes open et close pour ouvrir et fermer, par programme, une fenêtre contenant une page Web (fenêtre généralement appelée *pop-up*) :

```
var win = window.open("xyz.aspx", "Titre",
          "width=200,height=200,status=yes,toolbar=yes,menubar=yes");
```

Le premier argument indique l'URL de la page à afficher dans la nouvelle fenêtre (avec le nom seul, on indique une page de la même application Web mais il faudrait spécifier "http://www.xyz.com" dans le cas d'une page d'un autre site).

Le deuxième argument indique le titre (affiché dans la barre de titre) que l'on donne à cette nouvelle fenêtre.

Le troisième argument donne les caractéristiques d'affichage de la fenêtre. Les différentes caractéristiques doivent être séparées par une virgule. status=yes indique que la barre d'état doit être affichée. toolbar et menubar s'appliquent aux différentes barres de la partie supérieure du navigateur (=yes ou =1 pour qu'elles soient affichées, et =no ou =0 pour qu'elles ne le soient pas). On pourrait également spécifier left et top pour un positionnement de la pop-up par rapport à l'écran, ainsi que scrollbars=yes (barres de défilement affichées) et resizable=yes (possibilité donnée à l'utilisateur de redimensionner la fenêtre pop-up).

open renvoie un objet window. Généralement, la valeur renvoyée par open est gardée dans une variable globale du JavaScript (variable déclarée en dehors des fonctions et introduite par var), ce qui permet, par la suite, de manipuler cette fenêtre pop-up (par exemple, la faire défiler ou la fermer par win.close();)

« Par la suite » signifie néanmoins « avant le retour serveur » car les protocoles Web sont ainsi faits que tout est oublié d'une page à l'autre, et même d'un retour serveur à l'autre, sauf ce qui est gardé dans le ViewState (technique ASP.NET pour garder des informations pour une même page d'un retour serveur à l'autre) ou dans les objets Session (pour garder des informations entre les pages d'un même site Web pour un utilisateur, voir plus loin dans ce chapitre).

N'oubliez pas que beaucoup de machines bloquent les pop-ups, sauf généralement ceux venant de l'intranet.

28.14.9 Travail en frames

Le travail en frames a aujourd'hui mauvaise réputation. À première vue, les pages ASP.NET s'accommodent d'ailleurs très mal des frames puisque les pages de réponse les occupent toutes. La raison est que le serveur ignore tout des frames qui sont des problèmes purement client.

La page suivante correspond à une page avec deux frames verticales. La frame de gauche contient un menu qui donne accès à F1.aspx et F2.aspx, ces deux pages étant affichées dans la frame de droite.

Page de démarrage d'une page avec frames

```
<html>
 <frameset cols="20%, 80%">
  <frame name="Menu" src="Menu.htm">
  <frame name="ColDroite" src="http://localhost/F1.aspx">
 </frameset>
</html>
```

Pour que notre page Web avec frames s'accommode des pages ASP.NET, il suffit de modifier légèrement Menu.htm avec quelques instructions JavaScript.

Menu.htm

```html
<html>
 <body>
  <a href="window.parent.frames[1].location='http://localhost/F1.aspx';
         window.parent.frames[0].location='Menu.htm';">
   Page F1
  </a>
  <br/>
  <a href="window.parent.frames[1].location=' http://localhost/F2.aspx';
         window.parent.frames[0].location='Menu.htm';">
   Page F2
  </a>
 </body>
</html>
```

L'astuce consiste à forcer :

- l'affichage de la page `aspx` dans la frame de droite ;
- l'affichage du menu dans la frame de gauche.

Généralement, l'attribut `href` de la balise `a` de lien contient une URL. Rien n'empêche cependant de spécifier à la place une ou plusieurs instructions JavaScript.

On part ici, pour le code JavaScript à exécuter, de l'objet `window` connu de tout interpréteur JavaScript. On remonte au nœud père qui possède les frames, et plus particulièrement à l'une d'elles (spécifiée en indice de frames). On indique finalement quelle page Web doit être affichée dans cette frame (propriété location).

28.14.10 Redimensionnement et centrage de la fenêtre du navigateur

Dans l'exemple suivant, nous redimensionnons (en 800×600) et centrons la fenêtre du navigateur. Nous travaillons à cet effet sur l'objet `window`, automatiquement reconnu par JavaScript et qui donne des informations sur la fenêtre du navigateur. Certaines propriétés de l'objet `window` permettent de lire des caractéristiques de l'écran (propriétés `width` et `height` de l'objet `screen` contenu dans l'objet `window`). Des méthodes de `window` (`resizeTo` et `moveTo`) permettent de modifier des caractéristiques de la fenêtre du navigateur.

Centrage et redimensionnement de la fenêtre du navigateur

```html
<html>
 <head>
  <script type="text/javascript" >
   function InitPage()
   {
    window.resizeTo(800, 600);
    var X = (window.screen.width - 800)/2;
    var Y = (window.screen.height - 600)/2;
    window.moveTo(X, Y);
   }
```

Centrage et redimensionnement de la fenêtre du navigateur *(suite)*

```html
<html>
 <head>
  <script type="text/javascript" >
   function InitPage()
   {
    window.resizeTo(800, 600);
    var X = (window.screen.width - 800)/2;
    var Y = (window.screen.height - 600)/2;
    window.moveTo(X, Y);
   }
  </script>
 </head>
 <body onLoad="InitPage()" >
  <form runat="server" >
  </form>
 </body>
</html>
```

Cette technique n'est cependant pas à encourager. Il est hautement préférable d'utiliser toute la page du navigateur, ni plus ni moins, sans obliger l'utilisateur à déplacer continuellement la barre de défilement ou en laissant un espace vide soit à droite, soit à gauche et à droite. Ceci est possible en travaillant avec des positions et des tailles exprimées en pourcentage, que l'on travaille en tableaux ou non.

28.14.11 Débogage de JavaScript

Visual Studio permet de déboguer du code JavaScript, exactement (ou presque) comme l'on débogue du code s'exécutant sur le serveur. Il faut néanmoins distinguer :

• le code JavaScript qui s'exécute directement au chargement de la page ;

• le code JavaScript qui ne s'exécute pas directement au chargement de la page, parce qu'il traite des événements.

Pour pouvoir utiliser le débogueur JavaScript, il faut d'abord s'assurer que le navigateur IE autorise le débogage. Assurez-vous que la case `Outils → Options Internet → Avancé → Désactiver le débogueur de script` n'est pas cochée.

Pour déboguer du code qui s'exécute directement au chargement de la page (code Java-Script placé en dehors des fonctions), tapez `F10` : le débogueur s'arrête à la première instruction JavaScript. Vous pouvez alors utiliser le débogueur comme pour un débogage de code serveur (placement de point d'arrêt par double-clic dans la colonne de gauche, progression pas à pas avec `F10`, inspection et modification de contenu de variable, etc.).

Pour arrêter le débogueur sur une fonction JavaScript de traitement d'événements, lancez le programme Web en mode de débogage avec `F5`. Lorsque le programme Web se met en attente d'un événement (par exemple d'un clic de la souris), repassez à Visual Studio et plus précisément au menu Déboguer → Fenêtres → Documents script. Les différents fichiers qui contiennent du JavaScript sont alors affichés. Cliquez deux fois sur le fichier contenant le code JavaScript à déboguer. Dans la nouvelle fenêtre affichée, vous placez un ou plusieurs points d'arrêt de la manière traditionnelle. Repassez au navigateur et déclenchez l'événement (par exemple le clic sur un bouton). Le script JavaScript s'arrêtera au point d'arrêt.

Si vous voulez éviter toutes ces manipulations, insérez tout simplement :

```
debugger;
```

dans le code JavaScript et lancez l'exécution du programme Web par F5 ou le raccourci Démarrer le débogage. Le débogueur s'arrêtera sur l'instruction debugger. Utilisez alors toutes les possibilités offertes par le débogueur.

28.14.12 Insertion dynamique de scripts

Dans tous nos exemples précédents, les instructions JavaScript étaient connues au moment d'écrire le programme Web, et elles ne devaient pas être modifiées (sur le serveur) juste avant l'envoi de la page au navigateur du client. C'est loin d'être toujours le cas : pensez ne fût-ce qu'à l'adaptation des messages à la langue et aux caractéristiques de l'utilisateur.

Deux méthodes de la classe Page (la classe des pages Web) permettent de créer et d'insérer dynamiquement des scripts JavaScript :

Fonctions d'insertion dynamique de scripts	
`RegisterClientScriptBlock(clef, scriptJS);`	Insère le script (passé en second argument) juste après la balise `<form>`.
`RegisterStartupScriptBlock(clef, scriptJS);`	L'insère juste avant la balise `</form>`.

Les deux arguments clef et scriptJS, que nous présenterons bientôt, sont de type string. Le premier argument est le nom donné au script JavaScript.

Considérons les instructions suivantes, que nous commenterons par la suite (S1 est le nom que nous avons décidé de donner au script JavaScript placé en deuxième argument) :

```
string s = "<script type='text/javascript' >"
        // préparation dynamique des instructions JavaScript
        + "window.status = '" + zeNom.Text + "';"
        + "<" + "/script>";
RegisterClientScriptBlock("S1", s);
```

Ces instructions sont exécutées sur le serveur dans la fonction de traitement du clic sur un bouton. Mais il faut bien comprendre ceci : l'assignation dans s et RegisterClientScript-Block sont exécutés sur le serveur. Le contenu de zeNom est inséré dans le code JavaScript à ce stade. Le contenu de s est alors inséré dans le HTML après la balise form. Le travail sur le serveur se limite à cela. Les instructions JavaScript (initialisation de la barre d'état du navigateur avec le texte, tel quel, à droite de =) sont exécutées (plus précisément interprétées puisque JavaScript est un interpréteur) par le navigateur du client, aussitôt après le chargement de la page.

`RegisterClientScriptBlock` insère le script (nommé ici S1) immédiatement après la balise `<form>`.

L'étrange construction `"<" + "/script"` n'est nécessaire que lorsque le code C# se trouve inclus dans le fichier HTML. En mode *code-behind* (qui est le mode recommandé), `"</script<"` ne pose pas de problème. Dans l'autre mode, le compilateur C# (automatiquement lancé par ASP.NET lors de la toute première requête de la page) considérerait en analysant `"</script>"` qu'il s'agissait de la balise de fermeture de la balise `<script language=C#>`. Comme cette balise n'existe pas en mode *code-behind*, le problème décrit dans ce paragraphe n'apparaît tout simplement pas.

Les fonctions de traitement d'événements peuvent être insérées indifféremment avec `RegisterClientScriptBlock` et `RegisterStartupScript`. En revanche, du code JavaScript devant être exécuté au démarrage de la page doit être inséré avec `RegisterStartupScript` s'il manipule des éléments de la page (ce n'était pas le cas dans l'exemple précédent). Une autre solution serait certes de traiter l'événement `onLoad`, mais on ne peut cumuler plusieurs fonctions de traitement d'`onLoad` alors que plusieurs `RegisterStartupScript` peuvent être exécutés (les différents scripts s'ajoutent alors les uns aux autres).

Les deux fonctions d'insertion de script prennent une clé en premier argument. Celle-ci sert à éviter que deux scripts portant le même nom ne soient insérés dans la page HTML. Cette précaution n'est cependant vraiment utile que pour les contrôles utilisateurs qui insèrent du JavaScript. Insérer plusieurs fois un même contrôle utilisateur dans la page est en effet courant, et il est alors généralement inutile de générer plusieurs fois le même script.

Dans l'exemple suivant, nous écrivons l'heure (sur le serveur) dans la barre d'état du navigateur en réponse à un clic sur le bouton.

Chargement dynamique de script avec `RegisterStartupScript`

```
<html>
 <head>
  <title>Affichage de l'heure dans la barre d'état du navigateur</title>
  <script language="C#" runat="server" >
   void bHeure_Click(object sender, EventArgs e)
   {
    // préparation dynamique d'un script
    string DébutJS = "<script type='text/javascript'>";
    // instruction(s) JavaScript
    string JS = " window.status="
                + "'" + DateTime.Now.ToLongTimeString() + "';";
    string FinJS = "<" + "/script>";
    string s = DébutJS + JS + FinJS;
```

```
    // insertion dynamique du script dans la page Web
    RegisterStartupScript("S1", s);
   }
  </script>
 </head>
 <body>
  <form runat="server" >
   <asp:Button id="bHeure" runat="server" Text="Heure"
               onClick="bHeure_Click" />
  </form>
 </body>
</html>
```

Pour rendre unique la clé de `RegisterStartupScript` ou de `RegisterClientScriptBlock` (et donc forcer l'insertion du JavaScript dans tous les cas, éventuellement en dupliquant du code), passez `Guid.NewGuid().ToString()` en premier argument des fonctions d'insertion de script. Un numéro unique, sous forme d'une chaîne de caractères, est ainsi passé en argument. La fonction `NewGuid` de la classe `Guid` génère en effet un nombre au hasard, mais comme ce nombre est représenté sur plus de cent bits, on peut considérer que la probabilité de doublons est nulle (cette probabilité est la même que de jouer au loto un million de fois par seconde pendant plus de cent ans et de rafler la cagnotte à chaque tirage).

28.14.13 Passer une valeur au JavaScript

Les fonctions `RegisterHiddenField` et `RegisterArrayDeclaration`, toutes deux de la classe `Page`, permettent au code C# de passer des informations (généralement des contenus de variables) au code JavaScript.

La méthode `RegisterHiddenField` a la forme suivante (les deux arguments sont de type `string`) :

```
RegisterHiddenField(nomChamp, valeurChamp)
```

Dans le code C#, pour passer le contenu de n (variable côté serveur) au JavaScript, il suffit d'écrire :

```
int n = 123;
.....
RegisterHiddenField("HF", n.ToString());
```

L'effet de `RegisterHiddenField` est le suivant : avant d'envoyer la page (HTML + Java-Script) au client, ASP.NET insère une balise de type

```
<input type="hidden" id="HF" />.
```

Dans le code JavaScript, on récupère et modifie éventuellement cette valeur en écrivant :

```
document.getElementById('HF').value
```

Malheureusement, cette communication est unidirectionnelle, du serveur vers le client. Pour établir une communication bidirectionnelle, il faut créer explicitement une balise de type :

```
<input type="hidden" runat="server" id="HF" />
```

Le code JavaScript lit et modifie ce champ caché comme nous venons de le voir. Pour lire, en C# sur le serveur, le champ éventuellement modifié par le code JavaScript sur le client, il suffit d'écrire HF.Text, comme pour n'importe quelle zone d'édition (ce qu'est, dans les faits, un champ caché).

28.14.14 Passage d'un tableau au JavaScript

La fonction RegisterArrayDeclaration permet de passer un tableau au JavaScript :

```
RegisterArrayDeclaration(nomTableau, valeurCellule)
```

où nomTableau désigne un tableau qui s'agrandit automatiquement à chaque insertion par RegisterArrayDeclaration. Les deux arguments sont de type string. Soyez attentif au fait que le tableau se construit de manière toute différente qu'en C#.

Par exemple, pour passer un tableau de trois cellules (avec les valeurs 10, 20 et 30 dans ces cellules), on écrit dans la partie C# :

```
RegisterArrayDeclaration("tab", "10");
RegisterArrayDeclaration("tab", "20");
RegisterArrayDeclaration("tab", "30");
```

Résultat : pour passer ce tableau au JavaScript, ASP.NET insère automatiquement l'instruction suivante :

```
var tab = new Array(10, 20 30);
```

dans un script inséré par RegisterStartupScript.

Dans la partie JavaScript, il suffit d'écrire :

tab.length	pour déterminer la taille du tableau ;
tab[1]	pour accéder à la deuxième cellule du tableau.

Pour passer un tableau de chaînes de caractères, délimitez chaque chaîne par ' (pour le JavaScript), en plus des " nécessaires au C# :

```
RegisterArrayDeclaration("tabPays", "'France'");
RegisterArrayDeclaration("tabPays", "'Italie'");
RegisterArrayDeclaration("tabPays", "'Espagne'");
```

Juste avant l'envoi de la page au navigateur du client, ASP.NET insère ainsi l'instruction suivante (dans un script JavaScript placé devant la balise de fermeture </form>) :

```
var tabPays = new Array('France', 'Italie', 'Espagne');
```

Sans ces ' à l'intérieur des ", cette instruction JavaScript aurait été :

```
var tabPays = new Array(France, Italie, Espagne);
```

et JavaScript aurait pris France, Italie et Espagne pour des noms de variables. Une erreur en aurait résulté.

28.14.15 Barre de progression démarrée à partir du serveur

Dans l'exemple suivant, nous créons une barre de progression. Celle-ci est implémentée sous forme d'une table (balise table) large de 200 pixels et haute de 20. Cette table est composée d'une seule rangée de deux cellules. La première cellule aura un fond noir. Le JavaScript, en appelant la fonction Avance à intervalles réguliers, augmentera sa largeur, au détriment de la deuxième cellule. Tout cela donne l'effet d'une barre de progression.

Fichier aspx de la page incorporant la barre de progression

```
<body>
 <form id="Form1" runat="server">
  <asp:Button id="bB" runat="server" Text="Lancer la barre de défilement" />
     
  <table width="200" height="20" id="Barre" >
   <tr>
    <td id="C1"></td>
    <td></td>
   </tr>
  </table>
 </form>
</body>
```

Le déclenchement de la barre de progression est initié sur le serveur, par exemple en réponse à un clic. La progression s'effectue alors sans intervention du C#.

Deux scripts JavaScript sont créés dynamiquement :

- Le premier pour la fonction d'avancement qui, en dernière instruction (setTimeout), réclame son rappel (par l'interpréteur JavaScript) au bout d'un certain nombre de millisecondes. Les paramètres de la progression sont spécifiés dans les variables JavaScript que sont nPas (nombre de pas de progression avant de mettre fin à celle-ci) et deltaTime (nombre de millisecondes entre chaque progression).

- Le second script permet d'initialiser ces deux variables et d'appeler la fonction Avance (c'est ensuite la fonction Avance elle-même qui provoquera son rappel).

Les instructions C# suivantes sont exécutées, par exemple, en réponse à un clic sur un bouton.

Création et lancement en C# de la barre de progression

```
// fonction d'avancement de la barre
string JS = "<script type='text/javascript' >"
  + "var N=0;"
  + "function Avance() "
  + "{"
  + "N++;"
  + "W=document.getElementById('Barre').getAttribute('width');"
  + "document.getElementById('C1').style.width = (W*N)/nPas;"
  + "if (N<nPas) setTimeout('Avance()', deltaTime);"
  + "}"
  + "</script>";
RegisterClientScriptBlock("fAvance", JS);
// appel de la fonction d'avancement de la barre
JS = "<script type='text/javascript' >"
    + "var nPas=50; var deltaTime=50;"
    + "document.getElementById('C1').style.backgroundColor='red';"
    + "Avance();"
    + "</script>";
RegisterStartupScript("appelAvance", JS);
```

Nous avons placé le premier script après la balise `<form>` mais il aurait tout aussi bien pu être placé devant la balise `</form>`. En revanche, il est important que le second script soit placé devant la balise `</form>` à cause de `getElementById` avec `C1` en argument.

28.14.16 Le DOM, Document Object Model

Le DOM (*Document Object Model*) constitue une technique pour parcourir et modifier une page Web. Plutôt que de nous attarder sur des DOM propriétaires (par exemple celui d'IE), nous nous intéresserons au DOM tel qu'il est normalisé par le W3C et implémenté maintenant par les navigateurs.

Le DOM considère une page Web comme un arbre et une partie de page Web comme un sous-arbre. Les nœuds de l'arbre sont les balises HTML.

Le DOM du W3C normalise les techniques de parcours mais aussi de modification de l'arbre. Elles permettent ainsi, à partir du JavaScript, de modifier des éléments particuliers, voire des parties entières de page. Et comme ces modifications sont effecuées à partir du JavaScript, sans retour serveur, elles paraissent instantanées.

Considérons la page Web suivante, dont nous allons parcourir les nœuds puis les modifier à l'aide d'instructions JavaScript :

```
<html>
 <head>
  <title>Titre de ma page</title>
 </head>
 <body>
```

```
    <form runat="server" id="F" >
     <asp:Label runat="server" id="za" Text="Action : " />
     <asp:Button runat="server" id="bAction" Text="Action !" />
    </form>
  </body>
</html>
```

Si l'on considère la page Web dans son ensemble, la balise html en constitue le nœud initial. Les balises head et body sont les deux nœuds enfants du nœud initial. Un tel nœud est appelé « élément HTML ».

La balise title est un nœud enfant du nœud head. Il s'agit également d'un nœud de type « élément ». Le nœud title, est père d'un nœud (le libellé de titre) mais ce nœud enfant de title est de type texte (avec Titre de ma page en texte).

body constitue un nœud élément ayant un seul nœud enfant (la balise form).

La balise form est un autre nœud de type élément et contient deux nœuds enfants :

• le nœud élément <span> (rendant la balise <asp:Label>) qui lui-même comprend un nœud enfant de type texte (avec Action: comme contenu) ;

• le nœud <input type=submit> rendant la balise <asp:Button.

On dit aussi que la balise span a un nœud frère. Son nextSibling (prochain nœud frère) est la balise HTML correspondant à <asp:Button>.

28.14.17 Propriétés et fonctions du DOM

On sait qu'en JavaScript document.getElementById("xyz") fournit une référence sur la balise ayant xyz comme identificateur. Il s'agit aujourd'hui de la seule construction à recommander pour accéder au nœud xyz. À partir de là, nous pouvons avoir accès à des propriétés du nœud courant du sous-arbre de xyz mais aussi remonter au nœud père :

Propriétés et fonctions JavaScript de parcours d'un arbre	
nodeName	Nom du nœud (par exemple span).
nodeType	Type de nœud : 1 pour un élément HTML, 2 pour un attribut et 3 pour du texte.
nodeValue	Contenu du nœud (ne s'applique qu'aux nœuds de type texte).
parentNode	Remonte au nœud père (nœud form dans le cas du nœud span identifié par za).
childNodes	Donne accès aux nœuds enfants (childNodes.length donne le nombre de ces nœuds enfants).
firstChild	Donne accès au premier nœud enfant.
lastChild	Au dernier nœud enfant.
previousSibling	Au nœud frère précédent.
nextSibling	Au nœud frère suivant.

Propriétés et fonctions JavaScript de parcours d'un arbre *(suite)*

attributes	Liste des attributs du nœud. attributes.length donne le nombre d'attributs du nœud (de la balise correspondante donc). attributes[i] donne accès au i-ième attribut.
hasChildNodes()	Renvoie true si le nœud sur lequel porte l'opération est père de nœuds enfants. childNodes.length fournit également cette information.
getAttribute("Attr")	Renvoie la valeur de l'attribut spécifié en argument.
setAttribute("Attr", "val")	Modifie la valeur de l'attribut Attr et l'initialise à la valeur passée en second argument.

Pour parcourir tous les nœuds enfants de la balise <form> (identifiée par F dans l'exemple précédent), on écrit en JavaScript :

```
var o = document.getElementById("F");
// retrouver l'ensemble de ses nœuds enfants
var e = o.childNodes;
for (i=0; i<e.length; i++)
{
 // pour le i-ième nœud :
 // e[i].nodeName : balise correspondante (SPAN ou INPUT par exemple)
 // e[i].nodeName : type de nœud
 // e[i].childNodes.length : nombre de nœuds
}
```

On écrira, par exemple, pour modifier en JavaScript le libellé de la balise span identifiée par za :

```
var o = document.getElementById("za");
o.firstChild.nodeValue = "Nouveau libellé";
```

Utiliser innerHTML aurait certes été plus simple, mais innerHTML, même s'il est accepté par les navigateurs (y compris ceux qui se réclament d'un respect rigoureux de la norme), n'est pas une propriété normalisée par le W3C.

Le nouveau libellé ne peut pas comporter de balises de formatage. Pour insérer des balises telles que <B> (balise de mise en gras) ou <I> (mise en italique), il faut créer de nouveaux nœuds et les accrocher au nœud père.

Il est possible de créer un nœud et de l'accrocher à un nœud existant mais également de supprimer un nœud. Les fonctions présentées ici doivent être appliquées à l'objet document.

Ajout, accrochage et suppression de nœud

createElement(x)	Crée un nœud correspondant à la balise passée en argument.
createTextNode(s)	Crée un nœud de texte initialisé à s.
appendChild(noeud)	Ajoute un nœud enfant au nœud sur lequel porte l'opération.
replaceChild(nouv, anc)	Remplace un ancien nœud par un nouveau.
removeChild(noeud)	Supprime le nœud passé en argument.

Dans l'exemple JavaScript suivant, nous remplaçons le Label identifié par za (rendu en HTML par une balise span), par un lien sur le site xyz.com (ce lien est rendu par la balise <a href="http://www.xyz.com">Vers le site xyz</a>) :

```
// obtenir une référence sur za
var za = document.getElementById("za");
// créer un nœud correspondant à une balise <a>
var a = document.createElement("a");
// initialiser son attribut href
a.setAttribute("href", "http://www.xyz.com");
// créer un nouveau nœud de type texte
var libelle = document.createTextNode("Vers le site xyz");
// accrocher ce texte à la balise <a>
a.appendChild(libelle);
// remplacer le Label par la balise de lien
za.parentNode.replaceChild(a, za);
```

29

Les services Web

29.1 Introduction aux services Web

Retrouver des informations sur Internet est devenu chose courante : à l'aide d'un naviga-teur, l'utilisateur accède à une adresse déterminée (ce que l'on appelle une URL) et la page correspondante est affichée. Il parcourt alors cette page visuellement pour retrouver l'information désirée, par exemple l'heure de départ d'un train.

Retrouver, par programme, cette information ponctuelle n'est possible qu'au prix d'une programmation aussi complexe que hasardeuse : le programme doit lire la page HTML sans l'afficher et analyser le code HTML (il s'agit en fait de texte) contenu dans cette page. La fonction d'analyse doit donc savoir précisément où se trouve l'information dans la page, ce qui n'est évidemment jamais documenté. Si la présen-tation de la page change (le fournisseur de ce service a sans doute de bons motifs pour le faire et n'a aucune raison d'annoncer ces changements), la fonction d'analyse doit être modifiée en conséquence. Cette solution est donc difficilement praticable, voire carrément impraticable.

Or, permettre à une application, qu'elle soit Web ou Windows, de chercher sur Internet des informations ponctuelles, de les structurer conformément aux besoins de l'application et de les présenter pour la plus grande clarté de l'utilisateur présente un intérêt considérable. Il faut évidemment que le serveur ait prévu de fournir ce service.

Les services Web répondent à ce besoin tout en restant indépendants des plates-formes, tant côté client que serveur.

Pour le développeur (Web ou Windows), un service Web ressemble à une fonction mais qui serait appelable via Internet : le client (un programme console, Windows ou Web de n'importe quel système d'exploitation) appelle une fonction qui se trouve sur un serveur, quelque part sur Internet (vous devez néanmoins savoir où mais il y a déjà des outils de recherche de services Web). La fonction s'exécute alors sur le serveur et le client reçoit en retour l'information recherchée.

Bien sûr, le recours aux services Web implique une liaison permanente à Internet, ce qui devrait, à terme, devenir aussi courant que la connexion permanente au réseau électrique.

Il faut voir dans cette approche :

• une nouvelle manière de concevoir des programmes d'un tout autre genre (des services facturés à l'unité d'utilisation) ;

• une manière de fournir des services régulièrement mis à jour en vue d'une utilisation ponctuelle ;

• une nouvelle manière d'aborder l'interopérabilité entre plates-formes (Windows, Linux, etc.) ;

• une nouvelle manière de développer des applications, formées de briques logicielles (les services Web) que l'on loue en fonction de leur utilisation.

L'intérêt des services Web, tels qu'implémentés par l'architecture .NET, est aussi qu'ils sont basés sur des protocoles standard indépendants des constructeurs et des éditeurs de logiciels : le protocole HTTP universellement adapté depuis les origines d'Internet, et même aujourd'hui sur les réseaux locaux, XML (standardisation des échanges de données) et le protocole SOAP (*Simple Object Access Protocol*) pour, notamment, l'exécution de procédures distantes. Les services Web ne sont donc pas liés à l'architecture .NET.

Visual Studio, grâce notamment au support .NET, nous aide considérablement dans l'écriture et l'utilisation de services Web. Aucune connaissance des protocoles standard dont il vient d'être question n'est requise. Créer et utiliser un service Web va vraisembla-blement vous paraître d'une facilité déconcertante.

Parler des services Web nous amène à traiter deux sujets :

• écrire le service Web (partie serveur d'un service Web) ;

• découvrir et utiliser le service Web (partie client d'un service Web).

Nous allons écrire un service Web en C# mais il pourra être utilisé dans n'importe quel langage et à partir de n'importe quelle plate-forme. Il faut néanmoins que la plate-forme en question comprenne HTTP, XML et le protocole SOAP.

De même, nous allons écrire en C# un programme consommateur d'un service Web. Celui-ci peut avoir été écrit dans n'importe quel langage et sur n'importe quelle plate-forme qui implémente les protocoles standards que sont HTTP, XML et SOAP.

Mais d'abord, expliquons le protocole SOAP.

29.2 Le protocole SOAP

Les services Web sont donc fondés sur le protocole SOAP, indépendant des constructeurs et des éditeurs de logiciels, et donc également des plates-formes puisqu'il s'agit de balises XML (noms des balises normalisés par le protocole) qui circulent entre machines conformément au protocole HTTP.

Un message SOAP est formé :

• d'une déclaration XML (première ligne, conformément aux règles du XML) ;

• d'une enveloppe SOAP constituée elle-même d'un en-tête (*header*) et d'un corps de procédure (*body*).

Pour illustrer le sujet, considérons la fonction suivante qui est exécutée comme service Web, c'est-à-dire sur un serveur. Cette fonction est évidemment bien trop simple pour être considérée comme un service Web réaliste mais, ici, peu importe. La signature de la fonction est :

```
double Tiers(int n)
```

Le programme client appelle cette fonction comme s'il s'agissait d'un appel de fonction locale. Mais, du code .NET (que vous n'avez pas à écrire) prépare et envoie le message suivant au serveur quand on lui demande d'exécuter la fonction Tiers avec 15 en argument (les ..... se rapportent à des détails qui n'apportent rien à l'exposé) :

```
<?xml ...... >
<SOAP-ENV:Envelope .....>
<SOAP-ENV:Body>
 <ns1:Tiers>
  <param1 xsi:type="xsd:int">15</param1>
 </ns1:Tiers>
</SOAP-ENV:Body>
</SOAP-ENV:Envelope>
```

On retrouve dans les balises :

• le nom de la fonction (Tiers) ;

• l'argument de type entier et dont la valeur est 15.

Après un cheminement de nœud en nœud, comme c'est l'usage sur Internet, ce message atteint le serveur. Celui-ci :

• reçoit ce paquet de données ;

• le décortique ;

• constate qu'on lui demande d'exécuter la fonction Tiers avec 15 en argument ;

• exécute cette fonction (peu importe la plate-forme, c'est le problème du serveur, pas du client) ;

- après exécution de celle-ci, renvoie au client un message contenant la valeur de retour (il s'agit toujours de XML au format SOAP) :

```
<?xml ...... >
<SOAP-ENV:Envelope .....>
<SOAP-ENV:Body>
 <ns1:TiersResponse>
  <return  xsi:type="xsd:int">5</return>
 </ns1:TiersResponse>
</SOAP-ENV:Body>
</SOAP-ENV:Envelope>
```

Le suffixe Response dans la balise ns1 indique que ce message est une réponse à l'appel de la fonction en service Web Tiers. Étant donné la réponse (dans ce cas particulier un entier, nonobstant le type de retour de Tiers), le type a été converti en un entier, et la valeur 5 est renvoyée dans une balise return.

Le client reçoit ce paquet SOAP, le décortique et trouve 5 comme valeur de retour. Pour le programme, tout s'est passé, au temps d'exécution près (il n'y a pas de miracle), comme si la fonction avait été exécutée localement, dans l'espace du programme. Heureusement, toute la mécanique de préparation et d'envoi des paquets SOAP est prise en charge par du code injecté dans le programme par Visual Studio.

29.3 Créer un service Web

29.3.1 Création manuelle du fichier asmx

Nous allons créer un service Web très simple (mais les services Web complexes ne sont guère différents : ils comportent seulement un peu de code en plus). Notre service Web s'appellera Geo (pour Géographie) et sera capable de donner la capitale et le nombre d'habitants (en millions) du pays passé en argument.

Créons d'abord un service Web à l'aide d'un simple éditeur de texte, sans passer par Visual Studio : fichier d'extension .asmx (Geo.asmx dans notre cas), à placer dans un répertoire virtuel d'IIS (répertoire c:\inetpub\wwwroot par défaut).

Un service Web consiste en un objet d'une classe (Geo dans notre cas) dérivée de la classe WebService. Cette classe implémentant deux méthodes d'un service Web comprend des méthodes dont certaines (deux, les méthodes exposées) sont publiques. Ces méthodes exposées (c'est-à-dire que les utilisateurs du service Web pourront appeler) doivent aussi être marquées de l'attribut WebMethod (voir les attributs à la section 2.14). Un compilateur doit en effet générer un code tout particulier dans le cas d'un appel de méthode en service Web.

Le fichier d'implémentation du service Web (geo.asmx dans notre cas) doit commencer par la directive :

```
<%@ WebService Language="c#" Class="Geo" %>
```

qui indique qu'il s'agit d'un service Web appelé Geo et implémenté en C#.

Dans notre service Web `Geo`, nous implémentons deux méthodes :

- `Capitale` qui accepte un nom de pays en argument et qui renvoie la capitale de ce pays ;

- `Habitants` qui renvoie le nombre d'habitants en millions du pays passé en argument.

Service Web (`geo.asmx`)

```
<%@ WebService Language="c#" Class="Geo" %>
using System.Web.Services;
public class  Geo : WebService
{
 [WebMethod]
 public string Capitale(string Pays)
 {
  switch (Pays)
  {
   case "France" : return "Paris";
   case "Italie" : return "Rome";
   default : return "?";
  }
 }
 [WebMethod]
 public double Habitants(string Pays)
 {
  switch (Pays)
  {
   case "France" : return 61.3;
   case "Italie" : return 58.1;
   default : return -1;
  }
 }
}
```

Le service Web que nous venons d'écrire peut déjà être testé. Il est cependant fortement conseillé de le rendre unique en utilisant la technique des espaces de noms. Pour cela, on écrit (en supposant que `www.moi.com` soit l'adresse du concepteur de service Web, qui ne sera donc utilisée par personne d'autre) :

```
[WebService(Namespace="www.moi.com")]
public class Geo : WebService
 {
```

Nous avons spécifié une URL dans l'espace de noms mais n'importe quelle chaîne de caractères pourrait être utilisée. Il n'y aura d'ailleurs jamais d'accès à l'adresse spécifiée dans la directive `Namespace`. L'important est que personne d'autre n'utilise le même espace de noms (d'où l'idée d'utiliser une URL propre à celui-ci, qui en a fait l'acquisition, mais il pourrait s'agir d'une page particulière du site).

Dans la classe `Geo`, on pourrait ajouter des fonctions et des champs privés. On pourrait également ajouter des classes (pour usage interne) dans ce fichier `asmx`. Toutes les classes de l'architecture .NET sont accessibles à condition de ne pas oublier les clauses `using` nécessaires pour ces classes. Les objets `Application` et `Session` étudiés au chapitre 28 sont également accessibles, exactement comme nous l'avons fait au cours du chapitre en question. Ces objets permettent de retenir des informations d'une page `asmx` à l'autre, ou d'un appel à l'autre du service Web.

Ce fichier `.asmx` ne doit pas être immédiatement compilé. Il sera automatiquement compilé quand IIS en aura besoin, c'est-à-dire quand un premier client réclamera le service. Par la suite, du code machine compilé sera directement utilisé.

Nous pouvons déjà tester ce service Web sans devoir écrire de programme consommateur de service Web.

À partir d'un navigateur (quel que ce soit ce navigateur et quel que soit le système d'exploitation du client), vous avez accès au service Web que nous venons de créer : il suffit de taper comme URL (remplacer `NomServeur` et `NomService` par les valeurs appropriées, par exemple `localhost` et `Geo`) :

```
http://NomServeur/Rep/NomService.asmx
```

Dans notre cas :

```
http://localhost/Geo.asmx
```

Des informations sur le service (nom de la fonction et manière de l'utiliser) sont aussitôt affichées dans la fenêtre du navigateur (voir figure 29-1) :

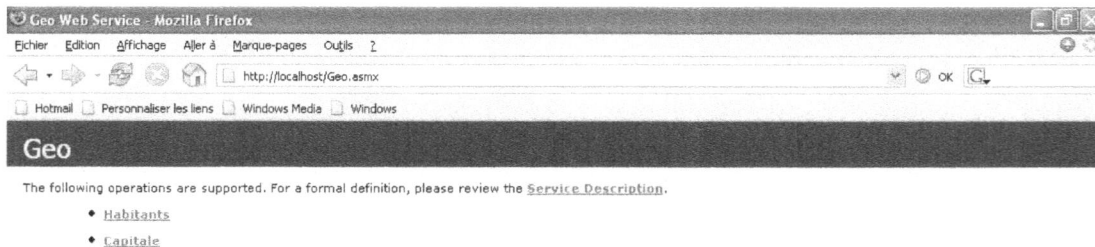

Figure 29-1

Exécutons la fonction `Capitale` à partir du navigateur et testons-la (saisir un nom d'argument et cliquer `Invoke` pour exécuter) :

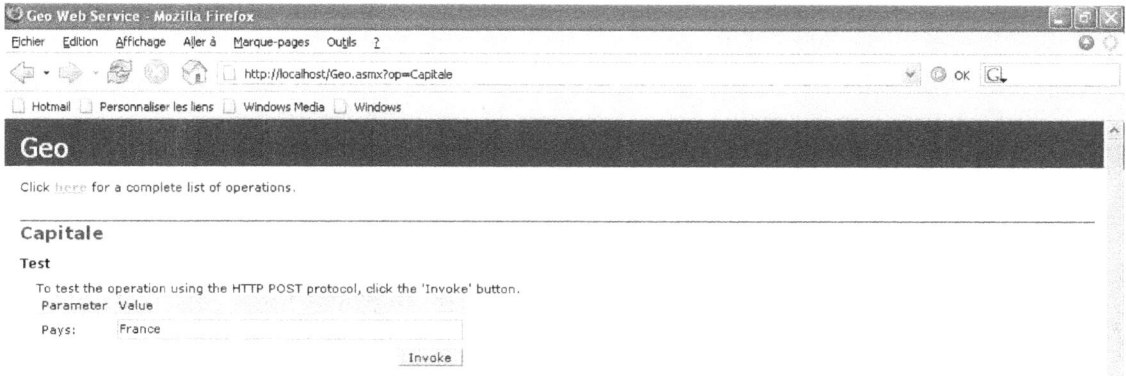

Figure 29-2

Le navigateur affiche la réponse :

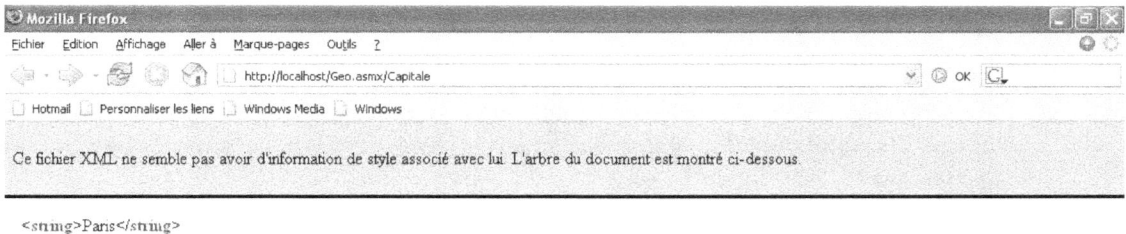

<string>Paris</string>

Figure 29-3

Une description plus explicite du service aurait été mentionnée si on avait complété l'attribut `WebMethod` avec sa propriété `Description`. Par exemple pour la fonction `Capitale` :

```
[WebMethod(Description="Donne la capitale du pays")]
```

Le service Web peut être directement testé à partir de cette page (entrer le nom d'un pays dans la zone d'édition `Valeur` et cliquer sur `Appeler`) ou plus directement encore à partir du navigateur en tapant comme URL (remplacer `NomServeur` par le nom de votre serveur) :

```
http://NomServeur/Geo.asmx/Capitale?Pays=France
```

Le service Web répond en renvoyant du texte au format XML :

```
<?xml version="1.0" encoding="utf-8" ?>
 <string xmlns="www.moi.com">Paris</string>
```

Rassurez-vous, nous n'aurons même pas à analyser cette phrase au format XML afin de trouver la réponse à notre question. Toute cette décomposition est effectuée automatiquement par des fonctions de l'architecture .NET.

Comment le navigateur a-t-il pu connaître la signature des fonctions `Capitale` et `Habitants` et puis exécuter celles-ci ? À partir du fichier `asmx`, IIS a généré une description du service (il se sert pour cela d'un programme fourni avec .NET qui s'appelle `wsdl.exe`). Cette description est conforme à la norme WSDL (*Web Service Description Language*). WSDL définit les balises XML de description de service (autrement dit de signature de fonction). Le serveur envoie donc d'abord au client un fichier XML au format WSDL. Le client ne reçoit donc que la description XML, avec des balises bien particulières définies dans la norme WSDL. Le client (qu'il soit navigateur, programme Web, ou programme Windows) ignore tout du langage d'implémentation du service Web. Ce paquet de données au format XML est transporté par HTTP, lui-même convoyé par TCP/IP. Il n'y a donc utilisation que de protocoles standard.

Pour faire connaître un service Web du monde entier, il faut l'enregistrer dans un moteur de recherche de services Web. La norme UDDI (*Universal description, Discovery and Integration*) et son site `www.uddi.org` ont été créés à cet effet.

29.3.2 Création de service Web à l'aide de Visual Studio

Jusqu'à présent, nous avons créé manuellement notre fichier .asmx. On peut évidemment utiliser Visual Studio.NET pour créer le service Web : `Fichier → Nouveau → Projet → Service Web ASP.NET` (figure 29-4).

Spécifiez l'emplacement où doit être installé le service (pour installer le service sur un autre serveur, il suffit de copier le fichier .asmx du service).

Figure 29-4

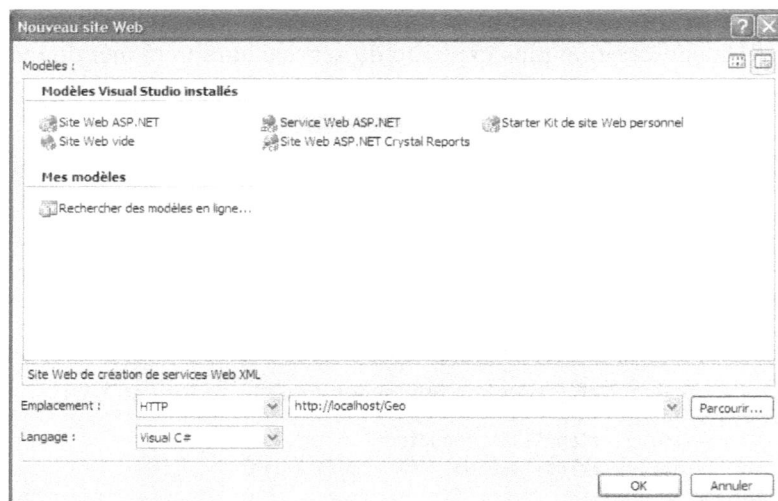

Pour ce service Web appelé Geo, Visual Studio crée le répertoire Geo dans le répertoire virtuel d'IIS. Par défaut, VS crée un nouveau service Web appelé Service. La classe de ce service Web s'appelle Service. Elle contient un constructeur ainsi qu'une méthode (marquée de l'attribut WebMethod) servant d'exemple et appelée HelloWorld. À partir d'un navigateur, le service Web est alors atteint par :

```
http://localhost/Geo/Service.asmx
```

Pour renommer ce service Web (Service par défaut) : Explorateur de solutions → clic droit sur Service.asmx → Renommer. Pour changer le nom du répertoire, faites comme vous l'avez toujours fait.

Code généré par Visual Studio.NET pour un service Web

```
using System;
using System.Web;
using System.Web.Services;
using System.Web.Services.Protocols;
[WebService(Namespace = "http://tempuri.org/")]
[WebServiceBinding(ConformsTo = WsiProfiles.BasicProfile1_1)]
public class Service : System.Web.Services.WebService
{
 public Service () {
 // Supprimez les marques de commentaire dans la ligne suivante
 // si vous utilisez des composants conçus
 //InitializeComponent();
 }
 [WebMethod]
 public string HelloWorld() {
  return "Hello World";
 }
}
```

29.4 Client de service Web

Notre service Web (fichier d'extension .asmx) étant créé et disponible sur un serveur (d'Internet ou d'intranet, avec le fichier Geo.asmx présent dans un répertoire virtuel d'IIS, c:\inetpub\wwwroot par défaut ou dans un sous-répertoire de celui-ci), nous allons maintenant l'utiliser (c'est-à-dire appeler des méthodes de ce service) à partir d'une application Windows classique. Cette application est placée sur un ordinateur client distant du serveur. Soit UseGeo le nom de cette application Windows.

Ajoutons maintenant les fonctions d'accès à ce service Web Geo : Explorateur de solutions → clic droit sur le nom du projet → Ajouter une référence Web.

Figure 29-5

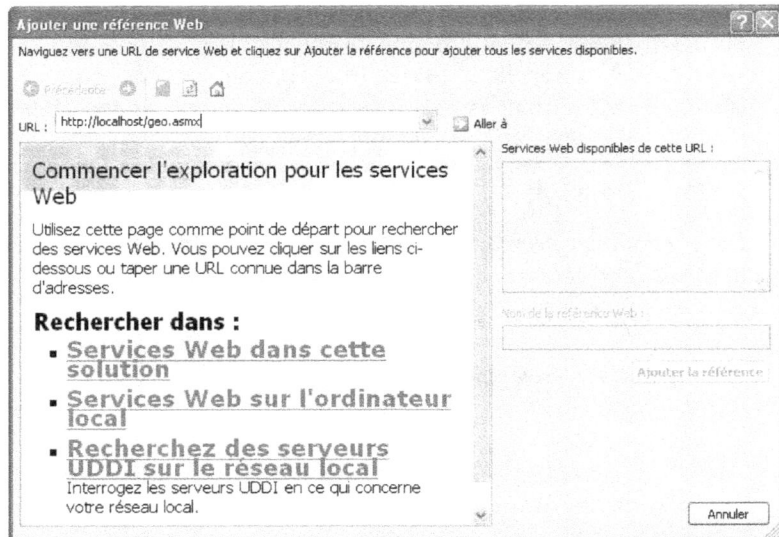

Si vous connaissez l'URL du service Web, vous la saisissez dans la zone d'édition URL. Sinon, vous recherchez les services Web disponibles (liens de la rubrique Rechercher dans). VS vous en affiche alors la liste. Il suffit de sélectionner celui qui vous intéresse.

Si vous avez sélectionné le service Web Geo.asmx, la boîte de dialogue suivante est affichée. Elle reprend les méthodes Web susceptibles d'être appelées :

Figure 29-6

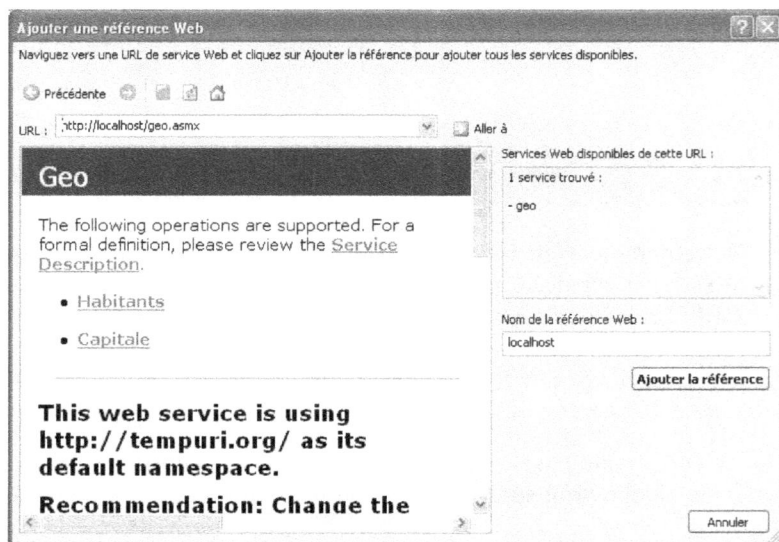

Visual Studio décortique alors le service et présente ses méthodes en service Web, comme le font les navigateurs. Vous pouvez le tester, comme nous l'avons fait sous Internet Explorer.

Si vous êtes satisfait, cliquez sur Ajouter la référence pour générer ce que l'on appelle le *proxy* relatif à ce service. Donnez éventuellement un nom à cette référence Web. Par défaut, il s'agit du nom du serveur.

Pour quelle raison Visual Studio doit-il générer ce que l'on appelle un *proxy* ? Pour le programmeur, appeler une fonction de service Web doit être aussi simple que :

• créer un objet ;

• appeler une fonction applicable à cet objet.

La réalité est cependant nettement plus complexe. La fonction de service Web se trouve en effet sur le serveur et, comme nous l'avons vu, du code .NET (qui s'exécute sur l'ordinateur du client) doit dès lors :

• empaqueter le nom de la fonction et les arguments dans un message (données empaquetées au format XML dans des balises SOAP) ;

• envoyer ce paquet de données au serveur pour qu'il exécute le service ;

• recevoir un message contenant notamment la valeur de retour (valeur de retour empaquetée au format XML dans des balises SOAP) ;

• présenter la donnée au programme client comme s'il s'agissait d'une valeur de retour de fonction (ou générer une exception si le paquet de données SOAP indique que l'exécution de la fonction a généré une exception).

Pour résoudre ce problème, Visual Studio crée (sur la machine du client) une classe (qu'on appelle la classe *proxy* du service) :

• qui a toutes les apparences de la classe de service Web (classe se trouvant sur le serveur, classe Geo dans notre cas) ;

• qui incorpore, de manière transparente pour le programmeur, les fonctions de communication et de transfert de données avec le serveur.

Si nous jetons un coup d'œil à la fenêtre du projet (pour notre information uniquement, car nous n'aurons pas à y toucher), nous constatons que le projet s'est enrichi d'une référence au service Web. Le nom de la référence Web (nom du serveur par défaut) apparaît sous la rubrique Références Web.

Utiliser le service Web dans une application (qu'elle soit de type console, Windows ou Web) est dès lors très simple :

• créer un objet de la classe *proxy* (classe portant le nom du service Web) ;

• appeler les méthodes de cette classe, comme on le fait pour n'importe quelle classe.

Dans le fragment ci-après, on copie dans la barre de titre (propriété Text de la fenêtre) la capitale du pays dont l'utilisateur a tapé le nom dans la zone d'édition zePays (si vous aviez créé Geo.asmx dans le répertoire xyz, il s'agirait de la même construction) :

```
localhost.Geo g = new localhost.Geo();
Text = g.Capitale(zePays.Text);
```

L'appel de g.Capitale pourrait être placé dans un try/catch : le protocole SOAP prévoit en effet que les exceptions générées par le programme serveur soient répercutées dans le programme client.

Index

www.ingramcontent.com/pod-product-compliance
Lightning Source LLC
Chambersburg PA
CBHW080333220326
41598CB00030B/4498